Cumhur Ertekin, 1961 yılında Ege Üniversitesi Tip Fakültesi'nden mezun oldu. 1965 yılında nöroloji uzmanı olduktan sonra Kopenhag Üniversitesi ve Lund Üniversitesi'nde üç yıl klinik nörofizyoloji üzerinde çalıştı.

1975 yılında Ege Üniversitesi'nde profesör olan Ertekin'in görevine 1982 yılı başında, 1402 sayılı sıkıyönetim yasası sebebiyle son verildi. Bir süre İsveç Linköping Üniversitesi'nde davetli öğretim üyesi olarak çalıştı. 9 yılın ardından Danıştay kararı ile yeniden Ege Üniversitesi Tıp Fakültesi'ne döndü. 2004 yılında emekli oldu. Ertekin'in uluslararası 173 bilimsel araştırma makalesi ve bu makalelere yönelik 8.000 civarında atıf vardır. Bilim Akademisi kurucu üyesidir.

Nörobilimin Evrimi
Cumhur Ertekin

Nova Kitap - 130

Yayın Yönetmeni: *Büşra Uyar*
Editör: *Şirin Gürkan*
Düzelti: *Selda Şen, Biray Anıl Birer*
Kapak Tasarım: *Mehmet Büyükturna*
Sayfa Düzeni ve Baskıya Hazırlık: *Hüseyin Aktürk*
1. Baskı, Mart 2025, İstanbul

ISBN: 978-625-97205-1-7
Sertifika No: 63989

Kurumsal satış ve işbirlikleri için iletişim adresi: **editor@novakitap.com**

Nova Kitap™ İthaki Yayıncılık Basın Sanayi ve Ticaret A.Ş.'nin tescilli markasıdır.
Osmanağa Mah. General Asım Gündüz Cad. Ün Er Tan İş Merkezi
35/1 - 38 Kadıköy/İstanbul - Tel: (0216) 541 03 26
www.ithakiyayingrubu.com

Kapak, İç Baskı: Deniz Ofset Matbaacılık
Maltepe Mah. Hastane Yolu Sok. No: 1/6 Zeytinburnu-İstanbul
Tel: (0212) 613 30 06 - denizmatbaamucellit@gmail.com
Sertifika No: 77699

Cumhur Ertekin

Nörobilimin Evrimi

NOVA
KİTAP

İçerikler

Önsöz

Öncelikle klasik tarih kitaplarıyla popüler bilim kitapları arasındaki ayrımı ortaya koyarak başlamam gerekiyor. Klasik tarih kitapları kronolojik sırayla ve tarihî olayları dönemlere ayırarak tekdüze inceler. Bu tür kitaplarda devletler, devletleri yönetenler ve onların neler yaptıkları; savaşlar, savaşların sonuçları anlatılır. Genellikle devletleri yönetenler ve savaşlarda önemli rol oynayan isimler dışında, örneğin bilim ve sanata yönelik gelişmeler ve diğer önemli şahsiyetler öne çıkarılmaz. Özellikle sözbilim alanında çağına önemli katkılarda bulunmuş biliminsanları, popüler bilim kitaplarında daha çok yer bulur. Ben de bu kitapta böyle yapmaya çalıştım.

Klasik tarihe ait ilk farklılık, olayların kronolojik sırayla kesin dönemlere ayrılmasıdır. Oysa tarih ani sıçramalarla yürümez; kesin dönemler ve çağlar içinde sınırlarla ayrılmış bölünmeler göstermez. Bunlar yalnız ders kitaplarında bulunur. Tarihe daha yakından bakıldığında önceleri görüldüğü sanılan kopukluklar kaybolur, sınırlar bulanıklaşır ve belli belirsiz bu yürüyüş bizi ve aklımızı, A. Koyré'nin belirttiği üzere* 17. yüzyılda yaşamış ünlü düşünür ve filozof İngiliz Francis Bacon'dan 12. yüzyılda yaşamış aynı soyadı taşıyan İngiliz Filozof Roger Bacon'a kadar götürebilir. Yani zaman beş yüzyıl fark etse bile düşüncelerin hemen birbirine soyadları kadar yaklaştığı görülür.

* Alexandre Koyre, *Yeniçağ Biliminin Doğuşu*, çev. Kurtuluş Dinçer, Ara Yayıncılık, 1989.

Kısacası insanlığın ruhsal ve akılsal evriminin de tarihin keskin bölünmeleriyle bağdaşmayan karmaşıklık ve iç içe geçmeleri içerdiğini kesinlikle biliyoruz. Düşünce akımları yüzyıllar boyunca birbirini izler, birbirine karışır, birbiriyle kesişir ve hatta birbirlerini eleştirir. Ruh ve akıl bilimine ait zaman dizilimi klasik dönemlere tam tamına ayrılamaz ve dönemler arası fikir ve görüş çakışmaları vardır.

Fakat şunu belirtmek de fayda sağlayacaktır. Tarihin dönemlere ayrılması tümüyle de yapay değildir. Dönemlerin zaman sınırlarının belirsiz olmasının, hatta birbirine karışmasının hiçbir önemi yoktur. Belli bir mesafeden bakılırsa farklılıklar kabaca çok açık görünecektir. Tarih durağan değildir, bizimle beraber değişir. Popüler bilim tarihi yazdığınızda, bahsettiğim görüşler size daha bağımsız yazma serbestisi verir. Bu kitap da kronolojik sırayla ilerledi ancak dönemler kesin sınırlar içine hapsedilmedi.

Yine de nörobilime dair bir popüler tarih kitabının yazılı tarih öncesi insan yaşamından başlayarak konuya girmesi garip karşılanabilir. Bu dönemlerde yaşayan insanların davranış ve düşünceleriyle ilgili elimizin altında pek fazla somut bilgi veya kanıt bulunmuyor. İnsanlığın ilk dönemi kabul edilen avcı-toplayıcı insanlar, ilkel aletlerle her türlü doğal tehlikelere karşı kendilerini savunmaya, hatta küçük hayvanları avlamaya çalışıyorlardı. Uygun bir mağaraya belirli sayıda insan grubunun sığınması ve orada muhtemelen bir sosyal düzen kurması, mağara duvarlarına ilkel resimler yapılması, taş atılarak vahşi hayvan avlanabilmesi gibi tahmini olayların varlığını reddetmiyoruz. Belki de bunun daha ilkel bir yaşama kıyasla farklı bir aşama olduğu düşünülebilir. Çünkü tarım toplumuna geçiş de bir anda gerçekleşmemiştir. Mağara yaşamında ve ilkel komünal toplumda avcı-toplayıcı insanların atavik-refleksif davranışların ötesinde, düşünmeye başladıklarının göstergesi sayılabilir. Hatta çok az bilgiye rağmen bu atalarımızın özgün düşünceler yaratabildiklerini öne sürebiliriz. Düşünceler belki bir tek bireyden çıkıyordu ancak zamanlarının gereği toplulukların ortak düşüncesiymiş gibi var oluyordu. Ateşin topluluk çıkarları için kullanılması, hayvan etinin pişirilmesi, güçlü veya yırtıcı hayvanlara karşı basit öldürücü aletlerin geliştirilmesi, basit savunma ve korunma içgüdülerinin ötesinde beceri ve düşünceleri de içine alan yaşam koşullarıydı. Burada elbette Antik Çağ'ın filozof ve biliminsanlarıyla bir karşılaştırma yapmıyoruz. Paleolitik dönemde çok az bilgiyle, yoksunluklar içinde yaşayan insanların yaşamlarına yaptıkları olumlu katkıları da yaşamsal içgüdü kabul ediyorum. İnsanın evrimi beynimizin evrilmesiyle mümkün olabilmiştir. Sonraki bölümlerde ortaya konan nörobilimsel olayları daha yakından izlerken beden, beyin, ruh ve akıl ilişkilerine daha yakından bakmak, bazı biyolojik ve sosyolojik değişmeleri ıskalamamak bakımından fayda sağlamıştır.

Öte yandan tarihe kronolojik sırayla baktığımızda yaratıcı bazı düşünür ve biliminsanlarının haklarının sonraki yüzyıllar içindeki meslektaşları tarafından yok sayıldığını ve bir tür tarihsel etik sapması olayının var olduğunu örnekleriyle görebiliyoruz. Gökbilim dalından klasik bir örnek vermek istiyorum: Klaudios Ptolemaios'un (İskenderiyeli Batlamyus) tüm evrenin dünya etrafında döndüğü kuramına (MS 200), gökbilimci Nicolaus Copernicus (Kopernik) ortaya çıkıncaya kadar inanılmıştır. Copernicus da tam tersine dünyamızın güneş etrafında dönen bir uydu olduğunu yüzyıllar sonra (MS 1500) ortaya koymuştur. Ancak Ptolemaios'tan çok daha gerilere gidersek MÖ 3000 yıllarında Antik Yunan'da yaşamış Sisamlı Arístarkhos dünyanın güneş etrafında döndüğünü söylemiştir. Ama çevresi buna inanmamış ve Arístarkhos kuramıyla birlikte susturulmuş ve unutulmuştur. Burada ileriyi gören ve elinde hiçbir teknik imkânı bulunmayan bir kişinin düşünce yoluyla bugünkü sonuca ulaşması, buna karşılık tarihte gereken yeri edinememesi, düşünce ve bilim etiği açısından rahatsız edici değil midir? Ayrıca insanın, 4500 yıllık bir arayla aynı şeyleri düşünebileceği gerçeğini bu olay ortaya koyar. Fikirlerin ve düşünce biçimlerinin yüzyıllar içinde birbiriyle çakışması, günümüz çağdaş gelişmelerini Antik Çağ'daki yaşamla karşılaştırabilme olanağını da getirmiştir.

Yazı öncesi tarihten çok önceleri ilk insanlar yaşıyordu. Modern insanlara benzeyen insansı maymunlar, ilk olarak Afrika'da 2,5 milyon yıl önce ortaya çıkmış ve 200 bin yıl kadar önce *homo sapiens* denen soyumuza evrilmişti. Bundan 5000 yıl kadar önce ve Bilimsel Devrim'in başlamasından sonra, çok uzun zaman aralıklarıyla beyin ve sinirler hakkındakeşif ve uygulamalar gelişmeye başlamıştı; son çeyrek yüzyılda İngilizce *neuroscience* denen ve Türkçe *nörobilim* diyeceğimiz yeni ve çok önemli bir bilim dalı ortaya çıkmıştı. Nörobilim, geçmiş yüzyıllara göre çok daha hızlı bir gelişim göstermiş ve göstermeye de devam ediyor. Bu kitap özellikle 19, 20 ve hatta 21. yüzyıllara odaklanıyor.

Günümüzden 50 bin yıl öncesinde, insanların Afrika'dan göç edip bütün dünyaya yayılmasına katkı sağlayan hem kültürel hem de teknolojik bir devrim gerçekleşmişti. Bu, günümüz tarihçilerinin *kültürel evrim* ve *biyolojik evrim* terimlerini kullanmasına yol açmıştı. İşte o zamandan beri *kültürel evrim*, *biyolojik evrim*e göre daha hızlı, baskın ve güçlü bir değişim dinamosu haline gelmişti. İnsan donanımının da hâlâ günbegün hızla devam eden *kültürel evrim*e borçlu olduğunu söyleyebiliriz. Geç Paleolitik Dönem'de, *homo sapiens* türü modern insanların hızla tüm dünyaya yayıldığını görüyoruz. *Homo sapiens*ler diğer insan türleriyle iletişim halindeydi, hatta *neandertal* gibi türlerle beraber Avrupa'da yaşadılar. Ancak sonunda neandertaller yok oldu. *Homo sapiens* insan türü yaşamaya devam etti ve ediyor.

Kültürel evrime adını veren *kültür* sözcüğüne göz atarsak bunun birden fazla anlam taşıyan bir terim olduğunu görürüz. Esasen, toplulukların bazen uyarlanımsal bazen de gelişigüzel farklı düşünmelerineve davranmalarına sebebiyet veren, öğrenilmiş bilgiler, inançlar ve sanat gibi değerler kümesidir. Bu tanıma göre insansı primatların çok basit kültürleri varken *homo erektus* ve daha çok da *neandertal*ler gibi insan türlerinin çok daha gelişmiş kültürleri vardı. *Homo sapiens*te de kültür, türünün en belirgin özelliğiydi ve böylece devam etti. İnsanın kültürel yaratıcılığı ortaya çıktıktan sonra evrimsel değişimi körükleyen durdurulamaz bir dinamo haline geldi.

Genler gibi kültürler de evrilir. Fakat genlerden farklı işleyen kültür, kültürel evrimi doğal seçilimden çok daha güçlü ve hızlı bir güç yapan farklı süreçlerle evrilir. Bunun sebebi *mem* adı verilen kültürel özelliklerin *gen*lerden birkaç kilit noktada farklılıklar göstermesidir.

Bir kuşaktan diğerine aktarılan biyolojik bilginin temel birimine *gen* adı verilir. Bunun kültürel karşılığıysa *mem*dir. Üstelik bu genellikle bir sembol, alışkanlık, ritüel veya inanç gibi bir fikirdir. *Mem* sözcüğüYunanca taklit etmekten gelir. *Gen*ler gibi *mem*ler de bir bireyden diğerine aktarılır. Ama genlerin aksine sadece ebeveynlerden çocuklara geçmez, başka insanlara da aktarılır. Yani, genler sadece gelişigüzel mutasyonlar sonucu şans eseri ortaya çıkarken insanlarkültürel değişkenlikleri bilinçli olarak üretir. *Mem*ler sadece anne babadan değil, pek çok farklı kaynaktan aktarılır. Uygun kitapları okumak da benzeri etkiler yaratır. Önemli ve etkileyici toplumsal değişmeler de bireyin kültürel seçilimine etki eder. Bütün bu kültürel değişimlerin hepsi *kültürel evrim* başlığı altında toplanır. *Kültürel evrim*, *biyolojik evrim*e kıyasla daha hızlı ve çoğu zaman daha güçlü bir değişimdir. Kültür tek başına biyolojik bir özellik değildir. Kültürel evrimin geç Paleolitik Çağ'dan itibaren ivme kazanmasıyla bedenlerimiz üzerindeki etkileri de ivme kazanmıştır. Kültür ve bedenimiz arasındaki en temel etkileşim, sonradan öğrenilmiş davranışların bedenin içinde bulunduğu ortamı değiştirerek onun büyümesi ve işlemesini etkilemesidir. Bu etkiler, yediğimiz yiyecekler, giydiğimiz giysiler, yaptığımız etkinliklerdir. Ancak bu etkiler kendi başlarına evrime yol açmaz. Fakat zamanla bu etkileşimlerden bazıları popülasyonlarda evrimsel değişimi mümkün hale getirebilir. Bazen kültürel yenilikler, bedendeki doğal seçilimin arkasındaki güçtür. Bedenimiz, yüzbinlerce yıl süren hayat deneyimleriyle biyoloji etkileşimi sonrasında evrilmiş özelliklerle donatılmıştır. Bunlardan bazıları, ilk insanların ortaya çıkışı öncesine dayanır. Her ne kadar, bazen *homo sapiens*in günümüzden 200 bin yıl öncesinde evrilmesinden bu yana neredeyse hiç değişmediği varsayılsa bile yenilikler yaratmaya yönelik durmak bilmeyen azmi, bariz şekilde insan bedeni üzerinde seçilimi tetiklemiştir.* Dünden bugüne kültürel evrimin etkilerini, bilimsel araştırmaların beynimizle ilgili ortaya çıkardığı yenilikler ışığında kitap boyunca ayrıntılandırmaya çalıştım.

Tabii ki insanda kültürel evrimin oluşması her zaman doğru yolda ilerlememiştir. Çağdaş bilgiler insanın içgüdülerinde bulunan saldırganlığa zaman zaman yenilmiştir. Son 200 yıl içinde bunun insan kıyımına varan barbarca örneklerine maalesef tanıklık ettik. Örnek mi istersiniz? İşte size, I. ve II. Dünya Savaşı'nda on binlerce insanın modern savaş aletleriyle öldürülmesi, dünyamız üzerindeki ırkçı insan kıyımları... Bunlar *homo sapiens*in de düşünen, yaratan ama kendi türünü de yok etmeye eğilimli bir insan türü olduğunu gösterir. Bu

* Daniel E. Lieberman, *İnsan Vücudunun Öyküsü*, çev. Raşit Bilgin, Say Yayınları, İstanbul, 2023, s. 188-216.

durumda, kültürel ve hatta biyolojik evriminde *homo sapiens*in daha iyiye doğru gelişmesini beklemekten başka şansımız kalmıyor galiba.

Bu kitap akıl, bilinç, bellek, öğrenme, motor davranışlar ve duyguları kapsayan nörobilimsel evrimin tarihsel gelişimini popüler bilim anlayışımız içinde gözden geçiriyor. Zaman zaman geçmiş bilgilerle ilişkilendirerek günümüzde oldukça kesinleşmiş bilgilerden kısa anımsatmalar yapıyor.

Şimdi kendime soruyorum, bu kitabı kimler okur? Tabii ki en başta nörologlar, beyin cerrahları, psikiyatristler, nörobilimciler, psikologlarla tıp ve sağlık konularında çalışan herkes okuyabilir. Ayrıca terimler ve özel tıp isimleri yer yer açıklandığı için insan beyninin nasıl çalışıp üretim yaptığına dair merak duyan tüm kitapseverlerin de bu kitabı kolayca okuyabileceğini düşünüyorum.

TEŞEKKÜR

Bu kitabın yazılışında büyük emeği geçen yarım yüzyıllık eşim Dr. Nezihe Ertekin'e çok şey borçluyum. Bu kitap aracılığıyla kendisine tekrar sevgi ve saygılarımı iletiyorum. Sevgili kadim dostum mimar, karikatürist Eray Özbek bu kitabım için nefis ve çok anlamlı bir çizim hazırladı. Zarif çizim ustası Eray'a nasıl teşekkür edeceğimi bilemiyorum.

İthaki Yayın Grubu'ndan Nova Yayınları'na ve Sayın Büşra Uyar'a, ayrıca sevgili Mert Tanaydın dostuma teşekkürlerimi sunmaktan mutluluk duyarım. Bu kitabın yayınevinde hazırlanmasını sağlayan tüm emekçilere de selam olsun. Emeklerine sağlık...

1

İlkel İnsan Toplulukları ve Ruh-Akıl Anlayışı

İlk İnsanlar Ortaya Çıkıyor

İlkel insanlardaki alet yapımını ele alıp inceleyen Danimarkalı biliminsanı Christian Jürgensen Thomsen (1788-1865) Kopenhag'da yaşamış Antik Çağ tarihçisidir. Antik Çağ'dan önceki tarih öncesi çağları 1863 yılında üçe ayırmıştır: Taş Devri, Bronz Devri, Demir Devri. Taş, bronz ve demir sıralaması özellikle teknolojik ilerlemenin genel bir ölçütü olarak kullanıldığında dünyanın birçok yeri için geçerliliğini koruyamaz. Öte yandan, tüm bu eksikliklerine rağmen Thomsen'in üç devir sistemi günümüze kadar gelmiştir. Thomsen'den sonra araştırmacılar Taş Devri'ni de ikiye ayırmış, avcı-toplayıcı döneme *Paleolitik Çağ* ve bunun ardından bitki yetiştirme ve hayvanları evcilleştirmenin başladığı döneme *Neolitik Çağ* adlarını vermişlerdir. Özellikle bu dönemlerin çoğu Afrika'da geçmiştir.

Eski arkeolojik yöntemlere ilaveten, günümüzde daha nesnel ve çağdaş bilimsel testlerin kullanılması, geçmişi daha iyi anlamamıza katkı sağlamıştır. Arkeolog, paleontolog ve diğer araştırmacılar bilgileri bir araya getirerek erken dönem insanlık tarihinin bir panoramasını çizmiştir. Ama geçmişte ne kadar geriye gidilirse bulgular da o kadar seyrek ve tesadüfi hale gelir. Bu nedenle, özellikle insanlık tarihinin en erken dönemini araştıranlar arasında görüş ayrılıkları bir hayli fazladır (Wiesner-Hanks, s. 15-16). Hatalı yorum ve tartışmalar da artmaya devam eder. Aslında bu, beklenen bir durumdur. Yeniden vurgulamak gerekirse insanın bir *homo sapiens* olarak binlerce yıllık bir geçmişi vardır. Ama ne yazık ki elimizde bu zamanın sadece yaklaşık 10 bin yıllık son kısmıyla ilgili bilgi mevcut. Kısacası insanlık tarihinin yaklaşık yüzde 1'lik kısmını biliyoruz, yazılı tarih öncesi dönemin yüzde 99'u hakkında tamamen güvenilir bilgiye sahip değiliz.

Uzun evrimsel yolculuk insanların ayakta dik durma, zengin besinler tüketme, yaygın avcı-toplayıcılık, yiyecekleri pişirme, eti işleme, paylaşma ve yemek gibi pek çok yaşamsal beceriler kazanmasını sağlamıştır. Fakat modern insanın evrimsel başarısını açıklayan tek bir özel uyarlanma varsa bu da olağanüstü iletişim kurma, işbirliği yapma, düşünme ve keşfetme yeteneklerimizinsonucunda ortaya çıkan çevreye uyarlanabilme yeteneğidir. Bu yeteneklerin biyolojik temelleri bedenimizde, özellikle beynimizde bulunur. Bunlar da genellikle bilgiyi ve kültürü var etme, kullanma ve geliştirme şeklinde oluşmuştur.

Son birkaç yüzyıllık kuşaklardan anlaşıldığı üzere, modern insanların çiftlikler ve şehirler kurduklarını; hareketli ve hareketsiz motorları, antibiyotikleri, bilgisayarları ve daha da fazlasını icat ettiğini biliyoruz. Bunlar insanın geçirdiği *kültürel evrim*dir. Şu anda kültürel evrimin hızı ve kapsamı, biyolojik evrimle kıyaslandığında ziyadesiyle fazladır. Kültürel yollarla çoğalarak ve yayılarak (dünya üzerinde yayılarak) bakterilerden aslanlara, Arktika'dan Antarktika'ya kadar egemenlik kurmayı başardık. Dünyada yaşayan milyonlarca insan, daha önce görülmediği kadar uzun ve sağlıklı hayatlar sürdürüyor. Keşfetme gücümüz sayesinde, şimdi havada uçabiliyor, hastalıklı organları değiştirebiliyor, atomların içine bakabiliyor ve hatta eskiden kutsal sayılan Ay'a gidip geri dönebiliyoruz (Lieberman, s. 216-221). Laf aramızda, bunca kültürel ve teknolojik gelişime rağmen bir yandan da kendi türümüzü yok etmek için elimizden geleni yapıyoruz.

Yazılı tarih döneminden çok önce ilk insanlar yaşıyordu. Modern insanlara benzeyen insansı maymunlar, ilk olarak Afrika'da iki buçuk milyon yıl önce ortaya çıkmış, 200 bin yıl kadar önce *homo sapiens* denen soyumuza evrilmişti. Günümüzden yaklaşık beş bin yıl veya daha öncesinde yazının keşfedilmesinden bu yana, çok uzun zaman aralıklarıyla, beyin ve sinirler hakkında keşif ve uygulamalar yapılmıştı. Ancak son çeyrek yüzyılda nörobilim dalı ortaya çıktı, geçmiş yüzyıllara göre çok daha hızlı bir gelişim gösterdi ve göstermeye devam ediyor. İnsan beyni bir yandan kendi özelliklerini keşfederken diğer yandan geliştirdiği bilgisayarlar aracılığıyla insanın gelişimi de yol almayı sürdürüyor (Harari, s. 1-2).

Henüz ileri aşamaya varmadan çok önce ilk insan toplumu, en güçlü dayanışma ve gelişme aracını, yani konuşma dilini geliştiriyordu. İlk insanlar küçük gruplar halinde toplayıcılık ve toplu halde avcılık yapıyordu. Bu çabaları, işbirliği içinde çalışmalarını gerektiriyordu. Birbirlerinden haberdar olabilmeleri için ses ve jestlerin kullanılması zorunluydu. Dilin ilk işlevleri, en başta yiyecek bulma ve beslenme, alet yapma ve kullanmayla ilgilidir muhtemelen. Konuşma yetisinin ne kadar erken elde edildiği sorusuna gelirsek, insan beyninin yarıdan fazlasını kaplayan göz (görme) ve el koordinasyonsistemi, esasen maymunsu bir soydan miras kalan sistemin aynısı fakat daha gelişmişidir. Buna uyanve eşlik eden işitme ve konuşma koordinasyon sistemiyse görece beyinde daha az yer tutar. Ayrıca el-göz alanlarına kıyasla kulak-dil (işitme-konuşma) alanları, daha yeni oluşan beyin alanları içinde yer alır. Bütün memeli hayvanlar, bir ölçüde de olsa sosyal haberleşme amacıyla seslerini kullanır ama bu genellikle bir heyecanı, örneğin çiftleşme, öfke ve korkuyla ilgili bir heyecanı haber vermek içindir. Bu çığlıkların veya bağırmaların işitilmesi de duruma göre yine bir heyecan tepkisi yaratır. Heyecan ve eylem bildiren ifadeye, nesnelere ve yerlere dair bilgi sağlayan ifadenin eklenmesi ancak daha sonraki bir aşamadır ve bu öncelikle insanda mümkün olabilir.

Dil ilk başta, herhalde, hepten keyfi ve basmakalıptı. Her bir toplulukta seslerin anlam kazanması için maddi ve toplumsal hayatın tüm gereksinimlerine yanıt verebilecek tam bir dile dönüşmesi gerekiyordu. Bu nedenle dil (konuşma) evrensel ve biyolojik olduğu halde, diller çeşitlidir ve kültürel evrimle ilişkilidir. Örneğin İngilizce, Türkçe, Arapça gibi (Bernal, s. 69-70).

İlkel insanlar, henüz Yontma Taş Devri sona ermeden, doğaya ve yırtıcı hayvanlara karşı aldıkları önlemlerle zekâlarını kullandıklarını göstermiştir ve bu konuda bir hayli yol almışlardır. Hayatta kalabilme amacıyla topladıkları bilgileri, sonraki kuşaklara iletebilmek için eldeki bilgiyi korumaları gerektiğini anlamışlardır. Toplumun gelenek ve ritüellere dayanan işleyişi sayesinde, yaşam bilgilerini muhafaza edebilme başarısını göstermişlerdir. Toplanan bilgiler kuşaktan kuşağa aktarılmıştır. Bilimin kökenlerini buralarda aramak hiç de yanlış olmaz. Toplumun niteliğini, avlanmaya ve besin toplamaya bağımlılık belirliyordu. Bu niteliğiyle toplum esas itibarıyla belirli herhangi bir uzlaşmaya ve sınıfayrımlarına yer vermeyen bir ortaklık toplumuydu. Bu nedenle bu toplumlara, ilkel komünal toplum adı verilmiştir (Bernal, s. 80).

İlkel Topluluklarda Ruh-Akıl Anlayışı

Tarım toplumu öncesinde insanlar iklim değişiklikleri, av hayvanlarında azalma, orman yangınları, depremler, sel felaketleri karşısında çaresiz kalmıştır. Başa çıkamadıkları doğa olaylarına karşı durabilme gereksinimi içinde çareler aramışlardır. İlkel düşüncenin bir sonraki aşaması, tehlikelerle dolu bu dünyada ruh kavramının ortaya çıkarılmasıdır. Muhtemelen ölüm korkusu ve ölüm olgusunu kabul edememekten doğmuş bir düşünceydi ruh kavramı. İlk ruh kavramı maddeseldi. Öldükten sonra da ruhla ilişkilerinin süreceğini zannediyorlardı. İlkel inançlara göre ruhlar doğayı, tıpkı canlı insanlar gibi, doğrudan veya büyü aracılığıyla etkileyebiliyordu. Yaşayan insanla ruh arasında güç farkı veya üstünlük söz konusu değildi. Ama daha sonraki dönemler içinde ölümle ruhun bedenden ayrıldığı ve gözle görülmese de varlığını ve etkinliğini sürdürdüğü inancı güçlendi (Bernal, s. 78-80; Russel s. 65-69; Kranz, s. 97).

Bu arada ilkel insanlar yararlı bir hayvan ya da bitkiyi kabilenin totemi kabul etmişti. Semboller kullanarak ya da temsili danslarla, hayvanın ya da bitkinin çoğalıp bollaşmasının sağlanabileceğine inanıyorlardı. Bireylere, hayvanlara ya da nesnelere birtakım güçler atfetmişlerdi. Totem törenlerine ilişkin ritüeller ortaya çıkmıştı. Ritüellerde birtakım dinsel şarkılar okunuyordu. Bu şarkılarla beraber efsaneler de gelişmişti. Değişik kabilelerden köken alsalar da efsaneler birbirleriyle karışarak oldukça tutarsız bir mitoloji oluşturmuştu (Adıvar, s. 1; Ceram, s. 15-20, Harari, s. 54-57).

Başlangıçta ritüellere o toplumdaki herkes katılıyordu muhtemelen. Fakat Yontma Taş Devri'nin sonlarına doğru bu konuda uzmanlar ortaya çıkmaya başlamıştı; onlar, büyücülerdi. Evrenin ya da çevrenin değişimlerine karşı ritüeller düzenledikleri gibi, ayrıca kişisel sağlık sorunlarıyla da ilgileniyorlardı. Bu büyücüler ileride *şaman* adı altında çok daha fazla gelişecekti. Büyücüler kutsal krallar, rahipler, filozoflar, tıp doktorları ve biliminsanlarının ilk çağlardaki öncüleri kabul edilebilir (Aydın, s. 11-18; Bayat, s. 240; Ertekin s. 10-11).

Ruhlarla kişiler arasındaki aracılığı, özel yetenekleri bulunduğuna inanılan büyücüler veya şamanlar üstlenmişlerdi. Bu aracılık, ruhun yitirilmesi veya kötü ruhların insan ruhunu çalmasıyla ortaya çıkacak hastalıkları tedavi etmek ve ölenlerin ruhlarının öteki dünyaya gidişine eşlik etmekti. Can da denilen ruhun, insan bedenen ölse bile ölmediğine inanılıyordu (Bayat, s. 240).

İlkel insanlar ruhların gerçek dünyaya tesir ettiğini, bunun için de denetlenmeleri ya da yatıştırılmaları gerektiğine inanıyorlardı. Animist inançlar eski avcı topluluklarında çok yaygındı. "Animizm" Latince ruh anlamına gelen *anima* sözcüğünden türemiştir. Animizm, esasen her yerin, her hayvanın, her bitkinin ve her doğa olayının farkındalığı ve hisleri olduğu, ayrıca insanlarla doğrudan iletişim kuracağı fikrine dayanır. Animistler, insanlarla diğer varlıklar arasında sınır bulunmadığına inanır. Bu anlayışta bir hiyerarşi yoktur. Daha önce belirtildiği gibi, ruh olgusu muhtemelen ölüm olgusunu kabul edememekten doğmuştur. Nitekim mezarlara konulan eşyaların da gösterdiği üzere, ilk ruhların her bakımdan cismani olduğuna inanılırdı. Ancak hayattayken, kabilenin üyesi kabul edildiklerinden öldükten sonra da onunla ilişkilerin sürdüğü varsayılırdı. Daha sonraları ve bu ilk çağların ardından başka bir ruh anlayışı yerleşmişti. Ölüm sonucu ruhun bedenden ayrıldığına, ruhun bedenden ayrı, göze görünmeyen ama yine de hayatta etkin rol oynadığına inanmışlardı; böylece ölülerini toprağa gömmeye başlamışlardı (Aydın, s. 19-20; Bernal, s. 80-81; Ceram, s. 119; Hançerlioğlu, c. 5, s. 346-349).

Günümüzdeki başka bir görüşe göre, insanlarda ruh düşüncesi uyku ve uyanıklığın birbirine karıştırılmasından doğmuştur. İlkel düşünce, rüyada gördüklerini uyanıkken gördükleriyle bir tutar. Rüyada gidilen yere gerçekten gidildiğine inanılır. Bu inanışa göre asıl bedenden başka, onunla karşılaştırılamayacak kadar akıcı ve yumuşak ikinci bir beden vardır. Bu ikinci beden, ağız ve burun gibi küçük deliklerden çıkabilir ve dilediği yere gidebilir. Bu ikinci beden, asıl bedenle sıkı sıkıya ilişkilidir. Hatta öyle ki ilkel insan öldürdüğü düşmanının elini keser, böylece onun ruhunun ok atmasını engelleyeceğini zanneder. İnsan bedeni ölse bile ruhun ölmediği inancı işte böyle belirmiştir. Ruh bedenle her ne kadar ilişkiliyse de bedenden ayrı kabul edilmiştir. Çünkü dilediği zaman, tıpkı rüyadaki gibi, beden dışına çıkabilir. Ne var ki, insan yaşamında ruh bedenden çıksa da sonra gelerek bedene tekrar girer ve orada oturur. Ama ölümle ve bedenin çürümesiyle ruh, bedeninden kurtulur ve insanlar arasında serbestçe gezip dolaşmaya başlar; dilediği başka bir insanın bedenine girerek ona iyilik veya kötülük getirir. İnsanlar kötü ruhlardan kurtulup iyiliğe kavuşmak için çareler ararken ruhlara adaklar adayarak kurban kesmeye ve dualar etmeye başlamıştır. Giderek bu serbest ruhlar tanrılaştırılmıştır. İlk tanrılar ölü ataların ruhlarıdır. İlk kurban kesme ve dua etme yerleri de mezarlıklardır.*

Zamanla hiyerarşik anlamda bir kutsal düşünceye geçiş yaşanmıştı; *Teizm* doğmuştu.†

Daha sonraki çağlarda ruh kavramında diğer bir değişiklik ise güçlü bir adamın ruhunun efsanevi kahramanlık yoluyla tanrıya dönüşmesi ve dinin odak noktası haline gelmesiyle yaşanmıştır. Ata ruhlarına tapınmayı giderek doğaya tapınma izlemiştir. Bu aşamada artık iki ruhun varlığı inancı iyice yaygınlaşmıştır: biri "beden ruhu" diğeri de "serbest ruh". Beden ruhu (organ, nefes, yaşam ruhu gibi adlar da alır) bedenin bir yerlerinde bulunur. Ancak ruhun bedenin neresinde oturduğu konusu farklı farklı yorumlanmıştır. En çok da ruhun yürekte oturduğu varsayılmıştır. Ama gerek ilkel kavimlerde gerekse Antik Çağ'da, bedensel ruhun anlamlı bir şekilde beyinde oturduğunu

---

* Ölülerin gömülmesi geleneğinin izlerini neredeyse Yontma Taş Devri'ne kadar sürebiliyoruz. Hatta ölenlerin bazı araç gereçlerle ve mahsullerle gömülmesi, ölümden sonraki yaşama ait bir inanışa (ebediyete) işaret eder ki bu inanç günümüz Semavi dinlerindekinden pek de farklı sayılmaz (Bernal, s. 78-80).

† Yunanca *Theos*, tanrı demektir; bu inanışta evrensel düzenin insanlarla ruhani varlıklar, yani tanrılar arasındaki hiyerarşik ilişki üzerine kurulduğuna inanılır (Hançerlioğlu, c. 6, s. 281-282).

düşünmek kimsenin aklına gelmemiştir. İlkel inanca göre ölümden sonra beden ruhu, nefesle (solukla) ağızdan çıktığı halde, serbest ruh yaşamaya devam eder. Bu bedensiz serbest ruh, insanın bir kopyası ya da gölgesi kabul edilmiştir. Antik Yunan'da Platon'a (Eflatun) gelinceye dek ruh, somut bir varlık sayılmıştır. Ruhu soyutlaştıran ilk düşünür Platon'dur (Hançerlioğlu, c. 5, s. 346-349; c. 6, s. 319-320).

Nihayetinde şunlar söylenebilir; avcı-toplayıcı topluluklardaki büyücülük kavramı, tarım toplumunda ve antikçağlarda varlığını devam ettirmiş ve ruh kuramları gelişimini sürdürmüştür. Ancak bütün bunlar yapıcı, somut düşünce ve üretimlerin gelişmesini geciktirmiştir. Somut düşünce ve üretimlerin kontrolü, üretim sürecinden kopmuş din rahiplerinin elinde ruhlara devredilmiştir. Doğa olaylarını kutsal ruhların eylemleriyle açıklarken bazı tutarsız benzetmelere başvurulmuş, evren ve doğaya bakış büyük yaradılış efsanelerinin ortaya çıkmasına yol açmıştır. Bu efsanelerde doğa güçleri kişileştirilmiştir (Bernal, s. 78-80).

KAYNAKLAR

Adıvar A. *Tarih Boyunca İlim ve Din, Bölüm-1*, Remzi Kitabevi, 2. Baskı, 1969.

Aydın E. *Dünya ve Türk Tıp Tarihi*, Güneş Kitabevi, 2006.

Bayat A.H. *Tıp Tarihi*, Zeytinburnu Belediyesi Kültür Yayınları, 3. Basım, İstanbul 2016.

Bernal J.D. *Materyalist Bilimler Tarihi-I*, çev. Emre Marlalı, Sosyal Yayınlar, İstanbul, 1976.

Ceram C.W. *Tanrılar, Mezarlar ve Bilginler*, çev. Hayrullah Örs, Remzi Kitabevi, İstanbul, 1982.

Ertekin C. *Tıbbın Öyküsü*, Türkiye İş Bankası Kültür Yayınları, 5. Basım, İstanbul, 2019.

Hançerlioğlu O. *Felsefe Ansiklopedisi: Kavramlar ve Akımlar*, C. 5, Remzi Kitabevi, İstanbul, 1978.

Harari Y.N. *Hayvanlardan Tanrılara Sapiens: İnsan Türünün Kısa Bir Tarihi*, çev. Ertuğrul Genç, Kolektif Kitap, 13. Basım, İstanbul, 2016.

Kranz W. *Antik Felsefe*, çev. Suad Y. Baydur, Sosyal Yayınlar, İstanbul, 1984.

Lieberman D.E. *İnsan Vücudunun Öyküsü: Sağlık, Hastalık ve Evrim*, çev. Raşit Bilgin, Say Yayınları, Popüler Bilim 6. Baskı, İstanbul, 2023.

Russell B. *Batı Felsefesi Tarihi*, çev. Muammer Sencer, 3. Basım, Say Yayınları, İstanbul, 1983.

Wiesner-Hanks M.E. *Kısa Dünya Tarihi*, çev. Serpil Çağlayan, Türkiye İş Bankası Kültür Yayınları, 3. Baskı, İstanbul, 2022.

2

Trepanasyon: İlk ve İlkel Kraniotomi

Taş Devri'nin geç dönemlerinde, beklenmedik bir şekilde ilkel kraniotomi girişimi yapıldığı kayıtlara geçmiştir. Kafatası delinerek ve özelleşmiş taşlarla *trepanasyon* cerrahisi yapılıyordu. *Trypanon* Yunancada *delik açma* anlamına gelir. Bu, insan eliyle yapılan ilk cerrahi girişimdir, ayrıca beyin cerrahisinde uygulanan ilk ilkel kafa ameliyatıdır. Avrupa'da Neolitik Çağ'dan günümüze dek yapıldığı ortaya çıkmıştır. Ukrayna'da MÖ 7300-6200'lerde ve Fransa'da MÖ 5100-4900'larda yapıldığı saptanmıştır. Ancak trepanasyonun en çok uygulandığı dönem muhtemelen MÖ 3000-2000 yılları arasındadır. Bununla beraber trepanasyonun Afrika ve Ortadoğu'da başladığını gösteren kanıtlar da mevcuttur; bu yaklaşık MÖ 10.000'lere dek uzanır (Wickens, s. 6). Her ne kadar trepanasyon bu kadar eskilere dayansa da, ilk bilinen ve kanıtlanan trepanasyon ameliyatının MÖ 5000 yılında Fransa'da Ensisheim bölgesinde yapıldığı yazılmıştır. Çağımızda ilk kez 1685 yılında Fransa'da yapıldığı bulunsa da, o zamanlar bu kafa deliklerine çok önem verilmediği anlaşılıyor (Aydın, s. 8; Özbek, s. 109-126; Finger s. 4-6).

Peru'da eski bir mezarlıkta bulunmuş kafatasıyla ilk defa 1800'lü yıllarda dünya kamuoyu ilgilenmeye başlamıştı. Kafatası İnka döneminden kalmaydı. Üzerinde bir trepanasyon deliği bulunuyordu. Delik, alın kemiğinin sol tarafında yer alıyordu. Kafatası kemiğinin açılması için muhtemelen taş kullanılmıştı; kafa kemiği, beyin dış zarına (*duramater*) dek kesilmiş ve kemik parçası çıkarılmıştı. Her ne kadar daha sonra bulunanların tersine kafa deliği dört köşe şeklindeyse de burada bir kemik rejenerasyonunun meydana geldiği açıkça belli oluyordu. Bu, yapılan ilkel kraniotomi ameliyatından sonra İnkalı hastanın hayatta kaldığını ve uzun bir süre yaşadığını gösteriyordu (Thorwald, s. 181-183).

Daha sonraki arkeolojik araştırmalar, gerek tarih öncesi gerekse Antik Çağ'dan 19. yüzyıla dek trepanasyonun çok sayıda yapıldığını göstermişti. Nitekim Peru'da 10 binden fazla trepane edilmiş kafatası çıkarıldığı söylenir. Eski Perulu insanların ve ilkel cerrahların bu girişimi yaparken anestezik etki yapabilecek bazı maddeler kullandıkları tahmin edilebilir ama bunu kesinlikle bilmek olası değildir. Eski Perulular, ağrıyı azaltabilecek bitkiler ve özellikle *koko* yapraklarını kullanmıştır belki de (Finger, s. 4-6).

Öte yandan, eski tarih belgeleri daha ayrıntılı tarandığında, Antik Yunan uygarlığındaki Kos Adası Hippokrates Okulu'nda da medikal amaçlı trepanasyon yapıldığı anlaşılıyor. Nitekim bu amaçla Yunan hekimlerin trepanasyon için kullandığı aletler, Ortaçağ'da yeniden kullanılmaya başlanmıştır. Bunlara *taçsı trepan* denmiştir. 16. yüzyılda ünlü Fransız berber-cerrah Ambroise Paré cerrahi alet sayısını çoğaltmıştır. Cerrahi aletlere burgu, keski ve elevatör eklemiştir. Bu aletlerle oldukça sık trepanasyon uygulamıştır. Kafa travmaları ve kafa yaralanmalarında kan ve irin toplanması, ayrıca kırık durumlarında

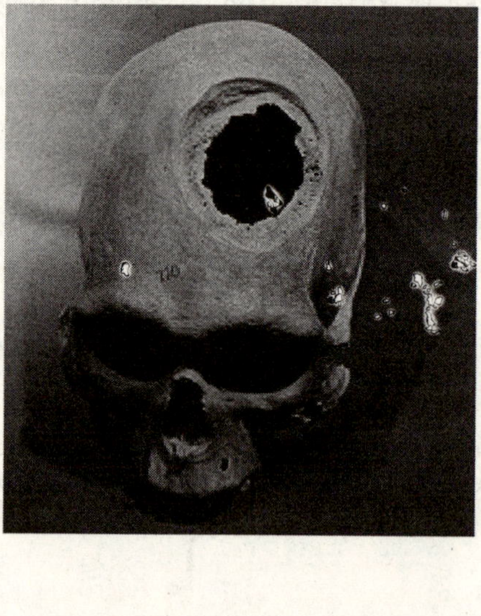

Resim 2.1. Trepanasyon yapılmış kafatası

trepanasyon yapılıyordu. Bu girişimlerden sonra yaşayanlar varsa da hasta, çoğu kez yara enfeksiyonu, menenjit ve septisemiden ölüyordu (Thorwald, s. 181-183).

19. yüzyılın ikinci yarısında dünyanın izole kalmış bazı bölgelerinde hâlâ taş devrini yaşayan kavimler ya da insan topluluklarında trepanasyon olgusu, sosyal antropoloji açısından sistematik olarak incelenmişti. Bu araştırmalarda, taş ve istiridye kabuklarıyla trepanasyon yapıldığı bildirilmişti. İşin ilginç yanı, *analjeziye* (ağrı giderici tedavi) başvurulmaksızın yapılan bu girişimlerden sonra, kişilerin yarısının 10 yıldan fazla yaşadığı söylenmiştir. Girişimi yapan yerlilerin, bazen trepanasyon deliği üzerini hindistan cevizi kabuğuyla kapattıktan sonra deriyi tekrar üzerine çektikleri saptanmıştır. Bunlar, okyanus adalarında izole yaşayan insan topluluklarına ilişkin gözlemlerdir (Thorwald, s. 181-183).

Genellikle trepanasyonun amacı, savaş yaralanmalarında kırılmış kemik parçalarını çıkarmak ve beyin dokusuna baskı yapmalarını gidermek veya önlemektir. Fakat kronik başağrısı ve sara nöbetleri (epilepsi) görülen hastalara da trepanasyon yapılıyordu. Hatta ilkel bir adada yaşayan annelerin, kötü ruhlara çıkış yolu sağlamak için çocuklarının kafataslarına delik açtırdıkları bile bildirilmiştir (Thorwald, s. 181-183)! Trepanasyonun bugünkü Arnavutluk ve Yugoslavya bölgelerinde 20. yüzyılın başlarına kadar kullanıldığı yazılmıştır.

Trepanasyonun büyücü-hekimler, rahipler, berber-cerrahlar veya bu iş için uzmanlaşmış kişiler tarafından yapıldığı tahmin edilebilir. İşlem, en çok sol parietal kemiğe uygulanmıştır. Trepanasyon için antik çağlarda çekici, kaldırıcı, kesici ve delici işlevler gören ucu yassılaştırılmış çiviler, kırık şişe parçaları, köpekbalığı dişi, sivri kemik parçaları, sert hayvan kabukları kullanılmış ve daha sonra geliştirilmiş madeni aletler ortaya çıkmıştır. Trepanasyon öncesi kişinin mümkün olduğunca acı çekmemesi için üzüm ve palmiye şarabı (Akdeniz iklimi görülen bölgelerde) veya uyuşturucu özellikteki koka yaprakları (Güney Amerika'da) verildiği kayıtlara geçmiştir. Trepanasyonda açılan kafa deliğinin altın veya kurşun levhalarla örtüldüğü, üzerine kömür tozu, sedir ağacı gibi düzelmeyi hızlandıran (?) merhemler sürüldüğü de belirtilmiştir (Bayat, s. 42).

Ortaçağ'da Romalı hekim Celsus, trepanasyon sırasında beyin zarına zarar vermemek için *meningophylax* denen aletin kullanıldığını yazmıştır. Trepanasyon yapılmış kafatasları günümüz koşullarında incelendiğinde, deliklerin etrafında daha sonra oluşmuş bazı kemik dokularınınbulunduğu görülmüştür. Bu bulgu, bu kişilerin operasyondan sonra bir süre daha yaşadığını düşündürür. Deliğin çevresinde böyle bir kemik reaksiyonu yoksa muhtemelen bu kafatası sahipleri operasyon sırasında ölmüştür veya delik, kişi öldükten sonra açılmıştır (Aydın, s. 8; Özbek, s. 109-126).

Değişik kültürlere göre trepanasyonun yapılış nedeni farklılık gösterebilir. En sık yapılma nedeni, kafatasına açılan delikten kötü ruhların çıkarılması ve böylece beden veya ruh hastalığının tedavi edilmesidir. Ancak akla yatkın gelebilecek tıbbi nedenlerle de trepanasyon yapılmıştır. Bu yönteme epilepsi ve migren tedavisinde de başvurulmuştur. Yukarıda değinildiği üzere Yunan hekim Hippokrates'in kafa yaralanması (kafa travması) durumunda trepanasyon önerdiğine dair bilgiler vardır. Başağrısı çekenlerde genellikle kafaya yerleşmiş kurtçukların serbest kalması için yapıldığı tahminler arasındadır (Özbek, s. 109-126). 19. yüzyılda yaşayan beyin cerrahı İngiliz Victor Horsley trepanasyona, kafadaki çökme kırıklarında oluşan konvulsiyonları gidermek amacıyla yapılan bir işlem demiştir (Wickens, s. 6). Başka nedenler arasında delilik, zihinsel gerilik, başağrısı ve havayı, gazı veya sıvıyı serbest bırakma sayılabilir (Wickens, s. 6). Muhtemelen ilkel toplumlarda normal insanlardan farklı konuşan veya davranan akıl hastaları bu operasyonlara namzet atalarımızdı (Ertekin, s. 11-12)

Gerek ilkel toplumlardaki büyücü hekimler gerekse şaman uygulayıcılar olsun, bu ilk hekimlerin sağaltım yaklaşımı uygulaması kötü ruhların bedenden çıkarılmasına ve temizlenmesine yönelik girişimlerden ibaretti. İlk Çağ insanları bu tehlikeli ve ilkel girişime gereksinim duymuşlardır. Amaçları kötü ruhları kafa deliğinden beden dışına çıkarmaktır. Hatta izole ve ilkel koşullarda yaşayan bazı bölgelerde (Afrika ve Polinezya gibi) bu ameliyatın günümüzde bile bu amaçla yapıldığı doğrulanmıştır. Konvulsiyon geçiren küçük çocuklarda, ruhu şeytandan korumak için yapıldığını Paul Broca ifade etmiştir (Wickens, s. 6; Thorwald, s. 181-183).

Resim 2.2. Holandalı Rönesans Ressamı Hieronymus Bosch (1488-1516) *Deliliğin Tedavisi* tablosu. (Muhtemelen bir akıl hastasına yapılan trepanasyonu resmetmişti)

Acaba ilk sağlıkçı atalarımız, anestezi (ağrı giderilmesi) ve asepsi (enfeksiyon riskinin önlenmesi) yapılmadan beyin gibi hassas bir organı koruyan kafatasına uyguladıkları trepanasyonu beceriyle ve hızlıca gerçekleştirebiliyorlar mıydı ? Peki bunu nasıl yapıyorlardı? Bu soruyu, Paris'te yaşamış nörolojinin öncüsü Paul Broca da kendine sormuştur mutlaka! Çünkü aynı zamanda antropolog olan Broca, trepanasyon tarihiyle de çok ilgilenmiştir. Broca, Lyon kentinde 1873 yılında yapılan antropoloji kongresine katılmıştır. Orada rastladığı bir köy hekimi o çevrede yapılan kazılarda, büyük yuvarlak delikleri bulunan kafataslarına rastladığını kendisine anlatmıştır. Broca bunların Taş Devri'nden kalma kafatasları olduğunu anlamış ve çoğunun trepanasyondan sonra bir süre yaşadığını da, deliğin etrafında gördüğü kemik rejenerasyonuna dayanarak ortaya çıkarmıştır. Bunların bazılarında kafa travmasına ait izler de görülmüştür. Broca, dile getirdiğimiz sorulara yanıt aramak üzere trepanasyon uygulamasını deneye taşımıştır. Broca'nın görüşüne bakılırsa Taş Devri'nde yaşamış bir sağlıkçı veya büyücü ve şaman, her kimse, elinde hangi alet bulunursa bulunsun pekala trepanasyon yapabilecek durumdaydı. Broca, canlı bir köpekte çakmaktaşıyla pek de sıkıntı çekmeden kafatasına delik açabilmiştir. Aynı deneyi kadavralar üzerinde de tekrarlamıştır. Çocuk kafatasında trepanasyon 4 dakikada tamamlanırken, erişkin kafasında 60 dakikada yapılabiliyordu (Wickens, s. 4-6; Thorwald, s. 181-183; Finger s. 4-6). O halde, ilkel dönemlerde veya antik çağlarda pek çok insan bu uygulamayı muhtemelen kolaylıkla becerebiliyordu fakat hastalar ya ameliyat şokundan ya da septisemiden ameliyat sonrasında hemen ölüyordu. Bu yüksek riskli ilkel ameliyat, daha sonraları toplumların uygarlaşmalarıyla ya yasaklanmış ya da kendiliğinden terkedilmiştir.

KAYNAKLAR

Aydın E. *Dünya ve Türk Tıp Tarihi*, Güneş Kitabevi, İstanbul, 2006.

Bayat A.H. *Tıp Tarihi*, Zeytinburnu Belediyesi, Genişletilmiş 3. Basım, İstanbul, 2016.

Ertekin C. *Tıbbın Öyküsü*, Türkiye İş Bankası Kültür Yayınları, 3. Basım, İstanbul, 2020.

Finger S. *Origins of Neuroscience. A History of Explorations into Brain Function*. Oxford University Press, Londra ve Newyork, 1994.

Özbek M. "Çayönü'nde kafatası delgi operasyonu" *Hacettepe Üniversitesi Edebiyat Fakültesi Dergisi*, Cumhuriyetimizin 75. yıl özel sayısı, s. 109-126. Ankara 1998.

Thorwald J. *Cerrahların Yüzyılı. Cerrahların Dünyası*, çev. Kazım Ergin, Ankara Üniversitesi Basımevi, Ankara, 2005.

Wickens A.P. *History of the Brain-From Stone Age Surgery to Modern Neuroscience*, Psychology Press, Taylor & Francis Group, Londra ve NewYork, 2015.

3

Antik Çağ: Beynin Adı Yok

İnsanlık tarihinde önce dil, din, sanat, ahlak ve hukuk gelişmiştir. Bilim ve bilimin alt dallarından nörolojiyle beyin yapısı ve işlevleri konularının gelişimi çok daha sonradır. Bilim ve nörolojiye ilişkin ilkel ölçümlere, deneylere ve bazı kendine özgü bilgi ipuçlarına çok eski uygarlıklarda da rastlanabilir. Fakat bu eski uygarlıklardan gelen bilgiler, bilimsel disiplinlerin süzgecinden geçmemiştir. Ayrıca benzeri konularda çalışanlar birbirinden bihaberdir. Çünkü o zamanın koşulları altında, ne uzak ne de yakın iletişim söz konusudur. Eski yazılarla, halk diliyle, insanlar aracılığıyla sonraki kuşaklara aktarılan bilgiler, çoğu kez varsayımlar şeklinde yorumlanmıştır.

Geçmişten günümüze gelen ve bilim çağına ulaşan bu bilgilerin ne kadarının doğru olduğu konusu, çağımızdaki bilimsel yöntemlerle gözden geçirilip ayrıma gidilebilmiş ve bazı eski bilgiler kısmen de olsa doğrulanabilmiş ya da belirli bir temel ortaya çıkarılabilmiştir. Burada filozof-hekimleri örnek verebiliriz. Onlar, insan bedeninin düzenine bakarak düşünce yoluyla insan yapısı hakkında bazı sonuçlara varmış ve bunları sonraki kuşaklara yazı yoluyla iletebilmişlerdir.

Birçok tarih kitabında bilim, hukuk, edebiyat, sanat ve tıp bilgisi çoğunlukla Antik Yunan ve Roma uygarlıklarıyla başlatılır. Ancak bu durum, genellikle daha eski uygarlıklardan Mezopotamya, Mısır, Çin ve Hindistan'daki düşünsel ve el becerisine ilişkin gelişmelerin daha geç keşfedilmesinden kaynaklanmıştır. Antik Yunan ve Roma uygarlıklarına atfedilen bilim, sanat, tıp ve yaşam konularında söylenenlerin bir kısmı daha eski uygarlıklar aracılığıyla Yunan ve Roma uygarlıklarına geçmiştir (Fara, s. 17-62; Umar, s. 238-308). Bu nedenle, Antik Çağ anlatılırken öncelikle daha eski uygarlıklar içinde beyin ve sinirlere ait ipuçları aranacak, bunları Yunan ve Roma uygarlığı izleyecektir.

Antik Mısır Uygarlığı, MÖ 3500-600 yılları arasında yer almış ve yaklaşık 4000 yıllık bir süreye damgasını vurmuş büyük bir Antik Çağ uygarlığıdır. Antik Mısır Uygarlığı hakkında bilgilerimizin temel kaynağı *papirüs*ler ve onların üzerine yazılmış hiyeroglif yazılardır (Eren, s. 24-26; Ceram, s. 90; Ertekin, s. 28-29). MÖ 1600'lü yıllarda yazıldığı düşünülen Edwin Smith Papirüs'ü* diğer papirüsler arasında beyin ve sinir dokuları ve hastalıkları hakkında yazıların bulunduğu en önemli belge sayılabilir. (Ertekin, s. 28-29). Bu papirüs, beyin hakkındaki ilk yazılı kaynaklardan biridir. Kafa ve boyun zedelenmesine bağlı felç için kırk sekiz tip tanımlamıştır (Wickens, s. 10).

Bu papirüste, beynin bir zarla kaplandığı, iki yarımküreden oluştuğu ve yüzeyinin girintili çıkıntılı yapısı yer almıştır. Papirüslerde adı geçen bazı hastalıklar günümüzdekine yakın bir dille anlatılmıştır. Örneğin boyun omurlarından birinin yerinden oynaması ve çıkması durumunda hastanın kol ve bacaklarında halsizlik, gözlerinde kanlanma, cinsel organında sertleşme görülebileceği belirtilmiş ve bu durumda tedavinin mümkün olamayacağı yorumu yapılmıştır. Bu papirüsten anlaşıldığı üzere, Antik Mısır'da, boyun omurilik travması ve bası lezyonlarında bir iki fark dışında durum oldukça iyi anlatılmıştır. Halsizlik dedikleri felçtir ve açıkça *kuvadriparezi* (kol ve bacakların felci) tanımlanmıştır. Bu hallerdeki penis sertliğine günümüzde *priapizm* adı verilir. Ayrıca epilepsiyi tanımlayan yazılar da vardır (Ertekin, s. 28-29; Bayat, s. 60). Mezopotamya uygarlıklarında karaciğer önemli organ kabul edilirken Mısır uygarlığında akciğerler ve kalp ön plana geçmiştir. Bunu bazı mumyalama tekniklerinden anlıyoruz. Mumyalar hazırlanırken ölen kişinin yüreği bedene geri konmuştur; buna karşılık mumyaların beyni, burun yoluyla bir kanca kullanılarak dışarı çıkarılmıştır. Buradan, yüreğe beyinden daha fazla önem verildiğini tahmin edebiliriz.

* Papirüsler hangi kişi veya kurum tarafından çözülmüş, okunmuşsa ona göre adlandırılıp sınıflandırılmıştır.

Hint kültürü, Sümerlerden sonra dünyanın en eski kültürlerinden sayılabilir. Dinin ve metafiziğin incelikleri, güçlü bir ustalıkla ortaya çıkarılmıştır. Din, sanat ve felsefe birbirine karışarak gelişmiştir (Hançerlioğlu, c. 4, s. 325-327).

MS 2. yüzyıl ve sonrasında tıp anlayışında daha modern anlamda bazı değişmeler öneren iki Hintli hekim ve iki tıp kitabı ortaya çıkmıştır: *Caraka-Saṃhitā* ve *Suśruta-Saṃhitā*. Ayrıca değişik Hint kaynaklarında, anestezi (?) ile gerçekleştirilen ilk beyin ameliyatının Aśvinī (MS 1010-1056) adlı bir Hintli hekim tarafından yapıldığı belirtilmiştir (Aydın, s. 43-47; Kahya ve Öner, s. 27; Küçükler, s. 17-31). Bu son durum dışında, beyne verilen önemi gösteren bir kanıta, Hindistan kültür tarihinde rastlanmamıştır.

Antik Yunan Uygarlığı

Antik Yunan uygarlığında beyin, akıl, ruh ve nörolojik hastalıklara ait bilgi birikiminin yavaş yavaş başladığını görüyoruz. Bu yönleriyle ruh, akıl, beyin ve bedene dair düşünce ve deneyimlerin daha iyi anlaşılması bakımından Antik Yunan uygarlığı üç döneme ve bir bakıma üç gruba ayrılabilir: (1) Mitolojik Dönem, (2) Filozof-Hekimler Dönemi, (3) Bilimsel Dönem ya da Seküler Dönem (Bayat, s. 102).

Antik Yunan'da çok tanrılı din (politeizm) günlük yaşamın ayrılmaz bir parçasıydı. Tanrıların çoğunun şifa verme gücü taşıdığına inanılıyordu. Aslında Hippokrates öncesi Antik Yunan hekimleri, hastalığı tanrıların tatminsizliği veya şeytanın bedeni ele geçirmesi kabul ediyordu. Hekimin görevi, tanrılarla ilişkiye girmek, dua etmek ve kişinin hastalığıyla tanrıları uzlaştırmaktı ya da bedene giren şeytanı dualar, ilahilerle bedenden çıkarmaktı (Eren, s. 101-107; Ertekin, s. 71).

İlk bilgiler Homeros'un destansı anlatımlarından gelir. Homeros'un *İlyada* ve *Odysseia* adlı eserlerinin yıllar boyunca dilden dile, kuşaktan kuşağa geçtiği ancak MÖ 400'lü yıllarda yazıya aktarıldığı öne sürülmüştür (Wickens, s. 11). Homeros, ruh ve akıl konusuyla ilgili *psyche, thymos, nous* kavramlarını dile getirmiştir. *Psyche* kavramı, soluk alıp verme, hava anlamında kullanılmıştır, yaşamla ilgilidir. Ancak bu kavrama herhangi bir entelektüel işlev yüklenmemiştir. *Thymos* kavramıysa akciğerler dolayısıyla soluk, kalp ve zihinle bağlantılıdır. *Thymos* duygular ve düşünceler değiştiğinde değişebilen, dinamik, gidip gelen bir soluk, daha doğrusu kanla karışık bir soluktur. Ancak solunan dış hava değildir; beden hastalanınca azalan, bedenin iyileşmesiyle artan bir havadır. Kanla karışık olmasından dolayı onun, bedendeki buharla da ilişkili olduğu düşünülmüştür. *Nous* kavramı zekâ, akıl anlamında kullanılmıştır; ruh gibi bir kavram olarak da ifade edilir. *Nous* da göğüse oturtulur. Homeros, göğsü daima yaşamdan zevk aldırıcı fakat yaşamsal değişmelerin ve üzüntülerin de yer aldığı bir merkez gibi görmüştür. Hiçbir zaman, beyne ait somut bir şey söylememiştir.

İlkel Çağlar ve hatta Antik Yunan uygarlığının ilk dönemleri de dahil, insanı ilgilendiren fakat zamanımıza ait bilgilere dayanarak ilginç bir görüş ortaya atılmıştır. Julian Jaynes (1920-1997) adlı psikolog 1976 yılında *bicameral mentality* (bikameral zihin) veya *bicameral mind* (iki odalı akıl) adlı bir kuram veya görüş öne sürer. MÖ 1200'lü yıllardan önce tüm insanlarda, bugünkü standartlara göre kendini bilme veya kendinden haberdar olma bilincinin bulunmadığını ileri sürer. Antik Yunan'ın duygu ve arzuların kendi akıllarından kaynaklanmadığını, bunları tanrıların eylemlerinin sonuçları saydıklarını belirtir. Bunun sebebini, o dönemlerde sağ hemisferin baskın olması şeklinde açıklar. Konuşmayı da ayarlayan sol hemisferin çok sonra ön plana çıktığını söyler. Günümüzdeki bilgilere göre sağ veya sol hemisfer baskınlığı, bireyin sol veya sağ elini kullanmasıyla ilgilidir; beynin iki hemisferine ait ayrı özelliklerdir. Başka farklılıklar da vardır. Sol hemisfer baskınlığı sağ elini kullananlarda görülür. Sağ hemisfer baskınlığı sol elini kullananlarda görülür. İlginçliğini devam ettirmekle beraber *bicameral mind* kuramı çok eleştiri almıştır (Wickens, s. 11-12).

Bununla beraber antik çağlarda yaşayan insanların bugünkü insanlardan farklı düşündüğü, farklı gerçeklerle karşı karşıya olduğu ve bu nedenle farklı davranışlar gösterdiği öne sürülebilir (Wickens, s. 11-12; Eckoldt, s. 19). Bu çağlarda düşünme ve davranış merkezinin beyin değil kalp olduğunu düşünmüşlerdir. Homeros'un *İlyada*'sında beyne atfedilebilecek bir hayli kelime bulunmuştur. Bunlardan biri *enkephalos* kelimesidir. Bu kelime kafanın içindeki materyal olarak düşünülmüştür. Günümüzdeki anlamı kastedilmemiştir (Wickens, s. 11-12).

Filozof hekimler, serbest ve sistemli düşünceyle dünyayı ve insanı kavramaya, doğaüstü olaylara körü körüne inanmamaya, olaylar arasında sebep-sonuç ilişkileri aramaya, tıbbi olayları doğa felsefesiyle açıklayıp tıbbi bilgileri kuramlardan elde etmeye çalışmışlardır.

Bu çağlarda insanlar artık, eski kuşaklardan aktarılan bilgilerin doğruluğundan kuşku duymaya başlamış; kendi akıllarını kullanmayı iyice öğrenmişlerdir. Şüphecilik artmış ve akla dayanan düşünce hüküm sürmeye başlamıştır. Bu akılcı toplumda, insan bedeni ve tıp bilgilerinde yeni bir gelişim ortaya çıkmıştır. Filozofların önemli bir kısmı ya hasta iyileştiren şifacı ya da insan bedeni ve çevre hakkında derinlemesine düşünen biyolog sayılıyordu. (Kahya ve Öner, s. 79; Bayat, s. 100). Bunlardan birisi de yaklaşık MÖ 400'lü yıllarda yaşamış Sicilyalı Empedokles'tir. Beden ve tedavisiyle ilgili ve Hippokrates Okulu'nun dört sıvı (kan, balgam, sarı safra ve kara safra) kuramına benzer bir kuram geliştirmiş ve bu kuram daha sonra Hippokrates ve Galenos'u etkilemiştir (Adıvar, 1. bölüm; Bernal, s. 135-137). Empedokles Okulu'nun mensupları, ruhun ölmezliğine ve ölen bir insanın ruhunun başka bir insana veya hayvana geçtiğine inanıyordu. Bu okul mensupları, bu nedenle, evrende canlılar arasında bir kardeşlik kurulduğunu söylemişlerdi. Bununla bağlantılı olarak hayvan eti yemiyor, sadece bitkisel besinlerle besleniyorlardı. İlk vejetaryenliğin böyle başladığı iddia edilir. Empedokles'in hem günümüze uyabilen hem de saçma sayılabilecek fikirleri vardır. Örneğin bitkilerin de insanlar gibi aklı olduğunu, sevinip üzüldüklerini düşünmüştür. Ama öte yandan hayvanlar ve insanın meydana gelişiyle ilgili, ilkel bir doğal seçilim düşüncesini ortaya atmıştır. Bu düşünce ilkel ve hayali bir evrim kuramına benzetilir (Russel, s. 65-69; Kranz, s. 97).

Tüm filozof hekimler, bedenin merkezinin yürek olduğunu düşünmüştü. Empodokles, *pneuma*nın (canlıyı canlı yapan etken, nefes) kalbe soluk borusuyla taşındığını, *pneuma* merkezinin yürek olduğunu, oradan damarlar yoluyla organlara dağılarak vücudu beslediğini ileri sürmüştür. Yüreğin, ayrıca ruhun, düşüncenin ve sorgulamanın merkezi veya kökeni olduğunu da savunmuştur. Hatta daha da ileri giderek zekânın kandaki bileşime dayandığını söylemiştir (Kahya ve Öner, s. 82-83; Wickens, s. 13).

Tüm bunlara karşın düşünme merkezinin kalpte değil de beyinde olduğunu ilk kez söyleyen Alkmaidon (MÖ 510-440) olmuştur. İtalya'nın güneyinde Crotona'da (Calabria) doğmuştur. Alkmaidon'un birçok eser yazdığı, fakat çoğunun günümüze ulaşmadığı söylenir. Onun bize tanıtılmasını Theophrastus* (MÖ 371-287) sağlamıştır. Alkmaidon hayvan kesileri yapan ve böylece anatomi çalışan ilk hekim ve filozof olarak bilinir (Wickens, s. 13; Doty, s. 561-568; Öncel, s. 5-7).

İnsan vücudu hakkında ilk çarpıcı yazıları yazan Alkmaidon'dur. Bugüne ulaşan bilgilere göre optik siniri tanımlamış ve daha da önemlisi insan beynini zekâ, duyumlar ve ruhun merkezi kabul etmiştir. Beynin düşünce ve akla hükmettiğini, bilinci oluşturduğunu belirttiği de söylenir. O, ruhun ebediyetine inanıyordu. İnsanı hayvandan ayıran şeyin idrak olduğunu söylüyordu. Hayvanların duyuları bulunduğunu, ancak idraklerinin bulunmadığını vurguluyordu (Doty, s. 561-568; Öncel, s. 5-7).

Böylece, Alkmaidon bir yandan bilimsel hekimler çağının ilk işaretini vermiş, düşünce ve bilgileri Antik Çağ'ı aşmış bir bilge hekimdir. "Sağlık kavramı bedensel güçlerin ve temel sıvıların uyumuna bağlıdır. Bu sıvılar dengede ise beden sağlıklıdır. Sıvılardan birinin artması dengeyi bozar ve hastalık hali ortaya çıkar," demiştir. Alkmaidon'un bu sağlık anlayışı, sonraları Hippokrates'in sağlıkta *dört sıvı* kuramına katkı sağlamıştır denebilir. Alkmaidon yutakla kulak boşluğunu birleştiren bir boruyu tanımlamıştır. Daha sonra bu boruyu ayrıntılı olarak MS 16. yüzyılda Eustachio incelemiş ve kendi adını vermiştir (östaki borusu). Bu anatomik borunun, 2000 yıl öncesinden Alkmaidon tarafından tanımlandığını herhalde bilemezdi (Aydın, s. 87-89; Kahya ve Öner, s. 88-89; Ertekin, s. 72; Bayat, s. 109-110).

Hippokrates ve tıp okuluna gelirsek, Hippokrates'in yaşamı hakkında bilinenler ölümünden 500 yıl sonra Efesli hekim Soranos'un yazdığı biyografiden elde edilmiştir. Hippokrates ve Kos adasındaki tıp okulunda bulunan öğrencileri ve daha sonrakilerden toplanan bilgiler *Corpus Hippocraticum* [Hippokrates'in Toplu Yapıtları] adıyla bir araya getirilmiştir. İstanköylü (Kos adası Bodrum'un karşısındadır) Hippokrates (MÖ 460-370) tıbbı felsefeden ayırarak tababeti profesyonel beceri

* Aristo'nun kurduğu Lykeion'u (lise) ondan sonra yöneten filozof hekim.

içinde kullanmaya çalışan ilk hekimdir. Tıbbın babası sayılır. Gözleme dayalı seküler tıbbın kurucusudur. Hippokrates ne hayvan ne de insan diseksiyonu yapmıştır. Bu muhtemelen yaşadığı ortamdaki toplumsal, dini, kültürel kökenli yasaklardan dolayıdır. Aynı zamanda insan öldükten sonra ruhun tekrar geri döneceğine ve bu nedenle bedenin bozulmaması gerektiğine dair inançlar dolayısıyladır belki de.

Tababeti büyü, kehanet ve dinsel inançlardan kurtarmıştır. Hatta hastalıklara tamamen biyolojik açıdan yaklaşan ilk sistematik tıp okulunu kurmuştur. İçinde mistisizm ve sırlar yoktur, tamamen sekülerdir. Hippokrates ve ardılları, tanrılara dua etmenin veya diğer doğaüstü etkilerin boş olduğunu savunur. Doğada asıl sorun ilahî bir kavram olup olmaması değildir. Doğada meydana gelen her olay, önceden meydana gelmiş olayların sonucudur. (Adıvar, s. 59-60; Bernal, s. 141-145; Fara, s. 37; Russel, s. 86-96; Öncel, s. 7-11; Haas, s. 5).

Her şeyden önce hekimlik uygulamalarında etiğe ilk önem veren kişidir. Örneğin onun, *primum non nocere* (önce zarar vermemek) ilkesi çok önemlidir. Tabii ki bu, onun gözlemci, izleyici tıp anlayışına uygun pasif bir hekimliktir. Etik açıdan da onun *Hipokrat yemini* bütün dünyada uyarlanarak kullanılan doktor olma yeminidir. Ancak buna benzer yaklaşımlar Antik Mısır ve Mezopotamya uygarlıklarında da görülmüştür.

Hippokrates'e göre, doğanın iyileştirme yeteneği vardır. Doğa hem hastalıkları getirici hem de tedavi edicidir ve bedensel dengeleri yeniden düzeltebilir. Buna *natura medicatrix* (tedavi edici doğa) denmiştir. Hekim sadece doğanın bir hizmetçisi ve tercümanıdır (Aydın, s. 72; Bayat, s. 113). Hippokrates zamanında her ne kadar basit sağaltımlar yapılsa da esas olan gözlemci tababettir.

Diğer eski uygarlıklardaki gibi, Antik Yunan'da da hekimler genellikle zengin müşterilere hizmet eden kimselerdir. Yoksul halkın tedavisi, geleneksel ve sihirli reçeteler kullanan kocakarılar ve şarlatanların ellerine kalmıştır. O zamanlar sara hastalığına (epilepsi) kutsal hastalık denmiştir. Hippokrates buna şiddetle karşı çıkmıştır: "Kutsal diye adlandırılan hastalık bana göre öteki hastalıklardan daha ilahî değildir. Diğer hastalıklar gibi bunun da bir nedeni vardır. İnsanlar nedenini anlamadıkları için bunu ilahî bir hastalık olarak nitelendiriyor. Doğada herşeyin geriye doğru izlenince bulunabilen bir nedeni vardır." (Öztürk, s. 2-3; Eren, s. 101-107; Bayat, s. 112-113). Burada sözü edilen hekimlerin daha çok tapınaklarda çalıştıkları anlaşılıyor. O zamanlarda hem böylesi hekimlerin hem de Hippokrates Okulu hekimlerinin henüz epilepsi tedavisini bilmedikleri açıkça ortadadır. Ancak Hippokrates Okulu hekimleri bu konudaki bilgisizliklerini, işe tanrıyı karıştırarak gizlemeye kalkışmıyorlardı. Oysa epilepsiyi kutsal olarak niteleyenlerin bir tür kurnazlığa başvurdukları tahmin edilebilir. Onlar, şayet hasta iyileşirse bunu hemen kendi yararları doğrultusunda kullanabilecek ama epilepsi hastası iyileşmezse suçu tanrılara yükleyebileceklerdi (Batuhan, s. 274).

Hippokrates ve öğrencileri, yaşadıkları dönemde birçok hastalığın nedeni ve tedavisini bilmiyordu. Ama bunları doğaüstü, doğa dışı veya tanrısal nedenlere bağlamıyorlardı. Böyle davranmakla belki de tarihte ilk kez tıpta sekülarizm (laiklik) anlayışını da ortaya çıkarmışlardı.

Hippokrates ve onun düşüncelerini sürdüren öğrencileri, Dört Humor Kuramı'na (dört sıvı kuramı) rağmen, kendi zamanlarında çok akılcı fikirler ortaya koymuştur. Hippokrates Okulu, psikoloji ve psikiyatriye çok önemli katkılarda bulunmuştur. Histeri, melankoli terimlerini kullanmışlardır. Histerinin cinsel bir organa, dölyatağına (hysteron) bağlı bir hastalık olduğunu savunmuşlardır. Hippokrates ve okulunun, Antik Yunan'daki Aristoteles ve Galenos'a kıyasla ne denli ileri görüşlü olduğunu şimdi daha iyi anlıyoruz. Hippokrates ve ardılları beynin düşünme, akıl ve bilinç merkezi olduğuna inanıyordu. Dilerseniz Hippokrates'in şu sözleri ile bu konuyu noktalayalım: "İnsan bilmelidir ki neşe, hoşnutluk, gülme, sporlar, acı, üzüntü, karamsarlık ve matem yalnızca *beyin*den gelir. Bununla da özel bir tarzda sezer ve bilgiyi elde eder, görür ve işitiriz. Aynı organla deli ve çılgın olunur, korkulur ve bu dehşet bazen gece bazen de gündüz bizi etkisine alır." (Öztürk, s. 1; Kranz, s. 183; Öncel, s. 7-11; Haas, s. 5).

Hippokrates ve okulu çok ileri görüşlü olmasına ve hastalıkları, kutsal ve felsefi etkilerden kurtarmalarına rağmen, tıbbi uygulamalarda tedavi yönünden pasif kalmışlardır. Siyah safranın beyinde birikmesiyle *pneuma* denen ruhun beyne gidişi engellendiğinde hastalıkların ortaya çıkabileceği söylenmiştir. Ayrıca akut hemipleji (beden yarısı felci) veya parapleji (her iki bacağın felci) gibi durumlarda *apopleksi* terimini (inme) kullanmışlardır. Muhtemelen subdural ve diğer kanamalarda *trepanasyon* yapmayı önermişlerdir. Hippokrates ve öğrencilerinin kırık çıkıklar ve savaş yaraları durumlarında başarı elde ettikleri bildirilmiştir (Öncel, s. 7-11; Ertekin, s. 75-78).

19. yüzyıla kadar değerini koruyan bazı varsayımları vardır. Örneğin esneme üzerine ileri sürülen varsayım aslında çağına göre çok ileridir. "Esneme bedende ateş yükselmesinden önce ortaya çıkar ve akciğerlerde bol miktarda hava depo edilir. Ayrıca bir yukarı çıkma mekanizmasıyla birikmiş hava ağza taşınır, bu da ağzın açılmasına yol açar ve bir kapta kaynayan suyun buharı kaçırması gibi ağzın açılması da beden ısısının düşmesine sağlar." (Ertekin vd., s. 2073-2080).

Nihayetinde Hippokrates'ten şu alıntıyı paylaşalım: "Elde türlü usuller olduğu zaman az gösterişli olanı seçmelidir. Avam tabakasının gözünü faydasız bir cihazla karıştırmak iddiasında bulunmayan bir kimse, şerefli bir insanın, gerçek bir hekimin böyle olması gerektiğini hisseder." Hippokrates MÖ 370 yılında Tesalya'daki Larissa kentinde öldü. Hippokrates ve ardılları geriye 153 kitap bırakmıştır ve bu kitaplar MS 300 yılında İskenderiye'de bir araya getirilmiştir (Kahya ve Öner, s. 83-88).

Hippokrates'in ünlü atomcu filozof Demokritos ile birlikte yaşadıkları bir olay anlatılır. Bunun ne kadar doğru olduğunu bilmek pek mümkün değil ama hoş bir öyküdür. Öyküye göre, Hippokrates Taşoz adası karşısındaki Abdera'da (Trakya'nın bir kenti) bulunduğu sırada, filozof Demokritos (MÖ 460-310) da aynı yerde bulunmaktadır. Demokritos'un hemşehrileri onun sözlerini ve hallerini pek beğenmemektedir. Atomlardan söz ettiğine göre onun bir tür akıl hastası olduğundan endişe etmektedirler. Hatta o zamanın ünlü hekimi Hippokrates'ten onu muayene etmesini rica ederler. O da filozofu muayene eder. Demokritos'un hasta değil, pek büyük bir bilge olduğunu söyler. Dostları rahatlar ve atomcu Demokritos ile hekim Hippokrates iyi bir dostluk kurarlar." (Adıvar, s. 59)

Aristoteles

MÖ 5 ve 4. yüzyıldan itibaren bilimsel ve felsefi çalışma merkezinin Atina'ya taşındığını görürüz. Atina Okulu mensupları arasında Sokrates, Platon ve Aristoteles vardır. Biyoloji ve tıpla ilgilenense Aristoteles olmuştur.

Aristoteles (MÖ 384-322) Makedonya Krallığı'ndaki Stagira adlı bir kasabada doğmuştur. Babası Makedonya kralının doktorudur. Aristoteles birçok bilgiyi doktor olan babasından öğrenmiştir. Daha sonra Atina'ya Platon'un yanına gitmiştir. Orada eğitim görmüştür. Platon ve öğrencilerinin toplandığı yere *Akademi* adı verilmiştir. Platon'un okuluna atfedilen, bugün bildiğimiz *akademi* sözcüğü de yüksek öğretim yeri anlamında kullanılmıştır. Aristoteles Atina'dan döndükten sonra Midilli Adası'nın karşısındaki Anadolu sahiline (muhtemelen Assos ve civarı) yerleşmiştir. Bir süre sonra Makedonyalı İskender'e hocalık etmiş ve İskender kral olunca Makedonya'dan ayrılıp tekrar Atina'ya dönmüştür.

Aristoteles, Atina'da *Lykeion** adını taşıyan okulunu kurmuştur. Aristoteles Lykeion'un bahçesinde yürüyerek derslerini verirmiş. Buna *peripetos* ve onun izinden yürüyenlere de *peripatetisyen* denirmiş (Adıvar, d. 3. bölüm; Mosca, s. 38-47).

Aristoteles kuşkusuz, Sokrates ve Platon'un fikirlerini sonraki yüzyıllara taşımış ve bunlara kendi düşüncelerini de eklemiştir. Ayrıca biyoloji ve tıbba katkılar sunmuştur. Bunların çoğu Galenos üzerinden Ortaçağ'a taşınmıştır. Biyolojide balıklar ve arılar üzerinde önemli gözlemler yapmıştır.İlginç bir gözlemi de *torpedo* (torpil) denen balık türünde, elektrik akımı şeklindeki savunma özelliğini tanımlamasıdır. Bu balığın önemli özelliği, ortama elektrik akımı vererek çevresindeki balıkları sersemleterek avlamasıdır. Aristoteles bu durumu hayvansal elektrik olarak açıklayamamışsa da, bu torpedo balıklarının yapısını incelemiştir. 19. yüzyılda görüleceği gibi, elektrik kavramının açıklanmasında, bu balık daha önemli bir konuma geçecektir (Kahya ve Öner, s. 89-102).†

Aristoteles'in önemli bir yanı da biyolojiyle ilgili eserlerinde, daha açıklayıcı olacağını düşünerek çizdiği resimleri kullanmasıdır (Kahya ve Öner, s. 89-102).

Aristoteles'in biyoloji konusunda, zamanına göre önemli düşünce-

* *Lykeion* sürüleri kurtlardan koruyan mitolojik bir canlının adıdır.

† Bkz. 8. Bölüm.

leri vardır: Yaşam bir devinimdir. Devinen her şey, devindiren bir gücü gerektirir. Burada ruhu ele alır. Ruhun kendisi devinmez, devindirir. Ancak bu otomatik bir olay değildir. Ruh, bedenin biçimi olduğu için, beden ruhun aracından başka bir şey değildir. Bedenin yapısı da bu kurala göre biçimlenir. Aristoteles'e göre, doğa asıl amacını canlılar üzerinde gerçekleştirir. Bu yönden canlıların organlarıyla doğanın amaçları arasında bir benzerlik görülür. Doğa sanki amacını gerçekleştirmek için çalışır. Öyleyse çalıştıran, çalışandan (canlılardan) önce vardır. Canlıların bir içtepileri vardır. Bu içtepiyi yapan sıcak nefestir ki canlıyı cansızdan ayıran da budur. Devinimler sinirlerin ürünüdür. Yürek istemsiz devinen bir organdır. Aynı zamanda ısı üretir. Beyin ve ciğerler soğutucu organlardır (Adıvar, b. 3; Hançerlioğlu, c. 1, s. 95-97).

Aristoteles biyoloji incelemelerinde önemli hatalar yapsa da beyin hakkında bazı bilgiler de vermiştir. Beyin zarlarını ve beynin iki yarımküre halinde olduğunu belirtmiştir. Serebellumu (beyincik) ilk keşfedenler arasındadır. Buna *parencephalis* adını vermiştir. Ancak çok büyük bir hata yapmış, beynin kan ve kan damarları bulunmadığını söylemiştir. Ancak Aristoteles'in beyin hakkındaki en büyük yanlışı beynin işlevi üzerinedir. Ona göre beyin soğuktur. Soğuk organlar önemsizdir. Kalp gibi sıcak organlarınsa çok önemli işlevleri vardır. Bu nedenle, kalbin sıcaklığını göz önüne alarak beynin işlevlerini de kalbin sağladığını zannetmiştir. Yinelersek bedenin en soğuk ve en ıslak organı beyindir. Bu gözlem Aristoteles'i beynin çok önemli bir organ olmadığı sonucuna götürmüştür. Tüm duyumların ulaştığı ve tüm devinimlerle ilgili yer olduğunu düşündüğü kalbin, bedenin merkezi olduğunu varsaymıştır (Wickens, s. 20-21). Bu konuda Hippokrates'in, dört sıvı kuramının etkisinde kaldığı söylenebilir.

Aslında Antik Yunan'da basit gözlemlerle ruhsal durumlar için bir çıkış noktası aranmaya çalışılmıştır. İnsan kafasına bakılırsa şunlar söylenebilir: Besin bir oluktan aktarılır (ağız ve sonrası); iki delikli bir çıkıntı koku almaya (burun); açılıp kapanan yuvarlaklar görmeye (gözler ve göz kapakları) yarar. Kafanın her iki yanında bulunan midyeye benzeyen organlarla işitme işlevi gerçekleşir (kulaklar). Alın yüzün güzel görünmesini sağlar. Saçlar ve kemiklerin üzerini saran deri (saçlı deri) de aynı işlevi görür (güzellik gibi). Kafa, kısacası üzerinde duyu organlarının yer aldığı bir uzuvdur. Kafa varlığını bir de ağrı sırasında belli eder. Bunun dışında algılayabileceğimiz herhangi bir hareketi yoktur.

Kalp devamlı çarpar durur ve bu hissedilir. Güçlü uyarımlar karşısında sanki bedenden dışarı fırlayacakmış gibi çarpar, insanın nefesini keser. Bazen tökezler ama derin bir gevşemeden sonra yine fark edilmez. Kaderin sillesini yediği anlarda yas tutar ve çözüm üretilmezse durur. Görünüşe göre canlı varlıkların merkezinde kafa değil, kalp yer alır. Kalbe alınan darbeler (kılıç, mızrak, ok gibi) her zaman ölümle sonuçlanırken kafaya gelen bir darbe şans eseri bile sayılsa öldürmeyebilir (Eckoldt, s. 26-28).

Aristoteles ruhun vücudun neresinde bulunduğuna dair görüşlerini bu gözlemlere dayandırmıştır. Hayvanlar üzerinde yaptığı deneylerde kafatası açılıp üzerine dokunulduğunda beynin tepki vermediğini fark edince bu organın ikinci dereceden bir görevi olduğunu savunmuştur. Duyu organlarıyla bağlantısını fark edememiştir.

Aristoteles'in öğrencisi Theofrastos (MÖ 371-287), onun tüm eserlerini toplayarak sonraki kuşaklara aktaran bir başka Yunan düşünürüdür (Kahya ve Öner, s. 89-102). Aristoteles'in doğa, toplumsal yapı ve insan hakkındaki düşünceleri, sonraki yüzyıllarda insanları en fazla etkileyen filozoflar arasına girmesini sağlamıştır. Ayırca tıp alanında Galenos ile beraber Ortaçağ'ı etkilemişlerdir.

İskenderiye Okulu

İskenderiyeli anatomistler dönemi, daha elle tutulur ve daha gerçekçi bir zamanı yansıtır. Bu dönemlerde, İskenderiye'de (Mısır) bulunan Ptolemeus (Ptolemyus, *Ar.* Batlamyus) hanedanı boyunca tıp parlak bir dönem yaşamıştır. Makedonya kralı İskender'in muhtemelen üvey kardeşi I. Ptolemeus, İskenderiye'de Pharos Deniz Feneri'ni inşa etmiştir. Bu fener, antik çağların yedi harikasından biri kabul edilir. Ayrıca, büyük müze ve kütüphane inşasına başlamış ancak bunlar oğlu II. Ptolemeus zamanında bitirilebilmiştir. Burada Eukleides, Arkhimedes ve Erathosthenes gibi biliminsanı ve filozoflar dersler vermiştir. Antik dünyanın bu en büyük kültür ve bilim merkezi yaklaşık 300 yıl yaşamıştır. MÖ 48 yılında Romalıların Mısır'ı işgaliyle İskenderiye kütüphanesinden 40 bin kitap kaybolmuştur. Bu kütüphanenin benzeri Serapis Tapınağı, şehrin bir başka yerinde birkaç yüzyıl daha yaşamını sürdürmüş bir kütüphane sayılabilir. Ancak burası da fanatik dinci Hıristiyanlar tarafından yıkılmıştır (Biliminsanı Hypathia'nın katledilmesi de bu olaylara dahildir) (Wickens, s. 27-28; Ertekin, s. 63-66).

Burada gelişen tıbba *İskenderiye tıbbı* adı verilmiştir. Buradaki tıbbi görüşlerde felsefi düşüncenin ağırlığı azalmış, tıpta amaca yönelik tavır benimsenmiştir. Bu dönemin en ünlü hekimleri ve anatomistleri Herophilos ve Erasistratos'tur. Ayrıca, İskenderiye anatominin bir disiplin kabul edildiği ilk şehirdir (Ertekin, s. 74).

Herophilos (yaklaşık MÖ 335-280), İstanbul'da Chalcedon'da (Kadıköy) doğmuştur. Kos adasına giderek, Aristoteles'in takipçisi Praxagoras'ın öğrencisi olmuştur. Sonra İskenderiye'ye geçerek Ptolemeus hanedanının özel hekimliğini yapmıştır. Orada ilk kez insan kadavrası üzerinde çalışmış ve deneyler yapmıştır. Dolayısıyla anatomi ve nöroanatomi konusunda oldukça doğru bilgiler vermiştir. Kendisinin 600 kadar *viviseksiyon** yaptığı söylenir. Bunları, yetkililerin izniyle idam mahkûmları üzerinde yaptığı söylenir. Akmeidon'dan sonra, kendisi de zekânın merkezinin kalp değil, beyin olduğunda ısrar etmiştir. İnsan beyninin iç anatomisini inceleyen ilk anatomisttir. En önemli çalışmalarından biri, beyin içi ventriküler (karıncık) sistemin ayrıntılandırarak tanımlanmasıdır. Yan ventriküllerin, arkadaki ventrikülle bağlantılarını göstermiştir. Buradan omuriliğe bir kanalın gittiğini belirtmiş ve bu kanala *aquaduct* adını vermiştir. Beynin tabanındaki geniş arter ve ven ağını keşfetmiş ve buna *rete mirabile* adını vermiştir. Hareket ve duyumu beynin anatomisiyle ilişkilendirmiştir. Hareket ve duyum sinirlerini birbirinden ayırt etmiştir. Beyinle bağlantılı yedi adet iki yanlı kafa siniri olduğunu söylemiştir. Bunlar optik, okülomotor, trigeminal, fasiyal, akustik ve hipoglossal sinirlerdir.

Aristoteles'in yüreğe yerleştirdiği *pneuma*yı, Herophilos beyin ventrikülleri içine yerleştirmiştir. Ventriküllerin (karıncıkların) omuriliğe yakın olan en alt kısmının çok önemli olduğunu düşünmüştür. Herhalde burada *medulla oblangata*yı (beyin sapının en alt kısmı) kas-

---

* *Viviseksiyon* canlı olarak insan ve hayvanlar üzerinde diseksiyon yapmak demektir.

tetmiştir. Bugünkü bilgilerimize göre, burada yaşamsal otonomik nöral ağlar bulunur. Geçmiş yüzyılların çok tartışmalı Karıncık Kuramı'nı ilk başlatan kişi kabul edilebilir.

Herophilos, ven ve arterleri (toplardamar ve atardamar) ayırmış ve arterlerin pulsasyon yaptığını söylemiştir. Damarları çevresel sinirlerden ayırmıştır. Periferik sinirlerin içinde yassı tüpler bulunduğunu, beyin ventriküllerinden hava gibi maddelerin (*pneuma* gibi) buralara, bu sinir uçlarına pompalandığını iddia etmiştir. Karın ve genital organları incelemiştir. Onun anatomide kullandığı bazı terimler günümüze kadar ulaşmıştır. Kafanın arkasındaki *torkular herofili* gibi (Ertekin, s. 74; Wickens, s. 30-31; Bayat, s. 121-122).

Herophilos'a ait ilginç bir özellik de yanında çalışmak üzere ilk defa kadın öğrenci kabul etmesidir. Bunlardan birisi Agnodike adlı bir kadındır. Hekimlik yaptığı sırada erkek kılığına girerek hasta muayene ettiği yazılmıştır (Öncel, s. 11-13).

Erasistratos (MÖ 310-250) Keos Adası'nda (Sakız Adası) bir hekimin oğlu olarak doğmuş, Atina'da Aristoteles Okulu'nda ve Kos Adası'nda eğitimini tamamlamış, ardından da İskenderiye Tıp Okulu'na katılmıştır. Her ne kadar Herophilos'la beraber çalıştıklarını söyleyenler varsa da bu kesin değildir. Hatta birbirlerini tanıdıkları da şüphelidir (Wickens, s. 31). Gerçekleştirdiği çok sayıda diseksiyon, viviseksiyon ve hayvan deneyleriyle *sinirbiliminin öncüsü*, *fizyolojinin babası* gibi sıfatlar kazanmıştır. Daha önceki Yunan tıbbından gelen dört sıvı kuramını kabul etmemiştir. Ona göre esas mevzu, damarlardaki kanın organizmanın beslenmesini sağlamasıdır. Hastalık nedenleri de doku ve damarlara bağlıdır. İnsan zekâsının, insan beyninin yüzeyinde bulunduğunu söylemiştir.

Erasistratos, insan kan damarlarının bir vakum yoluyla kontrol edildiğini ileri sürmüş, kanın vücutta gidiş durumunu çizmiştir. *Pneuma*nın sanıldığı gibi bedende var olmadığını ve nefes yoluyla alınarak önce akciğerlere ve akciğer tarafından yüreğe çekildiğini, buradaki ruhun da (yaşam ruhu veya *vital pneuma*) beyne aktığını, beyinde hayvansal ruhu (hayvansal ruh veya *psykhe pneuma*) meydana getirdiğini ve oradan da sinirlere dağıldığını söylemiştir. Nihayet iskelet kaslarına ulaşarak onları bir balon gibi şişirerek hareket ettirdiğini ileri sürmüştür (Wickens, s. 33). Erasistratos serebellumu, serebrumdan (beynin üst kısmı) ayırmıştır. İnsan beyninin dış kısmındaki kıvrımları zekâyla ilişkilendirerek bu beyin kıvrımlarının hayvanlarda daha az olduğunu söylemiştir. Kafa yaralanmalarında, bedenin karşı yarısında *parezi* (kuvvetsizlik) yaşandığını görmüştür. Sinirlerin omurilikten çıkan ön köklerinin kasları uyardığını, arka köklerinin de duyumla ilgili bilgileri omuriliğe taşıdığını söylemiştir. Herophilos gibi Erasistratus da deneylerini (izinli yürüterek) suçlular üzerinde yapmış ve bu suçlu kişiler yaşarken anatomik kesi yapmıştır. Tabii ki bu yöntem, hem toplumsal etik hem de tıbbi etik açısından sorgulanabilir (Kahya ve Öner, s. 108; Ertekin, s. 75). Erasistratos yaşlılığında Antakya'ya geçmiş ve orada bazı sağlık sorunları nedeniyle intihar etmiştir (Bayat, s. 122).

Sonuçta şunu ekleyebiliriz: İskenderiye Tıp Okulu'nda, insanlara kim olursa olsun *viviseksiyon* yapılmasını, Hıristiyan teolog ve yorumcu Florens Tertullianus protesto etmiş, doğayı inceleme amacıyla da yapılsa *viviseksiyon* yapılmasını iğrenç bulduğunu ifade etmiş ve Herophilos'u insan kasabı olarak nitelemiştir (Bayat, s. 122). Öte yandan Romalı Cornellius Celsus, Erasistratos ve Herophilos'u savunmuştur. Ona göre ölülerin bedenlerini açarak içorganlarıyla bağırsaklarını incelemek gerekir. Erasistratos ve Herophilos canlı bir insanı açtıklarında bu uygulamayı en uç noktasına taşımıştır. Canlıyken kesilmiş bu insanlar, kralın emriyle hapishaneden getirilen suçlulardır. Doğanın gizlediği organlar, kişi henüz nefes alırken gözlenebilmiştir. Cornellius Celsus, "Bazı insanların, suçluların ölüm cezalarının infazını zalimce nitelendirmelerine karşılık, bu kişiler sayesinde gelecekteki masum insanların dertlerine çare bulunulabileceği söylenebilir," demiştir (Bayat, s. 123).

Claudius Galenos ve Roma İmparatorluğu

Antik Yunan ve Roma uygarlıkları arasında yaşamış, ve aynı zamanda da Ortaçağ'a damgasını vurmuş Bergamalı Claudius Galenos'un (MS 130-200) öncelikle yaşamından söz etmek gerekir. Bergama'da doğmuştur fakat o sıralarda Romalılar şehre egemendir. Galenos'un birincil amacı anatomi bilmektir. Bitkiler ve mineraller üzerinde de durmuştur. İlaçlar ve tedaviler bulmaya çalışmıştır. Bu ilaçları hastalarda deneyip hangi hastalıklarda işe yaradıklarını gözlemlemiştir. Roma, Yunanistan ve İskenderiye'ye seyahat etmiş, pek çok bilgi edinmiştir. İlk önce İzmir'de Pelops'un tıp okuluna gitmiş, oradan Kórinthos'a ve İskenderiye Okulu'na geçmiştir. Sonra Girit'e gidip oradan tıpta kullanacağı bitkisel (herbal) maddeleri toplamıştır. Tekrar Bergama'ya döndüğünde gladyatörlere hekimlik yapmış, travmatik beden zedelenmelerinde deneyim kazanmıştır. Böylece anatomi ve cerrahi bilgisini artırmıştır. Galenos anatomi bilgilerini *gladyatörlük hekimi* olarak kısmen insandan almışsa da, daha çok hayvan otopsilerinden yararlanmıştır. En büyük yanılgısı, hayvan anatomilerinden elde ettiği bilgilerin insanda da aynen bulunduğuna inanmasıdır (Bayat, s. 140; Ertekin, s. 79).

Galenos Bergama'da dört yıl çalıştıktan sonra Roma'ya gitmiş, orada babasının arkadaşı ve o zamanın ünlü hekimi Eudemus'un hastalığını iyileştirmiştir. Bu ona büyük bir ün kazandırmıştır. Birkaç yıl sonra imparatorluk hekimliğine atanmıştır (Eckoldt, s. 38). Geri kalan yaşamını Romalı bir vatandaş olarak sürdürmüştür. Dört Roma imparatoru görecek kadar uzun yaşamıştır. Roma'nın en ünlü hekimi haline gelmiş ve çok kitap yazmıştır. Bunların bir kısmı tıp, bir kısmı da felsefe üzerinedir. Kendi zamanında üç yüz temel çalışma kaleme almış ve bunların yüz yetmişi günümüze kadar ulaşmıştır. Galenos çalışmaları özetleyip sentezleyen şekiller hazırlamıştır. Galenos hiç evlenmemiş ve tüm yaşamını çalışmalarına adamıştır. Kanaatkâr ve basit bir yaşam sürmüştür. Aslında Galenos'un büyüklüğü kendi gerçeklerine, yani keşifleri ve kuramlarına dayanır. Bu gerçek onu antik çağların en nadir hekimlerinin başına oturtmuştur. Bilimsel deneyler yapmıştır; hayvanlarda *viviseksiyon* yapan ilk hekimdir. Halkın gözü önünde hayvanlara viviseksiyonlar yapmıştır (Eren, s. 134-138; Kahya ve Öner, s. 111-113; Aydın, s. 83-86; Wickens, s. 33-34). Galenos aynı zamanda, deneysel fizyolojinin öncüsü ya da kurucusu kabul edilebilir. Önemli mevkilerde bulunsa da cahil hekimlerin aleyhinde konuşmaktan çekinmediği için çokça düşman kazanmıştır. Bununla beraber Galenos'un kendisi de kaba ve megaloman biridir. Meslektaşlarına söylediği en nazik sözlerden biri "sümüklü adamlar" ifadesidir (Bayat, s. 140; Gribbin, s. 33).

Hıristiyanlık Ortaçağ'da Avrupa'da, *Galenik tıp* adı altında geliştirdiği tababeti devam ettirirken Galenos, felsefede Aristoteles'i benimsemiştir. Her ikisi de Ortaçağ'a damgasını vurmuştur.

Galenos'un beyne katkıları şöyledir: Beyin zarları *duramater* ve *piamateri* iyice tanımlamıştır. İlk dikkati çeken bulgularından biri, bugün *corpus callosum* (korpus kallosum) adıyla bildiğimiz ve her iki beyin yarısını birbirine bağlayan önemli orta hat yapısını keşfetmesidir. Beyin ventriküllerini detaylandırmıştır. Ventriküller içindeki *choroid plexus*u incelemiş, burada atar ve toplardamarların birlikte olduğunu belirtmiştir. Galenos bugünkü adıyla *pineal bez*i tanmlamış ve ona *conarium* adını vermiştir. Diğer beyin keşiflerinin bir kısmı dipnotta gösterilmiştir.*

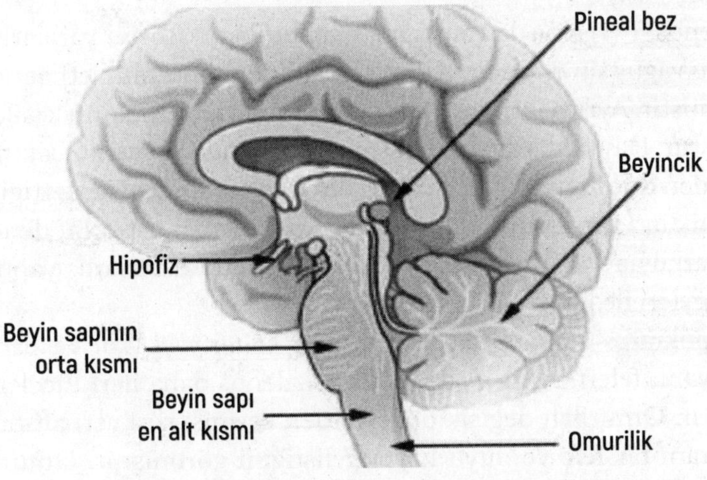

Resim 3.1. Pineal bez ve civarının yarı şematik görünümü, beyin yarımküresinin iç yandan görünümü (mezial yan).

* Ayrıca Galenos kendinden önceki anatomistlerin pineal bez ve *fornix*leri (lateral ventriküllerin alt kısmında) keşfettiğini kabul etmişse de onlara ad vermediklerini belirtmiştir. *İnfundibulum*u keşfetmiş, bunun pineal bezle birlikte mukus ve sümüğü beyinden buruna taşıyan yol olduğunu öne sürmüştür. Bugün *superior* ve *inferior colliculus* olarak bilinen üst beyin sapının arkasında bulunan iki yuvarlak çıkıntıyı tanımlamış ve bunları Yunanca *kalça* olarak adlandırmıştır. (Herhalde bu yan yana ve alt alta olan çıkıntılı yapıyı insan kalçasına benzetmiştir). Keza beyincik üzerinde iki beyincik yarısının ortasında bulunan solucana benzeyen yapıya da dikkati çekmiş ve solucansı görünümünden dolayı buraya *vermiform process* demiştir ve sonradan bu ad *vermise* dönüşmüştür.

Kafadan çıkan beyin kökenli *kafa çiftleri* denilen sinirleri yedi çift olarak saptamıştır. Ancak bunlar daha önceden İskenderiyeli hekimler tarafından da bildirilmiştir. Galenos sinirlerin doğası ve dağılışının, kişinin davranışını saptadığına inanıyordu. Örneğin cesur kişilerde motor sinirlerin sert olduğunu öne sürüyordu. Omuriliği de ilk kez ayrıntılı olarak incelemiştir. Bu sistemin kraniyal sinirlerden çok farklı işlev gördüğünü, beynin omurilik üzerinde yaşam boyu kontrolünün olduğunu söylemiştir.

Galenos her çeşit hayvanın anatomisini incelemek istemiştir. Bunun için Roma'daki hayvan pazarlarını dolaşmıştır. Bir keresinde bir sirkten fil satın almıştır. En çok Kuzey Afrika cinsi maymunları incelemiştir ki bunların yüzü insana çok benzemektedir, dik postürde dururlar ve kuyrukları yoktur. Bu maymunlar *macaca sylvana* olarak bilinir (Wickens, s. 39).

Galenos, Bergama'da çalıştığı sırada bir gladyatörün yaralarını incelerken vagus sinirinin bir dalını kestiğinde solunumun etkilendiğini fark etmiştir. Ayrıca laringeal siniri kestiğinde konuşmanın kesildiğini görmüştür. Hayvanlarda da aynı siniri kestiğinde hayvanın bağırmasının aniden durduğunu gözlemiştir. Böylece ses sinirini keşfettiğini idrak etmiştir. Hayvanlarda tam *viviseksiyon* uygulamıştır. Bu deneyleri bazen farklı hayvan türlerinde ve halkın önünde arenalarda yapmış ve ses deneyleri ile halkı çok etkilemiştir.

Hippokrates zamanında *parapleji* ve *kuadripleji* (kol ve bacakların iki yanlı felci) tanınıyordu. Ancak Galenos daha ileri incelemeler yapmıştır. Omuriliği değişik düzeylerden kesmiş, kesi yeri altında bilateral tam bir felç ve duyu kaybı geliştiğini görmüştür. Omuriliğin alt kısımlarını kestiğinde bacaklarda parapleji, boyun bölgesinden kestiğindeyse iki yanlı kol ve bacak felci, yani *tetrapleji* (kuadripleji) ve solunum zorluğu oluştuğunu saptamıştır. Bu durumlarda omuriliğin özellikle lateral bölgelerini (buralarda beyinden gelen motor sinir demetleri –piramidal yol– geçer) sorumlu tutmuştur (Wickens, s. 35-41).

Çoğu bilgisini hayvan anatomisi üzerinden elde etmesi, bunları insana uygularken bazı önemli hatalar yapmasına yol açmıştır. Bununla beraber onun sinir sistemi ve beyin üzerine katkıları, bunlar üzerinden sonraki kuşakların daha kolay çalışma olanağı elde etmesi gözden kaçmamalıdır.

Galenos'un tıp alanındaki düşünsel kuramı ruhçuluğa dayanıyordu. Onun için bu ruhla beden, kısacası her şey, Tanrı'nın düşündüğü bir amaca yönelmiştir. Galenos'un bu düşüncesi, onun düzenlediği tıp bilimini 15. yüzyıla dek Musevi, Hıristiyan ve Müslüman ülkelerde egemen kılmıştır. Çünkü ruh kavramı, sonsuzluk düşüncesiyle bağdaşabilen mistik bir kavramdır. Dolayısıyla semavi dinlerle Galenos arasında bir çelişki yaşanmamıştır (Adıvar, s. 90-91; Russel, s. 86-89).

Galenos öldükten sonra, onun bulguları Ortaçağ hekimlerince yüzyıllarca kullanılmıştır. Bu süre yaklaşık 1500 yıla yakındır. Galenos eserlerini Yunanca yazmıştır. Sonradan eserleri Arapçaya çevrilmiştir. MS 192 yılında kendi kişisel kütüphanesinin yanması nedeniyle çalışmalarının bir kısmı gün yüzüne çıkamamıştır. 14 ve 15. yüzyıllarda Hıristiyan dünyası Galenos'un eserlerini benimsemiş ve düşünceleriyle deneylerini Hıristiyan teolojisine çok uygun bulup kabul etmiştir. Hıristiyan dünyasında kendisi *Divinus Galenos* (İlahî Galenos) olarak anılmıştır. Fikirleri dinsel dogmalar gibi yüzyıllarca tartışılmadan kabul edilmiştir. Hatta Galenos'u tenkit edenler suçlanarak cezalandırılmıştır (Bayat, s. 142; Wickens, s. 44-45). Ancak bu egemen yönetim şekli, tababet ve nörobilimin gelişmesini büyük ölçüde ve uzun süre engellemiştir.

Antik Yunan hekimliği yaklaşık MÖ 150-100 yıllarında parlak dönemini geride bırakmıştır. Bundan sonra Yunan hekimlerinin önemli bir bölümünün Roma'ya geçtiği söylenebilir. Zaten bu göçten önce de İtalya'ya hekimler Anadolu'dan, Bergama ve Efes'ten gelirmiş. *Asklepiades*ler (Antik Çağ'da şifa arayan kişilere özverili hizmet sunan hekim) böylece İtalya'da yaygınlaşmış (Eren, s. 134-138; Ertekin, s. 80). Öte yandan, Roma İmparatorluğu bilimsel alanda belirgin bir gelişme sağlayamamıştır. Askerlikle ve yöneticilikle dünyayı düzenlemeyi amaçlamış, kuramsal konulara çok fazla ilgi duymamışlardır. Buna karşılık toplumsal yaşam ve hukuk alanlarında ileri düzenlemelere gitmişlerdir (Bayat, s. 130).

Roma İmparatorluğu'nda çalışan Yunan hekimler geleneksel Roma değerleriyle çatışan tıp anlayışlarıyla kuşkuya yol açmışlar ve onlara karşı düşmanlık gelişmiştir. Daha sonraları Yunan hekimliği kabullenilse de Yunan hekimler uzun süre köle statüsünde çalışmıştır. MÖ

46 yılında Julius Sezar'ın yabancılara vatandaşlık hakkı tanımasıyla hekimlik de itibar kazanmıştır (Bayat, s. 133). Burada Kapadokyalı Aretaeus'tan (MS 80-138) söz etmek yerinde olur. Kapadokya'da yaşamış ve sinir sistemi hakkında eserler vermiş bir hekimdir. Tıp anlayışı Hippokrates ve Galenos'un etkisinde kalmakla beraber kendisi de bir hayli üretkendir. Şeker hastalığını ayrıntılarıyla tanımlamıştır, *diabetes* adını veren ilk hekimdir. Döneminin birçok hekimi gibi ruhu beyne yerleştirmiştir. Yargı, bellek ve ruhu beynin üç temel görevi kabul etmiştir. Daha önceleri Hippokrates, Erasistratos ve Galenos tarafından belirtildiği üzere, beynin bir yarısının zedelenmesi durumunda bedenin karşı yarısında felç gelişeceği konusunu işlemiştir. Aretaeus şöyle yazmıştır: "Apopleksi vücudun karşı yarısında ortaya çıkan bir paralizidir, ancak burada hareket yanı sıra duyumlar da bozulmuştur. Bunun nedeni beyinden çıkan sinirlerin daha aşağılarda bir yerde çapraz yapmasıdır." Histerik nefes darlığını epilepsiden ayırmıştır. Baş ağrılarını sınıflamış ve migreni ayrıntılarıyla tanımlamıştır. Hatta trigeminal nevraljiyi de tanımladığı söylenir. Akıl hastalıkları konusuna değinmiştir. Yaşamı hakkında bilinenler azdır (Öncel, s. 19-21; Haas, s. 203; Bayat, s. 139-140).

Roma İmparatorluğu'nun kurucu anlayışı enerjisini, imparatorluğun idaresi ve yönetime harcamıştır. Köleci bir toplumdur. Roma döneminde büyük biliminsanlarından ziyade büyük askerî liderler, hukukçular ve teknik insanlar yetişmiştir. Bir başka deyişle bilimin kuramı olmadan, tababeti pratik amaçlarla kullanmışlardır. Bu nedenle de çok ciddi bir tıp okulu kurulamamış, tıp ve biyolojide geri kalınmıştır. Böylesi bir gerilik, Ortaçağ'ın karanlık dönemine de yansımıştır (Bernal, s. 167-169; Ribbard, s. 151-176; Mayor ve Forti, s. 15-22; Tanilli, s. 61-62).

KAYNAKLAR

Adıvar A. *Tarih Boyunca İlim ve Din, Bölüm-1*, Remzi Kitabevi, 2. Baskı, 1969.

Aydın E. *Dünya ve Türk Tıp Tarihi*, Güneş Kitabevi, 2006.

Batuhan H. *Bilim ve Şarlatanlık*. Yapı Kredi Bankası Yayınları, İstanbul,1993.

Bayat H. *Tıp Tarihi*, Zeytinburnu Belediyesi Kültür Yayınları, Genişletilmiş 3. Basım, İstanbul, 2016.

Bernal J.D. *Materyalist Bilimler Tarihi-I*, çev. Emre Marlalı, Sosyal Yayınlar, İstanbul, 1976.

Ceram C.W. *Tanrılar, Mezarlar ve Bilginler*, çev. Hayrullah Örs, Remzi Kitabevi, İstanbul, 1982.

Doty R.W. Alcmaion's discovery that brain creates mind: A revolution in human knowledge comparable to that of Copernicus and of Darwin. *Neuroscience*, 13, 147, 561-568, 2007.

Eckoldt M. *Beyin ve Zihnin Kısa Tarihi: Duygular ve Düşünceler Nasıl Oluşur?*, çev. Mehmet Ali Erbak, Say Yayınları, İstanbul, 2018.

Eren N. *Çağlar Boyunca Toplum, Sağlık ve İnsan*, Gelişim Yayıncılık, Ankara, 1996.

Ertekin C. *Tıbbın Öyküsü*, Türkiye İş Bankası Kültür Yayınları, 3. Basım, İstanbul, 2020.

Ertekin C. vd. "Electrophysiological association of spontaneous yawning and swallowing" *Experimental Brain Research*, 233, 2073-2080, 2015.

Ertekin C. *Zulmün Tarihi*, 3. Basım, Sia Kitap, İstanbul, 2021.

Fara P. *Bilim: Dört bin yıllık bir tarih*, Metis Yayınları, İstanbul, 2012.

Gribbin J. *Bilim Tarihi*. Alfa Yayınları, İstanbul. 2013.

Haas L.F. "Aretaeus of Cappadocia" *J.Neurol.Neurosurg Psychiatry*, 54,1991.

Haas L.F. "Cladius Galen 131-200 AD" *J Neurol Neurosurg Psychiatry*, 54, 287, 1991.

Haas L.F. "Hippocrates 460-377" *J Neurol Neurosurg Psychiatry*, 54, 5, 1991.

Hançerlioğlu O. *Felsefe Ansiklopedisi Kavramlar ve Akımlar*, C.1, Remzi Kitabevi. İstanbul, 1979.

Hançerlioğlu O. *Felsefe Ansiklopedisi Kavramlar ve Akımlar*, C.5, Remzi Kitabevi. İstanbul, 1978.

Hançerlioğlu O. *Felsefe Ansiklopedisi. Kavramlar ve Akımlar*, C. 4, Remzi Kitabevi, İstanbul, 1977.

Kahya E. & Öner M. *Biyoloji Tarihi*, İmge Kitabevi, Ankara, 2007.

Kranz W. *Antik Felsefe*, çev. Suad Y. Baydur, Sosyal Yayınlar, İstanbul, 1984.

Küçükler A. "Hint Uygarlığının Başyapıtları" *Bilim ve Ütopya*, S. 103, s. 17-31, 2003.

Mayor F & Forti A. *Bilim ve İktidar*, 4. Basım, Tübitak Popüler Bilim Kitapları, İstanbul, 1987.

Mosca G. *Siyasi Doktrinler Tarihi*, Varlık Yayınevi, İstanbul, 1963.

Öncel C. *Nörolojinin Öncüleri Antik Çağdan 20. Yüzyıla*, Nobel Tıp Kitabevleri, İstanbul, 2018.

Öztürk O. *Ruh sağlığı ve bozuklukları*, 7. Basım, Hekimler Yayın Birliği, Medicamat, Ankara, 1997.

Ribart A. *İnsanlığın Tarihi*, çev. Erdoğan Başar, Şiar Yalçın, Halil Berktay, Say Yayınları. 2. Basım. İstanbul, 1983.

Russel B. *Din ve Bilim*, 2. Basım. Bilgi Yayınevi, İstanbul, 1972.

Russell B. *Batı Felsefesi Tarihi*, çev. Muammer Sencer, 3. Basım, Say Yayınları, İstanbul, 1983.

Tanilli S. *Yüzyılların Gerçeği ve Mirası İnsanlık Tarihine Giriş III. XVI-XVII. Yüzyıllar*, Say Yayınları. İstanbul, 1987.

Umar B. *Türkiye Halkının İlk Çağ Tarihi II*, Sezgi Yayınevi, Ankara, 1984.

Wickens A.P. *History of the Brain-From Stone Age Surgery to Modern Neuroscience*, Psychology Press, Taylor & Francis Group, Londra ve NewYork, 2015.

4

Ortaçağ'dan Rönesans'a: Beynin Adı Var

Ortaçağ 5-16. yüzyıllar arasındaki zaman dilimini içerir; 1200 yıllık bir dönemi kapsar. Bu dönemin başlangıcında Antik Yunan ve Roma uygarlıklarının etkileri görülür. Son dönemleriyse Rönesans'ın başlangıcına girer. Ortaçağ'ın ekonomisi, feodal ekonomi olarak tanımlanabilir. Ancak feodal sistemi 11-14. yüzyıllar içinde tanımlamanın, daha doğru olduğu kabul edilir. Feodal sistem Avrupa'da yaygındı ve bu sistemin birimi köy ve köylülerdi. Köylülerin lordları oluyordu. Onların üzerinde piskoposlar, krallar ve en yukarıda imparator ve papadan oluşan bir hiyerarşi söz konusuydu. Köylüler ve köleler (serfler) tüm ekonomik değerleri ürettikleri halde, hiçbir şekilde hak iddia edemezlerdi. Rahipler, piskoposlar ve papa, bu mekanizma içinde dünya malını ceplerine indirme gibi bir huy edinmişti. Lordların topraklarını geliştirme istekleri, yavaş yavaş büyük şehirlerin doğmasına yol açmıştı. Bir süre sonra da Fransa ve İngiltere'de görüldüğü gibi krallıklar kurulmuştu. Almanya ve İtalya'da feodalizm devam ediyordu. Hıristiyan dünyası klasik feodalizmi çok iyi idare ederken giderek krallıklara karşı söz geçiremez hale gelmişti. Ama bu dünyadaki hayatın, cennet ve cehennemdeki ebedi yaşama bir hazırlık olduğunu savunan dinsel görüş, yine de büyük ölçüde Ortaçağ'a egemen olmuş ve bu görüş dışına çıkanların yaşamalarına ya da fikirlerini yaymalarına izin verilmemişti. İşte Ortaçağ sosyal ve toplumsal olarak böyleydi (Adıvar, b. 9; Russel, s. 376-386; Mosca, s. 75-78; Hançerlioğlu, s. 77-84).

Roma İmparatorluğu'nun çöküşüyle Rönesans arasında kalan dönem, Hıristiyan kilisesi ve inancının egemen olduğu, bilimsel gelişmelerin engellendiği ve biliminsanlarının reddedildiği karanlık bir dönemdir. Bu dönem (Patristik Dönem) yaklaşık 1000 yıl kadar sürmüştür. Daha sonra İslam uygarlığından gelen ve Antik Çağ Yunan eserlerinin Latinceye çevrilmesiyle başlayan uyanış dönemi (Skolastik Dönem) ortaya çıkmıştır.Her ikisi de teolojik niteliktedir. Bu dönem üç-dört yüzyıl sonra Rönesans'a dönüşmüştür (Bayat, s. 156). Patristik ve Skolastik dönemlerin özellikleri şöyle özetlenebilir:

1. Aristoteles ve Galenos'un ortaya koyduğu bilgilerin dışına çıkılmamıştır. Bunlar sorgulanmadan kabul edilmiştir. Skolastik Dönem'de düşünce din kurallarıyla sınırlandırılmıştır. Temel görüş ve inanışa göre, insanlığın önündeki sorunlar sonsuza dek çözümlenmiştir. O halde insanlara düşen tek görev sonsuzu, öteki dünyayı kurtarmaktır. Gelecek, öldükten sonraki yaşamdadır. Bu inanış insanları devinimsizliğe, bilimi durağanlığa itmiştir. Hiçbir kişisel görüş, tartışma, kuşku ve kurcalamaya izin yoktur (Adıvar, s. 139; Russell, s. 435-445).
2. Hıristiyanlık tam bir yobazlık, gericilik ve saldırganlık içinde bilimi ve tıp alanındaki gelişmeleri engellemiştir. Hekimlik din adamlarının eline geçmiştir. Belirli kronik hastalar, açılan manastırlarda bir arada tutulmuştur. "MS 95 yılında Rahipler Meclisi (*sinod*) hastanın kutsanıp günah çıkardıktan sonra muayene edilmesine izin vermiş ve bu anlayış Papa Innocentus tarafindan MS 1215 yılında dinî emir haline getirilmiştir." (Bayat, s. 157).
3. Ortaçağ'da şehirler, evler ve sokaklar çok pis ve sanitasyon koşullarından çok uzaktı. Evlerde tuvalet ve su yoktu; kanalizasyon atıkları ve çöpler sokağa dökülürdü. İnsanların kendilerini temizleyeceği yerler yoktu. İngiltere'de, Londra'da insan dışkısının ancak geceleri sokağa dökülebileceğine ilişkin yasa çıkarılmıştı (Eren, s. 224; Porter, s. 1-35).
4. Ortaçağ Avrupa'sında, Hıristiyan inancına göre ruhların temizliğiyle bedenin temizliği birbirine karıştırılıyordu; insanlar çok kötü kokmalarına ve hastalık riskine rağmen ruhlarının

temiz kalması uğruna bedenlerini temizlemekten kaçınıyordu (Ertekin, s. 89).

Hıristiyanlığın Etkileri ve Tıp

Hıristiyanlığın ortaya çıkışıyla tıbbın ve ilişkili temel dalların tuttuğu ilerleme yolu dinle tıkanmaya başlamıştı. Tevrat ve İncil'de ya tanrının gazabı ya da şeytanın kötülüğü birçok hastalığın nedeni gösteriliyordu. Peygamber İsa'nın yaşadığı sürece hastalara gösterdiği büyük ilgi bile, Hıristiyanlıkta dinî ödev gibi algılanmıştı. Geçmişte ve hatta bugün bile hastabakıcı rahibelerin varlığı, bu inancın belirtileri arasındadır. Bu çağlarda Hıristiyanlık, tıpla iç içe geçmeye başlamıştı. Manastırlar tıbbi öğretim ve uygulama yeri haline gelmişti. Bunun nedeni, hastalıkların birtakım doğaüstü güçlerden geldiği yorumlarıydı. Tedavi yönteminde de mucizeler beklemek söz konusuydu. Kutsal kitaba giren inanışlara uyarak hastalıklar tanrının gazabına veya şeytanın kötülüğüne bağlanınca tıp biliminin ilerlemesi de olanaksızdı (Adıvar, b. 10; Bernal, s. 208-209; Porter, s. 59-63; Hançerlioğlu, s. 77-80).

Kutsal düşüncenin etkisiyle manastırlarda tıp eğitimi verilmeye başlanmıştı. Peygamberlere ya da azizlere ait birtakım tedavi edici fetişlerin manastırlarda toplandığı zannediliyor, hastaların ödemeleriyle rahipler manastırlarda büyük kazançlar elde ediyordu. 529 yılında kurulan Monte Casino Manastırı, keşiş denen din adamlarının tıp alanında yetiştirildikleri yerlerden biri haline gelmişti. 1000'li yıllardan sonra katedral okulları tıp öğreniminde yerlerini almıştı. Manastır tıbbı din, felsefe ve tıbbi bitkiler alanında eğitim veriyordu. Tıp uygulaması, ruhsal kavramlar üzerinden yapılıyordu. Hıristiyan inancına göre, hastalık ya insanların günahlarından dolayı ya da büyü yapıldığı için ortaya çıkıyordu. Tedavide dua, günah çıkarma ve azizlerin yardımı gibi kurtuluş yolları yer alıyordu. Kuşkusuz bu koşullar altında iyileşme beklenemezdi. Dahiliye ve nöroloji alanlarındaki hastalar çoğu zaman çaresiz kalıyordu. Clermont Konsili'nin 1130 yılında din adamlarının tıp uygulaması yapmasını yasaklaması sonucu *manastır tıbbı* devri resmen sona ermişti (Adıvar, s. b. 10; Eren, s. 229; Fara, s. 302-308; Porter, s. 47-48). Manastırlardaki rahipler izin verildiği kadarıyla, Galenos tıbbını da öğrenmeye ve hastalıkları tedavi etmeye çalışıyordu. Bu eğitim ve uygulama yöntemi, Galenos ve Hippokrates'in yöntemlerini, reçetelerini uygulamaktan ibaret kalıyordu. Manastır tıbbının sona ermesiyle din adamları dışındaki kişiler de tıbba yönelmişti. Bu kişiler de Galenik tababetini kutsal kitap emirleriyle karıştırarak kullanıyordu. Seküler tıp anlayışına bir türlü geçilemiyordu. Örneğin 13. yüzyılda bir ruhani meclis, Hıristiyan dininin kan sevmediğini sebep göstererek cerrahi girişim yapılmasını yasaklamıştı. Bunun dışında hastaları tedaviye başlamadan önce, hekimler rahiplerin onayını almak zorunda kalıyordu. Hatta daha sonraları Papa V. Pius hekimlik yapmanın bu koşulunu yerine getireceklerine dair bütün hekimlere yemin ettirilmesini zorunlu kılmıştı. Ayrıca ortaya çıkan sihirbazlık suçlamaları, hekimleri de kapsamı içine almıştı. Manastır eğitiminden geçmeyen hekimlere kilise dinsiz gözüyle bakmaya başlamıştı. Hekimliğin Araplardan geçmesinden dolayı, hekimlerin Müslüman olmakla suçlandıkları da görülebiliyordu (Porter, s. 47-48).

Hatta daha da önemlisi tıbbın ilerlemesinin önündeki en büyük engel, kilisenin ölülere otopsi yapılmasına şiddetle karşı çıkmasından kaynaklanıyordu. Otopsi, ilk Hıristiyan babaları tarafından şiddetle kınanmıştı. Çünkü insan bedeni *ruhulkudüs*ün tapınağı sayılıyordu. Bazı Hıristiyan azizleri, nekropsi olayını *kasaplık* olarak tanımlıyorlardı. Üstelik bu kasaplık küfürü, bunu ilk kez yapan İskenderiyeli hekim Herophilos'a kadar götürülüyordu. Öldükten sonra dirileceklerine inandıklarından ölülerine dokunulmaması gerekiyordu. Kilisenin otopsi yasağı o kadar derin etkiler yapmıştı ki cerrahlıkla uğraşmak aşağı bir sanat gibi görülmüş ve uzun yıllar cerrahlık berberlerin elinde kalmıştı.

Bütün bunlara karşılık Paris Tıp Fakültesi 13. yüzyılda kadavraların incelenmesine izin vermişti. Alman İmparatoru ve Sicilya Kralı II. Freidreich zamanında bu konuya daha fazla tolerans gösterilmişti. Ayrıca bu dönemde tıp ve hukuk canlılık kazanmıştı. "Kral hekimlik mesleğini seçenlerin, üç yıl mantık ve beş yıl tıp eğitimi gördükten sonra halk önünde yapılacak sınavı geçmeleri ve Salerno Tıp Okulu hocalarının onayıyla deneyimli bir hekimin yanında bir yıl staj yapmalarının ardından yemin ederek mesleğe başlayabilecekleri şartını getirmişti." Bologna Üniversitesi'nde 14. yüzyılda tek tük otopsi yapılabiliyordu (Adıvar, b. 10; Eren, s. 215-216; Porter, s. 65-66; Bayat, s. 161). Yinelersek Ortaçağ'ın ilk dönemlerinde gericilik, bağnazlık ve cahillik egemendi. Hıristiyan dünyasında tanrı ve şeytan kavramlarıyla hastalıklar ve İslam tıbbından gelen bilgiler birbirleriyle harmanlanıyordu. Sonunda bağnaz dincilik Ortaçağ'da bilim ve tıbbın gelişmesinde en önemli engellerden biri haline gelerek insanlığın karşısına dikilmişti.

Tıp Okulları ve Hekimlik

Daha once değindiğim üzere, 11. yüzyılda Yunan ve Arap kitaplarının tercümeleriyle bağnazlıktan arınmış seküler tıp yavaş yavaş gelişmeye başlamıştı. *Schola Medica Salernitana* [Salerno Tıp Okulu] 9 ve 10. yüzyıllarda kurulmuşsa da 1231 yılında resmî tıp okulu olarak tanınmıştı. Salerno kenti ve Salerno Tıp Okulu, İtalya'nın güneyindeydi. Yunan ve Arap etkilerine çok açıktı. İlk kadın hekimler de Salerno Tıp Okulu'ndan mezun olmuştu. Bununla beraber Salerno Tıp Okulu'nda tıp eğitimi bilimsel temellere dayanmıyordu. Constantinus Africanus (Afrikalı Konstantin) (1010-1087) Tunus'tan getirdiği tıp kitaplarını Salerno'da Arapçadan Latinceye tercüme etmiş ve bunlar tıp eğitim programlarına eklenmişti. Kendisi Salerno Tıp Okulu'nun kurucusu kabul edilir.

Böylece tıp eğitiminde Hippokrates ve Galenos'un yapıtlarıyla İbn Sina'nın uygulamaları esas alınmıştı. Romalı Pedanius Dioskorides'in ünlü *De Materia Medica* eseri, Salerno Tıp Okulu'nda uygulanmaya başlamıştı. Salerno Tıp Okulu'nun tercümanlarından Gerardus Cremonensis (Cremonalı Gerard) (1114-1187) çok önemlidir, ondan kısaca söz edebiliriz. Yunan ve İslam dünyasından biliminsanlarına ait doksan iki kitap tercüme etmiştir. Arapça kaynaklara dayanarak tıbbi eserler yazmıştır. Bu tercümelerle Avrupa'ya, Ortaçağ'ın büyük İslam hekimlerini ve eserlerini tanımıştır (Gürüz, s. 141-142; Bayat, s. 163; Eren, s. 216-218). Gerardus'un, İbn Sina'nın *El-Kânûn fi't-Tıb* kitabını *Canon Medicinae* adıyla Arapçadan Latinceye tercüme ettiği kitap en önemli eserler arasındadır. Bu anıtsal bir eserdir ve on dört ciltten oluşur. İbn Sina tarafından 1025 yılında yazılmıştır. Antik Çağ'dan kalan tüm bilgi ve öğretileri tüm zenginliğiyle iletir. Üstelik kendisine ait katkılarla da kitabı daha fazla zenginleştirmiştir. Avrupa tıp fakültelerinde standart ders kitabı olarak altı yüz yıl hizmet vermiştir (Wickens, s. 52). Bu ve benzeri tercüme kitaplar aracılığıyla insanlar yavaş yavaş etkilenmeye ve mistik düşüncelerden sıyrılarak dünyaya daha gerçekçi bakmaya başlamışlardır.

1150 yılında Paris Üniversitesi, 1158 yılında Bologna Üniversitesi, 1167 yılında Oxford Üniversitesi, 1181 yılında Montpellier Tıp Merkezi, 1222 yılında da Padova Üniversitesi açılmıştır. Ayrıca 13. yüzyılda tıpta ve kısmen de nörobilimin ilk aşamalarında liderlik, saydığımız bu üniversiteler ve tıp okullarına geçmiştir. Ortaçağ'da tıp okullarında kavramlar sıvılar (salgılar) ve tedavi amacıyla kullanılan maddeler üzerine yoğunlaşmışken artık bunlara Antik Yunan ve Arap tıbbının tercüme edilmiş kitapları ekleniyor ve giderek bunların etkileri altına giriyorlardı. Cerrahi alanıysa bu tıp okulları dışında gelişiyordu. Sadece Bologna Üniversitesi içinde üst düzey cerrahi yöntemler kullanılıyordu (Bernal, s. 209-210; Gürüz, s. 141-142; Gürüz vd., s. 57).

Padova Üniversitesi Tıp Fakültesi'nde Theodoric Borgognoni ve Taddeo Alderotti anatomi dersi vermişlerdir. Taddeo, 1285 yılında zehirlenerek ölen bir kişinin bedenini açarak (otopsi yaparak), kalbini gözlemlemiştir. Taddeo Aldoretti üç önemli öğrenci yetiştirmiştir; Varignano, Henri de Mondeville ve Mondino De' Liuzzi. Bunlardan Henri de Mondeville, Fransa'da Montpellier'de anatomi dersleri vermeye devam etmiştir.

Şunu anımsamak gerekir:

İskenderiye'de ilk insan otopsilerinin yapılmasından 1500 yıl sonraya dek insan diseksiyonu yapılmamıştı. Bu uzun dönemde insan diseksiyonu yapmak yasaklanmıştı, konu âdeta bir tabuya dönüşmüştü. Ancak bu tabu yavaş yavaş yıkılmaya başlamıştı. Bunun iki önemli nedeni vardı. Bunlardan biri savaşlar nedeniyle ölenlerin bir kısmı tanınamıyor, dolayısıyla da gömülemiyordu. Aileler savaşta ölen aile bireylerinden geriye ne kalmışsa alıp kendi mezarlarına gömmek istiyordu. Bu insanların niyeti sıklıkla kalbi bulup bu önemli organı saklamaktı. Bazı dertli insanlarsa bedeni yakarak geriye kalan külleri almak istiyordu. Papalık karşı koysa da insan bedenini tanımanın ve tıbbi yönden incelemenin yolu böylelikle açılacaktı. Tabunun yıkılmasının bir diğer nedeni de o sıralarda kişisel cinayetlerin sık yaşanması ve devlet yetkililerinin ölümün neden ve nasıl olduğunu bilmek istemesiydi (Wickens, s. 61-63).

Çok uzun bir aradan sonra ilk insan otopsisi, Mondino De' Liuzzi tarafından 1315 yılında yapılmıştı. Mondino De' Liuzzi (1270-1326) Padova Üniversitesi'nde anatomi dersleri vermişti. O, Batı'da eğitim ve öğretim amaçlı diseksiyon yapan ilk biliminsanıdır. Aslında berber-cerrahlıktan gelmedir. Liuzzi, değişik hayvanlar üzerinde ve birkaç da insan üzerinde diseksiyon yapmıştı. Eğitim odaklı bir yaşam sürmüş, Galenos'un etkisi altında kalmış ve herhangi bir özgün anatomik bulgu elde edememiştir. Mondino, 1316 yılında öğrenciler için 44 sayfalık bir anatomi el kitabı yazmıştır: *Anatomia Corporis Humani* (İnsan Vücudunun Anatomisi). Bu, Batı'da yazılan ilk anatomi kitabıdır. Kitabın ilk basımıysa 1478 yılında Padova'da yapılmış ve iki yüz elli yılda kırk baskıya ulaşmıştır. Mondino 1315 yılında ilk insan kadavra çalışmasını tıp öğrencileri önünde yapmıştır. Kadavra yapılan kişi idam mâhkumu bir kadın suçludur ve bunun için papalıktan izin alınmıştır. Mondino'nun özgün bir bilgi ortaya koymadığı söylense de esasen kendisine haksızlık edilmiştir. Çünkü pankreastan çıkan *wirsung* kanalını (pankreası on iki parmak bağırsağına bağlayan kanal) ve kör bağırsağı (*appendix*) ilk gösteren kişi Mondino'dur (Kahya ve Öner, s. 129-133; Wickens, s. 61-63).

Papa Sixtus 1475 yılında anatomik diseksiyonun artık yapılabileceğini söylemiş, Papa Clement de 1525 yılında diseksiyonun serbest olduğunu resmen açıklamıştır.

Akademik tıp okullarında öğrenciler doğrudan tıp pratiği yapıyor ve denetleniyorlardı. Montpellier Tıp Merkezi'nde, üç buçuk yıl resmi çalışma ve sonrasında da altı ay dışarda tıbbi uygulama öneriliyor, ardından da lisans veriliyordu. Giderek tıp eğitiminin yılları artırılacaktı. Örneğin Bologna Üniversitesi'nde (İtalya) üç yıl felsefe ve üç yıl astroloji eğitimi, dört yıl medikal çalışma da dahil, öğrenim süresi toplam on yılı buluyordu (Fara, s. 108-112; Gürüz vd., 57). Astrolojinin tıp eğitimine girmesi bugünün anlayışına göre garip karşılanabilir. Ancak o zamanlarda, gökyüzü cisimlerinin insan sağlığı üzerine etkilerinin olduğuna inanılıyordu ve astroloji öğrenmek hekim adayları için gerekli görülüyordu (Eren, s. 216-218).

Akademik olarak üniversitelerde yetişmiş doktorlar, üniversitelerin bulunduğu şehirlerde önemliydi. Buralarda kalifiye doktorlar çalışıyordu. Bu durum hekimler arasında bir hiyerarşi yaratıyordu. En üstte üniversitede eğitim görmüş hekimler, sonra sırasıyla yetişmiş cerrahlar, esnaf-cerrahlar, berber-cerrahlar, dişçiler, gözcüler, ampirikler, kocakarılar, şifacılar ve nihayet hastanın kendi ailesi ve komşuları geliyordu (Eren, s. 216-218).

Nöroloji ve Psikiyatri

Ortaçağ'da ruhsal hastalıklar, doktorun inancına göre farklı yöntemlerle tedavi ediliyordu. Bazı doktorlara göre bu hastalıklar şeytanlar, cinler tarafından meydana getiriliyordu. Onlar tedavide dua vb. dinsel yöntemleri kullanıyordu. Bir başka tedavi yöntemi de trepanasyondu; bu yolla kötü ruhların ve cinlerin bedenden çıktığına inanılıyordu. Ortaçağ'daki hekimlerin veya şifacıların çoğu, ruh hastalıklarının doğaüstü güçlerle oluştuğuna inanıyordu.* En çok inanılan kuramlardan biri de dört sıvı kuramıydı. Bu kurama göre kara safranın aşırı fazlalığı melankoliye yol açıyordu. Dört sıvının dengesinin bozulmasına karşı kusturucu maddeler, laksatifler (pürgatifler) ve farklı diyetler kullanılıyordu (Aydın, s. 91-94).

İbn Sina, Batı'daki adıyla Avicenna çok ünlü bir hekim olarak sağlık ve hastalıklar konusunda birçok yorumda bulunmuş ve keşifler yapmıştır. Bunlardan beyin ve nörolojiyle ilgili olanlarına burada değineceğiz. *El-Kânûn fi't-Tıb* adlı eseri Gerardus Cremonensis tarafından Arapçadan Latinceye çevrildikten sonra 17. yüzyıl ortalarına kadar ders kitabı olarak tıp alanında ve üniversitelerde kullanılmıştır (Adıvar, s. 111-116; Bayat, s. 189).

---

* Çok nadir de olsa kimilerinin ortamın mistik etkisinden kısmen kurtulduğunu söyleyebiliriz. Bu kişilerden biri, hem de manastırda, Başrahibe Bingenli Hildegard (1098-1179) idi. Almanya'da doğa tarihi alanında öncü olmuştur. *Physica* adlı kitabında doğa konusunu işlemekle beraber, aynı zamanda parkinson hastalığını andıran bir hastalık tanımlamış ve bir tedavi önerisinde bulunmuştur. Tremor (titreme), güç kaybı ve ağzından salya akan hastadaki tremor tanımı parkinsonda görülen tipe çok benzerdir. Hildegard, ayrıca sezinleme yoluyla ilerlese da hastaya zerdeçal (curcuma longa) bitkisini önermiştir. Bu bitkiden bugün *curcumin* adlı nörotropik ilaç elde edilmektedir (Fortea, 2017). Hildegard kitabını manastırda yazmış ancak bu bazılarınca "Tanrıya güvensizlik" denerek eleştirilmiştir (Bayat, s. 157).

İbn Sina birçok psikiyatrik durumu açıklamıştır. Santral ve periferik yüz felcinin ayırıcı tanısını yapmıştır. Larinkse (gırtlak) entübasyonu ilk kez yapmış, civa buharını hastalıklarda kullanmıştır. Trigeminal nevraljiyi* tanımlamıştır (Ertekin, s. 106). İbn Sina nörokardiyoloji alanında da çağını aşan bilgiler vermiş ve dünyada ilk kez hasta üzerinde *karotis hipersensitivitesini* (şahdamarının aşırı duyarlılığı) ve dolayısıyla vaso-vagal senkopu† tanımlamıştır. Bu bulgular *El-Kânûn fi't-Tıb* kitabının üçüncü cildinde bulunur (Shoja vd., s. 297-301).

İb Sina'nın diğer önemli kitabı *Kitâbü'ş-Şifâ: Nefs* felsefe ve bilim ansiklopedisidir. Bu kitabı da Avrupa'da birçok okulda standart ders kitabı haline gelmiştir. Avrupa kitabı *Sufficientia* adıyla basmıştır. İbn Sina'nın bilim ve felsefe üzerine yazılmış en büyük kitabıdır. Bu kitapta İbn Sina akıl, akılla beden ilişkileri, duyma ve algılamayı tartışmıştır. Onun görüşüne gore, aklın birinci düzeyi istemli devinimlerdir. İkinci düzeyiyse duygudurumlar ve istektir. Güçlü olumsuz duygudurumların (heyecanlar), vejetatif işlevler (içorganların istemdışı çalışması) üzerine olumsuz etki gösterdiğini ve hatta bunların kimilerinde ölüme yol açabileceğini belirtmiştir. Hipnoz üzerine tartışmış ve bir insanın diğerini hipnotize edebileceğini söylemiştir. İnsan algısını ikiye ayırmıştır:

1. Dış duyumlar: İşitme, görme, koku, tat ve dokunma gibi klasik duyulara dayanan duyumlar.
2. İç duyumlar: Beş iç duyum vardır, bunların arasında hayal etme de yer alır.

İyi-kötü, aşk-nefret vb. içgüdülerin kişinin karakterini belirlediğini, bunun bellekte bulunduğunu ve isteme çevrilebildiğini söylemiştir. Bazı somatik hastalıkların psikolojik açıklamaları olduğunu söylemiş, fiziksel ve psikolojik hastalığı birlikte düşünmüştür. Melankoliyi tanımlamıştır. Korkunun, melankoli ve maninin habercisi olduğunu söylemiştir. Başın içindeki nemliliğin mizaç hastalıklarını etkilediğini

* *Trigeminal nevralji* yüzde çok sık tekrarlayan ve çok kısa süreli şiddetli ağrılarla giden bir hastalıktır.

† Ani tansiyon düşmesi sonucu beyne giden kanın kesilmesi ve buna bağlı kısa süreli bilinç kaybı.

bildirmiştir. Bunu şöyle açıklamıştır; bunlar nefes alıp vermeyle değişiklik gösterir. Örneğin mutluluk nefes alıp vermeyi artırır, bu da beyin içindeki nemliliği yükseltir.Bu nem limitten öteye geçerse akılcı düşünmeyi bozar, bu da ruhsal hastalıklara yol açar. Ayrıca gece korkusu, epilepsi ve bellek azlığının semptom ve tedavilerini yazmıştır. İbn Sina hastalarını tedavi ederken çok sık psikolojik yöntemler kullanmıştır (Ertekin, s. 107).

Her ne kadar Rönesans Çağı'nda ventriküler sistem kuramına karşı çıkılsa da, bu kurama inanılmaya devam ediliyordu. Ayrıca, yine hastalardaki nörolojik bulgular bu kuram sınırları içinde açıklanmaya çalışılıyordu.

Beyin ve ventrikül sisteme ait ilk resimler

Her ne kadar ilk atalarımız, örneğin *cro-magnon*lar mağara duvarlarına resimler yapacak hale gelmişse de teknik imkânsızlıklar ve toplumsal baskılar nedeniyle tıbbi resimler Rönesans Çağı ve Leonardo da Vinci'ye dek bir türlü gün yüzüne çıkamamıştır. Antik Yunan uygarlığından başlayarak Ortaçağ da dahil, beyin ve çok tartışılan beyin ventrikülleri hakkında çok yorum yapılmasına rağmen iyi bir illustrasyon günümüze ulaşmamıştır. Aslında Babil, Mısır, Çin ve Hint eski uygarlıklarında insan ve insan organları, kullanılan araçlara göre farklı farklı resmedilmiştir. Ancak *Corpus Hippocraticum*'da tıbbi açıklamalara kolaylık sağlayacak resimler yoktur. İlk kez Aristoteles'in *De Incessu Animalium* [Lat. *De Generatione Animalium* (Hayvanların Nesli Üzerine)] adlı eserinde şema ve diyagramlara rastlanır. Maalesef onun hiçbir illustrasyonu günümüze ulaşmamıştır. O çağlarda orijinal bir resmin röprodüksiyonunu yapmanın pek mümkün olmadığını anımsamalıyız. Muhtemelen ilk gerçek anatomik resimler İskenderiye'de MÖ 300 yılında yapılmıştır. Bunlar Herophilos ve Erasistratos'un kitaplarında ortaya çıkmıştır. O dönemlerde otopsi tekniği bile beynin içini ve dışını belirgince göstermeye uygun değildi. Ne çok ince diseksiyonlar yapılmıştı ne de görüntüleme teknikleri vardı. Buna rağmen Helenistik dönemden bir beyin ve beyinden çıkan yolların şematik resmi günümüze kadar gelebilmiştir. Bu resimlerin orijinallerinin günümüz İskenderiye'sinde bulunduğu bildirilmiştir. Ayrıca Salerno Tıp

Okulu'ndaki bir ders kitabı içinde bulunan İskenderiyeli hekimlerin çizdiği resimler beynin ilk görüntüleri kabul edilebilir.

Beyinle ilgili orijinal çizimi kimin yaptığı belli olmayan, 1500'lü yıllardan öncesine ait iki beyin görüntüsü ortaya çıkmıştır. Bunlardan biri İngiltere Cambridge'de bulunmuştur. Elde edilen yer Caius Koleji'dir. Burada resim dörde bölünmüştür ve resmin sol üst kısmında beyin çizimi vardır. Diğerlerinde karaciğer, kalp ve testisler görülür. Beyinde beş odacık kuramını çizimle gösteren bir başka resim daha bulunmuştur. Burada da resmi yapan bilinmemekle beraber, çizimin 1310 yılında yapıldığı tahmin edilmiştir. Çizimi yapanın İbn Sina'nın etkisi altında kaldığı anlaşılmıştır. Buna benzer çalışmalar Ortaçağ'ın Skolastik Dönem eserlerinde görülmüştür.

Daha önce belirtildiği üzere, Mondino De' Liuzzi de bir anatomist ve cerrahtı. Mondino'nun öğrencisi Guido da Vigevano, (1280-1340) *Anathomia Designate Per Figures* adlı bir kitap yazmıştır ve kitabın içinde yirmi dört renkli anatomi resmi vardır. Bu resimlerin on sekizi kaybolsa da, geri kalan altı resim kurtulmuştur. Bunlar baş, beyin ve omurgayı gösterir. Bu resimler sinir sisteminin ilk modern anatomik çizimleri kabul edilmiştir (Wickens, s. 53-58 ve 63).

Rönesans'a kadar, bu kadar az mesleki resmin ortaya çıkmasında toplumsal ve dinsel nedenlerin olduğu gözardı edilemez. Örneğin Helenistik dönemden sonra insana otopsi yapmanın Hıristiyan toplumunda yasaklanması beyin, ventriküller ve sinir sistemi hakkındaki çizimlerin elyazması kitaplara geçmesinde bir engel oluşturmuştur. İslam dünyasındaysa buna insan resmi ve yüzün gösterilmesinin de dinsel olarak yasaklanmasını ekleyebiliriz.

Matbaa Gutenberg tarafından yaklaşık 1447 yılında, (Çin uygarlığından sonra) yeniden keşfedilince, bazı şeyler değişmeye başlamıştır. Almanya'nın Mainz kentinde, 1452 yılında ilk kez Latince İncil basılmıştır. Matbaanın çok sayıda kitap basması, bu keşfin hızla yayılmasına yol açmıştır. 15. yüzyılda Avrupa'da 1000'den fazla baskı makinası olduğu söylenir. 16. yüzyılın sonuna kadar basılan kitap sayısının 8-20 milyon arasında olduğu tahmin edilir. Böylece kitabın yaygınlaşması, bilginin de daha geniş kitlelere yayılmasını mümkün kılmış, tabii bu arada tıp bilimi de bundan çok yarar sağlamıştır. Basılı kitaplar yoluyla beyin, sinir sistemi anatomisi ve hastalıklarına ait bilgiler ve çizimlerin hızla biliminsanı, hekim ve düşünür-yazarlara ulaşması bilgiyi öğrenme ve geliştirmeyi kolaylaştırmış ve hızını olağanüstü artırmıştır (Aydon, s. 185-189; Fara, s. 129-135; Gürüz, s. 159).

KAYNAKLAR

Adıvar A. *Tarih Boyunca İlim ve Din, Bölüm-1*, Remzi Kitabevi, 2. Baskı, 1969.

Aydın E. *Dünya ve Türk Tıp Tarihi*, Güneş Kitabevi, 2006.

Aydon C. *İnsanlık Tarihi*, Say Yayınları, İstanbul, 2015.

Bayat A.H. *Tıp Tarihi*, Zeytinburnu Belediyesi Kültür Yayınları, 3. Basım, İstanbul 2016.

Bernal J.D. *Materyalist Bilimler Tarihi-I*, çev. Emre Marlalı, Sosyal Yayınlar, İstanbul, 1976.

Eckoldt M. *Beyin ve Zihnin Kısa Tarihi: Duygular ve Düşünceler Nasıl Oluşur?*, çev. Mehmet Ali Erbak, Say Yayınları, İstanbul, 2018.

Eren N. *Çağlar Boyunca Toplum, Sağlık ve İnsan*, Gelişim Yayıncılık, Ankara, 1996.

Ertekin C. *Tıbbın Öyküsü*, Türkiye İş Bankası Kültür Yayınları, 5. Basım, İstanbul, 2019.

Fara P. *Bilim: Dört bin yıllık bir tarih*, Metis Yayınları, İstanbul, 2012.

Finger S. *Origins of Neuroscience. A History of Explorations into Brain Function*. Oxford University Press, Londra ve Newyork, 1994.

Fortea J. "Hildegard of Bingen's remedies for Parkinson's disease" *Lancet Neurology*, 2017.

Gürüz K. *Medrese vs Üniversite*, Ka Kitap, İstanbul, 2016.

Gürüz vd. *Türkiye'de ve Dünyada Yüksek Öğretim, Bilim ve Teknoloji*, Esen Ofset, İstanbul, 1994.

Hançerlioğlu O. *Düşünce Tarihi*, Varlık Yayınları, İstanbul, 1970.

Kahya E. & Öner M. *Biyoloji Tarihi*, İmge Kitabevi, Ankara, 2007.

Mosca G. *Siyasi Doktrinler Tarihi*, Varlık Yayınevi, İstanbul, 1963.

Porter R. *Kan Revan İçinde Tıbbın Kısa Tarihi*, Metis Yayınları, İstanbul, 2016.

Russel B. *Batı Felsefesi Tarihi*, 3. Basım, Say Yayınları, İstanbul, 1983.

Shoa M.M. vd. "Vasovagal Syncope in the Cannon of Avicenna: The first mention of the Carotid Artery hypersensitivity" *Internal Journal of Cardiology*, 29, 297-301, 2009.

Wickens A.P. *History of the Brain-From Stone Age Surgery to Modern Neuroscience*, Psychology Press, Taylor & Francis Group, Londra ve NewYork, 2015.

5

Rönesans ve Sonrası: Beyin Kurcalanıyor

Avrupa kültüründe, 14. yüzyılın sonlarına doğru birkaç yüzyıldan beri yavaş yavaş oluşan yeni bir hayat görüşü belirmeye başlamıştır. Burjuva sınıfı, feodalizm düzeni içinde varlığını güçlendirmiştir. Batı ve Orta Avrupa'da boy göstermeye başlayan yeni sınıf, yaşam görüşünün de kendisiyle birlikte gelişmesi için gerekli koşulları oluşturmuştur. Oluşan yeni ekonomik düzen, Ortaçağ'daki devlet yapısını etkileyerek ulusallaşmayı zorunlu kılmıştır. Dinsel yapıda değişiklikler meydana gelmiş ve koyu Katolik anlayış Protestanlığın gelişmesiyle gücünü yitirmeye başlamıştır. Artık Rönesans adıyla Avrupa yeni bir döneme girecektir (Bernal, s. 259-260; Hançerlioğlu, c. 1, s. 209; Hançerlioğlu, c. 5, s. 233-234; Bayat, s 167).

Bu yüzyılda İtalya'da doğan hümanizmle birlikte Rönesans doruğa ulaşmıştır. Skolastik Dönem'in eleştirisi ve de feodal-dinsel ideolojiye karşı mücadele evrenin merkezi olarak insanın öne geçmesi yani hümanizm (insancılık) tüm gücüyle ortaya çıkmıştır. Ayrıca Rönesans'ın yeni bir edebiyat, yeni bir politika düşüncesi günbegün sanat ve bilimin önünü açmıştır. Ortaçağ'ın metafizik dünya görüşü, yerini bireyci dünya görüşüne bırakmıştır. Artık inanan insan yerine, düşünen insan var olmaya başlamıştır.Düşünen insan, kendisine yüzyıllardan beri gözü kapalı öğretilen bütün bilgilerden kuşkulanan insandır. Şüphecilik, bireycilik ve hümanizm, Rönesans'ın zorunlu sonuçlarıdır. Rönesans insanı bilgilidir, çok yönlüdür. Aynı düşünsel ortamın sonucu olarak, 16. yüzyılda önce doğa bilimlerinde devrimler ortaya çıkmıştır. Yeni insan artık çevresini didiklemeye başlamıştır. Böylece yeni insan, yeni kentleri doğurmuştur. Yeni kentler de yeni uluslara gidişi hazırlamıştır. Ulus düşüncesiyle yeni ve bilinci gelişmiş uluslar ortaya çıkmıştır (Aydon, s. 256-260; Bernal, s. 261-266; Nauert, s. 11-32; Tanilli, s. 61-69; Hançerlioğlu, s. 115-120; Bixy, s. 163; Hançerlioğlu, s. 88-94).

1446 yılında ilk kez kitaplar baskı tekniğiyle basılmaya başlamış ve çoğaltılabilmiştir. Kitapların daha çok basılıp çoğaltılması, Avrupa'da birçok bireyin daha fazla bilgi edinmesini sağlamıştır. Bu da Rönesans'ın gelişimini hızlandırmıştır.*

Rönesans'a damgasını vuran iki özel kişiye de değinmek gerekiyor. Bunlardan ilki, aslında bu dönemin âdeta simgesi haline gelen mühendis, biliminsanı ve sanatçı; doğayı ve insanı gözlemeye doymayan araştırmacı Leonardo Da Vinci'dir. Diğeriyse Nicolaus Copernicus'tur (Kopernik). Copernicus yüzyıllarca süren bir inanışı devirerek evrenin merkezinin dünya değil güneş olduğunu kanıtlamıştır. Polonyalı rahip, matematikçi, hukukçu ve aynı zamanda bir hekimdir. Ancak insan beyni ve sinir sistemi konusunda bilinen bir katkı sağlamamıştır. Bu iki yüce kişiye tıp alanında çağdaşlığa ilk adımı atan Vesalius'u eklemek pek de yanlış olmasa gerek. Kendisi, yazdığı anatomi kitabının amacı doğrultusunda, belki de en fazla anlatılması gereken biliminsanlarından kabul edilebilir. (Bernal, s. 263-264; Fara, s. 39; Yıldırım, s. 72-77).

Leonardo Da Vinci (1458-1519) ve İnsan Bedeni

Mona Lisa ve *Son Yemek* gibi tabloların yaratıcısı Da Vinci'nin sanat dünyasındaki yüce konumu çok iyi bilinir. Ama onun biliminsanı kimliği hep arka planda kalmıştır. Bu bilimsel yönü 19. yüzyıla gelinceye dek gözden kaçmış veya unutulmuştur. Ancak bu unutulmuşlukta

---

* Matbaayı Johannes Gutenberg'in işlerlik kazandırarak yeniden keşfetmesinden önce, kitaplar yüksek ücret karşılığı elle yazılarak çoğaltılıyordu. Bir kitabın kopyasını isteyen kişi önce başka birinden istediğini ödünç almak, sonra da bunu elle tekrar kopyalayacak yazman bulmak zorundaydı. Katip *is*ten yapılma mürekkep ve kaz tüyünden kalem kullanarak sözcükleri parşömen sayfalara tek tek kopyalıyordu. Örneğin İncil'i kopyalamak 15 hafta kadar sürüyordu, kopya daha sonra ciltleniyordu." (Aydon, s. 186; Dawis, s. 140).

kendisinin de payı vardır. Bilimsel çalışma ve ilgili çizimlerini yayımlamaktan özenle kaçındığı gibi, tuttuğu notları kolaylıkla okunmaya elverişli olmayan, kendine özgü bir yöntemle kaleme almıştır. Gizli bir mahzende yaklaşık 400 yıl kalan, çizimleriyle birlikte beş bin sayfa tutan bu notlar, sağdan sola doğru yazıldığı için ancak aynadan yansıtılarak okunabilmiştir (Yıldırım, s. 66-71; Gombrich, s. 291-303). Belki de düşüncelerinin din karşıtlığı şeklinde yorumlanabileceği korkusuyla bulgularını yaymak istememiştir. Solak olduğu ve sağdan sola da yazmaya alışkın olduğu için, böyle ayna yardımıyla okunabilen yazısını yazmak kendisi için zor olmamıştır (Gombrich. 291-303). Bu yazıları ve çizimleri defterlere yerleştirmiş ve bu defterler öğrencisi Francesko Melzi tarafından kendi villasında korunmuştur. Ancak öğrencisi Melzi bu defterleri çağdaşı anatomistlere göstermiştir. Bunun, eserlerin bazılarının anatomistler tarafından çalınmasına yol açması da olasıdır. Da Vinci'nin bu çalışmaları tam iki yüz altmış yıl bir sır olarak kalmış, 18. yüzyılın geç dönemlerine dek ortaya çıkmamıştır (Wickens, s. 65). Onun anatomist ve bilimci yönü neredeyse 20. yüzyılda tanınmıştır da diyebiliriz.

Leonardo da Vinci'nin yaşam öyküsünden kısaca bahsetmekte yarar var. O, evlilik dışı bir çocuk olarak Toscana'nın bir kasabasında dünyaya gelmiştir. Dönemin tanınmış sanatçısı Andrea Del Verrochio'nun yanında 16 yaşındayken çıraklığa başlamıştır. Çıraklıkta henüz on yılını tamamlamışken kısa sürede çok büyük bir ressam olarak tanınır. Sanat yeteneğiyle yaşamını Floransa, Milano ve Roma saraylarında sürdürme olanağı bulmuştur. Yaşamının son üç yılınıysa Fransa Kralı I. François'nın yakınında geçirmiştir. Anatomik çalışmalarına Milano'da başlamıştır (Yıldırım, s. 66-74; Wickens, s. 64). Milano'da ölüler üzerinde çalışmasına da izin verilmiştir. Aslında Da Vinci'nin temel hedefi vücudun nasıl çalıştığını öğrenmek ve anlamaktır. Dolayısıyla çizdiği vücut resimlerinin yanına yorumlar yapıp açıklamalarda bulunmuştur. İtalya'daki sıcak iklim nedeniyle cesetler çabuk çürüyordu, hızlı çalışması gerekiyordu. Leonardo kendisine ait küçük bir odada çalışıyordu, üstelik geceleri kandil ışığında çalışmak zorundaydı. Bu koşullar altında yüzden fazla ceset (bazı yazarlar ceset sayısının çok daha az olduğunu belirtmiştir) üzerinde çalışmış ve bu çalışmalarını yüz yirmi deftere kaydetmiştir. Çizdiği yedi yüz yetmiş dokuzdan fazla anatomik çizimle beraber, bu defterlerin içindeki özgün düşünce ve tasarımlarını hiçbir zaman yayımlamamıştır. (Wickens, s. 65). Günümüze kadar gelen defterler ve binlerce sayfa özgün yazılar, çizimler ve yazmayı tasarladığı kitap taslaklarına ait ön çalışmalarla tıklım tıklım doludur. Aslında bunlar çağını aşmış düşünce ve projeler olmasına rağmen yaptıklarını neden yayımlamadığı konusu hep soru işareti olarak kalmıştır. Bunun nedenleri arasında zamanın dinsel baskılarından korkmasını da sayabiliriz. Ama bir bakıma da eğitim görmediğinden kendisini bir sanatçı olarak düşünmesi de sayılabilir. Bu bağlamda, belki bir parça Latince ve ondan da az Yunanca bildiği yazılmıştır.

Leonardo kitaptan okuyarak öğrenilmiş kuru bilgiye ilgi duymaz. Okuduğu bir şeye gözüyle görmediği sürece inanmaz. Doğada onun merakını uyandırmayan, dehasını kamçılamayan hiçbir şey yoktur. Ama bir biliminsanı olarak kabul görme arzusu taşımadığını da söyleyebiliriz. Doğanın araştırılması, öncelikle onun sanatı için gerek gördüğü bilgilere ulaşmanın yoluydu (Gombrich, s. 291-303).

Daha önce değinildiği gibi, Leonardo'nun keşifleri insan anatomisini de içine alır. Bunlar günümüz anatomisine gerçek anlamda tamı tamına uymaktadır. Vücut resimleri üzerine çalışmaları aslında vücudun sırlarını açıklamaya yönelik bir motivasyon sayılabilir. Bilmek ve başkalarının göremediğini görmek istemiştir belki de. Onun bu vizyonu kuşkusuz kendisini beyni de anlamaya yöneltmiştir.

Leonardo da Vinci beyin çalışmalarına başladıktan sonra beyindeki ventriküler sistemi daha iyi incelemek için, bir şırınga yardımıyla öküzde beyin ventrikülleri içine eriyebilen balmumu sıvısı enjekte etmiştir. Ön ventriküllerin üzerinde açtığı deliklerle sıvının akmasını sağlamış ve balmumunun sertleşmesine kadar beklemiştir. Bundan sonra beyin dokusunu kesip atmış ve enjekte edilen materyalin donmuş şekli veya kalıbı üzerinden ventrikül sistemini incelemiştir (Wickens, s. 69; Eckoldt, s. 58; Finger, s. 18-31).

Leonardo'nun ventriküler sistem çizimleri, hem öküz hem de insandan elde edilen bilgilerin bir karışımıdır. Bu arada beyin ventrikül sayısının üç değil dört olduğunu gözlemlemiştir (Eckoldt, s. 58;

Wickens, s. 69-70; Finger, s. 18-31). Kurbağada omuriliğin üst kısmına bir iğne batırdığında hayvanın hemen öldüğünü görmüş, sonuç itibarıyla üst omuriliğin yaşamsal önem taşıdığını belirtmiş ve bu ölüm nedenini vital enerjinin kalbe ulaşamaması şeklinde yorumlamıştır (Wickens, s. 69).

Da Vinci'nin bıraktığı insan vücudu resimlerinde (örneğin Gombrich'in kitabına koyduğu 190. resimdeki çizim ve yazılarda olduğu gibi, Gombrich, s. 205) bacak iskelet kaslarının her yönden günümüzdekinden farklı olmadığı görülür. İlginç olarak ağız, gırtlak, yutak, nefes borusu ve boyun kıkırdaklarıyla ilgili 7 ve 8. resim de bilindiği gibidir ve çok net çizilmiştir. Bu bölgeleri çok iyi incelediği anlaşılıyor. Ayrıca damarlar ve kalple ilgili çalışmaları da vardır. İnsan embriyosunun gelişimini izlemiştir. Nihayetinde şunu söyleyebiliriz; çağdaş anatomi hemen hemen doktorlar kadar Rönesans ve sonrası ressamlarına ve özellikle Leonardo da Vinci'ye çok şey borçludur.

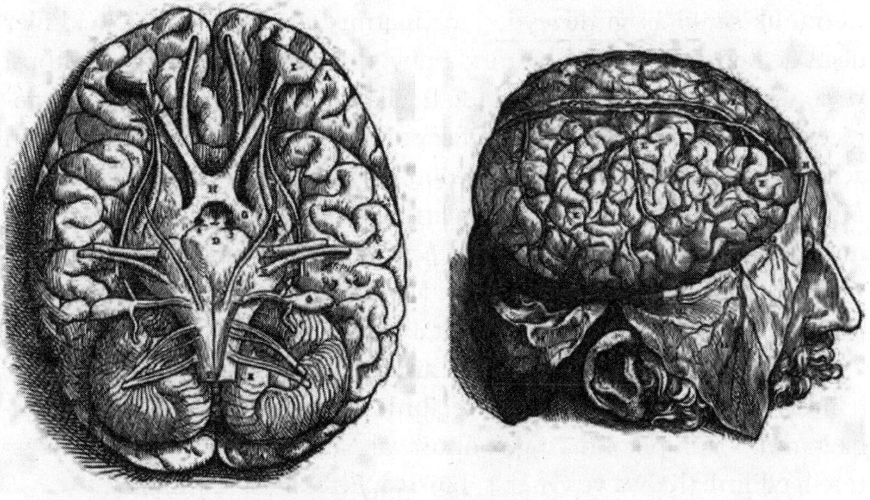

Resim 5.1. Vesalius'un *De Humani Corporis Fabrica* kitabındaki beyin çizimleri, Wickens A.P. *A History of the Brain: From stone age Surgery to Modern Neuroscience*, Psychology Press, Taylor & Francis Group, Londra ve Newyork, 2015.

Andreas Vesalius ve Kadavra Çalışmaları

Tıbbın ve bilimsel bilginin, dinin dogmalarından kurtarılması aslında o kadar da kolay olmamıştır. Bu hatta Hippokrates zamanında dahi böyledir. Örneğin insan bedenine nekropsi yapmanın doğru ve ahlaki bir davranış olmadığı düşünülmüştür. Hıristiyanlıkta insan bedeni hem kutsal hem de iğrenç sayılmıştır. Hıristiyan din önderleri ölülerin kesilip biçilmesine şiddetle karşı durmuş, otopsi yapılması yasaklanmıştır. Kutsallık anlamında insan bedeni Ruhulkudüs'ün tapınağı sayılıyordu. Öte yandan öldükten sonra yeniden dirilme inancı da insan vücuduna dokunulmamasını gerektiriyordu. Ne yazık ki o dönemlerde Hıristiyan olmayanlar, köleler ve gladyatör dövüşlerine karşı tutunulan tavır göz önüne alındığında, otopsi yasağı çok garip görünmektedir. Kilise aslında en çok kan döken kurumlardan biri olduğu halde "Kilise kan dökmekten nefret eder" ilkesi gereği, otopsi karşıtlığına başka bir neden daha ortaya atılmıştır. 1281 yılı Ruhani Meclisi yine bu sebeple keşişlere ameliyat yapmayı yasaklamıştır. İlginçtir ki bu yasak değişik bir etki yaratmıştır. Cerrahlık sanki aşağı düzeyde bir sanatmış gibi, uzun yıllar hekimler değil de berber cerrahlar tarafından uygulanmıştır. Katoliklerin otopsi veya nekropsiye karşı direnci 1480'li yıllarda papalık tarafından bir dereceye kadar kırılmıştır. Papa infaz edilmiş bir suçluya ait kadavranın açılarak incelenmesine bir engel olmadığı hakkında vaazlar vermiştir. Bununla beraber kadavra çalışmaları halkın çoğunluğu tarafından benimsenmemiştir. Ortaçağ'da halka açık yapılan ilk anatomik otopsinin 1315 yılı civarında İtalya Bologna'da Mondino De' Liuzzi tarafından yapıldığına daha önce değinilmişti. İtalya'da, halka açık ölü insan diseksiyonları, görsel eğitim ve öğretim amacıyla yapılırdı. Kadavralar infaz edilmiş suçluların cesetlerinden seçilirdi. Bu anatomi gösterilerinin, kadavranın bozulup kokması göz önüne alınarak kış aylarında yapılması tercih edilirdi (Kahya ve Öner, s. 149-159; Ertekin, s. 128-129).

Anatomik kadavra çalışmalarında dönüm noktası Vesalius (1514-1564) ile başlamıştır. Rönesans Çağı'nda dinsel etkiden arınmış, laik tıbbın ilk adımı Andreas Vesalius ile atılmıştır (Bayat, s. 169; Finger, s. 18-31). Vesalius once Fransa'da, sona da İtalya Padova Üniversitesi'nde öğrenim görmüştür. 1543 yılında *De Fabrica Corporis Humani* adlı eseri, Galenik tıpta hayvanlardan elde edilen anatomik bilgilerin, insanlardakine benzemediğini gösteren şekillerle doludur. Andreas Vesalius bu ünlü anatomi kitabını yazdığında yirmi sekiz yaşındadır. İçinde çarpıcı keşifler yer almasa da bu eser yeni bir araştırma iklimi yaratmıştır. Eski tıbbi dogmalarla hesaplaşma giderek daha da artmıştır. Vesalius'un kitabı hemen kabul görmüştür. Kitap kilise tarafından yasaklanmış, ancak daha sonra tüm Avrupa'da büyük bir şaşkınlık yaratmış, tabii ki beğeni kazanmıştır. Kitap, yüzyıllar boyu izlenmiş ve Vesalius modern anatominin kurucusu kabul edilmiştir. Kendisi aslında Hollandalıdır. Hekimliğinin ilk yıllarında Galenos'a ait anatomi kitaplarını okurken Galenos'un bu kitaplarda verdiği bilgilerin çoğunun hayvanlara ait olduğunu saptamış, kendi gözlemlerine göre yeni bir anatomi kitabı yazmaya karar vermiştir. Çok sayıda insan cesedi üzerinde yaptığı çalışmalarla resimli ve 663 sayfa tutan *De Humani Corporis Fabrica Libri Septum* [İnsan Vücudunun Yapısı Üzerine Yedi Kitap]* adlı yedi ciltlik eserini 1543 yılında henüz yirmi dokuz yaşındayken yayımlamıştır. Bu kitap anatomi ve tıpta yeni bir çığır açmıştır. Ayrıca kitap gördüğü ilgi üzerine 1702 yılına kadar 25'ten fazla baskı yapmıştır. (Bayat, s. 179). Bu kitapla birlikte Vesalius modern tıbbın temeline ilk taşı koymuştur. Sonraki iki yüz elli yıl içinde pek çok anatomist onun yolunda giderek insan organizmasında makroskopik açıdan bilinmeyen hiçbir yer bırakmamıştır (Bayat, s. 179). *De Humani Corporis Fabrica* anatomi kitabının esas önemi Vesalius'un kesip biçme işini bizzat kendisinin yapmasından kaynaklanır. Diseksiyonun böyle yapılması gerektiği anlamında ileri kuşaklara bir ders niteliği taşır. Daha önce de belirtildiği üzere, aslında insan anatomisi üzerinde çalışmanın saygıdeğer bir iş kabul edilmesi kolay olmamıştır. İnsanları kesip biçmenin verdiği huzursuzluğun giderilmesi epey zaman almıştır. Geniş anlamda ele alınırsa insanı incelemenin doğru yolunun, insanın nesne olarak ele alınmasından geçtiğinin kabul edilmesi süreci Vesalius ve kitabının basılmasıyla başlamıştır (Gribbin, s. 38). *De Humani Corporis Fabrica* kitabındaki anatomik resimlerin İtalyan ressam Jan Stephen van Calcar tarafından çizildiği söylenir. (Wickens, s. 76-79).

---

* *Fabrica* kitabının ilk baskısı büyük ve ağır bir cilt içindedir, boyutları 43x21 cm'dir. Latince yazılmıştır. 83 sayfalık bir bütün halinde 420 ayrı anatomi resmi bulunur (Wickens, s. 76).

Vesalius 1514 yılında Brüksel'de doğmuştur. Babası doktor ve eczacıdır. Çocukluk ve gençlik yıllarından başlayarak anatomi öğrenmeye çalışır. Fare, kedi, köpek gibi evde yakaladığı hayvanlara diseksiyon yapar. Evi idam suçlularının asıldığı alana çok yakındır. Burada idam ve ölüm olaylarını yakından izler. "Birgün arkadaşıyla kırlarda dolaşırken ağaca asılmış bir insan cesediyle karşılaşırlar. Bu idam edilip ibret için ağaca asılmış bir suçlunun bedenidir. Ceset kuşlar tarafından parçalanmış ve sadece kemikleri kalmıştır. Vesalius kemikleri incelemek üzere alır. Bu onun ilk iskelet takımı olacaktır." (Öncel, s. 38).

Vesalius on dokuz yaşındayken Paris'e gider ve orada tıp eğitimi görür. Bazen genel mezarlıklardan ölü kemiklerini toplayarak onları inceler. Paris Üniversitesi'ni mezun olmadan bırakmak zorunda kalır. İtalya'da Padova Üniversitesi'ne geçerek oradan tıp doktoru olarak mezun olur. Olağanüstü bir öğrencidir ve artık hekim olmuştur. Padova Tıp Okulu'na cerrahi ve anatomi dersleri vermek üzere atanır. O sırada henüz yirmi üç yaşındadır. Padova Tıp Okulu'nda yoğun bir anatomi çalışması içine girer ve diseksiyonlar yapmaya başlar. İnsan kadavralarına otopsi yapması konusunda Padova'daki yakın çevresi ona kolaylık sağlar ve destek olurlar. Destekçilerinin arasında yargıç Marcantonia Contarini de yer alır. Yargıç sadece idam edilen suçluların cesetlerini kendisine sağlamakla kalmaz, kimi zaman Vesalius'un çalışma planına ve vücut gereksimine uyacak şekilde idam tarihlerini de ertelemekten geri durmaz (Gribbin, s. 35-36). Vesalius insan vücudunu açma işini, zamanın konferans salonlarında ve amfilerde, öğrenci olan ve olmayan birçok kişinin katıldığı bir topluluk önünde yapar ve yüzlerce kişi onu bizzat diseksiyon yaparken izler (Eckoldt, s. 60-61).

Vesalius'un konu edindiği alana yaklaşımı çok ileri bir adım sayılmalıdır. Ortaçağ'da diseksiyonlar nadiren yapılıyordu. Yapıldığında da cerrahlar bunda biraz da gösteriş amacı güdüyordu. Eğitimli tıp profesörleri bedene yaklaşmadan, deyim yerindeyse ellerini kirletmeden, uzaktan derslerini anlatıyordu. Oysa Vesalius diseksiyon gösterilerini kendisi yapıyor, bir yandan da öğrencilerine daha önce bilinmeyen bilgilerin önemini açıklıyordu (Gribbin, s. 37). Vesalius Paris'teyken örgün eğitimini zaten otopsi alanında almıştı. Bu eğitimi veren profesör Jacques Dubois (Jacobus Sylvius) idi (Wickens, s. 72). Orada ilk bilimsel sürtüşmesini çene kemiği üzerine yaşamıştı. Galenos sağda ve solda olmak üzere iki çene kemiğinin bulunduğunu yazmıştı; bu herkesçe böyle kabul edilmişti. Oysa Vesalius çene kemiğinin tek parçadan ibaret olduğunu öne sürdü ki bu doğruydu. Giderek Galenos'u iyiden iyiye tartışmaya başlamıştı. O dönemlerde, hatta 1600'lü yıllara dek Galenos ve eserleri âdeta kutsal kabul ediliyordu; Galenos'a herhangi bir laf gelmesi halinde onun koruyucusu kilise daima hazırdı. Galenos'un yanlışlarını Vesalius, Padova'da daha fazla ortaya çıkarmaya başlamıştı. Galenos'un eserlerini inceledikçe onun hiçbir insan otopsisi yapmadığı sonucuna varmıştı. Galenos'un anatomi bilgilerini maymunlar, domuzlar ve sığırlar üzerinde yaptığı çalışmalardan elde ettiğini saptamıştı. Vesalius, Galenos'un tüm yanlışlarını kendi yazdığı *De Humani Corporis Fabrica* kitabına koymuştu. Vesalius kitabını, kendi gözlemlerine ve insan kadavrasından elde ettiği sonuçlara bağlı kalarak kaleme almıştı. Kitabında, Galenos'un iki yüz yanlış yaptığını yazmıştı. Böylece Vesalius sonraki kuşaklara, kendi çalışmalarına önem vermeleri gerektiğini salık veren ve onları cesaretlendiren bir anatomist haline gelmişti. Ayrıca Vesalius, daha önce ihmal edilmiş bazı yeni anatomik gerçekleri de açığa çıkarmıştı (Wickens, s. 73). *De Humani Corporis Fabrica*'nın basılmasıyla geçmişten gelen geleneksel ve dogmatik düşünceleri söküp atmıştı. Bunların yerine daha yeni, nesnel kıstaslar koymuştu. Ancak kitabın çıktığı dönemde bu yenilikler genel kabul görmemiş, çevrenin verdiği ilk tepkiler olumsuz olmuştu; hatta karışık tepkilerle de karşılaşmıştı. İlk tepkiler Galenos'u savunanlardan gelmişti, bunlar arasında Paris'teki hocası Jacques Dubois da vardı. Tutucu fikirleriyle Jacques Dubois, onun yanlış davranış ve düşüncelerinden vazgeçmesini önermişti. Vesalius bunlara aldırmayınca Dubois, Vesalius'a saçmaladığını söyleyerek onu delilikle suçlamıştı. Hatta Fransa kralına giderek, "Vesalius ağır bir şekilde cezalandırılmalıdır," dedikten sonra, Vesalius'un tüm Avrupa'yı zehirlediğini iddia etmişti. Dubois daha sonra, 1551 yılında yayımladığı bir kitapta da karşı ataklarına ve suçlamalarına aynen devam etmişti.*

* "Vesalius'un Paris'te eğitim gördüğü dönemde, kendisine diseksiyon eğitimi veren Jacques Dubois idi. Dubois insan vücudu kaslarına özel isimler veriyordu. Kendinden önce kaslara isim yerine numara veriliyordu. Dubois damarlara da özel isimler

Bu ve benzeri karşı duruşlardan etkilenen Vesalius bir tür depresyona girmiş ama bir yıl içinde toparlanmıştır. Kitabın elle yazılmış kopyasını yakmış ve ardından Padova'yı terk etmiştir (Wickens, s. 78). Belki de o zamanlar yürütülen taktiği uygulayarak kitabını Roma kralı V. Charles'a ithaf etmiştir. Ayrıca öğrencileri için kitabın bir özetini de yazmış, buna *De Humani Corporis Fabrica-Epitome* adını vermiş, bu ikinci kitabını da İspanya Kralı II. Philip'in oğluna ithaf etmiştir. Daha sonra Roma Kralı V. Charles'ın özel doktoruyken Padova'dan ayrılmış ve İspanya'ya geçmiştir (Fara, s. 165-174; Gribbin, s. 309). Kralın özel doktorluğunu üstlenmek prestiji çok yüksek bir makama erişmek anlamına gelir, tek kötü yanı kral hayattayken görevden ayrılamamaktır. Vesalius bu kararından herhalde pişmanlık duymamıştır. Çünkü V. Charles tahttan çekilmeden kısa bir süre önce, kendisine emekli maaşı bağlayarak hizmetten ayrılmasına izin vermiştir. Çok geçmeden de bu kez V. Charles'ın oğlu ve İspanya Kralı II. Philip'in maiyetinde benzer bir görev üstlenecektir. Ancak bunun iyi bir karar olmadığı ortaya çıkacaktır. Ona bir yabancı olarak düşmanlık duyulmaktadır. Kral II. Philip, Vesalius'u korumak niyetinde değildir. Vesalius'a anatomi çalışmalarında kullanması için kadavra verilmeyecektir. Ölülerin dirileceğine dair inanç çok önemlidir hatta bedende yok edilemez bir kemiğin varlığına inanılır. Bunu Vesalius'a sorduklarında böyle bir kemiğe rastlamadığını söyler. Ayrıca Havva'nın Âdem'in kaburgasından doğduğuna inandıkları için erkeklerin bir kaburgasının eksik olduğu düşünülür. Oysa Vesalius erkek kaburgalarında bir eksiklik olmadığını da söyler. Vesalius, Galenos tıbbına inandırılmış bazı tıp öğrencilerinin amansız düşmanlığıyla karşılaşır. Vesalius'un peşine düşerler ve sonunda onu harcamanın bir yolunu bulurlar. Akrabalarının izniyle soylu bir İspanyolun cesedi üzerinde inceleme yaparken yüreğin bıçak altında yaşam belirtileri gösterdiği görülür. Bunu belki de düşmanları uydurmuştur ama Vesalius adam öldürme suçlamasıyla engizisyona verilir. Ancak kralın etkisiyle kutsal topraklara (Kudüs) bir yolculuk yaparak günahının bağışlanmasına izin verilir. Tabii bir başka söylen-

---

vermişti. Örneğin *juguler* ve *subclavian* damar isimleri Dubois'dan kalmadır. Dubois, Galenos'u pek savunmamakla beraber, onun anatomik anlayışını izleyen biridir (Wickens, s. 72).

tiye göre, Vesalius Kral II. Philip'ten Kudüs'e gitmek için izin istemiştir. Amacı İtalya'da bir mola vererek Padova Üniversitesi'ndeki eski görevine dönmektir. Ancak Kudüs'ten dönerken gemide hastalanır. Onu geminin yanaştığı Yunan adası Zakynthos'ta bırakırlar ve orada ölür (Gribbin, s. 39; Öncel, s. 39; Ertekin, s. 272; Russel, s. 65-85). Bir başka görüşe göre de dönüş yolculuğunda fırtınaya yakalanan gemisi batar ve Vesalius'un yaşamı sonlanır (Bayat, s. 170).

Vesalius'un İtalyanca, Fransızca, Latince, Arapça ve İbranice olmak üzere beş dil konuştuğu tahmin ediliyor. Kuşkusuz bu niteliği, kendisinden önceki bilgileri okuma şansını yakalamasını sağlamıştır.Kendi öncüllerinin tersine, Vesalius anatomik bulguları kendi gözlemleriyle elde etmenin ve elle muayene etmenin önemini çevresine göstermiştir. İnsan anatomisi üzerine çalışmanın ne kadar çok önem taşıdığını önünde sonunda kabul ettirmiştir. Kuşkusuz bilimsel tıbbın önünü açmıştır. Vesalius tek başına kuramsal bir devrim yapmamıştır ama insanların tavırlarını değiştirmesi ve vücut odaklı tıp yöntemini fazlasıyla telkin etmesi bir o kadar önemlidir (Fara, s. 165-170; Gribbin, s. 33-37; Porter, s. 67-69).

Resim 5.2. Andreas Vesalius. Çağdaş anatomiyi başlatan hekim, Andrew P. Wickens, *A History of the Brain: From stone age Surgery to Modern Neuroscience*, Psychology Press, Taylor & Francis Group, Londra ve Newyork, 2015.

Anatomist Jacopo Berengario da Carpi (1460-1530) başka bir Rönesans anatomistidir. Da Carpi öldüğünde Vesalius 16 yaşındadır. Oysa Carpi çizimleriyle birlikte basılan ilk anatomi ders kitabını yazmıştır. Bu kitap 1521 yılında, yani Vesalius'un *De Humani Corporis Fabrica* kitabından tam 22 yıl önce yayımlanmıştır. Üstelik Galenos'a ilk karşı çıkış da Carpi'den gelmiştir. Buna rağmen daha çok Vesalius'un gölgesinde kalmış bir anatomist ve cerrahtır. İtalya'nın Carpi şehrinde doğmuştur. Babası berber-cerrahtır. Bologna Ünivesitesi'nden mezun olmuştur. Daha sonra aynı üniversitede öğretim üyeliği yapmıştır. Bologna'da çok iyi bir çevre edinmiş ve mesleğinde aranan bir kişi haline gelmiştir. Onun *viviseksiyon* yaptığı da iddia edilmiştir. Daha sonra Floransa'ya davet edilmiştir; orada tedavi ettiği kişiler arasında Medici ailesinden II. Lorenzo da yer alır. 1518 yılında kafa kırıkları üzerine bir kitap yazmıştır. Kitap kafa travmalarının fizyopatolojisi, tanı, tedavi ve prognozunu konu edinir. Kitaba kafatasını delmek için kullanılan bir cerrahi matkabın resmi de eklenmiştir. Kitap bu özellikleriyle kafa travmaları alanında ilk modern kitap kabul edilirken Berengario da nörotravmatolojinin öncülerinden sayılır. Ancak Berengario'nun adının tıp tarihine yazılmasını sağlayan asıl eserleri 1514 yılında yazdığı *Anatomia Mundini* [Mundini'nin Anatomisi] ve ondan da fazla ses getiren ve 1521 yılında yazdığı *Carpi Commentaria Mundini* [Carpi'nin Mundini Üzerine Yorumları] adlı kitaplarıdır. Bu kitaplarda Galenos'un beyin konusundaki düşüncelerini kıyasıya eleştirir. *Carpi Commentaria Mundini* kitabını Medici ailesine ve Bologna Kardinali'ne ithaf etmiştir. Berengario her iki kitapta da diseksiyon tekniklerini yazmış ve bunların sonucunda elde ettiği bulguları açıklamıştır. Galenik tıp ve İslam tıbbına yönelik eleştiriler yapmıştır. *Carpi Commentaria Mundini* 21 gravür resimle 1000 sayfayı aşkın bir eserdir. Tarihte ilk kez resimli basılan anatomi kitabıdır. Kitabın kısaltılmış halini ayrı bir kitapla yayımlamıştır: *Isagoge Breves*. Timus bezini tanımlamıştır. Erkeklerde göğüs kafesinin, kadınlarda leğen kemiğinin daha büyük olduğunu vurgulamıştır. Sifilis (frengi) hastalığında civa kullanımıyla çok ünlü olmuştur. Bu tedavi doğrultusunda çok fazla para kazandığı söylenir. Aynı zamanda hümanisttir ve çok güzel konuşan biridir. Bazen aksileştiği de ortaya çıkar. Şöyle ki, 1500 yılında Ferrara Dükü'ne hakaret ettiği gerekçesiyle mahkeme 100 duka vermesi ya da burnunun kesilmesine hükmeder. Neyse ki babası parayı öder ve bu sıkıntılı durumdan kurtulur (Öncel, s. 35-38; Wickens, s. 70).

Diğer Hekimler

Anatomi, Rönesans'ın bu yüzyıllarında vücudun birçok yerini ayrıntılarıyla doğru bir şekilde incelerken bu organ ve yapıların fizyolojisi veya genel insan fizyolojisi geri planda kalmış ve bu ilerleme için 17. yüzyılı beklemek gerekmiştir. Bununla beraber, Rönesans'ta makro anatominin büyük bir patlama gösterdiğini de kabul edebiliriz. İnsan anatomisine çok önem verilmiş ve makroskopik anatomi hakkında epey bilgi edinilmiştir.

15. yüzyılın sonlarına doğru Vesalius'tan gelen motivasyon ve insan kadavraları üzerinde daha ince çalışmalar sonucu, insan bedeninin ayrıntıları birer birer keşfedilmeye başlanmıştır. Bu dönem araştırmacılarından biri de Bartolomeo Eustachi'dir (1520-1574). Daha sonra kendi adıyla anılacak Eustachi yutak borusunu inceler. Bu ince boru, yutağı orta kulağa bağlayan bir kanaldır. Aslında bu anatomik boruyu ilk kez MÖ 450 yılı civarında Krotonlu Alkmaion tanımlamıştır. Roma'da papalığa bağlı Sapienz'de anatomi hocalığı yapan Eustachi, çalışmalarını ses organları üzerinde yoğunlaştırmıştır. Gırtlağın anatomik yapısını incelemiş ve ses telleri üzerinde durmuştur. Lenfatik sistem hakkında ayrıntılı bilgiler vermiş ve sempatik sinir sistemiyle ilgili çalışmalar yürütmüştür.

Vesalius'un öğrencisi Gabriele Falloppio (1523-1562) Padova'da onun yerine geçmiştir. Falloppio, Rönesans Çağı'nın en önemli anatomistlerinden biri haline gelmiştir. Gabriel Fallopius diye de anılır. Ferrara ve Pisa üniversitelerinden sonra, Padova'ya gelip genç yaşta profesör ve Vesalius'un ardından anatomi şefi olmuştur. Falloppio en çok baş ve genital bölgenin anatomisi üzerinde keşiflerde bulunmuştur. Falloppio'nun beynin tabanında bulunan ve günümüzde *Willis poligonu* denen atardamar bağlantısını, aslında ilk kez ve İngiliz Thomas Willis'ten 100 yıl kadar önce tanımladığı bildirilmiştir (Öncel, s. 44). Kafa kemikleriyle buradaki sinir geçişlerine ait ilk anatomik bilgiler de ona aittir. Örneğin yüz sinirinin (fasiyal sinir) geçtiği kanal bugün de *Fallop kanalı* adıyla anılır. Kulağın anatomisine ait önemli katkıları vardır. Kulakla ilgili pratik hekimlik adına kulak spekulumunu ilk bulan kişidir. Bu basit aparey, hâlâ dış kulak yolu ve kulak zarını incelemede ve en azından kulak burun boğaz hekimleri tarafından kullanılıyor. Falloppio, kadın ve erkekte insan üreme organlarını incelemiş ve bu konuda çok uzmanlaşmıştır. 1561 yılında *Observationes Anatomicae* [Anatomik Gözlemler] adlı kitabı yazmış ve bir yıl sonra da henüz otuz dokuz yaşındayken ölmüştür (Gribbin, s. 40-41; Porter, s. 69).

Matteo Realdo Colombo (1515-1559) da Padova çevrelerinden gelen bir anatomist ve cerrahtır. 1538 yılında Padova'ya giderek Vesalius ile tanışmış ve onun arkadaşı ve öğrencisi olmuştur. Colombo, Pisa ve Roma üniversitelerinde tanınmış bir otorite haline gelmiştir. İnsan kadavraları üzerinde de çalışmıştır. Colombo genellikle Vesalius'un öğrencisi kabul edilse de bu durum tartışmalıdır. Vesalius'un bazı yanlışlarını ortaya çıkarmıştır ve Vesalius'u ilk eleştiren kişidir. Vesalius ise Colombo'nun eleştirilerini inkar etmiş ve onun anatomiyi kendisinden öğrendiğini söylemiştir. Aslında birbirleriyle arkadaştırlar ve önceleri birbirlerine yardım etmişlerdir. Columbo'nun tek kitabı *De Re Anatomica* 1559 yılında, ölümünden hemen sonra basılır. Bu kitaptaki birçok katkı, o sırada Padova'daki anatomist Gabriele Falloppio'nun bulgularıyla çakışır. Realdo Colombo çok eleştirel bir bilimcidir. Akciğer dolaşımı üzerine değinir, akciğerlerin kan dolaşımında önemli rol oynadığını yazar. Üç organın önemini vurgular. Bunlar karaciğer, kalp ve beyindir. Beyin hepsinden önemlidir ve tüm organların kralıdır. Gerçekte duyum ve hareketin kaynağıdır. İlk kez pelvis (leğen kemiği), plevra (akciğeri saran zar) ve periton (karın boşluğunu örten zar) terimlerini kullanır ve anatomik yerlerini de belirler (Kahya ve Öner, s. 155; Gribbin, s. 40-41).

Girolomo Fabrizio (1537-1619) diğer adıyla Hieronymus Fabricius anatomist ve cerrahtır, kendisi çalışmaları dolayısıyla embriyolojinin babası olarak bilinir. Gabriele Falloppio'nun öğrencisidir. Ayrıca hocasından sonra, Padova Üniversitesi'nde anatomi ve cerrahi profesörü olmuştur. Hayvanlar üzerinde diseksiyon ile ceninin (fetus) gelişimini izlemiştir. Venlerin içindeki *valv*lerini (kapakçıklarını) ilk gözlemleyen ve tanımlayanlar arasındadır. 1600 yılında basılan *Tabulae Pictae* adlı kitabında Fabrizio, beyinde temporal lobdan frontal lobu ayırt edip bu iki lobu ayıran bir fissür (yarık) olduğunu göstermiştir. Bu yarığa, 1614-1672 yılları arasında yaşayan, bir sonraki kuşaktan Hollandalı Francis Sylvius'un adına atfen *Sylvian fissür* adı verilmiştir.Ancak bu yarığı ilk bulan kişi Sylvius değil, Fabrizio'dur. Maalesef çeşitli buluşlar için tıp tarihini iyice incelemeden yapılan hatalı isimlendirmeler hep olmuştur. Burada da hakkı yenen Girolamo Fabrizio'dur. Eklem bursasını (eklem yastıkçıkları) ilk kez tanımlayan kişi de yine Fabrizio'dur. Kendisi trakeostomi (soluk borusuna delik açılması) yapmamış, fakat trakeostomiyi tarif etmiş, vertikal (dikine) bir kesi yaptıktan sonra trakeaya (soluk borusu) bir tüp geçirilmesini önermiştir. Bunun trakeada aşırı sekresyon (salgı) veya yabancı cisim kaçması durumlarında kullanılması gerektiğini söylemiştir. Fabrizio'nun trakeostomi tanımı, bugün yapılanlara çok benzer. Öğrencisi Giulio Cesare Casseri (Julius Casserius) bu deliğe eğri bir gümüş tüp konmasını önermiştir. Diğer bir öğrencisi 1610 yılında Napoli'deki difteri salgınında trakeostomiyi kullanmıştır. Fabrizio'nun yemek borusu, mide, ince bağırsaklar, larinks, göz, kulak ve eklemler üzerine de katkıları vardır (Gribbin, s. 40-41; Kahya ve Öner, s. 157).

Giulio Cesare Aranzio (Julius Caesar Arantius), kısaca Arantius (1530-1589), Bologna ve Pisa üniversitesilerinde anatomi ve cerrahi profesörü olarak, dünyada ilk defa anatomiyi tıbbın en büyük dalı kabul ettirmiştir. Vücudun çesitli organlarına ait keşiflerinin yanı sıra, beyinde bir hastalık olarak *hidrosefali* (beyin boşlukları ve karıncıklar içinde aşırı sıvı birikmesi) ile ilgilenmiştir. Aranzio inek gözü üzerinde gözün tabakalarını incelemiş ve görüntünün gözün ağ tabakası ve sarı noktaya (*macula lutea*) ters olarak düştüğünü deneylerle göstermiştir (Kahya ve Öner, s. 156).*

16. yüzyılın büyük klinisyenlerinden, Fransız hekim Jean François Fernel (1497-1588) hakkında da birkaç söz edilebilir. Kendisi ayrıca astronom ve matematikçidir. Fransa Kralı II. Henri ve eşinin doktorluğunu yapmıştır. *Universal Medicine* adlı yapıtında, anatomi ve klinikteki gözlem ve düşüncelerini derlemiştir. "Besinlerin yutulmasında yardım

* Bkz. Antik Çağ'dan Günümüze Görme. BÖYLE BİR BÖLÜM YOK.

eden gırtlak kaslarıdır," demiş ve bu kasların işlevlerini iyi belirlemiştir. Bu bakımdan yutma fizyolojisinin öncüsü sayılabilir. Fernel'e göre bedeni canlı tutan ruhtur, bedenin tüm işlevini ruh yürütür. Farklı işlevler ruhun farklı görünümleridir. Akıl işlevleri tamamen ruh tarafından yürütülür. Ancak zamanın görüşüne uygun olarak "Beden ölür ama ruh ölmez," demiştir.*

Hastalıkların sınıflandırılması üzerine ilk kez çalışan Felix Plater (1536-1614) ruhsal hastalıklar ve tedavileri üzerinde durmuş, araştırmalar yapmıştır (Eren, s. 333; Kahya ve Öner, s. 170-172).

Volcher Coïter (1534-1576) Hollandalıdır, Groningen kentinde dünyaya gelmiştir. Tıp eğitimi ve gelişimini Almanya, Fransa ve İtalya'da tamamlamıştır. 1562 yılında tıp doktoru olmuştur. Bologna'da çalışır. ... [ÇeşitliCanlılarda Anatomik Gözlemler] adlı kitapçığında omurilikte beyaz ve gri cevherin ayrımını yapar. Bu konuyu irdeleyen ilk biliminsanıdır. Omurilik ön ve arka köklerini de ayrıntısıyla anlatır. Beyin atardamarlarıyla çevresel damarların eşzamanlı pulsasyon gösterdiğini belirtmiştir. Aynı zamanda iyi çizim yapar ve ressamlığı vardır. Hatta kemik çizimlerinin Vesalius'un *Fabrica*'sından daha iyi olduğu yorumları yapılmıştır. Her şey İtalya'da iyi giderken bir kış gecesi uykusundan uyandırılarak hapse atılır ve bir süre hapishanede tutuklu kalır. Suçu Protestan olmaktır. Onu Alman hekim arkadaşı kurtarır ve çıkınca Almanya'ya döner. Nurnberg'e geçer ve orada belediye hekimliği yapar. Berber-cerrah ve şarlatanlarla sert tartışmalara girişir. Bir yandan aristokrat hastalara hekimlik yaparken arada suçlu kadavralarına diseksiyon yapar. Deneysel olarak embriyolojiyle uğraşır. Kuşların beyinleri üzerinde çalışır. Sonunda bir savaşta görevliyken tifüsten ölür (Öncel, s. 44-46).

Costanzo Varolio'nun (1543-1575) yaşamı hakkında bilinenler azdır. İtalya doğumludur. Bologna'da tıp öğrenimi görür, 1566 yılında hekimliğe başlar. Orada cerrahi kürsüsüne atanır ve anatomi dersleri verir. Daha sonra Roma'da çalışır. Otuz iki yıl gibi kısa bir yaşam süresine rağmen anatomide değerli eserler bırakmıştır. 1573 yılında kısaca *De Nervis Opticis* adlı kitabında optik sinirleri ayrıntılarıyla incelemiş

---

* Bkz. İnsanda Motor Davranış Tarihi-1V. BÖYLEBİR BÖLÜMYOK

ve sinirin göz, talamus ve oksipital lobla bağlantılarını çok iyi bir şekilde göstermiştir. *Pons*u, omurilikten gelen yollar için bir köprü olarak tanımlamıştır. Ona göre *pons serebellum*un bir parçasıdır. *Pons*u çok iyi açıklamıştır. İki nöroanatomi kitabı daha vardır. Bunlarda omurilikten geçen sinir yollarını tanımlamaya çalışmıştır. Böylece insan nöro-anatomisine önemli katkılar sağlamış ama henüz otuz iki yaşındayken bilinmeyen bir nedenle yaşama veda etmiştir (Öncel, s. 46-47). Varolio kendi geliştirdiği beyin diseksiyonu tekniğini kullanmıştır. Beyni alt kısımlarından itibaren yukarı doğru enine kesitler halinde açmıştır. Bu yöntemi daha sonraları Thomas Willis kullanacaktır.*

Birkaç noktayı da toplumsal değişmeler için söylemeliyiz. 14 ve 15. yüzyıllarda İngiltere'de hekimlerin çoğu İtalya'daki tıp fakültelerinden mezun oluyordu. Daha sonraları İngiltere'de de önemli tıp fakülteleri ve Londra'da 1368-1369 yıllarında cerrahlar cemiyeti kurulmuştu. 1376 yılındaysa berber-cerrahlar birliği ortaya çıkmıştı. 1518 yılında Kral II. Charles tarafından, Londra Hekimler Koleji'ne metropoldeki tıp uygulamalarını düzenleme yetkisi verilmişti. 1518 yılında Kraliyet Tabipler Birliği örgütlenmişti (Eren, s. 304-305; Gürüz, s. 193).

Rönesans sonunda "İyatro kimyacı"† olarak tanınan Jan Babtista van Helmont (1580-1644) ve Franciscus Sylvius (1614-1672) da beyin üzerine düşünce ve katkılar sunmuştur. Bu iki hekim 17. yüzyılda yaşamalarına rağmen fikirleri bakımından 16. yüzyıla yerleştirilebilir.

Van Helmont'a göre doğa Tanrı'nın eseridir. Tanrı her canlı varlığın içine bir tanrısal tohum koymuştur. Buna *semina* denmiştir. *Semina* sayesinde canlılar kendilerine benzeyen varlıklar meydana getirir. Her oluşum bir çeşit mayalanmadır. Mayalanmayı sağlayan canlının içindeki *archea* denen bir çeşit fermenttir. Helmont iki ruh olduğunu söylemiştir: *intellectius* ve *ratio*. *Intellectius* daha yüksek bir ruhtur; *ratio*

---

* Bkz. 7. Bölüm.

† Rönesans ve sonrasında ortaya çıkmış ve biyoloji bilimi ve vücudun değerlendirilmesinde kullanılan iyatrokimya ve iyatrofizik olarak bilinen farklı bilimsel düşünce akımı. Bunlardan iyatrokimya akımı Paracelsus tarafından başlatılmıştır. Kimyada kabul edilmiş yasa ve ilkelerin canlı varlıklar için de geçerli olduğunu savunur. Beden işlevlerinin kimyasal bir süreç taşıdığı öne sürülmüştür. Canlının işlevlerini fiziksel disiplin ilkelerine dayanarak açıklayan düşünce akımına da iyatrofizik akım denmiştir (Adıvar, s. 187-194; Kahya ve Öner, s. 190).

onun altındadır. Eğer insan günah işlemezse ilahî bir varlık olabilir. Yani Van Helmont kendini kutsallık dogmalarından kurtaramamıştır (Kahya ve Öner, s. 185-186).

Franciscus Sylvius (Franz De La Boë) Hollandalı hekimdir. Birçok görüşü Van Helmont'a benzese de bazı farklar da vardır. Avantajı çok sayıda insan diseksiyonu yapmasıdır. Biyoloji ve vücut üzerine birçok fikir üretmiştir. İlginçtir ki kasların kasılmaları sırasında şişkinleşmelerinin gazlardan ileri geldiğini söylemiştir. Beyin üzerinde çalışmalar yapmıştır. Üç ve dördücü karıncıkları (ventrikül) birleştiren kanalı keşfetmiştir. Daha sonraları bu kanala *Sylvius kanalı* denmiştir. Yaşam ruhunun kalpte ve sol karıncıkta oluştuğunu ileri sürmüştür. Ayrıca beyin kabuğunda temporal lobu frontal lobtan ayıran yarık da onun adıyla anılmıştır. Aslında bunu ilk bulan kendisi değildir (Kahya ve Öner, s. 188-190; Ertekin, s. 138; Parent A., s. 596-603).

Nihayetinde genel anlamda şunlar söylenebilir. Rönesans Çağı başlangıçta İslam hekimliğinden etkilenmiş ve daha sonra özgün bir bilimsel anlayış hüküm sürmüştür. Bu çağda insan vücudunun gözlenebilir, ölçülebilir ve açıklanabilir özellikleri olduğu anlaşılmıştır. İnsanı esas alan hümanizm anlayışı egemen olmuştur. Hümanist düşüncede esas olan öbür dünya değildir, insanın bu dünyada kendi kurduğu toplum ve devlet düzeni içinde erdemli, sağlıklı, mutlu ve refah içinde yaşamasıdır (Gürüz, s. 161-166; Russell, s. 471-474; Hançerlioğlu, s. 88-94). Ruhlar ve yıldızların sihirli ve kuşkulu etkilerine dair inançlar giderek önemini kaybetmiş ama henüz tamamen ortadan kalkmamıştır. Bu dönemde hekimlerin kısmen kuramsal kısmen de uygulama bilgileri artmıştır. Ama bunların hastaların tedavisi üzerine önemli bir yansıması görülmemiştir. Bunun için 17 ve 18. yüzyılları beklemek gerekecektir.

KAYNAKLAR

Adıvar A. *Tarih Boyunca İlim ve Din, Bölüm-1*, Remzi Kitabevi, 2. Baskı, 1969.

Aydon C. *İnsanlık Tarihi*, Say Yayınları, İstanbul, 2015.

Bayat A.H. *Tıp Tarihi*, Zeytinburnu Belediyesi Kültür Yayınları, 3. Basım, İstanbul 2016.

Bernal J.D. *Materyalist Bilimler Tarihi-I*, çev. Emre Marlalı, Sosyal Yayınlar, İstanbul, 1976.

Bixy W. *Galile ve Newton'un Evreni*, çev. Nermin Arık, Tübitak, Ankara, 1977.

Dawis J.C. *İnsanın Hikayesi*, 7. Basım, Türkiye İş Bankası Kültür Yayınları, İstanbul, 2012.
Eckoldt M. *Beyin ve Zihnin Kısa Tarihi: Duygular ve Düşünceler Nasıl Oluşur?*, çev. Mehmet Ali Erbak, Say Yayınları, İstanbul, 2018.
Eren N. *Çağlar Boyunca Toplum, Sağlık ve İnsan*, Gelişim Yayıncılık, Ankara, 1996.
Ertekin C. *Tıbbın Öyküsü*, Türkiye İş Bankası Kültür Yayınları, 5. Basım, İstanbul, 2019.
Ertekin C. *Zulmün Tarihi*, 3. Basım, Sia Kitap, İstanbul, 2021.
Fara P. *Bilim: Dört bin yıllık bir tarih*, Metis Yayınları, İstanbul, 2012.
Finger S. *Origins of Neuroscience. A History of Explorations into Brain Function*. Oxford University Press, Londra ve Newyork, 1994.
Gombrich E.H. *Sanatın Öyküsü*, çev. Erol Erduran, Ömer Erduran, Remzi Kitabevi, 3. Basım, İstanbul, 2002.
Gribbin J. *Bilim Tarihi*. Alfa Yayınları, İstanbul. 2013.
Gürüz K. *Medrese vs Üniversite*, Ka Kitap, İstanbul, 2016.
Hançerlioğlu O. *Düşünce Tarihi*, Varlık Yayınları, İstanbul, 1970.
Hançerlioğlu O. *Felsefe Ansiklopedisi. Kavramlar ve Akımlar*, C. 5, Remzi Kitabevi, İstanbul, 1978.
Hançerlioğlu O. *Felsefe Ansiklopedisi. Kavramlar ve Akımlar*, C.1, Remzi Kitabevi, İstanbul, 1979.
Hançerlioğlu O. *Mutluluk düşüncesi*, Varlık Yayınları, İstanbul, 1969.
Kahya E. & Öner M. *Biyoloji Tarihi*, İmge Kitabevi, Ankara, 2007.
Nauert C.G. *Avrupa'da Hümanizma ve Rönesans Kültürü*, çev. , Türkiye İş Bankası Kültür Yayınları, İstanbul, 2011.
Öncel C. *Nörolojinin Öncüleri Antik Çağdan 20. Yüzyıla*, Nobel Tıp Kitabevleri, İstanbul, 2018.
Parent A. "Francis Sylvius on Clinical Teaching, Iatrochemistry and Brain Anatomy" Can.J.Neurol.Sci.43, 596-603. 2016.
Porter R. *Kan Revan İçinde Tıbbın Kısa Tarihi*, Metis Yayınları, İstanbul, 2016.
Russel B. *Batı Felsefesi Tarihi*, 3. Basım, Say Yayınları, İstanbul, 1983.
Russell B. *Din ve Bilim*, 2. Basım, Bilgi Yayınevi, İstanbul, 1972.
Tanilli S. *Yüzyılların Gerçeği ve Mirası İnsanlık Tarihine Giriş III. XVI-XVII. Yüzyıllar*, Say Yayınları. İstanbul, 1987.
Wickens A.P. *History of the Brain-From Stone Age Surgery to Modern Neuroscience*, Psychology Press, Taylor & Francis Group, Londra ve NewYork, 2015.
Yıldırım C. *Bilimin Öncüleri*, 3. Basım, Tübitak Yayınları, Ankara,1995.

6

Antik Çağ'dan 1700'lü Yıllara Karıncık Kuramı

Beynimizin içinde ve beyin dokusunun merkezinde yer alan ve birbiriyle bağlantılı dört ana boşluk *karıncık* ya da *ventrikül sistemi* olarak bilinir. Her iki beyin yarıküresi içinde *lateral ventriküller* (yan karıncıklar) bulunur. Bunlar *foramen monro* denen bir delik aracılığıyla orta, hatta ve daha aşağıda bulunan *üçüncü ventriküle* (üçüncü karıncık) bağlanır. Beyin sapının üst kısmında bulunan *Sylvius kanalı* aracılığıyla da daha aşağıdaki *dördüncü ventriküle* (dördüncü karıncık) bağlanır (Erzurumlu vd., s. 177). Bu bilgileri verdikten sonra, geçmişteki Karıncık Kuramı kavgaları muhtemelen daha net bir şekilde izlenecektir.

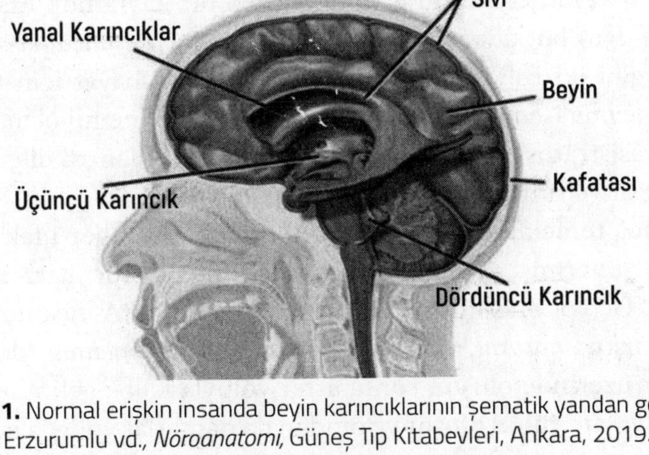

Resim 6.1. Normal erişkin insanda beyin karıncıklarının şematik yandan görünümü, Erzurumlu vd., *Nöroanatomi*, Güneş Tıp Kitabevleri, Ankara, 2019.

Antik Çağ'ın büyük filozof ve biyologu Aristoteles (MÖ 384-322) üç türlü ruhun varlığından söz eder: beslenen ruh (bitkisel ruh), algılayan ruh (hayvani ruh), düşünen ruh (rasyonel ruh). Beslenen ve algılayan ruhların her ikisi de kalbe yerleşmiştir ve Aristoteles'e göre bu iki ruh, hayvanlar ve bitkilerde bulunur. Oysa insana özgü olan düşünme yeteneği bizi üçüncü ruha (düşünen ruh/rasyonel ruh) götürür. Düşünen ruh nereye yerleşmiştir? Aristoteles'e göre düşünen ruh için ne baş ne de kalp uygundur. Düşünmek için duyulara gereksinim yoktur. Tam tersine mantık yolundan ne kadar az saptırılırsa o kadar düzenli çalışır. Aristoteles düşünen ruhu hiçbir yere yerleştirmez. O her yerde, aynı zamanda hiçbir yerdedir. Bu ruh ölümsüzdür, beden öldüğünde de yaşar. Diğer taraftan diğer ruhlarla birlikte insanın kişisel görüş kazanmasını sağlar.

Ancak Aristoteles yaşamının daha sonraki yıllarında *pneuma* adını verdiği içsel havadan söz etmiştir. Bunun doğuştan geldiğine işaret eder. Yani beden *pneuma*yı içine çektiği havayla dışarıdan almaz, doğuştan itibaren onu özel boşluklarda ve koridorlarda depolar. Aristoteles *pneuma*yı yaşamın temel öğesi olarak kabul eder ve onu *spiritus animalis* (yaşam ruhu) olarak tanımlar (Eckoldt, s. 22-34, Kahya ve Öner, s. 102-104).

Romalı hekim Galenos'a (MS 129-216) gelinceye kadar *pneuma* (Yunanca ruh anlamına da geliyor) deyince hava gibi bir vital madde anlaşılıyordu. Her ne kadar *pneuma* adını Aristoteles'in koyduğu söylense de bu Homeros'tan bu yana bilinen bir kavramdı. Erasistratos (MÖ 304-250) bu kavramı daha iyi derlemiş, *vital pneuma* ve *psykhe pneuma* gibi iki ruh belirlemiştir. *vital pneuma* hayat için temeldir. *Psykhe pneuma* ise nörolojik işlevlerde çok daha önemli olan bir maddedir. Erasistratos'a göre *psykhe pneuma* beynin ventriküllerinde depolanmıştır ve sinirler üzerinden kaslara doğru akar.

Galenos temelde bu görüşü kabul etmekle beraber ufak bazı değişiklikler önermiştir. Üç organ üzerinde durmuştur: karaciğer, kalp ve beyin. Üç yol önermiştir: ven, arter ve sinirler. Ayrıca üç ayrı ruh tanımlamıştır: *natural*, *vital* ve *animal*. *Natural pneuma* (doğal ruh) karaciğer üzerinde oluşur, sonra arter yoluyla kalbe gelir, orada *vital pneuma* (yaşam ruhu) oluşur ve oradan da damarlar yoluyla beyine gelince *animal ruh* (hayvansal ruh) meydana gelir. Esasında beyinde oluşan *psykhe pneuma*dır. Galenos *pneuma*nın (aynı zamanda ruh) beyin tabanında bulunan *rete mirabile* denen damarlar içinde oluştuğunu ileri sürer. *Pneuma* oluştuktan sonra beyin ventrikülleri içinde daha iyi bir gelişme ortamı bulur.*

Erasistratos'a göre *pneuma*nın orijini beyin ventrikülleridir. Oysa Galenos bunun beyin tabanında oluştuğunu söyler. Aradaki fark şuradan gelir; Galenos'a göre beynin motor sinirleri beyincikten çıkar. Erasistratos ise sinirlerin çıktığı yerin ventiküler sistem olduğunu söyler. Aralarında başka görüş farklılıkları da vardır. Erasistratos *psykhe pneuma* ile ruhun aynı olduğuna inanır. Oysa Galenos için *psykhe pneuma* bir ruh (spirit) değildir. Fizik dünyayla ruh arasında bulunan bir tür aracıdır (Adıvar, s. 90-91; Wickens, s. 35-44; Bayat, s. 121-123). Galenos sinirlerden akan hava benzeri bir maddenin kasları harekete geçirdiğini söylemiş ve bu *pneumatik kurama* 18. yüzyıla kadar inanılmış ve sonra yerini Galvani'nin *hayvansal elektrik* (bioelektrik) kuramına bırakmıştır (Eckoldt, s. 39-42; Wickens, s. 44).

Galenos, beyin ve çevresel sinirlere çok önem vermiştir. Beynin (veya ventrikülün) ön bölümlerinin duyumlarla ilişkili olduğunu ve çevreye *yumuşak* sinirlerle bağlandığını belirtmiştir. Beynin arka kısımlarınınsa *katı* motor sinirlerle bağlantılı olduğunu öne sürmüştür.

Bir grup Bizanslı akademisyen de MS 400'lü yıllarda beyin ventriküllerine önem vermeye ve düşünmeye başlamıştır. Düşünce ve sorgulamanın beyinde orta ventrikülde oturduğunu belirtmişlerdir. Bu grubun içinde Bizanslı düşünür Sicamus Aëtius (Posidonius Aetius) da bulunuyordu. Posidonius ayrıca beynin ön kısmının hayal kurma ve yaratmayla, arka bölümlerininse bellekle ilgili olduğunu belirtmişti. Burada ayrıca ventriküler sistemi kastettiğini tahmin edebiliriz. Posidonius ve diğer Bizanslı Hıristiyan düşünürler, ventriküllerin sıvıyla dolu olmasını daha çok ruh ile bağlantılı olmasına yorumlamıştı. O zamanlar beynin gri cevheri konusunda hiçbir şey bilinmiyordu.

Suriye'de yaklaşık MS 390'lu yıllarda yaşayan Nemesius adlı

---

* Daha sonra anlaşılmıştır ki böyle bir *rete mirabile* insan beyninde bulunmamaktadır. Ancak bu yanlış Vesalius zamanına dek vurgulanmamıştır. Galenos bunun için öküz beyni kullanmıştır.

Hıristiyan rahip beyin mental etkinliklerini, daha öncekiler gibi ventriküler sisteme yerleştirmiştir. Ön ventriküllerde duyum, orta ventrikülde zekâ, arka ventriküllerde bellek olduğunu *De Natura Hominis* [İnsanın Doğası] adlı kitabında yazmıştır.

12'nci yüzyılda Salerno'da yazılmış bir kitapta, *Anatomia Nicolai Physici*, şöyle deniyordu: "İlk önce biz fikirleri *cellular** *phantisca*da toplarız, sonra hücrede bu fikirler hakkında düşünürüz, ardından da hücrede düşüncelerimizi toplarız, yeni bellek içine yerleştiririz."

Posidonius ve Nemesius'un bu düşüncelere herhangi bir diseksiyon yapmadan ulaştıklarını söylemeliyiz. Bu da beyin ventriküler sistemi hakkındaki düşüncelerin aşağı yukarı standartlaştırıldığını gösterir (Wickens, s. 50).

Saint Augustine veya Augustinus (MS 354-430) Ortaçağ'ın Hıristiyan öncülerindendir. Hekimlik yapmamış ancak zamanın tıp hekimlerinden aldığı bilgilerle beyin ventriküllerinin işlevleri üzerine yorum yapmıştır. Zihinsel işlevleri ventriküllere oturtmuştur. Daha öncekilerden ufak bir farkı vardır. Ona göre duyumlar ön ventriküllerdedir, ikinci ventrikülde bellek bulunur. Alt ventriküllere de hareket etkinliğini (tıpkı Galenos'un arka ventriküllere motor işlevleri yerleştirmesi gibi) koymuştur. Augustinus ventriküllerin tanıma ve kavrama işlevlerini kabul etmişse de Erasistratos'un öne sürdüğü ruhun orada olduğu görüşünü reddetmiştir. Augustinus ruh ve zekânın bir madde olarak bedenin her parçasına yerleştiğini savunmuştur. Bunu da ilahî kökene bağlamıştır. Augustinus'un bazı ilginç gözlemleri de vardır: "Ayakta herhangi bir ağrı varsa göz araştırır, dil konuşur, eller hareket eder ancak ayakta ruh olmadıkça bunlar meydana gelmez." Augustinus bir biliminsanı değildir, hiç deney yapmamıştır. Ama bir din otoritesi olarak kilisede ve dindar Hıristiyan dünyasında bu fikirleri sonraki sekiz yüz yıl boyunca kabul edilmiş ve Hıristiyanlığın sesi olmuştur. (Wickens, s. 52; Eckoldt, s. 45-46).

İbn Sina (980-1037) bu görüşlerden farklı bir yaklaşım göstermiştir. Beş odacık öğretisini savunmuştur. Beynin ön karıncıkları sensus

---

* Bu cellula veya hücre terimi beyin içi ventrikül (karıncık) anlamında (oda veya odacık sözcüğünden yola çıkılarak) kullanılmıştır. Hücre doktrinini bu bağlamda 18 ve 19. yüzyıllarda göreceğimiz Mikroskopik Hücre Öğretisi ile karıştırmamak gerekir.

communis (ortak duyu) adıyla hem duyumları taşıyan hem de tasavvur etmeyi yaratan bir bölgedir. Bu iki birleşen insanda birlikte işleyerek *düşlem*leri meydana getirir. Buradaki bilgiler, üçüncü ve dördüncü birleşenlere geçer (orta ventrikül), burası da tanıma ve değerlendirme işlevini sağlar. *Düşünebilen* manası taşıyan *zekâ* ile eşleşir. Bu İbn Sina'ya göre sadece insana özgüdür. İçinde ayrıca endişeleri de taşır ve belki bununla içgüdüler de kastedilmektedir. Bu sonrakiler insan ve hayvan beyninde bulunur. Son hücre veya oda (karıncık) *memorativa* işini üstlenir, yani bellekten sorumludur; bunu düşünce ve anılarımızın toplanması gibi düşünebiliriz (Wickens, s. 53). İbn Sina ventriküler modele daha yeni bir unsur eklemiştir. Bu ön ve arka odalar arasında bulunan ve *vermis* adıyla anılan bir *valv*dir; yani kapakçıktır. *Vermis* duyuların akışını ilgili beyin bölgesine ulaştırır. Burası sorgulayan beyin bölgesidir. İbn Sina *vermis*i aksiyon yapan bir filtre olarak düşünmüş ve bunun orta ventrikülde bulunan bir akıllı aygıt olduğu sonucuna varmıştır.*

İbn Sina kendi öğretisi üzerinden ruh ile can arasında bir ayırım yaparak ruhun bedenden ayrı bir manevi cevher olduğunu söylemiştir. "Ruhun ölümsüz oluşu bir amaç değil, insan doğasının bir gereği ve sonucudur," diye de yorum yapar.

Albertus Magnus (1193-1280) Alman piskopos ve Ortaçağ'ın en kapsamlı eğitim almış bilimcisi ve düşünürüydü. Kendisi Augustinus'un beyin ve ruh öğretisini benimsemiştir. Aristoteles'in de üç ruh kavramından ikisini kabul ediyordu. *Algılayan ruh*u ilk beyin karıncığına yerleştirmiştir. Ayrıca tüm algıları kapsaması için buna *sensus communis* adı vermiştir. Magnus, ikinci odacıkta Aristoteles'in *akıl ruhu*nun yerleştiğini söylemiştir. Bu ventrikül veya odacık beynin ortasında bulunuyordu ve her iki yöne doğru açılıyordu. Yani öndeki algılama odasına da arkadaki bellekle ilgili yöne doğru açılıyordu (*sensus communis* adını yaklaşık yüz yıl önce İbn Sina kullanmıştı). Keza İbn Sina'nın *ver-*

---

* Constantin Afrikanus bu *valv*lerin, ruhun yolunun veya akışının kafa devinimleri veya pozisyonlarıyla değişmesini sağladığını öne sürmüştür. Baş arkaya atılınca *vermis* ruhun geçişine izin verir. Ön ventriküllerden arkaya doğru hareket eder, ayrıca bu sayede kişinin belleğinin açılması ya da hatırlamanın kolaylaşması sağlanır. Buna karşılık baş öne doğru hareket edince *vermis* kapanır. Bu durumda daha fazla odaklanmak gerekir (Wickens, s. 53).

mis adını verdiği kapakçıktan da söz ediyordu. *Vermis* birinciyle ikinci odacık arasında yer alıyor ve algı odacığıyla akıl ve bellek arasındaki yolu kapatıyordu. Kapak özel durumlarda açılıyor, algı ve bellek arasında ilişki başlıyor, akıl devreye giriyor, ardından da akıl algılanan şey hakkında düşünceler üretiyordu. Ancak Ortaçağ'da kutsal yasaklar nedeniyle bu konuda anatomik araştırmalar yapılamadığı için yorumlar bir türlü bitmiyor, tartışmalar devam ediyordu. Hatta 1441 yılında yayımlanmış bir kitapta karıncık sayısının ona çıkarıldığı belirtiliyordu (Eckoldt, s. 49-54).

Leonardo da Vinci (1452-1519) beyin çalışmalarına başladıktan sonra, ventriküler sistemi daha iyi incelemek için, şırınga aracılığıyla öküz beyninde ventriküllerin içine eriyebilen balmumu sıvısı enjekte etmiştir. Ön karıncıklar üzerinde açtığı deliklerle sıvının akmasını sağlamış ve balmumu sertleşinceye kadar beklemiştir. Bundan sonra beyin dokusunu kesip atmış ve katılaşmış balmumu kalıbı üzerinden ventrikül sistemini incelemiştir. Leonardo'nun ventriküler sistem çizimleri hem öküz hem de insandan elde edilen bilgilerin bir karışımıdır. Bu arada beyinde ventrikül sayısının üç değil, dört olduğunu gözlemlemiştir. Günümüzde de bilinen sayı budur. Ayrıca kurbağada omuriliğin üst kısmına bir iğne batırdığında hayvanın hemen öldüğünü görmüş ve sonuç itibarıyla üst omuriliğin hayat için yaşamsal önem taşıdığını belirterek ölümü vital enerjinin kalbe ulaşmaması sonucu gerçekleştiğini ileri sürmüştür (Wickens, s. 69-70; Eckoldt, s. 58).*

14 ve 15. yüzyıllarda yaşayan filozoflar, hekimler ve anatomistler hem organlara hem de beyne anatomik ve klinik katkılar sunmuştur. Beynin işlevleri, akıl, ruh ve zekâ gibi konular tartışılmakla beraber, çok güçlü yorumların ortaya çıktığı söylenemez. Kuşkusuz bu konuda en başta Leonardo da Vinci ve Andreas Vesalius'un ortaya koydukları ve yorumları gelir.

Leonardo'nun, önceleri Aristoteles'in, sonra da İbn Sina'nın öne sürdüğü *sensus communis* kavramından etkilendiği anlaşılıyor. Aristoteles bu kavramla tüm duyumların bir araya geldiği bir yeri kasteder. Aristoteles'e göre bu yer kalptir. Leonardo bu kuramı reddeder

---

* Ayrıca bkz. 5. Bölüm.

ve tüm duyumların birleşebileceği bir yerin olmasını gereksiz bulur. İnsan ruhunun beyinde olduğuna inanır. Leonardo ayrıca İbn Sina'nın ve diğerlerinin *sense communis*in beynin ön ventriküllerinde olduğu görüşünü de kabul etmez. Ünlü defterlerinde beyin ventrikül sistemini üç odacık halinde gösterir. Önden arkaya doğru, odacıklara ayrı görevler yükler. Onun görüşüne gore ön odacıkta görsel ve işitsel izlenimler toplanır; orta odacıkta dıştan ışık olmaksızın gözün ulaştırdığı görsel imgeler oluşur; üçüncü odacıkta bellek ya da *sense communis* bulunur. Daha açık terimlerle bu üç odacık veya ventriküler sistem beynin bilişsel yeteneğini temsil eden, akıl (genel duyum), algı ve belleği besleyen bir sistemdir. Çevredeki cisimler yansımalarını duyulara yollar, bunlar algılamaya gider ve oradan belleğe iletilir. Cisimlerin görüntüleri burada taşıdıkları önem ve etkileme güçlerine göre iyi ya da kötü şekilde saklanır (Wickens, s. 65-69; Eckoldt, s. 58).*

Andreas Vesalius (1514-1564) *De Humani Corporis Fabrica* adlı kitabı ve içindeki çizimlerden anlaşıldığı üzere beyin hakkında doğru bilgiler vermiştir. Beyin zarları ve oradaki venöz sistem hakkında bilgiler sunmuş, insan kafasından yedi kranial çift çıktığını belirtmiştir. Her iki beyin hemisferini birbirine bağlayan korpus kallosum bileşkesini açık açık göstermiştir. Resimlerde gösterilen bazı yapılar kitapta yazılı olarak ifade edilmemiştir. Bugünkü terimlerle talamus, striatum, orta beyin ve kollikuluslar bu yapılar arasında sayılabilir. Ventrikül sisteminin kalıbını çıkarmıştır. (Wickens, s. 76).

Kuşkusuz Vesalius beyin ve ruh ilişkilerini incelemiştir. Fizyolojik olarak şöyle düşünür: Karaciğerde *doğal ruh* oluşur ve kan kalbe gidince *hayati ruh* haline gelir. Vesalius'a göre hayati ruh gerçek bir şey olmayıp bir nitelikten ibarettir. Nitekim bu ruh sinirler aracılığıyla vücuda dağıtılır. Vücutta bir siniri kesince ona ait kasın hareketsiz kaldığını görmüş ama bunu tam manasıyla yorumlayamamıştır. Vesalius'un beynin görevleri konusundaki tavrı da olumsuzdur: "Beynin hayal, düşünme ve bellek görevlerini nasıl yaptığına dair hiçbir şey söyleyemem... Bu hususta ne kadavra kesisiyle ne de hayvanlarda akıl gibi yüksek ruha bağlı yetilerin bulunuşunu kabul etmeyen ilahiyatçıların usulüyle,

* Ayrıca bkz. 5. Bölüm.

daha başka şeyler keşfedilebileceğini sanıyorum. Gerçi bu âna kadar incelediğim kedi, köpek, at, maymun gibi dört ayaklı hayvanlarda, bütün kuşlarda ve balıklarda beynin yapı bakımından hemen hemen insan beynine benzediğini gördüm." (Adıvar, s. 155-156). Vesalius insan vücudunun bu olağanüstü yapısı karşısında, tıpkı Leonardo Da Vinci gibi, bunun bir Tanrı düzeni olduğuna inanmıştır.

Jacopo Berengario da Carpi (1470-1550) Vesalius'tan yaklaşık 22 yıl önce ilk çizimli anatomi kitabını yazmıştır. *Carpi Commentaria Mundini* adlı kitap, çok sayıda yeni anatomik bilgiler içeren ilk anatomi kitabı kabul edilir. Kitabın sonraki baskılarında beyin ve ventrikül sistemi görüntüleri de vardır. Bunlar o zamanlar için ventrikül sisteminin ilk çizimleridir. Yani Antik çağlardan itibaren, beyin hakkında ilk orijinal düşünceleri Vesalius'tan kısa süre önce sağlamıştır. *Appendix Vermiformis* ilk kez tanımlanmıştır. *Korioid pleksus*un arter ve venlerden oluştuğunu yazar. Pineal bezin arka ventriküllere doğru çıkıntı yaparak sarktığını belirtir. Ayrıca pineal bezi hayvansal ruh akışının yöneticisi kabul eder.* Galenos'un hayvan diseksiyonlarında görüp insana da uyguladığı damar ağı *rete mirabile*nin insanda var olmadığını yazar. Berengario, Galenos'un *rete mirabile*yi görmekten ziyade kendi düşünceleri doğrultusunda hayal ettiğini öne sürer (Öncel, s. 35-38; Wickens, s. 70).

Jean Francois Fernel (1497-1558) Fransız hekim ve matematikçidir; ancak en çok gökbilimiyle ilgilenmiştir. Ona göre vücudu canlı tutan ruhtur. Vücudun tüm işlevlerini ruh yürütür. Farklı işlevler ruhun farklı görünümleridir. Akıl işlevlerini tamamen ruh üstlenmiştir. Ancak zamanın görüşü gereğince, "Beden ölür ama ruh ölmez..." der. En çok ilgisini çeken konu yaşam ruhunun, beyinde ve bedende nasıl hareket ettiğidir. Fernel'e göre yaşam ruhunun ana malzemesi, kendi gücü oranında daralma ve genişleme yeteneğidir. Beynin harekete geçmesiyle birlikte beden içinde dolaşmaya başlar. Beyin bir sünger gibi büzüldüğünde hareket halindeki bu madde sinirlerin içine doğru nüfuz eder ve bu yolla duyu organlarına ulaşır. Beyin genişleyince yaşam ruhunu içine doğru emer. Burada bezelye büyüklüğündeki

---

* Bkz. "Claudius Galenos ve Roma İmparatorluğu" başlıklı bölüm.

pineal (epifiz) bezi bu beyinsel olayların gerçekleştirilmesi esnasında ön planda yer alır. Beynin pompalama işlemleri sırasında, kalpteki kapakçıklar da aynı işlevi üstlenir. Karaciğerde üretilen doğal ruh (*spiritus naturalis*) kalbin sıcaklığı sayesinde can ruhuna (*spiritus vitalis*) dönüşür. Can ruhu, beynin genişleme sürecinde havayla karışıp ventriküllere geçtiğinde epifiz bezi dördüncü beyin odacığından üçüncüye giden yolu tıkar. Böylece yaşam ruhunun üretilmesine yardım eder. Sıkışma süresindeyse epifiz bezi devreye girer ve üçüncü odacıktan dördüncü odacığa giden yolu açar. Havanın fazlalaşmasıyla uçucu bir karışım haline dönüşen *ruhsal yaşam iksiri* önce üçüncü, oradan da dördüncü karıncığa akar, sinirler aracılığıyla kasları harekete geçirir ve topladığı bilgileri bedenden beyne aktarır (Eckoldt, s. 64; Kahya ve Öner 170-172).

16 ve 17. yüzyıllarda beyin, akıl ve ruhu en fazla tartışan ilk ve öncü filozof René Descartes'tır (1569-1650). Ünlü *Discours De La Méthode* [Yöntem Üzerine] kitabına sonradan eklediği bölümde ruh, akıl ve sinirlere dair düşüncelerini açıklamıştır. Aristoteles anlayışına karşı, insanın içinde varlığını devam ettiren ruh kavramını reddetmiştir. Böyle bir ruh yoktur. Yaşam ve biyolojik olaylar, fizik ve kimya terimleriyle açıklanabilecek fizyolojik yaşamın bir gerçeğidir. Daha önceleri beynin ventriküler sisteminde *animal spiritis* (hayvansal ruh) bulunduğu ileri sürülmüştür. Descartes bunu kabul etmemiştir, bunun yerine *animal spiritis* denen şeyin bir uçucu (volatile) kimyasal partikül olduğunu düşünmüştür ve böylesi iki tip partikül olduğunu varsaymıştır. Geniş partiküllerden oluşanlar beslenmeyle ilgilidir. Diğeriyse küçük partiküllerdir ve sinir enerjisini sağlarlar. Descartes böylece *Kartezyen düalizm* denen bir noktaya gelmiştir (Wickens, s. 86-88; Adıvar, s. 188-190).

Ona göre yaşadığımız dünyada iki farklı tipte madde vardır: Fiziksel (res extensa) ve zihinsel (res cogitans). Fiziksel maddeler boşlukta bulunur; bunlar ölçülebilen ve gözlenebilen partiküllerdir. *Res extensa* ile somut, algılanabilir bir dünya ele alınır. Descartes bedenin topraktan yapılmış bir makineden başka bir şey olmadığını düşünür. Öte yandan zihinsel maddeler muayene edilemez, boşlukta sabitlenemez, tutulamaz ve herhangi bir materyal temelleri yoktur. *Res cogitans*la düşünen bir cevher özetlenmiştir ve bu tanrısal kaynaklıdır. Bu nedenle karmaşıklığının insanlar tarafından çözülmesi imkânsızdır (Eckoldt, s. 66).

Kartezyen düalizm büyük bir ilgi görmüş ve yayılmıştır. Akılla beden arasında bir ilişkinin araştırılmasına ve anlaşılmasına yol açmıştır. İnsanda hayvanlara göre akıl özgürdür ve fizik dünyanın etkilerinden korunmuştur. Oysa hayvanlarda davranışlar mekaniktir. Doğanın olaylarına karşı, kendi kendine koruyucu bir otomatizm söz konusudur (Wickens, s. 87-88).

Descartes zamanında en büyük bilim kavgası insanda duygu, akıl ve ruhun nerede olduğu tartışmasıydı ve henüz bitmemişti. Hâlâ insan davranışının kalbe yerleştiğine inananlar vardı. Buna karşılık tüm beynin bu görevi yüklendiği inancı güçleniyordu. Descartes bu sırada farklı bir görüş ortaya atmıştı. İnsan bedeniyle aklının karşılıklı birbirinden etkilendiği yerin epifiz bezi olduğunu öne sürmüştü. Aslında epifiz bezi ilk kez Galenos tarafindan tanımlanmıştı. Ancak Descartes epifiz bezinin anatomik olarak orta çizgide yer alan tek bir organ olduğunu düşünerek, ventriküler sisteme yakınlığını gözönüne alarak *animal spirit*in (hayvansal ruh) epifiz bezi aracılığıyla oluştuğunu öne sürmüştü. Descartes ruhun bölünemez olduğunu ve onun tek bir organdan çıkabileceğini söylüyordu. Epifiz bezinin ventrikül sistemine yakınlığı nedeniyle, *animal ruh*un ventriküllere geçebileceği en kolay yol olduğuna işaret ediyordu. Epifiz bezinin çok ince ve hızlı devinimler yapmasını bu ruh sağlıyordu. Ventriküler (karıncık) sistemden de sinirler aracılığıyla kaslara gidiyordu (Eckoldt, s. 69-71; Wickens, s. 87-90; Kahya ve Öner, s. 195-196; Finger, s. 23).*

Böylece Galenos'un ileri sürdüğü üç ruh kavramını Descartes tek bir ruha indirgemiştir (Eckoldt, s. 72).

Descartes'tan sonra Thomas Willis (1621-1675) ve diğerleri Karıncık Kuramı'nı bırakarak, akıl ve ruhun karıncıklara yerleşmediğini, esas beyin dokusu içinde yer aldığını, günümüze çok yakın düşünceleri ve kuramları ortaya koymuşlardır. Böylece yüzyıllarca devam eden Karıncık Kuramı (Ventrikül Kuramı) ortadan kalkmıştır. Beyin hakkındaki yeni gelişmeler, 17 ve 18. yüzyılda yavaş yavaş ortaya çıkacaktır.

---

* Bkz. "Claudius Galenos ve Roma İmparatorluğu" başlıklı bölüm.

KAYNAKLAR

Adıvar A. *Tarih Boyunca İlim ve Din, Bölüm-1*, Remzi Kitabevi, 2. Baskı, 1969.

Bayat A.H. *Tıp Tarihi*, Zeytinburnu Belediyesi Kültür Yayınları, 3. Basım, İstanbul 2016.

Erzurumlu R. vd. *Nöroanatomi*, Güneş Tıp Kitabevleri, Ankara, 2019.

Eckoldt M. *Beyin ve Zihnin Kısa Tarihi: Duygular ve Düşünceler Nasıl Oluşur?*, çev. Mehmet Ali Erbak, Say Yayınları, İstanbul, 2018.

Finger S. *Origins of Neuroscience. A History of Explorations into Brain Function*. Oxford University Press, Londra ve Newyork, 1994.

Kahya E. & Öner M. *Biyoloji Tarihi*, İmge Kitabevi, Ankara, 2007.

Öncel C. *Nörolojinin Öncüleri Antik Çağdan 20. Yüzyıla*, Nobel Tıp Kitabevleri, İstanbul, 2018.

Wickens A.P. *History of the Brain-From Stone Age Surgery to Modern Neuroscience*, Psychology Press, Taylor & Francis Group, Londra ve NewYork, 2015.

7

17 ve 18. Yüzyıl: Beyin, Akıl ve Ruh Tartışılıyor

17. yüzyıl çağdaş Avrupa ve batı uygarlığına geçiş dönemini temsil eder. Avrupa'da gözler artık eskilere körü körüne inanmayı bırakır ve doğa yönelimli araştırmalara geçilir. Hekimlikte büyük gelişmeler başlar. 17. yüzyıl Ortaçağ'ın skolastik havasından sıyrılmış görünmektedir. Birçok büyük filozof ve devrini aşan biliminsanları bu yüzyılda yaşamış ve yüzyıla damgalarını vurmuştur. Gözlemci ve deneyci biliminsanları ile filozoflar bu yüzyılda etkin hale gelmiştir. İnsanda akılcılığı ön plana çıkarmışlardır. Anatomi, cerrahi ve kimyanın tıpta uygulanması, eczacılık ve epidemiyolojide ilerlemeler tababeti daha ileri düzeylere taşımıştır. Francis Bacon (1561-1626) ve René Descartes (1596-1650), Ortaçağ bilimiyle modern bilim arasındaki dönüm noktasında yer almıştır. Bunlar dünyayı tanıyıp kavramanın mümkün olduğunu gören ve bunu da herkese göstermeyi kendine iş edinen bilgin ve filozoflardır (Gürüz, s. 170-171; Gribbin, s. 153). Her ikisi de 17. yüzyılda bilimin (ve de deneysel bilimin) savunuculuğunu yapmış ve sonrasına damga vurmuş, büyük fizik ve matematik bilginleridir. 17. yüzyılda gerek felsefe gerekse astronomi, fizik, kimya ve matematikle uğraşanların buluşları ve fikirsel katkılarıyla tıp bilimi yavaş yavaş daha ileri düzeyde bir derlenme ve toparlanma dönemine girmiştir. Aydınlanma Çağı başlamıştır. Aydınlanma Çağı'nı başlatan, İngiliz hekim ve filozof John Locke'tur (1632-1704). Dinin özel hayat çerçevesi içinde tutulması gerektiğini, yaşam, özgürlük ve özel mülkiyetin, bireylerin doğal

hakkı olduğunu, devletin tanrısal bir kurum değil, yararlı bir araç olduğunu dile getirmiştir. Francis Bacon'ın vurguladığı deneyim, gözlem ve duyularla elde edilen algıların bilginin gerçek temeli olduğunu öne sürmüştür (Bernal, s. 295-300; Gürüz, s. 175; Dönmez, s. 54-58; Wiesner-Hanks, s. 534).

İngiliz Francis Bacon'ın felsefesinin merkezinde de bilim vardır. Doğayı deneyle kavramaya çalışmıştır. İnsanı doğanın üstünde tutan ilk filozoflardan biridir.* Ayrıca *ötenazi* kavramını da günümüzdekine yakın anlamıyla ilk kullanan filozof olması ilginçtir. Hekimin görevinin, acısına son vererek hastayı tedavi edip iyileştirmekle sınırlı kalmadığını, bunun başarılamadığı durumlarda hastaya rahat ve kolay bir ölüm sağlamayı da içerdiğini savunmuştur (Gribbin, s. 124-132; Hançerlioğlu, c. 1, s. 117-118).

Yine bu yüzyılda, geçen yüzyıldan devam edegelen feodal düzenin kalkmasıyla yavaş yavaş ulus-devlet rejimine geçilmiş ve bunun sonucu olarak feodal sistem tarafından beslenen köylü sınıfına ve yeni kurulan ulus-devletler halklarına yeterince sahip çıkmayınca iç savaşlar, isyanlar ve ulus-devletlerin çatışmaları baş göstermiş, travmatik, ortopediyle ve yetersiz beslenmeyle ilgili hastalıklar artmış, salgınlar tekrar görülmeye başlamıştır. Başta veba olmak üzere sıtma, tifo, dizanteri gibi bulaşıcı hastalık salgınları ortaya çıkmıştır (Aydın, s. 95-99). 17. yüzyılda iki çok önemli gelişme bilim ve tababet üzerinde olumlu etkiler göstermiştir. Bunlardan biri mikroskopun keşfi, diğeri de anatomiden fizyolojiye geçişin ön plana çıkmasıdır. Ancak bunlar tıpta ilerlemeye neden olsalar da çok yeterli oldukları söylenemez. Daha önemli gelişmeler için, 18. yüzyıl ve sonrası teknolojik gelişimleri beklemek gerekecektir.

18. yüzyıl bir Aydınlanma Çağı'dır. Çağın düşünsel özelliği akılcılık, kuşkuculuk ve deneyciliğe dayanmasıdır. İnsan aklı değerlerin en üstünü kabul edilmiştir, 18. yüzyılda bilimin karşılaştığı en önemli sorun, hiçbir karşılık beklemeksizin bilim üretmeyle bilimden üretim

* Francis Bacon'ın şu sözleri ilginçtir: "Kentleri kuranların, yasa yapanların, ulusal kahramanların, zorbaların kökünü kazıyanların ve bütün bunlara benzeyen insanların bıraktıkları olumlu izler çok kısa sürer; buna karşılık mucitlerin eserleri daha şatafatsız, daha gösterişsizdir ama izleri her yerde hissedilir ve sonsuza dek sürer." (Berry, s. 1)

için yararlanmak (teknoloji) arasındaki çatışmaydı. Bu, "Bilim bilim içindir"e karşılık, "Bilim, toplumun egemen güçleri veya doğrudan toplum içindir" diye de söylenebilir. Artık bu çağda Sanayi Devrimi de başlayacaktır. Buna göre bilim üretim içindi; bu durumda bilimin yarar için ve giderek de çıkar için olması gerekiyordu. Nereden bakarsanız bakın, bu yüzyılda bilimin toplum ve egemen sınıflar içinde değeri ve prestiji artmıştı. Buhar makinesinin James Watt tarafından icadı ve Matthew Boulton ile ortaklaşa ticarete sokulmasıyla özdeşleştirilen Sanayi Devrimi 1760-1830 dönemini kapsar (Tanilli, cilt IV, s. 195-209; Gürüz, s. 210-211; Yeliseva, s. 51-55).

Böylece devam edegelen Sanayi Devrimi, bir yandan insanlığın teknolojik gelişmelerine ve tıbbın gelişmesine yol açarken öte yandan bu sistem içinde insanın yoksulluğu, yoksunluğu ve canı pahasına elde edilen bir gelişme oldu. Tarih boyunca hiçbir gelişme, belki de bu denli pahalıya patlamamıştır. Burjuva sınıfının gelişmesiyle din örgütlerinin ve kralların egemenlikleri de çoktan burjuva sınıfına doğru kaymaya başlamıştı (Barrett, s. 67-68; Brizon, s. 294-314; Ribard, s. 464-478).

17 ve 18. yüzyılları tıp ve düşünce akımları bakımından birbirinden kesin bir çizgiyle ayırmak mümkün değildir. Özellikle beyin ve sinir sistemi araştırma ve yorumları açısından birbirlerine çok bağlı sayılabilirler. Beyinde akıl ve ruh kavramları her iki yüzyılda kıyasıya incelenmiş ve tartışılmış ve daha eski yüzyıllarda bu konuya kafa yoranlar zaman zaman yoğun şekilde eleştirilmiştir. Ayrıca mikroskopun bulunması ve histoloji alanında 17. yüzyıldan 18. yüzyıla birbiri ardına eklenen keşifler nedeniyle de bu iki yüzyıl birbirinden kesin olarak ayrılamaz. Aydınlanma Çağı'nı ele alırsak 17. yüzyılda başlamasına rağmen 18. yüzyılda gelişmesi bu iki yüzyılı birbirine bağlar.

17 ve 18. yüzyıllarda bilgi ve bilimin halka yayılması konusundaki gelişmeler de dikkat çekicidir. Her iki yüzyılda kraliyetin koruyuculuğu altındaki ve üye sayıları sınırlı bazı ulusal bilim akademileri kurulmuştur. Örneğin Fransız dili ve kültürüyle ilgilenen *Académie Française* 1635 yılında Kral XIII. Louis'in Başbakanı Kardinal Richelieu tarafından kurulmuştur. Bugün hâlâ varlığını devam ettirmektedir. 17. yüzyılda Roma, Floransa, Paris ve Londra'da ve birçok başka yerde

sadece doğa ve bilim araştırmacılığı yapmak üzere özel akademiler ortaya çıkmıştır. 1660 yılında *Royal Society of London* kurulmuştur. Bilim akademilerinde bilimsel araştırmalar destekleniyor ve birçok bilimsel rapor bu akademide okunup tartışılıyor, yayımlanıyordu. Bilim akademilerinin çoğunun en büyük amacı bilimi geniş halk kitlelerine yaymaktır. Bu yüzden bulgularını Latince değil, yerel dillerde yayımlarlar. Bu bilim akademilerinin bir kısmının ayrıca doğal nesnelerin sergilendiği, daimi koleksiyonları barındıran müzeleri de bulunurdu. Bunlar, günümüzdeki doğa tarihi müzelerine benzerdi (Wiesner-Hanks, s. 513-517). Bunlara ilaveten yine 18-19. yüzyıllarda İngiltere ve Fransa'da yayımlanan ansiklopedilerle halkın bilgilendirilmesi hızlandırılmıştı.

Beyin, Akıl ve Ruh Tartışmaları Devam Ediyor

Descartes'ın beyin ve ruh hakkında düalist ve materyalist yaklaşımından sonra çok daha yeni ve gerçeğe çok yaklaşan düşünce çalışmaları devam etmişti.

Danimarkalı teolog Niels Stensen (Nicholas Steno) (1638-1686) Descartes'ın düşlediği bu mekanizmanın gerçeğe uymadığını söylemiştir çünkü epifiz bezinin hayvanlarda insana göre daha fazla gelişmiş olduğunu göstermiştir (Wickens, s. 91).

Descartes'ın o zaman ortaya attığı sav doğru değildi ama insan aklıyla bedeni arasında nasıl bir ilişki olduğu sorusu da günümüze kadar bırakılmıştır. Ruh ve akılla bağlantılı *refleks* kavramı da ilk kez Descartes tarafından ortaya atılmıştır. Ünlü açıklamasında o şöyle söyler: "Bir kişi ateşe maruz kalmışsa aniden bacağını ateşten çeker." Bu geri çekme yanıtı Descartes tarafından sinir işlevlerinin yeni bir fonksiyonu olarak açıklanmıştır. Descartes yanma duyumunun önce beyne taşındığını, oradan ventriküler sisteme geçtiğini ve sonra da bacağı geri çektiren olayın sinirler yoluyla yansıtıldığını öne sürmüştür. Descartes ventrikülde meydana gelen ruhsal gücün kendiliğinden sinir mesajı yoluyla geriye dönerek bacağın kaçmasını sağladığını söylemiştir. Burada basitçe açıklanan sinir sisteminin iki yanlı hareketidir ve sinir sistemine yeni bir görüş eklemiştir. Descartes insan bedeninde ve hayvanlarda böylesi on refleks olduğunu göstermiştir (Wickens, s. 88-90).

Resim 7.1. Descartes'ın görüntülediği beyin ve sinir sisteminde kaçma refleksinin oluşmasına ait ilk tarihsel resim.

Descartes sinirlerin içinde hem motor hem de duyusal işlevler olduğuna inanıyordu. Hatta duyusal olayları çevreden beyne taşıyan iç borular ve kaslara gönderen dış borular olduğunu ileri sürmüştü (Wickens, s. 108; Eckoldt, s. 70-71). Kuşkusuz bu mekanik refleks anlayışı henüz çok ilkeldi ama kendisinden sonraki kuşaklar için büyük bir motivasyon sağlayacaktı. Böylece Descartes davranışın nöral temelini ilk ortaya atan kişi olarak bilimde büyük bir prestij sağlamıştı. Tanrıya inanmasına rağmen düşünce ve bilimsel üretimde tamamen nesnel ve doğru bir akıl yürütmeyle tüm görüşlerini ısrarla savunmuştu (Gribbin, s. 132).

Descartes yirmi beş yaşındayken dünyaya gelen Thomas Willis (1621-1675) nörolojinin öncülerindendir. Yazdığı *Cerebri Anatome* adlı kitaba klinik nörolojinin yanı sıra beyin, akıl ve ruh konusundaki yorumlarını da eklemiştir. Bu kitapta yazdığı en önemli kuramlardan biri beynin anlaşılmasında ventriküllerin rolünün azaltılması ve onun yerine beyin dokusunun zihinsel işlevlerdeki önemine vurgu yapılmasıdır. Willis duyusal, motor ve düşünümsel işlevleri spesifik beyin alanlarına yerleştirmiştir. Ventrikül sistemini beyin dokularındaki artıkları atan bir yapı olarak değerlendirmiş ve *beynin anüsü* ya da daha kaba bir deyimle *beynin kıçı* şeklinde ifade etmiştir. Beyindeki *animal spirit* başka bir yerde bulunmalı demiştir. Hayvansal ruhu beynin gri cevheri içine yerleştirmiş ve beyaz cevher yoluyla beynin diğer kısımlarına ve omuriliğe ulaştığını ileri sürmüştür. Willis beyin işlevlerini üç temel bölgeye sınırlamıştır: (1) serebral korteks; (2) serebellum; (3) korpus striatum. Willis'e göre zekâ ve bellek serebral kortekste oluşur. Ona göre en gelişmiş serebral korteks insandadır; yoğun girinti çıkıntıları (bugünün terimleriyle fissurlar ve giruslar) bulunur. Ayrıca korpus kallosum yoluyla *animal spirit*in bir hemisferden diğerine taşındığını öne sürmüştür. Serebellumu ise otomatik hareketlerin başladığı bir merkez kabul etmiştir. *Corpus striatum*u beyin kabuğunun oluşturduğu zekâ ve davranış emirlerini taşıyan ve alan bir organ olarak belirlemiştir ama aynı zamanda çevreden gelen duyumların da toplandığı bir organdır.

Böylece Thomas Willis ventrikül anlayışını tamamen bırakarak beynin işlevlerinin belirli bölgelerde toplandığı görüşüyle nörobilim tarihinde büyük bir adım atmıştır (Wickens, s. 97-99; Eckoldt, s. 80-81).

Willis beyinde ruh anlayışını da ayrı bir şekilde ele almıştır. Onun ruh anlayışı üç bölümden meydana gelir. Birincisi yaşam verici beden ısısını yaratan kandan kaynaklanan, *flamma vitalis*tir. İkincisi *animal spirit*tir (hayvansal ruh); gri cevherde yaratılır ve gri cevherde bir sıvı olarak depolanır. Duyum ve hareket gibi temel biyolojik işlevlerden sorumludur. Willis bir başka üçüncü ruh kavramı daha eklemiştir. Bu ruh, ölümsüz ve soyut *rational spirit*tir. Buna akıl ruhu da denebilir. Sadece insanlarda bulunur, düşünme ve karar verme işleviyle ilgilidir. Aynı zamanda bu ruh, *animal spirit*in etkinleştirilmesini de sağlar. Willis bunu serebral kortekse yerleştirir. Kısaca, ilk iki ruh hayvanlara özgüdür ve onlara yaşam işlevini tanıma ve yönetme yeteneği sağlar. *Rational spirit* ise sadece insanlarda bulunur. Soyutluk ve ölümsüzlük özellikleri taşır. İnsanlar düşünme ve karar verme yeteneklerini ona borçludurlar (Wickens, s. 99; Eckoldt, s. 80-81).

Willis beyinden çıkan sinirlerde iki tür sıvı olduğunu ileri sürer. Bunlardan birincisi sinir suyudur ve beyin tarafından yapılır ve omuriliğe kanalize edilir. İkinci sıvı *animal spirit* ihtiva eder. Sinirler yoluyla çizgili kaslara kadar ulaşır ve çizgili kaslarda motor reaksiyon sağlar. Willis sinirleri mikroskopta incelemiş ve görünümlerini şeker kamışına benzetmiştir (Wickens, s. 99). Willis bu görüş açıklığı ve yaratıcılığına rağmen Hıristiyan dinine çok bağlıydı:

> "Örneğin dört ayaklı hayvanların beyinlerinin birbirine çok benzediğini farketmişti. Bunun yanıtını biyoloji alanında aramaktansa Eski Ahid'deki Yaratılış öyküsünde aramıştı. Şöyle ki balıklar ve kuşların beyinleriyle karşılaştırıldığında, memeli hayvanların beyinleri birbirine benziyordu. Bunu insan dahil tüm dört ayaklıları Tanrı'nın aynı günde yaratmasına bağlayıvermişti. Anlaşılacağı üzere, Willis birçok biyolojik veriler elde etmesine rağmen geçmişin Hıristiyan inançlarıyla bağlarını koparmamıştı. Bu bakımdan kendisinin mitolojik ve dinsel dünyayla akılcılık arasında sıkışıp kaldığı söylenebilir." (Eckoldt, s. 82-83)

Thomas Willis'ten sonra beynin yerleştirilen görevler yüklendiğini söyleyen ve zamanını aşan düşünce ve bulgular sunan İsveçli biliminsanı ve matematikçi Emanuel Swedenborg (1688-1772) üzerinde durmakta yarar vardır. Swedenborg kırk altı yaşındayken beyin ve ruh ilişkileri konusuyla ilgilenmeye başlamıştır. Beyni ele alırken vücudun çeşitli bölgelerindeki kasların beyin tarafından harekete geçirildiğini söylemiştir. Oldukça doğru olarak serebral korteksin üstteki lobunun ayak ve elleri, alttaki lobunun ise baş ve yüzü idare ettiğini yazmıştır. Üst ve alt motor nöronları tanımlamıştır. Serebral korteksin belirli bölgelerinin belirli işlevleri olduğunu belirtmiştir. Böylece beyinde *somatotopik lokalizasyon* kavramını getirmiştir. Daha ileri görüşler de öne sürmüştür: "Serebrumun ön bölümünün harabiyetinde hayal etme, bellek, düşünme, istenç azalır ve yargılama bozulur. Bunlar serebrumun arka bölümünün harabiyetinde görülmez." Çevreden gelen duyumların omuriliğe ve oradan da serebral kortekse taşındığını kabul etmiştir. Herşeyden önemlisi, eski çağlardan beri egemen olan ruh kavramını reddederek ruh olarak adlandırılan şeyin beynin işlevleri arasında olduğu görüşünü benimsemiştir. Bunlar kendi çağını aşan düşüncelerdir. Ama bu düşüncelere ve bilgilere nasıl ulaştığı bilinmez. Swedenborg nöroanatomi ve nörofizyolojiye bu kadar önemli katkılar yaptığı halde ne yaşarken ne de öldükten sonra önemi ve değeri anlaşılmıştır. Swedenborg'un kendi zamanında çalışmaları pek duyulmamıştır. Bunun bir nedeninin de kendisinin bir süre sonra doğa bilimlerinden vazgeçip teolojiye dönmesinden kaynaklandığı belirtilir. Muhtemelen geçmişteki yazılarının, 18. yüzyıl sonları veya 19. yüzyıl başlarında, beyinde lokalizasyon kavramları yeni başlamışken keşfedilip değer kazandığı tahmin edilebilir. Ama onu 20. yüzyılda nöroloji dünyası daha iyi tanımış olsa gerek (Öncel, s. 69-71; Haas LF., s. 43; Finger, s. 29-30).

17. yüzyılda sinir işlevleri *animal spirit* yani *hayvansal ruh* ile açıklanıyordu. Daha önce belirtildiği üzere, bir tür sıvının sinir yollarından akarak kaslara girdiği ve bunun sonucunda iskelet kaslarını balon gibi şişirerek hareket sağladığı düşünülüyordu. Bu düşünceye karşı çıkanların başında Cambridgeli hekim Francis Glisson (1597-1677) gelir. Glisson *Anatomia Hepatis* adlı bir kitap yazmıştır. Karaciğer ve safra kesesi ilişkisini incelemiş ve kitabına yansıtmıştır. Safra kesesinin kendi kaslarının* herhangi bir sinirsel girdi veya *stimulus* olmadan kendine özgü bir uyum içinde safrayı akıttığını söylemiştir.

Glisson'a göre safra kesesi kasının, kendine özgü bir içsel enerjisi vardı ve böyle çalışıyordu. Buna *irritabilite* adını vermişti. İrritabilite, safra kesesi kaslarında bulunuyorsa bedenin diğer kaslarında da neden olmasın? Peki böyleyse kasların etkinleştirilmesi için *hayvansal ruh*un hidrolik akışına gerek yoktur. Glisson deneysel yolla *hayvansal ruh* mefhumunun doğru olmadığını ortaya koymuştu. İrritabilitenin sadece kaslarda değil, tüm biyolojik dokulardaki *içsel* bir güç olduğunu öne sürmüştü. Glisson'a göre vücudun tümüyle kısımları, irritabilite sonucu hareket ediyordu. Bu görüş, o zaman için son derece güçlü ve yeni bir kuram olarak ortaya çıkıyordu. Keza solucan, yılan gibi hayvanların nasıl hareket edebildiğini de, solucanın kesilmesinden sonra parçalarının nasıl hâlâ devinim yapabildiğini de açıklıyordu. Daha ötesi kalbin vücuttan alındıktan sonra bir süre atışlarının devam ettiği açıkça görülüyordu (Wickens, s. 102).

Leiden Üniversitesi'nden Jan Swammerdam (1637-1680) adlı genç araştırmacı ilk deneylerini nörofizyoloji alanında yapıyordu. Daha sonra mikroskop altında sinir histolojisi üzerinde çalışmıştı. Kurbağada sinir

* Bunlara düz kas denir. Yapısal, kimyasal ve fizyolojik özellikleri çizgili kas dediğimiz iskelet kaslarından çok farklıdır.

kas preparatı üzerinde fizyolojik araştırmalar yapmıştı. Kurbağa uyluğundan bir kas çıkarmış, kasın siniri de korunmuştu. Siniri uyardığında kasın kasıldığını görmüştü. Daha sonra kurbağanın kalbini çıkarmış, sinirin uyarılmasıyla kasta yine kasılma görülmüştü. Kafayı kesince (dekapitasyon) kasın kasılma özelliği kaybolmuştu. Bu bulgular tüm hareketlerin kaynağının beyin olduğu sonucuna götürüyordu. Bunu ilk kez gösteren araştırmacı olmuştu. Kafası kesilmiş kurbağada kasa ait siniri bisturiyle kestikten sonra, siniri kesi yerinin altından uyarınca, kasta yine seğirme meydana geliyordu. Yani kasla beyin arasında hiçbir bağlantı kalmadığı halde, kas kasılması gözlemleniyordu. Kuşkusuz bu bulgular geleneksel *animal spirit* (hayvansal ruh) tezini tamamen çürütüyordu. Bu ve benzeri çalışmalar sonunda Swammerdam hayvansal ruh kuramını reddetmişti. Bir sinirin *irritasyon*u, kasın yeterince kasılmasına ve hareketine yol açar görüşüne katılmıştı (Wickens, s. 103). Ayrıca kas üzerindeki çalışmalarında kasa su enjekte ederek de kasılma sağlayabilmişti. Günümüzden yaklaşık üç yüz yıl önce ilk nörofizyolojik deneyleri yapan öncüler arasında olduğu kabul edilmelidir (Brazier, s. 14).

Daha önce de değinilen Steno kalp kası üzerinde deneyler yapıyordu. Kalbin kas olduğunu söylemişti ve kasıldığı zaman hacminde değişim gerçekleşmediğini ileri sürmüştü (Wickens, s. 102-103).

Daha sonraki yıllarda İskoçyalı anatomist ve cerrah Alexander Monro Primus (1697-1767) sinir kesitlerini incelemişti. Sinir borucuklarının içinde ne gaz ne de sıvı hiçbir maddenin geçemeyeceği boşluk bulunduğunu kanıtlamıştı (Eckoldt, s. 76).

İsviçreli hekim Albrecht von Haller (1708-1777) çok üretken ve yaratıcı bir fizyolog ve biliminsanıydı. İrritabilite tezi onun tarafından ayrıntılandırılarak geliştirilmişti. Haller irritabiliteyitemel fizyolojik güç olarak benimsemişti: "İrritabilite saf bir mekanik olaydır ve ruhtan bağımsız çalışır." 1752 yılında *İrritabilite ve Vücudun Duyarlı Kısımları* adlı bir monograf yazmıştı. Bu monografta irritabilite üzerindeki düşüncelerini somutlaştırmıştır:

1. "İrritabilite bedenin bir parçasıdır ve ilişkili dokulara dokunulduğunda kısa süre içinde oluşur," der. Bunun tüm vücut dokularında olmadığına ancak kaslarda oluştuğuna inanır. Haller'e göre kas kasılmasının nedeni liflerinin *irritabilite* (kasılabilir-

lik) özelliği taşımasıdır, buna *vis insita* (maddenin doğasındaki kuvvet) demiştir.

II. Kasların genel bir kasılma eğilimi içinde oluşuna da *vis mortua* (ölü kuvvet) demiştir. "Sinirler veya başka yollarla kas uyarıldığında büyük bir güç göstererek tepki verir," diye belirtmiştir. Haller irritabiliteyi kasın bir yeteneği saymış ve irritabilitede kas liflerini bir arada tutan şeyin *gluten* olabileceğini ileri sürmüştür (Ertekin, s. 170).

III. Yine Haller'e göre sinir sistemi farklı tipte fizyolojik özellikler gösterir. Sinirler uyarıldığında hareket etmez ama bir şekilde aktiftirler. Haller bu duruma veya bu kuvvete *vis nervosa* adını vermiştir (Kahya ve Öner, s. 277-284).

Bu durum önceleri hayvansal ruhun varlığıyla açıklanıyordu. Haller bunu kabul etmemişti. *Vis nervosa*nın Descartes'ın öne sürdüğü gibi bir *volatil hidrolik* kuvvet olduğuna inanmıştı. Bu fizik dünyaya ait bir kuvvetti. Beyinde bir kere devinim yaşandığında ve bu beynin bir yerine yerleştiğinde bu kuvvet kaslara akacak ve kaslarda özellikle duyarlı (sensitive) veya kolaylıkla irrite olan bir durum oluşturacaktır.

Kas irritabilitesi (kasılabilirlik) ile sinir *sensibilite*si (duyarlılık) arasındaki fark veya ayrım fizyolojik yaklaşımda ileri bir adım olmuştur. Haller'e göre deneysel yollarlar hayvan iğnelendiğinde veya vücudunun birçok yerine çeşitli uyarımlar yapıldığında, hayvanın ağrı uyarısıyla bağırması, uyarılan alanın duyarlılığını gösterir. Oysa kas kasılması ve hareketse irritabilitenin kanıtıdır.

Ayrıca Haller bugün beynin en alt kısmı *medulla oblangata*nın (omurilik soğanı) tüm sinirlerin algılanıp etkinleştirildiği yer olduğunu ve bu bölgenin ruhun merkezi sayılması gerektiğini bildirmiştir (Adıvar, s. 275; Kahya ve Öner, s. 277-284; Ertekin, s. 170). Kendisi dindar bir Hıristiyan olarak ruhun ölümsüzlüğüne inanmıştır.*

* Bu inancını şu düşünceleriyle noktalıyoruz: O şekilsiz fetüsten insan bedeninin güzel şeklinin oluşmasını hayretle karşılamıştır. Ruh gerçekten böyle bir işin meydana getirilmesinde eşsizdir. Haller Tanrı aklını kimsenin aşamayacağını söyler. Şekilsiz bir varlıktan böyle bir mükemmelliğin ancak Tanrı yolu ile ortaya çıkarılabileceğini iddia eder. (Kahya ve Öner, s. 283)

Böylece Aristoteles zamanından beri kabul edilen ruh kavramı giderek zayıflamıştır. Onun yerine uyarımlara yanıt veren tepkisel bir mekanik ortam kavramı ortaya çıkmıştır. Bu görüş sinir sistemi ve beyin çalışmalarında modern kuramların ortaya çıkmasına hizmet etmiştir. Bu yeni görüşe göre sinir sistemi deneysel yollarla test edilebilecektir.

İskoçyalı Robert Whytt (1714-1766) başarılı bir hekimdi ve zamanın *vitalizm* (dirimselcilik) akımını, yani materyal olmayan bir gücün varlığını benimsemişti ve buna *sentinent principle* (duyarlı ilke) adını vermişti. Bu duyarlı ilke beyin ve sinirler üzerinden, vücuda yaşam ve kendi kendine hareket etme olanağı sağlıyordu. Her ne kadar kasın kasılmasının mekanik bir yeteneğe dayandığı gerçeğine karşı çıkmamışsa da bunun sinirler yoluyla gelen duyarlı ilke sayesinde oluştuğunu öne sürmüştür. Haller ve Whytt aynı zamanlarda yaşamış ve birbirlerinin kuramlarına karşı çıkmış iki biliminsanıdır. Haller irritabilite ve duyarlılık kuramında ısrar etmiştir. Whytt de kapite hayvanlarda veya izole vücut kısımlarında, ölümün hemen sonrasında bir süre hareket görüldüğünü ve kaslarda seyirmeler gözlemlenebildiğini kabul etse bile, bunun Haller'in irritabilite kavramının kanıtını sunmayacağını belirtmiştir. Whytt'a göre ölümden sonra görülen bu kas seğirmeleri, ölümden sonra kaslarda az miktarlardaki duyarlı ilkenin diri kalmasına bağlıdır. Kendi kuramını iki şekilde destekler: (1) Bir sinir sıkılır veya sıcakla uyarılırsa kasta kasılma ortaya çıkar. Ayrıca bu sinir kökünden, yani omurilikten ayrılmamışsa uyarılmasıyla daha canlı ve güçlü hareket ortaya çıkar. Bu durum ancak duyarlı ilkeyle açıklanabilir. (2) Deneysel yollarla kurbağanın beyni tahrip edildiğinde, kurbağanın vücudu önce gevşer. Daha sonra yavaşça oturur pozisyona döner ve hatta bazı refleksler gösterir. Örneğin beyinsiz kurbağa, ayağı sıkıldığında bacağını geri çekerek tepki verir. Bu örnekler duyarlı ilke anlayışını destekler ve böylesi refleks hareketlerin gözlemlenmesi için sadece omuriliğin bir kısmının var olması bile yeterlidir. Whytt ilk kez *spinal reflex* (omurilik refleksi) kavramını ortaya koymuştur. Spinal refleks için beynin etki etmesine gerek yoktur, bunun için omurilik yeterlidir ve onun tarafından kontrol edilir (Wickens, s. 106-107).

Dile getirilen bu tartışmalar fizyolog ve araştırmacıları anlamlı bir şekilde ikiye bölmüştür ve bunun yansıması 18. yüzyıla doğru ortaya çıkmıştır. Fizyologların beyin ve sinir sistemi hakkındaki bu görüş farklılığı iki şekilde özetlenebilir. İlk görüşe göre vücut ve organlar için, otomatik bir makine tam anlamıyla herşeyi kontrol etme ve yerine getirme gibi, tüm vücut işleyişlerini sağlayan bir güçtür. Bunu ilk kez öne süren Descartes olmuştur. Bu görüşe *materyalizm* (mekanikçilik) görüşü adı verilmiştir.

İkinci görüş çok eskilere, Antik Yunan dünyasındaki filozoflara dayanır. Bedeni, tam manasıyla tanımlanamayan ruh gibi güçler idare eder. Bu iki görüşün aydınlatabildiği kadarıyla beyin ve sinirlerin işlevleri anlaşılabilecektir. 18. yüzyılda *vitalizm* adıyla *materyalizm*e karşı bir görüş tekrar ortaya çıkmıştır (Wiesner-Hanks, s. 415).

Vitalist görüşçüler de ikiye ayrılmıştır. Bunlardan birine *doğrudan vitalist* adı verilmiştir; yaşayan organizmalarda meydana gelen olayların *yaşam gücü* denebilecek bir unsur tarafından idare edildiğine inanıyorlardı. Bu unsur organizmanın her yerinde bilinçdışı faaliyette bulunuyordu.

Diğeri *animistler*di, onlar da böyle fiziki olmayan bir unsuru kabul ediyordu ama bunu bilinçli bir güç sayıyorlardı. Bu iki görüş arasında fark bilimsellik bakımından materyalistlerce pek önemli bulunmuyordu. Buna rağmen zamanında vitalistler arasında çok ünlü bilginlerin bulunması, bu kuramın uzun süre yaşamasına yol açmıştı. Mekanistik görüş bilimsellik, deneycilik ve şüphecilik anlayışıyla yeni bilgiler keşfetmeye başladıkça fizik ve kimyanın gelişmesi, histolojinin mikroskop aracılığıyla yükselmesi sonucu daha olgun adımlarla öne geçmişti (Adıvar, s. 375). Bu ikilem, 1790'lı yıllardan 19. yüzyıla girerken İtalyan Luigi Galvani'nin içsel *animal elektriği* (bioelektrik) bulmasıyla aşılmış, eski kuramlar bırakılarak yeni bir atılım başlamıştır.

Klinik Nörolojiye Katkıda Bulunanlar

Beyin, sinir sistemi ve ruh konusundaki düşünceler ve tartışmalar, ilerideki yüzyıllarda hem nörofizyolojiye hem de nörolojiye yansıyacaktır. Bu temel konular dışında 17 ve 18. yüzyıllarda nörolojik hastalıklara daha fazla ve daha hızlı katkı sunabilecek yeni bulgular elde edilmiştir. Bu yüzyıllarda olası gerçekler adına deneysel çalışmalar yapmanın önemi giderek artmıştır. Deneysellik ve mikroskopinin gelişmesi, yeni temel bilgilerin yanı sıra beyin, sinir ve çizgili kas histolojisi üzerinde de özgün bilgi birikimine yol açmıştır. Bu bölümde katkısı bulunan hekimler ve bulguları üzerine kısa bir özet sunulmaya çalışılacaktır.

Klinikteki başarının 17. yüzyıldaki simge isimlerinden ikisi İngiltere'den çıkmıştır. İlki Thomas Willis (1621-1675) ve ikincisiyse Thomas Sydenham'dır (1624-1689). Thomas Sydenham, hekimlik çalışma belgesini kırk bir yaşında alır ve klinik hekimliği İngiltere'de zirveye taşır. İngiliz Hippokrates adıyla da anılır. Onun için yatak başı eğitim çok önemlidir. Romatizmal korea (Sydenham koresi) denen hastalık günümüzde de onun adıyla anılır. Gut hastalığını tanımlamıştır. Sydenham sıtma, dizanteri, kızamık ve kızıl gibi hastalıklar üzerinde de çalışır. 1630'lu yıllarda Güney Amerika, Peru'dan getirilen kininin çağın en çok görülen hastalığı sıtmayı iyileştirdiğini görür, böylece sıtma ateşini diğer ateşli hastalıklardan ayırır. *Medical Observations* [Tıbbi Gözlemler] adlı yapıtı çok ün kazanmıştır (Kahya ve Öner, s. 227-228; Porter, s. 108; Bayat, s. 175-176).

Thomas Willis, beyin ve ruh tartışmalarının ötesinde, nörolojinin kurucularından veya ilki kabul edilebilir. Her şeyden önce beyin ve sinir hastalıklarına *nöroloji* adını veren hekimdir. Onun *Cerebri Anatome* [Beyin Anatomisi] adlı kitabı standart bir kitap olarak iki yüz yıl kullanılmış ve bu arada yirmi üç baskı yapmıştır. Gezici köy hekimliği de yapmış, daha sonra Oxford'da dersler de vermiştir. Oxford'da yaşadığı sıralarda menenjit (beyin zarı iltihabı) gibi bulaşıcı hastalıklardan ölmüş hastaların beyinlerini incelemiş ve beyin zarları üzerindeki yaygın iltihabı saptamıştır. Hayatını kaybeden hastalara ve idam mahkûmlarına otopsi yapmaya uygun bir ortam bulmuştur. Diğer anatomistlerin aksine arkadaşı mikroskopist Richard Lower ile birlikte ilk kez beyni kafatasından dışarı çıkararak büyüteçle incelemişlerdir. Böyle makroskopik incelemelerle Willis değişik beyin yapılarını adlandırmıştır. En çok *Willis poligonu*nu keşfetmesi nedeniyle adından söz edilir. Willis poligonu iki taraflı *karotis* arter (şah damarları) dallarının beyin tabanında birleşmesiyle meydana gelen bir poligonal damar yapısıdır. Bu yapıya ait bazı deneylerle Willis, arterlerden birinin tıkanması halinde diğerinin beyne kanı pompalayacağını keşfetmiştir (Wickens, s. 93-95). Aslında 1561 yılında İtalyan hekim Gabriele Falloppio (1523-1562), 1627 yılında Padova Üniversitesi'nden Giulio Cesare Casseri (1552-1616)*, 1658 yılındaysa Johann Jakob Wepfer (1620-1695) bu damar poligonunu kitaplarına koymuştur. Poligona adını veren Willis değildir. 1774 yılında, Willis'in ölümünden yaklaşık yüz yıl sonra, Albrecht Von Haller bir kitabında Willis ile poligon ilişkisini yazmış ve ondan sonra bu yapı hep *Willis poligonu* adıyla anılmıştır (Öncel, s. 60). Willis dokuz çift kranial sinir bulunduğunu yazmış ve bunlardan *vagus* sinirine bu adı o vermiştir. Ayrıca karındaki *plexus solaris*i tanımlamıştır. Willis hayvan ve insan beyinlerinde damarlara mürekkep zerk ederek beyin vasküler hastalarındaki inmenin damarsal kökenli olduğunu kanıtlamıştır (Wickens, s. 93-96). İlk kez *myasthenia gravis* hastalığını keşfetmiş fakat bunun motor son plak (kas lifi üzerindeki sinaptik bağlantı) kökenli değil de sinirsel kökenli olduğunu iddia etmiştir (Viets, s. 772-783). Ayrıca diyabet hastalığında, hastanın idrarının tatlı olduğundan yola çıkarak (tıpkı eski Hint hekimlerindeki gibi tadarak), *diyabetes* adına *mellitus* sözcüğünü eklemiştir (Ertekin, s. 153).

İlk defa Avrupa'da, Hollanda'nın en önemli bilim ve tıp merkezi Leiden şehrinde klinik uygulamalı tıp eğitimi başlamıştır. İtalya'da Padova Üniversitesi de önemini korumuş ve bununla eşzamanlı uygulamalı tıp eğitimine başlamıştır. Leiden Üniversitesi'nin 1701 yılında büyük hekim Herman Boerhaave'yi (1668-1738) profesör tayin etmesiyle tıbbın merkezinin, İtalya'daki Padova'dan Hollanda'daki Leiden'e kaydığı söylenir. Boerhaave klinik tıp derslerine, öğretime ve uygulamalı eğitime ağırlık vermiş ve kliniğinde ölen hastalara otopsi yaparak organik tutuluşun hastalık belirtileriyle ilişkisini göstermeye başlamıştır. Pozitif bilimleri hekimliğe uygulamakta büyük bir usta olmuştur. Boerhaave önemli bir keşifte bulunmaz ancak beyin, ruh, kas ve sinirler hakkında Thomas Willis'in kuramlarına yakın düşünceleri önemsediği anlaşılır. Ona göre sinirler kan taşımayan dallardan meydana gelmiştir. Bu dallarda serum, lenf ve sinirsel sıvı dolaşır. Bunlar kalpten kasılmayla bedene verilir. Sinirsel sıvı hızlıca kaslara gelir. Öte yandan çevreden gelen

* Giulio Cesare Casseri'nin *Tabulae Anatomicae* adlı eseri ölümünden sonra 1627 yılında tamamlanmıştır.

duyumlar beyne sinirler aracılığıyla taşınır. Bu uyarıların beyin içinde belirli kısımlara taşınması gerekir. Her bir sinir beyindeki özel bir bölgeye bağlıdır. Boerhaave, beyni tipik bir salgı bezine benzetir. Ona göre beyin hayvani ruhları, beyincik vital ruhları ve kalp de doğal ruhları taşır (Aydın, s. 123; Kahya ve Öner, s. 269-274; Porter, s. 76-78).

Johann Jakob Wepfer yaşamı boyunca beyin damar hastalıkları üzerinde çalışmıştır. Apopleksi (inme) üzerinde yoğun çalışmıştır. En önemli bulgularından biri beyin kanamasıyla apopleksi arasındaki ilişkiyi saptamasıdır. Ayrıca sağ hemiplejiyle konuşma bozukluğunun birlikte gittiğini ortaya koymuştur. Beyin kaidesindeki damar poligonunu Willis'ten önce tanımlamıştır. Arter ligasyonu (bağlanması) ve atardamarlara boya enjeksiyonu gibi yöntemleri geliştirmiştir. Beyin sapı migrenini tanımlamıştır. Beyin damar hastalıklarının öncüsü kabul edilir (Öncel, s. 56-57).

Daha az tanındığı halde, hayli ilginç iki Fransız hekimden söz etmek gerekiyor: Raymond de Vieussens (1641-1715) ve Félix Vicq-d'Azyr (1748-1794). Raymond 17. yüzyılda, Félix ise 18. yüzyılda yaşamıştır. Raymond de Vieussens, Paris Montpellier Tıp Fakültesi'nde okumuş ve sonra nöroanatomi uzmanı olmuştur. Kadavralar üzerinde on yıl çalışmıştır. 1684 yılında kapsamlı bir nöroanatomi kitabı yazmıştır. *Neurographia Universalis* adlı kitabın ilk bölümüde beyin, ikinci bölümünde omurilik, üçüncü bölümünde kraniyal ve periferik sinirlerin anatomisi konu edilmiştir. Vieussens beynin iki maddeden oluştuğunu yazmıştır: gri ve beyaz cevher. Biri diğerinden farklıdır. Bu fark gri cevherin daha yumuşak oluşundan kaynaklanır. Beyaz cevherde çok sayıda birbirleriyle bağlantılı lifler bulunur. Birçok nöroanatomi terimini ilk kez kendisi kullanmıştır. Omuriliği işlevsel bakımdan bağımsız bir yapı gibi ele almıştır. Raymond Vieussens, aort yetmezliği ve mitral darlığının da tanımını yapmıştır (Öncel, s. 64; Ertekin, s. 157).

Félix Vicq d'Azyr anatomist ve klinisyendir. Paris Tıp Fakültesi'nden mezun olmuştur. 1777 yılında omurgalı hayvanların beyinleri üzerinde çalışmaya başlamıştır. Fransız Akademisi üyeliğine kırk yaşında kabul edilmiştir ve bir yıl sonra da 1789 gibi tehlikeli bir tarihte Kraliçe Marie Antoinette'in özel doktoru olmuştur; bundan üç yıl önce *Traité d'anatomie et de Physiologie* [Anatomi ve Fizyoloji İncelemeleri] adlı kitabını tamamlamış ve Fransa kralına ithaf etmiştir. Kendi anatomi kitabında *presentral* ve *postsentral girusları* ve *sulkus sentralisi* (Rolandik yarık) tanımlamalarını Rolando'dan önce yapmıştır. Ancak bu yarık daha çok Rolando'nun adıyla anılır.

Luigi Rolando, 1773-1831 yılları arasında yaşamıştır. Vicq d'Azyr'den yirmi beş yıl sonra doğmuş ve otuz yedi yıl sonra vefat etmiştir. Rolando da sonradan aynı beyin yapıları üzerinde çalışmıştır. Fakat ikisinden başka iki anatomist 1829 ve 1839 yıllarında yazdıkları kitaplarda *Rolando yarığı* adını kullanınca sulkus sentralisi Rolando'nun adıyla anılmaya başlamıştır. Vicq d'Azyr'in kral ve kraliçeye yakınlığının 1789 yılı Burjuva Devrimi'nde devrimcilerin dikkatini çekip çekmediğini bilemiyoruz, ama zaten 1794 yılında muhtemelen verem nedeniyle kırk altı yaşındayken ölmüştür. Onun uzun boylu, yakışıklı ve etkileyici bir kişi olduğu söylenmiştir. Marie Antoinette'in doktorluğunu üstlenmesinde yakışıklı olmasının herhangi bir rol oynayıp oynamadığı hakkında bilgimiz yok (Öncel, s. 80-82 ve 97-99).

1761 yılında Padova Üniversitesi profesörlerinden Giovanni Battista Morgagni (1682-1771) tarafından yayımlanan *De Sedibus et Causus Morborum* [Hastalıkların Yerleri ve Nedenleri] adlı kapsamlı patoloji kitabı tıbbın anlaşılması ve gelişmesinde, o çağın en büyük eserlerinden biri olmuştur. Kitapta bir anatomist, bir patolog ve bir klinisyenin hasta başında edindikleri gözlemleri birleştirmiştir. Patoloji bilimi tıpta en önemli yer işgal etmeye başlamıştır. Beş ciltten oluşan ve 1325 sayfalık bu kitabın ilk cildi kafa hastalıklarına ayrılmıştır. Morgagni sayısız buluşa imza atmıştır. Damarların daralmasıyla ilişkilendirdiği *arterioskleroz* (damar sertliği) hakkında önemli gözlemlerde bulunmuştur. Kardiovasküler ve serebrovasküler hastalıklar üzerine önemli ve özgün katkılar sağlamıştır. Apoplekside (inme) beyindeki tutuluşun karşı tarafinda felç geliştiği (kontrlateral hemipleji) daha önceden bilinmekteydi. Ancak Morgagni bunu yazılı hale getirenler arasındadır. Apopleksinin beyindeki yaralardan kaynaklanmayıp kan damarlarındaki değişmelerden meydana geldiğini vurgulamıştır. Frengiyle beyin damarları arasındaki ilişkiyi göstermiştir. Beyin apsesinin kulak akıntısının sebebi değil, sonucu olduğunu saptamıştır (Öncel, s. 66-69; Kahya ve Öner, s. 263-267).

Morgagni sayesinde fizyolojik hastalık kuramlarından (hastalık halinde tüm organizmanın anormal olduğu kuramı) onkolojik hastalık kuramına (hastalığın bedenin belirli bir bölgesinde yerleşmiş olduğu kuramı) geçişin ilk adımları atılmıştır. Anatomik bir yaklaşımla hastalıklarda belirli organların tutulduğu, hastalık belirtilerinin organlardaki tahribatla örtüştüğü ve bu tür patolojik organ değişikliklerinin hastalıktan sorumlu olduğu gösterilmiştir. Böylece artık patolojik anatomi veya patoloji çok önemli bir bilimsel ve de tıbbi dayanak kazanmıştır (Eren, s. 388-389; Ghosh, s. 153-168; Kahya ve Öner, s. 262-267; Ertekin, s. 172).

Eski çağlarda hekimlik ve cerrahi birbirinden ayrılmıştı. Cerrahiyi gerektiren kısıtlı durumlar, genellikle berber-cerrahlara bırakılmıştı. Ancak bu iki yüzyılda hekimlikle cerrahi arasında bir köprü kurulduğunu görüyoruz. Cerrahlar, özellikle travmatoloji, yaygın salgın hastalıklar üzerindeki sorunlara çözümler aradı. Bu çözümler aranırken anatomiye de katkılar sağlandı.

Cerrahları anlatırken öncelikle Monro ailesine kısaca değinmek gerekir. Üç kuşak, dede, baba ve torun cerrah olarak Edinburgh'da çalışmışlardır. Alexandre Monro Primus (1697-1767), Alexandre Monro Secundus (1733-1817) ve Alexandre Monro Tertius (1773-1859). Bunlardan A. Monro Secundus'un beyin üzerindeki çalışmaları dikkat çekmiş ve beyinde üçüncü ve yan karıncık arasındaki deliği tanımlamıştır. Bu nedenle bu anatomik yapıya *foramen Monro* (Monro deliği) denmiştir. Ayrıntılı olmamakla beraber bu deliği kendisinden önce de tanımlayanlar vardır. Ayrıca *Treatises on the Brain, the Eye and the Ear* [Beyin, Göz, Kulak Üzerine] adlı kitabı yazmıştır (Kahya ve Öner, s. 252; Öncel, s. 72-74).

Marie François Xavier Bichat (1771-1802) Fransız anatomist, patolog ve cerrahtır. Aynı zamanda kuramcıdır. Xavier Bichat'nın 1799 yılında yayımlanan, *Traité des membranes* [Membranlar Üzerine İnceleme] adlı kitabı patolojinin kilometre taşlarındandır. Hastalıkların organ lezyonları olarak değil de belirli dokuların lezyonları olarak kabul edilmesi gerektiği fikrini ortaya atmıştır. Canlı bireylerde hayvansal yaşam adını verdiği bir düzen olduğunu düşünür. Bireyin dış dünyaya tepkisi dokularda ortaya çıkar. Bu yaşamın merkezi beyindir. Burada organlar genellikle simetriktir. Simetri organlarda uyumu getirir. Fizyolojik ve anatomik asimetri işlevin bozulmasına yol açar. Yaşam kanunları değişkendir, duyarlılık ve kasılma her an değişebilir, hiçbir zaman aynı kalmaz. Tepki verme yeteneği kasılmayla kas dokusunda gözlenebilir. Dokunun kasılma yeteneği yoksa, örneğin bir salgı beziyse, gelen dış uyarıya karşı verdiği yanıt dışardan gözlenemez. Patolojiyi yeni bir gözle değerlendiren Xavier Bichat aynı zamanda 19. yüzyıl tıbbının temellerini de atmıştır (Ghosh, s. 153-168; Kahya ve Öner, s. 305-312).*

17. yüzyıl ile 18. yüzyılın bazı çelişkiler taşıdığını da belirtmek gerekir: Copernicus'tan Newton'a kadar bilimin gerçekleşmesinde emeği geçen biliminsanları ve tıpçılar, dinî ve felsefi görüşleri bakımından oldukça tutucudur. Bunlara Descartes, Willis, Haller gibi önemli düşünürler de dahildir. İlahiyatçı rahip Thomas Aquinas (Aquinolu Thomas) gibi akıl ve insanı uzlaştıran görüşleri kabullenirler ama buldukları veriler ve deney sonuçları bu görüşe uymaz. Böylece dinin bilim üzerindeki rolü sonraki yüzyılda da azalsa bile devam eder. Ancak bu durum bilimin hızlı gelişimini durduramaz ve maddi dünyada bilimsel devrim, egemenliğini kurar (Adıvar, b. 14; Bernal, s. 330-331).

Mikroskopun Keşfi ve Dokubilim Öncüleri

Mikroskop nörologların günlük klinik çalışma programlarında kullandıkları bir tanı aygıtı değildi. Ancak mikroskopun 17 ve 18. yüzyıllardan bu yana araştırma laboratuvarlarında kullanılması, nörobilim alanında çok önemli yaşamsal bilgilerin elde edilmesine yol açmıştır. Ayrıca 20. yüzyıldan itibaren her patoloji ve mikrobiyoloji laboratuvarının vazgeçilmez aygıtı haline gelmiştir. Bu bölümde 17 ve 18. yüzyıllarda mikroskop konusundaki gelişmeler hakkında kısaca bilgi verilecektir.

Mikroskop çıplak gözle görülemeyecek kadar küçük cisimlerin, mercekler dizisi yardımıyla büyütülerek görüntülerinin incelenmesini sağlayan alettir. Çok küçük hücrelerin görülmesini sağlaması, tıpta büyük adımlar atılmasına yol açmıştır. Mikroskopu ilk kez, Hollandalı Zacharias Janssen'ın 1590 dolaylarında bir teleskopu tamir ederken keşfettiği söylenir. Ancak bu sıralarda başka Avrupalı bilginlerin de bu

* Ayrıca bkz. 12. Bölüm.

konu üzerinde çalıştığını kabul etmek pek yanlış olmasa gerek. Hatta teleskopla uğraşan ünlü bilgin Galileo Galilei'nin de iki mercek kullanarak mikroskop yapmaya çalıştığı söylenir. İki mercekli mikroskopu ilk kullananlardan biri de Cornelius Drebbel'dir (1621) (Gribbin, s. 169-178; Porter, s. 75; Kahya ve Öner, s.229-236).

İki mercekli mikroskoplar ilk basit mikroskoplardır. Merceklerden biri büyütmekle, ikincisi ışınları belli bir noktaya toplamakla görevlidir. Genellikle ilk mikroskoplarda renklerin farklı kırılmaları dolayısıyla ilk mercek camlarından net görüntü elde etmek zordu. Ayrıca merceğin şekli de ışınların belli bir noktada toplanarak açık ve net bir görüntü elde edilmesinde sorun yaratabilmekteydi. Bu sorunların aşılması kaliteli mercek yapımıyla son bulacaktı. Bunlar 1722 yılından 1791 yılına kadar yapılan daha yeni mikroskoplarla giderildi. Fakat öncü mikroskopistler bu yeni mikroskopları göremedi ve tek veya iki mercekli mikroskoplarla çalışmak zorunda kaldılar. Buna rağmen basit teknolojiyi aşarak daha fazla hücre bilgileri toplamayı başardılar.

Mikroskopun temel ilkeleri 17. yüzyılda İngiliz Robert Hooke ve Hollandalı Anton van Leeuwenhoek tarafından bulunmuştur. Küçük canlıları ve cansızları gözlemleyen bu aygıta, mikroskop adı 1628 yılında Johannes Faber tarafından verilmiştir (Kahya ve Öner, s. 229-230). Aslında mikroskop konusundaki çalışmalar sadece bu iki bilgine ait değildir. 17. yüzyılda, otuz beş yıl içinde yedi bilgin mikroskopu ilerde kullanmak üzere dünyaya gelmişlerdir. Doğum yıllarına göre şöyle bir sıralama yapılabilir:

1. Athanasis Kircher (Alman) (1602-1680)
2. Francesko Redi (İtalyan) (1626-1697)
3. Marcello Malpighi (İtalyan) (1626-1694)
4. Richard Lower (İngiliz) (1631-1691)
5. Antonie Van Leeuwenhoek (Hollandalı) (1632-1723)
6. Robert Hooke (İngiliz) (1635-1703)
7. Jan Swammerdam (Hollandalı) (1637-1680)

Aslında yaşamlarının daha ileri yıllarında mikroskop üzerinde çalışırlarken birbirlerinden haberdar olup olmadıklarına dair elimizde kesin kanıtlar yoktur (Ertekin, s. 148). Mikroskopun ortaya çıktığı ve yaygınlaştığı 17 ve 18. yüzyıllarda bazı biliminsanları ve hekimlerin mikroskopa pek de güvenemedikleri yazılmıştır (Kahya ve Öner, s. 229-231).

Mikroskopu hastalık incelemesinde ilk kez kullanan Athanasis Kircher'dir. Orta Almanya'da yaşayan Yahudi din adamıdır. Ancak Otuz Yıl Savaşları nedeniyle Roma'ya göçmüş ve orada mini canlıların hastalıklara nasıl neden olduklarını, kokuşma olayını inceleyerek göstermiştir. Mikroskopla irini ve vebadan ölenlerin kanını incelemiştir. *Scrutinium Pestis* adındaki yapıtı 1658'de yayımlanmıştır. İlk kez mikroorganizmalarla bulaşma (contagion animatum) görüşünü öne süren Kircher'dir (Kahya ve Öner, s. 162).

Hücre ilk kez İngiliz biliminsanı Robert Hooke tarafından keşfedilmiştir. Hooke, ölü mantar dokusunda boş odacıklar görmüş ve bu odacıklara hücre (cell, cella, cellula) adını vermiştir. Hücrelerin aralarında kanallar bulunduğu ve bu yolla hücrelerden sıvılar geçtiğini söyler. Kanallar ve sıvılar aracılığıyla hücrelerin birbirleriyle bağlantı halinde olduğunu öne sürmüştür. İleriki yıllarda hücrelerin içinin boş olmadığı anlaşılmıştır. Ölü mantar hücreleriyle çalıştığı ve mikroskobunun işlevi ölçüsünde bu çalışmaları yaptığı için hücreleri boş görmüştür. Bitki hücresi 1660'lı yıllardan bu yana görülebilmesine karşın, hayvan hücresinin net görülebilmesi için 19. yüzyılı beklemek gerekmiştir.*

19. yüzyılda hücre canlıların temel taşı kabul edilir. 1839 yılında Theodor Schwann canlının en küçük yapısının hücre olduğunu söylemiştir (Ertekin, s. 207).

Hooke'u sadece mikroskopu keşfedenlerden biri kabul etmemek lazım. *Micrographia* [Mikrograf] adlı kitabı esas itibarıyla mikroskopla ilgilidir. Fakat bu kitabın bir bölümünde fosilleri, bir zamanlar yaşamış canlıların ve bitkilerin kalıntıları olarak tanımlamıştır. Ayrıca

---

* 17. yüzyılda kullanılan mikroskopların büyütme kapasitesi düşüktü. Bunun yanı sıra hayvan hücreleri daha küçüktür, görülebilmeleri için kesit alarak incelemek gerekir, oysa buna uygun düzenek henüz yoktur. 19. yüzyılda kesit alma, boyama ve fiksasyon tekniklerindeki gelişmelerle, mercek sorunlarının giderilmesiyle mikroskopların büyütme kapasitelerinin artmasıyla daha net görüntüler elde edilebilmeye başlanmıştır (Kahya ve Öner, s. 234).

saat kadranı tipi barometreyi, bir rüzgar ölçme aletini, termometreyle higroskopu (hava nemini ölçme aleti) da keşfetmiş veya geliştirmiştir. Bu nedenle de ilk bilimsel meteorolog olarak anılır. Ayrıca ışık ve optik konusunda çalışmıştır. Elastisite veya esneklik yasasını keşfetmiştir. Hatta o sıralarda kendisinden daha genç olan Newton ile tarihe geçmiş tartışmaları da vardır (Bernal, s. 310-311; Gribbin, s. 169; Kahya ve Öner, s. 231-236).

Antonie van Leeuwenhoek Hollanda'nın Leiden şehrinde aslında dokumacılık yapan bir işinsanıdır. Doğduğu Delft kentine 1654 yılında dönerek yaşamını devam ettirmiştir. Leeuwenhoek, yüksek eğitim görmemiştir ve anadilinden başka bir dil bilmediği söylenir. Kendi zamanındaki insanlarla karşılaştırılırsa cahil bile denebilir. Ancak dokuma ipliklerini saymak için mercekler (büyüteçler) kullanırken bugün bildiğimiz anlamdaki mikroskopu keşfettiği de söylenir. Geliştirdiği mikroskop cisimleri 80 ila 275 kat büyütebiliyordu. 1668 yılında otuz altı yaşındayken yeni bir lens keşfeder ve bu bir cam küre (glass spheres) olup daha fazla büyütme özelliği taşır. Bu lensleri mikroskopta kullanmıştır. Hayatı boyunca 247 mikroskop, 419 lens geliştirmiştir.

Leeuwenhoek mikroskobu keşfedince, canlı organizmaları incelemeye merak salmıştır. Bu konudaki merakına ait şöyle bir öykü vardır:

> Birgün bir kaba topladığı yağmur suyunu inceler, içinde birçok küçük canlı olduğunu görür. Bu minik canlıların gökten düşmediğine inanır. Bu canlı varlıklar çevrede yaşıyordur ona kalırsa yağmurla birlikte suya karışmışlardır. Yağmur suyunu beklettikten sonra tekrar incelediğinde bunların suda yaşamaya devam ettiğini görür. Bu defa kendi tükrüğünü inceler ve içinde hareket eden birçok minik canlıyla karşılaştığında hayrete düşer. Daha sonra sıcak kahve içer ve tekrar tükrüğünü incelediğinde bu canlılarin öldüğünü görür, yani hareket etmezler. "O halde bunlar canlıydı, sıcak içecek onları öldürdü," diye düşünür. Sonra hayatında içki içmemiş bir kişinin ağzından aldığı sıvıyı da inceler ve benzeri küçük canlıları orada da görür.

Bunlar bildiğimiz bakterilerdir ama onların ne oldukları henüz bilinmiyordu (Kahya ve Öner, s. 245-248). Bu küçük organizmalara hayvancık (tek hücreli) anlamına gelen *animalcules* adını vermiştir. Aslında bakterileri mikroskop aracılığıyla gören ilk araştırmacı sayılabilir. Daha sonra çalışmalarını çeşitlendirmiş ve 375 yayın yapmıştır. Çalışmalarının bazılarını burada sayabiliriz. Alyuvarları çaplarını da ölçerek keşfetmiştir. Kas dokusunun liflerden oluştuğunu saptamıştır. İnsan spermatozoalarını ilk o görmüş ve *ersuyu* içinde gördüğü spermi küçük bir insan modeline benzetmiştir (Kahya ve Öner, s. 245-248; Wickens, s. 99-101). Leeuwenhoek beyin ve sinir dokusunu da incelemiştir. Beyinde çok sayıda kılcal damar bulunduğunu ve bunların kan dolaşımını sağladığını bildirmiştir. Beyin üst kısmının şeffaf olduğunu, yağ kürecikleri taşıdığını ve sinir liflerinde minik borucuklar olduğunu söylemiştir (Öncel, s. 62-63).

Marcello Malpighi, Bologna Üniversitesi'nde hukuk ve tıp eğitimi görmüştür. 1665 yılında yazdığı *De Cerebro* [Beyin] adlı kitabında beyin dokusunu incelediğine dair bazı bilgiler vardır. Beyaz cevher tabakalarını incelemiş ve burada içi sıvı dolu kanal yapıları gördüğünü yazmıştır. Bunları vital ruh kabul etmiştir. Sinir hücrelerini gördüğüne dair bir bilgi yoktur. Çok çalışkan ve üretken bir hekim olarak sinir sistemi dışında birçok dokubilim çalışması yapmış, bunlar günümüze dek kullanılmıştır ve bazı tanımlamaları hâlâ kullanılır. Malpighi'nin başlıca çalışmalarından biri kılcal damarlar yoluyla toplardamarlar ve atardamarlar arasında bağlantı olduğunu göstermesidir. Memelilerde alyuvarların çekirdeklerini yitirdiklerini bulmuştur. Akyuvarları inceleyip bunların da kan hücresi olduklarını göstermiştir. Böbreklerde idrarın süzüldüğü yer, yani *glomerül*ü tanımlamış ve onun adı anılarak bu yapıya *Malpighi cisimciği* denmiştir. Dil üzerindeki tat tomurcuklarının mikroskobik yapısını göstermiş ve buluşuna atfen buradaki yapılara da *Malpighi cisimciği* adı verilmiştir. Deriyi incelemiş ve üst ve alt derinin (epidermis ve dermis) yapısal bakımdan birbirinden farklı olduğunu saptamıştır.Bu nedenle alt deri kısmına *Malpighi tabakası* denmiştir. Hücrelerin canlı olduğunu vurgulamıştır. Böylece bu çalışkan biliminsanının, bugün hâlâ kullanılan üç mikroskopik bölgesi, yine onun adıyla anılmaya devam etmektedir. Bütün bu nedenlerle Malpighi sıklıkla mikroskopik anatomiyi başlatan kişi kabul edilir

(Kahya ve Öner, s. 238-240; Gribbin, s. 161-162; Wickens, s. 99-100).

Jan Swammerdam, alyuvarları mikroskopta ilk kez tanımlayan Amsterdamlı bir eczacıdır. Kurbağada sinir-kas preparasyonu üzerinde deneyler yapmıştır. Mikroskopla ilk entomoloji (böcek bilimi) araştırmalarını da yapmıştır. Kasa su enjekte ederek kasılmasını sağlamıştır; yani yüzyıllar öncesinin ilk nörofizyolojik çalışmalarını yineleyen bir biliminsanıdır. Sinirin irritasyonunun, tek başına kasta devinim meydana getirdiğini söylemiştir (Wickens, s. 103; Kahya ve Öner, s. 243-245; Brazier, s. 14; Ertekin, s. 6-7; Ertekin, s. 149).

Sözünü ettiğimiz ve etmediğimiz 17. yüzyılın bu mikroskopistleri (dokubilimcileri), mikrokosmos içinde bulduklarıyla daha sonraki yüzyıllarda, biliminsanlarına büyük bir motivasyon sağlamışlardır. Hem de bazı yanlışları ve yorum hatalarına rağmen sonraları çok takdir toplamışlar ve öncülükleri kabul edilmiştir. Mikroskopistlerin hata nedenlerinden biri, kendi elleriyle meydana getirdikleri mikroskopların büyütme ve gösterme gücünün yetersizliğidir. Diğer bir nedeni de yaşadıkları yüzyıldaki bilgi birikiminin mikroskopta bulduklarını yorumlayacak yeterliliğe ulaşamamasıdır. Bu durum özellikle beyin ve sinir sistemine dair mikroskopik bilgilerin çok yetersiz kalması ve görece az sayıya ulaşmasından anlaşılıyor.

Günümüzde sinirbilim içinde anlatılan nöron, akson ve sinaps gibi temel anatomo-fizyolojik yapıların ortaya çıkarılmasına yönelik ilk adımlar 17. yüzyıl mikroskopistleri tarafından başlatılmıştır.

KAYNAKLAR

Adıvar A. *Tarih Boyunca İlim ve Din, Bölüm-1*, Remzi Kitabevi, 2. Baskı, 1969.

Aydın E. *Dünya ve Türk Tıp Tarihi*, Güneş Kitabevi, 2006.

Barret F. *Emeğin Tarihi*, May Yayınları, İstanbul, 1970.

Bayat A.H. *Tıp Tarihi*, Zeytinburnu Belediyesi Kültür Yayınları, 3. Basım, İstanbul 2016.

Bernal J.D. *Materyalist Bilimler Tarihi-I*, çev. Emre Marlalı, Sosyal Yayınlar, İstanbul, 1976.

Berry A. *Bilimin Arka Yüzü*, Tübitak Popüler Bilim Kitapları, 3.Basım, Ankara, 1996.

Brazier M.A.B. *The Electrical Activity of the Nervous System*, 3rd edition, Pitman Medical, Londra, 1968.

Brizon P. *Emeğin ve Emekçilerin Tarihi*, Onur Yayınları, Ankara, 1977.

Dönmez A. *Bir Bilim Olarak Matematik Tarihi*, V-yayınları, Ankara, 1986.

Eckoldt M. *Beyin ve Zihnin Kısa Tarihi: Duygular ve Düşünceler Nasıl Oluşur?*, çev.Say Yayınları, İstanbul, 2018.

Eren N. *Çağlar Boyunca Toplum, Sağlık ve İnsan*, Gelişim Yayıncılık, Ankara, 1996.
Ertekin C. *EMG'nin Tarihsel Gelişimi (1890-1960) Klinik Nörofizyoloji*, EEG-EMG Derneği, Yayın No. 11, Kitap Vitrini, Ankara, 2014.
Ertekin C. *Tıbbın Öyküsü*, Türkiye İş Bankası Kültür Yayınları, 5. Basım, İstanbul, 2019.
Finger S. *Origins of Neuroscience. A History of Explorations into Brain Function*. Oxford University Press, Londra ve Newyork, 1994.
Ghosh S.K. "Human cadaveric dissection: a historical account from ancient greece to the modern area" *Anat Cell Biol.*, 48, 153-168, 2015.
Gribbin J. *Bilim Tarihi*. Alfa Yayınları, İstanbul. 2013.
Gürüz K. *Medrese vs Üniversite*, Ka Kitap, İstanbul, 2016.
Haas LF. "Emanuel Swedenburg (1688-1772)" *J. Neurol Neurosurg Psychiatry*, 1993, 56, 43.
Hançerlioğlu O. *Felsefe Ansiklopedisi Kavramlar ve Akımlar*, C. 1, Remzi Kitabevi, İstanbul, 1976.
Kahya E. & Öner M. *Biyoloji Tarihi*, İmge Kitabevi, Ankara, 2007.
Öncel C. *Nörolojinin Öncüleri Antik Çağdan 20. Yüzyıla*, Nobel Tıp Kitabevleri, İstanbul, 2018.
Porter R. *Kan Revan İçinde Tıbbın Kısa Tarihi*, Metis Yayınları, İstanbul, 2016.
Ribard A. *İnsanlığın Tarihi*. Say Yayınları, 2. Basım, İstanbul, 1983.
Tanilli S. *Yüzyılların Gerçeği ve Mirası İnsanlık Tarihine Giriş IV-XVIII. Yüzyıllar*, Say Yayınları. İstanbul, 1989.
Viets H.R. "The History of Neurology in the Last One Hundred Years" *Bull, NY Acad. Med*, 24, 772-783, 1948.
Wickens A.P. *History of the Brain-From Stone Age Surgery to Modern Neuroscience*, Psychology Press, Taylor & Francis Group, Londra ve NewYork, 2015.
Wiesner-Hanks M.E. *Erken Modern Dönemde Avrupa 1450-1789*, çev. , Türkiye İş Bankası Kültür Yayınları, 6. Basım, İstanbul, 2019.
Yeliseva N.V. *Yakınçağlar Tarihi I*, 2. Basım, Konuk Yayınları, İstanbul, 1977.

8

19. Yüzyıl-I: Nörobilim Hızlanıyor, Nörofizyoloji Yükseliyor

19. yüzyılda modern tıp uygulamasının temelleri atılmıştır ancak belki de bu yüzyılın en temel özelliği bilimsel tıbbın ön düzeye geçmesi olmuştur. Daha doğrusu pozitif bilimle tıp birlikte yürümüştür. Bundan önceki yüzyıllar ne kadar felsefi düşünce yüzyılıysa 19. yüzyıl da o kadar teknik ve keşifler yüzyılıdır. Esasen buluş ve icatları ortaya çıkaran bilimsel metodolojidir; ayrıca bu metodoloji sonucu elde edilenlerin topluma yarar sağlaması düşüncesi hüküm sürmüştür. Böylesi bir metodolojide disiplinli çalışma kadar biliminsanının yaratıcı gücü de önemlidir.

Özellikle bilimin felsefeden ayrılmasının yanı sıra, bilimin değişik uzmanlık konularına ayrılması, buna uygun okulların açılması, biliminsanlarının ve bilimsel keşiflerin sayısını artırmıştır. Bunun paralelinde tababet ve hekimlik de belirli bir ivme kazanmıştır.

Bilim yavaş yavaş küreselleşmiştir; hekimler periyodik dergiler ve mesleki dernekler, ayrıca bilimsel toplantılar aracılığıyla birbirlerinden haberdar olmaya başlamıştı. Kamuoyunun bilime karşı dikkati artmıştır. 19. yüzyılda fizik ve kimyacılar hem kendi aralarında hem de hekimlerle işbirliğine girmişlerdi. Duyarlı deneyler aracılığıyla, yaşama egemen olacaklarını anlamaya başlamışlardı. Bu yüzyılda yüksek kaliteli mikroskopların gelişmesi laboratuvar çalışmalarını artırmış ve kalite yükselmiştir. Artık mikroorganizmalar rahatlıkla incelenebilir hale gelmiş ve hastalıklardan korunma yolları geliştirilmeye çalışılmıştır. Yatak başı hekimliği de giderek daha fazla ciddiyet kazanmaya başlamıştır. Normali anlamak için yapılan araştırmalar, insan yaşamını bin yıldır sıkıntıya sokan hastalıkların azalmasına yol açmıştır. Bulaşıcı hastalıklara karşı etkin mücadeleler kendini göstermiştir.

18. yüzyılın sonuna doğru başlayan beyin, sinir ve çizgili kaslara ait tartışmalar *biyoelektrisite* kavramı ile 19. yüzyılda çözüme kavuşmuştur. Keza geliştirilmiş mikroskoplar sayesinde beyin ve sinirler daha iyi incelenmeye başlanmış ama bu durum beynin anlaşılmasında farklı görüş ve tartışmalara yol açmıştır. 19. yüzyılın sonunda *nöron* gibi önemli ve temel beyin yapılarının yavaş yavaş aydınlığa kavuştuğunu görürüz. Beyin ve davranış ilişkileri sıradan insanları o denli ilgilendiren bir konu haline gelmiştir ki bazı konular şarlatanlıkla karışık yoğun bir toplumsal devinim aracı haline gelmiştir; örneğin *frenoloji* ve *mesmerizm* gibi... Nörobilimciler arasındaki farklı görüşler ve bilim tartışmaları neredeyse tarihe geçecek hale gelmiştir. Ne olursa olsun nörobilim birikimi güçlenmiş ve deneysel tıp hız kazanmaya başlamıştır. İşte tüm bunların sonunda nöroloji ve psikiyatri yavaş yavaş birer meslek dalına dönüşmüştür.

Biyoelektrisitenin Gelişmesi

Antik çağlardan bu yana beyin ve sinir sisteminde *ruh* gibi bir gücün bulunduğu, bu gücün de sinir yollarıyla iletilerek duyum veya hareketi meydana getirdiğine dair bir anlayış vardı. 17. yüzyıla kadar sinir fizyolojisi bir nöral sıvıya dayanıyordu ve bu sıvı *animal spirit* (hayvansal ruh) taşıyordu. Bu sıvının kandan köken aldığı ve beynin karıncıklarında depo edildiği düşünülüyordu. Ancak bu durum açıkça ortaya konmuş değildi. 17. yüzyılda *animal spirit* (hayvansal ruh) eleştirilmeye ve sorgulanmaya başlanmıştı. 18. yüzyılda kasılabilirlik (irritabilite) ve duyarlılık (sensibilite) kavramları ortaya atılmıştı ve bunlar ruh kavramıyla yer değiştirmişti. Fakat 18. yüzyılın sonunda yoğun deneylerle *elektrisite* araştırılmaya başlanmış ve önceki kuramların hepsi reddedilmişti. İnsan beyni, sinirleri ve çizgili kaslarında biyoelektrik bir güç olduğuna dair kanıtlar ortaya konmuştu. Bunun ilk temel kanıtlarını ortaya koyma onuru İtalyan Luigi Galvani'ye (1737-1797) aittir. Kısaca insan vücudunda bir tür elektrik vardı ve canlı varlığa özgü yaşamsal önemde bir özellik söz konusuydu.

Aslında Antik çağlardan beri adı konmasa bile elektrik enerjisi biliniyordu. Elektrik balığı (torpedo, torpil balığı) Antik Mısır hiyerogliflerinde bile vardır. Öte yandan MÖ 585 ylında Yunan bilge Thales demir parçacıklarının diğer maddeleri bir güç kullanarak çektiğini söylemiştir (Wickens, s. 112; Ertekin, s. 81; Kahya ve Öner, s. 89-102). Elektrik kavramınınsa ilk kez 1700'lü yıllarda kullanılmaya başlandığı söylenir. Her türlü cismin başka bir cisme (kehribar, metal gibi) sürtününce elektriklenebildiği biliniyordu. Bu yolla oluşan elektrik *elektrostatik yük* veya *magnetik çekme* (mıknatıs çekimi) diye adlandırılır. 1600'lü yıllara dek bunun bir elektrik olayı olduğunu kimse düşünmemiştir. 1600'lü yıllarda İngiliz fizikçi ve hekim William Gilbert (1544-1603) kumaş parçası üzerine bir kehribarın (tesbih tanesi gibi) kuvvetle sürtülmesinden sonra toz, saç ve kağıt parçası gibi ufak cisimleri kendine çektiğini göstermiştir. Bundan ötede magnetik çekme ve itme yasalarını keşfetmiştir. Bu konuda kısa adı *De Magnete* olan ve magnetizma kurallarını incelediği bilimsel bir kitap yazmıştır.

1730'lu yıllara gelindiğindeyse Stephen Gray (1666-1736) statik elektriği keşfetmiştir. Cam silindiri kendi üzerine güçlü bir şekilde sürttükten sonra, bir tür ipliğin uzaktan cam silindire doğru çekildiğini göstermiştir. Buna benzer denemelerle ve gösterilerle statik elektik varlığını, bunun da insan bedeninde duyulabileceğini bildirmiştir. William Gilbert elektrikle magnetizma arasındaki farkı ayırmıştır. Gray ise yalıtkan ve iletken kavramlarını ilk kez dile getirmiştir (Gribbin, s. 87-88 ve 312-313; Bernal, s. 398-399). Elektrostatik yükle kıvılcım çıkarabilmek veya daha önceden ısıtılmış alkolü tutuşturmak da mümkün olabilmiştir (Wickens, s. 112). Fransız fizikçi Charles François de Cisternay du Fay (1698-1739), *artı* ve *eksi* adı verilen iki tür elektrik yükü olduğunu ve aynı elektrik yüklerinin birbirlerini ittiklerini ve zıt yüklerin birbirlerini çektiklerini ortaya koymuştur (Gribbin, s. 88).

Hollandalı fizikçi Pieter Van Musschenbroek (1692-1761) aynı yöntemi kullanarak laboratuvarında kıvılcım üretmeyi başarmıştır. Ancak öncelikli hedefi suyun elektriklenme olasılığını araştırmaktır. Bu işlem için özel bir alet tasarlamıştır. Demir çubuğu bir halkaya asarak bir ucuna elektrik üreteci, diğer ucunaysa elinde tuttuğu su şişesinin içine batırılmış bakır tel bağlamıştır. Asistanın elektrik üretecini çalıştırmasıyla boşta kalan eliyle demir çubuktan kıvılcım çıkarmak isteyen araştırmacı aniden çok kötü bir deneyim yaşamış, bu olayı da bir dostuna şöyle anlatmıştır: "Sağ elim birdenbire güçlü bir şekilde sarsılmaya başladı, sanki bedenime yıldırım isabet etmişti..."Bu deney Hollanda'nın Leiden kasabasında yapılmıştır ve Leiden kavanozu böylece keşfedilmiştir. Musschenbroek bu sırada neler olduğunu anlayamaz (Eckoldt, s. 86-87 Wickens 112). Kavanoz büyük miktarda elektrik depolayabilen (şarj eden) bir alettir. Ama gerektiğinde bu elektrik boşaltılabilmektedir (deşarj). Bu günümüzde kondansatör denilen cihazın erken bir türüydü denilebilir. Ayrıca bunların birkaç tanesi bir arada bağlandığında bir hayvanı öldürebilecek büyüklükte elektrik yükünü boşaltabilir (Gribbin, s. 310-313).

Fransa'da fizik öğretmeni, biliminsanı ve aynı zamanda din adamı Jean Antoine Nollet (1700-1770) aynı deneyi tekrarlamış ve cihaza *Leiden kavanozu* adını vermiştir. Prusyalı hukukçu ve doğa bilimci Ewald Georg Von Kleist (1700-1748), aynı ilkeyi 1745 yılında keşfetmiş ve buna *Kleist şisesi* denmiştir. Kleist çivi aracılığıyla elektriği cam şişeye geçirmeye çalışmıştır; bir eli şişeyi tutarken, diğer eli çiviye dokununca bir tür elektrik şokuna maruz kalmıştır. Yani daha sonra Leiden kavanozu adını alacak şişeyi böylece keşfetmiştir. Ama ondan bihaber Musschenbroek, birkaç ay sonra benzer bir deneyle klasik buluşu ortaya çıkarmıştır (Bernal, s. 399).

Nollet, kavanozu içten ve dıştan metalle kapladığında çok daha etkili olabileceğini fark etmiştir. Kendisi saray bilimcisi olarak Fransız kralının önünde bir gösteri düzenlemiştir ve yüz seksen saray muhafızını bir araya getirmiştir. Muhafızlar el ele tutuşturarak bir halka oluşturmuştur; Leiden böylece kavanozu aracılığıyla devreyi yönlendirdiğinde aynı anda yüz seksen muhafızın havaya zıpladığı görülmüştür. Aynı deneyi bir manastırda yedi yüz kişilik keşiş grubu üzerinde yinelemiştir. Keşişler bu elektriği hissedip zıplayınca herhalde içlerine Kutsal Ruh'un girdiğine inanmıştır muhtemelen... (Eckoldt, s. 86-87).

Bahsettiğim örneklerden anlaşıldığı üzere, Leiden kavanozu esas itibarıyla statik elektrik üreticisidir.* Leiden kavanozunun keşfedildiği zamanlarda burada meydana getirilen elektriğin bir yararı olmadığı düşünülüyordu. Toplumda sadece bir oyun ve eğlence türü gibi algılanıyordu. Ancak Benjamin Franklin olayı farklı bir şekilde ele almıştır. Gerek Leiden kavanozu gerekse elektrisiteyle ilgili çalışmalar yapmıştı; pozitif ve negatif elektriksel yük kavramlarını bilime sunmuştur. Aynı elektriksel yüklerin birbirini ittiğini, zıt elektrik yüklerinin birbirini çektiğini kavramıştır. Leiden kavanozunun iç ve dış yüzlerinde pozitif ve negatif elektriksel yüklerin var olduğunun fark etmiştir. Fırtınalı, yağışlı havalarda görülen gök gürlemeleri, şimşek, yıldırım gibi gök olaylarıyla Leiden kavanozundaki elektrik deşarjları arasındaki benzerliği anlamıştır. 1752 yılında meşhur uçurtma deneyini yapmıştır. Philadelphia Kilisesi'nin kulesinde fırtınalı bir havada uçurduğu uçurtmanın Leiden kavanozunda elektrik depolayabildiğini saptamıştır. Daha sonra yerde çalışmalarını tekrarlamıştır.* Franklin çalışmalarının devamında havadaki elektrik yükünün toprağa aktarılmasını sağlayan paratoneri keşfetmiştir. Bazı yazarlara gore, Franklin bunu düşünse de deney oğlu tarafından gerçekleştirilmiştir (Wickens, s. 113; Bernal, s. 399).

Ancak bunlar tehlikeler içeren çalışmalardır. Örneğin Alman fizikçi Georg Wilhelm Richmann, 1753 yılında St. Petesburg'da Franklin'in deneyini tekrarlamış ve yıldırım çarpması sonucu ölmüştür.

Bu yöntemin tıpta kullanılabileceğini düşünenler de vardır, o çağlarda kimse bunu ciddiye almamıştır. Bologna Üniversitesi, anatomi profesörü İtalyan Luigi Galvani'ye (1737-1798) dek hiç kimse kas ve sinirlerde bir elektrik akımının varlığından söz etmemiştir. Oysa Galvani kurbağa deneyleri sonucu bir hayvansal elektriğin içsel etke-

---

* Leiden kavanozu yarı yarıya su dolu bir cam kavanozdur. Önemli olan bu kavanozun iç yüzünün bir metal yaprakla kaplanmasıdır. Dış yüzse toprak hattına bağlanmıştır. İç yaprağa elektrik şarj edildiğinde Leiden kavanozu bu elektriği depolar. Gereksinime göre camın iki yüzeyi arasında bir metal ileticiyle bağlantı kurulması yoluyla bu elektrik boşalıyor, yani deşarj olabiliyordu. Bu kavanoz çok güçlü bir şok verebiliyordu. Bu bir kıvılcım şeklinde görülebildiği gibi, çok yoğun olduğunda yetişkin bir kişinin ayağında vurma hissi yaratabiliyordu. Birden çok Leiden kavanozu birleştirilince depo edilen elektrik daha güçlü olabiliyordu (Wickens, s. 112).

nin insan vücudunda bulunduğunu keşfetmiş ve nörobilimde böylece yepyeni bir dönemi başlatma onuruna erişmiştir. Galvani ilk deneylerinde kurbağa kası üzerine tel koymuş, masanın üzerinde uzanmış bacağa ikinci çengel tel veya bıçakla dokunduğunda, bu ikinci metalin bacağa temas etmesiyle bacak kaslarında kasılmalar meydana geldiğini gözlemlemiştir. Bu deneylerde Leiden kavanozunda kıvılcım da ortaya çıkıyordu. Bazen Leiden kavanozunda kıvılcım çıkmamasına rağmen yine güçlü bir kas kasılması meydana gelebiliyordu. Galvani daha sonra elektriğin atmosferden geçip geçmediğini kontrol etmek üzere, bir dekapite kurbağayı, evinin bahçesindeki çengele asmış ve bir teli sinire, diğer teli de kurbağanın kası üzerine fikse etmiştir; sonra yıldırımın etkili olup olamayacağını düşünerek beklemiştir. Beklediği gibi yıldırım çakması sırasında, kurbağanın bacaklarının seğirdiğini gözlemlemiştir. Ardından bu deneyi durgun bir günde tekrarlamış, atmosferde elektrik olmadığı halde bacakların yine kasılabildiğini, ayrıca deneyi evin içinde tekrarladığında da kasılmalar yaşandığını fark etmiştir. İşte böylece laboratuvar araştırmalarını tasarlayıp geliştirmiştir. Keza bir ucu omurilikte, diğer ucu kasta duran telle kasta doğrudan kasılmalar meydana geldiğini görmüştür. Galvani yaptığı deneylerin açıklaması ve yorumunu yapmak zorunda kalmıştır. Temel soru basittir: Kas kasılmasına yol açan bu elektrisite nereden geliyor? "Bu elektrik hayvanın kendine aittir, kendi vücudundan çıkar" sonu-

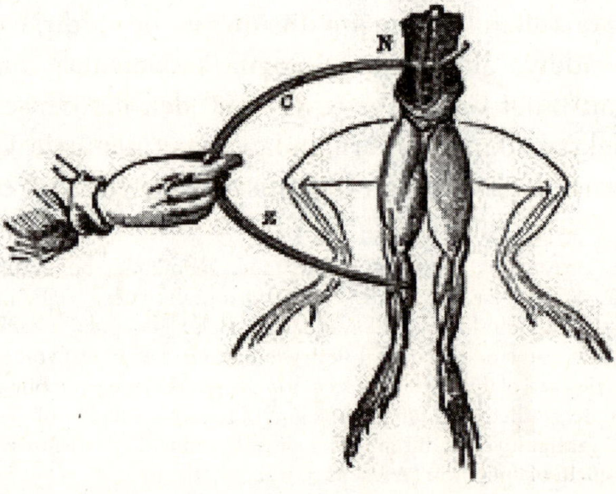

Resim 8.1. Galvani'nin kurbağa deneyi. Metal uçların değmesiyle bacaklar kasılıyor; kasılma arka plandaki bacaklarda görülüyor.

cuna varmıştır. Ayrıca sinir yoluyla kas kasılmasının meydana geldiğini öne sürmüştür. Bu yeni biyolojik güce, *animalis electricitas* (hayvansal elektrik) adını verir. İki metalin yarattığı dolanımla sinir uyarılarak kasın kasılmasını sağlar.

Galvani'nin on yıllık çalışmayla elde ettiği sonuçlar ve hayvansal elektrik kavramı, sinir sistemini anlama ve bu sistem üzerinde deney yapabilme açısından yepyeni bir çığır açar; bu bilimsel devrim niteliğindedir. Sonunda *De Viribus Electritatis in Motu Musculari Commentarius* [Kas Hareketi Üzerine Elektriğin Etkileri Hakkında Yorum] adlı elli üç sayfalık bir kitapçıkta tüm çalışmalarını derler (Wickens, s. 115-116; Eckoldt, s. 88-89; Ertekin, s. 5-6; Haas, s. 56). Kitap daha sonra Latinceden İtalyancaya, Almancaya ve Fransızcaya çevrilmiştir.

Galvani'nin buluşu önce İtalya'da, sonra Avrupa'da büyük yankı uyandırmıştır. Galvani kendi çalışmasının özetini mektup yoluyla da farklı alanlarda çalışan araştırıcılara göndermiştir. Bunlar arasında Pavia Üniversitesi'nden İtalyan fizikçi Antonio Anastasio Volta (1745-1827) da yer alır. Aristokrat fizikçi Volta da Galvani'nin çalışmalarını okur. O sıralarda Volta bilimsel yönden çok saygındır. Akademik yaşamı boyunca fizik, kimya ve elektrik alanında çalışmış, birçok buluşlara imza atmış, yeni aygıtlar geliştirmiştir. Buna *elektroforez* (farklı elektrik yüklerinin metal bir plaka üzerinde hareketi) de dahildir. Bir kondansatör keşfetmiştir, bu zayıf elektrik şarjlarını bulabilmeye yarar. Elektrik gerilimini ölçmek için bir elektrometre geliştirmiştir. Londra Kraliyet Akademisi'ne üye olarak kabul edilmiştir (Wickens, s. 117).

Volta başlangıçta Galvani'nin araştırmasındaki kaliteden etkilense de bunun üzerinde daha fazla eğilmiştir: "Sinir ve kas üzerine konan iki ayrı metalin kendi aralarında dolaşan akım, niçin ve nasıl sinir aracılığıyla gerçekleşebilir?" Kendi üzerinde bir çalışma yapmıştır; dilinin üzerine iki metal plaka yerleştirmiştir, biri kurşun, diğeri gümüştür. Aralarında belirli bir mesafe bırakmış, sonunda hafif şokla ekşi bir tat almıştır. Bu sonuçlar Volta'yı farklı bir yoruma götürmüştür. Ona göre dildeki duyum, *intrensek animal elektrisite*den kaynaklanmaz, sadece iki metal arasında meydana gelen sabit bir elektrik akımının sonucudur. Galvani'nin deneylerinde görülen kas kasılmasının da sadece iki ayrı metal arasında gelişen akımdan ibaret olduğunu, bunun hayvanın yapısındaki elektriksel etkinlikten kaynaklanmadığını öne sürmüştür. Volta'nın daha sonraki çalışmaları onun Volta pili ve bataryayı keşfetmesine yol açmıştır. Galvani ile Volta arasındaki bu görüş farkı, büyük bir tartışmaya dönüşmüştür.

Bu tartışma Alman biliminsanı Alexander Von Humboldt'un (1769-1859) ilgisini çeker.* Bu konuda beş yıl kadar çalışır ve yüzlerce deney yapar. 1797 yılında elde ettiği bulguları iki ciltlik bir kitapta toplar. Hem Galvani hem de Volta'nın bir noktaya kadar haklı olduğunu bildirir. Ona göre sinir sistemi tarafından sağlanan bir maddenin kasın kasılmasını meydana getirmesi söz konusudur. Metal elektrotlar bu etkiyi artırır. Ama bu kasın kasılmasında ilk planda yer almaz. Aslında Galvani iki ayrı olgu keşfetmiştir: *bimetalik elektrik* ve *intrensek hayvansal elektrik* (Wickens, s. 118). Kendisi Venezuela'da elektrikli torpedo balıklarını da incelemiş ve hayvanın karnında bulunan bir kas grubunun elektrik üretme merkezi gibi çalıştığını saptamıştır. Ancak balığın kafasını kesince karnındaki üretme merkezi artık elektrik üretmez. Bu da hayvansal elektriğin bir başka kanıtıdır (Eckoldt, s. 94-95). Humboldt çok ilginç bir biliminsanıdır. Örneğin torpedo balıklarının elektrik taşıması olayını incelemek için Güney Amerika'ya kadar gitmiştir.*

O dönemde, yani 18. yüzyılın son on yılında Galvani ile Volta arasındaki bilimsel tartışma basına ve kamuya yansımıştır (Ertekin, s. 5; Hallett vd., s. 958; Wickens, s. 114-118; Glickstein, s. 55-61). Bu tartışmalar Galvani ile Volta arasında mektuplaşmalarla yürütülmüştür. Ancak biyoelektrisite kavramında ters düşmeleri dostluk kurmalarını da engellemiştir. Volta bilim dünyasında daha çok tanınır ve bu dünyayı daha iyi bilir. Galvani ise sağlığı giderek bozulan biridir. Ayrıca bu bilimsel tartışma veya kavganın içine politik güçler de katılmıştır. Galvani'nin kitabı çıktıktan beş yıl sonra Padova ve Bologna kentlerinin bulunduğu bölgeler Napolyon Bonapart tarafından işgal edilmiş ve bölge Fransızların kontrolü altındadır. Napolyon, Galvani ile Volta

* Evinde yaptığı bir deney de bir hayli ilginçtir. Bir gün evinin bahçesinde ölü bir kuş bulur. Kuşun gagasına çinko bıçak, anüsüne de gümüş tel yerleştirir ve böylece elektroşok meydana getirir. Bu girişim kuşun kanatlarını oynatır ve yürütür! Humboldt aynı deneyi kendine de uygular ve hoş olmayan sonuçlar aldığını belirtir! (Wickens, s. 118).

arasındaki tartışmalardan muhtemelen haberdardır. Çünkü Napolyon işgalci bir diktatör olmasına rağmen bilimle ilgilenmiştir. İşgal sırasında birçok kişinin aksine Galvani, Napolyon'un işgalini kabul etmemiş, hükümranlığına ait yemini reddetmiştir. Böylece üniversitedeki pozisyonunu yitirmiştir. Buna karşılık Volta bu yeni yemini desteklemiş ve hatta Napolyon ile dostluk kurmuştur. Napolyon, Volta'nın pili keşfetmesi üzerine kendisini madalya vererek onurlandırmıştır. Bu davranışlarının sonucunda Volta, Pavia Üniversitesi rektörlüğüne atanmıştır. Daha sonra da Lombardi bölgesi senatörü seçilmiştir. Muhtemelen Volta'nın baskın bir kişiliği vardı; seksen iki yaşında Batı dünyasında ünlenmiş bir biliminsanı olarak yaşama veda etmiştir.

Galvani ise çok sonraları akademik tartışmaları bırakmıştır. Onun destekleyicileri de Galvani'yi kendi kuramı içinde yalnız bırakmıştır; altmış bir yaşında vefat etmiştir (Ertekin, s. 5-6; Wickens, s.117-120; Glickstein, s. 55-61). Galvani'nin ölümünden sonra hayvansal elektrik kuramı da uzun bir süre genel kabul görmekten uzak kalmıştır. Aslında kimin haklı olduğu çözümlenmeden bırakılmıştır. Zaten birtakım teknik yetersizlikler nedeniyle de o zamanlar, kimin haklı olduğu sorunu tam çözülemezdi. İşte bu kararsız durum elli yıl kadar sürmüştür. Ancak tarih her iki biliminsanının da kendi doğrultularında ve belirli ölçülerde haklı olduklarını gösterecekti (Wickens, s. 120).

Resim 8.2. Luigi Galvani (Canlılarda biyoelektrisiteyi ilk keşfeden fizyolog)

Galvani Sonrası: Biyoelektrisite ve Nörofizyolojinin Yolu Açılıyor

Galvani'den sonra bilimsel etkinlikte ileri gidilemese de düşünsel açıdan biyoelektrisite benimsenmeye başlanmıştı. Hem düşünsel hem de deneysel açıdan hayvansal elektriği ön plana alanların başında İtalyan fizikçi Leopoldo Nobili (1784-1835) geliyordu. Bilim dünyasının bugün galvanometre diye adlandırdığı cihazı, 1825 yılında tasarlamıştır. Galvonometreye bu adın verilmesi çok anlamlıdır. Çünkü bu aletle Volta'nın karşıt kuramını da test etme olanağı ortaya çıkmıştır. Nobili hayvansal elektriği kanıtlamak için galvanometreyi ilk kullanan kişidir. Ama yine de hem deneye hem de biyoelektrisiteye karşı itirazlar yükselmiştir. Nobili doğru yolda adımlar attıysa da yaptıkları yeterli bulunmamıştır. Aslında Nobili 1827 yılında kurbağa sinirinde elektrik akımının akışını ölçmeyi başarmıştır. Tuzlu su içinde kurbağa bacağını kas sinir preparatı haline getirmiş ve galvanometrenin tellerini sinir üzerine değdirince bir akım meydana geldiğini göstermiştir. Böylece sinir ve kasta intrensek elektrik akımının varlığını kanıtlamıştır. Ama Volta'nın bilim ortamındaki etkileri hâlâ devam etmektedir. Ayrıca Nobili'nin yorumu kafaları karıştırmıştır (Eckoldt, s. 98-99; Wickens, s. 124)

Ancak başka kaynaklarda galvanometreyi 1820 yılında Alman Johann Schweigger'in keşfettiği yazılmıştır (Wickens, s. 123). Aradaki bu beş yıllık fark o kadar önemli olmasa gerek. Bunun fikir çalmayla bir ilgisi olmamalı. Her ikisi de galvanometreyi keşfetmiş sayılır. Her ne olursa olsun, bu adın Galvani'nin onuruna verildiği anlaşılmaktadır. Galvanometre elektrik akımının gücünü ve yönünü ölçebilir. İlk galvanometreler, magnetik iğne veya pusula iğnesiyle onu çevreleyen ince bakır tel bobininden ibarettir. Bobinden akım geçmiyorsa iğne kuzeyi gösterir. Eğer bakır telden doğru akım geçerse oluşan magnetik alan etkisiyle pusula iğnesi yön değiştirir. Hatta daha önemlisi, bobinden daha güçlü bir akım geçerse pusula iğnesinde daha büyük bir sapma meydana gelir. Nobili daha sonraları, daha kaliteli ve daha duyarlı bir galvanometre geliştirmiştir (Wickens, s. 123-124).

İtalyan fizikçi Carlo Matteucci (1811-1868) intrensek elektrik akımının gerçek bir biyolojik olay olduğunu doğrulamıştır. Pisa kentinde gerçekleştirdiği kurbağa deneyiyle elektrik akımının kasın kendisinden kaynaklandığına ilişkin kanıtlar ortaya koymuştur. Kasın veya sinirin zedelenmiş ve zedelenmemiş kısımları arasında elektriksel potansiyel farkı olduğunu göstermiştir. Bu konuda on yıl kadar çalışmıştır. 1860 yılında İtalyan hükümetine seçilmiş ve Eğitim Bakanlığı'na atanmıştır. (Ertekin, s. 6; Wickens, s. 124; Eckoldt, s. 99-100).

Galvani'nin ölümünden sonra uzun süre hayvansal elektrik kavramı üzerinde deneysel fizyolojide pek ilerleme kaydedilmediğine değinilmişti. Bu süre zarfında galvanik elektrik akımlarla tıbbi tedavi olanakları araştırılmıştı. Galvanizm ve biyoelektrisite kavramı eğlence ve gösteri dünyasında da âdeta yeni bir oyunmuş gibi kullanılıyordu. Bu bakımdan Galvani'nin yeğeni Giovanni Aldini (1762-1834) hakkında birkaç söz etmek gerekir. Aldini Bologna'da fizik profesörüdür. Hayvansal güç kavramını canlı tutmaya çalışır. Galvanik Akım Derneği'ni kurar. Dayısı Galvani'nin hayvansal elektrik kavramının arkasında durur. Ancak Aldini bilimsel alan yerine gösteri dünyasında ünlenir. Teyatral gösteriler yapar. İnsan ve hayvan cesetlerini galvanik akımla uyarır, yüz kaslarında uzun kasılmalarla grotesk yüz ifadeleri ortaya çıkartır; bu esnada göz ve dudak hareketleri belirgindir. Bunun üzerine insan kadavraları üzerinde denemeler yapmaya başlar. 1802 yılında idama gidecek üç mahkûm için gerekli izinleri alır. Halk önünde bu yeni ölen üç kişide beyni uyararak mimik kaslarda kasılmalar ortaya çıkarır. Bu deneyde muhtemelen beyni değil, iki yanlı yüz sinirini (fasiyal siniri) uyarmış olsa gerek. Kol ve bacaklarda kas spazmları oluşturur. Ancak bu bedensel devinimler ölümden üç saat sonra artık ortaya çıkmaz. Bir keresinde masada uzanmış cesedin kolunu elektriksel uyarımla hemen hemen 20 cm kadar yukarı doğru yavaşça kaldırmayı başarır, ele ağırlık bağlansa bile eli havaya kalkar. Aldini açılmış kafada iki beyin yarıküresini birleştiren korpus kallosumu uyardığında, tıpkı öküzde görüldüğü gibi, elektrik akımıyla çeşitli yüz ifadeleri ortaya çıkarır. Kalbi elektrikle uyarmak istediyse de bunda başarı elde edemez (Wickens, s. 120-121).

Aldini bu deneylerin büyük ilgi görmesi üzerine, 1802 sonuna doğru Avrupa'ya kısa bir gezi düzenler. Amacı galvanizmin tıpta kullanılabileceğini göstermek, beynin ve bedenin elektrikle ilişkisini kanıtlamaktır. 1803 yılında, Londra'dayken henüz asılmış genç bir erişkin üzerinde, cerrahların önünde gösteri yapma fırsatı kendisine verilir. Aldini'nin elektrik akımı yaratmak üzere kullandığı sistem, seksen plaklı çinko ve bakırdan oluşmuş, kocaman bir Volta pili içerir. İlk dramatik etkiler ağız ve kulağa dokunulduğunda meydana gelir. Çene titremeye başlar, yüz kasları kasılır ve gözler açılır. Daha sonra rektuma elektrik verdiğinde tüm bedende şiddetli, epilepside görülen kas kasılmalarına benzer devinimler ortaya çıkar. Öyle ki seyircilerden bazıları, ölünün tekrar hayata döndüğünü sanır. Bu deney birkaç gün sonra *The Times* gazetesinde yayımlanır ve büyük ilgi toplar (Wickens, s. 121-122).

Aldini, aynı zamanda açıkça gösteri insanıdır. Ona göre deneylerin amacı bilimsel ve hatta tedaviye yöneliktir. Hatta boğulmakta olan hastanın yaşama dönmesinde elektriğin ve elektroşokların öneminden söz eder.* Bunlar başkaları tarafından da dile getirilir (Wickens, s. 122).

İlginçtir ki o sıralarda Almanya'da ölen insanları diriltmek için elektrik deneyleri yapan hekimlere de rastlanmıştır. Bu deneyler bilimsel değildir ve elbette başarıya ulaşamamıştır. Ancak bu olaylar dizisi, İngiliz yazar Mary Shelley'i etkilemiş ve ünlü Frankenstein romanında konu edilmiştir (Wickens, s. 123; Öncel, s. 80). Mary Shelley İngiltere'de feminizm öncüsü Mary Wollstonecraft'ın kızıdır. Kızı Frankenstein romanıyla annesinden daha ünlüdür (Ertekin, s. 204-205).

Biyoelektrisitenin açıklanmasının ardından, Berlin Üniversitesi'nden beyin, sinir ve kas fizyolojisi üzerine çok önemli katkılar sağlayan iki büyük araştırma gelmiştir. Araştırmaları Emil du Bois-Reymond ve Hermann von Helmholtz yürütmüştür. Onlar 19. yüzyılın ortalarında nörofizyolojinin köşe taşlarını ilk yerleştiren biliminsanlarıdır.

Berlin Üniversitesi'ne dönersek, deneysel bir disiplin olarak fizyoloji, 19. yüzyılın ikinci yarısında, Alman araştırma ekollerinde bilimsel materyalizmin hüküm sürdüğü önemli bir bilim dalı haline gelmiştir.

---

* Günümüzde kalbin durması veya ritminin tehlikeli bir şekilde bozulması durumunda kullanılan defibrilatör elektroşok verir ya da örneğin depresyon olgularında beyne ardışık *transkranial magnetik uyarım* verilmesinin yararlı sonuçları vardır. Beyne manyetik ve kalbe elektroşok verilmesinin en eski fikir babalarından/sahiplerinden birinin Aldini olduğunu düşünebiliriz.

1839 yılında Berlin'de fizyoloji ve anatomi profesörlerinden Johannes Müller (1801-1858), 1833 yılından 1858 yılına kadar fizyolojinin öncülüğünü üstlenmiştir. Müller'i öteki biyologlardan ayıran meziyeti, fizyolojiye insan üzerinde başladığı halde daha sonraları en küçük hayvanlara kadar biyolojik incelemelerini karşılaştırmalı yürüterek genişletmesinde yatar. Böylece hayvan vücudu ve organlarının görevlerini, hem sağlık hem de hastalık halinde karşılaştırarak fizyolojiyi, bütün yaşam olaylarının incelenmesini gerektiren, ileri ve felsefi yola sokmuştur. Onun *Handbuch der Physiologie des Menschen* [İnsan Fizyolojisi Ders Kitabı] adlı klasik eseri, ismine rağmen karşılaştırmalı biyolojiden söz etmektedir. Müller ilham verici bir öğretmendir. Öğrencileri Almanya'da ve dünyada bilimsel ve tıbbi araştırmalarda öncü görevler üstlenmiş, uluslararası ün kazanmıştır (Matthias Schleiden, Theodor Schwann, Hermann von Helmholtz, Emil du Bois Reymond, Karl Ludwig, Ernst Brücke, Jacop Henle, Rudolf Virchow vb.). Müller'in dört öğrencisi (Helmholtz, Emil du Bois Reymond, Ludwig ve Brucke) 1847 yılında fizyolojinin amacının bütün yaşamsal olayları, indirgemeci bir anlayışla *fizikokimyasal yasalar*a göre açıklamak olduğunu bildiren bir manifesto yayımlar. Deneysel fizyoloji, organizmaya ait temel koşulları göz önünde bulundurarak anlamayı amaçlar. "Hayatın hammaddesi nedir ve nasıl örgütlenmiştir ?" sorusuna yanıt arar (Ertekin, s. 205-206; Porter, s. 90-91; Glickstein, s. 89-91; Finger, s. 134-136; Alistair, s. 83-92).

Öncelikle Emil du Bois-Reymond (1818-1896)'un bilim öyküsündan başlamak gerekir. Enstitünün başı Profesör Johannes Müller birgün asistanlarını toplar ve bir konuşma yapar. İnsan vücudunda oluşan elektrik olaylarını incelemenin artık kaçınılmaz hale geldiğini bildirir. Öğrencilerinden Du Bois Reymond'u bu konuda çalışmaya teşvik eder. Bu teşvik sayesinde Reymond konuyla ilgili kırk yıl çalışma yürütür.

Reymond olaya önce kullanabileceği ölçüm cihazı açısından bakar. Amacı sinirde elektrik akımının varlığını gösterebilmektir. Bunun için çok daha duyarlı aletler gerektiğini fark eder. Önce galvanometreyi daha duyarlı bir ölçüm aleti haline getirmeye çalışır. Şöyle düşünür: "Mıknatıs ibresinin etrafına sarılan tel ne kadar uzun tutulursa manyetik alan o kadar büyüktür ve ibre o kadar hızla döner." Bu gerçekten hareketle elektrik akımını saptamayı başarır. Çok sayıda ince, nemli kurutma kağıdını üst üste dizerek deney hayvanının bedeniyle ölçüm cihazının arasına yerleştirir. Böylece hayvanın ürettiği, sinirlerin içinden geçen elektrik akımının varlığını artık herhangi bir kuşkuya meydan vermeyerek kanıtlayacaktır ve bunu başarır. Ancak bu sonuçları alabilmek için zamanının en duyarlı galvonometresini yapması gerekir. Bu işi de halleder, apareyine *multiplikator* adını verir. Elektrotları da geliştirir; sistem artık kas ve sinirde zayıf akımları ölçebilecek kadar duyarlı hale gelmiştir. Reymond bulgularını derleyip toplar ve bunları ailecek görüştükleri Alexander von Humboldt'a yollar. Humboldt raporu hemen Paris Bilimler Akademisi'ne iletir. Reymond Berlin'deki evinin mutfağındaki laboratuvarına zamanın ünlü biliminsanlarını davet eder ve deneylerini onların gözleri önünde yineler (Eckoldt, s. 100-102; Wickens, s. 125-126). Reymond biyoelektrisite ve sinir kas akımında şunları açıkça ortaya koymuştur:

1. Kasın iç kısmı negatif yüklüdür.
2. Kasın iç kısmının dışına kıyasla daha düşük potansiyeli vardır.
3. Bu nedenle istirahat halinde kasın sağlam dış yüzeyinden iç yüzeyine elektrik akımı söz konusudur.
4. Kesilmemiş, yani sağlam bir kasta, bu istirahat halindeki akımın doğası kasın kasılmasıyla değişir, yani kasın sağlam dış yüzeyinden iç yüzeye doğru elektrik akımı azalır. Bu nedenle kasın dış yüzeyi iç yüzeye oranla daha fazla negatif hale gelir. Kasın bu şekilde kasılması elektrik akımı meydana getirir.
5. Bir sinir bir noktadan uyarılıp biraz uzağa dışarıdan bir elektrot yerleştirildiğinde elektrik akışında değişim gözlenir ve bu ölçülebilir.

Du Bois Reymond buna *action current* (aksiyon akımı) adını vermiştir. Aslında bu ölçtüğü aksiyon potansiyelidir. Aksiyon potansiyeli adı kendisinden sonra verilmiştir ve hâlâ kullanılmaktadır. Aksiyon potansiyelinin keşfi devrim niteliğindedir. Reymond sadece sinir impulsunu keşfetmemiş, aynı zamanda bunun doğasının elektrik olduğunu da göstermiştir. Böylece nörobilimde uzun bir dönemi noktalayıp sonlandırmıştır. Artık ayrı ve daha hızlı gelişen bir nörofizyoloji dönemi başlayacaktır. Daha sonra sinir impulsunun, fiziksel ve kimyasal olayların bir sonucu olduğunu belirtmiştir (Wickens, s. 127; Haymaker ve Baer, s. 117-119; Ertekin, s. 206).

Du Bois Reymond insan üzerinde de çalışmıştır. Kendi tekniğiyle kas aksiyon potansiyelini ilk ölçen biliminsanı kabul edilir. Ancak elindeki olanakların sınırlı olması nedeniyle kas ve sinir aksiyon potansiyellerini bugünkü anlamı içinde tarihe yazdıramamıştır. Bunun için 20. yüzyılı beklemek gerekecektir (Ertekin, s. 5-7).

Sağlam organizmalar ve hatta insanda elektrik bulunduğuna ikna olan bilgiye susamış insanlar o denli heyecanlıydı ki, kendilerinin denek olarak kullanılmasına izin verdiler. Deney şöyle gerçekleşir: Denekler iki taraflı parmaklarını, uygun bir derinliğe ayarlanmış tuzlu su dolu kaba sokar, deneyi yapan kişi çeşitli kol kaslarının gerilmesini sağlayınca galvanometre ibresi* oynar. Böylece hayvanlarda gözlemlendiği gibi, insanda da biyoelektrisite olduğu gösterilirdi (Eckoldt, s. 102-103)

Resim 8.3. Emil Du-Bois Reymond. (Elektrofizyolojinin temellerini başlatan öncü biliminsanı), Haymaker W. ve Baer KA., *The Founders of Neurology*, ed. Charles C., Thomas Publisher, Sprinfield, Illinois, 1949.

Belki de 19. yüzyılda hiçbir araştırmacı insanlığa bu denli katkıda bulunamamıştır. Du Bois Reymond modern biyoelektrisitenin ve buna bağlı araştırmaların bir bakıma yaratıcı-

* Du Bois Reymond gerilimi voltla değil, galvanometre ibresinin sapma açısıyla ölçüyordu. Çünkü bilim ortamı, volt birimi olarak ölçümü ancak 1897 yılında kabul etmiştir (Eckoldt. 102-103).

sıdır. Çalışmaları, *Untersuchungen überthierische Elektricität* [Hayvan Elektriği Üzerine Araştırma) adlı kitapta özetlenmiştir. Bu eser, 1400 sayfalık iki ciltten oluşur. 1848-1849 arasında yayımlanmış ve üçüncü cildi 1884 yılında basılmıştır (Wickens, s. 127).

Ludwig Ferdinant von Helmholtz (1821-1894) da Johannes Müller'in en parlak öğrencilerdendir. 19. yüzyılın en tanınmış biliminsanlarındandır. Değişik bilimsel konularda çok sayıda araştırma yapmış ve farklı konularda çok özgün bilgiler üretmiştir. Bunlar arasında fizik, fizyoloji, psikoloji ve optik bilim sayılabilir. Çevresel sinir iletimini ilk kez doğru bir şekilde ölçmüştür. Bilimsel yaşamından önce, Prusya ordusunda sekiz yıl cerrahlık yapmıştır. Daha sonra Berlin Fizyoloji Enstitüsü'ne geçmiş ve orada çalışmaya başlamıştır. Daha çok sinir iletimi konusundaki çalışmalarını dikkate aldığımızda, bu konuyu iki ayrı süreçte incelediğini görürüz. Kurbağa üzerinde 1850 yılında ve yirmi dokuz yaşındayken; 1870'li yıllarda insanda kırk dokuz yaşındayken sinir iletimi konusuna eğilmiştir. Sarkaç ve kimograftan oluşan bir mekanik düzenek kullanmıştır. Çalışmasını kurbağa gastroknemius kası üzerinde yürütmüştür. Kasa giden siyatik siniri iki ayrı noktadan uyarmış, gastroknemius kasındaki kasılmayı kimograf yardımıyla kaydetmiştir. Kimografik ölçümde, kasılmanın başlangıç noktalarını dikkate almıştır; iki ayrı noktadan elde ettiği zamansal farkları, uyarım noktaları arası mesafeyi dikkate alarak motor sinir iletimini hesaplamıştır. Böylece kurbağada motor iletim hızını 27,4 m/s veya 96,5

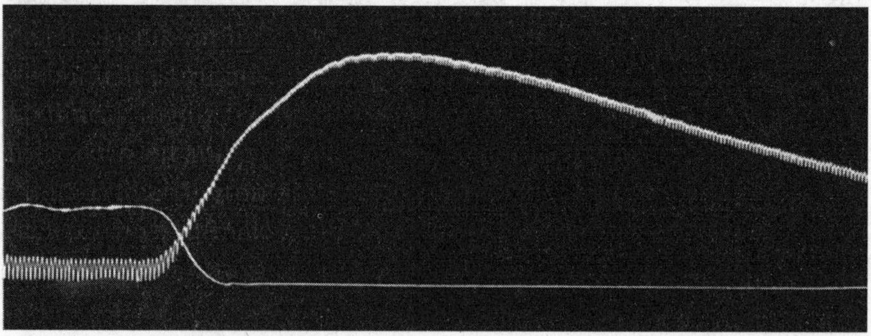

Resim 8.4. 19. yüzyıldan bir kimografik kayıtlama örneği. Bacak sinirine uyarım verilmesiyle kastan elde edilen mekanik yanıt (yukarı doğru uzun süren etkinlik). Alttaki çizginin birden aşağı eğim yapması sinire uyarımın başladığı anı gösterir.

km/saat olarak hesaplamıştır. Bu hız ışık hızından (300.000 km/s) çok daha yavaştır. Ses hızından (normal koşullarda 1235,5 km/saat) yaklaşık 1/10 kez daha yavaştır.

Keza bahsedilen yöntemlerdeki gibi, kimograf ve sarkaç kullanarak insanda motor sinir iletimini ölçmüş, kol sinirinde motor sinir iletim hızını 61 m/s olarak hesaplamıştır. Helmholtz sinir impulsuna aksiyon potansiyeli adını vermiş ve daha sonra bu hiç değişmemiştir. İnsanda duyusal sinir iletimini ölçmek için duyusal uyarımlara verilen tepkime zamanını ölçmeye çalışmıştır ya da insanlarda kişinin yüz ifadesini zamanlayarak iletim hızını ölçmeyi denemiştir. Bu yolla insanda yaklaşık 50-100 m/s gibi bir değer elde etmiştir. Bu, kurbağadaki tepkime zamanı ölçümüne göre iki katı bir hızı gösteriyordu. Bunlar tahmini değerlerdir. Ama bunun 60 m/s civarında olabileceğini düşünmüştür. Helmholtz'un ölçümleri oldukça doğrudur. Şimdi artık biliyoruz ki sinir iletim hızı, sinir lifinin tipine göre değişir ve geniş çaplı miyelinli liflerde iletim daha hızlıdır. Buna göre hızlı liflerde aksiyon potansiyelinin hızı 60 m/s civarında ve daha yavaş ileten miyelinli liflerde 15-20 m/s'dir. Miyelinsiz liflerse 1 m/s civarında yavaş iletim sağlar (Wickens, s. 129-131; Ertekin, s. 5-8; Ertekin, s. 74).

Helmholtz 1851 yılında oftalmoskopu icat etmiş ve retinayı ilk kez görmüştür. Daha sonra optik alanında yaptığı çalışmaları üç ciltlik *Handbuch Physiologischen Optik* [Fizyolojik Optik El Kitabı] kitabında yayımlamıştır. Gözün sadece üç tip renk (kırmızı, mavi ve yeşil) dedektörü olduğunu söylemiştir. Böylece renk körlüğü ve renk imaji sonrasını çalışmış ve yorumlar yapmıştır. Seslerin işitilmesi konusunda çeşitli frekansların farklı tonda sesler meydana getirdiğini söylemiştir. Bütün bunlara rağmen Helmholtz birçok duyusal olayın algılanması durumunun sadece nöral bir etkinliğe dayanmayıp psikolojik bir olay olduğunun bilincine varmıştır. Bu konularda nörolojik çalışmalar da yürütmüştür. Dengeyle ilgili reflekslerin ortaya çıkarılması konusunda da katkılar sunmuştur* (Wickens, s. 129-131; Ertekin, s. 5-8).

* "Helmholtz'un bu kadar üstün niteliklerine karşın tek bir zayıf tarafı vardı. Sınıfta kara tahta önünde çok iyi ders anlatamazdı. Ders anlatırken sıkıcı ifadeler kullanır, hesaplamalarda hatalar yapardı. Bu nedenle öğrenciler dersten birer ikişer kaçar, dersi sadece 2-3 öğrenciyle bitirirdi. Aslında çok alçakgönüllü ve onurlu bir insandı."

Resim 8.5. Ludwig Ferdinant von Helmholtz (19. yüzyılın en tanınmış biliminsanlarından ve insan nörofizyolojisinin en önemli öncülerinden)

Galvani'nin 1790'lı yıllarda biyoelektrisiteyi keşfetmesinden yaklaşık altmış yıl sonra, Du Bois Reymond ile Von Helmholtz hem kas ve sinirlerde elektrik akımlarıyla oluşan temel işlevleri ölçmüş hem de bilimsel yöntemlerle sinir sisteminin tamamen elektrofizyolojik esaslara göre çalıştığını ortaya koymuşlardır. Artık yaşayan organizmada ruhsal güç gibi belirsiz kavramlar tamamen ortadan kalkmıştır. Bundan sonra sinir sistemi üzerinden çalışmalar elektriksel etkinliklerle açıklanarak yürüyecek, beynin biyoelektrik etkinlikleri de buna dahil edilecektir. Bunları sonraki bölümlerde izleyeceğiz.

KAYNAKLAR

Alistair M.C.I. "Realism without tears I. Muller's doctrine of specific nerve energies" *Studies in History and Physiology of Science*, 78, 83-92, 2019.

Bernal J.D. *Materyalist Bilimler Tarihi-I*, çev. Emre Marlalı, Sosyal Yayınlar, İstanbul, 1976.

Eckoldt M. *Beyin ve Zihnin Kısa Tarihi: Duygular ve Düşünceler Nasıl Oluşur?*, çev.Say Yayınları, İstanbul, 2018.

Ertekin C. *EMG'nin Tarihsel Gelişimi (1890-1960) Klinik Nörofizyoloji*, EEG-EMG Derneği, Yayın No. 11, Kitap Vitrini, Ankara, 2014.

Ertekin C. *Geçmişten Günümüze Kadın*, Sia Kitap, İstanbul, 2022.

Ertekin C. *Sentral ve Periferik EMG*, Meta Basım, İzmir, 2006.

Ertekin C. *Tıbbın Öyküsü*, Türkiye İş Bankası Kültür Yayınları, 5. Basım, İstanbul, 2019.

Finger S. *Origins of Neuroscience. A History of Explorations into Brain Function*. Oxford University Press, Londra ve Newyork, 1994.

Max Planck'ten alıntılanmıştır (Haymaker ve Baer, s. 137).

Glickstein M. *Neurosience: A Historical Introduction*, The MIT Press-Cambridge, Massachusetts, Londra, İngiltere, 2017.

Gribbin J. *Bilim Tarihi*. Alfa Yayınları, İstanbul. 2013.

Haas L.F. "Luigi Galvani" J.*Neurol Neurosurg Psychiatry*, 56, 1084, 1993.

Hallet M., Rothwell J. "Milestones in Clinical Neurophysiology" *Mov.Disord*. 26, 958-967, 2011.

Haymaker W & Baer KA. *The Founders of Neurology*, Charles C. Thomas Publisher, Sprinfield, Illinois, 1949.

Kahya E. & Öner M. *Biyoloji Tarihi*, İmge Kitabevi, Ankara, 2007.

Öncel C. *Nörolojinin Öncüleri Antik Çağdan 20. Yüzyıla*, Nobel Tıp Kitabevleri, İstanbul, 2018.

Porter R. *Kan Revan İçinde Tıbbın Kısa Tarihi*, Metis Yayınları, İstanbul, 2016.

Wickens A.P. *History of the Brain-From Stone Age Surgery to Modern Neuroscience*, Psychology Press, Taylor & Francis Group, Londra ve NewYork, 2015.

9

19. Yüzyıl-II: Beynin İnce Yapısını Anlamaya Başlıyoruz

1800'lü yılların başlarında hayvan ve bitki dokularında hücre ve ortasında çekirdeğin olduğu biliniyordu. Çekirdeğin önemli bir işlev üstlendiği tahmin ediliyordu. Ama 19. yüzyılın başlarında beynin ince yapısı temelde bilinmiyordu. 1700'lü yıllardaki öncü mikroskopistler beyinde bazı belirsiz görüntüler olduğuna işaret etmişti. Ancak eldeki mikroskopların büyütme gücü daha ayrıntılı görüntü vermeye elverişli değildi. Bu yüzden nöroanatomistler sinirin neye benzediğini ve beynin nasıl örgütlendiğini öğrenemiyordu. Bu bilinmezlik 19. yüzyılda, özellikle bu yüzyılın ikinci yarısında çözülmeye ve her şey açıklığa kavuşmaya başlayacaktı. Yepyeni ve doğru bilgilere ulaşılıyordu. Ancak burada önemli husus, 19. yüzyılın ilk yarısında mikroskopların geliştirilmesiydi. Nitekim 1820'li yıllarda *akromatik lens*lerin keşfedilmesiyle mikroskoplarda bin kez daha fazla büyütme sağlanabilmişti. Bunun sonucunda bitkisel dokularla hayvanlarda beyin dışı dokulara ilişkin preparatlarda bir gelişme kendini göstermişti. Hücreler daha net gözlemlenmeye başlanmıştı. Ancak beynin mikroskopik yapısının görüntülenmesinde henüz başarı sağlanamıyordu. Yeni gelişmiş mikroskoplar görünüşü biraz daha net hâle getirmişti sadece. Ancak hâlâ beynin hücrelerden meydana geldiğini anlama olanağı elde edilememişti.

1826 yılında ünlü İngiliz cerrah Joseph Lister'in babası, amatör biliminsanı Joseph Jackson Lister (1786-1869) yeni bir mikroskop geliştirmiştir. Bu yeni mikroskop akromatik lenslerle çalışıyordu. Aslında akromatik lensler İngiliz avukat Chester Moore Hall (1703-1771) tarafından 1730 yılında keşfedilmiştir. Fakat o keşfini gizli tutmuştur ve öneminin farkında bile değildir. Sadece birkaç dostu bu konudan haberdardır. Bu mikroskoba iki veya daha fazla sayıda farklı camlardan akromatik lens eklemiştir. Böylece optik kaynaklı yanlışlar ileri derecede azaltılmıştır.

Fransız fizikçi ve optik bilimci Augustin Jean Fresnel (1788-1827) 1824 yılında akromatik merceklerle meydana getirdiği mikroskopla ancak 200 kez büyütme sağlanacağını öne sürmüştür. Zaman içinde, Almanya'da fizikçi Ernst Abbé (1840-1905) ile işinsanı Karl Zeiss'in (1816-1888) birlikte yürüttükleri çalışmalar sayesinde daha kaliteli ve büyütme gücü çok daha yüksek mercekler yapılmaya başlanmıştır. Başka bir gelişme de doku boyamasında *hematoksilen* ve *carmin* gibi boyalarla, dokuları daha iyi görebilme olanağı elde edilmiştir (Wickens, s. 158; Kahya ve Öner, s. 230-231).

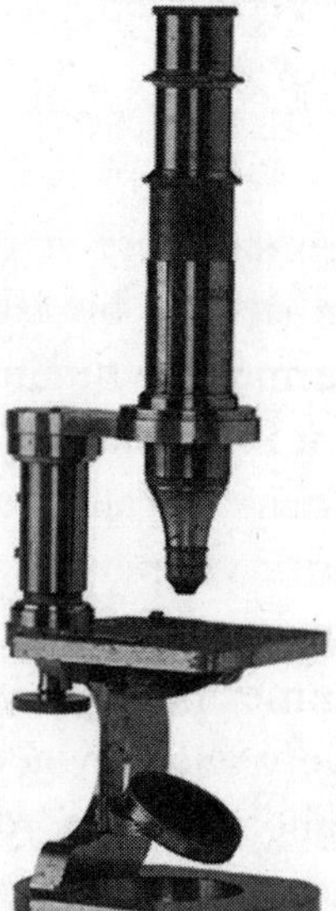

Resim 9.1. Karl Zeiss'in ilk mikroskop örneklerinden.

Ünlü Alman fizyolog Johannes Müller'in öğrencilerinden botanikçi Matthias Schleiden (1804-1881) 1838 yılında bütün bitki dokularında hücrelerin küçük birimler meydana getirdiğini söylemiştir. Müller bu kez öğrencisi Theodor Schwann'ı (1810-1882) aynı hücreleri, hayvan dokularında araması için yönlendirmiştir. Schwann hayvan dokularında da hücrenin varlığını gözlemlemiş ve yayımlamıştır (1839). Hücrelerin zoolojik ve botanik etkinliklerinin temel birimleri olduğunu, çekirdek ve dış zarlarının mevcut olduğunu söylemiştir. Ayrıca çevresel miyelinli sinir liflerinin etrafında bulunan ve kendi adıyla anılacak hücreleri tanımlamıştır. Sonradan bu Schwann hücrelerinin miyelin kılıfını meydana getirdiği anlaşılmıştır.

Müller'in bir başka öğrencisi, Rudolf Virchow (1821-1902) ise *Omnis cellula e cellula* (Her hücre başka bir hücreden ortaya çıkar) ilkesini öne sürmüştür. Virchow'un ellerinde hücre kuramı döllenme, büyüme gibi biyolojik olayları ve örneğin iltihabın kaynağı gibi patolojik olayları açıklayabilen güçlü bir araç haline gelmiştir. Virchow, kanserin hücre içindeki anormal değişikliklerden meydana geldiğini, bu değişiklikler sonucu hücrenin bölünerek kontrolsüz bir biçimde çoğaldığını açıkça kanıtlamıştır. Hastalıkların anlaşılması için hücre araştırmaları gereklidir. 1850'li yıllarda Almanya'da üniversiteler ve araştırma laboratuvarları çok gelişmiştir. Avrupa ve Kuzey Amerika'nın her yerinden öğrencileri çeker ve nöroanatomi alanında Almanya'daki araştırmacılar çok önemli bilimsel katkılar sağlar (Haymaker ve Baer, s. 214-229; Porter, s. 90-91; Gürüz, s. 228-233; Eckoldt, s. 142; Gribbin, s. 571-573). Bu gelişmelerin ayrıntılarını şöyle derleyebiliriz.

Alman biliminsanı Matthias Jakob Schleiden (1804-1881), 1838 yılında çekirdeğin, hücrenin büyümesi ve hücre içi etkinliklerden sorumlu olduğunu öne sürmüştür. Diğer bir deyişle hücre merkezindeki çekirdek hücreyi kontrol eder. Bu bitkiler için anlaşılabilir ama hayvan dokularında bunun bu kadar basit bir açıklaması olmadığı düşüncesi baskındır. Daha sonra Schleiden bu konuyu Theodor Schwann ile tartışmıştır. Schwann'a göre çekirdek embriyonik hayvan hücresidir, eski hücrenin devamını sağlar ve yeni hücreyi de kontrol eder. Ancak daha sonra iki yeni düşünce öne sürmüştür. Tüm yaşayan canlılarda hücre temel yapıdır; bitki veya hayvan, tüm canlılar hücrelerden meydana gelmiştir. Bugün günümüzde de bu kavramlar hücre kuramı olarak bilinir ve bunun üzerine modern biyoloji inşa edilmiştir (Wickens, s. 153-164; Haas, s. 103; Glickstein, s. 31-33). 1830'lu yılların ortalarında, hücre kuramı bilimsel devrim olarak nitelendirilmiştir. Değişik çevrelerde vitalizmin sonunun gelmesinin ve biyoloji içine materyalist düşüncenin girmesinin habercisi olarak değerlendirilir (Vienne, s. 629-630). Schwann'ın yaşamı incelendiğinde kendine has bir karakteri ve düşünceleri olduğu dikkati çeker.*

* Theodor Schwann, J. Müller'in yanında uzun süre çalıştıktan sonra hücre kuramının ardından Belçika'da önce Louvain, daha sonra Liege üniversitelerinde anatomi profesörü olarak çalışmıştır. Schwann dindardır ve Katolik kilisesine bağlı bir hekimdir. Son zamanlara dek yayımlanmamış anı defterinde şöyle yazmıştır: "...ciddi bir insan kendi dinsel inançlarına karşı çıkamaz. Ben Hıristiyanlık ve Katolik dinine tam manasıyla inanıyorum. Katolik kilisesinin dogmalarını tutuyorum. Onları da tıpkı bir

Akromatik lensli mikroskopları kullanan ilk araştırıcılardan biri de Jan Evangelista Purkyně'dir (Purkinje) (1787-1869). Çekoslovak biliminsanıdır fakat daha sonraları Prusya'da bulunan Breslau kentindeki (Şimdi Polonya'da) üniversiteye hekim, anatomist ve özellikle fizyolog olarak kabul edilmiştir. Çek vatandaşı olması dolayısıyla birtakım engellerle karşılaşmış ve Alman vatandaşlığına başvurmak zorunda kalmıştır. Orada fizyoloji laboratuvarını kurmuştur. Yöneticilerden akromatik mikroskop alınmasını talep etmiştir. O zamanlar bu mikroskoplar çok pahalıdır. Ayrıca bir fizyolog için mikroskobun gereksiz olduğunu da düşünürler. Ancak yedi yıl kadar bekledikten sonra mikroskoba kavuşur, kendi ifadesiyle öğrencileri ve kendisi "aç kurtlar gibi" akromatik mikroskoba yönelmiş ve fizyoloji laboratuvarı içinde insan anatomisi konusunda büyük bir bilimsel patlama başlatmışlardır.

Mikroskopta daha iyi çalışmak için incelenecek doku parçalarını çok ince kesitler halinde kesen pratik bir *mikrotom* kullanmışlardır. Bu daha net bir görüntü sağlamıştır. Daha önceleri doku kesiti almak için jilet veya bıçak kullanılır ve el becerisi gerekirdi. Purkinje bu yeni mikroskopla 1830'lı yıllarda beyin çalışmalarına başlar. Bir yıl önce beyin ve omurilikte tanımlanan ganglionların, aslında birçok küçük sinir demetlerinden oluşan yapılar olduğunu keşfetmiştir. Evvelce bunlara *nervous cylinders* (sinir tüpleri) adı verilmiştir. Bu konuları öğrencisi Gabriel Valentin (1813-1883) ile çalışır, beyin araştırmalarının devamında beynin ince globüller (yuvarlaklar) halinde olduğunu belirtirler. Bu bulgu yeni değildir fakat yeni olan bunların resmedilmesidir. Valentin bireysel beyin hücresinin tanımını yapan ilk kişidir. Beynin bu globüllerinin (hücreleri demek ister) içinde çok sayıda granüller (vesiküller) vardır. Ortasında küçük koyu korpüskül bulunur, bunu çekirdek kabul eder. Ayrıca kuyruğa benzer bir yapıdan da söz eder. Bunu bir lif

biliminsanının gerçekleri kullanması gerektiği gibi kullanıyorum." Daha sonra da organik dünyanın bir psişik ilkeye dayandığını söylemiştir. Bu psişik ilkenin insandaki ruh ilkesine eşdeğer olmadığını fakat onunla bağlantılı olduğunu söylemiştir. Cumhuriyeti reddetmiş ve monarşinin varlığını kabullenmiştir. Oysa onun zamanında Almanya ve Fransa'da monarşiye karşı cumhuriyetçi kavramlar yoğun bir şekilde ortalarda dolaşır. Ayrıca eski arkadaşları Schleiden ve Virchow liberal görüşlü kişiler olarak tanınır. Bununla beraber bilimsel araştırma sonuçlarını nesnel bir titizlik içinde yapıp daha sonra yorumladığı anlaşılır (Vienne, s. 629-652).

(sinir lifi belki de) olarak tanımlar. Ancak globül ve onun uzantısı tam bir devamlılık içinde görülemez. Granül ve lif ayrı birer yapı olarak benimsenir. Beyin ve omurilikte bu iki bileşenin yoğun olarak bulunduğu bildirilir. Bu bir ilk adımdır. Hücre cismiyle lifin birbirine yapışık olduğunun bilinmesine daha zaman vardır. Valentin yanlış yorumlayarak bu fırsatı kaçırmıştır. Purkinje 1837 yılında beynin değişik alanlarında ortaya çıkan hücre kompozisyonlarını bildirir. Burada ilk kez beynin farklı bölgelerinin farklı anatomik yapılarda olduğu gösterilir. Özellikle serebellumun yapısındaki karışıklığı vurgular. Birkaç sıra halinde hücreler vardır ve en dışta beyinciğin en geniş hücreleri sıralanır. Bunlara sonra *Purkinje hücreleri* adı verilmiştir. Beyincikteki bu hücrelerin iki uzantısı bulunduğunu da belirtmiştir. Bunlardan biri, yani kısa boylular serebellumun gri cevherine girer, ikincisiyse sinir kökünün ucundan beyaz cevhere uzanır. Sonraki yıllarda görüleceği üzere, bunlardan kısasına *dendrit* ve uzununa sinir lifi veya *akson* denecektir ama Purkinje bu konuda herhangi bir yorum yapmaz. Purkinje'ye göre beyin globülleri gri cevherde bulunur ve orada enerji jeneratörü işlevi görürler. Buna karşılık sinir lifleri güç kablolarını temsil eder. Purkinje keza sinir liflerinin uzun bir ilmiksi yol katettiğini ve beyinden aşağı inerek kas gibi vücut organlarını canlandırdığını sonra beyne kapalı devre olarak geri döndüğünü öne sürer. Böylece sinir lifi içinde bulunan elektriksel sıvı veya gücün devamlı vücutta dolaştığını düşünür, zaten başkaları da öyle düşünmüştü. Ancak bugün bu kuramın yanlış olduğu biliniyor. Yine de beyin hücrelerinin elektrik jeneratörü gibi çalışması ve sinir liflerinin telgraf tellerine benzetilmesi oldukça özgün ve modern dönemi işaret edecek düşüncelerdir.

Purkinje'nin kendi çalışmalarını yazıp yayımlamaya karşı bir çekingenliği vardır. Bazı kaynaklarda Purkinje için alçak gönüllü, utangaç, ön planda olmak istemeyen, nahif, kişisel başarıyla ilgisi olmayan ve kişisel kazanç peşinde koşmayan nitelendirmeleri yapılır. Purkinje'nin birçok buluşu kendi öğrencilerinin doktora tezlerinde bildirilmiştir veya bazı konferanslarında kısa bir rapor olarak geçmiştir. Bazı raporlara ve yayımlara kendi adını yazmamıştır ama bu da yardımcılarının bunu hak etmemelerinin yanı sıra, gereksiz yere tanınmalarını sağlamıştır. J.F. Rosenthal adlı bir öğrencisinin doktora tezinde Purkinje, *achsencylinder* (axis cylinder) terimini sinir lifiyle ilişkilendirerek kullanmıştır. Tabii bu terimi Purkinje kendisi teze koymuştur. Bu terim çok sonraları, 1896 yılında bugünkü akson terimiyle yer değiştirmiştir. Purkinje'nin laboratuvarından gelen başka bir önemli terim *protoplazma*dır; bugün de hücre içindeki sıvı yapıyı temsil eder. Buna ilaveten en azından on sekiz kez, vücudun çeşitli yerlerine sonradan Purkinje adı verilmiştir. Bu adlar, daha sonraları ve başkalarınca verilmiştir. Buna kalbin iç duvarları arasındaki Purkinje lifleri ve ovumun nükleer kısmındaki Purkinje vesikülleri örnek verilebilir. Bütün bunlar gös-

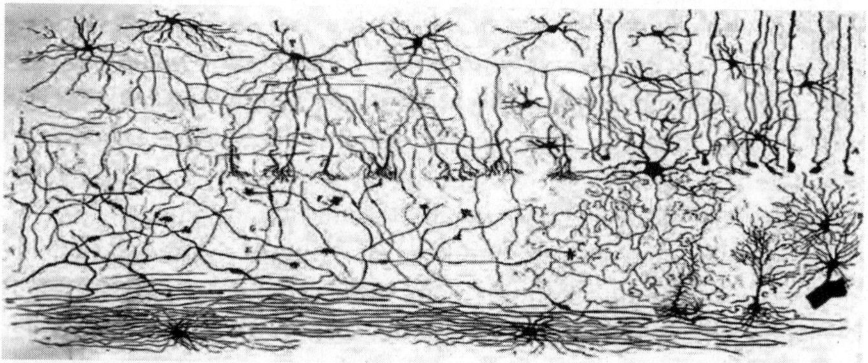

Resim 9.2. Purkinje'nin ilk mikroskop çalışmalarından, beyincik içi nöronal ağ.

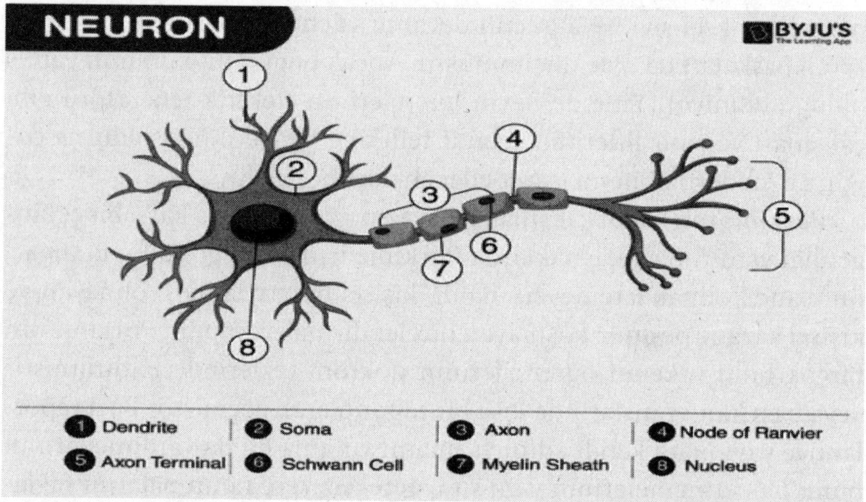

Resim 9.3. Nöronun soması, dendritleri ve aksonuyla birlikte şematik görünümü.

teriyor ki tüm vücudu, tabir caizse tırım tırım taramış ve o zamana kadar bilinmeyen vücut ve beyin bölgelerinde birçok keşifte bulunmuştur. 1850 yılında Prag'a, kendi ülkesine dönmüştür; bilimsel ve sosyal açıdan çok sevilen ve sayılan bir kişi haline gelir. Çok yönlüdür ve ünlü Goethe'yle yakın arkadaşlık kurmuştur (Wickens, s. 159-162; Haymaker ve Baer, s. 70-73; Öncel, s. 108-110; Glickstein, s. 31-39).

Nöroanatomistler Tartışıyor: Retiküler Kuramcılar ve Hücre Kuramcıları

Organizmalarda yaşamın temel biriminin hücre olduğu düşüncesi genel kabul görmüştür. Fakat birçok anatomiste göre, bu görüş sinir sistemi için geçerli değildir. Hücrelerin sinir sisteminde görüntüleri farklıdır; uzun kuyrukları ve dikensi hücre çıkıntıları vardır. Bu görüntüler değişik bir anlayışa yol açmıştır. Bağlantıları sayesinde tüm sinir hücreleri birlikte hareket ederler. O zamanın güçlü mikroskopları bile hücrelerin ayrı ayrı mı, birleşmiş mi olduğunu ayırmalarını sağlayamaz. Bu nedenle iki farklı görüş ortaya çıkmıştır:

1. Robert Remak'ın öne sürdüğü görüşe göre, sinir hücresi lifiyle birlikte tek bir oluşumdur. Buna *hücre* ve daha ilerde *nöron kuramı* adı verilmiştir.
2. Purkinje'nin öğrencisi Valentin'e göreyse sinir hücresiyle sinir lifi ayrı ve farklı oluşumlardır. Buna da sonradan *retiküler kuram* adı verilmiştir.

Sinir hücresiyle lifi bağlantı içinde olsa bile, diğer sinir hücrelerine ulaşarak iletişim tüm beyin içinde birlikte oluşurdu. Ancak sinir lifleri başka sinir lifleriyle birleşirse o zaman bu sinir hücreleri gerçekten hücre olabilir midir? Soru budur ve bunun yanıtı aranmaya başlanmıştır (Wickens, s. 167-168).

1840'lı yıllarda başlayan tartışmalar 1860'lı yıllarda da devam etmiştir. Bu arada Erlangen Üniversitesi'nden Alman profesör Joseph von Gerlach (1820-1896) 1860'lı yıllarda devreye girmiş ve retiküler kuramın savunucularından biri haline gelmiştir. Çok az miktarda karmin boyası içeren bir solüsyonu beyincik kesitlerinde kullanmış, sinir hücresi ve uzantılarını açık açık göstermiştir. Şöyle bir sonuca varmıştır: Sinir sistemi, çok ince fakat son derecede karmaşık sinir liflerinden oluşan bir ağdır. Bu durum hem beyin hem de omurilik için geçerlidir. 1872 yılında bulgularını yayımlamıştır. Diğer birçok nöroanatomist de onun sinir hücreleri arası anastomotik bağlantıların bulunduğu görüşünü yeterli bulmuştur (Wickens, s. 170-172; Eckoldt, s. 143). Anlaşmazlığın temeli buradadır, fakat 19. yüzyıla gelince retiküler kuramın gerileyerek nöron kuramının baskın hale geldiğini görürüz. Her iki görüşün diğer önemli araştırmacılarına kısaca değinmek gerekir. Başlıca retiküler kuram savunucuları arasında Kölliker, Deiters ve Golgi sayılabilir.

Zürih Üniversitesi'nde İsviçreli anatomist Albert Von Kölliker (1817-1905), vücut hücreleri konusunda çalışırken hücre kuramına katkı sağlayan araştırmalar yapmıştır. Almanya Wurzburg Üniversitesi'nde profesörken sinir dokusu üzerinde çalışmaya başlamıştır. Kitaplarındaki sinir hücresi resimlerinde, sinir hücresi ve sinir lifi tek bir birim gösterilmiştir. Hatta bağımsız sinir hücresi buluşunda ilk olma onuru ona verilmiştir. (Oysa bunu ilk kez Remak bulmuştur.) Kölliker 1852 yılında *Handbuch der Gewebelehre des Menschen* [İnsan Histolojisi El Kitabı] adlı kitabını yayımlamıştır. 1854 yılında üç ciltlik *Mikroskopische Anatomie* [Mikroskobik Anatomi] adlı kitabı basılmıştır (Wickens, s. 167). Kölliker bu konuda çalışmalarını ilerletmiş, sinirlerin etrafındaki miyelin kılıfını görmüştür; bunu başka tip hücrelerin yaptığını öne sürmüştür. Ama sinir liflerinin uçlarının, diğer sinir hücreleriyle birleşip birleşmediğini veya onlardan ayrı kalıp kalmadığını söyleyememiştir. Ancak 20. yüzyılda Ramon y Cajal'ın buluşları karşısında görüşleri nöron kuramı yönünde değişmiştir (Wickens, s. 167-168; Haymaker ve Baer, s. 52-54).

Alman nöroanatomist Otto Friedrich Karl Deiters (1834-1863), Bonn'da doğmuş ve Bonn Üniversitesi'nde çalışmalarnı yürütmüştür. Sığır omuriliği ön boynuz hücrelerinden çıkan sinir liflerini boyamış ve ince bir iğne kullanarak bireysel sinir birimini izole etme başarısı göstermiştir. Bu mikroskopik analiz, bireysel sinir hücrelerinin izole edilebileceğini gösteren ilk uygulamadır. Daha da önemlisi sinir hücresi ve uzantılarını ayrıntılı görme olanağı sağlamıştır. Deiters hücrenin birçok çıkıntısı olduğunu görmüştür. Bunlara *protoplazmik uzanım* adını vermiştir. Bu çıkıntılara günümüzde dentrit denir. Deiters, dendrit ve aksonu birbirinden ayıran ilk nöranatomist olarak bilinir. Deiters aynı yöntemleri kullanarak, bugün *astrosit* denen hücreleri de görüntülemiştir (Aslında astrositler ilk kez glial hücreler (destek hücreleri) olarak Rudolf Virchow tarafından 1858 yılında keşfedilmiştir).

Deiters'e göre, beyin farklı hücrelerden oluşuyordu. *Medulla oblangata*nın (omurilik soğanı) anatomik yapısını incelemiş ve omuriliğe göre daha karmaşık olduğunu görmüştür. Ayrıca beyinde iki yapıdan söz etmiş, retiküler formasyon ve lateral vestibüler çekirdeği keşfetmiştir.* Lateral vestibüler çekirdek sonraki kuşaklarda *Deiters çekirdeği* olarak anılmaya başlanmıştır. Deiters'in tek nöron çizimleri Kölliker ve grubunun bağımsız sinir hücresi kavramını destekler nitelikte bulunmuştur. Bununla beraber Deiters, retiküler kuramcı olarak tanınmıştır ve nöral çıkıntıların bir ağ meydana getirdiği fikrine de karşı çıkmamıştır. Ancak ona göre, bu sinir ağları belirli bir bölgede sinir hücresi topluluğu olarak vücudun belli bir bölümünü etkileyen bir bağlantı içine giriyordu. Fakat Deiters sinir lifi uçlarının nerede, ne kadar ve ne yaptıklarını teknik olarak gösterememiştir. Bu konu nöroanatomistler için daha birçok yıl önemli bir sorun olarak kalacaktır. Deiters yirmi dokuz yaşındayken tifüsten ölmüş, genç yaşında dünyaya veda etmiştir. Çalışmalarını kitaplaştıramaması üzücüdür. Geride araştırmalarının tamamlanmamış raporları kalmıştır. Şans eseri meslektaşı Max Schultz, onun bulgularını içeren kitabını 1865 yılında yayımlamıştır (Wickens, s. 170-171; Eckoldt, s. 143; Finger, s 43-44).

Sözü edilen retiküler kuramcılarla hemen hemen aynı dönemde Almanya'da yaşayan nöroanatomist ve fizyolog Robert Remak (1815-1865) hücre kuramını savunanlar arasındaydı. Remak'ın yaşamı zor geçer. Aslında 19. yüzyılın en önde gelen mikroskopistlerinden biridir. Polonyalı Yahudi olarak üniversite yaşamında ve hayatının daha sonraki dönemlerinde hep engellerle karşılaşmıştır. Almanya'da o dönemlerde antisemitizm akımı hüküm sürer. Bu ırkçılık henüz 20. yüzyıldaki gibi tehlikeli boyutlara varmamıştır ama zaman zaman Yahudilere

* Bkz. Bilince Nörolojik Bir Bakış BÖYLE BİR BÖLÜM YOK.

karşı bazı toplumsal engeller çıkar. Bunun sonucunda üniversitede ücretli kadroya alınmadan, kendisine para ve pozisyon verilmeden araştırma yapmasına izin verilmiştir. Hekim olduğu için geçimini serbest hekimlikle karşılamaya çalışır. Berlin'de yaşar. Önce kaliteli bir mikroskop bulur ve doktora çalışmalarına devam eder. Tavşanda nöral büyüme ve embriyogenez ve periferik sinirler üzerine çalışmalar yürütmüştür. Bazı sinir liflerinin çevresinde renkli bir kılıf olduğunu, diğer bazı liflerdeyse bu kılıfın gelişmediğini gözlemlemiştir.*

Özetle, Remak miyelinli ve miyelinsiz sinir liflerini birbirinden ayırmıştır. Bu çalışma sırasında miyelin kılıfının yer yer kesintilere uğradığını da görmüş, bu kesinti yerlerinin bir artefakt olduğunu düşünmüştür. Ancak bu konuda yanılmıştır. Bu kesinti ve çukur bölgeler bugün *Ranvier düğümleri* ya da *boğumları* adıyla anılmaktadır. Fransız histopatolog Louis Antoine Ranvier (1835-1922) bunu 1871 yılında bulmuş ve incelemiştir. Remak kısa bir süre sonra başka bir önemli keşifte bulunmuştur. Omurilikte organik liflerin globül dediği hücre cisminden çıktığını görmüştür. Yani daha önceden söylenenin aksine hücre cismi ve sinir lifinin tek bir birim olduğunu göstermiştir. Tabii ki bu çalışma çok önemlidir: (1) Bir lif bir sinir hücresinden çıkar, yani bir hücre ve aksonu vardır; (2) Bir sinir lifi sinir sisteminden, yani omurilikten dışarı çıkıp kasa ulaşır. Kası canlandırır; (3) Hücre ve lif kendi işlevsel birimlerini oluşturur.

Remak daha sonra bir hücrenin bölünmeyle iki hücreye ayrıldığını bulmuştur. Bunu civciv embriyosundaki alyuvarlarda keşfetmiştir. Bu keşif, hücre kuramına en önemli katkısıdır ve Remak'a büyük bir ün kazandırmıştır. Ancak hücre bölünmesi on beş yıl boyunca kabul edilmemiştir. Ta ki kendi kuramını açıklarken Rudolf Virchow'un 1855 yılında bunun doğru olduğunu belirtmesine kadar. Remak hücre bölünmesini Virchow'dan önce bildirdiği halde, bu keşif Virchow'a ithaf edilmiştir. Esas katkının daha önce Remak'dan geldiği unutulmuştur.

1859 yılında Remak'ın akademik durumu düzeltilmiş, saygınlığı

* Bugün sinir lifini çevreleyen kılıfın yağlı bir madde olduğu, miyelin kılıfı olarak adlandırıldığı ve aksonu çepeçevre sardığı bilinmektedir. Miyelin kılıfını aslında bulan Schwann'dır; bunun ayrı bir hücreden köken aldığını söylemiştir. Bugün bu hücrelere Schwann hücreleri denmektedir (Ertekin, s. 75; Finger, s. 43-44).

artmış ve kendisine maaşlı bir akademik statü verilmiştir. Bundan altı yıl sonra vefat etmiştir. Alexander von Humboldt, onun yaşamını anlatırken "Din ve politik ön yargılarla hayatı hüsrana uğramıştır," der (Wickens, s. 165-166; Haymaker ve Baer, s. 80-82).*

Retiküler kuramcıların sonuncusu ve en ünlüsü İtalyan Bartolomeo Camillo Emilio Golgi'dir (1843-1926). Genç bir hekimken 1872 yılında Milano yakınlarındaki bir depo akıl hastanesinde görev almıştır. Bu hastanenin mutfağında küçük bir histoloji laboratuvarı kurmayı başarmıştır. Kendisine büyük bir şans getirecek doku boyasını 1873 yılında burada keşfetmiştir. Keşfettiği yeni boyama tekniği gümüş nitratla boyamadır. Bu boyayı kullandığında preparattaki sinir hücreleri ve lifleri çok belirgin ve tüm netliğiyle görünmüştür. Boyamanın ayrıntılarını ve bu boyaya nasıl ulaştığını yayınlarında hiç açıklamaz (Bu boyama tekniği 1933 yılında, yani keşfinden yaklaşık altmış yıl sonraİsveçli anatomist Gustaf Retzius'tan öğrenilmiştir.) 1873 yılında bir İtalyan tıp dergisinde Golgi, serebral korteksteki hücreleri yeni gümüş nitratla boyama tekniğiyle tanıtmıştır. Ancak bu yazı geniş bir ilgi sağlamamıştır. Bu yeni boyama tekniğiyle ayrıca serebellum (1874), bulbus olfaktorius (1875) ve hipokampus (1883) bölgelerindeki nöronları da net bir şekilde göstermiştir. 1881 yılında omurilik hücreleri üzerinde çalışmıştır. Bu arada ilk kez aksonların tek bir lif olmadığını ve bazen küçük dallar verdiklerini ortaya koymuştur. Aksonları Tip I ve II olarak ikiye ayırmıştır. Tip I dediği akson miyelinlidir ve Tip II dediği aksonlardaysa miyelin kılıf bulunmaz. Bunların her birinden yolları üzerinde yan dallar çıkmıştır. Dendritlerden de birtakım dallar çıkar. Golgi bu gördüklerini şöyle yorumlar: Aksonlar diğer aksonlarla birleşir. Daha spesifik olarak Tip I akson veya sinir lifi dalları, Tip II sinirinin dallarıyla anastomozlar yapar. Golgi'ye göre beyin ve omurilik gri cevheri *diffuse nervous network*ü (yaygın sinir ağı) oluşturur. Kendisi buna *rete nervosa diffusa* adını verir. Birbirine kilitlenen sinir dallanmalarında aksonlar birleşir. Bu dalların uçlarının serbest oldu-

* Remak'ın torunu fizikçi Robert Remak da bir biliminsanı olmuş, fakat yaşamı çok üzücü bir şekilde sonlanmıştır. Hitler Almanya'sında Auschwitz toplama kampında, birçok biliminsanıyla birlikte 1942 yılında Naziler tarafından katledilmiştir (Öncel, s. 132-133).

ğunu söyler, yani sinir hücreleri uzantılarının bir sinir ağı şebekesi yaratacak şekilde birbirlerine bağlandığına inanır (Wickens, s. 172-174; Finger, s. 44; Haymaker ve Baer, s. 41-44; Eckoldt, s. 144; Mazarello, s. 64; Glickstein, s. 35-37).

Pavia Üniversitesi'ne 1876 yılında histoloji profesörü olarak atanır. 1881 yılında genel patoloji başkanı olur. Daha sonra tüm çalışmalarını bir kitapta toplar. Yine de İtalya dışında pek tanınmaz. Ancak 1882 yılında yeni çıkan bir dergide, İtalyan araştırmacıların araştırma ve buluşları diğer dillere tercüme edilir ve yaklaşık iki yılda Golgi'nin boyama tekniği yabancı ülkelerde bilinir hale gelir.

Resim 9.4. İtalyan Anatomist Camillo Golgi. Beyin dokularını incelemede gümüş nitratla boyama tekniğini keşfetmiştir, Haymaker W. ve Baer K.A., *The Founders of Neurology*, Charles C. Thomas Publisher, Sprinfield, Illinois, 1949.

Bununla birlikte kendisinin beyindeki ağ yapısı konusundaki kuramı eleştiriler almaya başlamıştır.

İlk eleştiri, Leipzig Üniversitesi'nden İsviçreli Wilhelm His'ten (1831-1904) gelmiştir. Kendisi Robert Remak'ın öğrencisidir. His 1886 yılında retiküler kuramı reddetmiş ve sinir hücrelerinin de vücudun diğer hücreleri gibi olduğunu söylemiştir: "Sinir sistemi hücreleri bağımsız ve kendi kendine yaşam boyunca yeten hücrelerdir." His 1889 yılında protoplazmik uzantılara *dendrit* adını verir, Yunanca ağaç anlamına gelen *dendron*dan türetilmiştir (Finger, s. 44).

Keza İsviçreli Auguste Forel (1848-1931) de kendi yaptığı çalışmalarla retiküler kurama karşı çıkmıştır. Forel, Zürih Üniversitesi'nde profesördür. Beyin sapından çıkan kraniyal sinirlerin beyindeki çıkış yerlerini incelemeye çalışır. Bunun için Wallerian dejenerasyon tekniğini kullanmıştır. Bu teknikle sinirin dejenerasyonu, anatomik yapısınıtüm ayrıntılarıyla belli eder. Örneğin dilin sinirini keser ve geriye doğru meydana gelen dejenerasyonu beyin sapı içinde izleyebilir. Hayretle şunu görür; bütün kraniyal sinir lezyonlarında, kraniyal yöndeki dejenerasyon beyin sapında sadece küçük ve vücudun belli bir bölümünü etkileyen bir alanda meydana gelmiştir. Forel önce bu bulgularını açıklayamaz, fakat sonradan, sinir kesilince hücrenin geri kalan kısmı (proksimal, kraniyal ya da cephalad kısmı) daima sinirsel dejenerasyona uğruyor, diye düşünür.* Diğer bir deyişle bu durum Forel'i de retiküler kuramın reddine ve hücre kuramının kabulüne götürmüştür (Wickens, s. 175; Haymaker ve Baer, s. 31,45,49; Eckoldt, s. 146)

Retiküler kurama karşıt bir diğer kanıt Norveçli kâşif ve biliminsanı Fridtjof Nansen'den gelmiştir. Bergen Zooloji Müzesi'nin küratörüdür. Kabuklu deniz hayvanları ve yumuşakçaların hücrelerini Golgi boyasıyla incelemeye başlar. Bu deniz canlılarının sinir sistemi çok basittir ve nöronları nispeten daha geniştir. Bu hayvan çalışmalarında retiküler kuramı destekleyecek hiçbir kanıt bulamaz. Nöronlar tek ve yalnız seyreder. Aksonal veya dendritik bir bağlantı veya birleşme söz konusu değildir. Ama tezini verdikten sonra hemen Grönland'a görevli olarak gider ve orada üç yıl kalır. Tekrar döndüğünde artık çalışmaları muhtemelen unutulmuştur. Kendisi de bir daha anatomik araştırmalara dönmez. Ancak 1922 yılında Nobel Barış Ödülü† kazanmıştır. Savaştan kaçan göçmenlere yardım ve katkılarından dolayı bu ödüle layık görülmüştür (Wickens. 175; Finger. 44-48).

Golgi'ye Karşı Cajal

19. yüzyılın sonlarındaki bu bilimsel ve hatta bireysel kapışma, insanları 20. yüzyılın modern nörobilimine doğru sürüklemiştir. İspanyol biliminsanı Santiago Ramon y Cajal'ın (1852-1934) kendisi retikulum

* Özellikle bir duyusal sinir kesildikten sonra duyusal ganglion hücresinin omurilik içine uzanan dalında, yani kesi üstü proksimal miyelinli liflerde de sinir lifi dejenerasyonu görülür. Buna *cephalad* dejenerasyon denir. Cephalad dejenerasyon hem deney hayvanlarında patolojik olarak (Lumpert ve Cressman, s. 1139-1155; Truex ve Carpenter, 1969) hem de insanda fizyolojik olarak (Ertekin vd., s. 57-66) gösterilmiştir.

† F. Nansen (1861-1930), Oslo doğumlu ünlü gezgin, biliminsanı ve diplomattır. Milletler Cemiyeti'ndeki çalışmalarıyla 1922 yılında Nobel Barış Ödülü almıştır. Nöron Kuramı öncülerinden biridir. Başarılı bir zoolog ve okyanus bilimcisidir. Nansen aynı zamanda ateisttir.

ya da retiküler kuramı tamamen reddetmiş ve yerine *nöron kuramını* yerleştirerek nöron ve bağlantılarını bilimsel bir klasik bilgi haline getirmiştir. Barselona'da çalışmaya başladığı sırada 1873 yılında Golgi'nin gümüş tekniğinden çok etkilenmiş ve merak etmişti. Cajal bu yeni tekniği öğrenmeye çalışmış ve zor da olsa bu teknikle çalışmayı başarmıştı. Golgi'nin metodu miyelinli aksonları göstermede yetersiz kalıyordu. Bu soruna çözüm getirmek için gelişmemiş sinir dokusu kullanarak sinirleri miyelinsiz haldeyken incelemişti. Bu şekilde sinirsel bağlantıları incelemek daha kolay hâle gelmişti. Farklı yaşlardaki genç hayvanların gelişimini incelerken sinir hücresinin sinir sistemini nasıl yapılandırdığını görmüştü. Cajal yöntemini oturttuktan sonra gerçek araştırmalarına başlamıştı. Mikroskoptan elde ettiği görüntüleri kendi becerikli ve sanatçı elleriyle şekillendiriyordu. Bol çizimli altı makalesinin kopyalarını, Avrupa'nın en ünlü ve önemli anatomistlerine göndermişti. Yolladığı çizimlerde retiküler yapıyı anımsatacak hiçbir görüntü bulunmamıştı. Ayrıca serebral korteksle serebellar gri cevher arasında önemli dokusal farklılıklar görmüştü. Bu da retiküler kurama aykırı bir bulguydu. Küçük granüler hücre aksonlarının serebellumda daima Purkinje hücrelerinin dendritlerinde sonlandığını gözlemlemişti. Böylesi bir örgütlenmenin beynin her yerinde bulunduğunu saptamıştı. Bunun, bilginin sinir hücresinden nasıl taşındığını anlamada yeni bir yol olduğunu anlamıştı. Golgi dendritlerin rolünü atlamıştı ve onlara sadece besleyici bir rol vermişti; hatta sinir sinyallerinin hücre cisminden taşındığını söylemişti. Oysa Cajal farklı bir sonuca varmıştı. Akson dendritlere uzanıyorsa o halde iletim bu şekilde dendritlere gidebiliyordu. Böylece önce hücre gövdesi veya soması bilgiye ulaşıyor sonra kendi aksonuna sinyal gönderiyordu. Bu bilimsel bilgi devrimsel bir nitelik taşıyordu. Bu gözlemler dendritlerin, sinir hücresinin bilgi alıcı kısmı, yani bir tür antenleri olduğunu gösteriyordu. Buna karşılık akson sinyali yayan ve dağıtan bir apareydi. Böylece Cajal yeni *dendritik-soma-axonal* iletim kuramını bilim ortamına sunmuştu. Buna *dinamik polarizasyon* adını vermişti (Wickens, s. 178-180; Eckoldt, s. 145; Glickstein, s. 42-44).

Cajal'in bilimde önemli bir kilometre taşı olması nedeniyle onun daha önceki yaşam öyküsüne de değinmek gerekir. Aslında çocukluğuna bakılırsa böylesi temel bilimsel çalışmalar yapabilecek bir kişiye benzemez. Gençliği gelecek için umut verici değildir. Okulda kötü davranışları nedeniyle sık sık cezalandırılır. Zaten ailesi de yoksuldur. Ayakkabı dükkânında ve berberde çıraklık yapmıştır. Ancak aslında ressam olmak istemiştir. Bir gün bir mezardan çıkartılan insan iskeleti onun kaderini değiştirir. İnsan anatomisine karşı ilgisi artmıştır. Zaragoza Üniversitesi'nde tıp okur ve 1873 yılında hekim olur. O zamanlar İspanya'nın kontrolü altındaki Küba'da askerî hekimlik yapar. Oradayken sıtma ve tüberküloz geçirmesi nedeniyle iki yıla yakın Küba'da kalır. Sonra iyileşip İspanya'ya geri döner. 1875 yılında tekrar Zaragoza Üniversitesi'nde çalışmaya başlar ve iltihabın patogenezi konusunda tez yazar. Daha sonra Valencia Üniversitesi'nde anatomi profesörü olur. Çalışmalarının bir ödülü olarak 1885 yılında kendisine bir Zeiss mikroskop hediye edilir. Bu mikroskop onun için çok önemlidir, yolunu aydınlatacaktır (Yaşamı boyunca elli mikroskobu olacaktır). 1887 yılında otuz beş yaşındayken Barselona Üniversitesi'nde profesör olur (Wickens 176-178).

Resim 9.5. İspanyol nöroanatomist, Nobel Ödüllü Santiago Ramon y Cajal, Haymaker W. ve Baer K.A., *The Founders of Neurology*, Charles C. Thomas Publisher, Sprinfield, Illinois, 1949.

Cajal'ın yeni buluşları henüz diğer biliminsanlarının dikkatini çekmemiştir. 1889 yılında Berlin'de bir kongreye gider. Kongrede birçok saygın Avrupalı anatomist bulunmaktadır. Cajal Almanca konuşamaz. Kırık dökük Fransızcasıyla delegeleri mikroskopunun başına davet eder ve elde ettiği görüntülere bakmalarını ister. Toplantının en saygın, kıdemli anatomisti ve öncelerin retiküler savunucusu Albert Von

Kölliker de katılımcılar arasındadır. Kölliker, Cajal'ın tüm görüntü ve preparatlarını inceler. Mikroskoptaki beyin hücreleri yapısını gördükten sonra düşüncesi değişmiştir. Kölliker çok etkilenmiştir. Cajal'ı kaldığı lüks otele davet eder, yemekte konuşurlar, orada da diğer mikroskopistlere Cajal'in tekniğinin öğretilmesi için destek sağlar. Bir yıl içinde Cajal'ın araştırmalarının özetleri iki prestijli Alman dergisinde yayımlanır. Kölliker ikna olmuş ve hücre (nöron) öğretisinin doğruluğuna inanmıştır. Cajal bilim dünyasını kendi öncü araştırmalarıyla etkilemeye başlamıştır. Daha sonra onun çalışmaları diğer meslektaşları tarafından da teyit edilir. Cajal'ın bulguları son derece açık ve doğrudur; ayrıca bilimsel derinlik de taşımaktadır.

Alman anatomist Wilhelm Waldeyer altı bölümlük bir derleme yazarak sinir hücresi kavramını 1891 yılında perçinler. Waldeyer'in derlemesi çok ustaca yazılmıştır; bu derlemede sinir hücresinin, sinir sisteminin yapısal, embriyolojik ve işlevsel birimleri ortaya konmuştur. Waldeyer'in önemli bir katkısı vardır: Sinir hücresine *neuron* (nöron) adını vermiştir. Böylece yeni kuram *nöron öğretisi* adıyla bilimde yerini alır. Sadece Kölliker *neurondendron* sözünü tercih etmiştir. Nöron sözcüğünü, MÖ 4. yüzyılda yaşayan Antik Yunan hekim Praksagora ilk kez kullanmıştır (Wickens, s. 181; Eckoldt, s. 145; Öncel, s. 159). Nöron öğretisine retiküler kuram savunucuları birtakım eleştiriler getirse de 20. yüzyılda herhangi bir popülerlik kazanamamışlardır. Cajal çalışmalarına devam etmiş, beynin bazı bölgelerinde iki aksonlu nöronlar saptamıştır; bunlara günümüzde *bipolar hücre* denmektedir. Bu keşif onun dinamik polarizasyon yasasında da değişime gitmesine yol açmıştır. "Hücre cisminin (soma) uyarımların iletimiyle direkt ilişkisi yoktur," demiştir. "Bazı hallerde impuls veya sinir akımı doğrudan dendritten aksona gider." Bu yeni kurama da *axipedal polarizasyon* adını verir. Bunu da 1891 yılında Valencia Tıp Kongresi'nde açıklar. Daha sonra bugün de bildiğimiz hücre içi *nörofibriller*i tanımlar. Bunlar ince kuşak gibi yapılardır ve akımın dendritten aksona gitmesini sağlarlar. Devamlı anatomik keşifler yaptıktan sonra düşünmeye başlar: "Sinir sisteminde retiküler yapı bulunmadığına göre, bir akson diğer nöronu nasıl etkinleştirir?"

1890'lı yıllara gelindiğinde bu konu üzerine daha çok düşünülmeye başlanır. Burada sonuç alma açısından, çalışılmaya en namzet organ

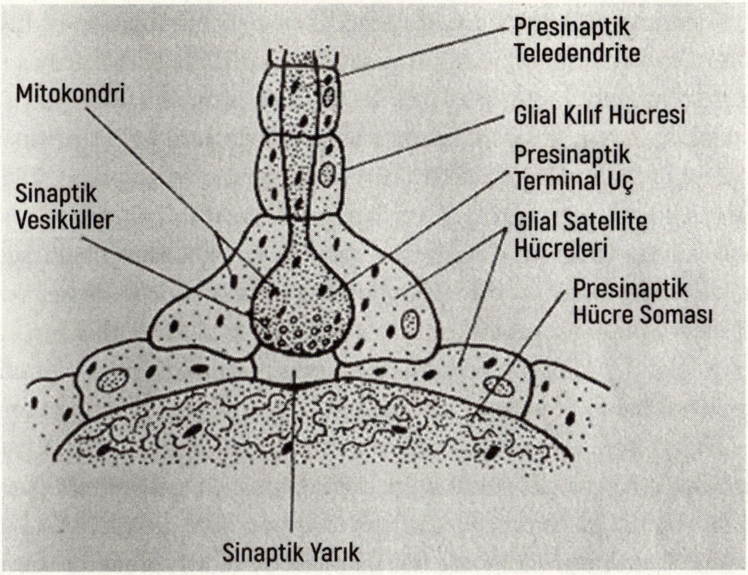

Resim 9.6. Sinaps ve sinaptik yarık şematik çizim, Ertekin C., *Nörolojide Fizyopatoloji ve Tedavi*, Bilgehan Basımevi, İzmir, 1987.

nöromusküler bağlantıdır. Daha açık ifade etmek gerekirse omurilik motor nöronları kasa nasıl yapışır veya impulsu nasıl geçirir? Alman anatomist Wilhelm Kühne (1837-1900) nöromusküler sonlanmada motor sinir lifiyle kas arasında yarık bulunduğunu mikroskop aracılığıyla gösterir. Sinir ucunun bir şekilde açıldığını, sıvı kaçışına izin verdiğini ve bunun ince yarığı geçerek kasa ulaştığını bildirir. Tabii ki bunun üzerine, santral sinir sisteminde de böyle bir olasılık var mı, sorusu akla gelir. Cajal embriyonik kök hücrelerde bunu araştırır ancak tam bir sonuca ulaşamaz. Cajal ile de dostluk kuracak İngiliz fizyolog Sherrington tarafından konu sonuca ulaştırılacaktır. Bu aralığa veya bağlantıya *synapse* (sinaps)* adını verercektir. Burada Sherrington Antik Yunancadan yararlanır. Beraber anlamına gelen *syn* ve tutmak anlamına gelen *haptain* sözcüklerini kullanarak sinaps terimi ortaya

* Sinaps iki nöron arasındaki bağlantı noktasıdır. Bir nörondan diğerine kimyasal aracılarla (transmitter) bilgi aktarır. Her bir nöron diğerinden ancak elektron mikroskopuyla görülebilen, sinapsla ayrılan ayrı hücrelerdir (Ertekin, s. 43-47; Ertekin, s. 232-234; Glickstein, s. 42-46).

çıkar. Sherrington, sinir içinden impuls geçişinin sinapsta olduğunu keşfeder. Böylece nöron kuramını savunanlar da kasla sinir hücreleri arasındaki bağlantı için, bu yeni ve sihirli kelimeyi kullanmaya başlar. Ancak sinapsın kesinlik kazanması, yine de yeni geliştirilmiş mikroskoplarla 1950'li yıllarda mümkün olabilmiştir (Wickens, s. 182-183; Eckoldt, s. 147; Sherrington, s. 17; Finger, s. 47-48).

1906 yılında Golgi ve Cajal'a sinir sistemi yapısı konusundaki keşifleri nedeniyle Nobel Ödülü verileceği duyurulmuştur. Bu durumda her iki anatomist ilk kez bir araya gelecektir. Cajal, İsveç Kraliyet Akademisi'nin kararını, keza Golgi de ödülün paylaşılmasını hoş karşılamamıştır; Golgi ödülün sadece kendi hakkı olduğunu söylemiştir. Arkadaşlıkları iyi başlamamıştır; Cajal, Golgi'yi tren istasyonunda karşılamak için gittiğinde (ne de olsa Golgi kendisinden dokuz yaş büyüktü ve mesleğe daha önce başlamıştı) Golgi daha çok otelini bulma çabasındadır. Cajal'ı neredeyse görmezden gelir. Daha sonraları ödül törenine geçildiğinde her iki biliminsanı ayrı günlerde konuşma yapmak istemiştir. İlk gün Golgi konuşur; konuşmasında kendi buluşlarından, retiküler kuramdan ve pozisyonundan bahseder. Ayrıca nöron kuramını da eleştirir ve bu kuramı dışlar. Bunu duyan Cajal çok kızar, özellikle nöron öğretisi üzerindeki olumsuz konuşmalar onu daha da sinirlendirir. Ertesi gün Cajal kendi konuşmasını yapar. Kibarca bir yanıt da verir. Cajal'ın daha sonraları şöyle söylediği anlatılır: "Golgi dünyanın en kendini beğenmiş, yetenekleri sınırlı kişisidir..." Nobel Ödülü'nü paylaşmaları açısından, şunu söylediği de rivayet edilir: "Kaderin ne acımasız ironisi, karşıt karakterli rakipler, omuzdan yapışık Siyam ikizleri gibi birleşti..."

Ancak bilim tarihi Golgi'nin değil, Cajal'ın haklı olduğunu gösterdi. O zamanlar hâlâ retiküler kuramın savunucuları vardı. Tabii ki sinaps tamamen aydınlığa kavuşamamıştı. Nöron öğretisinin henüz kabul edilmediği yıllardı. Retiküler kuram savunucuları bir hücreden diğerine iletimin temas halinde mümkün olabileceğinde ısrar ediyordu. Fakat bu eleştirilere rağmen nöron öğretisi 20. yüzyıl içinde yavaş yavaş yayıldı ve ilerledi. Golgi nöron kuramını kimseyle tartışmak istemiyordu. Sonuç ne olursa olsun, Golgi ve Cajal nöroanatominin büyük öncülerindendir.*

* Golgi 1926 yılında 81 yaşındayken vefat etmiştir. Cajal ise üç ciltlik histoloji kitabını 1911 yılında yayımlamıştır. Kitap 2000 sayfadır, kitapta 887 çizim vardır. Sinir sistemi

KAYNAKLAR

Eckoldt M. *Beyin ve Zihnin Kısa Tarihi: Duygular ve Düşünceler Nasıl Oluşur?*, çev.Say Yayınları, İstanbul, 2018.
Ertekin C. *Nörolojide Fizyopatoloji ve Tedavi*, Bilgehan Basımevi, İzmir, 1987.
Ertekin C. *Sentral ve Periferik EMG*, Meta Basım, İzmir, 2006.
Ertekin C., Sarıca Y., Üçkardeşler L. "Somatosensory Cerebral Potantials evoked by stimulation of the Lumbosacral Spinal Cord in Normal Subjects and in Patients with Conus Medullaris and Cauda Equina lesions" *Electroenceph. Clin. Neurophysiol.* 59, 57-66, 1984.
Finger S. *Origins of Neuroscience. A History of Explorations into Brain Function*. Oxford University Press, Londra ve Newyork, 1994.
Glickstein M. *Neurosience: A Historical Introduction*, The MIT Press-Cambridge, Massachusetts, Londra, İngiltere, 2017.
Gribbin J. *Bilim Tarihi*. Alfa Yayınları, İstanbul. 2013.
Gürüz K. *Medrese vs Üniversite*, Ka Kitap, İstanbul, 2016.
Haas L. "Theodore Schwann (1810-1882)" *J.Neurol Neurosurg Psychiatry*, 66, 103, 1999.
Haymaker W & Baer KA. *The Founders of Neurology*, Charles C. Thomas Publisher, Sprinfield, Illinois, 1949.
Kahya E. & Öner M. *Biyoloji Tarihi*, İmge Kitabevi, Ankara, 2007.
Lampert P.W.& Cressmann M.R. "Fine structural changes of miyelin sheaths after axonal degeneration in the spinal cord of rats" *Am.J.Path.* 49, 1139-1155, 1966.
Mazzarello P. "Camillo Golgi 1843-1926" *J.Neurol. Neurosurg. Psychiatry*, 64, 212, 1998.
Öncel C. *Nörolojinin Öncüleri Antik Çağdan 20. Yüzyıla*, Nobel Tıp Kitabevleri, İstanbul, 2018.
Porter R. *Kan Revan İçinde Tıbbın Kısa Tarihi*, Metis Yayınları, İstanbul, 2016.
Sherrington C. *The Integrative Action of the Nervous System*, Yale University Press, New Haven, 1947.
Truex R.C.& Carpenter M.B. *Human Neuroanatomy*, Williams&Wilkins, Baltimore MD, 1969.
Vienne F. "Worlds Conflicting.the Cell Theories of François–Vincent Raspail and Theodor Schwann" *Historical Studies in the Natural Sciences*, 47, 629-652, 2017.
Wickens A.P. *History of the Brain-From Stone Age Surgery to Modern Neuroscience*, Psychology Press, Taylor & Francis Group, Londra ve NewYork, 2015.

---

hücresel örgütlenmesi için temel kitap niteliği taşır. Cajal bilim türünde kitaplar da hazırlar. Hayatının son yıllarına doğru Cajal artık ünlü, saygın ve çok değerli bir biliminsanıdır. Öyle ki İspanyollar onun resmini paralara koyar. Sonunda istemediği halde Madrid'de senatör olmuştur. 1934 yılında 83 yaşındayken vefat etmiştir. (Wickens. 182-184; Eckoldt. 141; Öncel. 189-191; Finger 47-48).

10

19. Yüzyıl-III: Klinik-Nöroloji, Nöroşirürji ve Psikiyatrigelişiyor

Bir meslek dalı olarak nöroloji ve psikiyatri ancak 19. yüzyılın ortalarında kendini gösterebilmişti. Bu yüzyılda Sanayi Devrimi'nin gerçekleşmesi, bu konuda önemli rol oynamıştı. Ayrıca matbaanın gelişmesi, kitap sayısının artması ve bilimin yavaş yavaş küreselleşmeye başlaması da hekimlerin birbirlerinden daha kolay haberdar olmalarına yol açmıştı. Ancak fizik ve kimyanın gelişmesiyle elektriğin keşfedilmesi, nörolog ve psikiyatristlerin elindeki gücü artıracaktı. Hekimler artık yavaş yavaş nörolog ve psikiyatrist olarak toparlanmaya, deneysellik öne çıkmaya başlamıştı (Ertekin, s. 407-410).

Hastalıklar hakkında 19. yüzyılın modern tıp görüşlerinin ilk işaretlerini henüz 18. yüzyıldayken görmeye başlarız. Modern tıp anlayışının başlangıcında İtalyan anatomist ve hekim Giovanni Battista Morgagni'yi (1682-1771) görürüz.* 1761 yılında 79 yaşındayken beş ciltlik *De Sedibus et Causis Morborum per Anatomen Indagatis* [Hastalıkların Anatomik Olarak İncelendiği Yerler ve Nedenleri Üzerine] adlı kitabını yayımlamıştır. Kitap 700 hastanın hem klinik hem de otopsi bulgularını ortaya koyar, birçok hastada beynin durumunu bildirir ve serebrovasküler hastalıklara ağırlık verir. *De Sedibus* kitabı bir dönüm noktasıdır. Kitap, hekimleri Hippokrates'ten beri var olan *dört sıvı kuram*ından kurtararak organa özgü hastalık kavramını ve pratiklerini

---

* Bkz. 7. Bölüm.

getirir. Morgagni şöyle söyler: "Hastalık, hastalığa yakalanan organın ağlamasıdır."

Anatomistin sorunu, vücudun bir organına yerleşen hastalığın nasıl olduğunu ayırt etmekti. Bu tutumla ortaya konan bilgiyi kullanarak daha rasyonel ve etkili tedaviyi uygulamak amaç edinilmeliydi* (Wickens, s. 243-244; Kahya ve Öner, s. 262-267). Böylece Avrupa'da pratik hekimlikte klinik-patoloji işbirliği ön plana çıkacaktı. Bu yaklaşım daha sonra nöroloji ve psikiyatrinin gelişmesi için çok uygun bir adımdır. Hekimler eski dört sıvı kuramını kafalarından silerken toplumda 18. yüzyıldan beri çok sık görülen bazı psikosomatik ve akıl hastalıklarının karşısındaysa oldukça çaresiz kalacaklardı: histeri, hipokondriasis ve dispepsi (hazımsızlık) gibi. Genellikle bu hastalıkların insan huyundaki dengesizlikten ileri geldiği düşünülüyordu. Histerinin uterustan, hipokondrinin dalaktan ve dispepsinin mideden geldiği sanılıyordu. Dört sıvı kuramı artık dışlandığına göre başka açıklamalara gereksinim vardı.

İngiltere'de, yine 18. yüzyıldan 19. yüzyıla yansıyan iki hekim görüşünün, 19. yüzyılda psikiyatrinin gelişmesine katkı sağladığı öne sürülebilir: İngiliz filozof ve matematikçi George Cheyne (1672-1743) ve İskoçyalı hekim William Cullen (1710-1790). Cheyne sinir sistemiyle mizaç arasında önemli bir bağlantı olduğunu söylemiştir. Ayrıca genel sağlık kuralı olarak egzersiz ve yürüyüşü hastalarına önermiştir. Ayrıca vejetaryenizmin de öncülerindendir. Cullen ise vücuttaki birçok aksiyonun sinir sistemi tarafından kontrol edildiğini anlamıştır. Cullen düşüncelerini şöyle belirtmiştir: "Hayat bir sinir enerjisi fonksiyonudur... Hastalık, özellikle de sinir bozuklukları bu fonksiyonla ilgilidir. Mademki beyin vücuttaki sinir gücünün esas kaynağıdır, o halde bireyin sağlığını saptayan en önemli organ beyindir."

Cullen bu fikirlerini dört ciltlik *Synopsis Nosologiae Methodicae* [Metodik Nozolojinin Özeti] adlı kitapta toplamıştır. Bu kitap *De Sedibus* kitabından sekiz yıl sonra basılmıştır. Özellikle Cullen'in psikiyatrinin gelişmine önemli katkılar sunduğu söylenir. Cullen *neuro-*

---

* Morgagni doksan yıllık yaşamında mikroskoptan uzak durmuştur ve asistanlarının da ilerlemelere yol açacak aygıtları kullanmasına izin vermemiştir veya bu aygıtlardan faydalanmalarını desteklememiştir (Finger, s. 344).

sisi (nevrozu) sinir sisteminin genel bir disharmonisi kabul etmiş ve bu hastalarda patolojik beyin hasarı bulunamayacağını öne sürmüştür. Cullen dört hastalık kategorisi tanımlamıştır: (1) *comata* (beyin damar hastalıkları: apoplexia ve stroke); (2) *adinamie* (istemdışı refleks işleyişte bozukluk); (3) *spasmi* (epilepsi; konvülsiyon); (4) *vesaniae* (melankoli ve maninin dahil olduğu delilik) (Wickens, s. 246).

Her ne kadar zamansal açıdan geriye gitsek de ve düşüncelerinin 18 ve 19. yüzyıla yansıyıp yansımadığını bilemesek de Rönesans Dönemi sonrası İngiliz biliminsanı ve düşünür Robert Burton'u da (1577-1640) bu son gruba dahil edebiliriz.

> *Kendisinin en ünlü kitabı The Anatomy of Melancholy* [Melankolinin Anatomisi] *adını taşır. Bu kitapta, Hippokrates'in dört sıvı kuramından yola çıkarak insanların psikolojik duygusal analizlerini yapmıştır. Burton'a göre çok fazla kan insanı cüretli, cesur ve coşkulu (sanguine), çok fazla balgamsa tembel, duygusuz ve sakin (phlegmatic) hale getiriyordu. Çok fazla sarı safra, insanı öfkeli ve sinirli (choleric) ve çok fazla kara safra ise üzüntülü, kederli ve melankolik (melancholic) yapıyordu. Bu ruh durumları arasında en kaygı vericisi melankoliydi. "Belli oranda melankoli dehanın, ilham veren müziğin ve şiirin kaynağı olabilir ama çok fazlası deliliğe, fiziksel ve ruhsal rahatsızlığa yol açar," diyordu. Melankoli akıl hastalığının yanı sıra aşkla da bağlantılıydı. Aşk ve melankoli edebiyatta zirve yapmıştı* (Wiesner-Hanks, s. 408-412).

Aslında psikiyatrinin 19. yüzyılda gelişmesine yol açan en etkileyici akımı, 18. yüzyılın sonlarına doğru Fransız ruh hekimi Philippe Pinel (1745-1826) ortaya koymuştur. Ruh hastalarını zincirden kurtaran hekim olarak bilinen Pinel *Traitement Moral* [Ahlaki Tedavi] adlı yapıtıyla planlı psikoterapinin ilkelerini belirleyen ilk hekimdir denebilir. Pinel'in başlattığı insancıl akım, başka Avrupa ülkeleri ve ABD'e de yayılır. Giderek ruh hastalarına hastanelerde ve bakımevlerinde sağaltım verme görüşü uygulama alanı bulur. 19. yüzyıla geldiğimizde psikiyatri özellikle Fransız ve Alman hekimlerin uğraş alanı haline gelir (Berrios, s. 484; Muckenhaupt, s. 43-54; Öztürk, s. 4-5; Viets, s. 772-783).

19. yüzyılın ilk çeyreğinde nöroloji alanında en çarpıcı klinik-anatomik rekabet, omurilik köklerinin görevleri üzerinde, İskoçyalı biliminsanı Charles Bell (1774-1842) ile Fransız Joseph François Magendie (1783-1855) arasında geçer. Bu rekabet bilimsel gelişmelerin artışıyla sona erer.

Onların çalışmalarından önce birçok kişi spinal köklerin ve sinirlerin *mikst* (karışık) olduğuna, yani motor ve duyusal yapıların birlikte bulunduğuna ve her iki yönde iletim yapıldığı kanısındadır. Zaten bu görüş Descartes zamanından beri vardır. İsviçreli biliminsanı Albrecht Von Haller (1707-1777) ve hatta Charles Bell'in hocası cerrah Alexander Monroe (1737-1817) da bu kanıdadır. 1809 yılında onların çağdaşı Alexander Walker (1779-1852) omurilik ön ve arka köklerinde duyusal ve motor işlevlerin ayrıldığını söylemiştir. Ama yorumu önemli bir yanlışı içerir. Çünkü ön köklerin duyusal ve arka köklerin motor olduğunu iddia etmiştir! (Finger, s. 27-29).

Aslına bakılırsa daha önce de değinildiği gibi, Antik Roma'da ünlü Galenos zamanından beri omurilik hakkında yabana atılmayacak bilgi birikimi vardı. Omuriliğin her iki yanından dallar çıktığını ve bunların omurilikten çıktıktan sonra çok fazla dallandıkları belirtilmişti. Omurilik kesisi halinde, kesi yeri altında duyu ve hareket kaybı olduğunu Galenos yazmıştı. Çevresel sinirlerin motor ve duyusal olarak ayrılabileceğini ve omurilikte farklı seyredebileceklerini de düşünmüştü. Duyu sinirlerini yumuşak ve motor sinirleri sert olarak tanımlamıştı. Galenos'un bu şekilde sinirleri motor ve duyusal olarak ayırması, onu izleyenlerce maalesef unutulmuştu (Wickens, s. 193). Antik Yunan'da, İskenderiye Okulu'ndan Erasistratos da sinirlerin motor ve duyusal olarak ayrılabileceğini öne sürmüştü (Ertekin, s. 75).

Bu tarihsel girişten sonra, 19. yüzyılın ilk çeyreğinde nöroloji alanında en çarpıcı klinik-anatomik rekabete, İngiliz Charles Bell (1774-1842) ile Fransız Joseph François Magendie (1783-1855) arasında omurilik köklerinin görevleri konusundaki çalışmalarına ve tartışmalara gelelim. Bell, 1810 yılında omurilik ön kısmının beynin frontal bölgesiyle bağlantılı olduğunu fark etmişti. Beynin diğer kısımlarının duyumla bağlantılı olabileceğini düşünmüştü. Bunun için tavşan deneylerine başvurmuş ve omuriliğin farklı bölgelerini incelemişti. Omuriliğin arka kısmına dokununca fazla birşey olmuyordu ancak ön kısımlarına uyarı verilince konvülsif devinimler meydana geliyordu. Öyleyse bu ön bölgeler motor işlevlerden sorumluydu. Bell böylece daha ileri deneylere geçecekti. Dikkatini omurilikten çıkan sinirlere verecekti. Tavşanda omurilik ön ve arka köklerini arka arkaya kesecekti. Ön kök kesilince hemen konvülsif hareketler olduğunu görecekti fakat arka köklerin kesilmesi pek fazla bir değişme yapmayacaktı. Bu gözlemlerini 1811 yılında yayımlayacaktı. Ön köklerin motor işlevlerle ilişkisi açıktı ancak arka kökler hakkında birşey söyleyemeyecekti. Bell'in bu çalışması henüz bilinmiyordu veya ses getirmemişti.

Ama o sıralarda Fransa'da bir başka araştırmacı ortaya çıkacaktı, bu Magendie idi. Hayvanlar üzerinde deney *viviseksiyon* yapıyordu, böylece deney hayvanının tepkilerini daha iyi değerlendirebiliyordu. Magendie de omurilik köklerinin işlevlerini merak ediyordu. Deneylerinde yavru köpekler kullanmış ve ön köklerle arka kökleri makasla kesmişti. Ön kökler kesilince kas kasılması ve sonra paralizi meydana gelmişti. Arka kökler kesilince ilgili alanlarda ağrı da dahil duyumlar kayboluyordu. Açıkça şöyle bir bilgi ortaya çıkmıştı. Ön kökler kaslara giden bilgiyi taşıyordu, arka köklerse dokunma gibi duyusal girdileri omuriliğe taşıyordu. Magendie bulgularını 1822 yılında kısa bir makaleyle açıklamıştı. Magendie ön kök bulguları için Bell'in önceliğini kabul etse de arka köklerin duyusal girdileri (bilgileri) taşıdığı konusunda ilk olduğunu haklı olarak söylüyordu. Bu konu ve rekabet uzun süre tartışılmıştı. Önceleri Magendie deneylerdeki zalimce tutumu (viviseksiyon) nedeniyle, Fransızlar tarafından pek desteklenmemişti. Bu çekişme ve çatışma 1842 yılına dek devam etmişti. O yıl Bell ölmüştü. Tartışmaların ötesinde her iki biliminsanı çok önemli yeni bir nörolojik kavram ortaya atmıştı. Kısaca motor sinir lifleri omurilikten ön köklerle çıkıyor ve duyusal sinir lifleriyse arka köklerden omuriliğe giriyordu. Buna daha sonraları Bell-Magendie Yasası* denecekti. Bu yasa somatik spinal refleks kavramını anlamada

* Bell-Magendie Yasası açısından bazı değişik gözlemlerde bulunduğuna değinmek gerekir. MÖ 310-250 yılları arasında yaşadığı tahmin edilen eski İskenderiye Okulu anatomistlerinden Erasistratos'un hayvan ve insan anatomisi üzerine çalışırken şöyle bir sonuca vardığı söylenir; ön kök sinirlerinin kaslara uyarı sinyalleri taşıdığını, arka kök

çok önemli bir adım haline gelecekti (Wickens, s. 192-194; Viets, s. 772-783; Ertekin, s. 12).

Bell, ayrıca yüz siniri felcini tanımlamıştır, zaman zaman bu yüz felcine Bell Felci denir. Magendie ise farmakolojik olarak *striknin*i bulmuş ve klinik etkilerini incelemiştir. Ayrıca beyin omurilik sıvısı üzerinde önemli araştırmalar yapmıştır (Ertekin, s. 209; Haas, s. 57; Öncel, s. 106-108). Bell aynı zamanda resim sanatına düşkündür. Resimler üzerinden sanat ve anatomiyi bağdaştırmaya çalışan ve özellikle insan yüzleri üzerine eğilen Charles Bell, bu konuda bir de kitap yazmıştır. Önemli bir yaşam anısı da ünlü Waterloo Savaşı'nda hekim ve cerrah olarak bulunması ve bu ortamda çok sayıda ampute askerlerle karşılaşıp cerrahi girişimler yapmasıdır (Wickens.193).

19. yüzyılın ilk çeyreğinde deneysel ve kliniğe yönelik çalışmaların yanı sıra, hastalık antiteleri de belirlenmeye başlamıştır. Bunun prototip örneği *Parkinson* hastalığının tanımlanmasıdır. Oldukça sık görülen bu hastalık ilk kez, Londralı hekim James Parkinson (1755-1824) tarafından bildirilmiştir. Kendisi aynı zamanda jeolog ve paleontologdur. Hastalığı tanımlayan Parkinson'dur ama hastalığa bu adı veren kendisi değildir. Bu hastalığa ait bazı saptamalar Antik Mısır'dan beri zaman zaman ortaya çıkmıştır. Ancak Parkinson hastalığını neredeyse bugünkü gibi tanımlayan kişi James Parkinson'dur. 1817 yılında yazdığı monografta, hastalar üzerinden Parkinsonizmi çok iyi bir şekilde tanımlamıştır. Kitabın ikinci baskısından sonra, hekim çevresindeki etkisi azalır. Parkinson ve kitabı unutulmaya yüz tutar. Kendisi akademik çevrelerden uzak yaşamıştır. Ayrıca politik görüşleri açısından radikal sosyalisttir. İngilizler kendi vatandaşlarını bir türlü ön plana çıkaramazlar. Hatta aynı tip hastalar için *paralizi ajitan* adını kullanır-

sinirlerininse duyumları omuriliğe taşıdığını belirtmiştir. Muhtemelen bu bilgi tartışmalıdır (Kahya ve Öner. 108; Ertekin 74). Günümüzde ön köklerde toplam lif sayısının yaklaşık ¼'ünün miyelinsiz duyusal lifler olduğu saptanmıştır. Bunlar kısmen otonomik sinir lifleridir ve ağrılı duyuma ait sinyallerin iletilmesi işlevine katılırlar. Bu nedenle bazen ağrı tedavisinde uygulanan dorsal rizotomi (arka kök kesilmesi veya kısmen zedelenmesi) operasyonlarında kronik ağrının giderilmesinde başarısız kalınmaktadır. Kuşkusuz bu yeni durum klasik olarak bilinen Bell-Magendie Yasası'nı reddettirmez ama biyolojik yasa kesinliği açısından şaşırtıcıdır. Yani bir bakıma ön kökler saf motor, dorsal kökler de saf duyusal liflerden oluşmamaktadır, diye düşünülebilir (Ertekin. 302-303).

lar. Bununla beraber James Parkinson'un çalışması Fransa'da daha çok tanınır. Burada nörolojiyi tüm dünyaya tanıtan Jean Charcot'nun rolü önemlidir. Onu onurlandırmak için 1869 yılında hastalığa *Le Maladie de Parkinson* (Parkinson hastalığı) adını vermiştir. Buna rağmen Parkinson'un ölümünden hemen hemen 60 yıl kadar sonra William Gowers'in 1888 yılındaki nöroloji kitabında hastalık için hâlâ *paralizi ajitan* adı kullanılmıştır (Wickens 247).*

Aynı çağda yaşayan Moritz Heinrich Romberg (1795-1873) sinir sistemi hastalıkları ağırlıklı ilk nöroloji kitabını yazan Alman hekimdir. 1840 yılında basılan kitabın adı *Lehrbuch der Nervenkrankheiten*'dir [Sinir Hastalıkları Ders Kitabı]. Frenginin kronik bir formu olan, *tabes dorsalis*i çok iyi tanımlamış ve omurilik arka kordon tutuluşunun belirtisi olarak Romberg denge testini önermiştir. Bu test, gözler kapalıyken ayakta dik durma sırasında sallantı ve düşmeyle giden bir denge bozukluğu olup olmadığına bakmaktan ibarettir. Günümüzde hâlâ kliniklerde kullanılır (Viets, s. 772-783).

Patolojiyle bağlantılarını kesmeksizin Paris'te, 19. yüzyılın ilk yarısında ve sonrasında iki klinisyenin adı, tanıları ve ortaya çıkardıkları hastalıklar dünya tıp tarihine geçmiştir: Duchenne de Boulogne (1806-1875) ve Jean Martin Charcot (1825-1893) (Viets, s. 772-783; Haymaker ve Baer, s. 266-269; 275-279; Ertekin, s. 11-13).

Duchenne de Boulogne (veya Guillaume Benjamin Amand Duchenne) tüm yaşamı boyunca, sinir ve kas hastalıklarını incelemiştir. Değişik tipte kalıtsal ve sonradan olma kas ve sinir hastalıklarını tanımlamıştır. Kas ve sinir hastalıklarını anlayabilmek için kas biyopsisi bıçağını geliştirmiş, faradik akım yoluyla bir elektrodiyagnostik (elektro tanı) yöntem bulmuştur. Bu yöntem çizgili iskelet kaslarını elektrik akımı vererek uyartma ve alınan sonuçlara göre kastaki bozukluğun nereden gelebileceğini anlamaya yönelikdir. 1833 yılında yüzeysel uyarım elektrotları kullanarak ve alternatif akım vererek kasların kasılmasını sağlamıştır. Tabii ki bu çalışmalar Faraday'ın alternatif akımı bulmasından sonradır. Duchenne bu akıma *Faradik akım* demiş ve bunu ayrıca tedavide de kullanmıştır (Licht, 1. bölüm). Deri

* Ayrıca bkz. İnsanda Motor Davranış Tarihi-II BÖYLE BİR BÖLÜM YOK.

üzerinden elektrik akımı verilerek kasların kasılması olayını da *lokalize elektrizasyon* olarak tanımlamıştır. Duchenne kasın üzerindeki bazı noktaların daha etkin uyarılabileceğini söylemesine rağmen çok yüksek akım şiddeti ve aralıklı duran iki kas elektrotu kullanmıştır. Alınan kas yanıtının klinik ve elektrik özelliklerine bakarak klinik tanıya yardımcı olmasına çalışmıştır. Ancak bu yöntem risk taşır; örneğin akım şiddetinin kontrolden çıkmasıyla bir hastasında boyun omurlarından birinde kırık oluşmuştur. Her ne kadar Duchenne klasik elektrodiyagnostiğin öncüsü kabul edilse de Paris'te bu çalışmaları yaptığı dönemde çağdaşlarına kendini hemen kabul ettirememiştir. Aynı dönemde Alman nöroanatomist ve fizyolog Robert Remak (1815-1865) da elektrodiyagnozla ilgilenmiştir. Kaslarda bazı noktalara akımın daha kolay ve etkin ulaştığını söylemiştir. Yani bugün bildiğimiz kasın motor noktalarını kastetmiştir. Günümüzde bu noktaların sinir uçlarının motor son plaklara ulaştığı noktalar olduğunu biliyoruz. Dolayısıyla buradan bir bakıma sinir kas uyarımı sağlanmaktadır. Bu noktadan itibaren Duchenne ile Remak arasında mesleki ve bilimsel tartışma başlamıştır.

O zamanlar bu durum neredeyse Fransız-Alman rekabetine dönüşmüştür. 1852 yılında Duchenne, Alman meslektaşlarını Paris'te bir gösteriye davet eder. İşin gösteri kısmı gayet iyi olmasına rağmen tekniği ve fizyolojik açıklamaları doyurucu bulunmaz. Berlin'e döndüğünde Remak, "Duchenne'in niyeti, bu işin sırrını kendine saklamak," der. Duchenne buna şöyle yanıt verir: "Öğrencilerin önünde bu deneyi yapıyorum ve elektrotlarımı anatomik nedenlerle çalıştığım kasın şu veya bu noktasına koyuyorum. Remak benim birçok kasta nasıl kasılma yaptığımı gördü. Buna göre kimin metodu iyidir veya kötüdür? Buna kim karar verecek? Acaba ben Remak'in anatomik bilgisiyle verdiği bulgulara güvenebilecek miyim? Kendisi beni jonglör mü sanıyor?" Bundan sonra, temelde nöroanatomist olan Remak bilim onuru için kendini motor noktaları ayırmaya vermiş ve sonunda bu noktaların sinirlerin kasa toplu giriş noktaları olduğunu kesinlikle bulmuştur. Şöyle ki asistanı Ziemssen aracılığıyla 1857 yılında agoni halindeki hastalarda motor noktalara gümüş nitrat zerk etmiş ve ölümden hemen sonraki incelemelerinde bu noktaların kasa giren motor sinirlerin toplu giriş noktaları olduğunu bulmuştur.

Her ne kadar bugün artık Duchenne klasik elektrodiyagnostiğin öncüsü kabul edilse de bu çalışmalarını yaptığı dönemde sıkıntılı durumlar yaşamıştır. Fransa'da kendi akademik çevreleri onu görmezden gelmiştir. Ama daha sonra kendisini bütün dünya tanıyacaktır. Duchenne kas-sinir hastalıklarında önemli buluşlar ortaya koymuştur. Bunların başında *ilerleyici kas distrofisi* gelir. Bugün bu hastalık *Duchenne distrofisi* veya *miyopatisi* adıyla anılır (Ertekin, s. 8-11; Haymaker ve Baer, s. 275-279; Licht, 1. bölüm, Pearce, s. 67).

Resim 10.1. Fransız nörolog ve elektrodiagnoz uzmanı Duchenne de Boulogne, Haymaker W. ve Baer K.A., *The Founders of Neurology*, Charles C. Thomas Publisher, Springfield, 1949.

Duchenne'in en büyük keşiflerinden bir diğeri de yüz mimikleri ve duygular üzerinedir. Kendisi aynı zamanda tıbbi fotoğrafçılığın öncülerinden biridir. Bu özellikleri ve incelemelerini birleştirerek, yüz kasları üzerine elektrik akımı vererek yaptığı deneyleri ve fotoğraflarını* bir albüm halinde toplar. Hatta Charles Darwin duygular ve evrimle ilgili kitabında Duchenne'in albümünden çok yararlanmıştır (Haymaker ve Baer, s. 275-279; Viets, s.772-783; Ertekin, s. 8-9, Ertekin, s. 613-632).

Jean Martin Charcot (1825-1893) Fransa ve Paris'te nöropsikiyatrinin en parlak dönemini yaşatmış bir nöropsikiyatrist ve patologdur. Tıbbın çeşitli dallarındaki hastalıklarla ilgilendikten sonra Salpêtrière Akıl Hastanesi'ne tayin edilince, bütün çalışmalarını nöroloji ve psikiyatri alanında yürütmeye başlar. Birçok nörolojik hastalığı tanımlamış, diğerlerinde önemli klinik belirtiler bulmuş ve kitaplar yazmış-

* Fotoğraf sözcüğü 1839 yılında astronom John Herschel tarafından bulunmuştur ve astronomide yıldız fotoğrafları için kullanılmıştır. Fotoğraf antropoloji, astronomi ve tababetin içine 19. yüzyılda girmiştir (Fara, s. 293-298 ve 375-377).

tır. Ancak o dönemde histeri ve hipnoz üzerindeki çalışmaları ve gösterimleri çok fazla dikkat çeker. Hipnozu o dönemde kabul edilebilir bir yöntem haline getirir. Bu yöntem bugün de psikiyatri ve psikoloji alanlarında hâlâ kullanılabilmektedir. Öğrencileri arasında sonradan ünlü olan pek çok isim sayılabilir. Sigmund Freud ve Pierre Janet sonradan çok ünlü olan psikiyatristlerdir. Her ne kadar nöroloji adını daha önce 17. yüzyılda Thomas Willis koysa da Charcot katkılarıyla nörolojinin ayrı bir bilim ve meslek dalı haline gelmesini sağlamış ve yalnız Fransa'da değil, tüm dünyada yaygınlaşmasına neden olmuştur.

Tabii ki bu konuda İngiltere'de Gowers ve Almanya'da Wilhelm Heinrich Erb'in (1840-1920) rollerini de unutmamak gerekir. Klinisyen olarak Almanya'da Heinrich Erb çok ün salmış ve birçok klinik hastalık ve klinik fenomeni tanımlamıştır. Heidelberg'de çalışmıştır. Kendisi bir bakıma zaman dizinsel açıdan Duchenne de Boulogne'in devamı gibidir. Nörologların sembolik aleti olan refleks çekicini ilk bulanlardan Fransız Joseph Jules Dejerine (1849-1917) de sayılabilir (Ertekin, s. 12-14; Haymaker ve Baer, s. 266-269 ve 279-282; Viets, s. 772-783).

Nörolojideki yeri ve kronolojik sıra bakımından Charcot'yu daha fazla mercek altına alıp yaşamına bir göz atmak çok yararlı olsa gerek. Her şeyden önce modern nörolojiyi ayrı bir uzmanlık dalı olarak yaratan hekimdir. Gençlik yıllarında aktör olmayı düşünürken hekim oluvermiştir. Onun aktörlük yeteneği, kendi hastalarının davranışlarını öğrencilerine aktarırken çok işine yarayacaktır. 1852 yılında tıp eğitimini Paris'te tamamlar; on yıl kadar çeşitli hastanelerde çalıştıktan sonra, 19. yüzyılın ortalarında kendini Salpêtrière Akıl Hastanesi'nde bulur. Salpêtrière akıl hastalarına özgürlük tanıyan bir hastanedir, Pinel zamanından beri uluslararası ün kazanmıştır. Zamanının en büyük ve ünlü hastanesidir. Bununla beraber 19. yüzyıl ortalarına doğru, hastane neredeyse bir harabeye dönmüştür. Yönetimi kötüdür ve 4500 hasta kadın Salpêtrière'e sığınmıştır. Böyle bir ortamda çalışmaya başlayan Charcot, karşısında çok geniş bir medikal alan bulmuştur. 1862 yılında arkadaşı Alfred Vulpian ile medikal servislerden birinin şefi olurlar. Hemen organize olup hastaları uygun bir şekilde servislere dağıtırlar. Belli bir çalışma ortamı sağlanır. Arkadaşı Vulpian beş yıl sonra hastaneden ayrılır. Charcot ise tüm kariyeri boyunca Salpêtrière'de kalır. Geniş hasta materyali üzerinden büyük bir deneyim kazanır, hastanenin yöneticisi olur. Başlangıçta Vulpian ile birlikte eski, kullanılmayan bir mutfağı patoloji laboratuvarı haline getirirler. Amaç hastalarda gördükleri anormalliklerle, öldükten sonraki anatomo-patolojik bulgular arasında korelasyon sağlamaktır. Bu bakış açısı hastalıkların ve hastaların sinir sistemi patolojik durumunu anlamak bakımından önemlidir. Charcot'nun ellerinde hastalıkların sınıflandırabildiği çok etkili bir silah haline gelir. Charcot için dikkatli bir klinik gözlem çok önemlidir. Çünkü aynı belirtileri gösteren ve paylaşan farklı hastalıklar vardır; bunların birbirinden ayrılması gerekir. Belki de onun artistik eğilimleri, bu farklılıkları ayırmasında kendisine çok yardımcı olmuş, bu özelliği ve gözlem keskinliğiyle önceden bilinmeyen hastalıkları ortaya çıkarabilmiştir. En önemli katkılarından biri, *multiple sclerose* veya *sclerose en plaques* (MS hastalığı) hastalığı üzerinde olmuştur. Daha önceden bu hastalığı ve bazı patolojik özelliklerini bildirenler de vardır. Örneğin İskoçyalı patolog hekim Robert Carswell (1793-1857) ve Fransız anatomist Jean Cruveilhier (1791-1874) 1838 yılında birbirinden bağımsız bu hastaların beyinlerinde, hastalığa özgü dağınık plakların olduğunu göstermiştir. Charcot bu plakları gözlemlemiş ve 1866 yılında yayımlamıştır. Daha sonra Charcot hastalığın beyin ve omurilikte miyelin bozukluğundan ileri geldiğini göstermiştir. Multipl skleroz (MS) hastalığını o kadar net bir şekilde tanımlamıştır ki, kimileri buna Charcot hastalığı adını vermiştir. Bununla beraber hastalık İngiltere'de *dissemine skleroz* ve 1950 yılından sonra tüm dünyada *multipl scleroz* adıyla anılmaya başlamıştır. Charcot, daha önce belirtildiği üzere, Parkinson hastalığına James Parkinson'un adını vermiş ve tüm dünyada tanınmasına neden olmuştur. Bu arada MS'de istemli hareket sırasında bir titreme (tremor) görüldüğünü, Parkinson hastalığındaysa (kısaltması PD veya PH), istirahat titremesi bulunduğunu vurguladığını anımsatmak gerekir. Daha önce hiç bilinmeyen, klinik ve prognozu genellikle kötü giden *motor nöron hastalığı*nı tanımlamış ve adını sinir sisteminde tutulan bölgeleri dikkate alarak *amiyotrofik lateral skleroz (ALS)* koymuştur. Daha başka birkaç nörolojik hastalığın da ortaya çıkmasını sağlamıştır.

Charcot'nun meslek yaşamında kuşkusuz histeri konusu büyük yer tutar. Charcot'nun gençlik yıllarında histeri, çoğu zaman epilepsiyle karıştırılıyordu. Bazı hekimler bunun beyinde organik temeli olduğuna inanıyordu. Bazıları da bu hastalık bir aldatmadır (*malignering*) diyordu. Charcot'nun erken dönemlerinde histeri hastaları onun koğuşlarına gönderilmiyor, sadece ruhsal hastalıklar üzerine çalışan hekimlere bu hastalar yönlendiriliyordu. 1870 yılında Salpêtrière'de yönetim kararıyla histerik hastalar onun koğuşlarına gönderilmeye başlanmıştı. Charcot birkaç yıl bu hastaları gözlemlemişti. Onların belirtilerini değiştiren, düzelten birtakım tam medikal olmayan yöntemler kullanmıştı. Bu arada hipnozu da denemişti. Sonra ünlü "Salı Konferansları"nda düşüncelerini ve elde ettiği bulguları meslektaşlarına aktarmıştı. Paris'ten ve diğer şehirlerden gelenlerle bu toplantılara yoğun bir katılım sağlanıyordu. Cuma günleri de konferanslar veriyordu. Charcot 1870'li yıllarda histerinin bir tür herediter durum olduğunu düşünmüştü. Bu kişiler kuşkulu nörolojik belirtiler gösteriyor ve belirtiler şok veya son derecede travmatik kişisel olay sonucu tetikleniyordu. Ayrıca böyle hastalara dikkat ettiğinde, daha önce görülmeyen garip belirtilerle karşılaşılabiliyordu. Birçok hasta sanki nörolojik bir hastalığı yansıtır gibiydi. Bu konuda öğrencisi Joseph Babinski histeriklerin telkine çok elverişli kişiler olduğunu söylemişti. Charcot'nun histeri üzerine çalışmaları bir bakıma çok gurur verici olmamıştı ve en başta onun öğrencileri, Sigmunt Freud ve Pierre Janet gibi değerli psikiyatristler, sonradan onun düşüncelerine karşı tezler öne sürdüler.

Charcot, Salpêtrière Akıl Hastanesi'nde yirmi yıldan fazla şef hekim olarak çalışmıştı. Orada dünyanın en ünlü, en önemli, uluslararası saygınlık kazanan nöroloji kliniğini kurmuştu, ayrıca bu bir ilkti. Özel koğuşlar, mükemmel araştırma laboratuvarları ve öğrenim olanaklarıyla tüm dünyadan genç hekimleri kendine çekiyordu. Bunlar Fransız hükümetinin gözünden kaçmamış ve Charcot 1881 yılında dünyada nörolojik hastalıkları tanımlayarak kurumsallaştıran ilk hekim olarak 200 bin frank ödülle onurlandırılmıştı. Charcot'dan sonra hekimler artık beyin ve omurilik işlev bozukluklarını, sinir ve kas ayırımını ve psikiyatrik bozuklukları daha iyi tanılamayı öğrenmişti. Charcot tek başına modern nörolojik hastalıklar sınıflamasını ortaya çıkarmıştı. Salı ve cuma konferansları derlenip toparlanıyordu. Bunlar *Oeuvres Complétes* adıyla dokuz cilt olarak 1877-1890 arasında yayımlanmıştı. Bazıları İngilizce'ye çevrilmişti. Aslında Charcot'nun kendisi bir linguistti ve İngilizce, Almanca, İtalyanca ve İspanyolca konuşabiliyordu. Çok bilgiliydi. Özgün bir aklı ve mantığa dayalı bir düşünce yapısı vardı. Çok güzel konuşur ve konuşmalarını artistik jestlerle süslerdi ve aynı zamanda çok çalışkan biriydi (Wickens, s. 248-257; Haymaker ve Baer, s. 266-269; Ertekin, s. 12-13).

Resim 10.2. Nörolojinin öncülerinden Jean Martin Charcot. Kaynak

19. yüzyılın ilk yarısında diğer bazı hekimler de nörolojinin sonraki zamanlarında değer kazanacak anatomo-klinik katkılarda bulunmuştur. Bu nöroloji öncülerinin bazılarını burada anmak gerekir. Örneğin Luigi Rolando, Karl Friedrich Burdach, John Abercrombie, Richard Bright, Marie Jean Pierre Flourens, Jean Babtiste Bouillaud, Charles Lolock gibi...

İtalyan Luigi Rolando (1773-1831), günümüzde beyin korteksinde *sulkus sentralis* adıyla bilinen ve frontal lobla parietal lobu ayıran yarığı keşfetmiştir. Bu yarık onun adıyla anılır (Rolando yarığı). Bu yarığın önünde motor işlevleri taşıyan girus (*prerolandik korteks*) ve arkasındaysa duyumları alan girus (*postrolandik korteks*) bulunur. Bu ve benzeri şekilde serebral girusların belirli bir yapılanma ve pozisyonda olduğunu öne sürmüştür. Belki de bu çalışmalarıyla beyin lokalizasyoncularının öncülerinden biri olduğu söylenebilir. Ayrıca hayvan deneyleriyle korteksi elektrikle uyarıp epilepsi nöbetleri yaratmıştır. Bu yüzden korteksi elektrikle uyaran ilk araştırıcı da denilebilir.

Serebellumun duyusal ve kognitif işlerle ilgili olmadığını söylemiştir.*

Karl Friedrich Burdach (1776-1847), Alman felsefeci ve hekimdir. Beyindeki birçok yapıyı ilk kez tanımlamıştır. Amigdala ve *fasciculus cuneatus* (Burdach demeti) bunlar arasındadır. Alkol ve potasyumla hazırlanan geliştirilmiş, yeni bir boyama tekniğiyle sinir dokularının daha iyi görülebilmesini sağlamıştır. Bu teknik, sonradan Golgi'nin geliştirdiği gümüş nitrat boyama tekniğinin öncüsü sayılabilir.

Richard Bright (1789-1858), aslında böbrek hastalıkları üzerinde çok ünlü olmuş İngiliz hekimdir. Beyin üzerinde de önemli çalışmaları ve düşünceleri vardır. Epilepsinin patogenezinde serebal korteksin önemini ilk vurgulayan kişidir. Aynı zamanda *primer jeneralize nöbet* ile *parsiyel motor nöbet*lerin ayrıntılı olarak ayrımını yapan ilk hekimdir. İlk kez, Todd'dan da önce *postiktal paraliziyi* tanımlamıştır. Absans nöbetlerinin tam ve ayrıntılı tanımını yapmıştır. Broca'dan önce konuşmanın sol hemisferden kaynaklandığını bildirmiştir.

Marie Jean Pierre Flourens (1794-1867) aslında beyin lokalizasyonu ve bütünlüğünü ele alan önemli çalışmalarıyla çok tanınmış Fransız hekimdir.

Bu konuyu kapatırken son olarak Jean Babtiste Bouillaud'ya (1796-1881) değinmek gerekir. Onun çok önemli bir keşfi yoktur ama frontal loblarda konuşmanın üretildiğini söyleyen öncülerdendir. Honore de Balzac'ın ünlü *Goriot Baba* romanının kahramanlarından biri olmuştur. Bu eserin geçtigi *Vauquer Pansiyonu*'nda gençlik yıllarında kalmıştır, Balzac onu gözlemleyerek ünlü romanındaki parasız hekim tipini yaratmıştır. Aslında Paris'e beş parasız gelmişse de Dupuytren ve daha sonra Magendie ile çalışma fırsatı bulmuştur. J. Gall'in frenolojisinden etkilenerek konuşma merkezinin frontal lobda olduğunu gözlemlemiş bir klinisyendir. 1825 yılında bu bulgusunu Ulusal Tıp Akademisi'nde bildirmişse de bazı üyeler sonuçlara itiraz etmiştir. Ama daha sonraki yıllarda benzeri olgularını otopsi bulgularıyla sunacaktır (1848). Fakat yine meslektaşlarından itirazlar yükselince, şu öneriyi getirecektir: "Derin bir frontal lob lezyonunun konuşma bozukluğu yapmadığını kanıtlayana 500 frank ödül vereceğim." Ancak bir cerrah arkadaşı

* Ayrıca bkz. 7. Bölüm.

iki yanlı frontal lobda büyük bir uru olan fakat konuşmasında hiçbir bozukluk olmayan hastayı Bouillaud'ya gösterecektir. Bunun üzerine vadettiği parayı büyük bir isteksizlik içinde cerrah arkadaşına vermek zorunda kalacaktır. Aslında frontal ur başka frontal bölümleri sarmış fakat konuşma merkezi korunmuştur. Bundan sonra maddi durumu biraz sarsılır ama damadından aldığı parayla durumunu kurtaracaktır. Damadı Doktor Ernest Aubertin'dir ve onun fikirlerini destekleyecektir (Meyer, s. 33; Öncel, s. 102-104, 111-112, 114-116 ve 121-122; Stookey, s. 1024).*

Frenoloji: Beyin ve Bilimsellikten Popülarizme Geçiş

Nöroloji ve özellikle beynin daha iyi bilinir hâle gelmesi kolay olmamıştı. 18. yüzyıl ve hatta 19. yüzyılın ilk elli yılı bilim kavgalarıyla, din ve politik kurumların gereksiz ve baskıcı girişimleriyle geçmişti. Yine de bilim ve sağlık konularında bilgi birikimleri aşama aşama artıyordu. Beyin üzerindeki çalışmalar ve çatışmalar genellikle zamanın sıradan insanlarını çok fazla ilgilendirmiyordu. Ancak 18. yüzyılın son yılları ve 19. yüzyıl başlarında, Alman hekim Franz Joseph Gall (1758-1828) ve onun *kraniyoloji*si toplumu fazlasıyla ilgilendirmeye başlamıştı. Gerek destekleyenler gerekse karşı çıkanlar ortaya çıkmıştı. Sonraları frenoloji (*phrenology*) adını alan bu akım bütün Avrupa'yı etkilediği gibi ABD'ye dek uzanmış ve olay bilimsel ölçütlerden çıkarak popülarizme doğru kaymıştı. 19. yüzyılın en popüler konularından biri veya belki de ilkiydi. Peki bu Joseph Gall kimdi ve kraniyoloji ve frenoloji ne anlatıyordu? Burada Gall'in çocukluk ve öğrencilik yıllarından başlayarak açıklama getirmek gerekecek. Gall Almanya'da doğmuştu, çevresine dikkatli ve iyi bir gözlemciydi. Daha gençlik yıllarında güçlü belleği olan bazı başarılı öğrencilerin yüz ve kafa şekillerinin farklı olduğu dikkatini çekmişti. Bu çocuklar çıkık ve patlak gözlüydü ve alınları da genişti. İnsanların kafa/yüz görünümüyle beyin işlevleri arasında bir ilişkiyi böylece düşünmeye başlamıştı. Ama bu konuyu irdelemesi için hekim olması gerekiyordu. Tıp eğitimine Almanya'da başlamış, sonradan Viyana Tıp Fakütesi'nden tıp doktoru olarak mezun olmuş ve

* Ayrıca bkz. 11. Bölüm.

Viyana'da yaşamını sürdürmüştü. Büyük bir ruh ve akıl hastanesinde hastaların fasiyal (yüz) ve kraniyal (kafa) yapılarını ve kişilerin davranış özelliklerini inceliyordu. Diğer taraftan bir yandan aydın kişiler ve sanatçıları incelerken, öte yandan hırsız ve canileri gözlemliyordu. Bunun için Viyana Polis Departmanı'ndan yardım almıştı. Kısacası karakter özelliğiyle kafa görüntüsü arasında bir uyum olup olmadığını araştırıyordu. 1802 yılında kendisine ait 300 kafatasından oluşan bir koleksiyon oluşmuştu. *Physiognomy* (fizyognomi) 18. yüzyılın son yılında Viyana ve Avrupa'nın diğer bazı yerlerinde herkesi ilgilendiren popüler bir konu haline gelmişti. Gall de fizyognomi üzerinden araştırmalar yapmaya niyetlenmişti. Fizyognomi bir kişinin zekâ ve karakterinin kendi yüz görünümünden anlaşılacağı inancıydı.

Fizyognomi ilk kez İsviçreli Rahip Caspar Levator (1741-1801) tarafından ortaya atılmıştı ve diğer bir ifade ile insanların yüzü ve dış görünümüne bakarak ruhsal yaşamları ve karakterleri üzerine varsayımlar üretilmesi anlamına geliyordu (Eckoldt, s. 112; Batuhan, s. 260). Ancak Gall'i esas itibarıyla etkileyenler başka isimlerdi. İsviçreli doğabilimci Charles Bonnet (1720-1793) etkilemişti onu ilk. Beyni farklı organların toplandığı yer olarak düşünmüştü. Diğeriyse Alman filozof Johann Gottfried Herder (1744-1803) idi. Vücudun her işlevini beyinde kontrol eden bir organın olması gerektiğini düşünüyordu (Wickens, s. 140). Bütün bunlar, J. Gall'i şöyle bir düşünceye götürmüştü: Gözlerin ve alnın arkasında bulunan ön beyinde, yazılı materyalleri hatırlama yeteneğinin yer aldığını düşünüyordu. Keza diğer psikolojik işlevlerin de beyinde lokalize edilebileceğini düşünmüştü. 18. yüzyıl sonunda kafasındaki düşünceleri organize etmişti. Gall'e göre beyin korteksi içinde belirlenen görevleri taşıyan anatomik yapıların kafa kemiklerine yaptığı baskılar sonucu, kafatasında buna uygun morfolojik değişmeler ortaya çıkıyordu. Bu da kafatası biçiminin, onu taşıyan kişinin özelliklerini ve yeteneklerini yansıtması anlamına geliyordu. Şöyle bir senteze gitmişti: Davranış özelliklerini yansıtan kafatasının biçimi, onun hemen altında yer alan serebral korteksin yapısal özelliklerini yansıtır, onun bir izdüşümü gibidir. Gall beyin korteksinde yirmi yedi çift beyin organı/işlevi bulmuştu. İşi iyice ileri götürmüştü. Arkadaşlık bağından, dinsel duygusallığa, bilgelikten taklit gücüne kadar çeşitli görevlerin yer aldığı bir beyin-kafatası işaretlemesi yapmıştı. Üreme duygularını ense köküne yerleştirmişti. Hayvanlarda on dokuz duygu organı olduğunu belirtmişti. Gall bu arada, "İnsan hayvanların en gelişmişidir, fakat sonuçta yine hayvandır," demişti (Eckoldt, s. 115-116; Wickens, s. 135-136; Finger, s. 32-34). Gall'in lokalizasyonlarında üreme içgüdüsü ya da seksüel arzular serebellum içinde gösterilmişti. O halde ense ve kafanın en arka kısmı, bu içgüdüler ve serebellum ile doğal bir bağlantı içinde olmalıydı. Bunun için Gall kadın ve erkeklerin ense bölgelerini incelemişti. Güçlü seksüel içgüdüleri olan erkeklerde, boyun ve ensenin daha geniş olduğunu öne sürmüştü. Ensenin erotojen bir bölge olduğunu da eklemişti buna. Kulağın hemen üstündeki kafa bölgesine "parçalayıcılık, tahrip edicilik" yeteneğini yerleştirmişti. Bu bölgenin profesyonel cellatlarda şişkin olduğunu belirtmişti. Yırtıcı hayvanlarda da bu bölge özellikle gelişmişti. Hırsızlardaysa temporal bölgelerin (şakaklar) çok gelişmiş olduğuna dikkat çekmişti. Gall bu bağlantılar ışığında, kriminal davranışı sosyal bir olay olmaktan çok bir tür beyin hastalığı olarak yorumlamıştı. Bu bireylerin eğitimini yeniden ele alarak tedavi etmenin mümkün olabileceğini de ileri sürmüştü. Genel eğitim konusunda da özgün ve alışılmadık fikirler ortaya atmıştı. Burada günümüz için de önem taşıyacak şu sözlerini aktarmak gerekir: "Tüm insanların beyni aynıdır. Bu nedenle aynı eğilimler ve yeteneklere sahip olabilirler. Örneğin bir zenciyle bir Avrupalı, canlılar silsilesindeki skalada aynı seviyede durmaktadır." (Wickens, s. 143). Bunun belki de ırkçılık karşıtı ilk söylemlerden biri olduğu kabul edilebilir.

J. Gall 1792 yılında *craniology* (kraniyoloji) adını verdiği kuramını ve bulgularını konferanslar aracılığıyla bildirmeye başlamıştı. İlk önce kurduğu bu kurama *schadellehre (kafatası öğretisi)* adını koymuştu. Daha sonra *craniology* ve *organology* terimlerini kullanmıştı. Ancak bu sistem sonunda *fhrenology* (frenoloji) adıyla tanınmıştı. Konferanslarında bazen gösteriler de düzenliyordu. Ancak 1797 yılında kendi temel ilkelerini bir Alman dergisinde yayımlamıştı. Viyana'daki konferansları bir hayli popüler hale gelmişti ve bu konferansların bazıları yazılı olarak da yayılıyordu. Konferanslara Johann Gaspar Spurzheim (1776-1832) de katılıyordu. Daha sonra Gall'in asistanı olacaktı (Finger, s. 32-34).

Resmî kurumlar ve din otoriteleri giderek Gall'in düşüncelerinden ve popülaritesinden rahatsız olmaya başlamıştı. Ruhsal yetenekleri fütursuzca kafatasına yerleştirmeye çalışması, başka insanları da huzursuz edecekti. İmparator Franz bu öğretiye duyulan ilgiyi endişeyle izlemişti ve Viyana'daki üniversite profesörlerinin onayını alır almaz, bu düşünce ve varsayımlara yasaklar gelecekti. Bu nedenle Gall Avusturya Viyana'dan 1805 ayrılmak zorunda kalacaktı ve asistanı Spurzheim ile beraber Almanya'ya dönecekti. O sıralar kırk yedi yaşındaydı. Ancak bu yasaklamalar Gall'in kraniyolojisinin hatırı sayılır derecede yayılmasına yol açmıştı. Gall'in sistemi hakkında başkalarınca basılmış küçük rehber broşürler çevrede okunuyordu. Halk düşüncelerine ilgi gösteriyordu ve bu ilgi Almanya'ya da yayılmıştı. Anatomik araştırmaları çok ilgi çekiyordu. Okurları ve meraklıları arasında üniversite profesörleri, öğrenciler ve hatta aşırı meraklı saray kadınları bile vardı. Hatta Goethe'nin bile Gall'in konferanslarının müptelası olduğu bilinir.*

Viyana'yı terk ettikten sonra, değişik Avrupa şehirlerinde konferans dizilerine başlar. Bu turlar hem eğlencelidir hem de bilgi verme amacına yarar ona kalırsa. Çok eleştiri almasına rağmen Gall Avrupa'da çok ünlenir. Avrupa'da iki yıl konuşmalar yapar. Bu arada zengin olur ve ünü daha da artar. Gittiği ülkelerdeki muhafazakar akademik otoriteleri etkileyemez fakat değişik gazeteler, magazin dergileri ve diğer yayınlarda onun sistemi ve karşıtlarının görüşleri birlikte yayımlanmaya başlar. Ne olursa olsun bu uluslararası merak, olumlu ve olumsuz ilgi, tarihte ilk kez beyin konusunu çekici ve popüler hale getirir (Wickens, s. 136-137).

Avrupa'da süren iki yıllık turlardan sonra J. Gall Paris'e yerleşir ve hayatının sonuna kadar Paris'te yaşar. Fransızcayı akıcı bir şekilde ko-

* Prusya Kralı III. Freidreich, Wilhelm Gall onuruna bir şölen düzenlemiş ve fırsatını yakalamışken bu ünlü kişiyi sınamayı ihmal etmemişti. Şölene, kralın yüksek subayları diyerek tanıttığı bazı şüpheli kişileri de davet etmişti. Hepsine üst düzey subay üniformaları giydirilmişti. Ancak Gall bu durumdan işkillenmişti. Adamlardan birinin yüzünde herhangi bir kahramanlık izi görmediği gibi başının şeklinden onun saldırganlık ve yıkıcılık eğilimli olduğunu fark etmişti. Bu saptamasını Kral'a aktardığında Kral, bu adamın hapishaneden getirtilmiş bir mahkûm olduğunu itiraf etmişti. Kral Freidreich Gall'in bu yeteneklerinden o kadar etkilenmişti ki onun adına bir madalya bastırdığı söylenir (Eckoldt, s. 111-112).

nuşur ve kısa sürede Paris'in en popüler hekimi haline gelir. Geniş bir çevre kazanır. *Craniology ve organology* çalışmalarının akademik çevrelerden kabul görmesini ister. Bu bağlamda Fransız Bilim Akademisi'ne yanaşmak ister fakat kabul görmez. Sadece akademik çevreler değil, o sıralarda Fransa'nın başında bulunan Napolyon Bonapart da Gall'e antipati duyar ve onun bir şarlatan olduğunu söyler. Diğer sosyal ve dinsel otoriteler de kendisine karşı olumsuz davranış gösterirler. Tüm bunlara rağmen Fransız vatandaşlığına kabul edilir. Gall Paris'e yerleştikten sonra dört ciltlik bir kitap yazar: *Anatomie et Physiologie du Systeme Nerveux* [Sinir Sisteminin Anatomisi ve Fizyolojisi]. Kitaba 100'den fazla şekil bulunan bir atlas da ekler. Kitap çok pahalıya mal olur, yüksek fiyattan satılır (1000 frank) ve çok eleştiri alır. Sansür otoriteleri tarafından ateizmle suçlanır. Bunun üzerine kitabı yeniden düzenler ve çok daha ucuz hale getirir; altı cilt halinde 1822-1825'te yayımlanır. Bu kez *Sur les Fonctions du Cerveau* [Beyin İşlevleri Üzerine] adıyla basılır. Bu kitap halkın geneline daha fazla hitap eder (Wickens, s. 137-138; Eckoldt, s. 115-116).

Gall'in kitaplarına, asistanı Spurzheim de katkıda bulunur ancak Gall daha kuramsal düşünürken Spurzheim işin daha çok pratiğine bakar. Sonunda anlaşamazlar ve Paris'te yollarını ayrırlar; daha sonra Spurzheim, yeni bir kafatası yorumcusu olarak ortaya çıkar. İngiltere'ye ve oradan da ABD'ye geçer. Frenoloji daha yaygınlaşır, daha popüler fakat daha eğlenceli bir hâle gelir (Finger, s. 32-34; Greenfield, s.16-18).

Burada bir noktaya değinmek gerekir. Gall ve Spurzheim'den önce beyin ve beyin korteksi sadece bir koruyucu yapı olarak görülüyordu; glandüler bir yapısı vardı ve bol miktarda kan damarlarıyla korunmuştu. Üstelik daha önceki biliminsanları, insan ruhunu ve aklını beyin içindeki ventriküler yapılarda arıyordu. Gerçi bunun istisnaları da görülüyordu; örneğin İsveçli Emanuel Swedenborg (1668-1772) beyin işlevlerini serebral hemisferlere lokalize ediyor ve beynin önemini vurguluyordu, ama onun çalışmaları unutulmuştu. Gall'in bu çalışmayı bilmesine olanak yoktu. Zaten Swedenborg'un çalışmaları 1868 yılı ve sonrasında ortaya çıkmıştı. 18. yüzyılda yaşayan Albrecht von Haller

(1708-1777) de serebral korteksle ilgilenmişti.* Haller'e göre serebral korteks bir bütündü ve beyindeki kortikal işlevlerde herhangi bir farklılık görememişti. İşte bu Gall'in öğretisine tamamen zıt bir görüştü. Gall, aklın ve beynin tek işlev yapan bir birim olmadığını, farklı parçalardan oluşan bir koleksiyon olduğunu düşünüyordu. Keza yetenek ve kişiliğin serebral korteks içindeki farklı yapılardan köken aldığını ileri sürüyordu. Bu düşünceleri nedeniyle ateist olmakla suçlanmış ama o bu suçlamalara pek de aldırış etmemişti. Fakat şunu söylemişti: "İnsan ruhu dediğimiz şey beyindeki ayrı doku materyallerine dayanır." Aslında bu sav beynin ilk materyalistik kuramıdır ve bununla eski vitalistik ruh kavramı dışlanmıştır (Wickens, s. 140).

Gall ve frenolojiye karşı en ciddi bilimsel çıkış ve muhalefet Fransız biliminsanı Marie Jean Pierre Flourens'ten (1794-1867) gelmiştir. Flourens hayvan deneyleri sonucu sinir sisteminin her bir bölümünün özel işlevleri olduğunu söylemekle beraber, beynin yekpare bir bütünlük içinde çalıştığını öne sürmüştür. Düşüncelerini şöyle ifade etmiştir: "Beynin bir noktası uyarılırsa diğer bölgeler de hep birlikte uyarılır. Beynin bir bölgesi zedelenirse diğer bölgeler de zedelenmiş duruma girer. Etki ve tepkiler açısından beynin tüm bölgeleri ortaklaşa hareket eder." Ayrıca beynin ayrı anatomik bölgelere ayrılmasının doğru olmadığını söyleyerek frenolojiye karşı çıkmıştır. Ama günümüz bilgileriyle 18. yüzyıldaki bu tartışmalara bakarsak her ne kadar abartsa da beyin korteksinin içinde farklı işlevlerin olduğunu söyleyen J. Gall'in doğruya daha fazla yaklaştığını söyleyebiliriz. Gall ile aynı zaman diliminde Almanya'da yaşayan filozof Georg Wilhelm Friedrich Hegel (1770-1831), J. Gall'in düşüncelerinin farkındaydı. Sonuç itibarıyla Hegel olumsuz düşüncelerini şöyle belirtmişti: "Kafatası kendi başına önemsiz ve başıboştur. Üstelik onda kendisi dışında görülebilecek ve keşfedilebilecek başka birşey bulunmaz." (Eckoldt, s. 121).

Tarihsel açıdan bakarsak Gall eski spekülatif filozofik kuramlardan sıyrılarak zihinsel işlevlerin veya olguların biyolojik kökenli olduğunu keşfetmiştir. O dönem için birinci ve en önemli katkısı budur. İkincisiyse beynin tek bir işlev gören bir birim organı olmadığını be-

* Ayrıca bkz. 7. Bölüm.

lirtmiş, farklı özellikteki bölümlerin toplamından oluşan bir model ileri sürmüş ve bu modeli sonraki kuşaklara bırakmıştır. Bu kuramların iki yüz yıl önce ileri sürüldüğü düşünülürse zamanın akademik itirazlarına, retlerine, küçümseme ve cezalandırmalarına rağmen beyin hakkındaki görüşlerini kendinden öncekilere göre inatla savunup modernize etmeye çalışması önemlidir.

Aslında kraniyoloji konusunda Gall'in öne sürdükleri basittir ama gerçek değildir. Kuşkusuz kafanın üzerinden beyin yeteneklerinin âdeta haritalanması çok garip ve çok özneldir. Bununla beraber bazı olumlu yorum ve düşünceleri de vardır ve sonraki kuşaklara yansımıştır: (1) Daha önce değinildiği üzere kilisenin ruh kavramı öğretisinden, bilimin beynin fizik yapısına doğru gelişmesinde önemli bir katkı sağlamıştır; (2) Yine, belirtildiği üzere, insanın sonuçta bir hayvan olduğu düşüncesi o zamanlar insanları şoke etse bile çok sonraları Darwin ve Freud'dan destek almıştır; (3) Kriminoloji açısından önemli yorumlar öne sürmüştür; katillerin kötü niyetli olmadığını, bir tür hastalık çektiklerini düşünmüştür. Bu düşünceler toplumu suç ve cinayetlere karşı önlem almaya zorlar (Wickens, s. 160; Eckoldt, s. 122).

Joseph Gall yetmiş bir yaşındayken (1928) Paris'te vefat etmiştir. Yaşamında –ne acı ki– çalışmalarının bilimsel örgütlerden lâyık olduğu ilgi ve saygıyı görmesini başaramamıştır. Aslında ateist olmadığını birçok kez belirtmesine rağmen bu gerekçeyle (tabii ki biyolojik düşünceleriyle birlikte) Katolik kilisesi onu bir şekilde cezalandırmıştır. Gall'in ortaya koyduğu çalışmalar Katolik kilisesinin yasaklanan kitaplar listesine eklenmiştir. Bu listeye *Index Librorum Prohibitorum* denir. Öldükten bir süre sonra Gall'in kafatası ve ona ait üç yüz kafatası kendi doktoruna bırakılmıştır.

Gall'den sonra frenoloji akımında neler oldu? Birlikte çalıştığı Spurzheim, Gall'den ayrıldıktan sonra İngiltere'ye gitmişti. İngiltere'de kendi görüşlerini de içeren konferanslar vermiş ve burada ilk kez frenoloji kelimesi kullanılmaya başlanmıştı. Spurzheim kendisi de bu konuda kitaplar yazmıştır, frenolojiye karşı saldırılara yanıt veren kitapları da bunlara dahildir. Gall'in kuramında bazı değişiklikler yaparak, örneğin kafatası içinde yer alan organ sayısını 27'den 37'ye çıkarmıştı. Bunların bir kısmına yeni duygular eklemişti. Böylece eski beyin öğretisi, herkesin zorlanmadan öğreneceği ve de özel yeteneklerini tanıyıp buna göre kuramın üzerinde oynayabileceği bir analiz aletine dönüşmüştü (Finger, s. 32-34).

Frenolojiyi popüler hâle getiren bir başka isim de İskoçyalı avukat George Combe'dur (1788-1858). 1819 yılında frenoloji üzerine kitaplar yazmış ve İngiltere, Almanya ve ABD'de konferanslar vermiştir. 1820 yılında Edinburg'da Frenoloji Derneği kurmuştur. Combe'un en çok tanınan kitabı 1828 yılında yayımlanmıştır: *The Constitution of Man* [İnsanın Yapısı]. Bu kitapta insanı anlamak adına frenoloji ilkelerini anlatır. Aynı zamanda Hıristiyan tanrısının varlığını inkâr eder. Bu kitap 1828-1900 yılları arasında üç yüz elli bin satış rakamına ulaşır. Combe zamanının çoğunu toplumsal adalet konularına ve mahkûmları ziyaret etmeye adar. Frenolojiye bir dereceye kadar saygınlık kazandırmaya çalışır (Finger, s. 32-34).

Frenolojiye ilgi daha sonra ABD'ye sıçrar. Burada büyük bir popülarite kazanır. Hem Spurzheim hem de Combe konferans turları yapmak üzere ABD'ye davet edilir. ABD'de çok iyi karşılanırlar. ABD'deyken Spurzheim hastalanarak vefat eder. Öldüğünde elli altı yaşındadır. Cenazesine 3000'den fazla kişinin katıldığı söylenir. "Ölümünden sonra beyni, kafatası ve yüreği alınıp korundu. Beyni 1616 gram bulundu. Normallere göre biraz büyüktü. Eğer J. Gall'in beyniyle karşılatırılırsa Gall'in beyni daha küçük olup 1358 gramdır."

Spurzheim'ın ölümünden sonra ortaya çıkan Fowler biraderler frenolojiyi bir tür eğlence haline getirir. Plastik kafatası modelleri yaparlar, üzerlerine beyin görevlerinin yerlerini işaretleyerek piyasaya sürerler. Sadece 1836 yılında on beş binden fazla plastik kafa satılır. Frenolojiyle ilgili yazı ve resimlerin yer aldığı kitapçıklar satışa sunulur. Bu işlerle ilgili ücretli toplantılar yapılır. Frenoloji tam bir toplum eğlencesi haline dönüşmüştür.* Bu popülarite 1845 yılına dek sürecektir.

---

* Bu çılgınca merak sonucu olsa gerek, 1809 yılında büyük klasik müzik bestecisi Haydn'ın kafatası mezarından çalınmıştır. Açıkçası hırsızlar Haydn'ın müzik dehasını kafatasından kraniyolojik terimlerle anlamak ister ve çok ilginçtir. Haydn'ın kafatası ancak 1954 yılında kendi mezarına geri gönderilir. Böylece Haydn'ın kafatası (?) tam 145 yıl ortadan kaybolduktan sonra kendi yerine her nasılsa geri getirilmiştir (Wickens, s. 147).

Yeni Yüzyıla Karşın Geleneksel Sağaltımlar

19. yüzyılda ve özellikle bu yüzyılın ilk yarısında Avrupa'da halkın yeni bilgilere duyduğu ilgi yavaş da olsa artmasına rağmen kendi yaşam koşulları içinde bu bilgileri pratikte kullanamamaları, günlük yaşamda geleneksel bilgilere yönelme zorunluluğu getiriyordu. Bunun en açık örneği hastalık hallerinde aileden kalma sağaltımlara başvurulmasıydı. Bunlara geleneksel tıp ya da günümüzdeki gibi alternatif tıp diyebiliriz ama birçok hastalık için belirlenmiş tedavi olanakları o kadar sınırlıydı ki bu tedavilere alternatif tıp demek bile doğru değildi. Geleneksel tıp Antik Mısır uygarlığından ve Antik Yunan ve Roma dönemlerinden yüzyıllar boyu kuşaktan kuşağa geçmiş, halk arasında yaygınlıkla kullanılmıştı. Bu yöntemlerden ikisi çok ilginçtir. Çünkü bunlar bizim atalarımızdan da bugünlere kadar gelmiştir. Bu iki sağaltım şekli sülük tedavisi ve kupa çekme yöntemleridir.

Kupa çekme ve sülük emdirme yöntemi, özellikle Antik Yunan ve Roma döneminden gelen bir sağaltım yöntemidir. Ayrıca 19. yüzyılın ilk çeyreğinde İngiltere ve Avrupa'da çok yaygın kullanılıyordu. Cam kupa, içine alkole batırılıp tutuşturulmuş bir pamuk parçasıyla ısıtıldıktan sonra hemen deriye tatbik ediliyor, havanın soğumasıyla oluşan vakum deride bir çekilme sağlıyordu. Kısa bir süre sonra kupa geriye çekilip kaldırılıyordu. Çeşitli uygulama farklılıkları vardı. Kupa çekme o denli kullanılabilen bir yöntem haline gelmişti ki Thomas Mapleson adlı bir kişi 1800'lü yıllarda İngiltere'de kralın kupa çekicisi olmuştu. 1813 yılında *Kupa Çekme Sanatı Üzerine Tez* adlı bir kitap yazmıştı. Bu kitapta bazı endişelerini dile getirmişti. "Bir asır öncesine kadar kupa çekmeyi regüler cerrahlar yapardı ama şimdi becerisi olmayan pratisyenlerin elinde kalmıştır," diye yakınmıştı. Mapleson hastalıkta kupa çekme endikasyonlarını çok geniş tutmuş ve kupa çekmenin savunuculuğunu yapmıştı. Epilepsiden deliliğe kadar birçok hastalıkta yararlı olduğuna inanmıştı. (Finger 429-430).

Sülük sağaltımına gelince, sülüklerin bir miktar kan emerek hastalığı tedavi edeceğine inanılıyordu. Sülük ancak kendi ağırlığı kadar kan emebilirdi. Bu miktar yetersiz bulunursa birden çok sayıda sülük kullanılıyordu. Orta Çağ ve Rönesans dönemlerinde sülükler eczanelerde satılıyordu veya hekimler kendi yerlerinde sülükleri kullanmak üzere biriktiriyorlardı. Beyin kanamasına karşı iyi geldiğine inanılıyordu. Epilepsi nöbetlerini geçirmek için şakaklara sülük konuyordu. Özellikle Fransa'da konuşma bozuklukları ve afazide tedavi amacıyle sülük kullanıldığı belirtilmiştir. Buna inanan hekimler arasında Marc Dax, Armand Trousseau ve Leon Roston'un adları geçer. İngiltere'deyse sülük tedavisinde kantarın topu iyice kaçmıştı. O kadar çok kullanılıyordu ki bir ara İngiltere'de sülük miktarı çok azalmıştı. Bunun üzerine Lizbon, Bordeaux ve diğer yerlerden sülük ithal edilmişti. Sülüğe ihtiyacın artmasıyla sülük fiyatları çok yükselmişti. Durum o kadar ciddi hale gelmişti ki medikal ve hatta bilimsel dergilerde, eczacılar ve hekimlerin kendilerine ait sülük kolonilerininasıl artırabilecekleri sorgulanıyordu (Finger, s. 429-430).

Daha sonraları sülük tedavisinin yararları konusunda bazı noktalara dikkat çekilmişti. Sülük hematomlardaki kanı çekebiliyordu. İkincisi sülük *hirudin* denen bir antikoagülan madde salgılıyordu. Hirudin de kan pıhtısını eritebiliyor ve kan akışını artıyordu! (20. yüzyılda hipertansion tedavisinde geleneksel tıbba inananların tercihlerinden biri de sülük tedavisidir.) Şunu vurgulamak gerekir ki böylesi geleneksel tedavilerin *placebo* etkileri dışında, önemli ve ciddi bir sağaltıcı etkilerinin bulunması söz konusu değildir.

19. yüzyılın ilk çeyreğinden sonra Batı Avrupa'da geleneksel sağaltım giderek azalmıştır. Ancak kupa çekme ve sülük tedavisi Doğu Avrupa'da ve gelişmemiş ülkelerde devam etmiştir. Hatta 20. yüzyılın başlarında bile geleneksel sağaltımların hâlâ kullanılmakta olduğu söylenebilir. Dünyanın çeşitli bölgelerinde yoksul halk yığınlarının çaresizlik içinde veya ilkel inançları gereği bu yöntemlere başvurmalarını anlamak mümkündür. Ama günümüzdeki tıbbi gelişmeler ve olanakları içinde böylesi geleneksel veya alternatif tedavilerin, insan sağlığını yanlış ve kötü yönde etkilediğini bir kere daha vurgulamak gerekir.

KAYNAKLAR

Batuhan H. *Bilim ve Şarlatanlık*. Yapı Kredi Bankası Yayınları, İstanbul,1993.
Berrios G. "Historical Aspects of the Psychoses" *British Medical Bulletin*, 43, 484-498, 1987.
Eckoldt M. *Beyin ve Zihnin Kısa Tarihi: Duygular ve Düşünceler Nasıl Oluşur?*, çev. , Say Yayınları, İstanbul, 2018.

Ertekin C. *17'nci Yüzyıldan 20'nci Yüzyıla Dünya Nöroloji Tarihi*, Betim Kitaplığı, ed. H. Ertin, A. Salduz, Z. İrem, Y. Salduz, İstanbul, 2022.
Ertekin C. *EMG'nin Tarihsel Gelişimi (1890-1960) Klinik Nörofizyoloji*, EEG-EMG Derneği, Yayın No. 11, Kitap Vitrini, Ankara, 2014.
Ertekin C. *Sentral ve Periferik EMG. Klinik Açıdan Kortikal Plastisite*, Meta Basım, İzmir, 2006.
Ertekin C. *Tıbbın Öyküsü*, Türkiye İş Bankası Kültür Yayınları, 5. Basım, İstanbul, 2019.
Fara P. *Bilim: Dört bin yıllık bir tarih*, Metis Yayınları, İstanbul, 2012.
Finger S. *Origins of Neuroscience. A History of Explorations into Brain Function*. Oxford University Press, Londra ve Newyork, 1994.
Greenfield S. *İnsan Beyni*, Varlık Bilim, 2. Basım, İstanbul, 2006.
Haas L.F. "François Magendie. 1783-1855" *J.Neurol.Neurosurg.Psychiatry*, 57, 692, 1994.
Haymaker W & Baer KA. *The Founders of Neurology*, Charles C. Thomas Publisher, Sprinfield, Illinois, 1949.
Kahya E. & Öner M. *Biyoloji Tarihi*, İmge Kitabevi, Ankara, 2007.
Licht S. *Electrodiagnosis and Electromyography. Elizabeth Licht Publications*, 1961.
Meyer A. "Karl Freidreich Burdach and His Place in the History of Neuroanatomy" *J.Neurol. Neurosurg. Psychiatry*, 1970, 33, 553-561.
Muckenhoupt M. *Sigmund Freud*, 4. Basım, Tübitak, Ankara, 2002.
Öncel F. *Nörolojinin Öncüleri-Antik Çağdan 20. Yüzyıla*, Nobel Tıp Kitabevleri, İstanbul, 2018.
Öztürk M.O. *Ruh Sağlığı ve Bozuklukları*, 7. Basım, Hekimler Yayın Birliği, Medicamat, Ankara, 1997.
Pearce J.M. "Marshall Hall and the concept of the reflex action" *J.Neurol. Neurosurg. Psychiatry*, 62, 228, 1997.
Pearce J.M. "Some contributions of Duchenne de Bologne (1806-1875)" *J.Neurol. Neurosurg. Psychiatry*, 1999, 67, 322.
Stookey B. "Jean Baptiste Bouillaud and Ernest Aubertin. Early Studies on Cerebral Localization and the Speech Center" *JAMA*, 184, 1024-1029, 1963.
Viets H.R. "The History of Neurology in the Last One Hundred Years" *Bull, NY Acad. Med*, 24, 772-783, 1948.
Wickens A.P. *History of the Brain-From Stone Age Surgery to Modern Neuroscience*, Psychology Press, Taylor & Francis Group, Londra ve NewYork, 2015.
Wiesner-Hanks M.E. *Erken Modern Dönemde Avrupa 1450-1789*, çev. , Türkiye İş Bankası Kültür Yayınları, 6. Basım, İstanbul, 2019.

11:

19. Yüzyıl-IV: Beyin Aydınlanıyor (1850-1900)

18. yüzyıl sonu ve 19. yüzyılın ilk yıllarında, bilimsel buluşların temelinde genellikle kişilerin olağanüstü çabaları yatıyordu. Araştırmacılar mutfaktan bozma laboratuvarlarda yıllarını harcıyorlardı. Sanayi Devrimi'yle genel bilim anlayışının değişmesi ve teknolojik gelişmelerle beraber insanların uyanışı, tıp ve sağlık konularıyla nöroloji, beyin cerrahisi ve kısmen de psikiyatri dallarında daha hızlı bir gelişmeye yol açmıştı. Bunun en canlı örnekleri 19. yüzyılın ikinci yarısında oldukça belirgin görülebilmektedir. Artık amatör mucitler dönemi kapanıyordu. Fizik, kimya, elektrik vb. gibi önemli alanlardaki bilimsel ve teknolojik gelişmelerle büyük sağlık araştırma merkezleri ve modern hastaneler kuruluyor ve buralarda bilim ve teknolojiyi arkasına alan daha güçlü sağlık bilim insanları ortaya çıkıyordu (Gürüz, s. 260-262; Porter, s. 146-147). Böyle bir ortamda beyin ve sinir sistemi üzerine yürütülen çalışmaların ve alınan sonuçların da daha güçlü olduğuna tanıklık ederiz. Biliminsanları arasında bilimsel görüş ve kavramlar açısından farklılıklar ve bireysel tartışmalar 18. yüzyılın ilk yarısından beri devam ediyordu. Beyin korteksinin görevi üzerine ilk önemli tartışma ortaya çıkmıştı; yani beyinde farklı bölgeler farklı işlevler mi üstleniyordu yoksa holistik, bütüncül anlayışla beyin yekpare bir bütün olarak mı çalışıyordu?

Beyin Korteksinde Lokalizasyon Var mı?

Kortikal lokalizasyon lehine ilk işaretler, sağ hemipleji geçiren hastalarda konuşma bozukluklarının dikkati çekmesiyle başlamıştır. İskoçyalı hekim John Abercrombie (1780-1844) 1829 yılında yazdığı kitabında, aniden sağ hemiplejiyle birlikte konuşamama gelişen elli altı yaşında bir erkek hasta tanımlamıştır. Hasta bir süre komada kalmış ve daha sonra bilinci yerine geldiğinde konuşmasında kelime bulma zorluğu çektiği dikkati çekmiştir. Otopsisinde sol hemisferde bir kist olduğu saptanmıştır.Bu olgu yazılı tarih içinde sol hemisfer lezyonuyla seyreden konuşma bozukluğuna dikkatin çekildiği ilk hastadır. Kısa bir süre sonra Fransız hekim Bouillaud da benzer bir hastayı tanımlamıştır. Bu hekim daha önce değinilen Balzac'ın ünlü romanının, *Goriot Baba*'nın kahramanı parasız hekim Jean Baptiste Bouillaud'dur (1796-1881). Paris'te Magendie'nin doktora öğrencisi olarak çalışır. Kalp hastalığıyla romatizma arasındaki ilişki üzerinde çalışırken kalp hastaları ve hipertansiyon hastalarına *digitalis*i ilk kullananlar arasında yer alır. Daha sonra 1831 yılında profesör olur. Gençliğinden itibaren frontal lob lezyonu görülen kişilerde konuşma yitimi de görüldüğünü tespit etmiştir. Sonradan bu konuya daha fazla eğilir. 1825 yılında yazdığı kısa bir monografta frontal lob zedelenmesinde akıcı konuşmanın bozulduğunu ancak bu kişilerde zekâ ve anlamanın yeterli derecede korunduğunu yazar. Hastalardaki konuşma bozukluğunun dil parezisi veya yutma bozukluğuyla birlikte seyretmediğini de vurgular. Problem sözcüklerin ortaya çıkarılmasındadır. Bu gözlemleriyle frontal lobların dil üretilmesinden sorumlu tutulabileceği sonucuna varır; bu düşünce akademi çevrelerinde tartışılır ve Bouillaud'un yorumu büyük oranda kabul görmez. Önce J. Gall ve frenolojinin etkisinde kaldığına dair eleştiriler alır. Ayrıca savaşta alnından vurulan askerlerde oluşan frontal lob harabiyetinin konuşma bozukluğu yapmadığına dair bazı eleştirilere de maruz kalır. Ancak Bouillaud yılmaz ve on yıl sonra otopsi raporlarıyla birlikte hastalarını tıp ortamına sunsa da bu konuda yine kimseleri ikna edemez (Wickens, s. 216-217). Damadı onu hem maddi hem de düşünceleri açısından destekleyen bir hekimdir. Damat Ernest Aubertin Paris'te çalışırken afazi hastaları üzerinde yoğunlaşır (Stookey, s. 1024). Bir gün ilginç bir hasta ile karşılaşır. İntihar amacıyla kendini alnından tabancayla vurmuş bir kişidir. Sol frontal lobu parçalanmıştır ama konuşması ve zekâsı normaldir. Ameliyat sırasında sol frontal lobuna spatulayla baskı yapınca, o esnada konuşan hastanın konuşması birden durur. Frontal bası kaldırılınca konuşması hemen düzelir. Bu gözlemini antropoloji derneğinde sunar. Bunun üzerine normal dil merkezinin frontal loblarda olduğunda ısrar eder. Toplantıdakilerin çoğu bu sonucu yeterli bulmaz. Dinleyicilerin arasında derneğin kurucu başkanı Paul Broca da bulunur. O sıralar Fransa'da çok tanınmıştır ve saygın bir kişi olarak kabul görmektedir. Ancak o tartışmalara katılmaz. Fakat daha sonra yayımladığı ilk afazi vakasıyla birçok kişinin görüşü hızla kortikal lokalizasyon lehine değişir (Wickens, s. 217; Stookey, s. 1024).

Paul Broca (1824-1880) 19. yüzyılın güvenilir ve saygın bir beyin araştırmacısı olarak tanınmıştır. Hekim ve aynı zamanda antropologdur. Antropolog olarak Pro-Magnon insanlarını tanımlamıştır. Hekim olarak tıbbın diğer dallarında özgün eserler vermesi yanı sıra *limbik korteks*in varlığını da ilk kez bildiren kişidir. Ayrıca bu yapının emosyonlarla ilgili olduğunu söylemiştir.* Broca, Aubertin'in konferansından kısa bir süre sonra, yine 1861 yılında Bicêtre Hastanesi'nde† ilk afazik hastasını bildirir. Yaptığı otopside sol frontal korteksin ikinci veya üçüncü kıvrımında yumurta büyüklüğünde bir kist bulmuştur. Zaten bu bölgelerin zedelenmesinin konuşma bozukluğu yaptığını, Bouillaud ve Aubertin uzun zamandır tartışıyordur. O günden sonra burası Broca alanı adını almıştır. Broca'nın hastasında konuşma bozukluğu sadece bir sözcükle sınırlanmıştır: *Tan* kelimesini telaffuz eder hale gelmiştir, hasta *Monsieur Tan* diye çağrılıyordur. Tan, Broca'yı anlar, aklını kullanarak kendisini ifade etmeye çalışır. Jestler, mimikler ve baş hareketleriyle Broca'ya yanıtlar verir. Bu şekilde kendine sorulan soruları anladığı anlaşılır. Broca daha sonraki konferanslarında Tan'ın otopsi sonrası beynini hep yanında götürmüştür.

---

* Bkz. Emosyon ve Duygular

† Broca'nın çalıştığı Bicêtre Hastanesi'nin geçmişi bir hayli karanlıktır. 17. yüzyıldan beri zihinsel engelli kişilerin korunduğu merkez olarak hizmet vermektedir. Hapishane bölümünün kapatıldığı 1836 yılına dek, zihinsel engellilerle ağır suçlular arasında fark gözetilmez. Homoseksüeller, zihinsel engelli kategorisine dahil edilir ve ağır suçlularla aynı kefeye konur. Ayrıca deli gömleği de Bicêtre'de icat edilmiştir (Eckoldt, s. 130).

Bu hastanede Broca tüm gücüyle çalışmaya devam eder. 1861 yılında farklı bir hastayı muayene eder; hasta bir buçuk yıl önce inme geçirmiştir ve konuşamaz. Yalnızca beş kelime söyleyebilir. Fakat kendisine yöneltilen tüm soruları anlar. Ne iş yaptığı sorulduğunda elini kürek şekline sokmasından onun mezar kazıcısı olduğuna karar verilmiştir! El parmaklarıyla sorulara yanıt verir. Jestlerinde de yanılgılar görülmemiştir. Bu hasta Broca'ya göre konuşamıyor değildir, sadece kelimeleri söyleme yeteneğini yitirmiştir. Hasta beyin dışı, bedene ait bir nedenle iki hafta sonra yaşamını yitirmiştir. Broca hastanın beynine hemen otopsi uygular. Fakat bu hastanın beyninin frontal lobunda bir lezyon yoktur. Her iki hastanın kliniği hemen hemen aynı olmasına karşın ikinci hastanın patolojisinde sol frontal lezyon olmaması, Broca'yı zor duruma sokar. Durumu şöyle yorumlar: "Konuşmak için gereken kaslar işlevlerini sorunsuz şekilde yerine getirmesine rağmen hasta konuşma sorunu yaşıyor." Bu bulguya *aphemia* (afemi) adını verir (Eckoldt, s. 130; Wickens, s. 220). Bu şekilde beyin korteksi literatürüne *afemi* (konuşma bozukluğu) ve *afazi* (söz yitimi) kavramları girer. Afazi terimi ilk kez iç hastalıkları uzmanı Armand Trousseau (1801-1867) tarafından kullanılmıştır. Trousseau, yaptığı çalışmalar sonucu konuşma yeteneğinin kaybolmasına rağmen ön beyin lobunda herhangi bir lezyon göstermeyen yüz otuz beş hastanın bulunduğunu bildirmiştir. 2'ye karşı 135 oranı, aslında Broca'nın lokalizasyon konusundaki görüşünün tartışılmasına ivme kazandırmıştır. Zaten bilim çevrelerinde serebral korteksin çalışma ilkesi üzerine yürütülen tartışmalar son bulmamış, Flourens ve Goltz'un temsil ettiği serebral korteksin işlevleri açısından parçalara bölünemeyeceğine dair görüşler, giderek daha fazla destek bulmaya başlamıştır (Eckoldt, s. 130; Haymaker, s. 259-263).

Bunlara rağmen Broca kısa bir süre sonra sol frontal lobun aynı alanında harabiyet sonucu afazi görülen sekiz hasta daha bildirir (Wickens, s. 220); ayrıca iki yerden bu düşüncelerine destek alır. Önce iki Fransız meslektaşı Louis Pierre Gratiolet (1815-1865) ve François Leuret'den (1797-1851) destek gelir. Bu araştırmacılar fetal yaşamda insan beyninde meydana gelen değişmeleri inceliyordur. Fetal yaşam içinde, sol hemisferin sağa kıyasla daha büyük olduğunu görmüş ve bunun gebeliğin ilk aylarında oluştuğunu gözlemlemişlerdir. İkinci destekse İngiltere'den ünlü nörolog John Hughlings Jackson'dan (1835-1911) gelir. Jackson'a göre sol hemisfer sağ hemisphere kıyasla daha önce öğreniyor veya *öğretiliyordu*. Böylece dil kapasitesi de daha önceden sol hemisfere dayalı işliyordu (Wickens, s. 220).

Broca bu konularda daha ileri yorumlar da getirmişti; sağ elini kullananlarda sol hemisfer dominanttı ve daha iyi el motor kontrolü sağlıyordu. Sol hemisfer sağ hemisfere göre dominantsa bu sağ el kullanımını (right handedness) açıklayabilecekti. Solaklardaysa (left handedness) sağ hemisfer dominant olacaktı. Sağ elini kullanan insanların çok olması, Broca'ya göre, sol hemisferin daha iyi gelişmesinden kaynaklanıyordu. Buna rağmen Broca, dilin sol hemisfere lokalize olmadığı bireylerle de karşılaşmıştı. Bu garip çelişki için şöyle bir açıklama getirmişti: "Belirli durumlarda sağ hemisfer konuşma için sorumluluğu üstlenebilir. Özellikle sol hemisfer zedelendiğinde veya gelişimin erken dönemlerinde böyle bir durum söz konusuysa kişi solak olabilir." Ancak Broca, sol hemisferde bir zedelenme yaşanmasa bile bazı kişilerde solaklık olduğunun farkındaydı ve bunun açıklamasını o günün olanakları içinde yapamıyordu.

Resim 11.1. Pierre Paul Broca. Fransız Antropolog, hekim ve nöropatolog, Haymaker W. ve Baer K.A., *The Founders of Neurology*, Charles C. Thomas Publisher, Springfield, 1949.

Broca bu arada başka bir sıkıntılı durumla karşılaşmıştı. Sol frontal lobdaki konuşma merkezine *Broca alanı* adı verilmişti. Broca'nın bu buluşuna, pek tanınmayan Fransız hekim Gustave Dax itiraz etmişti. Kasaba hekimi babası Marc Dax 1836 yılında Montpellier'de bir tıp konferansında sol hemisfer harabiyeti yaşayan üç afazik hasta bildirmişti; bu Broca'nın bildirisinden yirmi beş yıl önceydi. Bunlar iki kısa makale halinde basılmıştı. Oğul Gustave Dax bu yayınları, babasının çalışmalarını ve bunlara ilaveten kendi toparladığı afazik hastaları derleyerek bir rapor halinde 1863 yılında Fransız Bilimler Akademisi'ne yollamıştı. Akademi kendisini iki yıl bekletmişti ancak 1865 yılında yayımlanabilmişti rapor. Gelgelelim öncelik hakkı Broca'ya verilmişti çünkü kendisi olasılıkla Marc Dax ve yazısından haberdar değildi. Ayrıca Broca sol frontal lob üçüncü girusuna ait anatomik detayları da verebilmişti. Keza Broca Fransa'da saygın bir kişi olarak ünlüydü; bu o dönem için daha önemli bir ayrıntıydı (Wickens, s. 221; Öncel, s. 140-142; Eckoldt, s. 136-137).

Bu sıralarda Londra'da ünlü *The National Hospital and The Institute of Neurology* yeni kurulmuştu ve burada nörolojinin öncülerinden John Hughlings Jackson (1835-1911) epilepsinin yanı sıra beyin tahribatının etkilerini konuşma konusu üzerinden inceliyordu. Jackson da sol hemisfer harabiyeti gösteren hastalarda konuşma bozukluklarının sağ hemiplejiyle birlikte görüldüğünü 1864 yılında yayımlamıştı. 1866 yılında fikrini kısmen değiştirerek konuşma bozukluklarının bazen sağ hemisfer zedelenmelerinde de görübileceğini bildirmiş ve sağ hemisferin de bazı dil kapasiteleri taşıdığını düşünmüştü. Sol hemisferin düşünümsel konuşmayla ilgili olduğunu, sağ hemisferin ise istemsiz ve emosyonel konuşmalardan sorumlu olduğunu düşünüyordu; diğer bir deyişle her iki hemisfer de dille ilgiliydi fakat konuşmanın farklı yönleriyle ilgileniyorlardı. Böylece Broca'dan nisbeten farklı bir görüşü ortaya koyuyordu. Jackson iki hemisferi *major* ve *minor* olarak etiketlemişti. Ayrıca bazen sol hemisfer lezyonlarında hastaların objeleri tanıdığını fakat adlandıramadığını gözlemlemişti. Böylesi hastaları muayene ettikçe fikirleri günbegün değişmeye başlamıştı. "Konuşma yeteneği bozulan bir hastada bunun nedeninin beyinde nerede olduğunu bilemeyiz veya kestiremeyiz ve bunlar beynin tümüne ait olabilir," demişti. Hatta, "Konuşmayı bozan harabiyeti lokalize etmek başka, konuşmayı lokalize etmek başka şeylerdir," deme gereksinimi duymuştu.

Hughlings Jackson nörolog ve bir filozoftu. Nörofizyolojiyle hiç ilgilenmemesine rağmen gözlemciliği ve düşünürlüğü gerek o dönem İngiltere'nin gerekse daha sonraki dönemlerde dünyanın en büyük, öncü nörologlarından birisi olmasını sağlamıştı. H. Jackson epilepsi hastalarındaki gözlemlerine dayanarak beyinde motor kortekste somatotopik lokalizasyon (beden şeması) varlığını bildirmiş ve nöronal elektrik boşalımlarla tüm karşı beden yarısında topografik olarak sıralı epileptik kas kasılmalarının oluştuğunu gözlemişti. Duyu-motor (duyum ve hareket) mekanizmalarda üç evrimsel düzey olduğu varsayımını öne sürmüştü: (1) En düşük düzey omurilik ve onun üzerindeki beyin sapıdır (medulla oblongata ve pons); (2) Orta düzey beyin kabuğundaki rolandik korteks denen motor bölgedir; (3) En yüksek düzeyse frontal loblarda bulunur (alın içi boşluğunu dolduran öndeki beyin lobları). İnsan evriminde kendiliğinden devinimlerden istemli devinimlere geçiş görülür. Şayet bu sistem bozulursa istemli devinimlerden kendiliğinden devinimlere geçilir. Gri cevherin (beyin kabuğunda) aşırı deşarjlarını (boşalmalarını) sonradan onun yorgunluğu izler. Alt merkezlerden gelen deşarjlarsa yüksek merkezlerin inhibisyonunun kaybına yol açar. Bu kuram sadece nörolojik hastalıklar değil, psikiyatrinin problemlerine de *Jacksonien Yaklaşımı* olarak girmiştir (Ertekin, s. 39-40; Haymaker, s. 308-311; Viets, s. 772-783).

Resim 11.2. John Hughlings Jackson (İngiliz nörolog, filozof ve kuramcı), Haymaker W. ve Baer K.A., *The Founders of Neurology*, Charles C. Thomas Publisher, Springfield, 1949.

Afazi konusunda tartışmalar devam ederken 1874 yılında genç Alman hekim Karl Wernicke (1848-1905) farklı tipte bir afaziyi farklı bir beyin lokalizasyonunda ortaya çıkarmıştır. Kendisi Breslau Tıp Fakültesi'ni bitirdikten sonra Viyana'da Theodor Meynert'in (1833-1892) yanında altı ay çalışmıştır. Meynert, hekim ve nöroanatomisttir.

Wernicke, Meynert'le çalışmaya başlamadan önce bir kadın hastası olmuştur. Kadında garip, anlaşılamayan bir konuşma vardır ve otopsisinde sol temporal lobun üst kısmında geniş bir lezyon bulunmuştur. Bu yer işitme yollarının sonlandığı yerdir. Bu yüzden Meynert temporal lobun, konuşmayı tanımadan sorumlu bir ses alanı içerdiğini söylemiştir.

Wernicke, Meynert'ten çok etkilenir. 1874 yılında Almanya'ya döndüğünde afazi tipleri hakkında bir makale yazar ve bu makaleye Meynert'in hastasında görülen afaziyi de ekler. Bu olgu çok dikkat çekici bulunmuştur. Hastanın konuşması anlaşılamamakta ve uygun olmayan ifadeler içermektedir. Ancak konuşmadaki kelimeler anlaşılabilmektedir. Wernicke bunun yeni bir tip afazi olduğunu ve sol temporal lobun zedelenmesiyle ortaya çıktığını yazmıştır. Bu bölge mesafe açısından frontal loba uzaktır. Henüz genç bir hekimken, yirmi altı yaşındayken *sensoriyal afazi* (duyusal afazi) hakkında böyle bir makale yazabilmesi kariyeri açısından büyük bir başarıdır. Wernicke'nin başarısı burada sensoriyal afaziye ve tüm afazilere yeni bir yaklaşım getirmesidir. Bu afazideki bozukluk, bir idrak ve anlama bozukluğudur. Daha özel olarak söylenirse temporal loba gelen işitsel bilgiler (informasyon) orada ses alanında işlem görür. Çünkü bu bölgede daha önce tanınan, bilinen kelimeler için bir bellek deposu vardır. Daha sonra temporal lobta işlenmiş hale gelen bilgi frontal kortekse geçirilir. Böylece dil ve larinksten (gırtlaktan) üretilen sözlü seslerle karşılaştırma yapılır ve düzgün konuşma sağlanır. Wernicke, temporal lobdaki bir bozukluk nedeniyle ortaya çıkan bu konuşma bozukluğuna *sensoriyal afazi* (duyusal afazi) adını vermiştir. Frontal lobdan köken alan afaziye de *motor afazi* demiştir. Böylece beyin yapısıyla birlikte konuşmanın nöro-anatomik yapısı da ortaya çıkarılmıştır.

Wernicke'nin modelinde temporal lobdan frontal loba giden sinir liflerinin olması gerekiyordu ama bunlar o zaman için henüz bilinmiyordu; elbette Wernicke'nin de bundan haberi yoktu. Ayrıca bu koşullarda Wernicke, iki merkez arasında bir lezyon olması durumunda, temporal ses merkezi sağlam kalacağından, hastada motor afazi çıkabileceğini söylüyordu. Böylesi durumlarda bozukluk iki merkez arasındaki bağlantıda olduğu için kişi konuşurken kelime tekrarlarını

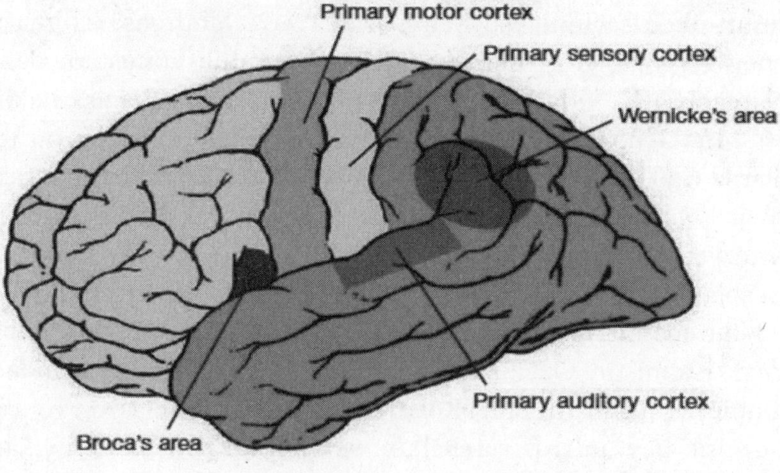

Resim 11.3. Beyin korteksinde konuşma, işitme ve duyu-motor merkezlerin şematik gösterimi. Primer motor ve sensory korteks arasındaki yarığa Rolandik Yarık/Fissure denir. Frontal (sarı renkli) ve temporal (mavi renkli) loblar arasındaki yarığa da Sylvius Yarığı denir. Broca, Wernicke ve temporal işitme alanları da görülmektedir.

akıcı bir şekilde yapamaz. Özellikle soyut kelimeleri tekrarlarken bu sorunlar ortaya çıkar ve hasta bu aksamadan haberdardır. Günümüzde bu tip afaziye *conduction aphasia* (iletim afazisi) adı verilmektedir (Wickens, s. 224; Eckoldt, s. 133-135; Greenfield, s. 18-19.)

Wernicke kendisinin bakmadığı bir hasta üzerinden yola çıkmıştır ama bu konuda yazdığı kitapçıkta duyusal ve motor afaziyi günümüze uyacak şekilde, bir temel fizyopatolojiye oturtan bu kuramı geliştirmiştir. Bu kuram zamanın Avrupa'sında önemli ses getirmiştir ve konuşma bozuklukları için bir model ortaya koymuştur. Ayrıca duyusal afaziler kısa sürede ölmez, uzun sürelerde hasta iyileşebilir. Dolayısıyla Wernicke kendisi de klinik olarak temelde farklı, diğer bazı duyusal afazi vakaları da görmüştür belki ama bu hastalar uzun süre yaşayabildikleri için otopsi şansı çok kısıtlıdır denebilir.

Lokalizasyonculuk Yaklaşımının Zaferi: Elektriksel Beyin Uyarımı

Lokalizasyonculuk yaklaşımı elektrofizyoloji alanında çalışanlara geçmeden önce beyni işlevsel açıdan bir bütün olarak gören anti-lokalizasyonculuk yaklaşımı hakkında kısa bir giriş yapmak yararlıdır.

Bunun öncü savunucusu Marie Jean Pierre Flourens'in (1794-1867) deney ve görüşlerini bilmek kortikal bütünlük konusunu daha iyi anlamamıza katkıda bulunabilir. Flourens Parisli, Fransız hekim ve cerrahtır. Gençlik dönemlerinde frenolojiye ilgi duymuş fakat 1820'li yıllarda Gall ve görüşlerine karşı *Kartezyen düalizme*[*] bağlanarak frenolojiyi eleştirmiştir. Zaten o sıralarda Fransız akademi çevrelerinde Kartezyen düalizm popüler bir görüştür.[†] Flourens 1820'lerden itibaren ablasyon[‡] çalışmalarıyla beyin işlevlerini incelemeye başlar.

Flourens bu yöntemle deney hayvanlarında beyin işlevlerini anlamak istemiştir. Özellikle beynin davranış biçimi konusunda bilgi edinmeye çalışmıştır. Luigi Rolando (1773-1831) da ablasyon yöntemiyle değişik hayvanlarda serebellum ve serebral hemisferleri çıkararak hayvanlardaki değişmeleri incelemiştir. Özetle bu girişimlerden sonra hayvanlarda devinim yitimi ve uykulu hal meydana gelmiştir. Ancak Flourens daha rafine bir yöntem kullanmıştır. Beynin belirli alanlarında lezyon meydana getirerek ameliyattan ve hayvanda anestezinin etkileri kalktıktan sonra klinik testler yürütmeye başlamıştır. Bu yöntem beyin ve davranış ilişkisinde daha önemli ve güvenilir bulunmuştur. Flourens, özellikle serebral hemisfer çalışmalarında, frenolojiyi göz önüne alarak dikkatle çalışmıştır. Küçük kortikal lezyonlar yaptığında hayvanda hiçbir değişiklik görmemiştir. Daha geniş alanları tahrip ettiğinde de elle tutulur bir değişmeye rastlamamıştır. Güvercinde bir hemisferi ortadan kaldırdıktan sonra lezyonun karşı tarafındaki gözde görme kaybı meydana geldiğini saptayabilmiştir. Güvercini deserebre ettiğinde, hayvan gürültüyü lokalize edememiş ve yemek yeme eğilimi ortadan kalkmıştır ancak gagasına gıda maddesi koyduğunda onu yutmuştur. Keza kuş devinimsiz kalmış ve uyku haline geçmiş uyandırılması güçleşmiştir. Tüm bunlara rağmen güvercin havaya doğru fırlatılınca hiçbir zorluk göstermeden uçmaya başlamıştır. Bu sonuçlara dayanarak serebral hemisferlerin bir bütün olarak algı-

---

* Ayrıca bkz. 10. Bölüm.

† Ayrıca bkz. 7. Bölüm.

‡ Ablasyon, deneysel çalışmalarda beynin bir kısmını çıkararak bu beyin parçasının yokluğuyla ortaya çıkan yeni durumu inceleme yöntemi. Galenos zamanında bu yönteme başvurulmuş ve 1800'li yıllarda yeniden kullanılmaya başlanmıştır.

lama, bellek, istem ve yargılama gibi zihinsel işlevlerden sorumlu olduğunu ileri sürmüştür. Serebral korteksin, fonksiyonel birimler veya fakülteler halinde bölünmediğini de eklemiştir. Bu görüş o zamanki frenoloji kuramcılarının öne sürdüğü sistemin tam tersidir. Frenoloji savunucularının o zamanın hayalci ve gerçek dışı lokalizasyoncuları olduğunu da unutmamak gerekir. Flourens'e göre, algılama ve istemli devinim serebral korteksin baştan başa her yanında temsil ediliyordu ve işlevlerin tümü entegre edilmişti. "Tüm duyumlar, tüm algılamalar ve istemli devinimler beyinde aynı yerleri doldururlar. Beyin fonksiyonu bütün organlara öyle eşit bölünmüştür ki basitçe beynin büyük bir kısmı çıkartılabilir. Geriye bırakılan beyin parçası bütün organsal ve ruhsal fonksiyonları üzerine almaya yeterlidir," diyordu. Diğer bir deyişle hiçbir korteks alanı diğerinden daha önemli değildir. Serebral korteksin tüm bölgeleri, düşünce ve davranışta eşdeğer rol üstlenir (Wickens, s. 150-153; Thorwald, s. 175; Yıldırım ve Sarıkçıoğlu, s. 78).

Flourens daha sonra serebellum ve beyin sapını incelemiş ve bazı sonuçlara varmıştır. 1842 yılında bulgularını derleyerek yayımlamıştır. Denge işlevinde kulaktaki semisirküler kanalların önemini göstermiştir. Serebellum devinim sağlar; medulla oblangata yaşamsal işlevlerden sorumludur. Tabii ki en önemlisi serebral korteks ve bağlantıları yüksek algılama ve tanıma işlevleriyle duyumsal işlevleri yerine getirir. Bu son bölüme *encephalon* (ensefalon) adını vermiştir. Zekâ ve bedenin genel işlevleri ensefalonda düzenlenir ve belirli bir uyum içinde çalışırlar. J. Gall, Flourens'in düşüncelerinden haberdardı ve onun deneylerini tek eleştiren kişiydi. Bir defada tüm organları kesip atmanın bilgileri zayıflattığını düşünmüştü. Bütüncül korteks anlayışına karşı çıkan tek ses olarak kaldı denebilir. Öte yandan Flourens'in düşünceleri ve bulguları genel kabul görmüştür. Çok tanınmış ve Fransız Bilim Akademisi'ne kabul edilip akademide sekreterliğe kaldar yükselmiştir. Böylece oldukça uzun bir süre Flourens'in düşüncelerine kimse karşı çıkmamıştır. Bu kuram, bir dogma olarak uzun bir süre dokunulmadan kalmıştır. Bununla beraber Flourens dekortike hayvanlarda görüş yitimi meydana geldiğini görmüş ve görme olayını serebral kortekse oturtmuştur. Yani görme olayının, tüm serebral korteksi içine alacak şekilde oluştuğunu ileri sürmüştür. Ancak bu kuram 1855 yılında İtalyan Bartolomeo Panizza (1785-1867) tarafından reddedilmiştir. Çünkü oksipital bölgeye damarsal inme olduğunda görme bozukluğu meydana gelirdi. Ayrıca köpekte tek yanlı optik sinir dejenerasyonu meydana getirdiğinde, bunun oksipital kortekse uzanarak tek yanlı körlük meydana getirdiğini öne sürmüştü. Ancak Panizza çok dikkate alınmamıştır. Flourens'in görüşleri revaçta kalmıştır (Wickens, s. 233).

Klinik nöroloji bulguları ve serebral korteksin elektrikle uyarılması deneyleri, sonradan bu eski holistik düşünceye karşı veriler sunmuştur. Lokalizasyon lehine daha sağlam veriler elde edilmiştir. Burada, İngiliz nörolog Sir David Ferrier'in (1843-1928) rolü çok önemlidir.

Resim 11.4. Pierre Flourens. Fransız hekim, deneyci ve cerrah. Anti-lokalizasyoncu. Holistik görüşün baş savunucusu, Haymaker W. ve Baer K.A., *The Founders of Neurology,* Charles C. Thomas Publisher, Springfield, 1949.

19. yüzyıl sonlarına doğru kortikal lokalizasyon konusunda bu kadar çok veri toplandığı halde, bunlara karşı başka bir güçlü *anti-lokalizasyon* yaklaşımı çıkmıştır. Bunu Alman biliminsanı Friedrich Goltz (1834-1902) ileri sürmüştür. Kurbağa ve köpeklerde dekortikasyon ve dekapitasyon deneyleri yapmıştır. Ona göre bu deneyler kortikal lokalizasyon düşüncesine ters sonuçlar vermiştir. Spesifik kortikal alanlarda tahribatla bazı defisitler çıkabileceğini kabul etse de hiçbir kortikal alanın özel bir işlevle ilgili olması söz konusu değildir. Bu defisitler, herhangi bir kortikal alanın lezyonu sonucu ortaya çıkan genel bir dikkat bozukluğuyla açıklanabilirdi. Bu da zaten serebral korteksin genel ve bütüncül sorumluluğu altındadır (Wickens, s. 234-235).

Alman Goltz ile İngiliz lokalizasyoncu nörolog Ferrier sonunda Londra'da yapılan Dünya Hekimler Kongresi'nde 1881 yılında karşı karşıya geldiler ve bu konuya bir nokta kondu. Bu tartışmaya ileriki sayfalarda geniş yer verilecektir. Ama bundan önce elektrofizyologların beyin elektrik uyarımı öykülerini vermek gerekir.

Önceleri beyin korteksinin elektrik uyarıma karşı duyarlı olmadığı yaygın kabul gören bir görüştü; örneğin Albrecht von Haller 18. yüzyılda ve Flourens 19. yüzyılda bu görüşü savunmuştur. Bu iki biliminsanı serebral kortekse deneysel olarak değişik elektrik uyarımlar vermelerine rağmen başarı elde edememiştir. Buna karşı bazı gözlemler de yapılmıştır. Galvani'nin yeğeninin ölmüş insanda serebral korteks uyarımıyla yüz ve kollarda çeşitli kas hareketleri meydana getirdiğini biliyoruz.* Ayrıca Luigi Rolando bir domuzun korteksine bir tel batırmış, telin diğer ucuna bir Volta pili yerleştirmiş ve bu yolla ekstremite hareketleri meydana getirmiştir.

Nihayet, iki Alman araştırmacı "Elektrikle beyin uyarılamaz" anlayışını kökten sarsmıştır: Eduard Hitzig (1838-1907) ve Gustav Theodor Fritsch (1838-1927). Her iki hekimin karakterleri farklıdır. Hitzig Yahudi kökenlidir, Berlin Üniversitesi'nde okumuştur. O sıralarda pratisyen hekimlik yapmaktadır. "Elektrik medikal hastalıkların tedavisinde kullanılabilir mi?" diye sorgulamaya başlar. Nitekim bir hastasının başının arkasına elektrik akımı vermiş, hastanın gözlerinde o sırada istemsiz göz hareketleri çıkmıştır. Bu, kafasında bir soru olarak kalmıştır. Fritsch de aynı konulara kafasını yormaktadır. Maceracı bir seyyah, aynı zamanda da amatör antropologtur ve bu konuda bir kitap yazmıştır. 1864 yılında Prusya-Danimarka Savaşı'nda cerrah olarak çalışırken, ağır bir kafa yaralanması geçiren askerde tesadüfen çıplak kortekse dokunduğunda askerin kaslarında sert seğirme devinimleri meydana geldiğini gözlemlemiştir (Buna benzer bir gözlemi ABD'de askerî hekim Weir Mitchell de iç savaş sırasında gözlemlemiştir). 1860'lı yılların sonunda Berlin'e gelmiş ve serebral korteksin uyarılabilirliği konusunda Hitzig ile birlikte çalışmaya karar vermişlerdir. Çalışmalarına 1870 yılında başlarlar ve denek olarak köpekleri kullanırlar. O sıralarda her ikisi de Berlin Fizyoloji Enstitüsü üyesidir fakat enstitü içinde bu konuda çalışma izni alamamışlardır. Bunun üzerine Hitzig'in evinde çalışmaya karar verirler ve çalışmak için Hitzig'in

---

* Ayrıca bkz. 8. Bölüm.

eşinin masasını kullanırlar. Köpek masaya anestezi almadan bağlanır; beyni ortaya çıkarmak için kafatası kısmen açılır ve ince bir platin elektrot bataryaya bağlanır, sonra da iğne elektrotun ucu korteksin üzerine yerleştirilir. Bu yöntem üzerinden frontal kortekse elektrik akımı verirler ve bedenin diğer yarısında tüm kaslara yayılan kasılma meydana geldiğini görürler. Çalışmaları ilerledikçe uyarılan bölgenin frontal korteksin arka yanında olduğunu fark ederler. Her ikisi de eğer bu bölge devinim sağlıyorsa bu alanın zedelenmesi halinde motor defisit meydana gelmeli, diye düşünür. Düşündüklerini uygularlar ve sonuç onların söylediğini destekler (Wickens, s. 226-227; Ertekin, s. 37-38; Haymaker ve Baer, s. 139-142; Thorwald, s. 175).

Bulgularını 1870 yılında yayımlarlar. Bu bulgular kortikal lokalizasyon fikrini doğrulamıştır. Motor kortikal epilepsi konusunda Hughling Jackson'ın fikirlerini de onun adını anmadan makaleye yerleştirmişlerdir. Bu ihmal İngiliz David Ferrier gibi bir vatandaş için kabul edilemezdir ve Ferrier de beyin uyarımları deneylerine başlamak üzeredir. Ne olursa olsun nörofizyolojide yeni bir alan açmışlardır. Ancak çalışmaya birkaç eleştiri gelir. Köpeklerde meydana getirilen paralizinin tam olmaması işin içine başka kortikal alanların da karıştığını düşündürür. Zedelenmemiş diğer alanlar da olmalıdır. Nereden bakılırsa bakılsın, elde ettikleri sonuçlar holistik (bütüncül) beyin anlayışını reddetmiştir. Ama bu işe son noktayı koymak David Ferrier'e (1843-1928) kalmıştır. İskoç kökenli fakat Londra'da çalışan David Ferrier, Hughling Jackson ile kişisel bağlantı kurar. Yorkshire'de bir akıl hastanesinde 1873 yılında beyin uyarım çalışmalarına başlar. Alternatif akım olarak Faradik uyarım kullanır. Bu uyarım daha sabit ve beyin için daha az zararlı bir elektrik uyarımıdır. Ayrıca deney hayvanı anestezi edildiği zaman uyarımın etkileri daha uzun süre görülebilmiş ve bu sırada Faradik akımın daha kullanışlı olduğunu da görmüştür. Düşük şiddetteki elektrik akımlarıyla beyin uyarılabilmiş ve ince hareketler meydana gelmiştir: göz kapaklarının kapanması veya kolun pençe şeklinde yakalama devinimi gibi. Akım şiddeti artırılınca devinimler daha kompleks hale gelmiştir. Ekstremitelerde koordine devinimler ve hatta kafanın durumunda değişmeler meydana gelmiştir. Ferrier güvercinden maymuna kadar değişik hayvan türlerinde beyin uyarım deneyleri yapmıştır. Hayvanlarda birbirine benzemekle beraber, her hayvan türüne özgü değişik motor lokalizasyonlar vardır. İlk deney bulgularını 1873 yılında yayımlamış ve geniş ilgi toplamıştır. Hitzig ve Fritsch'e kızgınlığı nedeniyle Ferrier yazısında onların çalışmalarına yer vermez ve diğer Alman araştırmacılara da çok seyrek atıfta bulunmaya başlar. Yolladığı ilk makaleleri, dergi editörleri bu nedenle reddeder. Ancak Ferrier'in bu konudaki tavrı hiç değişmez. Daha sonra maymun deneylerine odaklanır. Böylece insandaki kortikal lokalizasyon bulgularına daha yakın sonuçlar elde edecektir. Maymunda beyin korteksinde tam on dokuz farklı alanın elektriksel uyarımıyla devinim meydana geldiğini görmüştür. Bu alanlar diğer memeliler ve kuşlardaki alanlara uyar. Ferrier bu alanlara *istemli devinim komuta merkezi* adını verir. Maymunun beyni diğer hayvanlara göre daha komplekstir. Keza parietal ve temporal loblardaki alanlarda entegre olan belirli aksiyonları da gözlemler (Wickens, s. 229-230; Ertekin, s. 38-42; Haymaker ve Baer, s. 122-125).

Ferrier maymunlarda çalışırken temporal lobun üst kısımlarına elektrik uyarımı yapınca başın aniden yana döndüğünü görür. Sanki hayvan ani bir sese karşı hemen başını döndürmüştür. Her iki bölgeyi tahrip eden Ferrier bu kez ses uyarımıyla aynı yanıtı alamaz. Böylece işitme işlevini üst temporal loba lokalize eder. Ancak bu gözlem çok kısa bir süre devam edebilir niteliktedir çünkü deneyden sonra hayvanlar enfeksiyondan ölmüştür. Ferrier antiseptik kullanarak maymunları bir yıl daha yaşatmayı başarmıştır; bu süre içinde de sağırlığın devam ettiğini görerek kanıtlamıştır. Ayrıca üst temporal bölge, kulaktan gelen sesleri algılayan bölge kabul edilmiştir.

Ferrier lokalizasyon çalışmalarına devam ederken bir konuda hata yapmıştır. 1875 yılında maymunlarda *angular girus*u keşfetmiştir. Bu alanın uyarımıyla göz kırpma ve göz devinimleri meydana gelmiştir. Ancak kendi deneylerinde, oksipital kortekste görüş ve göz hareketleriyle ilgili bir ipucu bulamamıştır. Görme konusunda angular girus üzerinde ısrarla durur. Görme korteksi sorununa yanıt Almanya Berlin'den, fizyolog Hermann Munk'tan (1839-1912) gelmiştir. Munk bilateral oksipital lob lezyonunda körlük meydana geldiğini saptamıştır. Ama angular girusa lezyon uygulandığında körlük meydana gelmez. Oksipital lobun tek yanlı tahribinde körlük gelişmez ama karşı taraf retinal görme alanında bir görme bozukluğu gerçekleşir. Diğer bir deyişle, lezyon sol oksipital kortekse yapılırsa deney hayvanında her iki gözün sağ yan görme alanlarında görme güçlüğü meydana gelir, Buna da *hemianopsi* denmektedir. Bazı küçük oksipital lezyonlarda birey cismi görmesine rağmen bunun ne olduğunu bilemez; örneğin böyle bir deney hayvanında tehlikeye karşı bir ilgisizlik ortaya çıkmıştır. Görme alanı içinde kibrit yakıp alev çıkarıldığında hayvan herhangi bir korku veya kaçış belirtisi göstermeiştir. Oysa bu hayvanların motor sistemi normaldir. Munk durumu şöyle açıklamıştır: Köpek görsel bellek deposunu yitirmiştir. Buna *psişik körlük* adını vermiştir. Bu durum geçicidir ve 4-6 hafta sonra eğitimle beraber kaybolabilmektedir. Hatta köpeklere yeterince zaman verilirse gerçek körlük bile düzelebilir.

Böylece Ferrier ile Munk arasında öfkeli, kızgın ve uzun süren bir tartışma başlar. Munk haklıdır çünkü Ferrier'in deneylerinde önemli hatalar vardır ve gözlemleri kısa sürelidir. Deneylerinde esas görme sinyallerinin dolaysız olarak geldiği *fissura calcarina*yı (kalkarin yarığını) hesaba katmamıştır. Munk, Ferrier'in deneylerinden 1881 yılındaki Berlin Fizyoloji Derneği'nde söz etmiş ve Ferrier'i saldırganca eleştirmiştir: "Onun söylediklerinde doğru olan hiçbir şey yok... Sayın Ferrier tek bir doğru tahmin yapmamıştır...ve onun bütün yorumlarının tamamen yanlış olduğu ortaya çıkmıştır." (Wickens, s. 234).

Ferrier, 1881 yılında Londra'daki Uluslararası Tıp Kongresi'nde başka bir Alman meslektaşından bunun intikamını alacaktır. Talihin şu cilvesine bakın ki kendisini eleştiren Munk bir lokalizasyoncudur ama tartışacağı kişi Alman fizyolog Goltz ise anti-lokalizasyoncudur. Bu kongreye yetmişten fazla ülkeden 3000'den fazla delege katılmıştır. Oturumlardan birinde kortikal lokalizasyon konusu tartışılmıştır ve işte bu oturumda Goltz ve Ferrier'in karşılıklı tartışması uzun süre unutulmamıştır. Bu tartışmaya klinik ve fizyolojik önemi açısından daha ayrıntılı bakalım.

Goltz-Ferrier Tartışması

İki Alman fizyolog Hitzig ve Fritsch, ayrıca İngiliz hekim Ferrier'in lokalizasyon lehine yaptığı çalışmalar eski fizyologların hücumuna uğramıştır. Flourens ekolünün yandaşlarını sarsmak o kadar kolay değildir. Beyinde fonksiyon merkezlerinin olabileceği tezini bir süre çürütmeye çalışmışlardır. Bu lokalizasyoncu yaklaşımın tam karşısında Alman deneyci fizyolog Friedrich Leopold Goltz (1834-1902) yer alır. Konigsberg'de hayvan deneylerine başladığında yoksul bir biliminsanıdır. Mali güçlükler nedeniyle kurbağa deneyleri yapar ve yıllarca kurbağa beyinleri üzerinde çalışır. Beyin ve omurilik işlevlerini ortaya koymaya çabalar. 1870'li yılların ortalarında kurbağanın yaşam belirtilerinin sadece reflekslerden meydana geldiğini göstermiştir. Strasbourg'da profesör olduktan sonra köpekler üzerinde çalışmaya başlamıştır. Köpeklerde bütün beyni çıkardığı halde köpeğin yemek yediğini, sıçradığını, gördüğünü ve duyduğunu çeşitli tanıklara göstermiştir. Dolayısıyla Ferrier gibi lokalizyonculara şunu sormuştur: "Ferrier'in fonksiyon bulduğunu iddia ettiği merkezler, nasıl oluyor da beynin bu merkezi çıkarıldığı halde işlevlerine devam edebiliyor?" Goltz bu teziyle muhafazakar hekim kitlesini kendine bağlamıştır ve Ferrier'i kendini savunmak zorunda bırakmıştır.

Dünya Kongresi'ne Goltz deney yaptığı köpeklerden birini de getirmiştir. Amacı lokalizasyoncuların haksız olduğunu kanıtlamaktır. Programın fizyoloji bölümü İngiliz profesör Foster'in başkanlığında yapılacaktır ve önce Goltz, ardından da Ferrier konuşacaktır. Beyni olmadığı halde yaşayan, yürüyen, havlayan, sıçrayan, gören ve duyan bir köpeği olan Goltz'a karşı Ferrier'in ne yapacağı merak edilir. Zayıf, ince yapılı ve kibar görünüşlü Ferrier, cüsseli ve atak Goltz'a karşı nasıl dayanabilecektir? Sonunda oturum açılır ve Goltz iri cüssesiyle seyircilerin aşırı heyecanlı ve meraklı gözleri altında kürsüye çıkar. Açık renkli gözleriyle çevreyi süzer. Bu bakışlarda onu karakterize eden inatçılığı ve mücadele arzusu okunur. Goltz Almanca konuşmasına rağmen salon ölüm sessizliğine bürünür. Konuşması tam bir bilimsellik ve kesin bir anlatış biçimindedir. Başlangıçta konuyu özetledikten sonra lokalizasyonculara karşı saldırıya geçer ve şöyle söyler: "Bir meyve çok iştah açıcı görüntüsüne rağmen belki de içi kurt doludur ve şimdiye dek söylenen bütün lokalizasyoncu varsayımların kurtlu yerlerini meydana koymak hiç de zor değildir." Bu sözler, lokalizasyoncu olan veya bunlara inanan herkese karşı açılmış bir savaş ilanıdır. Goltz lokalizasyoncuları ve yöntemlerini bağıra bağıra yerden yere vurur. Kortikal lokalizasyon için elektrik uyarımının yeterli olmadığını ve kanıt açısından beynin o bölgesinin çıkarılmasıyla bu merkez işlevinin ortadan kalkması gerektiğini ileri sürer. Beyin dokusu çıkarıldıktan sonra işlevler devam ediyorsa beyin uyarımını savunanlar hatalı olduklarını kabul etmelidir. Goltz köpeklerde çalışırken beyin dokusunu çıkardığında kısa bir süre felç görülebildiğini ama bir süre geçtikten sonra bunun düzeldiğini, keza koku ve işitmede bozukluklar yaşandığını ancak bunların da kolaylıkla düzeldiğini söyler. Böylece lokalizasyon kuramının yıkıldığını ve Flourens'in eski kuramlarının doğru olduğunu, kendi çalışmalarının bunu bir kez daha onayladığını bildirir.

"Köpek, Ferrier'in tanımladığı duyu-motor merkezlerin çıkarılmasından sonra, tüm ekstremitelerini hareket ettirmekte, çenesini, dilini, kuyruğunu, gözlerini oynatmaktadır. Kısaca kaslarda ve duyularda hiçbir zayıflık belirtisi göstermemektedir," der. Fakat konuşması bitmez ve sesini yükselterek devam eder: "Söylediklerimin doğruluğunu sizlere kanıtlamak ve gözlerinizle bunu görmeniz için Strasburg'dan beraberimde bir köpek getirdim...Onun parietal ve oksipital kortekslerini çıkarttım, kafadaki kemik defektlerini parmağınızla yoklayıp muayene ederseniz hayvanın ne kadar geniş bir harabiyeti mutlu bir şekilde atlattığını kolayca saptayabilirsiniz. Ayrıca bu hayvanı canlı takdim edebilmek bir kat daha değerlidir."

Goltz devam ederken bu köpek aracılığıyla beyin kabuğunun herhangi bir kesiminin tahribatıyla felç oluşmayacağını veya bir duyu faaliyetinin sürekli yok edilmesinin imkânsız olduğunu seyircilerin gözlerinin önünde kanıtlayacağını söyler ve ekler: "Tek kelimeyle Ferrier' in lokalizasyon kuramı yanlıştır." Goltz kesin zaferinden emin bir bakışla bir kere daha etrafı süzer sonra da kürsüyü terk eder. Seyirciler konuşmasından etkilenir; birden alkış kıyamet kopar.

O sırada Ferrier de kibarca rakibini alkışlar. Çok ağır hareketlerle yerinden kalkar ve tereddütlü adımlarla kürsüye çıkar. Çok kısık sesle konuşmaya başlar: "Profesör Goltz'u büyük bir dikkatle izledim... Fakat onun vardığı sonuçları reddediyorum..." Ferrier ardından hararetle konuya girişir ve sesi gittikçe yükselir: "Zamanla tespit ettim ki aşağı düzeydeki hayvanlar, gelişimi daha yüksek hayvanlarla ve bu arada insanla kıyaslanamaz. Hayvan ne kadar ilkelse beynin bir kısmının, hatta bütününün çıkarılmasının hareket yeteneğine veya hislerine etkisi o kadar azdır. Öte yandan bu deneylerin etkisi hayvan ne kadar gelişmişse o kadar kuvvetlidir... Goltz'un deneylerinde kullandığı hayvan, yani köpekler üzerinde yapılan araştırmalardan, insan hakkında kesin sonuçlar çıkarılamayacaği için uzun zamandan beri insana en uygun hayvan üzerinden çalışmayı, böylece en gelişmiş hayvanı beyin araştırmaları için kullanmayı prensip edindim. Bunun için maymunları seçtim..." Ferrier bir an seyircilere bakar ve sonra sesi daha yükselir. "Bugün ameliyat edilen, belli beyin merkezleri cerrahi yolla çıkarılan iki maymunu size sunmaktan onur duyacağım... Eminim ki birkaç saat sonra Profesör Goltz sadece kendi kuramının yıkıldığını görmekle kalmayacak, gelişmiş hayvanlarda ve insanlarda beyinde fonksiyon merkezleri lokalizasyonu gerçeğinin kesinkes onaylandığına tanıklık edecektir."

Sözlerinin ardından ara verilir ve bu gösterim öğleden sonraya bırakılır. Öğleden sonraki oturumda önce Goltz'un demostrasyonu öne geçer. Ameliyat ettiği köpeğini sahneye çıkarır ve köpeğin duyma ve görme yetisini kanıtlar. Bir puronun (?) dumanını hayvanın burnuna doğru üfler, köpek irkilerek başını yana çevirir. Böylece hayvanın kokuyu algıladığını göstermek istemiştir. Gösteriye bir de sağlam köpek getirir. Sağlam köpeğin ameliyatlı köpeğe karşı havlaması ve saldırgan davranmasına karşı, deney köpeği ne düşmanlık ne de korku duyar. Aksine normal köpeğin ayaklarını yalamaya çalışır. Gösterinin sonunda Goltz, "Köpek görebiliyor, duyabiliyor, koku alabiliyor ve hissediyor... Ancak o kadar amaçsız, hatta kısmen o kadar bilinçsiz ki düşünme kabiliyetinin bulunmadığını ve onun aptal olduğunu kabul edebiliriz. Böylece lokalizasyon kuramının yanlış ve düşünülmesi bile imkânsız oluşu fikrinden başka her fikir inatçılıktan başka birşey değildir." Sonrasında köpeğin kloroformla öldürüleceğini ve beynin tüme yakın çıkarıldığını kanıtlamak için kalan beyin dokusunun çıkarılarak seyircilerin emrine sunulacağını söyler.

Şimdi sıra Ferrier'e gelmiştir. Sahneye henüz felce uğratılmış bir maymun getirilir. Ferrier hayvanı ve deneyi anlatır: "Beynin sol yarısındaki hareket merkezinin bulunduğu kısımlar planlı bir şekilde dikkatli cerrahi işlemle çıkarıldı. Görüldüğü üzere lezyon sonucu tıpkı insandaki gibi bir sağ hemiparezi ortaya çıktı. Bunun dışında hayvan sağlıklıdır. Ne bedensel ne de ruhsal bir bozukluk göstermektedir." Hayvana bir elma uzatır ve ameliyatlı maymun bunu sol eliyle alır ve elmayı yer. Bu sırada salona ikinci bir maymun getirilir. Ferrier, bu hayvanda her iki temporo-sfenoidal bölgenin çıkarıldığını söyler ve "Hayvanda sağırlık dışında başka bir bozukluk yok," der. Daha sonra Ferrier cebinden bir hava tabancası çıkarır ve tabancayı hayvanın başının yan tarafına yakın tutar. Tabancanın tetiğini çeker ve salonda büyük bir patlama duyulur... Felçli maymun korku ve telaşla sıçrayıp kaçmaya çalışsa da yere yuvarlanır. İkinci maymunsa tabanca kulağının dibinde patladığı halde, durumunu hiç bozmadan öylece durur. Hayvan hiçbir şey işitmemiştir. Hayvan kuşku duyulmaksızın sağır bırakılmıştır. Sonra Ferrier söze başlar: "Bu iki maymun bugün Profesör Goltz'un köpeği gibi kloroformla öldürülecek. Bu hayvanların beyinlerini ve tarif edilen fonksiyon merkezlerine uyup uymadığını saptamakta serbestsiniz. Eğer uyuyorsa... bu ekstremitenin her hareketi, gelişmiş canlıların her duygusunun beynin kesinkes sınırlandırılmış belli bir bölgesi tarafından meydana getirildiğini gösterir..."

Goltz, ardından oluşan bu tahrik edici atmosfer içinde tekrar konuşmayı dener ama oturum başkanı Michael Foster hemen sessizliği sağlar: "Baylar, kesin sonuç hayvanların beyninin anatomik muayenesinden sonra alınacaktır. Hayvanların Profesör Klein, Schaefer ve Langley tarafından araştırılmalarını öneriyorum. Bu komisyon, muayene sonuçlarını en geç kongrenin bitimine kadar açıklamalı ve böylece bu tarihi sonuçlar insanlığın mutluluğuyla bitmeli." Salondaki gerilim böylece düşürülür.

Kongreye katılan ünlü Fransız hekim Charcot'nun, "Bu günün tarihe geçeceğini düşünüyorum. Bu yeni bir dönemin başlangıcı," dediği duyulur. Kesin sonuç için dört gün heyecanla beklerler. Kongrenin kapanış günü sonuç jüri tarafından açıklanır. Zafer Ferrier ve lokalizasyoncularındır. Komisyon açıklamasında, sadece Ferrier'in açıkladığı beyin kısımlarının gerçekten çıkarıldığını onaylamakla kalmaz, çıkardığı kısımların Ferrier'in yıllardan beri tahmin ettiği kol, bacak ve işitme fonksiyonlarına ait beyin bölgeleriyle tıpatıp aynı olduğunu ortaya koymuştur.

Goltz'a gelince, komisyonun bildirdiğine göre, köpeklerde çıkarılan beyin kısımları kesin olarak sınırlandırılamıyordu. Hareket ve duyu merkezlerinin bazı kısımları sağlam kalmıştı ve bundan dolayı da fonksiyon görüyordu. Bu kısımlar Goltz'un köpeğine belli bir ölçüde hareket ve duyu etkinliği sağlanmasını garanti ediyordu (Thorwald 187-207).*

Daha sonra neler yaşandığına bakalım. Ferrier'in başarıları az kalsın başına büyük dertler açacaktır. Ferrier ve çalışmaları artık İngiltere kamuoyunda duyulmuştur. Kongrenin yapıldığı 1881 yılının sonbaharında *viviseksiyon*a karşı çıkanlar, yani hayvanları canlı canlı kesenlere ve hayvanlara zulüm edenlere karşı kurulan İngiliz derneği, Ferrier'e kanunları çiğnediği için dava açmıştır. Fakat maymunlara beyin operasyonlarını yapan beyin cerrahı arkadaşı, ameliyatları teknik açıdan kendisinin yaptığını, Ferrier'in sadece gözlemci sıfatıyla orada bulunduğunu mahkemede anlatmıştır. Kongre gözlemcisi ve oturum başkanı Michael Foster ve bilirkişiler Ferrier lehine davranmıştır. Önemli bir durum da şudur: Ferrier'in cerrah arkadaşının ameliyattan sonra hayvanları hayatta tutmaya yetkili olduğuna dair lisansı vardır. Ferrier'in bıçak kullandığını kanıtlayamayan viviseksiyon karşıtları derneği, bu fiili Ferrier'in düşündüğünü ve suça azmettirdiğini ileri sürerek bu sebeple suçlu bulunmasında ısrar ettiyse de sonunda Ferrier suçsuz bulunmuştur (Thorwald, s. 207; Wickens, s. 235). Ferrier, İngiltere'de o denli saygın hale gelmiştir ki 19. yüzyıl sonundan 20. yüzyıl başlarına dek sırayla Jackson-Ferrier-Sherrington üçlüsü Britanya'da nöroloji ve nörobilimin sürükleyicisi kabul edilmiştir.

---

* Bu tartışma Goltz-Ferrier tartışmasına tanıklık etmiş bir kişiden nakledilmiştir. Şöyle ki bu bilgiler ABD'li yazar Jurgen Thorwald'ın kitabının çevirisinden alınmıştır. Aslında bu olaya tanıklık eden yazarın büyükbabası Doktor Henry Steven Hartman'dır (1826-1922). Bir hekim olarak seyahata ve önemli bilimsel olayların olduğu yerlerde bulunmaya ve gördüklerini kaleme almaya (âdeta bir tıp tarihçisi gibi) meraklıdır. Anılarında gördüklerini olduğu gibi yazıya aktarmıştır. Torunu Jurgen Thorwald onun kendi döneminde yaşadıklarına ait yazılı belgeleri bir kitap haline getirmiştir. Bizzat bu olayı yerinde yaşayan dede H.S. Hartman'ın canlı anlatısından etkilenerek kitaba eklenmiştir.

Resim 11.5. İskoçyalı-İngiliz David Ferrier. Nörolog ve nörofizyolog ve koyu kortikal lokalizasyon savunucusu. kaynak

Goltz'a gelirsek, Goltz da Almanya'da saygın bir nörofizyolog olarak deneysel çalışmalarına, özellikle omurilik düzeyinde devam etmiştir. Burada ilginç bir olaya değinmek gerek. 1881 Dünya Tıp Kongresi'nde Goltz'un konuşması, o sıralarda genç hekim Sherrington'u çok etkilemiştir. İşte bu nedenle nörofizyolog olmaya karar vermiştir. Nitekim 1885 yılında Almanya'da Goltz'un laboratuvarında bir süre çalışmıştır (Haymaker ve Baer, s. 131-135).

Aradan geçen onlarca yıldan sonra, günümüzdeki lokalizasyon anlayışı kesin bir sosyal davranış, zekâ ve akıl merkezinin olmadığını söylemektedir. Ayrıca görme ve dil çok parçalı bir durumdadır. Birbirleriyle bağlantılı birkaç beyin biriminden oluşmuş sistemler vardır. Bu birimler işlevsel değildir, yine de anatomik anlamda aslında eski lokalizasyon anlayışından farksızdır. Bu sistemler zihin işlevlerinin temelini oluşturur ve görece birbirinden ayrılabilen işlevler görürler. *Akıl*a gelirsek kendini oluşturan farklı parçaların etkinliklerinden ve bu parçaların birleşerek oluşturduğu birçok sistemin birlikte işleyişinden doğar (Damassio, s. 27-30).

Pre-Frontal Lob ve Phineas Gage Olayı

19. yüzyılda hareket ve motor konuşma alanının frontal lobun arka kısımlarında küçük alanlarda temsil edildiği artık biliniyordu. Frontal lobun ön bölümleri çok daha geniş yer kapladığı halde, nasıl bir işlev gördüğü bilinmiyordu. Ama bu ön bölümlerin insanda hayvan türlerine göre daha gelişmiş olduğu anlaşılmıştı. Şöyle ki frontal lob kitlesi,

beynin tümüne oranla sıçanda %3,5, şempanzede %17 ve insanda %30 oranında bir alan kaplıyordu. Böylece frontal lobun beyinde filogenetik bakımdan en geç geliştiği ve bu nedenle önem arz edebileceği düşünceleri beliriyordu. Birçok araştırmacı ve filozof 19. yüzyılda bu konuya kafa yoruyordu. Bu bağlamda filozof ve evrimci İngiliz Herbert Spencer (1820-1903) frontal lobun ön kısımlarının genişliğinden yola çıkarak insan soyunun daha yüksek işlevlerinden sorumlu olduğunu öne sürmüştü: soyut düşünce, moral, sorumluluk ve kişilik gibi. Ferrier 1870'li yıllarda çalışmalarını yürütürken ön frontal lobun uyarımında hayvanın sessiz kaldığını görmüştü. Ancak prefrontal korteksin çıkartılması, hayvanın davranışlarında önemli değişiklikler meydana getirmişti. Özellikle hayvanın doğal dikkat ve merakı değişmişti. Emosyonel olarak apatik, ilgisizdi ve isteminde zayıflama vardı. Bunları kesin sınıflamak mümkün değildi, yine de hayvan zekâ ve dikkatini kaybetmişti. Bu Ferrier'e demansı anımsatıyordu. Frontal lobun ön bölgeleri yüksek zekâ ve düşünümsel işlevleri ortaya çıkartan psişik bir yapının temsilcisiydi. Hatta Ferrier çok öfke duyup benimsemediği Alman fizyolog Goltz'u frontal lob konusunda haklı buluyordu. Goltz frontal lobu harap olan köpeklerde, aptalca bir yüz ifadesi çıktığını ve korku hissinin kaybolduğunu saptamıştı. Kuşkusuz hayvanlarda bu üst düzey yetenekleri ortaya çıkarabilmek, deneysel düzeyde çok zor bir şeydi (Wickens, s. 235).

19. yüzyılda 13 Eylül 1848'de ABD'de bir demiryolu işçisinin adı, başına gelen kazayla bilim tarihine geçmişti. Çünkü Phineas Gage adındaki bu genç demiryolu işçisi kaza sonucu ortaya çıkmış tam tamına prefontal lob zedelenmesi olgusuydu. Onun klinik bulguları, birçok hekim ve biliminsanının on yıllarca tartışmasına neden olmuştu. Dolayısıyla burada bu demiryolu işçisinin başına gelen kaza ve ortaya çıkan prefrontal lob klinik belirtilerinin irdelenmesi gerekir.

Phineas Gage sportmen, iri yapılı, neşeli, nazik, tasasız ve sorumluluk sahibi bir insandır. "Sorumluluk taşımak zorundaydı çünkü ABD'de patlayıcı madde uzmanı olarak çalışıyordu. Demiryolu işçiliği pek tehlikesiz bir iş sayılmazdı. Gage, kayalara açılan deliklere kara barut dolduruyor ve üzerini kumla kapatıyordu; 6 kilogram ağırlığında, 3 cm kalınlığında ve 1 metre uzunluğunda ve sivri ucu 17,5 cm ve ucun çapı 6 mm olan demir levyeyle bu dolgu sıkıştırılıyor ve fitil ateşlenip patlama gerçekleştiriliyordu. Her şey yolunda giderse barut kayanın iç kısmına doğru patlıyordu, üstteki kum tabakası olmazsa kayanın dışına doğru patlama gerçekleşiyordu (Eckoldt, s. 122; Tallis, s. 238-239; Damassio, s. 17-24; Greenfield, s. 25-27).

Takvimler 13 Eylül 1848'i gösteriyordu, yorucu bir iş günü bitmek üzereydi. Gage'in doldurması gereken birkaç delik kalmıştı. Yirmi beş yaşındaki Gage demir levyeyi yerden kaldırmış ve tüm gücüyle deliğe sokmuştu. Ne var ki delik barutla doldurulmuş ancak henüz üzerine kum dökülmemişti. Ağır demir levyenin yere değmesiyle çıkan kıvılcım barutun patlamasına yol açmıştı. Patlamanın etkisiyle levye Gage'in elinden fırlamış, roket gibi uçarak Gage'in sol göz altından girip kafa tabanını delmiş ve frontal lob içinden geçerek kafatasının üstünden dışarı çıkmıştı (o zamanlar ünlü frenoloji anlayışına göre zedelenme bölgesi tam da şiir yeteneğinin bulunduğu bölgedeydi!) ve Gage'i 20 metre öteye sürüklemişti. Bu kazayla frontal lobun bir kısmı tahrip olmuştu. Sadece sol gözü görmüyordu, başka elle tutulur nörolojik bozukluğu yoktu ancak zaman içinde bambaşka bir kişilik ortaya çıkmıştı. Eski sakin Gage'den eser kalmamıştı, artık kolayca sinirlenip öfkeleniyor, kaba davranıyordu. Büyük sosyal sorunlar yaşıyordu. Kazadan sonra yaşadığı on sekiz yıl içinde karakteri tamamen değişmişti. Gaddarlaşmıştı ve hep önyargılı davranıyordu. Onu muayene eden doktoru Harlow, hastasının bu değişimini insani ve hayvani eylemlerin birbirleriyle karışması olarak yorumluyordu (Eckoldt, s. 122-127; Tallis, s. 238-239; Damassio, s. 17-32; Wickens, s. 235-237; Greenfield, s. 25-27).

Zamanımızda yapılan yeni bir görüntüleme tekniğinin (brainvox) yanı sıra MRG de kullanılarak Gage'in beyninden geçen demir levyenin, frontal lobun nerelerini zedelediği bu son derecede ileri tekniklerle ortaya çıkarılmıştı (Damassio vd., s. 264).

Buna göre demir çubuk motor ve konuşma işlevleri için gerekli beyin bölgelerine zarar vermemişti. Prefrontal bölge zarar görmüştü: ventro mediyal bölge, diğer adıyla orbital bölge. Yine buna göre geleceği planlama, öğrendiği toplumsal kurallara uygun davranma ve sonuçta kendi yaşamını sürdürme ve yararına kararlar alıp uygulama yeteneklerinin kaybolduğu ifade edilmişti (Damassio, s. 43-45).

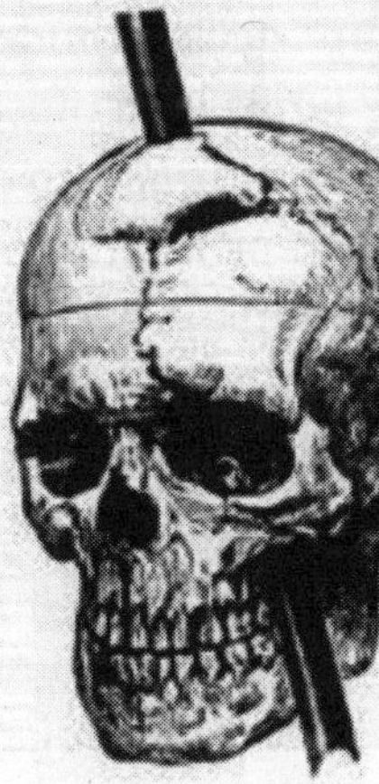

Resim 11.6. Tahminen Pineas Gage'in kafatası ve demir çubuğun geçiş yerine ait çizim.

Kuşkusuz bu olay 19. yüzyılın holistik ve lokalizasyoncu yaklaşımların birbirleriyle çatışmasını kolaylaştırmıştır. Bu görüş farklılığı ve kavga giderek azalmakla beraber 20. yüzyıla kadar uzanmıştır.

19. Yüzyıl Sonu; Nöroloji, Nöroşirürji ve Psikiyatrinin Gelişimi

Bu yüzyılın sonlarına doğru hekimlerde değişik tıp dallarında uzmanlaşma eğilimi başlamıştır. Uzmanlık kavramının ortaya çıkıp kolaylaşmasının en önemli nedenleri bilimsel çalışmalardan gelmektedir. Bilimsel çalışmalarda özellikle tıp alanını etkileyen çalışmalarda bilgi birikiminin çokluğu, yoğunluğu ve dallanması, bilimsel çalışma alanlarında ayrışmalara ve farklı gruplaşmalara neden olmuştur. Bu durumun hekimlik pratiğine yansıması uzmanlaşmanın gelişmesiyle sonuçlanmıştır da diyebiliriz.

Pozitif bilim alanındaki konu ayrışmaları, klinikte çalışan hekimlere ilham kaynağı olmuş ve bu durum Batı'da geniş ve oldukça yaygın örgütlenmelerin oluşmasına yol açmıştır. İlk uzmanlaşma örgütlenmeleri 19. yüzyılın erken dönemlerinde Paris'te ortaya çıkmıştır. Burada yönetimlerin olumlu ve iyi niyetli davranışlarının yanı sıra hekimler ve hekim örgütlenmelerinin doğru işbirliği, ilk planda uzmanlaşmayı kolaylaştırmıştır. Uzmanlaşma olayı en etkin Paris'te görüldükten on yıl kadar sonra Viyana'ya ve daha sonra da diğer Avrupa kentlerine sıçramıştır ve ABD'ye 1860'lı yıllarda ulaşmıştır. 1890 yılı ve sonralarında artık uzmanlaşma yaygınlıkla kabul edilmiştir. Uzmanlaşmayla birlikte hem genel eğitim hem de tıp eğitiminde uygulamalar değişmiş ve eğitimin başarısı artmıştır. Hastanelerde araştırma laboratuvarları buna uygunlukla geliştirilmiş ve genç uzmanlar kadrolara atanmıştır. Tıp fakültelerinde olumlu etkilenmeyle bilimsel araştırmalar da gelişme göstermiştir. Avrupa devletlerinde uzmanlaşma uzunca bir süre taşra kentlerinde ihmal edilmiş veya oluşamamıştır. Uzmanlaşma tam anlamıyla ülkeler çapında 20. yüzyılda gerçekleşmiştir, denebilir. Hatta uzmanlaşma oranı, bir bakıma toplumsal gereksinimlerin ötesine bile geçmiştir (Weisz, s. 1-26; Odonkor, 2018; Yeşiltaş, s. 65-72; Ertekin, s. 2023).

İngiltere, 19. yüzyılın ikinci yarısında çok ünlü ve yararlı nörologlar yetiştirmeye başlar. Bu kişiler İngiltere'de nöroloji kliniğinin başlangıcını oluşturan önemli kişiliklerdir; aralarında David Ferrier (1843-1928), Hughling Jackson (1835-1913), William Richard Gowers (1845-1915), Victor Horstley (1857-1916) vardır. Zaten David Ferrier kortikal (beyin kabuğu) uyarımın öncülerinden İngiliz nörologtur. *National Hospital* ve *King's College*'da uzun yıllar çalışmıştır. William Richard Gowers (1845-1915), uzun yıllar Hughlings Jackson ile birlikte çalıştıktan sonra nörolojinin belirli bir disipline kavuştuğu ünlü *Klinik Nöroloji* kitabını yazmış ve uzun bir süre sonraki kuşakları etkilemiştir. Hem klinik ve hem de nöroanatomi açısından özgün bulguları vardır. Ayrıca günümüzde hâlâ dünyanın önde gelen nöroloji merkezi Queen Square'deki *Ulusal Nöropsikiyatri Hastanesi*'nin kurucularından biridir (Haymaker ve Baer, s. 292-295).

İngiltere'de beyin cerrahinin öncüsü Victor Horsley (1857-1916) ise yüksek primatlarda, Faradik akımla beyin kabuğu ve daha aşağıdaki beyaz cevher yapılarını uyarmış, hatta omuriliğe de uyarım vermiştir. 1908 yılında R.H. Clarke ile birlikte beyinsel işlevleri anlamak için, bir stereotaksik enstrüman yapmışlar ve bu "Horsley-Clark" aygıtı sonradan çok ün kazanmış ve çok kullanılmıştır.Horsley İngiltere'de modern beyin cerrahisinin öncülerinden biridir. 19. yüzyıl İngiltere'sindeki bu isimler, nöroloji araştırmalarını ve klinik nörolojiyi dünya çapında yüceltmiş ve 20. yüzyılda da bu kalite kısmen devam etmiştir. 19. yüzyılda kurulan *National Hospital*, nörolojinin dünyadaki en önemli hastanelerinden biri haline gelmiş ve buradan sinir sistemi üzerine çok önemli uluslararası yayınlar çıkmıştır (Ertekin, s. 38-39; Haymaker ve Baer, s. 429-432).

Avrupa'yı genel cerrahi ve sonra nöroşirürji bakımından ele almak tarihsel açıdan daha fazla fayda sağlayacaktır. Modern cerrahi 18. yüzyılda gelişmeye başlamıştır. Ancak bu yüzyılda bile sadece birkaç cerrahın beyin ameliyatı yapabildiğini görürüz ve bunun nedenleri de çok açıktır. Enfeksiyonlar hem hastane içinde hem de dışında çok yaygındır. Beyin açılırsa kolayca enfeksiyon olacağı düşüncesi egemendir. Kafa travmalarının çoğu tedavi edilmeden bırakılır. Ancak birkaç cerrah tüm risklere rağmen beyin ameliyatı yapmayı göze almıştır. Bunlardan biri de Fransız cerrah François Quesnay'dir (1694-1774) ve berber-cerrahtır. 1749 yılında kasaba doktorluğundan Kral XV. Louis'nin doktorluğuna kadar yükselmiştir. Sık sık savaşlara gidip hekimlik yapmıştır. Genellikle beyin yaralanmaları ve kafa travmalarıyla karşılaşmış ve bu hastaları incelemiştir. Bu konuda bir kitap yazmış, kurşun ve kılıç yaralanmaları nedeniyle meydana gelen beyin travmaları bu kitapta yer almıştır. O zamanki anlayışın tersine rastlanan beyin zedelenmesi olgularının hepsinin ölmediğini kitapta belirtmiştir. Kurşun yaralanmasıyla alın üzerinden frontal lobu zedelenen bir hastasında uzun yıllar fiziksel veya zihinsel bir bozukluğun görülmediğine şahitlik etmiştir. Buna karşın serebelluma isabet eden kurşun, ölümle sonuçlanmıştır. *Korpus kallosum*a gelen bir travmaysa hastanın zekâsı üzerine yıkıcı etkiler yaratmıştır.

Quesnay bu gözlemlerini köpek deneyleriyle de doğrulamıştır. Beynin ağrıya duyarsız olduğunu ve yaraların diğer organlarda görüldüğü gibi zamanla düzelebileceğini savunmuştur. Dolayısıyla belirli durumlarda beyin ameliyatı yapılabileceği kanısına varmıştır. Beyne girmiş, ağrı ve parezi yapan yabancı cisimlerin veya beyin apselerinin çıkartılabileceğini söylemiştir. Beyin urları çok dikkatli bir şekilde alınmalıdır. Fakat kimse onun gibi düşünmez, yoğun eleştiler alır. Sonradan adı unutulup gider (Wickens, s. 317-318).

Beyin cerrahisi için zorluk, beynin açılması veya bir beyin urunun çıkarılmasında değildir. Zorluk ameliyattan önce urun lokalizasyonunun bilinememesidir. 19. yüzyılda kafayı açmadan önce, ameliyatın yerine kesinlikle odaklanmayı sağlayacak ve kafayı gereken yerden açmayı kolaylaştıracak bilinen hiçbir yardımcı tanı yöntemi yoktur. Kafatasında hissedilen ağrı hiçbir lokalizasyon değeri taşımaz. Aslında bu bakımdan da beyin lokalizasyonu çalışmaları giderek önem kazanır. Ama 19. yüzyılda bunun henüz pratik bir uygulaması yoktur (Thorwald, s. 185).

1840'lı yıllarda anestezi keşfedildir. 1860'lı yıllara gelindiğinde yaraların sterilizasyonu mümkündür. Bu önlemler cerrahi girişimlerde yaşamsal riski azalttır. Bu koşullarda İngiliz cerrah William Macewen (1848-1924) ilk modern beyin operasyonunu 1879 yılında sağlar. Macewen on dört yaşında bir kız çocuğunda frontal lob üzerindeki duramaterde bulunan bir uru çıkarır. Operasyondan sonra hastanın yakınmaları (epilepsi, parezi gibi) kaybolur; sekiz yıl sağlıklı yaşadıktan sonra beyinle ilgili olmayan bir nedenle ölür. Macewen bu operasyon sonucunu hemen yayımlayamaz. Benzeri beyin girişimlerinde bulunur ve cerrahi sonuçlarını 1888 yılında yayımlamayı başarır. Yirmi bir beyin ameliyatı yapar, bunların on sekizi tamamen düzelir; sadece üçü ölümle sonuçlanır. Böylece Londra'da benzeri beyin ameliyatları yapılmaya başlanır.

Beyin cerrahisi konusunda Rickman Godlee (1849-1925) bir başka cerrahtır. Klinik bulgulara dayanarak yirmi beş yaşında bir hastada motor korteks derinliğinde bulunan bir gliomu (beynin glia denen destek hücrelerinden köken alan ur) başarıyla çıkarmıştır. Hasta ameliyat sonrası iyidir ancak bir ay sonra enfeksiyon nedeniyle vefat eder. Bu ameliyat hem hekimler hem de halk arasında yoğun bir tartışma konusuna yol açar (Wickens, s. 319-321).

Daha önce değindiğimiz Alexander Victor Horsley, aslında İngiltere'de beyin cerrahisinin öncülerinden kabul edilir. 1860 yılında kurulan *National Hospital for Nervous and Mental Diseases*'e 1886 yılında cerrah olarak atanmıştır. Buraya atandığında henüz yirmi dokuz yaşındadır. Horsley'in ilk operasyonu bir kafatası çökme kırığıdır. Hastada çok sık görülen epilepsi nöbetleri vardır. Bu hastada kafa kırıkları altında durameteri açar ve beyin dokusu yüzeyinde oluşan nedbe dokusunu çıkartır. Sonunda gencin nöbetleri ve felci ortadan kalkmıştır. Benzeri epileptik hastaları başarıyla ameliyat eder. İlk bir yılda on bir intrakranial ameliyat yapar; aralarından sadece biri ölür. Bir yıl sonra ilk kez omurilik basısı olan bir paraplejik hastayı başarıyla ameliyat eder ve sonra hasta yürümeye başlar. 1900 yılında epilepsi ve omurilik basısı ameliyatı olarak kırk dört nöroşirürji ameliyatı yapmıştır. Bunlar arasında ilk kez bir hipofiz tümörünü çıkardığı olgu da vardır. Beyin şişmesi ve kan kaybını gidermeyi sağlayan teknik uygulamalar geliştirmiştir. 1900'lü yıllarda fizyolog Robert H. Clarke ile birlikte sterotaksik bir aparey icat ederler. Bu apareyi önce deney hayvanlarında kullanırlar. Böylece beyin cerrahisi alanına bu tekniği sokarak ileride beynin derinliklerine uzanan ameliyatların yolunu açmışlardır (Wickens, s. 322-323; Haymaker ve Baer, s. 429-432).

19. yüzyılda Amerika Birleşik Devletleri'nden Fransa ve Almanya'ya gelerek eğitim gören çok sayıda genç hekim yetişmiş ve sonrasında ülkelerine deneyim kazanarak geri dönmüşlerdir. Onlar edindikleri yeni bilgileri ABD'deki kendi üniversitelerinde uygulamışlardır. William Henry Welch (1850-1934) de o gençlerden biridir. Welch, Baltimore'daki Johns Hopkins'e Alman yöntemlerini getirmiş ve 1878 yılında profesör olmuştur.

Johns Hopkins Tıp Okulu o dönemde kadınları da kabul etmesiyle ilk örnek olmuştur. Welch ileri eğitim ve araştırmayı teşvik eder. Nihayet 19. yüzyılın sonunda, 1901 yılında NewYork'ta Rockefeller Tıp Araştırmaları Enstitüsü kurulmuş ve sonraları çok büyük bir bilim merkezi haline gelmiştir. ABD'de tıp ve bilime yapılan yatırımlar sonucu, biliminsanları ve tıp mensupları çok rahat bir ortamda çalışma olanağı bulmuştur. Tüm dünyadan gelen kapasiteli göçmen biliminsanlarının da katkılarıyla ABD bugün bilim ve tıpta dünyada en önde gelen ülke durumuna gelmiştir (Porter, s. 93).

Bununla beraber ABD'de tıp ve kuşkusuz nörolojik bilimler ve psikiyatri Avrupa tıbbına göre çok daha geç gelişmiştir; 19. yüzyılda Avrupa'daki gelişmeler izlenmiştir. 19. yüzyılda en fazla göze çarpanlar veya nörolojinin öncüleri arasında William Alexander Hammond (1828-1900), Silas Weir Mitchell (1829-1914) ve James Jackson Putnam (1846-1918) sayılabilir.

William Alexander Hammond 1849 yılında genç bir hekimken ABD ordusuna katılmış ve Kızılderililerle yapılan savaşta yer almıştır. 1860 yılında tam sivil yaşama geçerken bu kez de iç savaş nedeniyle tekrar orduya dönmek zorunda kalmıştır. Ayrıca kendisine Abraham Lincoln tarafından General Hekim-Cerrah ünvanı verilmiştir. 1862 yılında ordu tıp merkezi ve müzesini kurmuştur. Kendisi lafını esirgemeyen biri olarak savaşı yönetenlerin başındakilerle sürtüşmeler yaşamış, suçlanmış, askeri mahkemece yargılanmış, haksız yere suçlu bulunarak ordudan atılmıştır. Ama bir süre sonra ona tekrar ihtiyaç duyulmuş ve tekrar askeriyedeki görevine çağırılmıştır. Sonra New York'ta sivil hekimliğe başlamıştır. Bu arada Hammond, arkadaşlarıyla ilk kez Amerikan Nöroloji Derneği'ni kurmuş ve 1869 yılında *athetosisi* (el ve parmaklarda istemdışı yavaş devinimler) tanımlamıştır. Keza *miksodem* ve *tiroid bezi yetmezliğini* de tanımlamıştır. ABD'de ilk kez nöroloji kitabı yazan nöroloji öncüsüdür.*

1850 yılında Amerikan İç Savaşı sırasında hekimler arasında ve tıp okullarında, nörolojik bilimler konusunda bilinenler henüz fazla değildir. Keza klinik nörolojiye ilgi duyanlar da. Nörolojiyle ilgilenen ve bu konuda uğraş veren ilk isim Hammond ise ikincisi de Silas Weir Mitchell'dir. İşte Amerikan İç Savaşı sırasında Hammond ile Mitchell'in yolları kesişmiştir. Mitchell genç bir hekimken orduya alınmıştır. Üst düzey asker hekim Hammond da o sırada Philadelphia'daki bir hastanede sinir sisteminden yaralanmış ya da hastalanmış askerleri bir arada toplamaktadır. Bazı genç hekimler bu hastaneye yollanır; aralarında Weir Mitchell de vardır ve burada savaşla ilgili travmatik sinir hastalıkları konusunda epey deneyim kazanır. Periferik sinir hastalıkları çok ilgisini çekmiştir. Silahla yaralanmalarla ilgili çevresel sinir hastalıkları üzerine bir kitap yazar. Bu kitapta ilk kez *kozaljiyi* tanımlar ve diğer periferik sinir kökenli ağrılı durumlar üzerinde önemli yorumlar yapar.† Orduda dört yıl kaldıktan sonra sivil meslek yaşamına geçer ve sonraki yıllarda Amerikan Nöroloji Derneği'nin kurucularından biri olur; 20. yüzyılın ilk yıllarında bu derneğin başkanlığını yapar. Weir Mitchell de meslek büyüğü nörolog-cerrah Hammond gibi edebiyata ve yazarlığa meraklıdır. Romanlar, hikâyeler ve şiirler yazmıştır (Haymaker ve Baer, s. 332-336).

James J. Putnam da Amerikan Nöroloji Derneği'nin yedi kurucusundan biridir ve 1888 yılında bu derneğin başkanlığını yapmıştır. Putnam'ın birçok bilgiyi kucaklamaya çalışan filozof bir insan oldu-

* Hammond'un çok ilginç bir kişiliği varmış, çok uzun boylu ve iriyarı biriymiş, sesi de çok gürmüş. Bu yönlerinden dolayı kendisini Rönesans Dönemi'ndeki Paracelsus'a benzetirlermiş, Teatral ve yüksek sesle ders anlatırmış. Bir diğer ilginç yanı da altı roman yazmasıdır (Haymaker& Baer. 295-298).

† Ayrıca bkz. Deri duyumu ve Ağrı böyle bir bölüm yok.

ğu söylenir. Örneğin sadece nöroloji değil, psikiyatri ve diğer medikal hastalıklarla da ilgilenmiştir. Basal ganglion hastalıklarında öncü kişilerden biri kabul edilir (Haymaker ve Baer, s. 350-353). ABD, 20 ve 21. yüzyılda tüm bilimlere ve bu arada tıp ve nörolojik bilimlere yaptığı zengin yatırımlar ve verdiği önemle dünyada bu konularda lider durumuna gelecektir.

Psikiyatri ve Sigmund Freud

Psikiyatrinin gelişimine gelirsek, 19. yüzyıla gelinceye dek şifacılar ve hekimler melankoli, mani ve depresyon tablolarını daha iyi tanıyor ve tanımlıyorlardı. Buna karşılık şizofrenik psikozlar hakkında çarpıcı ve belirli yorumlar yapılmamış ve konu sisler içinde kalmıştı. 17. yüzyılda T. Willis'in, 18. yüzyılda Pinel'in (1809 yılı) şizofreniyi az çok tanıdıklarına ilişkin yazıları da vardı. Şizofreninin, hastalığın adı verilmeksizin, İngiltere'de kimi hekimlerce tanımlandığı belirtilir. Ancak 1853 yılında Fransız hekim Bénédict Augustin Morel (1809-1873) *démence précoce* (erken gelişen demans) adıyla ilk kez bir grup psikotik genç hastayı tanımlamıştı. Her ne kadar zaman zaman erken bunamayı ilk kez Morel'in tanımladığı söylense de bunların tam anlamıyla şizofreniye uymadığı da belirtilir. 19. yüzyılın ikinci yarısında Almanya'da psikiyatri ve ruhsal hastalıklar alanında önemli bir atılım başlar ve 1871 yılında Ewald Hecker (1843-1909) *hebefreni*yi ve 1874 yılında Karl Ludwig Kahlbaum (1828-1899) *katatoni*yi tanımlar. 1896 yılında da Emil Kraepelin (1856-1926) bu iki hastalık tipine *paranoid* ve basit tipleri de ekleyerek hepsine birden *dementia praecox* (erken bunama) adını verir.

Aslında erken bunama terimi psikiyatriye Heinrich Schüle'nin (1840-1916) 1886 yılında yayımlanan kitabıyla girmiştir. Schüle, gençlerde görülen tipinde heredite eğilimi gösterdiğini söylemiş ve bu hastalara *akut demans* demiş, kronik olgulardan da kitabında *hebefreni* adıyla söz etmiştir. Arnold Pick (1851-1924), 1891 yılındaki medikal raporunda hebefreninin bir tür erken demans olduğunu bildirmiştir. Bununla beraber, Emil Kraepelin *dementia praecox*u ilk tanımlayan psikiyatrist olarak kabul edilir ve bu hastalığa da ruhsal hastalıklara ait sınıflama içinde yer verir. 1911 yılında Paul Eugen Bleuler (1857-1939) ilk kez *şizofreni* terimini kullanır. Bleuler, bu hastalığın bunamaya uymadığını ve kimi hastaların düzelebileceğini söylemiştir. Hastalık için eski Yunancadan gelen şizofreni terimini kullanmıştır. Bu kelimeyle aklın ikiye ayrılması anlamı ortaya çıkar; böylece kişilik, düşünce sistemi, bellek ve algılama işlevleri arasındaki ayrışmayı tanımlamak istemiştir. Bleuler, Freud ile yakın dostluk kurmuş ve 1900'lü yılların başlarında Freud, Bleuler ve Jung Viyana'da Psikanaliz Derneği'ni kurmuştur.

Şunu söylememiz gerekir ki ruhsal hastalıkların sınıflandırılması ve tanımlanmasında en önemli rol Kraepelin'e aittir. Yaptığı çalışmalar, nosolojiyi karmaşık halinden kurtarmıştır. Kraepelin, psikozları ve nevrozları ana ve alt gruplara ayırmıştır. Daha önce değinildiği üzere, şizofreniye demans praecox demiştir. Şizofreni ve manik depresif psikoz belirtilerini, türlerini o yılların bilimsel düzeni içinde tanımlamıştır (Berrios, s. 484-498; Öztürk, s. 3-7; Muckenhoupt, s. 43-54; Ertekin, s. 261-269; Viets, s. 772-783). Bu arada ruhsal hastalıklar ve nevrozların 20. yüzyılda yeniden sınıflandırılması ABD'de yapılmış ve çok daha ayrıntılı hale getirilmiştir (DSM-II, III, IV, V tanı kriterleri gibi). Bu kadar sıkıntılı dönemeçlerden geçen şizofreni olgularının günümüzde tek bir hastalığı temsil etmediği anlaşılıyor (Berrios, s. 484-498; Öztürk, s. 175).

Kaba tabiriyle psikonevrozların günbegün anlaşılması da 19. yüzyılda hipnozun inceleme ve uygulamalarıyla başlamıştır. Bunu ünlü nöropsikiyatrist Charcot ön plana çıkarmış ve histerideki önemini göstermeye ve yaymaya çalışmıştır. Aslında 1700'lü yılların sonunda Alman doktor Franz Anton Mesmer (1734-1815) hastada bedenden gelen manyetik güçlerin yarattığı uyku, *manyetik uyku* ya da *trans hali* diye adlandırdığı bu durumu hastaların tedavisinde kullanmayı öngörürü. Mesmer'in bir hayli takipçisi çıkmıştır; hekim çevresi yaptıklarını tuhaf karşılasa da görüşleri Avrupa ve ABD'de yayılmıştır. Buna hipnoz anlamına gelen *mesmerizm* de denir. Çağının hekimleri ve akılcı insanları, tedavi şansı pek bulunmayan ve araya şarlatanlığın karıştığı bir durum karşısında olduklarını anlamışlardır. Sonunda bilimsel akılcılık öne çıkmıştır.

Fransız Kraliyet Komisyonu 1784 yılında Mesmer'in tedavilerini soruşturmaya almış ve tamamıyla etkisiz oldukları sonucuna varmıştır. Giderek bu iş sahne eğlencelerine dönüşürken 1850'li yıllarda büyük ölçüde ortadan kaybolup gitmiştir. Charcot'nun yaptığı, histerik hastaları transa geçirip onlara ne yapacaklarını söyleyerek, hipnotik telkin yolunu kullanmaktır.* Hipnoz aslında tartışmalı bir tedavi yöntemidir. Charcot bu yöntemi kötü şöhretinden kurtarmıştır. Ama doktorların çoğu hipnozu bir tıbbi yöntem olarak bir türlü kabul etmez. Viyanalı Sigmund Freud hipnoza önceleri inanırken daha sonra onun neden olduğu durumu, arkadaşı Josef Breuer (1842-1925) ile yazdığı *Histeri Üzerine Çalışmalar* adlı kitabında açıklamıştır (1895). Freud ve Breurer'in histeri için ortaya koyduğu kuram şöyledir:

"Eskiden geçirilmiş ruhsal bir travma bilinçten atılırken veya silinirken onun yarattığı enerji bedende kalır ve fiziksel belirtilere yol açar. Hasta hipnotize edildiğinde travmayı hatırlayabilir ve doktorun önünde o travmanın enerjisini kelimelere döküp boşaltarak histerik belirtilerinden kurtulur."

Böylece Freud, dinamik psikiyatride öncül adımlarını atmıştır. 19. yüzyılın sonunda geliştirdiği *psikanaliz* kuramı, birçok yönleriyle çağımızın en önemli psikolojik ekolü haline gelmiş, ruh hekimliğindeki hastalık anlayışını ve sağaltım yöntemlerini etkilemiştir. Psikanaliz ruh hekimliğine ve psikolojiye bilinç, bilinçdışı, bilinçaltı, dürtü, psikoseksüel gelişme, çatışma ve savunmalar gibi kuramları ve tedavi olanaklarını koymuştur. 19. yüzyılda Viyanalı hekim Sigmund Freud (1856-1932) gerek tıp alanında gerekse toplum içinde sözü en çok edilen ve takdir edilen biri olarak 20. yüzyılı da etkisi altına almıştır (Muckenhoupt, s. 135-149; Öztürk, s. 70-87).

Freud, insanların kendilerine bakışını değiştirmiştir. Çocuklardaki arzuların ve olayların önemini vurgulamış, onları bilimsel bir gelişim kuramı içine katarak, her insanın belli bir kişilikle doğduğunu temel alan geleneksel inançlara karşı çıkmıştır. Ayrıca gizli anıların, arzuların ve suçluluk duygularının çelişkili tavırlar ve çatışan duygulara yol açtığı, muğlaklık üzerine kurulu modeliyle, bireyin ruh bütünlüğünü de ortadan kaldırmıştır. Freud'un takipçilerine göre cinsellik sadece yetişkinlerin değil, çocukların da psikolojisinin merkezi ve yaşamın temel bileşeni haline gelmiştir (Fara, s. 400-405).

---

* Ayrıca bkz. 10. Bölüm.

Resim 11.4. Pierre Flourens. Fransız hekim, deneyci ve cerrah. Anti-lokalizasyoncu. Holistik görüşün baş savunucusu, Haymaker W. ve Baer K.A., *The Founders of Neurology*, Charles C. Thomas Publisher, Springfield, 1949.

Freud ve psikanaliz yöntemi oldukça yoğun eleştiriler almıştır. Freud'un yöntemlerinin alışıldık anlamıyla bilimsel olduğu söylenemez, hastaların üzerinde kontrollü deneyler yapmamıştır. Hiçbir zaman hasta üzerinde nelerin etkili olduğunu anlamak amacıyla ve rastgele örnekleme yoluyla hastaları seçerek farklı uygulamalar yapmamıştır. Freud gözlemlerini olgu incelemeleri şeklinde sunmuştur. Hastalarının mahremiyetini korumak için raporlarında olayların çoğunu değiştirmiştir. Bu değiştirme iyi niyetli olsa da bazen araştırmasını çarpıtmıştır belki de; araştırma tekrarı gibi bir teknik kullanmamıştır. Freud'un olguları tek tek kişilerin portreleridir, tekrarlanamazlar (Fara, s. 400-405).

Freud'un en büyük muhaliflerinden biri de 20. yüzyılda ortaya çıkmıştır. Bu bilim felsefecisi Karl Popper'dir (1902-1994). Popper, psikanalizin *sahte bilim* olduğunu söyleyerek bu yöntemi eleştirir. Popper için psikanalistler, astrologlar kadar bilimdışıdır. Popper'e göre iyi biliminsanı, kuramını çürütmeye çalışarak devamlı sınamak ister. Sahte biliminsanlarıysa kuramlarını sadece desteklemek ister (Fara, s. 404).

Öte yandan Freud'un olgu incelemeleri son derecede değerlidir. Keskin bir gözlemci olarak, tek tek bireyleri anlatır ve onlar başkaları için de çok önemlidir. Her bir hastanın kendisine ait olan kuramların, evrensele ışık tuttuğunu göstermeye özenle dikkat eder. Kuşkusuz bu olgu incelemeleri, Freud'un dinleyici ve okurlarına onun kuramlarını, günlük klinik uygulamada tam tamına nasıl kullandığını görme şansı verir. Her düşüncesi ve hasta üzerine akıl yürütmesi, herkesin görüşüne açıktır. Nihayetinde bu açıklık onun değerlendirilme ve tanınmasında önemli rol oynamıştır (Muckenhopt, s. 135-149).

Kendisine yöneltilen tüm eleştirilere rağmen Freud'un muazzam bir etkisi vardı; halen de böyledir. Modelindeki zihne dair kısıtlamalar bir yana, Freud zihinle beden, aileyle cinsellik, sağlık ve hastalık gibi konuların tamamen yeni bir tarzda düşünülmesini sağlamıştır. En önemlisi de bilinçdışı dürtüleri ve çocukluk cinselliğini karşılıklı konuşma ortamına taşımıştır. Kuramları bilimsel değilir ama bu onları reddetmek için iyi bir sebep midir? Belki de bilim ilerlemenin tek yolu değildir. İster gerçek hayatta olsun ister edebiyatta, kişisel ilişkileri anlamaya öncelik veren herkes Freud'un uygarlığa katkısını, Einstein'dan daha üst bir sıraya yerleştirir. Tedavileri her derde deva olmaz ama insanların kendi benliklerine ve yaşamlarına bakıp düşünmelerini ve belki de onu iyileştirmeye çalışmalarını sağlamıştır (Fara, s. 402-404).

KAYNAKLAR

Berrios G. "Historical Aspects of the Psychoses" *British Medical Bulletin*, 43, 484-498, 1987.

Damassio A.R. *Descartes'ın Yanılgısı*, Varlık Yayınları, Sayı: 538, Bilim Dizisi 2, 2. Basım, İstanbul, 1994.

Damassio H. vd. "The return of Pineas Gage: The skull of a famous patient yields clues about the brain" *Science*, 264, 1102-1105, 1994.

Eckoldt M. *Beyin ve Zihnin Kısa Tarihi: Duygular ve Düşünceler Nasıl Oluşur?*, çev.Say Yayınları, İstanbul, 2018.

Ertekin C. *EMG'nin Tarihsel Gelişimi (1890-1960) Klinik Nörofizyoloji*, EEG-EMG Derneği, Yayın No. 11, Kitap Vitrini, Ankara, 2014.

Ertekin C. *Tıbbın Öyküsü*, Türkiye İş Bankası Kültür Yayınları, 5. Basım, İstanbul, 2023.

Ertekin C. *Tıpta Uzmanlaşma Tarihine Bir Bakış, Cumhuriyet ve Sağlık*, ed. E. Eser, M. Aksu, A.C. Bilgin, basım yeri evi 2023.

Fara P. *Bilim: Dört bin yıllık bir tarih*, Metis Yayınları, İstanbul, 2012.

Greenfield S. *İnsan Beyni*, Varlık Bilim, 2. Basım, İstanbul, 2006.

Gürüz K. *Medrese vs Üniversite*, Ka Kitap, İstanbul, 2016.

Haymaker W & Baer KA. *The Founders of Neurology*, Charles C. Thomas Publisher, Sprinfield, Illinois, 1949.

Muckenhoupt M. *Sigmund Freud*, 4. Basım, Tübitak, Ankara, 2002.

Odonkor C.A. *Adapt or Die: Lessons from the History of Medical Specialization*, Tincture, 2018.

Öncel F. *Nörolojinin Öncüleri-Antik Çağdan 20. Yüzyıla*, Nobel Tıp Kitabevleri, İstanbul, 2018.

Öztürk M.O. *Ruh Sağlığı ve Bozuklukları*, 7. Basım, Hekimler Yayın Birliği, Medicamat, Ankara, 1997.

Porter R. *Kan Revan İçinde Tıbbın Kısa Tarihi*, Metis Yayınları, İstanbul, 2016.
Stookey B. "Jean Baptiste Bouillaud and Ernest Aubertin. Early Studies on Cerebral Localization and the Speech Center" *JAMA*, 184, 1024-1029, 1963.
Tallis R. *Sonsuz Uzay Hakimi. Kafamızın İçinde Büyüleyici Bir Yolculuk*, çev. , Türkiye İş Bankası Kültür Yayınları, İstanbul, 2014.
Thorwald J. *Cerrahların Yüzyılı. Cerrahların Dünyası*, çev. Kazım Ergin, Ankara Üniversitesi Basımevi, Ankara, 2005.
Viets H.R. "The History of Neurology in the Last One Hundred Years" *Bull, NY Acad. Med*, 24, 772-783, 1948.
Weisz G. *Divide and Conquer: A Comparative History of Medical Specialization*, Oxford University Press, 2006.
Wickens A.P. *History of the Brain-From Stone Age Surgery to Modern Neuroscience*, Psychology Press, Taylor & Francis Group, Londra ve NewYork, 2015.
Yeşiltaş A. "Tıpta Uzmanlık Tarihi ve Tıpta Uzmanlaşmadan Aşırı Uzmanlaşmaya. Türkiye Klinikleri" *J.Med.Ethics*, 27(1) 65-72, 2019.
Yıldırım F.B. & Sarıkçıoğlu I. "Marie Jean Pierre Flourens (1794-1867): An extraordinary scientist of his time" *JNNP*, 78, 852, 2007.

EK-I: YAŞANMIŞ BİR ÖYKÜ

Kokain: Freud'dan Halstedt'e dek uzanan bir öykü

Kokain, koka ağacı yapraklarından elde edilen kristalize alkaloidlerdendir. Ağacın kuru yapraklarına koka adı verilir. Yapraklarda yer alan kokain oranı % 0,25-0,7 arasında değişir. Alındığında kişiye öfori (abartılı mutluluk), güven ve güçlülük duygusu verir, zindelik ve zevk alma duyguları artar. Sık alındığında çok şiddetli psikolojik bağımlılığa yol açabilir. Bunun sonucunda, zamanla ve fazla alındıkça gerginlik, sıkıntı, öfkeli hal ve paranoid psikoz belirtileri ortaya çıkar. Yüksek dozlarda alındığında epileptik nöbetlere yol açabilir, solunum ve kalp ritmi üzerine olumsuz etkiler yaratabilir. Solunum ya da kalbin durmasıyla ani ölümler görülebilir.

Kokainin santral sinir sisteminde hücresel düzeyde etkisine gelince, dopamin, noradrenalin ve serotonin gibi sinaptik aracı maddeler (transmitterler) salgılandığında, sinaps aracılığıyla postsinaptik nöronu etkilerler. Normalde sinaptik boşluktaki bu aracı madde etkisini gösterdikten sonra, bazı geri alma mekanizmalarıyla salgıyı yapan nöron tarafından geri alınır. Buna *reuptake* (geri alım) mekanizması denir. Kokain geri alma mekanizmasını engelleyerek bu transmitterlerin sinaptik aralıkta gereğinden fazla kalmasına yol açar ve postsinaptik nöron üzerindeki etkisi böylece artar. Bu fazlalık kokainin hem olumlu hem de daha ziyade olumsuz etkilere yol açar. Bu nedenle günümüzde kokainin tıp dışında kullanımı, bulundurulması, üretimi ve dağıtımı ülkelerin büyük bir çoğunluğunda yasaklanmıştır (Öztürk, s. 216; Ertekin, s. 57-65).

Güney Amerika'nın özellikle And Dağları bölgesi yerlileri, neredeyse 3500 yıldır koka ağacı yapraklarını çiğner. Yerliler yorgunluk ve açlık hissini bastırmak için küçük miktarlarda koka yaprağı alır. Bugünkü Peru, Kolombiya ve Bolivya topraklarında koka ağaçlarının yaygınlıkla bulunduğu alan çok geniş olup tüm dünyadaki koka ağacı alanlarının yüzde 98'ini oluşturur.

İspanyol istilacısı Pizarro, 1532 yılında Peru'yu işgal ederken bir şey dikkatini çekmiştir: Perulu yerliler koka ağacı yapraklarını çiğneyerek beden güçlerini kuvvetlendirdiklerine inanırmış. Ama bu durum birkaç yüzyıl Amerika'nın yeni sahiplerinin dikkatini çekmemiş veya dikkate alınmamıştır. Birkaç yüzyıl sonra seyyah Tschudi dikkatleri tekrar koka yapraklarına ve bunların kuvvet artırıcı etkisine çeker. Sonunda 1858 yılında Avusturyalı Carl von Scherzer adlı diplomat Avusturya şilebiyle getirdiği kuru koka yapraklarını tahlil için Göttingen'deki Alman kimyager Freidreich Wöhler'e (1800-1882) verir. Wöhler'in öğrencisi Nieman yapraklardaki etkili maddeyi 1860 yılında ayrıştırır; böylece kokain elde eder. O zamanlar bir süre kolera tedavisinde kullanılsa da ciddi bir tıbbi kullanım alanı bulunmaz. 1800'lü yılların sonlarına doğru Avrupa'da kokaine karşı ilgi başlar. 1868 yılında lokal uyuşturucu etkisi saptanır. Öykümüz de işte bu sıralarda ortaya çıkmaya başlar.

O dönemde Viyana'da yaşayan genç hekim Sigmund Freud da kokainle ilgilenmeye başlamıştır. O sıralar Freud yirmi yedi yaşındadır; söylenenlere bakılırsa zayıf, saçları koyu renktir, aynı zamanda duygusal ve gururlu bir kişidir. Yaşadığı Avusturya'da, Yahudilere ancak ticaret, avukatlık ve hekimlik hakkı tanınmaktadır. Oysa hukuk ve ticaret hayatı genç Freud'a hiçbir şey ifade etmez ve istemeyerek de olsa tıp tahsili yapmaya karar verir. Fakat tıbbın pratik yaşamda kullanılması ve uygulanmasından da nefret etmektedir. Bu sebebten tıp fakültesinden mezun olduktan sonra, Viyana'da fizyoloji ve anatomi enstitülerinde çalışmaya başlar. Fakat 1882 yılında ani bir kararla yönünü değiştirir ve Viyana Devlet Hastanesi'nde çalışmaya başlar (Thorwald, s. 329).

O sıralar Martha adlı bir kıza âşık olur. Onunla evlenmeye karar verir ama Martha onun beş parasız olduğunu anlamıştır ve Freud muayenehane açmak zorunda kalır. O sırada Martha ve ailesi hep birlikte Hamburg'a taşınmıştır. Sevgilisiyle evlenebilmek için hiç görülmemiş bir şey keşfetmek ve çok para kazanmak istemektedir. Birgün bir tıp dergisinde "Kokain'in Fizyolojik Etkisi ve Önemi" adlı bir makale okur. Makalenin yazarı askerî hekimdir. Bavyeralı birkaç askere kokain vermiş ve onların talim yeteneklerinin adamakıllı kuvvetlendiğini görmüştür. Freud, kokainden ilk kez haberdar olmuştur. Kokainin bazı hastalıklarda iyileşme yapabileceğini düşünmeye başlar ve saf kokain imal eden Merck firmasından biraz kokain elde etmeye çalışır; önce bir gram kokain ısmarlar. Kokaini alır almaz hemen kendi üzerinde dener ve dikkat çekici bir etki yarattığını anlar. Yıllardan beri ilk kez kendinde çalışma gücü bulmuş, depresyonundan kurtulmuş ve güvenli bir kimliğe bürünmüştür. Freud büyük yankı uyandıracak bir bilimsel buluşun heyecanı içindedir.

Viyana'da kütüphaneleri sistemli bir şekilde araştırır. Kokaine dair herhangi bir literatür bulunup bulunmadığına bakarken ABD'li hekim Bentley'in bir süre önce yayımlanana ancak hiç kimsenin dikkatini çekmemiş bir yazısı eline geçer. Bentley, morfin bağımlılığı üzerinde çalışmaktadır, morfinmanlara kokain vererek onları yatıştırabileceğini düşünmüştür. Kokain nasılsa bedende çabuk parçalanır. Freud telkin edilen bu psikolojik etki üzerine odaklanmaya karar verir. Pratik yaşamda onu kullanmakta tereddüt etmez. Uzun süredir çalıştığı enstitüde, çok eski arkadaşı Ernst von Fleischel de asistan olarak çalışmaktadır; Fleischel morfin bağımlısıdır. On üç yıldan beri gittikçe artan dozlarda morfin kullanmaktadır. Bu kronik durum dolayısıyla geçici bilinç yitimleri ve ruhsal bozuklukları ortaya çıkmaya başlamıştır. Freud ona kokain kullanmasını teklif edince arkadaşı bu fikre can simidiymiş gibi sarılır. Morfinman arkadaşının parası olduğu için Merck firmasından rahatlıkla kokain alabilirler. Fleischel günde bir gram kokain almaya başlar, kokain onu ruhsal açıdan çok düzeltir. Yeni, bilinmeyen bir güç onu sarmıştır. Freud bu gelişmelere çok sevinir. Daha sonra kokaini meslektaşları, hastaları ve kız kardeşi üzerinde denemeye başlar. Öte yandan kendisi de sistemli bir şekilde kokain alır. Hatta sevgilisi Martha'ya bile kokain gönderdiği yazılmıştır.

Bir gün Freud kokain aldıktan sonra dilde ve ağız içinde önemli derecede bir uyuşukluk meydana geldiğini ve dişeti iltihabına ait ağrıların da hafiflediğini fark eder. Bundan birkaç gün sonra Viyana'daki hastanede göz hastalıkları uzmanı Care Koller'e rastlar. Koller'in yanında arkadaşı da vardır ve arkadaşı dişeti ağrılarından yakınır. Freud bu kişinin ağzına kokain eriyiği sürer. Koller'in arkadaşına herhalde iyi gelmiştir ki ertesi gün Koller Freud'un yanına gelerek ilacın içeriğini öğrenmek ister. Freud ise Koller'e bu çalışmaya katılabileceğini söyler, Koller buna zaten hazırdır. Bir süre kokaini birlikte kullanırlar ve kas güçlerinin arttığını fark ederler. Kokain bir sıcaklık hissi vermekte, soluk almayı değiştirmekte ve damar tansiyonunu yükseltmektedir. Fakat kokainin ağızdaki uyuşturucu etkisi üzerinde pek durmazlar.

O günlerde Freud kokainin santral sinir sistemi üzerindeki etkilerine odaklandığından bu etki gözünden kaçmıştır muhtemelen. Freud cerrahiyle pek ilgilenmez ve kafası kokainin olumlu etkileri ve morfin bağımlılığını geçirebilme olasılığı üzerine o denli odaklanmıştır ki, cerrahi amaçla ağrıyı giderme olasılığı gölgede kalmıştır. Aynı yıl kokainle ilgili bir bildiri yazar, kokainin depresyona ve morfin bağımlılığına iyi geldiğini belirtir; ruhsal ve fiziksel gücü artırdığına vurgu yapar. Ayrıca kokainin ciddi bir yan etkisinin bulunmadığını ve bağımlılık yapmadığını da ekler..." Maalesef bu son söylediklerinde yanılmıştır, yazdıkları henüz kısa süreli gözlemlerine dayanmaktadır. Ama öte yandan fazla vurgulamadan bildirinin sonunda, kısaca kokain ve kokain tuzlarının mukozaları duyarsızlaştırdığını, ileride özellikle yerel enfeksiyonlarda kullanılmasının düşünülebileceğini yazar. Kokainin bu uyuşturucu etkisini dikkate almamıştır. Ama istediği şan, şöhret ve paraya da kavuşma fırsatını elinden kaçırmak üzeredir. Ayrıca morfin alışkanlığını tedavi edeyim derken, iyileştirmek yerine daha vahim sonuçlara yol açacak bir yola koyulmuştur. Bu başarısızlık, sonunda Freud'un dikkatini çektiğinde bir hayli geç kalmıştır.

Hamburg'a sevgilisinin yanına gittiğinde bu çalışmalara bir süre ara verir. Freud bu seyahate çıkmadan önce yine bir başka arkadaşı göz doktoru, Doçent Leopold von Königstein'a (1850-1924) kokaini trahom ve iritis gibi ağrılı göz hastalıklarında denemesini önerir. Ağrıyı hafifletici bir etki yapıp yapmadığını saptayabileceğini söyler. Kuşkusuz Freud'un bu uzmanlık alanıyla hiçbir ilgisi yoktur ama işte bir göz doktoruna bu konuda rasyonel bir teklifte bulunmuştur (Thorwald, s. 333; Muckenhoupt, s. 26-30).

Freud kokain konusunda ön plana çıkmayı beklerken göz cerrahı Koller ön plana çıkmayı başarır. Freud'un yapamadığını Koller görmüş, yaşamış ve ağrı giderici verilmeden yapılan göz ameliyatlarında, hastaların acılarına yüzlerce kez tanıklık etmiştir. Koller göz ameliyatlarında ağrı giderici bir maddenin varlığı durumunda tıpta büyük ufukların açılacağını hep düşünüp durur. Zaten deney hayvanlarında ağrı giderici maddeleri denemektedir. Freud'un kokaini yüz ve ağız bölgesine çıkarmasıyla sanki Koller yeni hazırlanmış bir tarlaya düşmüştür. Koller kokain solüsyonunu göz ameliyatlarında kullanmaya karar verir. Koller bu konuda da yoğun literatür taramaları yapar. Bir yerde Neumann'ın 1859 yılında yazdığı şöyle bir cümlesine rastlar: "Kokainin acı bir tadı var. Dil üzerinde dokunduğu yerde geçici uyuşma ve hissizlik yaşanıyor."Koller bir arkadaşının yardımıyla kokaini bir solüsyon haline getirir; bunu önce kurbağa gözünde dener. Kurbağanın gözüne birkaç damla kokain eriyiği damlattıktan sonra, gözün mukozasına dokunduğunda o gözün hiçbir tepki vermediğini görür. Oysa kokain verilmeyen gözde aynı dokunma girişimi kurbağanın başını şiddetle yana çevirmesine yol açar. Koller şu sonuca varır: Kokain solüsyonu gözün yüzeysel tabakalarını uyuşturmaktadır ve artık narkoz verilmeden katarakt ameliyatı yapılabilir.

Öte yandan Doçent Leopold Konigstein, Freud'un önerisi üzerine birkaç trahom hastasına kokain kullanır ve göz ağrılarının geçtiğini gözlemler. Ancak kokainin lokal anestetik olarak kullanılması fikrine ulaşamadan kalır. Öte yandan Koller, kobaylar ve köpekler üzerinde denemelerine devam eder; sonunda kendi gözü üzerinde deneme yapar ve kendi gözünde de anestezi etkisini saptar. Sonra bir hastasında ilk kez kokain solüsyonunu dener ve genel anesteziye gereksinim kalmadan bu lokal anesteziyle başarıyla katarakt ameliyatını yapar. Hasta bu ameliyatta hiç ağrı duymamıştır. Bu bir mucizedir ve Koller çok mutludur. Hemen o sıralarda yapılacak Heidelberg'deki göz kongresinde sonuçlarını sunar ve büyük beğeni kazanır ve sükse yapar. Artık sadece gözde değil, lokal anestezi yapılabilecek her yerde kullanılma olasılığı tartışılmaktadır. Fakat Freud Hamburg'dayken bunlardan bihaberdir. Viyana'ya döndüğünde kokain çalışmalarına devam etmek niyetindedir. Viyana'da öncelikle Koller'in yeni buluşuyla karşılaşır. Bu yenilik başlangıçta onu sarsmaz. Muhtemelen Freud cerrahi alanında kokainin ne büyük bir anlam taşıdığının farkına varmamıştır. Ziyaretine gelen Konigstein kendisinin de kokainin gözde anestezik etkisini bulduğunu ve bu buluşunu Koller'den önce tebliğ etmeyi kıl payı kaçırdığını heyecanla Freud'a anlatır. Böyle bir köpeğin gözünü kokain anestezisiyle ağrısız olarak çıkardığını gösterir, Freud yine de bu anestezi konusundan pek etkilenmemiştir. Kokainin uyarıcı etkilerinin nasıl yararlı bir şekilde kullanılabileceğini düşünmektedir. Ama bu konuda işler iyi gitmez. Viyana'da yapılan bir hekimler toplantısında Koller'in mutluğuna tanıklık eder. Koller konuşurken şöyle bir cümle kullanır: "Kokain Viyana hekimlerine meslektaşım Freud tarafından dikkatli ve enteresan bir bildiriyle tanıtılmıştı." Freud şaşkınlıkla toplantıdan ayrılır. Kaderin oyununa kurban gitmenin sıkıntısı içindedir. Freud'un düş kırıklığı o kadar derindir ki sonucu kabullenmeyi bir türlü içine sindiremez.

Hamburg seyahatinde kokaini bırakmışken Viyana'da yine kokain almaya başlar. Bu arada yine umutla kokaini çeşitli nörolojik hastalarda dener ama denemeleri sonuç vermez ve bu konudaki umutları yavaş yavaş kaybolur. Ama onun kokaini nasıl olup da yaşam boyu kullandığı halde gerçekte bağımlı hale gelmediği mucize kabul edilir (Thorwald, s. 334-336). Freud için kokain denemelerinde başarı elde edemese bile sonraki çalışmalarıyla çağını aştığı ve 20. yüzyılın en ünlü ve başarılı psikiyatristi olduğu çok açıktır.

Koller'e gelirsek beklentilerin aksine göz kliniğine kabul edilmez. Bunun nasıl ve kimler tarafından engellediğini bilemez. Viyana'yı terk eder, sonunda ABD'ye göç ederek orada göz hekimi olarak büyük başarılar kazanır. Bu arada onun hazırladığı alanda başka kişiler yükselir, kokain anestezisi gözün dar alanındaki uygulamaları aşar ve tüm vücut alanlarında uygulanmaya başlanır. Kokain böylece ileride ABD cerrahisini yükseltecek William S. Halsted ile tanışmanın arefesindedir.

William Stewart Halsted'i (1852-1922) önce bizim tanımamız gerekir. Aseptik ameliyat tekniklerini ve anesteziyi ilk kullanan veya geliştiren değerli bir cerrahtır. Birçok yeni ameliyat tekniği geliştirmiştir. Bu gelişmelerin çoğunu o zamanlar yeni kurulan John Hopkins Hastanesi'nde gerçekleştirmiştir. O zamanlar ve daha sonraları hastanenin çok ünlü dört hekimi Büyük Dörtlü* diye tanınır. İşte bunlardan biri de Halsted'dir.

Halsted tıp eğitimini NewYork'ta tamamlar. O sıralarda W.H. Welch ile yakın arkadaşlık kurar. Daha sonra iki yıl Avrupa tıp merkezlerinde kalarak eğitim ve deneyimlerini geliştirir. NewYork'a döndükten sonra altı yıl değişik hastanelerde cerrah olarak çalışır. Oralarda antisepsik cerrahiyi geliştirip yerleştirir. New York'tayken ilk safra kesesi ameliyatını kendi annesi üzerinde yapar ve başarılı olur. Yine doğum sırasında kanama geçiren kız kardeşine kendi kanını vererek, yine ilk defa kan transfüzyonunu gerçekleştirir. Böylece yavaş yavaş tanınmaya başlar. Daha sonraları arkadaşı Welch'in yardım ve teşvikleriyle yeni kurulan John Hopkins Hastanesi'ne, değişik aşamalardan geçtikten sonra cerrah olarak atanır ve sonra da profesör olur. En büyük başarıları bu hastanede gerçekleşir. ABD'deki tüm cerrahlar için bir eğitim programı düzenler. Daha sonraki kuşaklar için çok önemli olacak iki beyin cerrahı onun yanında yetişmiştir; bunlar Cushing ve Dandy'dir. (Dandy W.E. ve Marmaduke M.E., s. 37; Ertekin, s. 222-223; Thorwald, s. 337-340).

Halsted Newyork'ta çalışırken kokainin cerrahide kullanılması konusunda düşünmeye başlar. "Madem ki kokainin mukozalara damlatılması veya sürülmesiyle ağrı duyusu gideriliyor, o halde vücudun derin yerlerine bu madde taşınabilirse oralarda da ağrıyı ortadan kaldırması neden mümkün olmasın ve böyle bir taşınma yapılabilirse bütün doku tabakası ve belki de bütün içorganlar duyarsız hale getirilebilir. Bunun sonucunda hastalar genel anestezi verilmeden ameliyat edi-

* Diğerleri William Henry Welch, patolog ve bakteriyologdur ve yeni kurulan John Hopkins Hastanesi ve Üniversitesi'nin ilk dekanı olmuştur. William Osler, Kanadalı bir hekimdir ve dahiliye profesörüdür. Dördüncüsü de H.A. Kelley'dir.

lebilir," diye düşünür. Kokainin daha derin dokulara verilmesi ancak enjeksiyonla mümkün olabilirdi. 1884 yılının bir sonbahar gününde Halsted ve iki asistanı Roosevelt Hastanesi'nin laboratuvarında kendilerinin üzerinde deneylere başlarlar. Oldukça yüksek konsantrasyonlardaki yüzde 5-15'lik kokain eriyiğini, birçok kez önce deriye ve sonra deri altına enjekte ederler. Çok kısa sürede gördükleri oldukça uzun süren ağrı duyusu kaybıdır.

Freud'un öne sürdüğü beden gücünün kokainle çok arttığı bilgisinden bihaber Halsted ve arkadaşları her kokain enjeksiyonundan sonra aşırı bir çalışma gücüne ulaşır. Hiçbir yorgunluk hissetmeden, gece-gündüz çalışabileceklerini düşünürler. Halsted'in konuşma tarzı daha özgür, daha mantıklı ve daha rahattır. Makale yazması çok kolaylaşır. Ameliyat sırasında elleri güvenli ve sakindir. Ancak bu muhteşem güç artışı, kokain dozuna bağlı etkinin geçmesiyle birlikte azalır. Kokainin bir ara solunum yolunu açtığını da gözlemlerler. Halsted ve arkadaşları herhangi bir yorgunluk hissettiklerinde bir parça kokain tozunu burunlarına çekmekte ve kendilerini tekrar canlı ve tam güçlü hissetmektedirler.

O günlerde daha önce Koller'in okuduğu ve Perulu doktor Morenoy Mainz'in yazdığı yazı Halsted ve arkadaşlarının eline geçer. *Peru'daki Koka Bitkisi ve Kokain Üzerine Kimyasal ve Fizyolojik Araştırmalar* adlı bu kitap Halsted'in dikkatini çeker. Mainz şöyle yazmıştır: "Bütün kokain enjeksiyonlarında duygular kaybolduğu halde, motor güç hiçbir zaman zarar görmüyor. Acaba kokain, lokal ağrı için uyuşturucu bir madde olarak kullanılamaz mı?"

Bu yazıyı okuduktan sonra Halsted çılgınca fikirlere kapılır. Şayet *engelleyici* kokain solüsyonu doğrudan doğruya sinire enjekte edilirse vücut bölgelerini beyine bağlayan ağrı iletici sinirlerin iletimi engellenecek midir? Halsted bunun üzerine laboratuvarına gider ve kalça hizasından siyatik sinirine bir doz kokain enjekte eder. Kısa bir süre sonra tüm bacak duyarsız hale gelir. 1885 yılında bir meslektaşının çok şiddetli diş ağrısına karşı o dişin sinirine (nervus alveolaris inferior) kokain enjekte eder. Bütün çene bölgesi yirmi beş dakika kadar duyarsız kalır ve diş ağrısız olarak çekilir. Halsted bir bakıma *iletim anestezisi* adı verilen ve tüm dünyaya yayılacak lokal anestezinin bu şeklinin keşfedeni olur.

1885 ilkbaharına gelindiğinde Halsted ve arkadaşları arasında tiyatroya gittiklerinde kokain çekmek alışkanlık haline gelmiştir. Çünkü sahnede oynanan oyunu daha da renklendirmektedir. Böyle giderken Halsted, birkaç gün boyunca kokain almazsa baş dönmesi, solgunluk, titreme ve nefes darlığı meydana geldiğini fark eder. Bir gün sonra da kuvvetli mide krampları, otonomik bozukluklar ve uykusuzluk eklenmiştir. Halsted önseziyle kokain almaması gerektiğini düşünür. Bir kere daha kokain almamayı dener ancak kötü olur. İşini, ameliyatlarını, ders ve konferanslarını devam ettirmek için kokain almak zorundadır. Aksi halde gerçek Halsted olmaktan çıkmaktadır. Zaman zaman dünya gerçeklerinden çok uzak yaşamaktadır. Gittikçe uzayan süreler için gerçek dünyaya geri dönmek arzusunu yitirmektedir. Günlük hayata ilgi duymaz. Çöküşlerinin farkına bile varmadan sadece kokaine yönelir. Halsted'i kurtarmak için diğer hekim arkadaşları onu bir akıl hastanesine yatırırlar. İlaç alışkanlığı ve alkoliklerin yattığı bir hastanedir burası. Halsted bir yıl ortadan kaybolur. New York'a geri döndüğünde tamamen değişik bir insan haline gelmiştir; yavaşlamıştır, bir yandan da son derecede titizleşmiştir. Bir zamanlar sağlıklı, kuvvetli ve tamamen capcanlı Halsted, şimdi çok zayıf, kırılgan ve kuvvetten düşmüş bir haldedir. En önemlisi de kokain alışkanlığından hâlâ kurtulamamıştır. Sonra ikinci kez akıl hastanesine gönderilir. Hastanede şiddetli bağımlılık belirtileri kaybolmuştur ama hâlâ kokaine gereksinim duymaktadır. O sıralarda Baltimore'da Avrupa normlarına uygun bir üniversite ve de hastanesi açılır: John Hopkins Hastanesi. Arkadaşı Welch, bu tıp fakültesinde profesör olunca, Halsted'i de beraberinde götürür. Halsted otuz dört yaşına gelmiştir. Welch onu evine alır. Onun geçmişinin bu yeni yerde bilinmesini istememektedir. Halsted'i önce kendi patoloji laboratuvarında çalıştırır. Bu arada Halsted daha kısa bir süreyle tekrar hastaneye yatar ve birkaç ay sonra geri döner. Fakat bu kez işine odaklanacak durumdadır. Çekingen, yavaş, dikkatli bir insan haline gelmiştir. Ruhsal yetileri ve çalışma gücünün büyük bir kısmını yeniden geliştirmiştir. Kokaine dair tek kelime sarf etmemektedir. Onun yavaş ve fakat dikkatli çalışması, ABD içinde bilimsel cerrahinin bir çalışma şekli olarak gelişmesini sağlar. Halsted artık çok sistemli bir insan haline gelmiştir ve arkadaşı Welch onun ABD cerrahisine yeni bir öğreti sistemi getirdiğine ilk tanık olanlar arasındadır. Welch'in yardımıyla Halsted 1889 yılında profesör olur.

Halsted'in hastanede ameliyatlarını çok yavaş ve uzun sürede yaptığı konusu çok yayılmıştır. Ama onun bu yavaşlığı başka bir şekilde yorumlanır: Âşık olduğu ameliyathane hemşiresi Caroline Hampton ile daha uzun süre vakit geçirmek amacıyla ameliyatı uzatmaktadır. Her ameliyatta onu yanında görmek ister ancak güzel hemşirenin ellerinde antiseptik solüsyonuna karşı alerjik yaralar (kontakt dermatit) gelişince ameliyatlara giremez. Depresyona giren Halsted çareyi lastikten bir eldiven yapmakta bulur. Artık güzel hemşiresiyle birlikte ameliyatlara girebilecektir. Öyle de olur. Halsted 1890 yılında hemşire Caroline ile evlenir. Eldivenler Caroline'a özel, Good Year Rubber şirketi tarafindan yapılmıştır. Bu vesileyle lastik eldivenlerin ameliyatlarda kullanılmasının yararları da anlaşılır. Giderek bu anlayış tüm dünyaya yayılır. Romantik bir aşkın sonucu ameliyatlarda eldiven kullanılması çok önemli bir keşfin başlangıcıdır. Aşk devam eder ama Halsted hâlâ yavaş ameliyat yapmaktadır. Halsted sevgili eşine kavuştuktan sonra da ameliyatları çok titizce ve çok uzun sürede yapmaya devam eder. Bu özelliği ABD'de tıp çevrelerinde genellikle bilinir. Hatta Mayo Kliniği kurucularından Doktor William Mayo onun için şöyle söylemiştir: "Halsted'in ameliyat performansı o kadar çok zaman alıyor ki Halsted ameliyat yerini kapatmadan önce hastanın normal iyileşme şansı ortaya çıkıyor." (Thorwald. 339-343; Dandy & Marmaduke. 37; Ertekin. 222-223).

KAYNAKLAR

Dandy W.E. & Marmaduke M.E. *The Personal Side of a Premier Neurosurgeon*, Lippincott W.W. Philedelphia, 2002.

Ertekin C. *Nörolojide Fizyopatoloji*, Bilgehan Matbaası, İzmir, 1987.

Ertekin C. *Tıbbın Öyküsü*, Türkiye İş Bankası Kültür Yayınları, 5. Basım, İstanbul, 2019.

Muckenhoupt M. *Sigmund Freud*, 4. Basım, Tübitak, Ankara, 2002.

Öztürk M.O. *Ruh Sağlığı ve Bozuklukları*, 7. Basım, Hekimler Yayın Birliği, Medicamat, Ankara, 1997.

Thorwald J. *Cerrahların Yüzyılı. Cerrahların Dünyası*, çev. Kazım Ergin, Ankara Üniversitesi Basımevi, Ankara, 2005.

12

19. Yüzyıl-V: Otonomik Sinir Sistemi

Fransa'da 1771-1802 yılları arasında yalnızca otuz bir yıl yaşamış François Xavier Bichat, çok kısa yaşamına rağmen düşünceleriyle 19. yüzyılda yaşayan biliminsanlarını etkilemiştir. Otonomik sinir sistemine girerken onun fikirleriyle başlamak daha yerinde olacaktır.

Bichat yaşamı iki bölüme ayırır, bunlardan ilki organik yaşamdır: kalp, bağırsaklar ve diğer içorganlar. Bu organik yaşamın merkezinde kalp vardır. Bu organların çoğu asimetriktir ve devamlı çalışırlar. Vücudun metabolik işlevleriyle görevlidirler. Bu sistemi ganglionik nervöz sistem düzenler. Bunlar göğüs kafesinde küçük bağımsız birer beyin gibi çalışırlar. Buna karşılık, ikincisi hayvansal yaşam daha yüksek düzeydedir: simetrik ve harmonik organlar. Örneğin gözler, kulaklar, kol ve bacaklar gibi. Bunlara alışkanlıklar, bellek, irade ve akıl da dahildir. Bunlar beynin kendine ait işlevleridir, fakat kalp olmazsa var olamazlar (Finger, s. 266). Bichat'nın bu düşünceleri o zamanın kısıtlı bilgi birikimine göre oldukça ileri görüşlülüktü çünkü bugün biliyoruz ki sinir sistemi iki ayrı bölümde incelenir, bunlardan ilki Bichat'nın tanımlamaya çalıştığı otonomik sinir sistemidir, bilincimiz dışında çalışır. Diğeri de somatik sinir sistemidir, bilinçli eylemlerin ortaya çıkışından sorumludur. Bunu otuz bir yaşında genç bir düşünürün kaba çizgilerle dahi söyleyebilmesi muazzam bir ileri görüşlülüktür. Nitekim 19. yüzyılda hastalıklar da böyle ikiye ayrılarak incelenecektir.*

---

* Ayrıca bkz. 7. Bölüm.

Otonomik sinir sistemi, omurganın önünde boydan boya uzanan iki yanlı zincir şeklindeki merdivensel sinir ağıdır. Buradan içorganlara otonomik sinir liflerini* gönderir. Ayrıca üç, yedi, dokuz ve onuncu kranial sinirlerden çıkan otonomik sinir lifleri de vardır. Otonomik sinir sistemi içorganları kontrol ederken iki ayrı sinir lifi grubu olarak çalışır. Bunlardan bir grup *sempatik*, diğer grup da *parasempatik* sinir sistemidir. Her iki grup içorganlar üzerinde birbirlerinin tersi etki yaparak organlarımızı bedenin gereksinimlerine göre kontrol ederler. Genelde bunlar sinir lifini saran miyelinden yoksun, küçük çaplı sinir lifleridir (miyelinsiz sinir lifleri). Bu konuyu tarihsel sırasıyla incelemeye devam edelim.

Antik çağlardan başlarsak Antik Yunan'da Galenos maymun ve domuzlarda çalışarak ganglionlar halindeki sempatik sinir sistemi zincirini ve bunların organları harekete geçirdiğini keşfetse de büyük bir yanlış yapmıştır. Bu ganglionlu zincir sisteminin beyinden geldiğine inanmıştır. Bu yanlış onu, sözü geçen sinirlerin duyusal işlevleri sağladığı inancına götürmüştür. Çünkü beynin yumuşak olduğunu ve bu yumuşak dokuda duyusal sinyaller alma kapasitesi olabileceğini düşünmüştür. Buna karşılık omurilikten çıkan daha sert projeksiyonların içorganlara motor güç verdiğine inanmıştır. Ganglionlar zinciri gibi gördüğü sinir yapısının, hayvansal ruhun organdan organa gitmesini sağladığını da düşünmüştür (Finger, s. 280). Yine de içorganlara sinirlerin gittiğini ve kalbin, solunumun ve kanın sinirler yoluyla çalıştığını düşünmüştür (Wickens, s. 293).

Rönesans Dönemi'nde anatomistler, Fransız Charles Estienne (1504-1564) ve İtalyan Bartolomeo Eustachi (1510-1574) de ilk kez onuncu kranial sinir olan vagusun da otonomik sinir lifleri taşıdığını ve vertebral ganglion zincirinden farklı olduğunu belirtmişlerse de onlara göre bu zincir sistemi beyinle bağlantılıdır.

1660'lü yıllarda Thomas Willis (1621-1675), çizgili kasları canlandıran sistemden başka, bireyin içgüdülerini ve hırslarını yöneten ikinci bir sis-

* Sinir lifi veya sinir kelimesi tek başına kafa karıştırabilir. Sinir kelimesi tek bir akson için kullanılabilmektedir ancak birçok aksonun bir arada bulunduğu sinir paketleri de vardır. Örneğin siyatik sinir içinde birçok sinir lifi yani akson bulunmaktadır. Paketler halinde sinir lifi taşıyan çevresel sinirler böyle özel isimlerle anılır.

tem olduğunu öne sürmüştür. Bu konularda öne sürdüğü doğrular kadar, yanlış görüşler de söz konusudur. İstemdışı bilinçsiz etkileri taşıyan bu ikinci sistemin sinirlerinin serebellumdan çıktığını düşünmüştür. Öte yandan omuriliğin önünde ve iki yanında uzun bir ganglion zincirinin uzandığını doğru bir şekilde fark etmiştir. Bunun kafa tabanından kuyruk sokumuna dek uzandığını belirtmiştir. Bu ganglion zincir sisteminden ayrılan sinirlerin vücut organlarına yoğun bir şekilde yayıldığını öne sürmüştür. Böylece organlar arasında bir sempati dağıtıldığını söylemiştir. Ancak bu sinirleri yanlışlıkla interkostal sinirlere dahil etmiştir. Willis istemdışı devinimlerin ve kendiliğinden hareketlerin serebelden (serebellum: beyincik) kontrol edildiğini düşünmüştür. Bu nedenle de kalp, kan dolaşımı ve solunumla ilgili hareketleri de düzenlediğini varsaymıştır. İçorganlardan gelen güçlü ruhların serebruma ulaştığını, ruhların buradan serebelluma geçtiğini ve serebellumun istemdışı devinimleri etkilediğini söylemiştir. Örneğin solunum ritmi ve derinliğine etki etmesi gibi (Finger, s. 280-296; Wickens, s. 293).

Aynı yüzyılda bu etkilerle, tüm istemdışı devinimlere ilaveten birçok içorgan işlevinde de serebellumun kontrolü olduğu ileri sürülmüştür. Hatta bazı yazarlar tüm vital devinimleri serebellumla sınırlamıştır. Ancak 1760 yılında Antoine Charles de Lory (1726-1783) bu durum hakkındaki eleştirilerini açıklamıştır. Lory, Paris Bilimler Akademisi'nde iki uzun makale yayımlamıştır. Köpeklerin serebellum veya serebrumu çıkarıldıktan sonra en azından on beş dakika yaşadığını bildirmiştir; tam bu sırada nabız ve solunum normaldir. Kendisi vital işlevlerin yerinin medulla oblongata olduğunu (beyin sapının en alt kısmı, omurilik soğanı) dile getirmiştir (Finger, s. 23-25).

1727'de François Pourfour du Petit (1664-1741) köpekte boyunda ikinci grup sisteme ait bir siniri (sempatik sinirler) kesmiş, bundan sonra köpeğin gözbebeğinde küçülme (miyozis) ve göz sekresyonunda azalma gibi değişimler görmüştür. Ama eski anlayışa göre sempatik sinirlerin beyne giden duyusal sinirler olduğu kabul edildiği için bulguları kuşkuyla karşılanmıştır. Bununla beraber F.P. Petit'nin bulgusuna inanan ve Paris'te yaşayan Danimarkalı Jacob B. Winslow (1669-1760) ortaya çıkmış ve omurga üzerinde uzanan sempatik zincirdeki ganglionların birer küçük beyin olduğunu söylemiştir (Finger, s. 280-296).

Keza Pourfour du Petit'nin belirttiği bu sinirlerin, yüze ve başa projeksiyonlar gönderdiğine de inanmıştır. Winslow, interkostal sinirler ve ganglionlu sinirler terimlerinden hoşlanmadığı için, 1732 yılında ilk defa sempatik sinir başlığını kullanmıştır. Bu sinirleri büyük, orta ve küçük sempatik sinirler olarak üç bölüme ayırmıştır. Orta sempatik sinir adıyla aslında *vagus* sinirini tanımlamıştır. Winslow'un fasiyal ve vagus sinirlerine yaklaşımı zamanında çok az destek bulmuştur. Ancak bu iki kraniyal sinirde aslında sempatik sinirlerin değil de parasempatik sinirlerin egemen olduğunu 1916 yılında Langley fark etmiştir. Winslow'un bu anatomik çalışmalarına ilaveten, vücuttaki bazı sinirlerin sadece işlevsel açıdan değil, ayrıca anatomik açıdan da farklı olduğu sonucuna varılmıştır. *Sympathetic* (sempatik) terimi iyice yerine oturmuştur (Finger, s. 280-296; Wickens, s. 293).

19. yüzyıl içinde içorganlar ve bunların innervasyonları hakkında çok sayıda deneysel çalışmanın ortaya çıktığını görürüz. Özellikle kan dolaşımını ve kan damarlarının kontrolünde otonomik sempatik liflerin fizyolojik rolünü anlamak için bazı deneysel çalışmalar başlatılmıştır. Örneğin Alman Albert von Kölliker (1817-1905), Würzburg'da çalışırken kan damarları düz kaslarının çevresinde belirli sayıda sempatik sinir lifinin bulunduğunu belirtmiştir. Paris'te nörolog Charles Brown-Séquard (1817-1894) bu damarlara giden sinirlerin elektriksel uyarımıyla kan damarlarının daraldığını (vasokonstrikyon) ve kan akışının hızlandığını, böylece de kan basıncının (tansiyon) yükseldiğini gözlemlemiştir (Wickens, s. 293).

Başka bir çalışma Napoli'den, İtalyan iki kardeşten gelmiştir: Edward ve Ernst Weber. 1845 yılında vagus sinirini uyarıp kalp ritmini yavaşlatmışlar ve hatta kalbin durduğunu bildirmişlerdir. Bu diğer araştırmacıları da uyarmıştır. Otonomik sinirlerin uyarımıyla otonomik etkinliğin artması yanı sıra inhibe olması riski de vardır (Wickens, s. 293; Finger, s. 282-284).

Daha sonraları, başka araştırmacılar farklı otonomik sinirlerin uyarımıyla, kalp ritminin arttığını da göstermişlerdir. Böylece kalbe sempatik ganglionlardan gelen yollarda hem inhibitör hem de eksitatör sinir liflerinin bulunduğu sonucuna varılmıştır. Tabii ki bu araştırmaların yapıldığı tarihlerde eksitatör (uyarıcı) ile inhibitör (bastırıcı) sinir lifleri birbirinden ayrılmamıştı. Bu sorun İngiltere'de Cambridge Üniversitesi'nden fizyolog Walter Holbrook Gaskell (1847-1914) tarafından çözümlenmiştir. Kendisinin saptadığı bu sisteme *involuntary* (istemsiz) sinir sistemi adını vermiştir. Omuriliği terk eden torakolomber (göğüs-bel) liflerin aslında omuriliğe gidip gelen çok ince, çok sayıda lifler olduğunu, ganglionları terk eden bu liflerin miyelinsiz olduğunu ve bu miyelinsiz liflerin birbirlerine zıt, ters etkiler taşıdığını belirtmiştir. İstemsiz sinir sisteminde iki ayrı kısmın olduğunu görmüştür. Ayrıca vücuttaki her organın hem uyarıcı hem de inhibitör liflerle innerve olduğunu da göstermiştir. Gaskell'in tüm engeli bu çalışmalarını timsah, kaplumbağa gibi hayvanlarda yapmasıdır. Bulduğu gerçeklerin memeli hayvanlarda da var olduğuna inanmıştır. Ancak Gaskell'in önerileri İngiliz fizyolog John Newport Langley (1852-1925) tarafından yerine getirilmiştir (Finger, s. 282-284; Wickens, s. 293).

Langley Cambridge'de doğabilimleri üzerinde çalışıyordu; o sıralarda laboratuvarda *jaborandi* adı verilen bir sıvının etkileri araştırılıyordu. Brezilya'da bir çalıdan elde edilen *pilocarpus jaborandi* içinde aktif alkaloid *pilokarpin* bulunuyordu. Pilokarpin farmakologların çok ilgisini çeken ve patolojik etkiler gösteren bir alkaloiddi. Langley kedi ve köpekte, damar içi pilokarpin verince kalp ritminin yavaşladığını ve tükürük salgısının arttığını görmüştü. Bunun üzerine *atropa belladona*dan (güzelavrat otundan) elde edilen bir başka alkaloid *atropini* önceden kullanmış ve pilokarpinin kalp ritmini yavaşlatıcı etkisini azaltmıştı. Ancak yorumda bir hata yapmış, hem pilokarpinin inhibitör hem de atropinin eksitatör etkilerinin sinirler üzerinden değil de doğrudan kalp kasının etkilenmesiyle olduğunu düşünmüştü.

Daha sonra *nikotin*in otonomik sinirler üzerindeki etkileri üzerinde çalışmıştır. Bu çalışmalar sonucu otonomik sinir sistemi üzerinde bugün bildiğimiz birçok bilgiye ulaşmamızı sağlamıştır. Bu şekilde uyarıcı özelliklerdeki sempatik (torakolomber) ve inhibe edici parasempatik (kranial ve sakral: kafa ve sakrum bölgesi) sistemleri ayırmıştır. Bu her iki sistemin, hem ganglion öncesi (*preganglionik*) hem de sonrası (*postganglionik*) liflerden oluştuğunu ancak her iki sistemin bağlantı uçlarının farklı olduğunu fark etmiştir. 1898 yılında bu istemdışı sisteme otonomik sinir sistemi adını vermiştir. Parasempatik sinir liflerinin organ yakınlarında ikinci bir ganglionu olduğuna, sempatiklerin uzun projeksiyonlar halinde içorganlara gittiğine dikkati çekmiştir. Her iki sistemde de preganglionik ve postganglionik liflerin ikişer sinapsı olduğunu, bunlardan birinin vertebral ganglionlarda olduğunu ve ikincisinin de innerve ettikleri organ veya yakınında bulunduğunu da göstermiştir (Wickens, s. 297-299; Finger, s. 282-284).

Langley'in ürettiği bir başka bilgi, çizgili iskelet kası ve somatik sinirlerde çalışırken daha sonra çok doğru olduğu anlaşılan bir öngörüden gelmiştir. 1906 yılında Langley, deneysel çalışmalrı esnasında, bazı maddelerin doğrudan izole sinir-kas preparasyonuna etkili oldukları fakat sinire veya onun terminal uçlarına etkili olmadıkları dikkatini çekmiştir; örneğin nikotinin doğrudan kas lifi üzerinde etkili olduğunu ve bunu orada bulunan özel reseptörler yoluyla sağladığını düşünmüştür.

Bu yıllarda sinapsın ayrıntılı özellikleri henüz bilinmiyordu. Dolayısıyla önce reseptör kavramından söz etmek istememiştir. Bugün artık biliyoruz ki postsinaptik hücrede reseptör yerleri vardır. Bunlar hücrenin transmitterlere yanıt vermesinde aracılık görevi yapan özelleşmiş bölgelerdir. Reseptör kavramı temel kavramlardandır; normal fizyolojik olayları ve ilaç etkilerini açıklar. Böylece reseptör kavramını ilk kez Langley öne sürmüştür (Glickstein, s. 82-83).

1906 yılında nikotinin kasa etki etmesini sağlayan reseptörlerden[*] söz etmiştir. Langley bu reseptörlerin iki türlü olduğunu söylemiştir: (1) Nikotine hassas ve kas kasılması sağlayabilen reseptör, (2) Kürar'ın inhibitör etkisini sağlayan ve paralizi meydana getiren reseptör. Bu durum sinaps içinde ilk defa bir ilacın etkileme yeri olarak kullanılacaktı ama önce nörotransmitterlerin 20. yüzyılda keşfedilmesini beklemek gerekecekti.[†]

Milieu intérieur (iç ortam), Homeostasis ve İçorganlar

1800 yılı civarında tıp araştırmaları, bir grup Parisli Fransız hekimin katkılarıyla gelişmeye başlar. Bu hekimler Fransız Devrimi'nin sağladığı merkezileşmenin yarattığı fırsatları kullanmış, büyük kamu hasta-

* Reseptör sözcüğü ilk kez 1900 yılında Paul Ehrlich tarafından immünoloji alanında kullanılmıştır (Wickens, s. 298).

† Ayrıca bkz. 20. Yüzyıl-IV. Yok, 20. Yüzyıl-I var

nelerinden yararlanarak tıp biliminin ilerlemesine katkıda bulunmuşlardır. Bu yüzyılın ilk yarısında Claude Bernard (1813-1878) deneysel tıbba damgasını vuran en önemli hekimlerin başında gelir. Fizyoloji alanında önemli bilgiler sağlamıştır. Bernard, yatak başı hekimlikten elde edilen bulguların ve böylesi tamamen klinik tanıya yönelmiş bir hekimliğin ciddi bazı kısıtlamaları olduğunu öne sürer. Ona göre patolojik lezyon (klinik/patolojik anlamda) hastalığın kökeni değil, onunla beraber giden bir sonuçtur. Patofizyolojik bilgi ancak laboratuvarda, laboratuvar hayvanları üzerinde denetimli bir ortamda gerçekleştirilen, canlı hayvan deneyleriyle elde edilebilir. Fizyoloji, patoloji ve farmakoloji arasındaki etkileşim deneysel tıbbın temel direğini oluşturur ve bu bilimlerin her biri laboratuvar bilimi olmak zorundadır. Bernard'a göre fizyolojik mekanizmalar kandaki şeker, tuz ve oksijen konsantrasyonlarını dengede tutar. Dış sıcaklıktaki dalgalanmalar karşısında vücut sıcaklığının belirli bir düzeyde kalmasını sağlamak, fizyolojik mekanizmaların görevidir. Gelişmiş organizmalar ve insanda, doğal düzenin bir sonucu olarak bazı özerklikler kazanılması, bu dengeleyici mekanizmalar sayesindedir. Bunu *milieu intérieur* olarak tanımlamıştır, ancak buna sonradan *homeostaz* adı verilmiştir. Bu ve buna benzer deneylere dayanan buluşları ve görüşleri, ileride normal ve patolojik deneysel araştırmalara yol açacaktır.

Bernard'ın 1865 yılında yayımlanan kitabı, *Introduction à l'Étude de la Médecine Expérimentale* [Deneysel Tıp Araştırmalarına Giriş] o çağın biyomedikal bilimleri için en önemli, dev eserlerden biri olmuştur. Başarılı bilim yaşamının sonucu, Fransız Bilimler Akademisi'nin başkanlığına getirilir* (Haymaker ve Baer, s. 107-110; Porter, s. 92-93).

Claude Bernard'ın ilk önemli çalışması pankreasın işlevi üzerinedir. Pankreasın on iki parmak bağırsağındaki (*duodenum*) gıdaların üzerine yaptığı salgıyla sindirime katkı yaptığını göstermiştir. Daha sonra da karaciğerin şeker metabolizması üzerine etkisini bulur. Karaciğerin

* Claude Bernard'ın Paris'te hocalarından biri François Magendie'dir. 1841 yılında College de France'a laboratuvar asistanı olarak atanır. Daha sonra Magendie'nin yerine fizyoloji profesörü olarak geçer. Daha ilerde Fransa imparatoru III. Napolyon'dan çalışmaları ve bilimsel pozisyonu için hayli destek görür. Ancak 1850'li yıllarda Bernard araştırması için gereken masrafları eşinin drahomasıyla karşılayabilmiştir (Porter, s. 92-93).

Resim 12.1. Claude Bernard. Homeostaz anlayışının ve deneyselciliğin önderlerinden, Haymaker W. ve Baer K.A., *The Founders of Neurology*, Charles C. Thomas Publisher, Springfield, 1949.

yanı sıra, bir iç salgının *diyabetes mellitus*u (şeker hastalığı) meydana getirdiğini saptamıştır (insülin daha sonra keşfedilecektir). Otonomik-vazomotor sistemdeki çalışmaları, bir seri deney sonucunda vazomotor sinirlerin varlığını ve bunların damarı genişletici ve damarı kasıcı olarak iki türde olduklarını göstermiştir. Daha sonraki adıyla, ilk defa vücut içindeki ünlü keşfi *homeostaz*ı tanımlamıştır. Aslında bu ad sonradan ABD'li fizyolog Walter Bradford Cannon (1871-1945) tarafından verilecektir. Cannon'un Harvard Üniversitesi'ndeki fizyoloji hocası Henry Pickering Bowditch (1840-1911) Fransa'da bir süre Claude Bernard'ın yanında çalışmıştır (Brown ve Fee, s. 1594-1595).

Claude Bernard hayvanlar üzerinde viviseksiyon yöntemiyle çalışır. Bir gün evindeki köpeğe de viviseksiyon yapar. O sırada evde olmayan karısı ve kızları eve dönüp durumu öğrenince hem şaşkına döner hem de çok kızarlar. Kendisi şöyle yazar: "Fizyolog sıradan bir insan değildir. Öğrenendir ve bilimsel fikirler yoluyla bilgi edinip bu fikirleri benimseyendir... Vücuttaki sırlar buluşlarla çözülür." Ünlü kitabında tıpta deneyin önemini anlatır. Günümüz biliminsanlarının daima akıllarında tutmaları gereken şeyleri, yaklaşık yüz elli yıl kadar önceden yazmıştır.*

* Küçüklüğünde dinsel eğitim almasına rağmen sonunda agnostik bir biliminsanı olmuştur (Agnostizm, Tanrı'nın varlığı veya yokluğunu bilemediğini düşünmektir. Ancak bu ateizm anlamına gelmez). Kısacası Claude Bernard 19. yüzyılda, Avrupa'da ve dünyanın her yanında, tıpta deneysel ve bilimsel anlayışı açmış, dev bir biliminsanıdır (Ertekin, s. 202; Haymaker ve Baer, s. 107-110).

Homeostaz adını veren ABD'li fizyoloji profesörü Walter Bradford Cannon, asistanlığının başlangıcında, önce yutma mekanizmalarını incelemeye başlamıştır. O sıralarda röntgen makineleri yeni yeni hastane pratiğine girmektedir. Nitekim radyolojik yöntemlerle, muhtemelen dünyada ilk kez, yutma mekanizmalarının yanı sıra özofagus (yemek borusu) ve mide peristaltizmini incelemiştir. Kendisinden ancak 10-15 yıl sonra ilk radyolojik yutma çalışmaları kullanılmaya başlanmıştır. Bu konularda çalışırken biyolojik bir nokta dikkatini çekmiştir. Deney hayvanının midesini incelerken hayvan korktuğunda midesindeki peristaltik istemdışı devinimlerin birdenbire ortadan kalktığını görmüştür. Buradan yola çıkarak homeostaz anlayışı ve emosyonlar konusuna eğildiği düşünülebilir.

1915 yılındaki bilimsel çalışma sonuçlarına göre, deney hayvanı aşırı uyanık ve gergin hale getirilirse otonomik sempatik sinir sistemi harekete geçer ve adrenalin hormonuyla birlikte hemen acil bir yanıt üretilir. Bu kısaca *fight or flight* (savaş ya da kaç) dediği durumdur. Ani psişik ve hatta fizik travmalarda bedende önce adrenalinin serbest kaldığını ve kan dolaşımına karıştığını görmüştür. Bu savaş ya da kaç durumunda homeostazı devam ettirmek için adrenalinin, farklı vücut organlarında farklı etkiler yaptığını söylemiştir; örneğin iskelet kaslarında bölgesel kan akışını artırarak, kasları gevşetir. Oysa deride kan damarlarında vazokonstriksiyonla kan akışını azaltır vb. Bir sempatoadrenal sistemin varlığını görmüştür. Sempatik sinir sistemi ve adrenal salgı bezinin tek bir ünite gibi birlikte çalıştıklarını ve böylece acil durumlarda homeostazın korunduğunu ortaya koymuştur. Homeostazınsa şansla oluşmadığını, kendi kendini yöneten bir organizasyon sonucu olduğunu ve bu sistemi devam ettirmek için koruyucu mekanizmaların açık tutulması gerektiğini belirtmiştir. Örneğin kan şekeri düzeyinin kontrolü, vücut ısısı ve dokularda asit-baz dengesinin hazır tutulması gibi. Böylece Claude Bernard'ın *milieu intérieur* anlayışını *homeostasis* olarak geliştirmiştir. Bu konuda yazdıklarıyla konuyu popülerleştirmiştir. Cannon'un hocası Bowditch ise Walter Cannon ile Claude Bernard arasındaki bağlantı kabul edilir. Psikosomatik tıpta, aciliyet araştırmalarında ve bunun fizyolojisinde büyük bir otorite olmuştur. 1945 yılında ölmüştür.

Cannon politik ve toplumsal alanda da çok tanınmıştır ve ateşli bir viviseksiyon karşıtıdır. Hayvanları belirli bir konfor içinde, acı çekmeden deneye alma taraftarıdır. İlginçtir, ondan bir iki kuşak önce yaşayan Claude Bernard ise viviseksiyona karşı değildir. Cannon, İspanya'daki demokrasiye medikal yardım konusunda uluslararası bir büroda ABD'nin millî lideri olarak çalışmıştır. Daha sonra Amerikan-Sovyet tıp dernekleri arasındaki işbirliğinde aktif rol almıştır (Brown ve Fee, s. 1594-1595).

KAYNAKLAR

Brown T.M. & Fee E. "Walter Bradford Cannon–Pioneer Physiologist of Human Emotions" *Am.J.Public Health*, 92, 1594-1595, 200.

Ertekin C. *Tıbbın Öyküsü*, Türkiye İş Bankası Kültür Yayınları, 5. Basım, İstanbul, 2019.

Finger S. *Origins of Neuroscience. A History of Explorations into Brain Function.* Oxford University Press, Londra ve Newyork, 1994.

Glickstein M. *Neurosience: A Historical Introduction*, The MIT Press-Cambridge, Massachusetts, Londra, İngiltere, 2017.

Haymaker W & Baer KA. *The Founders of Neurology*, Charles C. Thomas Publisher, Sprinfield, Illinois, 1949.

Porter R. *Kan Revan İçinde Tıbbın Kısa Tarihi*, Metis Yayınları, İstanbul, 2016.

Wickens A.P. *History of the Brain-From Stone Age Surgery to Modern Neuroscience*, Psychology Press, Taylor & Francis Group, Londra ve NewYork, 2015.

EK-II: ÜZÜCÜ BİR TARİHSEL ANI

Dünyaca ünlü, değerli fizyolog Claude Bernard Paris'te değişik ülkelerden gelen öğrencilerine fizyoloji öğretiyor, kimini de araştırmalarına katıyordu; 1800'lü yılların ortalarıydı. İstanbul Üniversitesi'nden yeni mezun olmuş genç hekim Mehmet Şakir de muhtemelen Claude Bernard'ın ününü duymuştu ve onun laboratuvarında çalışmayı gönlünden geçiriyordu. Şansı yaver gitti ve 1871 yılında Claude Bernard'ın yanında çalışmak ve fizyoloji uzmanı olmak üzere Avrupa'ya gönderilmişti. O zamanlar yirmi iki yaşındaydı. Paris'te Claude Bernard'ın yanında tam beş yıl çalışmıştı.

Artık öğrendiklerini aktarmak ve kuracağı laboratuvarda araştırmalar yapmak umuduyla ülkesine, İstanbul'a dönecektir. Ancak

İstanbul'da aradığı olanakları bulamaz ve Askerî Tıp Okulu'nda fizyoloji dersleri vermeye başlar; ortam onun sadece bir hekim gibi çalışmasına ve devamlı ders vermesine uygundur. Zaten bir bilimsel araştırma geleneği ve olanağı da yoktur. Claude Bernard'dan öğrendiği yöntemlerle fizyoloji araştırmalarını yine de sürdürmek ister. Ancak araştırmalar için çeşitli olanaksızlıklarla karşılaşır. Deney hayvanı bulmak büyük bir sorundur.Öğrencilerine sokak köpeği, kurbağa ve tavşan toplattırır, deneyler yapmaya çalışır. Geç gelen resmî yardımla uluslararası ses getiren bir çalışma yapamaz.

Mehmet Şakir Hoca'nın ölümüyse çok trajiktir. 31 Mart 1908'deki gerici ayaklanma sırasında tesadüfen sokaktadır. Ayaklanma, okumuş insanlar ve mektepli subaylara karşıdır. "Mektepli misin, alaylı mısın!" sloganlarıyla Mehmet Şakir'i evinin önüne kadar kovalarlar, hoca kapısının önüne gelince kalp krizi geçirerek altmış yaşında yaşamını yitirir.

Gericilik, cehalet ve yobazlık yine çağdaşlık, bilim ve ilerlemenin yerini almış ve bir idealist hekim bu uğurda yok edilmiştir (Aydın, s. 242; Ertekin, s. 298-299).

KAYNAKLAR

Aydın E. *Dünya ve Türk Tıp Tarihi*, Güneş Kitabevi, 2006.

Ertekin C. *Tıbbın Öyküsü*, Türkiye İş Bankası Kültür Yayınları, 5. Basım, İstanbul, 2023.

13

20. Yüzyıl-I
20. Yüzyıla Girerken

20. yüzyıla girerken İkinci Sanayi Devrimi, Teknolojik Devrim diye de adlandırılan, bilim laboratuvarlarında teknolojiye dönüşerek özellikle Batı Avrupa ülkelerinde insanlara hizmet etmeye başlamıştı. Burada önem arz eden elektrik jeneratörü ve elektrik motorun merkezinde bulunduğu elektrik üretimi ve dağıtımıydı. 20. yüzyılın ilk çeyreğinde bu buluşlar insan yaşamına girmişti. Elektrik üretimi ve iletiminin geliştirildiği dönemde, başka bir önemli teknolojik gelişme olan içten yanmalı motor olgunlaşma evresindeydi. 1900 yılına gelindiğinde içten yanmalı motorların yapımı konusundaki önemli sorunlar çözümlenmişti (Aydon, s. 351-352). Büyük kentler, elektrik yoluyla genel olarak aydınlatılmıştı. Elektriğe bağlı endüstrileşmeyle telefon, radyo ve telgraftan hesap makinesine ve televizyona, yürüyen merdivenlerden otomobil ve uçağa kadar gelişmeler günlük insan yaşamını kolaylaştırmıştı. Atlı arabadan, elektrikli tramvaya, oradan da otobüs sistemine geçilmişti (Wiesner-Hanks, s. 340-341). Fabrikalar çeşitlenmiş ve imalat hızı artmıştı.* Ancak geri kalmış veya sömürge altındaki milletlerin kentlerinde bu gelişim çoğunlukla II. Dünya Savaşı'ndan sonralara kalacaktı.

* 1903 yılında Henry Ford bir mühendis olarak ABD'de kurduğu otomobil fabrikasında dünyanın ilk montaj yöntemini yaratmış ve seri üretim yoluyla imalat hızını çok artırmıştır. Böylece otomobil herkesin satın alıp kullanabileceği ucuz bir ulaşım aracı haline gelmiştir (Aydon, s. 352).

Bu makineleşme ve hızlı üretim kuşkusuz 20. yüzyıl biliminsanlarının laboratuvarlarına da yansımış ve bilimsel üretimde hem hızlanma hem çoğalma hem de kalitede artış meydana getirmişti. Nöroloji alanındaki araştırmalar da bundan yararlanacaktı.

20. yüzyıla girerken dünya nüfusu da çok arttı. 18-19. yüzyıllarda, özellikle Batı ülkelerinde artan nüfus nedeniyle bazı düşünürler insanlığın devamı açısından endişelerini dile getiriyordu. Bunlardan en eskileri Çin'de yaşayan bilgin Hung Liang-Chi (1746-1809) ile İngiliz ilahiyatçı ve ekonomist Thomas Malthus (1766-1834) nüfusun geometrik, yiyecek miktarınınsa aritmetik olarak arttığını, dolayısıyla nüfusun daima yiyecek miktarını aşacağını savunmuştu. Düşüncelerini kanıtlamak için matematik modeller kadar tarihe de yaslanarak kıtlık, hastalık ve savaşların nüfus artışını önleyici işlev gördüğüne işaret etmişlerdi (Wiesner-Hanks, s. 354).

1900 yılında dünya nüfusunun ¼'ünün Avrupa'da yaşadığı saptanmıştı (Ponting, s. 745). Hekimlikteki gelişmeler, enfeksiyon ve hijyenin daha iyi kavranması, temizlik ve sağlık konularındaki gelişmeler, aşı uygulamalarıyla temiz su sağlanması sayesinde pek çok ülkede ortalama insan ömrü uzamıştı. Bu durum özellikle sanayileşmiş şehirler için geçerliydi (Aydon, s. 355-362). Büyük kentlerdeki yoksul kalabalıklar ve kırsal kesimlerde çalışanlarsa hayatlarından memnun değildi. Gelişmekte olan ABD'deki zenginlikler ve yaşam, Avrupa'nın yoksul çevrelerinde söylenip duruyordu. Bunun yanı sıra otoriter rejimlerin olumsuz katkılarıyla 19. yüzyıldan beri devam eden göç, 20. yüzyılın ilk on yılında ABD'de zirve yapmıştı. Avrupa'dan göçenlerin yüzde 50'den fazlası ABD'ye gidiyordu; aralarında dört milyon İrlandalı bulunuyordu. 19. yüzyıldan başlamak üzere iki milyon İngiliz ve İrlandalı, Avustralya ve Yeni Zelanda'ya taşınmıştı. Aslında Avustralya'ya İngiltere ve onun sömürgelerindeki mahkûmların gönderilmesi tasarlanmıştı ama daha çok beyaz ve çaresiz İngilizler ile diğer Avrupalılar, hatta Asyalılar bu göç akımına katılmıştı. Pek çok Güney Avrupalı da Güney Amerika'ya göç etmiş ve büyük kentlerde nüfus çoğunluğunu onlar oluşturmuştu. Güneye göç akımında genç beyaz erkekler çoğunluktaydı ve bu nedenle sonraki kuşaklarda melezlerin artışı ön plana çıkmıştı. 21. yüzyılda yapılan bir genetik araştırmaya göre Brezilya'da gen havuzunun yüzde 75-80'i Avrupa'dan, yaklaşık yüzde 15'i Afrika'dan ve yaklaşık yüzde 10'u Amerikan yerlilerinden gelen genlerden oluşuyordu (Wiesner-Hanks, s. 356).

Asyalılar da hem 19. yüzyılın hem de 20. yüzyılın erken dönemlerinde büyük kalabalıklar halinde ABD, Güney Amerika, Güney Afrika ve Avustralya'ya göç etmişti (Aydon, s. 357; Wiesner-Hanks, s. 355-357). Muhtemelen göç edenler, kuşaklar boyu birbirleriyle karışmıştı. Belki de bunun tek istisnası Yahudiler olmuştur, onlar diğer ırklarla karışmamaya özen göstermişti. Bütün bunlara karşın Avrupa ve Amerika'da ırkçılık zirveye ulaşmış ve ırkçılık Hitler Almanya'sında soykırıma dönüşmüştü.

20. yüzyılı karakterize eden en büyük olay, Avrupa merkezli dünya savaşlarıdır. Sebepleri ne olursa olsun, sonunda hem Avrupa'da hem de dünyanın başka ülkelerinde milyonlarca insanın ölmesiyle sonlanmışlardır. Bu iki savaş arasındaki dünya ekonomik krizi de insanlığın yaşama mücadelesine eklenmiştir. Bu dönemde Britanya İmparatorluğu'nun sömürgecilik ve emperyalizmi, sömürdükleri mazlum milletlerin mücadelesiyle ellerinden kaymış ancak bu sefer dünyanın jandarma gücünü ABD eline geçirmiştir.

Kuşkusuz Batı'nın tam da içinde bulunduğu bu toplumsal olaylar özellikle savaş sanayii üzerinden bilim ve teknolojinin gelişmesine yol açmışsa da bunların bazı bilim dallarında çalışanlar için olumsuz sonuçlar doğurduğunu söyleyebiliriz. Şunu da söylemekte yarar var, bazı biliminsanlarının bilimsel bilgilerinin savaşta kullanılmasına izin vermesi ve hatta bizzat işin tekniğine dolaylı veya dolaysız katılmalarının, tüm insanlık adına ne derece doğru olduğu da tartışma konusudur.

Bu kitapta 20. yüzyılın nörobilimini izlerken bahsedilen toplumsal konulardaki bazı gelişmeleri de ele alacağız. Nörolojiyi geliştiren biliminsanlarıyla hekimleri ve katkılarını yakından incelerken bazı olumsuzluklara göz yummanın yanlış olduğunu biliyoruz. Öncelikle 19. yüzyılda doğan ve katkılarını genellikle 20. yüzyılda gösteren nörolog, beyin cerrahı, psikiyatrist ve diğer biliminsanlarının ilk elli yıldaki katkılarını gözden geçirmek gerekir.

20. yüzyılda herkes tüm davranışlarımızın beynin işlevleri sonucu meydana geldiğini artık anlamıştır; buna *mind* (akıl) adını veriyoruz.

Bu yüzyılda beynin sadece yürüme, yemek yeme gibi nispeten basit motor davranışları değil, ayrıca karmaşık *kognitif* (bilişsel) eylemler, genellikle insana özgü düşünme, konuşma ve sanat yaratma gibi işlevleri de yaptığına inanılıyordu. 20. yüzyılda sinir hücresi, beyin ve davranış ilişkilerini anlamak için beş deneysel gelenek bir araya gelmiştir: anatomi, fizyoloji, farmakoloji, embriyoloji, psikoloji. Bu yüzyıl ve sonrasında bu bilim dallarının birbirini tamamladığı anlayışı içinde, beyin ve tüm sinir sistemi, ayrıca davranışlarımız hakkındaki bilgiler geçen yüzyıla göre hızla artmıştı. Özellikle 20. yüzyılın ikinci yarısı ve sonrasında bu gelişmeler çok hızlanmıştı. Bu hızlanmanın adım adım geliştiği refleks anlayışı ve beynin lokalizasyonu gibi nörobilim konularıysa, özellikle 20. yüzyılın ilk yarısında dikkati çekmişti.

Refleks Anlayışı Gelişiyor ve Beynimiz "Öğrenme"yi Öğreniyor

Her ne kadar Sherrington'un çalışmalarında, temel reflekslerin omurilik düzeyinde olduğu ve yüksek serebral merkezlerin kontrolü altında bulunduğu gerçeği açıkça ortaya konmuşsa da, Sherrington'dan önce çalışan bazı biliminsanları refleks mekanizmaların supraspinal serebral merkezlerde de olabileceği ve bunların genellikle korku, öfke gibi olaylar halinde ortaya çıkabildiği ve hatta öğrenme olayına katkı sağlayabileceğine dair düşünceler ileri sürmüşlerdi. Bunun baş savunucusu 19. yüzyılda yaşayan Rus hekim Ivan Mikhailovich Sechenov'dur (1829-1905). Bu düşünceleriyle Sechenov 19. yüzyılda değil, 20. yüzyılda tartışılmaya aday bir biliminsanıdır. Ayrıca onun 20. yüzyıldaki devamı, vatandaşı Ivan Petrovich Pavlov (1849-1936) olacaktır. Böylesi beyni de içine alan reflekslere *koşullu refleksler* veya *psisik refleksler* denmiştir.

Tarih dilimleri içinde biraz daha geriye gidersek Sechenov'un düşüncelerine benzer çıkışların olduğunu görmek mümkündür. Alman psikiyatrist Wilhelm Griesinger (1817-1868), 1843 yılında zihinsel işlevlerde de reflekslerin katkıda bulunduğunu ve çalıştığını söylemiştir. Bunun hem bilinçli hem de bilinçsiz durumlarda geçerli olduğunu eklemiştir. Benzer tarzda bir açıklama yapan İngiliz fizyolog Thomas Laycock'a (1812-1876) göre beynin daha yüksek alanları ve serebral korteks, sinir sisteminin geri kalanından farklı değildir. Tıpkı omurilik refleks aksiyonları gibi, beyinde de aynı yasalar ve kurallar geçerlidir. Ancak bu refleksler daha karmaşık ve yüksek düzeyde gelişmiştir. Bunlara dair örnekler vermiştir; patolojik gülme (herhalde günümüzde beynin damarsal hastalıklarında görülen ortamla ilgisiz ve anlamsız spastik gülmeleri kastediyor) gibi veya kuduz olan bir hastanın aniden suya maruz kalmasıyla ortaya çıkan korkulu durum gibi. Kendisi serebral korteksin serbest istemli bir organ olarak hareket ettiğini, buna rağmen orada birçok refleks bulunduğunu ve bunlarda aklın hiçbir rol üstlenmediğini düşünmüştür. Bunlara örnek olarak da içgüdüsel davranışlar, emosyonel yanıtlar ve hatta zekâdaki bazı aksiyonları göstermiştir.

Psişik refleks düşüncesiyle en çok uğraşan Rus fizyolog Sechenov'a gelirsek, kendisi 1856 yılında Moskova Tıp Fakültesi'nden yirmi yedi yaşında mezun olmuştur. Mezun olduktan sonra Avrupa'da çeşitli saygın laboratuvarlarda çalışmıştır. Helmholtz, Dubois Reymond, Carl Ludwig gibi kişilerin yanında bulunarak onlardan etkilenmiştir. Döndüğünde ünlü kimyacı Dmitri Mendeleyev (1834-1907) ile tanışmıştır (Mendeleyev bugün kullandığımız periodik tablonun mucididir). Sonra tekrar Avrupa'ya ve bu kez ünlü Fransız hekim Claude Bernard'ın yanına gitmiş ve orada bir yıl çalışmıştır. Bu laboratuvarda çalışırken bir kurbağanın bacağına asit solüsyonunun dökülmesiyle geri çekme-fleksör spinal refleks meydana geldiğini gözlemlemiştir. Bu refleks ortaya çıkarken spinal segmentlerin hemen üzerinden uyarım yaptığında, bu fleksör geri çekme refleks reaksiyonunun inhibe olduğunu görmüştür. Daha sonra talamus ve bulbusu uyarınca bu refleks etkinliğinin yine bastırıldığını saptamıştır. Sechenov böylece *inhibisyon olgusu*nu ilk kez kullanmıştır. İnhibisyon daha yüksek sinir sistemi seviyelerinden daha aşağı bölgeler üzerine kontrolü sağlayan bir olgudur. Bulgu çok basit gibi görünse de çok fazla uygulama alanı bulacağa da benzer; bu klasik bir refleks aksiyon gibi değildir. Fakat inhibisyonla bir refleks bastırılmıştır veya inhibisyonu kaldırılmasıyla refleks ortaya çıkmıştır. Örneğin toz tanecikleri burunda bir hapşırma yaratır ama burnun kaşınmasıyla bir inhibisyon olur ve hapşırma durur. Sechenov tüm insan davranışları ve zihinsel etkinliklerinin refleks terimlerle açıklanabileceğini düşünmüştür. Örneğin düşünmenin istemli bir davranış olmadığını ve psişik bir refleksten başka birşey olmadığını öne sürmüştür. Ona göre düşünceler dıştan gelen uyarımlarla psişik reflekslerin ortaya çıkması demektir. Tabii ki bilincin varlığını inkâr etmemiştir. Ama düşüncelerin istemle olduğunu da kabul etmemiştir. Düşünceyi dıştan gelen olaylarla tetiklenen zihinsel olaylar dizisi olarak açıklamıştır. Bu yolla Sechenov, tüm zihinsel etkinlikleri, emosyonları ve davranışı, eksitasyon veya inhibisyon refleksleriyle azaltmayı başarabileceğini söylemiştir.

1863 yılında tüm fikirlerini *Refleksy Galognogo Mozga* [Beyin Refleksleri] adlı kitapta toplamıştır. Fakat fikirleri ve kitabı son derece karşıt görüşler ve itirazlarla karşılanmıştır. Fikirleri ve psişik refleks kavramı dinsizlik, ahlaksızlık ve toplum için tehlike olarak kabul edilmiştir. Çar rejimi tarafından resmen suçlanmaya maruz bırakılmıştır. Kitabı ortadan kaldırılmak istenmiştir. Sechenov psişik refleksler üzerinden önemli başka bir katkıda da bulunmuştur. Bu reflekslerin öğrenmeyle değiştirilebileceğini öne sürmüştür. Ona gore insan gelişiminde bebeklikten erişkinliğe inhibisyon, temel ve intrensek refleks etkinlikleri üzerinde tedricen bir kontrol sağlar. Bu durum özellikle öğrenmeyle ilgilidir. Eğer bir kişi çocukluktan itibaren tüm dışsal olayları gözleyebilmişse gerçek öğrenmenin gelişimi sağlanabilecektir. Bu fikirler ve refleksler, vatandaşı Ivan Pavlov tarafından ele alınıp daha kesin terimlerle ortaya konacaktır (Wickens, s. 198-200; Haymaker ve Baer, s. 155-158; Todes, s. 14-16).

Temelde Sechenov ile Pavlov 19. yüzyılın önemli bir bölümünde aynı ülkede –Rusya'da– yaşamışlardır. Sadece Pavlov yirmi yıl kadar daha geç dünyaya gelmiştir ve Sechenov'un psişik refleks anlayışından etkilenmiştir. Peki Ivan Pavlov kimdir? Bilime ve topluma neler katmıştır ki sağlık alanı dışındaki sıradan insanlar bile Pavlov'dan ve onun şartlı (koşullu) reflekslerinden hâlâ haberdardır. Ivan Pavlov kariyerine bir din okulunda başlamıştır. 1870 yılında St. Petersburg'da doğabilimleri öğrencisi olmuş ve 1879 yılında tıp doktoru unvanını almıştır. Alman üniversitelerinden Breslau ve Leibzig'de araştırma olanağı bulmuştur. Orada daha çok kardiyovasküler ve gastrointestinal fizyolojiyle ilgilenmiştir. 1890 yılında tekrar St. Petersburg'a dönmüş ve burada yine aynı konularda üst düzey araştırmalar yapmıştır. Ama daha çok köpekler üzerinde koşullu refleksleri geliştirmiş ve 1904 yılında Nobel Ödülü almıştır. Çalıştığı laboratuvarın koşulları Avrupa'dakilere göre çok yetersiz olmasına rağmen Nobel Ödülü alan ilk Rus biliminsanı olmuştur. Çalışmalarının esası mide özsuyu sekresyonunda vagus sinirinin rolünü açıklamak ve pankreas bezi üzerindeki beyin kontrolünü göstermek üzerinedir. Köpeklerin salya ifrazları üzerinden çalışarak koşullu reflekslerin varlığını kanıtlamıştır. Daha sonraları öğrenme konusu üzerinde çalışmalar yapmıştır.

Onun en iyi bilinen klasikleşmis deneyi şöyledir: "Bir köpeğe yemek verirken eşzamanlı zil sesi de duyulur. Bu durumda köpekte salya salgılanması artar. Bu birçok defa tekrarlanır. Daha sonra yemek verilmediği sırada sadece aynı zil sesi verilince köpekte aynı şekilde salya ifrazı artar." Köpek, zil sesiyle yemek arasındaki ilişkiyi öğrenmiştir. Pavlov buna *koşullu refleks* adını verir. Buradan şu sonuçlara varır: İki tip refleks vardır; bunlardan biri doğuştan gelen, diğeriyse öğrenilen. Yemeğin kokusuyla tükürüğün artması doğuştan refleks olup beyindeki nöral bağlantılarla ilişkilidir. İkinci deneydeki gibi, yemek verilmeden sesle tükürüğün artmasıysa sesle serebral korteks tarafından yaratılmış yeni bir nöral yoldur. Her iki refleks mekanik olaylardır; zihinsel etmenlere ve bilince bağlı değildir.

Resim 13.1. Ivan Pavlov. Nobel Ödüllü Rus biliminsanı, koşullu reflekslerin mucidi.

Pavlov koşullu reflekslerin çok önemli olduğunu anlamıştı. Bunlar hayvan ve insanda öğrenmenin temel birimiydi. Böylece insan bir makineden biraz daha fazlasıydı ve koşullu ve koşulsuz reflekslerini kullanarak bunları başarıyordu. Koşullu refleksler deneysel psikoloji alanını da genişletti. *Davranışçılık* denen yeni bir alanın ortaya çıkmasına yol açmıştı. Böylece psikoloji de içine koşullu reflekslerin girmesiyle öznel olmaktan kurtuluyor ve gerçek bir disiplin içine giriyordu. 20. yüzyılda davranışçı yaklaşım biliminsanlarını çok etkilemişti. Davranışçılık 1920-1950 yılları arasında çok revaçtaydı.

Sonraki yıllarda bu konuda daha farklı bir tutum alan psikolog Burrhus Frederic Skinner'i (1904-1990) görürüz. Koşullu refleks anlayışına hem ödüllendirme hem de cezalandırma yöntemini eklemiştir. Buna uygun insan çalışmaları yapmıştır (Wickens, s. 205-208; Todes, s. 38-41; Haymaker ve Baer, s. 152-155).

Yazılanlara göre, Ivan Pavlov kendi laboratuvarında çok titiz, çalışkan ve çok otoriterdir. Yine anlatılanlara bakılırsa birgün laboratuvarına gidince asistanların orada olmadığını ve geç geldiklerini görür. Hepsine çok kızar, köpürür. Asistanlar ezilip büzülerek o gün Rusya'da bir devrim patladığını söyler, yıl 1917'dir. Pavlov "Ben devrim falan anlamam, asistan her zaman zamanında laboratuvarında olmalıdır," diye öfkelenerek yanıt verir.

Onunla ilgili ikinci bir olay da yine 1917 yılının arkasından gelir. Özel sıkıntılarının yanı sıra laboratuvarını çalıştıramaz hâle gelmiştir, epey didinir. Sonunda Lenin'e bir mektup yazar. Lenin böyle büyük bir biliminsanının şikâyetlerini ciddiye alır. Pavlov'un çok rahat çalışması için tüm olanakları seferber eder. Pavlov böylece seksenli yaşlarına kadar bilimsel çalışma açısından rahatça yaşar. Hem ülkesinde bir kahraman haline gelir hem de bilim dünyasında saygıdeğer bir biliminsanı olarak karşılanmaya devam eder (Haymaker ve Baer, s. 152-155; Toddes, s. 82-99).

Burada yine hem Rus vatandaşı olması hem de çalışma alanlarının benzerliği bakımından, refleksoloji alanında da çalışan nörolog, yaşam dilimleri Pavlov ile çakışan Vladimir Mikhailovich Bekhterev'den (1857-1927) söz etmemek büyük haksızlık olacaktır. Pavlov'dan sekiz yaş kadar küçüktür ama Pavlov'dan dokuz yıl önce ölecek, daha doğrusu öldürülecektir. 1878 yılında St. Petersburg'da tıp doktoru olur. 1884 yılında bilgisini artırmak üzere Orta Avrupa'da Leipzig'de Paul Emil Flechsig'in yanına gönderilir. Orada nöroanatomi ve histoloji çalışır ve birkaç önemli buluş yapar. Örneğin *superior serebellar nukleus*u tanımlar, beyin sapıyla beyincik arasında bazı bağlantılar olduğunu bulur. Avrupa'da on sekiz ay kaldıktan sonra Rusya'ya döner. Avrupa'da bulunduğu sırada kendisine önerilen Kazan Üniversitesi Psikiyatri Bölüm Başkanlığı'nı kabul eder. Deneysel psikoloji çalışmalarına Kazan'da başlar. 1885 yılında Rusya'da ilk psikofizyoloji laboratuvarını kurar. Beynin her birinin özel işlevinin bulunduğu ayrı bölgelerinin olduğunu ileri sürer. Hipokampusun bellek işlevindeki rolünü ilk kez ortaya koyar. Bu arada *ankilozan spondiliti* ayrı bir hastalık olarak tanımlar.

1893 yılında St. Petersburg'daki Askerî Tıp Akademisi'nde nöropsikiyatrinin başına getirilir. Burada beynin lokalizasyonu, kendiliğinden devinimler ve refleksler üzerinde çalışır. Bekhterev'e göre nöroloji ile psikiyatri arasında kesin bir ayırım yapılamaz. Beyinde belirli bir bölgeye aktif bir enerji geldiğinde diğer beyin bölgelerinin inhibe olduğu görüşünü öne sürer. Belirli bir oda içinde bulunan hastalarına veya deneklere belirli mekanik ve elektriksel uyaranlar vererek onların tepkilerini ve ekstremitelerdeki motor yanıtları inceler. Daha önce Flechsig'in belirttiği üzere, insan deneylerindeki karmaşık kendiliğinden devinimler için *associative refleksler* terimini kullanır. 1913 yılında Askerî Tıp Akademisi'nden istifa eder. Ancak 1917 yılında Bolşevik Rus Devrimi olur. Bundan bir yıl sonra 1918 yılında yeniden eski görevine döner. Psikoloji ve refleksoloji başkanı olur. Ayrıca yine St. Petersburg'da Beyin-Zihinsel Etkinlikleri Enstitüsü'nü kurar. 1921 yılında ISCI'nin bilimsel örgütlenmesiyle ilgili ilk konferansını düzenler. Yeni rejimde sosyal ve eğitimsel etkinliklere girerek bilfiil çalışır. O sıralarda Ivan Pavlov'un çalışmalarından haberdardır ve onun çalışmalarını eleştirir. Pavlov'un köpek ve salya çalışmalarının insana uygulanamayacağını, kendi yöntemlerininse insana kolayca uygulanabileceğini ileri sürer. Assosiyasyon refleksiyle bunu insanda gösterir. Sonuç olarak Bekhterev Pavlov'un salya aracılığıyla yaptığı deneylerin stabil ve güvenilir olmadığını belirtir. Pavlov ise sadece Bekhterev'in laboratuvarının çok zayıf ve çok fakir olduğunu söylemekle yetinir.

Bekhterev'in bazı buluşları çok etkileyicidir. Daha önce belirtildiği üzere, dünyada ilk kez hipokampus bölgesinin bellekte önemli bir rol aldığını söylemiştir. Nöropsikolojiye önemli katkılar sunmuştur. Psikiyatri ve refleksler üzerine katkıları, aslında davranışçılık için bir köşe taşıdır. 1927 yılında mesleğinin zirvesindeyken Moskova'da düzenlenen ilk Rusya Nöroloji ve Psikiyatri Kongresi'ne katılacaktır. Kongre öncesi Kremlin'den Stalin'i muayene etmek için çağırılır. Stalin bir elindeki deformiteden şikâyetçidir ve muayene etme göreviyle üç saat Kremlin'de Stalin'in yanında kalır. Kongreye döndüğünde gecikmesini açıklamak için bazı arkadaşlarına şunları söyler: "Biraz önce sadece kısa ve kuru eli olan bir paranoidi muayene ettim." Muhtemelen bu söz başkalarınca duyulmuştur. Çünkü bir gün sonra Bekhterev'in ansızın öldüğü haberi yayılır. Yapılan spekülasyonlara göre Stalin tarafından zehirletilmiştir. Aslında yetmiş yaşında, önemli bir sağlık sorunu olmayan Bekhterev'in nasıl öldüğü sorusu havada kalmıştır. Ayrıca Bekhterev'in ölümünden sonra adı ve çalışmaları tüm Sovyet ders kitaplarından silinmiştir (Haymaker ve Baer, s. 244-247). Ölümünden altı yıl sonra Pavlov bir dostuyla sohbeti sırasında Bekhterev ile tartışmayı ne kadar özlediğini söyleyecektir. Tekrar Pavlov'un çalışmalarına dönersek, Pavlov'un öğretisi bir yandan da diğer biliminsanlarını koşullu reflekslerin nöral temellerini ve yollarını bulmaya teşvik etmiştir.

Bu konuda ABD'den Karl Lashley'in çabaları ön plana çıkar. Zoolog ve psikolog Karl Spencer Lashley (1890-1958) önce bir cerrah arkadaşıyla birlikte koşullu reflekslerin nöral temelini araştırır. Pavlov varsayımında serebral korteksle bağlantılı yeni nöral yolların olduğunu, hatta işitme korteksiyle motor korteks arasında da bir bağlantı olabileceğini ileri sürmüştür. Lashley serebral kortekste herhangi bir lezyon olması durumunda bağlantının kesileceğini ve koşullu refleksler yoluyla öğrenmenin engelleneceğini belirtmiştir. Sıçanlarda beyinde değişik doku tahribatları yaparak labirent deneyleriyle koşullu refleksler üzerinden öğrenme konusunu incelemiştir. 1929 yılında yazdığı *Brain Mechanisms and Intelligence* [Beyin Mekanizmaları ve Zekâ] adlı kitabında deney sonuçlarını şöyle özetler: (1) Bellek serebral korteksin her yerinde depolanır, buna *mass action* adını verir, (2) Korteksin tüm kısımları belleğin depolanmasında eşit derecede rol alır, buna *equipotentiality* denir. Ona göre kısacası öğrenme her yerde depolanabilirdi ve bunun özel bir yeri yoktu. Bu iki özellik tam anlamıyla kortikal, holistik, bütüncül ya da toplam alan kuramıyla uyumludur ve serebral korteksteki lokalizasyoncu anlayışa karşıdır (Wickens, s. 209-210; Glickstein, s. 240-243; Finger, s. 59-61). Ancak bir süre sonra 1950'li yıllarda bu görüş gözden düşmeye başlar, konuya farklı yaklaşımlarla yeni çözümler aranmaya başlanır.

İşte bu sırada Kanadalı psikolog Donald Olding Hebb (1904-1985) öne çıkarak öğrenmenin nöral temellerini ortaya koyar. Hebb 1928 yılında McGill Üniversitesi'nde lisans öğrencisiyken bir tez hazırlar. Konusu "Koşullu ve Koşulsuz Refleksler ve İnhibisyon" dur. 1934 yılından itibaren önce Chicago Üniversitesi ve sonra Harvard Üniversitesi'nde Karl Lashley ile çalışır. Harvard Üniversitesi'ndeyken bilim doktorasını alır. Hemen sonrasında (1973) McGill Üniversitesi'nde beyin cerrahı Wilder Penfield ile işbirliği içinde çalışmaya başlar. Burada beyin yaralanmaları ve beyin ameliyatlarının insanda beyin işlevi üzerindeki etkisini araştırır. Bir çocuğun beyninin bir kısmı çıkarıldığında, beyin işlevinin kısmen veya tamamen geri kazanılabileceğini ancak bir yetişkinde benzer bir beyin tahribatının çok daha zararlı olabileceğini görür. Frontal lobun ön bölümlerinin çoğunun çıkarılmasının yetişkin bir epileptik hastada zekâ üzerine çok az etki ettiğini bildirir. Bu hastalarda ameliyat sonrasında daha çok kişilik ve düşünümsel kapasitede çarpıcı değişmeler gözlemlenmiştir. Bu bulgular, ön lobların yaşamın yalnızca erken dönemlerinde öğrenmede etkili olduğunu düşündürür. Frontal ön lobların yaşla birlikte değişen rolüne ilişkin kuramını sınamak için fareler üzerinde çalışır. Farelerde zekâyı sınayabilmek amacıyla bilmece kutusu (*puzzle box*) gibi bir labirent tasarlar. Labirenti farklı gelişim zamanlarında körleştirilmiş farelerin zekâsını sınamak için kullanır. Şu sonuca varır: Genç farelerde öğrenilen problem çözme yeteneğinin, erişkin fareler üzerinde kalıcı bir etkisi vardır. Bunlara göre insanda da ne kadar çok şey erkenden öğrenilirse erişkin yaşamda bunlar beyinde o kadar çok tutulur. Bu bulgu insanda gelişim psikolojisinin ana ilkelerinden biri haline gelir.

1942 yılında Florida'da bulunan *Yerkes Ulusal Primat Araştırma Merkezi*'nde, bu kez yine Karl Lashley ile çalışır. Burada Hebb, şempanzeler için özel testler hazırlar. Ancak deneylerde pek başarı elde edemez. Şempanzelere öğretmenin zor olduğu ortaya çıkmıştır. Başarı elde edemese de orada yazdığı bir kitap ve ortaya koyduğu nöronal bağlantılarla öğrenmeyi ilişkilendiren kuramı, olağanüstü büyük bir ilgi toplar. Kitabı, *The Organization of Behavior: A Neuropsychological Theory* [Davranışın Örgütlenmesi: Nöropsikolojik Bir Kuram] adıyla çıkar. 1947 yılında McGill Üniversitesi'ne döner ve orada profesör olarak bölüm başkanı statüsü kazanır. Bir kez daha Penfield ile çalışma fırsatı bulur.

Donald Hebb'in nörobilim alanına en önemli katkısı, davranışların nöral örgütlenmesi kabul edilir. Beynin nöral yapısıyla bellek ve öğrenme gibi iki önemli davranışı tek bir kuram içinde birleştirmiştir. Basit bir ilkeye dayanan öğrenme ve belleğin nörofizyolojik açıklamasını şöyle yapmıştır: "Beyinde bir A hücresiyle B hücresini ele alırsak A hücresinin bir aksonu B hücresini uyaracak kadar yakın olduğunda ve tekrar tekrar veya ısrarla B hücresini ateşlediğinde, hücrelerden birinde veya ikisinde bir miktar büyüme süreci veya metabolik değişiklikler gerçekleşir. Öyle ki A hücresinin etkinliği de B hücresini ateşlerken artırılmış olur."

Genellikle birlikte ateşlenen nöronlar birbirine bağlanır şeklinde yorumlanır. Bu genellikle Hebb Yasası diye anılır. Hebb tek bir işlem birimi olarak gruplandırılabilen nöron kombinasyonuna hücre düzenekleri adını vermiştir (*nöronal ağ* da denebilir). Bunlarla bağlantılı kombinasyonlar, beynin uyaranlara tepkisini belirleyen sürekli değişen algoritmalar oluşturur (Wickens, s. 211-212; Glickstein, s. 253-255; Brown R.E., s. 1-28).

Burada hücre gruplarından söz edilmektedir. Hücre grupları içinde tekrarlanan uyarımlar (*reverberations*) ile hücre grubu tekrarlanan duyumsal deneyimle daha da güçlenip daha fazla öğrenebilmektedir. Bir dış uyarıdan sonra hücre grubunun eksite olması algılamadan sorumludur. Ancak duyumsal uyarım bittikten sonra da hücre grubunun etkinleşmesiyse hayal ve düşüncenin nöral temelini oluşturur. Bir çember içindeki nöronların devamlı uyarımı sinapsta ve nöron hücreleri içinde yapısal değişmelere yol açacak ve *reverberasyon etkinliğini* daha da artıracaktır. Bunlar çok uzun zaman tekrarlandığında devamlı bir bellek oluşmasına yol açacaktır.

Hebb'in kuramı, kısaca beyinde her şeyin birbirine bağlı ve birbiriyle alakalı çalıştığını varsayar. Çevremizde deneyimlediğimiz her şey hücre topluluğu adı verilen bir dizi nöronun ateşlenmesidir. Bu hücre toplulukları beynin düşünceleri ve fikirlerine kaynak oluşturur. Burada önemli bir nokta vardır; çevre ne kadar çok uyarıcı ve zenginse hücre toplulukları da o oranda artıp büyüyecektir. Hebb'in kuramı eğitim konusundaki inançları etkilemiştir. Hebb çevrenin çocuklarda öğrenme için çok önemli rol oynadığı kanısındadır. Çocuklukta duyusal ve motor davranışlar için çeşitli fırsatlar sunan zenginleştirilmiş bir ortam, erişkinlik döneminde sürekli öğrenme için gereken hücre düzeneklerinin geliştirilmesine de katkıda bulunur. Hebb'in kuramına göre öğrenme, kişinin karşılaştığı her bir deneyimin beyin hücreleri ağına yerleştirilmesidir. Ardından belirli bir eylem ve düşünce tekrarlandığında nöronlar arası bağlantı güçlenir, beyni değiştirir ve öğrenmeyi daha güçlü kılar. Böylece birey özünde beynini eğitmektedir aynı zamanda.

Hebb'in kuramı oldukça yoğun bir şekilde düşünce temeline dayanır. İşte o zamanlar, bu kuramı deneysel düzeyde tamamen teyit etmek pek mümkün değildir. Buna rağmen uluslararası beğeni kazanmıştır. Hebb'in bu konudaki nörofizyolojik kuramı bir dereceye kadar doğrulanmıştır. 1973 yılında İngiliz nörobilimci Timothy Vivian Pelham Bliss (1940-) ve Norveçli Terje Lomo (1935-), sinaptik plastisite üzerinde çalışmaya başlamıştır. Hipokampus nöronlarında *long term potentiation*u (LTP) keşfetmişlerdi (LTP, yüksek frekanslı, fakat kısa süreli bir uyarımdan sonra o sinapsın gücünün uzun süreli artmasıdır. Bu tip bir sinaps uyarıldığında diğer sinapslardan daha uzun süreli ve daha güçlü bir yanıt gelir. Bu durum bellek ve öğrenmenin en temel nöral mekanizmasıdır).

LTP'nin serebral kortekste yaygın olarak bulunduğu da kanıtlanmıştı. Bunun da öğrenmede önemli bir yapı olduğu anlaşılmıştır. Bir sinapsın öğrenme sonucu güçlendirilmesi, şimdilerde *Hebbian sinaps* diye geçiyor. Bu nöral anlayış aynı zamanda bilgisayar programlanmasında, yapay zekâda nöral ağın temel kavramı olarak biliniyor. Hebb'in bu kuramsal buluşu 21. yüzyıldaki beyin araştırmalarının temelini oluşturacaktı (Wickens, s. 212-213).*

---

* Ayrıca bkz. "EK-III: Klinik Açıdan Kortikal Plastisite" başlıklı bölüm.

Beyin Korteksinin Anatomi ve Histolojisinde İlerlemeler

Beyin korteksini gözden geçirirken, 19. yüzyılda doğan ve büyüyen fakat etkisini 20. yüzyılda da sürdüren önemli isimlerin başında gelen, patolog ve psikiyatrist Alois Alzheimer (1864-1915) ile başlamak tam yerindedir. Alois Alzheimer psikiyatrist ve nöropatolog olarak çok nadir bir hastalığın klinik ve patolojik tanımlamasını yapmasaydı ona böyle bir tarih kitabında bir paragraf açmayı aklımızdan geçirmezdik. 20 ve 21. yüzyıllarda, dünyada en sık görülen (milyonlar), tedavisi henüz mümkün olmayan bir hastalığı tanımlaması, Alois Alzheimer'den burada söz etmemizin gerekliliğini açıkça ortaya koymaktadır. 19. yüzyılda nöroanatomistler beyni anlamada çok yoğun çalışmaktaydı; nöroanatomist derken, bunların bir kısmı nöroloji veya psikiyatri eğilimli hekimlerdir veya psikiyatristler nöropatolojiyle yakından ilgilenmekteydi. Alzheimer de böyle bir hekimdi ve Almanya'da hastalarını sıkı takip ediyor, hastalıklarını tanımlıyor ve öldükten sonra beyinlerini inceliyordu. Kendisi senil demansla bunun çeşitlerinden ve bugün Alzheimer diye anılan demansı klinik ve beyin patolojisi olarak tanımlamıştı. Tabii ki hastalığın bu çeşidinin adı o zaman verilmemişti. *Alzheimer hastalığı* adını veren Emil Kraepelin'di. Aslında Kraepelin 1894 yılında patolojinin psikozların çözümünde rol oynamadığına inanıyordu. Kraepelin, Heidelberg'deki kliniğinde, 1924 yılında basılan kitabında ilk defa *Alzheimer hastalığı* terimini kullanmıştı (Haymaker ve Baer, s. 165-168). Alzheimer'i ve bulduğu hastalığı şimdi biraz daha yakından incelemek gerek.

Alzheimer, Berlin Tubingen ve Wurzburg'da eğitimini tamamlayarak tıp doktoru diplomasını alır. Gençliğinde yaptığı düellodan kalma, sol gözünden çenesine kadar uzanan bir yara izini yüzünde taşımaktadır. 1888 yılında Frankfurt Akıl Hastalıkları ve Epilepsi Hastanesi'nde asistan olarak çalışmaya başlar. Bu hastanede yakın arkadaşı Franz Alexander Nissl (1860-1919) ile buluşur. O da nöropsikiyatrist ve patologdur (aynı zamanda iyi bir piyanist). İki yakın arkadaş yedi yıl aynı hastanede birlikte çalışır. Gündüzleri klinisyenlik yapar ve geceleri de nöroanatomi uygulamaları yaparlar. Nissl kendi buluşu olan doku boyama tekniğiyle beyindeki sinir hücrelerini daha iyi görebilmektedir. Böylece her ikisi beyin korteksi üzerine çalışmayı hedefler. Birlikte yüzlerce psikotik hastanın otopsisini yaparlar. Otopsilerde beynin mikroskopik görüntülerini izlerler. Burada ve daha sonra Münih'te çalışırken nörosifilizin beyin komplikasyonlarından biri olan ve *paralizi jeneral** diye adlandırılan hastalıkta, beyinde damarsal tutuluşa bağlı kortikal atrofi olduğunu gösterirler.

Alzheimer 1901 yılında bir kadın hastayı muayene eder; kadını kocası getirmiştir. Elli iki yaşındaki hastanın adı Auguste Deter'dir. Hastada günümüzde çok iyi bilinen klasik Alzheimer demansının bulguları vardır. Bunları tüm ayrıntısıyla dosyasına kaydeder ve hastayı sekiz ay süre ile izler. Alzheimer bir süre sonra Münih'te Kraepelin'in laboratuvarına taşınır ve çalışmasına Münih'te devam eder. Hasta Deter 1906 yılında ölür. Uzun süre izlediği için hastanın dosyaları ve beyni Alzheimer'e gönderilir. Birkaç yıl önce Bielkowsky tarafından geliştirilmiş *gümüş nitrat boyama tekniği*ni kullanarak beyin kesitlerini inceler. Alzheimer mikroskopta önce beyin atrofisini görür ama daha fazla önem taşıyan çok sayıda *tangled* (tangle: arapsaçı) sinir lifi görür. İnce nişasta partiküllerine benzeyen garip bir maddenin yaygınlıkla bulunduğunu da saptar. Daha önce böyle bir beyin patolojisi görmemiştir, bunun yeni bir dejeneratif hastalık olduğunu düşünür. 1906 yılında Tübingen'deki bir tıp toplantısında, bu hastayı ve beyin patolojisini takdim eder ve bunu bir yıl sonra üç sayfalık bir makale halinde yayımlar. Bu makalede "Beyne Özgü Hastalık" başlığını kullanır (Glickstein, s. 297-299).

Alzheimer'in hastasından sonra ona benzer başka hastalar yayımlanmaya başlar. Örneğin İtalyan Gaetano Perusini (1879-1915) beyinde serebral kortekste aynı bulguları saptadığını bildirir. 1907 yılında Prag Üniversitesi'nden Oskar Fischer† da (1876-1942) on altı hastasının on ikisinde aynı plakların varlığını gösterir, tüm hastalarında zihinsel gerileme ve bellek yitimi vardır. Ancak Fischer beyindeki plakların, genellikle senil demansa ait bir özellik olduğuna inanmaktadır.

---

* Frengi hastalığına bağlı paralizi jeneral 19. yüzyılda bunama hastalarının yaklaşık yüzde 10'unu oluşturacak sıklıkta görülüyordu. Birçok ünlü kişi bu hastalığa yakalanmıştır.

† Çek akademisyen, psikiyatrist ve nöropatolog Oskar Fischer Almanya'nın Çekoslovakya'yı işgal etmesinden yaklaşık üç yıl sonra 1941 yılında Gestapo tarafından tutuklanır, Kuzeybatı Bohemia'da küçük bir kaleye hapsedilir ve bir yıl sonra altmış beş yaşındayken kampta vefat eder. Alzheimer hastalığı ve demansla ilgili çalışmaları 2008 yılında yeniden gün yüzüne çıkar.

Kraepelin, oradaki bölümün başkanı olarak bu yeni durumdan etkilenmiştir. Alzheimer'in bulgularıyla bu yeni bulguları 1910 yılında kendi psikiyatri kitabının sekizinci basımına ekler. İşte bu yeni antiteye *Alzheimer hastalığı* adını verir. Bu hastalığın senil demansa göre –elli yaş gibi– daha erken yaşlarda başladığını vurgular ve daha sonra bu hastalığın *presenil demans* olduğunu telkin eder.

20. yüzyılın başlarında bu hastalık nadir bir demans türü kabul ediliyordu. Bu anlayış 1960'lı yıllara kadar sürmüştü. 20. yüzyılda insanların yaşam süresi uzadıkça *senil bunama* hastaları da çoğalmaya başlamıştı. Bu durum *senil bunama* ile *Alzheimer demansı* arasında ilişki olabileceği anlayışını getirmişti. 1976 yılında NewYork'ta Albert Einstein Tıp Fakültesi'nden Robert Katzman (1925-2006) "Alzheimer hastalığı ve senil demans tek bir süreçtir ve bu nedenle tek bir hastalık olarak düşünülmelidir," diyerek bu konudaki çalışma temposunu doğru yola çevirmişti (Doig, s. 297-311).

Gerçekten de giderek bu hastalığın yaşlılıkta (seksen ve üzeri) ortaya çıktığı anlaşılmıştı. Alzheimer demansının dünyada en sık rastlanan bir bunama türü olduğu ortaya çıkmıştı. Bugün artık Alzheimer demansının kanser, kalp hastalıkları ve beyin inmesinden sonra görülme sıklığı bakımından dördüncü sırada olduğu bilinmektedir (Wickens, s. 261-262; Haymaker ve Baer, s.165-168). Alzheimer hastalığının özellikle yaşam süresi uzamış gelişmiş ülkelerde çok ciddi bir halk sorunu haline geldiği anlaşılmış ve buna göre de araştırmalar hızlandırılmıştır.

Alzheimer'den sonra ne gibi gelişmeler yaşanmıştı, kısaca özetlemek gerekir. Beyindeki Alzheimer plaklarında *amiloid protein* bulunmuş ve bu amiloid proteinin *beta amyloid* izole edilip tanınması gerçekte 1984 yılında George Glenner (1927-1995) ve Caine Wong tarafından sağlanmıştır. Amiloid kırk veya kırk iki amino-asitten oluşur. 1987 yılı ve sonrasında amiloidin daha büyük bir proteinin küçük bir parçası olduğu anlaşılmıştır. Şimdilerde buna *beta amiloid prekursor protein* (Beta-APP) deniyor. Beta APP birçok hücrenin ve nöronun membranında bulunmakta ve bir şekilde reseptör proteinlerini etkilemektedir. Bu protein *secretase* denen bir enzimle daha küçük parçalara ayrılır ve hücre zarından geri alınarak biyolojik rolünü oynar. Amiloid 42 Alzheimer, beyinlerinde nöronlara karşı toksik etki yapar ve hücre yıkımına yol açar. Günümüzde *amyloid cascade* kuramı Alzheimer'de en popüler kuramdır (Wickens, s. 353-355; Haymaker ve Baer, s.165-168). Alzheimer hastalığı üzerinde genetik ve moleküler düzeyde araştırmalar devam etmektedir.

Beynin anatomisi ve daha çok da histolojik yapısı yaklaşık olarak aynı zaman dilimi içinde inceleniyordu. Bu araştırmacılar arasında Alman Korbinian Brodmann (1868-1918), Oskar Vogt (1870-1959) ile Avustralyalı Alfred Walter Campbell (1868-1937) sayılabilir. Ancak Korbinian Brodmann adı günümüze kadar gelmiştir.

Korbinian Brodmann (1868-1918) Alman psikiyatrist ve nöroanatomisttir. 1895 yılında tıp doktoru olduktan sonra, Leipzig'de bilim doktorası yapar. Frankfurt'ta Binswanger'in yanında psikiyatri kliniğinde çalışır. Oradayken Alzheimer ile çalışma fırsatı bulur, Alzheimer'den çok etkilendiği yazılmıştır. 1901 yılındanı915 yılına dek Berlin'de Oskar Vogt (1870-1959) ve eşi Cécile Vogt'un (1899-1959) yönettiği Kaiser Wilhelm Enstitüsü'nde çalışır, aslında beyin haritalanması denen histolojik çalışmalarının çok önemli bölümlerini burada yapmıştır. Beyin bölgelerini yapısal, bölgesel değişikliklerine göre numaralandırıp serebral korteksin haritalanmasını hazırlamıştır. Kortekste total elli iki alan saptamıştır. Burada nöronal hücre yapısı üzerinden dokuların biçimlerine göre serebral korteksi alanlara ayırır. Bu yön-

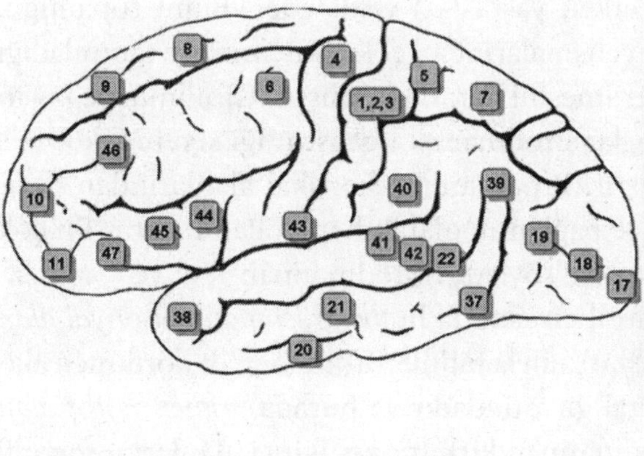

Resim 13.2. Beyin korteksinin Brodmann'a göre sitoarşitektonik haritası (Solda). Sağda Korbinian Brodmannın portresi, Haymaker W. ve Baer K.A., ***The Founders of Neurology***, Charles C. Thomas Publisher, Springfield, 1949.

teme *cytoarchitektonik* (sitoarşitektonik: hücresel mimari) adını vermiştir. Brodmann deneylerine memeli hayvanların beyinlerinde de devam eder. Bu konuda aralıksız yıllarca çalışır. Serebral korteksi en ufak kıvrımlarına ve kıvrım parçalarına dek araştırır, inceler. Sonunda korteksin hücresel mimarisini tamamlar. 1909 yılında serebral korteksin lokalizasyonu adlı bir monograf yayımlar. Bu kitapta bulgularıyla ilgili 150 kadar çizim bulunmaktadır.

Ancak onun başarısından hoşlanmayanlar vardır. Dönemin akademik dünyasında engellemelerle karşılaşır. Doçentlik unvanı için Berlin Üniversitesi'ne başvuran Brodmann anlaşılmaz bir şekilde geri çevrilir, doçentlik unvanı verilmez. Almanya'nın en saygın üniversitesinin böyle davranması herhalde hayretle ve şaşkınlıkla karşılanmıştır. Oskar Vogt'un bu konuda farklı bir tutum gösterdiği farklı kaynaklarda belirtilmiştir. Üniversitenin bu olumsuz tutumu konusunda O. Vogt çok sonraları şöyle söyleyecektir: "Tıp Fakültesi bundan dolayı üzerinde bir kara leke taşımaktadır."

Brodmann'ın Berlin Üniversitesi'ndeki eski şefi Oskar Vogt'la aralarında neler geçtiği tam bilinemez ama Brodmann'ın maymunlarda serebral korteks çalışmalarına O. Vogt'un karşı çıktığı söylenir. Ayrıca yıl sonra Brodmann'ın bu konuyla ilgili bir kitabının yayımlanması üzerine onu görevden aldığı bildirilmiştir. Bu gelişme üzerine Brodmann Tübingen'e geçerek orada profesör olur. Son olarak Münih Üniversitesi'ne girer ve erken yaşta (52) vefat eder. Bilim topluluğu, Brodmann'ın bu ayrıntılı çalışmalarından çok etkilenmiş ve tanımladığı bölgelere onun adının verilmesini kararlaştırmıştır. Günümüzde beyin araştırmacıları ve nörologlar Brodmann'ın geliştirdiği serebral korteks sınıflamasını benimsemiştir. Brodmann'ın kortikal alanlarından bazılarının adı sinir işlevleriyle bağlantılı olarak hep kullanılmıştır. En çok kullanılan örneklerden birkaç şöyledir: Brodmann'ın 1, 2, ve 3. alanları parietal lobun postsentral girusunda bulunur, *somatosensoriyal alan* (somatik duyu korteksi alanı) adıyla bilinir. Brodmann'ın dördüncü alanı frontal lobun presentral girusundadır ve burada *primer motor alan* temsil edilmektedir. Brodmann'ın kırk bir-kır ikinci alanları temporal lobda *işitme alanı* ile çakışmaktadır. Brodmann'ın kırk dört-kırk beşinci alanları frontal *Broca alanı* ile çakışır. Ayrıca Brodmann'ın on yedi ve on sekizinci alanları oksipital lobdadır ve *primer görme alanları*dır vb. (Eckoldt, s. 154-156; Haymaker ve Baer, s. 13-16).

Alfred Walter Campbell (1868-1937) Avustralyalı nöropsikiyatrist ve histologdur. Tıp eğitimini Edinburgh, İngiltere'de tamamlamıştır. Avrupa'da Viyana ve Prag'da çalışmıştır. Edinburgh'dan sonra Liverpool'a yakın bir patoloji laboratuvarında çalışmaya başlamış ve sitoarşitektonik çalışmalarını burada yürütmüştür. Burada Charles Sherrington kendisine bir hayli destek sağlamıştır. 1905 yılında Avustralya'ya dönmüştür, Sidney'de nöropsikiyatrist olarak çalışmaya başlamıştır. Onun sitoarşitektonik çalışmalarıyla Brodmann'ın çalışmaları hemen hemen aynı yıllara rastlar. *Histological Studies on the Localisation of Cerebral Function* [Serebral İşlevin Lokalizasyonu Üzerine Histolojik Çalışmalar] adlı ünlü kitabını 1905 yılında yayımlamıştır. Onun bu çalışmaları muhtemelen İngilizce konuşulan ülkelerde klasik nöroloji ders kitaplarına geçmiştir. Burada yine "Öncelik kimde?" sorusu karşımıza çıkıyor. Bazıları bu soruyu "Serebral korteks arşitektoniğinin İngiltere'de Alfred Walter Campbell ile, Almanya'da ise Brodmann ile başladığını söylemek daha emin bir yoldur" diye çözümlemeye çalışmıştır. Her ne kadar Campbell'in kitabı Brodmann'ın kitabından üç yıl önce yayımlanmışsa da burada Brodmann'ınkine göre nitelik ve nicelik bakımından bazı eksiklikler vardır. Öte yandan Brodmann'ın 1903-1908 yılları arasında korteks çalışmalarını yayımladığını da unutmamak gerekir (Haymaker ve Baer, s. 16-18).

Oskar Vogt (1870-1959), Alman hekim ve nöropsikiyatristtir. Eşi Fransız Cécile Vogt ile birlikte beynin sitoarşitektonisi üzerinde çalışmıştır. Oskar Vogt, Kiel ve Jena'da çalıştıktan sonra, Krupp ailesinin finansal desteğiyle 1898 yılında Berlin'de kurulan Kaiser Wilhem Enstitüsü'nde geliştirilen, Beyin Araştırmaları Merkezi'nin yönetimine getirilir. Bu enstitü Berlin Üniversitesi Nörobioloji Laboratuvarı ile bağlantılıdır. Enstitü o zamanlar Avrupa'nın önemli bir nörobilim merkezi haline gelmiştir. Merkeze birçok öğrenci gelmiştir. 1945 yılında *Max Planck Enstitüsü* adını alacaktır. Vogt'un bir merakı da deha niteliği kazanmış insanların postmortem beyinlerini incelemektir. Politik olarak Vogt sosyalisttir. Komünist olmamasına rağmen yaşamının daha sonraki yıllarında Sovyetler Birliğini sık sık ziyaret edecektir. Ruslar Vogt'un yanına birçok araştırmacı göndermişlerdir. Vogt, Moskova'da da bir beyin enstitüsü kurulmasına yardım etmiştir. Vogt kendi ülkesinde gelişmekte olan Nazi Partisi'ne karşı çıkmıştır (Bu, daha sonraları -1935'te- Beyin Araştırmaları Enstitüsü'ndeki yönetim görevinden uzaklaştırılmasına neden olur.).

Vogt, Sovyetler Birliği lideri Lenin'in 1920'li yıllardaki hastalığında kendisiyle ilgilenmiştir. Lenin öldükten sonra onun beynini histolojik olarak inceleme olanağını da bulmuştur. Lenin'in ölümünden bir yıl sonra Rus hükümetinin daveti üzerine Rusya'ya gitmiştir. Eşi Cécile Vogt ve diğer çalışma arkadaşları da onunla birlikte Moskova'ya gelmiştir. İki yıl boyunca Lenin'in beynini incelemişlerdir. Özetle Lenin'in beyninin incelenmesi sonucu onun bir dâhi olduğunu söylemiştir. Beyin korteksinin üçüncü tabakasında çok sayıda büyük boyutlu piramid nöron olduğunu bulmuştur. Açıklamasında "Özellikle bu büyük boyutlu hücreler, Lenin'i tanıyanların teyit edebileceği gibi, onun olağanüstü kavrama ve düşünme yeteneğini, düşünce zenginliğini, doğru seçim yapma yetisini açıklar," demiştir. Vogt ve çalışma arkadaşları piramidal nöronların önemine vurgu yapmıştır ama o sıralarda Brodmann histolojik olarak onunla hemfikir değildir. Sıradan insanlarda da bu hücrelerin var olması, Vogt'un görüşünün bilimsel olarak doğru olmadığını gösterir.

Vogt ve Vogt korteksin anatomisiyle psikoloji ilintisi konusunda araştırmalar yapmışlar ve araştırmalarında yukarıdan aşağıya altı tabaka olduğunu bulmuşlardır. Oysa Meynert beş ve Cajal yedi tabaka olduğunu bulmuştur. Talamus ve basal ganglionlar ve özellikle striatum üzerinde çalışmıştır (Eckoldt, s. 158-160; Heim S. vd., s. 101).

19. Yüzyıl ve Sonrası: Nöropsikiyatri Sosyal Karmaşalara Karışıyor

Tarihte zaman zaman biliminsanları ve nöropsikiyatristlerin, istemli veya istemdışı olarak bazı toplumsal olaylara karıştıklarını, bu şekilde risk aldıklarını ve hatta öldürüldüklerini biliyoruz. Bunun son örneklerinden birkaçına daha once değinildi. Örneğin Sovyetler Birliği'nde Bekhterev'in yaşamını yitirmesi ve Oskar Vogt'un burnunu siyasetin içine sokması dolayısıyla başına gelenler, 19. yüzyıl sonları ve 20. yüzyılın ilk elli yılı içerisinde daha olmadık şeylere tanıklık edeceğimizin ilk belirtileridir denebilir. Bununla beraber, daha önceki yüzyıllarda Galileo, Servetius, Lavoisier, Priestley, Bruno gibi biliminsanlarının despotik rejimler tarafından öldürülmeleri veya cezalandırılmaları da aslında çok bilinen acı gerçeklerdendir (Ertekin, s. 128-129; 155-157; 158-167; 269-278). Bilim ve teknoloji 20. yüzyılda gelişmekle beraber, hümanizm ve gerçek demokrasi gelişemediği için, bazı hekimlerin bu ortamda bazı olumsuzluklara zorunlu olarak veya kendi istekleriyle katılmalarını anlatmak gerekir. Bu zaman diliminde nörolog, psikiyatrist ve nöropsikologların olaylara olumlu ve olumsuz katkıları kısaca gözden geçirilecektir.

Almanya ve Avusturya (Prusya), psikiyatri ve nörolojide, 19. yüzyılda çok gelişmiş ülkelerin başında gelir. Yüzyılın ortalarından itibaren psikozların sınıflandırılması konusunda değişik sesler yükselmeye başlar. 19. yüzyılın ortalarına kadar psikiyatri hastaları semptomlarına göre sınıflandırılır. Bu süreler içinde Philippe Pinel'in farklı bir sınıflama girişimi ortaya çıkar. Sadece semptomatolojiye göre değil, keza hastalığın seyri ve prognoz açısından da bir sınıflama yapılması gerektiğini öne sürer. Daha sonra Alman psikiyatrist Karl Ludwig Kahbaum (1828-1899) ruhsal hastalıkların semptomatolojiye göre sınıflandırılmasının doğru olmadığını ve hastalık seyri ve sonuca bakmak gerektiğini, Pinel'den sonra yineler. Asistanı Ewald Hecker (1843-1909) ile birlikte kendilerine göre bir tasnif yaparlar. Hastalıkları *dysthymia, cyclothymia, catatonia, paraphrema* ve *hebephrenia* gibi başlıklar altında toplarlar. Karl Kahbaum ve Ewald Hecker bu çalışmalarıyla ruhsal hastalıklarda modern klinik pratik uygulamanın öncüleridir. Çünkü daha önce söylendiği üzere, tüm psikozların tek bir hastalık (*unitary psychosis*) olmadığını göstermişlerdir. Özellikle *siklotimi* ve *hebefreni* üzerine vurgu yapmışlardır.

Bu çalışmalar daha sonra Kraepelin'i etkilemiştir.

19. yüzyıldan 20. yüzyıla geçerken *endojen psikozlar*ın sınıflandırılması konusunda birbine zıt iki kuram ortaya çıkmıştır. Bunlardan biri Karl Wernicke, Karl Kleist ve daha sonra Karl Leonhard'ın geliştirdiği kuramdır. Endojen psikozların çok geniş bir hastalık grubunu içine aldığını söylerler. Karşıt görüştekilerse Ernst Albert Zeller, Heinrich

Newman ve Wilhelm Griesinger'dir; *üniter psikoz* kavramının savunuculuğunu yapmışlardır. Bütün bunlara karşılık Kraepelin endojen psikozların iki gruba ayrılacağını söylemiştir. Krapaelin 20. yüzyılın ilk elli yılında kullanılan bir standart sınıflama sunmuştur (Karl Kleist, Kraepelin'in sınıflamasını kabul etmez). İşlevsel psikozları uzun bir liste halinde belirtmiş ve bunların beyin lokalizasyonundaki bozukluktan ileri geldiğini öne sürmüştür. Nörolojik ve psikiyatrik semptomların detaylı bir tanımını yapmıştır ve özellikle öğrencisi Karl Leonhard (1904-1988) bu hastalıkların genetiğiyle ilgilenmiştir. Bunu genellikle soyağacı üzerinden yapmıştır (Neumarker ve Bartsch, s. 411; Lanczik, s. 53; Bartsch vd., 703; Eckoldt, s. 161).

Karl Wernicke'nin geleneğini sürdüren Karl Kleist'ın (1879-1960) psikozların sınıflandırılmasının yanı sıra, nöroloji ve psikoloji alanında yenilikler sağlamış bir biliminsanı olduğunu biliyoruz. Serebral kortekste lokalizasyoncu bir anlayışı benimsemiş, serebral korteks-beyin haritalamaları üzerine çalışmıştır. I. Dünya Savaşı sırasında askerî hekim olarak çoğunlukla beyinden yaralanan veya ölen askerleri incelemiştir. Yitirilen nörolojik işlevlerden yola çıkarak, lezyon lokalizasyonuna katkılarda bulunmuştur. Beyin otopsi incelemeleriyle de lokalizasyon anlayışını genişletmiştir ve bunun için sitoarşitektonik tekniği de kullanmıştır. 1902 yılında Alzheimer'ın laboratuvarında çalışmıştır.

Kleist'ın askerî hekimliğiyse 1914-1916 yıllarına rastlar. Daha sonraları bazı izole nörolojik kortikal semptomlarla psikiyatrik belirtilerin benzerliğine dikkat çekmiştir. Ortaya konulan Wernicke-Kleist-Leonhard endojen psikoz sınıflaması hâlâ psikopatoloji ve biyolojik psikiyatri alanlarında kullanılabilmektedir. Frankfurt Üniversitesi'ne atandıktan sonra nöropsikiyatri anlayışıyla tüm nörobilim dallarını içine alan gelişmiş bir merkez oluşturmuştur. Onun zamanında Frankfurt'taki kliniği çok ünlenmiş ve orada değerli meslektaşlar yetişmiştir. Kleist, Nazilerin yükseldiği III. Reich zamanında (veya belki de daha önce?) Nasyonal Sosyalist Parti'ye, yani faşist Nazi partisine üye olmuştur. Soybilime (jenealoji)* ait yerel mahkemelere de katılmıştır.

---

* Soybilimi veya jenealoji, ailenin kökenlerini ve akrabalık ilişkilerini inceleyen bilim dalıdır. Soybilimci araştırdığı aile hakkında bilgiler edinmek için sözlü gelenek, tarihsel kayıtlar, genetik analiz ve benzeri kayıtlardan yararlanır.

Ancak Kleist o zamanın nadir Alman biliminsanlarından biri olarak sözü geçen bir kişidir. Öyle ki Yahudi hastalarını tedavi etmeye devam etmiştir. Yahudi hekimlere kendi enstitüsü içinde iş imkânı sağlamıştır. Öjenik ve ötenazi politikalarına karşı eleştiriler yaparak sesini duyurmuştur. Öğrencileri Leonhard ve Neele, hastalarını Nazi politikasına karşı korumak için onlara özellikle şizofreni tanısı koymamışlar, onları ötenaziye karşı böylece korumaya çalışmışlardır. Kleist, Nazilerin isteklerine karşı durabilmek için dört yıl çaba göstermiş ve sonunda 1938 yılında görevinden istifa etmiştir (Neumark ve Bartsch, s. 411; Bartsch vd., s. 703; Eckoldt, s. 161).

19. yüzyıldan 20. yüzyıla miras kalan öjeni veya öjenizm kuramı 20. yüzyılın başlarında insanlar arasında oldukça büyük bir patlama yapmış, 20. yüzyılın ilk yarısında çok sayıda taraftar toplamış ve amacı bu olmadığı halde milliyetçilik ve daha çok da ırkçılık akımlarına yol açmıştır. Bu kuram, sakat ve hasta insanların toplumdan ayıklanması ve sağlıklı bireylerin çoğaltılması yoluyla insan ırkının *ıslah edilmesi* anlamına gelir. Bu ilk kez İngiliz biliminsanı Francis Galton (1822-1911) tarafından formüle edilmiş bir kuramdır. Sağlıksız ceninleri ayırarak sağlıklı ceninleri yetiştirmenin yollarını arayan ve bilimselliği tartışmalı bir toplumsal akım veya toplumsal felsefedir. *Eugenics (Öjeni)* eski Yunanca'da iyi/sağlam ve doğum anlamına gelen sözcüklerin birleştirilmesiyle Francis Galton tarafindan oluşturulmuş bir sözcüktür.

Tarihsel olarak öjenistler, aşağı olduğuna karar verilen insanları ve grupları dışlayarak veya üstün olduklarına karar verilenlerin üremesini teşvik ederek insan gen havuzlarını değiştirmeye çalışmışlardır. Galton, evrim kuramının etkisiyle insanda kalıtımla geçen özellikleri, farklı zihinsel yetenekleri ve kişisel karakteristikleri ölçerek bulmaya çalışmıştır. Bireysel farklılıkları gösterdiğinde, dolaylı yoldan genetik etkeni de göstereceğini varsaymıştır. Öjeni kuramına göre, nasıl sağlıklı hayvanlar birbirleriyle çiftleştirilerek iyi hayvan cinsleri oluşturuluyorsa insan ırkı da ıslah edilebilir. Bu, doğadan gelene antipati duyan bir öjenik uygarlık anlayışıydı ve biyoteknolojinin insana ve tüm diğer canlılara yoğun olarak uygulanmasını savunmuştu.

Avrupa'da öjeniyi Almanya'da ilk benimseyen ve yayan kişi evrimci biyolog Ernst Haeckel (1834-1919) olmuştur. Almanya içinde öjeniyi savunmuştur. Ancak Naziler iktidara gelinceye dek yaygın kabul görmemiştir. Ama Naziler bu kurama dört elle sarılmış ve iktidara gelince çeşitli dönemlerde değişik vesilelerle öjenik uygulamalara girişmişlerdir. Bu nedenle sonradan Haeckel'in düşüncelerinin, bazı biliminsanları tarafından Nazizme miras kaldığı iddia edilmiştir. Oysa Naziler ve Adolf Hitler'in öjenizm projesi, Haeckel'in öjenizm anlayışından tamamen bağımsız bir şekilde ortaya çıkmış ve gelişmiştir. Öte yandan Naziler, Haeckel'e ait öjenik bilimsel kuramları reddetmişlerdir. Buna karşılık herkesin bugün açıkça bildiği soykırım uygulamasını Yahudi ve Çingenelere uygulamışlardır. İlginçtir ki koşullu reflekslerin mucidi ve biliminsanı Ivan Pavlov da ileri yaşlarında öjeniyle ilgilenmeye başlamıştır. Pavlov, Galton'un öjenik düşüncelerini insanlığa yararlı görmüştür. Şöyle ki burada istenen nitelikleri taşıyan insanların daha fazla çocuk dünyaya getirmesi için teşvik edilmesi, istenmeyen nitelikleri taşıyan insanların da çocuk dünyaya getirmekten vazgeçirilmesi, engellenmesi (ya da çocuk sahibi olmalarının engellenmesi) konusunda biliminsanları ve hükümetlerin birlikte çalışması gerektiği görüşündedir. Böylece insan soyu yavaş yavaş gelişecektir. Ancak sınıfsal ve ırksal önyargılar bu seçimlerde büyük rol oynamıştır. Böyle bir bilim olabileceği fikri çok tartışmalıdır. Yine de önde gelen birçok biliminsanı öjenik bilimini, biliminsanının ilerlemesinin hizmetine vermenin modern bir yolu kabul etmiştir (Ertan, s. 147-152; Todes, s. 94; Gluckman vd., s. 259; Hitler, s. 443-452).

Darwin'in evrim kuramını çarpıtarak öjeni kavramını toplumsal yapı ve sınıfsal farklılıklar üzerinden kullanmak üzere birtakım yanlış yorum ve yaptırımlar 20. yüzyılın ilk yarısında ortaya çıkmıştır. Bu açıdan bakılırsa evrim kuramı için belki de en kötü durum, evrim kuramından birçok yanlış çıkarımlar ve insanlık için ters yorumların yapılmasıdır. Yanlış yorumların en büyüğünü İngiliz Herbert Spencer (1820-1903) yapmıştır. Bu, yaşamak için mücadele düşüncesinin toplumsal hayata uygulanmasıdır. Buna önce *social Darwinism* (sosyal Darwinizm) denmiştir. Aslında Darwin'in evrim kuramından çok, Lamarck'ın öne sürdüğü düşüncelere uygundur. İlginçtir ki Herbert Spencer'in başlattığı bu akım II. Dünya Savaşı ertesi ABD'de gelişme olanağı bulmuştur.Herbert Spencer'in evrim anlayışı, Darwin'in biyolojik kuramından çok daha geniş, olayları kronik boyutta ele alan ve insan yaşamına ve insan dinamiklerine indirgeyen bir görüştür. Dünyamızdan örnek verilirse küçük basit bir işyeri de büyük bir fabrikanın doğması da aynı yolu izlemektedir. Bireysel girişim ve özgürlük üzerine hiçbir engel ve kural konulmamalıdır. Her birey kendi yeteneği ve gücüyle yaşama mücadelesinde yolunu açmalıdır. Toplumsal ilerlemenin tek yolu budur. Spencer'in sistemine göre askerî güce dayalı küçük devletler yerine tek ve büyük bir endüstri devleti kurulmalıdır. Bu nedenle Spencer'in düşünceleri kapitalizmin ve emperyalizmin kaynağı olan ABD'de baş tacı edilecektir (Gluckman vd., s. 259).

Spencer'in yorumladığı sosyal Darwinizmin en önde gelen savunucusu, 19. yüzyılda William Graham Sumner (1840-1910) olur. Sumner'ın düşüncelerinden bir örnek verilecekse, toplumda en uygun seçilmişlerin milyonerler olması olurdu bu örnek. Bu kişilerin ortaya çıkmalarını sağlayan üstün özellikleri, toplumsal çıkarlar bakımından yararlıdır. Sumner aynı zamanda zenginliğin kuşaktan kuşağa iletilmesi taraftarıdır. Her türlü devlet müdahalesine karşıdır. Planlı ekonomi ona göre yararlı değildir vb. Sumner sosyal Darwinizmin akademik ortamdaki lideriyken, iş dünyasında bu rolü ünlü zenginler Andrew Carnegie, John Davison Rockefeller gibileri üstlenmiştir. Büyük çoğunluğu koyu Hıristiyan olan bu ABD'li büyük patronların dinî inançlarıyla sosyal Darwinizm ilkelerini bağdaştırmakta bir sakınca görmedikleri anlaşılmaktadır. Evrim kuramıyla alakasız sosyal Darwinizm aynı zamanda ırkçılık idealleri olanlar için iyi bir fırsat sunmuştur. Bunların başında palenteolog ve müzeci Amerikalı Henry Fairfield Osborn (1857-1935) gelir. Bir makalesinde ortalama bir zencinin zekâ yaşının Homo Sapiens türüne ait (beyaz ırklar kastediliyor) on bir yaşında bir çocuğun zekâsına ancak ulaşabileceğini yazmıştır. 1907 yılında ABD Indiana eyaletinde kabul edilen bir kanunla zekâ özürlü, sağır ya da körler zorla kısırlaştırılmaya başlanmıştır. Benzer bir yasayı 1909 yılında Washington ve Kaliforniya eyaletleri de kabul etmiştir. 1927 yılında Virginia eyaletinde zekâ özürlüler kısırlaştırılmıştır. 1960 yılına gelindiğinde bu yasa kaldırılmıştır. Ancak 1960 yılına dek 67.000 insan kısırlaştırılmıştır. Bu uygulamaların bir kısmına, nöropsikiyatrist hekimler de dahil, değişik uzmanların katıldığını tahmin edebiliriz. Kısırlaştırma uygulamalarıyla bu konudaki yasaları Hitler Almanya'sı ABD'den almış ve değiştirerek kendi halkı üzerinde uygulamıştır.

Özetle ve nihayetinde, çok boyutlu bir ideoloji olan sosyal Darwinizm ekonomik, sosyolojik ve politik bir tez olarak doğmuş ve gelişmiştir. Toplumda zararlı etkileri de olmuştur. Gerçek Darwinizm ve evrim kuramına inananlar, bu sosyal Darwinciliğe hiçbir zaman inanmamış ve katılmamışlardır (Glickman vd., s. 259).

1927 yılında Almanya'da insan genetiği ve sosyal antropoloji üzerinde yoğunlaşan bir kurum olarak Kaiser Wilhelm Antropoloji Enstitüsü (KWIA), Berlin'de kurulmuştu. Bu enstitüye önemli ekonomik destek ABD Rockefeller Vakfı'ndan gelmişti. Alman antropoloji ve öjeni profesörü Eugen Fischer KWIA'nın direktörüydü. Hitler, iktidarından çok önceleri, hapiste yattığı zamanlarda Eugen Fischer'in *Grundriß Der Menschlichen Erblichkeitslehre und Rassenhygiene* [İnsan kalıtımı ve Irk Hijyeninin Anahatları] adlı kitabını okumuştu. 1933 yılında kalıtsal hastalıklı çocukların önlenmesine dair yasayla genetik bozukluk listesinden birine giren her vatandaşın zorunlu olarak kısırlaştırılmasına karar verilmişti. Bu yasaya göre kalıtsal hastalıklı herhangi bir kişi, tıp bilimine göre doğacak çocuklarında ciddi fiziksel ve zihinsel kalıtsal hastalıkla engelli olma riski varsa cerrahi bir operasyon (kısırlaştırma) ile üremekten yoksun bırakılıyordu. Böyle bir muameleye uğrayacak çocukların büyük bir çoğunluğunu nörolojik ve psikiyatrik hastalıklar oluşturuyordu: doğuştan zihinsel yetersizlik, şizofreni, manik depresif psikoz, kalıtsal epilepsi, Huntington hastalığı, kalıtsal körlük ve sağırlık vb. gibi. Sonuçta 400.000'den fazla Alman vatandaşı, kendi iradesi dışında kısırlaştırılmıştı. Kimin genetik olarak hasta kabul edileceğini belirlemek için doktorların muayene ve klinikleriyle sağlık merkezlerindeki kayıtlardan gerekli bilgiler toplanıyordu (Neumark ve Bartsch, s. 411; Heim vd., s. 101). Konsantrasyon kamplarına tıkılmış insanlar üzerinde yapılan ve tüyleri diken diken eden insanlık dışı tıbbi deneylere ve bunları acımasızca uygulayan Nazi hekimlere ait bilgilere bu kitapta yer verilmeyecek, ancak bu konuda çok sayıda kaynak bulunabilir.

Nihayetinde, şizofrenik hastaların uygun olmayan ellerde nasıl çaresiz bırakıldıklarını anlatan kısa bir bölümle bu konuyu tamamlamak gerekir.

20. yüzyılın ilk yarısında şizofreninin herediter bir bozukluk olduğu varsayımı, bu hastaların başına büyük dertler açmıştır. Şizofrenik hastalar, kendilerinin onayıyla veya onayı olmaksızın sterilize edilmek üzere (üreme organlarının alınması gibi) cerrahi girişimlere maruz bırakılmışlardır. Bunun en çok Nazi Almanya'sında yapıldığını biliyoruz. Hatta ABD ve İskandinav ülkelerinde de aynı etik dışı durumların olduğu bildirilmiştir (Berrios, s. 484-498; Mayor ve Forti, s. 127-150; Wilkinson, s. 293). Sovyetler Birliği'nde şizofreni tanısı politik amaçlar için kullanılmıştır. Psikiyatrist Andrei Snezhnevsky (1904-1987) *sluggishly progressing schizophrenia* (yavaşça gelişen şizofreni) adlı bir tanı kavramı ortaya koymuştur. Ancak bu hastalık terimi SSCB'de hastalığı olmayan rejim aleyhtarları için kullanılmıştır (Berrios, s. 484-498). ABD'de de istenmeyen politik zanlıları suçlayıp cezalandırmak için psikoz ve şizofreni tanıları kullanılmıştır; örneğin 21. yüzyıl başlarında 2006 yılında Kanadalı psikiyatrist Colin A. Ross (1981-) *CIA Doctors: Human Violations by American Psychiatrists* [CIA Doktorları: Amerikan Psikiyatristlerinin İnsan Hakları İhlalleri] adlı kitabında, son altmış beş yılda Amerikan psikiyatristleri tarafından yapılan insan hakları ihlallerini 15.000 sayfada belgelemiştir. Keza 2010 yılında *The Protest Psychosis: How schizophrenia became a black disease* [Psikozlara Protesto: Şizofreni nasıl siyahi hastalığına dönüştü] başlığı taşıyan kitabı ABD'li Psikiyatrist Jonathan Menzi yazmıştır. Bu kitapta aktif American Afrikan kişilere, demokratik düşünceleri ve protestoları karşısında, değişik hastanelerde şizofreniyle bağlantılı tanılar konduğunu ayrıntılarıyla anlatmıştır (Berrios, s. 484-498; Wear, s. 303).

20. Yüzyılda Kortikal Lokalizasyon Karşıtları Yine Başkaldırıyor

Geçmiş bölümlerde ayrıntılarıyla anlatıldığı üzere, ilk lokalizasyon anlayışının Franz Josef Gall ve frenolojiyle başladığını biliyoruz.*

Frenolojinin popüler yanını bir yana bırakırsak Gall yaşadığı döneme göre ileriye yönelik üç yeni radikal görüş ortaya atmıştır: (1) Tüm

* Ayrıca bkz. 11. Bölüm.

insan davranışları beyinden gelir, (2) Serebral korteksin özel bölgeleri spesifik işlevleri kontrol eder, (3) Her bir zihinsel işlevin merkezi, kas egzersiziyle gelişir.

Serebral kortekste özel işlevsel bölgeler düşüncesi lokalizasyoncu görüşe doğru atılmış ilk adımdır. Josef Gall'in bu fikrine ilk karşı çıkanlardan biri Fransız fizyolog Pierre Flourens olmuştur. Flourens görüşünü şu sözlerle açıklamıştır: "Serebral hemisferlerin herhangi bir bölgesi, hemisferlerin tüm işlevlerini yapmaya muktedirdir. Hemisferlerden birinde özel bir harabiyet meydana gelirse beynin tüm bölgelerinin yüksek kortikal işlevleri aynı ölçüde bozulur." Kısacası tüm algılama ve istemlerin beynin tümünden kaynaklandığını düşünmüştür. Bu *holistik* (bütüncül) görüşe daha sonraları *toplam alan* (aggregate field) görüşü adı verilmiştir. Ancak bu kuram sadece Flourens'in deneysel çalışmalarına dayanır. Zaten insan aklının lokalizasyoncu bir biyolojik görüşle ifade edilmesi, geçmişten gelen *ruh* kavramı açısından kabul edilemezdir. Toplam alan kuramına karşı çıkan ilk nörolog Hughlings Jackson'dır. Fokal kortikal epilepsi hastalarını gözlemlerken serebral korteksin farklı kısımlarında farklı motor ve duyusal işlevlerin olabileceğini düşünmüştür. Daha sonraki fizyolog ve anatomistlerin çalışmaları da lokalizasyoncu görüşün haklı olduğunu düşündürmüştür.*

Lokalizasyoncu görüş, afazi kliniği üzerinden Broca ve de özellikle Wernicke tarafından geliştirilmiştir. Hatta daha sonraları lokalizasyoncu görüş *hücresel bağlantıcılık kuramı* olarak adlandırılmıştır (Kandel vd., s. 6-11). Burada Wernicke için bir parantez açmak gerekir. Toplam alan kuramcılarına karşıt görüşü şöyledir: "Basit algılama ve motor işlevler gibi temel zihinsel işlevler tek ve ayrı alanlara lokalize olurlar. Daha karmaşık kognitif işlevlerse birçok işlevsel birim arasındaki ara bağlantılarla oluşur." Böylece Wernicke tek bir davranışın farklı beyin bölgelerinden çıkan bir işlem olduğunu göstermiş ve beyindeki ilk ilerlemelerden *dağıtılmış işlem* düşüncesini ilk kez dile getirmiştir. Bu beyin işleyişinde merkezî konumdaki bir mekanizmadır. 20. yüzyıl başlarında anatomist Korbinian Brodmann'ın kortekste

* Ayrıca bkz. "Goltz-Ferrier Tartışması" başlıklı bölüm.

sitoarşitektoni yöntemiyle elli iki farklı anatomik ve işlevsel alan fark ettiğini tekrar belirtmek gerekir burada. Bütün bunlara rağmen bu yüzyılın ilk elli yılında beyinde toplam alan kuramı veya görüşü yeniden canlanmış ve deneysel düşünce, klinik uygulamaları domine etmeyi başarmıştır. Bu görüşün yeni savunucuları, İngiliz nörolog Henry Head, Alman nöropsikiyatrist Kurt Golstein, Ivan Pavlov ve hepsinden öte de ABD'li psikolog Karl Lashley (1890-1958)'dir. Bu grup içinde en etkileyicisi Lashley, sitoarşitektonik yöntemle korteksin farklı işlevsel bölgelere ayırılması tezine kuşkuyla yaklaşmıştır. Arşitektonik haritanın hemen hemen tümüyle değersiz olduğunu öne sürmüştür. Lashley'in bu kuşkuculuğu sonucu 19. yüzyıldaki Flourens'in lokalizasyoncu yaklaşım karşıtı görüşüne yeniden dönülmüş ve bu görüş güçlenir hale gelmiştir.

Lashley'e göre, "Öğrenme defekti özel bir bölgenin tahribata uğramasıyla ilgili değildir, daha çok lezyonun genişliğine bağlıdır." Ondan sonra gelen psikologlar da öğrenme ve diğer zihinsel işlevlerde özel bir fokus olmadığı görüşünü korumuştur. Lashley beyin işlevleri konusunda *mass action* (kitle etkisi) yasası terimini kullanmıştır. Klinik bilimciler İngiliz nörolog Henry Head (1861-1940) ve Alman psikiyatrist Kurt Goldstein (1878-1965) da lokalizasyoncu olup, bütüncül yaklaşımı savunmaya devam etmişlerdir. Örneğin *afazi* üzerinden giderek konuşma bozuklukları üzerinde çalıştıklarında beynin hemen herhangi bir alanındaki zedelenmeyle konuşma bozukluğunun meydana gelebileceğini öne sürmüşlerdir. Yani kortikal harabiyetin lokalizasyonuna bakmaksızın hastayı zengin abstre dilden, fakir bir ifade şekli olan afaziye dönüştürebileceğini söylemişlerdir (Kandel, s. 11-12; Wickens, s. 150-153 ve 209-210; Thorwald, s. 175).

Lashley'in fare-labirent deneyleri diğer biliminsanları tarafından eleştirilmiştir. Bu deneylerin lokalizasyonu reddettirebilecek kanıtlar taşımadığı gösterilmiştir. Çünkü bu tip aksiyonlarda birçok motor ve duyusal işlev birlikte etkinleşmektedir; örneğin farenin görmesinin engellendiği deneylerde, labirent içindeki fare koku ve dokunma duyumlarıyla sorunu halledebilmektedir. Kısacası birçok zihinsel işlev, tek bir nöronal yolla ortaya çıkmamaktadır. Tek bir lezyon diğer tüm organik yolları elimine edemeyebilir. Ayrıca 1930'lu yıllarda lokalizasyona ait kanıtlar yeni çalışmalarla desteklenmeye başlamıştır.

İngiltere'den nörofizyolog Edgar Adrian (1889-1977) ve ABD'den Wade Marshal (1907-1972) ve Philip Bard (1898-1977) kedilerde, farklı vücut kısımlarına yapılan taktil (temas) uyarıların, Brodmann'ın tarif ettiği özel beyin bölgelerine ulaştığını saptamıştır.

Beyinde lokalizasyon problemi, sonunda beyin cerrahisi aracılığıyla çözülmüştür. 1950'li yılların sonlarında Amerikalı-Kanadalı beyin cerrahı Wilder Penfield (1891-1976) ve daha sonraları ABD'li beyin cerrahı George Ojemann (1935-) epilepsi cerrahisi uygulanan hastalarda, kişi uyanıkken korteksi küçük elektrotlar kullanarak uyarmıştır. Cerrahi girişim lokal anestezi altında yapılmıştır. Bu araştırmalar konuşmayla ilgili kortikal alanlarda yürütülmüştür. Hastalara önce nesnelerin adı sorulmuş, sonra korteksin çeşitli alanlarına mikro-uyarılar uygulanmıştır. Korteksin bir alanı dille ilgiliyse elektrik uyarımı sırasında hastanın nesneleri adlandırma yeteneği engellenmiştir. Böylece dil alanlarının kortekste Broca ve Wernicke alanlarında bulunduğunu saptamışlardır. Ayrıca Ojemann dil için ilave alanlar da bulmuştur. Çalışması, konuşmayla ilgili alanların daha geniş olduğunu göstermiştir. (Kandel vd., s. 12-13).

20. yüzyılın ikinci yarısında PET ve fMRG gibi ileri tekniklerin tıp alanına girmesinden sonra, normal insanlarda konuşmanın korteksteki lokalizasyonu objektif olarak gösterildi. Lokalizasyoncu yaklaşım karşıtı bütüncül yaklaşım, tarihteki yerine döndü.

KAYNAKLAR

Aydon C. *İnsanlık Tarihi*, Say Yayınları, İstanbul, 2015.

Bartsch A.J., Neumark K.J., Franzek E., Beckmann H. "Karl Kleist 1879-1960" *Am.J.Psychiatry*. 157, 703, 2000.

Berrios G. "Historical Aspects of the Psychoses" *British Medical Bulletin*, 43, 484-498, 1987.

Brown R.E., Donald D. "Hebb and the Organization of Behavior:17 Years in the Writing" *Molecular Brain*, 13(55), 1-28, 2020.

Doig A. *İnsan nasıl hayatta kaldı?* Çev. , Beyaz Baykuş Yayınları, İstanbul, 2023.

Eckoldt M. *Beyin ve Zihnin Kısa Tarihi: Duygular ve Düşünceler Nasıl Oluşur?*, çev.Say Yayınları, İstanbul, 2018.

Ertan H. *Charles Robert Darwin*, Türkiye İş Bankası Yayınları, İstanbul, 2010.

Ertekin C. *EMG'nin Tarihsel Gelişimi 1860-1960*, Kitap Vitrini, Ankara, 2014.

Ertekin C. *Zulmün Tarihi*, 3. Basım, Sia Kitap, İstanbul, 2021.

Finger S. *Origins of Neuroscience. A History of Explorations into Brain Function*. Oxford University Press, Londra ve Newyork, 1994.

Glickstein M. *Neurosience: A Historical Introduction*, The MIT Press-Cambridge, Massachusetts, Londra, İngiltere, 2017.

Gluckman P., Beedle A., Hanson M. *Evrimsel Tıbbın İlkeleri*, çev. , Palme Yayıncılık, Ankara, 2012.

Haymaker W & Baer KA. *The Founders of Neurology*, Charles C. Thomas Publisher, Sprinfield, Illinois, 1949.

Heim S., Sachse C., Walker M. *The Kaiser Wilhelm Society under National Socialism*, Cambridge University Press, Cambridge, 2009.

Hitler A. *Kavgam*, çev. Refik Özdek, Yağmur Yayınları, İstanbul, 1978.

Kandel E.R., Schwartz J.H., Jessel T.M. *Principles of Neural Science*, 4th Edition, McGraw-Hill, Newyork, 2000.

Lanczik M. "Karl Ludwig Kahlbaum (1828-1899) and the Emergency of Psychopathological and Nosological Research in German Psychiatry" *History of Psychiatry*. 3, 53-58, 1992.

Major F. & Forti A. *Bilim ve İktidar*, çev. , 4. Basım, Tübitak Popüler Bilim Kitapları, 1997.

Neumark K.J. & Bartsch A.J. "Karl Kleist (1879-1960). History of Psychiatry" 14, 411-458, 2003.

Ponting C. *Yeni Bir Bakış Açısıyla Dünya Tarihi*, 4. Basım, Alfa Basım Yayım Dağıtım, İstanbul, 2015.

Sherrington C. *The Integrative Action of the Nervous System*, Yale University Press, New Haven, 1947.

Todes D. *Ivan Pavlov-Hayvan Makinasını Araştırırken*, Tübitak, Ankara. 2003.

Wear D. "The Protest Psychosis": How schizophrenia became a black disease" *JAMA* 303, 1984, 2010.

Wickens A.P. *History of the Brain-From Stone Age Surgery to Modern Neuroscience*, Psychology Press, Taylor & Francis Group, Londra ve NewYork, 2015.

Wiesner-Hanks M.E. *Erken Modern Dönemde Avrupa 1450-1789*, çev. , Türkiye İş Bankası Kültür Yayınları, 6. Basım, İstanbul, 2019.

Wilkinson G. "Political Dissent and "Sluggish" Schizophrenia in the Soviet Union" *British Medical Journal*, 293, (6548):641,1986.

EK-III: KLİNİK AÇIDAN KORTİKAL PLASTİSİTE

1990'lı yıllara dek yetişkin insan beyninin plastisite göstermediği söylenir ve böyle öğretilirdi. Bunun yanı sıra, insanda el, kol ve bacak kaslarının motor kortekste belirli bir alanda temsil edildiği, motor ve duyusal homonkulus olduğu anlayışı vardı. Kısaca statik bir kortikal anlayış egemendi. Bugün artık biliniyor ki tüm korteks hayat boyu devamlı örgütlenmektedir. Yaşam boyu öğrenme olayı devam ettiği sürece kortikal hücreler, sinapslar ve dendritik uzantılar sürekli değişime uğramaktadır. Kortikal bir lezyondan sonra sağlam kalan bölgelerde yeni bir tekrar örgütlenme ortaya çıktığı görüldü.

Gerek fizyolojik gerekse anatomik açıdan meydana gelen bedensel (periferik) değişmeler karşısında, beyin korteksinin de moleküler, nörohumoral, hücresel düzeyde ve bölgesel olarak devamlı değişmesine ve tekrar örgütlenmesine *kortikal plastisite* adı verilir. Tanımlamadan da anlaşılacağı üzere korteksin örgütlenmesi statik ve sabit değildir; dinamik ve deneyimlerle devamlı değişimlere uğrayan bir temsiliyet söz konusudur. Kortekse gelen çevresel girdiler her ne kadar onunla en çok ilgili olan bölgeye ulaşırsa da bu girdiyi diğer kortikal bölgeler de paylaşır.

İşitme, görme ve somatik duyu korteksinin hepsinde müşterek bir anatomik yapı ve lokal çembersel bir doku düzeni vardır. Kortikal motor plastisiteyi daha iyi anlayabilmek için duyum korteksinden başlamak gerekir. Duyum korteksi genellikle altı tabakaya ayrılır. Bunlar lamina 1'den lamina 6'ya kadar olan tabakalardır (LI-LVI). Bu Broadmann'ın sınıflamasıdır. Duyusal sinyaller kortekse başlıca talamustan, talamokortikal aksonlar yoluyla ulaşır. Bilgi (sinyal) önce vertikal yönde duyum korteksine akış gösterir, duyum korteksi içi ve dışındaki bağlantılarla da horizontal (yatay) yönde ilerler. Bu bağlantılar bilgileri bir yandan komşu bölgelere iletir, öte yandan daha uzaktaki kortikal alanları da haberdar ederler. İşte bu horizontal bağlantılar korteksin harita şeklinde tekrar örgütlenmesi için anatomik temellerden birini oluşturur.

Somatik duyu korteksinde vücudun tüm deri yüzeyinin bir kortikal haritası vardır. Yani vücudun bir somatotopik örgütlenme bölgesinden kalkan afferent (getirici) sinyaller, korteksin belirli bir topografik bölgesine ulaşır. Bu deri alanına komşu deri alanı da kortekste komşu bir nöronal alana sinyaller yollar. Bu durum, bölgesel deri alanlarından kalkan sinyallerin kortekste ulaştığı bölgelerin toplamı ve topografisidir. Örnek vermek gerekirse el derisi parietal kortekste en yoğun olarak belirli bir bölgeden algılanırken önkol derisinden gelen sinyaller de buna çok yakın bir bölgeye ulaşır. Bunların kapladıkları alanların büyüklüğü, bölgenin önemine ve işleyişine göre değişir. Motor korteksten bir örnek verirsek el kasları motor kortekste belirli bir alanda toplanır. Bu alan çok geniştir. Önkol ve omuz civarı kaslarının ve devinimlerinin toplandığı kortikal bölge, elin temsil edildiği bölgeye komşudur fakat daha küçük bir alanı kapsar. İşitme korteksi (temporal) ve görme korteksi de buna benzer bir örgütlenme gösterir. Ancak bunlardaki sinyaller *tonotopik* ve *retinotopik* karakterlidir. Bunlara göre kortikal haritalama gerçekleşir.

Yaklaşık olarak 20-30 yıldan beri biliyoruz ki taktil, oditif ve vizüel deneyimlere veya periferik manipülasyonlara göre korteks hayat boyunca plastik değişmelere uğrar ve *somatotopik, tonotopik ve retinotopik* örgütlenme devamlı değişimler gösterir. Kortikal alanlar sürekli daha kullanışlı bir şekilde paylaşılmaya yatkınlık geliştirir. Kortikal plastisitenin iyi öğrenilebilmesi için *Hebbian temelli öğrenme* kuralları ya da *Hebbian plastisite*nin iyi anlaşılması gerekir. Sinaptik açıdan ele alınırsa *Hebbian plastisite*, birlikte ateşlenen nöronlar arasında sinaptik gücün artması olarak tanımlanabilir. Bu bölümde daha önce değinildiği üzere, Hebb tarafından 1949 yılında tanımlanmıştır. Aynı zaman dilimi içinde eşzamanlı etkinleştirilen kortikal nöronlar arasında sinaptik gücün artması, giderek bunu yaratan devamlı sinyallere karşı öğrenme olayını temsil eder ve bu birlikte ateşlenen nöronların dağılış alanına göre de kortikal haritalama ve örgütlenme değişebilir.

Kortikal plastisite üç düzeyde analiz edilebilir:

1) Sinaptik plastisite
2) Hücresel şartlandırma ve plastisite
3) Topografik/Somatotopik açıdan plastisite

Bunlardan 1 ve 2 deneysel düzeyde incelenmektedir. Buna karşılık 3 plastisite analizi, insanlarda da çalışılabilmektedir.

Sinaptik Plastisite

Buradaki temel kavram, iki nöron arasındaki sinaptik etkinlik değişiminin öğrenme ve belleğin temelini oluşturmasıdır. Burada kortikal sinaptik plastisite temel olarak amaçlanır. Sinaptik düzeyde oluşan başlıca iki türdeki değişim plastisite bakımından önem taşır. Bunlara daha önce de değinilmiştir:

1) Long-Term Potentiation (LTP)

2) Long-Term Depresyon (LTD)

LTP presinaptik ve postsinaptik etkinliğin artması, EPSP'lerde amplitüd artışı ve postsinaptik etkinlikle birliktedir. Bu etkiler uzun sürelidir. Presinaptik ve postsinaptik etkinliklerin aynı anda artışı, sinaptik bağlantıların kuvvetlenmesine yol açar. Böylesi sinapslarda, etkinlikleri devamlı tarayan bir dedektör söz konusudur. Bu dedektör gerçekten aynı anda devam eden presinaptik ve postsinaptik etkinlikleri kaydeder. Bu özelliklerdeki reseptörlerin başında bir *glutamat* reseptörü olan *NMDA reseptörleri* gelir. Glutamat sinapsta belirdiği ve postsinaptik depolarizasyon olduğu zaman NMDA reseptörleri Ca++'un hücre içine akışına müsaade eder. Bu da LTP meydana gelişinde kritik olan en erken adımlardan biridir.

Long-Term Depresyon'un (LTD) iki tipi vardır:

1) *Homosinaptik* LTD
2) *Heterosinaptik* LTD

Homosinaptik LTD sinaptik depresyonu gösterir, burada oluşan sinaptik etkinlik sinaptik depresyon meydana getirmede gerekli ve yeterlidir. Heterosinaptik LTD ise depresyonun pasif şeklidir. İnaktif (pasif) yol (veya yollarda) depresyon yaratarak ikinci bir yolun (traktın, bağlantının) etkinleşmesine yol açar. Homosinaptik LTD da NMDA reseptörlerine bağlıdır. Bir kurama göre LTD ve LTP; kalsiyum iyonlarının hücre girişindeki eşik değerine bağlıdır. Özel bir eşiğin altında giriş oluyorsa LTD meydana gelir ve bu eşik aşılırsa LTP meydana gelir. LTD'nin ve özellikle heterosinaptik LTD'nin kortikal topografik plastisitede önemli rol oynadığı öne sürülmektedir. Yeni bir kortikal haritalama ve örgütlenme için; inaktif afferent (pasif getirici) yollardan gelen sinyallerin depresyonu önemlidir.

Sinaptik plastisitede daha önce adı geçenler eksitan sinaptik olayla ilgilidir. Bunun yanı sıra inhibitör sinaptik değişmeler de plastisitede önemli rol oynar. *İnhibitör Plastisite*, kortikal haritalamanın tekrar örgütlenmesinde gerçekten çok önemli olabilir. Bilindiği gibi bir kortikal nörona gelen girdiye (input) yanıt, tek başına EPSP'lerin güçlendirilmesi değildir. Daha çok o kortikal hücrede eksite edici ve inhibe edici girdilerin yarattığı bir sinaptik denge söz konusudur. Bu dengenin bir veya öbür yöne kayması nöronda ateşlenme veya sönme meydana getirir. Kortikal nöronların ya da sinapsların yüzde 20-25'inin GABAerjik olduğu düşünülmektedir. Nöronal yanıtın engellenmesi veya bastırılmasına (depresyon) ilaveten, nöronal yanıtın şekillendirilmesinde de inhibisyon çok önemli rol oynar. *İnhibitör plastisite* kortikal haritalamanın tekrar örgütlenmesinde önemli rol alır. Motor korteks veya görme korteksine gelen sinyaller veya girdiler; periferik ampütasyon (kol kesilmesi veya sekonder körlük gibi) nedeniyle azalır ve kortekste bir *deafferentasyon* oluşursa, GABA'da sinaptik olarak *down regulation* (yani sinaptik azalma) meydana gelir. Oysa vizüel veya duyumotor afferent girdiler, kronik olarak artırılırsa bu kez GABA'da *upregulation* (yani sinaptik GABA artışı) meydana gelir.

Hücrelerin eksitatör veya inhibitör bağlantıları sinaptik plastisite bakımından önem taşır. Bunlar arasındaki karışık ilişkiler sinaptik plastisiteyi ve bundan sonra da öğrenme olayını geliştirir. Ancak hücre düzeyinde bu dinamik plastisite ve öğrenme olayları oldukça karışıktır.

Şunu hemen belirtmekte yarar var. Kortekse belirli bir bölgeye ne kadar fazla duyusal girdi ulaşıyorsa veya bir bölge yahut durum için motor davranış ve egzersiz ne kadar fazlaysa kortikal temsiliyet de o denli artar, genişler ve etkinleşir. Burada sadece afferent girdilerin rolü yoktur; aynı zamanda serebral korteksin kendisi de plastisitenin yaratılmasına doğrudan katkıda bulunur. Böylece gelişimsel nöroloji ve adult nörolojisi açısından, değişik fizyolojik ve patolojik durumlarda değişik kortikal temsiliyet harita ve tekrar örgütlenmeleriyle karşılaşılır.

Bir maymunda medyan sinirin kesilmesiyle ilk üç parmaktan kortekse gelen duyusal girdiler ortadan kalkar. Ancak bu manipülasyon somatik duyu korteksinde geniş bir yanıtsız alan bırakmaz, bunun yerine somatotopik harita dramatik bir şekilde tekrar örgütlenir. Medyan kesiden sonra üç parmağın hemen komşusu olan deri alanlarının kortekste temsil edildikleri alanlar daha belirgin bir şekilde ortaya çıkar, yani *unmasking* (maskesini çıkarma) denen bir durum gerçekleşir, daha önce çok etkili olarak çalışmayan ve fazla önemli kabul edilmeyen alanlara ait nöronal hücre grupları etkinleşir. Normalde bu nöronal gruplar kolonlar veya alanlar, medyan sinir kesilmeden önce, her üç parmaktan gelen yoğun afferent girdilerin de katkısıyla inhibe olmuştur. Medyan kesiden sonra inhibisyon kalkar, dolayısıyla maskelenme kalkar ve daha önce önemsiz sayılan komşu deriden gelen bu afferent girdiler, giderek çok önemli hale gelmiştir. Ayrıca komşu alanların kortikal temsiliyeti topografik olarak giderek büyür. Daha önceleri sadece her üç parmağın derisinden gelen afferent sinyallere yanıt veren kortikal hücreler de giderek (daha sonra) bu *borderline* (sınırdaki) komşu bölgeden gelen afferent sinyallere yanıt vermeye başlar. Durum yine de belirli bir bölgesellik içinde kalır. Ama kortekste topografik temsiliyet haritası değişmiştir.

Bu deneyden anlaşıldığı üzere sinir kesisinden sonra, ilk olarak korteksin geniş bir bölgesi yanıtsız kalır. Birkaç hafta içinde bu yanıtsız alan, komşu yakın deriden gelen sinyallere yanıt vermeye başlar. Bu durum, daha sonra göreceğimiz insanda amputasyon sonu gelişen plastisiteye benzer bir sırayı izler. Hayvanlarda komşu bölgeler de yapay olarak değiştirilirse *deafferentasyon* daha uzak kortikal nöronların da etkinleşmesine yol açar.

Vizüel kortekste de benzer bir plastisite vardır. Erişkin canlılarda rutin görsel bazı girdilerin kesilmesi, görme korteksinde giderek yeni bir harita örgütlenmesine yol açar.

Özetlemek gerekirse görsel, işitsel ve somatik duyu korteksinde belirli bir kortikal alana gelen afferent girdilerin ortadan kalkmasıyla o bölge önce yanıtsızken giderek bu kortikal alan komşu bölgelere ait periferik girdilerle etkinleşmeye başlar. Böylece kortikal temsiliyet haritalaması değişir.

Şimdi biraz da eğitim, deney, egzersiz ve öğrenme sonucu meydana gelen *kortikal plastisite*den söz edelim. Yine maymundaki medyan sinir kesisi deneyine dönersek sağlam komşu deri alanlarının zamanla kortekste ne kadar genişlediğini görmüştük. Bu daha fazla etkinleşen periferik organın kortekste daha geniş bir alanda temsil edileceği anlamına gelir. Keza bu maymunların ilk üç parmağını innerve eden medyan sinirin kesilmesi yerine, maymunun bu parmaklarına beceri isteyen bir devinimi öğrettiğimiz takdirde, bu kez her üç medyan parmağın kortekste temsil ettiği alanın giderek genişlediğini gözlemleriz.

İnsandan bir örnek vermek gerekirse körlerde *Braille* alfabesini sağ eliyle okuyanlarda, sağ el ve parmakların kortikal temsiliyet alanları sol elinkine kıyasla çok belirgin ve farklı bulunmuştur. Keza yaylı saz çalanlarda (gitar, kontrabas, keman vb.) sol el parmakları daha etkin ve daha becerili bir işlev içindedir. Bunlarda da sol elin kortikal temsiliyet alanı, sağ elin alanına ve normal kontrollere kıyasla çok daha geniş bulunmuştur. Bu tip bir plastisitede, çoğu kez eksitan nöronların arasındaki intrakortikal bağlantılarda plastik değişmelerin meydana gelmesi önem kazanmaktadır. Böylesi bir plastisitede daha geniş bir kortikal nöronal alan etkilenmektedir.

Deneysel düzeyde öğrenme olayı ve nöroplastisite yoğun bir şekilde incelenmiştir. İnsanda bu konuda özellikle TMS ile yapılan çalışmalar, motor öğrenme ve motor beceri üzerinedir. Motor öğrenme ve plastisite çok kısa bir süre içinde gelişebilir. Örneğin beceri içeren bir motor programı öğrenen bireyde, öğrenmeden önceye göre, öğrenmeden beş gün sonra o elin kortikal temsil alanının genişlediği gösterilmiştir. Piyanoyla birkaç günlük bir pratikten sonra elin kortikal alanı genişleyebilmektedir. Herhangi bir periferik sinir tutuluşu olmayan bireylerde ayak bileği ekleminin immobilize edilmesi halinde (öğrenmedeki plastisitenin tersine) inaktif tibialis anterior kasının kortikal alanının, immobil olmayan karşı tibialis anterior kas alanına göre küçüldüğü görülmüştür. Bu kortikal küçülme, spinal eksitabilitede değişme veya motor eşikte değişme olmaksızın meydana gelmektedir.

Stroke (İnme) ve Plastisite

Kortikal plastisite için şimdiye kadar verilen örneklerde korteks sağlamdı. Ancak *stroke*ta (inme) beynin kendisine ait lezyon vardır. Nöronal ve hatta kortikal yıkıma rağmen kortikal plastisite hastaların iyileşmesinde önemli rol almaktadır. Stroke da buna en iyi örneği oluşturmaktadır.

Bir hasta akut bir inmeden sonra, ilk günlerde komplikasyon olmadığı takdirde genellikle yaşar ve belirli oranda bir kendiliğinden düzelme meydana gelir. Buna eklenen rehabilitasyonun ne oranda ve nasıl etkili olduğu konusu tartışmalıdır.

İlk günlerdeki kendiliğinden düzelme, beyin ödeminin çözülmesi ve/veya iskeminin civarında yer alan *penumbra*nın iskemi tehdidinden kurtulması ve buradaki nöronların yeniden etkinleşmesine bağlıdır.

Akut dönemden sonra meydana gelen iyileşme olayında, en olası sorumlu aday *plastisite*dir. Özellikle hemiplejide düzelme açısından nöroplastisite iyi işlenmiştir. Düzelme olayında birbirine zıt görüşler olsa bile, hemiplejik inmenin düzelmesinde rol alan en önemli etkenlerden biri ipsilateral yolların etkinleştirilmesi veya artırılmasıdır. Bunun en iyi kanıtı ve örneği, özellikle çocukluk çağında *hemisferektomi* geçirmiş bireylerdir. Bu hastalarda alınan hemisferin karşı tarafındaki beden yarısında zamanla son derece iyi düzelmeler meydana gelmektedir. Bunun anlaşılması için yapılan TMS çalışmalarında, tek kalan hemisferin uyarımıyla biseps ve deltoid kaslarda bilateral etkinlik ve bilateral MEP'ler görülmüştür. İpsilateral olarak etkinleşen kortikal bölgeler, kontrlateralden sorumlu bölgelerin hemen önünde ve laterallerinde bulunmuştur. Keza PET'le izlenen çalışmalarda da aynı sonuçlar alınmıştır.

Bu çalışmalardan çıkan sonuçlara göre, kalan tek hemisferde ipsilateral ve kontrlateral temsiliyet, topografik olarak farklılaşmaktadır ve ipsilateral kortekste daha önde ve daha lateral pozisyonda temsil edilir hale gelmektedir. Buna göre erişkinde bir hemisferik iskemik lezyondan sonra, ipsilateral temsiliyetin daha etkin hale geldiği ve düzelmeye katkıda bulunduğu söylenebilir. *Neuroimaging* (nörogörüntüleme) çalışmaları da ipsilateral kortikal etkinliğinin varlığını ve etkisini gösterecek sonuçlar vermiştir. İskemik *stroke*tan sonra, ipsilateral sensorimotor kortekste etkinlik artışı yanı sıra, ipsilateral insula ve inferior parietal kortekste artışla kontrlateral serebellumda, anlamlı ve klinik düzelmeyle korele edilebilecek değişmeler elde edilmiştir. Diğer PET, fMRI ve MEP çalışmaları da bu doğrultuda sonuçlar vermiştir. Bütün bunlar *stroke*tan düzelmede *ipsilateral kortikal etkinliğin* ön planda rol aldığını telkin etmektedir. Ancak ipsilateral kortikal etkinlik artışının, *stroke*taki düzelmeyi etkilemediğini düşünenler de az değildir. TMS çalışmalarında, ipsilateral periferik kaslarda MEP'lerin genellikle düşük amplitüdlü olduğu saptanmıştır. Bundan dolayı, normalde ipsilateral ve kontrlateral korteksin bir *yarışma* halinde olduğu ve kontrlateral yollar işlevsel olarak düzelmedikçe ipsilateral yolların çok fazla etki yaratmadan etkinleşebileceği öne sürülmüştür.

İpsilateral yollar, çocuklarda muhtemelen daha etkindir. Perinatal beyin lezyonu sonucu ortaya çıkan hemiplejilerin prognozu genellikle çok iyi olabilmektedir. Ayrıca paretik kasların motonöron havuzlarına bilateral kortikal motor-inici yollardan bağlantılar olmaktadır. Ancak TMS çalışmalarında, hatta çocuklarda bile ipsilateral MEP'lerin varlığının fonksiyonel düzelme lehine yorumlanmamasını ileri sürenler vardır.

Bununla beraber, hemipleji dışında kalan diğer semptomların düzelmesine bakılırsa ipsilateral yolların tekrar örgütlenmesindeki önemi belirgince ortaya çıkar. Örneğin vasküler olaylara bağlı disfajilerde, lezyon bulber düzeyi tutmadığı sürece disfaji hızla düzelir, bunun sebebi orofaringeal yutma işlevinin kortekste bilateral olarak temsil edilmesidir. Böylece unilateral bir vasküler lezyonda, kısa süreli bir disfaji olsa da hemen sonra düzelme meydana gelir. Burada ipsilateral yolların önemi reddedilecek gibi değildir. Dilin parezisi de disfajiye benzer şekilde düzelebilir.

İpsilateral yolların yanı sıra, yani sağlam hemisferdeki plastisiteye ilaveten, iskemi nedeniyle harap olan hemisferde de plastik değişmeler meydana gelir. Hatta leze hemisferdeki plastik değişmelerin daha iyi bir düzelme sağladığına inanılmaktadır. Birçok TMS çalışmalarından bilindiği gibi hemiplejik yanda MEP yanıtı alınmaması kötü prognoza, alınmasıysa iyi bir prognoza işaret eder. TMS çalışmalarıyla kapsüler lezyon sonucu paralizi olmuş ve düzelmekte olan el kaslarının, serebral kortekste çok daha geniş bir alanı kapladığı ve alanın lateral ve ventral yöne genişleme gösterdiği bildirilmiştir. Bunun yanı sıra leze olan kapsüla internanın olduğu tarafta, yani kontrlateral serebral korteksteki *supplementary* motor alan, insula, frontal operkulum ve parietal kortekste daha büyük bir etkinlik olduğu gösterilmiştir. Bütün bu bulgulardan anlaşılmaktadır ki kontralateral plastisite, ipsilateral plastisiteye kıyasla daha iyi bir düzelme sağlamaktadır. Ancak bu durum ekstremite kasları ve devinimleri için söz konusudur; dil, yutak ve yüz kasları için durum farklıdır.

TMS çalışmaları ile, akut bir inmeden sonra motor kortekste kortikal inhibisyonda azalma saptanmıştır. Bu iki nedenle karşımıza çıkabilir:

a) Kortikal GABAerjik nöronlar iskemiye karşı çok duyarlıdır.
b) Bu azalmış kortikal inhibisyon sonucu plastisite de önemli bir

artış gösterir. Ayrıca intrakortikal inhibisyonun azaldığını gösteren herhangi bir belirti, korteksin kendi kendini tamir edeceğinin en önemli işaretidir.

Serebral kortekste hücresel düzeydeki plastik değişmeler, insanda tam olarak belirlenmiş değildir. Bununla beraber deneysel iskemik modeller ve plastisite çalışmaları yoluyla konu giderek aydınlanmaktadır.

Burada konuyu bitirirken şu kavrama değinmekte yarar var. Normalde kortikal örgütlenmede kaslar temsil edilmekle beraber, aslında motor kortekste doğal fizyolojik koşullarda devinim kalıpları temsil edilmektedir ve bu devinimlerin çoğuna karşı hemisfer de aktif veya pasif olarak katılmaktadır. Bazen diğer hemisferin katılımı, karşıdaki hemisferin etkisiyle inhibitör karakterli olabilmektedir. Bu şekilde, iki yanlı motor korteksin eşzamanlı ve aynı anda iletişimi *korpus kallosum* yolu ve *perikallosal lifler* üzerinden olmaktadır. Yani herhangi bir motor devinimde, klasik bir *motor homonkulus* yerine, devinime aynı anda (*simultaneous*) katılan iki motor korteks arasındaki bir motor örgütlenme söz konusudur. Buna da *simultaneous* (aynı anda) ve *homonculus* kelimelerinin birleşiminden oluşan *simuskulus* adı verilmiştir.

KAYNAKLAR

Buonomano D.V., Merzench M.M. Cortical plasticity: from synapses to maps, *Annu. Rev. Neurosci.* 21, 149-186, 1998.

Ertekin C. *Sentral ve Periferik EMG. Klinik Açıdan Kortikal Plastisite*, Meta Basım, İzmir, 2006.

Chollet F. vd. "The functional anatomy of motor recovery after stroke in humans. A study with positron emission tomography" *Ann Neurol.* 29, 63-71, 1991.

Fawcett J.W., Geller H.M. "Regeneration in the CNS: Optimism Mounts" *TINS.* 21, 179-180, 1998.

Feldman D.E. "Inhibition and plasticity" *Nature-Neuroscience*, 3, 303-304, 2000.

Fries W. vd. "Motor recovery following capsular stroke" *Brain*, 116, 369-382, 1993.

Hallett M. "Plasticity of the human motor cortex and recovery from stroke" *Brain Res. Reviews*, 36, 169-174, 2001.

Johansson B.B. "Brain plasticity and stroke rehabilitation" *Stroke*, 31, 223-230, 2000.

Kiss J.Z. vd. "The role of neural cell adhesion molecules in plasticity and repair" *Brain Research Reviews*. 36, 175-184, 2001.

Liepert J vd. "Treatment-induced cortical reorganisation after stroke in humans" *Stroke*, 31, 1210-1216, 2000.

Muellbacker W vd. “Role of the human motor cortex in rapid motor learning” *Exp. Brain Res.* 136, 431-438, 2001.

Nudo R. “Recovery after damage to motor cortical areas” *Current opinion in Neurobiology*, 9, 740-747, 1999.

Reddy H. vd. “An expanded cortical representation for hand movement afterperipheral motor denervation” *J Neurol Neurosurg Psychiatry*, 72; 203-210, 2002.

Wassermann E.M. vd. “Noninvasive mapping of muscle representations in human motor cortex” *Electroenceph Clin Neurophysiol.* 85, 1-8, 1992.

Weiller C. vd. “Functional reorganisation of the brain in recovery from striataocapsular infarction in man” *Ann Neurol.* 31, 463-472, 1992.

Weiller C. vd. “Individual patterns of functional reorganisation in the human cerebralcortex after capsular infarction” *Ann Neurol.* 33, 181-189, 1993.

14

20. Yüzyıl-II: Beynin Doğal Etkinliği-Eeg Keşfediliyor

20. yüzyılın erken gelişmelerinden biri de önce deney hayvanları ve sonra insan beynindeki spontan elektriksel aktivitenin (kendiliğinden elektriksel etkinliğin), bilinen adıyla *elektroensalografi* veya kısaca EEG'nin keşfidir. Bugün epilepsi tanısı, beyin ölümüne karar verilmesi ve uyku çalışmalarında kullanılan "klinik-fizyolojik" bir yöntemdir.

Peki insan beyninde elektriksel etkinliklerin gerçekleşebileceği düşüncesi nasıl doğdu? Bunu tam tamına bilemiyoruz. Belki de 19. yüzyılda biyoelektrisite kavramı kas ve sinirlerde elektriksel etkinliklerin gösterilmesi ve hayvan beyninin elektrik akımıyla uyartılabilmesi gibi ilerlemeler nedeniyle beynin bir otokton aktivitesinin olabileceği biliminsanlarınca düşünülmüştür. Ancak gerek deney hayvanlarında gerekse insan için bu kendiliğinden beyin etkinliklerinin ölçebilecek kayıtlama aygıtlarının yeterince gelişmemesi EEG'nin keşfini geciktirmiştir.

Kafa derisi üzerinden elektriksel etkinliklerin kaydedilmesinin en büyük zorluklarından biri, beyin korteksiyle kafa saçlı derisi arasındaki mesafedir; araya kalın kemik dokusu, beyin zarları ve beyin omurilik sıvısı girmektedir. Tüm bu yapıların meydana getirdiği uzaklık nedeniyle EEG'nin amplitüdü (boyu) çok ufalır. Nitekim günümüz koşullarında EEG'deki spontan alfa dalgalarının boyu mikrovolt duyarlılığında ölçülmektedir.

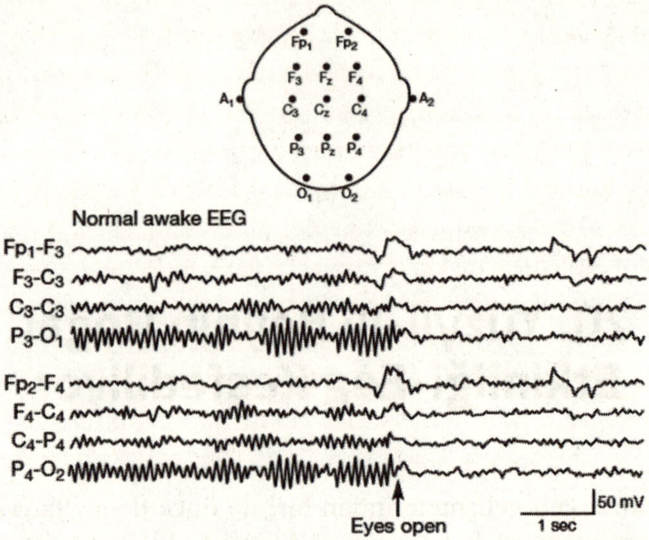

Resim 14.1. Normal erişkinde uyanıklık EEG trasesi. Parieto-oksipital bölgeden gözler kapalıyken alfa dalgaları alınıyor. Gözler açılınca (ok işareti) alfa dalgaları bloke oluyor, Adams A.C., *Essential Neurology-Mayo Clinic Scientific Press and Informa Health Care*, USA, 2008.

İşte bu zorluğa rağmen ilk kez 1875 yılında deney hayvanları üzerinde EEG'yi İngiliz Richard Caton (1842-1926) görmeyi başarmış ve bu dalgaları tanımlarken "beynin zayıf akımları" ifadesini kullanmıştır. Caton'un bu dalgaları keşfetmesi çok önemlidir. Çünkü küçük amplitüdlü spontan beyin aktivitesini keşfetmesiyle elektrik amplifikatörlerin biyoloji laboratuvarlarında kullanılabilmesinden yarım yüzyıl önce, EEG dalgalarının varlığını ve kullanılabilme olanaklarını gösterebilmiştir (Brazier, s. 227).

Richard Caton, bir hekim olarak Liverpool'da eğitimini tamamlamış ve sonra fizyolog olmuştur. Üniversitelerde yöneticilik yapmış, dekan ve rektör olmuş, 1907 yılında da Liverpool Kenti Belediye Başkanı seçilmiş ilginç biridir. Fizyolog olarak çalışırken beyinden bugün alfa dalgaları dediğimiz, köpek ve maymun beyinlerinden spontan EEG aktivitelerini kaydetmiştir. Kafatası üzerinden yüzeysel unipolar kayıtlama veya bir elektrotu kafatası üzerine, diğerini de açılmış beyin korteksi yüzeyine koyarak beyin dalgalarını elde etmeye çalışmıştır.

Elektrik akımını duyarlı bir galvanometre ile ölçmüştür. Uykuda bu dalgaların arttığını, ölümden sonra da giderek dalgaların kaybolduğunu bildirmiştir. Caton'un dikkat çeken bir bulgusu da beynin dış yüzeyinin pozitif yüklü olduğunu belirtmesidir; aslında korteksin yüzeyiyle beynin derin bölgeleri arasında farklı bir polarite olduğunu söylemesi önemlidir. Kendisi bu konuda daha başka bir ek yapmamıştır. Ancak günümüzde DC potansiyeli denilen bilginin, kabaca ilk temel adımını attığı kabul edilebilse de kayıt yapma olanağı bulamamıştır ve gözlemlediği EEG bulgularını sadece tanımlamıştır. Bu sonuçları üç makale halinde 1875-1877 arasında bildirmiştir. Bunlardan ikisi British Medical Journal'da, diğeri de Washington'daki 9. Uluslararası Tıp Kongresi'nde yayımlanmıştır. Caton daha sonra başka yayın yapmamış, siyaset ve yöneticiliğe dönmüştür. Uzun süre Caton'un bu çalışmasıyla kimse ilgilenmemiştir. İngiltere'de o zamanın nörolog ve fizyologlarının ilgisini çekmemiş veya haberdar bile olmamışlardır. Hatta Caton'un EEG'yi keşfinden ailesi ve arkadaşlarının da bihaber olduğu bile söylenir. Bu nedenlerle Richard Caton daha çok Liverpool Belediye Başkanı olarak tanınmıştır. Aslında Caton'u nörobilim dünyasına tanıtan Hans Berger olmuştur (Brazier, s. 227; Haas, s. 9;Ormerod, s.30-35; Tudor vd., 307-313; Niedermayer ve Schomer, s. 2-16).

19. yüzyıl sonlarına doğru Çarlık Rusyası ve Polonya'da saygın ve bilime açık üniversiteler kurulmuştur. Caton ile yakın zaman diliminde yaşayan Kharkiv Karazin Üniversitesi'nden Vasili Yakovley Danilevsky (1852-1939), 25 yaşındayken "Beynin Fizyolojisi Üzerine Araştırmalar" (1877) adlı bir tez yazmıştır; bu tez hayvan beyinlerinde kendiliğinden ve uyarılmış beyin elektriksel etkinlikleri üzerine yürütülen çalışmaya dayanır. Caton da bu sıralarda beyin hakkındaki yayımları üzerine çalışmaktadır. Zaten Danilevsky, Caton'un önceliğini kabul etmiştir (Niedermayer ve Schomer, s. 2-16).

19. yüzyıl sona erdiğinde Polonya ve Rusya'da Caton'un bulguları onaylanmıştır. 20. yüzyılda Rusya'da Kaufman ve Neminsky, Polonya'da Cybulski ve Beck'in deneysel hayvan çalışmaları pek ses getirmezken her birinin EEG'ye yaptığı erken katkılar daha sonraki yıllar içinde kabul görmüştür. Bu biliminsanlarının Vladimir Pravdich Neminsky (1879-1952) aslında Ukraynalıdır. Hayatı hakkında bilinen-

ler azdır. 1910 yılları civarında Kiev'de kurulan bir enstitüde hekim ve fizyolog olarak çalışırken, Almanya'dan gelen yeni aygıtlarla modern bir deneysel laboratuvarda çalışma olanağı bulmuştur. Burada yeni keşfedilen String Galvanometre ile beyin etkinliğini deneysel olarak inceleyebilme imkânı yakalar. Bu çalışmalarını, 1913 yılında iki makale halinde Alman dergisinde yayımlar. Bunlardan ilki kurbağada santral sinir sistemi aksiyon akımlarıyla ilgilidir. İkinci makalesiyse köpek beyninde (kafatası üzerinden) spontan elektrik dalgalanmaları üzerinedir. 1917 yılına dek kuruluşta eğitim vermeye devam eder. Köpeklerde çalışırken kafatası aracılığıyla gelen spontan aktivitenin iki temel frekansta belirdiğini ortaya koyar; günümüzde bunlara alfa ve beta ritimleri diyoruz.

1917 yılında Rusya Devrimi'nden sonra Sovyet rejimine geçilince orduda çalışmak zorunda kalır. Neminsky iç savaş bittikten sonra tehlike altında olduğunu anlar. Çünkü aristokrat ve saygın bir aileden gelmiştir. Önlem amacıyla kendi adına *Pravdych* (Pravdic) adını da ekler. Tifüs salgı sıralarında enstitüde bakteriyoloji bölümünde çalışır. 1929 yılında tutuklanır ve üç yıl hapis cezası alır. 1949 yılında Moskova'da yaşamasına müsaade edilir ve burada üzerindeki suçlamalar kaldırılır. Ölünceye dek Sovyet Rusya'nın Bilim Akademisi'nde, adını verdiği *cerebrography* laboratuvarının başı olarak çalışır. Yaşamı hakkında az şey bilinmesinin bir nedeni, o tarihlerde çağdaşlarının ve arkadaşlarının onun hakkında yazı yazmasının çok tehlikeli olacağını bilmesidir (Brazier, s. 227 ve s. 273; Boldyriew, s. 41-60; Niedermayer ve Schomer, s. 2-16).

Napoleon Nikodem Cybulski (1854-1919) Polonyalı fizyolog, endokrinolog ve EEG'nin öncülerindendir. Çok kıymetli bir hekim ve biliminsanıdır. 1880 yılında St. Petersburg'da hekim olmuştur. 1877 yılından itibaren fizyolog durmaksızın araştırmalar yapmış, 1885 yılı ve sonrasında Kharkiv Karazin Üniversitesi fizyoloji departmanının başına geçmiş ve zamanla fakülte dekanı ve üniversite rektörü olmuştur. Bu uzun süreç içinde 1895 yılında Oliver, Schafer ve Szymonowicz ile birlikte önce adrenal bez (böbreküstü bezi) ekstrelerinin arteriyel tansiyon üzerinde etkili olduğunu görmüş ve birkaç yıl sonra da adrenal medulladan adrenalini isole etmişlerdir* (Gaddum ve Holzbauer, s. 151-203).

Cybulski, asistanı Adolf Beck ile beraber serebral korteksten EEG kayıtlamaları yapmıştır. Aslında köpek ve maymunda periferik sinir uyarımıyla kafa saçlı derisinden elektrik potansiyelleri kaydetmiştir. Bu çalışma uyarılmış beyin potansiyelleri için öncü bir çalışmadır (ama sonradan bunların bir kısmının kafadaki kasların etkinliğinden ileri geldiği öne sürülmüştür). Daha sonra Cybulski ve Beck duyum korteksinin bir haritasını bu yolla ortaya çıkarmışlardır. Uyartılan potansiyelin, uyarım şiddetine ve anestezinin derinliğine bağlı olduğunu göstermişlerdir. Aslında ilk EEG kaydını Cybulski 1890 yılında elde edebilmiştir.

1914 yılında Cybulski bir başka asistanıyla birlikte deneysel epilepsi nöbetlerindeki EEG kayıtlarını fotoğrafa çekebilmiştir. Beyindeki spontan aktivitenin nöronlar yoluyla oluşan beyin aktivitesi olduğunu düşünmüşlerdir (Grzybowski ve Pietrzak, s. 2942-43).

Adolf Beck (1863-1942) Krakow'da doğan ve Yahudi aileden gelen Polonya vatandaşıdır. Krakow Tıp Fakültesi'nden mezun olmuştur. 1880 yılında Napoleon Cybulski'nin laboratuvarında çalışmıştır. 1889 yılında tıp fakültesini bitirmiş ve aynı üniversitede fizyoloji enstitüsünde çalışmaya devam etmiştir. Deney hayvanlarında periferik uyarımlarla beyin ve omurilik lokalizasyonu üzerine bir tez yazmıştır. Beyin lokalizasyonu için köpek ve maymunlarda beyin üzerinden kayıtlamalar yapmıştır. Elektrotları kafatasına yerleştirmiş ve bol sayıda artefakt almakla beraber beyin aktivitesini de elde edebilmiştir. Böylece Cybulski ile beraber bir bakıma uyarılmış potansiyellerin (evoked potential) öncüsü olmuştur. Beck ve Cybulski beyin aktivitelerini, kalp atımı ve solunum artefaktlarından ayırt edebilmiş, spontan beyin potansiyellerini ortaya çıkarabilmişlerdir. Ayrıca görsel ve dokunma uyarılarıyla beyin dalgalarının desenkronize olduğunu göstermiş-

* 1826 yılında Fransız hekim Alfred Vulpian (1826-1887) adrenal bez preparasyonuna demir klorür solüsyonu uygulamış ve içteki medullar kısmın renk değiştirdiğini görmüştür. Bezin korteks bölümünde herhangi bir değişim gözlenmemiştir. Adrenal bezi terkeden venöz kan örneklerinde de aynı tepki görülmüştür. Bu gözlemlere dayanarak adrenal medullada bir maddenin sentez edildiğini ve bunun dolaşımda serbest kaldığını farz etmiştir.

lerdir. Beck ayrıca spinal reflekslerin serebral korteks yoluyla inhibe olabileceğini bildirmiştir. 1890 yılında bunları bir Alman dergisinde yayımlamışlardır. Bugün uyanma/dikkat (*arousal*) etkisiyle meydana geldiğini bildiğimiz EEG'deki jeneralize desenkronizasyon, ilk defa Adolf Beck'in 1891 yılında yayımladığı tezinde yer almaktadır.

Beck, daha sonra Lwow Üniversitesi'ne geçer ve orada yöneticilik yılları başlar. 1903 yılında tıp fakültesi dekanı ve 1912-1913 yıllarında üniversite rektörü olur. I. Dünya Savaşı'nda rektör olarak pozisyonunu korurken, 1915 yılında Rus gizli polisi tarafından birkaç aylığına tutuklanır. Savaştan sonra tıp fakültesini ve üniversiteyi derleyip toparlamaya çalışır. 1930 yılında emekli olur.Adolf Beck Yahudi kökenli olmakla beraber kendini Polonyalı hisseder. Beck'in son yılları hiç iyi geçmemiştir. II. Dünya Savaşı, Nazi Holokost kurbanlarından biridir. Yahudi olduğu için Janowski toplama kampına gönderilmiş ve 1942 yılında kampta intihar etmiştir (Coenen vd., 276-286 ve s. 330-335; Coenen ve Zayachkivska, s. 216-221; Zayachkivska vd. 3-6; Pietrzak vd., s. 32-32; Tassinari, s. 2258-2263).

Öncü EEG çalışmalarında memeli hayvan beyinlerinde EEG aktivitesi araştırılmaya başlanmış ama bu spontan beyin osilasyonlarının insanda nasıl işlediğine dair henüz bir bilgi birikimi elde edilememiştir bu yıllarda. Almanya Jena kentinde yaşayan Hans Berger (1873-1941) 1924 yılına gelindiğinde insanda ilk kez EEG çekmeyi başarmış ve bu konuda ilk makalesini 1929 yılında yayımlamıştır.*

Hans Berger tıp eğitimini bitirdikten sonra Jena kentindeki sinir hastalıkları hastanesinde çalışmaya başlamıştır. Beyin dolaşımını, beyin ısısı ve metabolizmasını incelemeyi hedeflemiştir. Pletismografik yöntemle kafatasında defekti olan insanlarda çalışmaya başlamış, bu yolla beyindeki zihinsel etkinlikleri ölçmeyi düşünmüştür. Çalışmaları esnasında 17 yaşındaki kafatasının solunda kemik defekti bulunan erkek hastayla karşılaşmıştır; bu defektten çıplak gözle beyin dokusu da

* Hans Berger'in on dört makalesi Pierre Gloor tarafından 1969 yılında Almancadan İngilizceye tercüme edilip *Electroencephalography and Clinical Neurophysiology* dergisinde yayımlanmıştır. İlk makalesiyse 2001 yılında yapılan dokümantasyon çalışmalarına göre tam 5 bin kez atıf almıştır (Gloor, s. 253-266; Quigley, s. 3266-3276; Niedermeyer ve Schomer, s. 2-16).

kısmen görülebilmektedir. Hasta ameliyata alınmadan, hastadan kendisine zararı dokunmayacak bir ek araştırma yapmak için izin almıştır. Ameliyatta beyin kan dolaşımını ve beyin dokusu ısısını ölçmek için kendi ayarladığı bir düzeneği kullanmak istemiştir. Bu amaçla içi sıvı dolu lastik bir tüpü kafatasındaki delikten içeri sokmuştur; tüpün dış kısmında basınç ölçen bir düzenek bulunmaktadır.Lastik tüpün dış kısmına ayrıca bir kalem eklemiştir; bu kimografa benzeyen ve üzeri kağıtla sarılı, dönen sistem üzerinde aynı zamanda kayıt yapmaktadır. Böylece beyin içinden zamana karşı devamlı bir kayıtlama sağlanmıştır. Hasta lokal anesteziyle uyanık tutulmuş ve kendisine düşünmeyi gerektiren sorular sorulmuştur; ayrıca matematik problemleri çözmesi istenmiştir. Bu sırada kalemin çizdiği grafiklerde değişim görülmediği izlenmiştir. Grafiklerde değişimler görülmüştür, bunların da kan damarlarından çok beyinden geldiğini anlamıştır. Çizili kağıtlar üzerindeki bu grafik eğriler kendisini herhalde çok etkilemiştir muhtemelen (Eckoldt, s. 164-165; Gloor, s. 253-266; Tudor vd., s. 307-313).

Bundan sonra, beyin dalgaları konusunda, daha ileri çalışmalar yapmak üzere kollarını sıvar.Önce 1902-1910 arasında köpekte serebrumun elektriksel etkinliğiyle uğraşır fakat sonuçlar umut kırıcıdır. Oysa Richard Caton'un memeli hayvan beyinleri üzerindeki çalışmasını okumuş ve genellikle Caton'un tekniğini uygulamıştır. 1920 yılında veya öncesinde insan EEG'si üzerine çalışmalara başlar. Önce *string galvanometre* kullanır fakat sonra daha hassas olan *Siemens double coil galvanometre* ile daha iyi kayıtlar elde etmeye başlar. EEG kayıtlamaları için ilk dönemlerde gümüş tel elektrotlar kullanır ve bunlardan birini başın ön kısmına, diğerini kafanın arka tarafına saçlı deri içine yerleştirir. Daha sonraları gümüş folyo elektrotları lastik bandajla kafaya bağlar. İki yıl içinde yeni bir kayıt tekniği keşfeder. Beyin dalgalarını artık isli bir zemin üzerinde değil, fotoğraf kağıdı üzerine kaydetmektedir (Brazier, s. 271; Gloor, s. 253-266).

Böylece ilk kez insanda spontan kortikal aktiviteyi göstermiştir; 1924 yılındaki ilk makalesinde bu aktiviteye Almanca *elektrenkephalogramm* adını verir. 1929 yılında yeni kayıtlama düzeneğiyle çok daha net insan EEG kayıtları elde edebilmeye başlar. Bir kanal EEG çalışırken, diğeri kanal zaman işaretçisi ve EKG kayıtlaması olarak kullanılır. İnsanda EEG çalışmalarına 1920'li yıllarda başlamıştır ama bunlar geniş kafatası defekti olan hastalara ait kayıtlardır. Daha sonra sağlam saçlı kafa derisi üzerinden kayıtlamalara geçmiştir. Beyinden gelen spontan osilasyonları artık net olarak görebilmektedir (Niedermayer ve Schomer, s. 2-16). Bu spontan aktivitenin normal kişilerde iki ayrı ritim şeklinde olduğunu ilk makalesinden itibaren belirtmiştir. 8-13/sn frekanslı ritmlere "alfa" ve 18-30/sn frekanslı fakat düşük amplitüdlü ritimlere de "beta" adını verir (Brazier 273). Berger alfa dalgalarını çok ilginç bulmuş ve normal EEG çalışmalarında ağırlığı bu dalgalara vermiştir. Alfa dalgaları gevşek ve rahat kişilerde sessiz bir odada gözler kapalıyken çok rahat elde edilmekte, gözler açılınca kaybolmaktadır. Beklenmedik bir duyusal girdi olduğunda veya bir zihinsel efor sarf edildiğinde de alfa dalgaları görünmez. Alfa dalgalarının tüm beyinde yaygınlıkla bulunduğunu söyler. Alfa dalgalarının lokal olarak serebral korteksten kaynaklandığını fakat talamustan gelen impulslarla kontrol edildiğini belirtir.

Hans Berger'in ilk EEG yayımları gerek Almanya'da gerekse diğer ülkelerde kuşkuyla karşılanır, hatta alay edenler bile çıkar. Ancak İngiltere'de 1934 yılında Edgar Douglas Adrian ve B.H.C. Matthews gibi ünlü elektrofizyologlar Berger'in insan üzerindeki çalışmalarını yinelemiş, 1937 yılındaki uluslararası bilim forumunda Berger'in EEG çalışmalarının doğru olduğunu onaylamış ve değerli bulduklarını bildirmişlerdir. Böylece H. Berger'in EEG bulguları uluslararası değer kazanmıştır. Bununla beraber Adrian ve Matthews bazı noktalarda Berger'den farklı düşünmüştür.Berger alfa dalgalarının görme korteksine ait olduğunu öne sürmüştür. Oysa Adrian ve Matthews üç kör kişide EEG'de alfa dalgalarının bulunmadığını ve dolayısıyla alfa dalgalarının görme olayıyla ilgili olduğunu belirtmişlerdir. Buna karşılık Berger de 1935 yılında farklı üç kör kişide EEG'leri incelemiş ve onlarda alfa dalgalarının var olduğunu göstermiştir. Berger yine alfa dalgalarının oksipital korteks köken aldığını iddia etmiştir (Quigley, s. 3266-3276). Adrian ve Matthews'un alfa dalgaları ve hatta tüm EEG'nin görme korteksiyle ilgili olduğunu söylemelerine karşın, Berger EEG'nin baştan başa korteksten köken aldığını ve genelde kortikal bir olgu olduğunu söylemiştir. Bu düşüncesi diğer araştırmacılar tarafından da onaylanmış ve desteklenmiştir. Berger korteks laminalarıyla alfa ve beta ritimleri arasında ilişkiyi araştırmıştır. Beyin katmanlarını yüzeyel ve derin olarak iki gruba ayırmıştır; alfa dalgalarının daha yüzeyel, beta dalgalarınınsa daha derinden geldiğini ileri sürmüştür. Ama bu lamina jenerasyon konusunun sonradan düşünüldüğünden daha karışık olduğu anlaşılmıştır.

Berger'in ilk dönem EEG çalışmaları ve kayıtları R. Jung ve W. Berger (bir sonraki kuşak Alman nörofizyologlar) tarafından çok ayrıntılı incelenmiştir. Bu yazarlar Hans Berger'in 1924-1931 yılları arasındaki özgün kayıtlarını incelemiş ve erken dönem araştırmalarını üç gruba ayırmışlardır (Jung ve W. Berger, s. 279-300): (1) String galvanometre ile yapılan kayıtları 1924-1926 arasındadır. Kafatası kırığı ve beyin açıklığı olan hastalarda 6-8/sn (cps) frekanslı yavaşlamalar görmüştür. (2) 1930 yılında korteks ve beyaz cevherden sağlanan kortikal kökenli EEG. (3) 1930 ve 1931 yılında epileptiklerde ve petit mal atakları sırasında elde edilen EEG bulguları. Ama bunlar yayımlanmamıştır.

İlk makalelerini 1929 yılında "Über Das Elektrenkephalogramm des Menschen" adıyla *Archive fur Psychiatre und Nervenkrankheiten* adlı dergide yayımlamıştır. Berger'in ilk altı makalesi 1929-1933 yılları arasında yayımlanmıştır. Bu makaleler serebral hastalıklara ait tüm EEG bulgularını içermektedir. Ayrıca dikkat, uyku, narkozun EEG'ye etkileri de bulunmaktadır. Ancak bu makalelerde epilepsiye ilişkin bulgular yer almamıştır. Çünkü Hans Berger bunlara ait net bulguları kayıtlarında bulunduğu halde yayımlamak istememiştir. Berger bunların artefakt (parazit) olabileceğinden kuşkulanmıştır. Artefaktların göz kırpma veya yüz kasları etkinliklerinden meydana gelebileceğini düşünmüştür. Sadece 1933 yılında, diğer yazarlardan sonra incelediği bir deney hayvanının beyin korteksinden, büyük amplitüdlü bir konvulsif potansiyeli kaydetmiştir. Ayrıca bir ilerleyici parezi hastasıyla petit mal atak ve fokal epileptik atakları yayımlamıştır. 1938 yılında petit mal ataklarında, 3/sn *spike and wave* (absans) etkinliğini yayımlamıştır. Bunu 1931 yılında kayıtladığı halde 1938 yılında yayımlaması, bu konuda öncülüğü ABD'li Gibbs ve arkadaşlarına kaptırmasına neden olmuştur. Çünkü onlar bu yayımı 1935 yılında yapmışlardır.

Hans Berger 1937 yılında Paris'te yapılan bir kongreye davet edil-

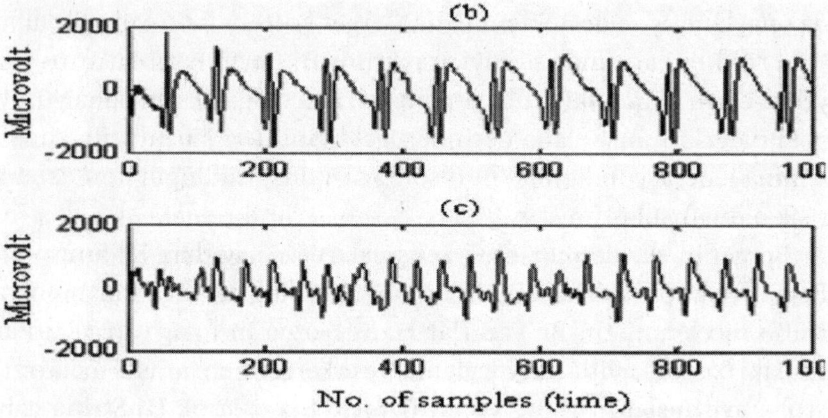

Resim 14.2. Üstte EEG'nin tek bir kanalında 3c/s diken-dalga şeklindeki petit mal etkinliği (b). Altta seriyal spike (diken) şeklindeki fokal epileptik etkinlik (c).

miştir. Orada çalışmalarının uluslararası kabul gördüğünü anlamıştır. Kendisine büyük saygı gösterilmiştir. Bu toplantıda gözyaşlarını tutamayarak "Almanya'da o kadar ünlü değilim," demiştir. Almanya'da Jena Enstitüsü'nde, Kanada'dan nörofizyolog Herbert Jasper ve ABD'den Gibbs çifti 1930'lu yıllarda onu ziyaret etmiş, kişiliği ve yaptıkları konusunda ona saygı duyduklarını belirtmişlerdir (Haymaker ve Baer, s. 105; Ertekin, s. 42-43; Haas, s. 9; Gloor, s. 253-266; Eckoldt, s. 164-169). Bu tarihlerde ve sonrasında ABD, İngiltere ve Fransa'da EEG hızla yayılmış ve EEG çalışmaları yaygınlaşmıştır.

Değişik yazarlara göre Hans Berger altı kez Nobel ödülüne aday gösterilmiştir. Bunlardan ikisinde aday olmuştur. 1936 yılındaki adaylığı sırasında Adolf Hitler'in onun adaylığını bir şekilde engellediği söylenir. 1940 yılında İngiliz nörofizyolog Adrian, Hans Berger'in Nobel ödülünü alması için büyük çaba göstermiştir. Ancak II. Dünya Savaşı nedeniyle Nobel Ödülleri o yıl durdurulmuştur, bu yüzden de ödül alamamıştır. Daha sonraki yıllarda İsveç Kraliyet Akademisi'nin onu onurlandırma istemi de sonuçsuz kalmıştır. Çünkü kurallara göre Nobel Ödülü yalnızca yaşayan biliminsanlarına veriliyordu. (Eckoldt, s. 169; Towle vd., s. 804; Jung ve W. Berger, s.. 300)

Hans Berger'in yaşamında bir sorun hep tartışma konusu olarak kalmıştır. Zeidman ve meslektaşları, 2013 yılındaki bildirilerinde

Berger'in Nazi rejimini desteklediğine dair bazı öngörülerde bulunmuştur. Çalıştığı hastanede bazı nöropsikiyatrik hastaların zorla kısırlaştırılması olayına katıldığı, Nazi Genetik Yüksek Mahkemesi'nde görevler aldığı öne sürülmüştür (Zeidman vd., 1002-1010). Ancak buna itirazlar gecikmemiştir. O sıralar Jena Üniversitesi'nin güçlü bir şekilde Nazileştirildiği dönemdir. Hans Berger, muhtemelen kendisi ve ailesini korumak ve çalışmalarına devam edebilmek için Hitler rejimine ödün vermek zorunda kalmıştır. Bundan sonra çalıştığı kurumun başkanlığından alınmış ve erken emekliliğe zorlanmıştır. Ona değerine uygun bir emeklilik töreni de yapılmamıştır. Nazilerin bir amacı da onun EEG çalışmalarına yasak koymaktır. Bu olaylardan sonra Berger uzun süreli bir depresyona girmiş ve 1941 yılında kendini asarak intihar etmiştir (Towle vd., s. 804; Zeidman vd., 1002-1010; Tudor vd., 307-313; Haas, s. 9; Gloor, s. 253-256).

Berger'in depresyonunda dış etmenler rol oynamıştır. Yazılanlara göre erken emekli edilmesi bu nedenlerdir biridir, o yıllarda kurulan Berliner Enstitüsü'nde elektrofizyolojik çalışmalar yapan grupla rekabete girer. Bu grubun başında A.E. Kornmuller de vardır. Deneysel EEG çalışmaları yaparlar ve hükümetle de iyi ilişkiler yürütürler. Berger kendi EEG buluşlarının ve bulgularının kendisinden alınıp Berlin'deki bu agresif merkeze devredileceğinden korkar. Depresyona girmesinin en önemli nedenlerinden biri de budur (Niedermeyer ve Schomer, s. 2-16).

Burada şunu eklemek gerekir; Berliner Enstitüsü, Kaiser Wilhelm Enstitüsü'nün bir bölümüdür.Buradaki elektrofizyoloji bölümü başkanı A.E. Kornmuller'dir. Daha çok deney hayvanlarında epilepsi yaratarak EEG'yi kullanmışlardır. Deneysel epilepside Fischer ve Lowenbach 1933 ve 1934 yıllında ilk kez *epileptiform spike*ları tanımlamışlardır. Bu gruba sonradan 1937 yılında Richard Jung katılmıştır (Niedermayer ve Schomer, s. 2-16).

Sonuç olarak Hans Berger'in EEG'yi başlatması nörobilimin ilerlemesinde en önemli adımlardan biridir. Bu sayede EEG, nöroloji ve beyin cerrahisi pratiğine girmiştir. Özellikle epilepsi konusunda çok önemli bir araç haline gelmiştir.

Hans Berger Sonrası EEG Çalışmaları

Berger'in insanda EEG çalışmaları Almanya'da değil ama, diğer Avrupa ülkeleri ve ABD'de hızla yayılmıştır. Bunda İngiliz nörofizyolog Edgar Adrian'ın, Hans Berger'in çalışmalarını uluslararası platformlarda tanıtmasının rolü büyüktür. Ayrıca 1901 yılında Hollandalı Fizyolog Willem Einthoven'in (1860-1927) *string galvanometre* kullanarak kalp ritmini ölçen EKG'yi keşfetmesinin de rolü olsa gerek. Çünkü böyle bir bedensel kayıtlamada ilk kez String Galvanometre kullanılmıştır (Einthoven 1925 yılında Nobel Tıp Ödülünü almıştır). EEG ile uğraşanlar da ilk başlarda bu Galvanometreyi kullanmışlardır (Brazier, s. 228-229). Sonraki yıllarda çok daha gelişmiş EEG apareyleri ortaya çıkacaktır.

Resim 14.3. Hans Berger. İnsan EEG'sinin öncüsü, Haymaker W. ve Baer K.A., *The Founders of Neurology*, Charles C. Thomas Publisher, Springfield, 1949.

EEG'nin Edgar Adrian dışında gelişmesine en büyük katkı ABD'li öncülerden gelmiştir. EEG, ABD ve Kanada'da büyük ilgi görmüştür. Hatta 1935 yılında toplanan nöroloji kongresinde, EEG bildirilerinin fazlalığı nedeniyle ilk kez EEG için ayrı bir toplantı düzenleme zorunluluğu ortaya çıkmıştır. Avrupa'yla karşılaştırıldığında ABD'de öncü nörofizyologlar arası iletişim kolaylıkları ve birliktelikleri yanı sıra Rockefeller Vakfı'nın büyük mali desteği de hızlı gelişmede önemli katkılar sağlamıştır (Eckoldt, s. 169).

EEG'nin o dönemlerde klinik nöroloji ve beyin cerrahisinde değerli bir araştırma aygıtı olduğu anlaşılmıştır. ABD'de özellikle Boston'da Harvard Üniversitesi civarında öncü EEG'ciler birbirlerine yakın olarak ya da birlikte çalışıyorlar veya birbirlerine EEG konusunda olumlu etkiler sağlamışlardır. Bunlar arasında Alexander Forbes (1882-1965), William Gordon Lennox (1884-1960), Frederic Gibbs (1903-1992), Erna Leonhardt

Gibbs(1904-1987), Hallowell Davis (1896-1992) ve eşi Paulin Davis sayılabilir. Herbert Henri Jasper (1906-1999) ABD'li olmakla beraber yaşamının çoğunu Kanada'da çok üretken bir şekilde geçirmiştir. Avrupa'da öncü dönemde olup EEG'ye katkıları bakımından İngiltere'den Edgar Adrian (1884-1977) ve Grey Walter'i (1910-1977) gösterebiliriz.

Berger dönemi öncesine bakarsak ABD'nin EEG konusunda herhangi bir önemli rol oynamamıştır.1918 yılında Harvard'da fizyolog Alexander Forbes'in öğrencisi Donald McPherson, kedide açılmış beyin üzerine iki elektrot koyarak galvanometre ile 10/sn EEG dalgalarını kaydeder. Fakat hocası Forbes bunların artefakt (parazit) olduğunu söyleyerek reddeder. Alexander Forbes, EEG üzerinde yeni bir akımın başlamasıyla birlikte, 1930'lu yılların başlarında ABD'de elektronik amplifikatörü ortaya çıkararak, elektromanyetik osilograf EEG çalışmalarına girer. Forbes o dönemde, diğerleri gibi henüz bir veya iki kanallı EEG kullanabilecek teknik bir düzeyde çalışmaktadır. Çok ilkel bir teknik içinde, açılmış kortikal yüzeyden (deney hayvanında) spontan elektriksel aktiviteyi fotografik olarak kaydeder. Bunlar hep 1923-1928 yılları arasında geçmektedir. Sonradan daha önce değinildiği üzere, teknik olarak ampilifikatörü geliştirmekle beraber EEG'nin klinik potansiyel değerini iyi anlayamamıştır. Bunun üzerine başka nörofizyolojik konulara dönmüştür. Teknik geliştirme konusunda becerileri fazladır, örneğin dünyada ilk kez önce kendisi (1936) ve sonra arkadaşı Birdsey Renshaw ile birlikte (1938) hipokampus hücreleri üzerinde *mikroelektrotları* kullanmışlardır (Fenn, s. 113-141; Brazier, s. 227; Renshaw vd., s.74-105).

Birdsey Renshaw (1911-1948), ABD'li nörobilimcidir.1941 yılında omurilik ön boynuzu denen gri cevherinde bulunan inhibitör ara-nöronları keşfetmiştir. Bu ara nöronlar çizgili kaslara giden motor nöronları inhibe eder ve buna *recurrent inhibition* (tekrarlanan ketlenme) denir. İnhibitör ara nörona *Renshaw hücresi* ve yaptığı inhibisyona da ayrıca *Renshaw ketlenmesi* adı verilir. Renshaw 37 yaşında ölmüştür.*

Yine 1930'lu yıllara dönersek ABD'de hayvan deneyleri devam etmektedir. St. Louis'de Washington Üniversitesi'nden Bartley ve

* Ayrıca bkz. Refleksler Değişmiyor.

Newman, 1930 ve 1932 yıllarında köpekte EEG traseleri elde eder. Almanya'da 1930 başlarındaki çalışmaları esnasında, mühendis Jan Freidrich Tonnies (1902-1970) ilk biyolojik amplifikatörü tasarlar. Aynı yıllar içinde Rockefeller Foundation bunu üretime açar. Bütün bu çabalar daha kaliteli görüntü veren çok kanallı EEG'ye ulaşmayı sağlar. EEG apareylerinin gelişmesiyle beraber EEG'de yeni bulgular da bu gelişmeye paralel artar.

İnsanda EEG çalışmaları Boston'da Harvard Tıp Okulu'nda ve Rode Island Brown Üniversitesi'nde 1935 yılında başlamıştır. Anlatıldığına göre Harvard'da Hallowell Davis'in bir öğrencisi Hans Berger'in 1929 yılındaki EEG yayımını Davis'e gösterir ve Davis'in dikkatini çeker. Davis ve eşi Paulin Davis, öğrencileriyle birlikte kendi EEG'lerini kaydetmeye çalışırlar. Hallowell Davis'in kendisinde iyi bir alfa ritmi olduğunu gösterirler. Bu ilk çalışmadan sonra ABD'de EEG konusu ve çalışmaları çığ gibi büyür.

İnsan EEG'si öncesinde Lennox Harvard'da serebral dolaşım çalışmaları yapmaktadır. Gibbs çifti de Lennox'un çalışmalarına katılmıştır. O sıralarda Davis ve Gibbs, petit mal epilepsili hastalarla klinik olarak ilgilenmekte ve EEG'lerini kaydetmektedir. Harvard grubundan Gibbs çifti, Davis ve Lennox 1935-1937 yılları arasında petit mal epilepside 3/sn *spike and wave* denen yüksek amplitüdlü, bilateral, yaygın ve ani başlayıp ani biten özel bir etkinlik keşfederler (Brazier, s. 293; Niedermeyer ve Schomer, s. 2-16; Zifkin ve Avanzini, s. 30-38). Hans Berger de petit mal atak ve fokal epileptik atakları, 1938 yılında 3/sn *spike and wave* (absans) etkinliği diye yayımlar. Daha önce de değindiğimiz üzere, Berger bu bulguları 1931 yılında kayıtladığı halde 1938 yılında yayımlayarak, bu konudaki öncülüğü ABD'li Gibbs ve arkadaşlarına kaptırmıştır çünkü onlar bu yayımı 1935 yılında yapmışlardır (Jung ve W. Berger, s.279-300). Daha sonra Gibbs'ler ile Lennox, grand mal ve psikomotor epilepsilerde EEG özelliklerini tanımlarlar. Beyin tümörlerinin yakın çevresinde atipik ve son derece yavaş dalgalar, kısacası delta dalgalarının ise İngiltere'de Grey Walter tarafından ilk defa bildirildiğini buraya eklemek gerekir. Böylece beyin görüntüleme ve serebral anjiografi yöntemlerinden çok önce, EEG özellikle kortikal hemisferler içinde ve ön kafa çukurunda bulunan tümörleri ilk defa kabaca lokalize edebilen bir yöntem olur (Eckoldt, s. 171-172; Brazier, s. 293-304; Walter, s. 305-308).

Amerika kıtasında EEG ve EEG'nin epilepsiye katkısında büyük emekleri geçen üç uluslararası figüre biraz daha yakından bakmak gerekir. Bunlar Gibbs'ler, Lennox ve Jasper'dir. Frederic Andrews Gibbs (1903-1992) ve Erna Leonhardt Gibbs (1904-1987) 1930 yılında evlenirler. Erna ABD'ye Almanya'dan iki yıl önce göçmen olarak gelmiştir. Aynı amaç doğrultusunda, 50 yıl birlikte aynı konularda durmadan çalışmışlardır. 1930'lu yıllarda Avrupa'ya seyahat ederek Hans Berger'i ziyaret etmişlerdir. Sonrasında F. Gibbs MIT mezunu Albert Grass'a (1910-1992) üç kanallı bir EEG yapıp yapamayacağını sormuştur. Grass babasına ait bir binanın bodrumunda kardeşiyle beraber aynı yıl Gibbs'lerin istediklerinden daha iyi bir EEG makinesi yapmıştır. Grass, sonradan kendi adıyla anılan dünyaca ünlü EEG aygıtlarını üretmeye başlamıştır.

F. Gibbs 1937 yılında Harvard epilepsi ve EEG takımının liderliğini üstlenir. Lennox ile beraber epileptik olayın doğasındaki *serebral disritmi* kavramını ortaya atarlar ve sonra şöyle bir yorum yaparlar: "Beynin diğer vücut organları gibi kendine ait temel bir ritmi vardır. Epilepsi, serebral korteksin ritmini kontrol eden kapasitenin basit bir defektidir; EEG sadece bu anormal ritmik komponentleri ortaya çıkartır." Bu nedenle de Gibbs, "EEG, epilepsinin fizyopatolojisini ortaya çıkartır," demiştir. Gibbs'ler EEG'de klasik, 3 ciltlik *Atlas of Electroencephalography* [Elektroensefalografi Atlası] başvuru kitabını hazırlayıp 1941 yılında yayımlamışlardır. Bunun ikinci baskısı 1951 yılında yapılmıştır. 1940 sonlarında F. Gibbs insan için uygun bir stereotaksik aygıt geliştirmiştir, bu aygıt İngiltere'de Horsley ve Clark'ın maymun beyinlerinde kullandıkları klasik aygıta benzer. Bu stereotaksik aygıt yardımıyla epileptik hastalarda *subkortikal EEG deşarjları* kaydederler. Gibbs'ler 1944 yılında Şikago'daki Illinois Üniversitesi'ne geçer ve çalışmalarına orada devam ederler. Burada hem epilepsi cerrahisi hem de temporal epilepsi üzerinde çalışırlar. Epilepsi ve EEG üzerinde dünya çapında ün kazanırlar (Henry, s. 183-185; Baladin, s. 1038-1043; Stone, s. 168-171; M. Lennox, s. 97; Demeter, s.255-259; Gibbs ve Gibbs, EEG Atlası 1952).

William Gordon Lennox (1884-1960) çok iyi bir epileptolog ve EEG ustası olmakla beraber, yaşamı ve düşünceleri biraz karışıktır. Meslek yaşamına Çin'de tıbbi misyonerlikle başlamıştır. Oradaki yaşamının ayrıntılarını bilmiyoruz. Çin'den 1921 yılında döner ve Harvard Üniversitesi'nde Stanley Cobb'un nöropatoloji laboratuvarında çalışmaya başlar. Bundan sonra tüm ömrünü epilepsiye ve epilepsinin nasıl tetiklendiğine adar. Boston'da Gibbs'ler ve Davis'ler ile birlikte çalışır. Grubun ilk zamanlarında EEG cihazları çok ilkeldir ve tek kanallıdır. Lennox epilepside beyin dışı etmenlerin var olabileceğini düşünür ve epilepside heredite konusunu araştırır. "Epilepsi klinik bir olgudur, aile tarafından bildirilen kalıtım öyküsü, EEG'nin eklenmesiyle bilgilerimize yeni katkılar kazandırmıştır," der. Heredite konusunu incelemek amacıyla tek ve çift yumurta ikizleri üzerinde EEG ve epilepsi çalışmaları yürütür. 1951 yılında özel bir epileptik sendromu tanımlar. Fakat aynı sendromu hemen hemen aynı zamanlarda tanımlayan Fransız profesör Gastaut da nörofizyolog ve epileptologdur. Kısaca birbirlerinden bağımsız olarak aynı sendromu bildirmişlerdir. Sendromun özelliği EEG ritim bozukluğunun, olguların hepsinde aynı olması fakat etiyolojinin farklı nedenlerden oluşmasıdır.*

Kızı Margaret Lennox ile beraber *Epilepsy and Related Disorders* [Epilepsi ve İlişkili Bozukluklar] adlı çok iyi bilinen kitabını yazmıştır. The International League Against Epilepsy (ILAE)'nin (Uluslararası Epilepsiyle Savaş Derneği) 1935-1949 yılları arasında başkanı olmuş ve 1949-1953 yılları arasında onursal başkan unvanını taşımıştır.

Lennox ABD'de Ojenik hareketlere de karışmıştır. 1938 yılında Harvard Üniversitesi'nde verdiği bir konferansta hem doğuştan zekâ geriliği yaşayanlar hem de tedavi edilemeyecek hastalar için ölme arzusu içindeyseler, ötenazi önermiştir. 1943 yılında Lennox ABD'de ötenazi derneğinin danışmanlığını yapmıştır. Lennox, tüm popülasyonda ojenik uygulamaların kullanılmasında bir çözüm olarak *herediter disritmi* bakılmasını da önermiştir. Lennox'un önerilerinin, Nazilerin

* Çocukluk çağının kompleks, nadir ve ağır bir epilepsi sendromudur. Kognitif bozukluklar ve EEG'de ani başlayan, jeneralize "slow spike-wave" ile birlikte gider. Değişik nedenlerle meydana gelir. 3-5 yaşlarında başlar. Erişkin yaşama dek devam eder. Çocukluk çağında %5 oranında mortalite riski taşır.

aşağı yukarı aynı dönemdeki uygulamalarıyla büyük benzerlik taşıdığı söylenir. Lennox'un ojeni önerileri genelde pek sıcak karşılanmamıştır. Öte yandan kızı Margaret Lennox Almanya'da Nazizmden kaçan fizyoloji profesörü, EMG kurucusu Fritz Buchthal ile evlenmiştir. Uzun yıllar Danimarka'nın Kopenhag şehrinde çalışmışlardır (Eckoldt, s. 162; Baladin, s. 1038-1043; Ertekin, s. 30).

Beyin ve sinir sisteminin sırlarını çözmek için 70 yıl çalışan Herbert Henri Jasper (1906-1999) psikolog, fizyolog, anatomist, kimyager ve nörologdur. Araştırmacılığının yanı sıra, öğretmen, EEG ve nörofizyoloji laboratuvarı direktörü, günümüzdeki nörofizyologları bünyesinde toplayan IFCN'nin (Uluslararası Klinik Nörofizyoloji Federasyonu) ilk ve kurucu başkanı ve ilk editörüdür.

Böylece ilk tarihsel federasyon yöneticileri ortaya çıkmıştır. Aşağıda ilk yönetim kurulu üyeleri topluca verilmiştir. 1949 yılında Paris'te toplanan nörofizyologların seçilmiş ilk EEG ve klinik nörofizyoloji yönetim kurulu şöyledir:

Onursal Başkan: E. D. Adrian (İngiltere).
Başkan: Herbert Jasper (Kanada).
Başkan Yardımcıları: R. Schwab (ABD), W. Gray Walter (İngiltere), F. Buchthal (Danimarka). Sekreter: H. Gastaut (Fransa).
Muhasip: A. Remond (Fransa).

Jasper'in EEG'yi kullanmasındaki temel amacı hep beyin işlevlerinin temelini anlamak olmuştur. Bu motivasyonuna karşın EEG'yi bir klinik test olarak algılaması ikinci planda kalmıştır. Kanada'da Montreal Nöroloji Enstitüsü'nde (MNI), beyin cerrahı Penfield ile beraber çeyrek yüzyıl parlak, başarılı bir süreç geçirmişler, epilepsi ve beyin anatomisinin ustaları olmuş, epileptik nöbetlerin cerrahi tedavisinde son derece büyük bir deneyim kazanmışlardır.

Jasper 1906'da ABD'nin Oregon kentinde doğmuştur. 1932-1938 yılları arasında Brown Üniversitesinde (Rhode–Island'da) bir EEG laboratuvarı kurmuş, 1935 yılında EEG ile ilgili ilk yayımını yapmış ve alfa dalgalarındaki spontan dalgalanmaları not etmiştir. Görsel uyarıyla alfa dalgalarının engellendiğini görmüştür. Aynı kişide farklı günlerde kaydedilen EEG'leri incelediğinde hep aynı tip EEG karakterleri bulmuştur. Birkaç hastada alfa ritminin 2-3/s'e düştüğünü de bu makaleye eklemiştir. EEG'nin psikoloji ve nörolojide anlamlı olabileceğini ileri sürmüştür. Bu yayımının birkaç ay sonra Boston Harvard grubundan Gibbs, Davis, Forbes ve Lennox epilepside EEG'nin tanısal önemini bildirmişlerdir. Jasper 1935 yılında Paris'e gitmiş, oradan sonra Almanya'ya geçerek Hans Berger ile buluşmuştur. Ayrıca İngiltere Cambridge'de Edgar Adrian ve Brian Matthews ile EEG yöntemlerini tartışmış ve bilgisini genişletmiştir.

1937 yılında ABD'de çalışırken Penfield ile tanışmıştır. Penfield o sırada 30 yaşlarında genç bir araştırmacıdır, oraya seminer vermek üzere davet edilmiştir. Penfield konuşmasında beyin cerrahisi ve epilepsi üzerinde yaptıklarını ve beyinde nedbe dokusu olan hastalarda epilepsi cerrahisini kullandıklarını ve bu arada hastaların beyni üzerinde haritalama çalışmaları yaptıklarını anlatmıştır. Seminerden sonra Penfield, Jasper'i kendi hastalarının EEG'sini yapmak üzere davet etmiştir. Jasper bu davet üzerine kendi EEG cihazını alarak Montreal'e gitmiş, oradaki hastaların beyninde epileptik foküsü ortaya çıkarmak konusunda başarı elde etmiştir. Ayrıca Penfield de bu hastaları cerrahi yöntemle tedavi emiştir. Jasper'in ABD'den kalkıp Montreal'e EEG cihazı ile ikide bir gitmesi pratik değildir. Bunun üzerine Montreal'de birlikte çalışmaya başlamışlardır. Penfield'in Rockefeller Vakfı'ndan büyük bir destek almasıyla içinde EEG departmanı, epilepsi ve beyin cerrahi bölümü bulunan büyük bir departman kurmuşlardır. Penfield ile Jasper çok başarılı, değerli bilgiler üreten bir ikili olarak 27 yıl birlikte çalışmışlardır. McGill Üniversitesi'ndeki MNI dünya çapında aranan büyük bir merkez haline gelmiştir. İkinci Dünya Savaşından sonra çok sayıda hekim ve genç biliminsanı bu merkezde yetişmiştir. Epilepsiye ait nöral mekanizmaların yanı sıra, kortekste mikro-uyarımlar yaparak beynin duyusal örgütlenmesini ve lokalizasyonunu ortaya çıkarmışlardır. 1954 yılında Jasper ve Penfield, *Epilepsy and the Functional Anatomy of the Human Brain* [Epilepsi ve İnsan Beyninin İşlevsel Anatomisi] adlı kitabı yazmışlardır. Bu kitapta Penfield'in epilepsi üzerine yaptığı ameliyatlardan elde edilen deneyimler özetlenmiştir (Penfield ve Jasper aynı kitap 1954). Epilepside önemli bir inhibitör sistem olarak bilinen talamo-kortikal retiküler sistem üzerinde Jasper yoğun çalışmıştır. Bu çalışmalarını *Brain Mechanism and Consciousness* [Beyin Mekanizması ve Bilinç] adlı kitapta toplamıştır.

McGill MNI'ya savaştan sonra, 1945 yılında beyin kimyacısı Kenneth Alan Cadwell Elliott (1903-1986) da katılmıştır. Elliott ile birlikte mikroelektrot kullanarak deney hayvanlarında farklı beyin bölgelerini incelemişlerdir. İmplant elektrotlar ile (beyin içine yerleştirilip bırakılmış elektrotlar) uzun süreli nöronal etkinlikleri izlemişlerdir. Nörokimyacı Elliott'un ekibi de giderek genişlemiş, yanına Ernst Florey ve Hugh McLennan gibi değerli kişiler de eklenmiştir (1953). Bu sonraki araştırmacılar 1954-1955 yıllarında periferik ve sentral sinaptik geçişte önemli bir inhibitör madde ve bir transmitter olarak "Faktör-I"i kısmen izole etmiştir. Elliott 1956 yılında bu maddenin Gamma-Aminobutyric Acid (GABA) olduğunu saptamıştır. Jasper hızla bu maddeyi (GABA) kullanarak, serebral kortekste inhitör etkisini teyit etmiştir. Bu şekilde bir bakıma Jasper'in öncülüğünde sinapslardaki reseptörler ve bunların subünitleri* üzerinden eksitatör ve inhibitör maddelerle epilepsi ve diğer nörolojik hastalıklar için tedavi olanakları ortaya çıkmıştır.

Daha sonra K.A.C. Elliott ve ekibi, kombine olarak nörokimyasal ve nörofizyolojik incelemenin yapılabileceği bir mikroelektrot tekniği geliştirmişir. Jasper 1964 yılından itibaren Montreal Üniversitesi'nde nörobilim çalışmalarına devam etmiştir. Aynı zamanda MNI'da konsültan hekim olarak da çalışmıştır. 1970 ve 1980'li yıllarda çalışmalarını sürdürmüş ve 93 yaşında vefat etmiştir. Bir hesap yapılırsa Kanada'daki her iki akademide 60 yılını üreterek, eğiterek ve yöneterek geçirdiği ortaya çıkar. Onun Penfield ile birlikte yaptığı serebral korteksin lokalizasyonu çalışmalarına burada değinilmemiştir (Feindel, s. 224-229;

* Reseptörler, transmitterler (sinaptik aracı madde) ile ve onun yapısal eşdeğerlisi olan benzer maddelerle reversibl bir reaksiyona giren ve genellikle postsinaptik zarda bulunan moleküler düzeyde yerlerdir. Transmitter sinaptik yarıkta serbest kaldığı zaman kendine özgü olan bu yere giderek kompleks bir molekül dizisi oluşturur ve buna bağlı bir dizi reaksiyon başlar. Bu bağlantı postsinaptik membranda permabilite değişmesine yol açar. Ya bir eksitasyon ya da inhibisyon meydana gelir. Postsinaptik membranda belirli bir transmitter için belirli lokalizasyonlarda ve muhtemelen belirli sayıda reseptör yeri olması beklenir. Postsinaptik membranda bu reseptör sayıları milyonlarca olabilir. Reseptörler o kadar duyarlı olabilirler ki, aynı transmitter için birden fazla farklı reseptör yerleri olabilir ve buna göre transmitter-reseptör kombinasyonu farklı işlevlere yol açabilir (Ertekin. 65-68).

Jasper, s. 221-229; Ertekin, s. 44-45; Penfield ve Jasper 1954; Ertekin, s. 65-68).

Beyin Cerrahisinde EEG ve Kortikal Uyarım Kullanılıyor

İlk kez 1909 yılında, ABD'li beyin cerrahı Harvey Cushing (1869-1939), fokal epilepsili iki hastada, faradik uyarım tekniğini kullanarak gözlemlerini bildirmiştir. Operasyon sırasında postsentral girusun uyarımıyla hasta karşı taraf elde yüzeyel duyumlar algılamıştır. Alman beyin cerrahı Fedor Krause (1857-1937) 1911 yılında cerrahi sırasında beyine elektrik uyarımlar uygulamıştır. Aynı zamanda kortikal motor alanlarda kortikal haritalama üzerinde çalışmıştır. 400'ün üzerinde epileptik hastayı cerrahi yöntemle tedavi etmiştir. Foerster ile birlikte epilepside cerrahi tedavinin de öncüleri kabul edilirler. Otfrid Foerster (1873-1941) nörolog ve beyin cerrahı Breslau'lu bir Alman hekimdir. Almanya'daki hocası ünlü Wernicke'dir. Onun etkisiyle nöroanatomiyle ilgilenmiştir. Birlikte bir beyin atlası yayımlamışlardır. Daha sonra beyin cerrahı olarak çalışmaya devam etmiştir. Travmatik beyin zedelenmelerinde epileptik fokusün ayırt edilmesi için, ilk kez lokal anestezi altındaintraoperative kortikal elektrik uyarımını kullanmıştır. 1932 yılında Rockefeller Vakfı'ndan ekonomik destek alarak modern bir nöroloji enstitüsü binası yapmıştır. Özgün çalışmalarıyla çok tanınmıştır. 1922 ve 1924 yılında Rusya'ya gitmiş, inme geçirmiş Lenin'i muayene etmiştir. Lenin'in ölümünden sonra beyninin otopsi yoluyla incelenmesi için kendisine ricada bulunmuştur. Foerster bunun için Oskar Vogt'u önermiştir. 1925-1935 yılları arasında dünyanın çeşitli yerlerinden nörolog ve beyin cerrahları eğitim almak üzere yanına gelmişlerdir. Kuzey Amerika'dan da çok sayıda istekli vardır, aralarında Wilder Penfield (1891-1976) de bulunur. Berger'in EEG'yi keşfinden sonra Hans Altenburger ile birlikte, beynin farklı bölgelerinden 30 intraoperatif EEG kayıtlaması yapmış ve bunları 1934 yılında yayımlamışlardır. Beyin tümörü olgularında EEG'nin lokalizasyon değerine vurgu yapmış ve bir hastada iktal nöbet patternini kaydetmişlerdir. 1936 yılında Naziler yönetime gelince Foerster'in onlarla ilişkileri iyi gitmez. Onun çalışmalarında finansmanını keserler ve profesyonel etkinliklerini durdurmaya çalışırlar. Burada Nazilerin öncelikleri şunlardır; Lenin'in hastalığı nedeniyle Rusya'yla ilişkisi ve eşinin kısmen Yahudi kökenli olmasıdır. Bununla beraber daha ileri gidemezler. 1941 yılında eceliyle vefat eder.

1937 yılında Wilder Penfield ile Herbert Jasper arasında başarılı işbirliğinin başladığı Montreal Nöroloji Enstitüsü'nde (MNI)'deki yıllarına dönersek kortikal uyarımla EEG'yi kombine ederek çalıştıklarını söyleyebiliriz.

Daha önce Foerster ile yürüttükleri çalışmalardan etkilenen Penfield ve Jasper, kortikal işlevlerin haritalanmasında büyük bir başarı elde etmişlerdir. Hatta bu epilepsi çalışmalarında elde ettikleri başarının da önüne geçmiştir. Prerolandik ve postrolandik motor korteksteki beden temsiliyetini ortaya çıkarmışlardır. Bu temsiliyet, organların işlevsel önemlerine bağlı olarak daha geniş veya daha az yer tutmalarıyla garip bir insana benzer. Buna *homonculus* (homonkulus) adını vermişlerdir. Homonkulus kavramı yanı sıra frontal, parietal, temporal ve insular korteksin integratif işlevleri üzerinde yeni bilgiler elde etmişlerdir. 1939 yılında epidural elektrotlar yerleştirerek seriyal EEG kayıtları yapmışlardır. Epileptik fokusün veya alanın sınırlarını belirlemişlerdir. 1936-1944 yılları arasında MNI'da çok sayıda hastaya epilepsi cerrahisi uygulanmıştır. Buradaki önemli nokta epilepsi cerrahisinde lokal anestezi kullanılabilmesidir.

Epilepsi hastalarında Jasper şu görüşe varmıştır: Elektrokortikografide *random spike*lar (rastgele dikenler veya dikene benzeyen tek dalgacıklar), beynin lokal epileptik lezyonlarında meydana gelir. Bu bir epileptogenik fokustür. Buna karşılık *sharp wave* (keskin dalga) ve *slow wave*lerin (yavaş dalga) lokalizasyon değeri yoktur. Bunlar uzaktan gelen anormal etkinliklerdir.

1949 yılında Robert Hayne ve Russell Myers stereotaksik olarak beyne implante edilmiş EEG elektrotları aracılığıyla insanda ilk epilepsi kaydını yapmıştır. 1957 yılında Fransız beyin cerrahı Jean Talairach (1911-2007) implante elektrot konusunu geliştirmiştir. Stereotaksik olarak elde edilmiş beyin yapıları atlasını çıkarmıştır. Günümüzdeki yeni teknik gelişmelerle birlikte epilepsi cerrahisi, daha güvenli ve daha rahat bir şekilde yapılabilmektedir (Reif vd., s. 191-195; Zifkin ve Avanzini, s. 30-38).

Epilepsi cerrahisi ve EEG konusunu bitirirken, bir yandan epilepsi cerrahisi konusunda devrimsel nitelikte gelişmelere yol açan ve aynı zamanda beyinde lokalizasyon anlayışı açısından son noktayı koyan beyin cerrahı Wilder Grave Penfield (1891-1976) için ayrı bir pencere açarak konuyu sonlandırmak gerekir. Penfield aslında ABD'de doğmasına rağmen sonradan Kanada vatandaşı olmuş bir beyin cerrahı ve aynı zamanda üretken bir biliminsanıdır. 1918 yılında John Hopkins Üniversitesi'nde tıp doktoru olmuştur. Harvey Cushing'in yanında nöroşirürji eğitimi almış, daha sonra da Londra'da National Hospital Queen Square'de bir yıl çalışmıştır ve oradayken epilepsiye ilgi duymaya başlamıştır. O sıralarda saçlı kafa derisi üzerine lokal anestezi yapılarak beyin dokusu açılabilmeye başlanmıştır. Bunu en iyi yapanların başında Almanya'da Otfrid Foerster olduğunu öğrenmiştir. Foerster fokal kortikal epilepside beyin korteksindeki nedbe dokusunu çıkararak hastaları tedavi eder. Penfield Almanya'ya, Foerster'in yanına gider. Onun lokal anestezi tekniğini ve cerrahi yöntemlerini dikkatle izler ve sonra ABD'ye döner. 1928 yılında 37 yaşındayken Kanada'da Montreal McGill Üniversitesi'nde çalışmaya başlar. Orada Rockefeller Vakfı'ndan alınan ekonomik destekle Montreal Nöroloji Enstitüsünü (MNI) kurar. Burada Herbert Jasper (1906-1999) ve Theodor Rasmussen (1910-2002) ile birlikte büyük bir araştırma ve tedavi merkezi kurarak büyük başarı sağlarlar. Temel ve hedefte olan konu epilepsi tedavisi ve beynin anatomo-fizyolojisi ve kimyasıdır. Burada Penfield'in yaptığı en önemli çalışma cerrahi öncesi hastalar bilinçli durumdayken, küçük elektrik akımları vererek insan beynini ve işlevlerini incelemektir. 1934 yılında MNI'nin başına geçer. Fokal epilepsili hastalarda nedbe dokusu çıkarılırken, bu girişimin hastada herhangi bir zihinsel ve davranışsal bozukluk yapmaması gerekir. Bazı beyin alanlarındaki cerrahi girişimlerde hareket ve konuşmanın tehdit altında kalması ihtimali de vardır. O zaman nedbenin olduğu yerde beyin dokusunu alırken böylesi komplikasyonların çıkması nasıl engellenebilecektir? Bu komplikasyonları engelleme amacıyla Penfield ile Herbert Jasper birlikte bir teknik geliştirirler. Yöntem kısaca, ameliyat öncesi bilinçli hastada beyin dokusuna ılımlı elektrik uyarımı vererek beyin dokusunun özelliğini anlamaktır. Örneğin uyarım o bölgede ani kol hareketi meydana getiriyorsa o bölgenin korunması önemlidir. Kortikal yüzeylerin elektrik uyarımıyla bir yanıt meydana gelmektedir. Penfield bu bölgeleri numaralandırır. Ara sıra ekstremitede iğnelenme, ani hareket, ses çıkarma veya konuşmanın birden kesilmesi gibi tepkiler ortaya çıkmaktadır. Böyle yerlerle karşılaşınca buna dikkat etmekte ve sonra ona göre ameliyat yapmaktadır. Bu şekilde Penfield'in yöntemi çok başarı kazanır. 2 binoperasyonda, mortalite oranı % 1'in altındadır ve bu başarı devam eder.

Penfield ile ekibinin operasyon öncesi ılımlı kortikal uyarım kullanmaları insan beyni ve korteks hakkında başka bir yararlı sonuç getirir. Serebral korteksteki duyusal ve motor bölgelerle bedendeki karşılıkları belirli bir uyum içinde saptanır. Ancak bedendeki değişik bölgelerle bunların korteksteki temsiliyeti arasında bir orantısızlık vardır. Örneğin duyusal-motor kortekste başparmak ve ellerle ağızla ilgili bölümler fazlasıyla geniş yer kaplar. Buna karşılık omuzlar ve gövdeyse çok daha küçük bir alanda temsil edilmektedir. Korteksteki temsiliyet haritalandığında veya şekillendirildiğinde insancık anlamına gelen *homonculus* (homokulus) adı benimsenir. Penfield insanda konuşma merkezini lokalize etmiştir. Konuşma merkezinin sol hemisferde oturduğunu göstermiştir.

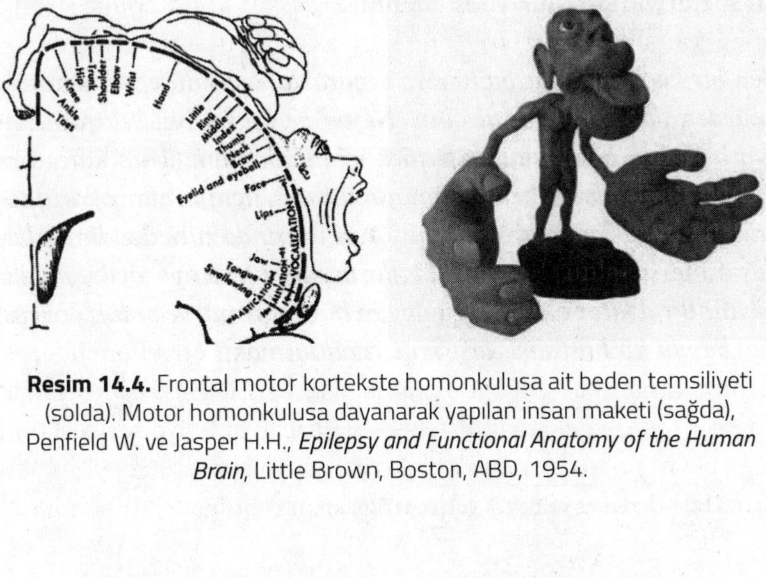

Resim 14.4. Frontal motor kortekste homonkulusa ait beden temsiliyeti (solda). Motor homonkulusa dayanarak yapılan insan maketi (sağda), Penfield W. ve Jasper H.H., *Epilepsy and Functional Anatomy of the Human Brain*, Little Brown, Boston, ABD, 1954.

Broca ve Wernicke alanlarına ilaveten konuşmayla ilgili üçüncü bir lokalizasyon bulmuştur: *supplementary motor cortex* (tamamlayıcı motor korteks). Konuşmanın yine sanıldığından daha kompleks bir olay olduğu böylece gösterilmiştir. Çocuklar üzerinde yaptığı ameliyatlarda şunları da gözlemlemiştir: Kortikal bir lezyon yaşamın ilk 10 yılında meydana gelmişse işlev sonradan yeniden kazanılabilmektedir, erişkinlerdeyse kazanılamaz. Ayrıca 10 yaşından küçük çocuklarda ikinci dilin kolaylıkla öğrenileceğini, bu kapasitenin 10 yaşından sonra giderek azaldığını belirtmiştir. Penfield'in bu önemli keşfi ve görüşleri Kanada'da çocuklarda ilköğretim yıllarında ikinci bir dilin öğretilmesi zorunluluğunu getirmiştir.*

Penfield ve ekibi temporal lob üzerinde de yoğun bir şekilde çalışmış ve temporal lob yakınlarında bir bellek merkezi olduğunu keşfetmişlerdir. Penfield sonunda belleğin temporal lobda olmadığını, beynin bir başka yerinde olduğunu ancak temporal lobların insan belleği ve bilinç için çok canlı bir mekanizma sağladığını belirtmiştir. Bugün bellek konusunda yeni gelişmeler, temporal lobun dışında başka beyin bölgeleri ve beyin devrelerinin de önem taşıdığını ortaya çıkarmıştır. Penfield çalışmalarıyla beyin konusunda daha önce görülmediği kadar yeni bilgileri insanlığa sunmuştur. (Kumar R. ve V.G. Yaragani, s. 276-278; Wickens, s. 324-330; Eckoldt, s. 170; Kandel vd., s. 1246). Ona kendi sözleriyle şimdilik veda edelim:

> *Ben bir kaşifim fakat bilinmeyen toprakları pusula ve kanolarıyla keşfeden atalarım gibi değilim. Neşter ve küçük bir elektrotu, insan beyninin haritasını keşfetmek için kullandım. Tüm kariyerim boyunca yüzyıllarca hem bilim insanlarının hem de filozofların takıntısı haline gelen bir merkezî sorun üzerinde sürüklendim. Akıl-düşünme, sorgulama ve hayal etme beynin işlevleriyle açıklanabilir miydi? Bir doktor olarak ilk görevim hastalarımdı ve onları epilepsi gibi berbat bir hastalık karşısında rahatlatmaktı."*

* Ayrıca bkz. Öğrenme ve Bellek yok ve 13. Bölüm.

Resim 14.5. Beyin Cerrahı W. Penfield(oturan) ve Nörofizyolog H. Jasper MNI'de bir sohbet anında.

Epilepsi Hakkında Birkaç Söz

Bu konuyu bitirmeden önce, epilepsideki diğer bazı gelişmelerin kısa bir özetini vermek yerinde olacaktır. Her şeyden önce epilepsinin bir hastalık değil, bir semptom kompleksi olduğunu hiç unutmamak gerekir. Yani çok değişik sendromlar halinde, farklı etyolojik nedenlerle ortaya çıkar. Santral sinir sisteminde değişik derecede ve tipte nöron gruplarını içine alacak şekilde oluşur. En basit anlamda kortikal ve subkortikal bölgelerde yer alan nöron gruplarının içindeki elektriksel boşalımların yarattığı gelip geçici klinik belirtiler dizisidir (Ertekin, s. 507).

Epilepsi Antik çağlardan beri bilinen bir klinik tablodur. Örneğin Hippokrates ve okulu kafa travmalarında karşı beden yarısındaki felç ve konvulsiyonlardan haberdardı. Hippokrates bunun maddesel bir temeli olduğuna inanıyordu ama o çağlarda epilepsi genellikle kötü ruhların veya şeytanın ruhunun bedende bulunuşuyla açıklanırdı. Daha sonraları epileptiklerde hastalık senkop, histeri ve psikojenik bayılmalarla karıştırılmaya başlandı. Hatta İngiltere'de bugün bile, toplum epilepsi hakkında çok fazla bilgi edinmesine rağmen başka bilinç yitimiyle giden hastalıklarla karıştırılabilmektedir. Epilepside modern nörobiyolojik anlayış, John Hughlings Jackson'un 1860'lı yıllarda Londra'da Queens Square Hastanesi'ndeki klinik çalışmalarıyla başladı, denebilir. Jackson epilepsinin her zaman bilinç yitimiyle giden bir hastalık olmadığını ve bir kolun sıçramaları (miyoklonik sıçramalar) ile de kendini gösterebileceğini söyledi. Böylece ilk kez *fokal epilepsi* anlayışı ortaya çıkacaktı.

İkinci bir yaklaşım da yine İngiltere'den Victor Horsley (1857-1916)'e aittir. 1886 yılında kafatasında çökme kırığı olan hastalardaki epilepsiyi cerrahi yolla düzeltmiştir. Böylece epilepsi ilk kez radikal bir şekilde tedavi edilebilmiştir (Kandel, s. 910-915; Ertekin, s. 211-213; Haymaker ve Baer, s. 308-311; Viets, s. 772-783).

Epilepsi için modern cerrahi tedavi 1950'li yıllarda Wilder Penfield ve Herbert Jasper'in çalışmalarıyla başlamıştır. 19. yüzyılın ikinci yarısında ilk defa epilepsinin her türünde olmak üzere bromür tuzları kullanılmaya başlanmıştır. Bromür tuzları ve özellikle potasyum bromür epileptik hastalara verilirdi. Potasyum bromür 1840'lı yıllarda sifiliz ve splenomegali *(dalak büyümesi)* sağaltımında kullanılırdı. Ancak olumlu sonuçlar alınmayınca vazgeçilmiştir. Bu arada tek bir hastada bromürü İrlanda'dan Robert Bentley Todd (1809-1860) tedavi amacıyla 1852 yılında kullanmıştır. Ancak yarar sağlayamamıştır çünkü hastada aynı zamanda ağır böbrek yetmezliği vardır; zaten bu nedenle kısa bir süre sonra hasta ölür. Todd da bir daha bromürü kullanmamıştır. Bromürlerin epilepsi hastalarında yaygın kullanım alanı bulmasında, Kraliçe Victoria'nın özel doktoru Charles Locock (1799-1875)'un katkısı olmuştur. Locock *katamenyal epilepsi*de (regl dönemlerinde ortaya çıkan epilepsi), bromür kullanımıyla başarılı sonuçlar aldığını bildirmiştir. Hastaların nöbetlerini durdurduğuna inanmıştır. Sonuçlarını Lancet dergisinde yayımlamıştır. Bundan sonra bromür tuzlarının kullanım alanı çok genişlemiştir. Ancak bu durum 1912 yılında Alfred Hauptmann'ın (1881-1948) *fenobarbital*i keşfetmesi ve antiepileptik bir ilaç olarak kullanmasıyla son bulmuştur. Kendisi Yahudi kökenli bir Alman'dır. 1935 yılına dek nöropsikiyatr olarak başarıyla, bir ruhsal rahatsızlıklar hastanesinde çalışırken, oradaki tüm pozisyonları Naziler tarafından yasaklanmıştır. Dachau toplama kampında tutsakken bir şekilde başka bir ülkeye sığınma şansı yakalamıştır. ABD'ye sığınmıştır ve Boston'da Tuff Üniversitesi'nde göreve başlamıştır. İnsanlık için ve yüz binlerce epilepsi hastası için değerli bir tedavi mirası bırakmıştır (Öncel, s. 123-124).

ABD'de Houston Merritt (1902-1979) ve Tracy Jackson Putnam* (1894-1975) da 1937 yılında Fenitoin (PHT)'i epileptik hastalarda kullanmış ve bu ilaç da uzun yıllar epilepsinin en sık kullanılan ilaçları arasına girmiştir.

EEG kullanımıyla alakalı uykuya ilişkin bazı bilgilerden de kısaca bahsetmek gerekir. 1945 yılına dek yorgunluk sonucu, beyin etkinliğinin azalmasıyla uykunun meydana geldiği düşünülüyordu. Çünkü duyusal uyarımlarla uyanıklık hali devam ettiriliyor ve yorgunlukla beyin uykuya dalıyordu. Anlayış buydu. 1940 yılı sonlarında ve 1950'li yılların erken dönemlerinde İtalyan nörofizyolog Giuseppe Moruzzi (1910-1986) bunun böyle olmadığını kanıtlamıştı.

G. Moruzzi ve ABD'li Horace Winchell Magoun (1907-1991) beyin sapından yukarı çıkan duyu yollarını keşfetmişti. Bu yapı *ascending reticular activating system* (asendan retiküler aktive edici system) kısaca ARAS adı ile anılır. Moruzzi ve Magoun'a göre, duyusal girdilerle gelen çevresel sinyaller ARAS'ta tonik bir aktivite meydana getiriyor ve böylece serebral korteks uyanık kalıyordu. Bu sistem içindeki aktivitenin azalmasıyla da uyku meydana geliyordu. 1950'li yılların sonlarında Moruzzi ve arkadaşları ikinci bir keşif daha yapacaktı.Ponsun kesilmesiyle uykuda azalma oluyordu. Çünkü içindeki retiküler formasyon kesiliyordu. Bu durumda retiküler formasyonun uyku olayındaki rolü ön planda olamazdı. Ponsun üzerinde bulunan bazı nöronların uya-

* T. Putnam 1940'lı yıllarda NewYork Columbia Üniversitesi'nde çalışırken, Yahudi hekimlerin ABD'ye girmesine kota koyulmuştur. Kendisi hekimlere karşı konan bu kotaya karşı çıkmıştır. Bunun üzerine 1947 yılında Columbia Üniversitesi'nden bu nedenle istifa etmeye zorlandığı söylenir. Bundan sonra da hem kendisi Columbia Üniversitesi'nden istifa etmiş hem de tüm bilimsel çalışmalarından vazgeçmiştir.

nıklığa katkıda bulunduğu saptanmıştı. Bu üstteki nöronların aktivitesi aslında ponsun altında bulunan retiküler formasyonun bölümleri tarafından normal koşullarda inhibe ediliyordu (Kandel vd., s. 938-939).*

1950'li yılların erken dönemlerinde ABD'li Nathaniel Kleitman (1895-1999) ve onun iki öğrencisi Eugene Aserinsky (1921-1998) ve William Dement (1928-2020) uyku üzerinde çok önemli bir keşifte bulunmuştu. Uyku tek bir olay değildi, fakat iki farklı fazı vardı. Bunlardan biri *Rapid Eye Movement (REM)* ile beraber olan REM uykusuydu. Bu uyku fazında hızlı göz topları hareketleriyle beraber EEG'de düşük amplitüdlü hızlı bir ritim ortaya çıkıyordu. Diğer fazdaysa hızlı göz hareketleri olmuyordu ve genellikle EEG'de yavaş bir dalga ritmi ortaya çıkıyordu. Buna "*Non-REM*" uyku denmişti. Bu iki uyku periyodu uyku sırasında aralıklı olarak birbirini izliyordu. Kısacası uyku, bilfiil meydana gelen yüksek derecede örgütlenen bir beyin durumuydu. Daha sonraları uyku konusu birçok bakımdan geliştirilecekti (Kandel vd., 938-939).

KAYNAKLAR

Baladin P.F. "Pioneering concepts in epileptology; The cerebral Dysrhythmia of Frederic Gibbs (1903-1992) and William Lennox (1884-1960)" *J.Clinical Science* 18, 1038-1043, 2011.

Boldyriew O. "Kyiv Adresses of Volodymyr Pravdych Neminski" *City: History, Culture Society*, 12, 41-60, 2021.

Brazier M.A.B. *The Electrical Activity of the Nervous System*, 3rd edition, Pitman Medical, Londra, 1968.

Coenen A. & Zayachkivska O. "Adolf Beck. A pioneer in Electroencephalography in between Richard Caton and Hans Berger" *Adv.Cogn.Psychol.* 9, 216-221, 2013.

Coenen A. vd. "A forgetten Pioneer in Electroencephalography" *J.Hist.Neurosci.* 23, 276-286, 2014.

Coenen A. vd. "In the footsteps of Beck: The desynchronization of the Electro-Encephalogram" *Electroenceph Clin Neurophysiol.* 106, 330-335, 1998.

Demeter C.R. "Frederic Andrews Gibbs, M.D. EEG Pioneer" *Clinical EEG and Neuroscience*, 47, 255-259, 2016.

Eckoldt M. *Beyin ve Zihnin Kısa Tarihi: Duygular ve Düşünceler Nasıl Oluşur?*, çev. Mehmet Ali Erbak, Say Yayınları, İstanbul, 2018.

Ertekin C. *EMG'nin Tarihsel Gelişimi (1890-1960) Klinik Nörofizyoloji*, EEG-EMG Derneği, Yayın No. 11, Kitap Vitrini, Ankara, 2014.

* Ayrıca bkz. Bilinç: Nörolojik bir Bakış s.bölüm yok

Ertekin C. *Tıbbın Öyküsü*, Türkiye İş Bankası Kültür Yayınları, 5. Basım, İstanbul, 2023.

Ertekin C., *Nörolojide Fizyopatoloji ve Tedavi*, Bilgehan Basımevi, İzmir, 1987.

Feindel W. "Herbert Henri Jasper-(1906-1999); an appreciation" *Can.J.Neural Sci.* 26, 224-229, 1999.

Fenn W.O. "Alexander Forbes (1882-1965)" *Biographical memoirs*, Washington DC, National Academy of Science, 40, 113-141, 1969.

Gaddum J.H. & Holzbauer M. "Adrenaline and Noradrenaline"15, 151-203, 1957.

Gibbs F.A. & Gibbs E.L. *Atlas of Electroencephalography*, Addison Wesley Press Cambridge Mass. ABD, 1952.

Gloor P. "Berger lecture. Is Berger's dream coming true?" *Electroenceph Clin Neurophysiol.* 90, 253-266, 1994.

Grzybowski A. & Pietrzak K. "Napoleon Cybulski (1854-1919)" *J.Neurol.* 260, 2942-2943, 2013.

Haas L.F. "Hans Berger (1873-1941), Richard Caton(1842-1926) and Electroencephalography" *J.Neurol.Neurosurg.Psychiatry,* 74, 9, 2003.

Haymaker W. & Baer K.A. *The Founders of Neurology*, Charles C. Thomas Publisher, Springfield, 1949.

Henry C.C. "In memoriam Albert Melvin Grass (1910-1992)" *Am. J. EEG. Technology* 32, 183-185, 2015.

Jasper H.H. "The early development of neurosciencein Canada" *Can.J.Neurol.Sci.* 12, 221-229, 1985.

Jung R. & Berger W. "Arch Psychiatr. Nervenkr.1970 deki Jung vd., Almanca makaleden İngilizceye çeviri. 227, 279-300, 1979.

Kandel E.R., Schwartz J.H., Jessel T.M. *Principles of Neural Science*, 4th Edition, McGraw-Hill, Newyork, 2000.

Kumar R. & Yaragani V.K. "Penfield –A great explorer of Psyche-some Neuroscience" *Indian J.Psychiatry*, 53, 276-278, 2011.

Lennox M. "In memoriam Erna Leonhardt Gibbs-a tribute" *Epilepsia*, 291, 97, 1988.

Niedermeyer E. & Schomer D.L. *Historical Aspects of EEG, 2-16.-Niedermeyer's Electroencephalography*, ed. DL Schomer-F.H.Lopes de Silva, 6th Edition, Wolters Kluwer/Lippincott, Williams & Wilkins, Philedelphia, Tokyo, 2011.

Ormerod W. "Richard Caton (1842-1926). Pioneer Electrophysiologist and Cardiologist" *J. Medical Biography* 14, 30-35, 2006.

Öncel C. *Nörolojinin Öncüleri Antik Çağdan 20. Yüzyıla*, Nobel Tıp Kitabevleri, İstanbul, 2018.

Penfield W. & Jasper H.H. *Epilepsy and functional anatomy of the human brain*, Little Brown, Boston, ABD, 1954.

Pietrzak K vd. "Adolf Beck(1863-1942)-A pioneer of electroencephalogtaphy" *Eur. Neurol.*71, 32-34, 2014.

Quigley C. "Forgotten Rhythms? Revisiting the first evidence for Rhythms" *Eur.J. Neurosci.* 55, 3266-3276, 2022.

Reif vd. "The history of invasive EEG evaluation in epilepsy patients" *Seizure*, 41, 191-195,2016.

Renshaw B., Forbes A., Morison B.R. "Activity of isocortex and hippocampus. Electrical Studies with microelectrodes" *Journal of Neurophysiology* 3, 74-105, 1940.

Stone J.L. "Frederic A Gibbs" *Surgical Neorology*, 41,168-171, 1994

Tassinari C.A. "An electroencephographer recalls the history of the federation of the 70th anniversary of its Journal Clinical Neurophysiology" *Clin Neurophysiol.* 130, 2258-2263, 2019.
Towle V.L., Lee R., Leveit W.J.M. "Letters to the editör" *J.Child Neurology* 31, 804, 2016.
Tudor M, Tudor L. Tudor K.I. "Hans Berger (1873-1941) the history of electroencephalography" *Acta Med Croatica,* 59, 307-313, 2005.
Viets H.R. "The History of Neurology in the Last One Hundred Years" *Bull, NY Acad. Med*, 24, 772-783, 1948.
Walter W.G. "The location of cerebral tumours by electroencephalography" *Lancet*, ii. 305-308, 1936.
Wickens A.P. *History of the Brain-From Stone Age Surgery to Modern Neuroscience*, Psychology Press, Taylor & Francis Group, Londra ve NewYork, 2015.
Zayachkivska O. vd. "Impact of electroencephalography of Adolf Beck, a Prominent polish scientist and founder of the Lviv school of physiology" *Int. J.Psychophysiology*, 85, 3-6, 2012.
Zeidman L.A, Stone J., Kondziella D. "New Revelations about Hans Berger, father of the Electroencephalogram (EEG) and his ties to the Third Reich" *J.Child Neurology*, 29, 1002-1010, 2013.
Zifkin G.B. & Avanzini G. "Clinical Neurophysiology with special reference to the Electroencephalogram" *Epilepsia*, 50 (Suppl 3), 30-38, 2009.

15

20. Yüzyıl-III: Beyin Cerrahisi

Beyin cerrahisinin gelişmesinde 19. yüzyıldan gelen katkılar çok önemlidir. Daha önceleri antisepsi, anestezi ve hemostaz gibi önlemlerin yokluğu ve beyin lokalizasyonunda tanı yöntemlerinin henüz gelişmemesi cerrahların elini kolunu bağlayan etkenlerdendi.

Kanamayı durdurmak ve kan kaybını gidermek için kan transfüzyonunun geliştirilmesi önemli bir adımdır. Aslında çok eskilerde, 1665 yılında iki köpek arasında başarılı bir kan transfüzyonunu Richard Lower (1631-1691) gerçekleştirebilmiştir. Çok daha sonraları koyundan alınan kan, ruhsal rahatsızlıkların tedavisi için insana nakledilmiştir. Ancak kan transfüzyonu Karl Landsteiner'in (1868-1943) 1900 de kan gruplarını keşfiyle belirli bir kullanım alanı bulmuştur. Bu arada *elektrokoter* aygıtının ameliyatlarda kullanılması da cerrahlara önemli bir kolaylık sağlamıştır. Daha iyi bir hemostaz ve başarılı kan transfüzyonlarıyla daha karışık cerrahi girişimler yapılır hale gelmiştir (Aydın, s. 118-119; Kahya ve Öner, s. 219-221; Porter, s. 74-75).

Eski dönemlerde 18. yüzyıl sonuna gelinceye kadar küçük operasyonlar yapılabilirdi. Bu sırada hastalar ya bağlanıyor veya yakınındakiler tarafından sıkı sıkıya tutulurdu. Yapılan ufak girişimlerde cerrahın hızlı çalışması önem kazanırdı (Finger, s. 160). Diş çekimleri yüzyıllar boyu en sık yapılan küçük operasyonlardan biridir ve genellikle çok ağrılıdır. 19. yüzyılda analjezi/anestezi gelişmelerinin öncelikle diş hekimliği mesleğinde başlaması sürpriz sayılmamalıdır.

1900'lı yıllara doğru ve hemen sonrasında enfeksiyonla mücadele konusu cerrahları çok zorlamıştır (Ormand ve Hadjipanayis, s. 1-11). Ağrı konusu kısmen daha önceleri çözümlenir hale gelmiştir. Anestezik ajanların kullanılmasıyla dramatik bir ilerleme sağlanmıştır. Bu anestezik maddeler, cerrahlara ameliyatlarda daha fazla zaman kazanma avantaji getirmiştir. Nitroz oksit, eter ve diğer ajanlar 19. yüzyılda kullanmaya başlamıştır. "Nitroz Oksit ilk kez İngiliz biliminsanı ve rahip Joseph Priestley (1732-1804) tarafından 1792 yılında keşfedilmiştir. Aslında oksijeni de ilk keşfedenlerin başında gelir." İngiliz kimyacı Humphry Davy (1778-1829) nitroz oksit soluduğunda kendisinin duyarsız hale geldiğini görmüş ve bunun cerrahi girişimlerde ağrıyı giderici (analjezik) olarak kullanılabileceğini ileri sürmüştür. İlk önceleri nitroz oksit cerrahide kullanılmak yerine, genç öğrenciler arasında popüler bir eğlence aracı olmuştur. Çünkü bu gazın güldürücü özelliği vardır ve bu nedenle *güldürücü gaz* adı da verilmiştir. Bu gaz kullanılarak ABD'de de güldürme partileri düzenlenmiştir. Bu arada yine eğlence amaçlı ama paralı eğlence gösterileri de yapılmıştır. Gardner Quincy Colton adlı biri para ödeyerek içeri girenlerden herhangi birine güldürücü gaz verip onların tuhaf hallerini seyircilere gösterir. 1824 yılında aynı kentte bulunan diş hekimi Horace Wells (1815-1848) de böyle bir gösteriyi izlemektedir. Nitroz oksit gazı almış bir kişinin koşarken dizlerini mobilyalara adamakıllı çarptığı, buna rağmen pek ağrı duymadığı Wells'in dikkatini çekmiştir. Belki de kullanılan bu gazın ağrısız operasyonlarda da kullanılabileceğini düşünmüştür. Kendisi de bu gösteri mekânında gazı kullanmayı istemiş ve kullanmıştır. Ertesi gün kendi çürük dişini nitroz oksit altında çektirmeye karar vermiştir. Yine Colton'un hazırladığı bir gösteri sırasında, halkın önünde çürük dişini bir arkadaşına çektirmiştir. Dişi çekilirken hiç ağrı duymamştır. Bundan çok etkilenmiş, kendi hastalarında sürekli bu gazı kullanmaya başlamıştır. Artık bu yöntemi başkalarına da gösterme sırası gelmiştir. Massachusetts Genel Hastanesi'nde ünlü bir cerrah ve tıp öğrencilerinin önünde bir diş çekme operasyonuna girişmiştir. 1845 yılında diş çekimi yapılmış ama büyük bir fiyaskoyla sonuçlanmıştır. Çünkü bir şanssızlık veya dikkatsizlik sonucu gaz çantasında yeterli miktarda gaz kalmamıştır. Yeterli dozda nitroz oksit verilemediğinden herkesin önünde dişi çekilirken hasta bar bar bağırır. Bu sonuç Wells için iyi olmaz, utanç ve rezil olma duygularıyla hastaneyi terk eder. Ancak orada bulanan birkaç doktor Wells'in buluşunu gözden kaçırmamıştır. Bundan sonra nitroz oksit yöntemiyle birçok yerde diş çekimleri yapılmaya başlanır (Finger, s. 160).

Eter anestezisinde de başlangıçta nitroz oksit öyküsüne benzer bir durum olduğunu görüyoruz. Eter kullanımı yine bir süre popüler eğlence aracı haline gelmiştir. Bununla beraber kullanımı çok daha eskilere dayanmaktadır. Rochester New York'ta tıp öğrencisiyken William E. Clarke eğlence amacıyla eter partileri düzenlemiştir. Ama aynı zamanda ve sonra diş çekimleri için de eter kullandığı bildirilmiştir. Bu uygulamadaki sonuçlarını yayımlamamasına karşın, eterin tıp kullanımında en erken uygulayıcısı ve öncüsü olduğu söylenir. Georgia eyaletinde Crawford W. Long (1815-1878), genç bir hekim olarak 1842 yılında eter partilerinden birine katılmış, bu sırada orada bulunan birinin boynundaki iki küçük ur dikkatini çekmiş ve kişiye isterse boynundakileri eter anestezisiyle alabileceğini söylemiştir. Adam bu teklifi kabul etmiştir. Ameliyat öncesinde eteri havlu içine yeterince emdirmiş ve hasta bu havluyu solumuştur ve ağrısız olarak boynundaki urları çıkartmıştır. Daha sonra Long eteri diğer ameliyatlarda da kullanmaya başlamıştır. Bunlara ampütasyon ameliyatları da dahildir. 1849 yılına kadar eterle deneyimlerini yayımlamamıştır. Ancak Crawford Long'un cerrahi sonuçları bilinmeden önce William T.G. Morton (1819-1868), Boston'da diş hekimliği yaparken eterle anesteziyi 1846 yılından itibaren kullanmaya başlamıştır. Morton bu konudaki fikirleri arkadaşı Charles T. Jackson'dan (1805-1880) almıştır. Bu süreç içinde her ikisi de 1845 yılında Horace Wells ile arkadaş olmuştur. Wells arkadaşlarını ziyaretinde kendi nitroz oksit deneyimlerini anlatmıştır. Morton zamanla işi ilerletmiş ve daha güç ameliyatlarda eter kullanmaya başlamıştır. Hatta bacak ampütasyonlarını yaparken yine eter anestezisi kullanmıştır. Morton'un başarıları hızla yayılmış ve operasyon alanı *ether dome* (eter kubbesi) olarak isimlendirilmiştir (Finger, s. 160-162).

Avrupa'da 1847 yılında James Young Simpson (1811-1870), kloroformu ilk kez insanda denemiştir. Bunun uzun süre bilinç yitimi sağladığını görmüştür. Kloroformu obstetrikal ameliyatlarda başarıyla kullanmıştır. Böylece uzun süreli cerrahi girişim yapabilmenin yolu açılmıştır. Kendisi ayrıca obstetrikal forsepsi de ilk kullananlardandır.

Cerrahi enfeksiyonlara gelince, yine 19. yüzyılda antisepsinin önemi anlaşılmıştır. Burada Joseph Lister'e (1827-1912) değinmek gerekir. Antisepsitle ameliyatlarda enfeksiyon riski en aza indirilmiştir. Böylece anestezi, antisepsi ve hemostaz sayesinde cerrahide modern çağa girilmiş ve her türlü kısa ve uzun süreli ameliyatlar başarıyla yapılır hale gelmiştir (Ertekin, s. 221-223; Ormand ve Hadjipanayis, s. 1-11).

Ancak beyin ve omurilik ameliyatlarında, sinir dokusuna ulaşmak için kemik yapılarını aşma zorluğu yanında, lokalizasyon tanısı ve beyin gibi duyarlı bir organı zedelemeden çalışmanın güçlükleriyle karşılaşılmıştır. Bu güçlüklerse 20. yüzyıldaki beyin cerrahlarının çabaları sayesinde aşılmıştır. Bu çabaları gösterenlerin başında ABD'de Cushing ve Dandy'yi, Kanada'da Penfield'i ve Avrupa'daysa Foerster gibi öncüleri görürüz. Bugün için nöroşirurjideki en büyük gelişimi 1950'li yıllardan sonra Gazi Yaşargil mikroşirurji yöntemleriyle sağlamıştır.

Harvey Cushing (1869-1939) 20. yüzyıl başlarında beyin ameliyatlarında birçok temel cerrahi teknik geliştirmiştir. Yaşadığı süre için dünyanın lider beyin cerrahı kabul edilmiştir. Onun etkileri altında nöroşirurji yeni ve bağımsız bir tıp disiplini haline gelmiştir. Son yıllarda yapılan bir seçime göre Cushing 20. yüzyılın ilk yarısının en bilimsel çalışan beyin cerrahıdır. 20. yüzyılın 1950-2000 yıllarının ikinci yarısına, en bilimsel çalışan ve lider beyin cerrahı Gazi Yaşargil damgasını vurmuştur (Flammm, s. 1015-1018; Tew, s. 1010-1014; Al-Mefty, s. 1019-1024).

Harvey Cushing, Ohio'da doğmuştur. 1891 yılında Harvard Tıp Okulu'ndan mezun olmuştur. Daha sonra Johns Hopkins Hastanesi'nde, Baltimor'da zamanın ünlü genel cerrahı W.S. Halstedt'in yanında çalışmıştır. Orada onun mentoru profesör William Osler* aynı zamanda Cushing'in rol modelidir. 1899 yılında sinir sistemiyle ilgi-

* William Osler (1849-1919) Kanadalı bir hekim olmakla beraber, ABD'de Johns Hopkins Hastanesi'nin kuruluş yıllarından itibaren orada çalışmıştır, tıp eğitiminde önder bir hekimdir. Ayrıca ilk kez trombositleri keşfetmiştir.

lenmeye başlamıştır. 1900 yılında Avrupa'ya gitmiştir, o sırada 31 yaşındadır ve İsviçre'de Bern Üniversitesi'nde Emil Theodor Kocher'in* yanında nöroşirurji çalışmış ve deneysel çalışmalar yapmıştır.

Cushing, Kocher'in yanında intrakraniyal basınçla sistemik kan basıncı arasındaki ilişkiyi test etmeye başlamıştır ve sonradan adı başkalarınca verilen *Cushing refleksini* ortaya çıkarmıştır. Bu çalışma köpeklerde yapılmıştır; intrakraniyal basınç, sistemik kan basıncı, nabız ve solunum aynı anda ölçülmüştür. İntrakraniyal basınç artışı halinde sistemik kan basıncı da artmıştır. Solunum düzensiz hale gelmiş ve bradikardi (nabız yavaşlaması) görülmüştür. Bu durumun insanda akut kafa travmalarının terminal döneminde görüldüğü anlaşılmıştır. Bu refleksin ortaya çıkışı beyinde herniasyon (fıtıklaşma) olacağını gösterir. Keza adrenalin ve benzeri ilaçlar verildiğinde de ortaya çıkabilir. Cushing bu konuları 1901-1903 yılları arasında çalışmıştır. Sonuçlarını beş makale halinde yayımlamıştır. Bern'de çalışırken bir ara İtalya'ya kadar gitmiştir. Orada Riva-Rocci civalı tansiyon aletini görmüştür ama bunu keşfeden Scipione Riva-Rocci ile tanışıp tanışmadığını bilmiyoruz. Rutin olarak sistolik arteriyel tansiyonu ölçebilen aletten çok etkilenmiştir. Bu tansiyon aletinin ABD'de yaygınlıkla kullanılmasında önemli katkı sağlamıştır. Ancak daha sonraları 1905 yılında Rus hekim Nikolai Krotkov'un bulduğu şekliyle, diyastolik arteriyel tansiyon da ölçülmeye başlanacaktı. Aygıta *stetoskop* da eklenecek ve daha sonra tüm dünyada kullanılır hale gelecekti (Ertekin, s. 203-204).

Daha sonra Avrupa turunu İngiltere Liverpool'da Sir Charles Sherrington'u ziyaret ederek tamamlamıştır ve tekrar ABD'ye John Hopkins Hastanesi'ne dönmüştür. Kendisine nöroloji ve nöroşirurjide *Associate Professor* unvanı verilmiştir. Ama burada çok uzun kalmamış ve Boston'da yeni açılan Peter Bent Brigham Hastanesi'nde çalışmaya başlamıştır ancak orada iki yıl kadar çalıştıktan sonra I. Dünya Savaşı'nda Paris'te görevlendirilmiştir. Savaş sonuna kadar Paris'te kalmıştır. Oradayken kafa travmaları üzerinde çalışmıştır. Daha sonra Harvard Tıp Okulu'nda beyin cerrahi profesörü olarak çok önemli

* Kocher (1841-1917) İsviçreli hekim ve biliminsanıdır. Tiroid hastalığı ve cerrahisi üzerine yaptığı katkılardan dolayı kendisine 1909 yılında Nobel Ödülü verilmiştir.

araştırma ve uygulamalara imza atmış ve 63 yaşında emekli olmuştur. Emeklilik yıllarındaysa Yale Üniversitesi'ne geçmiştir; orada artık ameliyat yapmadığı söylenir. Nöroloji departmanında kalarak tıp tarihiyle ilgili kitap ve yazılar yazmıştır.

Cushing'in yaşamına geri dönersek, birçok cerrahi enstrümanın ortaya çıkışı teknik açıdan kolaylık sağlamıştır. Bu arada elektrokoteri, fizikçi William T. Bovie (1881-1958) ile birlikte geliştirmiştir.1908 yılı ve sonrasında hipofiz bezi üzerinde hem deneysel ve klinik çalışmalar yapmış hem de cerrahi uygulamalara yoğunlaşmıştır. Bu çalışmaları sonucu önce hipofizin bir salgı bezi olduğunu ve büyümeyi kontrol ettiğini anlamıştır. 1912 yılında çok iyi çalışılmış elli hipofiz hastası olgusu üzerine bir monograf yazmıştır. Hiperpituitarizm ve hipopituitarizm kavramlarını geliştirmiştir. *Akromegali* hastalığının hipofiz ön lobunun aşırı etkinliği sonucu ortaya çıktığını ve *dwarfism*inse hipofiz etkinliğinin azalması sonucu ortaya çıktığını göstermiştir. *Gigantizm* ve *seksüel infantilizmi* tanımlamıştır.* Hipofiz bezi ameliyatlarında yeni yöntemler geliştirmiştir. *Pituitary Basophilism* sendromunu tanımlayarak buna *Poliglandular Sendrom* adını vermiştir. Sonraları başkalarınca bu hastalık *Cushing hastalığı* adıyla anılmaya başlamıştır. Hem klinik çalışmalar hem de hipofiz üzerine yaptığı cerrahi yöntemlerle dünya çapında bir ün kazanmıştır. Aktif çalıştığı dönem içinde tüm dünyadan çok fazla sayıda hekim çalışmak veya ameliyatlarını seyretmek için yanına gelmiştir. Sinir cerrahisine başka önemli katkılar da sunmuştur. Bunlardan biri trigeminal nevralji olgularında, Gasser ganglion üzerinden yaptığı operasyonlardır.

1902 yılından itibaren beyin tümörü operasyonları yapmaya başlamıştır; 1931 yılı itibarıyla 2 bin tümör ameliyatı yaptığı ortaya çıkmıştır. Bunların çoğunu Harvard'da çalışırken gerçekleştirmiştir. Beyin tümörlerinde histolojik yapıyla hastalığın öyküsü ve yaşam süreleri arasındaki ilişkilerin analizini yapmıştır. Johns Hopkins'te mentoru Sir William Osler'in hayatı hakkında 1925 yılında yazdığı kitapla 1926 yılında Pulitzer Ödülü'nü kazanmıştır. Birçok kez Nobel Ödülü'ne

---

* Hipofiz aşırı etkinliği sonucu, vücut boyunun ileri artışına gigantizm; erişkinlerde aynı artışın, el-ayak, çene gibi organlarda yaptığı büyümeye akromegali adı verilir. Hipofizin çalışmaması halinde cücelik (dwarfism) ortaya çıkar.

aday gösterilmesine rağmen Nobel ödülünü alamamıştır. 1939 yılında öldüğünde yapılan otopsisinde üçüncü ventrikülde bir *kolloid kist* bulunmuştur (Haymaker ve Baer, s. 415-417; Lewis Jr. s, 977-982; Appel vd., 2006; Long, 1999).

Walter Edward Dandy (1886-1946), ABD'de nöroşirurji dalının kurucusu ve öncülerindendir. Zamanının en parlak, yaratıcı, araştırıcı ve üretken cerrahıdır. Ameliyat becerileri ve eğitmenliğiyle tüm tıp dünyasının ilgisini çekmiş ve çok tanınmıştır. Dandy Missouri'de doğmuştur. Johns Hopkins Hastanesi'nde doktor Halsted'in yanında yetişmiştir ve o sırada başasistan pozisyonundaki Harvey Cushing onun mentoru* olmuştur.

Resim 15.1. Harvey Cushing. ABD'li yüzyılın beyin cerrahı (1900-1950).

1910-1911 yılları arasında "deneysel cerrahi laboratuvarı"nda çalışmıştır. Buraya Hunter Laboratuvarı denir; daha ironik bir dille *doghouse* (köpek kulübesi) adı verilmiştir. Bir yandan deneysel olarak çalışırken bir yandan da beyin cerrahisi ameliyatlarına katılmıştır. Master derecesi almak için hayvanlarda hipofiz bezi üzerinde çalışmış ve o sıralarda Cushing ile aralarında gerginlik yaşanmıştır. 1918 yılında cerrah olarak mezun olmuştur. 1913 yılında çocuk hekimi bir arkadaşıyla birlikte *hidrosefali* üzerinde çalışmıştır. Hidrosefalinin iki tip olduğunu bulmuşlar ve serebrospinal sıvının dolaşım mekanizmalarını incelemişlerdir. 1919 yılında insanda ilk kez tanı yöntemi olarak *ventrikülografi* ve *pnömoansefalografi*yi geliştirmiştir. Pnömoansefalografi

* Daha deneyimli veya daha bilgili bir kişinin, daha az deneyimli veya daha az bilgili bir kişi veya gruba rehberlik ettiği ilişkiye verilen addır. Mentor daha yaşlı veya daha genç olabilir. Ancak belirli bir uzmanlık alanına sahip olması gerekir. Kişiyi geliştirme, yol gösterme hedefleri doğrultusunda rehberlik etmektir.

için lomber bölgeden beyin omurilik sıvısı içine hava enjeksiyonu yapılıyor ve sonra klasik radyolojik yöntemlerle beyin ventrikülleri üzerinden patolojik durumlar araştırılır.

Bu kitabın yazarı olarak nöroloji asistanıyken 1960 yılı başlarında birkaç kez pnömoansefalografi yapmıştım. Bu yöntem en azından çok şiddetli baş ağrılarına yol açıyordu. Ama ventrikülografi doğrudan beyin cerrahlarının uyguladığı bir yöntemdi. Kısacası özellikle bu iki yöntem uzun yıllar tüm dünyada kullanılmıştır.

Trigeminal nevraljide kendi geliştirdiği bir cerrahi yöntemi kullanmıştır.Trigeminal sinir duyusal köklerinde total/parsiyel kesilme şeklinde olan bu yöntemi 20 yıldan fazla 500'ün üzerinde hastada uygulamıştır. Mortalite oranı % 1'den daha azdır.

Ménière hastalığı olgularında, meslek yaşamı içinde total 692 operasyon yapmıştır. Sadece iki fatal durum ortaya çıkmıştır. Bunlarda ölüm sebebi enfeksiyondur.

2000 fıtıklaşmış nucleus pulposus (bel fıtığı) ameliyatı gerçekleştirmiştir. Sonraları intraserebral anevrizmalarda cerrahi girişimlerde bulunmuştur. Kuşkusuz çok sayıda beyin tümörü operasyonu da yapmıştır. İntraventriküler tümörlerde güvenli bir yöntemle ciddi nörolojik sekeller bırakmaksızın ameliyatlar gerçekleştirmiştir. Kendi ameliyat ekibine *brain team* (beyin takımı) adını vermiştir. Her yıl bu ekiple 1000'den fazla ameliyat yapıldığı belirtilmiştir. Dandy'nin cerrahi üzerinde önemli uygulamalarından biri de post-operatif düzelme odasını kurmuş olmasıdır. Bu muhtemelen günümüzün ameliyat sonu bakım ünitelerinin ilk hali kabul edilebilir.

Dandy'nin kendisini âdeta hastalarına adadığı söylenir. Hastalarına parasız da bakmıştır. Bazen uzaktan gelen hastalarının ulaşabilmesi için kendisi ödeme yapmıştır. Dandy asistanlarını çok sever ve eğitimlerine önem verir. Bununla beraber gerektiğinde asistanları ve meslektaşlarına karşı sert olmuş ve sevimsiz görünmüştür. Bazen asistanlarına bağırıp çağırdığı, hatta elindeki bir aleti asistanın üzerine fırlattığı görülmüştür. Yapısı gereği duygularını ve kızgınlıklarını tam kontrol edemeyen bir kişidir.

Dandy tıp literatürüne çok fazla katkı sağlamıştır. Beyin ameliyatı tekniklerini net olarak gösteren eğitici bir nöroşirürji kitabı yazmıştır.Zamanının en ünlü cerrahlarından biri kabul edilir. Tüm dünyadan, onun ameliyatlarını izlemeye gelen meslektaşları vardır. Kısacası nöroşirürjiyi bir uzmanlık dalı olarak yüceltmiştir (Haymaker ve Baer, s. 417-422; Ivatury, s. 121-125).

Wilder Penfield hakkında daha önce bilgi verildiği için burada değinilmeyecektir.

Avrupa'da yaklaşık aynı dönemlerde çalışmış, değerli beyin cerrahı Alman Otfrid Foerster hakkında da önceki bölümlerde gerekli bilgiler verilmiştir.*

Cushing - Dandy Karşıtlığı

ABD'de Dandy ile Cushing arasında derin bir yarış durumu vardır. Bu yarış ve sürtüşme 1910 yılında Johns Hopkins'teki ilk beraberliklerinde başlayarak süregelmiştir. Bir örnek vermek gerekirse 1912 yılında genç bir İngiliz denizci ileri derecedeki epilepsi nöbetleriyle hastaneye gelir. Cushing bu hastanın inoperable (ameliyat edilemez) olduğunu söyler fakat Dandy'nin hastayı ameliyat etmesine izin verir. Aslında bu operasyon Dandy'nin ilk *girişimlerinden* biridir. Dandy bir dekompresyon yaptıktan sonra beyin üzerinde olumsuz etkiler gösteren tüm yapışıklıkları da temizlemek için 2 saat uğraşır ve hasta sonunda iyileşir. Dandy'nin bu başarısı hastane içinde hızla yayılır.

Bir başka olayla da araları iyice açılmıştır; Cushing, Johns Hopkins hastanesinden ayrılmak üzeredir. Bundan kısa bir süre önce deney laboratuvarına gelir ve orada Dandy'yi bulur. Çalışmakta olan Dandy'den, onun hidrosefaliyle yaptığı deneylerin sonuçlarını göstermesini ister. Dandy, Cushing'in isteğini yapar ve sonuçları onun yanına getirir. Cushing bu materyali kendine ait bir kutu içine koyar. Bunu gören Dandy, Cushing'e "Bu materyal benim," diyerek itiraz eder ve kendine ait materyali kutu içinden çekerek geri alır. Cushing muhtemelen çalışmanın tek başına kimseye ait olamayacağını ima etmiştir. Ardından Cushing altı hafta kadar tatile çıkar. Dandy bu arada asistanlık pozisyonunda olumsuz değişmeler meydana geldiğini görür. Ancak cerrahi hocaları Halsted uzun süreli izninden döndüğünde du-

---

* Ayrıca bkz. 14. Bölüm.

ruma el koyar ve Dandy'yi yeniden asistanlık görevine getirir.

Dandy 1912 yılında Cushing'in yokluğu sırasında 11 beyin ameliyatı yapmış ve ilk hipofiz ameliyatını da başarmıştır. Bunu ailesine şöyle yazmıştır:

> "*...operasyonlar bakımından çok yoğun geçen bir haftaydı ve bir de hipofiz ameliyatı vardı. Cushing'in en zor ve en ince operasyonu... Hayal et... Kimbilir Cushing bana nasıl kızgınlıkla ve tepeden bakacaktır. Çünkü görecektir ki ben bir hipofiz ameliyatı yapmışım... Ben bu operasyonu bildirdiğim zaman insanlar bana şaşkınlıkla bakacak... Bunlar hiçbir şey ifade etmeyebilirdi ama Yüce Cushing bir şeyler yapmayı düşünebilecektir.*"

Aralarını geren olaylara bir başka örnek de verilebilir. Dandy bir nöroloji derneği toplantısında kendi ventrikülografi keşfini sunmaya karar vermiştir. Çalışmayı dernek yönetimine önceden yazılı olarak gönderir. O sıralarda Cushing derneğin yöneticisidir. Dandy'nin bu çalışması kabul edilmez. Cushing bu çalışmaya hayli eleştirel bakmaktadır. Özellikle Dandy'nin çalışmasında sonuçların istatistiği konusunda kuşkuları vardır. Dandy, Cushing'in açık kıskançlığı karşısında şaşırır. Bu durum ikisi arasındaki ayrılığı artırır. Aralarındaki rekabet daha fazla güçlenir. Dandy yazısının dernek tarafından reddedilmesi konusunda, "Hiç zaman bırakmadan (işi) halletti ve zaten dernekte daha yararlı olmaktan çok daha sosyal bir durumdaydı," der.

Her ikisi arasında en son ağız dalaşı 1922 yılında meydana gelir. Dandy, Johns Hopkins Hastane bülteninde "Serebello-Pontin Köşe Tümörlerinde Cerrahi Yöntem" ile ilgili bir yazı yayımlar. Fakat bu bültende Cushing'in bu konudaki çalışmalarından söz etmez. Zaten başka bir referans da kullanmaz. Oysa Cushing *akustik* tümörlerde uyguladığı ameliyat tekniğiyle düzelme meydana geldiğini daha önce yayımlamıştır. Dandy ise serebello-pontin köşe tümörlerinde yeni ve aynı zamanda total ekstirpasyon yöntemi geliştirmiştir. Burada kafanın suboksipital açılması ve küretajla kraniyal sinirlerde kanama ve zedelenme meydana gelmeksizin tümörün çıkarılması söz konusudur. Cushing makaleyi okur. Önce hastane yöneticisine yazmayı düşünür ama bundan vazgeçerek doğrudan Dandy'ye mektup yazar: "Benim için bu son derecede kötü, aynı şekilde birçok kişi için de çok kötü... çünkü onlar da benim Dandy'nin eğitiminde, onun lehine bir şeyler yaptığımı biliyor ve bu da eş derecede Dandy'nin kendisi için kötüdür... Hopkins Hastanesi için de kötüdür, bu bültenin tamamlanmamış ve vaatkâr makalenin kabul edilmesinin, kabul edilip basılmasına müsaade edilmesi açısından da kötüdür." Dandy'ye hitaben bir not da eklemiştir: "Bazı yayımlarının tonu nedeniyle kendine büyük zarar veriyorsun. Fakat kendi tarzını unutmamalısın... Bu son yazı son derecede kötü bir tat veriyor..."

Dandy bu hücum karşısında önce şaşırır ve sonra buna hemen yanıt vermekte gecikmez: "...senin çıkardığın sonuca ve şerefsizce başa kakmaya göre ben kayıtsız, akılsız biri değilim. Tabii ki çeşitli zamanlardaki kendi bireysel anlayışını genelleştirme ve en iyisi bunları görmezden gel... Bunlar büyük derecede seni ve pozisyonunu yansıtmıyor... Bunu göze alamazsın... Kuşkusuz bu mektupta kesin bir içerleme (kin) olduğunu hissetmeliyim fakat böyle değil, bu kabil bir takıntıyla çalışan böyle biri için çok üzgünüm." Sonuç itibarıyla kendi mektubunun çok daha saygılı bir tonda yazıldığını belirterek ve Cushing'e teşekkür ederek, mektubunu şöyle sonlandırmıştır, "...ki ona en büyük hayranlıkla bakmalıyım ve onu arkadaşım, rehberim ve üstadım kabul etmeliyim... Bütün olanlar gereksiz görünüyor... Keza tüm bunlar öylesine de farklı..."

Cushing'in iğneleyici saldırısı ve Dandy'nin sert vuruşlar şeklindeki yanıtı her ikisi arasında son sahne olarak kalmıştır (Ivatury, s. 121-125).

Cushing Sonrası ve Gazi Yaşargil Öncesi Dönem

1930'lu yıllarda beyin ve omurilik tümörü olan hastalar, beldeki disk hernileri, trigeminal nevralji gibi nöroloji hastaları, modern nöroşirürjinin gelişmelerinden yararlanma şansını kazanmışlardı. Ancak yine bu zaman dilimi içinde ve öncesinde psikiyatri hastaları ve özellikle şizofreni, obsesif kompulsif nevroz ve ağır depresyonlar bir türlü tedavi edilemiyordu. 1930'larda bu tür hastalar akıl hastanelerine gönderiliyor, yüksek dozda uyuşturucu ilaçlar verilerek sersemletilip uyuşturuluyorlardı. Elektrokonvulsif tedavi de bir hayli yaygınlaşmıştı. Ruhsal durumu değiştiren psikotrop ilaçların çıkmasına henüz daha zaman vardı. Bu ilaçların ortaya çıkıp akıl hastalarına uygulanabilmesi için 1950'li yılların sonlarını beklemek gerekecekti (Damassio, s. 69-71). Daha önceki sayfalarda sözünü edilen Phinas Gage olayından sonra* frontal lobun prefrontal bölgesinin ruhsal olaylarla sosyal davranışlardan sorumlu bir bölge olduğuna inanılmaya başlanmıştı. Buralardan ve bazı deneysel çalışmalardan yola çıkılarak insanda prefrontal bölge üzerine cerrahi girişim yaparak psikotiklerin sosyal hale getirilebileceğini düşünenler vardı. Bu düşünceler önce deneysel çalışmaların başlamasına ve sonra insan uygulamasına, her zaman tartışmalı olmakla beraber, *psikoşirürji* dalının doğmasına yol açmıştı.

İnsanda bu amaçla ilgili ilk girişim İsviçre'de Gottlieb Burckhardt (1836-1907) tarafından yapılmıştır. 1888 yılında altı psikotik hastanın beyninde Broca alanı ve temporal lob konuşma alanı civarında, beynin üzerine bir kesiyle beraber biraz da beyin dokusu çıkarmıştır. Bunların üçünde kısmi iyileşme sağladığını bildirmiştir. Burckhardt, ilerisi için böylesi girişimlerin değerli olabileceğini söylemiş ancak meslektaşları onu desteklemediği gibi, girişimleriyle ilgili de ağır eleştiriler almıştır (Wickens, s. 332). Yine 1930'lu yıllarda ABD'den iki araştırmacı, psikolog Carlyle Ferdinand Jacobsen (1902-1974) ve fizyolog John Ferguson Fulton (1899-1960) Yale Üniversitesi'nde frontal lob lezyonlarını şempanze üzerinde incelemiştir. Şempanzelerden biri çok agresif ve saldırgandır; ameliyat için eğitilemez durumdadır. Buna rağmen bu şempanzeyi ameliyat ederler. Frontal lobun çıkarılmasından sonra şempanze sakin, uslu, kolaylıkla yönlendirilebilen bir hale gelmiştir. 1935 yılında Londra'da Uluslararası Nöroloji Kongresi'nde bulgularını sunarlar. Bu bildiri sırasında dinleyenler arasında Portekiz'den Egas Moniz de vardır.

António Egas Moniz (1874-1955) ruhsal rahatsızlıkların oluşumunda, frontal lobdaki anormal nöronal bağlantıların sorumlu olduğunu düşünmüştür. Sinapslarda fiksasyon olduğunu, bu nedenle de anormal ve takıntılı fikirlerin ön plana çıktığını ileri sürmüştür. Keza Fulton ve Jacobsen'in deneysel çalışmaları da onu etkilemiştir. Ayrıca

* Ayrıca bkz. 11. Bölüm.

yine 1930'lu yıllarda Carlyle Jacobsen (1902-1974) frontal lob assosiyasyon (çağrışım) alanlarının bellek ve motor planlamayla ilgili olduğunu yayımlamıştır. Daha sonraları da frontal lobun uzun aşamalı planlama ve yargılamada kritik rol oynadığı ortaya çıkmıştır (Kandel vd., s. 349-380; Wickens, s. 332). Moniz psikiyatrik hastalarda ameliyat yapmaya karar vermiştir ancak bu ameliyatı tek başına yapacak durumda değildir. Birincisi cerrahi eğitiminden geçmemiştir ve ikincisiyse ellerinde gut hastalığı nedeniyle deformiteler vardır. Ameliyatı yapmak üzere beyin cerrahı Almeida Lima ile anlaşmış ve ilk girişimlerini frontal korteks üzerinde uygulamışlardır. Hasta bir kadındır, ileri depresyonu ve paranoyası vardır. Ameliyatta kafasında iki delik açılmıştır. Frontal lobun beyaz cevherine alkol solüsyonu zerk edilmiştir. Böylece frontal lobla beynin geri kalanı arasındaki bağlantı liflerini keserler. Hastada hiçbir akut yan etki çıkmaz ve ruhsal bozukluklarında da azalma görülür. Egas Moniz bu durumu bir klinik tedavi olarak tanımlar. Kısa bir süre sonra Moniz bu operasyon için *Leucotome* denen özel bir bıçak geliştirir. Bu alet kafatası deliklerinden geçirilir, frontal loba batırılır ve frontal lob aşağıdan yukarıya doğru kesilirdi. Böylece beynin diğer kısımlarıyla ilişkisi engellenirdi. Böylece alkol solüsyonunun sinir liflerini tahrip etmesi ihtimali de ortadan kalkardı. Moniz bu yöntemi şizofreni, takıntı-zorlantı bozukluğu ve depresyon yaşayan yirmi hastada uygulamıştır. Bu girişim için ilk kez *psikoşirürji* terimini kullanmıştır. Yedi hastada tam bir iyilik sağlamış, diğer yedisinde kabul edilebilir bir düzelme gözlenmiştir. Geri kalanlarda hiçbir düzelme yaşanmamıştır. Ameliyatla ilgili ciddi bir yan etki ortaya çıkmamıştır. Bir yıl sonra on sekiz hastaya daha aynı ameliyat yapılmıştır. Sonuçlar aynı başarı dağılımını göstermiştir. Bu yöntem dünyada birçok beyin cerrahının ilgisini çekmiş ve uygulanmaya başlanmıştır. Bu arada Egas Moniz 1949 yılında Nobel Ödülü'nü alan ilk Portekizli hekimdir (Kandel vd., 982-987; Wickens, s. 332-333; Damassio, s. 69-71).

Egas Moniz aslında kimdir? Egas Moniz gençliğinde monarşi karşıtı bir cumhuriyetçidir. Öğrenciliğinde çok aktiftir ve öğrenci gösterileri sırasında iki kez hapse girmiştir. Lizbon Üniversitesi'nde tıp fakültesi dekanı olarak çalışırken, öğrencilerin protestosuna karşı üniversiteye polisin girmesini engellemiş, bu yüzden de üçüncü kez tutuklanmıştır. 1900 yılında parlamentoya seçilmiş ve I. Dünya Savaşı sırasında İspanya Büyükelçiliğine atanmış, daha sonra da 1917 yılında dışişleri bakanı olmuştur. 1919 yılında Paris Barış Kongresi'nde (ve Versay Anlaşması) Portekiz delegelerinin başında bulunmuştur. 1919 yılında politik bir kavgadan sonra düello yapmış ve sonra 1926 yılında politikadan çekilmiştir.

1926 yılından sonra kendini tamamen tıp mesleğine adamıştır. Bir seri hayvan deneyinden sonra sodyum iyodür solüsyonu kullanarak ve boyundaki karotis damarından enjeksiyon yaparak, beyin damar sistemini insanda ilk kez görüntülemeyi başarmıştır. Bu *serebral anjiografi*dir. Böylece radyo opak bir maddeyi kullanarak beyni ve beynin vaskülarizasyonunu ortaya koymuştur. Bu yöntemle karotis interna (şahdamarı) tıkanmasını göstermiştir.

Egas Moniz kırka yakın hasta ameliyat edildikten sonra, şöyle bir yorum yapmıştır: "Prefrontal lökotomi basit bir operasyondur, daima güvenlidir ve bazı ruhsal rahatsızlıkları düzeltmede çok etkili bir tedavi yöntemi olabilir." Ruhsal rahatsızlığın artması nedeniyle, gerileme gösteren hastalarda bu cerrahinin işe yaramadığını da eklemeyi ihmal etmemiştir. Gerçekten de ameliyattan sonraki ilk dönemlerde hastaların ajitasyonu ve kaygıları düzelmiş görünmektedir. Dil, el becerileri ve bellek normal kalmış gibidir. Ama zaman içinde ameliyat edilen hastalarda, başka bir bozukluk ortaya çıkmıştır; aşırı sakinleşmişlerdir. Hatta duygularını yitirmiş gibidirler. Hastaların tepki verme ve eyleme geçme dürtüleri bastırılmıştır. Kişilikleri değişmiş ve anormalleşmiştir. Bunun üzerine Egas Moniz'e ve metodolojisine karşı eleştiriler başlamıştır. Hastaları hakkındaki dokümanlar eksiktir, komplikasyonlar azımsanarak bildirilmiştir. Hastalarını uzun süreli izlememiştir. Prefrontal lökotomi, sonunda tüm dünyada gereksiz zararlar vermesi yanı sıra, önerilme biçiminin de tartışılmasıyla kötü ün yapmıştır. Hatta 20. yüzyılın sonuna kadar Egas Moniz ve prefontal lökotomi konusundaki eleştiriler devam etmiştir. Örneğin psikolog Elliott Valenstein (1923-2023) ve nörolog-yazar Oliver Sacks (1933-2015) hem yöntemi hem de bu yönteme nasıl Nobel Ödülü verilebildiğini sorgulayıp eleştirmişlerdir (Damassio, s. 69-71; Kandel vd., 982-987; Wickens, s. 332-333).

Her ne kadar prefrontal lökotominin böyle bir dramatik öyküsü varsa da psikoşirürji operasyonları tüm dünyada teknik ve anatomik değişikliklerle devam etmiştir. 1936 yılında ABD'de nörolog Walter J. Freeman (1895-1972) ve beyin cerrahı James W. Watts (1904-1994), ajite depresyonu olan bir hastada frontal kortekse psikoşirürji uygulamıştır. Bir süre frontal lökotomi veya lobotomi adıyla benzer bir yöntem kullanmışlardır. Başarıları onlara cesaret vermiş ve 1948 yılında Freeman daha ileri gidip yeni bir teknik geliştirmiştir. Bu kez üst gözkapağı altından çelik bıçak ve çekiçle kranium tabanına girilmiş ve buradan fronto-temporal sinir lifleri kesilmiştir. Bu girişimin 10 dakika kadar kısa süreli olduğu bildirilmiş ve lokal anesteziyle yapılmıştır. Hatta hekimin kendi ofisinde bile bu girişim yapılabilir. Freeman ABD'deki birçok hastanede bu yöntemi göstermek üzere seyahate çıkmıştır. Onun bu haline *lobotomobile* denmiştir.

1946-1950 yılları arasında 50 bin hastaya bu yöntem uygulanmıştır. Bunların 3 binden fazlasına Freeman süpervizörlük yapmıştır. Hastalar arasında 19 çocuk vardır. Hatta çocuklardan biri 4 yaşındadır. Keza İngiltere'de 1942-1954 yılları arasında 10 bin hastaya aynı yöntemle psikoşirürji uygulanmıştır. Bu hastaların üçte ikisinin bu tedaviden yararlandığı belirtilmiştir. Ancak bu lobotomi operasyonlarından sonra geç dönemlerde ruhsal ve davranışsal yan etkiler görülmeye başlanmıştır. Hastalar apatik, inisiyatifini yitirmiş, anti-sosyal bir durum içine girmiştir. Bu olumsuz sonuçlar meslek içi tartışmaların ötesine geçmiş, halkın önünde geniş tartışmalar başlamıştır. Psikoşirürji üzerinde olumsuz siyasi görüşler ve müdahaleler ortaya çıkmıştır. 1950'li yılların sonunda psikoşirürji yerini yeni keşfedilmiş *antipsikotik* ilaçlara bırakmıştır.Cerrahi lobotomi gerilemiştir. Nihayetinde 1970'li yıllarda birçok ülkede bu cerrahi yöntem yasaklanmıştır. Buna ABD de dahildir. Birçok kişi için bu barbarca bir pratiktir. Çok sonraları, 1990 yılı ve sonralarında artık farklı teknikler kullanılmaya başlanmıştır. Bunlar arasında anterior singulotomi, limbik lökotomi, anterior kapsulotomi ve kaudat traktomi sayılabilir. Bu dört ameliyat tekniğinde klinik başarı % 25-75 arasında değişmektedir. Bu da psikoşirürjinin hâlâ standardize olmadığını göstermektedir (Wickens, s. 334-335; Kandel vd., s. 982-997 ve 349-380).

Ayrık Beyin (Split Brain)

Psikoşirürjide ilk lobotomi ameliyatları yapılırken epilepsi için de yeni bir cerrahi girişim gelişiyordu. Bu korpus kallosumun kesilmesi ve beynin ikiye ayrılmasıydı. Bu ameliyata *komissürotomi* de deniyordu. Korpus kallosum her iki hemisferi birbirine bağlayan önemli bir yapıdır. Geçmişe dönersek bu yapıyı ilk kez Galenos farketmiş ve *calleus* adını vermiştir. Çünkü sert ve kalınlaşmış bir deriye benzetilmiştir. 1540'lı yıllarda Vesalius da korpus kallosumdan söz etmiştir. Ventriküllerin şekillenmesinde rol oynadığı düşünülmüştür. 17. yüzyılda Thomas Willis bu bölgenin beyindeki ruhun bir hemisferden diğerine geçişini sağlayan bir yol olduğunu düşünmüştür. 1712 yılında İtalyan Giovanni Maria Lancisi, bu bölgede ruhun oturduğunu söylemiştir. 18. yüzyılın sonlarında Giovanni Morgagni ve Félix Vicq-d'Azyr, her iki hemisferdeki gri bölgelerden gelen sinir liflerinin bantlar halinde bulunduğu bir yer olarak tanımlamıştır. Günümüzde korpus kallosumun içinden 300 milyon kadar sinir lifinin geçtiği ve bunların her iki hemisferi birbirine bağladığı, birleştirdiği biliniyor.

1930'lu yıllarda ilk korpus kallosum ameliyatı ABD'de Johns Hopkins Üniversitesi'nde çalışan Walter Dandy tarafından yapılmıştır. Ameliyatta Dandy, üçüncü ventrikülde bulunan bir tümöre ulaşmak için korpus kallosumu parsiyel olarak kesmiştir. Ancak ameliyattan sonra herhangi bir davranış bozukluğu görmemiştir. Dandy bu yapının kesilmesinden sonra hiçbir semptom çıkmadığını belirtmiştir. 1930'lu yılların sonunda New York Rochester'da çalışan William Van Wagenen (1897-1961) hiçbir tedaviye yanıt vermeyen epilepsi hastalarında korpus kallosumu kesmiştir. Epileptik boşalımların bir hemisferden diğerine yayılmasını engelleyeceğini düşünmüştür. Bu düşünceye önceden yaptığı hayvan deneyleri sonucunda varmıştır. Van Wagenen *komissürotomi*yi, on hastaya uygulamıştır. 1940 yılındaki bildirisinde yedi hastada nöbetlerin jeneralize olmasını engellediğine vurgu yapmıştır. Önemli bir yan etki görmeyince bu operasyonlara devam etmiştir. Fakat başka cerrahlar bu konuda kendisini izlememiştir. Belki de birçok jeneralize epilepsi nöbetinde boşalımların beyin sapı ve talamustan kalkıp ve korpus kallosuma uğramadan yayıldığını bilenler için bu cerrahi uygun bulunmamıştır belki de.

Van Wagenen, 1940-1945 yılları arasında ameliyat edilen hastalarını psikolog Andrew Akelaitis (1904-1955) yardımıyla testlere tabi tutmuştur. Ancak hiçbir davranış anormalliği bulamamışlardır. Nörolojik sorun ve konuşma bozukluğu da gözlemlenmemiştir. Ancak iki hasta sağ ve sol ellerini karıştırdıklarını bildirmiştir. İlginçtir ki 1951 yılında Karl Lashley, korpus kallosumun işlevinin her iki hemisferin aşağı sarkmasını durdurmak olduğunu söylemiştir (!).

Roger Sperry (1913-1994) ayrık beyinle kapsamlı olarak ilgilenen bir nöropsikologdur. Daha önce hayvan deneyleriyle optik sinir ve retinayla ilgilenirken 1954 yılında Pasadena'daki California Teknoloji Enstitüsü'ne psikoloji profesörü olarak atanmış, burada tez hazırlayan asistanı Ronald Myers ile birlikte korpus kallosum üzerinde çalışmaya başlamışlardır. Önceleri kedilerde, kiyazma üzerinden optik sinirleri ve tabii aynı zamanda korpus kallosumu kesmişlerdir. Böylece aynı taraf gözden gelen görme sinyallerinin aynı hemisfere girmesini sağlamışlardır. Kediler önce bocalamış fakat onlara görsel eğitim verildikten sonra yaptıkları deneylerde veya testlerde başarı elde etmişlerdir. Buradan Sperry ve Myers kranium içinde iki ayrı fakat aynı nitelikte beynin var olduğu sonucuna varmıştır. Sperry daha sonra diğer öğrencisi Michael Gazzaniga (1939-) ile 1960'lı yıllarda insan üzerinde çalışırken dokunma duyusunun kortekse nasıl ulaştığını ayrık beyinli olgularda araştırmıştır. Çünkü dokunma duyumuyla ilgili kortekse giden yollar zaten normalde de korpus kallosumdan geçmemektedir.

Sperry bu deneylerden sonra şu sonuca varmıştır: Sağ ve sol hemisferlerin farklı işlevleri vardır, yetenekleri farklıdır, hatta farklı kişilikler taşımaktadırlar. Yani iki korteks birbirinden ayrıldıktan sonra artık her biri bağımsız ve ayrı birer "beyin"dir. Sonraki 10 yıl içinde de Sperry ve Gazzaniga ayrık beyinli hastalara birçok deney uygulamıştır ve sol hemisferin konuşma için baskın olduğunu kanıtlamışlardır. Sol hemisfer analitik problemleri çözmede daha rasyonel ve lojik bulunmuştur. Sağ hemisfer de konuşma olayından tamamen ayrılmış değildir ve bazı hastalar bazı kelimeleri anlamış, hatta basit cümleleri okuyabilmiştir. Sağ hemisfer yersel düşünme ve bilmece çözmede daha özelleşmiştir. Yüz ve resimleri tanımada daha baskın çıkmıştır. Buna resim çizme ve geometri sorularını bilmek de dahildir.

Resim 15.2. Roger Sperry. Nobel Ödüllü nöropsikolog. Ayrık beyin kavramının önderi.

İki hemisfer mizaç bakımından da farklı bulunmuştur. Sağ hemisfer daha emosyoneldir. Yani korpus kallosum iki farklı ve özelleşmiş beyin yarısının tek bir işlev için beraber olmasını sağlamaktadır (Wickens, s. 335-338; Finger, s. 407-409).* Çifte bilinç ya da iki ayrı beyin anlayışını çıkaran bu ayrık beyin deneyleri, beynin lokalizasyon çalışmalarının sonraki gelişmiş bir sonucudur. Bu şekilde yeni alanların açılmasına yol açmıştır. Bu arada Sperry de bu çalışmaları nedeniyle 1981 yılında Nobel Ödülü'nü kazanmıştır.

Gazi Yaşargil ve Mikrocerrahi

Gazi Yaşargil yaşamının 47 yılını yurt dışında, dünya çapında başarılarla dolu geçiren ve nöroşirürjide modern çağı başlatan olağanüstü bir cerrahtır. Mikrovasküler cerrahiyi tüm beyin ve omurilik hastalıklarında kullanmıştır. Mikrocerrahi yöntemiyle damarsal kökenli beyin hastalıkları yanı sıra, beyin ve omurilik tümörleri ve epilepsi cerrahisindeki uygulamalarıyla modern beyin cerrahisinde yeni bir dönemi başlatmıştır. Zürih'te kurduğu mikrocerrahi merkezi 1960'lı yıllardan itibaren tüm dünyadan gelen beyin cerrahları için bir eğitim merkezi haline gelmiştir. Yaşargil bu dönemde mikroşirürji üzerine sekiz kitap yayımlamıştır. Bu katkılarıyla nöroşirürji eğitiminde kalıcı bir başkalaşım gerçekleştirmiştir. Yaşargil tartışmasız "yüzyılın beyin cerrahı"dır (Ormond

Resim15.3. Beyin cerrahı Gazi Yaşargil. Mikrocerrahinin önderi, yüzyılın beyin cerrahı (1950-2000).

* Ayrık beyin deneyleri sonucu hastalardan birine ABD'deki Watergate skandalı ile ilgili bir soru sorulduğunda; sol hemisfer Başkan Richard Nixon'dan hoşlandığını söylemiş fakat sağ hemisfer ondan hiç hoşlanmadığını göstermiştir (Wickens, s. 338).

ve Hadjipanayis, s. 1-11; Tew, s. 1010-1014; Flamm, s. 1015-1018; Al-Mefty, s. 1019-1024).

Yaşargil 1925 yılında Diyarbakır Lice'de doğmuştur. 1944 yılında tıp tahsili için önce Almanya'ya gitmiş ve ardından İsviçre Basel Üniversitesi'nde tıp öğrenimine devam ederek 1949 yılında mezun olmuştur. 1953 yılında Zürih Üniversitesi'nde beyin cerrahisine başlamıştır. Hocası profesör Hugo Krayenbühl idi. 1965-1966 yılları arasında ABD'de Vermont Üniversitesi'nde Raymond M.P. Donaghy ile çalışarak mikrovasküler cerrahiyi (mikroskop eşliğinde damar ameliyatları yapmayı) öğrenmiştir. 1967 yılında tekrar Zürih'e dönmüştür. Mikrovasküler cerrahiyi tüm beyin ve omurilik hastalıklarında kullanmıştır. Zürih Üniversitesi'ndeki şeflik görevinden 1993 yılında emekliliğe ayrılmıştır. 1994 yılında Yaşargil, ABD'de Little Rock şehrindeki Arkansas Tıp Bilimleri Üniversitesi'nden gelen teklifi kabul etmiş, orada ABD'deki ilk mikroşirürji merkezini kurmuştur. 2013 yılındayken 88 yaşındayken kendi ülkesi Türkiye'ye dönmüştür. Halen İstanbul'da Yeditepe Üniversitesi Tıp Fakültesi'nde nöroşirürji anabilim dalında görevli olarak çalışmaktadır. Birçok Türk cerrahını da yetiştirmiştir.

Gazi Yaşargil anjiografi gibi yeni gelişen teknolojilerden yararlanarak ve bu teknikleri daha da ilerleterek, mikrocerrahiyi geliştirdi. Mikrocerrahi tekniklerinin yolunu açabilmek için kayan mikroskop, ayarlanabilir otomatik ekartör, mikrocerrahi aletleri ve ergonomik anevrizma klip ve aplikatörleri gibi yeni aletler yarattı. Geliştirdiği dahice mikrocerrahi teknikleri sayesinde daha önce inoperabl sayılan hastaların sonlanımını köklü bir şekilde değiştirdi (J. M. Tew, 1010-1014).

Beyin cerrahisi pratiğinde mikroskop kullanımının hayata geçirilmesinde ve yaygınlaştırılmasında katkıları ile uluslararası üne sahiptir. 1999 yılında Amerikan Nörolojik Cerrahlar Kongresi'nde*Neurosurgery* dergisi tarafından 1950-2000 yılları arası *Yüzyılın Beyin Cerrahı* unvanı ve Avrupa Nörolojik Cerrahlar Birliğince kendisine Onur madalyası verilmiştir. Kendi yazdığı Türkçe kitabından yaşam ve çalışma ilkeleri konusunda yazdıklarıyla bu konuyu bitirelim:

Bayram, seyran, hafta sonu, tatil, doğum günü, düğün günü demeden 1940 yılından beri çalışmaktayım. Cemiyet hayatına, eğ-

lencelere ve spora vaktim olmadı. Ara sıra yürümek, hastanelerde hep merdivenleri kullanmak ve saatler süren ameliyatlar biricik sporumdur... Tatil yapmaya hiç gerek duymadım. Günlük çalışmalarımda hem çok yorulur hem de iyi dinlenirim, hastalarımın iyileşmeleri bütün yorgunluğumu unutturur... Zürih'teyken 4-5 saat uykuyla yetinir, yazılarımı gece hazırlardım. Burada ortalama 6-7 saat uyuyorum. Akşamları ve pazar günleri öğleden sonraları musiki dinlemeye tutkunumdur."(Yaşargil, s. 179-209)

KAYNAKLAR

Al-Mefty O. "M. Gazi Yasargil: The time in the Little Rock" *Neurosurgery*, 45, 1019-1024, 1999.

Aydın E. *Dünya ve Türk Tıp Tarihi*, Güneş Kitabevi, 2006.

Damassio A.R. *Descartesin Yanılgısı*, Varlık Yayınları, Sayı: 538, Bilim Dizisi 2, 2. Basım, İstanbul, 1994.

Ertekin C. *Tıbbın Öyküsü*, Türkiye İş Bankası Kültür Yayınları, 5. Basım, İstanbul, 2023.

Finger S. *Origins of Neuroscience. A History of Explorations into Brain Function*. Oxford University Press, Londra ve Newyork, 1994.

Flamm E.G. "Professor M.Gazi Yasargil: An appreciation by a former Apperentice" *Neurosurgery* 45, 1015-1018, 1999.

Haymaker W. & Baer K.A. *The Founders of Neurology*, Charles C. Thomas Publisher, Springfield, 1949.

Ivatury R.R. "Our surgical heritage: Walter Edward Dandy. The Founding Father of Neurosurgery" *J.Trauma.Crit.Care Emerg. Surg.*, 10, 121-125, 2021.

Kahya E. & Öner M. *Biyoloji Tarihi*, İmge Kitabevi, Ankara, 2007.

Kandel E.R., Schwartz J.H., Jessel T.M. *Principles of Neural Science*, 4th Edition, McGraw-Hill, Newyork, 2000.

Lews Jr E.R. "Neurosurgery's man of the century: Harvey Cushing. The man of his legacy" *Neurosurgery*, 45, 977-982, 1999.

Long D.M. "Harvey Cushingat Johns Hopkins" *Neurosurgery*, 45, 983-989, 1999.

Ormand R. & Hadjipanayis C.G. "The History of neurosurgery and its relation to the development and refinement of the frontotemporal craniotomy" *Neurosurg Focus*, 36, 1-11, 2014.

Porter R. *Kan Revan İçinde Tıbbın Kısa Tarihi*, Metis Yayınları, İstanbul, 2016.

T. Appel http://web.achive.org/201506200642/, https://doc.Med.yale.edu/historical/cushing/family .html.

Tew Jr J.M. "M. Gazi Yasargil. Neurosurgery's man of the century" *Neurosurgery*, 45, 1010-1014, 1999.

Wickens A.P. *History of the Brain-From Stone Age Surgery to Modern Neuroscience*, Psychology Press, Taylor & Francis Group, Londra ve NewYork, 2015.

Yaşargil M.G. *Bir beyin cerrahının meslek yaşamı, düşünceleri ve anıları*. Turgut Yayıncılık ve Ticaret AŞ, İstanbul, 2000.

16

20. Yüzyıl-IV: Nöron, Sinaps ve Transmitter

Günümüzün nöroanatomi ve nörofizyoloji kitaplarına göre, beynimiz ve tüm sinir sistemimiz önce şaşırtıcı ve sonra da etkileyici özellikler taşır. Örneğin beynin içinde yüz milyar hücre (10^{11}) kadar sinir hücresi bulunur. Eğer bu hücreleri birer birer saymaya kalkarsak bu işi ne zaman bitireceğimizi tahmin bile edemeyiz. Beyindeki sinir hücresine nöron, hücre gövdesinden uzanan çok sayıdaki çıkıntılara dendrit ve temel iletiyi götüren ya da taşıyan tek çıkıntıya da akson deriz. Akson ana hücreden çıktıktan sonra kollateral dallar verir. Aksonun uzantıları diğer aksonlarla sinaps denen bölgelerde bağlantılar kurar. Her bir sinir hücresi ortalama bin kadar sinaps oluşturur ama bazılarında sinaps sayısı 5-6 bine ulaşabilir. İnsan beyninde bu sinapsların yaklaşık beş yüz trilyon sayıda olduğu belirtilmiştir ($5x10^{14}$). Bir sinir hücresi etkin hale geldiğinde (yani ateşlenince/depolarize olunca) aksonlara geçen bir elektrik akımı oluşur, bu bir sinir impulstur ve aksiyon potansiyeli adını alır ve diğer nöron hücresinin sinaptik bölgesine ulaşır; sinaptik aralıkta sinaptik aracı madde olarak transmitter denen bir kimyasal madde aracılığıyla sonraki nöronu etkinleştirir veya inhibe eder (Wickens, s. 1-3; Damassio, s. 40-41; Kandel vd., 175-186; Glickstein, s. 31-44; Ertekin, s. 60-65).

Bu olayların derinliklerine indiğimizde çok görkemli bir doğa makinesinin işlediğine tanıklık ederiz. Bu girişten sonra, temel nöronal mekanizmaların nasıl birer birer keşfedildiğini tarihsel perspektiften görmeye çalışacağız. Bunları başlıca üç grupta inceleyebiliriz. Membran kuramı, sinaps ve Transmitter.

Membran Kuramı ve Aksiyon Potansiyeli

Aksonda sinir impulsunun oluşabilmesi için sinir hücresi zarının özelliklerini anlamak ve anlatmak işin en temel yanıdır. Bu temel bilgi 19. yüzyılda Emil du Bois-Reymond (1818-1896) ve Hermann von Helmoltz'un (1821-1894) çalışmalarıyla başlamış ve "membran kuramı" adıyla Julius Bernstein (1839-1917) tarafından geliştirilerek 20. yüzyıla damgasını vurmuştur. Bernstein, Reymond ve Helmholtz ile beraber Berlin ve Heidelberg'de çalışarak membran kuramını geliştirmiştir. Günümüzde Bernstein'ın adı "elektrik potansiyellerinin membran kuramı" ile birlikte anılmaktadır (Seyfarth, s. 2-8; Wickens, s. 267-268). Bir sinir hücresi ve akson istirahat halindeyken membranının dış yüzünün pozitif ve iç yüzünün negatif olduğu ve bunun bir elektriksel voltaj farkı yarattığı düşüncesi, 19. yüzyıldan 20. yüzyıla iletilmiş bir bilgidir. Bu duruma günümüzde "membran potansiyeli" demekteyiz. Membran kuramını Bernstein ilk kez 1902 yılında 64 yaşındayken bildirmiştir. Onun özgün düşünceleri şöyledir: (1) Canlı hücrelerde iyonlara karşı seçici geçirgenlik gösteren ince bir membran vardır. İç kısmı elektrolitik bir yapıyla döşenmiştir; (2) İstirahat halindeki bir membranın etrafında elektrik farkları vardır ve membranda bir etki veya zedelenme olmazsa bu istirahat potansiyeli değişmez. (3) Etkinlik sırasında membrandaki iyon geçirgenliği artar. Bu özellikle potasyum iyonları için geçerlidir. Bu durumda membran potansiyeli daha düşük bir seviyeye düşer. Negatif bir değişkenlik ortaya çıkar.

Burada Bernstein karar verici olarak potasyum iyonlarına ağırlık vermiştir. Çok sonraları kuramdaki bu eksiklik hücre dışında bulunan sodyumun içe akması gerçeğiyle tamamlanacaktır. Kısacası eylem halinde hücre içi potasyumu dışarı akarken hücre dışı sodyum iyonu hücre içine akacaktır.*

Böylece hücreye bir sinir impulsu geldiğinde membrandaki bu iyon geçişi değişimleri yeni bir sinir impulsu oluşmasına yol açar.

---

* Konunun ayrıntıları için bu bölümün sonundaki EK-I'e bakınız.

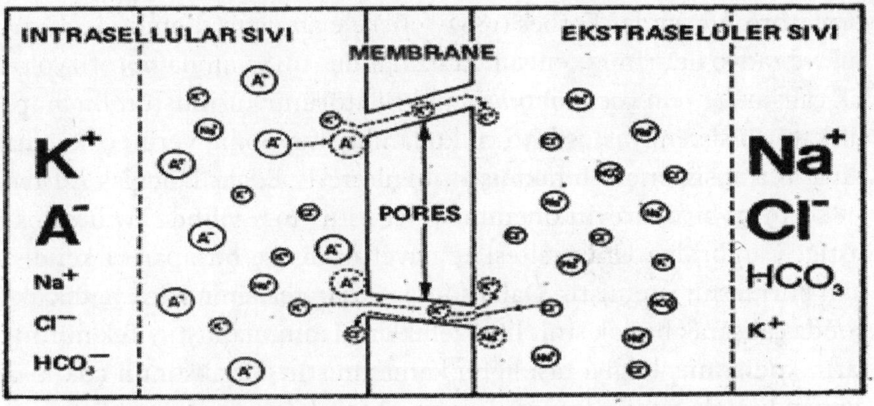

Resim 16.1. İstirahat membrane potansiyelinin hücre içi ve hücre dışı iyon konsantrasyonlarına göre durumu. Ertekin C., *Nörolojide Fizyopatoloji ve Tedavi*, İzmir, 1987. (A: Anyon. Pores: Membran delikleri.K: Potasyum. Na: Sodyum. Cl: Klor iyonları)

Buna Helmholtz, "aksiyon potansiyeli" adını vermiştir (Seyfarth, s. 2-8; Wickens, s. 268; Ertekin, s. 82-85). Bernstein'ın membran kuramı temel ilke olarak doğrudur. Bu kuram, ilk kez modern fizikokimyasal bir açıklamayla sinir impulsunun oluşumunu da gösterir. (Wickens, s. 268; Ertekin, s. 60-65; Seyfarth, s. 2-8). Bernstein son çalıştığı Alman Halle Üniversitesi'nde (Leipzig) 1890 yılında rektör seçilmiştir. Aslında o bir Alman üniversitesine atanan ilk Yahudi rektördü.*

Bernstein membran kuramını 1902 yılında ortaya atmıştır. Kuramı geliştirecek teknik olanaklar henüz ortaya çıkmamıştır. Bunun için I. Dünya Savaşı'nı beklemek gerekecekti. Savaşın neden olduğu yeni teknolojik gelişmelerle biliminsanları tanışmış, amplifikatörler ve katot ışınlı osiloskopları kullanmaya başlamışlardır. Fizyolojik uyarım ve kayıtlama teknikleri gelişmiştir. Bunlardan biri de *thermionic valve* (vacuum tube) idi. Bu aygıt aracılığıyla bir sinir impulsu (aksiyon potansiyeli) 50 kez büyütülerek görülebilir. Bu apareyi ilk kez sinir impulsu üzerindeki etkilerini araştırmak üzere ABD'de Harvard Üniversitesi

* Nazilerin Almanya'da 1933 yılında iktidarı ele geçirmelerinin ardından, bu durum acı bir şekilde değişmiştir. Göttingen ve Halle üniversitelerinde akademik pozisyonu olan iki oğlu hemen üniversitelerinden uzaklaştırılmıştır. Aileleriyle birlikte sürgüne zorlanmışlardır (Seyfarth, s. 2-11).

profesörü Alexander Forbes (1882-1965) ele almıştır.* Kendisi elektronik ve radyo iletişimi konusunda uzmandır. 1918 yılında nörofizyolojik çalışmalar için *vacuum tube* amplifikatörünü kurmuştur. Bu amplifikatörlü sistem yaklaşık 30 yıl kullanılmıştır. Sonra yerini çok daha duyarlı transistörlere bırakmıştır. İngiltere'de Edgar Douglas Adrian (1889-1977) bu apareyin önemini anlamıştır; 1921 yılında Forbes'i çalıştığı Cambridge Üniversitesi'ne davet etmiş ve bu apareyi kendisi için kurmasını istemiştir. Daha sonra Adrian tek sinir lifi veya tek aksonda çalışarak birçok sinir lifi özelliklerini tanımlamıştır. Tek nöronların kodlanmış bilgiyi taşıdığını kanıtlamıştır. Bir aksonun çok kısa zamanda çok sayıda (saniyede 1-50 arası) bilgiyi gönderebileceğini saptamıştır (Wickens, s. 273). Ancak henüz daha membran potansiyeli ve aksiyon potansiyelinin elektroşimik ayrıntıları öğrenilememiştir. Nihayet 1936 yılında bu konudaki ilk açılım Oxford biyoloğu John Zachary'den gelmiştir. Kabuklu deniz hayvanında dev aksonların varlığını keşfetmiştir.Bu dev nöronları inceleyen İngiliz fizyologlar A. Hodgkin ve A. Huxley kimyasal ve fiziksel terimleri kullanarak bir aksiyon potansiyelinin kesin matematik formüllerle tanımını yapmıştır. Sonuçlar bir dizi araştırma sonunda ortaya konmuştur. Bu tanımlama böylece 1791 yılında Galvani'nin hayvanda biyoelekrik etkinlik olduğunu bildirmesinden bu yana, insanlığın beynin temelini anlamada en büyük keşiflerinden biri ve en büyük bilimsel ilerleme olmuştur (Hodgkin, 1965).

1930'lu yıllarda sinir hücresi ve sinir lifleri hakkında bir hayli bilgi birikimi elde edilmesine rağmen membran geçirgenliği ve nöron hücresinin iç kısmındaki olayların ayrıntıları bilinmiyordu. Çünkü memeli hayvanların sinir lifleri içine girip gerekli bilgiyi yakalamak olanak dışıydı. Nöronların çapı çok küçüktü (milimetrenin binde biri), yani birkaç mikron civarındaydı. Deneysel ve teknik açıdan akson içine girmek olanaksızdı. Bu sorunun çözülmesindeki ilk adım Oxford'da biyolog olarak çalışan John ZacharyYoung'a (1907-1997) aittir.

1936 yılında kabuklu deniz hayvanları grubunda (mürekkep balığı, ahtapot, kalamar gibi) dev aksonların olduğunu bildirmiştir.

---

* Ayrıca Bkz. 14. Bölüm.

Kendisi kafadan bacaklı deniz hayvanları uzmanıydı. Kuzey Atlantik Plymouth'da, Deniz Biyolojisi Derneği'nde 1933 yılında çalışmaya başladığında *Loliga Peali* denen uzun kuyruklu kalamarla ilgilenmeye başlamıştır. Hayvanın baş kısmında beyin koruyucu mantonun içinde geniş transparan tübüler yapılar dikkatini çekmiştir. Young önce kan damarları olabileceğini düşünmüş fakat daha yakından bakınca bunların nöron ganglionları olduğuna kanaat getirmeye başlamıştır. Bu ganglionlardaki aksonların çapı çok büyüktür ve 1 mm civarındadır, yani memeli aksonlarından bin kat daha büyüktür. Bu keşif dev akson adıyla nörofizyologların çalışma umudunu körüklemiştir. Üstelik bu aksonların hayvandan alınması da kolaydır. Aksonun içine ince bir tel sokulabilir ve ayrıca bu haliyle bir izole akson 12 saat veya daha uzun süre canlı kalabilir. İşte bu dev akson sayesinde sinir impulsuna dair tüm gerçekler birer birer ortaya konmuştur. Bu dev akson üzerinde ve içinde çalışmalarını tamamlayan Alan Hodgkin (1914-1998) ve AndrewHuxley (1917-2012) bu avantajı çok iyi kullanmış ve 1973 yılında Nobel Ödülü'nü kazanmışlardır. Hatta belirtildiğine göre Hodgkin, "Aslında bu kafadan bacaklı hayvana Nobel Ödülü verilmeliydi!" demiştir.*

1939 yılında bu dev akson konusunda fizyolojik çalışmalar başlamıştır. İki grup öne çıkmıştır; bir grup ABD Massachusetts'ten Kenneth Cole ve Howard Curtis, diğer grupsa İngiltere Playmouth'dan Alan Hodgkin (1914-1998) ve Andrew Huxley'dir (1917-2012). Her iki grup birbirinden bağımsız çalışmıştır. Dostça bir rekabet içindedirler.

Dev akson içine çok ince platin veya gümüş tel elektrot sokarak ikinci bir elektrot da akson yüzeyine yerleştirilir. Böylece akson içiyle dışı arasındaki iyon olayları (Voltaj farkı gibi) daha iyi anlaşılabilir. Elektrik akışına karşı membranın direncini ölçmek böylece mümkündür. Aksiyon potansiyeli oluştuğunda membranın elektrik direnci aniden 40 kez azalır, yani o noktada o anda akson membranının iyon

---

* Zachary Young'ın dost canlısı, aşırı meraklı, ilginç bir yapısı olan ve daima kırmızı kravat takarak sosyalizme sempatisini göstermeye çalışan veya yansıtan hoş bir adam olduğu söylenir. Hodgkin ve Huxley 1973'de Nobel ödülünü aldıkları sıralarda, birçok ilgili kişi bu ödüle Zachary Young'ın da dahil edilmesi gerektiği düşüncesini taşıyordu (Messenger, s. 726; Wickens, s. 276-277).

akışı geçirgenliği 40 kez artar. Bu Bernstein'in kimyasal kuramına uygundur. Aksiyon potansiyeli, membranın direncinin kırılmasıyla iyonların geçişi sonucu ortaya çıkar. Hodgkin ve Huxley akson membranındaki istirahat potansiyelini -45 mV civarında bulur. Aksiyon potansiyeli sırasındaysa membran potansiyeli +40 mV olur. Buna göre aksiyon potansiyeli süresi 3 ms bulunur. Her ne kadar Bernstein bunu 3-4 ms olarak saptadıysa da bu bulgular eski membran kuramına çok uymaz. Ayrıca membran direncinin kırılmasında, geçirgenlik ötesinde başka ekstra etkenler de olmalıdır.

Bu sorunun çözümü uzar çünkü araya II. Dünya Savaşı girmiştir. Hodgkin İngiltere'de radarın geliştirilmesiyle uğraşmaya koyulmuştur. Huxley ise deniz kuvvetlerindedir. Savaş bittikten sonra bile, yarım kalan dev akson çalışmaları yavaş yavaş yerine oturmaya başlayacaktır. Çünkü çalıştıkları Plymouth laboratuvarı Almanların bombalamasından zarar görmüştür.1945-1946 yılları arasında tekrar eski çalışmalarına geri dönerler.

Bernstein akson membranındaki akışın kolaylaşmasından potasyum iyonlarını sorumlu tutmuştur. Hodgkin ilaveten sodyum iyonlarından da kuşku duymaya başlamıştır. Bu sorunun çözümlenmesinde farmakolog Bernard Katz'dan yardım almıştır. Böylece sodyum iyonlarının dışardan hücre içine akışının, aksiyon potansiyellerinin karakteristiği olan pozitif dikeni (depolarizasyon) meydana getirdiği anlaşılmıştır. Bundan sonra "Aksiyon potansiyeli nasıl başlıyor?" sorusuna yanıt aramışlardır. Aksonun membran potansiyeli -30mV olduğunda kritik bir eşik değer meydana gelir. Hodgkin ve Katz, bunun sodyuma karşı membranın geçirgenliğini artırdığını (veya direncin azaldığını), böylece hücre içinin negatiften pozitife döndüğünü ileri sürmüştür. Hücre içi sodyum akışı tipik bir iyon akışıdır. Aksiyon potansiyelinin tetiklenmesi için bu oldukça ince bir noktadır. Sonra daha yoğun olarak aksiyon potansiyeli aksonun hızla depolarizasyonuna neden olur (yaklaşık +40 mV). Daha sonra da akson içine iki tel elektrot yerleştirilmiştir. Biri hücre içi Voltajı ölçecek, diğeriyse bir akım vererek aksiyon potansiyelinin tetiklenmesini meydana getirmeden hücre içi iyon düzeyini kontrol altında tutacaktır. Bu Voltage-Clamp tekniği ile çözülmüştür. Böylece bir aksiyon potansiyelinin etrafındaki olaylar çözümlenmiştir.

Şöyle ki (1) bir depolarizasyon uyarımının gelişiyle sodyuma karşı membran permeabilitesi artıyor; (2) sodyum iyon kanalları açılıyor ve sodyum iyonları hücre içine hücum ediyor; (3) sodyum iyon kanalları kapanıyor; (4) potasyum hücre dışına sızıyor; (5) potasyum kanalları kapanıyor; (6) hücre refrakter periyod içine giriyordu. Bir aksiyon potansiyelinin oluşumu sırasında bu olaylar ardışık, yani sırasıyla meydana geliyordu. Bu oluşum dizisine ve süresine *Hodgkin siklusu* adı verilmişti. Aksiyon potansiyeli oluştuktan sonra (veya nöron hücresi depolarize olduktan sonra), sinir aksonunda iletim olayı başlıyordu. Akson boyunca iletim, aksonu çepeçevre saran miyelin kılıfında, periodik sıralanan Ranvier boğumlarındaki miyelinsiz boşluklar arasında depolarizasyon dalgasının sıçrayarak ilerlemesiyle sağlanıyordu. Buna

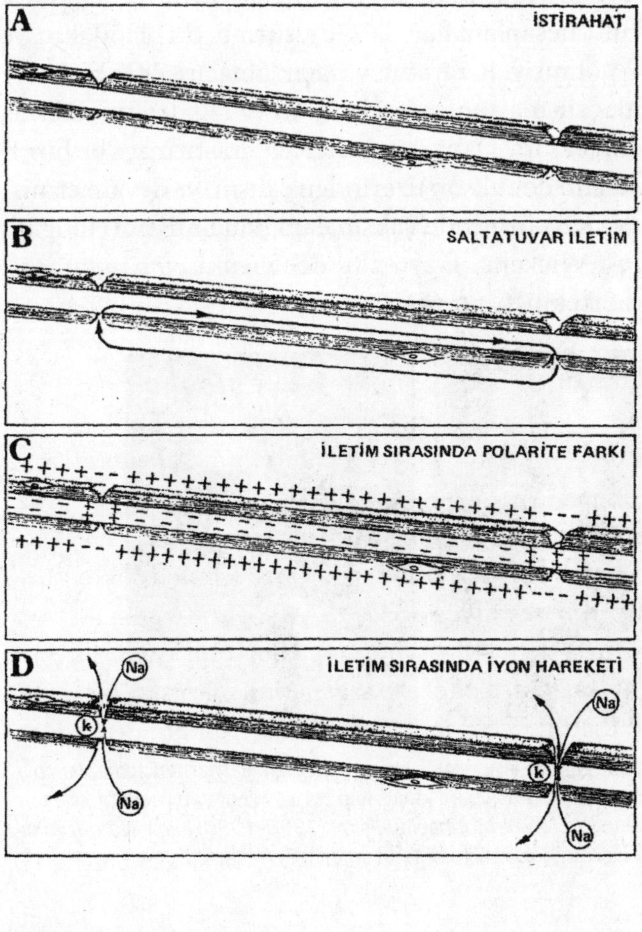

Resim 16.2. Miyelinli sinir lifinde sıçrayıcı (saltatory) iletim, Ertekin C., *Nörolojide Fizyopatoloji ve Tedavi*, İzmir, 1987.

saltatory iletim adı verilmişti. Saltatory, Latince saltare (sıçramak, atlamak) sözcüğünden gelmektedir. Kuşkusuz bu tip bir iletim tarzı, enine çapı çok ince olan miyelinsiz sinir liflerinde olmuyordu (Glickstein, s. 68-71; Ertekin, s. 82-86).

Hodgkin ve Huxley 1948 yılından 1951 yılına dek kesintisiz çalışmalarını sürdürmüştür; yazları Plymouth'da kışları Cambridge'de çalışmışlardır. Tüm çalışmalarını bir yayım dizisi halinde sunmuşlardır. Aksiyon potansiyelinin oluşmasında iyon geçirgenliğini sağlayan özel kanallar veya delikler vardır. Bunlar iki farklı iyon akımının senkron geçişini sağlar ve tüm bunları matematik formüllerin içine yerleştirmişlerdir.

Bu çalışmalar sırasında ellerinin altında bilgisayar yoktur ve bütün bu hesaplamaları elle çalışan hesap makineleriyle (facet makinesi gibi) yapmışlardır. Bu hesaplamalar da 6 ay sürmüştür. Hodgkin ve Huxley'in aksiyon potansiyeli tanımı ve açıklamaları çok kesin ve doğrudur. Bu parlak çalışma sonunda Hodgkin ve Huxley tıp dalında Nobel Ödülü'nü almışlardır. Daha sonra her iki araştırmacı birbirinden ayrılmıştır. Hodgkin dev akson üzerinden çalışmaya devam etmiştir. Huxley ise iskelet kası üzerinde çalışmalara yönelmiştir (Hodgkin ve Huxley, s. 176-195; Wickens, s. 276-281; Schwienning, s. 2571-2575; Glickstein, s. 65-71; Ertekin, s. 60-65).

Resim 16.3. Alan L.Hodgkin ve Andrew F. Huxley. Deniz kalamarı *loligo pealeinin* dev aksonu içinden aksiyon potansiyelini kayıtlayıp bu temel olayın mekanizmasını çözümlemişlerdir. Ertekin C. *EMG'nin Tarihsel Gelişimi (1890-1960) Klinik Nörofizyoloji,* EEG-EMG Derneği, Yayın No. 11, Kitap Vitrini, Ankara, 2014.

Yaklaşık aynı zamanlarda dev akson çalışmalarına başlayan ABD'li Kenneth Stewart Cole ve çalışma arkadaşları, Howard J. Curtis özellikle bir impulsun geçişi sırasında membran iletkenliğinde (*conductance*) çok büyük bir artma olduğunu göstermişlerdir. Bu durumun membranın elektrik kapasitesinde (*capacitance*) bir değişme yapmadığını da eklemişlerdir. Ancak 1942 yılındaki bir yayımlarından anlaşıldığı üzere, sodyum iyonunun önemini gözden kaçırmışlardır (Huxley, s. 25-45).

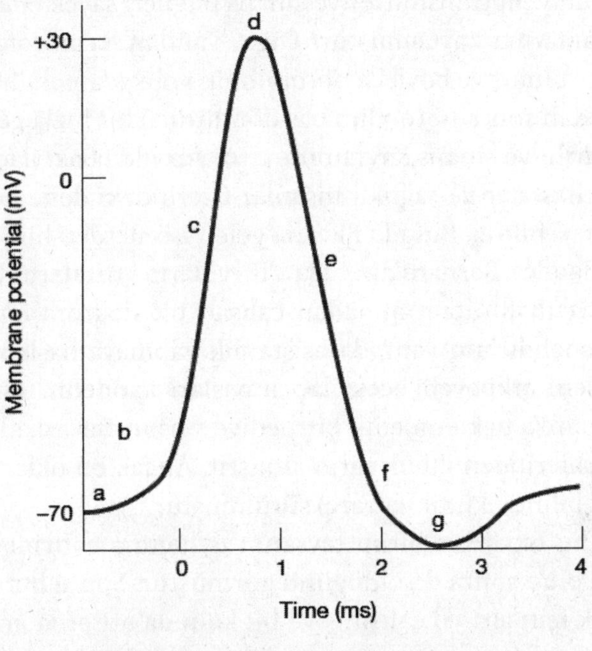

Resim 16.4. Aksiyon potansiyeli oluşumu.

a: İstirahat potansiyeli. b: Depolarize edici uyarımın uygulanmasıyla sodyum için membran permeabilitesi artar. c: Sodyum iyon kanalları açılır ve sodyum hücre içine akar (keza potasyum kanalları da açılır.) d: Sodyum iyon kanalları kapanır. e: Potasyum hücre dışına hareket eder. f: Potasyum kanalları kapanır. g: Nöronal membran refrakter periyoda girer. Wickens A.P. *History of the Brain-From Stone Age Surgery to Modern Neuroscience*, Psychology Press, Taylor & Francis Group, Londra ve NewYork, 2015.

Sinaps ve Nörotransmitter

Anlaşıldığı üzere, 20. yüzyılda sinir sistemi üzerindeki en büyük gelişme sinapslar, kimyasal sinaptik geçişin özelliklerinin saptanması ve nörotranmitterlerin keşfedilmesi üzerinden olmuştur. Bu gelişmelerin oluşmasında çeşitli bilim dallarının katkıları ve bu katkıların medikal teknolojiye yansımasını da göz önünde tutmak gerekir. Bu gelişmeler insan sağlığı üzerine olumlu bir şekilde yansımıştır. Nörolojide Parkinson hastalığı ve myasthenia gravis gibi hastalıklarla psikiyatrik hastalıklar, bu yeni transmitter ve sinaps bilgileri sayesinde belirli sağaltım imkanlarına kavuşmuştur. Diğer yandan da nörofarmakoloji bilim dalı kurulmuş ve böylece nörobilimin yolu adamakıllı açılmış ve 1950'li yıllardan sonra nörobilim baş döndürücü bir hızla gelişmiştir.

Sinaps tarihi ve sinaps kavramının, 19. yüzyılda bazı ilaçların veya maddelerin hastalar ve sağlıklı insanlar üzerindeki denemelerle başladığını söyleyebiliriz. Burada ilk akla gelen isimlerden biri de Fransız Fizyolog Claude Bernard'dır. 1840'lı yılların ortalarında Claude Bernard (1813-1878) ücret almadan çalışan bir doktora öğrencisidir. François Magendie'nin yanında asistanlık yapmaya başlamıştır. Her ikisi de bedeni etkileyebilecek ilaç arayışları içindedir. 1844 yılında Claude Bernard'a beklenmedik bir hediye verilir. Bir arkadaşı Güney Amerika yerlilerinden iki ok satın almıştır. Ancak bu okların üzerine zehir olarak bilinen kürar (curare) sürülmüştür.*

Bernard bu oklardan birini tavşanın uyluğuna batırmış ve tavşanın paralize olup sonra da öldüğünü görmüştür. Sonra bunun etkilerini anlamak için altı yıl çalışmış ve bu konuda art arda araştırmalar yapmıştır. Tavşanın solunum yetmezliğiyle öldüğünü anlamıştır ama uzun süre kalp ritminin devam etmesi kafasında soru işaretleri doğurmuştur. Deneylerinde incelediği hayvanı bir çeşit solunum aygıtına bağlamış, deney süresini uzatmış ve sonra da kürarın nasıl kas paralizisi yaptığını anlamaya çalışmıştır. Kürar sonrası felçli kasa direkt

---

* 1595 yılında Walter Raleigh, Amerika kıtası yerlilerinin kürar kullandığını görmüştür. 1745 yılında Fransız Charles Marie de la Condamine, içinde kürarın da bulunduğu konsantre bir ekstreyi Avrupa'ya getirmiştir. Amazon nehri kıyılarında 10 yıl yaşadıktan sonra Hollanda'ya geri dönmüş ve Leiden Üniversitesi'nde bunun ölümcül etkilerini göstermiştir (Wickens, s. 290).

elektrik uyarımı verince kas kasılmıştır. Kasın sinirini uyarttığındaysa kas kasılması görülmemiştir. Kas sinir preparatında sinir lifindeki iletimin de normal kaldığını görmüştür. Nöromüsküler kavşak bölgesi kürarla doldurulduğunda ve emildiğinde sinir uyarımı ile kas yine kasılmamıştır. Kürarın duyusal sinirlere etki yapmadığını da ortaya koymuştur. Bu deneylerden Claude Bernard'ın çıkardığı sonuç, kürarın sinir kas kavşağı arasında bir yerde etki yapmasıdır. Kürar böylece çok özel bir zehir olarak dikkatleri üzerine çekmiştir (Wickens, s. 290-291; Fishman, s. 104-118).

1869 yılında Almanya Göttingen Üniversitesi'nden Wilhelm (Willy) Kühne (1837-1900) fizyolog ve kimyacı olarak sinir kas kavşağı ve motor sinir son plaklarını çok ayrıntılı ve açık açık tanımlamıştır. Ama onun zamanında motor sinir uçlarının kasa yapışıp yapışmadığı henüz bilinmez. Ancak Claude Bernard'ın kürar deneyleri sayesinde bir motor bileşkenin varlığına inanılmıştır. 1886 yılında Kühne, motor son plakla kas lifi arasında bir yarığın olduğunu göstererek aslında çizgili kasta, sinir-kas arası bir sinapsın olduğunu keşfetmiştir. Ancak sinir lifi eksitasyonunun elektriksel yolla kasa geçtiğini söylemiştir. Herhangi bir kimyasal geçiş varlığını düşünmemiştir. İlk kez Emil du Bois-Reymond burada kimyasal bir geçişin varlığına 1877 yılında yazdığı kitapta işaret etmiştir. Emil du Bois-Reymond'un zamanında sinapsa etki eden maddelerden söz edilmez. Fakat kendisi laktik asit ve amonyağın iki muhtemel aday olabileceğini ifade etmiştir. Bu maddeler doğru olmasa bile Reymond'un kimyasal geçiş olasılığını ilk kez düşünmesi, onun ne kadar ileri görüşlü bir biliminsanı olduğunu gösterir (Fishman, s. 104-118).

19. yüzyılda kalple vagus siniri arasındaki ilişkilerden yola çıkan ilginç bazı deneysel çalışmaların yürütüldüğünü ve bunlardan ilginç sonuçlara ulaşıldığını görürüz. Örneğin 1845 yılında Alman anatomo-fizyolojist Eduard Weber (1806-1871) ve kardeşi Ernst Heinric Weber (1795-1878) ilginç bir hayvan deneyi yapmışlardır. Vagus sinirini elektrik akımıyla uyartmışlar ve yavaş yavaş kalp atışının yavaşladığını ve sonra atımın durduğunu göstermişlerdir. Ancak o sıralarda kimograf gibi kayıtlayıcı yöntemler henüz keşfedilmediği için, bu gözlemlerini nesnel olarak belgeleyememişlerdir. Ancak bu gözlemlerini 1845

yılında Napoli'de yapılan İtalyan Naturalistler Kongresi'nde sunmuşlardır. Tabii ki bu deney aynı konuda çalışabilecek deneyciler için uyarıcı olmuştur. Elektrik uyarım aynı zamanda bir inhibisyon meydana getirebilirdi (Zimmer, s. 135-136; Wickens, s. 293).

Benzeri bir çalışmayı Alman fizyolog Albert von Bezold (1836-1868) yapmıştır. Kurbağada vagusun uyarımıyla sistolik ve diyastolik kan basıncının hemen düştüğünü ve sonra da kalp ritminin kaybolduğunu göstermiştir. Alman farmakolog Johann Ernst Oswald Schmiedeberg (1838-1921), 1870 yılında vagus siniri uyarımıyla ortaya çıkan etkilerin nikotin ve atropinle giderildiğini saptamıştır (Zimmer, s. 135-136).

Yine bu yüzyılda "asetilkolin"in yapısı üzerine yapılan çalışmalar, onun ilk transmitter olarak ortaya çıkarılmasından çok daha önce yapılmıştır. 1867 yılında Alman kimyager Adolf Von Baeyer (1835-1917) asetilkolinin yapısı üzerinde durmuş, içindeki kolini izole etmiştir. Asetilkoline *asetilneurin* adını vermiştir. 1905 yılında Nobel Kimya Ödülü'nü almıştır. 1914 yılında Arthur James Ewins (1882-1958) doğadan asetilkolini ilk izole eden kişidir. Asetilkolini "claviceps purpurae" (çavdar mahmuzu: çavdar ve benzeri tahıllarda parazit olarak yaşayan bir mantar, ergot mantarı) ekstrelerinden izole etmiştir.

Her ne kadar adrenalinin varlığı hakkındaki ilk kuşkular ve bilgiler 1826 yılında Fransız Vulpian'a kadar eskilere gidiyorsa da Polonya'da Napoleon Cybulski (1859-1919) ve arkadaşları ilk kez 1895 yılında adrenalini sürrenal bezin medullasından (böbrek üstü bezinin iç kısmı) izole etmişlerdir (Gaddum ve Holzbauer, s. 157-203).

1890'lı yıllarda George Oliver adrenalinin böbrek üstü bezinin medullar kısmından çıkan bir hormon salgısı olduğunu söylemiştir. Bu konuda ilginç deneyimleri vardır. Mahalledeki kasaptan aldığı böbrek üstü bezlerini evindeki laboratuvarında incelemeye başlamıştır. Kendisi amatör bir araştırmacıdır. Oliver bu arada oğlunu sürrenal dokusundan küçük bir parçayı yemesi için ikna etmiştir. Böylece bu hormonun etkilerini oğlu üzerinde denemiştir. Fakat sürrenal bezini yedikten sonra oğlunun arteriyel kan basıncı birden ve son derecede tehlikeli bir şekilde yükselmiştir. Bundan sonra Oliver, böbrek üstü bezinde güçlü etki yaratan kimyasal bir maddenin varlığına inanmıştır. Bunun üzerine Londra'ya giderek orada Edward Schafer'ı bulmuş ve profesör de laboratuvar köpeğine bu bezin ekstresini enjekte etmiştir. Dakikalar içinde köpeğin tansiyonu dramatik bir şekilde yukarı fırlamıştır. Bu ekstrenin içindeki maddenin adrenalin olduğunu Japon kimyacı Jokichi Takamine (1854-1922), 1901 yılında göstermiştir (Takamine Japonya'da doğmasına rağmen sonradan ABD-Japonya arasında yaşamını sürdürmüştür). Bundan sonra Langley, Oliver ve Schafer sistematik çalışmalar sonucunda, adrenalinin otonomik-sempatik sinir sisteminde düz kaslara direkt etki gösterdiğini bulmuştur. Bu asetilkolinden sonra ortaya çıkartılan ikinci nörotransmitterdir. Tansiyon yükselmesini damar duvarlarındaki düz kasların kasılmasına bağlamışlardır.

O sıralarda sinaps kavramı bilim dünyasında yeni duyulan ve yayılmaya başlayan bir bilgidir. Sinapslarda kimyasal geçiş kavramıysa yeni tartışılmaya başlamıştır. Bilgiler ve düşünceler henüz kesinleşmemişti. İngiltere'den fizyolog John Newport Langley'in (1852-1925) laboratuvarında çalışan genç tıp doktoru Thomas Renton Elliott (1877- 1961), 1904 yılında Londra'da bir fizyoloji toplantısında adrenalin içeren bir nöral akışın varlığını ileri sürmüştür. Sempatik sinirlerin innerve ettiği dokularda etki ettiğini ve parasempatik sistem veya iskelet kası üzerinde hiçbir etkisinin olmadığını belirtmiştir. Sonrasında şöyle bir yorum yapmıştır: "Adrenalin, periferde sinir impulsu ulaştığı zaman her durumda serbest kalan kimyasal uyarıcı bir madde olabilir." Bir yıl sonra Elliott fikirlerini genişletmiştir. "Tüm sinapslar, ister otonomik ister motor sinirlerde olsun, hepsi nörotransmitter kullanabilmektedir," diyerek doğru olduğu daha sonra anlaşılan bir öngörüde bulunmuştur.

Kimyasal geçiş anlayışına yol açan bazı çalışmaları 1905 yılında John Newport Langley'in (1852-1925) yaptığını görürüz. Langley çizgili kas ve iskelet sisteminde nikotinin kasa geçmesini sağlayan reseptörlerden kuramsal olarak söz etmiştir. Langley kastaki reseptörlerin iki türlü olduğunu söylemiştir: (1) Nikotine duyarlı ve kas kasılması sağlayabilen reseptör; (2) Kürarın inhibitör etkilerini sağlayan ve felç meydana getiren reseptör. Bu durumda ilk kez bir ilacın etkileme yeri olarak reseptör sözcüğü kullanılmıştır (Wickens, s. 297-299; Fishman, s. 104-118; Glickstein, s. 73-75).

Sinapslarda iletimin kimyasal maddelerle geçişinin kanıtlanmasında iki önemli biliminsanını, İngiliz Henry Hallett Dale (1875-1968) ve Alman/Avusturyalı Otto Loewi'yi (1873-1961) bilim tarihi karşımıza çıkarıyor. Her ikisi de fizyolog ve farmakologdur. Her ikisi de sinapslarda geçişin kimyasal madde aracılığıyla olduğunu, kalp ve çizgili kaslardaki sinaptik geçişte transmitterin asetilkolin olduğunu değişik yönleriyle kanıtlamıştır. 1910'lu yıllardan itibaren bu konularda çalışmış, 1936 yılında Nobel Tıp Ödülü'nü paylaşmışlardır. Henry Dale nörokimyasal iki maddeyle çalışmıştır. Bunlardan biri asetilkolin, diğeriyse histamindir. Dale bu iki maddenin biyolojik bakımdan birer nörotransmitter olduğunu fark etmiştir. Başlangıçta bir ilaç firmasında çalışırken firmanın sahibi Dale'e çavdar ve diğer tahıl cinslerini enfekte eden bir parazitik mantarın kimyasal yapısı üzerinde çalışmasını önermiştir. Bu tahılda parazit olan mantar türüne "ergot" denir.*

Henry Dale, ergot üzerinde yoğunlaşmış ve sonra ergotu izole etmişlerdir. Birgün Dale'den adrenal bezinden bir ekstreyi adrenalin ve noradrenalin muhtevası bakımından test etmesi istenmiştir. Bu testi yapmadan önce hayvanlara ergot maddesi vermiş, ardından da sürrenal ekstresi verilince tansiyon yükseltici etkisini görememiştir. Yani ergot içindeki bir madde adrenalin taşıyan ekstrenin etkilerini inhibe etmiştir ve bunu tesadüfen bulmuştur. Böylece adrenalinin tansiyon yükseltici etkisini engelleyen bir madde keşfetmiştir. Bu hipertansif insanları tedavi edebilecek bir ilaçtı belki de. Dale çalışmalarına devam etmiştir ve önce sempatik sinir sisteminde etki yapan maddenin adrenalin değil, noradrenalin olduğunu söylemiştir. (Fakat bunun kesin kanıtlanmasını 1946 yılında İsveçli Ulf von Euler (1905-1983) yapmıştır.) 1910 yılında ayrıca yine bir önemli madde olan *histamin*in varlığını yardımcıları ile birlikte keşfetmiştir. Histaminin vücut üzerindeki etkilerini de incelemişlerdir. Çok daha ileri zamanlarda bunun da bir

* Bu ergot mantarının, Ortaçağ'dan beri St. Anthony Ateşi diye adlandırılan toksisite yaptığı biliniyordu. Özellikle Orta Avrupa'da epidemiler yapmıştı. Buralarda tahıllı gıdalar kış boyunca depo ediliyor ve bundan sonra hastalık ortaya çıkıyordu. Konvulsiyon, varsanı ve anormal duyumlara neden oluyordu. 18. yüzyılda ergotun kan damarlarında ileri derecede daralma yaptığı ve uterusta düşük yaptığı anlaşılmıştı. Bazen aşırı kullanımı kol ve bacaklarda kangrenlere yol açıyordu ve ölümler görülebiliyordu. Ergot zehirlenmesinden 1869 yılında "muskarin" sorumlu tutulmuştu (Wickens, s. 300).

nörotransmitter olduğu başkaları tarafından kanıtlanmıştır (Wickens, s. 300; Fishman, s. 104-118).

Londra'da Oliver ve Scafer'in çalışmaları, Dale'in bilfiil çalıştığı zamanlarda da devam etmiştir. Oliver ve Scafer asetilkolinin bileşeni kolini bulmuştur. Ancak kolin yeni bulunmuş bir madde değildir. İlk kez öküz safrasında 1864 yılında Andreas Strecker tarafından keşfedilmiş ve 2 yıl sonra sentezi yapılmıştır. 1906 yılında kolinin kan basıncını düşürdüğü ABD'li farmokolog Reid Hunt (1870-1948) tarafından saptanmıştır. İlginç ki kolinin etkisi "atropine" ile engellenmiştir. Bu bulgular Hunt'ı kolinin türevlerini sentez etmeye yönlendirmiştir; bunlardan biri asetilkolindir. Kan basıncını düşürmede kolinden 100 bin kez daha etkilidir (Grabfield, s. 28-260).

Muhtemelen bu keşif nedeniyle 1913 yılında Dale'in ilgisi asetilkolin üzerine yoğunlaşmıştır. Muskarin denen ergot türevi üzerinde çalışılmıştır. Etkileri parasempatik sinir sistemi inhibisyonunu andırır. Daha sonra Dale bu etkinin muskarin içinde bulunan asetilkolinden geldiğini anlamıştır. Asetilkolinin bir transmitter olduğu konusu kesin değildir. Çünkü asetilkolin stabil olmayan, çabuk çözülen bir maddedir, insan ve diğer canlı bedeninde araştırılması son derecede zordur. Bir yıl sonra Dale muskarinle asetilkolinin benzer etkiler göstermekle beraber bazı farklılıkları olduğunu anlamıştır. Bu farklılıklardan biri kas-sinir bağlantısında kendini göstermiştir. Burada sadece asetilkolin etkilidir ve kas kasılması meydana getirmiştir. Asetilkolinin etkilerini nikotinin etkilerine benzetmiştir. Asetilkolin ve nikotinin etkileri kürarla engellenmiştir. Oysa parasempatik otonomik sistemde muskarinin etkisi kürarla engellenmemiştir ama bunu atropin yapabilmiştir. Böylece Dale iki tip kolinerjik reseptör olduğunu vurgulamıştır: muskarinik ve nikotinik.

I. Dünya Savaşı'nın hemen öncesinde ve savaş sırasında sinaps konusundaki düşünceler bir hayli karışık ve tartışmalıdır. Bu durum şöyle özetlenebilir: (1) Adrenalinin sempatik sinir sistemi etkilerini taşıyan bir madde olduğu saptanmıştır; (2) Buna zıt olarak asetilkolin parasempatik otonomik sinir sistemi etkileri gösteren bir maddedir. Ancak bedenin doğal maddesi olduğu dahi kanıtlanmamıştır; (3) Nikotinin sempatik ganglionlara etki yaptığı ve kolinerjik mekanizmayla oluştuğu gösterilmiştir; (4) Nörotransmitter kavramı ve reseptörler daha çok düşünce bazında tartışılmıştır; (5) Bu dönemde sinaptik geçişin kimyasal olmaktan çok elektriksel olduğuna inanılmıştır. Bu konuların kesinleşmesi için artık I. Dünya Savaşı'nın bitmesi gerekecektir.

Öncelikle Frankfurtlu Alman Yahudisi Otto Loewi (1873-1961), sinapsta kimyasal bir geçiş olduğunu göstermek üzere adım atmıştır. Önce Avusturya'ya geçerek 1905 yılında Avusturya vatandaşı olmuştur. 1909 yılında Avusturya Graz'da farmakoloji profesörlüğüne yükselmiştir. 1902 yılında bir süre Londra'da misafir araştırmacı olarak çalışmış ve orada yaşam boyu arkadaşı kalacak Henry Dale ile tanışmıştır. 1920'li yılların başlarında biliminsanları sinapstan geçişin elektriksel olarak mı yoksa kimyasal aracı madde kullanılarak mı meydana geldiği konusunu henüz tartışma aşamasındadır. Loewi 1921 yılındaki ünlü deneyleriyle bu konuya açıklık getirmiştir. Önce kurbağa kalbiyle onun siniri olan vagusu izole etmiş ve bir Ringer solüsyonuna* yerleştirmiştir. Ringer solüsyonu içine kontrol için ikinci bir kalp-vagus bağlantısı koymuştur. Önce birinci vagus ve kalp bağlantısında vagal siniri-elektrikle uyartmıştır. Ancak hem uyartılan kalp hem de Ringer solüsyonu içinde olup uyartılmayan ikinci kalpte aynı zamanda kalp ritmi yavaşlamıştır. Önemli olan uyartılmayan ikinci kalpte aynı yanıtın meydana gelmesidir. Burada elektrik geçişten ziyade kimyasal bir maddenin salgılanarak aynı ortamdaki diğer kalbin etkilenmesidir, yani kimyasal bir maddenin sinaptik geçişi sağladığı gösterilmiştir.

Sonra aynı deney koşullarında, bu kez sempatik sinir branşını uyartarak, kalp atışı hızlanmasını saptamıştır. Genel sonuç olarak, bir aksiyon potansiyelinin uyarımıyla vagustan çıkan bu maddeye Loewi önceleri *Vagusstoff* adını vermiştir.

Loewi 1921 yılında bu deneyimini dört sayfalık bir makale halinde yayımlamıştır. Ancak başlangıçta Loewi'nin bulguları çok tartışılmış-

---

* 19. yüzyılda İngiliz fizyolog Sidney Ringer bir sıvı karışımı yapmıştır. İçinde sodyum, potasyum ve kalsiyum tuzları vardır. Bu solüsyon kurbağada kalbi canlı tutmak için kullanılır. Hafif modifiye şekli, izotonik bir solüsyon olarak günümüze kadar gelmiştir ve adı Ringer solüsyonu olarak kalmıştır. Ancak 20. yüzyılda kalsiyumun transmitter geçişinde kolaylaştırıcı bir rolü olduğu anlaşılmıştır (Wickens, s. 282).

tır. Deneylerini, Stockholm'de 1926 yılındaki uluslararası kongrede tekrarlaması istenmiştir. Bu durum çevresindeki kuşkulara dayandırılmış bir istektir ama Loewi deneylerini orada başarıyla tekrarlamış ve çevresindeki kuşkuları büyük ölçüde gidermiştir. Ayrıca kimyasal sinaptik geçiş konusunda birçok kişinin daha fazla düşünmesini ve çalışmasını sağlamıştır.

Loewi'nin deneyinden birkaç yıl sonra, İskoçyalı farmakolog William Alexander Bain (1905-1971) yaptığı deneylerle, daha kesin ve daha açık Loewi'nin bulduklarını onaylamıştır (Glickstein, s. 75-77).

1920'li yıllarda en azından periferik sinirlerde asetilkolinin nörotransmitter olduğuna dair kanıtlar artmıştır. Asetilkolin araştırılırken kolinesteraz enzimi bulunmuş, bu asetilkolini parçayan bir enzimdir. Loewi kalp dokusunda kolinesteraz izlerini 1930 yılında bulmuştur. Önem taşıyan yaşayan bedende bir transmitter madde varlığını göstermektir ancak bunun yapılması çok zordur. Çünkü sinir uçlarından çok az miktarlarda ortaya çıkarlar. Ayrıca asetilkolin hemen kolin ve asetik aside ayrılır. Henry Dale 1929 yılında kimyacı Harold Dudley ile birlikte henüz ölmüş atlar ve öküzler üzerinde çalışmış, onların dalaklarını toplamışlardır. 32,5 kg'lık bir dokudan ancak bir gramın üçte biri kadar asetilkolin izole edebilmişlerdir. Bu miktar çok azdır ama asetilkolinin biyolojik bir dokuda doğal olarak bulunduğunu göstermiştir. 1930'lu yıllarda farmakologların çoğu vagusun parasempatik dalından, kimyasal sinir geçişi için asetilkolinin çıktığını artık kabul etmiştir (Fishman, s. 104-118; Wickens, s. 303-304; Kandel vd., s. 175-186; Glickstein, s. 75-77).

1933 yılında Dale'in laboratuvarına Almanya'dan Wilhelm Feldberg* (1900-1993) gelmiştir. Feldberg sülükte yeni bir teknik geliştirerek kasların kasılmasını sağlamıştır. Sülüğe çok düşük miktarlarda asetilkolin verilmesiyle aşırı kasılma meydana gelmiştir. Almanya'dan yanın-

---

* İngiltere'de Feldberg ünlü ve değerli bir farmakoloji profesörü olmuştur. Hayvan hakları aktivisti iki kişi, 1989 yılında onun laboratuvarını gözlemlemiş, gizlice videoya çekmiş ve onu kamuoyunda hayvanlara zalimce davranan biri olarak tanıtmışlardır. Durum ülkenin yetkili kurumları tarafından incelenmiştir. Sonunda çalışma lisansı iptal edilmiştir. 1990 yılında emekliye ayrılmıştır ancak zaten 90 yaşına gelmiştir. Zaten bu tatsız olayın dört ay öncesinde İngiliz Farmakoloji Derneği kendisini bir altın madalyayla ödüllendirmiştir. 1993 yılında vefat etmiştir.

da *eserin* adı verilen *physostigmine*i de getirmişti. Eserin kas preparasyonuna eklenince asetilkolinin etkisi çok fazla artmıştı. Feldberg ve Dale periferik sinirden asetilkolin serbest kalışını kanıtlamış oldular. Böylece asetilkolinin hem otonomik hem de somatik sinir sisteminde nörotransmitter olduğu gösterilmiş oldu (Bisset 649-651; Wickens 305; Fishman 104-118).

1936 yılında Dale ve Loewi 30 yıllık arkadaş olarak Nobel ödülünü sinir impulsunun kimyasal geçişi ile ilgili keşifleri nedeniylealdılar. Ama bundan sonra bu 2 bilim insanının yaşamları farklı yönlere kaydı.1938'de Nazi Almanyası Avusturya'yı istila etti. Loewi ve iki oğlu hemen hapse atıldılar. Hapse girdikten 2-3 ay sonra kendisine ait tüm mal

Resim 16.5. İki kimyager-nörofarmakolog, İngiliz Henry Dale (solda) ve Avusturyalı-Alman Otto Loewi yaklaşık aynı zamanlarda asetilkolinin nöromüsküler kavşakta transmitter olduğunu keşfedip Nobel Ödülü kazanmışlardır. Glickstein M. *Neurosience: A Historical Introduction*, The MIT Press-Cambridge, Massachusetts, Londra, İngiltere, 2017.

varlığı ve sırları ile birlikte Nobel ödülünden aldığı paranın Nazilere verilmesi koşulu ile serbest bırakıldı. Loewi Londra'ya geçti ve Dale'in yanında birkaç ay kaldı. 60'lı yaşlarını sürerken NewYork Üniversitesi Tıp Fakültesinden aldığı bir teklifle ABD'ye gitti. Savaştan sonra ABD vatandaşı oldu.1961'de öldü (Wickens 306; Fishman 104-118).

Dale'in hayatı oldukça iyi geçmiştir. Yalnız onun 1930'lu yıllarda ortaya attığı bir ilke vardır ve bu ilkeye *Dale İlkesi* denir; kısaca, tek bir nöronun tek bir transmitter salgıladığı düşüncesine dayanır. Yani bir nöron noradrenalin salgılıyorsa bu nörona *nöradrenerjik nöron* veya GABA salgılıyorsa *gabaerjik nöron* adı verilmesi gerekir. Ancak bu düşüncenin yanlış olduğu daha sonraları anlaşılmıştır çünkü bir nöron sadece asetilkolin veya noradrenalin salgılamaz fakat ayrıca nöropeptidler ve/veya aminoasitler de salgılar. Aynı nörondan birden çok nörotransmitter salgılanması olayına *coexistence principle* (bir aradalık ilkesi) denmiştir. Bu olgu sonraları İsveçli nöroanatomist ve nörofarmakolog Tomas Hökfelt sayesinde popüler hale gelmiştir (Wickens, s. 306).

1936 yılında Henry Dale Nobel Ödülleri törenindeki konuşmasında, beyin ve omurilikte kimyasal transmitterlerin var olabileceğini ileri sürmüştür. Ancak periferde kimyasal sinaptik geçiş gerçeği zaten zor ve uzun bir yol sonucu ortaya çıkmıştır ve bu sırada büyük zaman yitirilmiştir. Bu durumda konunun santral sinir sistemi için irdelenmesi büyük bir rekabete de yol açacak demektir. Ayrıca kimyasal aracılı sinaps konusunun karşıtları da ortaya çıkmıştır. Çünkü beyin ve omurilikte kimyasal geçiş fikrini kabul etmek bir hayli güçtür. İki duruma itiraz edilmiştir. Birincisi santral sinir sisteminde sinaptik geçişin çok hızlı olduğu kabul edilmişse de kimyasal geçiş bu hız için uygun değildir. İkincisi bir motor sinirin uyarımıyla kas lifinde ortaya çıkan transmitter miktarı çok azdır ve santral sinapslar için bu yeterli gelmeyebilir. Bu gerekçelerle santral sinir sistemindeki sinaptik geçişte kimyasal değil, fakat elektriksel olayların var olduğuna bir hayli inanan vardır.

Bu ikinci grubun en önemli savunucularından biri de John Carew Eccles (1903-1997) idir. Avustralyalı bir nörofizyologdur. 1930 ve 1940'lı yıllarda bilimsel toplantılarda elektrik ve/veya kimyasal sinaptik geçiş konusu tüm sıcaklığıyla devam etmektedir. Hatta bu tartışmalara *Soup & Sparks* (Çorba ve Kıvılcım) zıtlığı adı verilmiştir. Dale ve Eccles'ın tartışmaları ilginçtir. Eccles rahatsız edici bir ton ile tartışırken Dale daha diplomatik ve herkesin önünde kibar davranarak konuşur. Aslında ikisi iyi arkadaştırlar, mektuplaşır ve deneylerini birbirlerine anlatırlar. Bununla beraber Eccles 1930'lu yıllarda sinir kas sistemi içinde kimyasal sinaptik geçiş kanıtlandıktan sonra bile, kimyasal sinaptik geçişi kabul etmede zorlanmış ve bunun bir kural değil, istisna olduğuna inanmıştır. Eccles'a göre kimyasal geçiş bir kasın kasılması için veya bilginin beyin içindeki akışı için çok yavaş bir yoldur. Buna rağmen 1939 yılında asetilkolinin bir transmitter oluşunu kabullense de burada asetilkolinin kasın elektrik uyarımında ikinci derecede rol aldığını öne sürmüştür (Wickens, s. 306; Fishman, s. 104-118; Glickstein, s. 78-82).

Günümüzde beyin ve vücuttaki tüm sinapslarda iki türlü geçişin var olduğunu biliyoruz. Beyinde doğrudan elektrik akımı yoluyla işleyen sinapslar vardır. Ama çoğu sinapsta aracı kimyasal madde, yani nörotransmitterler bulunmaktadır. Elektron mikroskopinin keşfiyle beraber bu iki sinapsın birbirinden farklı morfoloji gösterdiği anlaşılmıştır. Kimyasal sinapslarda beyindeki iki nöron arasında bir sinaptik yarık bulunmaktadır ve bu iki nöron arasında bir anatomik devamlılık yoktur. Elektrik sinapstaysa presinaptik ve postsinaptik hücreler özel kanallar aracılığıyla bağlantı kurar. Bunlara *gap-junction* (boşluk kavşağı) kanalları denir ve buralarda her iki hücre arasında sitoplazma geçişi vardır (Kandel vd., 175-186; Fishman, s. 104-118; Curtis ve Anderson, 2001).

Sinaptik Transmitter Geçişi

Bu konudaki ayrıntılı gelişmeler daha sonraya kalmıştır. Daha önce hücre zarı içinde ve sinaps bölgesinde sodyum ve potasyum için özel kanallar olduğu ve bu iyonların bu kanallar aracılığıyla akışı ve önemi Hodgkin ve Huxley tarafından kuramsal açıdan matematik formülleriyle hesaplanmıştı. Ancak bu yeterli değildi. Aksonun hücre zarı son derecede inceydi. Şöyle düşünülüyordu; bu kanalların bir kapısı vardır ve membran istirahat halindeyken bu kapılar kapalıdır. Ancak bu kanal konusu 1970'li yıllara dek çözümlenememiştir. II. Dünya

Savaşı'ndan sonra sinapsta kimyasal geçişin temellerini Bernard Katz (1911-2003) atmıştır. Bernard Katz aslında bir Alman Yahudisidir.

Leipzig'deki tıp fakültesinden mezun olduktan sonra Nazizm tehlikesi karşısında 1935 yılında Almanya'yı terk etmiştir. Avustralya Sidney'de John Eccles ile birlikte 3 yıl çalıştıktan sonra İngiltere'ye dönmüştür. İngiltere'ye dönmeden önce, II. Dünya Savaşı sırasında Avustralya hava kuvvetlerinde radar subayı olarak çalışmıştır. İngiltere'de Huxley ve Hodgkin'in çalışmalarına katılmış ve sonra araştırma alanı olan sinapsın temel özellikleri üzerinde araştırmalarına başlamıştır. Çalışmalarından üçü çok önemli bir bilimsel patlama yapmıştır. Bunlar Fatt ve Katz (1952), del Castillo ve Katz (1954) ve Katz ve Miledi (1967) ile birlikte yayımladığı çalışmalardır. Kurbağanın nöromüsküler bağlantısında çalışmış ve bu amaçla mikroelekrot kullanmışlardır. Nöromüsküler kavşakta, postsinaptik bölgeden son plak potansiyelini elde etmeyi başarmışlardır ve buna *end-plate potential* (EPP) (uç plaka potansiyeli) adını vermişlerdir. EPP'lerin presinaptik hücreden çıkan transmitterlerin postsinaptik bölgede yarattığı potansiyel olduğunu saptamışlardır. EPP presinaptik bölgeden gelen aksiyon potansiyeli sonucu ortaya çıkmaktadır. Daha sonra sinaps istirahat halindeyken ve presinaptik terminalden gelen hiçbir elektriksel uyarı olmadığı halde, postsinaptik bölgeden devamlı çıkan küçük spontan depolarizasyon dalgalarını kaydetmişler ve bunlara *miniature end-plate potentials* (mepp) (minyatür uç plaka potansiyelleri) adını vermişlerdir (Bu küçük etkinlikler için, başkaları daha sonraki çalışmalarında "minis"

Resim 16.6. Almanya doğumlu Bernard Katz, canlılarda sinir-kas arası sinapstaki fizyolojik değişmeleri mikrofizyoloji düzeyinde incelemiş ve "kuantal serbest kalış olgusu" ile Nobel Ödülüne layık görülmüştür,Ertekin C. *EMG'nin Tarihsel Gelişimi (1890-1960) Klinik Nörofizyoloji*, EEG-EMG Derneği, Yayın No. 11, Kitap Vitrini, Ankara, 2014.

adını kullanmıştır). Bunlar hacimleri küçük olmakla beraber EPP'lere dalga şekli, yersel lokalizasyon ve ilaca karşı duyarlılık bakımından çok benzemektedir. *Minis* ya da *mepp*lerin motor sinirin preterminal uçlarından kendiliğinden bırakılan kuanta adı verilen asetilkolin paketleri tarafından meydana getirildiğini saptamış, ayrıca *mepp*ler hakkında bilgileri ortaya çıkarmışlardır. Daha sonra *mepp*ler ile EPP'ler arasındaki ilişkileri inceleyerek EEP'lerin çok sayıda asetilkolin kuantası (paketi) ile oluştuğunu göstermişlerdir. Ayrıca bu asetilkolin paketlerinin presinaptik sinir terminali içinde bir havuz yaptığını ve bunların vesiküler yapılarda yer aldıkları gösterilmiştir. Motor sinir ucuna impuls geldiğinde, havuz içindeki asetilkolin kuantaları sinaptik yarığa dökülür (serbest kalır). Burada kalsiyum iyonları önemlidir, asetilkolinin sinaptik yarığa dökülmesini sağlar. İşte bu olaya da *ekzositoz* denir. Böylece Katz ve yardımcılarının bu çalışmaları tüm nörotransmitter serbest kalışının temel mekanizması olarak kabul görmüştür.

Asetilkolin moleküllerinin kuanta denen paketler halinde serbest kaldığını ve bir kuantal pakette ne kadar asetilkolin molekülü olabileceğini çözümlemeye çalışmışlardır. 200 kadar asetil kolin paketi bir EPP meydana getirir; böylece bir kuantada muhtemelen 10 bin kadar asetilkolin molekülünün olabileceğini öne sürmüşlerdir. Bu hesaplamalardan sonra sinir kas bağlantısının elektron mikroskopu ile görüntüsü yayımlandığında, akson terminallerinde asetilkolin moleküllerinin depolandığı küçük vesiküllerin bulunduğu görülmüştür. Bu geliş-

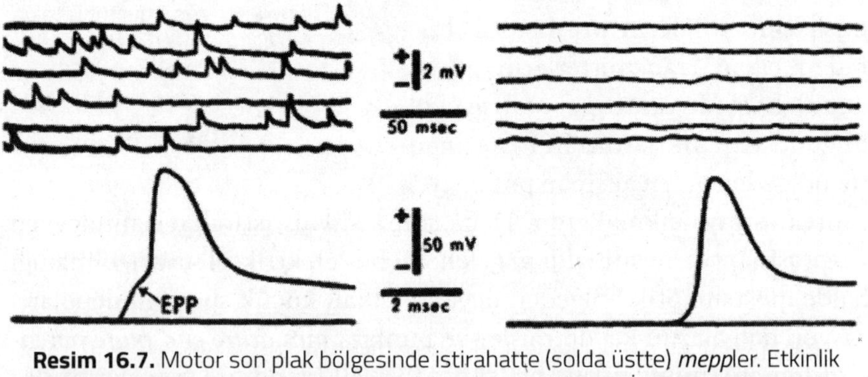

Resim 16.7. Motor son plak bölgesinde istirahatte (solda üstte) *mepp*ler. Etkinlik esnasında (sol alt ve sağda) motor uç plak potansiyeli (EEP). İlgili metin ile beraber izleyiniz. Ertekin C. *Sentral ve Periferik EMG*, Meta Basım, İzmir, 2006.

meyle kuantal serbest kalış kuramı da doğrulanmıştır. Bu vesiküllerin bir araya gelerek sinaptik yarık içine dökülmesi, kalsiyum akışıyla birlikte sinaptik geçişin tetiklenmesini sağlamaktadır. Kalsiyum iyonları iki yönlü etki yapar. Presinaptik sinir terminaline girerek de aksiyon potansiyeli oluşumu sırasında transmitter akışını etkilediği görülmüştür. Katz 1970 yılında kuantal serbest kalış olgusuyla Nobel Ödülü'nü kazanmış, 2003 yılında 92 yaşındayken vefat etmiştir (Kandel vd., 253-279; Ertekin, s. 62-68; Augustine ve Kasai, s. 623-625; Wickens, s. 282).

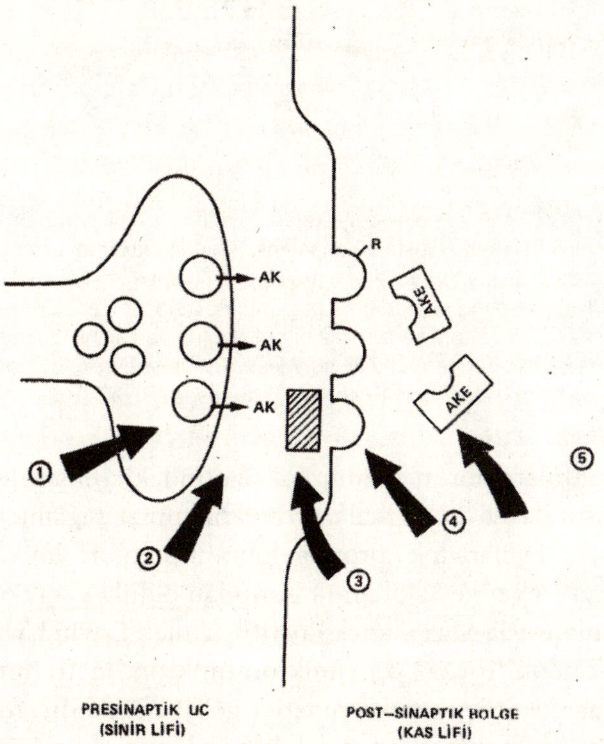

Resim 16.8. Motor sinir ve çizgili kas arasındaki sinaptik olaylar (AK: Asetil kolin. AKE: Asetil kolin esteraz enzimi) (R: Reseptör yeri)Presinaptik sinir ucu solda görünüyor. Sinir impulsu geldiğinde vesiküller içindeki asetilkolin molekülleri küçük paketçikler (kuanta) halinde sinaptik boşluğa boşaltılır. AK kas yüzeyinde bulunan postsinaptik reseptör yerlerine gider (sağ yanda). Kas lifi membranı depolarize olduktan sonra postsinaptik bölgede bulunan AKE enzimi AK'i etkisiz hale getirir. Sinaptik boşluktaki çizgili dörtgen şekil postsinaptik reseptör engelini temsil eder. Ertekin C. *Nörolojide Fizyopatoloji ve Tedavi*, Bilgehan Basımevi, İzmir, 1987.

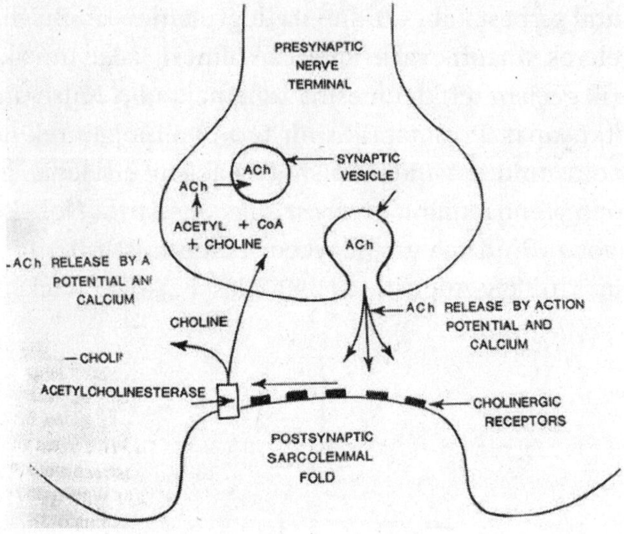

Resim 16.9. Üstteki motor uç plak değişimlerinin daha ayrıntılı görünümü. Asetilkolin, presinaptik sinir uçlarında oluşur ve depolanır. Sinir ucuna depolarizasyon dalgası erişince serbest hale gelir ve kalsiyum aracılığıyla sinaptik boşluğa dökülür. Orada postsinaptik membran reseptörlerine bağlanır. Postsinaptik etkilenmeden sonra asetilkolin, asetilkolinesteraz enzimiyle hidrolize olup parçalanır. Kolin presinaptik hücreye geri alınır. Bennarroch E.E. vd. *Medical Neurosciences*, 4. Basım, Mayo Foundation, Rochester, Minnesota, 1999.

Daha sonraları nöron membranı üzerindeki gelişmeler sinaptik geçiş konusunda da daha fazla aydınlanmamızı sağlamıştır. 1970'li yıllardan 1980'li yıllara tek nöron membranının morfolojik ve fizyolojik özellikleri Neher ve Sakmann tarafından oldukça açık ortaya konmuştur. Almanya'da Max Planck Enstitüsü'nden Erwin Neher (1944-) ile Bert Sakmann (1942-) 0.5-1 mikron (mikron: metrenin milyonda biri) çapında çok küçük mikropipetler geliştirmişlerdir. 1980 yılında geliştirdikleri mikropipetlerden çok küçük bir emme gücü verebilmiş ve membranla mikropipetin duvarı arasındaki elektrik direncini 1000 kez artırmayı başarmışlardır. Bu yöntemle çok küçük akımları bile araştırabilmiş, çok kısa bir zaman aralığını ölçebilmişlerdir. Tek bir iyon kanalının asetilkolinle etkinleşmesiyle, bir milisaniyeden daha kısa sürede 10 bin sodyum iyonu akışı sağlanabilmiştir. Buna *patch-clamp* (yama-kelepçe) yöntemi adını vermişlerdir. Bu yöntemle temelde iki tip iyon kanalı olduğu belirlenmiştir: (1) Bir reseptöre bağlanan nörotransmitter yoluyla açılan iyon kanalları (Ligand gated kanalları: kapalı iyon kanalları); (2) Hücrenin iç voltajının değişmesiyle açılan iyon kanalları (Voltage gated kanalları: Voltaj kapalı iyon kanallar). Her bir kanal şimdilerde sodyum, potasyum, kalsiyum, klorür gibi iyonik seçiciliğiyle tanınmaktadır ya da işleyiş mekanizmasına göre adlandırılmaktadır. Bu konu giderek daha da geliştirilmiştir. Erwin Neher ve Bert Sakmann 1991 yılında Nobel ödülünü almışlardır (Wickens, s. 285-286).

Resim 16.10. John Carew Eccles. Nobel Ödüllü Avustralyalı nörofizyolog. Omurilikte EPSP ve IPSP kavramlarını keşfetmiştir. 20. yüzyılın en etkin nörobilimcilerinden biridir.

Bu iki araştırmacıdan sonra bu konuda yüzlerce araştırma ortaya çıkmıştır. 2000'li yılların başında ABD'li Roderick MacKinnon (1956-) hücre zarlarında bulunan iyon kanalları üzerinde çalışmıştır. Özellikle potasyum kanalları üzerine odaklanmıştır. Bunun için *X-ray crystallography* (kristalografi) yöntemini kullanmış, daha moleküler düzeyde yeni bilgiler elde etmiştir. 2003 yılında kimya dalında Nobel ödülünü kazanmıştır (Wickens, s. 285-286; Neher vd., 219-228).

Yeniden elektriksel mi kimyasal mı sinaps tartışmasına dönersek elektrik sinapslarının savunuculuğunu yapan Avustralya'dan John Carew Eccles (1903-1997) santral sinir sisteminde kimyasal aracılı sinapsların varlığına inanmıştır. Ancak omurilik nöronları üzerinde çalışırken motonöronlarda oluşan uzun süreli inhibisyonu ve hiperpolarizasyonu keşfedince, bunun elektrik geçişle olamayacağını düşünmeye başlamıştır. Sonraki gelişmeleri gördükten sonra hızla düşüncesini değiştirip omurilikte sinaptik geçişin kimyasal bir aracı yoluyla olduğu kanısına varmıştır. Bu dramatik düşünce değişikliği, daha önce ona karşı kimyasal sinapsı destekleyenler açısından çok büyük bir sürprizdir. Hatta hem eski bir arkadaşı ve ayrıca bu konuda farklı düşünen karşıtı Henry Dale hemen hemen şunları söylemiştir: "...Damascus'a giden yolda, İsrail Kralı Saul gibi birdenbire gözlerindeki perde kalktı, gözleri ışıkla parladı..." Burada Katolik bir dinsel mitolojiyle ironik bir takılma vardır ama Eccles kendi yaptığı deneylerle birtakım gerçeklere ulaşmaya çalışan bir biliminsanıdır (Curtis ve Anderson, 2001).

Eccles Yeni Zelanda ve Avustralya'daki çalışmalarında özellikle kedilerin lumbosakral omuriliğideki nöronlar içinden kayıtlama yapmaya başlamıştır. Bunun için son derecede ince cam mikropipetleri elektrot olarak kullanmıştır. Elektrot ucunun çapı sadece 0,5 mikron'dur (0.0005 mm). Hücre içine yerleştirirken mikroskop kullanılmışsa da buna rağmen zorluklar yaşanmıştır. Bu nedenle Eccles, sistemi bir osiloskopa bağlamıştır. Bu yolla iğne ucu hücre içine girince elektrik potansiyelde meydana gelen değişmeyi izlemiştir. Hücre zarı mikropipetin içeri girişine izin verecek kalınlıktadır. Mikroelektrotun girişinden sonra birçok saat, nöronal işlevler izlenebilmiştir. Bu yeni teknikle spinal motonöronları incelemiş, böylece segmental refleks yolu da gözlemlemiştir. Zayıf elektrik akımı yoluyla motor nöron hücrelerinde "eksite edici postsinaptik potansiyelleri" ortaya çıkarmış ve bunlara kısaca EPSP adını vermiştir. Burada hücre içi potansiyelin Voltajı yükselmiştir. Akım şiddetini duyusal sinirlerde biraz daha artırdığında EPSP'lerin pozitifliği artmış ve motor hücre içinde istirahat potansiyelini +15 milivolt artırmıştır, ardından da bir aksiyon potansiyelini tetiklemiştir. Kısacası burada Eccles bir duyusal sinir lifi ile motor nöron arasında tek bir sinaps bulmuştur. Çok sayıda sinaps etkinleştiğinde motor nöron bir aksiyon potansiyeli yaratabilmiştir. Bir başka ifadeyle tek bir EPSP aksiyon potansiyeli yaratmaz, birçok EPSP bir araya gelince motor hücre aksiyon potansiyeli meydana gelir. 1952 yılında nörofizyoloji tarihinde çok önemli bir deneyi aynı metodu kullanarak ortaya çıkarmıştır. Kuadriseps uyluk kasının antagonisti olan uyluk arka lojundaki hamstring kasından çıkan afferent sinir liflerini uyartmış fakat kaydedici mikroelektrot omurilikte kuadriseps kasına ait motonöronlar içindedir; aslında kaslar birbirinin antagonistidirler ve hamstring kası etkinleştiğinde kuadriseps kasının klinik olarak gevşediği de bilinir. Eccles hamstring kasının içinden çıkan primer afferent sinir liflerini uyarınca bu kez kuadriseps kasına ait motonöronlarda inhibe edici postsinaptik potansiyellerinin (IPSP) ortaya çıktığını görür. Bu olayda hücre içi negatif potansiyel bir süre negatif kalır. Hücrenin ateşlenmesine karşı bir direnç oluşur. Bu olayda işin içine bir kimyasal sinaptik etki karışmıştır. Burada IPSP'lerde potasyum ve klorür iyonları için membran geçirgenliğinde bir artış söz konusudur. Sonradan inhibisyonun tüm memeli beyinlerinde olabildiği gösterilmiştir. Eccles omurilikte presinaptik ve postsinaptik inhibisyonu göstermenin yanı sıra, daha birçok nörofizyolojik katkıda bulunmuş ve 1961 yılından sonra supraspinal bölgelere odaklanmıştır. Çok sonraları asetilkolin yanı sıra daha birçok transmitter keşfedilmiştir. 1963 yılında Nobel Tıp Ödülü'nü kazanmıştır (Wickens, s. 307-308; Curtis ve Anderson, 2001; Kandel vd., s. 175-186 ve 207-228).

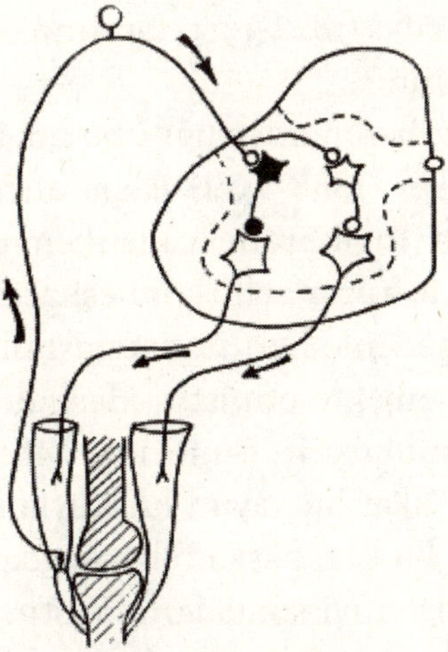

Resim 16.11. Bir eklem etrafında oluşan agonist-antagonist kaslar arasındaki resiprokal innervasyon şeması (Golgi inhibisyonu). Birisi etkinlik halindeyken diğerinde segmental spinal ara nöronlar aracılığıyla inhibisyon olur (siyah ara nöron). Ertekin C. *Sentral ve Periferik EMG*, Meta Basım, İzmir, 2006.

Transmitter Temeline Dayanan Tedavi Olanakları

Omurilikte kimyasal sinaptik geçişin keşfedilmesiyle birlikte beynin başka bölgelerinde de nörotransmitter araştırmalarına yönelim artmıştır. Önce asetilkolin ve noradrenalinin varlığı yanı sıra, serotonin keşfedilmiştir. Bunu dopamin ve GABA izlemiş, böylece de devam etmiştir. Biliminsanları bu konulara yoğun bir ilgi göstermiştir. Yeni transmitterlerin ortaya çıkması için büyük bir çaba gösterilmiştir. Şimdilerde artık, beyin ve omurilikte 100 kadar maddenin transmitter olarak ya da nöromodülatör olarak çalıştığı bilinmektedir.

Nörotransmitterler konusundaki gelişmeler, nörolojide bazı hastalıkların sağaltımına ışık tuttuğu gibi, psikiyatri ve klinik psikolojide yeni ilaçlarla tedavilere yol açmıştır. Bazı hastalıkların fizyopatolojik özellikleri konusunda yeni bilgiler elde edilmiştir. Belki de ilk tedavi denemelerinde asetilkolinle bağlantılı olarak myastenia gravis hastalığını görürüz. Bu hastalığı ilk kez 17. yüzyılda Thomas Willis (1621-1675) tanımlamış fakat bu hastalığın motor uç plak kökenli değil de sinirsel kökenli olduğunu zannetmiştir (Ertekin, s. 153). Hastalığın 1877 yılında Samuel Wilks (1824-1911) tarafından daha doğru bir şekilde tanımlandığı söylenir.

1900'lü yıllardan itibaren hastalığın birçok yönü aydınlatılmıştır. Mary Broadfoot Walker (1888-1974) İskoçyalı nörolog ve biliminsanıdır. Savaştan sonra İngiltere'de çalışırken myasteni hastalarının bazı klinik belirtileriyle kürar zehirlenmesi arasındaki benzerlik dikkatini çekmiş ve bu nedenle ileri myastenisi olan bir hastasının deri altına physostigmine enjekte etmiştir. Hastanın klinik belirtilerinde geçici düzelmeler görülmüştür. Bunu 1934 yılında Lancet Tıp dergisinde yayımlamıştır. Fakat bu yayım kuşkuyla karşılanmıştır. Bunun üzerine Mary Walker bu kez, başka bir hastada neostigmine enjeksiyonunu denemiş ve daha iyi sonuçlar almıştır. Bunu da 1935 yılında yayımlamıştır. Kısa bir süre sonra onun myasteni hastalarında neostigmin kullanımı başka klinisyenlerce de uygulanmaya başlanmıştır. Sonunda ilacın oral şekli geliştirilmiştir. Walker ve diğer nörologlar bu ilacı başarıyla kullanmışlardır (Koesey J.C., s. 1433-1438; Thomas vd., s. 698-703). 1935 yılında Viets ve Schwab hastalığın tanısında da prostigmin testini önermiştir. Çok sonraları bunun yerini kısa etkili tensilon (edrophonium chloride) testi almıştır.

1936 yılında Henry Dale ve çalışma arkadaşlarının, nöromusküler sinaptik geçişte transmitter olarak asetilkolini bulduklarına yeniden vurgu yapmak gerekir. (Tyler vd., s. 8-28; Ertekin, 2014).

1945 -1960 yılları arasında A. McGehee Harvey ve grubu myastenideki motor uç plak defektinin fizyolojik temellerini ortaya koymuştur. 1939 yılında Alfred Blalock, Timomalı myastenik hastalarda Timoma alındıktan sonra düzelme olduğunu bildirmiştir. Keza Blalock ve Harvey 1950 yılında normal timus bezinin çıkarılmasıyla da düzelme sağlandığını açıklamıştır. 1960'lı yıllarda İngiltere'den (İskoçya) nörolog John Simpson, myastenia gravisin bir immünolojik hastalık olduğunu telkin etmiştir. 1970'li yıllarda deneysel myastenia ile insan myastenia gravisi arasındaki benzerlikler ortaya konmuştur. Artık immün tedavi yöntemleri myastenik hastalarda kullanılmaktadır (Kandel vd., s. 298-309; Simpson, s. 419-436).

Transmitter anlayışı üzerinden tedavi edilen ikinci nörolojik hastalık Parkinson hastalığıdır. 1950'li yıllarda İsveçli farmakolog Arvid Carlson (1923-2018) beyin dopamininin % 80'inin basal ganglionlarda olduğunu bildirmiştir. Ve ilk kez Dopaminin devinimle ilişkili bir transmitter olduğunu göstermiş ve 2000 yılında Nobel ödülünü almıştır. Daha sonra Avusturyalı biyokimyacı Oleh Hornykiewicz Parkinsonlu hastaların beyinlerinde özellikle Putamen'de olmak üzere striatumda dopamin eksikliğini saptamıştır. 1960'lı yılların başlarında Parkinsonlu hastaların beyinlerinde substantia nigranın pars compactasında dopaminerjik nöronlarda geniş bir dejenerasyon olduğu ortaya çıkarılmıştır. Avusturya'da nörolog Walther Birkmayer ile HornykiewiczDopamin'in öncü maddesi olan L-DOPA'yı küçük dozlarda intravenöz olarak verdikten sonra, Parkinson hastalarında kısa süreli iyileşmeler olduğunu bildirmiştir. Daha sonra ağız yoluyla yüksek dozda L-DOPA verilmeye girişilmiştir. Bunu uygulayanlar arasında ABD'den nörofarmakolog George Cotzias, nörolog Melvin Yahr ve Kanada'dan nörolog André Barbeau sayılabilir. Yüksek doz kullanımı hem dramatik düzelmeler yapmış hem de ilaca bağlı önemli yan etkiler ortaya çıkarmıştır.1980-1989 yılları arasında Parkinson hastalığına çok benzeyen başka hastalıklar tanımlanmıştır. Parkinson tedavisinde ortaya çıkan yan etkilerin mekanizması anlaşılmış ve levodopaya yardımcı ilaçlar devreye girmiştir. Günümüzde Parkinson hastalığı patogenezi üzerinden daha değişik ilaç tedavileri ve hatta cerrahi tedaviler ortaya çıkmıştır. Örneğin beyin uyarımı ve beyin içi pillerle tedavi denemeleri yapılmaktadır. (Kandel, s. 853-867; Ertekin vd., 1972. Ertekin, s.559-578; Tyler vd., s. 8-28; Baron vd., s. 658-664; Lees, s. 19-36).

20. yüzyılın ikinci yarısında, 1950-1959 yılları arasında dünyayı sarsan savaşlardan ötede insanlığı başka bir felaket bekliyordu. Kısaca buna vurgu yapmak, bilimin toplumsal yaşam için ne kadar önemli olduğunu göstermek anlamına da geliyordu. Bu yıllarda tüm dünya çocuk felci (akut poliomiyelitis) pandemisi ve bunun nörolojik/ortopedik sekelleriyle uğraşmak zorunda kalmıştı. 1955 yılında Jonas Salk'ın (1914-1995) bulduğu aşıyla salgın giderek sönmüştü. Daha sonra Albert Bruce Sabin'in (1906-1993) aşısı ağızdan alınma kolaylığı nedeniyle Salk aşısının yerini alacaktı (Tyler vd. S. 8-28). Böylece çok önemli bir viral hastalığın önüne geçilecekti.

1950'li yıllarda ruhsal rahatsızlıkların sağaltımında santral transmitter anlayışı üzerinden psikoaktif ilaçlar insan yaşamına girmiştir. Böylece psikiyatri ve psikofarmakoloji alanında yeni bir araştırma alanı açılmıştır. İlk kez ABD'de *klorpromazin* şizofreninin sağaltımında 1954 yılından itibaren kullanılmaya başlanmıştır. Klorpromazini antidepresan ve anksiyolitik ilaçlar izlemiştir. 1950 yılında önce psikiyatri çok sınırlı olanaklar içinde yapılmıştır. Örneğin uyku için *barbitüratlar* verilmiş, *amfetamin* gibi uyarıcılar da beyni canlandırmada kullanılmıştır. Ağır depresyon hastalarındaysa elektrokonvülsif tedavi (EKT)'ye başvurulmuş veya insülin şok tedavisi, kardiazol şoku uygulanmıştı. Ancak birçok psikiyatrik hasta için bunlar geçici önlemlerdir. Birçok hasta uzun süre akıl hastanelerinde kapalı kalmıştır. Şizofreni gibi hastalıklar için tam bir iyileşme söz konusu değildir.Ancak başarılı bir tedaviye giden yol klorpromazinin keşfiyle açılmıştır. İlacın ortaya çıkışının ilginç bir öyküsü vardır. Fransız ilaç firması Rhône-Poulenc'de antihistaminik ilaç çalışmaları yapılır. 1947 yılında prometazine bir phenotazine türevi olarak sentez edilir. Fabrikanın kimyageri Paul Charpentier daha etkili bir antihistaminik ilacın sentezini yapar.Bu ilaç 1950 yılında geliştirilen klorpromazinden başkası değildir. Paris'te cerrah ve askerî hekim Henri Laborit (1914-1995) klorpromazini hastalarda operasyona giderken oluşan kaygı ve endişeyi gidermek ve antihistaminik sedatif etkisinden yararlanmak için preoperatatif olarak kullanmaya başlamıştır. Bu uygulama hastaları sakinleştirmiş ve ameliyat şokunu atlatmalarına katkı sağlamıştır. Kendisi bu durumu narkoz uygulanmaksızın sedasyon olarak tanımlamıştır. Hatta hastalar operasyondan sonra da kendilerini daha iyi hissetmiştir. Laborit bunun psikiyatrik hastalarda kullanılabileceğini düşünmüş ve önce onun bir psikiyatrist arkadaşı gönüllü denek olmuştur. Ancak ilacın zerk edilmesinden sonra ayağa kalkar kalkmaz baygınlık geçirmiştir. Bu ilacın ortostatik hipotansiyon yapma özelliğinden kaynaklanmıştır. Laborit yılmamış, ısrarla çalışmaya devam etmiştir; 1952 yılında öfkeli ve saldırgan halde gelen manik bir hastada ilacı 20 gün süreyle kullanmıştır. Olağanüstü bir başarı ile hasta iyileşmiştir. Bu sıralar psikiyatrist Pierre Deniker (1917-1998), cerrah olan kayınbiraderi aracılığıyla bu olayı ilk kez öğrenmiş ve hastane direktörü Jean Delay (1907-1987) ile birlikte konuyu incelemeye başlamıştır. Yine 1952 yılında 38 psikotik hasta üzerinde sadece klorpromazini denemişlerdir. Yanıt çok mükemmeldir. Hastalarda düşünme ve emosyonel davranışlarda düzelmeler görülmüştür. Bunu aynı yıl içinde yayımlamışlardır. O zamanın magazinsel boyutlarında ilaç ve etkisi büyük bir popülarite kazanmıştır. Hatta "Enfeksiyonlarda penisilin neyse psikozlarda klorpromazin öyledir" diye bir beğeni kazanmıştır. Tabii ki Deniker ve Delay* de uluslararası bir ün kazanmıştır.

Chlorpromazine Avrupa'da Largactil ve ABD'de Thorazine adıyla tanındı. ABD'de ilaç FDA'dan kullanım izni alma durumundaydı, ama ilacın bir an önce kullanılması talebi yüksekti ve bu nedenlerle 1953–1955 yılları arasında antiemetik (kusma giderici) bir ilaç olarak kullanılmış, sonra FDA onayı gelince psikotrop ilaç olarak tanıtılıp satılmıştır. (Largactil bir dopamin antagonisti olarak bilinmektedir. Keza anti-serotonerjik, anti-histaminik etkileri vardır. Özellikle D-2 olmak üzere dopamin reseptörlerine etkili bir antagonisttir.)

Klorpromazinin popülaritesi 1960'lı yılların sonlarında, daha sonra keşfedilen ilaçlarla beraber kaybolmuştur. Ancak klorpromazinin

* II. Dünya Savaşı'nda Fransa Nazilerin işgali altındaydı. Deniker Nazilere karşı Fransız Direniş grubu içinde savaşmıştır. Delay zaten o tarihlerden beri ünlü bir kişidir ve savaştan sonra Nurnberg Mahkemesi'nde Rudolf Hess'i muayene etmiş ve hastalık olarak kendisinde delilik olmadığını ve sadece histerik amnesia bulunduğunu mahkeme heyetine bilirkişi olarak açıklamıştır.

1964 yılında bütün dünyada 50 milyon kişinin kullandığı belirtilmiştir (Lopez-Munoz vd. s. 113-115; Ban, s. 495-500).

1958 yılında *haloperidol* adıyla başka bir antipsikotik ilaç Belçika'da Paul Janssen (1926-2003) tarafından geliştirilmiştir. Klorpromazinden daha güçlü olduğu belirlenmiş ve şizofrenide ilk önce kullanılan ilaçlardan biri haline gelmiştir. Haloperidol butirofenon grubuna ait bir ilaçtır. 1960'lı yıllarda İsveç'te Arvid Carlsson ve Margit Lindqvist, haloperidolü deneysel olarak incelemiş ve ilacın beyinde katekolamin reseptörlerini engellediğini göstermiştir (Carlsson ve Lindqvist, s. 140-144). Çok daha güçlü bir antipsikotiktir ve özellikle paranoid psikozlarda etki gösterir; bazen ciddi ekstrapiramidal yan etkiler de görülmüştür (Ban, s 495-500; Örnek vd., 1969). Carlsson ve Lindqvist 1963 yılında şu açıklamayı yapmışlardır: "Klorpromazin ve haloperidol beyinde dopamin reseptörlerini engellemektedir, rani bir transmitter azalması yapmadan işlevsel azalma meydana getirirler." 1970'li yıllarda bu düşüncelerini kanıtlamışlardır. Bu kuram hâlâ bilinen en geçerli kuramdır. Böylece bu düşünceler ve bulgular şizofrenide dopaminerjik kuramına yol açmıştır (Wickens, s. 311).

1950'li yıllar, psikotrop ilaçların keşfi açısından çok bereketli yıllardır. Bu bağlamda aslında bir antihipertansif ilaç olan *reserpin* 1952 yılında keşfedilmiştir. Rauwolfia Serpentina adıyla yüzyıllardır Hindistan'da delilik, ateş ve yılan ısırmasına karşı kullanılmıştır zaten. Hatta Hindistan'ın büyük lideri Mahatma Gandhi, bunu bir trankilizan ilaç olarak kullanmıştır. 1953-1955 yılları arası ABD'de gözden geçirilip ilk kez tam sentezi 1958 yılında kimyacı Robert B.Woodward (1917-1979) tarafından yapılmıştır. Reserpin antihipertansif bir ilaç olarak kullanılmıştır ama antipsikotik etkisi klorpromazin kadar güçlü değildir, ayrıca Parkinsonizm yapma gücü vardır. Bu etki beyinde noradrenalin, dopamin ve serotonini azaltması nedeniyle ortaya çıkmaktadır. Günümüzde psikiyatrik anlamda sık kullanılan bir madde değildir (Wickens, s. 311).

Klorpromazinin piyasaya sunulmasından birkaç yıl sonra 1957 yılında ilk antidepresan ilaç piyasaya çıkmıştır. Bu ilaç *İproniazid*dir ve ticari adıysa Marsilid'dir. Antidepresan ilaçların başlangıcını II. Dünya savaşı yıllarındaki bazı olaylara bağlamak gerekir. O sıralarda

Almanya'da Hydrazine adlı bir madde keşfedilmişti. Bu madde V-2 roketleri için tetikleyici bir maddeydi. Savaş bittikten sonra Hydrazine büyük stoklar halinde ele geçirildi ve ilaç firmalarına dağıtıldı. Bu maddenin İsoniazid adlı bir türevi bulundu. Tüberküloz tedavisinde kullanılmaya başlandı. Daha sonra İsoniazid'den İproniazid denen bir türev üretildi. İproniazid de tüberküloza karşı etkili idi.İlaç bir deri bir kemik kalmış, ciddi olarak hastalanmış kişilerde akciğer enfeksiyonunu gideriyor, hem kilo aldırıyor ve hem de bu hastalar daha optimist oluyorlardı. Hatta 1953'de "Associated Press"in verdiği bir rapora göre, bir NewYork Hastanesinde tüberküloz nedeni ile İproniazid alan hastalar arasında yapılan bir partide onların neşeli ve dans edecek kadar mutlu hâle geldikleri haberi çıkmıştı. Bu ve benzeri durumlar ABD'li psikiyatristlerin gözünden kaçmadı. Bunlardan biri de Nathan Kline'dır (1916-1983). İproniazidi çeşitli mental hastalığı olanlarda kullanmaya başladı. Sonuçlar çok etkileyiciydi, hastaların % 70'inin mizaçları olumlu şekilde etkilendi ve moralleri düzelmeye başladı. Sonuçta İproniazid bir antidepresan olarak 1957'de Marsilid adıyla piyasaya çıkmıştır. Bir yıl içinde ABD'de 400 binden fazla hasta bu ilaçla tedavi edilmiştir. Olumlu etkisi 1960'lara doğru giderek azalmıştır. Çünkü yüksek derecede hepatotoksik olduğu (Karaciğer üzerine toksik etkili)) anlaşılmış ve 1961'den itibaren kullanımdan kaldırılmıştır.

1952'de biokimyacı Albert Zeller, Chicago'da çalışırken MAO enzimini İproniazid'in inhibe ettiğini bulmuştur. MAO, nörotransmitterler sinapsta görevlerini yaptıktan sonra onları parçalayan bir enzimdir. Bu parçalanan transmitterler nöradrenalin, serotonin ve dopamindir. İproniazid MAO'yu inhibe ederek, nörotransmitterlerin sinapslardaki yoğunluğunu ve etkisini arttırmaktadır. Böylece antidepresan ilaçların beyindeki etki mekanizmasını gösteren bu bulgu önemli bir adım oldu. Depresyonda hastalık aminerjik nörotransmitterlerin ya anormal azalmasından ya da beyin aktif haldeyken bu transmitterlerin yeterince aktif olamamasından kaynaklanıyordu. (Wickens 313).

Başka bir antidepresan ilaç da Avrupa'da ortaya çıktı. İlacın adı "İmipramin"di ve İsviçreli Psikiyatrist Roland Kuhn (1912-2005), 1956'dan bu yana İmipramine'in antidepresif etkilerini saptamıştı. 1957'de İmipramine'in etkilerini 40 hasta üzerinde denedi ve klinik izlenimlerini 1957'de yayınladı. Bir yıl sonra çeşitli tanı kategorilerinden 500'ün üzerinde psikiyatrik hastadan elde ettiği sonuçları yayınladı. Bu şekilde ilk kez depresyonda etkili bir tedaviyi psikiyatri pratiğine sokmuş oldu. İmipramine bir yıl sonra *Tofranil* adı ile tüm Avrupa'ya yayıldı. Artık günümüzde İmipramine en etkili antidepresif ajanlardan biri olarak bilinmektedir. Yapısı gereği bu tip ilaçlara *trisiklik antidepresif* ilaçlar denmektedir. Farmakolojik olarak da MAO enzimi ile bir ilgisi bulunmamıştır. Ancak beyinde Noradrenaline ve Serotonin düzeylerini arttırmaktadır (Steinberg & Himmerich 48-50; Kuhn 459-464).

1961'de Bethesda'da Ulusal Sağlık Enstitüsünde (National Institutes of Health NIH) çalışırken biyokimyacı Julius Axelrod (1912-2004), Sempatik Noradrenerjik nöronlarda "reuptake" (geri alma) mekanizmasını, yani sinapstaaşırı miktada bulunan nörotransmitteri sinapstangeri alan bir pompa sistemi olduğunu göstermiştir. Bazı antidepresif ilaçların bu sinaptik geri alma mekanizmasını bloke ederek transmitterin sinapsta daha fazla kalmasını sağladığı anlaşılmaktadır. Sinapstaki nörotransmitter miktarı artmaktadır. Böylece depresif mizaç da kendi içinde bir açıklama bulmuştur.Beyindeki noradrenalin ve serotonin düzeylerinin düşmesi nedeni ile depresyon olmaktadır. Bu bilinen en akla yakın depresyon kuramlarından biridir. Axelrod 1970'de Nobel Ödülünü kazanmıştır. Günümüzde bu transmitterlerin sinapstan, presinapsa geri alımını engelleyen birçok ilaç piyasalarda bulunmaktadır (Wickens 318). Bunlardan *fluoxetine* (Prozac), spesifik olarak serotoninin presinaptik reuptake inhibitörüdür, 1970'lerden beri depresyon dahil değişik alanlarda kullanılmaktadır. Dünyada en çok kullanılan antidepresanlardan biri olarak kabul edilmektedir.

Somatik ve Otonomik Sinir Lifleri Araştırılıyor

Bir yandan dev hücreli aksonlarda tek sinir lifi ve sinaptik olaylar konusunda kesin temel bilgiler elde edilirken, sinir hücresi ile sinaps (Özellikle Sinir-Kas son plağında) arasında kalan sinir gövdesinde sinir iletimi/eksitabilite özellikleri üzerinde de araştırmalar devam ediyordu. Özellikle somatik ve otonomik çevresel sinirlerde sinir lifi morfolojisi ve elektrofizyolojisini uygulamak görece daha kolaydı. Tek sinir lifindeki fizyolojik özellikleri E. Douglas Adrian (1889-1977) 1920 başlarından itibaren tanımlamıştı. Ancak birçok sinir lifini gövdesinde taşıyan bir periferik sinirdeki aksiyon potansiyelleri toplamının aynı anda kaydedilmesi ve bu *bileşik aksiyon potansiyellerin*in bilinmesinin nörofizyoloji açısından önemi ve faydası ne olabilirdi? Bu sorular örneğin ABD'de tartışılıyordu. 1920'lerde, I. Dünya Savaşı'ndan sonra, St. Louis Washington Üniversitesinde Joseph Erlanger (1874-1965) ve Harvard Üniversitesi'nden Alexander Forbes (1882-1965) sinirlerin beden dokuları arasından geçerken nasıl kayıtlanabileceği ve ne gibi bilgiler elde edilebileceğini tartışanların başında geliyorlardı. Böyle bir motivasyon taşıyan 10-15 nörofizyolog bulunuyordu. Bunlar bir araya gelip bu konu ile ilgili sorunları tartışıyorlardı. Bu gruba ABD'de *axonologist* dendi. Bu gruptan biraz daha genç olan Herbert Spencer Gasser (1888-1963) de aynı şekilde periferik sinir aksonları ile ilgileniyordu. Periferik sinirden kayıt yapma tekniği en başta gelen sorunlu alandı. Gasser yeni bir teknik yaklaşım gerektiği düşüncesindeydi. Periferik sinirlerden yeterince net ve büyük bileşik aksiyon potansiyeli elde etmek mümkün olamıyordu. Gasser ve Erlanger Washington Üniversitesinde birlikte çalışmalara başladılar. Burada tek başına Galvanometre yetmiyordu, kayıt sistemine yeterli bir büyütücü (Amplifikator) de eklemek gerekiyordu. Bu sırada 1920'de *Western Electric's Laboratories*, Braun tüpü denen duyarlı bir büyütücü yapmayı başarmıştı. Gasser ve Erlanger bu firmaya böyle bir aygıta gereksinimleri olduğunu söylediler. Firma onlara bu yeni aygıtı yani bir tür katot ışınlı osiloskopu satmadı. Fakat onlar yılmadılar ve başka bir tüp yapmayı başardılar. Ancak iş bununla bitmiyordu, ayrıca bazı mekanik aygıtları da sistemlerine monte etmeleri gerekti. Karanlık odada çalışarak fotografik kayıtlar elde ettiler. Ancak her bir osiloskop görüntüsü zayıf ve parazitliydi. Bunu gidermek için aynı koşullarda elde ettikleri sinir yanıtlarını fotografik olarak süperpoze etme (üst üste çakıştırma) gereksinimi doğdu. Bodrum katındaki laboratuvarlarına dışardan çok fazla gürültü ve parazit geliyordu ve bu da kayıtları bulandırıyordu. Bütün bu zorluklara rağmen bir yıl sonra ilk makaleleri yayınlanmaya hazır hâle geldi. Kurbağa bacağındaki siyatik sinirden elde ettikleri çalışmalarının ilk "bileşik sinir Aksiyon potansiyeli"ni kayıtladılar. Bu sinir içindeki birçok aksonun potansiyellerinin toplam aktivitesinden meydana geliyordu. Kurdukları sistem ve katot ışınlı osiloskop yardımı ile sinir sinyalleri toplamını 5000 kez büyüttüler ve ekranda net görülür hâle getirdiler. Ve ilk makalelerini 1924'de yayınladılar. Bu önemli çalışma ve yayın periferik sinir fizyolojisinde bilgi gelişiminin kilometre taşıydı. Sinir gövdesini uyardıktan sonra sinirin 2 ayrı yerinden kayıtlama ile sinir iletimini ölçtüler. Akson çapı ile iletim hızı arasındaki doğru orantılı ilişkiyi sistematize ettiler. Kaydedilen bileşik aksiyon potansiyeli sonrası *after potential* kavramını ve ölçümlerini bildirdiler. *Absolu* ve *relatif refrakter period* kavramları üzerinde çalıştılar. Periferik sinir içindeki lifleri A, B, C lifleri olarak isimlendirdiler. Bunlardan C-lifleri miyelinsiz liflerdi. Bu liflerde aksiyon potansiyelini, Peter Heinbecker ve George Bishop ilk kez ölçmeyi başardılar. Kurbağanın servikal sempatik/otonomik sinirine güçlü bir uyarı verdiklerinde küçük ve çok geç ortaya çıkan ve iletimi çok yavaş olan C-Potansiyellerini keşfetmiş oldular. Daha sonra Gasser ve Erlanger 1930'da C-liflerinin özelliklerini yeniden değerlendirdiler. Periferik sinirler içinde uzanan C-lifinin çapı en küçük olduğu için, uyarılabilme eşiği A-lifine göre 100 defa daha yüksekti. (Daha yüksek bir elektrik akım şiddeti ile uyartılabiliyordu.).Kokain ile sinir liflerini bloke ettiler. Önce geniş çaplı lifler, daha sonra küçük çaplı sinir lifleri bloke oluyordu. Sonunda tüm fizyolojik farklılıkları üzerinden, periferik sinir liflerini sınıflandırdılar. Ve her bir sinir lifi grubunun farklı işlevsel özellikleri üzerine vurgu yaptılar. Örneğin geniş çaplı hızlı iletim özelliği gösteren miyelinli sinir lifleri (A grubu) dokunma, devinim ve kas duyumunun santral sinir sistemine ve/veya çevre kas ve reseptörlere gitmesini sağlıyorlardı. C-lifleri genellikle ağrı duyumunun taşınması ile ilgiliydiler. Ayrıca otonomik sinir sisteminde bulunan periferik sinir liflerinin çoğu bu gruba girer.

Tüm keşfettiklerini sistematize bir şekilde, sonraki elektrofizyologlar ve insanda bu konuları çalışmak için ilk adımlarını atan klinik nörofizyologların elinden düşürmediği bir kitapta topladılar. *Electrical Signs of Nervous Activity* adlı kitap 1937'de yayınlandı. 1944' de Gasser ve Erlanger Nobel Ödülünü kazandılar (Davis 111-139; Chase & Hunt 148-176; Wickens 272; Gasser & Erlanger kitap 1937; Finger 137-138).

Resim 16-12: J. Erlanger(Solda) ve H. Gasser (Sağda). Nobel Ödüllü iki ABD'li aksonolog ve nörobilimci. Katot ışınlı osiloskop kullanarak canlı beden sinirlerinde bileşik sinir aksiyon potansiyel özellikleri üzerinden çevresel sinirleri sınıflandırdılar. Ertekin C. *EMG'nin Tarihsel Gelişimi (1890-1960) Klinik Nörofizyoloji*, EEG-EMG Derneği, Yayın No. 11, Kitap Vitrini, Ankara, 2014.

D.P.C. Llyod (1911-1985) aynı zaman diliminin etkin nörofizyologlarındandır. 1943'te deney hayvanlarının refleks aktiviteleri üzerinden giderek periferik sinirlerde yeni bir sınıflama yapmıştır. Aslında her iki uygulama birbirine çok yakındır (Manzano vd., 2008). Gasser ve Erlanger sinir liflerini Grek alfabesine göre sınıflandırırken Llyod I, II... gibi Romen rakamları ile sınıflandırma yapmıştır. Günümüzde bunların yaygın bir karışımı nörobilim dünyasında kullanılmaktadır (Ertekin. 2006)

İnsanda Klinik Nörofizyoloji

Yukarıda anlatılanlardan anlaşıldığı gibi bu bilgiler çok değerliydi, ancak deney hayvanlarından elde edilmişti. Oysa bu sinirlere insan bedeninde yüzeyel olarak yaklaşmak olanaklıydı. Ve sonuçta insanlardan elde edilen sonuçlarla birlikte II. Dünya Savaşı'ndan sonra klinik nörofizyolojinin önemli bir bölümü olarak *elektromiyografi* dalı gelişti. Buna ait kısa bir gelişim tarihini buraya koymak gerekir.

İnsanda çağdaş anlamda sinir iletim hızının ölçülebilmesi için katot ışınlı osiloskopun keşfi beklenmiştir. Bununla beraber çevresel sinirlerde Alman nörolog Johann Hoffmann'ın (1857-1919) ilk kez

"Soleus H-refleksi"ni (Monosinaptik Gerilme refleksi) bulmasından sonra, Schaffer (1922) insanda duyusal sinir liflerinde iletim hızını 60-65 m/s bulmuştur. I ve II. Dünya savaşları sonucu çok sayıda periferik sinir lezyonu ortaya çıkması EMG çalışmalarını hızlandırmıştır. Bir yandan Fritz Buchthal (1907-2003) Danimarka'da ve Erik Kugelberg (1903-1983) İsveç'te, daha önce Adrian ve Bronk'un 1929'da keşfettikleri konsantrik iğne elektrotlarla, çizgili kas elektrik aktivitesini normaller ve sinir-kas hastalıklarında standardize etmeye çaba göstermişlerdir.

Öte yandan Hodes, Larrabee ve Germann (1948) ilk kez bugünkü anlamda motor sinir iletim hızı ölçümlerini normaller ve periferik sinir zedelenmesi olgularında yapmışlardır. Bu arada Eichler (1937) de median ve ulnar sinirlerin elektriksel uyarımı ile ilk kez doğrudan insan derisi üzerinden sinir aksiyon potansiyellerini kaydetmiştir. George DuncanDawson (1912-1983) 1947'de fotografik süperimpozisyon tekniğini kullanarak önce somatosensorial serebral uyarı potansiyellerini incelemiş, daha sonra da (1949) yine aynı fotografik süperimpozisyon tekniği ile duyusal iletim hızını ölçmüştür. Bu yöntemler 1960'lı yıllarda en önemli duyusal iletim tekniği olarak kullanılmışlardır. Bundan sonra motor ve duyusal sinir iletimlerinin geliştirildiğini görüyoruz. Edward Howard Lambert (1915-2003) ABD'de EMG'yi ilk geliştiren nörofizyologdur. 1947'lerde EMG üzerinde çalışmaya başlamış ve yardımcıları ile birlikte önemli katkılarda bulunmuştur. İngiltere'de R. Gilliatt, J. Simpson ve arkadaşları, daha sonra Danimarka'da F. Buchthal ve okulu bu konuda hemen hemen son noktaları koymuşlardır. 1961'de ilk Uluslararası EMG Kongresi İtalya Pavia'da yapılmış ve daha sonra EEG ile uğraşan meslektaşları ile "klinik nörofizyoloji" çatısı altında birleşmişlerdir.Kompüter tekniğinin çok ilerlemesi ile birlikte duyusal ve motor iletim teknikleri de geliştirilmiş ve önceleri ulaşılamayan sinirlere de ulaşılmıştır. İnsanda tek kas lifini inceleyen bir EMG yöntemini 1966-1967 yıllarından itibaren İsveçli Erik Valdemar Stållberg geliştirmiştir. (Ertekin. 28-35).

KAYNAKLAR

Augustine G.J. & Kasai H. "Bernard Katz, quantal transmitter release and the foundation of presynaptic physiology" J.*Physiol.*, 578, 623-625, 2007.

Baron R. vd. "Neurology, The Next 10 Years" *Nat. Rev. Neurol.* 11, 658-664, 2015.

Bennarroch E.E. vd. *Medical Neurosciences*, 4. Basım, Mayo Foundation, Rochester, Minnesota, 1999.

Bin T.A. "Fifty years Chlorpromazine. A historical Perspective" *Neuropsychiatr. Dis. Treat.* 3, 495-500, 2007.

Bisset G.W. "Wilhelm Feldberg CBE, FRS (1900-1993)" *Br.J.Pharmacol.*, 111, 649-651, 1994.

Carlsson A. & Lindqvist M. "Effect of chlorpromazine or haloperidol on formation of 3-Methoxytyramine and Normetanefrine in mouse brain" *Acta Pharmacol. et Toxicol.* 20, 140-144, 1963.

Chase M.W. & Hunt C.C. "Herbert Spencer Gasser-July 5, 1888-May, 11, 1963" *National Academy of Sciences*, 148-176, National Academic Press, Washington DC, 1995.

Curtis D.R. & Anderson P. "John Carew Eccles 1903-1997" *Australian Academy of Science. Historical Records of Australian Science*, vol. 13, No. 4, 2001.

Damassio A.R. *Descartesin Yanılgısı*, Varlık Yayınları, Sayı: 538, Bilim Dizisi 2, 2. Basım, İstanbul, 1994.

Davis H. "Joseph Erlanger (1874-1965)" *National Academy of Sciences*, 111-139, Washington, 1970.

Ertekin C, Aydın A, Kumral K, Kot B. *Parkinsonizm'in Fizyopatolojisi ve L-Dopa*, Doğruluk Matbaası, İzmir, 1972.

Ertekin C. *EMG'nin Tarihsel Gelişimi (1890-1960) Klinik Nörofizyoloji*, EEG-EMG Derneği, Yayın No. 11, Kitap Vitrini, Ankara, 2014.

Ertekin C. *Nörolojide Fizyopatoloji ve Tedavi*, Bilgehan Basımevi, İzmir, 1987.

Ertekin C. *Sentral ve Periferik EMG*, Meta Basım, İzmir, 2006.

Ertekin C. *Tıbbın Öyküsü*, Türkiye İş Bankası Kültür Yayınları, 5. Basım, İstanbul, 2023.

Finger S. *Origins of Neuroscience. A History of Explorations into Brain Function*. Oxford University Press, Londra ve Newyork, 1994.

Fishman M.C. "Sir Henry Hallett Dale and the Acetylcholine story" *Yale Journal of Biology and Medicine*, 45,104-118, 1972.

Gaddum J.H. & Holzbauer M. "Adrenaline and Noradrenaline"15, 151-203, 1957.

Gasser H.S.& Erlanger J. *Electrical Signs of Nervous Activity*, University of Pennsylvania Press, Philadelphia, E. R. Johnson Foundation, 1937.

Glickstein M. *Neurosience: A Historical Introduction*, The MIT Press-Cambridge, Massachusetts, Londra, İngiltere, 2017.

Grabfield G.P. "Reid Hunt" *J.Pharmacology and Experimental Theurapeutics* 93, 258-260, 1948.

Hodgkin A.L. & Huxley A.F. "Resting and Action potentials in single nerve fibres" *J. Physiol.* 104, (2), 176-195, 1945.

Hodgkin A.L. *The Conduction of the Nerve Impulses*. Liverpool University Press, Liverpool, 1965.

Huxley A. "Kenneth Stewart Cole (July 10, 1900-April 18, 1984)" *Biographic Memoirs*, 70, 25-45,1996, National Academic Press, Washington DC, 1996.

Kandel E.R., Schwartz J.H., Jessel T.M. *Principles of Neural Science*, 4th Edition, McGraw-Hill, Newyork, 2000.

Koesey J.C. "Contemporary opinion about Mary Walker: a shy pioneer of therapeutic Neurology" *Neurology*, 51, 1433-1438, 1998.

Kuhn R. "The treatment ofdepressive states with G 22355 (imipramine hydrochloride)" *Am.J.Psychiatry.* 115, 459-464, 1958.
Lees A.J. vd. "Four pioneers of L-dopa treatment: Arvid Carlsson, Oleh Hornykiewicz, George Cotzias and Melvin Yahr" *Mov Disord.* 30, 19-36, 2015.
Lopez-Munoz F. vd. "History of the discovery and clinical introduction of chlorpromazine" *Annals of Clinical Psychiatry*, 17, 113-115, 2005.
Manzano G. vd. "A brief historical note on the classification of nerve fibers" *Arq. Neuropsiquiatr.* 66, 117-119, 2008.
Messenger J. "John Zachary Young (1907-97). Zoologist who paved the way for modern studiesin neurobiology" *Nature*, 388, 726, 1997.
Neher E, Sakman B, Steinbach J.H. "The Extracellular Patch Clamp: A method for resolving currents through individual open channels in biological membranes" *Pflugers Arch.*, 375, 219-228, 1978.
Örnek T., Tuncer S., Ertekin C. "Kronik şizofrenlerde Haloperidol ile alınan sonuçlar" *Ege Üniv.Tıp Fak.Mecm.* 8, 571-577, 1969.
Schwiening C.J. "A brief historical Perspective: Hodgkin and Huxley" *J.Physiol.* 590, 2571-2575, 2012.
Seyfarth E.A. "Julius Bernstein (1839-1917). Pioneer neurobiologist and biophysicist" *Biol.Cybern.* 94, 2-8, 2006.
Simpson J.A. "Myasthenia Gravis: A new Hypothesis" *Scottish Medical Journal*, 5, 419-436, 1960.
Steinberg H. & Himmerich H. "Roland Kuhn-100th Birtday of an innovator of clinical Psychopharmacology" *Psychopharmacol. Bull.* 45, 48-50, 2012.
Thomas E. vd."Women in the history of neuromuscular medicine" *Neuromuscular disorders*, 29, 698-703, 2019.
Tyler K. vd. "Part-2. History of 20th century neurology: Decate to decate" *Annals of Neurology*, 53 (suppl 4), 8-28, 2003.
Wickens A.P. *History of the Brain-From Stone Age Surgery to Modern Neuroscience*, Psychology Press, Taylor & Francis Group, Londra ve NewYork, 2015.
Zimmer H.G. "Otto Loewi and the chemical transmission of vagus stimulation in the Heart" *Clin. Cardiol.* 29, 135-136, 2006.

17

Akıl, Zekâ ve Beyin Tartışmaları

İnsanlar her zaman ve bilimciler zaman zaman beyinde akıl ve zekânın nerede ve nasıl olduğunu merak etmişler ve bazen de sorgulamışlardır.Bu konudaki merakın temelde, nöral bilimlerin gelişmesinde önemli ya da ileri bir bilimsel açılıma yol açtığı söylenemez. Diğer yandan insan beyninin farklı ırklarda karşılaştırılması gibi bir tutumun sosyal açıdan ırkçılığı ve ırk sömürüsü tehlikesini beraberinde getirmiş olduğu da söylenebilir.

Filozof ve İngiliz sömürge bürosunda müşavir olan David Hume (1711-1767) insan topluluklarının ayrı ayrı yaratıldıklarını belirten teoriye göre, beyaz olmayanların doğuştan aşağı değerde olduklarına inanıyordu. İngiliz sömürge bürosundaki görevliler de farklı düşünmüyorlardı. ABD'de de siyahların bir ırk oluşturdukları ve bu ırkın beyazlardan aşağı olduğu yorumu sorgulanmaksızın kabul ediliyordu. Hatta yanlış bir adlandırma olan "*Toplumsal Darwincilik*" ile, 20'nci yüzyılın iktidarları ve özellikle diktatörlük rejimleri ırksal ve toplumsal ideolojilerini açıkça insan biyolojisi üzerinden kurmaya çalıştılar. (Huber 129-130).

Akıl ve zekânın nasıl ve nerede olduğuna dair genel merak yanısıra, geçmişte bu konuda yapılmış olan çalışmalar ve yorumlar göz önüne alındığında, hâlâ varolduğuna inandığımız ırkçı, şöven eğilimleri de hesaba katarak,insanlığın bu konuda söyledikleri ve yaptıklarını tek bir başlık altında toplamanın doğru olabileceğini düşündük.

M.Ö.'den 17'nci yüzyıla: Eski Mısır'da, İskenderiye'de M.Ö. 3'üncü yüzyılda idam hükümlülerine viviseksiyon (canlı kesim) yapan Herophilus ve Erasistratos'tan hangisine ait olduğu bilinmeyen, fakat insan akıl ve zekâsını hedef alan aşağıdaki sözler muhtemelen dünyada ilk kez söylenmiştir:

"*İnsanlarda üst düzey akıl, en çok ve en kompleks olarak beynin hemisferlerinde bulunur*". İnsan beyni ile çok daha fazla uğraşan Erasistratos'un bu sözleri söylemiş olduğunu düşünebiliriz. (Finger 299). Burada bir yoruma da yer vermek gerekiyor:"*Eski Yunan ve Roma'da insan heykellerini inceleyen günümüz sanat yorumcuları, kafatasının aşırı gelişmiş olduğunu belirtir ve alın bölgesinin geniş ve çıkık olduğuna vurgu yaparlar. Özellikle eski Yunan'da yaşayan şair, artist ve ünlü filozofların alınlarının öne çıkık olduğu dikkati çeker. Buna karşılık işçiler, atletler ve Roma'daki gladyatör heykellerinde ve özellikle kadın heykellerinde alınlar kısa ve geridedir*". Bu durumda, tabii ki yüzyıllar sonra yapılan yoruma göre, Eski Yunan ve Roma'da yüksek mental işlevlerin, frontal lob gibi ön beyin bölgelerinde bulunduğuna inanıldığı söylenebilir. Ama bu yoruma göre de 2 durum söz konusudur; kadınlarda ve alt sınıf insanlar ve emekçilerde hem beyin ileri gelişmemiştir, hem de kadınlar ve alt sınıfların bu nedenle zekâ ve akılları göreceli olarak daha alt düzeydedir.* Bununla beraber Antik dönemde beyine bir organ olarak verilen önem o denli fazla değildi. Belki de eski Yunan ve Roma kültürlerinde estetik değerlere verilen farklı duyarlılıklar sonucu böyle bir gözlem/yorum da ortaya çıkmış olabilir. Bu yorum 19'uncu yüzyılın Frenoloji anlayışından (Bkz.19. Yüzyıl-III) pek farklı sayılmaz.

Daha sonraları ünlü Romalı hekim Galenus eşeklerin beynini incelemiş ve hem beynin büyüklüğü ve hem de beyin üzerindeki kıvrımların çokluğu karşısındadünyanın en aptal hayvanlarından biri olan eşeğin beyninin insanınkine benzediğini varsayarak aklın başka bir yerde aranması gerektiğini vurgulamıştır.

Kilisenin egemen olduğu çağlarda daha çok beyin ventriküllerine ve bunların ve diğer beden organlarının içinde dolaşan birtakım

---

* Bazı Antik kültürlerde, yeni doğan bebeklerde kafaya sert bir bandaj takarak yüksek bir alına sahip olmaları sağlanmaya çalışılırdı. Hatta bunun bazı ilkel kültürlerde bugün de devam ettiği söylenir. (Finger 317).

Ruh'ların varlığına inanılıyordu. Bu ruh veya ruhlar, algılama, düşünme ve bellekten sorumluydu. (Bkz. Antik Çağ'dan 1700'lere Karıncık Teorisi). Bu inanış birkaç yüzyıl değiştirilmeden devam etti. Rönesans döneminde, Andreas Vesalius (1514-1564), "*De Human Corporis Fabrica*" adlı eserinde dikkati ventrikül sistemlerinden beyin dokusuna çekmeye çalıştı. Fakat daha fazla bir ekleme yapmadı. Vesalius'un yaşadığı dönem ve sonrasında insan beyninin hayvanlarınkinden daha büyük ve daha organize olduğuna inanılıyordu.

1664'de Thomas Willis (1621-1675), hareketler ve kavramların hepsinin serebrum (beyin) içinde olduğunu söyledi. Ancak ilk çağlardan gelen ventriküler sistem ve ruh kavramlarından tamamen kopamadı. Serebrumun "*Animal Ruh*"un üretimine ve imajinasyonlarına hizmet ettiğini söyledi. Serebellumu (beyincik) istem dışı hareketlerden sorumlu tuttu. Striatumu (Bir basal ganglion çekirdeği) ruhların genişleyip yayıldığı yer olarak gördü.

17'nci yüzyıl sonlarına doğru artık serebral hemisferlerakıl ve istemin merkezi olarak görülüyordu. İnsan beyninin, hayvan beyinlerinden daha büyük olduğu kabul ediliyordu. 17'nci yüzyıl sonu ve 18'nci yüzyıl başlarında beyin hemisferlerinin önemi anlaşılmakla beraber, bu konuda büyük bir tartışma ortaya çıkmıştı. Beyni işlevlerine göre ayırt etmeye çalışan "*Lokalizasyonistler*" ile beynin her yanının tüm işlevleri yerine getirdiğine inanan "*Bütüncül-Holistik Anti-Lokalizasyonistler*" tartışmaların merkezindeydi. (Bkz. 19. Yüzyıl-IV). Önemli bir düşünce de beyin hacmi ile bireyin zekâsı ve aklı arasında güçlü bir pozitif uyum olmasıydı. Burada daha endişe verici olan bir amaç, farklı kültürler, ırklar ve sosyal sınıflar arasında beyin büyüklüğünü karşılaştırma isteğinin doğmasıydı. (Finger 299-300).

Irklar arası karşılaştırmalar başlıyor

Irklar arasıbeyin büyüklüğü ve zekâ arasındakiilişkileri 17'nci yüzyılda ilk inceleyenlerden biri François Bernier (1620-1688)'dir. Kendisi Fransız bir hekim ve aynı zamanda bir seyyahtı. Bernier ırkları deri rengine göre ayırdı. Farklı renkteki ırkların çeşitli ve farklı özellikleri olduğunu bildirdi.

Carl Linnaeus (1707-1778) İsveçli hekim, botanikçi ve zoologdur.

1735'de ilk kez bitki ve diğer canlıları taksometrik olarak sınıflandırmıştır. İnsana da canlı sınıflandırmasında yer ararken, beyin büyüklüğü ve hacmini dışlayarak insanın orangutan maymunundan farksız olabileceğini öne sürdü. Böylece *Simian* Maymunlar ile Homo Sapiensi aynı sınıf içinde topladı. Daha sonra "*Primates*" terimini ekledi ve bundan sonra "*Sistema Natura*" adlı kitabında ilk sıra Homo Sapiensleri, *Europaeus, Americanus, Asiaticus* ve *Africanus* olarak alt gruplara ayırdı.Europaeus'u elbise giyen, kibar, keşfedici, kanunlarla yönetilenler olarak yazdı. Africanus'u kurnaz, ihmalkâr, tembel ve utanmaz olarak tanımladı. Tabii ki bu tip bir sınıflama Avrupalıların çoğu tarafından kolaylıkla kabul edilebilecekti. Bu sıralarda siyah Afrikalılardan küçük bir grup toparlanıp, Almanya'da Hesse şehrindeki bir Alman Prensine getirilmişti, Prensin emri altında yaşıyorlardı. Bunlardan bazıları ölünce, bedenleri bir grup Alman bilim komitesi tarafından muayene edildi.Bu bilimcilerden birisi aslında ileri görüşlü bir insan olan İsveçli rahip Samuel Thomas von Sömmerring (1755-1830) idi. 1784'de 2 erkek Afrikalının kafatasını muayene etti. Kafatasları Avrupalı erkeklere göre hatırısayılır derecede küçüktü. Buna uygun olarak beyinlerinin de küçük olduğu düşünüldü. (Finger 300-301).

1800'lü yıllarda ortalama Avrupalının genel inanışı siyah ırkın hem kafataslarının ufak ve hem de buna bağlı olarak zekâlarının daha düşük olduğu şeklindeydi. Bu popüler ve ırkçı Avrupa düşüncesine karşı çıkan dürüst bilim adamları da vardı. Böylesi nadir insanlardan biri de Heidelberg Üniversitesinde Anatomi ve Fizyoloji Profesörü olan Friedrich Tiedemann (1781-1861) idi. Tiedemann 1837 yılında "*Avrupalı ve Orangutan beyinleri ile Zenci Beynini Karşılaştırma*" adlı İngilizce yazılmış kitabı ile Avrupalı insanların kafalarını karıştırdı. Bu kitapta şunları yazıyordu: "*Avrupalı ve siyah insanlar dünyanın farklı yerlerinde yaşarlar. Avrupalıların genel anlayışına göre zencilerin beyni daha ufaktır ve böylece zekâ olarak daha aşağıdadırlar. Ancak böyle bir inanış, bilimsel olarak doğru olamaz. Böyle bir inanç seyyahların ve coğrafya araştırıcılarının ön yargılarından kaynaklanmaktadır*" diye vurgu yapmıştır. Tiedemann'ı 2000'li yıllarda da takdir edenler vardır. Brezilyalı bir genetikçi onu, kendi zamanının önde gelen ırkçılık karşıtı olarak nitelendirmektedir. Ancak Tiedemann'ın yaşadığı zamanlarda durum böyle olmamış, ileri derecede eleştiri yağmuruna tutulmuştur.

Onu eleştirenlerden birisi de Thomas B. Peacock (1812-1882) oldu. Peacock Londralı bir kardiyologdu. 1865'de "*Zencilerde beyin ağırlığı üzerine*" adlı bir kitap yazdı. Peacock 7 Afrikalı beyni inceledi. 5 erkek beyninin ortalama ağırlığı Avrupalı beyninden daha düşüktü. Fakat geri kalan 2 Afrikalı kadının beyni, Avrupalı kadınların beyninden biraz daha büyük ve daha ağırdı.*Bununla beraber zekâ ve beyin ağırlığı kavramları üzerinde pek durmadı.

Fransız antropolog ve beyin lokalizasyon öncüsü Paul Broca (1824-1880) kafa boşluğuna doldurulan daneleri tartarak, beyin ağırlığı hakkında karar verilemeyeceğini ileri sürdü. Danelerin ağırlığı nem ile değişiyordu. Ayrıca daha önceden eğitilen beyinlerin, eğitilmeyen beyinlere göre daha büyük olduğunu açıklamıştı. Aklın gelişmesi ile beyin büyüklüğü arasında hatırı sayılır bir ilişki olduğunu söylüyordu. Bununla beraber sonraki yıllarda Broca beyaz ırkta, beynin daha büyük olduğu fikrinden vazgeçti, çünkü sarı ırktan insanlarda daha büyük beyinlerin olduğuna dair bilgiler ortaya çıkmaya başlamıştı.

19'uncu yüzyılın önemli fikirsel tartışmalarından birisi de, ırklar arası farklılıkların beyin ve akıl üzerinden karşılaştırılması olmuştur. Bir grup düşünür / yazar dünyadaki insan topluluklarının, değişik ırkların tek bir kökeni olduğu görüşündeydi. Bu görüşe "*Monogenizm*" (Tek genlilik) adı verilmiştir. Buna karşılık farklı ırkların, farklı kökenlerden geldiğive bu nedenle bedensel/beyinsel farklılıkların olabileceği görüşü de tartışılıyordu. Bu ikinci görüş "*Poligenizm*" (Çok genlilik) olarak bilinmektedir. Poligenizm savunucuları genellikle Darwin'in evolüsyon kuramına karşıydılar. Bunlara örnek olarak İngiltere'den John Thurnam (1810-1873) ve Joseph Bernard Davis (1801-1881) gösterilebilir. Her ikisi de hekim, arkeolog, etnolog ve kafatası toplayıcısı ve kraniolojist idiler. Muhtemelen çağın frenoloji akımından etkilenmiş olmalılar.İkisi birlikte 2 ciltlik "*Cranio Britannica*" adlı kitabı 9 yıllık bir çalışma sonucu tamamladılar. Onların poligenizm görüşü, değişik

---

* O zamanlar daha çok kafatası boşluğu içine "Foramen Magnum" denen kafa tabanındaki delikten içeriye fasulye, nohut gibi tanelerin doldurulması ve bunların sonradan çıkarılarak tartılması sonucu beyin ağırlığı hakkında karar veriliyordu. Bu öyle pek de güvenilir bir test değildi

ırklar arasındaki beden ve beyin farklılıklarına dayanarak, zekâ ve akıl farklılıkları üzerine yorum yapmalarına yolaçmıştır.özellikle Afrika zencileri ve Avustralya yerlilerinin, beyaz ırka göre, hem beyinlerinin daha ufak ve hem de akıl / zekâ açısından daha geri oldukları görüşündeydiler.(MacDonald 110-113; Finger 300-301).Ayrıca, Thurnam, üst sınıf insanların, alt sınıflardan gelenlere göre, beyinlerinin daha ağır ve büyük olduğunu söylüyordu. Böylece ırksal farklılığa ek olarak sınıfsal farklılıklar da biyolojik temellere dayandırılmaya çalışılıyordu.

ABD'de özellikle 1800'lü yılların ilk yarısında, Afrika'dan getirilmiş zencilerin köle olarak çalıştırılmaları olgusu kendi ortamlarında çok cılız bir şekilde tartışılıyordu. Özellikle ABD'nin güneyi ve kuzeyi arasında bu konuda yaşama yansıyanfikir ayrılıkları ortaya çıkmıştı. Böyle bir ortamda ABD'de dünyaya gelen Samuel George Morton (1799-1851) bir hekim, doğa bilimci, antropolog ve etnolog idi. Poligenizm ve Hristiyanlığı sırtlayan bir anlayış ile, ırkçılığın da neredeyse kabul edilebilir bir anlayış olmasına katkıda bulunmuştur. İnançlı bir Hristiyan olmasına rağmen, dinsel açıdan İncildeki Yaradılış hikayesine başlangıcı açısından (Adem-Havva Öyküsü) inanmıyordu. İnsanlığın ortaya çıkmasından beri, beyaz ırklarla siyah ırklar ayrı ayrı yaratılmışlardı. Morton kafatasının özelliklerine dayanarak bir ırkın entelektüel kapasitesinin tanımlanabileceğini öne sürüyordu. Bir kafatası koleksiyoncusuydu, bine yakın kafatası biriktirdiği söyleniyordu. Kranioloji ya da kafatası bilimini göz önüne alarak çalışmalarını "*Cranio Anatomica*" adlı kitabında topladı. Kafatası koleksiyonunda ABD'deki kölelere ait kafatasları da bulunuyordu. Bu kafatası çalışmalarının bir sonucu olarak beyaz ırka ait insanların beyninin en büyük olduğunu söyledi. Beyaz insanda ortalama beyin ağırlığı 1426 gram iken, Amerikan kızılderililerinde 1344 gram bulmuştu.Zencilerin beyni ise ortalama olarak 1278 gramdı.Buna göre her bir ırkın ayrı bir kökeni vardı ve zekâ düzeyi beyaz ırkta en yukarda iken aşağı doğru azalıyor, en son ve en altta zenci ırkı bulunuyordu. Morton şu sonuca ulaşmıştı; antik çağlardan berisiyah derili Afrikalılar sadece hizmetçi ve esir olarak çalışmışlardı.Çünkü akıl kapasiteleri daha fazlasına izin vermiyordu. (Finger 302-303)

Morton'un bu teorileri yanısıra, onunla ABD'de tanışmış olan İsviçre'li bilimci Jean Agassiz'in çalışmaları, ABD'de kölecilik lehine düşünen ve uygulayanlar için "*Bilimsel*" sayılabilecek bir destek olmuştur. Hatta bazı gruplarca çok daha sonraları bu ayrıştırıcı akıma "*Bilimsel Irkçılık*" adı verilmiştir. Bu anlayış ve akım 20 ve 21'inci yüzyılda bilim adamları arasında büyük bir destek görmemesine rağmen son 2 yüzyılda kan akıtan kötücül bir despotizm adına, ırkçılığı değişik şekillerde motive ettiğini, savaşlara yol açtığını görmezden gelemeyiz.

Avrupa'da poligenizmi destekleyerek insanlar arasında ırk farklılığına odaklanan iki bilim adamını görüyoruz. Bunlardan biri Alman kökenli August Christoph Carl Vogt (1817-1895), diğeri de İsviçre kökenli Jean Louis Rodolphe Agassiz (1807-1873)'dir. Carl Vogt Almanya'da uzun süre çalıştıktan sonra İsviçre'ye geçmiş ve orada, Neuchatel'de Louis Agassiz ile birlikte olmuştur. Louis Agassiz ise İsviçre'de Doğa Tarihi profesörü olduktan sonra ABD'ye göçetmiştir. Carl Vogt, hem bilim adamı, hem de tanınmış bir politikacıydı. Bilimde, zooloji, jeoloji ve fizyoloji konularında uzmandı. Politikacı olarak Almanya'da Frankfurt Parlamentosunda bir süre sol kanat temsilcisi olarak çalışmıştı. Vogt*, poligenistik evrim kuramının savunucusuydu, Darwinistik monogenistik düşüncelere kapısını kapatmıştı. Ancak her bir ırkın farklı bir tür maymundan evrildiğine inanıyordu. Beyaz insanlar ve zencileri 2 ayrı ve ekstrem insan tipi olarak değerlendirmiştir. Carl Vogt: "*Puberteye kadar gelen çocuklukta beyaz ve siyah ırklar arasında zekâ yönünden hiçbir fark yoktur. Aynı zekâ düzeyine sahiptirler. Fakat kafatasları kapandıktan sonra, entelektüel kapasiteler arasında farklar ortaya çıkar. Böylece erişkin siyah Afrikalılar, beyaz çocuklar, beyaz kadınlar ve senil erkeklere benzer bir kalite ve düzeyde kalırlar*" şeklinde bir yorum yapmıştır.

Louis Agassiz'e gelecek olursak, ABD'ye göçettikten sonra Zooloji ve Jeoloji Profesörü olarak Boston'da Harvard Üniversitesinde çalışmıştır. Agassiz'in balıklar ve fosiller ile Buzul Çağı ve Cura dönemi ko-

---

* Fransa başkenti Paris'te bulunan 300 yıllık Tuileries Kraliyet sarayı 1871 yılında yanmıştı. Bu yangından önemli devlet dokümanları kurtarılmış ve bunlar incelemeye alınmıştır. Bu dokümanlarda bazı Bonapartist ajanlara gizli verilen paralarla ilgili bir liste meydana çıkarılmıştır. Bu listeye göre Carl Vogt'a 1859'da 40 bin frank verildiği yazılıymış. Bu olumsuz durum Fransız ve Alman basınına yansımıştır. Bir şekilde Karl Vogt temize çıkarılmış olsa bile, bu konudaki soru işaretleri hiç silinmemiştir. Özellikle ünlü Marksist teorisyen Friedrich Engels bu nedenle Vogt'a karşı ağır yazılar yazmıştır.

nularında önemli keşifleri vardır. Fakat koyu bir Hristiyan olmasına karşın, poligenizme olan inancı, onun ABD'de ırkçılığın bir numaralı bilimcisi olmasına yol açmıştır. Agassiz her şeyden önce Darwin'in evrim kuramına karşıdır, Darwinizmin düşünce ve kavramlarını devamlı olarak reddetmiştir. Kendisi tüm canlı yaratıkların düzenini, tanrının düşüncesi ve planı olarak gören bir akademisyendi. Darwinistlerin aksine, tüm insan topluluklarının tek bir türden meydana geldiğine inanmıyordu. Beyaz olmayan insan gruplarının daha aşağı gruplar olduğunu ve farklı türlerden meydana geldiklerini hırsla savunuyordu. Agassiz tüm insanların eşit olduğu görüşüne karşıydı. Tabii ki ABD ortamında köle zencilerin beyazlardan ne denli aşağıda olduğunu göstermek için büyük bir hırsla çalışıyordu. Onun ırkçılığa varan söylemlerinden biri, bu konudaki tutumunu açıkça ortaya koymaktadır: "*Bir Zencinin beyni, bir beyaz kadının rahminde bulunan 7 aylık bir fötusun beyni kadardır.*" ABD'de yaşarken giderek ırkçı bilim adamı olarak tanındı. Yaşadığı zaman diliminde, sözleri ve tutumu ABD toplumunda kabul ve hatta takdir edilebiliyordu. 1847'de bir konferansında siyah derililerin, beyazlardan fizyolojik ve anatomik olarak farklı olduğunu söyledi. Agassiz siyah Afrikalıların apatik ve tavır koymayan kişiler olduğunu sık sık dile getiriyordu. Karaderililer asla gerçek medeniyet düzeyine ulaşamamışlardı ve ulaşamayacaklardı. Ona göre Araplar ve hatta ABD'li kızılderililer bile karaderililerden beyin ve zekâ olarak daha ileri durumdaydı. Agassiz karaderililerin sınırlı bir akıl düzeyleri olduğunu ve sadece işçi olarak eğitilebileceklerini söylüyordu. ABD'de Afrikalılar esir/köle olarak kullanılırken, zamanın yöneticileri tarafından Agassiz'in fikirleri destek olarak kullanılmış ve "*Beyaz Anayasa*" mahkemesince kabullenilmişti. (Finger 303; Iqbal S.S. The Harvard Crimson 18 March 2021)

Agassiz 20'nci Yüzyılda Yeniden Gündemde

Günümüzde ABD'de Louis Agassiz'in adı, özellikle Boston'da kendi Harvard çevresi de dahil olmak üzere, Tamara K. Lenier adlı bir Amerikan Afrikalı'nın, "*Peabody Museum*"a dava açması ile birlikte duyulmaya başladı.Özetle olay şudur: 1850'de bir komisyon başkanı olan Prof. Agassiz kendi isteği doğrultusunda Harvard'da ilk kez 7 erişkin

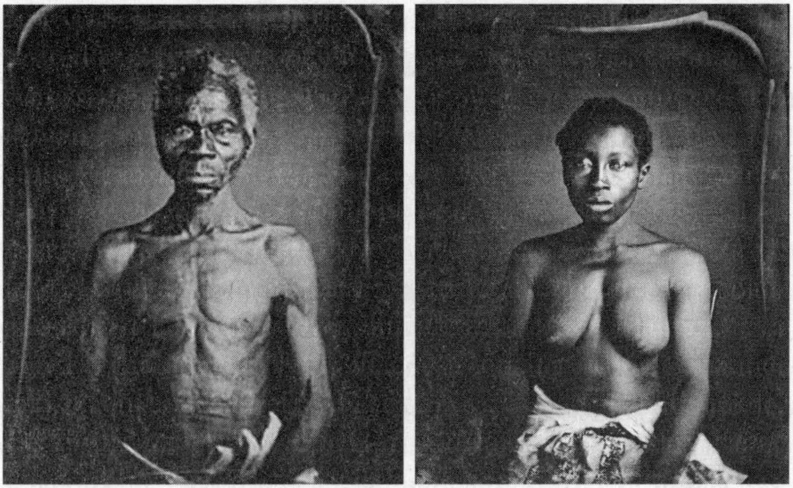

Resim 17.1. Agassiz'in çektiği köle fotoğrafları. Solda Papa Renty, sağda kızı Delia.

siyah kölenin çıplak fotoğraflarının çekilmesinden sorumlu tutulmuştur. Ancak 20'nci yüzyılda, olaydan yaklaşık olarak 150-160 yıl geçtikten sonra bu karaderililerden 2'sinin 3'ncü ve 4'ncü kuşak torunlarının olayı ortaya çıkarıp, dava konusu yapması ile Agassizkamuoyunda bilinir olmuştur.Yine 1850'ye dönersek fotoğrafları çekilen 7 köle kara deriliden 5'i erkek ve 2'si kadındı. 20'nci yüzyılda büyükdedesine sahip çıkarak dava açan torun, bu çok eski olayı, nesilden nesile geçen aile öyküsü olarak mahkemeye sunmuştur. 1850'deki olayda en büyük dedeye "Papa Renty" deniliyordu. Papa Renty ve onun kızı Delia, fotoğrafları çekilenler arasındaydı. Aslında Papa Renty Afrika'da Kongo'da doğmuştu (*Fotoğrafları çekilen diğer erkekler de Afrika'dan getirilip satılmışlardı. Sadece 2 kız ABD'de doğmuştu)* ve esir tacirleri onu çocuk yaşlarında kaçırarak, pamuk plantasyonlarından birinin sahibine satmışlardı.Anlaşılan Papa Renty bu olayı kabullenmiş görünmüyordu ve yasak olduğu halde riski göze alarak bir şekilde okumayı öğrenmişti. Elindeki tek kitap olan İncil üzerinden hem okumayı öğrenmiş, hem de yakınlarına öğretmişti. Agassiz ,fotografik deneklerinin soyunup çıplak kalmalarını emretti. Tüm bedenin ön, arka ve yandan çekilmesini fotoğrafçısına söyledi. (J.T. Zeally, eski bir Fotoğraf tekniği olan

*Daguerreotype** kullanıyordu).Daha sonra Agassiz'in fotoğrafları aldığı ve bir toplantıda bunları gösterdiği ileri sürülmüştür. (Iqbal S.S. The Harvard Crimson,18 Mart 2021).

Bu fotoğraflarilk kez 1976'da kamuoyuna sunulmuştur. "*Harvard Peabody Museum of Archeology and Ethonology*" de çalışan bir kişi bu fotoğrafları kullanılmayan tozlu bir depo kabinin içinde bulmuştu. 20'nci yüzyıldaki yaşayan torun fotoğrafları geri istiyordu ve kendi kökenlerinin tanınması, onlara karşı saygı duyulması, onur ve şereflerinin geri verilmesi ve fotoğraflarda olası bir tahribat halinde de ödeme yapılmasını istiyordu. Torun Tamara Lanier'in avukatı ise "*Bu dava sadece Lanier'in dedelerinin davası değildir, ABD'deki tüm esirlerin torunlarının davasıdır*" diyordu.Mahkemede, Harvard Üniversitesi yetkilileri bu konuyla bir ilgilerinin olmadığınıve olayın Agassiz ailesini ilgilendirdiğini öne sürdüler. Müze yetkilileri de buna benzer bir tutum içindeydiler. Ancak Louis Agassiz'i kınadılar ve Agassiz'in kurduğu müzenin sonraki başkanı olan, Agassiz'in oğlu Alexander'ı ise kutladılar. Çünkü oğul Alexander, ırkçılık ve poligenism anlayışına karşı olan bir Darwinciydi. Sonraki müze yetkilileri Louis Agassiz'in ırkçı ayrımcılık ve eşitsizlik konusundaki fikirlerini reddettiklerini söylediler. Bir yandan da Agassiz'e ait mektup, davet vb gibi ne kadar belge varsa bunları ortadan kaldırdılar. (Iqbal S,S, The Harvard Climson,18 Mart 2021; Sanchez R & Marco T. CNN updated 7.06 AM EDT ,Thusday March 21,2019).Hatta Agassiz'in 3-4'ncü kuşak torunu da karaderili vatandaşların davalarını destekledi.Böylece 1800'lerin bilim öncülerinden Louis Agassiz zamanında pek çok insanı peşinden sürüklemişse de, 1900'lü yılların 2'nci yarısında ırkçı yönü ile yalnız bırakılmış oldu.

Kadın ve Erkek Beyin Ağırlığı. Kim Daha Akıllı ?

Binlerce yıldır kadınların beyninin erkeklerinkine göre daha ufak olduğu anlayışı tartışılıp durmuştur. Bu konuda ilk yorum yapanların

* Daguerreotype, gümüş nitrat ile ışığa duyarlı hâle getirilmişbakır levhaların Camera Obscura içinde (Bkz. Antik Çağ'dan Günümüze Görme), 10-20 dakika pozlanarak,civa buharına tabi tutulup geliştirilmesiylefotografik görüntü elde etme yöntemidir. Sülfür ile gümüş plaka üzerine işlenmesi esasına dayanır. 1840-1850'lerde sık olarak kullanılmıştır. (Iqbal S.S. The Harvard Crimson,18 Mart 2021).

başında Aristo gelir.Aristo önce tüm canlılarda en büyük beynin insanın erkeğine ait olduğunu ve erkek beyinlerinin kadınlarınkinden daha büyük olduğunu söylemiştir. Keza erkek kafatasındaki sütür sayısının kadınlarınkinden daha çok olduğunu ileri sürmüştür.

Yüzyıllarca kadınların aklının erkeklere göre daha aşağıda olduğu inancı devam etmiştir. 19'uncu yüzyılda Paul Broca kadınların bedenlerine oranla beyinlerinin küçük olduğuna inanmıştır. Buradan çıkardığı sonuç, kadınların hem fizik, hem de entelektüel bakımdan daha aşağıda olduklarıdır.

1854'de bir Alman Antropolog olan Emil Huschke (1797-1858) Frontal lob ağırlığının erkeklerde, kadınlara göre % 1 oranında daha fazla olduğunu hesaplamıştır. Yüzeyel ölçümlerde de bu farklılığın devam ettiğini söylemiştir. Bu bulgular 19'uncu yüzyıl bilim insanları tarafından desteklenmiştir. Bu dönemde kadının aklının erkeğe göre daha aşağıda olduğu ve böylece yüksek derecede eğitimde daha az fırsat yakaladıkları inancı da ortaya çıkmıştır.

Fransız Sosyolog ve Antropolog Gustave Le Bon (1841-1931), kadınların akıl kapasitelerinin daha aşağı ırklarla karşılaştırılabileceğini söylemiştir. Hatta 1879'da kadın beyinlerinin goril ile karşılaştırılabileceğini ileri sürmüştür. "*Kadınlar, insan evriminde en alt formları temsil etmektedirler. Kadınlar çocuklara yakındır. Sebatkâr değillerdir. Düşünce ve lojik yoksunudurlar. Kararsızdırlar. Nedenlere karşı kapasitesizdirler. Tabii ki aralarında üstün nitelikli kadınlar da vardır, hatta bunlar ortalama erkeğe göre daha üst düzeydedirler. Ancak bu durumlar istisnadır*" demiştir.

19-20'nci yüzyılda erkek kadın arasındaki bu kaba anatomik beyin farklılıkları artık kabul edilemez düşünceler haline gelmiştir. Buna karşılık, kadınların sosyal haklarını elde etme mücadelesi başlamıştır. Bu bağlamda hatta daha eskilere gitmek olasıdır. Örneğin Mary Astell (1666-1731) kadınların da erkekler kadar akılcı olduklarını, aynı eğitim hakkına layık olduklarını ilk savunan İngiliz kadındır. M. Astell "*Eğer bütün insanlar özgür olarak doğuyorsa, neden bütün kadınlar köle doğuyor?*" diye soruyordu.Kadınlara şöyle sesleniyordu:"*Dünyaya bir bahçedeki laleler gibi güzelliğinizi göstermek için geldiyseniz ve başka bir işe yaramıyorsanız, nasıl mutlu olabilirsiniz?*"En önemli yapıtlarından biri

"*Some reflections upon marriage*" (Evlilik üzerine bazı yansımalar) idi. Yaşamı hakkında bilinenler azdır (Berktay, 41 ve 90-91; Ertekin. 186-197).

18'inci yüzyılda gerçek güçlü bir çaba ve itiraz İngiliz Mary Wollstonecraft'dan (1759-1797) gelmiştir.1792'de yazdığı kitabında kadınlar için eşit eğitim ve ekonomik bağımsızlık önermiştir.Mary Wollstonecraft aynı zamanda güçlü bir yazar ve filozoftur.1792'de yazdığı "*A vindication of the rights of women*" (Kadın haklarının gerekçelendirilmesi) kitabı ile tanınır.(Berktay, 41; Arat, 16; Kuşcan, 147-148; Connell, 93).Günümüzde Wollstonecraft feminist felsefenin kurucularından biri olarak görülmekte, yaşamı ve eserlerinin feministler üzerinde büyük etkisinin olduğu bilinmektedir.Wollstonecraft, kadın haklarının savunulmasını çok açık bir şekilde, dolaysız ve yüksek sesle söyleme ve yazma cesaretini bulan ilk aydın yazardır.

"*İnsanlığın daha erdemli ve elbette daha mutlu olabilmesi için her iki cins de davranışlarını aynı ilkelere göre düzenlemelidir. Özellikle eşitlikçi bir toplum oluşturabilmek için aydınlatıcı bilgilerle, kadınların erdemlerinin bilgi temeli üzerinde kurulmasına izin verilmelidir.Bu da kadınlarla erkekler aynı şekilde eğitilmedikleri sürece olanaklı değildir.*" (Wollstonecraft.256).

Kadınların özgürleşmesi akımı, artık Avrupa'da on binlerce kadın ve erkeği harekete geçirebilen ve çeşitli kadın taleplerini destekletebilen önemli bir siyasal akım haline gelmiştir. Ama bu konunun ayrıntıları başka kaynaklardan izlenebilir.

Suçlu (Kriminal) İnsanlarda Beyin Ağırlığı

Antropolojik çalışmaların bazılarında suçlu kişilerin beyinlerinin normalden daha küçük olduğu saptanmıştır. Kriminal (Suçlu) tiplerin, insan türleri içinde antropolojik bir değişkenlik sonucu olduğu ileri sürülmüştür. Bu kavram İtalyan Kriminolog Cesare Lombroso (1836-1909) tarafından geliştirilmiştir. 1876'da "*Kriminal Adam*" adlı kitabı yazmıştır. Lombroso'ya göre, eğer bir kişi gerçek bir kriminal tavır taşıyorsa, onun mutlaka fizik özellikleri de olabilecektir. Kriminallerin *simian* maymunlarına benzeyen fizik özellikleri olabileceğini öne sürmüştür. Bu insanların kafatasları doğuştan itibaren farklıdır. Daha çok maymunsu beyin taşıdığı izlenimi verir. Ayrıca suç işlemeye yatkın kişilerin, normal insanlardan yüz çizgilerine bakarak da ayrılabileceğini öne sürer.Kraniometri ile psişik özelliklerin uyum içinde olduğunu kabullenir. Karakterde değişkenlik, dengesiz hırslar ve aşırı derecede gelişmiş bir kibir gibi... Daha sonraki yıllarda daha ileri giderek her doğan suçlu kişinin epileptik olabileceğini söylemiştir. Kriminal davranışın "*Atavik*" (Geçmişteki atalarından kalma) olduğunu belirtir, ve bu kişilerde hayvanlara zulüm yapma ve hatta öldürme içgüdüleri olduğunu ifade eder. Lombrosa kriminallerin 2 kategoride toplanabileceğini öne sürmüştür. İlk grupta Atavistik sistem söz konusudur ve bunlar doğuştan kriminal insanlardır. Evrimsel açıdan beyinleri küçüktür. 2'nci grup ise heredite olarak normal olmakla beraber, suçluluk eğilimleri yine ön plandadır. Ne kadar iyi görünseler de, ilişkisiz, anlamsız olarak insan öldürebilirler. Bu iki grubun birbirinden ayırt edilmesini önemli buluyordu.

Ancak bazı antropologlar, azılı bir katil bile olsalar, bu suçlu kişilerin beyinlerinin normal insanlardan farksız olabileceğini öne sürdüler. Hatta ilginç bir sonuca da varıldı. Suçlu kişinin asılmasından sonra beynin kan ile dolmasınedeni ilebeyin ağırlığının artmış bulunabileceğini bile öne sürdüler. (Finger 305-306; Batuhan 260).

20'nci yüzyıl başlarında artık beyin ağırlığını ölçen yöntemler adamakıllı eleştiriliyordu. Beyin ağırlığını ölçme konusunda değişik olumsuz etmenlerin olduğundan söz ediliyordu. Örneğin 1902'de Çekoslovak Hekim, Pedagog ve Antropolog Heinrich Matiegka (1862-1941) beyin ağırlığını etkileyecek 15 kadar etmenin varlığını saptadı. (Finger 306).

İnsan beyninin yüzyıllardan beri hayvan beyinlerinden daha büyük olduğu ve bu nedenle en akıllı canlılar oldukları konusu da tartışılmıştır. Farklı hayvan türlerinden alınan beyinlerin en belirgin özelliği, boyutlarının birbirinden farklı olmalarıdır. İşin kolayına kaçıldığında hayvan türleri arasında beyni en büyük olanın en akıllı canlı olduğu sonucuna varılabilir. Ama durum temelde çok daha farklıdır. Fil beyni (8 kilogram ağırlığındadır) insanınkinden yaklaşık 5 kat daha büyük bulunmuştur. Bu durumda filin insandan daha zeki olduğu sonucu çıkarılabilir mi? Bazıları beynin saf ağırlığı yerine beynin beden ağırlığına oranının daha doğru sonuçlar vereceğini öne sürmüşlerdir. Nitekim yine fil örneğine bakarsak insanda beyin, beden ağırlığının % 2.33'ünü oluştururken filde bu oran % 0.2'dir. Ama bu da bir zekâ ölçeği olarak kullanıldığında hatalı olduğu sonucuna varılmıştır. Fare soyundan "*Soreks*" te, beynin beden ağırlığına oranı %3.33 bulunmuştur. Böyle bakarsak bu fare cinsinin insandan daha zeki olduğuna mı inanacağız?Bu nedenlerle insan ile hayvan beynini karşılaştırırken başka kriterlere de bakmak gerektiği anlaşılmıştır. (Greenfield 21-22).

Ünlü ve Değerliİnsanların Beyin Ağırlıkları

Herşey Alman bilim adamı (Anatomist, Fizyolog, Antropolog) Rudolf Wagner'in (1805-1864), dahi matematikçi Carl Friedrich Gauss'un beyninin ne gibi bir özel morfoloji taşıdığını merak etmesiyle 1855'de başladı ve Gauss'un beynini inceledi. Fakat beklentilerinden uzakta bir beyin morfolojisi ile karşılaştı. Gauss'un beyni sadece 1492 gramdı. Bu ağırlık ortalama değerin biraz üzerindeydi. Gottingen'de çalıştığı kurumdan, diğer 5 profesörün beynini incelediğinde, bazılarında beyin ağırlığını normal ortalamanın altında buldu. Gauss'da saptanan karakteristik konvolüsyon ve fissur artışı, diğerlerinde yoktu. Paul Broca, Rudolf Wagner'in beyin özellikleri hakkındaki bulgularını kabul etmemişti. Çok ilginç bir saptaması vardı: "*Profesörlükelbisesi bir dâhinin sertifikası olarak kabul edilemez. Hatta Gottingen'deki bazı kürsü başkanları öyle pek hatırı sayılır kimseler sayılamaz*".

Wagner yine de bu konuda kendi meslektaşlarını uyardı ve beyin morfolojisinden giderek bir yorum yapıp, genellemeye gitmenin yanlış ve tehlikeli olduğunu söyledi. Wagner, akademisyen meslektaşlarının özel bir beyin karakteristiği göstermemelerinden dolayı çok üzülmüştü.Ancak Wagner'in çalışması beklenenin ötesinde ilgi topladı. Birçok önemli bireyin beynini inceleme merakı arttı. Yaşamında en iyi olan beyinler için otopsi avı başladı. Hatta bazı önemli kişiler kendi beyinlerinin öldükten sonra incelenmesini istediler. Bunlardan birisi de İngiliz bilimci, tarihçi ve politikacı olan George Grote (1794-1871) idi. Prof Grote'un öldükten sonra arzusu yerine getirildi. Ortalama beyin ağırlığından hafifçe daha ağır bir beyni vardı. Fakat onun frontal loblarının ağırlığı ortalamanın çok üzerindeydi. Çok da karmaşıktı.1881'de Paris'te "*Otopsi Derneği*" kuruldu. Bu arada büyük adamların beyinlerinin incelenmesi çok daha moda haline geldi. Aynı şekilde ABD'de 2 sosyal organizasyon açıldı. ABD'de hekim ve anatomist olan Edward Anthony Spitzka (1876-1922), 130 kadar çok takdir edilmiş beyni ölümlerinden sonra inceledi. Tüm bu beyinler 1901'den 1907'ye dek kendisine tüm dünyadaki çeşitli meslektaşları tarafından gönderilmişti. Bu beyinler arasında Beethoven, Abraham Lincoln, Louis Agassiz'in beyinleri de bulunuyordu. Daha dikkatli bir seçim ve istatistiklerle beraber ortalama beyin ağırlığının yaşla bağlantılı olduğunu dikkate aldı. Ünlü/değerli insanların beyinlerinin normal kontrollere göre daha ağır olduğu sonucu çıktı. Aralarındaki ortalama fark tam 100 gramdı. Ve yaklaşık % 7 oranında idi. Ancak beyinler arasında çok fazla değişkenlikler vardı. En ağır beyin Rus romancı Turgenyev'e aitti. Beyin ağırlığı 2012 gramdı. Ortalama Avrupalı beyninden % 50 daha ağırdı. Buna karşılık Fransız Anatol France'in beyni bunun yarısı kadardı. Ve Joseph Gall'in beyni ise 1198 gramdı.

Bu sonuçlara göre yorumlar yapıldı.Bazı araştırıcılara göre beyin ağırlığı ile akıl işlevini eşleştirme çalışmaları güvenilmezdi. Yine de insanların bu konuda merakı bir türlü sönmedi. SSCB başkanı Vladimir Lenin ölünce, Alman bilim adamı Oscar Vogt, Lenin'in beynini incelemek üzere Rusya'ya davet edildi. Piramidal hücrelerinin büyüklüğüne dayanarak Vogt bazı farklılıklar olduğunu söylediyse de bu tam olarak doğru değildi. (Bkz. 20. Yüzyıl-I) Ayrıca Lenin'in beyin ağırlığı ortalama değerlerden daha düşüktü. Böylece insan aklı ile beynin makroskopik özellikleri arasında güvenilir bir ilişki bulunamadı. (Glickstein 28-29; Finger 306-308).

Akıl ve ZekâyıÖlçebilecek daha Yeni Yöntemler

Psikometri zekâ gelişimini ölçen bir yöntemdir. Psikometri, Joseph Gall'in kafatası ölçme yöntemleri (Frenoloji) ve Lombroso'nun anatomik, fizyonomik damgalama yöntemlerinden devralınmış bir psikolojik tasarımdır (Huber 130-131).Psikometrinin daha çağdaş gelişmesinde ilk önemli adımları Charles Darwin'in kuzeni olan Francis Galton (1822-1911) atmıştır. Aynı ailede tıpkı boy, yüz ve göz rengi gibi fizik karakterlerin birbirine benzemesi ve ailesel geçiş göstermesi gibi, aynı şekilde akıl değerlerinin de herediter geçiş gösterdiğini düşünmüştür. Bu düşünceden yola çıkarak Galton, zekâ düzeyi çok yüksek ailelerde akıl geçişini incelemeye yönelmiştir. Bu çalışmalarının sonucu olarak birkaç yıl sonra 1869'da "*Hereditary Genius*" adlı kitabı yayınlamıştır. Parlak bir adamın becerikli bir kadın ile evlenmesini cesaretlendirmek istemiştir. Bu kişilerin erken evlenmesini de önermiştir. Böyle bir evlilikten başarılı çocukların ortaya çıkabileceğini ve "*Deha*" yeteneğinin erkenden tanınabileceğini ifade etmiştir. Beynin akıl ve zekâ yeteneğini ölçmek için Londra'da 1884'de bir "*Antropometri Laboratuvarı*" kurdu. Burada işe önce kafatası ölçümleri ile başladı. Kafatası ölçümünün beyin hacmini dolaylı olarak ölçebileceğine inanıyordu. Parlak insanların en büyük beyinliler olduğunu kabullenmişti. Kafatası ölçümleri yanısıra, duysal yetenekleri, reaksiyon zamanını ve diğer değişik işlevleri de araştırma yöntemleri içine sokmuştu. Galton parlak beyinli insanlarda ortalama değerlere göre reaksiyon zamanının daha hızlı olduğunu gördü. Öte yandan mental geriliği olanlar, genel ortalamaya göre ağrı ve ısı duyumlarına karşı çok daha az reaktif bulunmuştur. Daha ileri giderek erkeklerden daha az zekâsı olan kadınların da duyumsal yetenekleri anlamada eksikleri olduğunu görmüştür. (Finger 311; Kandell 40).

Tarihsel açıdan, Galton'u, Fransız Alfred Binet (1857- 1911) izlemiştir.Binet, başlangıçta hukuk okudu, ancak bunun pratiğine girmedi, arkasından tıp fakültesine girdiyse de tıp okumak ona ilginç gelmedi. Vazgeçti. Bir süre Paris Milli kütüphanesinde zamanını kitaplar okuyarak geçirdi. Bu arada tesadüfen deneysel psikoloji ile ilgili bazı yeni kitaplar eline geçti. Bu kitaplar ilgisini çekti. O sıralarda Paris'te Nöropsikiyatrist Charcot çok iyi tanınıyordu ve histeri üzerine çalıştığı zamanlardı. Binet, Charcot'un yanında maaş almaksızın, asistan olarak çalışmaya başladı. Charcot'nun yanında 8 yıl kaldı. Bu arada yaptığı bazı deneyler kusurlu bulundu ve kurumu terketmek zorunda kaldı. Bu bir küçük düşürülmeydi, 1891'de Salpêtrière hastanesini umutsuzca terk etti. Bir sonraki yıl bir şans olarak Fransız fizyolog, psikolog Henri-Étienne Beaunis (1830-1921) ile karşılaştı. Beaunis o sıralar Paris Sorbonne'da Fizyolojik Psikoloji Laboratuvarında çalışıyordu. Binet onun laboratuvarında da parasız çalışmaya razı oldu. Ve

1894'de çalışmaya başladı. Bireylerin farklılıkları üzerinde güçlü bir çalışma isteği duyuyordu. Önceleri Galton ve Broca'nın ayak izleri üzerinden gitti, kafatası büyüklüğü ile zekâ arasında net ve belirli bir ilişki olduğuna inanıyordu. Bununla beraber giderek kraniometri yöntemine olan güveni sarsılmaya başladı. Sonra kafa ölçümü ile zekâyı ölçme düşüncesi ona saçma gelmeye başladı. Ancak, zekâyı ölçebilecek bir yöntemin peşinde gitmekten hiç vazgeçmedi. 1904'de Fransız Eğitim Bakanlığında çocukların sınıf başarıları ile ilgili bir komisyonda, test geliştirme ile ilgili bir görevi kabul etti. Yeni bir testleme ile mental olarak geri çocukların ayırt edilmesi isteniyordu. Binet çocukların günlük yaşamlarını inceledi. Pratik beceriler konusunda bir test hazırlamaya karar verdi. Özellikle günlük yaşamdaki pratik sorunlar için çok kısa süreli konu örneklerine hazırlanırken Théodore Simon (1873-1961) adlı genç bir hekimle tanıştı, birlikte çalışmaya başladılar. Yaşa göre çok uyumlu, basit ve kısa bir test örneği hazırladılar. Bu teste zaman içinde "*Binet-Simon testi*" adı verildi. Ancak Almanya'da bir Psikolog olan William Stern (1871-1938) mental yaşın kronolojik yaşa bölünmesi ile elde edilen sonuçları bu teste ekledi. Ve buna 1912'de IQ oranı adı verildi. *(Almanca, Intelligenz Quotient'in baş harflerinin kullanılması ile olan kısaltma)*. Fransa'da fazla soruşturulmadan yaygın bir şekilde kullanıldı. Daha sonraki yıllarda IQ testi yoğun bir ortamda tartışıldı.

İngiltere'de Psikolog Charles Spearman (1863-1945) bazı eleştiriler getirdi ve eklemeler önerdi. 1927'de ABD'de Henry H. Goddard (1866-1967) Binet'in makalelerini İngilizceye çevirdi. Eleştiriler olmasına rağmen IQ testi birçok ülkede kullanılmaya başlanmıştı. ABD'de Psikolog Lewis Terman (1877-1956) zekâ testlerini hem popülarize etti, hem de daha sonra testi modifiye ederek erişkin insanlar için uygulanabilir hâle getirdi. Terman Stanford Üniversitesinde çalışıyordu ve test Stanford-Binet olarak yeni adıyla tanındı. Terman, Stern'in IQ oranını zekâ için kabul etti, fakat bu oranın 100 ile çarpılmasını telkin etti. Böylece IQ ölçümü ve Stanford-Binet testi çok geniş kabul gördü. Hekimlik dışındaki sosyal alanlarda da kullanılmaya başlandı. (Finger 311-313).

IQ testi sonraları orduda, iş dünyasında ve eğitim kurumlarında da kullanıldı. Kalıtımsal zekâ varsayımına yaslanan çok sayıda ayrımcı düşünce üretildi. Kalıtımsal zekâ ABD hükümetlerinin politikalarını bir hayli etkilemiş bir ideolojidir.Bu ideoloji bazı konularda bu düşünceye yakın kanunların ve yönetmeliklerin ortaya çıkmasına katkıda bulunmuştur. Örneğin, IQ testlerinin sonuçlarına göre göçmenlerin kabulüne kota koyan "*Göçün Kısıtlanması Yasası*"nın çıkarılmasından kısmen sorumludur. Psikometrik testlerin ideolojik kullanımı ahlak dışı davranışlara da yol açmıştır. Virginia eyaletinde zekâ özürlü olduğu saptanan, yani Stanford-Binetzekâ testinin uygulanması ile7, 8 ya da 9 zekâ yaşının altında olduğu ortayaçıkan yetişkinlerinkısırlaştırılması yasallaşmış ve bu yasa ancak 1972 yılındaiptal edilmiştir.(Huber 130-132).

KAYNAKLAR

Huber G.: "İdeolojik Sapma ve Etik Koruma"S.127-143. Mayor F & Forti A. Bilim ve İktidar. Tübitak. 4. Basım. Ankara 1977.

Finger S.: Origins of Neuroscience. A history of explanations into brain function. Oxford University Press. NewYork. 1994.

MacDonald HP.: Possessing the Dead: The Artful Science of Anatomy. Melbourne University Press. Melbourne. Australia. 2010.

Iqbal SS.: Louis Agassiz under a microscope. The Harvard Crimson, 18 Mach 2021. (Schlesinger Library, Radcliffe Institute Harvard University).

Sanchez R. & Marco T.:The descendants of slaves want Harvard to stop using iconic Photos of their relatives. CNN Updates 7.06 AM.EDT:Thusday March 21, 2019.

Berktay F.: Tarihin cinsiyeti. Metis yayınları. 6.basım. 2018. İstanbul

Ertekin C.: Geçmişten günümüze KADIN. Sia Kitap. İstanbul 2022.

Arat N.: Feminizmin ABC'si.Simavi yayınları. 1991. İstanbul

Kuşcan ÖA.: Antik çağdan günümüze kadının öyküsü. Ajans 2023 yayınları. 2.basım. 2010. İstanbul.

Connell RW.: Toplumsal cinsiyet ve iktidar-Toplum, kişi ve cinsel politika. Ayrıntı yayınları. 4.basım. 2019. İstanbul

Wollstonecraft M.: Kadın haklarının gerekçelendirilmesi.Türkiye İş Bankası Kültür yayınları. 8. Basım. 2020, İstanbul.

Batuhan H.: Bilim ve Şarlatanlık. Yapı-Kredi Yayınları. İstanbul, 1993.

Greenfield S.: İnsan Beyni. Varlık/Bilim. 2. basım. İstanbul. 2006

Glickstein M.: Neurosience; a historical introduction. The Mit Press-Cambridge, Massachusetts,London-England (First Mitpress paperback edition). 2017.

Kandel ER, Schwartz JH, Jessel TM: Principles of Neural Science -4. Edition. McGraw-Hill. NewYork. 2000.

EK-1 Afrikalı Atalarımız ve Beyin Yapısı/Büyüklüğü Üzerine.

Günümüzde yaşayan tüm dünya vatandaşları olarak hepimiz Afrika kökenliyiz. Afrikada insanın gelişimi sırasındaki en yakın akrabalarımız goriller ve bize daha yakın olanı da şempanzelerdir. Şempanzelere giden soy ilemodern insanlara giden soyun yolları yaklaşık 6 milyon yıl önce ayrılmıştır. (Aydon 11-12; Lieberman 54-56).

O zamandan beri HOMİNİN ya da HOMİNİD adı verilen pek çokinsansı tür evrilmiş, fakat bu türler daha sonra giderek tükenmişlerdir. Bundan yaklaşık 2 milyonyıl önceDoğu Afrika'nınsavan denilen geniş otlak arazilerinde, bize çok benzeyen insanlar yaşamaya ve 2 ayak üzerinde yürümeyebaşlamışlardır. Bunların başında HOMO ERECTUS gelir. Elde edilen çağdaş bilgiler, bu türün daha sonra Doğu Afrika'dan eski dünyanın her yanına göç ederek yayıldığını göstermektedir. Bir kaç yüz bin yıl öncesine dek varlığını devam ettirebilmiştir. İşin özüne bakarsak Homo Erectus, insan diye karakterize edebileceğimiz ilk atalarımızdır. (Lieberman 108-113).

Daha sonra 400 bin-800 bin yıl kadar önceHOMO SAPİENS ve NEANDERTAL gibi gerçek insan türleri birbirinden ayrışmıştır. (Aslında Neandertallerin kökeni günümüz insanından farklı bir Hominid türündendir) (Lieberman 155-157; Aydon 24-25; Ertekin 1-8; Wiesner-Hanks 25-28; Ponting 1-12).

İnsan soyunu diğer insansı maymunlardanfarklı birevrimsel rotaya itmiş bir ilk kıvılcım eğer varsa,bu 2 ayak üzerinde durmave yürüme yeteneğidir. 2 ayaklılıktır. Bu fikri ilk kez 1871'de Charles Darwin öne sürmüştür. (Lieberman 51- 52; Darwin 72-75). Gerçekten de Darwin'in yaşamından 150 yıl sonra haklı olduğunugösterecek bilimselkanıtlar ortaya konmuştur. Homo Erectus'un dik durmaya başlaması ileeller ve kolları serbest kalmış ve bununla beraber daha büyük beyinler, konuşma dili, alet yapımı ve kullanımı ile evrimin temel özellikleri kendini göstermiştir. Küçük hayvanları, o zamanların bireysel avcıları kovalamış,etlerini gıda olarak kullanmışlar; büyük hayvanlara karşı da, gruplar halinde ve kendi yaptıkları aletlerle karşı koyarak canlı tehlikeleri savuşturabilmişlerdir. Muhtemelen avcılık ve özellikle kaçan küçük avları izlemede, ipuçlarına dayanarak sonuca ulaşmaya çalışmışlardır.

BuAvcı/Toplayıcı dönemde yaşayanların bir bakıma ve bir yere kadar tümevarımcı beceriler kullandığı izlenimini vermektedir. Burada av hayvanınınne yapacağına dair düşünceler üretmek ve sonrasında bu düşünceleri gerçekleştirmek ise tümdengelimci bir mantığın beyinde varolmasını gerektirir. Belki deilkel insanların düşünme tarzının köklerinde avcılık becerileri yatıyordu. Bunların bilimsel düşünme biçiminin köklerini temsil edebildiği de öngörülebilir. (Liebermen 165).

Beyin,beynin büyüklüğü ve içeriğiinsan evriminde her zaman önemli olmuştur. Günümüz insan beyni maymunlarınkine göre çok daha büyüktür. Diğer insansı maymunlar da göz önüne alınırsa onlardan yaklaşık 3 kat daha büyüktür. Beynin büyüklüğü ile beden hacmi ve ağırlığı karşılaştırıldığında her 2 parametrede de ilişkilerin doğrusal olmadığı görülür. Beden büyüklüğü arttıkça beyin büyüklüğü mutlak olarak artarken,görece olarak küçülmektedir. Böyle bir hesaplama ile, insan beyni şempanze beyninin 5 katı ve diğer insansı primatlara göre 3 katı büyüklüktedir.Modern insan beyninde yaklaşık 11.5 milyar nöron bulunurken, şempanzelerde ortalama 6.5 milyar nöron bulunur. (Lieberman 156-157).

Büyük beyinlerin avantajları yanısıra desavantajları da vardır. Büyük beyinlerin o canlı için maliyeti de daha büyüktür. İnsan beyni, her ne kadar, beden ağırlığının sadece % 2'sini oluşturuyorsa da, dinlenme halinde, örneğin kafanın yorulmadığı hallerdebilebedenin total enerjisinin% 20-25'ini harcar. Sayılarla ifade etmek gerekirse bir şempanzeninbeyni günde100-120 kalori harcarken, normal insan beyni 280-420 kalori harcar. Büyük beyne sahip olmanın başka ciddi zorlukları da vardır. Herhangi bir anda beyin için gerekli enerjininsağlanması ve doğru sıcaklıkta kalması için,bedenin tüm kanının% 12-15' ine karşılık olan, neredeyse bir litre kana gereksinim vardır. Bu nedenle, insan beynineoksijenli kanı ulaştırmak ve sonrasındabunu kalbe, akciğerlere ulaştırmak için özel bir dolaşım sistemine ihtiyaç duyar. Kısacası büyük beyinler canlılar sisteminde sizidaha akıllı yapabilir. Ama değinildiği gibi maliyeti de fazladır. (Lieberman 160-165).

İnsan evriminin yaklaşık 4 milyon yılı boyunca, Homo Sapiensi diğer türlerden ayıran en temel özelliği, beyin ağırlığı ve hacminin yoğun ve görece olarak büyümesi ve bunun oldukçahızlı olarak gelişmesidir. Bunu şöyle izleyebiliriz: İlk Hominid türlerinde beyin çok küçüktü. Hominid türlerinden biri olan kuyruksuz ve insansı maymun Australopithecus'un beyninin 300-500 Santimetre Küp (cm^3) olarak hesaplanmıştır. Bu homonim türünün beyninde 30-35 milyon kadar nöron olduğu tahmin edilmektedir.

Afrika'da daha sonra gelişenve evrilen Homo Habilis (Becerikli insan) günümüzden 2,4-1.4 milyon yıl önce yaşamış ve sonra ortadan kaybolmuştur. Homo Habilis'in ortalama beyin büyüklüğü 600-650 sm^3 olarak hesaplanmıştır ve beyninde 40 milyon kadar nöron olduğu tahmin edilmiştir. Bunların dadikve 2 ayakla yürüdüğü ve beslenme ve korunma için elde kullanılabilecek aletler yaptıklarıkabul edilir.

Homo Erectus'un beyni ortalama 850-1100 cm^3 olarak hesaplanmıştır ki bu beyin büyüklüğü çağımıza yakın yaşayan Neandertal ve ilk Homo Sapiens beyinlerine oldukça yaklaşmıştır. Homo Erectus, Afrika'nın kötü iklim koşullarından ayrılıp, tüm dünyaya göçmeyi göze alan ilk insan türüdür, diyebiliriz.

Afrika'da evrilip Avrupa'da yaşadıklıkları bilinen Neandertal'lar çok basit olsa da konuşabilen, iş bölümü yapabilen, becerikli ve zeki bir insan türü olarak bilinir. Neandertal insanının beyni ortalama 1500-1600 cm^3 tür. Hatta Homo Sapiens adıyla anılan atalarımızdan biraz daha büyük bir beyne sahip oldukları anlaşılmaktadır. Homo Sapiens'in ortalama beyin hacmi 1200-1500 cm^3 olarak değerlendirilmiştir.(Aydon 11-12; Ponting 7-14; Harari 21-25; Lieberman 138-140; Neubauer et al 1-8).

Bugünkü yaşamımızda, aynı türden gelen modern insanlar olarak, kendi aramızdaki beyin büyüklükleri farkının biyolojik bir anlam taşıdığını söyleyemeyiz. Ne zekâ, ne beynin rasyonel kullanımı ve bilişselyetenekler ve ne de beyin total nöron sayısı ile beyin ağırlığı/hacmi arasında bir ilişki olduğu öne sürülemez. Pekala büyük beyinli bir kişi sıradan bir insan olabilir. Beyin büyüklüğü ortalamanın altında kalan insanlar arasından da üstün zekâlı insanlar çıkabilmektedir.

KAYNAKLAR

Aydon C.: İnsanlık Tarihi. Say Yayınları. İstanbul 2015.

Lieberman DE.: İnsan Vücudunun Öyküsü. Say Yayınları. Populer Bilim. 6. Basım. İstanbul, 2023.

Ertekin C.: Tıbbın Öyküsü. Türkiye İş Bankası Kültür Yayınları. 5. Basım. İstanbul, 2019.

Wiesner-Hanks ME.: Kısa Dünya Tarihi. Türkiye İş Bankası Kültür Yayınları. 3.Basım. İstanbul, 2022.

Ponting C.: Yeni bir bakış açısıyla DÜNYA TARİHİ. Alfa Tarih. 4. Basım. İstanbul, 2015.

Darwin C.: İnsanın Türeyişi. Onur Yayınları. 2. Basım, Ankara 1975.

Harari YN.: Hayvanlardan Tanrılara SAPIENS. Kolektif Kitap.13. Basım. İstanbul, 2016.

Neubauer S.et al.The evaluation of modern human brain shape. Sci.Adv. 4,1-8,2018.

18

Bellek ve Öğrenme ile Yaşama Tutunuyoruz

İnsan davranışı, genler ile çevre arasındaki karşılıklı etkileşim sonucu ortaya çıkar. Çevre tarafından davranışımızı değiştiren en önemli mekanizma beynimizde bellek ve öğrenme üzerinden gelişir.Öğrenme ile dünya ve yakın çevremiz hakkında bilgiler kazanırız. Bellek ise bilginin kodlandığı; depolandığı ve sonra tekrar ortaya çıkarıldığı bir beyinsel işlemdir. Birçok önemli davranış öğrenme ve bellek sayesinde ortaya çıkar. (Kandel et al 1227-1246; Kandel 43-46).

İnsanın çevresine uyumlu bir davranış gösterebilmesindeki 2 biyolojik mekanizmanın rolünü yeniden vurgulamalıyız. Bunlardan birincisi genetik yoldur. Bu biyolojik evrim sonucu ortaya çıkmıştır. Yüksek düzeyli organizmalar ve özellikle insanda bazı yenilenmelerin oluşması için binlerce yıl geçmesi gerekir. İkinci yol ise öğrenmedir. Öğrenme yolu ile oluşan uyumlu davranışlar çok hızlı gelişebilir. Bir kişinin yaşam sürecinde tekrarlayıcı bir şekilde değişmeler meydana gelir. Bir üçüncü mekanizma olarak kuşaktan kuşağa geçen "*Kültürel Evrim*"i de öğrenme açısından ele almak gerekir.50 bin yıl önceki fosillere bakıldığında, insan beyninin herhangi bir biyolojik değişmeye uğradığına dair güçlü bir kanıt bulunamaz. Dolayısıyla tüm insanlar, Antik Çağ'dan bu yana, modern zamanlara dek uzanan *kültürel evrim* ürünlerini kazanmışlardır. Tabii ki bu da öğrenme mekanizmaları ile sağlanmıştır. (Kandel 43). (Bkz. İlk insanlar ortaya çıkıyor, ve Önsöz).

Biyoloji ile felsefe arasında gidip gelen en eski tartışmalardan birisi, insan aklının organize olmasının ne ölçüde doğuştan ve ne ölçüde çevreden öğrenme ile olduğudur. Bu nasıl olur ? Filozoflar özellikle, bunu her değişen kuşakta sorgulamışlardır. 17'nci yüzyılın sonlarında 2 ayrı görüş karşı karşıya gelmiştir. İngiliz filozoflar John Locke, George Berkeley, David Hume'un yorumlarına göre; beyinde doğuştan gelen bir bilgi yoktur. Bilgiler sonradan kazanılır.Buna karşılık diğer Avrupalı düşünürler olan René Descartes, Gottfried Leibniz ve özellikleImmanuel Kant'a göre; insan önceden bir bilgi ile doğmakta ve bu zemin üzerinde akıl, bilgileri alıp çözümlemektedir. 19'uncu yüzyılın erken dönemlerinde yavaş yavaş filozofik yöntemlerle bu sorunun çözümlenemeyeceği anlaşılmış, bu soruların yanıtının, bilimsel araştırmalar yolu ile verilebileceği düşünülür olmuş, çevreden gelen bilginin, beyin içinde nasıl oluştuğu sorusuna bağlı olduğuna inanılmıştır. (Kandel 43-46)

Antik Çağ'dan 18-19'ncu Yüzyıllara Bellek Kavramının Gelişmesi

"*Ezberlenmiş Bellek*" Antik Çağ'dan beri, saygı duyulan bir olguydu. Şairler, akademisyenler ve teologlar uzun yazılmış pasajları anımsayabildiklerinde, kendilerine saygı duyulur, takdir edilirlerdi. Bundan daha ilginci Eski Yunan'da yazılı hâle gelmeden önce Homeros'un eserleri, Sokrates'in konuşmaları, kuşaklar boyu anımsanarak, devamlı sözel olarak iletilmiş, ancak çok sonralarıyazılı hâle getirilmiştir. Her ne kadar geçmişten iletilenler birtakım değişmelere uğramış olsalar da, burada insan belleğinin önemi çok açık şekilde belli olmaktadır. Aynı şekilde, birçok dünya halkının geçmişindeki eski masallar, mitolojik öyküler de kuşaktan kuşağa bellekler aracılığı ile aktarılmış, sonunda yazılı hâle getirilmiştir.

Aristo yaşadığı süre içinde bellek üzerine bir kitap yazmıştır. Bu kitapta belleğin, nedensellik ve yargılama ile bağlantılı olduğunu öne sürmüş ve yaşlılık ile beraber bu özelliklerin azaldığını belirtmiştir. Belleğin sürekli olarak geliştirilmesini önermiştir. Aristo zamanındaki beyin ve "*Ruh*" kavramlarının etkisinde kalarak, belleği ve diğer bazı mental işlevleri beyin ile ilgili olarak görmüyordu. (Finger 333).

Eski Roma'da ilk halk okulunu açan Marcus FabiusQuintilianus (M.S. 35-100), öğrencilerine görsel belleklerini arttıracak şekilde eğitim yapmıştır. Belleğin bir zaman sonra anımsanmasının, gözler aracılığı ile keskinleşme ve ardışık bir şekilde ortaya çıkabilme olduğuna inanmıştır. Bunun yanısıra belleğin öğreniminde en önemli elemanların, egzersiz ve çalışma olduğunu söylemiştir. (Finger 332).

M.S. 4'üncü yüzyılda Kilise Babaları, Aristo'nun görüşlerinden de yararlanarak, bellekle ilgili 3 aktiviteyi beyin ventrikülleri içine yerleştirdiler. Çift olan Anterior Ventriküller *(Herhalde yan ventrikülleri kastediyorlardı)* duysal bilgileri alıyorlardı. Bundan sonra gelen Orta Ventrikul, genellikle idealize etme, tanıma ve yargılama ile ilgiliydi. Böylece burada algılanan imajlar, izlenimler şekillendirilip, arkaya Posterior Ventriküllere gönderiliyordu. İmajlar vb. burada biriktiriliyor ve gerektiğinde ortaya çıkarılıyordu. Arka Ventrikul diye belirtilen anatomik yapıların görevinin bellekle ilgili olduğuna inanıyorlardı. Bu şekilde bir beyin tanımı ve bunun bu şekilde bellek ile bağdaştırılması düşüncesinin M.S. 18'inci yüzyıla dek devam ettiği söylenir. Bu çağlarda özellikle akıl almaz önerilerin dolaştığını saptayabiliyoruz. Kökeni nasıl olursa olsun hekimler, beynin soğuk ve nemli olduğuna inanıyorlardı. Beyin aşırı sıcaktan korunmalıydı. Alkollü içecek almak tanıma ve bellek için çok kötüydü. Ayrıca soğan, sirke, yağlı et ve fasulyeden sakınılmalıydı (!!!). Orta Çağ'da akıl olayı da Posterior Ventriküllere yerleştirilmişti. Anımsama için imajlar buradan çıkarılıyordu. Ancak depolanmış olan bu imajlar original hallerindeki gibi kalmıyordu. Bellek olayı içine duygu, yargı ve tanıma da karışıyordu. (Finger 333-334).

Rönesans'ta ventriküllerin rolüne dair düşünceler azalmaktaydı. Bununla beraber, muhtemelen hâlâ eski Karıncık Kuramının etkisinde kalınarak, belleğin başın arkasında olduğu görüşü vardı. Bu dönemde Serebellumun (Beyincik) rolü artmıştı. Çünkü serebellum beyindeki arka boşluklara yakındı. Andreas Vesalius (1514-1564), deneyimli bir anatomist ve hekim olarak, bellek konusunu serebelluma yüklemişti. Vesalius'un çağdaşları da bu düşünceyi destekliyorlardı. Başlangıçta İngiliz hekim Thomas Willis (1621-1675) de aynı görüşteydi, hatta bellek işlevlerine Pons'u ve bazı Mesensefalik yapıları da ekliyordu. Fakat daha sonra Serebellumun bellekteki rolünü reddetti ve belleğin yerini Serebral Hemisferlere oturttu. Özellikle Hemisferlerdeki gri cevherin bu konudaki önemine vurgu yaptı. Bu çok önemli ve gerçeklere çok yaklaşan bir düşünce ve yorumdu. Ayrıca Serebellumu istem dışı devinimlerin düzenlendiği yer olarak görüyordu. (Finger 355-356). (Ayrıca Bkz. Antik Çağ'dan 1700'lere Karıncık teorisi).

Çok eski zamanlardan beri varolan ve 18 ve hatta 19'uncu yüzyıllara dek uzanan bir "*Vibrasyon Teorisi*" vardır. Bu teoriye göre beyin ve sinirlerin çalışması vibrasyon *(titreşim)* ile olmaktadır. Bunun avukatlığını yapan İngiliz Filozofve "*Associationist School of Psychology*" kurucusu David Hartley (1705-1757) periferik sinirler yoluyla gelen vibrasyonun beyinde "*Medullary Substance*" denen yapıları aktive ederek duyum, istemli devinim, bellek ve aklı harekete geçirdiğine inanıyordu. Ancak bu teori uzun süre devam etmesine rağmen çok destek görmemiştir.

Bellek ve öğrenmenin en önemli merkezlerinden biri olan "*Hipokampus*"u anatomik olarak, ilk gösterenlerden birisi, belki de birincisi İtalyan Anatomist Bartolomeo Eustachi'dir (1510?-1574). Eustachi'nin kendi çizdiği illustrasyonlarda Hipokampus görülmektedir. Ancak bu çizimler 1700'lü yıllarda gün yüzüne çıkarılıp basılabilmiştir. Doğal olarak da insanlar kendi belleklerinin farkında olsalar bile, Hipokampustan ve onun işlevinden 200 yıldan fazla haberdar olamamışlardır. 19'uncu yüzyılın başlarında Alman karşılaştırmalı anatomist, hekim ve biyolog Gottfried Reinhold Treviranus (1776-1837), ilk kez hipokampusun birçok farklı yapı ile bağlantıları olduğunu belirtmiştir.Örneğin koku siniri ile bağlantısını göz önüne alarak şöyle söylemiştir: "*Hipokampus yüksek mental işlevlerle görevlidir. Muhtemelen bellek buna dahildir....*".

1870'de Alman Fizyolog Ewald Hering (1834-1918), belleğin beynin özelleşmiş bir bölgesinde oluşan bir fonksiyon olmadığını ve belleğin Germ hücrelerinden geçen bir herediter olay olduğunu öne sürmüştür. Buna "*Organik Bellek Kuramı*" adı verilmiştir. 1881'de Fransız Psikolog Théodule-Armand Ribot (1839-1916), organik belleği, "*Psikolojik bellek*"ten ayırt etmiş ve psikolojik bellekte bilinçle birliktelik olduğunu öne sürmüştür. Ewald Hering'in aksine, Alman Zoolog ve Evrimsel Biyolog Richard Semon (1859-1918) organik ve herediter bellek anlayışının tek bir mekanizmadan oluştuğunu söylemiştir. Nihayet 1885'de Alman Psikolog Hermann Ebbinghaus (1850-1909), yazdığı bir monograf ile bellekte bilimsel ölçümlerin kapısını açmıştır. Yepyeni yöntemler ortaya koymuş ve bellek konusunda daha sonraki konrollü bilimsel çalışmaların önünü açmıştır (Finger 338).

19'uncu yüzyılın son 10 yılında hipokampusun histolojik yapısını Theodor Meynert,Camillo Golgi ve Santiago Roman y Cajal ayrı ayrı incelediler. Bu şekilde hipokampusun histolojik yapısı oldukça iyi incelendiği halde, bellek fonksiyonu tam bir spekülasyon konusu olarak kaldı. (Finger 363).

Bellek Kusurları İncelendikçe Bilgimiz Artıyo

Kuşkusuz beyindeki anatomik yapılarla ilgili bilgiler ortaya çıkmadan ve ilişkiler keşfedilmeden çok önceleri, bellek kusurları klinik olarak vardı ve biliniyordu.Örneğin bunamanın varlığı antik çağlardan beri biliniyordu. Eski Roma ve Yunan'da bunamanın sadece bir yaşlanma proçesi olmadığı düşünülüyordu. Galenus adını koymadan ilk kez "*Demans*" tanımını yaptı ve beyinde ilk kez "*Senil Atrofi*" yi tanımladı. 16'ıncı yüzyılda Fransız hekim André du Laurens (1558-1609) 1599'da-bunamalı hastaları oldukça iyi ele aldı, bu hastalarda belleğin ve bedenin giderek zayıfladığını, yargılama ve bellek yeteneklerinin yetersizleştiğini vehastaların sanki bebeklik çağlarını yaşar gibi davrandıklarını belirtti. (Finger 349-350)

Bununla beraber "*Demans*" terimini ilk kez 1797'de ünlü Fransız Ruh hekimi Philippe Pinel kullanmıştır. Değişik hekimlerce demanslar üzerinden çeşitli yorumlar yapılmışsa da, 19'uncu yüzyılda, demanslarda beyin atrofisi de olduğuna ancak 2 hekim dikkati çektiler. Bunlar Samuel Wilks (1824-1911) ve Wilhelm Griesinger (1817- 1868) idi. (Finger 350).

Bu arada klinik bellek yitimini en erken tarif edenler arasında Moskovalı Hekim Sergei Korsakov (1853-1900) sayılabilir. Uzun süreli ve yoğun alkol kullananlarda ilk önce bellek bozukluğu olduğunu görmüştür. (Glickstein 235-237).

1881'de Psikolog Théodule Ribot (1839-1916), yazdığı "*Les Maladies de la Memoire*" adlı kitabında, unutkanlığın veya amnezinin belirli ve tipik bir yol izlediğini yazdı. Önce yeni olan olayları anımsamada güçlükler başlıyordu. Daha sonra entelektüel kazanımlar gidiyor, en sonunda da daha eski bellekler kayboluyordu. Korteksin üst düzey bellek işlevleri ile ilgili olduğunu da öne sürdü.* (Gullin 165-181; Finger 351).

Wilks, Griesinger ve Ribot'nun çalışmaları bilim ortamında kabul edilmekle beraber, daha ileri bir motivasyon sağlayamadı. Daha ileri çalışmalar için bir 40 yıl kadar daha beklendi. Daha sonra 20'nci yüzyılın başlarında Alois Alzheimer (1864-1915) kendine özgü beyin histopatolojisi olan özel bir bunama vakası yayınladı, bu çok sonraları yaşlılıkta en sık görülen bir hastalık olarak dünyanın en büyük sağlık sorunlarından biri haline gelecekti. (Bkz. 20. Yüzyıl-I)

1887'den sonra "*Temporal Lob*" ve onunla bağlantılı "*Hipokampus*"un belleği etkileyebileceği fikri ortaya atıldı. 1887'de ABD'li Nörolog Sanger Brown (1852-1928) ve İngiliz Fizyolog Edward Albert Schafer (1850-1935)maymunlarda deneysel beyin lezyonu yaptıkları çalışmayı bir rapor halinde sundular. Maymunlarda ayrı ayrı olarak temporal ve oksipital lobları çıkardıklarında sadece temporal lob ablasyonu ile maymunların aptallaştığını bildirdiler. Maymunlar idiot (Aşırı aptal) gibi davranıyorlardı. Oksipital lob ablasyonunda böyle birşey olmuyordu. Temporal lob lezyonlarında, serebrumun geniş bir bölgesine giden damarları kestikleri için, bellekte böyle bir bozukluğun ortaya çıktığını öne sürdüler. Bellekte genel bir düşme olmuştu. Ancak çalışmadaki özü gözden kaçırmışlar ve yanlış yorum yapmışlardı. Aslında yorumları yanlış olsa da, temporal lobun bellekle olan ilişkisini deneysel olarak ortaya koymuşlardı.

Bu deneylerden 12 yıl sonra Rusya'da ünlü hekim Vladimir Bekhterev (1857-1927), bir hasta muayene etmiş, derin bir bellek bozukluğu saptamış, bir süre sonra hasta ölünce otopsisinde hipokampus ve yakın temporal bölgelerde bilateral infarkt bulmuştur. Buna rağmen 20'nci yüzyılın erken dönemlerinde temporal lob ve hipokampus çok dikkati çeken bir konu olarak ele alınmamıştır. (Finger 362-365).

Temporal loblar ve hipokampus ile bellek bozukluğunu anlama ko-

---

* T.A.Ribot 1881'de yeni anıların önce ve eski anıların ise daha geç dönemde yitirildiğini bildirmiştir. Ancak ünlü roman ustası Leo Tolstoy'un bundan 12 yıl önce (1869) ilk baskısı yapılan "Savaş ve Barış" adlı eserinde yaşlı karakter Prens Nicolai Andreich Bolkonsy'de aynı bellek sorunu dile getirilmiştir.Ribot bilimsel olarak ve Leo Tolstoy ise bir Edebiyatçı/Roman yazarı olarak yaklaşık aynı zaman dilimlerinde bu konuya ilk kez parmak basmış kişilerdir . (Ertekin199; Tolstoy 157).

nusundaki bu ihmal, 1940'lı yıllara, Amerikan-Kanadalı Nöroşirürjiyen Wilder Penfield'in (1891-1976) çalışmalarına dek süregelmiştir. Penfield'den önce bilim dünyası yavaş yavaş beyinde tek bir bellek merkezi olduğuna dair düşüncelerden tatmin olmamaya başlamıştı ve kafalarda bir takım kuşkular belirmişti.Beyinde bellek işlevinin farklı özel bölgelerde bulunduğunu ayırdeden kişi Wilder Penfield olmuştur, 1940'larda Penfield fokal kortikal epilepsi nedeni ile ameliyat edilen hastalarında, beynin farklı bölgelerini, kontrollu elektrik uyarım ile uyartarak bir fonksiyonel harita hazırlamıştır. (Bkz. 20. Yüzyıl-II). Bunlara motor, duysal ve lisan gibi işlevlerin haritaları da dahildi.*

Penfield 1000'den fazla hastada beynin kortikal yüzeyini araştırmıştır. Bazı nadir hallerde temporal lobun uyarımı Penfield'in ifadesi ile bir "*Experiential Response*" (*Deneyimsel yanıt veya tepki*) meydana getirmiştir. Bu yanıtlar daha önce yaşanmış olan bazı deneyimlerin tutarlı bir koleksiyonu şeklindedir. Ancak bilim dünyası bu bulgularla tam ikna olmamıştır. Çünkü zaten temporal lob epilepsisi olan bu hastalarda epileptik foküse yakın kısımlar uyartılmıştır. Epileptik foküse giden uyarılar doğrudan lokalize nöbet aktivitesi yaratmış olabilir. Ayrıca temporal lob uyarımı yapılan hastaların ancak % 8'inde bu durumlar ortaya çıkmıştır. Cerrahi girişimlerde temporal lobun önemli bir bellek merkezi olduğu ancak 1950'li yılların ortalarında kanıtlanabildi. Beyin Cerrahı William Scoville (1906-1984) çok sık epilepsi nöbetleri geçiren H.M. adlı hastasında bilateral olarak temporal lobların bir bölümünü çıkarmıştı. Çıkarılan alanlar hipokampus, amigdala, temporal korteksin multimodal assosiyasyon alanlarıydı. Ameliyattan sonra H.M.'nin nöbetleri kısmen kontrol altına alınmış, ancak medial temporal lobun çıkartılması hastada ileri bir bellek bozukluğu ortaya çıkarmıştır. Hastanın klinik ve psikolojik yönü Nöropsikolog Brenda Milner (1918- Hâlâ yaşıyor. 105 yaşında) tarafından incelenmişti. Bu bellek bozukluğu özeldi.H.M.'nin kısa süreli belleği normal kalmış, fakat ameliyat öncesine ait bir "*Retrograd Amnesi*" (Geriye doğru bellek

* "Beyin dokusunda ağrı reseptörleri yoktur. Dolayısıyla beyin cerrahisi ağrısızdır. Ve lokal anestezi ile yapılan cerrahi girişimde hastalar uyanık kalabilmektedir. Böylece elektrik uyarım korteksin her bölgesine uygulanabilmiştir. Bu elektrik uyarımlara karşı, hastaların ortaya çıkan duyumları ve izlenimleri anlatabilme olanağı vardır."

yitimi) ortaya çıkmıştı. Bununla beraber hasta çocukluk dönemi anılarını anımsamaktaydı.

Bu hastadan anlaşıldığı üzere kısa süreli belleklerin, uzun süreli belleklere geçişinde, transferinde dramatik bir kesilme söz konusu olmuştu. Bu bağlantı yok olmuştu. Milner daha sonraları böyle hastaların yeni motor beceriler kazanabileceğini ve öğrenebildiklerini keşfetmiştir. (Glickstein 237-240)*

Bellek ve öğrenme konusunda beyin çalışmalarının öncülerinden birisi ABD'den Psikolog Karl Spencer Lashley (1890-1958)'dir. Daha sonra Lashley'in öğrencisi olan Donald Olding Hebb (1904-1985), bellek ve öğrenmenin hücresel ve sinaptik düzeyde gelişmesine ait çok önemli deneysel çalışmalarda bulunmuştur. Ancak her ikisinin bilime katkıları ayrıntılı olarak başka bir bölümde anlatıldı. (Bkz. 20. Yüzyıl-I).

Daha sonraları Nörobilimci Larry Squire (1941-Yaşıyor) ve diğerleri, bellek kapasitesinin sadece motor beceriler kazanma ile sınırlı olmadığını, kişilerin ayrıca çeşitli basit refleksif öğrenme kapasitelerine de sahip olabileceğini göstermişlerdir. (Kandel et al. 1227-1230; Glickstein 235-237; Wickens 324-330).

Eric Richard Kandel (1929-Yaşıyor) ABD'de nörobilimci ve bir psikiyatr olarak, 1962'den itibaren uzun yıllar bellek ve öğrenme konusunda çalıştı."*Aplysia Californica*" adlı deniz yumuşakçasının nöronlarında basitçe öğrenme fenomenlerinin temel ilkeleri üzerinde çalıştı ve sonra vertebralılarda da hipokampal nöronlar üzerinde araştırmalar yaptı. Sinaptik ve hücre içi düzeylerde öğrenme olayının inceliklerini ortaya koydu ve bu nedenle de 2000 yılında Nobel ödülünü aldı. (Glickstein 253-255). Kandel bellek üzerine olan Nöro-biyolojik çalışmaların sonuçlarını şöyle özetlemiştir. Elde ettiği bilimsel verilere göre, normal subjelerde 2 ayrı tipte bellek vardır, bunlardan birisi "*Implicit memory*" (Kapalı Bellek)'tir. Bu bellek bilinç dışı olarak anımsanır, daha çok refleksif motor veya algısal becerilerle ilgilidir.Genellikle verbal olarak

* 20'nci yüzyılda trafik kazalarının artışına parallel olarak, kafa travmalarının artışı sonucunda, kısa ve uzun süreli bellekle ilgili bozukluklar, hekimler tarafindan çok daha iyi anlaşılır hâle gelmiştir. Bu hastaların çoğu kazadan hemen sonraki olayları anımsamada güçlük yaşarlarken, kazadan önceki olayları anımsarlar (Anterograd Amnesia). Bazen kazadan hemen önceki olayları da anımsayamazlar. Buna da (Retrograd Amnesia) denir. Bu süre saniyeler, saatler, günler ve hatta yıllar sürebilir. (Glikstein 50-52)

(konuşarak) ifade edilemez. İkinci tip bellek "*Explicit Memory*" (Açık Bellek)'dir. Bu tip bellek için bilinçli efor gerekmektedir. Son derecede esnektir. Gerçekler ve deneyimleri öğrenir, depolar ve sonra çağrıştırır. Verbal olarak bildirilebilir. Bu iki belleğe "*Declarative ve Non Declarative Memory*" adı da verilir (Bildirilen ve bildirilemeyen bellek gibi).

Kapalı bellek, otomatik olarak çalışır, örneğin piyano çalmak gibi becerilerin öğrenilmesinde rol oynar. Buna karşılık açık bellek istemli, bilinçli olarak kazanılır, örneğin isimlerin ve yerlerin öğrenilmesi gibi kısa ve uzun süreli bilgi depolanmasında görev alır.Açık belleğin uzun süreli depolanması için temporal lob sistemi gereklidir. Kapalı bellek ise serebellum ve amigdala ile spesifik duysal ve motor sistemi içine alır. Bunun ötesinde bilgi beyin yapısı içinde birçok yerde temsil edilir. Dolayısıyla küçük ve sınırlı bir beyin lezyonunda belleğin sağlam kalması şaşırtıcı değildir. (Kandel et al 1245-1246).Kandel 1962'den itibaren öğrenme ve belleğin depolanması işlevlerinin sinaptik ve moleküler temelleri üzerinde çalışmıştır.

Resım 18.1. Donald O.Hebb (Solda) ve Eric R. Kandel. Ögrenmenin nöral temellerini ortaya çıkaran nörobilimciler.

Hücre İçi Moleküler Düzeyde Neler Oluyor?

Öğrenme olayında nörofizyolojinin katkıları elbette büyüktür. Akut fizyolojik olaylarda milisaniye (msn) gibi çok kısa bir zaman aralığındaki sinaptik olaylar bir şekilde incelenebilir ve sonuç alınabilir. Fakat öğrenme çok daha yavaş bir beyin işlemidir. Çocukta alfabenin öğrenilebilmesi haftalarca sürebilir. Bir müzisyenin bir parçayı öğrenmesi de haftalar sürebilir. Son yıllarda bu yavaş olayların sinapslar ve hücreler içinde nasıl modifiye edildiği üzerinde çalışmalar yapılmaya başlanmıştır. Bu arada hücre içinde "*İkincil Messenger*"* olarak adlandırılan maddeler bulunmuştur. Bunların etkileri hormon etkilerine benzer. Bu yolla da öğrenme olduğu hipotezi öne sürülmüştür. Durum şöyle açıklanabilir; hızlı olaylarda sinir sistemi "*Hardwire*"dır (Kablo sistemi).Daha yavaş "*İkincil Messenger*" sistemi ise beynin "*Softwire*" (Yazılım) sistemidir. (Glickstein 255).

20'nci yüzyılda genetik bilimi çok ilerlemiş, X ve Y kromozomları, DNA ve RNA keşfedilmiştir. 1953'de ABD'den Moleküler Biyolog James Dewey Watson (1928-) ile İngiliz Moleküler Biyolog Francis Crick (1916-2004) genetik bilgilerin DNA molekülünce taşınabileceğini bulmuşlar ve DNA'nın ikili sarmal modelini sunmuşlar ve bu keşifleri nedeniyle 1962 yılı Nobel tıp ödülünü kazanmışlardır (Watsonkitap 1982). Pekala, yaşamımızın temel maddelerinden olan DNA ve RNA'da neler oluyor? Bunlara da konumuz açısından kısaca göz atmakta yarar var.DNA bizim genetik alfabemizdir. İçinde doğuştan gelen kalıtsal bilgiler vardır. DNA belkemiğinden RNA üretilir. RNA ise yapıtaşımız olan proteinin belkemiğidir. Bazı RNA'lar ise protein üretmez ama proteinlerin düzeylerini değiştirebilir. DNA alfabesinde doğuştan veya zaman içinde oluşmuş değişiklikler/harf hataları olabilir. Bu hataların bir kısmı hiç bir sonuca yol açmaz. Bazıları ise RNA ve sonrasında proteinlerin ya yapıları, ya da düzeylerinde değişikliklere yol açabilir. Tüm bu DNA, RNA ve protein çeşitliliklerinin bir kısmı insan özellik-

* Nörotransmitterler sinapsta görevlidirler ve postsinaptik reseptörleri etkilerler, Hücre içinde sitoplazmada görevler yürüten ve ileten biyolojik maddeler de vardır. Transmitter sistemi birinci ulak ya da "First Messenger" ise, hücre içinde bazı işlevleri yürüten biyolojik maddeler de ikinci ulak veya "Second Messenger"dır. Bunlar çok çeşitlidir. En iyi bilinen madde siklik AMP'dir. Bunlar enzimler yolu ile aktive olurlar. (Ertekin 71-72)

lerindeki farklara (örneğin saç rengi, boy vb) yol açar. Bazı çeşitlilikler ise bizi hastalıklara yatkın veya dirençli kılar. (Benarroch 20-25).

Çağdaş bilimsel çalışmalar bellek ve öğrenmenin temelinde hücre içi RNA'nın rolü olduğunu oldukça açık bir şekilde ortaya koymuştur. Bir canlıdan diğerine benzer özelliklerin iletilmesi yani "*Genetik Bellek*"te DNA molekülleri başrolü oynamaktadır. Canlı bireyin yaşam boyu öğrenme- bellek işlevlerinde ise RNA ön düzeye geçmektedir. Diğer bir deyiş ile DNA organizmanın soydan gelen belleğini belirli bir biyolojik düzen içinde depo eder.RNA ise kişisel deneyimlerin iletilmesi, depo edilmesive kullanılmasındakimoleküler temeli oluşturur.

Özetle öğrenme olayına ilişkin uyarılarla, deney hayvanlarında nöronlarda RNA, proteinler ve enzim aktiviteleri artmaktadır.Buna paralel olarak nöron civarı glial hücrelerde RNA azalmaktadır. Deney hayvanlarında öğrenme olayının RNA ile ilişkisini gösteren çarpıcı bir örnek şudur: Belirli bir dış uyarana karşı koşullu öğrenme kazandırılmış hayvanın RNA moleküllerinin, aynı deneyin uygulanmadığı hayvanadeğişik yöntemlerle verilmesi, iletilmesi veya zerk edilmesisonucu, bu hayvanlar da aynı olayı öğrenmiş gibi davranmışlardır.Böylece yeni bilgiyi taşıyan RNA'nın bir başka organizmaya geçirilmesi moleküler bilgi transferini sağlayabilmektedir. (Ertekin 787-789; Hyden 1967).

KAYNAKLAR

Kandel ER, Schwartz J.H, Jessel T.M.: Principles of Neural Science – Chapter 62. Learning and Memory. 4. Edition. Mcgraw-Hill. NewYork. 2000.

Kandel ER.: Reductionism in art and brain science- Bridging the two cultures. Columbia University Press. NewYork. 2016.

Finger S.: Origins of Neuroscience. A history of explanations into brain function. Oxford University Press. NewYork.1994.

Glickstein M.:Neurosience; a historical introduction. The Mit Press-Cambridge, Massachusetts, London. England (First Mitpress paperback edition). 2017.

Gullin V.: Theodule Ribot's ambigious positivism: philosophical and epistemological strategies in the foundation of French Scientific Psychology. J.History Behavioral Sciences.40,165-181, 2004.

Ertekin C.: Ribot's Law and Leo Tolstoy. Neural.Sci.Neurophysiol. 38. 199, 2021.

Tolstoy L.: Harp ve Sulh. Sayfa:157 (Tercüme: V. Gültekin & S.Tiryakioğlu). Güven Basım ve Yayınevi. İstanbul. 1958.

Wickens APA.: History of the Brain– from stone age surgery to modern Neuroscience.

Psychology press. Taylor and Francis Group. London and NewYork 2015.
Ertekin C.: Nörolojide Fizyopatoloji ve Tedavi. Bilgehan Matbaası. Bornova. İzmir. 1987.
Watson JD.: İkili Sarmal. DNA Yapı Çözümünün Öyküsü. Yazko. İstanbul.1982.
Benarroch EE.: Basic Neurosciences with clinical applications. Butterworth- Heineman-Elsevier. Philadelphia, 2006.
Hyden H.:Biochemical and Molecular aspects of Learning and Memory -Biological and Clinical Aspects of Central Nervous System. Sandoz. Basel.1967.

EK-I. Hipokampal Konum Belleği

Son yıllarda genellikle deney hayvanlarında yapılan çalışmalar Hipokampusda birçok nöronun KONUM *(Yer)* belleği taşıdığını göstermiştir. Hayvan tanıdık yerlerden geçerken bu nöronlar aktive olmaktadırlar. Bu nöronlar Hipokampusda belirli bölgelerde, çevreye *(Bildiği konum)* ait bilgileri, belleğe taşımakta, depolamakta ve gerektiğinde yine bilişsel ortama çıkarmaktadırlar. Bu bilgileri John O'Keefe, 1970'li yıllarda (1939-Yaşıyor) ortaya çıkarmıştır. Londra'da çalışırken çalışmalarına Norveçli Edward Moser ve May-Britt Moser katılmışlardır, Üçü hep birlikte 2014 yılı Nobel ödülünü kazanmışlardır. Hipokampustaki hücrelere "*Place Cell*" (Yer/Mekân hücreleri) adı verilmiştir. Bu hücrelerin çevresinde, Hipokampusa girecek olan sinyallerin bulunduğu bölgelerde de "*Boundary Cell*" (Sınır Hücreleri) bulunmuştur. Bu hücreler, ilgili Çevre ve Mekân değişikliklerine karşı Hipokampusu yönlendirmektedir. "*Boundary*" hücrelerinin çoğu "*Subiculum* ve *Entorhinal korteks*" denen bölgelerde bulunmuştur. Diğer görevleri yanısıra bu nöronların da Mekân belleği taşıdıkları öne sürülmüştür. (Lever C. et al 9771-9777; Brotons-Mass J.R. et al 176-179; Kandell et al 1264-1277).

1971 de John O'Keefe ve John Dostrovsky'nin başlattığı ve sonra Kandel ve grubunun ilerlettiği bu deneysel çalışmalar hakkında biraz daha açıklayıcı bilgi vermek gerekiyor: Farelerin Hipokampusunda, Yer/Mekân hücrelerinin (Place cells) bir milyon civarında olduğu kabul ediliyor. Bu hücreler bir mekânda örneğin bir deneysel bilmece kutusunda bulundukları her bir konumu algılayıp, belleğine almaktadır. Hayvan çevrede hareket ettiği zaman, Hipokampusta farklı Yer hücreleri nöronal ateşlenme yapar, yani aktif hâle geçer. Örneğin bulunduğu yerden, kuzey yöne gittiğinde bir grup hücre ateşlenir, güney yöne gittiğinde bu kez farklı bir grup yer hücreleri ateşlenir. Böylece fare nereye gitmişse Hipokampal Yer hücreleri ayrı ayrı özel spesifik gruplar halinde sinyal vermektedirler. Yani bulundukları çevre hakkında lokalizasyona göre farklı Yer hücreleri biyolojik bir harita oluşturmaktadırlar. Hayvan eğer yeni bir çevreye girmişse Hipokampusta dakikalar içinde yeni yersel alan bölgeleri oluşur. Ve bu yersel imajların beyinde kalışı haftalar ve aylar sürebilir. Ve ayni hücreler farklı çevrelerde, farklı olan bilgileri de sinyalleyebilir. Böylece tek bir nöron grubu haritasından daha fazlasını kullanabilir. Bu şekilde hızlı bir düzelmenin oluşu ve bunun haftalarca korunması mükemmel bir Yersel (Bölgesel) Tanıma fırsatı sunar.

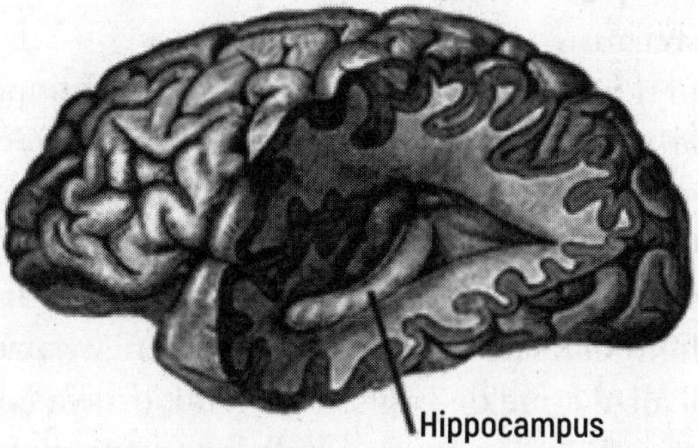

Resim 18.2. Hipokampusun beyin içinde görüntürü (Temporal lob derinliğinde)

Hipokampustaki bu hücrelerin reseptör yerlerinde NMDA reseptörleri bulunmaktadır. Buralarda bu NMDA kanalları aracılığı ile "*Uzun Sureli Kalıcı Güçlenme*" (Long Term Potentation=LTP) oluşmaktadır. Bu araştırmaların ileri aşamalarında Yer (Place) hücrelerinde kısa ve uzun etkili bellek oluşmasındave bunların korunup, sonradan ortaya çıkarılmasının geri planında Genetik Mekanizmaların olduğu da ortaya konmuştur. (Kandel et al 1264-1277).

Modern görüntüleme teknikleri sayesinde daha ayrıntılı çalışma imkânları ortaya çıkmıştır. Beyin görüntüleme çalışmaları sayesinde insanda da *"Hipokampal konum hücreleri"*nin aynı şekilde varolduğu ve aynı şekilde çalıştığına dair kanıtlar ortaya çıkmıştır. Yön bulma çabasında olan insanlarda Hipokampusun aşırı çalıştığı gösterilmiştir. Londra'da taksi şoförleri üzerinde yapılan bir çalışmada şoförlük deneyimi ile kestirme yolları bulma sayısı arttıkça Hipokampusun ilişkili bölgelerinde anlamlı büyüme olduğu gösterilmiştir. Bu büyüme en çok konum hücrelerinin bulunduğu bölgelerde olmuştur. Yani bu hücrelerdemekânsal konuma göre aktivasyon olduğu ve bunun aynı konuma geldiğinde hep yinelediği saptanmıştır. Yukarda söz edilen deneysel hücre çalışmalarının yansıttığı gibi, bu bölgelerde bilinen ve belleğe alınan mekânlara göre insan hipokampusunda da bir tür biyolojik haritalama olduğu düşünülmüştür. Hipokampus ve bu hücreler hareket halindeki canlıların hareket yönünü kodlamaktadır. Bu durum canlıların bulundukları mekân içinde yollarını bulması açısından yaşamsal bir öneme sahiptir. Daha sonra yapılan çalışmalar konum hücrelerinin yaşam içinde konum bilgisini dinamik olarak devamlı güncellediğini göstermiştir. (Erzurumlu et al 114).

Deney hayvanları üzerindeki çalışmalarda, hipokampustaki yer hücreleri üzerinde spike potansiyelleri kayıtlanırken (Yer hücreleri ateşlenirken) Spontan kortikal aktivitede (Elektrokortikografi) Teta ritminin başladığı gösterilmiştir. Hipokampal hücrelerde spike aktiviteleri başladığı sırada, yersel kodlama işleminin meydana geldiği kabul edilmiştir. John O'Keefe teta dalgalarının deney hayvanlarında, kendi çevresini lokalize etmekle bağlantılı olarak ortaya çıktığını telkin etmiştir. Teta ritminin öğrenme ve bellek mekanizmaları ile ilgili olduğu başka yazarlarca zaten belirtiliyordu. Bu kurama göre de Teta Ritmi kodlama ile çağrışım mekanizmaları arasında bir çevirme işlemi gibi ortaya çıkmaktadır. Farklı kuramlar bir araya getirildiğinde, Teta ateşlenme örneğinin, hem Navigasyon* hem de bellek işlevi ile birlikte gittiği sonucu çıkar.

İnsanda hipokampal teta ritmi konusundaki bilgiler, az sayıda epileptik hastada sağaltım amacı ile uygulanan intrakranial giri-

* Navigasyon (Navigation), bir yerden diğerine bir seyir, gidiş veya yolun saptanması ve bunun kayıtta/beyindetutulmasına denir. Varacağı yolu bulma anlamına da gelmektedir. (Gallistel 108-110).

şim sırasında elde edilmiştir. Bu girişimler sırasında beyne implante elektrodlar yerleştirilmiş ve hastalar böylece izlenmiştir.İnsanda önce Hipokampal teta aktivitesinin bellek ve devinimler ile bağlantısı gösterilmiştir. Teta Ritminin özellikle amaçlı arama davranışı sırasında ortaya çıktığı görülmüştür. Araştırma sonuçlarına göre duysal uyarı ve buna uyan motor davranışın birlikte olması, öğrenme sırasındaki Teta aktivitesinin, Yersel Navigasyon performansı için temel olduğu anlaşılmıştır. (Lopes da Silva 1091; Eichenbaum 1785-1796).

"Hipokampal Teta aktivitesini, Normal EEG klinik Pratiğindeki Kortikal teta aktivitesi ile karıştırmamak gerekir. Deney hayvanlarında Hipokampal teta ritmini 1954'de John D. Green & Arnoldo Arduini *ayrıntılı bir şekilde incelemişlerdir. "Kortikal Arousal" olurken Hipokampal bölgeden 5-7/Sec ritminde bir seri yavaş dalga almışlar, buna "Hipokampal Teta ritmi" demişlerdir. Neokorteks yokluğunda da ortaya çıktığını belirtmişlerdir. Kortikal ve Hipokampal aktivitelerin birbirine zıt olarak (Senronizasyona karşılık Desenkronizasyon gibi) ortaya çıktığını vurgulamışlardır. (Green & Arduini 533-557). İnsanda saçlı deriden elde edilen teta ritmi ise düşük frekanslı bir EEG bulgusudur.*

KAYNAKLAR

Lever C et al.: Boundary Vector Cell in the Subiculum of the Hippocampal Formation. J.Neurosci. 29, 9771-9777,2009.

Brotons-Mass JR. et al.: Heterogenous spatial representation by differentsubpopulationsof neurons in the subiculum . Neuroscience,343,174-189,2017.

Kandel ER, Schwartz JH, Jessel TM.: Principles of Neural Science - Chapter 63. 4. Edition. Mcgraw-Hill . Newyork. 2000.

Erzurumlu R, Şengul G, Ulupınar E.:Nöroanatomi. Bölüm 7. Limbik Sistem. Güneş Tıp Kitabevleri. İstanbul. 2019.

Gallistel CR.: Navigation : Whence our senseofdirection? Curr.Biol. 27, R-108–R-110 , 2017.

Schomer DL & Lopes de Silva FH.: Niedermeyer's Electroencephalography. Basic Principles, Clinical Applications, and related Fields. 6.Edition.Wolters Kluver/ Lippincott Williams & Wilkins .(chapter 50-sayfa 1091) 2011.

Eichenbaum H.: The Role of the Hippocampus in Navigation is Memory. J.Neurophysiol. 117, 1785-1796. 2017.

Green JD & Arduini AA.: Hippocampal electrical activity in arousal ,J.Neurophysiol. (JNP).17,533-557,1954.

19

Emosyon ve Duygularımız Nasıl Yorumlandı?

Zevk, sevinç, üzüntü, depresyon, korku, kaygı, öfke ve nefret gibi bildiğimiz duygular insan yaşamının renkleri ve aynı zamanda gerçekleridir. Bu duygular bizim yaşam deneyimlerimize zenginlik katarlar, hırslarımız ve karakterimizle ilgili yaşam eylemlerimize katkıda bulunurlar. Bunların hepsini birden "*Emosyon*" başlığı altında inceliyoruz. Emosyon, İngilizce "*Emotion*" sözcüğünden gelir, bedenden dışa doğru bir yönelimi ima eder.Yani "*Dışa doğru devinim*" anlamına gelmektedir. (Damassio 144-145).

Emosyonel durumun iki komponenti vardır; bir tanesi, karakteristik fiziksel değişmeler, diğeri ise bilinçli duyumlarla gider.Durum kendini bazen bedensel değişmelerle, bazen de duygularla belli eder. İkincisinde bilinçli bir duyum söz konusudur. Emosyonel durumun başlangıcı bilinçsiz olabilir. (Kandel et al 982-983). Emosyonel durum ve duygular, beyin içinde farklı nöral devrelerle sağlanır. Ama bu bilgi birikimine gelinceye dek yüzyıllar geçmiştir.

Antik dönemden 19'uncu yüzyıla dek geçen uzun zaman içinde, emosyonun bilimsel temellerine yansıyacak gelişmeler görülmedi. 18-19'uncu yüzyıllarda ise Avrupa'da bu konuda filozofların farklı düşünceleri ile karşılaşıyoruz. Ancak bu filozofik yorumlar ve fikir tartışmalarının emosyonun biyolojik yönüne bir katkısının olmadığı anlaşılmıştır.

1884'de ABD'li Filozof ve Psikolog William James (1842-1910), kendi yaşadığı zamana kadar uzanan, geleneksel emosyon kavramına karşı çıkan ilk düşünür olmuştur. Geleneksel görüşe göre, emosyonel etkinlik, bilinçli olarak başlayan ve bilişsel olarak ortaya konan bir biolojik durumdu. Ve bu bilinçli duygulara periferik belirtiler, örneğin kalp ritmi ve solunum sayısı artışı vb gibi fizyolojik olaylar ekleniyordu. W. James bu geleneksel görüşe, tam anlamı ile ters bir görüş ortaya koydu: "*Çevreden gelen uyarılarla duyum organları, duyumu beyne gönderir ve sonra beyinden bedendeki iç organlara ve çizgili kaslara sinyaller gider ve asıl bu noktadan sonra iç organlardan gelen tepkilerle, sonunda kortekste duygular bilinçli hâle geçer.*" Kısacası geleneksel olarak bilinen emosyonel uyanıklık halinin, terleme, titreme, kalp ritmi değişiklikleri ve solunum değişikliklerini tetiklediği düşünülürken, James bunun yanlış olduğunu söylüyor ve asıl bu periferik organ değişmelerinin bilinci uyardığına vurgu yapıyordu.W. James'in görüşlerine Carl G. Lange (1834-1900) da katıldı. (Finger 275-277; Kandel 983-984).

William James, Harvard Tıp Fakültesinde bulunuyordu. Lange ise, Yeni Zelanda'da doğmuş ve Kopenhag Tıp Fakültesinde okumuştu. Aynı Üniversitede Patoloji Profesörü olarak 1877'den 1900 yılına dek çalıştı. (Finger 275-277).

1885 yılında Lange kuramını basit emosyonlar üzerine kurdu: korku, hoşluk, öfke ve üzüntü. Bu 4 emosyonel durum için fizyolojik değişmeleri inceledi. Vasküler değişmelerin, emosyonda önemli rol aldığını vurguladı. Vasküler değişmelerin etkisi ile emosyonel bilincin ortaya çıktığını öne sürdü. Emosyonların oluşmasına ilişkin James-Lange kuramı, bilim dünyasında önemli bir etki yaptığı gibi, tepki de çekti. Bedendeki emosyonel değişmelerin, emosyonel duygulardan önce başlaması şeklindeki bu kuram çok geniş anlamda tanındı. James-Lange kuramı şöyle de tanımlanabilir: Emosyonda kognitif deneyim ya da bilinçlilik durumu ikincildir ve emosyonun fizyolojik ifadesi/belirtileri sonunda meydana gelir. Yani bir korku anında önce bilinç dışı olarak kaçarız ve sonra bilinçli bir duygu ortaya çıkar. Emosyona ait bilinçli deneyim, daha önce meydana gelmiş fizyolojik değişmelerin kortekse ulaşmasından sonra ortaya çıkan duygu durumudur. (Kandel 983-984).

James-Lange kuramını belirleyen şu sözler oldukça çarpıcıdır: "*Hızlanan kalp atışları, sıklaşan soluma, titreyen dudaklar, tutmayan el-*

ler ve ayaklar, diken diken olan tüyler ve burkulan iç organlar... Bu hisler olmasaydı, geriye ne tür bir korku duygusu kalacağını düşünemiyorum. Kabaran bir göğüs, genişlemiş burun delikleri, kenetlenmiş dişler... şevkli bir harekete geçme duygusu yerine gevşemiş kaslar, sakin bir soluma, dümdüz bir yüz ifadesi ile insanın öfkesini yansıtması mümkün müdür?" ve şunu da eklemişler: "*Kuvvetli bir duygu ile düşünüp, sonra da onun bedensel semptomlarınınyarattığı tüm duyguları bilincimizden çıkarıp atmayı denersek, geriye hiç birşey kalmadığını görürüz; duygu oluşturabilecek zihinsel malzeme olmayınca geriyesadecesoğuk ve nötr bir entelektüel algılama kalır*. (Damassio 134-135).

Bununla beraber James-Lange kuramı emosyonel davranışın belirli yönlerini açıklayamıyordu. Örneğin fizyolojik değişmeler düzeldiği halde, emosyonel uyanıklık devam ediyordu. Yani emosyonel duygu, periferden gelen "*Feed-Back*" bilgilerin kortekste algılanmasından çok daha uzun bir süre devam ediyordu. Bazen bunun tersi de oluyordu, emosyonel duygu çok daha çabuk geçiyor, fakat bedensel fizyolojik aktiviteler daha uzun süre devam ediyordu.

James-Lange kuramına her taraftan eleştiriler yağmaya başlamıştı. Ama en ciddi eleştiriler 1920'lerde Walter Bradford Cannon (1871-1945) ve onun deneysel çalışmalarından geldi. Bu kuramın kanıtlanamayacağını söyledi. Cannon kediler üzerinde deneyler yapan tanınmış bir bilim adamıydı, Harvard Üniversitesinde çalışıyordu. (Bkz. Otonomik Sinir Sistemi). Cannon iç organlardan beyne giden afferent sinirleri kestikten sonra da öfke, nefret, korku ve zevkin meydana gelebileceğini gösterdi.

Ayrıca iç organ afferent sinir liflerinin meydana getirebileceği yanıtın; bilinçli emosyonel duruma göre çok yavaş oluştuğunu kanıtladı. Çok şiddetli emosyonel hallerde, birlikte giden iç organ yanıtının çok yaygın ve non-spesifik olduğunu söyledi. Yoğun emosyonel değişmelerin olmadığı üşüme, ateş yükselmesi, hipoglisemi ve asfiksi gibi durumlarda da aynı bedensel değişmelerin olduğuna dikkati çekti.En önemlisi iç organlarda çok az sayıda duysal afferent sinir lifi olduğundan, bunların bilinçli bir duyum yaratamayacağını öne sürdü. (Finger 275-277).

Ancak James-Lange teorisyen ve destekçileri ise hayvanda bu emosyonel durumların çok belirli olamayacağını ve bu hayvan deneyleri ile bir yere varılamayacağını söylediler. Bunun üzerine Cannon, James-Lange kuramını yine protesto etti. Teorisyenlerin haksız olduklarını ve birer "Saman Adam" olduklarını ileri sürdü. Ama yine de karşıt görüşte olanlar, emosyonun insanda daha iyi bilinebileceğini, Cannon'un sadece deney hayvanlarında bazı fizyolojik uygulamalar yaptığını ileri sürdüler.

Böylece Cannon da insan çalışmalarına yöneldi ve James-Lange kuramı aleyhine başka bulgular ortaya koydu. Tıp öğrencileri üzerinde çalıştı. Onlara "*Adrenalin Hormonu*" enjekte etti ve birçok iç organ değişmesi ile birlikte emosyonel durum oluştu. Fakat insan deneklerdeki bedensel değişmelerin, emosyonel duygularla bağlantılı olmadığını söyledi. Sonra patolojik gülme/ağlamaları olan hastalara döndü, bunlar bazı nörolojik koşullarda ortaya çıkıyordu. Bu patolojik durumların bireyin emosyonel durumu ile uyumlu olmadığı ortadaydı. (Finger 276-277; Ertekin et al 271-272). Cannon'a göre yoğun emosyon, acil bir reaksiyon olarak "*Fight or Flight*" (Savaş ya da Kaç) yanıtı şeklinde ortaya çıkıyordu. Bu yanıt otonomik sistemin sempatik komponenti olarak meydana geliyordu (Bkz. Otonomik Sinir Sistemi).Ve bu durumda, periferik uyarıların kortekse taşıdığı informasyon (Feed-Back) ile oluşmuş herhangi bir emosyonel duyum yaratmıyordu (Kandel 983-984).

Sonraları Cannon ve Philip Bard (1898-1977) 2 subkortikal yapı olan Hipotalamus ve Talamus'un emosyonların yönlendirilmesi ve yapılanmasında anahtar rol aldıklarını deney hayvanlarındaki çalışmaları ile kanıtladılar. Emosyonun periferik yanı ve korteksin bilgisini alarak, bu subkortikal yapılarda emosyonun bilişsel yanının oluştuğunu gösterdiler. Kedilerde, tüm serebral korteksi çıkarttıktan sonra, hayvanlarda aşırı tepkisel emosyonel yanıtlar meydana geldi.Bunlara daha sonra "*Sham Rage*" (Yalancı öfke, sahte öfke veya yalancı kuduz)* adı verilmiştir.

Sham Rage terimi ilk kez 1925'de Cannon ve Sydney William Britton (1892-1977) tarafından kullanılmıştır. Philip Bard 1934'de kedi ve kö-

* Sham Rage deney hayvanlarında (memelilerde) ısırma, pençe atma, tıslama, sırtın kabarması, şiddetli kol ve bacak devinimleri ile giden ve deneysel olarak hayvanların serebral korteksinin çıkarılmasından sonra görülen klinik tablo.Sham Rage sırasında kan şekeri, nabız, solunum sayısı ve kan basıncı artışı daolmaktadır.

peklerde korteksi çıkardıktan sonra *Sham Rage*'i gördü. Korteksin yokluğunda ortaya çıkan Sham Rage bir inhibisyon kalkması ile ilgiliydi. Bard bir ileri adım olarak korteksi alınmış hayvanlarda ek olarak "*Hipotalamus*"u da devre dışı bıraktı ve Sham Rage olayındaki tepkilerin azaldığını ve koordinasyonunu yitirdiğini, geride sadece isole görüntüler kaldığını saptadı.

James-Lange kuramı ile Cannon-Bard kuramı 20'nci yüzyılda, daha sonra da uzun süre tartışıldı. James–Lange kuramı yeniden ele alındı ve önemsendi. Bunlar arasında 2 isim öne çıktı. ABD'den sosyal psikolog Stanley Schachter (1922-1997) ve daha yeni olarak Portekiz-Amerikalı nörobilimci António Damásio (1944-). Bu araştırmacılar James-Lange kuramını genişletip daha rafine hâle getirdiler. Yeni çalışmalarda otonomik yanıtların uniform ve stereotipik olmadığı gösterildi. Farklı otonomik yanıtlara ait örnekler, farklı emosyonel durumlarla beraber gidiyordu.

Sonraki araştırıcıların bir kısmı da Cannon ve Bard'ın hipotalamik merkez anlayışına uygun sonuçlara ulaştılar. 1932'de İngiltere'den Stephen Ranson (1880-1942) ve 1940'larda Robert Haas emosyonda integrative merkez olarak hipotalamusu gösterdiler. (Kandel et al982)

James Wenceslas Papez (1883-1958) Cornell Üniversitesinde çalışan bir anatomist idi. Beyin ve emosyon arasındaki kanıtları gözden geçiriyordu. Kuduz olmuş insanlardaki saldırganlık üzerine gözlemler yapıyordu. Bu arada saldırganlık ile hipokampus aktivitesi arasında bir ilişki bulmuştu. Hipokampusu emosyonel ifadenin merkezi olarak düşündü. Keza tad, koku ve ağrının da güçlü emosyonel yanıtlar verdiğini saptadı. Yakın bölgelerde de benzeri aktiviteler olduğunu gördü. Ve böylece emosyonel yanıtın organizasyonu için bir anatomik devre tanımladı ve 1937'de, emosyonlar ve duygular için kortiko-subkortikal bir devre olduğunu ve bunun Limbik korteksi de içine aldığını öne sürdü. Bu konuda iyi ve iyi olmayan iki farklı davranış gösterdi. İyi tavrı şudur: 1907-1908'de Alman Nöropatolog Christfried Jakob (1866-1956) Limbik sistemin ön bölümlerini (Fronto-temporal bölgeler) incelemiş, buna "*Visceral Brain*" (İç organ beyni) adını vermişti. Papez bu konuyu genişletmiş ve tanıtılmasına yol açmıştı. Ancak ilk olarak Paul Broca'nın, 19'uncu yüzyılda bildirdiği, limbik korteksle ilgili tanımlamasını refere etmemiştir. Broca, yaklaşık bir yüzyıl önce, tüm memelilerde büyük limbik lob adıyla Papez devresine çok benzeyen bir tanımlama yapmıştı. Broca, "*Girus Singuli*"yi hayvanlar açısından hem kokuları değerlendiren bir yapı olarak görüyor, hem de kokularla birlikte zevk alma ve ağrının da burada toplandığını söylüyordu. Hipokampal lob koku sinyallerini ortaya çıkarıyor ve girus singuli ise bu kokunun kabul edilebilir veya edilemez olduğuna karar veriyordu. Belki de daha geniş anlamda emosyonlar ve buna bağlı davranışlar ayarlanıyordu. Paul Broca'nın bu saptamaları kendi zamanında belki de fazla ilgi çekmemişti. Ama bu konuda da bir öncü olduğunu kanıtlamıştı. (Finger 286-287). Papez'in Paul Broca'nın "*Büyük limbik lob*" adlı yazısını okuyup okumadığını bilemiyoruz, ama Broca'nın bu oldukça ileri olan görüşü, Papez'in 1937'deki ünlü makalesinde yer almadı.Her şeye karşın Papez yoluna devam etti, bulgularını yayınlarken bu anatomo-fizyolojik devrenin sentral emosyonların işlevlerini ortaya çıkardığını ve emosyonel ifadeyi sağladığını söyledi ve bu devreye "*Papez Circuit*" (Papez çemberi) adı verildi. Ancak daha sonraları "*Büyük Limbik Korteks*"in Paul Broca tarafından çok daha önceden ortaya konduğu, diğer bilim adamları tarafındankendisine hatırlatıldı.

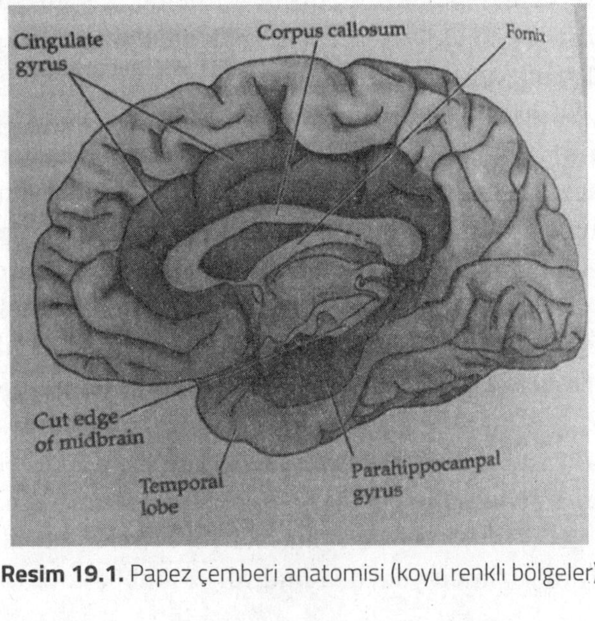

Resim 19.1. Papez çemberi anatomisi (koyu renkli bölgeler)

Bu emosyonel çember veya devre Yale Üniversitesinden Paul MacLean (1913-2007) tarafından korteks ve subkorteksi de içine alacak şekilde genişletildi. Amigdala bu devreye eklendi.* Çünkü Amigdala burada çokönemli bir merkez durumundaydı.

Papez bu çemberde tek bir çekirdeğin değil, beyin yapılarının grup halinde bağlantılarının daha önemli olduğunu düşünüyordu. Farklı çekirdek grupları ile bunların karşılıklı bağlantılarının adı "*Limbik Sistem*"di. (Latince *Limbus=Edge*, kenar anlamında). Papez çemberi birçok beyin yapısına sahip olmakla beraber, en önemli yapılar Amigdala, Parahipokampal girus, Girus Singuli ön kısmı ve Orbito-frontal korteks idi. Burada Amigdala, başlangıçta Papez tarafından çembere dahil edilmemişti ama onun korkudaki rolü kısa zamanda ortaya çıktı. Amigdalanın alınması ile bireyde korku duygusu ortadan kalkıyordu. Bu arada literatürde S.M. adıyla tanıtılan bir hastada Amigdalanın bulunmadığı bildirilmişti. Bu hastada "*Urbach-Wiethe*" denen kongenital ve herediter nadir bir hastalık vardı. Hasta hiç bir zaman korkuya ait bir iz göstermedi. Oysa yılandan korktuğunu söylüyor ama yılanı kolaylıkla elinde tutabiliyordu. Hiç bir zaman korku duygusuna kapılmamıştı. (Glickstein 316-317: Finger 287-289: Benarroch 901).

20'nci yüzyılın ilk yarısında bir başka bilimsel olay insanların yoğun ilgisine yol açtı. 1939 yılında Şikago Üniversitesinden Alman-Amerikalı Biyolojik Psikolog Heinrich Klüver (1897-1979) ve Beyin Cerrahı Paul Bucy (1904-1992) maymunlarda Temporal loblar, Amigdala ve Hipokampal Formasyon'un iki taraflı kesilmesi ile çok özel bir sendrom ortaya çıktığını gördüler. Buna "*Kluver Bucy Sendromu*" adı verildi. Opere edilen maymunlar sakin, korku duymayan ve emosyonları oldukça silinmiş bir hâle gelmişlerdi. Bu, sonuçları emosyonların anlaşılması bakımından çok önemli olan bir deneydi. Deney kedilerde de tekrarlandı ve aynı sonuçlar alındı. Ameliyat sonrası objeleri devamlı ağıza alma şeklinde bir eğilim ve hiperseksüalite

---

* Amigdala beynin mediyal temporal lobunun derinlerinde yer alan subkortikal bir çekirdek kitlesidir. Badem şeklinde olduğu için adı Yunanca badem anlamına gelen Amigdala sözcüğünden kaynaklanmıştır. Bu sözcüğü ilk kez1822'de Alman fizyolog Karl Friedrich Burdach (1776-1847) kullanmıştır. Duygusal bellek ve duygusal tepkilerin oluşmasında önemli bir subkortikal merkezdir.

de buldular. En önemlisi, bu çalışmalar sonucu korkunun yitimi ile ilgili bölgenin amigdala olduğunun anlaşılmasıydı. Bağlantıları yolu ile, parahipokampal bölge ve singular korteksin ön bölümlerinin de emosyon ile ilgili bölgeler olduğu saptandı. Singuler kortekste ayrıca kortikal ağrı temsil ediliyordu ve emosyonların kortikal bilince çıktığı yer olarak görülüyordu. (Glickstein 315; Kandel et al 982-997; Finger 289; Benarroch 901).

Bu bölgeye ilişkin bazı insan gözlemleri de oldu. Girus singulinin alınmasından sonra, hastaların ağrıdan şikayet etmedikleri görüldü. Ağrıyı bir duyum olarak algılıyor, otonomik tepkiler veriyorlar, fakat ağrı duyumu, ağrısız bir duygu olarak hissediliyordu.

Bu sonuçlardan anlaşılacağı üzere, zararlı ve zevk verici uyarımlar, limbik kortekste karşılıklı etkileşim içindedir. Daha yeni görüşler şöyle özetlenebilir:

Limbik system ve kortekste emosyonların oluşması 2 aşamada sağlanır:

Birinci aşamada önce otonomik ve endokrin yanıtlar tetiklenir, sonra subkortikal yapılar entegre edilir, böylece organizma hücum etmeye, kaçmaya, sekse veya diğer uyarlanabilir davranışlara hazırlanır. Bu davranışlar nisbeten basit ve bilinçli kontrol gerekmeksizin sağlanır.

Bundan sonra gelen 2'nci aşamada, 2'nci bir nöral mekanizma ortaya çıkar. Burada artık serebral korteks de devrededir. Emosyonel olarak anlamlı uyaranların etkileri ile olan kortikal işlemler bilinçli bir emosyon veya bir başka ifade ile duyguları yaratırlar. Keza aynı zamanda alt merkezlere etki ile emosyonun somatik belirtileri ortaya çıkar. Böylece kişi ağlar, güler, korkar veya mutlu olur.

Birincil emosyonel aşamadaki yanıtların birçok yönü sonradan öğrenilir durumdadır. Bu öğrenme sırasında visseral (iç organlar) feed-back mekanizmalar muhtemelen önemli rol oynamaktadır. Fakat deneyimlerle daha fazla bilişsel kazanımlar elde edilir. Ve bu durumda artık visseral duyumlar daha az önemli hâle gelmiştir. Bu emosyonel açıklamada kuşkusuz amigdala, girus singuli ve prefrontal asosiyasyon korteksinin rolü çok önemli hâle gelmiştir. (Kandel 989-990; Damasio 137-145) .

Emosyonlar ve Yüz Mimikleri

Bu konuya aşağıdaki gibi girmek, belki konuyu daha kolay anlatma fırsatı verecektir: Birbirinin dilini anlamayan 2 yabancı kişi anlaşırken, konuşma devre dışı kaldığından jestler ve mimikler öne çıkar. Özellikle yüz mimikleri daha evrensel bir karakter taşır. Temelinde insan soyuna özgü genel ve paylaşılmış atavik davranışlardır bunlar. Tüm dünyada değişik ırklarda ve değişik sosyo-kültürel düzeylerdeki topluluklarda hiç değişmeyen 6 temel yüz ifadesinin olduğu 1872'den, Darwin'den beri bilinmektedir. Ve öncelikle emosyonel durumumuzu yansıtırlar. Bunlar; 1) Gülme ve mutluluk; 2) Öfke ve kızgınlık; 3) Nefret ve tiksinti: 4) Hüzün ve depresyon; 5) Şaşkınlık ve sürpriz; 6) Korkma şeklindeki yüz ifadeleridir. Doğuştan sağır ve kör olanlarda da temel yüz ifadelerinin genetik olarak bulunduğu bilinmektedir. Bir başkasının yüz ifadesini tanıma, sadece o bireyi tanımak anlamına gelmez, aynı zamanda o bireyin size karşı verebileceği tepkileri de ileriye yönelik olarak öngörebilme avantajını da birlikte getirir. (Ertekin 614-615; Ertekin et al 11-14).

Antik çağlardan bu yana ressam ve heykeltraşların eserlerinde, hatta toplu sosyal eğlencelere ait yüz maskelerinde korkan, üzülen, gülen ve seven yüz ifadeleri kuşkusuz görülmektedir. Buradan anlaşılıyor ki emosyonların ifadelendirilmesi önce sanat tarihinde başlamıştır. Yüzün mimik ifadelerinin insanlar için ne kadar önemli olduğu bu eserlerden anlaşılmaktadır.

Yüzün mimik ifadesine ait en erken bilimsel saptamalar ise ancak 19'ncu yüzyılın başlarında ortaya çıkmıştır. Yüz kaslarına ait bilimsel dokümanların, 1806'da İngiliz hekim Charles Bell'in yazdığı "*Essays on the Anatomy of Expression in Painting*" adlı kitap ile başladığını söyleyebiliriz. Bu kitapta deri ve derialtı dokusu kaldırılarak altındaki fasiyal kasların durumu inceleniyordu. Bunları hekim Charles Bell bir sanatçı olarak kendi resimlemişti. Yüz ifadesinin, yüz kaslarından birinin diğerine olan ilişkisi ile ilgili bir durum olduğunu belirtti. Belirli yüz kaslarının özellikle duyguların ifadesini göstermek için yaratıldıklarını vurguladı. 1827'de ise yüz sinirinin yarıtam felcinde, yüz felcine ek olarak gülme ve ağlamada yüz mimiklerinin bozulduğunu da ayrıca bildirdi. Yüz mimiklerinin incelenmesine ait daha sonraki aşamanın ünlü Fransız hekim Duchenne de Boulogne (1806-1875) tarafından gerçekleştirildiğini söyleyebiliriz. Paris'te bağımsız bir nörologdu ve tek başına klinisyen olarak çalışıyor, bir yandan da araştırmalar yapıyordu. En önemli araştırmalarından birisi de yüz kasları ve yüzün ifadesi ile ilgilenmekti. Önce iskelet kaslarında faradik akım kullanarak çalışmalar yaptı, sonra yüz kaslarını elektrik ile uyartarak inceledi. Elde ettiği sonuçları ayrı bir kitapta topladı. 1862'deki bu kitap "*İnsan Fizyonomisinin Anatomisi*" adıyla yayınlandı. Bu kitapta yüz mimiklerine ait 84 orijinal fotoğraf kullandı. Kitap tıp alanında önemli özgünlükler taşımaktaydı. Elektrik uyarılar ile ilk kez yüzün mimik kasları inceleniyordu. Ve ilk kez fasiyal (yüz) ifadeyi fasiyal kasların elektrikle uyartılması ile birlikte anlattı. Hepsinden de öte, ilk kez fotoğrafları medikal illustrasyon için tıp alanında kullanıyordu.Duchenne teorik olarak her bir emosyon için özel bir yüz kası olduğunu öne sürdü.Bazı kasların emosyonel ifadelerde bir hayli ön planda olduğu, diğerlerinin kısmen çalıştığı ve bazılarının ise emosyonel ifadeye katılmadığı sonucuna vardı. Ayrıca bazı mimik kasların diğerlerinin yardımcısı olarak çalıştığını saptadı. Kendisi bazı kaslara özel adlar verdi, örneğin ağlayan kaslar veya kuşku kasları gibi... Önemli bir bulgusu da şöyle idi: Duchenne'e (1862) göre 2 tür gülümseme vardı: "*Doğal Gülümseme*" ve "*Sahte Gülümseme*". Doğal gülümsemeye ağırlıklı olarak gözü çevreleyen kaslar (periorbital kaslar) katılıyordu. Ve bu gülme genellikle istemli olarak taklit edilemiyordu. Bunlar aynı zamanda gözü refleks olarak koruyan kaslardı. Sonraki bilimsel gelişmeler, periorbital kasların beyinde "*Limbik Korteks*" denen bölgenin kontrolünde olduğunu göstermiştir.Bu gülüş ancak tekrarlamalar ve deneyimlerle öğrenilebiliyordu.Sahte gülümsemeye, kandırma gülümsemesi ya da "*Duchenne gülümsemesi*" de dendi. Buna daha çok yüzün alt bölümündeki kaslar katılıyordu (Zigomatik Major kası gibi). Bu gülümseme istemimizin kontrolü altındaydı. Eğer beyinde limbik korteks ve ilişkili diğer bazı yapılar çalışmıyorsa, doğal ve içten olan gülümseme kayboluyordu. Ancak bu bilgilerin sentral sinir sistemi ile ilgili olanları Duchenne zamanının çok sonrasında keşfedilmiştir. (Finger 267-268: Damassio 148; Ertekin. 8-11)

Kitaplarındaki şemaları ve bazı yüz ifadelerini ressamlara yaptırmıştı. Bu sırada onların başlarından hiç ayrılmaz, emosyonel kaslara daha dikkatli bakmaları konusunda onları uyarır, hatta bazen ressamları azarladığı da olurmuş.

Kuşkusuz Duchenne'in emosyonel ifadelerin kas aktiviteleri ile yaratıldığı görüşünü kabul etmeyenler de olmuştur. Ancak Duchenne bu yolla bilim adamlarını emosyonlar konusunda daha bilimsel çalışmalar yapmaya yöneltmiş, bir şekildeuyarıp motive etmistir. (Finger 267-268; Haymaker 275-279; Viets 772-783) .

Duchenne her ne kadar Salpêtrière hastanesinden mezun olup orada çalışmışsa da bir hastanede rutin bir klinisyen olarak çalışmaktan çok, kendi ifadesi ile daima araştırıcı olmayı yeğlemiştir. 1831'de hekim olduktan sonra, kendi memleketi olan Boulogne'a döner ve orada pratisyen hekim olarak çalışırken mutlu bir evlilik yapar ve 2 yıl sonra eşi doğum yaparken ölür. Ve yaşayan oğlu kayınvalidesinde kalır. Ve 11 yıl Boulogne'da kaldıktan sonra tekrar Paris'e döner. O sırada Paris'te tanıdığı kimse yoktur, kalabalık klinik ve polikliniklerde çalışır. Hasta ev ziyaretleri yapar. Fakat hep akademik hayatın dışındadır. 1848 Paris Komünü sırasında yavaş yavaş önceden tasarladığı araştırmalarını gerçekleştirmeye girişir. Kas uyarımları ve kas hastalıkları yanısıra yüz mimikleri üzerine çalışmaya başlar. Çalışmalarını kitap haline getirip yayınlar. Giderek ulusal ve uluslararası olarak tanınır. 1862'de büyümüş olan oğlu ile Paris'te buluşur. Oğlu hekim ve nörolog olmuştur. Bundan sonra tüm zamanını oğluna adar. Ancak bu mutlu dönem çok kısa sürer. Oğlunu 1871'de tifodan yitirir. Bu acı onu yıkar ve 4 yıl sonra kendisi de beyin kanaması ile vefat eder. Yaşadığı sürece kendi ülkesinde akademik çevrelerden uzakta kalmış olmasına rağmen, yaptıkları ile bilim dünyasında ünlenir ve Fransızların bilim kahramanlarından biri olur, heykeli dikilir. Yaşamı acılı, fakat çok yoğun bir çalışma içinde geçmiş ve çok yalnız bir insan olarak bu dünyadan kayıp gitmiştir. Adı ve yaptıkları bir kilometre taşı olarak durmaktadır. (Ertekin. 10-11; Finger 267-268; Haymaker & Baer. 275-279).

Charles Darwin, 1872'de "*The expression of the emotions in man and animals*"(Hayvanlar ve İnsanda emosyonların ifade edilmesi) adlı kitabını yazmıştı. Darwin bu kitabında, Duchenne'in izniyle, onun kitabındaki fotoğrafları kullanmıştır.Duchenne'i takdir etmekle beraber, öne sürdüğü emosyonel ifadenin tek kas kasılmaları ile oluştuğu görüşünü biraz fazla abartılı bulmuştur. Ancak onun yüz ifadesi fotoğraflarını ve yüz kaslarını elektrik ile uyartmasını takdirle karşılamıştır. Emosyonel yüz ifadesinde kasların yanısıra dişlerin, dudakların ve göz bebeklerinin de katılımına önemle dikkat çekmiştir. Bazı mimiklerin, özellikle korkuların bazen tüm bedende otonomik ve somatik değişikliklerle birlikte gidebileceğine vurgu yapmıştır. Ayrıca gerçek ve sahte yüz ifadeleri arasındaki fark üzerinde durmuştur. (Finger 267; Damassio 147).

Memeli hayvanların en gelişmişlerinde, yüzün mimikleri ile karşılaştırılabilecek silik görüntüleri izlemek ve inceleyebilmek bir hayli zordu. Bu nedenle insan yüz mimiklerinin gerisinde yatan emosyonların anatomisini ortaya çıkarmak ve insanlarda beyin harabiyeti ile giden hastalıklarda klinik/patolojik bulgulardan önemli sonuçlar çıkarmak bir bakıma işin başlangıcı olmuştur. Nöroanatomistler ve nörofizyologların deney hayvanlarında ablasyon vb gibi bilimsel çalışmaları da, klinik çalışmalara parallel gitmiştir. Yüz mimikleri ile istemli yüz hareketlerinin birbirinden ayrı olabileği gerçeği, insanda inme durumunda ortaya çıkan "*Sentral Fasiyal Felç*"in yakından incelenmesi sonucu ortaya çıkmıştır. Serebral motor korteksteki Betz hücreleri adı verilen nöronların aksonlarından oluşan piramidal traktusun, beyin sapının en aşağılarına -pontobulber bölgeye- kadar seyri boyunca oluşan lezyonlarda, lezyonun karşı yarısında felç meydana geldiği çok eskilerden beri bilinmekteydi. Böylesi lezyonlarda ortaya çıkan sentral fasiyal felçte yüzün alt yarısında istemli devinimler felç olmuşken, periorbital kasların çalıştığı ve daha çok, sağlam kaldığı görülür. Eski anlayışa göre yüzün alt yarısının, karşı beyin yarısından, yüzün üst yarısının ise her iki beyin yarısından innervasyon aldığı düşünülüyordu. Örneğin sol hemisfere ait bir inmede sağ yüz yarısının alt kısmındaki felç, istemli bir diş gösterme sırasında daha da belirgin hâle gelir. Ancak hasta esprili bir ifadeye tepki olarak gülümsediği zaman, ağzın her 2 yanının hemen hemen eş derecede iki yana çekildiği, felçli tarafta ağız çevresi kasların daha iyi çalıştığı görülür. Yani kişi eskisi gibi gülmüştür. Böylesi gözlemler istemli gülme devinimi ile duygu ve emosyonlara bağlı gülme devininimin beyinde farklı yerlerde temsil edildiğini düşündürmüştür. Kısacası yüz mimiklerinde limbik korteks ve basal ganglionların katkı sağladığı öne sürülmüştür. Nitekim basal ganglionları tutan Parkinson hastalığında mimiklerde bir donma ve azalma olduğu görülür. Limbik kortekse ait Girus Singulinin ön bölümü harabiyetinde, duygu ve emosyonel devinimler sırasında o yandaki yüz kaslarının yüzün sağlam tarafındaki kaslara göre daha az ve yetersiz çalıştığı görülür. Böyle bir hasta yüz kaslarını istemli olarak kasmaya çalışırsa, yüzün her iki tarafının normal hareket ettiği görülür. 2001'de R.J. Morecraft (ve yardımcıları) tarafından, maymunlarda yapılan deneysel çalışmalar mimik kasların kortekste 5 ayrı alandan kontrol edildiğini göstermiştir. Girus singulinin, yüzün üst kısmında göz çevresi kasları bilateral olarak kontrol ettiğini belirtmişlerdir. Keza insanda da bu deneysel bulgulara benzeyen fizyolojik sonuçlar elde edilmiştir. Transkortikal manyetik uyarı çalışmaları ile tek yanlı kortikal uyarımlarda bilateral yanıtlar alındığı gösterilmiştir. Klinik ve deneysel gözlemlerle yüzün mimik ifadesinin girus singuli, amigdala ve diğer bazı limbik yapılar ve basal ganglionlar tarafından kontrol edildiği sonucuna varılmıştır. (Yıldız et al. 429- 435; Morecraft et al. 176-208; Ertekin 629; Holstege 2002; Morris et al.47-57).

Limbik sistem ile bağlantılı olarak bir de korku ve korku yaratan mimikler üzerinde durmak gerekir. Bilateral amigdala lezyonunda korku tepkisinin ve korku yaratan mimiklerin kaybolduğu ya da gerçek şekliyle algılanamadığı gösterilmiştir. Daha önce değinildiği gibi, çok nadir bir hastalık olan "*Urbach-Wiethe*" hastalığında korkulu yüz ifadeleri tanınmadığı gibi, çevredeki tehdit edici ve korkutucu olaylara da gereken önem verilmez. Bu hastalık aslında kongenital ve herediter bir deri hastalığıdır. Ayrıca bilateral amigdala kalsifikasyonu bulunur. Ve bu nedenle amigdala disfonksiyonu ortaya çıkmıştır. Anterior insuler bölgeyi seçici olarak tutan lezyonlarda da tiksinti ve nefret ifade eden yüzlerin tanınmasının zor ve sorunlu olduğu bildirilmiştir. Limbik sisteme dahil edilen prefrontal lobun zedelenmelerinde, daha önce bu kitapta sözü edildiği gibi (Bkz. 20'nci Yüzyıl-III), genel bir ilgisizlik ve apati tablosu ile birlikte değişik yüz ifadelerine karşı bir ilgisizlik ve duyarsızlık söz konusudur. Bu durum özellikle kızgın ve öfkeli yüz ifadelerine karşıdır. (Ertekin 622-623).

Son olarak ilişkili nörobilim çalışmalarını kısaca özetleyerek emosyon konusunu kapatalım. Yüzün algılanmasında insan beyninde özelleşmiş bir nöronal sistem söz konusudur. Bu sistem başlıca yüzün kimliğini ve emosyonel ifadesini algılar ve çözümler. Birbirine yakın 2 ayrı sistemden oluşur. Karşıdaki bireyin yüz mimikleri beynin alt kısımlarında oksipito-temporal bölgeye gelir. Burada "*Lateral Fusiform Girus*" (LFG) ve temporal lobun en üst kısmındaki "*Superior Temporal Girus*" (STG) yüz mimiklerinin tanınması için ilk duraklardır. LFG algılanan bireyin değişmeyen morfolojik özelliklerini algılar ve yapısal kodlama yapar. STG'de ise bu girdiler geçmiş deneyimlere ait depo bilgiler ile karşılaştırılır ve gözlenen yüzün kime ait olduğu bilincimize yansır, yani kimlik tespiti sağlanır. Daha sonra bağlantılarla hem STG'de hem de amigdalada yüz mimikleri kodlanırken, kısaca yüzün emosyonel ifadesi tanınır. STG'nin bir görevi de amigdalayı aktive etmektir. Amigdala emosyonel ifadeleri algılarken, bunun korku verici ya da zarar verici olup olmadığına karar verir. Böylece en merkezî konumda kalır. Amigdala her an LFG ve Orbitofrontal korteks ile iki yanlı iletişim halindedir. Bu bağlantılar sayesinde yüzün kimliği ve emosyon olarak sosyobiyolojik değeri saptanır. Tehdit ifade eden olumsuz yüz ifadeleri algılanınca amigdala ve bağlantılarında aktivite artar ve bazen beyin de daha alt yapılara sinyaller göndererek somatik ve otonomik beden yanıtlarının ortaya çıkmasına neden olur. Buralarda basal ganglionlar (Striatum), talamus, hipotalamus ve beyin

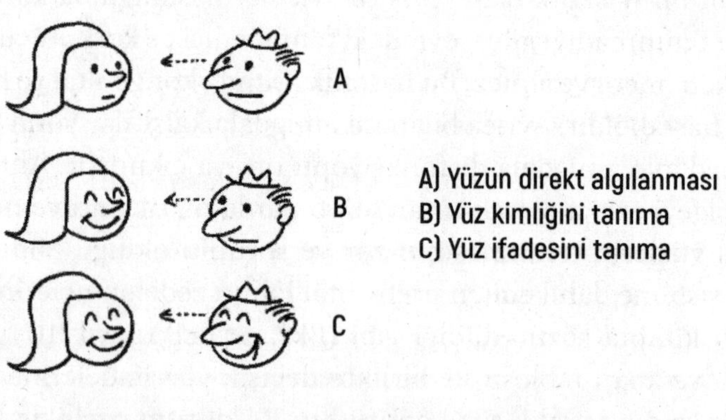

Resim 19.2. Yüz kimliği (B) ve mimiklerin (C) tanınması.
(C. Ertekin, Sentral ve Periferik EMG Kitabı, Meta Basım, İzmir, 2006.)

sapı üst kısmında bulunan Periakuaduktal gri cevher bölgeleri yanıt vermeye hazır olarak beklemektedir. (Ertekin 613-637; Morris et al 47-57; Holstege 12-16; Root & Stephen 289-298).

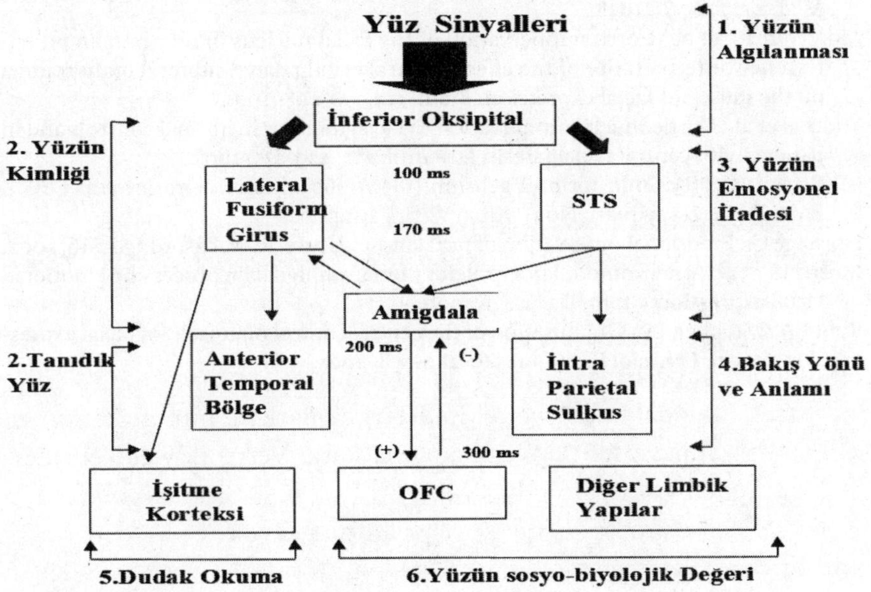

Resim 19.3. Yüz ve mimiklerin nörofizyolojisi (Sentral ve Periferik EMG Kitabı). Son paragraf içindeki metin ile beraber ve önceki resim 19-2 ile birlikte izlenmeli.

KAYNAKLAR

Damassio AR.: Descartes'in Yanılgısı. Varlık Yayınları. Varlık Bilim 2.basım.İstanbul. 1999

Kandel ER, Schwartz JH, Jessel TM.: Principles of Neural Science – Chapter 50. Emotional states and feeling. 4. Edition. McGraw-Hill. NewYork. 2000.

Finger S.: Origins of Neuroscience. A history of explanations into brain function. Oxford University Press. NewYork.1994.

Ertekin C, Ekmekçi O, Çelebisoy N:Le Fou RireProdromique. J.Neurol. 244, 271-272, 1997.

Glickstein M.: Neuroscience; a historical introduction. The Mit Press-Cambridge , Massachusetts, London. England (First Mitpress paperback edition). 2017.

Benarroch EE: Basic Neurosciences with Clinical Applications. Butterworth-Heinnemann-Elsevier. Philadelphia. 2006.

Ertekin C.: Yüz ve Mimiklerin Nörofizyolojisi- Bölüm 15. 613-632. Sentral ve Periferik EMG Kitabı. Meta Basım. Bornova İzmir. 2006

Ertekin C.: Yüzün ve yüz mimiklerinin algılanması. Nöropsikiyatri Arşivi. 38, 11-14, 2001.

Haymaker W, Baer KA.: The founders of neurology. Charles C. Thomas Publisher. Springfield. 1949.

Viets HR.: The History of Neurology in the last one hundred years. Bull. NY. Acad. Med. 24; 772-783, 1948.

Morecraft RJ. et al.: Cortical innervation of the facial nucleus in non-human primate_a new interpretationof the effects of stroke and related subtotal brain trauma on the muscleof facial expression. Brain, 124, 176-208, 2001.

Yıldız N et al.: Corticonuclear innervation to facial muscles in normal controls and in patientswith central facialparesis. J. Neurol. 252, 429-435, 2005.

Ertekin C.: EMG'nin tarihsel gelişimi (1890-1960). Klinik Nörofizyoloji EEG – EMG Derneği yayınları. No 11. Kitap Vitrini 2014.

Holstege G.: Emotional innervation of facial musculature. Mov. Disord.17,12-16, 2002.

Morris JS. et al.: A neuromodulatory rolefor humam amigdalain processing emotional facial expression. Brain. 121, 47-57, 1998.

Root AA & Stephen JA.: Organisation of the central control of musclesof facial expressionin man. J.Physiol (London) 549, 289-298, 2003.

20

Antik Çağdan Günümüze Görme ve Oksipital Lobanlayışı

İnsanlar ilk çağlardan beri görebilmenin ne kadar yaşamsal önemde bir olay olduğunu herhalde çok iyi anlamış olsalar gerek. Kuşkusuz görme yeteneğinin, gözler aracılığı ile meydana geldiğini de çok erkenden sezinlemişlerdir. Dolayısıyla yazının icadından beri, göze ilişkin biyolojik ve felsefî yorumlara tarih sahnelerinde çok sık rastlanması, görmenin önemini anlamak bakımından doğal bir durumdur.

Antik Yunan uygarlığından Krotonlu Alcmaeon (M.Ö. yaklaşık 510-440) ilk kez hayvanlar üzerinde çalışarak, optik sinirin varlığını göstermiştir. Görmek için ışık gerekir, anlamında sözler söylediği vurgulanır. Görmeyi sağlamada 3 aşama olduğunu belirtir: "*IŞIK; gözün içindeki aydınlığı sağlayan ATEŞ; ve göz topan içindeki SIVI. Görünmeyen duyularla algılanmayan nesneler (ise) bilinmez*". Göze hafif bir vuruş (!!) yapıldığında bir "*Işık Patlaması*" olduğunu söylemiştir. (Finger 66; Bayat 110-111).

Roma Döneminin en ünlü hekimi Galenus optik sinirlerin beyin içindeki Optik Kiazma'ya uğradıklarını, her bir sinir kendi tarafında kalmakla beraber, her 2 optik sinirin Kiazma'da* birbiriyle ilişkide olduğunu öne sürmüştür. İki kanalın bu bağlantısı sayesinde, her bir

* Kiazma ön kafa çukurunda, göz yuvarlarının biraz gerisinde, orta hatta bulunan sinirsel yapıdır. Her 2 yan optik sinirin çapraz yapan ve yapmayan liflerinden oluşmuştur. Eski Yunan alfabesindeki X harfine benzetildiği için onun "Chi" adından dolayı Chiasma=Kiazma adı, çok sonraki dönemlerde verilmiştir. (Glickstein 119)

gözde bulunan "*Görsel Ruh*"un birbiri ile karşılıklı etkileşime geçtiğini söylemiştir. (Finger 69)

Çok eskilerden beri gözler hakkında iki yanlış inanış vardı. Bunlardan biri etrafımızdaki objelerin ve cisimlerin kendi ışıklarını insan gözüne yolladıkları şeklindeydi. Bu durumda gözler pasifti. İkincisi de göze gelen imajların lensler aracılığı ile görmeyi sağladığına inanılıyordu. Bu inanışlara karşılık 11'inci yüzyılda İslam alimi İbn el Heysem veya İbn al-Haytham (El-Hazen) (M.S. 965-1040), 1038'de yazdığı "*Kitab al-Manazir*"de (*de Aspectibus* adı ile Avrupa'da Latinceye sonradan *Perspectiva* adıyla diğer Avrupa dillerine çevrilmiştir), görmede aktif olanın gözler olduğunu, objelerin ışığı göndermediğini kanıtlamıştır. Bundan da ötede bir "*Camera Obscura*"* ve diğer bazı sistemler aracılığı ile göze gelen imajların gözün arkasında, yani "*Retina*"da tersine döndüğünü göstermiştir. Bunun için, ayrıca matematik temeline dayalı kendi teorisini öne sürmüştür. Ancak imajların, bireyin görmesinin aksine, retinada tersine (baş aşağı) oluştuğu gerçeği kolayca kabul edilmemiştir. (Daneshfard et al 2; Fara 98-100; Glickstein 108; Finger 74; Sezgin 18-24).

İbn-i Sinâ (Avicenna) (980-1037) yazdığı "*El Kanun*" ve diğer kitapları ile birtakım gerçekleri ortaya koymuştur. Özellikle hem o, hem de Zekeriyyâ er-Râzî (Rhasis) (854-925) gibi 2 büyük İslam alimi ilk kez optik sinirlerin Kiazma bölgesinde çapraz yaptığını söylemişlerdir. Onlardan yaklaşık bir yüzyıl sonra yaşayan İbn Rüşd (Averroes) (1126-1198) lensin değil, fakat retinanın ışıkların algılanıp görüntüye dönüştürülmesinde rol oynadığını söylemiştir. İbn-i Sina, Er Râzî ve İbn Rüşd'den sonra, Andreas Vesallius (1514-1564) (aradan yaklaşık 400-500 yıl geçtikten sonra) lensin değil de, retinanın göz için "*Fotoresepsiyon*" merkezi olduğunu tekrarlamıştır. Ama ne kiazmatik çapraz ve ne de optik liflerin nerede toplandığı hakkında bir şey söylememiştir. (Adıvar 111-116; Bayat 185-190; Hoodbyhoy 157-167; Ülken 285; Finger 71-72).

Johannes Kepler (1571-1630), bilindiği gibi çok önemli bir astronomi

---

* Camera Obscura, karanlık bir odanın veya kutunun duvarına açılan delikten, ışık aracılığı ile dışarıdaki görüntünün, içerideki duvara ters biçimde yansıtılmasıdır. Bu bilginin Sümerler ve eski Çin uygarlığından beri bilindiği söylenir.

bilginidir. Aynı zamanda teorik zeminde gözün imaj değişimini açıklamıştır. Ve aynı zaman diliminde yaşayan rahip Cristoph Scheiner (1575-1650) kornea ve lensin gerisinde imajların meydana gelişini hayvan deneyleri ile kanıtlamaya çalışmıştır. (Glickstein 108).

1600'lü yıllardan sonra, gözün gerisinde, retinada imajların tersine döndüğü görüşü geniş bir kabul görüyordu. Ama bunun nasıl oluştuğu, optik sinirle nasıl bağlantı kurulduğu ve optik sinirlerin beyin içinde nasıl dağıldığı konuları henüz çözümlenemişti.17'nci ve 18'inci yüzyıllar yeni gelişimlerin yolunu açtı. Yenilikleri ilk sağlayanlardan birisi Samuel Thomas von Sömmerring (1755-1830) idi. Sömmerring çok yönlü bir Prusyalı ve Alman anatomistti. Retinada limon sarısı rengindeki "*Macula Lutea*"yı* ilk kez 1791 yılında gördü. Buna "*Limbus Luteus*" adını verdi. Keza burada küçük yuvarlak bir çöküntü de gördü. Ancak bu çukurluğu daha önce bulunan kör leke zannetti. Bu hatası 1830'lu yıllara dek devam etti. Sömmerring gözlemlerini toparlayarak, 1795'de Kraliyet Bilim Derneğinde "*Beklenmedik Keşifler*" adıyla sundu. (Finger 77-78; Glickstein 110-112).

1802'de İngiliz fizikçi ve fizyolog Thomas Young (1773-1829), gözde değişik reseptörler olduğuna değindi. Bu reseptörlerin bağlantıları yoluyla renkli görmenin oluştuğunu öne sürdü. Ona göre 3 tip renk reseptörü vardı. Söyledikleri kanıtlanmış bilgiler değildi, fakat doğruya yakın bir öngörüydü.

Alman Gottfried Reinhold Treviranus (1776-1837) karşılaştırmalı anatomi uzmanıydı. Daha önceki mikroskopistlerin retina konusunda yazdıklarını gözden geçirdi. Kurbağa, yılan gibi hayvanlarda çalışarak onların göz anatomilerini inceledi. Yaklaşık olarak ve ad vermeden retinada "*Rod*"ları (Çubuk reseptörler) tanımladı. Hemen arkasından gelen diğer Alman yazarlar retina tabakalarını daha iyi ayırt ettiler ve retinal ganglion hücrelerinden optik sinirin devam ettiğini gördüler. 1852'de anatomist ve psikolog olan İsviçreli Rudolph Albert von Kölliker (1817-1905) retinada 2 farklı sinir ucu tanımladı. Bunlar

* Retina adı Latincede ağ anlamına gelen Retus kelimesinden türetilmiştir. Retinadan çıkmakta olan sinir liflerinin çıkış noktasında görme reseptörleri bulunmaz. Buraya "Kör Nokta" denir. "Sarı Nokta" veya "Fovea", görme reseptörlerinin çok yoğun oldukları yerdir. (Makula Lutea).

"*Çubuk*" ve "*Koni*"lerdi ve kuşkusuz bu çok önemli bir keşifti. Bundan 5 yıl sonra Alman oftalmolog Heinrich Müller* (1820-1864) de aynı bulgulara ulaştı, Rod pigmenti "*Rhodopsin*"i ve retinada glial hücrelerin varlığını keşfetti. Görmenin retinanın gerisinde olan fotoreseptörlerden başladığını doğru bir şekilde saptadı. (Werner et al 64-90).

Alman Anatomist Ord. Prof. Max Schultze (1825-1874), ilk kez 2 adet retinal reseptör olduğunu keşfedenler arasındadır. Rod ve Kon'ları (Çubuk ve koniler) ayrıntılı olarak tanımlamıştır. 2 farklı reseptörün farklı işlevleri olduğunu anlamıştır. Rodların renksiz gece görme ile ilgili olduğunu, oysa Konların gün ışığında vizyonu sağladığını vurgulamıştır. Buna göre rodlar, yani çubuklar görmenin daha ilkel olan organlarıydı, konlar ise daha gelişmiş ve farklılaşmış olan reseptörlerdi. Schultze konların retinanın merkezi ve yakınında yoğun olduklarını, rodların ise çoğunlukla retinanın çevre bölgelerinde olduklarını da belirtmiştir. (Finger 79-80).

Alman fizyolog Hermann Rudolph Aubert (1826-1892) bu arada 1865'de yazdığı bir kitapta renk ayırımı ve görme keskinliğinin retinanın merkezinden perifere doğru giderek azaldığını belirtmişti. Her 2 araştırıcının bulguları çakışıyordu. Buna göre Schultze, konların renkli görme ve yersel görmede yüksek bir resolüsyon sağladığı sonucuna vardı. Böylece 1890'larda insanda gece görmenin renksiz olduğu ve gündüzleri renkli ve ayrıntılı görme olduğuna ilişkin "*Duplicity Teorisi*" ortaya çıktı. Bu sıralarda reseptörler içindeki Rhodopsin'in görmedeki rolü tartışılıyordu. 1876'da Alman fizyolog Franz Christian Boll (1849-1879) rodlardaki Rhodopsin'i† keşfetmiş *(Yukarıda Alman oftalmolog Müller'in Rhodopsin'i keşfettiğini yazmıştık, belki Boll ondan habersizdi)*, ve Alman kimyacı olan Wilhelm Kühne (1837-1900) bu konudaki bilgileri genişletmiştir. Hatta yöntemini bir idam hükümlüsünün üzerinde çalıştığı söylenir. Rhodopsin "*Fovea Centralis*"te bulunmuyordu. Çünkü burası konilerle doluydu. Kühne daha sonra balık retinasında 2'nci bir fotopigment keşfetti. Buna "*Porphyropsin*" adı verildi (Finger 75-80).

---

* Yaklaşık bir yüzyıl sonra Almanya'da Faşist Nazi rejimindeki bir Gestapo yöneticisinin de adı Heinrich Müller (1900-1945)'dir. Bu iki kişi birbiri ile karıştırmamalıdır.

† Rhodopsin bir proteindir. Rodların dış segmentlerinde bulunur. Karanlık ortamda Monokromatik görmeyi sağlar.

İspanyol histopatolog ve sinirbilimci Santiago Ramón y Cajal (1852-1934) vertebralılarda Golgi'nin gümüş emdirme boyasını hem retina ve hem de beyinde kullanmıştı. Cajal retina üzerine 1892'de bir monograf yazdı. Reseptör ile nöral hücreler arasında şöyle bir bağlantı sırası olduğunu ileri sürdü: Reseptörler, iç çekirdek tabakada horizontal, bipolar ve Amacrine hücreler ve sonra ganglion hücreleri ve onların aksonları. Ganglion hücreleri ve aksonlarının optik siniri yaptığı böylece kesinleşmişti. Cajal'ın bu histolojik tanımlaması esas itibarile hep bu şekilde kabul edilmiştir. (Glickstein 110-112; Finger 79-80).

Optik Sinirden Beyin Loblarına Ulaşım

Optik sinir gözün retina tabakasında "*Kör Nokta*"dan gözü terkeder. Her bir optik sinirde görme sinyallerini taşıyan 1.200.000 sinir lifi veya akson bulunur, optik sinir gözden gelen sinir impulslarını önce, ön kafa çukurunda orta hatta bulunan "*Optik kiazma*"ya yollar, buradan sonra Talamus'da "*Corpus Geniculatum Laterale*" ile (CGL veya GLN) bağlantı kurulur, ve sonra da "*Oksipital Korteks*"e ulaşır. Diğer bazı bölgelere de yayılır. Zaman içinde bu bilgilere nasıl ulaşıldığını görmeye çalışalım.İlginç olarak optik kiazmada sinir liflerinin nasıl organize olduğuna dair bilgilerin İngiliz fizik ve matematikçi Isaac Newton (1643-1727)'dan geldiği kabul edilir. Oysa Newton bu konuda herhangi bir deney yapmadığı gibi, ona ait herhangi bir makale veya yazı da yoktur. Ama sonraki İngiliz tarihçiler bunu ısrarla vurgulamışlardır. Optik Kiazma anatomisi ile ilgili bilgiler, insanda hastalık durumlarındaki gözlemlerle başlamıştır. İnsanda "*Homonim Hemianopsi*"*yi ilk kez İtalyan Anatomi Profesörü Giovanni Battista Morgagni (1682-1771), 1719'da detaylı olarak bildirdi. Bunun tek yanlı beyin lezyonunda olduğunu ifade etti. 4 yıl sonra bunun kiazmada optik liflerin kısmî çaprazı sonucu oluştuğunu ekledi.

İngiliz fizik ve kimyacısı olan William Hyde Wollaston (1766-1828) kendi yaşadığı "*Parsiyel Körlüğü*" anlatmış ve her bir optik sinire ait liflerin kiazma'da parsiyel olarak çapraz yaptığını yazmıştı. Ancak onun bu hemianopsi atakları geçiciydi. Sonradan kendisinde beyin tümö-

* Her iki gözün aynı yarım görme alanındaki görme yitimine bu ad verilir. En çok tek taraflı hemisfer lezyonunda, lezyonun karşı tarafındaki yarı görme alanında ortaya çıkar.

rü bulunmuştu. (Finger 81-83; Glickstein 119-125). 1880'lerde Henry Charlton Bastian (1837-1915) nörolog ve fizyolog olarak Londra'da çalışırken optik sinir liflerinin kiazmada çapraz yaptığını kabul etmiş ve bunun alt vertebralılarda da olduğunu vurgulamıştı. Bundan birkaç yıl sonra Alman anatomist ve Psikiyatrist Bernhard von Gudden (1824-1886), insan beyninde çok dikkatli bir diseksiyon yapmış ve optik kiazmada çapraz yapan sinir liflerini ve buna ait anatomik örneği tüm ayrıntıları ile göstermiştir. İngiltere'den nörolog William Richard Gowers (1845-1915) 1880'li yılların sonunda çıkan nöroloji kitabında bugünkü bilgilerimizi net bir şekilde aktarmıştır. Çapraz ve ötesine ait bozukluklarda ortaya çıkan görme alanı defekti için "*HomonimHemianopsi*" veya "*Lateral Hemianopsi*" terimini kullanmıştır. (Glickstein 120-126; Finger 81-83).

Kiazmadan sonra çapraz yapan ve yapmayan liflerin uğradığı önemli bir durak da talamusun küçük bir bölgesi olan "*Lateral Genikulat Nukleus*"tur (LGN). 1724'de İtalyan anatomist Giovanni Santorini (1681-1737) LGN'u anatomik olarak tanımlamış ve bu bölgenin görmenin merkezi olduğunu söylemiştir. (Wickens 233). Bu görüş genel olarak kabul edilmese de, LGN'un görmenin bir ara durağı olduğu görüşü kabul edilmiştir. LGN'un yapısının ayrıntılı olarak bilinmesi, ancak 20'nci yüzyılda mümkün olabilmiştir. Bununla beraber araya çesitli düşünce ve katkılar da girmiştir. Örneğin Alman frenologist Joseph Gall (1758-1828) ve Johann Spurzheim (1776-1832) teorisyen olmaları yanı sıra anatomist idiler. 1809'da LGN ve Superior Kollikulus'un orta beyinde atrofiye olduğunu gördüler. Bu durum hastada optik sinir harabiyeti sonucu meydana gelmişti. Bu gözlem onları LGN ve Kollikulus superior'ungörme için önemlibeyin sapı çekirdekleri olduğu sonucuna götürdü. Alman-Avusturyalı psikiyatrist Theodor Meynert (1833-1892) ve Alman anatomist Jacob Henle (1809-1885) de bu konuyla ilgilendiler. Meynert 1870'de LGN'un optik sinir sonlanmasındaki 3 lokustan biri olduğunu öne sürdü. Diğer bağlantılar Medial Geniculat Nucleus (MGN) ve Pulvinar (Talamus'da bulunur) idi. Her birinin kortekse projeksiyon yolladıklarını düşünüyordu. (Finger 83-85).

Her iki optik yollardan gelen liflerin LGN'a gelip birleştiğini Mieczyslaw Minkowski (1884-1972) keşfetti. Kendisi Polonya'da

Varşova'da doğup büyümüş ve burada tıp eğitimi görmüştü. Daha sonra İsviçre'de Zürih Üniversitesinde çalışarak araştırmalar yaptı. (Karbowski 820-821). LGN ile olan çalışmasının ayrıntılarını 1912'de bildirdi.

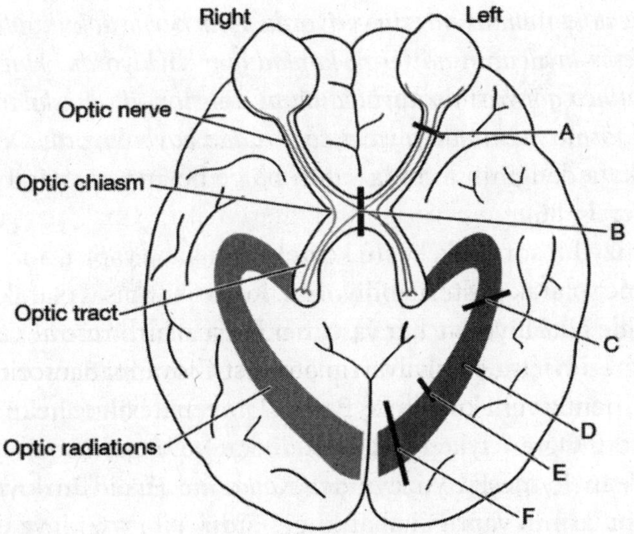

Resim 20.1. Görme yolları şematik anatomisi. Optik sinir lifleri kiyazmada çapraz yaparak her iki oksipital kortekse ulaşıyor. (A: Optik sinir, B: Kiazma, C: Korpus Genicuatum Laterale (LGN) civarı, D: Optik Radyasyon, F: Oksipital Görme korteksi). (Adams A.C., Essential Neurology-Mayo Clinic Scientific Press and Informa Health Care, USA, 2008.)

1920'ler ve 1930'lardaki anatomistler, retinadan LGN'a ve LGN'dan görme korteksine sıralı bir projeksiyon sistemi olduğunu buldular. Bir görsel alanda birbirine yakın 2 nokta, LGN ve serebral kortekste aynı şekilde temsil ediliyordu. Bu bulgu binoküler görme ve 3-boyutlu görmeyi anlamada önemli bir gelişme idi. (Glickstein 126).

Görme ve Oksipital Lob

Görmenin oksipital lobta oluştuğu konusu 18'inci yüzyılda henüz tam olarak anlaşılmış değildi. Konuya, ünlü Hollandalı hekim Hermann

Boerhaave (1668-1738), görmede serebral korteksin muhtemel rolünü anlatmak için, Paris'te sokakta gördüğü bir olayı şöyle hikaye etmişti: "*Sokakta bir dilenci görmüştü. Dilencinin kafatasının arka kısmının kemikleri bir nedenle alınmıştı ve o bölümde en dışta olan beyin açıktı, dışardan beynin en dış zarı olan duramater görülüyordu. Adam para kazanmaya çalışıyordu ve hatta kendisine bir madeni para verildiğinde, açıkta olan beynine dokunulmasına izin veriyordu. Açık beyne dokunulduğunda, dilenci binlerce kıvılcımın gözlerini kapladığını söylüyordu. Hatta biraz daha bastırılınca görmesinin kaybolduğunu belirtiyordu. Baskılar kalkınca subjektif görme yakınmaları yavaşça ortadan kayboluyordu.*"Ve dilencinin açık kafa deliğinin altında yatan bölge beynin oksipital korteksiydi. (Finger 85-86).

18'inci yüzyılın sonunda beyin korteksinin kaba yapısı, anatomi kitaplarında net olarak gösterilebiliyordu. Korteks yapısal olarak homojen bir şekilde görülüyor ve her yanı, her bölgesi birbirine benziyordu. Böyle bir öğretim içinde İtalya'da tıp öğrencisi olan Francesco Gennari (1750-1797), henüz yeni kurulmuş Parma Üniversitesinde hekim olmaya çalışıyordu. Öğrenciyken başlayan dikkat ve merakı sonucu, oksipital korteksin iç/mesial yüzeyinde "*Kalkarine Fissur*"ün kıyılarında sinir lifi bandlarının yaptığı kabarıklığı gördü. Yıl 1776 idi ve Gennari o sıralarda ya öğrenciydi, ya da henüzhekim olmuştu. O yıl bu bulgularını monograf şeklinde yazdı, fakat kitabını ancak 6 yıl sonra 1782'de bastırabildi. Bu kitap "*De peculiari structura cerebri*" adıyla ve çok az sayıda basılmıştı. Onun bulgularını, kendisinden sonra bile çok az bilen ve tanıyan olmuştu. Oysa oksipital korteksin hem anatomik ve hem de işlevsel olarak yapısını ve organizasyonunu ilk bilen ve aslında bu yolu açan ilk kişiydi. (Glickstein & Rizolatti 464-467; Glickstein 126-127).

Fakat birkaç yıl sonra daha çok bilinen ve ünlü olan Fransız anatomist Félix Vicq-d'Azyr (1748-1794) de aynı kortikal bandlar veya şeritlerden söz edince, bunları Vicq-d'Azyr'inkeşfettiği söylenir oldu. O zaman diliminde artık Gennari'den söz eden yoktu. Adı silinmiş gibiydi. Fakat 1888'de aradan bir yüzyıl geçtikten sonra Avusturyalı anatomist ve nörolog Heinrich Obersteiner (1847-1922) Gennari'nin 100 yıl önceki kitabını buldu ve Gennari'ye ilk olma hakkını tanıdı.Hatta Kalkarin kortekste bulduğu şeritlere (bandlar) "*The Stripeof Gennari*" adını verdi.* (Glickstein 126-127

İtalyan anatomist Bartolomeo Panizza (1785-1867), görmenin oksipital kortekste oluştuğunu söyleyen ilk hekim olmuştur. Pavia'da çalışırken hem köpek beyinleri ve hem de insan otopsi çalışmalarına yoğunlaşmıştır. Talamusun arka kısmından çıkan görme yollarının oksipital kortekse ulaştığını kitabında belirtmiştir. Hatta oksipital korteks lezyonlarında insanda körlük meydana gelebileceğini öne sürmüştür.1850'lerde çalıştığı halde Panizza'nın çalışmaları uzun süre unutulmuş veya ihmal edilmiştir. Bu gecikmede birtakım çevresel etmenlerin rolü olmalıdır:

1. Çalışmasını çok lokalize ve dışa açılımı olmayan bir dergide yayınlamıştı.
2. O zamana dek kendisi çok tanınan biri değildi.
3. Çalışmasını İtalyanca yazmıştı, oysa geçerli diller İngilizce, Almanca, veya Fransızcaydı. Panizza'yı ilk kez gören ve okuyan Alman fizyolog Hermann Munk oldu ve 1880'lerde Panizza'yı ilk alıntılayan bilim adamı olarak, onu bilim dünyasına tanıttı.
4. 1850'li yıllarda görsel fonksiyon merkezini, serebral korteksin küçük bir parçasına lokalize etmek çok saçma görülebiliyordu. (Finger 85-86;Wickens 233)

Bununla beraber Fransa'da zoolog, anatomist ve antropolog Louis Pierre Gratiolet (1815-1865) de aynı zaman dilimlerinde oksipital korteks üzerinde durmuştu. Optik sinir liflerinin Talamusa (LGN'ye) gittiğini, görsel sinir liflerinin oradan da Parieto-Oksipital bölgeye doğru yayıldığını söylemişti. Oksipital korteksin önemine vurgu yapmıştı. Theodor Meynert'in 1870'deki, özellikle oksipital loba ilişkin dikkat çekici bulguları, Gratiolet'in görüşlerini destekliyordu, onun bulgula-

---

* "Gennari'nin garip ve zor bir kişiliği vardı. Birtakım sorunlarla sık sık karşılaşıyordu. Hatta bir kez de hapis yattı. Beyin araştırmaları için Parma Dükünden destek istedi. Parma dükü kendisini reddetmedi ama araştırmalarına devam etsin diye 100 Liret aylık verdi. Bu, o zamanlar için çok düşük bir paraydı.(Glickstein & Rizolatti 464-467; Glickstein 126-127)

rını kabul ediyordu. Meynert ayrıca oksipital lobun iç yüzünde bulunan (*Calcarine*) Kalkarin Korteksi görme ile ilgili bir alan olarak gördü. Ancak Meynert temporal lobun da tümüyle vizyon ile ilgili olduğunu kabul ediyordu. (Finger 85-86)

19'uncu yüzyılın son çeyreği ve 20'nci yüzyılda oksipital korteksin anatomisi yanısıra, işlevleri üzerine de çok ileri gelişmeler meydana geldi. Önce doğruluğu tartışılan bir yorum, ünlü ve saygın İngiliz bilimci David Ferrier (1843-1928)'den geldi. Maymunda posterior parietal kortekste yer alan Anguler Girusu elektrik akımı ile uyardığında, maymunların gözlerinin karşı tarafa doğru yönlendiğini gördü, oksipital lobu uyardığında hiç bir göz hareketi olmuyordu. Tek yanlı olarak Anguler girusu tahrip ettikten sonra karşı görme alanında körlük olduğunu saptadı. Oksipital lobun büyük bir bölümünü çıkarttığında dikkati çekecek bir görme yitimi olmadığını da ekledi. Bunun üzerine büyük bir hata yaptı ve görmenin oksipital lobta değil, fakat Anguler girusta lokalize olduğunu söyledi. (Finger 86-87; Wickens 233-234).)

Berlin'de fizyoloji profesörü olan Hermann Munk (1839-1912), ilk kez deneysel çalışmalar yolu ile görmenin merkezinin oksipital korteks olduğunu 1878'de öngördü. Ferrier bunu kuşku ile karşıladı ve

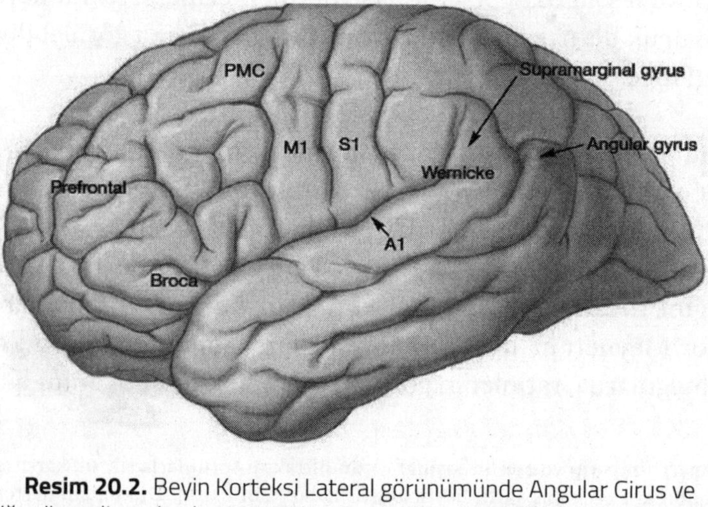

Resim 20.2. Beyin Korteksi Lateral görünümünde Angular Girus ve diğer önemli merkezler. M1: Motor Sentral Pre Rolandik, S1: Duysal Senral Post Rolandık Giruslar, A1: Üst Temporal İşitme Merkezi. Angular Girus arkasında Oksipital Korteks uzanmaktadır.

hemen itiraz etti. Ama Munk çalışmalarına devam etti, deney yaptığı köpek ve maymunları 5 yıl süre ile canlı tuttu ve uzun süre yakından izledi. Oksipital korteksin arka kısmı tahrip edildiğinde köpeklerin daha önce tanıdığı objeleri tanımadığını gözlemledi. Bu duruma "*Psişik Körlük*" adını verdi. Bu oksipital korteks depolarındaki bir bellek yitimi ile ilgiliydi. Ancak bu klinik durum 4-6 hafta sonunda düzeliyordu. Oksipital kortekste çok daha geniş lezyon yaratınca gerçek "*Kortikal Körlük*" ortaya çıkıyordu. Tek bir oksipital lobu ortadan kaldırınca maymunda hemianopsi saptanıyordu, yani her 2 gözün birer yarısında görme kaybı oluyordu. Her 2 oksipital lobu ortadan kaldırınca da tam bir körlük meydana geliyordu. Munk'un bu keşifleri, bilim insanları arasında, konuya büyük bir ilgi alanı açmış oldu. Munk böylece, görme işlevini oksipital kortekse oturtmuştu. Anguler girusun primer olarak görme ile ilgili olmadığını söyledi. (Glickstein 130-131; Finger 87-89; Wickens 233-234)

İngiliz bilim adamı Edward Albert Schäfer (1850-1935) Londra Üniversite Kolejinde çalışıyor ve maymunda görme deneyleri yapıyordu. Munk'un bulgularını destekleyen sonuçlar aldı. Görmenin oksipital kortekste olduğunu söyledi. Fakat vatandaşı Ferrier yine itiraz etti. Bu kez Schäfer'i eleştirdi ve deneylerinin total süresini kısa tuttuğunu öne sürdü. Schäfer de Ferrier'in ablasyon deneylerinin yarı tam olduğunu ve geride kalan küçük oksipital alanların körlüğü engellediğini sorguladı. Bu nedenle Ferrier'in oksipital korteksin görme ile ilgili olmadığı şeklindeki hatasını tekrar vurgulamış oldu. (Hermann Munks'la Ferrier'in arasında geçen tartışmaların ayrıntıları için bkz: 19.Yüzyıl-IV)

Paul Emil Flechsig (1847-1929), Almanya-Leipzig'de psikiyatri profesörü olarak beynin farklı bölgelerinde aksonal myelinizasyon sırasına göre yapıların filogenetik sıralaması üzerinde çalışıyordu. Önce beynin mezial (iç) bölümünde bulunan, kalkarin kortekse gelen sinir liflerininmyelinize olduğunu ve oksipital lobun üst ve arka kısmına gelen görme liflerinin deyaklaşık aynı zamanda myelinize olduğunu, fakat"*Area Striata*" denen bölgeden daha öne, çok daha geniş bölgelereyayılan sinir liflerinin ise posterior kortekste en geç myelinizasyona ulaştıklarını belirtti. Bu nedenlerle bu "*Peristriatal*" bölgelerin yüksek derecede görsel işlevlerle ilgili olduklarına inandı. (Finger 90).

1900'ün ilk yıllarından itibaren oksipital lob ve görme işlevi üzerine bilgiler giderek artmaya başladı. 1890'larda İsveçli nörolog Salomon Henschen (1847-1930), stroke (İnme) sonucu hemianopsi gösteren bir grup hastanın klinik ve postmortem çalışmalarını yaptı. Oksipital lobun hemisferik iç yüzünde bulunan kalkarin korteksin görmedeki önemini ortaya çıkardı. Retinadaki görme alanı temsiliyeti ile görsel korteksin uyumluluğuna vurgu yaptı ve hatta "*Kortikal Retina*" kavramını kullandı. Ancak bir hata yaptı. İnsandaki foveal bölgeyi, oksipital lobda öne ve retina periferini ise kalkarin korteks gerisindeki bölgeye yerleştirdi. (Finger 91; Glickstein 30-31).

Henschen'in hatası bir dereceye kadar kabul edilebilirdi, çünkü beyin inmesi olgularında ortaya çıkan harabiyet beklendiğinden daha geniş idi. Daha kesin yersel haritalama için, sınırları daha belirli lezyonlar yapan kurşun yaralanma olguları kullanılabilirdi. Nitekim, bunun gibi, daha küçük "*Striate*" korteks lezyonlarında, parsiyel görme alanı defekti olabilirdi. Savaş zamanlarında bu kabil lezyonlar daha çok görülüyordu. Bu konuyu Japon Oftalmolog Tatsuji Inouye (1881-1976) halletti.

Dr. Inouye Rus-Japon Savaşı sırasında (1904-1905) Japon ordusunda hekimlik yapıyordu. Rusların yeni geliştirdikleri bir tüfek, hızlı giden ve daha küçük kalibreli kurşun atıyordu. Bu kurşunlar beyinde daha küçük ve sınırlı lezyon meydana getiriyordu. İnouye kendi geliştirdiği bir teknik ile beyne gelen kurşun yaralanmalarında harabiyetin sınırlarını ölçebiliyordu. Özellikle bunu "*Primer Visuel Korteks*" ve "*Optik Radyasyon*" yaralanmalarında kullandı. Yaralı askerlerde görme alanı defektini çalışarak, oksipital kortekste görme alanının temsiliyetini harita şeklinde gösterdi. Teknolojik görüntü olarak oksipital korteksi tamamen düzleştirebiliyordu. Bu şekilde görsel alanların, kortikal yüzeyde nasıl temsil edildiğini gösterdi. Sentral görme (foveal görme) kortekste periferik görme alanından daha çok yer kaplıyordu. Sentral alanlar "*Striate Korteks*"in en kaudal kısmında bulunuyordu. Periferik görme alanı daha ön bölgelerdeydi.

Daha sonra İngiliz-İrlandalı Nörolog Gordon Holmes (1876-1965) 1'inci Dünya Savaşı askerlerinde görme alan defektlerini inceledi. Striate korteks üzerinde, görme alanının temsiliyetini daha kesin, ayrıntılı bir harita şeklinde ortaya koydu. (Glickstein 131-133)

Dünya savaşında yaralanmış erlerde, Alman beyin cerrahı Ottfried Foerster 1873-1941) bu kez kortikal elektrik uyarımlarla, tüm beyin korteksi ve bu arada oksipital korteksi inceledi. Oksipital korteksin en arka ucunu uyarttığında ışık duyumu ortaya çıkıyordu. Bu parlak ışıklar görme merkezinde beliriyordu. Kalkarin korteksin üst dudağı üzerinden yapılan uyarımlarda, karşı görme alanının alt kısmında parlak ışıklar (*Fosfen*) ortaya çıkıyordu. Foerster'in çalışmalarını 20 yıl sonra Wilder Penfield (1891-1976)'in çalışmaları izledi. Bu beyin uyarımı çalışmaları daha önce Inouye ve Holmes'in görsel alan temsiliyetini doğruladı. (Glickstein 133-137).

1950'lerde tek tek nöronların bireysel aktivitelerini kaydeden (Single Unit Recording=Tek ünite kayıtlaması) denen yeni bir teknik geliştirilmişti. Beyin korteksinde hızla ve yaygın olarak kullanılmaya başlanmıştı. Kanadalı nörofizyolog David Hubel (1926-2013) ve İsveçli nörofizyolog Torsten Wiesel (1924-) önce John Hopkins ve sonra Harvard Üniversitelerinde birlikte 25 yıl çalıştılar ve bu yöntem ile kortikal görme yanıtlarını hücresel düzeylerde inceleyerek, bilim dünyasına bu konuda çok yeni bilgiler kattılar. Görsel imajlara göre oksipital korteks hücrelerini 2 gruba ayırdılar: Basit ve kompleks hücreler. Basit bir görsel uyarıdan, daha kompleks görsel temsiliyetlere nasıl geçildiğini gösterdiler. "*Oküler dominans*" kavramını getirdiler. Deneysel olarak bir kedi yavrusunun bir gözünü bertaraf ettikten sonra, kısacası oradan gelecek imajlar iptal edildikten sonra, diğer gözden gelen imajları alan hücre gruplarının, bu kez görmesi kesilmiş gözden de gelebilecek imajları veya impusları da, sağlam yandaki hücre grublarının topladığını gördüler. Buna göre Oküler Dominansın geri döndürülemez olduğu sonucuna vardılar. Oküler dominansı çocuklukta gelişen bir fenomen olarak yorumladılar. Bu durum özellikle kortikal plastisite bakımından önem taşıyordu. Her iki araştırıcı 1981 yılında Nobel Ödülünü birlikte kazandılar. David H.Hubel (1926-2013) 87 yaşında öldü. Buna karşılık Torsten Nils Wiesel* 1924'de doğmuştu, bu

* Torsten Wiesel'in sosyal olarak çok aktif bir insan olduğu anlaşılıyor. Tüm dünyadaki insan hakları konusunda çok çalışmıştır. 10 yıl süre ile ABD'de Bilim Akademilerinin insan hakları komitesinde başkan olarak çalışmıştır. (1994-2004 arası). İsrail ile Filistin arasındaki bilimsel organizasyon ve insan hakları üzerinde de çalıştı. Her 2

kitabı hazırladığım sıralarda hâlâ yaşıyordu ve 97 yaşında olduğu söyleniyordu. (Glickstein 139-140).

KAYNAKLAR

Finger S.: Origins ofNeuroscience. A history of explanations into brain function Oxford University Press. NewYork.1994.

Bayat AH.: Tıp Tarihi. S. 240. Zeytinburnu Belediyesi Kültür Yayınları. 3. Basım. İstanbul 2016.

Glickstein M.: Neurosience; a historical introduction. The Mit Press-Cambridge, Massachusetts, London. England (First Mitpress paperback edition).2017.

Daneshfard B. et al.: "The original ofportrayal of the modern theory ofvision ".J. Medical Biography, 24 (2),2004.

Fara P.: Bilim. Dörtbin yıllık bir tarih. Metis yayınları. İstanbul. 2012

Sezgin F.: İslamda Bilim ve Teknik. Tüba Yayınları, 3. basım. Ankara. 2015

Adıvar AA.: Tarih boyunca ilim ve din. 2. basım. Remzi kitabevi. İstanbul. 1969

Hoodbhoy P.: İslam ve bilim (Bağnazlığa karşı akılcılığın savaşımı). Cep kitapları. İstanbul 1992.

Ülken HZ.: Eski Yunan'dan çağdaş düşünceye doğru İslam felsefesi.Kaynaklar ve etkileri. Cem yayınları. İstanbul. 1967.

Werner JS, Gorczynska I, Spillmann L.:Heinrich Muller (1820-1864) and the entoptic discovery of the site in the retina where vision is initiated. J.History of the Neurosciences 31, (1),64-90,2022.

KarbowskiK.: Mieczyslaw Minkowski (1884-1972). J. Neurol. 248,820-821, 2001.

Glickstein M & Rizolatti G.: Francesko Gennari and the structure of theCerebralCortex. Trends in Neurosciences, 7,464-467,1984.

Wickens AP.:A History of the Brain –From stone age surgery to modernNeuroscience. Psychology Press. Taylor and Francis group. London and NewYork. 2015.

---

topluluktaki bilim adamları arasında iyi ilişkiler kurulmasında destekleyici oldu. 2001 yılında ABD'de bilimsel programları hükümet adına yürüten National Instute of Health (NIH), 2001 yılında gelişmekte olan ülkelere yardımcı olacak önemli kişileri danışman olarak seçiyordu, bunlar arasında o zaman çok ünlü olan Torsten Wiesel de vardı. Fakat ABD'de yönetimini yeni ele almış olan George W.Bush aracılığı ile Wiesel'in danışmanlığı reddedildi. Beyaz saray sözcüsü ve sağlık işleri sekreterliğine göre NIH'a bu konuda aday gösterilenlerin çoğunun önemsiz ve derinliği olmayan kişiler olduğu ve bilimsel kredilerinin olmadığı gibi bir rapor hazırlanmıştı. Bu rapor basının eline geçti. Wiesel 1981'de Nobel ödülünü almıştı, fakat bir bilimsel kredisi olmamakla suçlanıyordu. Meğer Wiesel'in NewYork Times gazetesinde Bush'un politikalarını eleştiren birçok yazıya destek imzası koyduğu jurnallenmişti ve zatan uluslararası barışçıl kişiliği iktidar için rahatsız ediciydi.

21

İşitme: Çok Tartışılmış Bir Konu

Hepimiz sesler dünyasında yaşıyoruz. Yakından veya radio, telefon, TV aracılığı ile daha uzaktan gelen sesleri işitiyoruz. Konuşma yolu ile de ilişkiler ve iletişimler başlıyor. Konuşarak öğreniyor ve/veya öğretiyoruz. İşitme deneyimleri yolu ile müzik parçalarını ayırt edebiliyoruz. Böylece işitme işlevi aracılığı ile becerilerimizi geliştirme olanağı buluyoruz. Sesler ve işitme, insanların yaşamını sürdürebilmesi için çok önemli bir biyolojik araç olan işitme organımız sayesinde oluşmaktadır. Bu kadar önemli bir biyolojik sistem yaşamımız içinde devam edegelmesine rağmen, bu sistemin tam olarak anlaşılabilmesi için 20-21'inci yüzyılları beklemek gerekmiştir. Yazılı tarihten beri ses, kulakların anatomisi ve sesin algılanması konusunda çok değişik fikirler öne sürülmüş ve çok farklı tartışmalar ortaya çıkmıştır. Burada bunların bir özeti verilecektir.Önce çok kısa olarak bu konudaki şimdiki bilgilerimizin bir özetini vermeyi uygun bulduk.

İşitmenin gerçekleşebilmesi için öncelikle ses uyaranının olması, kulağa ulaşması, işitme yolundan geçmesi ve beyinde işitme merkezine ulaşarak algılanması gerekir. Kulak, dış, orta ve iç kulak olarak 3 kısma ayrılır. Dış kulak ses dalgalarını orta kulağa iletir. Dış kulak yolunun sonunda bulunan kulak zarında, havadan gelen ses dalgaları, artan ve azalan basınç etkisi sonucu bir vibrasyon yaratır. Bu vibrasyonlar orta kulağa taşınır. Burada birbirleri ile bağlantılı 3 küçük kemikcik üzerinden vibrasyon iç kulağa taşınır. Bu kemiklere, çekiç

(Malleus), örs (İnkus) ve üzengi (Stapes) adları verilmiştir. Stapes kemiğinin vibrasyonu ile iç kulakta işitmenin temel organı olan Koklea (Cochlea) ulaşır. İç kulaktaki reseptör yapıları (*Corti Organı*) ve orada bulunan sinir uçlarından nöronal sinyaller başlatılır. Böylece, dış ve orta kulak sesin lokalizasyonu ve sesin arttırılması ile ilgili iken, iç kulak mekanik sistemden elektrik sisteme geçişi sağlamış olur. İşitme sinyalleri işitme siniri üzerinden beyin sapı çekirdeklerine ulaşır. Oradan sinyallerin karışık nöronal yolları izleyerek, beyin korteksine ulaşmasıyla ses algılanır (Kandel et al 590-624; Erzurumlu et al 336-337; Glickstein 143; Benarroch 374-380).

Temporal kemikte oturan işitme apareyi içindeki yapılar ve işlevleri çok karışıktır. Aynı şekilde işitmeye ait beyin içi yollar ve sesin algılanması da bir o kadar zahmetli olduğu için, konuya böyle çok kısa bir özetle girmek istedik. İşitmenin tarihsel gelişiminde zaman zaman ek bilgilere de kısaca değinilecektir.

Antik Çağ'dan 20'nci Yüzyıla Doğru Adım Adım Bilgiler Artıyor

Krotonlu Alcmaeon (M.Ö. 510-440) işitme konusunda çok basit düşünür, kulak boşluğuna çarpan seslerin "*Ruh*"a ulaşması ile ilgilidir, der. (Ruh ile muhtemelen beyin gibi bir organı düşündüğü söylenebilir). Antik Yunan'dan günümüze bu konuda en iyi düşünenlerden biri olarak Empedokles (M.Ö. 495-435) işitme olayında dış kulak yolu ve sonraki orta kulağın işitme ile ilgili olabileceği konusunda öngörülerini belirtmiştir. "*Hareket halindeki hava, kulağımızdaki iç havayı devindirerek sesi algılarız*" demiştir. Platon (Eflatun) (M.Ö. 428-348) ilk kez bir gürültünün kulaktan hava yolu ile kafaya geçtiğini, sesin orada başladıktan sonra karaciğer bölgesinde sonlandığını (!!!) yazmıştır.

M.S. ilk yüzyıldan önce yaşayan Romalı Celsus'un (M.Ö. 25-M.S. 50) dış kulak deliği, orta kulak ve iç kulağı tanımladığı yazılır. Tabii ki bu tanımlama o zamanın bilgileri ne kadarsa, ona göre yazılmış olsa gerektir. Galenus'un (M.S. 129-216) bu konudaki bilgileri ilginçtir. Ona göre dış kulak kepçesi bir süstür. Hayvan otopsilerinden edindiği bilgilere göre, işitme siniri ve fasiyal siniri anatomik olarak tanımlamıştı. M.S. ilk yüzyılda yaşayan Romalı mimar Vitruvius sesler için bir dalga kuramı ortaya atmıştır. Suyun üzerinde meydana gelen küçük dalgacıklara benzetilerek, havadaki sesin de böyle dalgacıklar halinde kulağa iletildiğini öne sürmüştür. Vitruvius'tan sonra yaşayan, müzik ve sanatla ilgilenen Anicius Boethius (480-524), onun dalga kuramını ciddiye aldı. Seslerin dalga şeklinde yansıdığını söyledi. Antik Roma'da sağırlık halinde, işitmeye yardım için, kulak trompeti denen bir boru kullanılıyordu. Borunun şekli trompete benziyordu. Bir ucu inceydi ve kulak deliğine yerleştiriliyordu, dıştaki ucu giderek genişliyordu. (Finger 108-109).

Rönesans döneminde ayakları daha fazla yere basan, yeni bilgiler ortaya çıktı. İtalya'da hekim ve yazar Jacopo Berengario da Carpi (1460-1530) 1514'de ilk kez orta kulakta varolan çekiç ve örs kemikciklerini tanımladı. Bu konuyu 1536'da İtalyan anatomist Niccolo Massa (1489-1569) devam ettirdi ve orta kulaktaki bu kemikciklerin hareketli olduklarını, timpanik zar ile bağlantılı olduklarını ve birlikte devinim yaptıklarını söyledi. Bu arada Padua'dan Andreas Vesalius (1514-1564) ilk kez çekiç ve örs kemiklerinin çizimini yaptı (veya yaptırdı). Bunların timpanik zarla olan ilişkisini doğru bir şekilde gösterdi. Bu iki kemikciğe bugün de kullanılan adlarını verdi, fakat üzengi (stapes) kemiği ünlü kitabında tanımlanmamıştı. Üzengiyi muhtemelen gözünden kaçırmıştı. Stapes kemiği 1546'dan sonra ilk kez Giovanni Filippo Ingrassia (1510-1580) tarafından tanındı. Ve bu Sicilyalı anatomist ilk kez kemik yolu ile olan iletimi öne sürdü. Padua Üniversitesinin Vesalius'tan sonraki anatomi lideri Gabriele Falloppio (1523-1562) da kulak anatomisine bir hayli katkıda bulundu. Orta kulaktaki 3 küçük kemikciği, bunların artikulasyonlarını, timpanik membranı çok iyi bir şekilde tanımladı. 1561'de iç kulakta, "*Semisirküler kanallar*"ı, "*Vestibulum*"u ve "*Cochlea*"yı (Koklea) birbirindan ayırdı ve iç kulağa ait bazı ayrıntılar verdi. Bu genel period içinde Bartolomeo Eustachi (1500?-1574) 1564'de ve Costanzo Variola, 1591'de orta kulakta bulunan "*Tensor Timpani*" ve "*Stapedius*" kaslarını ayırt ettiler. Daha önce bu küçük kasların gerçek çizgili kaslar olduklarını hiç kimse farketmemişti. Her iki İtalyan da kulak içi kaslarının koruyucu bir etkisi olduğunu telkin ettiler*. Ayrıca

* Bu bağlantı veya dar kanal, orta kulaktaki hava basıncını, dış ortamdaki basınç ile eşitleyerek, kulak zarının hareket etmesini sağlar. Bu arada orta kulaktaki 2 küçük kastan TensorTimpani kasına gelince; orta kulaktaki kemiklere geçen titreşimle beraber çekiç

Eustachi, orta kulak ile nazofarenks arasındaki bağlantıyı tanımladı. Bu boru bugün de onun adı ile anılmaktadır. Ancak anımsatmak gerekirse bu geçit M.Ö. 5'nci yüzyılda Alcmaeon tarafından "*Tuba Auditive*" adıyla orta kulak ve farenks arasındaki bir yapı olarak zaten bildirilmiş ve kayıtlara geçmişti.

Hollandalı Volcher Coiter (Kuyter 1534-1600?) meslek yaşamının çoğunu İtalya'da geçirmiş bir bilim adamıdır. Kendisi işitme organı (*De Auditus Instrumento*) adlı ilk kulak kitabını 1572 yılında yayınladı. Sesin yarattığı vibrasyonların dış kulak ile koklea arasında oluştuğunu yazdı. Sesin dış kulakta toplandığını ve yükseltildiğini ve oradan kulak zarına aktarıldığını ve sonra orta kulaktaki işitme kemikciklerinde titreşimler yaptığını, bunun sonunda kokleanın oval penceresinin hareket ettiğini belirtti. Orta kulakta saf hava olduğu fikrinin yanlış olduğunu, çünkü östaki borusunun her yutma hareketinde açıldığını ve bunun da orta kulağa bilinen dış ortamdaki havanın girmesini sağladığını yazdı. Coiters sonunda çok önemli bir anatomik vurgu yaptı ve sesin iç kulakta toplandığınıve buradan işitme siniri dalları ileana sinire geçtiğinibelirtti. (Finger 109-110; Öncel44-46).

İşitme hakkındaki ilk klinik yazı/text Girolamo Mercuriale (1530-1606) adlı bir hekim tarafından yazılmıştır. Latince "*De oculorum et aurium affectibus praelectiones*" adını taşır. Bu eserde birçok doğal ürünü kulak tedavisi için önermiştir. (Finger 110).

17'nci yüzyıla girmeden hemen önce Girolamo Capivaccio (1523-1589) kemik iletiminin anlamını 1589'da bir test ile açıklamıştır. Sağır olan hastanın dişleri arasına bir çubuk yerleştirmiş, dışarıda kalan ucuna da vibrasyon yapan bir telli müzik aleti bağlamıştır. Eğer sağır kişi sesi işitirse sorun kulak zarı ve kemik iletimindedir. Eğer sesi işitmiyorsa bozukluk kokleadadır, şeklinde yorum yapmıştır.

17'nci yüzyılda Galileo Galilei de (1564-1642), bir ara işitmenin fiziği ile ilgilenmiştir. Galilei kendisinden çok önceleri Vitruvius tara-

kemiğine bağlı olan bu kas kasıldığında, çekiç kemiğini dış kulak zarından uzaklaştırır, böylece kulak zarı gevşer. Timpanik membran daha az titreşir ve çok gürültülü ortamlarda iç kulağa gönderilecek olan sesin şiddeti azaltılır. Böylece iç kulak hasardan korunur. Stapedius kası yüksek desibelli (80 desibel üzeri) seslerde kasılır. Ve bağlı olduğu stapes kemiğini stabil pozisyonda tutarak, kokleaya gelen girdilerin sabit kalmasını sağlar ve kokleayı yüksek seslere karşı korumuş olur. (Erzurumlu et al338) fından öne sürülmüş olan hava iletiminde dalga kuramını yeniden ele almıştır. 1638'de havadan gelen ses dalgalarının yayılarak kulakta timpan zarına kadar geldiğini ve bunu insan aklının ses olarak aldığını söyledi. Galilei'nin çağdaşı olan Kaspar Bauhin (1560-1626) Basel Üniversitesinde anatomist, botanikçi ve hekim olarak çalışıyordu. 1605'de Bauhin kulaktaki çeşitli kavitelerin şekil ve hacim olarak selektif "*Rezonatör*"ler olduğunuöne sürmüştür. Şöyle ki, rölatif olarak geniş olan yerler, derin seslere karşı yanıt vermeye hazırdır. Buna karşı dar kaviteler "*Akute*" seslere yanıt verir (Tiz sesler anlamına). Bauhin'in bu teorisi sonradan "*Resonans kuramı*" olarakadlandırılmıştır. Ancak bu kuram seslerin algılanmasını açıklamada yeterli olmamıştır.

Ünlü hekim Thomas Willis (1621-1675) dış kulağa gelen sesin partiküller halinde toplandığını (Trampet sesi gibi) ve ince bir zar üzerine yollandığını yazdı. Ses bu ince zarı titretiyor, daha sonra titreyen ses partikülleri kavite içinde daha ileriye, kokleaya kadar gönderiliyordu. Ayrıca işitme sinirinin kaba yapısını da incelemişti.

17'nci yüzyılın daha geç dönemlerinde, daha ileri bilgi artışında Joseph Duverney'in katkıları inkâr edilemez. Joseph Guichard Duverney(1648-1730) Paris'te yaşamış anatomi ve cerrahi profesörüdür. Bir süre Fransa Kralı 14. Louis'nin doktoru olmuştur. İşitme ile ilgili bir kitap yazmış ve burada "*Tensor Timpani*" ile "*Stapedius*" kaslarını ayrıntılı olarak tanımlamıştır.Kokleayı iyice incelemiş, onu "*Kemik lamina*" ve "*Membranöz lamina*" olmak üzere 2 bölüme ayırmıştır. Burada basiler membranı daha net bir şekilde göstermiştir. Fakat kulakla ilgili birçok yorum hataları da yapmıştır. Ve 17'nci yüzyılın sonuna dek Duverney'in yanlışları devamlı eleştirilere uğramıştır. Gerçekte en önemli yanlışı vestibul ve semisirkuler kanalların, sesi büyütücü etkisinin olduğunu söylemesi ve bu organları işitme apareyinin içine katmış olmasıydı. Ayrıca ses tonlarının etkilediği anatomik yapıların yerini de yanlış lokalize etmişti.

18'nci yüzyılda iç kulaktaki kemik laminaya karşılık membranöz laminanın işitmedeki rolü ve önemi daha iyi anlaşılmaya başlandı. Anlamlı gelişmelerden birini Antonio Maria Valsalva (1666-1738) yaptı. 1000'in üzerinde kadavrada insan başını incelemişti. Membranöz laminayı iyi bir şekilde ayırt etmişti. İç kulağın tonal lokalizasyon modeline ait yanlış bilgileri düzeltti. Düşük tonlar kokleanın apeksinde, yüksek tonlar ise "base" kısmında toplanıyordu.İç kulak içinde "*Perilenf*"in varlığını gösterdi. Ama o da hâlâ semisirküler kanalların işitmeye hizmet ettiğinde israr ediyordu..!

Sonunda Napoli'de yaşayan İtalyan anatomist, hekim ve cerrah Domenico Cotugno (1736-1822) daha doğru bir yaklaşımla birçok yanlışı ve inanışı düzeltmiştir. Cotugno taze kadavraların anatomisini inceliyordu. 1761'de kokleanın içinin sıvılarla dolu olduğunu söyledi. Beynin tabanında bulunan subaraknoid boşluk ile "*Perilenf*" boşluğunun bağlantılı olduğunu vurguladı. Cotugno'ya göre stapes kemiğinin etkisi ile iç kulaktaki sıvı titreşiyor, sonunda koklear membrandaki lifler uyarılıyor ve işitmenin kulak içindeki ilk adımı oluşuyordu. 18'inci yüzyılın bitimine dek Cotugno'nun kuramı da eleştirilmekle beraber, iç kulakta hava titreşimleri ile işitmenin oluştuğu fikri Cotugno sayesinde ortadan kalktı. Bu kadar gecikme o zamanlar sıvıların sesi ilettiğinin bilinmemesinden kaynaklanıyordu. (Finger 113-114).

İşitme organına katkıda bulunmuş, ağırlıklı olarak 18'nci yüzyılda yaşamış bulunan İtalyan araştırıcı Antonio Scarpa (1752-1832)'ya da değinmek gerekir. Kendisi Giovanni Battista Morgagni'nin öğrencisi olmuştur. Scarpa Padua Üniversitesi Tıp Fakültesinde okuyarak hekim oldu. Bir süre Modena Üniversitesinde çalıştıktan sonra Padua Üniversitesinde profesörlüğe yükseldi. Anatomist olarak sadece kulak ve işitme ile ilgilenmekle kalmamış, ve değişik beden organlarında da (buna göz, koku organı ve kalbin inervasyonu da dahildir) araştırmalar yapmıştır. İç kulak içinin sıvı ile dolu olduğunu gösterdi. Bu sıvıya sonradan, Scarpa sıvısı ve en sonunda da "*Endolenf*" adı verildi. Ayrıca kendi adı ile anılan "*Vestibuler sinir ganglionu*"nu da keşfetti. Çok iyi bir ressamdı ve kitaplarındaki resimleri kendisi çizmişti.

Scarpa çok otoriter ve seçici bir adamdı. Çok az arkadaşı vardı, buna karşılık düşmanı çoktu. Hem takdir edilir, hem de kendisinden korkulur ve hatta nefret edilirdi. Çok iyi bir öğretici idi, ama aynı zamanda alaycıydı. Yaşamı boyunca çok zengin oldu. Oğullarını korudu ve onlar için Nepotizm yaptı. Akademik ve idarî yükselmelerde başkalarına karşı çok acımasız davrandığı yazılmıştır. Akademik çalışmaları dışında, yaşamına ve hatta ölümüne karşın, kendisine yönelik hınç ve öfke bir süre dinmemiştir. Kişilik yapısındaki olumsuzluklar, onun çok değerli bir bilim insanı olduğu gerçeğini ve yaptıklarını bir süre gölgelemiştir. Ölümünden sonra ona karşı kin ve nefret besleyen asistanları, onun bedeni ile ilgilenmemişler ve Scarpa'nın ölü bedenini tecrübesiz genç bir asistana bırakmışlar. Genç asistan da Scarpa'nın kafasını kesip bedeninden ayırmış. Kafa sonradan üniversite müzesine konmuş, bedeni toprağa gömülmüş. Yaşarken onun anısına dikilmiş olan mermer heykeli de tahrip edilmişti.

19'ncu yüzyıla gelecek olursak, erken dönemlerinde, İskoçyalı Nörolog Charles Bell (1774-1842) işitme konusunda bir kitap yazmıştır. İşitmenin içine müziğin algılanmasını da eklemişti. Kitapta işitmenin insanda ve atlarda en iyi şekilde geliştiği yazılmıştı. O sıralarda stapes kemiğinin oval penceredeki zar üzerine etki yaparak kokleayı etkilediği kabul ediliyordu. Charles Bell de bunun üzerine şu yorumu yaptı: Koklea su ile dolu kapalı bir bölüm olduğuna göre, hava ve kemik iletimleri eş değerlidir. Daha çok stapesin hareketlerinin önemli olduğunu ve hava basıncı değişmelerinin oval pencere üzerine etkisinin anlamsız olduğunu söylemiştir.

Adam Politzer (1835-1920) Yahudi kökenli bir Macar hekim, bir otoloji uzmanıydı. Ama kariyerinin çoğunu Viyana'da yaptı. Orada ciddi bir Otoloji Kliniği kurdu ve bütün dünyada yaptıklaryla tanındı. Politzer, ses uyarımları ile orta kulak kemikciklerinin titreşerek sesi meydana getirdiklerini deneysel olarak ortaya çıkardı. İşitmeyi değerlendirmek için "*Acoumeter*" adlı bir aparey geliştirdi. Orta kulak hastalıklarında farinkse açılan östaki borusundan kateter yolu ile orta kulağa ulaşarak bir sağaltım yöntemi geliştirdi. Bu yöntem uluslararası kabul gördü ve hatta adı "*Politzerisation*" olarak ifade edildi. "*Otoskleroz*"un ayrı bir antite olduğunu saptadı. Viyana onun zamanında otolojinin dünya merkezi haline geldi.

Bu sıralarda İtalya'da Anatomist Alfonso Giacomo Gaspare Corti (1822-1876) koklea üzerinde yoğun çalışmalar yapıyordu. 200 kadar insanda ve değişik hayvan türlerinde kokleayı adamakıllı inceledi. Ve orada işitme reseptörleri olan tüy hücrelerini keşfetti. Bu çok önemli bir keşifti. Bu nedenle sonradan sesleri işiten ve ses tonalitesini ayarlayan bu önemli işitme organına "*Corti Organı*" adı verilmiştir.

İsveçli Gustaf Magnus Retzius (1842-1919) Karolinska Enstitüsünde anatomi profesörüydü. Tüy hücrelerini ayrıntılı olarak inceledi ve sinir uçları ile olan bağlantılarını gösterdi. Kokleanın modern çizimlerini yazılarına koydu. "*Kendisi aynı zamanda şair ve yazardı. 3 yıl kadar Stockholm'de çıkan AftonBladet adlı gazetenin şef editörlüğünü de yaptı. O sıralarda gazetenin sahibi aynı zamanda kayınpederiydi.*" (Finger 113-115: Erzurumlu et al 341-342; Haymaker & Baer 83-86).

İnsan kokleasında 16.000 tüy hücresi vardır. Tüy hücresi sayısı fötal dönemde belirlenir ve daha sonraki dönemde artma göstermez. Yaşla giderek sayıları azalır. Reseptör tüy hücreleri sinaps yolu ile primer afferent/duysal nöronlarda aksiyon potansiyeli yaratır. Aksonlardaki aksiyon potansiyeli frekansı sesin şiddeti ile orantılıdır. İç kulağın her birinde yaklaşık 30.000 civarında duyu siniri tüy hücrelerini innerve eder. Burada bulunan Nörotransmitterin "*Glutamat*" olduğu gösterilmiştir. (Erzurumlu 342; Kandell et al 614-624; Benarroch 374-388)

Bir yorum yapmak gerekirse, müzik sevgisi ve yaratıcılığının ön planda olduğu İtalya'nın, işitme organı gibi, geçmişte bilim ve teknolojide de daha aktif olması, dikkatimizi çeken anlamlı bir özelliktir. Zaman içinde bu özelliğin Orta Avrupa'da, Avusturya-Macaristan gibi müziğin zirve yaptığı ülkelerde, aynı sosyal ve bilimsel bağlantılar içinde geliştiğini görüyoruz.

20-21'nci Yüzyıldaki Gelişmeler

20'nci yüzyıl başlarında kokleadaki "*Kıl/Tüy*" hücrelerinin morfolojisi daha iyi anlaşılmıştı. Fakat tüy hücreleri innervasyonunun araştırılması gereken yönleri vardı. 20'nci yüzyılın başlarında Arthur Van Geuchten (1861-1914) 8'inci kranial sinirden ayrılankoklear dalların, beyin sapında "*Dorsal ve Ventral Koklear çekirdekler*"de sonlandığını gösterdi.

1930'lu yıllarda İspanyol kökenli olup, çalışmalarını ABD'de sürdüren Nörobilimci Rafael Lorente de Nó'nun (1902-1990) yine bu konularda araştırmalar yaptığını görüyoruz. Sıçan, kedi, kobay ve maymunlarda işitme sinirinin dallarının ve terminallerinin beyin sapı çekirdeklerine nasıl girdiğini inceledi. Beyin sapı çekirdeği düzeyinde, her bir işitme sinirinin bir dalının dorsal, diğer dalının ventral çekirdeğe girdiğini saptadı. Böylece işitme sinirindeki lif sayısının, koklear çekirdekte 2 kat arttığını belirtti. Ve tek bir sinirin çekirdekte böylece yüzlerce, belki de binlerce sinaps yaptığını vurgulamıştır. Lorente de Nó'nun çalışmaları, beyin sapı işitme çekirdeklerinin gerçekten çok kompleks yapıda olduğunu gösterdi.

1930 başlarından itibaren bir başka gelişme işitme elektrofizyolojisi ve işitme kuramları üzerinde oldu. ABD'den Ernest Glen Wever (1902-1991) ve Charles William Bray, kedide işitme sinirinin içine genişçe bir elektrod yerleştirdiler. 100-5000 Hz ses verildiğinde elektroddan kayıtlamalaralınıyordu. Bunlara "*Mikrophonik*" adını verdiler. Mikrofonik biyolojikti, çünkü başa kan akışı azaltıldığında bu dalgalar da azalıyor, kan akışı normale döndüğünde mikrofoni düzeliyordu. Ancak bu mikrofoninin gerçekten nöronlardan gelen bir potansiyel olup olmadığı sorgulanmaya başlandı.

Nörofizyolog Edgar Adrian (1889-1977) de konuyla ilgilendi. Başlangıçta kokleadaki mikrofoninin sinirsel kökenli olmadığını düşünse de daha sonra fikrini değiştirdi ve mikrofoniden sinir hücreleri veya liflerinin sorumlu olduğunu söyledi.

1932'de Leon J. Saul ve Hallowell Davis (1896-1992) elektrofizyolojik çalışmaları ile işitme sinirinin elektrik aktivitesi ile koklear kayıtlamaları birbirinden ayırt ettiler. Daha sonraları insanda akustik sinir ve beyin sapı bağlantıları, bilgisayarlı ortalama yöntemi olan "*Beyin Sapı İşitsel Potansiyelleri*" yolu ile tüm insanlarda -yeni doğan bebekler dahil- incelenebilir oldu. Buna kısaca BAEP dendi, değişik klinik işitme sorunlarına ek olarak, yeni doğan bebeklerin doğuştan sağır olup olmadıklarına da BAEP yöntemi ile karar verilir oldu.(Finger 121-126; Chiappa & Popper 1140-1150; Ertekin 6-16; Ertekin 731-732).

BAEP kayıtlaması için kafa saçlı derisi tepe kısmına ve incelenen kulak arkasındaki kemiğe veya kulak memesine birer elektrod yerleştirilir. Tek yanlı olarak kulaktan bir "*Klik*" sesi verilir. Bir kulağa ses verilirken, diğer kulak bir gürültü sesi ile maskelenir. BAEP'ler 0.25 mikrovolt gibi çok küçük genlikli oldukları için 10 msn'lik bir analiz süresi içinde araştırılır ve 1000 ila 2000 ya da daha fazla Klik'inbilgisayar ortalaması yapılır. Normal erişkinlerde ilk 10 ms içinde 7 komponentli bir BAEP ortaya çıkar. İlk 5 dalga komponenti her normal kişide ortaya çıkar. Birinci dalga işitme siniri potansiyelini, diğerleri sırayla koklear çekirdek, oliva superior, lemniskus lateralis & traktusu ve diğer çıkıcı yolların elektriksel aktivitelerini temsil eder. (Ertekin 731-732).

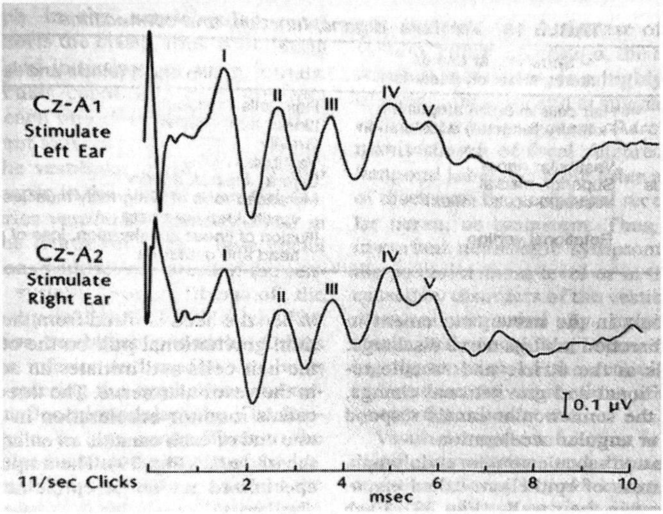

Resim 21.1. Erişkin insanda normal beyin sapı işitme potansiyelleri (BAEP). Üstte, sol altta sağ kulaktan verilmiş 2048 klik yanıtın ortalaması. (Benarroch et al, Medical Neurosciences, 4. baskı, Mayo Foundation, Minnosota, 1999.)

Vestibuler Sistem

İç kulakta işitme reseptörleri yanısıra "*Vestibuler*" sistem de bulunmaktadır. Vestibuler sistem ve işlevine ilişkin ilk katkıları gözden geçirmek için 19'uncu yüzyıla bir göz atmak gerekir. Daha eski yüzyıllardavestibuler sistem anatomisi ile ilgilibazı gözlemler olmasına rağmen fonksiyonun ne olduğu konusu tam olarak anlaşılamamıştır. Kulakta ağrı, işitme azlığı gibi belirtiler kolay lokalize edilebildiği için işitme ve bozukluklarına olan ilgi Antik Dönemden itibaren başlamış ve yüzyıllarca çok tartışılan bir sağlık konusu haline gelmiştir. Bunu yukarda bazı örnekleri ile birlikte gördük. Buna karşılık yeterli bilgi birikimi olmadığından, Vestibuler Sisteme aitklinik sorunlar ile kulaktaki reseptör sistem arasında net bir bağlantı kurulamamıştır. Dolayısıyla vestibüler sistem hakkındaki bilgilerimiz ancak, 19'uncu yüzyıl sonlarında gelişmiştir.

Vestibuler sistemin tanınmasına ilk katkı Rusya'da Vladimir Bekhterev'den (1857-1927) gelmiştir,diyebiliriz. 1885 ve 1887'de 8'inci kraniyal sinirde ön ve arka kökleri birbirinden ayırt etmiştir. Bu 2 kökten birine "*Ramus Vestibularis*", diğerine "*Ramus Cochlearis*" adlarını vermiştir. Vestibüler sinir kökünün beyin sapındaki "*Deiters*" çekirdeğine ulaştığını bildirmiştir. Bekhterev bu çalışmasıyla, 8'nci sinirin işitme dışında görevlerinin de olduğunu, kendisinden sonra gelen araştırıcılara iletmiştir. (Finger 124-126).

Kısa bir anımsatma yapacak olursak, iç kulakta Koklea ile Vestibuler sisteme ait yapılar yan yana bulunur. Vestibuler sistemde bulunan özelleşmiş reseptörler denge ve beden postürü ile ilgilidir. Ayrıca gözlerin refleks devinimlerini kontrol ederler. Yapısal olarak 2 ayrı grup halinde bulunurlar: Utricle & Saccule (Utrikulus ve Sakkulus) ile Semisirkuler kanallar. (Erzurumlu et al 347-350).

İç kulakta vestibuler sistemin işlevi üzerinde çalışan öncülerden birisi de, Viyanalı hekim Josef Breuer (1842-1925)'dir. Sonraları Sigmund Freud ile birlikte psikoloji ve psikiyatri çalışmaları yapmıştır. Genç bir hekim iken önce solunum fizyolojisi çalışmalarına katılmıştır. Kulakta ise vestibuler apareyin anatomisi ve işlevini incelemiştir.Özellikle vestibuler sistemin, baş ve gövdenin pozisyonu ve devinimlerindeki rolü üzerinde çalışmıştır. Çeşitli testler kullanarak, vestibuler sisteme ilişkin refleks özelliklerini ve göz harekeketleri ile olan ilişkilerini ortaya koymuştur. Hatta kendi Vestibulo-Okuler Refleksini bir berber sandalyesi üzerinde incelemiştir. (Glickstein 181).

Ancak insanda, Vestibuler sistemin tam olarak anlaşılması için Robert Bárány'nin çalışmalarını beklemek gerekiyordu. Robert Bárány (1876-1936), Macar kökenli Avusturyalı bir hekimdi. Viyana'da doğmuş ve 1900'de hekim olmuştu. 1905'de Adam Politzer'in kulak kliniğinde çalışmaya başlamış ve orada bilinen Vestibuler Sistem çalışmalarını yapmıştır. Dış kulak yolundan sıcak ve soğuk su verilerek yapılan kalorik testleri geliştirmiş ve ortaya çıkan göz devinimleri, nistagmus ve vertigoyu gözleyip yorumlamıştır. Bu arada kalorik testleri standardize etmiştir. Böylece serebellum da dahil olmak üzere denge konusuna eğilmiştir. Başın pozisyonunun değişmesi ile labirentin uyarılabileceğini biliyordu ve çok önemli olarak boyun kaslarının gönderdiği propriseptif impulsların, refleks göz hareketlerini kontrol eden bir mekanizma aracılığı ile göz kaslarına gittiğini öne sürdü.

Klinisyen olarak ilk kez "*Benign Pozisyonel Paroksismal Vertigo*"-yutanımladığı söylenir. Ménière hastalığının incelenmesinde önemli katkıları vardır. (Ménière hastalığını ilk kez **Prosper Ménière** (1799-1862), 1861'de tanımlamıştır).1914'de 1. Dünya Savaşı başlayınca Bárány Avusturya-Macaristan ordusunda cerrah hekim olarak çalışmaya başlamıştır. Fakat kısa sürede kendi ordu birlikleri Çarlık Dönemi Rus ordusuna yenilince Ruslara esir düşer ve esir kampında tutuklu kalır. O sırada kendisine Vestibuler çalışmalarından ötürü Nobel Ödülü verildiği ilan edilir. Ama o Rusya'da esir kampında bulunmaktadır. Bu durumda İsveç Kraliyet Prensi Carl, Rus Çarı ile iletişim kurarak Bárány'nin serbest bırakılmasını ister. Bu konuda Sigmund Freud da Bárány lehine bir tutum gösterir ve açıklama yapar.1916'da İsveç, Danimarka, Norveç, Hollanda ve bunun yanısıra Kızılhaç'ın diplomatik girişimleri sonucu tutuklu olduğu kamptan salıverilir. Ödülü yaklaşık 2 yıl sonra Kopenhag'da kendisine teslim edilir.Bu sıralarda Bárány'ye Uppsala Üniversitesinde Otoloji başkanı olması teklif edilir. Bunu kabul eder ve daha sonra hep İsveç'te yaşar.

Resim 21.2. Robert Barany. Macar kökenli Avusturyalı bilimci (Haymaker W, Baer K.A.: The founders of neurology, Charles C. Thomas Publisher, Springfield, 1949.)

Bárány temelde bir teori adamıydı. Önce hipotezini kurar ve sonra bunu deneysel olarak desteklerdi. Yeni ülkesi İsveç'te, hayırsever, savaş karşıtı ve hümanist olarak tanınmıştır. (Haymaker & Baer 237-241).

Georg von Békésy (1899-1972) 20'inci yüzyılın en değerli otolojistlerinden biri olarak karşımıza çıkmaktadır. Kendisi aslında bir Macar biyofizikçiydi. 1961'de Nobel fizyoloji tıp ödülünü, memeli hayvanlarda koklea üzerindeki çalışmaları ile almıştır. Farklı ses frekanslarının, farklı sinir liflerine geçmeden önce, lokal olarak koklea içinde dağıtıldığını bulmuştur. İnsan kadavralarında iç kulağı ortaya çıkararak, iç kulaktaki "*Basiler Membran*"ın sesle hareket ettiğini saptamıştır. Yüksek frekanslı seslerin koklea tabanında daha çok vibrasyon yarattığını, buna karşılık düşük frekanslı seslerin koklea apeksinde daha fazlavibrasyon yarattığını görmüştür. İç kulakta bulunan tüy hücrelerinin sesin özel frekanslarında maksimal yanıt verdiğini de göstermiştir. Buradan tüy hücreleri ve işitme siniri uçları aracılığı ile ses sinyallerinin sentral sinir sistemine gönderildiğini öne sürmüştür.

Békésy 2'nci Dünya Savaşı ve sonrasında 1923'den 1946'ya dek Macar Postane ofislerinde bir mühendis olarak telekomünikasyon sinyallerinin kalitesi üzerinde çalışmıştır. Böylesi meslekî çalışmalar, onu kulak ve insan sesi üzerine çalışmaya teşvik etmiştir. Nitekim 1947'de ABD'e göç etmiş ve Harvard Üniversitesinde çalışmalarına devam etmiştir. Orada 19 yıl çalıştıktan sonra Hawaii'de Honololu Üniversitesine geçmiş ve 1972'de yaşamı orada son bulmuştur. (Glickstein 153)

İşitme ve Serebral Korteks

Ses uyaranları beyin sapındaki kokleer çekirdeklerden yukarı doğru, oldukça karışık yollar izleyerek tektal bölgede önemli bir organ olan "*Korpus Geniculatum Mediale*" ye ulaşırlar. Oradan da akustik radyasyon yolu ile sinir lifleri beyaz cevherden geçerek temporal kortekse varır ve primer işitme merkezinde toplanırlar. Primer işitme merkezinde tonotopik bir organizasyon vardır. Pes sesler anterolateral, tiz sesler posteromedial olarak temsil edilirler. Kortikal nöronlar ses duyumunun başlaması, süresi, yinelenme hızı ve sesin geldiği yöne göre yanıtlar verirler. Primer görme korteksinde olduğu gibi basitten komplekse doğru hiyerarşik bir düzen söz konusudur. Böylece algılanan sesin özellikleri analiz edilerek ve lokalizasyonu yapılarak, sekonder işitme korteksine ve oradan da asosiyasyon kortekslerine gönderilir. (Erzurumlu 343-347).

Aslında işitmenin korteksteki lokalizasyonu 20'nci yüzyıldan çok önceleri tartışılmaya başlanmıştır. Örneğin Costanzo Varolio (1543-1575) işitmeyi serebelluma lokalize etmişti. Bundan bir yüzyıl sonra

Thomas Willis (1621-1675) serebellumun müziğin algılanması ile ilişkili olduğuna inanıyordu. İlginç olarak, serebellumun müzik ile ilişkisi 17'inci yüzyıl sonlarına dek kabul edildi.

İşitme korteksinin David Ferrier (1843-1928) tarafından, 1870'lerin ortalarında, maymunda korteksin elektriksel uyarımı sonucu keşfedildiği söylenir. Ferrier 1876 yılında maymunlarda temporal lobun üst kısmını faradik akım ile uyartınca, maymun karşı yöne itilmiş, başını ve gözlerini karşı tarafa döndürmüş ve göz bebekleri genişlemiş. Bunların işitsel olduğunu, çünkü bu gördüklerinin daha çok anî sese bağlı irkilme reaksiyonu olduğunu öne sürmüştür. Bu çalışmalarından sonra işitsel alıcı kortikal alanın "*Superior Temporal Girus*"un2/3 üst kısmını kapsadığını telkin etmiştir. Aynı yıl içinde, maymunda superior temporal girusu hem tek yanlı, hem de iki yanlı olarak çıkarmış (Ablasyon yapmış). Ve sonra sese karşı bir irkilme tepkisi gösterip göstermediğini kontrol etmiş. İki taraflı temporal lezyonlarda maymunların sese karşı yanıt vermediklerini görmüş. Tek taraflı lezyonu olan maymunlarda tek yanlı sağırlık oluştuğunu gözlemlemiş. Bu sonuçlar üzerine superior temporal girusun işitmede önemli rol oynadığını tekrar öne sürmüştür. Ferrier'in sonuçları ve yorumu birçok eleştiriye yol açmış ve sorular ortaya çıkmıştır. En önemli sorgulama ve eleştirilerden birkaçı, hayvanların uzun süre izlenmemesi ve hemen otopsiye gidilmesi veya ameliyat sonunda enfeksiyon geçirmeleri ve ölmeleri nedeni ile, hayvanlarda olası bir düzelme döneminin izlenememiş olmasıydı. Ferrier eleştirilere karşı duyarlıydı. Hemen ikinci bir seri deney başlattı.Deneyleri aseptik koşullarda yaptı. Ve uzun süre izleme olanağı buldu. Maymunlardan bir tanesini 13 ay izledi ve maymunun sağır olarak kaldığını bildirdi. Bu maymunu 1881'deki tıp kongresinde tekrar takdim etti. Ve Alman bilim adamı antilokalizasyoncu Goltz ile karşılıklı tartışırlarken, maymunun sağır kaldığını kanıtlamak için, cebinden çıkardığı tabanca ile zararsız bir yere ateş etti. Salondaki tabanca patlamasına rağmen sağır maymun yerinden kımıldamadı ve sakin kaldı. (Finger 126-127; Wickens 232; Thorwald 187-207). (Ayrıca Bkz. 19. Yüzyıl-IV).

1879 yılında Luigi Luciani (1842-1919) ve Augusto Tamburini (1848-1919) deneysel olarak temporal loblarda geniş lezyonlar yaptılar. Bu lezyonlara rağmen işitmede düzelme olduğunu gösterdiler. Luciani her bir kulağın beynin her iki yanına projeksiyon yaptığını ve bir yandaki kulak projeksiyonlarının karşı hemisferde daha fazla bulunduğunu belirtti. Ancak İtalyan araştırıcılar köpekte, Ferrier ise maymunlarda çalışmıştı, farklı hayvan türlerinde, işitmede düzelmenin farklı olacağını ileri sürüyordu. Ancak bu kez İngiltere'de Edward Albert Schafer (1894-1935) aynı deneyleri maymunlarda yapmaya başlamıştı. Ve İngilizlerin öncü beyin cerrahlarından Victor Horsley ile birlikte çalışıyordu.Schafer 7 adet maymunda bilateral temporal girusu tahrip etti, fakat hiç birinde işitme yitimi bulamadı. Bir ay sonra da hayvanlar kötüleşmediler. Bunun üzerine Schafer primatların temporal loblarının işitmede çok önemli bir rol oynamadığını öne sürdü.

Schafer ve Sanger Brown (1852-1928) maymunlarda daha detaylı çalışmalar da yaptılar. Ve yaklaşık olarak daha önceki bulgularına benzer sonuçlara ulaştılar. Ferrier'in sonuçlarını kuşku ile karşılıyorlardı. Onun maymunlarından birinin cerrahiye giderken, muhtemelen daha önceden zaten sağır olduğunu ileri sürdüler, ayrıca hayvanların düzelmesi için yeterli zaman bırakmadığını dile getirdiler (Zaten son maymun çalışmasında Ferrier sadece 2 maymun kullanmıştı). Ferrier, Schaffer'in bu ataklarına ve eleştirilerine çok kızdı. Bir makalede Schafer'e sert bir üslupla yanıt verdi. Ve literatürde hastalık nedeni ile temporal korteks harabiyeti ve/veya atrofi olan ve bunun sonucu sağırlık meydana gelmiş 2 insan olduğunu bildirdi. Ayrıca Schafer'in maymunlarındaki temporal harabiyetin nisbeten eksik olduğunu da ileri sürdü.Schafer, 1888'de Brain dergisinde Ferrier'in eleştirilerine yanıt vermeyeceğini, yazışmaları keseceğini bildirdi. Bu arada Ferrier'in beceriksiz bir gözlemci olduğunu da eklemişti.

Daha sonra işin içine Alman bilim adamı Munk girdi veya karıştı. Çünkü Schafer son yanıtında Munk'un bulgularını da örnek olarak göstermişti. Aslında Munk köpeklerde temporal lob lezyonlarında tam bir sağırlık oluştuğunu görmüştü. Ancak bu sağırlık birkaç hafta sonra kayboluyordu. Munk, total olmayan ve sadece işitme merkezi dediği yerleri tutan bir lezyonda "*Psişik Sağırlık*" olduğunu belirtmişti. Yani köpek sesleri duyuyordu, ancak sesin ne anlama geldiğini bilmiyordu. Munk'a göre psişik sağırlık özel bir bellek bozukluğuydu. İşitsel olarak depolanmış imajların yitimi yüzünden meydana geliyordu. (Finger 127-128).

19'uncu yüzyılın sonunda tartışma alanı laboratuvardan hastane ve kliniklere kaydı. Asıl önemlisi, insanda durumun ne olduğuydu. Bazı bilgiler temporal lob epilepsisi olan hastalardan geldi. William Gowers (1845-1915) 1885'de bazı hastalarında işitsel auralar olduğunu yazdı. Kendi "*Epilepsi*" kitabında 6 hastasında nöbetlerde işitme yitimi olduğu belirtilmişti. Ayrıca 21 hastasında nöbet öncesi işitmeye ait duyumlar ortaya çıkıyordu. Böylece, 19'uncu yüzyılın sonlarında işitmede "*Superior Temporal Korteks*"in rolünü destekleyen veriler, diğer hekimler ve araştırıcılardan da gelmeye başlamıştı. Superior temporal girus lezyonu ile sağırlığın birlikte olduğu hastalar bildirildi. Bu durum 20'nci yüzyılın ilk yıllarında da devam etti.

1918'de Salomon Henschen (1847-1930) 16 kortikal sağırlık olgusu toparladı ve inceledi. Bu hastaları postmortem olarak da inceledi. Ve superior temporal girusun, insandaişitme içinkorteksinen önemli kısmı olduğunu ortaya çıkardı. Bununla beraber işitmenin sadece bu girusa lokalize olduğu konusunda hâlâ kuşkular vardı. Schafer'ın, işitmenin esas merkezinintemporal loblar olmadığı hipotezi de sorgulanmaya başlandı.

Daha sonraları primatlarda yapılan deneysel çalışmalarda, bilateral superior temporal girus lezyonlarında, haftalar süren total sağırlık olduğu görüldü. Fakat bu daha sonra kısmen düzeliyordu. (Finder 130 -131).

Temporal lob ve ses tonları ile ilgili çalışmaları Hermann Munk (1839-1912) köpeklerde başlatmıştı. Munk işitme alanının ön kısmını çıkardığında en büyük kayıp yüksek ses tonlarında görülüyordu. Bu alanın arka kısmını çıkarttığında bu kez kayıp (deficit) düşük tonlu sesler üzerineydi. Vladimir Larionow (1857-1929) 1899'da "*On the musical centers of the brain*" adlı yapıtında temporal lobta küçük ablasyonlar yaptığı çalışmasını anlatır.Deneysel çalışmalarının sonuçlarına göre, işitme korteksinde 3 ses tonuna ilişkin bir tonotopik lokalizasyon bulunmaktadır. Bir tanesi yüksek, diğeri orta ve üçüncüsü alçak tonlara ayrılmış bulunuyordu.(Finger 130-132).

İşitme korteksine ait ilk detaylı çalışmalar ancak 1940'larda ortaya çıktı ve işitmeye ait asosiyasyon alanları bulundu. Aynı zamanda kedi ve köpek korteksinde multipl işitme alanları bulundu. Çok daha yenilerde artık hücre içi çalışmalara kadar gelindi.

KAYNAKLAR

Kandel ER, Schwartz JH, Jessel TM.: Principles of Neural Science – Chapter 31. Sensory Transduction in the ear. 4. Edition. Mcgraw-Hill. NewYork. 2000.

Erzurumlu R, Şengül G, Ulupınar E.: Nöroanatomi. Güneş Tıp Kitabevleri. İstanbul. 2019.

Glickstein M.: Neurosience; a historical introduction. The Mit Press- Cambridge, Massachusetts, London. England (First Mitpress paperback edition). 2017.

Benarroch EE.: Basic Neurosciences with Clinical Applications. Butterworth-Heinnemann- Elsevier. Philadelphia. 2006.

Bayat AH.: Tıp Tarihi. S. 240. Zeytinburnu Belediyesi Kültür Yayınları. 3. Basım. İstanbul 2016.

Finger S.: Origins of Neuroscience. A history of explanations into brain function . Oxford University Press.NewYork.1994.

Öncel C.: Nörolojinin Öncüleri. Antik çağdan 20. yüzyıla. Nobel Tıp Kitabevleri. İstanbul. 2018.

Haymaker W, Baer KA.: The founders of neurology. Charles C. Thomas Publisher. Springfield. 1949.

Chiappa K & Popper AH.: Evoked Potentials in Clinic Medicine . New Engl.J.Med, 306, 1140-1150.1982.

Benarroch et al.Medical Neurosciences.4.Basım.Mayo Foundation, Rochester Minnosota, 1999.

Ertekin C.: Klinikte Duysal Uyartılmış Potansiyaller. Toplum ve hekim. 37, 6-16, 1985.

Ertekin C.: Sentral ve Periferik EMG. Meta Basım. Bornova İzmir. 2006.

Wickens AP.: A history of the Brain. From Stone age Surgery to Modern Neuroscience.Psychology Press. Taylor and Francis Group. London and Newyork .2015.

Thorwald J.: Cerrahların Yüzyılı. Cerrahların Dünyası. Ankara Üniversitesi Basımevi. Ankara2005.

22

İnsanda Motor Davranış Tarihi-I

İnsanda motor davranış deyince, en basit şekli ile refleks ve postural davranışlardan, beceri isteyen devinimlere kadar tüm devinimler anlaşılır. Bu açıdan bakarak tüm hareketlerimizi (Devinimler) başlıca 3 gruba ayırabiliriz:

1. *Refleks Devinimler*, çevresel uyarımlarla meydana getirilen, uyumlu kas kasılması ve gevşemesi ile giden ve istem dışı ortaya çıkan hareket türüdür. Bu türe "*Spinal refleksler*" adı da verilir. Kas içindeki reseptörler yolu ile çalışan "*Gerilme Refleksleri*" (Stretch) ve deri reseptörlerinin uyarımı ile ortaya çıkan "*Geri Çekme*" ya da "*Savunma Refleksleri*" (*Withdrawal*) olmak üzere 2 grubta toplanır.
2. *Repetitif* (Ardışık) ve *ritmik devinimler*, belirli bir motor örnek üzerinden çalışırlar. Çiğneme, yutma, kaşınma, solunum hareketleri hatta adımlama gibi devinimler buna dahildir. Ardışık/ritmik motor devinim örneklerinin oluşması için omurilik ve beyin sapı gereklidir. Bu devinimler sıklıkla çevresel uyarımlarla aktif hâle geçerler. Bu tip devinimlerde temel olayı yüklenen lokalize nöronal *networklar* (Nöronal ağlar)'dır. Bunlara "*Central Pattern Generator*" adı verilir. Prototip örnek olarak Orofaringeal yutma fizyolojisi verilebilir. (Jean 929-969; Ertekin & Aydogdu 2226-2244; Ertekin 487-512). (Bkz. İnsanda Motor davranış –IV).

3. *İstemli Devinimler* bir amaca yönelik ve bilinçli olarak başlarlar. İstemli devinimler öğrenme ve deneyimlerle gelişir veya mükemmel hâle getirilir. Burada serebral korteks ve subkortikal yapılar önemlidir.

Tüm devinimlerin meydana getirilmesi için, omurilik boyunca ön boynuz denen yerde bulunan alfa motor nöronlara gereksinim vardır. Buradaki nöronların kaslara giden uzantıları, devinim türü ne olursa olsun, motor davranışın en son ve genel motor yolunu oluştururlar. (Glickstein 220; Kandel et al 654-656).

Bu girişten anlaşılacağı üzere, motor davranışın temelinde hiyerarşik bir organizasyon vardır. Motor organizasyonda serebral korteks en yukarda, omurilik en aşağıda yer alır. Sentral sinir sisteminde hiyerarşik olarak ve tabii ki anatomik olarak 3 bölge ayırt edilir. Bunlar en aşağıdan yukarıya doğru, *Omurilik (Medulla Spinalis), Beyin Sapı* ve *Korteks* şeklinde sıralanırlar.

Omurilik ve kısmen beyin sapı, çeşitli refleksler ve ritmik otomatik hareketlerdeki nöronal devrelerin bulunduğu bölgedir. Bunlar polisinaptik bağlantılar halinde çalışırlar. Üzerlerinde motor kontrol vardır.

Motor hiyerarşide 2'nci düzey beyin sapıdır. Serebral korteks ve subkortikal çekirdeklerden beyin sapına inen etkiler 2 biçimde omuriliğe yansıtılır: *Mediyal* ve *Lateral İnici sistemler* (veya yollar). Mediyal inici sistem beyin sapında görsel, vestibuler ve somatosensoriyal bilgilerle entegre edilmiş olarak omuriliğe iner ve orada proksimal kasların motonöronlarında sonlanır. Lateral inici sistem, daha distal ekstremite kaslarını kontrol eder. Böylece, özellikle kol ve elde amaca yönelik devinimlerin meydana gelişinde önemli rol alırlar. Bu beyin sapı inici sistemleri Hollandalı bilim adamı Hans Kuypers (1925-1989) tarafından ortaya konmuştur (Lawrence & Kuypers. 1-14; Kuypers, 3-18).

Mediyal inici sistem çekirdekleri beyin sapında olan *Vestibulospinal ve Retikulospinal* inici yollardır. Yukarıda değinildiği gibi proksimal kasların kontrolu ile ilgilidirler. Proksimal kaslara sırt, karın ve omuz kasları dahildir. Öte yandan *Rubrospinal* yol çapraz yaparak *Piramidal* yol ile birlikte aşağı iner, distal kasların kontrolü ile görevlidir. (Glickstein 226; Kandell et al 663) .

Serebral Korteks motor kontrol mekanizmasının en yüksek düzeyidir. Primer motor korteks ve çeşitli premotor alanlardaki kortikal nöronların uzantılarından oluşur, beyin sapının en alt kısmında, çoğunluğu çapraz yaparak omuriliğe projekte olurlar. Bu *Piramidal* yol diğer adı ile *Kortikospinal yol* tıp tarihinde ilk tanınan yollardan biri ve en önemlisidir. Kortikospinal yola ait kollateral dallar, ayrıca beyin sapında çapraz yaparak kraniyal sinirlerin çekirdeklerine de ulaşan motor sinir liflerini verir.

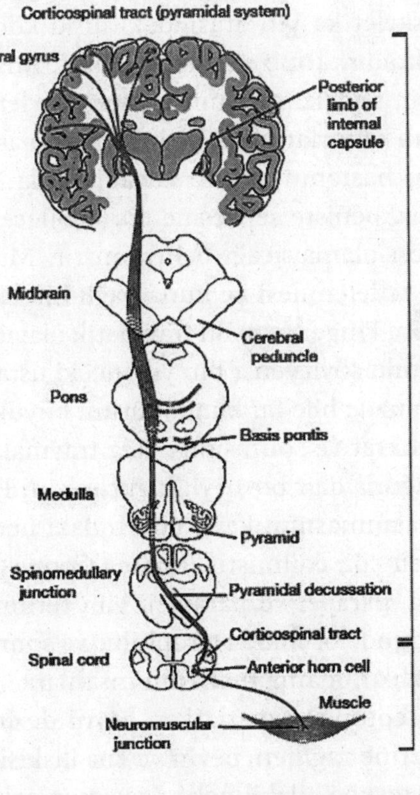

Resim 22.1. Kortikospinal/Piramidal motor yolun korteksten çizgili kaslara dek olan anatomik gidişi. Bulbus distalinde Piramidal Çapraz'a dikkat. Ön boynuz motor hücresine kadar yol Üst Motor Nöronlardan, Ön boynuz motor hücresinden çizgili kaslara kadar olan kısmı Alt Motor Nöronlardan oluşmuştur. (Adams A.C., Essential Neurology-Mayo Clinic Scientific Press and Informa Health Care, USA, 2008.)

Bu üçlü integrasyon düzeyinde 2 bölge daha, hareketin planlanması ve uygulanmasında görev alır. *Basal Ganglionlar* ve *Serebellum*. Bu önemli 2 nöral yapı, nöral bağlantılar aracılığı ile "*Feed-Back*" devreler sağlayarak, kortikal ve beyin sapı motor alanlarında düzenleme sağlarlar. Bu iki yapı omuriliğe direkt olarak sinyal göndermezler, beyin sapındaki motor nöronlar üzerinden etki yaparlar. (Kandell et al 663; Glickstein 220).

Beyin ve Kasların İlişkileriyle İlgili Erken Gözlemler

Beyin ve çizgili iskelet kasları arasındaki ilişki konusu çok uzun bir öyküye dayanmaktadır. 4000 yıl öncesi Antik Mısır'da *Edwin Smith Papirus*'unda, beyin zedelenmesinin motor işlevlerde bozukluk yaptığı yazılıdır.Boyun omurlarından birinin oynaması ve yerinden çıkması durumunda, hastanın kol ve bacaklarında "*Halsizlik*" (felç??), gözlerde kanlanma, peniste sertleşme görülebileceği ve bu durumda tedavinin mümkün olamayacağı belirtilmiştir. Muhtemelen burada servikal omurilik zedelenmesi ve buna bağlı bir *kuadriparezi* anlatılmaktadır. (Bayat 60; Finger 193). Bu travmatik olayın prognozunun ne kadar ciddi olduğunu söyleyen 4 bin yıl önceki ustalarımız çok haklıdır. Çünkü günümüzde bile bu klinik durum büyük bir yaşamsal risk taşımaktadır. Hipokrat ve sonrasında kafa travmaları sonucu, motor işlevlerin bozulduğuna dair bir hayli kanıt vardır. Hatta bunların bazılarında kafa yaralanmasının karşı tarafındaki hemiplejiden ve epilepsi nöbetlerinden söz edilmiştir. Hatta "*Corpus Hippokraticum*"da epilepsi, hemipleji, paralizi ve parapleji gibi terimlere rastlanmıştır. İskenderiye döneminde özelikle Herophilus ve sonra Erasistratos adlı İskenderiyeli cerrahlar, idama mahkûm insanlara "*Vivisection*" (Canlı Kesim, canlı birey'eotopsi) yaparlarken beyni de incelemişler ve bir hayli bilgi vermelerine rağmen, beyin ve kas ilişkisini tam olarak kuramamışlardır. Bu ilişkiyi bilebilmek için zaman çok erkendi. Serebral korteksin önemi henüz tam olarak anlaşılamamıştı. Kaslarla olan bağlantılar çok ilkel bir şekilde açıklanıyordu. (Finger 193; Ertekin 74-75; Bayat 122-123) .

Hipokrat döneminden birkaç yüzyıl sonra, artık hemipleji iyi tanınmakla beraber, lezyonun olduğu yer ve nasıl olduğu konusunda bilgiler hâlâ tam oturmuş değildi.M.S. 1'nci veya 2'nci yüzyılda yaşadığı sanılan Kapadokyalı Aretaeus'un ilk kez beyin ve felç ilişkilerini daha net bir şekilde ortaya çıkardığını görüyoruz. Günümüze kadar ancak 2 kitabı ulaşmıştır. Travma sonucu kafa ve vertebra-omurilik yaralanmalarından yola çıkarak, ilk kez omurilik düzeyindeki yaralanmalarda (Kafanın aşağısında diyordu) hemiparezinin de darbenin olduğu yanda olduğunu söylemiştir. Oysa kafaya ait bir travmada, darbenin karşı tarafında hemipleji olduğuna işaret etmiştir. Beyin travmasındaki bu çapraz parezi nedeninin, sinirlerin çıktığı yerden X harfi gibi karşıya geçmesi olduğunu da belirtmiştir. Parezilerde ayrıca spastisite (kaslarda tonus artışı) ve idrar sorunları olduğunu da eklemiştir. (Pearce 106-112; Haas. 203; Öncel 20-21; Finger 193-194; Bayat 139-140).

Ünlü Romalı hekim Claudius Galenus (M.S. 129-200), beyin ile perifer etkileri arasındaki ilişkilerle ilgilenmiştir. Ses ve konuşmanın beyinden geldiğini ifade etmiştir. Ayrıca boyun omurlarına ait travmatik lezyonlarda oldukça gerçekçi bilgiler vermiştir. Şöyle ki; 2 ve 3'ncü boyun omurlarının yukarısındaki lezyonların ölüme yol açtığını; 3-4'ncü omurlar arasındaki lezyonlarda solunumu durdurduğunu; 5 ve 8'nci omurlar arası omurilik zedelenmelerinin ise göğüs kaslarında felç yapacağını söylemiştir.Ayrıca kraniyal sinirleri incelemiştir. (Bayat 141).

Arap kültürünün altın çağında, M.S. 900'lerde Ebû Bekir Râzî veya diğer adıyla Zekeriyyâ er-Râzî (864-925) beyin sinirlerinin çapraz yapması nedeniyle, karşı yandahemipleji meydana geldiğini yazılarına eklemiştir.

İtalyan bir cerrah ve Saliceto'da din adamı ve Bologna Üniversitesinde Profesör olan Guglielmo Da Saliceto (1210-1277), istemli devinimlerin beyinden kaynaklandığını, öte yandan doğal ve gerekli devinimlerin ise serebellumdan geldiğini söylemiştir. 13'üncü yüzyıldan 18'inci yüzyıla dek bu konuda yeni bir aşama ve çıkış olmadığı anlaşılmaktadır. (Finger 193-194).

Bunun tek istisnası Hollanda'da Leiden Üniversitesinden mikroskopist Jan Swammerdam (1637-1680) idi. İlk deneylerini 1660'larda kurbağa üzerinde ve nörofizyoloji ile ilgili olarak yaptı. Bir bacak kasının sinirini uyartınca, kasta kasılma meydana geldi.Kurbağanın beynini çıkardıktan sonra (Dekapite etti) sinirin kası uyartamadığını gördü.

Buna göre bedendeki tüm devinimlerin kaynağı beyindi. Ve muhtemelen bu sonuca, çalıştığı kurbağa bile olsa, deneysel düzeyde varan ilk kişi olmuştur. (Wickens102-103).

18'inci yüzyılın başlarında İtalyan Domenico Mistichelli ve Fransız François Pourfour du Petit'nin (1664-1741) katkıları göze çarpar. Mistichelli Pisa şehrinde profesör olarak çalışmaktayken 1709'da kafa travması olan bir hastada, travmanın karşı yanında hemipleji olduğunu görmüştü. Bu çapraz hemiplejinin, beyin sapının en alt kısmı olan "*Bulbus*"da inici sinir liflerinin çapraz yapması nedeni ile oluştuğunu ileri sürdü ve piramidal traktus çaprazını ilk kez bir bir şema içinde gösterdi.

Mistichelli'den bir yıl sonra, 1710'da Fransız Askerî hekim ve cerrah Pourfour du Petit, bulbustaki piramisleri tam olarak tanımlamıştır.* Asker hastalarında hemiplejinin serebral hemisferlerin tutuluşuna bağlı olduğunu ve beynin sağ yarısının bedenin sol tarafını ve beynin sol yarısının ise bedenin sağ tarafını kontrol etmesi gerektiğini savundu.Çaprazın yapıldığı yer olarak piramisleri gösterdi. Ayrıca köpeklerde deneysel araştırmalar da yaptı. Keskin bir bıçak ile parietal bölgede derince bir kesi yaparak, hayvanda çapraz hemipleji meydana getirdi. Ancak kendi zamanına ait gerçekçi olmayan inanışlardan tam olarak sıyrılamamıştı. Sinirlerdeki "*Hayvansal Ruh*"un kaslarda kasılma meydana getirdiğine ve bu hayvansal ruhun, korteksten kaslara dek hareket ettiğine inanıyordu.

Bu yüzyılda Mistichelli ve du Petit'i onayan birkaç çalışma olmuşsa da, yüzyılın ortalarında Alman hekim Joseph Lambert Baader (1723-1773), Freiburg'da çalışırken 1772'de ilginç bir hasta tanımlar. Bu hastanın sol kolunda epileptik sıçramalar olmaktadır. Başının sağ yanında bir abse bulunmuştur.Bunun sonucunda Baader, ilişkili sentral sinir liflerinin çapraz yaptığına inanmıştır. Duyum ve hareketin beyinde ters bir şekilde temsil edildiğini görebilmiştir. (Finger 194).

Birçok hekim 18'inci yüzyılda beyinden gelen sinir liflerinin bedenin karşı yarısındaki kasları kontrol ettiğine inanırken, zamanın çok ünlü hekimi olan Giovanni Battista Morgagni'nin (1682-1771) 1740'da bu konuda meslektaşlarını şaşırtmış olduğu anlaşılıyor. Çünkü

---

* Eustachio Piramid'leri ilk kez anatomik olarak 1552'de resimlemiştir. Piramid adını da 1664'de Thomas Willis vermiştir. (Finger 193).

Morgagni beyinden kaslara giden sinir liflerinin çapraz yapmadığını iddia etmiştir. Morgagni, hemiplejinin aynı tarafta meydana geldiği ve bunun hep aynı yanda seyreden liflerden oluştuğu iddiasında ısrar etmiştir. (Finger 194).

Ancak Morgagni bunu gerçekten söylemiş olsa bile, 1740'da 58 yaşında olmalıdır. Oysa onun anıtsal ve çok ünlü kitabı "*De Sedibuset Causis Morborumper AnatomenIndigatis*" kısaca De Sedibus'un ilk cildinin 2 ve 6'ncı bölümlerinde"*Apopleksi*"yi anlatırken intraserebral kanamanınkontrlateral hemipleji meydana getirdiğini belirtmiştir. (Öncel & Baser 1050-1052). Morgagni De Sedibus'u 1761'de yayınladığında 79 yaşındadır. Demek ki başlangıçtaki ipsilateral hemipleji düşüncesi yanlıştı ve sonradan görüşünü değiştirmişti.

18'inci yüzyılda bu konudaki en net ve kesin bilgiler İsveçli bilim insanı ve filozof Emanuel Swedenburg'dan (1688-1772) gelmiştir. Kuramsal olarak motor korteksi beynin frontal bölgesine lokalize etmiştir.Daha ayrıntı verecek olursak, korteks üst lobunda eller ve ayakların temsil edildiğini, orta lobun karın ve göğüsü innerve ettiğini, alt lobun baş ve yüz kaslarını kontrol ettiğini yazmıştır. Böylece kendisi ilk kez somatotopik motor organizasyonu öne sürmüştür. Daha birçok düşünce ve önerileri yaşadığı çağın bilgi düzeyini aşmıştır. İlginç olarak yaşamı süresince, yazdıkları çevreye yayılamamış ve yaşadığı süreç içinde tanınmamıştır. (Bkz. 17 ve 18. Yüzyıl)(Finger 194; Haas 343; Öncel69-71).

Motor Korteks ve Kortikospinal Yol Konusunda Yeni Adımlar

19'uncu yüzyılda ve özellikle 2'nci yarısından sonra motor korteks ve kortikospinal yol hakkında bilgilerimiz hızla artmaya başladı. Daha dikkatli ve bilinçli klinik çalışmaların yanısıra, deneysel olarak motor korteksin elektrikle uyarılması ve uyarılan bölgelerin ablasyonu (çıkartılması) çalışmaları yoğunlaştı. 19'uncu yüzyılda yine mikroskopların büyütme kapasitesindeki artışın etkisi ile hem tüm korteks ve hem de motor korteks üzerinde (insan kadavralarında da) Histolojik/Arşitektonik çalışmalar ortaya çıktı. Bu gelişmelere bağlı olarak serebral kortekste diğer motor alanlar keşfedildi. Ve 20'nci yüzyıla daha donanımlı olarak girildi.

Şunu hemen söylemek gerekirse, 19'uncu yüzyılın ilk yarısında devinimi kontrol eden en büyük inici yolun "*Korpus Striatum*"dan başladığı ve piramislerde çapraz yaptığı zannediliyordu, veya egemen olan görüş buydu. Bu görüş Avusturyalı Nörolog ve Laringolog Ludwig Türck (1810-1868) tarafından 1850'lerde tartışmaya açıldı. Beyinde sinir lifleri üzerine çalışıyordu. Kortikal lezyonlardan sonra piramidal yollarda meydana gelen dejenerasyonu izledi ve *Piramis* ve "*Kapsuler Traktus*" üzerinde dejenerasyon oluştuğunu gösterdi. Bu çalışmalarında Ludwig Türck, piramidal traktusta çapraz yapmayan ve daha küçük bir lif demetinin varlığını da kanıtladı. (Craige2023; Finger 200).

Günümüzde çapraz yapmayan piramidal liflerden oluşan bu yola "*Anterior Kortikospinal yol*" adı verilmiştir.

İrlanda kökenli bir hekim olan ve meslek yaşamını Londra'da sürdüren Robert Bentley Todd'a (1809-1860) da kronolojik sıra bakımından değinmeliyiz. Todd tek yanlı ekstremitede görülen fokal epileptik nöbetler ile, bu nöbetler sonrasında oluşan geçici ekstremite paralizisini 1849'da tanımlamıştır. Hatta fokal nöbet sonrası oluşan bu durumu, kaynaklandığı nöral bölgenin yorgunluğuna yormuştur. Sonradan nöbet sonrası ortaya çıkan bu geçici felç "*Todd Paralizisi*"* olarak adlandırılmıştır.Ancak Todd bu konuda daha ileri yorumlara gitmemiştir. Daha sonra 1858'de Hughlings Jackson "*Ünilateral Fokal Nöbetler*"i yayınlamıştır.(Pearce315)

Korpus Striatumu aşarak motor korteksin varlığını ve etkinliğini klinik gözlemlerle ortaya çıkaran kişi, İngiltere, Londra'da yaşayan ve klinik nörolojinin öncülerinden olan John Hughlings Jackson (1835-1911)'dur. 1850'lerde korpus striatum motor yolların en üst düzeyi olarak düşünülüyor ve kol-bacak kaslarına giden motor yolların merkezi olarak kabul ediliyordu. Epilepsinin alt beyin sapındaki bozukluklardan meydana geldiği, bir diğer yaygın düşünceydi. Jackson 1965'de tek yanlı paralizisi olan 500 kadar hastayı inceledi. Tek yanlı epilepsi ile hemiplejinin bedende olduğu kadar, beyinde de ayni bölgeleri kullanabileceğini düşünerek, her iki patolojiyi birlikte incelemenin önemli bir yöntem olduğunu gördü. Unilateral epilepside konvulsif devinim-

* R.B.Todd'un adı ayrıca Hot Toddyadlı bir alkollü kokteyle verilmiştir. Bu kokteyli de ilk bulan kişi Todd'dur.

lerin sıralı gidişinden (*sonraları bu duruma Jacksonien March ve unilateral motor epilepsiye de Jacksonien Epilepsi adı verildi*) yola çıkarak beynin işlevsel lokalizasyonu konusuna girdi. 1868 yılından sonra epilepsinin korpus striatumdan başladığı teorisini reddetti. Ve epilepsinin esas yerini serebral kortekse oturttu. Böylece çok sayıda özelleşmiş istemli hareketlerin de kortekste temsil edildiklerini öne sürdü. İlkel ve daha az beceri isteyen devinimlerin ise kortekste temsil edilmediğini ve bunların "*Korpus Striatum*" ve "*Serebellum*"da oluştuğunu belirtti. (Finger 195).Hughling Jackson bir nörologdu. Gözlemciliği ve filozof yapısı, gerek o dönem İngiltere'nin, gerekse daha sonraki dönemlerde dünyanın en büyük, öncü nörologlarından birisi olmasını sağlamıştır.H. Jackson epilepsi hastalarındaki gözlemlerine dayanarak beyinde motor kortekste "*Somatotopik Lokalizasyon*" (Beden şeması) varlığını bildirmiş, ve nöronal elektrik boşalımlarla tüm karşı beden yarısında topografik olarak sıralı epileptik kas kasılmalarının oluştuğunu gözlemiştir.H. Jackson'un ürettiği düşünceler ve tanımlar, zamanın biyologları ve klinisyenlerini de çok ilgilendirmiştir.Sensorimotor (duyum ve hareket) mekanizmalarda 3 evrimsel düzey olduğu hipotezini öne sürmüştür. (Haymaker & Baer. 308-311; Viets 772-773; Ertekin 211-212; Ertekin. 39-40) (Ayrıca Bkz.19. Yüzyıl-IV.)

Korteksin motor davranıştaki rolünü kanıtlamak için daha ileri araştırmalara gereksinim vardı. 1870'lerde memeli hayvan korteksinin elektrik uyarımı ile ilk, fakat önemli adımlar atıldı ve kanıtlar ortaya çıkmaya başladı. Ancak 19'uncu yüzyılın ilk yarısına bakacak olursak, beyin korteksinin elektrikle uyartılması konusunda görüşler olumsuz görünüyordu. Hatta beyin korteksi uyartılabilse bile, bunun akımın sıçrayarak esas itibarile korpus striatum ve/veya serebellumu aktive ettiğine inanılıyordu. Bu düşüncede olanlar arasında Flourens, Magendie, Schiff gibi zamanın ünlü bilimcileri ve hekimler de bulunuyordu. Hatta bu düşünceyi kanıtlamak üzere deneysel araştırmalar da yapıldı. Bunlardan Fransız fizyolog François Longet (1811-1871) ve Alman Fizyolog Julius Ludwig Budge (1811-1888) kortikal uyarım konusunu çalıştılar. Her ikisi de serebral korteksin elektrikle uyarılamayacağı sonucuna vardılar. 1842'de şöyle bir açıklama yapıyorlardı: "*Köpekler ve tavşanlarda ve bazı keçilerde bir neşter aracılığı ile korteksin beyaz cevherini uyarttık. Tüm yönlerde galvanik akım kullandık.Fakat hiç bir istem dışı devinim gelişmedi, konvulsif tremor oluşmadı. Ve gri cevher ya da kortikal maddede sonuçlar negatifti...*" Budge ise umutsuz ve hatta dogmatikti: "*Bir sonuca varmak gerekirse, uyarımdan sonra hiç bir kas kasılması oluşmadı. Büyük bir güvenle söylenebilir ki beynin hemisferinde tek bir sinir lifi bile yoktur*". (!!!) Oysa 1849'da Robert Todd (1809-1860) tavşanlarda kortikal ve subkortikal bölgeleri galvanik akım ile uyarttı ve her iki yandan uyarım ile motor yanıtlar elde etti. Fakat Todd kendi elde ettiği bulguları yeterli görmemiş ve bu konuda çalışmaya devam etmemiştir. Herhangi bir olumlu ya da olumsuz yorumu da yoktur.

Artık tarihsel sıra 2 Alman bilimciye, Anatomist Gustav Theodor Fritsch (1838-1927) ve Nöropsikiyatrist EduardHitzig'e (1838-1907) geliyor. (Bu konu diğer bir bölümde ayrıntılı olarak yazılmış (Bkz. 19. Yüzyıl-IV.) olmakla beraber, daha kısa bir özet verilecektir.). Fritsch ve Hitzig, kendilerinden önceki araştırıcıların muhtemelen beynin ön alanlarını uyartmadıklarını ve posterior kortikal alanların kolaylıkla uyartılamayacağını tahmin etmişlerdi. Bu şekilde çalıştıkları söz konusu olabileceği için kortikal uyarım çalışmalarında olumsuz sonuçlar aldıklarını düşünmüşlerdi. Köpeklerin motor korteksi üzerinde anodal elektrik uyarım yaparak karşı beden yarısında üst ve alt ekstrmitede kas devinimlerini gösterdiler. Uyarımla devinim elde ettikleri frontal bölgeleri ablasyonla çıkarınca o bölgenin karşı yarısında bir parezi meydana gelmişti. Bu tam bir felç olmuyordu, ama o ekstremite sarsak hâle geliyordu. 1870'de bu sonuçları yayınlayarak, Frontal lobta bir kortikal motor lokalizasyon olduğunu kanıtladılar. (Finger 198; Ertekin.37-38; Glickstein 18-19; Haymaker & Baer 138-142; Wickens 226-227).

Her 2 araştırıcı kortikal lezyon yaptıkları hayvanlarda, zamanla kısmî bir düzelme olduğunu gördüler. Buradan giderek beyin korteksinde birden fazla motor merkez olduğu sonucuna vardılar. Özellikle Hitzig, 1900 yılında, en azından 2 temel motor sistem olduğu sonucuna ulaşmıştır. Hayvan silsilesi yükseldikçe, ilkel reflekslere ek olarak, serebral kortekste bir organizasyonun geliştiğini ve böylece motor korteksin gelişiminde artış olduğunu söylemiştir (Finger 198).

1876'da İskoç bilim insanı Nörolog ve Psikolog David Ferrier (1843-

1928), özellikle maymunlarda, korteksi hem elektrik stimulasyon ile incelemiş, hem de ablasyon deneyleri yapmıştır. Frontal kortekste, sulkus sentralis kıyılarında (Rolandik Yarık)*, elektrik uyarımlarla karşı beden yarısında devinimlerin meydana geldiğini göstermişti. Özellikle sentral sulkusun ön bölümlerinin elektrik uyarımlara karşı çok duyarlı olduğunu bildirmişti. Çalışmalarında faradik akım kullanmıştır. Sadece frontal lobta değil, ayrıca pariyetal ve temporal lobların bazı kısımlarında da motor etkiler saptadı. Bunun üzerine şu yorumu yaptı:"*Hemisferin herhangi bir yerinden uyarım ile devinim olması,o bölgenin klasik anlamdabir motor korteks alanı olduğunu göstermez. Bazen hareketler "motor" olmaktanötede başka anlamlar taşır*". Örneğin temporal alanda bir konvolusyonun uyarımı ile kulaklarda, baş ve gözlerde hareket saptadı. Bu bölgenin bir motor merkez olmaktan çok işitme için bir merkez olabileceğini belirtmiştir. (Glickstein 219; Finger198).

Bu kortikal uyarım ve ablasyon çalışmalarına rağmen, hem araştırmalar ve hem de tartışmalar artmıştır. 1880'lerde İngiliz beyin cerrahı Victor Horsley (1857-1916) motor korteks denen bölgenin özelliklerini ve sinirlerini araştırmaya başladı. Horsley Rolandik yarık önündeki presentral girusun saf bir motor korteks olduğuna inanmadı. Kendi incelemeleri sonucunda presentral girusun hem motor ve hem de duysal işlevler taşıdığı sonucuna ulaştı. İngiltere'den Grünbaum ve Sherrington 1902-1903 yıllarında deneysel olarak "*Büyük Ape*" maymunlarında kortekse elektrik uyarım uygulayarak bir topografik harita ortaya çıkardılar. Presentral korteksten motor yanıt alırken, postsentral korteksten motor yanıt alamadılar. Pre ve post sentral bölgelere ayrı ayrı ablasyon yapınca sadece presentral girus ablasyonunda parezi meydana geldi. Artık hastane koşullarında insanlar üzerinde çalışmalar yapılacak kadar bilgi birikimi olmaya başlıyordu. Nitekim, Berlin'de beyin cerrahı olarak çalışan Fedor Krause (1857-1937), 1911'de kortikal nedbeleri çıkarırken bazı hastalar üzerinde motor korteksi fa-

* İtalyan LuigiRolando (1773-1831), günümüzde, beyin korteksinde "SulkusSentralis" adı ile bilinen ve Frontal lob ile Paryetal lobu ayıran yarığı keşfetmiştir. Buna Rolando yarığı denmiştir. Bu yarığın önünde motor işlevleri taşıyan girus (PreRolandik korteks) ve arkasında ise duyumları alan girus (Post Rolandik korteks) bulunmaktadır. (Ayrıca Bzk Resim 20-2)

radik akım ile uyartmaya başladı. Karşı beden yarısında tüm devinimler presentral motor korteks uyarımı ile ortaya çıkıyordu. Presentral girusun üst kısımlarının uyarımında alt ekstremite kasları, presentral girusun ¼ alt kadranının uyarımında yüz, çiğneme kasları, dil, larinks kasları kasılıyordu. Girusun ¼ orta bölümünün uyarımında ise kol ve elde devinimler oluyordu. Böylece insanda zararsız bir şekilde ilk kez medikal anlamda kortikal stimulasyon Fedor Kraus tarafından yapılmış oldu. Bu tıp alanında önemli bir geçiş noktasıydı. Bunu yine Almanya'dan Otfrid Foerster (1873-1941) ve tabii ki bundan sonra Kanada McGill Üniversitesinden Wilder Graves Penfield'in (1891-1976) insanda beyin ameliyatları sırasında kortikal uyarım çalışmaları izledi. Ve presentral girusta "*Motor Homonculus*" adıyla beden devinimleri somatotopisi veya haritası ortaya çıkarıldı. (Sonraki 2 beyin cerrahi için Bkz. 20. Yüzyıl-II). (Finger 198-207; Glickstein 217-221; Wickens 324-330; Eckoldt 170; Kandell et al 1246; Penfield and Jasper Kitap 1954).

Piramidal Yol Anatomisi

20'nci yüzyılın sonlarına doğru, beyin korteksinin elektrik ve daha çok da manyetik uyarımlarının, hastanelerde tanı ve tedavi programları içine girdiğini görüyoruz. İnsan beyninin kafa saçlı derisi üzerinden uyarımının teknik olarak mümkün olabileceği, ilk kez 1896'da "*Manyetik Alan*" uyarımları ile Fransız hekim ve fizikçi Jacques-Arsène d'Arsonval (1851-1940) ve diğerleri tarafından ortaya konmuştur. Pratik uygulaması zor olmakla beraber manyetik uyarımın insan beyninde "*Fosfen*" veya "*Magnetofosfen*" dediğimiz ışık patlaması şeklinde algılandığını ayırt etmişlerdir. Ancak bunun insan retinası ile ilgili olabileceğini de söylemişlerdir. Daha sonraları manyetik alan veren bobinler geliştirilmişse de, bunlar klinik uygulama pratiğine girememiştir. (Ertekin 40; Ertekin et al 11; Ertekin 634).

1950'li yıllarda ABD'deH.D. Patton ve Vahe E. Amassian (1924-2013) deneysel olarak kortikal elektrik uyarımın fizyolojik temellerini açıklamışlardır. Kortikal Betz piramidal hücrelerinin direkt aksonal uyarılması ile ilk önce *D-Wave* denilen tek bir impuls piramidal aksondan aşağı iletilir. Ancak kortikal uyarım, kortikal motor hücrelerle sinap-

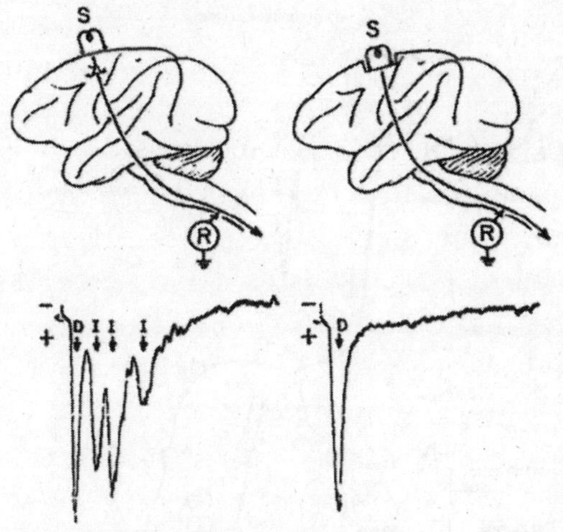

Resim 22.2. Deneysel olarak piramidal nöronların elektrofizyolojik yöntemle uyartılması: Solda korteks yüzeyinden, sağda subkortikal olarak piramidal nöronlar uyartılıyor. Altta beyin sapından kaydedilen piramidal nöronların uyarılmış potansiyelleri görülüyor. Korteks uyarımında hem direkt (D-dalgası) hem de indirekt, ara nöron aracılığı ile oluşan daha geç dalgalar (I-dalgaları) ortaya çıkarken, Subkortikal uyarımla sadece D-dalgası ortaya çıkıyor. (Patton HD & Amassian ve; J Neurophysiology 17, 345-363, 1954.)

tik bağlantı yapan ara nöronları ve onlar da kortikal Betz hücrelerini uyartır ve böyleceD-dalgasının hemen ardından ardışık birkaç uyarım şeklinde indirekt I-Wave denen dalgalar aynı piramidal aksonları kullanarak omurilikte alt motor nöronlara ulaşırlar. Bu kedi ve maymunda gösterilen kortikal uyarım mekanizmasıdır. (Patton & Amassian 345-363).

Bunlar indirekt yollarla insanda da çok sonraları gösterilmiştir. Klinik uygulama açısından bugünkü gerçek anlamı ile "*Transkranial Kortikal Uyarım*" ve ilişkili kaslardan yanıtların EMG yöntemi ile kayıtlanması (MEP=*Motor Evoked Potentials*) İngiltere'de 1980'de P.H. Merton ve H.B. Morton tarafından başlatılmıştır. Elektrik uyarımların pratik uygulamada ağrılı olması nedeni ile 1985'de İngiltere'de Sheffield Üniversitesinden Anthony Barker ve ark.ları tarafından magnetik uyarım tekniği uygulamaya konmuştur. (Merton & Morton 227; Barker et al 1106-1107).

19'uncu yüzyıl sonlarından 20'nci yüzyıla girerken histolojik ve

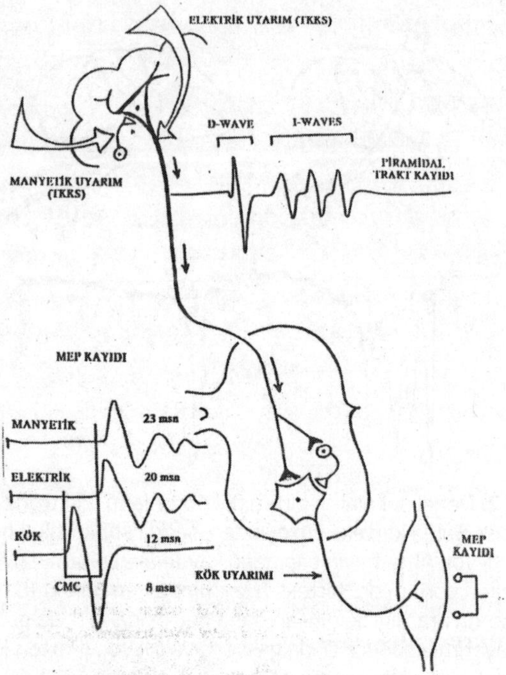

Resim 22.3. İnsanda kafa saçlı derisinden Trankranial Magnetik Uyarım (TMS) ve Elektrik (Anodal-TKKS) uyarımın yarı şematik olarak karşılaştırılması. Elektrik uyarım daha kısa latanslı Motor Evoked Potansiyelleri (MEP) meydana getirirken, TMS ile daha geç kas yanıtları ortaya çıkıyor. Çünkü Elektrik uyarımla piramidal nöronlar direkt uyartılıyor. İlişkili mekanizmalar çizimlerle gösteriliyor. (CMC: Central motor conduction.) (Ertekin C, Zileli M, Ertaş M: Motor Evoked Potansiyeller. Klinik Nörofizyoloji-EEG-EMG Derneği Yayınları, İzmir, 1992.)

anatomik çalışmaların da motor korteks organizasyonu ve kortikospinal yol hakkında çok önemli katkıları olmuştur. Örneğin Paul Emil Flechsig (1847-1929) beyin ve omurilikte myelinli sinir liflerinin myelinizasyonunu izlemek yolu ile (Myelogenesis ve Seconder Dejenerasyon teknikleri ile) hem deneysel olarak ve hem de insan kadavralarında incelemeler yapmıştır. Dorsal spinoserebellar traktusu bulması yanında, presentral ve postsentral kortikal bölgelerden inen motor lifleri incelemiş ve piramidal yoldaki liflerin myelinize olduğunu belirtmiştir. Kapsula internayı anterior, posterior ve genus (diz, birleşme bölgesi) olmak üzere üçe ayırmıştır. 1893'te "*myeloarchitec-*

ture" temeline dayanarak 36 farklı kortikal alan olduğunu söylemiştir. Korteksi primer ve sekonder motor ve sensorial projeksiyon alanları ile, asosiyasyon veya bilişsel alanlar olmak üzere 2 temel bölgeye ayırmıştır. (Haymaker & Baer 31-34). Maymun çalışmalarında da piramidal traktusun çapraz yaptıktan sonra omurilikte lateral kolumnaya geçtiği gösterilmiştir. Giderek insanda piramidal yolun varlığı mikroskopik olarak kanıtlanmıştır.

1874'de Ukraynalı histopatolog Volodymyr Oleksiyovych Betz (Vladimir Betz) (1834-1894), memeli hayvanlar ve insanda kortikal gri cevherde "*Dev Piramidal hücreler*"i tanımlamıştır. Sonradan bu hücrelere "*Betz Piramidal Hücreleri*" adı verilmiştir. Sinir sisteminin en büyük hacimli hücreleridir.Betz hücrelerinin bulunduğu bölge Brodmann'ın korteksteki 4. alanına uymaktadır. (Erzurumlu et al 60-61).

Bu keşiften 4 yıl sonra William Bewan Lewis (1847-1929) 1878'de dev piramidal hücrelerin özellikle hareketle ilgili olduğunu bulmuştur. Sherrington köpeklerde Betz piramidal hücrelerini tahrip ettikten sonra Betz hücresi aksonlarına uygun olarak, piramidal traktusta dejenerasyon olduğunu ortaya çıkarmıştır. Daha sonraları Makak maymunlarında kortikospinal liflerin% 80'inin 4'ncü alandan köken aldığı gösterilmiştir.

1930'lu yıllarda frontal motor korteksteki 4'üncü alanın primer motor korteks olduğu anlayışı, değişik yazarların katkıları ile doğrulanmıştır. Bunun yanısıra 4'üncü alanın önündeki 6'ncı alanın da motor devinimlerle ilgili olduğu saptanmıştır. İnsan beyin korteksi açısından da Otfrid Foerster (1873-1041) 4'üncü alan ile 6'ıncı alan arasında işlevsel farklılıklar olduğunu bildirmiştir.

Aslında çok daha önceleri, Oscar ve Cecille Vogt 1919'da Brodmann'ın 6'ıncı alanını sitoarşitektonik yöntemle detaylı olarak araştırmışlar ve 6'ıncı alanda dev Betz piramidal hücrelerinin bulunmadığını göstermişlerdir. 6'ıncı alandan çıkan efferent inici liflerin piramidal traktusta çok az bulunduğu gösterilmiştir. 6'ıncı alan liflerinin çoğunun 4'üncü alan, "*Substantia Nigra*" ve "*Nukleus Ruber*"e gittiği anlaşılmıştır. Bu nedenlerle 6'ıncı alana "*Premotor korteks*"ve 4'üncü alana da "*Motor korteks*" adı verilmiştir. Deneysel olarak yaratılan 4'üncü alan lokalize lezyonunda ortaya çıkan felcin gevşek olduğu,

6'ıncı alanın lezyonunda ise spastik (kasıntılı) hemipleji ortaya çıktığı görülmüştür.Her 2 alan birlikte tahrip edildiğinde spastik hemiparezi ortaya çıkmıştır. (Finger 204-205; Glickstein 217-219).

Frontal premotor alan ve sonra saptanan diğer motor alanların, kompleks devinimler sırasında, koordinasyon ve motor programlamayı sağladığı anlaşılmıştır. Primer motor korteks (4'üncü alan) dışındaki bu alanlar, posteror parietal ve prefrontal asosiyasyon kortekslerinden gelen bilgileri alırlar ve bunları primer motor alana (4'üncü alan) iletirler. Böylece bu etkiler de kortikospinal yol ile omurilikte bulunan alfa motor nöronlara ulaşmış olur. Ön boynuz hücreleri de, son motor yol olarak, gereken çizgili kaslarla bağlantılar kurarlar. (Kandell et al 654-656).

KAYNAKLAR

Jean A.: Brain stem control of swallowing: neuronal network and cellular mechanisms. Physiol Rev;81:929–969. 2001.

Ertekin C, Aydogdu I.: Neurophysiology of swallowing. Clin Neurophysiol. 114,2226-2244, 2003.

Ertekin C.: Electrophysiological evaluation of oropharyngeal dysphagia in ALS. Clinical neurophysiology of motor neuron diseases.In: Eisen A, editor. Handbook of clinical neurophysiology, Vol. 4. Elsevier; p. 487—512 [Chapter 28].2004.

Glickstein M.: Neurosience; a historical introduction. The Mit Press-Cambridge, Massachusetts, London. England (First Mitpress paperback edition).2017.

Kandel ER, Schwartz JH, Jessel TM: Principles of Neural Science -4.edition. Mcgraw-Hill. NewYork. 2000.

Lawrence DG & Kuypers HGJM.: The functional organization of the motor system in the Monkey. I-The effects of bilateral pyramidal lesions . Brain 91,1-14,1968.

Kuypers HGJM.: The anatomical and functional organization of the motor system; In: M.Swash C.Kennard (Eds) Scientific Basis of Clinical Neurophysiology. pp 3-18, Churchill Livingstone. NewYork 1985.

Bayat AH.: Tıp Tarihi. Zeytinburnu Belediyesi Kültür Yayınları. 3. Basım. İstanbul. 2016.

Finger S.: Origins of Neuroscience. A history of explanations into brain function. Oxford University Press. NewYork. 1994.

Ertekin C.: Tıbbın Öyküsü. Türkiye İş Bankası Kültür yayınları. 5. Basım. 2019, İstanbul.

Pearce JM.: The Neurology of Areteaus : radix pedis neurologia. Eur Neurol.70, 106-112, 2013.

Haas LF.: Areteaus of Cappodocia (130-200). J Neurol.Neurosurg.Psychiatry. 54, 203 1991 .

Haas L.F: Emanuel Swedenborg (1688-1772). J.Neurol.Neurosurgery Psychiatry, 56, 343, 1993.

Öncel C.: Nörolojinin Öncüleri. Antik çağdan 20'nci yüzyıla. Nobel Tıp Kitapları. İstanbul 2018.
Wickens APA: History of the Brain –from stone age surgery to modern Neuroscience. Psychology press. Taylor and Francis Group. London and NewYork,2015.
Pearce JM.: Robert Bendley Todd (1809-60) and Todd's Paralysis. J. Neurol. Neurosurg. Psychiatry. 57,315,1994.
Öncel C & Başer S.:Giovanni Battista Morgagni. (1682-1771). J.Neurol. 263, 1050-1052,2016.
Craige EH.: Turck, Ludwig. Complete Dictionary of ScientificBiography. Encyclopedia.com. 19sept. 2023. http:// www.encyclopedia.com.
Haymaker W, Baer KA.: The founders of neurology. Charles C. Thomas Publisher. Springfield. 1949.
Viets HR.: The History ofNeurology in the last one hundred years. Bull. NY.Acad. Med. 24;772-783, 1948.
Ertekin C.: EMG'nin Tarihsel Gelişimi (1890-1960). Klinik Norofizyoloji EEG-EMG Derneği Yayın No.11. Kitap Vitrini. İzmir .2014.
Eckoldt M.: Beynin ve zihnin kısa tarihi: duygular ve düşünceler nasl oluşur? Say Yayınları. İstanbul 2018.
Penfield W & Jasper H.H: Epilepsy and functional anatomyof the human Brain.Little Brown. Boston, ABD 1954.
Ertekin C, Zileli M, Ertaş M: Motor Evoked Potansiyeller. Klinik Norofizyoloji-EEG-EMG Derneği Yayınları No-1. Bornova. İzmir.1992.
Ertekin C.: Sentral ve Periferik EMG. Meta Basım. Bornova, İzmir. 2006.
Patton HD & Amassian VE.: Single and multiple–unit analysis of cortical stage of pyramidal tract activation. J Neurophysiology 17,345-363,1954.
Merton PA & Morton HB: Stimulation of the cerebral cortex in the intact human subject. Nature, 285, 227, 1980.
Barker AT, Jalinous R, Freestone I.L: Non-Invasive magnetic stimulation of the human motor cortex. Lancet i:1106-1107.1985.
Erzurumlu R, Şengül G, Ulupınar E. Nöroanatomi. Güneş Tıp Kitabevleri. İstanbul.2019.

EK-1: Komut Nöron'undan Ayna Nöron'una

Ayna Nöronlar, özel bir sınıf kortikal "*Visuomotor*" beyin hücreleridir. 1996 yılında İtalya'da Parma Üniversitesinde çalışan Nörofizyolog Giacomo Rizzolatti(1937-) ve arkadaşları maymunların Premotor Korteksindeki "*Komut-Nöronları*" üzerinde çalışırken garip bir olayla karşılaştılar. (Rizzolatti et al 131-141). Bu önemli olaya geçmeden önce kısaca bu komut hücreleri ve önceki gelişim durumuna değinmek gerekecektir.

Bu "*Motor–Komut hücreleri*" yıllarca önce ABD'li Nörofizyolog Vernon Benjamin Mountcastle (1918-2015) tarafından keşfedilmişti. Mountcastle 20'nci yüzyılın 2'nci yarısında etkin olan çok önemli nörofizyologlardan biriydi. 1957 ve 1959'da beyin korteksinin vertikal kolonlar halinde çalıştığını kedi ve maymun beyinlerinde göstermişti. Serebral korteks içindeki her bir "*Mikro-Kolon*"da yaklaşık 100 kadar nöron bulunuyordu.Serebral korteksteki Mikro-Kolon sayısı da birkaç milyon civarındaydı. Bunlar Serebral korteksin temel işlevsel birimleriydi. Bu duruma Mountcastle "*Kolumnar Organizasyon*" adını verdi. (Mountcastle 701-722; Mountcastle et al 871-908). Mountcastle ve öğrencileri Prefrontal ve Posterior Parietal bölgedeki asosiyasyon alanlarını incelemeleri sırasında, deney maymunları uyanıktı. O sırada Motor-Komut adını verdikleri bazı nöronların hücresel düzeydeki kayıtlamalar sırasında aktive olduklarını, ateşlenebilecek düzeyde olduklarını gördüler. Bu çalışmaların sonunda "*Visuomotor kortikal nöronlar*"ın özellikleri iyice ortaya çıkmıştı (Sejnowski 6523-6524; Merzenich 1-20).

Giacomo Rizzolatti ve arkadaşları da Primatlarda Prefrontal Komut nöronları üzerine koydukları iğne elektrodlar yolu ile bu hücrelerin davranış özelliklerini inceliyorlardı. Maymun kendisine uzatılan cevize el atar atmaz bu hücrelerin bazıları hemen aktif hâle geçiyordu. Deneyin devamında oradaki bilim insanlarından biri cevize dokunduğu sırada, maymun kımıldamasa bile, tıpkı bir önceki deneyde olduğu gibi, aynı hücrelerin yine aktif hâle geçtiğini gözlemlediler. Diğer bir maymunla birlikte aynı deney tekrarlandığında, diğer maymunun cevize uzanarak el atması karşısında, deney altındaki birinci maymunun nöronlarında aynı tip aktivite ortaya çıkıyordu. Esas maymun, diğer maymunu "*izlerken*" bu durum oluşuyordu. O halde bunlar sadece Motor-Komut nöronları değildi, diğer bir hayvanın bakış açısını da benimsiyorlardı. Bu nöronlar sanki, diğer maymunların zihinlerini okuyor, niyetlerini çözüyorlardı. Rizzolatti ve arkadaşları bu nöronlara "*AYNA Nöronları*" adını verdiler. Primatların bir tür sosyal hayvanlar olduğu kabul edildiğine göre, topluluk birbirini taklit ederek birlikte hareket etme yeteneklerini kullanıyordu. (Rizolatti et al 131-141; Rizolatti & Craighero 169-192; Eckoldt 208-210; Ramachandran 170-173).

Bu konu geniş bir ilgi topladı ve sonraları daha birçok araştırma yapıldı. Ayna Nöron sisteminin bilateral olduğu ve en çok Parietal ve

Premotor kortikal alanlarda yer aldıkları gösterildi. Ayna Nöron sisteminde başka birisi gözlenirken, onun sadece görsel olarak değil, "Ses"i ve devinimleri ile 3 boyutlu olarak algılandığı sonucuna varıldı (Rizolatti & Craighero 169-192; Benarroch 91-92) .

Prefrontal ayna nöronlarının 2 ayrı tipte olduğu bildirildi. Bunlar "*Ingestive*" ve "*Communicative*" ayna nöronları olarak adlandırıldı. Ingestive (Beslenme ile ilgili) ayna nöronların, elin gıdayı yakalayıp ağza götürmesi ve emme gibi devinimlerle aktive oldukları anlaşıldı. Bu devinimlerde önce hareketin tam aynısında aktive olan nöronların öne çıktığı belirtildi. Diğer bir grub ayna nöronların ise, gözlenen devinime benzeyen veya işlevsel olarak anımsatıcı nöronlar oldukları ortaya çıktı. Birinci grup ayna nöronlar çok şiddetli ve yoğun bir şekilde aktive oluyorlardı. Bu dudak hareketleri ve mimiklerin izlenip, taklit edilmesi ve hatta Empati yaratmasında Ayna Nöronların aktif hâle gelmelerinin Evrim ile ilgili olduğu öne sürüldü. (Rizzolatti & Craighero 169-192).

İnsanda Ayna Nöron Sistemi

İnsanda "Ayna Nöronlar" açısından tam anlamı ile tek nöron aktivitesi ölçümü şimdiye dek yapılamamıştır, insanda bu sistem hakkında direkt bilgi yoktur. Fakat bu konuda Ayna Nöron Sisteminin varolduğuna dair bulgular, klinik gözlemler ile Klinik Nörofizyoloji ve Beyin Görüntüleme tekniklerinden gelmiştir.Seattle Washington Üniversitesinden Psikolog AndrewN. Meltzoff (1950-)'un bebek ve küçük çocuklarda taklit etme durumlarını incelerken insanla ilgili çok önemli bir gözlemi olur. Yeni doğan bir bebek annesinin dilini çıkarttığını gördüğünde, bebek de aynı hareketi yapmıştı. Burada sözü edilen bebek doğduktan sonra sadece birkaç saat geçmiş bir bebektir. Bu gözleme göre bu çağrışım "*Öğrenme*" den kaynaklanmıyordu. Bilindiği gibi annenin gülümsemesinin yansıması olarak, bebeğin gülümsemesi biraz daha geç meydana gelir. Ama bu tartışılan olayın doğuştan olduğuna inanılmıştır. (Ramachandran 177).

İnsanlarda bir kişi aktif halde iken, inaktif olarak onu gözleyen diğer bireyde de beynin bazı aktivitelerinde -EEG- benzerlikler meydana geldiği gösterilmiştir. Bunu ilk kez Fransa'da Henri Gastaut (1915-1995) ve öğrencileri 1950'li yıllarda saptamışlardır. EEG'de MÜ-Ritmi denen bir aktivitenin bir kişinin yumruğunu sıkması ile ortaya çıktığını görmüşler. Ama bundan da ilginci onu gözleyen kişinin beyninde de elini sıkmadığı halde, ayni MÜ ritminin ortaya çıktığı görülmüş. Bu gözlem sonraları 1990'ların sonunda ve 2000'li yıllarda EEG kayıtlamaları ile ve Magnetoensefalografi ile de teyit edilmiştir. (Rizzolatti & Craighero 169-192; Ramachandran 173). İnsan beyninde MRI ve diğer görüntüleme teknikleri ile de Ayna Nöron sisteminin insanda varlığını telkin eden bulgular saptanmıştır.

Rizzoletti'nin Ayna nöronlarını keşfinden bu yana farklı tipte nöronlar bulunduğuna tanıklık ediyoruz. Bunlardan biri de Toronto Üniversitesinde gerçekleştirilmiştir. Bilinç açık hastalarda ameliyat yapılırken hastaların "*Anterior Singulat Korteks*"indeki hücrelerden kayıtlamalar yapılmış. Singulat korteksteki nöronların ağrıya tepki verdikleri uzun süredir biliniyordu. Hatta bunlara "*Duysal ağrı nöronları*" deniyordu. Bu insan deneyinde, hasta uyanık olarak başkalarını izlerken, başka birinin iğne ile derisinin dürtüldüğünü gördüğünde, beyin hücrelerinde yoğun bir nöronal aktivite ortaya çıkmıştır. Bu gözlem "*Singulat Korteks Nöronları*"nın başka birini izlerken "*Empati*" kurması şeklinde yorumlanabilir. (Ramachandran 173-174).

Böylece Ayna-Nöron Sistemi'nin, taklit, empati ve hatta öğrenme-konusunaönemli katkılar yaptığı tarzındayorumlar vardır. Ve yine yüz mimiklerinin, ses ve dudak hareketleri aracılığı ile öğrenmenin temelinde önemli roller aldığı giderek anlaşılmaktadır.

Ayna Nöron Sisteminin yaptığı şey, diğer bir kişiye etkin bir biçimde "*Empati*" kurmamızı sağlamaktır. Diğer kişinin niyetlerini okumamıza yardım etmektedir. Ayna Nöron Devreleri temelde, insanlarda diğer kişilerin sadece eylemlerini değil, hatta daha çok Zihinsel Yönlerini biçimlendirecek kadar gelişim göstermektedir.(Ramachandran 51-52).

Son olarak şunları ekleyebiliriz; eğer biz yaşamak istiyorsak, diğerlerinin eylemlerini anlamak zorundayız. Öte yandan anlama eylemi olmaz ise "*Sosyal Organizasyon*" da mümkün olmaz. Diğerlerinin eylemlerini öğrenmede önemli bir işlev de "*Taklit ile Öğrenmek*" tir. (Rizzolatti & Craighero 169-192).

KAYNAKLAR

Rizzolatti G. et al : Premotor Cortex and the recognition of motor actions. J.Cognitive Brain Research. 3, 131-141,1996.

Mountcastle V.: The Columnar Organisation of the Neocortex.Brain 120, 701-722,1997.

Mountcastle V.et al.: Posterior Parietal association cortex of monkey; Command functions for operationswithin extrapersonal space. J.Neurophysiology. 38,871-908, 1975.

Sejnowski T.J. : Vernon Mountcastle ;father of Neuroscience. PNAS, 112, 6523-24, 2015.

Merzenich M. : Vernon Benjamine Mountcastle (1918-2015). National Academy of Sciences. 1-20, 2016.

Rizzolatti G.& Craighero L.: The Mirror-Neuron system. Annu.Rev.Neurosci. 27,169-192, 2004.

Eckoldt M.: Beynin ve zihnin kısa tarihi . Say Yayınları, İstanbul 2018.

Ramachandran VS.: Öykücü Beyin, Alfa-Bilim, İstanbul 2019.

Benarroch EE.: Basic Neurosciences with Clinical Applications. Butterworths, Heinemann-Elsevier. Philadelphia 2006.

23

İnsanda Motor Davranış Tarihi-II

Basal Ganglionlar ve Serebellum

İstemli motor hareketlerle ilgili kararlar kortikal asosiyasyon (birliktelik) alanlarının süzgeçinden geçtikten sonra, hareketle ilgili motor korteks üzerinden motor emirler, başta piramidal yol olmak üzere, inici yollarla omuriliğe iletilir. Bu süreçte, harekete yönelik bilgilerin değerlendirilmesi ve düzenlenmesinde "*Basal Ganglionlar*" ve "*Serebellum*" görev alır. Serebellum hem çevreden gelen bilgileri, hem de kas ve tendonlardan gelen "*Proprioceptive*" (Propriyoseptif) kinestetik duyumları değerlendirerek beden dengesinin ve pozisyonunun korunmasında önemli işlevler üstlenir. Basal ganglionlar ise, hemen hemen tüm kortikal alanlardan gelen uyaranları değerlendirerek, motor devinimlerin koordinasyonunda kortekse geri bildirim (Feed-Back) sağlar. (Erzurumlu et al89).

Basal ganglionların ve serebellumun normal işlevleri oldukça geç anlaşılmıştır. Burada ilginç olarak ve çoğunlukla bu yapılara ait hastalıklar üzerinden değerlendirmeler yapılmış, daha sonraları, normal işlevleri ve anatomik organizasyon ayrıntıları anlaşılmıştır. 19'uncu yüzyılda, basal ganglionlar, motor sistemin en önemli ve en büyük komponentlerinden biri olarak biliniyordu ve hatta 20'nci yüzyıl başlarında da bu inanış devam ediyordu. Piramidal sistemden ötede ve ona bağlanmaksızın "*Ekstrapiramidal*" motor sistem olarak adlandırılmıştı. Bu görüş, klinik yansıması ile birlikte gidiyordu. Motor sistemde 2 farklı bozukluk vardı. Bunlardan birincisi "*Piramidal Sendrom*"du, ikinci motor sendrom da "*Ekstrapiramidal sendrom*"du. Piramidal sendrom deyince "*Paralizi*" (çoğu kez hemiparezi) ve "*Spastisite*" denen bir kas hipertonusu anlaşılıyordu. Ekstrapiramidal Sendromda ise, paralizi olmadan hareket kısıtlılığı, rijidite (kaslarda farklı bir tonus artışı) ve/veya istem dışı hareketler görülüyordu. Ancak böyle bir basit ayırım tatmin edici olmaktan çok uzaktı. Her şeyden önce, her iki bölge birbirinden ayrı lokalizasyonlarda bulunuyorlardı. Ekstrapiramidal çekirdekler subkortikal bölgede dağınık olarak yer alıyorlardı. Serebellum da işin içinde görülüyordu, ama o korteksten daha da uzaktaydı. Öte yandan işlevleri bakımından kortikospinal piramidal sistem ile ekstrapiramidal sistemi birbirinden tamamen ayırmak pek olası görünmüyordu. Aralarında çok yoğun bağlantılar vardı. (Kandell et al 853-854).

İnsanlığın geçmişinde geleneksel olarak, piramidal yolun tüm normal istemli devinimler için gerekli olduğu kabul ediliyordu. Kapsula interna düzeyinde tüm liflerin leze olması halinde ileri bir felç meydana geldiğini hekimler görebiliyordu. Hatta buna "*Kapsuler Hemipleji*" deniyordu. Böyle bir durumda kortikospinal yolun tahribatına ek olarak, daha başka inici yolların da leze olduğu düşünülüyordu, ve bu yolların varlığı hakkında kuşkular belirmişti. Maymunlarda sadece piramidal yol kesildiğinde hafif bir hareket bozukluğu meydana geldiği ve ancak el ve ayak bölgelerinde güçsüzlük olduğu saptanınca, farklı düşünceler ortaya çıkmaya başladı. (Lawrence & Kuypers 1-14). Oysa insanda, kapsuler lezyonlarda, çok ileri bir hemiparezi ortaya çıktığına yukarda değinmiştik. O halde kapsuler hemiparezi saf bir piramidal sistem bozukluğu olmayıp, onun yanısıra eskiden ekstrapiramidal dediğimiz sistem de leze oluyor ve klinik tabloya ekleniyordu. Kısacası bu bilgi ve gözlemler sonucu piramidal yolun kökeninin kortikal olduğu ve ekstrapiramidal liflerin ise subkortikal yapılardan geldiği anlaşıldı. (Glickstein 226-227).

Giriş bölümüne şunu da eklemek gerekir. İnsanlık tarihi boyunca Parkinson hastalığı gibi basal ganglion hastalıkları olduça sık olarak ortaya çıkmıştır. Toplum içinde sıklıkla ortaya çıkması yanısıra, klinik tablo da görüntü olarak çok çarpıcıydı. Serebellar ataksiye gelince, alkollü içki kullanımı ile bağlantılı olarak ortaya çıkabilmesi ve geçici serebellar ataksinin normal insanlarda da görülebilmesi ayrı bir merak ve motivasyon konusu olmuş olabilir.Bu hastalıklar ve toksik durumların çözümüne yönelik çalışmalar, hastalıkların tedavisinde olduğu kadar serebellum ve basal ganglionların işleyişinin daha iyi anlaşılmasında da yararlı oldu. Ama bu çözümlemeler öyle çok kolay olmadı. Bunu basal ganglionlar ve serebellumla ilgili keşifler tarihinde görüyoruz.

Basal Ganglion Hastalıkları Üzerinden Hareket Sistemini Daha İyi Anlıyoruz.

Basal ganglionlar hareketlerin başlatılmasında, hareket hızının ve büyüklüğünün ayarlanmasında, yürüme, bisiklete binme, araç kullanma gibi öğrenilmiş motor programların ve ardışık harekeketlerin otomatik bir şekilde uygulanmasında, kas tonusunun ayarlanmasında çok önemli görevler alırlar. (Erzurumlu 89-99; Kandell et al 863-867; Ertekin et al.12-19; Benarroch 513-534). Her ne kadar basal ganglionlar klasik olarak motor yapılar gibi düşünülseler de, ayrıca kognitif işlevleri de vardır. Bunlara öğrenme, bellek ve davranış özellikleri ve emosyonlar dahildir. (Glickstein 227-229; Erzurumlu 89; Benarroch 513). Basal ganglionların ve hastalıklarının tarihini daha iyi anlayabilmek

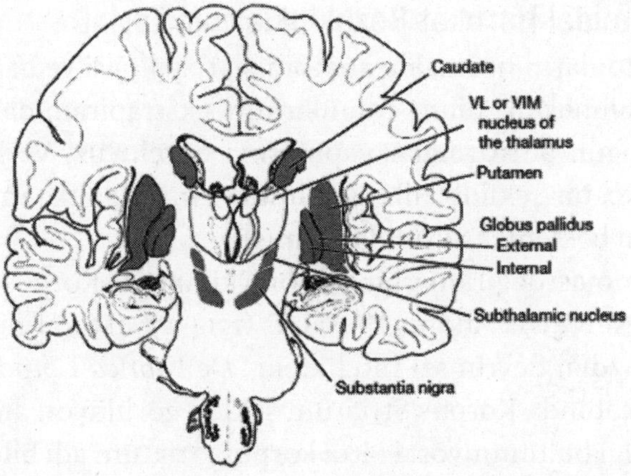

Resim 23. 1. İki yanlı basal ganglion çekirdekleri (gri alanlar). (Adams A.C. Essential Neurology-Mayo Clinic Scientific Press and Informa Health Care, USA, 2008.)

için, çok kısa olarak, bugünkü anlamıyla, bu yapılara ve bağlantılarına göz atmakta yarar vardır.

Basal ganglionların başlıca 4 çekirdeği vardır; Neostriatum (Nucleus Kaudatus ve Putamen), Paleostriatum (Globus Pallidus), Substantia nigra ve Subtalamik çekirdek. Çok basite indirgeyerek açıklamak istersek, bu subkortikal çekirdekler serebral korteksin motor ve duysal çok geniş bir bölümünden uyarıcı impulslar (Input) alırlar ve kendi çıktılarını (Output) Talamus üzerinden kortekse gönderirler. (Kandell et al 854-855)

Neostriatum aynı zamanda Substansiya Nigra pars kompaktasındaki dopaminerjik nöronlardan da impulslar alır.Bu nigrostriatal dopaminerjik yol neostriatumdaki D1 reseptörlerine sahip nöronları uyarırken, D2 reseptörlerine sahip nöronları inhibe eder(Kandell et al 854-861). Bunlardan işlevleri birbirine zıt olan, ama aynı zamanda birbirini tamamlayan ve dengede tutan 2 alt yol başlar. Bunlara Direkt ve Indirekt yollar'dır.denir. D1'den başlayan direkt yoldur, işlevi hareketi kolaylaştırmaktır. D-2'den başlayan İndirekt yoldur.Bunun aktivasyonu hareketi inhibe eder, yani baskılar. Bu iki yolağın önemi, hipokinetik ve hiperkinetik ekstrapiramidal hastalıkların patogenezini anlamada yardımcı olmalarından kaynaklanmaktadır. (Erzurumlu et al 99; Benarroch 531-532; Kandell 861-862).

Ekstrapiramidal Hareket Bozukluklarının Tarihi

Basal ganglionların normalde anatomisi, fizyolojisi ve bağlantılarının iyi anlaşılabilmesini, bilim insanlarının ekstrapiramidal hastalıklar üzerinde yoğun araştırmalar yapmasına borçluyuz. Ve hastalıkların daha gerçekçi bir şekilde anlaşılabilmesi için insanlık, 20'nci yüzyılın 2'nci yarısını beklemek zorunda kalmıştır.

Tanımlanması değil ama, bir anatomi kitabında Korpus Striatum'un resimlenmesi 1543'de Andreas Vesalius (1514-1564) tarafından sağlanabilmiştir. Yazdığı devrimsel nitelikteki "*De Fabrica Corporis Humani*" adlı ünlü kitabında Korpus Striatum şeklen görülüyor, ama elle tutulur başka bilgi bulunmuyor. Hatta korpus striatum adı bile konmadan şekil içinde görülüyor. Ancak bir yüzyılı aşan bir zaman sonra Thomas Willis (1621-1675), 1664'de bu yapıya ilk kez *Korpus Striatum* adını vermiştir. Korpus striatum'u beyin korteksinin oluşturduğu zekâ ve davranış emirlerini taşıyan ve alan bir organ olarak görmüştür. Ama aynı zamanda buradaki çekirdeklerin hareketle de ilgili olduğunu söylemiştir. Bunları kendi zamanının hayvansal ruh teorileri ile açıklamıştır; "*Kasları kontrol eden ruhların akışını kanallar taşır...Animal Ruhkorpus striatumda toplanırve medulla yolu ile istemli hareketi başlatır*" demiştir. Ayrıca duysal ve motor ruhların birleştiği yer olarak da korpus striatumu göstermiştir. "*Burada animal ruhlar, isteğe uygun performansı hazırlar ve bunları uygun sinirlere gönderirler*" şeklinde bir görüş belirtmiştir. 17 ve 18'inci yüzyıllarda bu teori epey kabul görmüştür. Emanuel Swedenborg (1688-1772) da korpus striatumun önemli bir duyum ve hareket merkezi olduğunu bildirmiştir, ama onun düşünceleri 20'nci yüzyılda ortaya çıkabilmiştir.(Finger 214-215; Wickens 97-99; Eckoldt 80).

19'uncu yüzyıla gelindiğinde Fransız Fizyolog M.J.P. Flourens (1794-1867) (Beynin bütüncül ya da holistik kuram savunucusu, Retikulist ve Antilokalizasyonist) deneysel olarak korpus striatumu elektrik yolla stimule etmiş, fakat hiçbir motor devinim meydana gelmemiştir. Bu konuda diğer araştırmacılar tam tersi sonuçlar almış ve bu bölgenin uyarımı ile devinim meydana getirmişlerdir. 1827'de Fransız hekim Antoine Serres (1786-1868) köpeklerde korpus striatum arka kısmına mekanik uyarım uygulamış ve periferde hareket meydana getirmiştir. Bundan birkaç yıl sonra Fransız Fizyolog François Magendie (1783-1855), korpus striatumu destrükte ettikten sonra deney hayvanlarında öne doğru sıçramalar meydana gelmiştir. Bunun önüne geçilemez bir içgüdüsel tetikleme olduğunu düşünmüştür. Tersi olan arkaya doğru sıçramalar ise serebellum harabiyeti sonunda ortaya çıkmıştır. Bunun üzerine Magendie şöyle bir yorum yapmıştır: "*Normal koşullarda striatum geriye doğru olan hareketleri kontrol eder. Kuramsal olarak, arkaya doğru hareketlerle ilişkili merkez destrüksiyona uğramıştır. Bu nedenle hayvan öne doğru hareketler yapmaktadır.*" Magendie'nin deneyleri ve yorumu ne kanıtlanmış, ne de reddedilmiştir. 1840'larda deneysel çalışmaları sonucunda Alman Fizyolog Julius Budge (1811-1888), korpus striatumun bir şekilde iskelet kaslarının üzerinde bir kontrol sağladığını belirtmiştir. 1849'da İrlandalı hekim Robert Bentley Todd (1809-

1860) korpus striatumun irritasyonunun'da konvulsiyon meydana gelmediğini ve tahrip edilmesi sonunda da hareketin bozulmadığını öne sürmüştür. Deneylerinin desteklememesine rağmen Todd, korpus striatumun istemli devinimlere bazı katkılarının olabileceğini düşünmüştür. (Finger 216-217).

1870'lerde yukarda anlatılan başarısız deneylere rağmen, bilim dünyasında hâlâ piramidal yolun korpus striatumdan başladığına inananlar veya böyle düşünenler bulunuyordu. Oysa İngiliz Nörolog Hughlings Jackson (1835-1913) klinik gözlemlerden yola çıkarak kortekste motor bölgenin istemli motor aktivitelerde ve alt merkezlerin ise daha otomatik hareketlerde önemli rol oynadıklarını öne sürmüştü. Kortikal lezyonlardan sonra istemli hareketlerin belirgin şekilde bozulduğunu, daha otomatik devinimlerin ise normal kalabildiğini görmüştü. (Finger 201; Ertekin. 39-40; Ertekin. 212).

İskoçyalı Nörolog ve Psikolog David Ferrier (1843-1928) bir kortikal uyartıcı olarak, H. Jackson'dan etkilenmiş olabilir. Ferrier filogenetik sıralamada, daha düşük olan organizmaların, kortikal lezyonlarında motor işlevlerin oldukça az bozulduğunu gözlemlemişti. Diğer taraftan bilinç durumu da insandan, maymuna, köpek ve kurbağaya doğru giderek azalıyordu. Kortikal motor lezyonlar insanda çok ağır oluyor ve sonradan çok az oranda düzelme meydana geliyordu. Buna karşılık örneğin köpeklerde 2 yanlı korteks çıkarıldıktan sonra, kısa sürede hareketler düzelebiliyordu. Bu sonuçlara varmak için, Ferrier çeşitli hayvan türlerinde bir dizi araştırmaya başlamıştı. Lentikuler çekirdek yüzeyine elektrik uyarım verdiğinde, bedenin diğer yarısındaki kaslarda kasılmalar oluyordu. Ferrier verdiği elektrik uyarımın talamus veya kapsula internaya sıçramadığını savunuyordu. Bu deneyler önemliydi, çünkü kendinden öncekiler striatumu elektriksel olarak uyartamamışlardı. Piramidal yolun striatum üzerinden etki yaptığını öne sürdü. Striatum bir başlangıç noktasıydı.

Bununla beraber daha önce Carl Nothnagel (1840-1894) 1873'de tavşanlarda,kaudat çekirdeğe tek yanlı olarak Kromik Asit enjekte etmiş ve bu lezyon sonunda tavşanların, şiddetli şekilde öne doğru hareket ettiklerini görmüştü. Aynı işlemi lentiküler çekirdeğe yaptığında bu kez, stimule edilen tarafa doğru bükülmeler meydana gelmişti. Bilateral lentikuler çekirdek lezyonunda ise hayvanın hareketsiz kaldığını görmüştü. Hayvanın sanki kendi serebral hemisferlerinden ayrılmış gibi bir tavır aldığını öne sürdü. Nothnagel'e göre, bu deney sonuçları, bütün bu yapıların motor işlevler ile ilgili olduğuna işaret ediyordu.

Ferrier de, Nothnagel de, korpus striatuma motor görevler yüklemiş oluyorlardı.Ama Ferrier, korpus striatumun, serebral kortekse göre, daha ilkel türde olan hareketlerden sorumlu olduğu sonucuna varmıştı. Ferrier'in sonuçlarına eleştiriler hemen geldi. Çünkü bazı araştırıcılar -ki bunlara Rus bilim adamı V. Bekhterev (1857-1927) de dahildir- deneylerinde serebral korteksi tamamen çıkardıktan sonra, Korpus Striatumu uyartmaya çalıştıklarında, Striatumun uyartılamadığını saptadılar.

İtalya'dan 2 araştırıcı Luigi Luciano ve Arturo Tamburini de Ferrier'in düşüncelerine tam olarak katılmıyorlardı."*İnsandan maymuna, oradan köpeğe, kediye, ve tavşana indikçe basal ganglionların işlevlerinin giderek arttığını ve çok dahagelişmiş olduklarını saptadıklarını*" ifade ettiler.Bu durum maymunlarda çok belirgin değildi ve hele insanlarda hiç değildi. (Finger. 216-217 ve 202-203)

20'nci yüzyıla gelindiğinde, konuyla ilgilenen herkesde yine ikircikli bir bakış devam ediyordu. İnsanda hareketler doğrudan korteksten mi başlıyordu ? Yoksa korteks bağlantılı basal ganglionlar yolu ile mi omuriliğe ulaşım sağlanıyordu? Taşların yerine oturması için 20'nci yüzyılın ikinci yarısını beklemek gerekecekti.

Hareket bozuklukları tarihinde prototip hastalık olarak Parkinson Hastalığı (PD) üzerinden gidilerek, basal ganglionlara ait normal anatomi ve fizyolojinin anlaşılmasının yolunun açıldığını söyleyebiliriz. Bu nedenle hem PD ve hem de diğer basal ganglion hastalıklarının tarih boyunca irdelenmesinden, bilimsel gerçeklere nasıl gidildiğini görebilmek, insan bilimininnasıl geliştiğini anlamada iyi bir örnek olsa gerek.

Parkinson hastalığının öyküsünde merkez olarak James Parkinson (1755-1824)'u alırsak, ilk dönem, Antik Çağ'dan 1800'lü yıllara, James Parkinson'un 1817'deki monografına kadar uzanır. Hastalığın adım adım klinisyenler tarafından tanınması 1960 yılına kadar uzanır

(1800-1960). 1960'dan sonra Parkinson hastalığında Dopamin dönemi ortaya çıkar ve çağdaş yöntemlerle bilimsel temele oturtulur. (1960-2020 ve sonrası).

Antik Çağ'dan 1800'lü yıllara kadar insanlar hastalıkları genellikle klinik antite olarak görmüyorlardı. Gördükleri açık klinik belirtileri tanımlamanın ötesinde, genelde yapacakları fazla birşey yoktu. Örneğin eldeki istirahat tremoru, herkesin dikkatini çekecek bir semptomdu ve Galenus ve çağdaşları tremor üzerine yorumlar yapmışlardı. Galenus tremorun istirahat ve hareket halinde ortaya çıkan 2 tipini aslında kabaca tanımlamıştı. (Finger 225). Hastalardaki hareketsizlik ve tremoru tedavi etmek için çeşitli ilkel yöntemler uygulanmış ve bu arada Herbal (bitkisel) ilaçlar kullanılmıştı. Bir örnek vermek gerekirse, eski Hindistan'da tropikal bir bitki olan "*Mucuna Pruriens*"in (Sanskritçe adı *Atmagupta*), geleneksel Hint hekimliğinde "*Masabaldi Pagana*" adı ile muhtemelen Parkinsonlu hastalarda kullanıldığı anlaşılıyor. 20'nci yüzyıl araştırmaları sonucu bir Amino Asit olan Levodopa'ya benzer bir maddenin bu bitki içinde bulunduğu bildirilmiştir. (Manyam47-48). M.Ö. 1000 civarında Antik Çin kaynaklarında da Parkinsonizm'i telkin eden tanımlamalar vardır. (Goetz 2011).

Yazılı tarihsel kanıtlar çok azdır. İlk örneklerden biri tiyatro sanatından gelmiştir.William Shakespeare (1564-1616), 1590-91'de yazdığı Henry-VI oyununda karakterlerden birinde Parkinson hastalığına benzer bir hastalık hali tanımlamıştır.

Hollandalı hekim ve bilim adamı Franciscus Sylvius (1614-1672), henüz 23 yaşında bir hekim iken mezuniyet tezinde, istirahat ve aksiyon tremorunu birbirinden ayırt etmiştir. İstirahat tremoruna "*Tremor coactus*" adını vermiştir (Parent 596-603; Pearce 6-10; Goetz 2011).

Fransız hekim ve botanikçi olan François Boissier de Sauvages de Lacroix (1706-1767), koşma/yürüme bozukluğu gösteren hastaları incelerken, koşma bozukluğunun sonraki yüzyılda tanımlanan Parkinson hastalığına benzeyen özelliklerine vurgu yapmıştı. J.Parkinson 1817'deki monografında bu yazarın yazdıklarını alıntılamıştı. (Finger 225; Pearce 6-10).

Parkinson hastalığının tanınmasında ikinci dönem kuşkusuz 1817'de James Parkinson'un "*Essay on the Shaking Palsy*" adlı kitabının basılması ile birlikte başlamıştır. Londralı bir hekim olan James Parkinson (1755-1824) aynı zamanda bir jeolog ve paleontologdu. Hastalığın adı sonradan Parkinson hastalığı olacaktı, bu hastalığın ismini elbette Dr. James Parkinson koymamıştı. (Ayrıca Bkz. 19. Yüzyıl-III). Parkinson'un kitabı 66 sayfadır ve 5 bölüme ayrılmıştır. Ve içinde 6 hasta takdim edilmektedir. Parkinson'un kitabı ancak 2'inci bir baskı yapmış ve 1821-1868 arasında sadece 5 adet kadar alıntı alabilmiştir. Buradan anlaşılıyor ki uzun bir süre J.Parkinson'un kitabı pek ciddiye alınmamıştır.* Kendisi akademik çevrelerden uzak yaşamıştı. Ayrıca politik görüşleri açısından radikal sosyalisttir. İngilizler bu vatandaşlarını bir türlü ön plana çıkarmamışlardır. Bununla beraber James Parkinson'un çalışması Fransa'da daha çok tanınmıştır. Nörolojiyi tüm dünyaya tanıtan Jean Charcot'un (1867-1936) buradaki tavrı ve rolü büyüktür. Onun adını onurlandırmak için 1869'da hastalığa "*Le Maladie de Parkinson*" (Parkinson hastalığı) adını vermiştir. Buna rağmen Parkinson'un ölmesinden sonra 60 yılı aşan sürece adı anılmamıştır. Hatta İngiliz Nörolog William Gowers'in 1888'deki Nöroloji kitabında hastalığın adı hâlâ "*Paralysis Agitans*" olarak yazılmıştı. (Wickens 247; Goetz 2011; Pearce 6-10).

J. Parkinson'un kitabının yayınlanmasından yaklaşık 50 yıl sonra, Paris Salpêtrière hastanesinin ünlü nöropsikiyatristi Jean Martin Charcot, hastalığa Parkinson Hastalığı adını verdiği gibi, hastalık üzerinde çalışmalar da yapmış ve yaptırmıştır. Charcot bu hastalığın 2 prototipi olduğunu söyler: Tremorlu Tip ve Rijid/Akinetik tip. Daha önce ifade edilen "*Shaking Palsy*" ve "*Paralizi Ajitans*" terimlerinin doğru olmadığını da eklemiştir. 1872'de Charcot, Parkinson hastalığını tam bir klinik antite olarak tanımlamanın yanısıra istirahat tremorunu, "Multiple Sclerosis"de sık görülen istemli tremordan ayırt ettirmiştir. (Goetz 2011; Pierce 6-10; Wickens 248-259; Haymaker & Baer 266-269; Finger 227).

19'uncu yüzyıl sonları ve 20'nci yüzyılın ilk yarısında Parkinson

---

* Onun orijinal ilk kitabından günümüze 5 adet kalmıştır ve her bir kitap için biçilen fiyat 10.000 Sterlin civarindadır. 200 yıl içinde Dr. Parkinson'un ve kitabının değeri son derecede artmıştır. Artık Parkinson hastalığının adını hekim olmayan ortalama insanlar bile çok iyi bilmektedirler.

hastalığının kliniği, farmakolojisi ve patolojisi üzerine, çeşitli hekim ve bilim adamlarının az veya çok önemli katkıları olmuştur. Burada Fransız Nörolog Édouard Brissaud (1852-1909) çok ilginç ve aynı zamanda çok değerli bir yorum ortaya atmıştır. Parkinson hastalığının anatomik temelinin "*Locus Niger*" (Sustantia Nigra)'de bir lezyon sonucu olabileceğini söylemiştir.* Oysa Brissaud'nun yaşadığı zamanlarda Substantia Nigra'nın yapısı ve fizyolojisi hakkında hiç bir şey bilinmiyordu. Sadece 1786'da Substantia Nigra'nin Félix Vicq-d'Azyr (1748-1794) tarafından keşfedildiği biliniyordu, daha başka bilinen bir şey yoktu. Brissaud'un bu sözleri adeta kehanet niteliğindeydi ve geriye dönüp baktığımızda çok üst düzey bir yorumdu. (Pearce 6-10; Parent & Parent 2010; Wickens 346). Çağdaşları bu yorumu çok ciddiye almamışlar ama yanılmışlardır.

Nitekim Brissaud'dan 25 yıl sonra, Rusya'dan Konstantin Tretyakov (1892-1956) 1919'da hem idiopatik ve hem de postansefalitik Parkinson hastalığında Nigral bölgede lezyon ve inflamasyon bulmuştur. 1921'de Tretyakov, "*Substantia nigra*" lezyonunun Parkinsonizm semptomlarının çıkışından haftalar, hatta aylar önce varolabileceğini öne sürmüştür. Ancak bazı patologlar bu bulgu ve düşüncelere karşı çıkmışlardır. 1925'den sonra Parkinson hastalığı ile Substantia Nigra patolojisinin birlikteliği giderek kabul edilmiştir. Alman Patolog Rolf Hasler (1914-1984) 1938'de PD'de esas tutulan bölgenin Sustantia Nigra-Pars Compacta olduğunu ve burada birçok nöronun kaybolduğunu göstermiştir. (Parent & Parent 313-319).

Bundan da ötede S. Nigradan çıkan efferent sinir liflerinin Striatum'a gittiğinin keşfinden sonra, klinik tablo daha iyi anlaşılır olmuştur. (Finger227; Pearce 6-10; Goetz 2011).

1917-1926 arasında tüm dünyada Letarjik Ansefalit (Von Economo Hastalığı) pandemisinden sonra Parkinson Hastalığına çok benzeyen "*PostensefalitikParkinsonizm*" tabloları bir sekel olarak ortaya çıkmaya

---

* 1893'de P.Bocq & G.Marinesco, Paris'te çalışırlarken beyin tümöründen ölen bir hastanın otopsisinde, tümörün yakınlarındaki "Substantia Nigra"da harabiyet olduğunu görmüşlerdi. Yaşarken bu hastanın tek yanlı istirahat tremoru ile birlikte giden hemiparkinsonizmi bulunuyordu. (Wickens 346). Brissaud muhtemelen buradan yola çıkarak teorisini geliştirmiştir.

başlamıştır. Ama bu antite, klasik Parkinsonizmden çok daha farklı özelliklere sahipti.Bu muhtemelen beyne oturan bir yavaş virus hastalığı idi. 21'inci yüzyılda artık bu hastalık sekeli olan vakalara rastlanmıyor. 20'nci yüzyıl sonlarına dek yaşayan hastalara Dopaminerjik sağaltımlar bile uygulanmış ve bir kısmı bu tedaviden yararlanmıştır. (Pearce 6-10; Goetz 2011; Ertekin et al 8; Ertekin. 200; Oliver Sacks 40-53).

19'uncu yüzyılın sonlarına doğru Charcot Salpêtrière'deki kliniğinde asistanı Ordenstein'e bir tez vermişti. Tez "*Belladon Alkaloidleri*"nin tremor tedavisinde kullanımıydı. İlaç PD'li hastalarda bir miktar düzelme sağlıyordu ve uzun yıllar bu antikolinerjik ilaçlar Parkinson tedavisinde kullanıldı. 20'nci yüzyılda bu ilacın, basal ganglionlarda (striatum) Kolinerjik/Dopaminerjik etkiyi dengede tuttuğu anlaşılmıştır. Böylece antikolinerjik tedavi PD'de % 20 civarında bir düzelme sağlamıştır. Bazen buna çavdar kökenli "*Ergot alkoloidleri*" de eklenmiştir. Yine çok sonraları bu ilaçların dopamin agonisti olduğu anlaşılacaktı. Hatta bazen "*Cannabis*" (kenevir) ve "*Opium*" bile kullanılmıştır. Günümüzde Cannabis içindeki"esrar"ın dopaminerjik uyarıcı bazı özellikler taşıdığı biliniyor. (Goetz 2011; Ertekin. 562-563 ve 572-573).

Dopamin dönemi öncesinde bu ilaçların hastalığın semptomlarını gidermede çok yeterli olamaması nedeniyle, çeşitli beyin cerrahi girişimlerinin yoğunlaştığı bir dönem de yaşanmıştır. Parkinson hastalığının cerrahi yöntemlerle tedavi çabaları 1911'lerde başlamış ve 1960'lara dek devam etmiştir. Bu cerrahi girişimlere ait bir tarihsel sıralama Tablo-1'de görülmektedir. (Ertekin. 577-578).

TABLO 1: Parkinson hastalığında geçmişte uygulanan cerrahi girişimler:

Yöntemin adı	İlk Uygulayan	Yıl
1-Rizotomi	Foerster ve Leriche	1911 ve 1912
2-Sempatektoımi	Urechia	1926
3-Kordotomi (Posterolateral)	Puusep	1930
4-Kordotomi (Anterolateral)	Foerster	1932
5-Dentatektomi	Delmas-Marsalet	1934
6-Tiroidektomi	Myerson	1934
7-Kortikal ablasyon	Bucy	1937

8-Piramidotomi	Putnam	1938
9-Subkortikal seksiyonlar	Russell Myers	1940
10-Fasikülotomi	Siris	1942
11-Kapsülotomi	Browder	1947
12-Kordotomi (lateral)	Oliver	1949
13-Kombine kordotomiler	Ebin	1949
14-Pedunkülotomi	Walker	1949
15-Kortikal U-lifleri seksiyonu	Cobb	1950
16-Ansa lentilülaris seksiyonu	Fenelon	1950
17-Prefrontal lökotomi	Bucy	1951
18-Motor korteks-Alttan kesi	Takebayashi	1951
19-Pallidektomi	Guiot	1952
20-Anterior koroidal arter blokajı	Cooper	1953
21-Stereotaksik ansatomi	Spiegel ve Wycis	1953
22-Stereotaksik ventrolateral talamotomi	Hassler	1955
23-Stereotaksik kampotomi	Spiegel ve ark.	1962
24-Stereotaksik zona inserta destrüksiyonu	Mundinger	1965
25-İntraserebral olarak sürrenal medullasının aşılanması (otogreft)	Backlund ve ark.	1985

Parkinsonizmin semptomlarını düzeltmeye yönelik cerrahi girişim çabaları çok değişik evrelerden geçtikten sonra Dopamin ve agonistlerinin 1960'larda devreye girmesi ile birlikte, yukarda adı geçen ameliyat teknikleri giderek tercih edilmez hâle gelmiştir. Çoğu kez tremor üzerine etkili olabilen bu cerrahi yöntemlerin, hasta için riskli olabileceği, yan etkiler bırakabileceği görülmüştür. Bastırılan tremorun bir süre sonra ortaya çıkabildiği de kayıtlara geçmiştir. (Ertekin et al 8-9).

1960-65 öncesi ameliyat girişimlerinin çok yararlı olamamasında hastalığın patogenezinin tam olarak aydınlanmamış olmasının da rolü vardır ve hatta bazen tesadüflere dayanan örneklerden yararlanarak değişik cerrahi yöntemler uygulanmıştır.

Bunlara bir örnek de bir süre uygulanmış olan "*Anterior koroidal arter blokajı*"dir. 1953'de bir PD'li hastada kaza ile Anterior Koroidal Arter kesilmiş. Bir hematom riskini engellemek adına, artere hemen bir ligasyon yapılmış. Ancak ameliyattan sonra hastanın karşı vücut yarısındaki tremor ve rijiditebeklenmedik bir şekilde düzelmiş. Bu yöntemi Irving Cooper, 1953'de kullanmış, ancak % 10 mortalite ile karşılaşmıştır. (Goetz 2011).

1960'lardan sonra Dopamin öncüsü Levodopa'nın tedavideki etkinliği karşısında cerrahi yöntemler büyük bir düşme gösterdi. Daha sonraları, hastalığın patogenezine uygun yeni cerrahi yöntemler çıkmaya başladı ve günümüze dek geldiler. Bunlar pallidotomi, subtalamik çekirdek ablasyonu ve fötus'dan alınan beyin maddelerininin beyne transplante edilmesi (*Fötal Nigral Transplant*), gen tedavisi gibi yöntemlerdir ve umut vadedici olarak görülmektedirler.

Parkinson hastalığının tarihçesindeki son dönem 1960'lı yıllarda başladı. Aslında Dopamin, bir amino asit olarak 1910'da birbirinden ayrı olarak Mannich, Jacobson ile Barger, Ewins adlı araştırıcılar tarafından sentez edilmişti. Aynı yıl Henry Dale (1875-1968) bu dopaminin zayıf bir sempatikomimetik özelliğini keşfetti. (Bkz. 20. Yüzyıl-4). Önceleri Dopamin önemli kateşolaminler olan Noradrenalin ve Adrenalin'in öncüsü olarak biliniyordu. Kademe kademe gidilerek beyindeki Dopamin'in önemi anlaşılmaya başlandı. Biyokimyacı Oleh Hornykiewicz (1926-2020) Viyana Üniversitesinde kan basıncı üzerinde deneysel farmakolojik çalışmalar yapıyordu. Birdenbire Dopaminin Kateşolaminlerden farklı bazı özellikleri olduğunu gördü. Bundan sonra veya aynı sürelerde 2 önemli keşif birden bilim dünyasını sarstı.

Bunlardan birisi şuydu; 1950'li yılların ortalarında İsveç Lund Üniversitesinden Arvid Carlsson (1923-2018) ve yardımcıları deneysel çalışmalarında hayvan beyinlerinde Dopaminin doğal olarak meydana geldiğini keşfettiler. Aynı derecede önemli bir diğer buluş da beyindeki dopamin miktarının yaklaşık % 80'inin Basal Ganglion kompleksinde olduğunun bulunmasıydı. Bu bulgular sonuçta Parkinson hastalığının bir Dopamin yetersizliği olduğu düşüncesine götürdü. (Carlsson et al 471; Kandel et al 862; Wickens 346-347).

Bertler ve Rosengren 1959'da özellikle Substantia Nigra'da ve aynı şekilde Nukleus Kaudatus ve Putamen'de Dopamin azalmasını saptadılar. Ve Dopaminin Striatumun işlevleri ile bağlantılı olduğu ve böylece devinimleri kontrol ettiği sonucuna vardılar. (Bertler & Rosengren1959).

Üçüncü önemli bilimsel gelişme antihipertansif ve aynı zamanda psikotrop özellikleri olan Reserpin'in deney hayvanlarında Parkinson hastalığı meydana getirmesi oldu. Bu bağlamda aslında bir antihipertansif ilaç olan Reserpin 1952'de dünya ilaç pazarına girmişti. Aslında "*Rauwolfia Serpentina*" adıyla yüzyıllardır Hindistan'da kullanılıyordu. Parkinsonizm yapma gücü ve etkisi beyinde Noradrenalin, Dopamin ve Serotonini azaltmasına bağlıydı. (Wickens 311). Özellikle deney hayvanlarında uzun süre Reserpin verilerek yaratılan Parkinsonizmin Levodopa verilerek düzeltilmesi de büyük bir umut ve heyecan yarattı. Levodopa (L-Dopa), bedende ve beyinde Dopaminin öncüsü olan bir maddeydi ve kolaylıkla beyin içine girebiliyordu (Kan beyin bariyerini aşabiliyordu). Bundan sonra bu maddenin Parkinson hastalığı olan insanlara verilmesine sıra gelmiş oldu. (Goetz 2011; Ertekin et al 9-10).

Oleh Hornykiewicz 1960'dan itibaren Parkinsonlu hasta beyinlerinde Striatumda ve Putamende Dopamin yetersizliğini keşfetmişti.* Bu arada 1960'ların erken yıllarında Parkinson hastalığında Substantia Nigra'nın Pars Kompakta kısmında Dopaminerjik nöronların dejenere olduğu gösterilmişti. Bunlar *Nigrostrital* nöronlardı ve ortaya çıkan da *Nigrostriatal Dopamin yetersizliği*'ydi. (Hornykiewicz 133; Kandell et al 862; Goetz 2011; Ertekin 10-11; Tyleret al 8-28; Baron et al658-664; Lees 19-36).

Parkinson hastalığının Dopamin yetersizliği sonucu ortaya çıktığının anlaşılması, artık rasyonel tedaviye de ışık tutmuştu. Birkmayer ve Hornykiewicz 1961'de Viyana'da ilk kez Parkinson hastalarına damardan Levodopa enjekte ettiler ve kısa süreli bir iyileşme saptadılar. Özellikle akinezi üzerindeki olumlu etkileri vurguladılar. (Birkmayer W.& Hornykiewicz 787)

A. Barbeau et al. Kanada'da 1962'de Levodopayı ağız yolu ile (Peroral) düşük dozlarda kullandılar ve parkinsonismde, özellikle kas tonusunun azaldığını bildirdiler. (Ertekin et al 11).

Daha sonra oral kullanıma geçildi ve çift kör plasebo çalışmaları ile tedricen arttırılarak yüksek dozlara geçilmesi ile birlikte başarılı ve uzun süreli sonuçlar alındı. Bu sonuçları Cotzias et al, 1967 ve 1969'da,

* 2000 yılında Nobel Tıp Ödülü Arvid Carlsson'a verilirken, bu önemli keşifler için aynı sürelerde çalışıp yaklaşık aynı sonuçları alan Hornykiewicz'e Nobel Ödülü verilmemesi bazı bilim çevrelerinde haksızlık olarak görülmüştür. (Wicken 347).

Yahr et al 1969'da ve Barbeau 1969'da yaklaşık aynı zamanlarda bildirdiler. (Cotzias et al 374 ve 337-345; Yahr et al 343-354; Barbeau 59-68). Böylece modern farmakolojik tedavi alanında ilk kez çok anlamlı bir tedavi yolu bulunmuş oldu. Her ne kadar devamlı kullanım gerektirse ve bazen ciddi yan etkileri olsa da nörolojide ilk rasyonel sağaltımların başında gelir. Hatta daha etkili olduğu kabul edilen başka Dopamin agonistleri geliştirilmişse de L-DOPA Parkinsonda hâlâ ilk tercih edilen ilaç olma özelliğini kaybetmemiştir. (Tyleret al 8-28; Baron et al658-664; Lees 19-36; Benarroch 513-534).

Parkinson hastalığının anlaşılmasında en anlamlı gelişme, toksik bir madde olan MPTP (Sentetik Eroin benzeri bir madde)'nin keşfedilmesi ile başlamıştır, diyebiliriz. 1982'de William Langston, PD ile MPTP arasında bir bağlantı olduğunu bildirdi. Hem deneysel yollarla, hem de toksik maddeyi kullanan hastalar üzerinden PD patogenezini çok ileriye götüren çalışmalarını başlattı. (Bellard PA. et al 949-956; Pearce 6-10).

Olayın tetiklenmesi 1976 yılındadır.Genç bir Amerikalıda Pethidin alışkanlığı vardı. MPTP'nin bir Pethidine analogu olduğunu keşfedince, bu maddeyi kullandı. Ve MPTP'yi kullanmasının 3'ncü gününde çok ileri bir Parkinsonizm tablosu ortaya çıktı. Tedavide L-Dopa kullanıldı ve hasta tedaviye yanıt verdi. Fakat genç adam 18 ay sonra intihar etti. MPTP olayı böyle başladı. (Pearce 6-10).

Daha sonra MPTP'nin seçici olarak Substantia Nigra'yı harap ettiği Langstone ve arkadaşları tarafından 1983'de gösterildi. MPTP deneysel olarak hayvanlarda bir Parkinson hastalığı modeli oluşturmak amacı ile kullanılmaya başlandı. (Goetz 2011)

Bu yeni deneysel çalışmayla, Parkinson hastalığının patogenezi çok daha iyi bir şekilde anlaşıldı. Yukarıda belittiğimiz gibi Nigrostriatal dopaminerjik yol Striatumda D1 reseptörlerine sahip olan nöronlarıuyartır. D2 reseptörlerine sahip nöronları da inhibe eder. D1'den başlayan direkt yol hareketi kolaylaştırmakta, D2 den başlayan indirekt yol ise hareketi inhibe etmektedir.

Parkinson hastalığında nigrostriatal dopaminejik yol zedelendiğine göre Direkt Dopaminerjik yolun aktivitesiazalacak, inhibe edilemeyen indirekt yolun aktivitesi artacak sonuçta hastada hipokineziyani hareketlerde azalma ve yavaşlama ortaya çıkacaktır.

Geride sağlam kalan yapılarda görülen aşırı ve anormal aktivite sonucu, tremor ve rijidite gibi pozitif denen semptomlar meydana geliyordu. (Kandell et al 862-863, Erzurumlu et al. 88-102).

Bu patogenez üzerinden ekstrapiramidal hastalıklara dahil edilen "*Hiperkinetik Hastalıklar*"da ise indirekt yolun (D2 reseptör yolu) aktivitesinin bozulması sonucu basal ganglion sistemi içinde direkt yolun (D1 Reseptör yolu) lehine dengenin değişmesi söz konusu oluyordu. Bu durum da "*Korea*" ve "*Hemiballismus*" gibi semptomların ortaya çıkması ile kendini gösteriyordu. Hiperkinetik hastalıkların prototip örneği de irsî bir hastalık olan Huntington koresiydi.

Huntington Hastalığı'nın kesin bir şekilde ortaya çıkarılmasını da, dededen toruna kasaba hekimliği yapan 3 kuşak pratisyen hekimin dikkatli gözlem ve çalışmalarına borçluyuz. Bu üç kuşaklık yaşam öyküsü şöyledir: NewYork'un Long Island bölgesindeki East Hampton kasabasına Dr.Abel Huntington 1797 yılında hekimlik yapmak üzere yerleşir. Oğlu G.L. Huntington da pratisyen hekim olarak aynı kasabada yaşamını sürdürür. Torun George Huntington da hekim olduktan sonra, aynı kasabada aynı işe devam eder. Dede ve baba o bölgede bazı ailelerde adını veremedikleri garip bir hastalığı toruna anlatıp dururlar ve kendi kayıtlarına geçirirler. Dede Huntigton NewYork eyaletinde bulunan East Hampton'a 1797'de gelmiş ve burada aranan bir hekim olmuştur. Yani, dedenin bu hastalığı, garip ve irsî bir hastalık olarak en azından 1800 başlarında iyice tanıdığı ve kendi kayıtlarına geçirdiği anlaşılmaktadır. Torun G. Huntington bu hastaları daha dikkatlice derleyip toplamaya başlar. Hatta oğul ve torun bir at gezintisi yaparken anne ve kızın aynı hastalıktan muztarip olduğunu baba görür ve hemen bu kişileri gösterek "*İşte bu garip irsî hastalık* ." der. Torun G. Huntington çok etkilenir ve bu hastaları yakından izlemeye başlar. Sonra bu irsî hastalığı klinik olarak tanımlayan bir yazı hazırlar. Hatta babası bu yazı üzerinde düzeltmeler yapar ve torun ilk defa bu bildiriyi Ohio'daki bir tıp toplantısında sunar (1872). Bu istem dışı beden devinimleri ile giden irsî bir hastalıktır. Daha sonra, başka kongrelerde de bildirir ve bilim dergilerine yazar. Tıp dünyası bu hastalığı kabullenir ve adını Huntington Koresikoyar.

Torun 1909'da "*Dedem ve babam olmasaydı ve bu hastalığın özelliklerini bana iletmeselerdi, bu hastalığı tam olarak bildiremezdim.*" der.

Böylece dededen toruna 3 pratisyen hekimin soyadları, bu hastalık nedeni ile sonsuza dek tanınmış olur. (Wickens 350-351; Porter 157; Haymaker&Baer 305-307; Finger 229-230).

George Sumner Huntington (1850-1916)'dan önce, ABD'de 1840'larda ve Norveç'te 1860'da familyal nitelikli "*Koreik istem dışı*" devinimler gösteren hastalar bildirilmişse de, George Huntington hastalığı klinik olarak çok iyi tanımlamış, orta yaşlı hastalarda 2 yanlı istem dışı, amaçsız, oldukça hızlı devinimlerin ekstremiteler ile yüz, baş ve boynu tuttuğunu ve bazı hastalarda mental bozukluklar olduğunu açıkça belirtmiştir. O zaman için çok yeni tanınmış olmakla beraber Mendelien geçişli otosomal dominant bir hastalık olduğunu da vurgulamıştır. Hastalarda ileri dönemlerde demansa gidiş olmaktaydı.

Toplumsal tarih açısından bakılırsa, bu herediter hastalığı olan kişilerin nesiller boyu Avrupa'nın değişik bölgelerinde yaşadıklarına ait tahminî bilgiler vardır. Örneğin İngiltere'de Kral I. Charles zamanında 1630'larda bu hastalığın toplumda var olduğu belirtilmektedir. Kral I. Charles, İngiliz kilisesine inanmayanlar, toplum kurallarına uymayanlar ve başka din gruplarına karşı kuşkuluydu ve bu grublara kötü davranıyordu. Baskı ve cezaları çok artırdı. Tabii ki her tarafı oynayan ve mental bozukluklar gösteren, olası Huntigton hastaları da bu baskı ve zulümden paylarına düşeni almışlardı. Cadı avcılığı içinde, bu hastalık genini taşıyanlar da İngiltere'den ABD'ye göç etmek zorunda bırakıldılar. 1630'da İngiltere'den ABD'ye 11 gemi dolusu göçmen adayının taşındığı kayıtlara geçmiştir. ABD'de de başlangıçta, Huntington hastaları devamlı koreik devinimleri ile, dinsel törelere göre farklı kişiler olarak yorumlanıyordu. Ve bunlar o zamanın "Cadı Avcılığı"na kurban olmaya aday kimseler olarak görülüyorlardı. Yine kayıtlara göre 7 cadıda Huntington Koresi vardı ve bunların bazıları özellikle Salem'decezalandırılıp asıldılar. (Finger 230).

Avrupa'da 1793'den 1860'lara dek bireysel hastalar bildirilmiştir. 1911'de Alois Alzheimer, Huntington hastalığında Kaudat nukleus ve Putamende (Neostriatum) aşırı nöron yitimi olduğunu bildirdi. Serebral kortekste de yaygın kortikal hücre yitimi tanımladı. Fakat hastada görülen motor bozukluğun striatal harabiyetten olduğunu ileri sürdü. (Finger 229-230).

Her ne kadar bu hastalık oldukça nadir ise de, 20'nci yüzyıl sonlarında yoğun çalışmalarla bilimsel mercek altına girmiştir. Huntington hastalığında 4 no'lu kromozomda bir gen defekti bulunmuştur. Hastalığın hayvan modelleri yapılmıştır. Deneysel olarak sıçan striatumu içine NMDA agonisti enjekte edilmiş ve Huntington hastalığında görülene benzeyen bir nöronal hücre ölümü olduğu görülmüştür. Böylece Huntington hastalığında kromozom 4'de görülen kromozom anomalisinin, NMDA reseptörlerinin aşırı derecede aktive olmasına veya transmitter olan Glutamat'ın aşırı serbest kalışına yol açtığı ileri sürülmüştür.* (Kandell et al 864-866).

Serebellum Sinir Sisteminin En Gelişmiş Bilgisayarı mıdır ?

Serebellum santral sinir sisteminin en erken gelişen bölümlerinden biridir. Serebral korteksten sonra hacim olarak en büyük kafa içi organıdır. Bu büyüklük sadece görüntü açısından değildir, ayrıca yüzeyi son derece geniştir ve içinde bulunan nöron sayısı da çok fazladır. Memelilerde, serebellumda bulunan nöron sayısının, santral sinir sisteminin geri kalan kısımlarında bulunan nöron sayısından fazla olduğu bildirilmiştir. Yetişkin bir insanda serebellumun ağırlığı beynin total ağırlığının yaklaşık 1/10'u kadar olmasına rağmen, bilgisayar yöntemleri ile yapılan yüzey alanı hesaplamaları sonucu, serebellumun yüzey alanının, beyin yüzey alanının 1/2 ile 1/5'i arasında olduğu ileri sürülmüştür. (Erzurumlu 186; Glickstein 230; Kandell et al 832).

Serebellumun yüzey alanının bu kadar geniş olması, yüzeyinin *Folio* denen (Latince yaprak anlamında) çok kıvrımlı veya girintili çıkıntılı yapısından kaynaklanır.Latince "*Küçük Beyin*" olarak adlandırılan beyinciğin böyle bir sıfata lâyık olmasının gerisinde, insanlar dahil tüm memeli canlılarda çok önemli görevler yüklenmiş olmasındandır. Serebellum gerek beyin korteksi ve gerekse omurilikten farklı ve yoğun projeksiyonlar alır. Ve aynı zamanda farklı motor sistemlere

* Glutamat santral sinir sisteminde uyarıcı bir transmitterdir. Normal sinaptik geçişte hücre dışı glutamate geçici olarak artar ve bu yükselme sinaptik aralıkta olur. Ancak hücre dışı glutamatın devamlı ve yaygın olarak artışı nöronları öldürür. Bu hücre ölümü NMDA tipi Glutamat reseptörleri aracılığı ile olur, hücre içine aşırı derecede Kalsiyum iyonu akışı olur. Bunun sonucu hücre ölümüdür. Glutamat ile oluşan toksik değişmeler Glutamat Eksitoksisitesi olarak adlandırılır. (Kandell et al.865-866).

projeksiyonlar gönderir. Serebellum, bir harekete niyet edildiğinde ve istemli harekete başlarken, motor sistemlerdeki farklılıkları (veya hataları) saptayarak, motor merkezleri anında etkiler ve hareketin düzenli, uyumlu ve hatasız yapılmasını sağlar. Bunu niyet edilen istemli devinim için gelen iç girdilerle, dıştan gelen "*Feed-Back*" sinyalleri karşılaştırarak yapar.Eğer tekrarlayan bir devinim varsa, serebellum önceden doğrulanmış sinyallerin motor sistemlere aynı şekilde gönderilmesini sağlar. Böylece ardışık devinimlerde de yanlış yapmayı engeller. Serebellum bir komputer gibi çalışır. Beden dengesinin korunması, amaca yönelik devinimlerin yumuşak ve hatasız bir şekilde gerçekleştirilmesi ve ardışık istemli devinimlerin düzgün yapılması serebellum sayesinde mümkün olur. Serebellum yeni motor becerilerin öğrenilmesinde de rol alan bir yapıdır.(Kandell et al 832 ve 850; Glickstein & Yeo 69-80)

Serebellumun geniş hacmi ve çok farklı dış yapısını kuşkusuz Antik Çağ insanları da farketmiş olmalılar. Nitekim Filozof Aristo ve hekim cerrah Herophilus serebelluma *Parenkefalisis* adını verdiler. Beyine ise *Enkefalos* dediler. Yani beyni beyincikten ayırt ettiler. Herophilus'dan hemen sonra İskenderiye Tıp Okulundan Erasistratos hızlı koşan hayvanlarda beyincikdeki kıvrımların, daha az hareketli olan hayvanlara göre çok daha fazla olduğunu söylemiştir. Bu beyincik ile onun işlevi konusunda söylenmiş ilk tıbbî yorum olarak değerlendirilebilir. Roma döneminde serebellum, Galen tarafından daha ayrıntılı olarak tarif edilmiştir. Galen serebellumu, motor sinirlerin başlangıç yeri olarak düsünmüştür. Serebellumda Vermis* denen bölgenin bir kapakçık gibi devinim yaptığını ve "Animal Ruh" un akışının buradan düzenlendiğini de öne sürmüştür. Rönesansa dek serebellum konusundaki görüşlerde pek bir değişme olmamıştır.

Yaklaşık 14 yüzyıl geçtikten sonra, tek bir istisna ile, Rönesans döneminde serebellum hakkında bazı anatomik bilgi kıpırdanmaları başlamıştır. Önce Rönesans öncesi yaşamış olan bu istisna kişiye değinelim. İtalya'da 1200'lü yıllarda yaşamış, hekim ve aynı zamanda bir din adamı olan Guglielmo da Saliceto (1210-1277) (William of Saliceto)

---

* Vermis, beyinciğin 2 hemisferi arasında kalan orta bölümü.

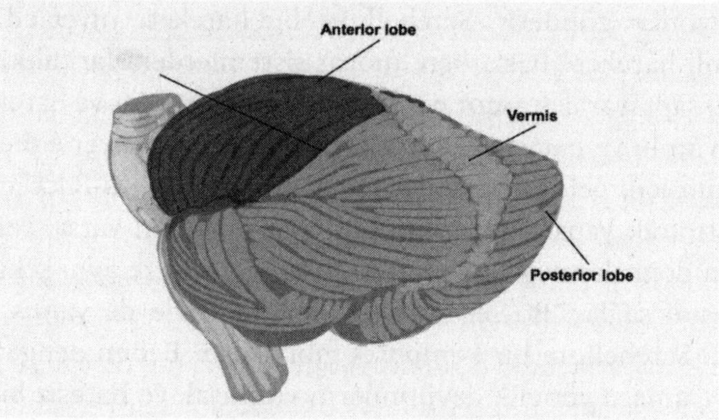

Resim 23.2. Serebellum'un yarı şematik görüntüsü.

serebellumun "*Doğal ve Gerekli*" devinimlerin kaynağı olduğunu söylemiştir. Bu İtalyan cerrah, istemli devinimlerin yerinin ise serebral hemisferler olduğuna değinmiştir. Bu ileri görüşlü hekimin söyledikleri, zamanında kabul edilmemiş ve beyincik birçok kişi tarafından bellek merkezi olarak değerlendirilmiştir ve hatta bu anlayış 17'nci yüzyıla dek devam etmiştir. Rönesans döneminde de bu görüş aynen devam etmiştir.Hatta Andreas Vesalius (1514-1564) da çok güçlü olmamakla beraber beyinciğin bellek deposu olduğu anlayışına katılmıştır.

Ancak bu herkes için geçerli değildir. İlk önce karşımıza bir Fransız Anatomist çıkar. Bu Paris'te yaşayan Fransa'nın öncü anatomistlerinden Charles Estienne (1504-1564) idi. (Latince Carolus Stephanus ve İngiltere'de Charles Stephens olarak bilinir.)Beyincik ve beyin korteksindeki kıvrım ve konvolusyonları ilk kez resimleyen kişi olduğu söylenir. 1539'da beyin ve beyinciğin resimleri bakır plaka üzerine basılmıştır. (Markatos et al 186-189; Finger 208).

Stephanus bir Rönesans insanıdır ve Vesalius'un çağdaşıdır. Vesalius kadar atılım yapamaması hâlâ o sıralarda devam eden Galenik anatomi anlayışının etkisi altında kalmasından kaynaklanmış olabilir. (Markatos et al 186-189).

Bundan bir süre sonra İtalyan hekim ve anatomist Costanzo Varolio (Constantius Varolius) (1543-1576) beynin korteks altından enine kesitlerini yaparak, Pons ve Serebellum arasındaki bağlantıları incelemiş, 1573'de resimlemiştir. Ponsu geçiş yeri olarak gördüğü için buraya sonradan onu adı verilmiştir: *Pons Varoii*. Ona göre pons beyinciğin bir parçasıdır. Galen gibi Varolio da bazı kraniyal sinirlerin beyincikten köken aldığına ve beyinciğin işitme ve tad ile ilişkili olduğuna da inanmıştır. (Finger 208; Öncel 46-47; Zago & Meraviglia1195-1196).

İngiltere'de nörolojiye adını veren Thomas Willis'in (1621-1675) 1664'de serebellumun istem dışı hareketlerden sorumlu olduğunu vurguladığını görüyoruz. Kendisi Serebelluma *Serebel* adını vermiştir. Serebellumun dış yüzeyindeki kıvrımlı görünüşe dayanarak "Animal Ruh"un buralarda daha otomatik ve sessiz bir tarzda çalışacağını öngörmüştür. Serebellumun tüm hayvanlarda çok benzer olduğuna dikkati çekmiştir. (Finger 208-209; Greenfield 46-47)

Birkaç özellikli hasta bildirisi dışında, 18 ve 19'uncu yüzyıllarda beyincik hakkındaki yorumlar, bu organa ait zedelenmeler üzerinden ve tartışmalı bir şekilde devam etmiştir. Bu konuda ilk bildirilerden biri 17'nci yüzyılda yapılmıştır. İsviçre'de Geneva kentinde pratisyen olan ve yoğun patoloji çalışmaları yapan Théophile Bonet (1620-1689) serebelluma ait bir zedelenmede dolaşım ve solunum yitimi ile birlikte ölüm meydana geldiğini bildirdi (Finger 210 ; Crellin 212).

Bununla beraber 1700'lü yıllar ve 1800'ün ilk yarısında araştırma yapanlar, genellikle deney hayvanlarındaki serebellum lezyonlarında hayvanların yaşayabildiklerini ve nefes aldıklarını bildirmişlerdir. İnsanda serebellum lezyonlarından ölümün çok aşırı bir kanama ve aşırı tahribata bağlıolduğu ve beyin sapıve de özellikle Medulla Oblangatazedelenmesinin eklendiği olgularda görüldüğü, Fransız hekim Antoine Charles Lorry (1726-1783) ve Alman Hekim Justus Arnemann (1763-1806) tarafından bildirilmiştir.

Daha ileri ve zıt düşünce patlamaları İsviçreli ünlü Fizyolog Albrecht von Haller (1708-1777) ve onu izleyenlerden gelmiştir. Bu araştırıcılar serebellumun kalp ve solunum etkinliklerine direkt etkisinin olmadığını ve serebrumun serebellum lezyonlarından daha öldürücü olduğunu öne sürdüler. Serebellum üzerine yapılan dikkatli operasyonlardan sonra deney hayvanlarının çok uzun süre yaşadığını görmüşlerdi. (Finger 208-219; Frixione 265-266).

Bununla beraber daha sonraları beyinciğin zedelenmesi halinde çok değişik, hatta tuhaf klinik deneyimler de bildirildi. Bunlardan bir tanesi gerçekten çok ilginçtir. Napolyon Bonapart'ın ordusunda bulanan Askerî Hekim ve Cerrah Dominique Jean Larrey veya Baron Larrey (1766-1842) serebellumu zedelenen askerlerde testiküler atrofi olduğunun bu arada saptandığını bildirmiştir. Kendisi genç bir askeri izlemiş ve bu askerin boynunun üst kısmına bir darbe aldıktan sonra savaştığı yerden Fransa'ya gönderildiğinde genital organlarının bir bebeğin organları kadar küçüldüğü görülmüş. Bu hasta asker ereksiyon yapamaz hâle gelmiş ve seksüel arzusunu da yitirmiş.

Dominique Jean Larrey'in ilk ve öncü çağdaş askerî hekim olduğu kabul edilir. 1789 Fransız Devrimine katılmış ve ünlü Bastille Hapishanesi önündeki çatışmalarda atların çektiği bir tür ilk Cankurtaran arabasında yaralılara tıbbi ve cerrahî yardım yapmıştır. Fransız devrimi düşüncelerinin destekçisidir. Savaşlarda da atlı araba şeklindeki ambulansları kullanmıştır. Napolyon Bonapart zamanında onun ordu hekim-cerrahı olur. Daha sonra kendisine Baron ünvanı verilir. İngiliz ve Fransızlar arasında geçen Waterloo savaşında, her nasılsa İngilizlere değil, fakat Prusyalılara esir düşer. Almanların hapishanesinde yatarken, orada bir Alman Cerrah meslektaşı kendisini tanır ve oradan kurtulup, Fransa'ya dönmesini sağlar.Napolyon'un ölümünden sonra orduda Cerrahi Şefi olur. Yaşamı boyunca anıları ve mesleki deneyimlerini yazmıştır. İnternasyonal olarak tanınır ve sonra ölür.Ama aradan 150 yıldan fazla zaman geçtikten sonra zamanımızda NATO'da onun adına, Dominique Jean Larrey Medikal Ödülü konur. Her yıl verilen bir Tıp Onur Ödülü olarak bilinmektedir. (Ellis 366).

ABD'li ünlü Askerî Hekim William Alexander Hammond (1828-1900) 1869'da Larrey'in hastasına ilişkin yorumlarına itiraz etti. Kanguru ve maymun dahil birçok hayvanda serebellum küçük olmasına rağmen, hayvanların seksüel olarak aktif olduklarını bildirdi.Keza kastre edilen hayvanlarda serebellumun atrofiye olmadığını da gösterdi. Hammond daha önce bildirilen olguda muhtemelen omurilik tahribatının olabileceğini de telkin etti. William Hammond ayrıca, serebellar lezyonların vertigoya neden olduğunu, bu kişilerin sarhoş gibi yürüdüklerini ve diğer motor semptomları olduğunu da gösterdi. (Haymaker & Baer 295-298; Finger 210-212). (Ayrıca Bkz. 19. Yüzyıl-IV).

19'uncu yüzyılda Avrupa'da serebellum hakkında birbirine ters düşen deneyimler ve yorumlar devam ediyordu. İtalyan hekim Luigi Rolando (1773-1831), gençlik dönemlerinde Sardinya adasında yaşarken hayvanlar üzerinde yoğun araştırmalar yapıyordu. Beynin değişik kısımlarını Galvanik Akım ile uyartıyordu. (Bu nedenle deney hayvanlarında elektrik uyarımını ilk kullanan araştırıcı olmuştur). Uyarıcı elektrodları deney hayvanının beyinciği üzerine koyduğunda, elektrik uyarımın geçirilmesi ile konvulsif taraf hareketleri meydana geliyordu. Deney hayvanlarından domuz, koyun ve sürüngenlerde beyincik çıkarıldığında paraliziye benzeyen aksamalar ortaya çıkıyordu. Daha küçük lezyonlarda ise hareketlerde belirsizlik ve çekingenlik oluyordu. Bu bulgularla Rolando, burada bir motor koordinasyon bozukluğu veya yitimi olduğunu düşündü. Eğer tek yanlı serebellar lezyon yapılırsa, bu bozukluklar aynı yanda (ipsilateral) ortaya çıkıyordu. Tüm çalışmalarını 1809'da bir kitap halinde topladı. Fakat bu kitap yıllarca gözlerden kaçtı ve bulduğu önemli bulgular uzunca bir süre tanınmadı. (Finger 295-298).

Rolando'dan kısa bir zaman sonra Fransız bilim adamı Marie Jean Pierre Flourens (1794-1867) serebellum üzerinde hayvan deneylerine başladı. Bu sıralarda Rolando'nun yazdıklarından haberdar değildi. 1824'de beyincik üzerinde çalışmalarına başladı. Genellikle güvercin beyinleri üzerinde çalışıyordu. Beyincik lezyonlarından sonra herhangi bir yaşamsal ve bilişsel fonksiyon yitimi görmedi. Motor işlevler de yapılıyordu. Küçük bir lezyonda bir klinik bozukluk olsa da, kısa sürede tamamen düzeliyordu. Rolando ile Flourens'in sonuçları ve düşünceleri birbirine uymuyordu. Rolando beyinciğin motor koordinasyon için özel bir organ olduğunu savunmuştu. Oysa Flourens motor koordinasyonla ilgili organların Medulla Oblangata ve Omurilikte olduğunu kabul ediyordu. Onun ünlü holistik görüşü ve "*Equipotantiality*" anlayışı beyin ve beyincikte de geçerliydi. Kısacası tam bir anti-lokalizasyoncuydu. Diğer bir deyişle ona göre hiç bir korteks alanı diğerinden daha önemli değildi. Serebral korteksin tüm bölgeleri, düşünce ve motor davranışta "*Equipotent*" bir rol üstleniyordu. Buna beyinciği de bir şekilde dahil etmişti. (Wickens 150-153; Thorwald 175; Finger 295-290). (Bkz. 19. Yüzyıl-IV).

1824'de Fransız Fizyolog François Magendie (1783-1855) serebellumu dengeyi devam ettirmeden sorumlu bir organ olarak gördü. Onun öğrencisi Jean Baptiste Bouillaud (1796-1881) da 1827'de serebellar lezyonlu hastalarda postür, dik durma ve lokomosyon'un çok güçlükle yapıldığını bildirdi.

Daha sonraları Çek Anatomofizyolog Jan Purkinje (Jan Purkyné) (1787-1869) serebellumda kendi adı ile anılan Purkinje hücrelerini 1837'de keşfetti. Ve bu anatomik bulgu serebellum üzerine 19'uncu yüzyıldaki en önemli bulgu oldu.

20'nci yüzyıla girildiğinde serebellum lezyonlarındaki klinik bozukluklar net bir şekilde açıklanmaya başlandı. Serebellum temelde devinimleri yumuşatan ve daha etkili kılan bir yapı olarak görülüyordu. İngiltere'den Nörofizyolog Charles Sherrington, serebellumu eklem, tendon, kaslar ve kulaktaki labirint organından gelen sinyalleri alan bir yapı olarak gördü. Kas tonusunu regüle ettiğine inandı. Böylece serebellumu proprioseptif sistemin baş ganglionu olarak düşündü.

Serebeller zedelenmeleri izleyen klinik bulgulardan yola çıkan nörologlardan birisi de Polonya kökenli Fransız Nörolog Joseph Babinski'dir (1857-1932). Babinski 1902'de serebellumun rolünü denge olayında görmüştür. Dik postürün sağlanmasının önemi üzerinde durmuştur. Önemli bir klinik bulgu olarak "*Diadokokinezi*" olarak adlandırdığı hızlı ardışık hareketlerin yapılmasındaki güçlüğü tanımlamıştır. Bu patolojik durumda "*Adiadokinezi ve disdiadokokinezi*" terimleri hâlâ kullanılmaktadır.

1904 ve 1920-30'larda Gordon Holmes (1876-1965) Londra'daki "National Hospital"de çalışırken serebellar tümörü olan 40 hastada, serebellar lezyonda ortaya çıkan klinik tablonun tüm inceliklerini ortaya koymuştur. Örneğin sarhoşvari yürüme, anormal postural duruş, yürümede ataksi, adiadokokinezi, vertigo, nistagmus, kas tonusunda azalma ve aksiyon tremorunuortaya çıkarmıştır. Bu bulguların bazılarının tümörün bulunduğu tarafta görüldüğünü de vurgulamıştır. Böylece serebellumun lokalize lezyonlarında insanda, hareketlerin başlamasındaki gecikme ve hareketlerin zamanlamasında düzensizlikler olduğunu Holmes ve Babinski ayırt etmişlerdir.

Maymunların serebellumunda bulunan "*Dentatus Çekirdeği*"nin deneysel lezyonlarında da İtalyan Luigi Luciani (1842-1919) yaklaşık olarak aynı bulguları saptamıştır. Özellikle insan ve primatlarda serebellar lezyonlarda, elde ve parmaklarda beceri isteyen hareketlerin bozulduğuna vurgu yapılmıştır (Finger 213-214; Kandell et al 846).

Gordon Holmes serebellar anormallikleri 3 gruba ayırmıştır. İlk kategori "*Kas Hipotonisi*"dir. Ekstremite pasif olarak hareket ettirilirken gözlenen, taraf direncindeki azalmadır, ama bu parezi değildir. 2'nci kategori semptomlar istemli devinimin yapılmasında ortaya çıkar. Bunlar ataksi ve koordinasyon eksikliğidir, "*Dismetri*" adıyla bilinir. Ekstremite hedefe ulaşırken ortaya çıkan hatalar ile giden bir motor bozukluktur. Örneğin her 2 elin işaret parmağını birbirine değdirmeye çalışırken ortaya çıkan hatalardır. Bu kategori içine "*Disdiadokokinezi*" de eklenmiştir.3'üncü kategori devinim anormalliği ise, aksiyon tremor (*Intention Tremor*)'dur.19'uncu yüzyılın ortaları ve sonrasında maymunlarda Dentatus çekirdeğinin soğutulması ile bu tremor ortaya çıkarılabilmekteydi. (Kandell et al 849-850).

Görüldüğü gibi serebellar lezyonlarda klasik taraf felci olmamaktadır. Sadece hareketlerde hata vardır. Serebellumun başlıca görevi bir komputer gibi çalışarak bu hataları anında düzeltmektir. Serebellumun motor görevi ötesinde, motor öğrenmede de önemli bir rolü olduğunu anımsatalım. (Kandell et al 832 ve 850; Glickstein & Yeo 69-80).

Gordon Holmes İrlandalı bir hekimdir, Londra'da "*National Hospital*"de çalıştı ve 12 yıl Brain Dergisinin editorlüğünü yaptı. National Hospital'de aynı dönemlerde Kinnier Wilson da çalışıyordu. Holmes serebellumcu ve Wilson ise basal ganglioncuydu. Wilson, "*Hepatolentiküler Dejenerasyon*"da önemli buluşlar yapmıştı. Bu iki bilim insanı aynı hastanede çalışmalarına rağmen araları iyi değildi, birbirlerinden hoşlanmıyorlardı. Holmes'un insanlara ve meslektaşlarına tavrı açıktı, olduğu gibiydi. Diplomasiye yüz veren biri değildi. Wilson ise kibirli ve alıngandı. Holmes'u kıskandığı söyleniyordu. Aynı hastanede 2 ayrı kampta gibi idiler. Wilson karşı kamptan olanlara karşı soğuk davranırdı, oysa Holmes bu yönden olayı ciddiye almıyordu, Wilson'un asistanlarına tavır koymuyor, en azından kim olduklarına aldırış etmiyordu.

Holmes ve Wilson arasında karşılıklı bilimsel tartışmalar devam ederken, her birinin etrafında kendi asistanları ve destekçileri kümelenirdi. Hastane koridorlarında bu iki grup birbirleriyle karşılaştıklarında, birbirlerine bakmadan geçerlerdi. Ama yine de Wilson'a göre; "*Gordon Holmes fizik ve zekâ olarak bir devdi. Galakside ışıldayan en parlak yıldızdı ve diğer yıldızlar onun etrafında dönüyordu*". Holmes'un amatörce tavır ve uğraşlara karşı toleransı yoktu. Bununla beraber öğrencileri onun basit İrlanda kişiliği altında, bir altın yürek taşıdığını söylemişlerdir. Buna karşılık Wilson'un öğrencileri de Kinnier Wilson'u, emir veren fiziği, zengin sesi, kesin ve çabuk analiz yapması, alaycı mizahi ve ustaca yaptığı gösteri adamlığı ile bir olimpiyat figurü olarak görmüşlerdir. (Pearce 1502-1503; Haymaker & Baer 499-412).

KAYNAKLAR

Erzurumlu R, Şengül G, Ulupınar E.: Nöroanatomi. Güneş Tıp Kitabevleri. İstanbul. 2019.

Kandel ER et al.: Principles of Neural Science-Fourth edition, McGraw Hill, NewYork, Tokyo. 2000.

Lawrence DG & Kuypers HGJM.: The functional Organisation of the motor system in the Monkey. I-The Effects of bilateral pyramidal lesions. Brain 91, 1-14. 1968.

Glickstein M.: Neurosience; a historical introduction.The Mit Press- Cambridge, Massachusetts, London. England (First Mitpress paperback edition). 2017.

Ertekin C et al.: Parkinsonizmin Fizyopatolojisi ve L-Dopa. Ege Nöropsikiyatri Cemiyeti ve Türkiye Akıl Hıfzısıhhası Cemiyeti. İzmir Şube Yayınları. No.2. Doğruluk Matbaası. İzmir 1972.

Benarroch EE.: Basic Neurosciences with clinical applications. Butterworth-Heineman-Elsevier. Philadelphia, 2006.

Finger S.: Origins of Neuroscience. A history of explanations into brain function. Oxford University Press.NewYork.1994.

Ertekin C.: EMG'nin Tarihsel Gelişimi (1890-1960). Klinik Norofizyoloji EEG-EMG Derneği Yayın No.11. Kitap Vitrini. İzmir .2014.

Ertekin C.: Tıbbın Öyküsü. Türkiye İş Bankası Kültür Yayınları, 5. baskı. İstanbul 2019.

Manyam BV.: Paralysis Agitans and Levodopa in "Ayerveda"; Ancient Indian Medical Treatise. Mov.Disord.5, 47-48, 1990.

Goetz CG.: The history of Parkinson's Disease; Early descriptions and Neurological Therapies, Cold Spring Harb Perspect Med. 1(1) a008862, 2011.

Parent A.:Franciscus Sylvius on clinical teaching, iatrochemistry and Brain Anatomy. Canadian J. Neurological Sciences .43, 596-603, 2016.

Pearce JMS.: Aspects of the history of Parkinson's disease. JNNP, Special Supplement, 6-10,1989.

Wickens AP: A History of the Brain –from stone age surgery to modern neuroscience. Psycohology Press. Taylor and Francis group. London and Newyork 2015.

Bertler A. & RosengrenE.: Occurrenceand distributionof Dopamine in Brainand and other tissue. Experienta 10-11,1959.

Haymaker W & Baer KA.: The founders of neurology. Charles C. Thomas Publisher. Springfield. 1949.

Parent M. & Parent A.: Sustantia Nigra and Parkinson's disease: A bref history of their long and intimate Relationship. Can J. Neural Sci, 37,313-319, 2010.

Sacks O.: Uyanışlar.Yapı Kredi yayınları. İstanbul. 2010.

Ertekin C.: Nörolojide Fizyopatoloji ve Tedavi. Bilgehan Matbaası. İzmir 1987.

Carlssonet al.:On the presence of3-Hydroxytyramine in Brain. Science 127,471, 1958.

Bertler A. & Rosengren E.: Occurrenceand distributionof Dopamine in Brainand and other tissue. Experienta 10-11, 1959.

Hornykiewicz O.: Physiologic, biochemical and pathological backgrounds of levodopa and possibilities for the future. Neurology 20, Part-2, 133,1970.

Tyler Ket al.: Part-2. History of 20th century neurology: Decate to decate. Annals of neurology. 53 (suppl 4).8-28. 2003.

Baron R. et al.: Neurology, the next 10 years. Nat. Rev. Neurol. 11, 658-664, 2015.

Lees AJet al.: Four pioneers of L-dopa treatment: Arvid Carlsson, Oleh Hornykiewicz, Georg Cotzias and Melvin Yahr. Mov Disord. 30,19-36, 2015.

Birkmayer W.& Hornykiewicz O.: L-3,4 Dioxyphenylalanine (=DOPA)-effect bei der Parkinson Akinese .Wein.Klin.Wschr. 73,787, 1961.

Cotzias GC. et al.: Aromatik Amino Acids and modification of Parkinsonism. New Eng.J.Med 276,374, 1967.

Cotzias GC. et al.: Modification of parkinsonism; chronic treatmentwith L-Dopa. New Engl. J. Med.280, 337-345,1969.

Yahr MD. et al.: Treatment of Parkinsonizm with levodopa. Arch.Neurol.21,343-354, 1969.

Barbeau A.: L-Dopa Therapy in Parkinson Disease. Can Med Assoc J.101,59-68,1969.

Bellard PA, Tetrud JW, Langston JW.: Permanent Human Parkinsonizm due to 1-methyl-4-phenyl-1,2,3,6-Tetrahydropyridine : Seven Cases. Neurology 35,949-956 1985.

Porter R.: Kan Revan İçinde. Tıbbın kısa tarihi. Metis Yayınları-Metis Bilim. İstanbul. 2016.

Glickstein M & Yeo C.: The Cerebellum and Motor Learning. J. Cogn. Neurosci. 2, 69-80, 1990.

Markatos K. et al.: Charles Estienne (1504-1564): His life, work and contribution to Anatomy and the first description of the canal in the Spinal cord. World Neurosurgery, 100, 186-189, 2017.

Öncel C.: Nörolojinin öncüleri. Güneş Tıp Kitabevleri. İstanbul. 2016

Zago S & Meraviglia MV:Costanzo Varolio. (1543-1575). J.Neurol 256, 1195-1596, 2009.

Greenfield S.: İnsan Beyni. Varlık/Bilim.2. Basım. İstanbul. 2006

Crellin J.:Theophile Bonet (1620-1689). Am.J.Pathol. 98,212, 1980.

Frixione E.: "Albrecht Von Haller (1708-1777)" J.Neurol. 253, 265-266, 2009.

Ellis H.:Dominique Jean Larrey: Napoleon's Surgeon. Br.J.Hosp.Med. 77, 366, 2016.

Pearce JM.: Sir Goldon Holmes (1876-1965). J.Neurol.Neurosurg.Psyciatry. 75, 1502-1503, 2004.

24

İnsan Motor Davranış Tarihi-III. Reflekslerdeğişmiyor, Anlayış Değişiyor.

İnsan bedeninde iskelet ve eklemler üzerine ve etrafına yerleşmiş çok sayıda iskelet kası (Çizgili Kas) vardır. Bir eklemin yakınında bulunan kaslar o şekilde yerleşmişlerdir ki kasılma ve gevşemeleriyleo eklemin hareket etmesini sağlarlar. Örneğin dirsek ekleminde önkol devinimini iki kas sağlar. Kasların tendonları dirsek eklemi ile ilişkilidir. Önkol "*Fleksiyon*"u halinde Biseps dediğimiz kas kasılırken, kolun arkasında bulunan Triseps kası gevşer. Bunun tam tersi olarak Triseps kası kasılınca önkol "*Ekstansiyon*" durumuna geçer, bu durumda öndeki Biseps kası gevşemiştir. *Biseps Fleksiyon, Triseps Ekstansiyon kasıdır.* Her iki kas birbirinin antagonistidir. Birbirine zıt olarak görev alırlar. Bir eklem etrafında oluşan bu duruma "*Reciprocal Innervation*" denir. Tabii ki bu örnek basit bir *Resiprokal Inervasyon* dur. Eklem etrafındakiaçısal devinim daha kompleks ise, daha fazla sayıda agonist/antagonist kas yer alır.

İskelet çizgili kasları, santral sinir sisteminin uyartıcı (*Eksite* edici) ve bastırıcı (*İnhibe* edici) etkileri ile onun kontrolü altında çalışır. Bu kontrolün oluşmasında omurilikten çıkan spinal sinirlerin rolü önemlidir. Omurilik boyunca 2 yanlı 32 çift spinal sinir, spinal köklerden geçerek çevreye gider veya çevreden gelirler. Burada ön köklermotor, arka köklerduysal liflerden oluşur. Bu Bell-Magendie yasasıdır.

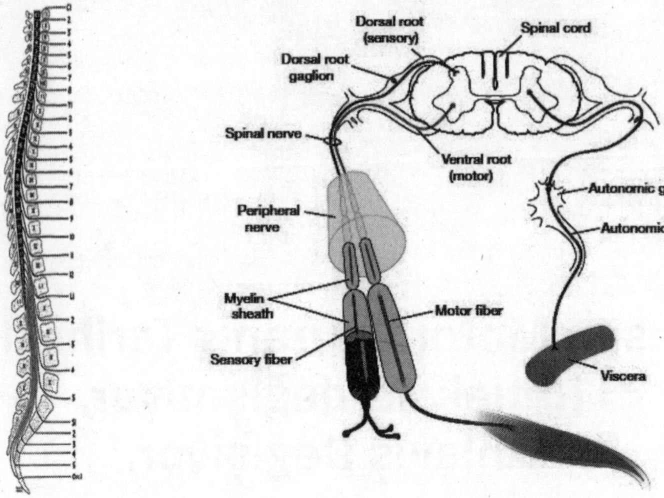

Resim 24.1. Solda vertebral kanal içinde omurilikin uzandığı görülüyor. Omurilik ancak sırt omurlarının sonuna kadar uzanabiliyor. Sağda omurilik enine kesisinin şematik resmi görülüyor. Somatik ve otonomik çevresel bağlantılar da bu görselin sol ve sağ yanlarında gösteriliyor. (Adams A.C., Essential Neurology-Mayo Clinic, Scientific Press and Informa Health Care, USA, 2008.)

(Bkz.19. Yüzyıl-III). Bunun biyolojik yaşamın "*Spinal Refleksler*" denilen bölümünün nasıl oluştuğunu anlamada çok önemli bir buluş olduğunu söyleyebiliriz.

Omuriliğin enine kesitine bakacak olursak, gri cevher kitlesinin omurilik orta kısmında yer alan bir kelebek şeklinde olduğunu görürüz. Bu gri cevherin ön ve arka boynuzlarında nöron hücreleri toplanmıştır. Gri cevherin ön boynuzunda Motor Nöronlar oturmaktadır, bunlar omuriliğin yan ve ön beyaz cevherinden gelen inici motor yollarla ve özellikle Piramidal yolların nöronal uzantıları ile bağlantı kurarlar. Bu nadiren bir direkt bağlantı şeklindedir, daha çok internöronlar (ara nöronlar) aracılığı ile bağlantı kurulur.

Arka boynuz gri cevherinde ise çevreden gelen duysal sinirleri karşılayan geçiş nöronları bulunur. 2. duysal nöronu oluşturan bu hücrelerinuzantıları, geldikleri tarafın karşısındaki omurilik yarısına çapraz yaptıktan sonra, omurilik beyaz cevherinin anterolateral kolonlarında duysal sinyalleri yukarıya taşırlar. Arka kök ganglion hücresinin periferik uzantısı çevreden gelen duysal sinyalleri taşır, santral uzantısı ise arka köklerle omuriliğe girer. Burada önemli olan bu santral uzantının ön boynuz motor nöronları ile refleks bağlantılar kurmasıdır. Kısacası birinci duysal nöron ile ön boynuz motor nöronları arasındaki "*Monosinaptik ve Polisinaptik Refleks*" bağlantıların anatomik temelleri böylece oluşur. Ön boynuzdaki motor nöronlara "*Alfa Motor Nöronlar*" adı da verilir.Charles Sherringtonbu alfa motor nöron sistemini "*Final Common Path*" (Son Ortak Yol) olarak adlandırmıştır. (Glickstein198).

Ön boynuzda Alfa Motor Nöronlara ek olarak Gamma Nöronlar da bulunurlar. Bunların Motor efferent lifleri de kuşkusuz önemlidir. Alfa efferent lifleri çizgili kasların bilinen klasik ekstrafusal liflerini innerve ederler ve spinal motor nöronların aksonal uzantılarıdır. Çapları 9-17 milimikron arasındadır, çok hızlı iletirler. Gamma efferentler ise ön boynuzdaki gamma-motor nöronların aksonal uzantılarıdır. Bunlar çizgili kas içindeki iğciklerin özelleşmiş intrafusal liflerini innerve ederler ve kasın gerilmesini ayarlarlar. Daha küçük çaplıdırlar ve daha yavaş iletirler. (Ertekin. 79-80).

Belirli omurilik düzeylerindeki motor nöronlar, belirli deri alanlarından ve kaslardan gelen duysal girdilerle aktive olurlar. Bu ilişki hem refleksin temelini yapar, hem de omuriliğinbedeni segment

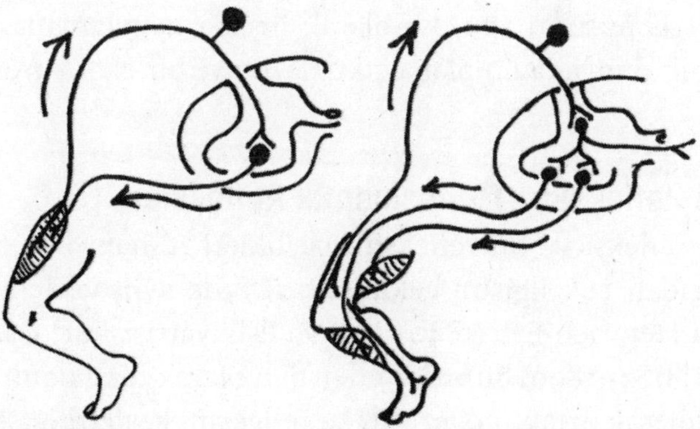

Resim 24.2. Monosinaptik (sol) ve polisinaptik (sağ) reflex, omurilik ve kas bağlantıları ile şematik olarak gösteriliyor. (Ertekin C., Sentral ve Periferik EMG)

segmentkarşıladığını gösterir. Bu segmentasyondaki, duysal girdiler "*Dermatom*" ve motor çıktılar da "*Myotom*" olarak adlandırılır. Bu oluşumun ortaya çıkmasında İngiliz Nörolog Henry Head (1861-1940) ve Alman Beyin Cerrahı Otfrid Forster (1873-1941)'in ve tabii ki C. Sherrington'un çok büyük katkıları olmuştur. (Glickstein, 170-172; Ertekin. 301-306).

20'nci yüzyılda bilim ile uğraşan insanların kafasını işgal eden ve en çok ilgi çeken konulardan birisi, "*Spinal Refleks Sistemi*"nin analizi olmuştur. Bu konuda ilk dönem daha basit ölçüm aletleri kullanarak önemli sonuçlara varan Sherrington ve okuludur. Aşağıda bu dönemi ayrıntılı olarak inceleyeceğiz. Daha sonra, mikropipet elektrod kullanarak, doğrudan spinal motor nöron membranından kayıt yapan ve bu yolla spinal afferent girdileri ve spinal refleks mekanizmaları inceleyen 2'nci bir dönem gelmiştir. Bu dönemin önde gelen bilim adamları John Eccles, Alan Hodgkin ve Andrew Huxley'dir. Bu iki dönem arasına sıkışmış olan farklı bir kısa dönem daha vardır. Bu kısa ve savaş öncesi dönemde "*Spinal Refleks Afferentler*" ve spinal refleks örnekler üzerinde ayrı bir özenle çalışılmıştır. Bu dönemi domine edenler David P.C.Lloyd (1911-1985) ve Birdsey Renshaw (1911-1948)'dır. (Patton, 197-209).

Son 2 dönem 2. Dünya Savaşı sonuna kadar devam etmiştir. 1950'lerden sonra laboratuvar teknolojisinin gelişimi ile birlikte spinal refleksler konusunu ağırlıklı olarak insana uygulamada, İskandinav ülkelerinin dünyada ön plana çıktıklarını ve bir ekol kurduklarını görüyoruz.

Gerilme Refleksleri-Monosinaptik Refleksler

Gerilme refleksi ve bu refleksin özellikleri Almanya'da nörologların klinik açıdan çok ilgisini çekmiştir. 1875'de aynı yıl içinde Nörolog Wilhelm Heinrich Erb (1840-1921) ve Psikiyatrist Karl Friedrich Otto Westphal (1833-1890) birbirlerinden ayrı olarak diz eklemi kirişine hafifçe vurularak ortaya çıkan Patella refleksini keşfettiler. Ancak bu iki araştırıcı Patella refleks yanıtının oluşumu konusunda farklı düşünüyorlardı. En çok tartıştıkları Patella uyarımı ile Kuvadriseps kasından yanıtın ortaya çıkmasına kadar geçen süre konusundaydı. (*Buna günü-*

müz meslek literatüründe "Latency"(Latans) adı verilir. Burada kastedilen, Patella Tendonuna (Kirişine) refleks çekici ile vuruştan, kasın refleks yanıtının başlangıç noktasına kadar olan zaman aralığıdır.). Westhpal bu yanıtın, kasın gerilmesi ile başlayan sinyalin omurilikten geçerek, tekrar kasa dönmesi ile oluştuğunu düşünüyordu. Bu konuda Westhpal'i hekim çevreleri de haklı buluyorlardı. Patella refleksi kasın gerilmesine karşılık olarak ortaya çıkan bir lokal yanıt şeklinde değerlendirildi. Nörologların sembolik aleti olan refleks çekicini ise Joseph Jules Déjerine (1849-1917) uygulamaya sokmuştur.

Bacakları aşağı sarkık olarak oturmakta olan bir kişinin diz tendonuna (kirişi) refleks çekici ile vurunca, dizin üstünde bulunan, büyük hacimli kuadriseps kası kasılır ve fleksiyon halindeki bacak aniden ekstansiyona geçer, yani bacağın dizin altında kalan kısmı yukarı doğru sıçrar. Burada kuadriseps kasında önce bir gerilme olmuş, bunu kasın maksimal kasılması izlemiştir. Nörofizyolog Charles Sherrington (1857-1952) kastaki bu kasılmanın birrefleks yanıt olduğunu deneysel yolla kanıtladı. Arka veya ön kökler kesildiğinde yanıt kayboluyordu. Ancak şu soruyu da sormaktan kendini alamadı: "*Bu refleksin başlamasında rol alan neydi? Kasın önce gerilmesi bir tetikleme mi sağlıyordu? Nasıl bir duysal girdi omuriliğe ulaşıyordu?*" Ve gerilme refleksini daha ileri düzeyde incelemeye başladı. Bu konuyu deserebre edilmiş kedilerde çalıştı. Çünkü deserebre kedilerde gerilme refleksleri çok hızlı ve şiddetli olabiliyordu.Sherrington, öğrencisi Liddell ile birlikte 1924'de kasın pasif gerilmesi ile değil, fakat refleks çekici ile sağlanan anlık gerilme ile refleksin başladığını saptadılar. Bunun üzerine gerilme refleksinin ortaya çıkmasını aktive edecek bir reseptör varlığınıaraştırmaya giriştiler. Sherrinton'a göre bunu yapabilecek 3 aday vardı: Derideki ve tendon organlarındaki reseptörler veya kas içindeki bir "*Gerilme reseptörü*" olabilirdi. Deri ve tendon afferent sinir liflerini kesince tekrar gördü ki, gerilme refleksi yine ortaya çıkıyordu. Bunun üzerine Sherrington kas içinde bulunan bir reseptör veya duyu organındangerilme refleksininbaşlatıldığı sonucuna vardı. Ve sonra bunun kas içinde özelleşmiş "*Kas İğciği = Muscle Spindle*" olduğu anlaşıldı. (Glickstein 204-209; Wickens 200-203).

Kas iğciğinde bulunan"*Intrafusal Kas lifleri*" denen özelleşmiş kas liflerinin gerilmesi ile başlayan sinyallerin, geniş çaplı hızlı iletim yapan afferent duysal sinirler (Grub IA lifleri) yolu ile omuriliğe iletildiğini ve Alfa motor nöronları ile sinaps yaptığını İspanyol Nöroanatomist Santiago Ramón y Cajal ortaya çıkardı. Ve bu bağlantılardaki afferent liflerinin özelleşmiş olduklarına vurgu yaptı.

ABD'denNörofizyolog Birdsey Renshaw (1911-1948) bu konuyu geliştirdi. Renshaw omuriliğe girmekte olan duysal sinir liflerini, arka kökler üzerinden, giderek artan akım şiddetinde uyarttı ve omurilikten çıkan motor liflerden zayıf uyarımlarda kısa latanslı bir yanıt aldı. Burada omurilikte impuls geçişinin 1.6 ms olduğunu saptadı. Buna göre de minimum sinaptik gecikmenin 0.6 ms (0.5-0.9 arası)olduğu sonucunu çıkardı. Bu çok kısa zamansal değerlerden yola çıkarak, bir ara nöron ihtimalini elimine etti ve monosinaptik bir refleks varlığını deneysel olarak ortaya koymuş oldu. Renshaw talihsiz bir kişiydi, Polio epidemisi sırasında 1948'de 37 yaşındayken vefat etti.

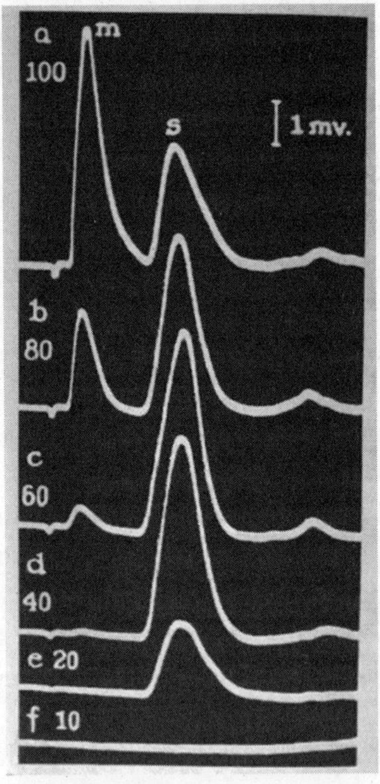

Resim 24.3. Renshaw'ın monosinaptik refleksi elektrofizyolojik yöntemle kanıtlaması. Spinal arka kökler en azdan yukarı doğru giderek artan akım şiddetinde uyartılıyor ve ön köklerden kayıtlama yapılıyor. Önce daha geç çıkan bir potansiyel ve akım şiddeti arttıkça daha erken çıkan potansiyel görülüyor. Aralarındaki latans farkından omurilikte tek bir sinaps olduğu ortaya çıkıyor. (Renshaw B.; J. Neurophysiology, 3, 373-387, 1940.)

David Lloyd (1911-1985), 1950'lerde NewYork'da Rockefeller Enstitüsünde çalışan bir nörofizyologdu. Renshaw ile arkadaştılar. Lloyd da deneysel olarak gerilme refleksinin monosinaptik olduğunu kanıtlamaya çalıştı. Duysal kas afferentleri (Grup IA kas afferentleri) ile motor sinir lifleri (Alfa motor nöronlar) arasındatek bir sinaps olduğunu kanıtladı. Gerilme refleksi monosinaptik bir refleks idi. (Glickstein 210-213; Pierrot-Deseilligny&Burke 1-2; Renshaw 373-387; Patton 197-209).

Gerilme reflekslerinin monosinaptik olduğunun devamlı olarak deney hayvanları üzerinde gösterilmiş olması çok değerliydi, ama bunun insanda da kanıtlanması bekleniyor ve gerekiyordu. İnsanda spinal reflekslerin ayrıntılı olarak incelenmesi için oldukça uzun bir zamanın geçmesi gerekecekti. Deneysel fizyolojiye göre insanda refleksolojinin gelişmesi o kadar da kolay olmamıştı. İnsanda ilk elektrofizyolololojik refleks çalışmalarının bir Alman Nörolog olan Johann Hoffmann (1857-1919) ile başladığını kabul edebiliriz. 1918'de Hoffmann'ın refleksoloji konusunda öne sürdükleri bugün bileaynı sağlamlıkta değerini korumaktadır. Bacakta Tibial sinir uyarımı ile Triseps Surae kasında (Özellikle Soleus bölümünde) ortaya çıkan, bugün özellikleri çok iyi bilinen Soleus H-Refleksini tanımlamıştır. Bu geç latanslı yanıtın aşil refleksine eşdeğer bir monosinaptik gerilme refleksi olduğunu düşünmüştür.

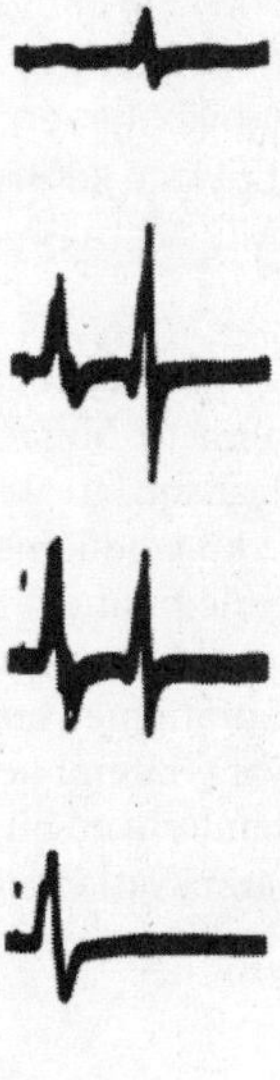

Resim 24.4. İnsanda Monosinaptik Soleus H-Refleksinin elektrofizyolojik olarak gösterilmesi. Soleus kasından kayıt ve Tibial sinirden uyarım yapılıyor. Yukardan aşağı doğru akım şiddeti artırılıyor. Önce geç yanıt olarak H-Refleksi ortaya çıkıyor, bunu erken latanslı M-yanıtı izliyor. Akım şiddeti daha fazla artırılınca H-Refleks inhibe oluyor. (Ertekin C.: Klinik Elektromiyografi, Ege Üniversitesi Matbaası, İzmir, 1977.)

Hoffmann'ın bulduğu refleks kendi adıyla, bazen de adının baş harfi ile H-Refleks olarak kullanılır. (Magladery et al265-290; Ertekin 161-189). Monosinaptik olarak IA afferent sinir liflerinin motor nöronlara spinal geçiş zamanı insanda intratekal kayıtlamalarla*Magladery et al (1951) ve Ertekin et al (1996) tarafından saptanmış ve yaklaşık1.5 ms olarak bulunmuştur. (Pierrot-Deseilligny &Burke 66-67).

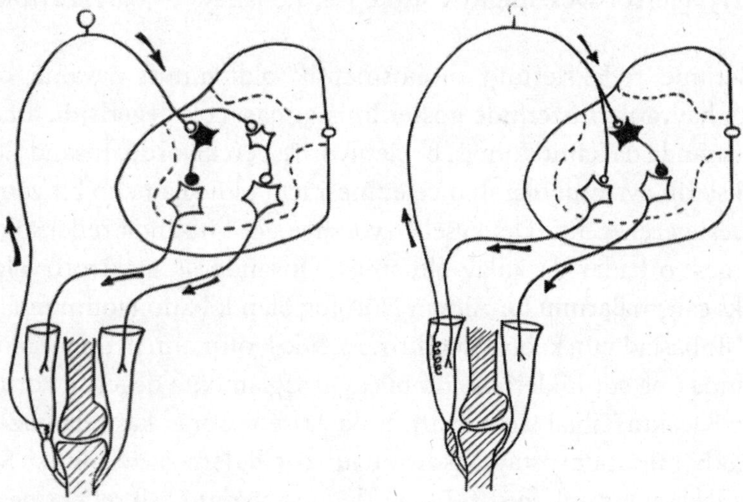

Resim 24.5. Gerilme refleksinin fizyolojik şeması. Sağda; kasın tendonuna refleks çekici ile vurma sonucu agonist kasın motonöronu aktive olurken, antagonist kasın nöronu aranöron (siyah renkli) aracılığı ile inhibe oluyor. Solda ise golgi inhibisyonu görülüyor. Antagonist kasın ara nöronu aktive olurken Agonist kas bir aranöron aracılığı ile inhibe oluyor. Kasılması böylece kontrol altında tutuluyor. (Ertekin C.: Sentral ve Periferik EMG, Meta Basım, İzmir, 2006.)

* *Dipnot: Omurilik aksiyon potansiyelleri ilk kez Gasser ve Graham tarafından 1933'de kedilerin omurilik arka kesiminden yazdırılmış ve buna "Cord Dorsum Potansiyelleri" adı verilmiştir. Daha sonra çeşitli hayvan çalışmaları ile bu konu genişletilmiştir. İnsanda ilk kez C.M. Magladery et al. 1951'de kullandıktan sonra, 1970' lerde C. Ertekin (1969, 1973 ve 1976) daha güvenli bir yöntemle insanda intratekal kayıtlamayı yeniden ortaya çıkarmıştır. Japonya'dan J. Shimoji et al (1971,1972) yaklaşık aynı yöntemi anestezi altında uygulamış veo sıralar hastane pratiğine yeni giren Bilgisayar yöntemi ile çalışmışlardır. R.Cracco (1973) yine bilgisayar yöntemi ile Spinal Uyarı Potansiyellerini yüzeyel elektrodlarla incelemiştir .Bu yöntemlerin en büyük klinik yararı "Spinal Cord Monitoring" ile omurilik ve bazı ortopedi ameliyatlarının güvenli bir şekilde yapılmasını sağlamak olmuştur. (Ertekin. 82-99; Ertekin. 150-178; Ertekin 754-768; Zileli 1-141; Ducker&Brown kitap 1988).

Ertekin et al. monosinaptik refleks geçişteki spinal süreyi 1.3 ms bulmuşlar ve bu durumda gerilme refleksinde saf sinaptik geçiş zamanının da yaklaşık 0.4 ms civarında olduğunu hesaplamışlardır. (Ertekin et al 77-83; Ertekin 150-178).

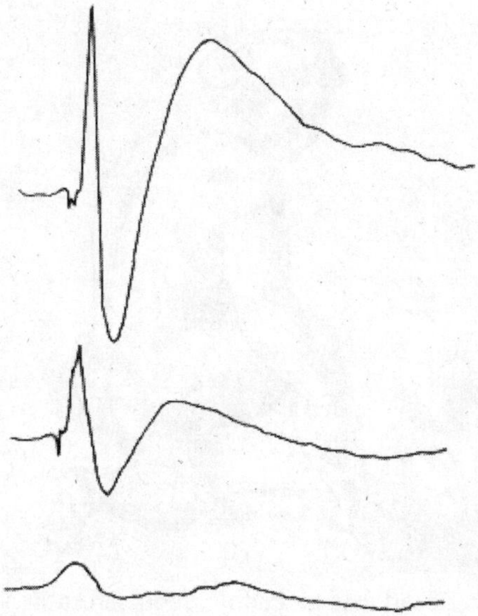

Resim 24.6. Bacak siniri uyarımı ile dorsal 11-12 omurları seviyesinden kaydedilen spinal uyarı potansiyeleri. Üstte, intradural; ortada, ekstradural; ve altta, deri yüzeyinden kayıtlama. Görüldüğü gibi giderek spinal uyarı potansiyelleri şekil ayrıntılarını yitirirken, sadece başlangıç noktası (Latans) sabit kalıyor. (Ertekin C.: Intradural Spinal Recording (particular reference to invasive methods), Editors: Ducker TB & Brown RH, Neurophysiology and standarts of spinal cord Monitoring, Springer-Verlag, Newyork-Berlin, Heidelberg, 1988.)

Fleksör veya Geri Çekilme Refleksleri - Polisinaptik Refleksler

Aşağıdaki resimde görülen ve Dekart'ın (René Descartes 1596-1650) kitabında yer alan ünlü ve klasikleşenresime tekrar baktığımızda, polisinaptik ağrılı fleksör refleksleri, bir şekilde tanıtmış olduğunu görüyoruz. Ama Dekart'ın bugünkü anlayışa yakın bir refleks anlayışının olmadığını tahmin etmek güç değildir. Her şeyden önce şunu söylemek gerekir. "*Fleksiyon-Geri çekilme*" refleksleri, gerilme reflekslerinden çok farklıdır.Bedendeki fleksiyon devinimleri, ekstremiteleri zararlı uyarılardan korurlar, bu nedenle "*Nociceptive*" veya "*Noxious reflex*" adı da verilmiştir. Bir parmağa ağrılı bir uyarım verildiğinde bütün kol hızla ve ani bir şekilde geri çekilir.Gerilme reflekslerinin tersine tüm ekstremitedeki fleksör kasları kullanılır.İngilizce verilen adı ile "*Withdrawal*" refleksttir.

Resim 24.7. Dekart'ın ünlü "Zararlı uyarımdan kaçınma" şekli.

Fleksör refleks duysal afferentleri birçok spinal segmenti içine alanbir yayılma gösterir. Bu nedenle de "*Plurisegmental*" refleksler olarak bilinirler. Birden çok spinal segmentte, ara-nöronlar (*Interneurons*) aracılığı ile ortaya çıkan polisinaptik bir yapı gösterirler. En küçük bir fleksiyon refleksinde biledisinaptik (İkili) bir bağlantı vardır.

Ağrılı uyaran ile aynı yandaki fleksör motor nöronlar uyartılırken, ekstansör motor nöronlar inhibe edilir. Bunun sonucu, ağrılı uyarandan düzgün bir şekilde kaçış sağlanır.Ağrılı uyaran kendi tarafındaki bacağı fleksiyon haline sokarken, aynı zamanda omuriliğin karşı yanına da geçen ağrılı sinyaller, karşı ekstremitenin ekstansör motor nöronlarını uyartır.Bunlara "*Çapraz Ekstansör Refleksler*" denir. Bu şekilde karşı bacak yere güçlü basarak, ağrılı bacağın fleksiyon devinimi kolaylaşacak, ayakta dengeli durma sağlanacaktır.

Klinikte çok çeşitli fleksör refleksler kullanılmıştır. Bunlardan birkaçı tarihsel önem açısından kısaca gözden geçirilecektir.Önce şunu söylemekte yarar var, 1899'da Collier bacaktaki fleksiyon refleksin işlevinin, ayağı zararlı bir objeden kaçırmak olduğunu öngörmüştür. 1960'ların erken dönemlerinde İskandinav okulunda öncü EMG çalışmaları ile polisinaptik fleksör refleksler yeniden ve dikkatli bir şekilde gözden geçirilmiştir. Elektrofizyolojik olarak geri çekme reflekslerinin analizi insanda ilk kez Pedersen tarafından 1954'de yapılmıştır. Bununla beraber Polisinaptik fleksör refleksler 1948 yılından itibaren Kugelberg ve yardımcıları tarafından insanda elektrofizyolojik yöntemlerle araştırılmıştır. Bunlara "*Göz Kırpma refleksleri*", "*Abdominal refleksler*", "*Sakral refleksler*" ve diğer fleksör refleksler dahildir. (Ertekin. 778-779; Pierrot-Deseilligny &Burke 392-414; Pedersen 1-81; Ertekin & Reel 1-15).

En ünlü fleksör refleks ve onun piramidal yol tutuluşlarında değişmesi ile ortaya çıkan "*Plantar reflex*" ve "*Babinski refleksi*"dir. Bu refleksi ilk kez Polonyalı-Fransız NörologJoseph François FelixBabinski (1857- 1932) 1896'da ortaya çıkarmıştır. Normal erişkinde ayak tabanını çizilmesi ile başparmakta fleksiyon (Ayak tabanına doğru bükülme) meydana gelirken, Piramidal Yol lezyonlarında ve bebeklerde aynı uyaran ayak başparmağında ekstansiyon (Yukarı doğru bükülme) ortaya çıkarır. Rönesans ressamlarından Sandro Botticellibebekte ekstansör plantar yanıtı bir tablosunda (Meryem, İsa ve 2 melek tablosu) göstermiştir. (Glickstein 214-215; Ertekin. 830-831; Pierrot-Deseilligny &Burke 404).

Ağrılı bir uyarım karşısında ortaya çıkan fleksör-geri çekme refleksleri yoluyla, ağrı konusunun çeşitli yönlerini incelemek de mümkün olabilmiştir. Bunun için en çok kullanılan kas, bacakta uyluk arka lojunda bulunan fleksör nitelikli "*Biseps Femoris*" kasıdır. Çünkü bu bacak kasında geri çekme refleksinin uyarılma eşiği düşüktür. Ayak bileğinden sural sinir (saf duysal) veya posterior tibial sinirin (motor ve duysal birlikte) elektrik uyarımı ile bu kastan EMG refleks yanıtları kolaylıkla ve güvenli ve net bir şekilde yazdırılabilir. Fransız M. Hugon 1967 ve 1973'de bunu ilk inceleyenlerden biridir (Hugon 1973).

İlk kez deney hayvanlarında Lloyd, küçük çaplı sinir liflerinden myelinli A-delta (grub III) afferent duysal liflerinin, polisinaptik ağrılı fleksör refleksleri meydana getirdiğini saptamıştı. (Lloyd 293-315). Bunun insanda da onanması gerekiyordu. İnsanda fleksör refleksler üzerinde çalışanlar bu polisinaptik refleksin başlangıç latansını tahmin etmede 2 gruba ayrılmışlardı. Bu konuda E. Kugelberg 1948'de ve M.R. Dimitrijevicz ve P.W. Nathan 1970'de bacaklarda fleksör refleksin en erken latansını küçük çaplı myelinli A-Delta liflerinin yapabileceğini telkin ettiler, ama bir kanıt gösteremediler.Diğer bir grup nörolog ve nörofizyolog ise 1950-1960 yılları arasında fleksör refleks ilk bölümünün iletim hızı 30 m/s üzerinde olan daha geniş çaplı myelinli lifler tarafından omuriliğe taşındığını öne sürdüler. Son olarak Ertekin et al, 1975'de EMG yöntemi ile Biseps Femoris kasını kullanarak, fleksör refleks afferent liflerinde sinir iletim hızını kaydettiler ve 10-25 m/s (ortalama 18.5 m/s) olduğunu ve böylece Nociceptive Fleksor afferentsinir liflerine, yani A-delta deri afferentlerineuyduğunu kanıtlamış oldular. Fleksör reflekslerin değişik yönlerine ait bilimsel çalışmalar devam etti. (Hugon 713-729; Lloyd 295-315; Kugelberg304-319; Dimitrijevicz & Nathan 743-760; Ertekin et al. 959-965).

Omurilik ve Hastalıklarının Tarihi Üzerine

Bölümün en başında omurilik anatomisi üzerine kısa bir bilgi verilmişti. Bununla beraber normal anatomisi hakkında değişik bazı bilgileri de hatırlatarak, konunun tarihsel yönüne geçeceğiz.

Omurilik, vertebra kanalı içine yerleşmiş, Duramater, Araknoid ve Piamater gibi zarlarla sarılmış silindirik şekilli bir yapıdır. Erkeklerde yaklaşık 43-45 cm, kadınlarda ise 42-43 cm uzunluğunda ve ortalama 28 g (23-35 gram) ağırlıktadır.

Buna karşılık vertebral kanal erişkinde 70 cm uzunluğundadır. Omurilik 1'nci bel omuru hizasında sonlanır. Omurilikten 2 yanlı 31 çift spinal sinir çıkar. Omurilik enine kesisinde, gri cevher kitlesi, H-harfi veya kelebek şeklindedir ve simetrik olarak orta kısmı işgal eder. Bunun ön ve arka boynuz şeklinde çıkıntıları vardır. Gri cevher kitlesinin çevresindeki beyaz cevherde, supraspinal olarak inici ve çıkıcı sinir lifi demetleri yer alır. Bunlar ön, yan ve arka kolonlar halinde bulunurlar. Bunlara "*Kordon*" adı da verilir. Örneğin arka kordon ve yan kordon gibi. (Erzurumlu et al 198-211; Ertekin. 302-306).

Gri cevherde nöron somaları, akson ve dendritler ve glial bağ hücreleri bulunur. Gri cevherde ilk kez İsveç, Uppsala Üniversitesinden Nöroanatomist Bror Rexed (1914-2002) bir laminar yapı olduğunu ve bunun anlamlı bir organizasyona hizmet ettiğini gösterdi. İlk önce kedilerde, 1952 ve 1954'de ve daha sonra diğer memeli hayvanlar ve insanda spinal gri cevherin laminar yapısını ortaya koydu. Hücre tipi ve yoğunluğuna bakarak (Nöronal Sitoarşitektonik Yapı ile) tarif edilen bu bölgeler "*Rexed Laminaları*" olarak adlandırılmış ve numaralandırılmıştır. Laminalar, omurilik arka boynuzundan ön boynuza dek yerleşmiş 9 lamina (Lamina I den Lamina IXa) ve sentral kanal etrafındaki Lamina X'dan oluşur.Her bir laminanın kendine özgü bağlantıları ve işlevleri vardır. (Erzurumlu et al 205-206; Naderi et al 1-6).

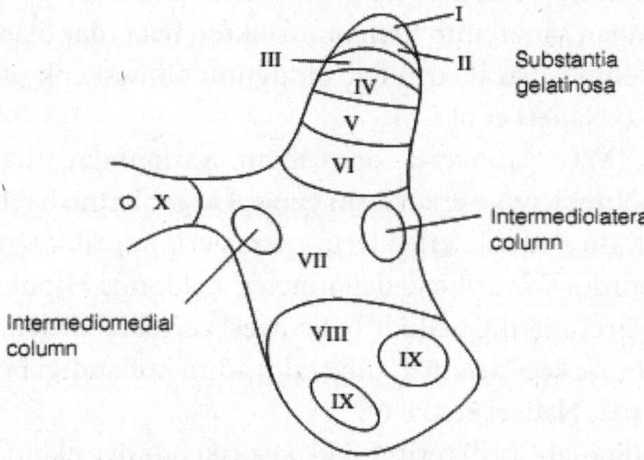

Resim 24.8. Rexed'in tanımladığı omurilik laminar yapısının şematik görünümü. Şekilde ön boynuz altta ve arka boynuz üstte görülüyor.

Tarihsel açıdan baktığımızda vertebral kanal ve içindeki anatomiden çok, bu bölgenin klinik sorunları ile çok daha fazla ilgilenildiğini söyleyebiliriz. Siyatik ağrılarının bilinmesi hemen hemen insanlık tarihi kadar eskidir. Mısır papiruslarında (M.Ö. 4500-2500 yılları arası), bacağın yukarı kaldırılması ile hastanın bel ve bacak ağrılarının arttığı yazılıdır. Omurilik zedelenmeleri ile ilgili bilgiler özellikle Edwin Smith Papirusunda bulunmuştur. Hatta bunun sonradan Tıp Tanrısı olarak kabul edilen Imhotep tarafından yazıldığına inanılır.Bu papiruslarda üst ve alt servikal spinal zedelenmelerde ortaya çıkanKuadriparezi ve Parapleji dokümante edilmiştir. (Naderi et al 1-16).

Eski Mezopotamya'da Asurlular zamanından, M.Ö. 600'lerden kalan bir kabartma eserde (*Asur Kralı Asurbanipal'in saray kalıntılarından, Irak'tan, İngiltere'de British Museum'a getirilmiştir*) bir dişi aslan atılan oklarla yaralanmış ve oklardan biri hayvanın orta dorsal omurilik bölgesine saplanmıştır. İlginç olarak aslanın arka bacakları felçli görünmektedir. Söylentilere göre Asur İmparatorluğu zamanında insanların koyun sürülerine aslanlar musallat olmuşlardı. Hem insanlar ve hem de besin kaynakları için tehlike oluşturuyorlardı. Muhtemelen Asur Kralı kendi insanlarını ve besin depolarını korumak için, halka aslanlara karşı kendilerini savunmaları emrini vermiş olabilir. Buraya kadar söz edilenler mitoloji olsa da, paraplejik aslan kabartması gerçektir. Bu kabartmayı yapan sanatçının hem omurilikten haberdar olabilmesi ve hem de zedelenince bacakların felç olduğunu bilmesi çok şaşırtıcıdır. (Glickstein 1-2; Naderi et al 1-6).

Hipokrat (M.Ö. 460-375) omuriliğin varlığından haberdardı. Omuriliğin böbreklere ve erkeklerin genital organlarına bağlı olduğunu sanıyordu. Bu nedenle erkeklerin spermleri omurilik içinde meydana getiriliyordu. Omurilik zedelenmeleri hakkında Hipokrat okulu bir hayli bilgi üretmiştir.Özellikle bel bölgesi vertebral disk hernilerinde Hipokrat'ın ilk kez "*Sciatica*" (Siyatalji) adını kullandığı belirtilmiştir. (Ertekin. 302; Naderi et al 1-6).

Omurilik (Spinal Cord) terimini ilk kez İskenderiye ekolü hekimlerinden, anatomist Herophilus (M.Ö. 325-260) kullanmıştır. Bunlardan birkaç yüzyıl sonra Galenus (M.S. 230-200) omuriliğin çevresini saran kemik-ligament yapıları tanımlamış her 2 yandaki deliklerden lif demetlerinin dışarı çıktığını da görmüştür. Bunlar yüksek olasılıkla spinal sinirlerdir. Vertebral kanalın bozukluklarını *Lordoz, Kifoz* ve *Skolyoz* gibi adlandırmış, omurilik zedelenmelerindeki klinik belirtileri saptayıp, klinik motor güçsüzlük ve duysal yitimleri tanımlamıştır.

Uzun bir zaman geçtikten sonra Hollandalı hekim ve anatomist Gerard Blasius (1625-1692) 1666'da yazdığı "*Anatome Medullae SpinalisNervorum*"adlı kitabında, omuriliktebeyaz ve gri cevherleri ayırt etmiş ve durumu enine kesitler halinde göstermiştir. (Naderi et al 1-6).

1700'lü yıllarda J.J. Huber ve sonra F.Vicq d'Azyr omurilik köklerini, sinirlerini ve omurilik içindeki lif demetlerini incelediler. Omurilik anatomik açıdan bilinmeye çalışılırken, birden refleks adını kullanmadan İskoçyalıhekim Robert Whytt (1714-1766) bazı refleksif hareketleri tanımladı. Örneğin gayda sesinin kişide idrar yapma eğilimi yarattığını belirtti. İstem dışı bir motor aksiyon oluşması için bir uyarımın gerektiğini vurguladı. Yine bir başka İngiliz hekim, nörolog ve fizyolog Marshall Hall (1790-1857) refleks sözcüğünü kullandı ve refleks ark terimini ekledi. Bununla omurilik ve beynin refleksler üzerindeki önemini anlatmak istemiş olabilir. Hall birçok refleks yanıtın omurilik düzeyinde organize olduğunu düşünmüştür. (Glickstein 200-203; Wickens 191-197).

Ve sonunda 19'uncu yüzyıl başlarında Bell-Magendie Yasasının ortaya çıkmasına sıra geldi. 18'inci yüzyılda Fizyolog Robert Whytt (1714-1766), belirli tipteki refleks devinimlerin varlığını göstermişti, ama ruhsal bir gücün bedendeki bu etkinliği sağladığı görüşü (*Sentinent Principle*) hâlâ devam ediyordu. Refleksin daha iyi anlaşılabilmesi omuriliğin daha iyi bilinmesine bağlıydı ve buna 19'uncu yüzyılın erken dönemlerinde Charles Bell (1774-1842) ve François Magendie (1783-1855) açıklık getirdiler. Bu çalışmalardan çıkan sonuçlara İngiliz Fizyolog Marshall Hall 1790-1857) destek oldu. Ondan sonra da spinal reflekslerin fizyolojik çözümlenmesi özellikle 20'inci yüzyılın başlarından sonlarına kadar devam etti. Bell-Magendie Yasası omurilik açısından önemli bir dönüm noktasıdır. Bu konu üzerinde ayrıntılı bilgiler ayrı bir bölümde verilmiştir. (Bkz. 19.Yüzyıl-III.)

19'uncu yüzyıl ve sonrasında, hem deney hayvanı ve hem de insan spinal travmalarında ortaya çıkan Kuadriparezi veya Parapleji hekimler ve araştırıcılar tarafından daha bilinçli olarak izlenmeye başlanmıştır. Ayrıntılar bir yana bırakılırsa insanlık hep aşağıdaki klinik olayla karşılaşmıştır. Omurilik ve beyin hakkında günümüzde çok fazla bilgiye sahip olmakla beraber, hâlâ omurilik travmalı bir insanı yeterli şekilde konforlu yaşama döndürecek yöntemlere henüz sahip olamadık. Spinal keside nasıl bir manzara ile karşılaştığımıza örnek olarak şöyle bir klinik özet sunuyoruz:

Omurilik kesildikten veya travmaya maruz kaldıktan sonra daha alt spinal segmentlerde kalanmotor nöronlarbeyin ve beyin sapının kontrolünden çıkmışlardır ve istemli hareket yapılamaz, artık parapleji (iki bacağın felç olması) veya kuadripleji (kollar ve bacakların felç olması) oluşmuştur. Üst servikal omurilik lezyonlarında veya kesisinde durum daha ağır olabilir; örneğin göğüs kasları ve diyafragma gibi solunum kaslarının ritmik kontrolü yitirildiği için nefes alma ortadan kalkabilir. Yoğun bakım gereksinimi ortaya çıkar. Eğer omurilik daha aşağı segmentlerden kesilirse bu kez solunum çalışır, ama her 2 bacaktaki felç devam eder. Bir spinal kesiyi izleyen ilk olay "*Spinal Şok*"tur. Bu sırada gerilme refleksleri yitik veya azalmıştır. Fakat daha sonra refleksler tekrar geri döner. Ama bu kez hem gerilme ve hem de fleksör refleksler supraspinal kontrolden çıkmışlardır. Tendon refleksleri aşırı hâle gelir ve fleksiyon reflekslerindeki artış da buna parallel gider. Ayrıca deri duyumu yitimi sorunları eklenir. Sfinkter kontrolü kaybolabilir. Yineliyorum bugün bile Bilim ve Tababetin çok gelişmesine rağmen, bu hastalarda tatmin edici bir geriye dönüş maalesef sağlanamaktadır.

Refleks kavramı 19'uncu yüzyıldan itibaren sadece omuriliğe sınırlı kalan bir olay olmaktan çıkmaya başlamış, şartlı refleksler veya psişik refleksler diye bilinen bir alana doğru yayılmıştı. I9'uncu yüzyılın ortalarında Rus Psikolog Sechenov'un (Ivan Mikhailovich Sechenov1829-1905)çalışmaları refleksinmental olaylardada önemli bir komponent olarak tanınmasını sağladı. Keza öğrenme olayında şartlı refleksin önemini Rus Fizyolog Ivan Pavlov (1849-1936) ortaya koydu. Bu psikolojide çok büyük bir ilerlemeye yol açtı. ABD'li Psikolog Karl Lashley (1890-1958) beyinde koşullu reflekslerin nöral temelini araştırırken birçok yenilik ekledi. Daha sonra bu konuda Donald Hebb (1904-1985) refleks işlevlerde yeni kavramlar ekledi ve sinir sisteminde plastisitenin ve öğrenmedeki beyin mekanizmaları araştırmalarının yolunu açtı. Nörofizyolojiyi çok önemli bir düzeye getirdi. (Wickens 190; Eckoldt 147) Bu konular başka bir bölümde incelenmektedir. (Bkz. 20. Yüzyıl-I).

EK-I : Sir Charles Sherrington, Bir Nörofizyoloji Ustası

Omurilikte duysal-motor refleks integrasyon sorunu büyük ölçüde İngiliz Fizyolog Sir Charles Scott Sherrington (1857-1952) tarafından çözümlenmiştir. Refleksin integrative doğasını açığa çıkarmada 50 yıldan fazla zaman harcadı. Özellikle sinir sisteminde eksitasyon ve inhibisyonun önemini açıkladı. Bunu serebral korteks dahil tüm sinir sistemi seviyelerinde gösterdi. (Sherrington. 1-390; Wickens 189; Ertekin 17-18).

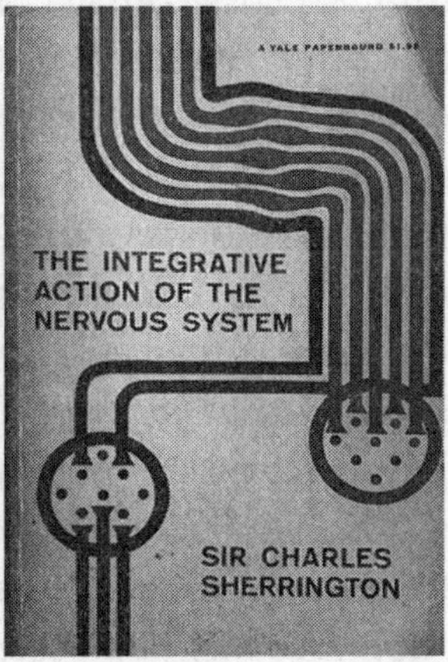

Resim 24.9. Sir Charles Scott Sherrington (1857-1952) ve ünlü ve değerli kitabının kapağı.

"*Spinal Refleks*" anlayışının temellerini oturtan Sir Charles Scott Sherrington (1857-1952)'dur. Sherrington, spinal refleksler ve reflekslerin integrasyonu konusunda yaptığı çalışmalarla nörofizyolojiye katkıları günümüze kadar gelmiş bir kilometre taşıdır. Hesaplandığına göre bu konularda 70 yıl yazmış ve 300'ün üzerinde yayın yapmıştır. Onun 1906'da yazdığı "*The Integrative Action of the Nervous System*" adlı kitabı çok ünlenmiş ve kuşaklar boyu nörofizyolog ve nörologların elinden düşmemiştir. Sherrington, kitabını dostu David Ferrier'e adamıştır. (Ertekin. 17-18; Wickens 200; Sherrington 1. sayfa öncesi). Sherrington'un bilime olan katkılarını yaşam öyküsü ile birlikte gözden geçirmek daha ilgi çekicidir. Sherrington tıp okumaya Londra'da St.Thomas Hastanesinde başlamıştır. Daha sonra Cambridge Üniversitesine geçmiş ve orada Michael Foerster'in Laboratuvarına katılmıştır. İlk yayınını orada yapmıştır. Sherrington tıp eğitimini bitirdikten sonra Almanya'da Strasbourg'a gitmiş, orada 1 yıl Goltz'un laboratuvarında çalışmış ve motor korteks harabiyetinin etkilerini Goltz ile beraber incelemiştir. O sıralarda İspanya ve İtalya'da meydana gelen "Kolera Epidemisi"ni incelemek üzere o bölgelere gönderilmiştir. Daha sonra Berlin'de ünlü Patolog Rudolf Virchow ve Bakteriyolog Robert Koch ile çalışmıştır. Sherrington 1891'de Londra'da bir veteriner hastanesinde görev almış ve o tarihtenitibaren spinal refleksleri incelemeye başlamıştır. Patella refleksi ile işe başlamıştır. Bu ve diğer benzeri çalışmalarını Sherrington maymunlar üzerinde de yapmıştır. Her ne kadar "*Patella Tendon Refleks*" arkı basitçe tanımlanmış olsa da, Sherrington bunun sanıldığından daha kompleks olduğunu göstermiştir. Patella eklemi (Diz eklemi) tendonuna (Kiriş'ine) vurulduğunda omuriliğe sinyallerin gittiği ve sonra geriye "*Kuadriceps kası*"nda (Diz üstü kas grubu) kasılma tarzında döndüğünü göstermiştir. 1891'de Sherrington "*Agonist ve Antagonist*" kaslar arasında bir "*Resiprokal*" işlev olduğunu bulmuştur. Örneğin Patella refleksi sırasında Kuadriseps kası aktive olurken (Agonist)onunantagonisti olan bacağın arka lojundaki Hamstring kasları gevşemektedir. Antagonist kasın durumu "*Resiprokal İnhibisyon*" olarak adlandırılmıştır. Bu reflekste 2 nöron olduğunuve biri Kuadriseps'te "Eksitasyon" yaratırken, diğeri aynı anda Hamstring kaslarında "İnhibisyon" yaratmaktadır. Böylece tendon refleksinin temel fizyolojisini ortaya koymuştur.

1895'de Sherrington Liverpool Üniversitesinde Fizyoloji Profesörü olmuş, 1913'de Oxford Üniversitesine geçmiştir. Buralarda yaptığı çalışmalarda bedenin her bir bölgesinin, duysal ve motor belirli bir sinir kökü ile bağımlı çalıştığını göstermiştir. Yani her bir sinir kökünün bedende özel bir segmenti vardır. Böylece spinal segmental innervasyonu ortaya çıkarmıştır. 1897'de ilk kez "*Sinaps*"ı kabaca tanımlayıp adını vermiştir.O sırada 40 yaşındadır. (Eckoldt 147).

Wilhelm Kühne'nin (1837-1900), 1863'te keşfettiği "*Kas İğciği*"nin (Muscle Spindle), bir duyum organı olmasından kuşkulanmıştır. Bunu ortaya koymak için Sherrington, duysal arka kökleri kesmiş ve bu yolla kas iğciklerinin gerçekten duyum organı olduğunu kanıtlamıştır. Çizgili iskelet kası bir yükle karşılaştığında gerilmekte ve bu gerilme ile kas iğciği içindeki yapılar uyarılmakta ve refleks aksiyon başlatılmaktadır. Sherrington bu tip bir aksiyona "*Proprioception*" demiştir. Ardından proprioception'un bedende 6'ncı duyum olduğu, kas ve eklem pozisyonunu sinir sistemine ulaştırdığı sonucuna varmıştır. Bu bilinçsiz derin duyumdur. Kas ve eklem pozisyon hissi çok önemlidir. Çünkü bedenin postürünü ve kasların devinimlerini kontrol etmektedir. Bunlarla bağlantılı olan senkronize motor aksiyonlar -örneğin yürüme ve koşma gibi- incelenmesi çok daha zor kompleks reflekslerdir. Sherrington bu aksiyonları, spinal reflekslerin zincirsel aktivasyonu şeklinde açıklamıştır. Bu refleks devinim sistemini "*Deserebre*" hayvanlarda çalışmıştır. Bu yolla yüksek beyin yapılarının kontrolünü ortadan kaldırdığında, birçok kasta kasılma veya ekstansiyon (Gerilme) ve rijidite (Sertlik) olduğunu gözlemlemiştir. Yüksek kortikal yapıların yarattığı inhibisyon kalkınca, omurilik yüksek kontrolden kurtulmuş ve kaslar spazmşeklinde devamlıkasılma haline geçmişlerdir. Buna "*Desebrasyon Rigiditesi*" adını vermiştir. Burada "*Supraspinal*" kökenli inici inhibisyonun, omuriliğin anterolateral inici sinir yolları ile sağlandığını belirtmiştir. Daha sonra kaşınma refleksi (Scratch-Kaşınma Refleksi) yolu ile bacak kaslarında yürümeyi andıran ritmik hareketler yaratmıştır.Bu çalışmalarında maymunlar dahil olmak üzere çeşitli hayvan türlerinde deneyler yapmıştır. Liverpool Üniversitesi Fizyoloji departmanında 19 yıl yukarıda söz edilen çalışmaları yaptıktan sonra 1914'de Oxford'da Fizyoloji Departmanı direktörü olur ve Londra'ya yerleşir. O sırada 57 yaşındadır. O yıl Birinci Dünya Savaşı çıkınca eğitim ve bilimsel faaliyetlerini durdurur ve savaşı destekleyen bir endüstri kurumunda çalışır. 1936'da 78 yaşında iken emekli olur. Emekli olmadan 4 yıl önce 1932'de Nobel Ödülünü alır. Bunu Nörofizyolog olan Edgar Adrian ile paylaşır. Nobel'i alış nedeni nöronların işlevlerine ilişkin buluşlarıdır. Emekli olduktan sonra Ipswich kentine yerleşir. Emekliliğinde tüm dünyaya yayılmış öğrencileri ve diğer bilim adamları ile mektuplaşır. *(Öğrencileri arasından **Penfield, Eccles, Granit, Denny-Brown** gibi önemli bilim adamları yetişir ve öğrencilerinden üçü sonradan Nobel ödülü alırlar.)* Şiir yazar, tarih ve felsefe ile ilgilenir. 1944'den öldüğü 1952 yılına kadar Ipswich Müzesi başkanlığını yapar. Ve 92 yaşında vefat eder. (Ertekin. 16-17; Wickens. 201-203; Eckoldt

147). Ona sadece nörologlar değil, tüm hekimler ve bilim insanları çok şey borçluyuz. Büyük ustanın karşısında saygı ile eğilirim.

KAYNAKLAR

Glickstein M.: Neurosience; a historical introduction.The Mit Press-Cambridge , Massachusetts, London. England (First Mitpress paperback edition).2017.

Ertekin C.: Sentral ve Periferik EMG. Meta basım. Bornova, İzmir 2006.

Wickens AP.: History of the Brain-From Stone age surgery to modern Neuroscience. Psychology Press. Taylor & Francis Group. London and NewYork 2015.

Pierrot-Deseilligny E& Burke D.: Circuitry of the human spinal cord. First edition. Cambridge University Press. Newyork. 2005.

RenshawB.: Activity in the simplest spinal reflex pathways. J.Neurophysiology. 3,373-387,1940.

Patton HD, David PC.: Lloyd (1911-1985). National Academyof Sciences 197-209, 1985.

Magladery CM & Mc Dougal DB.: Electrophysiological studies of nerve and reflex activity in normal man . Part I. Identification of certain reflexes in the electromyogram and the conduction velocity of peripheral nerve fibers. Bull.Johns Hopkins Hospital. 86, 265-290, 1950.

Magladery CM et al.: Electrophysiological studiesof nerve and reflexactivity in normal man .IV. Two-neurone reflexand identificationsof certain action potentials from spinal roots and cord. Bull. Johns Hopkins Hospital.88,493-519,1951.

Ertekin C.: Klinik Elektromiyografi. Ege Üniversitesi Matbaası. Bornova-İzmir 1977.

Ertekin C, Mungan B, Uludag B.: Sacral cord conduction timeof the soleus H-Reflex. J.Clinical Neurophysiology.13,77-83,1996.

Ertekin C.: İnsanda Omurilik Elektrofizyolojisi ve Spinal Potansiyeller. Bölüm 9.150-178 -M.Zileli ve F.Özer (Eds) Omurilik ve omurga cerrahisi. Cilt-1. Saray Medikal Yayıncılık. Bornova, İzmir, 2003.

Ertekin C.: İnsanda uyarılmış elektrospinogram. Tübitak Kongre kitabı. 79-80, 1969.

Ertekin C.: Human Evoked Electrospinogram. New Developments in Electromyography andClinical Neurophysiology. J.E.Desmedt. S.Karger,Basel, Vol:2. pp:344-351.1973

Ertekin C.: Evoked Electrospinogram in man. Fourth International Congress of Electromyography-Abstracts of communications and invited reports. Brussells. 12-15. September. pp:45-47.1971.

Ertekin C.: Studies on the human evoked electrospinogram. I-The origin of the segmental evoked potentials. Acta Neurol. Scandinav., 53,3-20,1976.

Ertekin C.: Studies on the human evoked Electrospinogram. II-The conduction velocity along the dorsal funiculus. Acta Neurol Scandinav. 53,21-38,1976.

Ertekin C.: Intradural Spinal Recording (particular reference to invasive methods).-Editors: Ducker TB & Brown RH. Neurophysiology and standarts of spinal cord monitoring.Springer-Verlag, Newyork, Berlin, Heidelberg 1988.

Zileli M.: Nörofizyolojide Elektrofizyolojik Monitorleme teknikleri. Klinik Nörofizyoloji. EEG-EMG derneği yayınları. No.3,1-141,1994

Ducker TB & Brown RH.: Neurophysiology and standarts of spinal cord monitoring. Springer-Verlag, NewYork, Berlin, Heidelberg 1988.

Pedersen E.: Studies on the central pathway of the flexion reflexin man and animal. Acta Psychiatrica et Neurologica.Suppl.88,1-81,1954.

Ertekin C. & Reel F.: Bulbocavernosus reflex in normal men and in patients with Neurogenic Bladder and/or impotence .J.Neurol Sci. 28,1-15,1976.

Hugon M.: Exteroceptive reflexesto stimulation of the Sural nervein normal man. Editor: J.E.Desmedt. In New developments in EMG and Clinival Neurophysiology. Volume-3, 713-729. Karger Basel,1973.

Lloyd DPC: Neural Patternscontrollingtransmission of ipsilateral hind limb reflexesin cats. J.Neurophysiology, 6,293-315,1954.

Kugelberg E.: Demostration of A and C fibrecomponents in the Babinski plantar response and pathological flexion reflex. Brain 71,304-319,1948.

Dimitrijevic MR & Nathan PW: Studies of spasticity in man . IV.- Changes in the flexion reflexwith repetitive Cutaneous Stimulationin spinal Man. Brain 93,743-768, 1970.

Ertekin C, Ertekin N, Karcıoğlu M: Conduction velocity along the human nociceptive reflexafferents. J.Neurol.Neurosurg.Psychiat., 38,959-965,1975.

Erzurumlu R, Şengül G, Ulupınar E.: Nöroanatomi. Güneş Tıp Kitabevleri. İstanbul. 2019.

Naderi S et al.: History of spinal cordlocalization. Neurosurg Focus,16,1-6,2004.

Eckoldt M.: Beynin ve zihnin kısa tarihi: Duygular ve düşünceler nasıl oluşur? Say Yayınları. İstanbul 2018.

Sherrington C.: The Integrative Action of the Nervous System. Yale University Press. New Haven 1947.

Ertekin C: EMG'nin Tarihsel Gelişimi (1800-1960). Klinik Nörofizyoloji EEG-EMG Yayınları. Yayın No.11. Kitap Vitrini. Ankara. 2014.

25

İnsanda Motor Davranış Tarihi-IV: Yutma ve Disfaji

Yutma olayı insanda çok karışık bir sensorimotor davranıştır. Yutma insan bedeninde, en çok yinelenen, yarı otomatik hareket biçimlerinden biridir. Ağız çevresi, dil, larinks, farinks ve özofagus kaslarının bilateral ve koordine bir şekilde ardışık kasılmaları ve gevşemeleri ile oluşur. Ağız içindeki lokmanın mideye geçmesini sağlamada 30'u aşkın kas çifti ve bunları innerve eden kranial sinirler yer alırlar. Öte yandan serebral korteksten bulbusa dek değişik düzeylerdeki nöral yapılar yutma olayına katılırlar. (Ertekin & Aydoğdu 2226-2244).

Erişkin bir insan günde yaklaşık 600'ün üzerinde ve yemek yeme sırasında 300 civarında yutma hareketi yapar. Uykuda ve özellikle uykunun REM periodunda spontan oluşan salya yutmalar azalır. Değişik bir hesap yapılırsa uyanıklıkta dakikada 1 civarında yutma gerçekleşmektedir. (Pehlivan et al 259-264; Ertekin (a) 183-192).

Yutmalar istemli ve spontan yutmalar olarak 2'ye ayrılır.Tek bir yutma sırasında solunum durur. Tek yutmanın Oral-Faringeal bölümünde gıda materyeli ve suyun geçiş süresi genellikle 1 saniyeden daha kısadır. Buna karşılık Özofagus (Yutma borusu), alt 2/3 ünde düz kaslarla çevrili olduğundan, yutma hızı 10 s'ye dek yavaşlar. Farinks ve Özofagus arasında bulunan Üst Özofagal sfinkter genellikle yutma olayı sırasında açıktır. Bunun haricinde kapalıdır. (Ertekin (a) 183-192).

Bir lokma gıdanın yutulması sırasında solunum yolunun kapatılması için, çene altı kasları aracılığı ile Larinks yukarıya - dil altına çekilir, üstü epiglottis ile kapatılır. Yumuşak damak da üst hava yolunu kapatmak için yukarı çekilir. Ve bu olaylar olurken farinks-özofagus arasındaki sfinkter açılır ve çizgili kasların peristaltik devinimleri ile, lokma özofagusa gönderilir ve hemen arkasından sfinkter kapanır. Bu anlattığımız tek bir lokmanın yutulma macerasının çok kısa bir özetidir. Bu yutma olayı ve organları hakkındaki bilgilerimiz tarih boyunca nasıl bir gelişme göstermiştir?

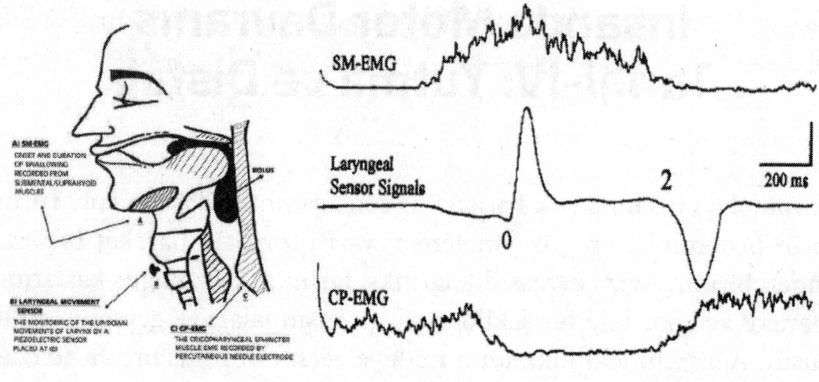

Resim 25.1. Yutma olayı; normal insandaki teknik uygulama (sol) ve 10 ml su yutma ile ortaya çıkan Integre-EMG kayıtları (sağ). Çene altı kasların (SM EMG) önce kasılması ile hava yolu yukarı çekilerek kapatılıyor. Burada solunum yolunun hareketi bir larinx hareket sensoru ile izleniyor. Larinks tam kapanırken Üst özofagal sfinkter (CP-EMG) açılıyor ve Bolus buradan yemek borusuna geçiyor. (Ertekin C. et al (c): Muscle & Nerve, 18, 1177-1186, 1995.)

İlk insanlara ait tarihsel çalışmalarda, Paleolitik Çağ'a ilişkin en eski kalıntıların, balıkçılık ve avcılık ile ilişkili olduğu görülür.Bunun anlamı o dönem insanlarının, sadece bitkisel gıdalar ile yetinmedikleri, etin de gıdalar içine dahil edildiğidir. Bitki ve etin birlikte yenmesi, bu ilk insanların beden gücünü arttırmış, ve vahşi doğa ile daha güçlü bir şekilde mücadele etmelerini sağlamıştır. Etle beslenme, en çok beynin gelişmesinde etkili olmuştur. Şu vurguyu yapmakta fayda vardır; yutmayla ilgili sinir sistemi ve periferik yutma aygıtlarının gelişimi, beynin tam olarak gelişmesinden önce olmuştur, diyebiliriz.Ateşin keşfi ile birlikte, etlerin ve diğer yiyeceklerin ateşte pişirildikten sonra yenmesi, sindirim sisteminde daha hızlı bir gelişmeye yol açmış, ve bu arada yiyeceklerin pişme ile yumuşaması, çiğneme ve yutma işlevlerini kolaylaştırmıştır.Koyun ve sığırların evcillestirilmesi ile birlikte süt ve süt ürünlerinin besin değeri farkedilmiştir.(Ertekin (b) 4-7)

İnsanda larinks ve solunum yollarının, oral-faringeal yutma sistemi ile komşu olmaları, birbirlerine çok yakın bulunmaları yutma açısından, evrimsel bir dezavantajdır (Ertekin 1-8).Şöyle ki, yutma sırasında solunum yollarının hemen kapatılması gerekir. Aksi halde yutulan materyalin hava yoluna kaçması olasılığı vardır. Nitekim bu tehlikeli durumun devamlı hâle gelmesine "*Disfaji*" (Dysphagia) adı verilir. Yutma ile ilgili organlar, intrauterine yaşamda çalışmaya başlarken, solunum apareyi doğumdan hemen sonra, bebeğin ilk ağlaması ile birlikte çalışmaya başlar. İnsan bebeğinde larinks ağız tabanından aşağı doğru kayar, yaklaşık 18'inci ayda esas yerine inmiş olur ve bununla birlikte bebekte konuşma başlar, ama bu arada yutma olayı çok gelişmiştir. Anensefal bebekler bile yutma işlevini yerine getirebilir. Bu da, orofaringeal yutma olayının, en azından bu erken dönemde, beyin korteksi ile ilgili olmadığını gösterir. Ama bu gelişmeden sonra, serebral korteks tüm beden devinimleri üzerinde, inici bir nöral kontrole başlar (Ertekin&Aydogdu 2226-2244). Bebeklik çağı dişlerinin, çocukluk çağında düşmesi ve bunun yerini devamlı dişlerin alması ile çiğneme olayı erişkin düzeyine ulaşır. Ama bu durum ilk insanlarda, çiğnemedeki aksamaların, disfajiden önce görülmesine neden olmuş olabilir.Çünkü ağrı ve özellikle diş ağrısı, insanların çok daha önce ayırdına vardıkları bir durumdur. Nitekim tarihsel açıdan gerilere gittiğimizde, çürük dişleri ve bunları tedavi etmeye çalışan ilk çağ hekimlerini görürüz. Mezopotamya uygarlığında, Sümerlerin geliştirdiği kil tablet yazılarından anlaşıldığı üzere, diş hekimliğinde azımsanmayacak bilgi ve deneyim kazanılmış, özellikle diş çürükleri üzerinde durulmuştur.Eski Mısır Uygarlığında, diş hekimliğinin çok daha gelişmiş olabileceğini tahmin edebiliriz.Örneğin Papiruslardan anlaşıldığı üzere, adı sanı ile bilinen ilk hekim Hesy-Ra'dır. Yaşadığı dönemde "*Hekim ve Diş Hekimlerinin Şefi*" olarak adlandırılmıştır. M.Ö. 3000 yıllarından itibaren diş hekimliğinin önemli bir alan olduğu farkedilmiş ve diş hekimliği ayrı bir meslek olarak görülmüştür.

Arkeologlar, hem diş çürüklerini, hem dişlere yapılan tedavi girişimlerini saptamışlardır. (Ertekin (b) 33-37)

Bir mumyada, aşırı dental hastalık ve geniş bir enfekte kist tesbit edilmiştir. Diş çürüklerinin nadiren görülmesi muhtemelen tatlı yiyeceklerin Mısır'da çok az bulunmasından kaynaklanmış olmalıdır. Aşırı diş ağrılarında afyon kullanılmıştır. Çürümüş dişin yerinde bırakılmaması gerekir diye düşünmüşlerdir (Ertekin (b) 33-37).

Eski Yunan Uygarlığına gelecek olursak, M.Ö. 500'lerde yaşamış olan Krotonlu Alkmaion yine karşımıza çıkar. Yaşamı hakkında bilinenler az olmakla beraber beynin önemine değinmiş ve çağını aşmış bir düşünür ve hekimdir. Alkmaion bu arada "*Poroi*" veya "*Porous Tubes*" adını verdiği geçiş yollarının, dili, kulağı ve burnu beyine bağladığını ve tüm duyumların beyin ile bağlantılı olduğunu söylemiştir. (Wickens 12-13). Tad duyumunu dilin, koku duyumunu burnun beyin yolu ile algıladığı vurgulanmıştır (Öncel 5-7).

Aslında Eski Yunan tıbbına ait ilk bilgiler Homeros'un *Ilyada*'sında toplanmıştır. Bu kitapta bronşlar, akciğerler ve diyafragma'ya ait ilk bilgiler bulunmaktadır. Homeros M.Ö. 9 veya 10'uncu yüzyılda İzmir'de doğmuş ve uzun süre burada yaşamıştır. Asıl adı Melesiten'dir. İzmir'deki eski Meles Çayı kıyısında bir evde doğduğu için kendisine bu ad verilmiştir. (Ertekin (b) 69-70).

Hipokrat okulunda vagus siniri (10'uncu Kafa Çifti) tanımlanmış ise de sinire herhangi bir ad verilmemiştir. Ancak yine Hipokrat kafa travması geçirenlerde diğer bulgularla birlikte yutma bozukluğunun da olduğunu bildirmiştir. Muhtemelen Hipokrat öncesinde de, sonrasında da yutma bozukluğunu saptayanlar olmuştur, ancak bu hastalarda bilinç bozukluğu, akciğer enfeksiyonu gibi sorunların ön düzeyde olması nedeni ile dikkatler çoğu kez inspeksiyon ve palpasyonla saptanamayan yutma belirtilerinden uzakta kalmıştır. Bununla beraber Orta Çağ'ı da etkileyen ünlü Bergamalı Hekim Galenus'un bazı ilginç gözlemlerinden söz etmeden geçmemek lazım.Domuz üzerinde anatomik gözlemler yaparken Vagus sinirinin bir dalını kesmiştir. Amacı bu sinir dalının akciğerler üzerine etki yapıp yapmayacağını öğrenmektir. Domuz, sinir kesildikten sonra sessiz kalmış ve acıya dayandığı sanılan bir hâle gelmiştir, yani sesi kesilmiştir. Galen burada yanlış bir siniri kestiğini anlamış ve bu sinirin gırtlak ses tellerine giden bir Laringeal sinir olduğunu düşünmüştür. Böylece sesi çıkartan sinirleri keşfetmiştir. Hatta 2 hastada da buna benzer bir durum görmüş, boyun üzerinde yapılan bir cerrahi girişimden sonra seslerinin kesildiğini gözlemiştir. (*Muhtemelen bu 2 hasta Gladyator olabilir. Çünkü uzunca süre Gladyatör Hekimliği de yapmıştır*) (Ertekin (b) 75-80; Wickens 28-40). Bunlar Rekürran Laringeal sinirlerdir ve sinirlerin adları daha sonraki yüzyıllarda verilecektir.

Eski Yunan Uygarlığının son dönemi, Mısır'da ve özellikle İskenderiye'de yoğunlaşmıştır. Burada karşımıza iki önemli tıp adamı çıkıyor: Herophilus ve Erasistratos.İnsan anatomisi üzerinde sistematik olarak çalışan ilk araştırıcılardır. Kendilerine ağır suçlular ve idam mahkûmları verilmiş ve onlara anestezisiz "*Vivisection*" yapmışlardır. Bu nedenle kendilerine daha sonraları "*Kasap*" adı bile verilmiştir. Herophilus sindirim sistemi ile ilgilenmiş ve bu arada tükrük bezleri, karaciğer ve pankreası inceleyip tanımlamıştır. (Ertekin (b) 75-80; Wickens28-40) (Bkz. Antik Çağ)

İslam tarihinin erken dönemlerinde Ali bin Musa el-Rıza (M.S. 766-818) adlı bir hekim yaşamış ve ilginç olarak beslenme konusu ile ilgilenmiştir. "*Risale-i Zehebiye*" adlı bir kitap yazmış ve çağının tüm bilgileri yanısıra şunları da eklemiştir: "*Yazın soğuk ye, kışın sıcak ye, diğer iki mevsimde orta derecede sıcaklıkta ye...tabii bunu kendi gücün ve iştahına göre yap, önce hafif gıdalardan başla...elinde bulunanlara ve kapasitene göre yap bunları,.....her 8 saatte bir gıda almalısın veya her iki günde bir 3 öğün yemek almalısın.....*" (Sezgin 3-24).

10-13'ncü yüzyıllarda İspanya'da Endülüs'deki İslam Uygarlığında önemli hekimler yetişmiştir. Bunların içinde yutma konusunda yorumlar yapan İbn-i Zühr (1094-1162)'e değinmemiz gerekir. Açık adı Ebu Mervan Abdül Melik bin Ebü'l-Ala Zühr olup, Orta Çağ Avrupa'sında adı Avanzoar veya Abhomeron olarak biliniyordu. Klinik deneylere önem vermiştir.Kendisi 8 tıbbi eser kaleme almıştır. Bunlardan en tanınmışı ve etkili olanı "*Teysir*" olmuştur. Hayvanlar üzerinde tıbbi deneyler yapmıştır. Keçiler üzerinde yaptığı deneylerden sonra "*Trakeostomi*"yi önermiştir. "*Kitab al Aghdhiya*" adlı eserindebeslenme ve gıda rejimi konusunda sağlıklı yaşam için öneriler getirmiştir. Yılın her mevsimi için özel gıdalar yenmesini önermiştir. Kendisi ve çalışmaları üzerinde doktora tezleri yazılmıştır. Yemek borusu aracılığı ile suni beslenmeyi ilk öneren hekimdir. (Kaya 469-472; Bayat 225-226)

Orta Çağ'a devam edecek olursak, karşımıza berber hekimler çıkar. Bu meslek sahipleri giderek ağız ve yüze ait hastalıklara müdahale etmeye başlamışlar ve bu arada diş çekme işini de ele almışlardır. Bunlara berber-hekim veya berber-cerrah denmiştir. Bugünkü cerrah meslektaşlarımızın yakın atalarıdır. Ancak bunlar konumuz dışıdır ve biz 16'ncı yüzyıla gelebiliriz.

Yutma konusu ile ilgili kayıtlar, 16'ncı yüzyıla dek uzanmaktadır. 16'ncı yüzyılın büyük hekimlerinden biri olarak tanınanJean François Fernel(1497-1558), kiayrıca astronom ve matematikçidir,Paris'te yaşamıştır."*Universal_Medicine*"adlı yapıtında, anatomi ve klinik gözlem ve düşüncelerini derlemiştir. Aynı zamanda ilk kez fizyoloji ve patoloji terimlerini kullanmıştır. "*Besinlerin yutulmasında yardımcı olan gırtlak kaslarıdır*" demiş ve bu kasların işlevlerini belirlemiştir. Ayrıca dildeki tad cisimciklerinin yağlara karşı duyarlı olduklarını ilk yazan hekimdir. Bu bakımdan yutma fizyolojisinin öncüsü sayılabilir.(Ertekin (b) 140; Kahya&Öner 170-172)

Girolamo Fabrizio (1537-1619) ya da diğer adı ile Hieronymus Fabricius, İtalya'da Padua Üniversitesinde Cerrahi ve Tıp Profesörü iken anatomi ve tıbba önemli katkılar getirmiştir. Bunlar arasında en önemlisi "*Trakeostomi*"yi tanımlamasıdır. Trakeaya bir tüp geçirilmesini önermiştir. Bunun trakeada yabancı cisim olduğu haller ve aşırı ödem durumlarındaçok yararlı olacağında israr etmiştir. Nitekim öğrencileri eğri bir gümüş tüp kullanarak, o sırada Napoli'de hüküm süren difteri salgınında trakeostomiyi uygulamışlardır. Fabrizio'nun larinks ve özofagus konusunda da katkıları olmuştur. (Ertekin (b) 132-133).

İnsanlar 17'nci yüzyılda Orta Çağ'ın skolastik havasından sıyrılmışlar, dünyaya daha gerçekçi bir gözle bakmaya başlamışlar, bilim ve teknoloji ilerlemiş, matbaanın yarattığı kitaplar ile insanlar hızla birbirlerinden haberdar olmaya başlamışlardır ve bu dönemde Avrupa'da aydınlanma kavramı gelişmiştir.

Bu aydınlanma havası içindeAntonio Maria Valsalva (1666-1723) üzerinde durmak gerekir ki, kendisi bir İtalyan anatomist ve klinisyendir. Cerrahi ile de ilgilenmiştir. Marcello Malpighi'nin öğrencisidir. Faringeal (yutak) kasları incelemiş ve Cricopharyngeal sfinkteri (yutak ile yemek borusu arasında bulunan C harfi şeklindeki kas) tanımlamıştır. Orta kulak ve yutak arasını bağlayan borunun (östaki borusu) işlevi üzerinde çalışmıştır. Kendi adını alan Valsalva manevrasını (Ağız ve burun kapalı iken zorlanarak nefes vermeğe çalışmak) ve etkilerini tıbba kazandırmıştır. "*De aure humana tractatus*" adlı kitabında bugün kendi adı ile tanınan Valsalva manevrasını ilk defa yazmıştır. Giovanni Battista Morgagni de Valsalva'nın öğrencisidir, Valsalva'nın bütün yazılarını toplamış, onun hakkında bir biyografi yazarak yayınlamıştır (Ertekin (b) 171-172; Ertekin & Aydoğdu. 729-739).

Thomas Willis (1621-1675) çok ünlü bir İngiliz hekimdir. Muhtemelen kendisi de disfajiyi gözlemlemiş ve yazmıştır. Kahve içtikten sonra garip bir ses çıkaran kadının, gırtlağının gıdıklanması nedeni ile öksürdüğüne hükmetmiştir. Bu öksürük belki de o anda ortaya çıkan bir laringeal aspirasyon sonucu idi. Ancak bunun üzerinde çok durmamıştır. Willis ortaya koyduğu birçok anatomik ve klinik bilgilerle tıbba çok yararlı olmuştur. Bu arada Vagus sinirine bugünkü adını veren de Willis'dir. Kendisi ilk kez nöroloji terimini kullanmıştır (Ertekin (b) 153-154; Wickens 93-98; Öncel 58-61).

18'inci yüzyıl sonu ve 19'uncu yüzyılda, bazı önemli bilim adamları, yutma ve disfaji konusuna önemli katkılarda bulunmuşlardır. Bunlardan birisi Fransız biliminsanı Joseph François Magendie (1753-1855)'dir. Kendisi çağının öncü nörofizyologlarındandır. Deneysel fizyolojinin öncülerindendir. Magendie 1825 de, şöyle yazmıştır:"*Yutma 3 faza ayrılır; ilki oral faz, ikincisi faringeal faz, üçüncüsü de özofagal fazdır.*" (Miller 185-194). Bu ayırım yıllar boyu hatta günümüze kadar aynı konu üzerinde çalışanlar tarafından kullanılmıştır. 20'nci yüzyılda Orofaringeal ve Özofagal faz olarak yutmanın 2 dönemeayrılmasının daha doğru olduğu düşüncesiortaya atılmıştır.

Diğer bir bilim adamı İngiltere'den Charles Bell'dir. (1774-1882). Nöroloji ve nörofizyolojiye yaptığı katkılar yanısıra, laringeal bozukluklar ve yutma ile de yakından ilgilenmiştir. Daha sonraki yıllarda

Patolog Zenker'in adı ile anılacak, "*Faringo-özofagal divertikül*"ü anatomik özellikleri ile ilk tanımlayan kişidir. Uzun bir süredir disfajisi olan bir hastada otopside üst özofagal kas hipertrofisi olduğunu gözlemlemiş ve hastada klinik tanı olarak "*Spazmodik Yutma Güçlüğü*" varlığından söz etmiştir. Özofagus kökenli yutma bozukluklarını tanımlamıştır. (Miller & Miller 502-503; Abemayor, 492-495)

20'nci yüzyılda en rasyonel yaklaşım Magendie'ye ait olmakla beraber,yine 19'uncu yüzyılda yaşamış birkaç bilim insanından söz etmekte yarar vardır. Marie Jean-Pierre Flourens (1794-1867) bir Fransız araştırmacıdır. Ünlü bir Anti-Lokalizasyoncudur. (Bkz.19. Yüzyıl-IV). Genellikle güvercin beyinleri üzerinde çalışmış ve ablasyon teknikleri kullanmıştır. Medulla Oblangata'nın solunumdan sorumlu olduğunu, kardiyak ritmi kontrol eden merkezin de burada bulunduğunu belirtmiştir. Medulla Oblangata'nın bütün olarak organizmanın yaşaması ile ilgili bir integrative işlevi yerine getirdiğini yazmıştır ve bulbus için "*Vital Düğüm*" adını kullanmıştır. (Wickens 150-153; Thorwald 175; Yıldırım&Sarıkçıoğlu 78).

İngiliz Marshall Hall (1790-1857)beyin ve omurilik reflekslerini inceleyen bir bilim adamıdır. Bu arada deneyleri sırasında solunumun refleks olarak kontrol edildiğini, hapşırma, öksürme, kusma ve yutmanın da refleks olduğunu ileri sürmüştür. Yapay solunum metodunu öne sürmüştür. Marshall Hall da solunumu ve muhtemelen yutmayı Medulla Oblangata'nın kontrol ettiğini kabul eder. Çeşitli hastalıklarda yutma refleksini inceler. Ancak talihin şu cilvesine bakın kikendisi de Disfaji nedeniyle ölür. (Öncel.112-114; Wickens.196-198). Avusturyalı Ludwig Türck (1810-1868) ise Laringoskopu ilk kullanan hekimdir. (Öncel 127-128).

20'nci yüzyılda özellikle, Röntgen ışınlarınınhastanelerde, rutin olarak kullanılması ile birlikte, insanda *Barium*'un yemek borusundangeçişinin incelenebilmesi, yutma patolojisinin anlaşılmasınaönemli katkı sağlamıştır. ABD'de W.B Cannon ve Moser, yutma eylemini dünyada ilk kez Radyoloji tekniği ile inceleyen bilim adamlarıdır. Epiglottisin yutma sırasında larinks açıklığını kapatacak şekilde hareket ettiğini bildirdiler. (Ekberg & Sigurjonsson 101-107)

Ancak bu yöntem ile orofaringeal bölgenin ayrıntıları gösterilemediği için, değişik yazarlarca "*Modified Barium Swallowing*" teknikleri geliştirilmiştir. Bunların başında ABD'den W.J.Dodds, M.W Donners, W.J.Doty ve J.A.Logemann gibi araştırıcıların isimlerini sayabiliriz. Logemann, yutma ve disfaji konusunda çok sayıda makale ve kitap yazmış, özellikle son yıllarda,hastalar üzerinde rutin olarak çalışan "*Speech and Swallowing Specialist*"lerin yetişmesine önemli katkılardabulunmuştur.Bu arada kulak-burun boğaz uzmanları ile gastroenterologlar sayesinde farinks ve özofagustayutma sırasındaki basıncı ölçen "*Manometry*" teknolojisi geliştirilmiştir. Ve buna "*Endoskopikyöntemler*" eklenmiştir.

W.J.Doty ve J.F. Bosma deney hayvanlarında, üst özofagal sfinkter (UES) ve diğeryutma kaslarındaEMG yaparak, 1956'da yayınlamışlar, daha sonraları EMG diğer subhuman türler üzerinde kullanılmaya başlanmış ve bu EMG çalışmaları yutma mekanizmalarının anlaşılmasında kullanılmıştır (Doty & Bosma 44-60).

İnsanda EMG yöntemlerini kullanarak yutma fizyolojisi ve yutmaya ait bozukluklara ilişkin sistematik ve yaygın çalışmalar, 1990'larda başlatılmış, klinik ve elektrofizyolojik açıdan gelişmeler sağlanmıştır. (Elidan et al 466-469; Ertekin et al. (c) 1117-1186; Ertekin et al (d) 491-496; Ertekin et al (e) 331-340;Ertekin et al. (f) 274-280; Ertekin (g) 183-192). Bu yazarlar çalışmalarını değişik tekniklerle "*Nörogenik Disfaji*" üzerine yoğunlaştırmışlardır. (Ertekin et al. (h)125-140;Aydogdu et al. 634-643 vb.)

Disfaji tüm toplumlarda çok sık rastlanan bir semptom kompleksidir. Değişik istatistiklerde çok değişik oranlar verilmiş olmakla beraber, hastane başvurusu olan inmeli hastaların % 40-50'sinde hafif veya ileri derecede disfaji olduğu bildirilmiştir. (Gordon et al 11-14; Smithard et al 1200-1204; Mann et al 744-748). Disfaji nedenlerinin başında gelen nörojenik kökenli hastalıkların, tüm disfaji hastalarının ¾'ünü meydana getirdiği anlaşılmıştır. İleri derecede disfaji gösterenlerde en büyük sorunun "*Sessiz Aspirasyonlar*"a bağlı "*Aspirasyon pnömonisi*" olduğu gerçeği göz önüne alınırsa, ölümcül riski olan patolojik bir durum olarak görülebilir. Sessiz aspirasyon (kişinin haberdar olmadığı) bu hastaların % 40-70'inde ortaya çıkmakta ve onların yarısında aspirasyon pnömonisi meydana gelmektedir. (Daniels & Foundas 91-

98)[*].Kronik hastalıklarda buna beslenememe ve su içememe sorunlarının eklenmesi de yaşamsal önem taşır.

Nörogenik Disfaji, 20'nci yüzyıl son çeyreği ve 21'inci yüzyılda çeşitli tanı yöntemleri ile yoğun bir şekilde çalışılmış olmakla beraber, Orofaringeal yutma arkasındaki sentral mekanizmalar ancak sınırlı sayıdaki araştırmalarla açıklığa kavuşmaya başlamıştır. Deneysel çalışmalar sonucu genel olarak yutma eyleminin beyin sapı mekanizmaları ile ortaya çıktığı kabul edilmiştir (Jean 929-969). Bununla beraber insandaki elektrofizyolojik çalışmalar (Ertekin & Aydogdu 2226-2244; Aydogdu et al 1219-1228..v.b.),ve beyin görüntüleme teknikleri, fMRI ve PET kullanımı (Hamdy et al 1917-1926; Mosier et al 1417-1423; Humbert & Robbins266-275 vb.)sayesindeSerebral Korteks ve Subkortikal bölgelerin de yutma işlevine önemli katkıları olduğu anlaşılmıştır. İnsanda normal koşullarda sentral mekanizmaları incelemede bardaktan devamlı ve ardışık su içme testi ile yapılan Nörofizyolojik kayıtlamalar oldukça yararlı bulunmuştur. Böylesi bir yutma ritmik ve ardışık yutmaları kayıtlama olanağı verir. Ardışık (Sequential Swallowing) yutmanın başlangıç yutması ile bitiş yutması "*Kortikal Kontrol*" altındadır. Aradaki yutma kasılmaları ise daha çok beyin sapı "*Sentral Pattern Generator*" (CPG) kontrolü altında çalışır. Ardışık yutmalar sırasında 1-2 saniye aralıklarla solunum oluşmasına müsaade edilir. Bu eylem özellikle bulbusta arkadan öne uzanan bir "*Neural Network*" tarafından sağlanır. Nukleus Traktus Solitaryus (NTS) civarında bulunan premotor nöronlar çok önemlidir. Bunlara "*Dorsal Yutma Grubu*" denir, bunlar ve NTS daSerebral Korteks, Orofarinks afferentleri ve Solunum merkezi ile bağlantı halindedirler. Bu dorsal yutma grubu (NTS-DSG) nöronal ağ sinyallerini Ventromedial Bulbusta bulunan Nukleus Ambiguus çekirdeği ve civarına "*Ventral Yutma Nöronları Grubu*"na gönderir (VLM-VSG). DSG'de generator nöronlar yolu ile gelen sinyaller VSG premotor nöronlarından uygun bir şekilde hareketi sağlayan alt kraniyal sinir çekirdeklerine gider. Böylece uyumlu

* ABD'de Epidemiyolojik (Population-Based Study) bir araştırmada 40 yaşın üzerindeki 31.000 den fazla kişinin incelenmesi sonucu % 16 sında veya her 6 erişkin kişiden 1'inde disfaji yakınması bulunmuştur. Ancak bunların yarısı medikal bakım arayacak kadar önemlidir. (Adkins et al1970-1979).

bir düzen içinde yutma-solunum-yutma-solunum devinimleri ritmik bir şekilde devam eder. (Jean 929-969; German et al. 1017-1025).

Ancak bazı nörolojik hastalıklarla, bu bölgede hasar oluşması halinde, bu ardışık yutma ile birlikte giden ritmik solunumların düzeni, senkronisi ve ritmibozulur ve aspirasyon meydana gelir. (Ertekin&Aydogdu 2226-2244; Aydogdu et al 1219-1228). Deney hayvanlarında da ritmik yutma sağlanabilmiş ve çeşitli manevralar ile ritmisitenin bozulduğu/yitirildiği gösterilmiştir. (Bariohay et al 293-299; Felix et al 657-663; Nakamura et al 97-103).

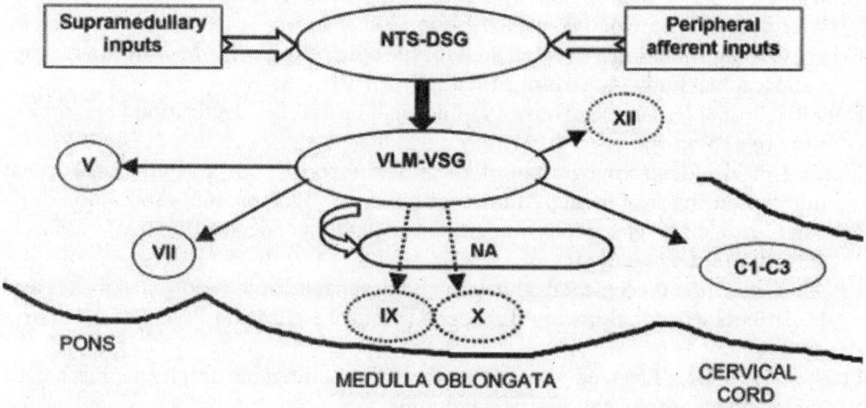

Resim 25.2. Bulbusta yutma ile ilgili sentral pattern generatorun şematik anatomik temeli. NTS ve civarındaki DSG nöronları yutma eylemi sinyallerini, Nukleus Ambiguus ve çevresindeki VSG nöronlarına gönderir ve bu nöronlar da beyin sapındaki ilişkili kranial motor çekirdeklere (V,VII,IX,X.) sinyalleri iletir. (Ertekin C., Aydoğdu I. Neurophysiology of swallowing, Clin. Neurol.; 114: 2226-2244. 20.)

KAYNAKLAR

Ertekin C., Aydogdu I. Neurophysiology of swallowing. Clin.Neurol.; 114:2226-2244.20

Pehlivan M et al.: An electronic technique measuring the frequency of spontaneous swallowing. (Digital Phagometer). Dysphagia, 11, 259-264, 1996.

Ertekin C (a): ReviewArticle: Voluntary versus Spontaneous Swallowing in Man. Dysphagia. 26,183-192, 2011.

Ertekin C (b): Tıbbın Öyküsü, 5. Basım, İstanbul. Türkiye İş Bankası Kültür Yayınları,İstanbul. 2022.

Wickens A.P.: A History of the Brain-From Stone agesurgery to modern NeuroscienceNewyork, Psychology Press 2015.

Öncel C. Nörolojinin Öncüleri, İstanbul, Nobel Tıp Kitabevleri, 2017.

Sezgin F. İslamda Bilim ve Teknik. 3. Basım. TUBA Yayınları. Ankara. 2015.

Kaya M.: İbn Zuhr. TDV İslam Ansiklopedisi. 20. Cild. 469-472, 1999.

Bayat AH: Tıp Tarihi. Genişletilmiş 3. Baskı. Zeytinburnu Belediyesi. İstanbul . 2016.

Kahya E,Öner M.: Biyoloji Tarihi. İmge Kitabevi.Ankara. 2007.

Ertekin C,Aydoğdu I: EMG of the cricopharyngeal muscle of the upper esophagealsphincter Muscle Nerve; 26, 729-739,2002.

Miller AJ.: Deglutation (Review) Physiol Rev; 8,185-194.1982.

Miller JM & Miller KS: A note on the historical aspects of dysphagia.Ann.Surg.58,502-503,1992.

Abemayor ES.: Charles Bell: An heralded Laryngologist. Review Article. Am. J. Otolaryngol. 38,492-495, 2017.

Thorwald J.: Cerrahların Yüzyılı. Cerrahların Dünyası. Ankara Üniversitesi Basımevi. Ankara. 2005.

Yıldırım FB & Sarıkçıoğlu I.; Marie Jean Pierre Flourens (1794-1867): an extraordinary scientist of his time. JNNP. 78, 852, 2007.

Ekberg O & Sigurjonsson SV.: Movement of the epiglottis during deglutition. A Cineradiographic Study . Gastrointest.Radiol.7,101-107,1982.

Doty RW,Bosma JF.: An Electromyographic analysis of reflex deglutition.J.Neurophysiol.; 19,44-60,1956.

Elidan J et al.: Electromyography of the inferior constrictor and cricopharyngeal muscles during swallowing. Ann Otol Rhinol Laryngol; 99:466 – 469.1990.

Ertekin C et al (c).:An electrophysiological investigation of deglutition in man.Muscle & Nerve, 18, 1177-1186, 1995.

Ertekin Cet al. (d).: Piecemeal deglutition and dysphagia limit in normal subjects and in patients with swal-lowing disorders. J Neurol Neurosurg Psychiatry; 61: 491–496, 1996.

Ertekin C et al. (e).: Electrodiagnostic methods for neurogenic dysphagia. Electroenceph Clin Neurophysiol; 109: 331–340, 1998.

Ertekin C et al. (f): The electromyographical behavior of the thyroarythenoid muscle during sewallowing. J Clin Gastroenterol , 30, 274-280. 2000

Ertekin C et al. (g): Pathophysiological mechanism of oropharyngeal dysphagia in amyotrophic lateral sclerosis.Brain, 123, 125-140, 2000.

Ertekin C (h): Electrophysiological evaluation oforopharyngeal dysphagia in Parkinson's disease. (Review) J.Mov.Disord.,7,31-56,2014.

Aydogdu I et al.: Diagnostic value of "Dysphagia Limit" for neurogenic dysphagia: 17years of experience in 1278 adults. Clin.Neurophysiol.126,634-643,2015.

Gordon C et al.: Dysphagia in acute stroke.Br.Med.Jr. 295,411-414,1987.

Smithard DG et al.: Complications and Outcome after acute Stroke.Does Dysphagia Matter? Stroke, 27, 1200-1204, 1996.

Mann G et al.: Swallowing function after Stroke: Prognosis and Prognostic Factorsat 6 Months. Stroke, 30, 744-748,1999.

Daniels SK & Foundas AL.: Lesion localization in acute stroke patients with risk of aspiration. 9, 91-98,1999.

Adkins C et al.: Prevalenceand characteristics ofdysphagia based on a population –based sudy. Clin. Gastroenterol. Hepatol.18,1970-1979,2020.

Aydogdu I et al.: Dysfunction of Bulbar Central Pattern Generator in ALS patients with dysphagia during sequential deglutition. Clin.Neurophysiol.122,1219-1228,2011.

Hamdy S et al.: Identification of cerebral foci processing human swallowing with H2(15)o PET activation. J. Neurophysiol. 81,1917-1926,1999.

Mossier K et al.: Cortical representation of swallowing in normal adults: functional implications. Laryngoscope; 109:1417–1423,1999.

Humbert I.A & Robbins J.: Normal swallowing and functional magnetic resonance imaging: a systematic review. Dysphagia; 22:266-275, 2007.

Jean A.: Brainstem Control of Swallowing: Neuronal Network and Cellular Mechanisms. Physiol.Rev. 81, 929-969, 2001.

German RZ et al.: Integration of the reflex pharyngeal swallow into rhythmicoral activity in a neurologicallyintact pig model. J.Neurophysiol.102,1017-1025,2009.

Aydogdu I et al.: Dysfunction of Bulbar Central Pattern Generator in ALS patients with dysphagia during sequential deglutition. Clin.Neurophysiol.122, 1219-1228, 2011.

Bariohay BR et al.: BDFH-TrkB signaling interacts with the GABAerjik system to inhibit rhythmic swallowing in the rat. Am J.Physiol.Regul.Integr. comp.Physiol.1, 293-299, 2008.

Felix B et al.: Leptin Inhibits swallowing in rats. Am. J. Physiol. Regul. Comp. Physiol. 291 R, 657-663, 2006

Nakamura Y et al.: Rhythm generations for food-ingestive movements. Prog. Brain Res.143,97-103, 2004.

EK-1:Ateşin Kullanılması Ve Beslenmenin Evrimi

2.5 Milyon yıl öncesinde dünyamız kutup buzullarının genişlemesine sebeb olacak şekilde soğumuştu. Bu dönemlerde Afrika'da ormanlar küçülüyor, seyrek ağaçların bulunduğu savanlar ile daha kurak yerler genişliyordu. Bu durumda, ilk ve ilkel insanlar, beslenmek ve kendileri ve 20-30 kişilik gruplarını korumak için Avcılık ve Toplayıcılığa başladılar. Doğal ortamdan meyve tohumları, meyve çekirdekleri, bitki kökleri, bal, böcek ve çıplak elle tutulabilecekher türlü küçük hayvanları çiğ olarak yemek için toplamış olsalar gerektir. Bu aşamadaki yaşam hakkında, varsayımlar dışında hiç bir şey bilmiyoruz. Fakat böylesi bir yaşam tarzı çok zordu. Daha çok et yemekve bu eti işlemek için alet kullanımı ve topluluk içinde yoğun bir işbirliği gerekiyordu. (Lieberman 108-110; Bernal 71-72).Bu dönem insan cinsinin hem beyninin evrildiği ve hem de bedenin doğayla mücadeleye daha uygun hâle getirildiği uzun bir süreçtir. Beyinsel ve bedensel bir evrimin sonucu olarak insan elinin günümüzdekine benzer bir şekilde gelişmesi, beyinde dokunma ve görme bölgelerindeki evrilmeler ile beraber, taşlar, sopalar ve ağaç dallarından alet yapmaya başlamışlardır. İlk amaçları bir yandan avcılık, bir yandan da tehlikeli hayvanlara karşı korunmaktır. Aleti yapacak kişinin kafasında, daha aleti yapmaya başlamadan önce bunu hayal edilip düşünmesi, tasarlamasıgerektir.Ve bu alet yapımında bilinçli ileri gorüşlülük deneyimi, ilk insanların bilime yansıyan ilk denemeleri olarak yorumlanabilir (Bernal 67).

Ancak Alet/Araç yapımının ve beslenmeningelişmesinde, en büyük olaylardan birisi ve belki de en önemlisi insanların ateşi rasyonel bir şekilde kullanmalarıdır. İnsanın ateşi nasıl bulduğu ve onu bir bakıma evcilleştirip, beslenme olayında nasıl göze aldığı tam olarak bilinmiyor. Doğada, özel bazı yer ve olaylarda daha önce gözlemiş olmaları gerekir. Volkanların, doğal gazyataklarınınyakınında, ya da nadir olarak orman yangınlarında insanların dikkatini çekmiştir. Ve bu tehlikeli doğa olayını yararlı bir şekilde kullanmabecerisi göstermişlerdir. İlk önemli insan türlerinden Homo Erectus'un ilk kez ateşikullandığı belirtilmektedir. Ateşi yakabildiği ve kontrol edebildiği anlaşılmaktadır. Değişik alanlarda odun parçasını çakmak taşı aracılığı ile yakarak hem geceleri aydınlanmak, hem de yırtıcı hayvanları ürkütmek ve ısınabilmek ve en önemlisi önceleri kabaca, sonraları kilden yapılmış aletleri kullanarak etleri pişirmeyi başarmışlardır. Buradan ateşin, çömlekçilik ve metal yapımı gibi daha özel kullanılabilen ve daha ileri Bilimsel/Teknolojik kullanış biçimlerine evrildiğini anlayabiliyoruz. Nitekim Yontma Taş Devri'nin sonlarına doğru, ateşe dayanıklıçömlekler yapılabilir hâle gelmiştir. (Bernal 67-68; Ponting 19-21; Lieberman 155-156; Harari 25).

İlk insanlar yiyeceklerini pişirmeden önceki dönemde çiğ et parçacıklarını yiyebiliyorladı. Ancak çiğ etin çiğnemesi zordu, uzun zaman alıyordu ve sindirimi de daha yavaş oluyordu. Yiyeceklerinyenmeden önce pişirilmesi ve böyle beslenme insan yaşamına giren bir KÜLTÜREL EVRİM idi. Pişirme, kompleks karbonhidratlar ve proteinleri parçalayaraksindirim süresini kısaltmış, enerji verimini artırmıştır. Kaslara ve beyne büyük bir güç sağlamıştır. Ayrıca yenmesi tehlikeli olabilecek pek çok gıdanın toksinlerinden ayrılmasını sağlamış, gıdalarda bulunan parazit ve mikropları yok etmiştir. Gıdaları pişirmenin ne zaman ve nerede keşfedildiğine dair çelişkili varsayımlar vardır. Ne zaman, nerede gerçekleşmiş olursa olsun, pişirmetoplumsal ve kültürel sonuçlara yol açmıştır. İnsanlara pişmiş yiyeceklerin tadı ve kokusu çok daha iyi ve hoş gelmiştir. Sonuçta pişirme belli bir zamanve yerde bir grup ile birlikteyemek yemeye yol açmışve bu da daha fazla sosyalleşme getirmiştir. Yemek pişirme ayrıca sembolik düşünceyi de teşvik etmiş olabilir.* (Wiesner Hanks 21-23; Ertekin 4-5; Engels 213-214; Harari 25)

KAYNAKLAR

Lieberman DE.: İnsan Vücudunun Öyküsü. Say Yayınları. Populer Bilim. 6.baskı.İstanbul 2023.

Bernal J.D: Materyalist bilimler tarihi. 1ci ve 2ci cilt. Sosyal yayınlar. 1976.

Ponting C.: Yeni bir bakış açısıyle DÜNYA TARİHİ. 4. Basım. Alfa Basım Yayım Dağıtım. İstanbul, 2015.

Harari YN.: Hayvanlardan Tanrılara Sapiens. 13. Basım. Kollektif Kitap.İstanbul 2016.

Wiesner-Hanks ME.: Kısa Dünya Tarihi. Türkiye İş Bankası Kültür Yayınları. 3. Basım. İstanbul, 2022.

Ertekin C.: Tıbbın Öyküsü. Türkiye İş Bankası Kültür Yayınları. 5. Basım. İstanbul, 2023.

Engels F.: Doğanın diyalektiği. Sol yayınları. Ankara 1970.

26

Deri Duyumu ve Ağrı

Yüzeyel alan olarak ele alındığında, insan derisi bedenimizin 2'nci büyük organı olarak kabul edilir. Erişkin kişide deri yüzeyinin tamamı yaklaşık 2.0 m^2'dir. Deri anatomofizyolojik olarak çok önemli mikroskopik yapılara sahiptir. Deri ve organelleri insan organizmasının koruyucusudur. Bu koruma görevinde yer alan en önemli yapılardan birisi çevresel sinir uçları ve deri reseptörleridir. Deride 6.5 cm^2'lik bir alanda yaklaşık 1000'den fazla sinir ucu bulunur. İnsanda deri duyumunun sağlanmasında ilk aşama elbette derideki reseptörler ve sinir uçlarıdır. Deri duyumu çevresel sinirler ile omuriliğe taşınır. Omuriliğin arka boynuzunda bu sinyaller, lokalize nöral mekanizmalar ile süzgeçten geçirilir. O halde omurilik gri cevherinin arka boynuzu, duyumda 2'nci aşamayı sağlamaktadır. Buradan, omurilik boyunca uzanan Traktus dediğimiz sinir lifi demetleri, sinyalleri yukarıya doğru, beyin sapı dediğimiz bölgeye taşır ve değişik kademelerdeki çekirdek grupları ile bağlantı kurulur.Traktuslar başlıca 2 grup halinde ilerler: Biri *Anterolateral* (Spinotalamik yol), diğeri *Medial* (Arka kordon-Lemniskal Yol) çıkıcı sistem olarak adlandırılır. Beyin Sapı duyu iletiminde 3'ncü aşamayı temsil eder. Daha sonra bu çekirdeklere uğrayan ve uğramayan çıkıcı yollar Talamusa ve oradan da sonunda Parietal Kortekse ulaşırlar. Burası artık son aşamadır. Ve derideki olay kortekste son işleme tabi tutulur. O halde kısaca yinelersek, aşamalar: 1- Deri reseptörleri ve periferik sinirler, 2-Omurilik, 3-Beyin sapı ve 4-Talamus aracılığı ile Serebral Korteks.

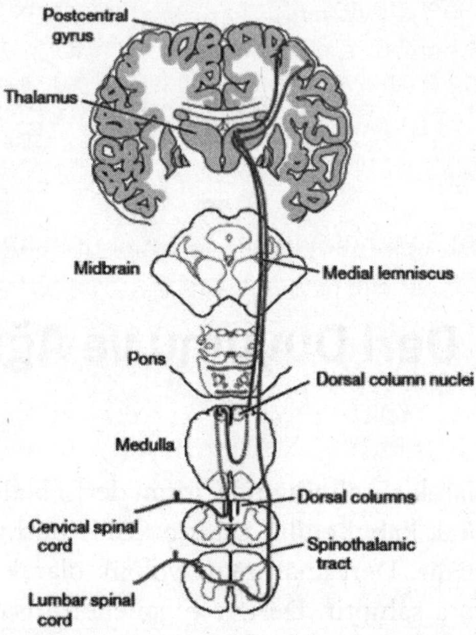

Resim 26.1. Deri ve derin dokulardan kalkan sinyaller başlıca iki yolla kortekse ulaşır. Omurilik arka kordonundan ilerleyip bulbusta çapraz yaparak ilerleyen mediyal lemniskal yol; omurilikte segment segment çapraz yaparak anterolateral kordondan ilerleyen spinotalamik yol. (Adams A.C., Essential Neurology-Mayo Clinic Scientific Press and Informa Health Care, USA, 2008.)

Geleneksel olarak deriden köken alan temel duyumlar, dokunma, basınç, soğuk, sıcak ve ağrıdır. Bunlardan ilk dördünün çeşitli nörolojik hastalıklar nedeniyle kaybolması veya yokluğu, hastaları çok rahatsız ve huzursuz etmez. Buna karşılık ağrının ortaya çıkması tek başına huzursuzluk, hoşnutsuzluk ve acı kaynağıdır ve diğer 4 duyuma göre çok daha sıklıkla görülür.

En basit şekli ile ağrı, organizmayı ve dokuları zedelemeye yönelik tehlikeyi bilincimize taşıyan, çeşitli iç ve dış uyaranlarla ortaya çıkan bir duyum ve davranış türüdür, diye ifade edilebilir. Ağrı hoş olmayan bir algılama şekli olmakla beraber, organizma için erken-uyarıcı bir alarm sistemidir. Organizmayı tehlikeli durumlardan korumaya çalışan bir işlev gördüğünü de söyleyebiliriz. Kuşkusuz ağrı sadece bir algılama ve savunma olayı değildir, ağrı ile birlikte nörolojik, fizyolojik, behavioral ve emosyonel komponentler de devreye girer. Bu durum bazen kişinin yaşamını tahammül edilemez hâle getirebilir. Bununla beraber ağrı olayı kolay sınıflandırılabilecek bir durum da değildir. Kuramsal ve pratik olarak ağrıları birbirinden ayırt edebilmek bazen zor olabilir. (Ertekin.153).

Deri Duyumu ve Ağrı Anlayışının Tarihsel Gelişimi

Arkeologlar 5000 yıl öncesinden kalan kil tabletleri çözerek, ağrılı durumların varlığını ve o zamanın sağaltım önerilerinidokümante etmişlerdir. Yunan şair, filozof ve bir bakıma tarih yazarı sayılan Homeros, Odysseus adlı eserinde yarattığı karakterlerden birinin, ağrı ve üzüntüleri geçirmek için Opium kullandığını yazmıştır.

Antik Çağ'da eski Yunan medeniyetinde yaşayan ünlü Atomcu Filozoflardan Demokritos "*Her şey atomlardan oluşmuştur ve atomların boşlukta, pozisyon ve düzenleri değişmelere uğrar*" görüşünden yola çıkarak küçük atomlardan Ruh'un meydana geldiğini söyler. Onun görüşüne göre Atomlar tüm bedene dağılmıştır. Kafada veya kalpte bir sentral lokalizasyon olmaksızın, bedenin kendisi atomlarıyla ağrıyı hissetmektedir.

Diğer bir Yunan Filozofu olan Platon (Eflatun)'a göre atomların şiddetli etkisi ile kara kan damarlarında (venlerde) bulunan ruh, ağrıya neden olmaktadır. Ancak Platon ağrı ve zevki (Pleasure) bir arada tanımlar, bu konuda beynin rolüne ait herhangi bir şey söylemez. (Finger 148-151).

Platon'un devamcısı olarak Aristo duyumları sınıflandırırken 5 çeşit duyum olduğunu öne sürmüştür; dokunma, görme, işitme, koku ve tad. Deri duyum modalitesi olarak sadece dokunmaya değinmiştir. Aristo'nun önemli bir yanılgısı daha vardır. Dokunma duyusunun damarlar kanalı ile kalpte toplandığını ve kalp kökenli olarak ortaya çıktığını ileri sürer. Bu arada önce Platon ve sonra Aristo ağrıyı bir duyum olarak değil de bir emosyon olarak görmüşlerdir. (Willis & Coggeshall 1-2).

Aristo "*Tüm hayvanların tek bir duyumu vardır, bu da dokunmadır*" der. Aristo insanın diğer hayvanlardan üstün olduğunu ve insanda dokunmanın daha duyarlı olduğunu, ağrı ve zevkin kökeninin de dokunma duyusu olduğunu düşünür. Aristo aşırı derecede yoğun uyarımın hayvanın yaşamını tahrip edebileceğini söyler ve bu konuda insanları uyarır. (Finger 148).

Eski Yunancada *Poine*, ve Latince *Poena* kelimelerinin (ve *Pain* de İngilizce ağrı anlamındadır) aslında ceza verme ve cezalandırma anlamına geldiği söylenir. Anlaşıldığına göre ilk çağlarda insanların ağrı duymaları, tanrıların gazabı gibi karşılanıyordu. Nitekim Eski Mısır'daki halkın inandığı 36 tanrıdan ikisi, Seth ve Sekhmet ağrılı hastalıklarla ilgili tanrılar olarak biliniyordu. İblislerin, kötü ruhların, sol kulak ve sol burun deliğinden girerek ağrıya neden olduğuna, yürek ve kan damarlarına saldırdıklarına inanılıyordu. Bu durumlar sihir, dua ve ritueller ile düzeltilmeye çalışılıyordu. Bazen ilaç da kullandıkları oluyordu. Temel inanç ve tedavi iblislerin bedeni terk etmesiydi.

Öte yandan ilk Mezopotamya halklarında ağrılı hastalıkların günah sonucu ortaya çıktığına inanılıyordu. Eski Babil'de ağrılı durumlarda kötü niyetli ruhların, kurbanın bedenine girdiğine inanılır ve bu kötü ruhlar, dualar, muskalar vb gibi önlemlerle gönderilmeye çalışılırdı.

Eski Yunanda, Hipokrat okulu, M.Ö. 5'inci yüzyılda, bu eski inanışlarla mücadele etmeye başladı. Doğaüstü ağrı anlayışı yerine, ağrı Hipokrat'ın 4-Sıvı kuramı ile açıklanır oldu. Sıvılar arası dengenin bozulması ağrıyı ortaya çıkarıyordu. Oysa aynı yüzyılda Alcmaeon beynin (Özellikle Görmede) duyumlarda önemli rol oynadığını ortaya çıkarmaya çalışıyordu. Galenus Roma'da çalışırken duyumların en ilkel ve en alt düzeyde olanının ağrı olduğunu kabul etmiş ama ağrıyı ileten herhangi bir sinirden söz etmemiştir. Ancak sinirlerin aşırı derecede irritasyonu halinde ağrının oluştuğunu söylemiştir (Finger 148-151).

11'inci yüzyılda İbn-i Sînâ (Avicenna) (980-1037), ilk defa, bugün geleneksel dediğimiz deri duyumlarını belirlemiştir. Birden çok deri duyumunun varlığını ilk bulan İbn-i Sînâ'dır. Ayrıca ağrının değişik şekillerini ve "*Trigeminal Nevralji*"yi tanımlamıştır. Tüm bilgileri ünlü kitabı "*El Kanun*"da yazmıştır. Hatta yüzyıllar sonra (19'ncu YY'da) ağrı için ortaya atılan "*Specifity*" (Özgüllük) teorisine, İbn-i Sînâ'nın ortaya sürdüğü düşüncelerin temel oluşturduğu söylenir (Finger 150; Ertekin. 106-108; Adıvar 111-116; Bayat 189).

Orta Çağ ve hatta Rönesans'ta deri duyumları ve ağrı konusunda yeni bir gelişme olmamıştır. Skolastik düşünce anlayışı içinde,

Avrupa'da ağrı olgusu, Tanrının cezalandırması veya kişiyi denemesi anlamında kullanılmıştır. Bunun tek istisnası 16'ncı yüzyılda Berber Cerrah olan ve Fransa'da kralın hekimliğine dek yükselen Ambroise Paré (1510-1590) olmuştur, diyebiliriz. Savaşlarda uzun süre cerrahlık yapmanın bir sonucu olarak çok sayıda ekstremite ampute etmiş ve bazılarında kesik ekstremitede gelişen "*Fantom ağrı*"yı tanımlamıştır. Buradaki şiddetli ağrıya vurgu yapmıştır (Ertekin. 141-142; Finger 151-152). (Ayrıca Bkz. bu bölümün son kısmı). Kralın cerrahı olan Paré'nin, Fransa Kralı IX. Charles'ın kolundaki bir yara ile ilgili olarak ortaya çıkan ağrılarını, sorumlu siniri bulup, keserek tedavi etmiş olduğu söylenegelmiştir (Finger 156-157}.

René Descartes (1596-1650) bedenin bir makinaya benzediğini ve ağrının bir bozukluktan oluştuğunu ve sinirler aracılığı ile beyine ulaştığını söylemiştir. Bu şekilde ağrıyı geçmişin spirituel yaklaşımından sıyırarak, daha mekanik, fiziksel bir yaklaşıma doğru değiştirmiştir. Daha önce belirtildiği gibi hem İbn-i Sînâ ve hem de Descartes, 19'uncu yüzyılda ortaya çıkacak olan "*Spesifity Kuramı*"nın bir bakıma öncüsü olmuşlardır.Descartes, "*Metod Üzerine*" adlı kitabına sonradan yerleştirdiği bir bölüme tıbbi kavramları eklemiştir. "*Sinirlerin içinde 2 adet boru vardır, bunlardan biri hareket, diğeri duysal sinyalleri iletir. Sinirlerin içindeki kapakçıklar, tek yönde iletim sağlar..*" (Ertekin. 138-139; Adıvar 188-194).

19'uncu yüzyılda deri duyumları ve ağrı konusunda yeni gelişmeler ortaya çıktı ve 20'nci yüzyıla dek devam etti. Bu yüzyılın başlangıcında Alman bilim adamı Fizyolog Johannes Müller (1801-1858) ortaya çıkmış ve düşünceleri yaşadığı çağı etkilemiştir. Müller çok önemli buluşunu "*Tek bir sinir lifi sadece tek bir mesaj vermektedir*" diyerek özetlemiştir. Bunun için önce spesifik sinir enerjisi kanununu formüle etmiştir. Basitçe tek bir duyum modalitesi kendine özgü bir sinir lifi ile taşınır. Bir örnek vermek gerekirse optik sinir sinyalleri sadece görsel bilgileri iletir. Bir ses işitiyorsak, aktive olan sinir lifleri işitme sinirimiz içindedir. Aynı şekilde her bir duysal sinir kendine özel duyum türünü (modalite) taşır. Müller'in doktrini antik dönemden gelen tüm fikirlere son vermiş oluyordu. Ayrıca bu doktrin günümüze ait duyum fizyolojisinin anlaşılmasının da yolunu açmıştır. (Glickstein 89-91;

Finder 134-136; Alistair83-92; Porter 90-91).

Johannes Müller'in öğrencisi olan Fizyolog ve Fizikçi Hermann Ludwig Ferdinant von Helmholtz (1821-1894) duyum türlerine "*Modalite*" adını vermiştir. Bir sensoriyal modalite duyumlar sınıfından sadece bir tanesidir. (Willis & Coggeshall 1-2). Von Helmoltz dünyada ilk kez sinir liflerinde sinyallerin iletim hızını hesaplamıştır. Mekanik bir düzenek ile Pendulum ve Kimograf yardımı ile kurbağa kasında önce kasılmayı ölçmüş, sonra da o kasa giden siniri distal ve proksimal 2 noktadan uyartarak sinir iletim hızını ortalama 61 m/s olarak hesaplamıştır. (Finger 136; Ertekin. 7-8). İnsanda motor ve duysal sinir liflerinde iletim ölçümleri 20'nci yüzyılın ortalarında belirlenmiştir. (Bkz. 20. Yüzyıl-1V). Müller'in keşifleri ve ayrı duyum modalitelerinin ortaya çıkması üzerine "*Her bir sinir modalitesi deride nerede başlıyor ve buna ait bir deri organı var mıdır ?*" sorusunu ortaya çıkartmış ve bilim insanları birerbirer deri ve altında "*Reseptör*" dediğimiz organcıkları bulma peşine düşmüştür. Bunun için önce histolojik çalışmalar başlatıldı. Gerçekten de çok özelleşmiş küçük organcıklar halindeki duyum reseptörleri keşfedilmeye başlandı.İlk keşiflerden biri İtalyan Anatomist Filippo Pacini (1812-1883)'den geldi. Derideki bir reseptörü ve içinden çıkan sinirleri 1831'de saptadı ve 1840 yılında tam olarak açıkladı. Pacini Floransa Üniversitesinde çalışıyordu ve aslında 20-22 yaşlarında bir tıp öğrencisi iken Pacinian korpüskülünü* tanımış ve tanımlamıştı. Pacini'nin buluşu deriye yerleşmiş ve özelleşmiş sinir ucu ve reseptörüydü. Onun bu buluşu hızla kabul edildi. Bu reseptöre Pacini'nin adı verildi. (Glickstein 90-96). Aslında Pacinian cisimciği, Alman Anatomist Abraham Vater ((1684-1751) tarafından 1741 yılında, Pacini'den yaklaşık 90 yıl önce bulunmuş ve kısa bir raporla, bu reseptörün varlığı bildirilmişti. Bu nedenle bazı eski kitaplarda bu cisimciğin adı Vater-Pacini korpüskülü olarak yazılmıştır. (Finger. 137-138)

Alman Anatomist Wilhelm Krause (1833-1910) farklı karakterde bir başka deri reseptörünü, 1860'da tanımladı. Soğan biçiminde olan bu

---

* Pacinian Korpüskül 1 mm çapındadır, tek sinir lifinin çapından yüzlerce kez büyüktür. Bu reseptörler Vibrasyon duyumuna karşı duyarlıdırlar. Örneğin müzik alanında kullanılan Çatal Diyapozon'un uç kısmı deri üzerine tutulur ve titeşim sağlanırsa bu reseptörler kolaylıkla aktive olurlar. (Glickstein 90-96; Erzurumlu et al 370-371).

küçük korpüsküller, özellikle eklemlerin iç zarları, dudak, dil mükozası ve dış genital bölgede bulunuyordu. Krause cisimciği hafif dokunma ve basınç ve soğuk uyarımlara karşı duyarlıydı. Vibrasyona karşı çok hafifbir yanıt veriyordu (Erzurumlu et al 372; Glickstein 90-96).

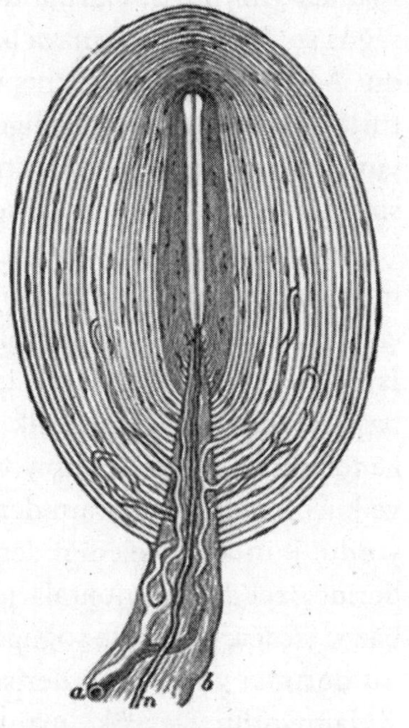

Resim 26.2. Pacinian korpüskül şeması. Aşağıdan gelen myelinli sinir lifi korpuskülün orta kısmına dek uzanıyor. Yanlarda ise daha açık renkli damarlar korpüskül içine giriyorlar.

1852'de Almanya'dan Georg Meissner (1829-1905) ve Rudolf Wagner (1805-1864), hafif dokunmada yer alan reseptörleri keşfettiler. Her ikisi de anatomist ve fizyologdu. Her ne kadar bu konuda, aynı zaman diliminde birlikte çalışmış olsalar da, daha sonraları farklı görüşlere sahip olarak birbirlerinden ayrılmışlardı ve her ikisi de bu reseptörün keşfinde önceliğin kendisine ait olduğunu söylüyor ve durum tartışılıyordu. Sonunda reseptörün isim babası olma şansı Meissner'e kaldı.

Daha sonraları da 1875'de Merkel diski ve 1894'de Ruffini uçları keşfedildi. Ruffini reseptörü (Bulbous Cisimciği) deri ve daha derin dokularda gerilme ile aktive oluyordu. Ayrıca sıcak uyarımdan etkileniyordu. Merkel diskleri denen reseptörler ise deriden devamlı basınç ve hafif dokunma ile uyarılıyordu. (Finger 137-138).

Henüz bu reseptörlerin bir mekanik enerjiyi elektrik enerjisine nasıl çevirdiği ve ilgili sinirlerde bir aksiyon potansiyelinin (sinyal) nasıl başlatıldığıo günlerde tam olarak bilinmiyordu. Bu konular, 20'nci yüzyıl boyunca ancak adım adım aydınlatılabildi. Ayrıca ağrının nasıl bir reseptöre sahip olduğu konusu da bilinmiyordu. Veya böyle bir reseptör yok muydu ? Ağrılı uyaranın deride serbest sinir uçları yolu ile sinyal verdiği konusu da, kafalarda tam olarak kesinleşmemişti.

19'uncu yüzyılın sonlarına doğru dikkat çekecek deney ve yorumlar sağda solda ortaya çıkmaya başladı. En önemli sorunlardan birisi şuydu: Acaba reseptörlerin hepsi modalite özelliğine bakmaksızın, her türlü duyumu alıp omuriliğe mi gönderiyorlardı?Yoksa bir özel duyum, tek bir reseptör tipinin uyartılması ve sonra ondan çıkan özel sinir aksonu ile merkeze gönderilmesi ile mi algılanıyordu ??"

Bu soruları yanıtlayabilmek için, önce deri üzerinde değişik duyum modalitelerinin nokta nokta incelenmesi gerekiyordu. Bunu ilk kez çalışan, 1890'da, İsveçli Fizyolog Magnus Gustaf Blix (1849-1904) oldu. İsveç'in güneyindeki Lund Üniversitesinde çalışırken basit deneyler başlattı, fakat beklenmedik önemli bulgular elde etti. Deneylerini kendi derisi üzerinde yapıyordu. Kendi bilek ve önkolunda, çok ince ve küçük uçlu ve uyaranı deriye taşıyan kalem gibi probe'lar kullanıyordu. Bunları incelediği deri yüzeyinde her bir noktaya değdirerek, deride özel duyum noktaları buldu. Bu noktaların bazısı dokunmaya, bazısı sıcağa, bazısı ise soğuğa karşı maksimal duyarlılık gösteriyordu. Bu duruma göre insan derisi tek başına üniform bir şekilde duyum sağlamıyordu. Değişik duyumlar deride noktacıklar halinde dağılmıştı. Dokunma noktaları çok sayıdaydı ve sıcak hissedilen noktalar çok daha azdı. Soğuk noktacıkların, sıcağa duyarlı noktacıklarla aynı yerlerde bulunmadığını saptadı. Her iki duyum ayrı ayrı kodlanıyordu. (Glickstein 161-164).

Blix'in çalışmalarından haberdar olmayarak, Alman Nörolog Alfred Goldscheider (1858-1935) da 1884'de aynı konuda çalışıyordu. ABD'li deneysel Psikolog Henry Herbert Donaldson (1857-1938) da diğerlerini izledi. Ve hepsi yaklaşık aynı sonuçlara ulaştılar (Finger 136-137; Willis & Coggeshall 1-5).

Alman-Avusturyalı Fizyolog Maximilian Ruppert Franz von Frey, ya da kısaca Max von Frey (1852-1932) de derideki noktacıklarla ilgileniyordu. Soğuk ve sıcak reseptörlerini 1896'da tam anlamı ile aydınlattı. İnsanlardaderide, ağrı noktalarını, net bir şekilde tanımladı. Deride düşük eşikli noktaların dokunma duyusunu ortaya çıkardığını, yüksek eşikli deri noktalarının ağrı meydana getirdiğini öne sürdü. Onun için ağrı farklı bir deri duyumuydu, dokunma, sıcak, soğuktan farklıydı. Reseptörleri yoktu ve serbest sinir uçları ile birlikte uyarılıyordu.

Dokunma ve ağrı için, özel, kalibre edilebilen bir aygıt üretti. Bu aygıta "*Esthesiometer*" adını vermişti, daha sonradan "*Von Frey kılı*" olarak adlandırıldı. (Finger 136-137).

Böylece insan derisinde duyum modalitelerinin noktacıklar halinde dağılması genel kabul gördü. 1900 yılında, büyük Fizyolog Charles Sherrington reseptörler ve deri noktaları konusunda önemli bir yorumda bulundu. Tüm bedenin derisi üzerinde dokunma, soğuk, sıcak ve ağrı noktacıkları karışık bir şekilde temsil ediliyordu. Bütünü ile ağrı noktaları çok daha fazlaydı. Sıcak noktaları ise en azdı. Bilim dünyasında dokunma (basınç), sıcak, soğuk ve ağrı artık duyum modaliteleri olarak kabul görüyor ve bunların da daha alt grupları olabileceği düşünülüyordu. Bundan sonra bilim adamlarının bu duyum noktaları ile onlara uyan reseptörleri mikroskop altında göstermeleri, modalite türü ile morfolojinin bağlanıp bağlanmadığını kanıtlamaları gerekiyordu.Bu sorgulama sonucu çalışmalarda daha fazla ileri gidildi. Bazı gözü kara veya kahraman araştırmacılar ortaya çıktı. Denekler aynı zamanda araştırmacıların kendileriydi. Deride ayırt ettikleri noktaları silinmeyen bir mürekkep ile işaretliyorlardı. İşaretlenen deri parçası daha sonra anesteziye edilerek, cerrahî yolla alınıyordu. Ve işaretlenen noktanın ucunda belirli bir reseptör veya görünüm aranıyordu. Önce bu teknik konusunda kuşkular ve kafa karışıklıkları ortaya çıktı. Fakat çok daha sonraları bu yöntemin işlerliği sağlandı. Bundan sonra duyum modalitesine uyan farklı morfolojilerle ilgili daha net kanıtlar ortaya çıkacaktı. Ancak bu konularda bilgilerin çoğu hayvan çalışmalarından geldi. Elektrofizyolojik olarak, hayvanlarda çalışılıyordu. Öte yandan hayvanların ne hissetiklerini belirtmeleri imkansızdı. (Glickstein 92-102). Bu konudaki gelişmeler 20'nci yüzyılın 2'nci yarısında gerçekleşecekti. İnsanda "*Semimikro-elektrodlar*" ile periferik duysal sinirlere girilerek kayıtlamalar yapılmış, duyum modalitesi ile reseptör ve özel sinir lifi arasındaki bağlantı araştırılmıştır. İsveç Uppsala Tıp Fakültesi Klinik Nörofizyolojide çalışan Karl-Erik Hagbarth (1926-2005) ve yardımcıları bu yöntemi 1965'de geliştirip, kendi üzerlerinde denemişlerdir. Böylece duyum tipi ile reseptörden çıkan özel sinirin bağlantısı düşüncesi gerçekleştirilmiştir. (Hagbarth & Vallbo 121-122; Vallbo & Hagbarth 270-289; Vallbo & Hagbarth et al919-951).

1900'lerin erken dönemlerinde duyum modaliteleri ve reseptörler daha iyi anlaşılırken, deriden kalkan duysal sinirlerin özellikleri konusuna da dikkatler yoğunlaşmaya başladı. Bunun öncülerinden Nörolog Sir Henry Head (1861-1940) ve Nöropsikiyatrist William Rivers (1864-1922) periferik sinir organizasyonu üzerine, 20'nci yüzyıl başlarında etkili çalışmalar yaptılar. Bir çevresel duyu sinirinin kesilmesinden sonra duyumun nasıl tekrar geldiğini araştırdılar. Hatta Henry Head kendi Radiyal sinirinin yüzeyel duyu dalını keserek inceleme yaptı ve böylece kendi kendisinin de deneği oldu. O sıralarda deney zarar görmesin diye sigara içmekten vazgeçmiş ve alkollü içki içmeyi sınırlamıştı. Sinir kesildikten sonra farklı duyum modalitelerinin sinirin kapladığı deri alanlarına dönüşü, aynı zamanda olmamıştı, ya da gelişigüzel olmamıştı. Rejenerasyonun 2 farklı şekilde olduğunu saptamıştı. 1-Isı ve ağrı duyuları daha önce geri gelip düzeliyordu. Head bunlara "*Protopatik Duyum*" adını verdi. 2-Hafif dokunma duyusu ve bunu lokalize edilebilme yeteneği çok daha sonra düzeliyordu ve bunların düzelmesi yavaş oluyordu. Head buna da "*Epikritik Duyum*" adını verdi.

ABD'den Deneysel Psikolog EdwinBoring (1886-1968) 1916'da aynı şekildekendi kol duyu sinirini kesti ve 2 yıl süre ile kesilen sinir dalı üzerinden kendini test etti ve gözlemledi. Ona göre duyumların geri gelişi tedricen oluyordu. Siniri kesilen deri alanında önce anestezi, sonra hipoestezi oluyor ve en sonra normale dönüyordu. Keza ağrı, soğuk ve dokunma kontrol düzeyine aynı zamanda ulaşıyordu, fakat sıcak duyumu biraz daha gecikiyordu. Boring'in bulguları ile Head'in çalışmalarından elde edilen bulgular farklıydı. 1'inci Dünya Savaşında periferik sinirlerinden yaralanan askerler üzerinden yapılan çalışmalarda da, Head'in bulguları doğrulanmadı. Sinir kesisinden sonra düzelme, zedelenen deri yüzeyine yakın, zedelenmemiş sinirlerin dallanarak, anestezik alana girmeleri ve yayılmalarına bağlıydı. Bu bir "*Kollateral Reinnervasyon*" şekliydi (Willis & Coggeshall 1-5; Finger 138-140; Ertekin. 140-145).

Deri reseptörleri ve özellikle Pacinian Reseptörün Vibrasyon duyumunun algılanmasına katkısı olduğuna yukarıda değinmiştik. Şimdi biraz 20-21'inci yüzyıl kavramlarına yer verelim: Hem böylesi deri reseptörleri ve hem de eklem kapsülünde bulunan mekanoreseptörler ile çizgili kasların içindeki kas iğciklerinden kalkan duysal afferentler, hep birlikte beden ve ekstremitelerin pozisyon ve hareket duyumunu Sentral Sinir Sistemine gönderirler. Bu duyum da "*Proprioception*" kavramına girer. Klinikte bu duyum Vibrasyon ve Eklem Pozisyon duyumu şeklinde araştırılır. Pozisyon duyumu için en pratik klinik test yöntemi, ayak parmaklarını hastanın görmesi engellenerek aşağı ve/veyayukarı bükmek ve parmakların ne tarafa büküldüğünü hastaya sormaktır.

Geniş çaplı duysal çevresel sinirlerin sinyalleri, ipsilateral olarak omurilik arka kordonundan beyin sapına ve orada çaprazyaptıktan sonrada serebral kortekse ulaşır. Özellikle saf duyu sinirlerin tutuluşu ve arka kordon lezyonlarında Pozisyon ve Vibrasyon duyum azalması ile birlikte denge kusuru ortaya çıkar ve eklem civarı devinimler algılanamaz. (Gandevia & Mc Closkey 387-403; Gilman 473-477; Beckmann et al 1023-1027).

Bu duyumla ilgili bilgiler 19'uncu yüzyıl sonlarında tartışılmaya başlanmıştır, diyebiliriz. 1870'de İngiliz Fizyolog ve Nörolog Henry Charlton Bastian (1837-1915) ilk kez bir kas duyumu teorisi ortaya atmıştır. Motor Korteksin bir kinestetik merkez işlevi gördüğünü öne sürmüştür. Bastian'a göre kaslardan hatırı sayılır miktarda bir bilgi akışı ortaya çıkıyor ve bunu motor hareketlerinkoordinasyonundakullanma işlevi de beyin tarafından sağlanıyordu. Bu kas duyumları için 1880'de "*Kinestetik Duyum*" terimini kullanmıştır. Bununla beraber Bastian bu durumun bilince çıkmadan önce başlatılabileceğini ve aracı olarak da "*Serebellum*"un kullanılabileceğini öne sürmüştü. Motor korteksin aynı zamanda kinestetik imajların merkezi olduğunu da ekledi. Her ne kadar Rolandik korteksin harabiyetinde bir paralizi ortaya çıkıyorsa da bunun gerçekte motor yapıların harap olduğu anlamına gelmediğini söylüyordu. Daha çok uygun olan devinim örneğini yeniden ortaya çıkartacak sistemde yetersizlik olması nedeniyle paralizi oluştuğunu düşünüyordu. Bastian'in "*Kortikal Kinestetik Merkez*" anlayışı bilim çevrelerinde sıcak karşılanmadı. Fakat kendisine paralel düşünceler taşıyanlar da vardı. Bunlar arasında Alman Fizyolog Hermann Munk (1839-1912) ve İngiliz NörobilimciVictor Horsley'i (1857-1916) sayabiliriz. Öyle ki Victor Horsley 1886'da hareket bozukluğunun bellek yitimi sonucu meydana geldiğindenyana görüş bildirmişti. Zaman içinde bu görüş eridi, gitti ve 1906'da Sherrington'un ortaya attığı yeni terimle Kinestetik duyum yerini "*Proprioception*"terimine bıraktı (Finger 203-204).

Ağrı Patogenezi Kuramları

19'uncu yüzyılda ağrının meydana gelişi ile ilgili, değişik kuramlar ortaya atılmış ve bu tartışmalar 20'nci yüzyılda da devam etmiştir. Bunlar "*Specifity*" (Özgüllük) kuramı, "*Intensive*" (Yoğunluk) kuramı, "*Pattern*" Kuramı, Kapı Kontrol kuramı (*Gate Kontrol*) gibi adlarla anılırlar.

Specifity (Özgüllük) *Kuramı*: Bu kurama göre ağrı özel bir duyumdur. Dokunma ve diğer duyumlardan farklı olarak kendine özgü duyum apareyi vardır. Duyuların her biri deride ayrı bir son-organa sahiptir ve her uyaran beyine özel bir yolla bağlanır. Bu teori 19'uncu yüzyılda ortaya atılmıştır. Yukarda değinildiği gibi, bu kuramın temellerinin Avicenna (Ibn-i Sînâ) ve Dekart'ın düşüncelerinden başladığı söylenir. 1858'de modern psikolojinin öncüsü olan Alman Fizyolog Moritz Schiff (1823-1896) ağrıdaki bu özgüllük kuramınıformule etti ve dokunma ile ağrı yollarının sentral sinir sistemindeomuriliktenbeyine doğru giderken, farklı yollardan geçtiklerini öne sürdü. 1854'de ağrı ve ısı duyumlarının çapraz yaparak omurilikte yükseldiğini, dokunma ve basınç duyumunun ise çapraz yapmadan omuriliğin arka kordonundan geçtiğini ortaya koydu. Hatta çapraz yapan sisteme "*Aesthsodik system*" ve dorsal kolumn sistemine de "*Kinaesthsodicsystem*" adını verdi. Fakat daha sonra Fransız araştırmacı ve Nörolog Alfred Vulpian (1826-1887) Schiff'in bulguları ve düşünceleri ile alay etti.

Schiff'den muhtemelen daha sonra Fransız Fizyolog ve Nörolog Édouard Brown Séquard (1817-1894) bir PhD tezi hazırladı ve omuriliğinde yarıtam enine kesi yapılmış omurgalı hayvanlarda, bedenin karşı yarısında ağrı-ısı duyumlarının bozulduğunu, aynı yanda ise önce bir duyum bozukluğu bulmazken sonradan dokunma duyusunun bozulduğunu ekledi. Brown Séquard'a teşekkür eden ve onu kutlayan kişilerden birisi de Alfred Vulpian oldu (!!). 1860'da çok uzun ve çok sayfalı kitabında Brown Séquard, Schiff'in adını ancak zikretmiştir.

Çok üzücü olarak 19'uncu yüzyıl son dönemlerine kadar ilgili konuda sadece Brown-Séquard'ın adı bilinmiştir. Günümüzde bile klasik nöroloji kitaplarında Schiff'in adı pek geçmez. (Finger 159, Haymaker & Baer 263-266; Glickstein 176-177).

Moritz Schiffbir Alman Yahudi ailesinin çocuğudur. Fizyolojide deneysel yöntemlerin öncüsüdür. Aynı zamanda zoologdur ve çok dil bilen donanımlı bir bilim adamıdır. Kendisi, liberal ve ileri görüşlüdür. İyi bir Darwinisttir. 25 yaşında iken Federal Almanya'nın, yani Prusya'nın güneyindeki Baden'de Liberal, ilerici ve devrimci görüşlerin egemen olduğu bir ayaklanmada genç bir Cerrah-hekim olarak devrimci grubun içine katılmıştır. Bu nedenle sonraki yaşamında hep "*Genç bireyler için gereğinden fazla tehlikeli*" damgası yemiştir. 1856'da Gotingen ÜniversitesineZooloji'de Privat Doçent olmak istemiştir. Üniversite yönetimi onu almak isterken, geçmişteki liberal tutumu ve Baden ayaklanmasına karışmış olması nedeniyle Üniversite dışındaki üst yetkililer tarafından veto edilmiştir. Bunun üzerine İsviçre-Bern'de kendine iş bulabilmiştir. Daha sonra İtalya Floransa'ya davet edilmiş, burada çalışırken meslektaşları ve bazı öğrencileri tarafından deney hayvanlarına "*Vivisection*" yapmakla suçlanmıştır. Sonradan bunun gerçek olmadığı anlaşılmıştır ama Floransa'yı da terk etmek zorunda kalmıştır. Ve yaşamına İngiltere'de devam etmiştir.

"*Özgüllük teorisi*"ne Fizyolog Max von Frey'in bulguları önemli bir destek olmuştur. Psikologlar ve hekimler bu teoriyi desteklediler. Ancak bu kuramın başlayıp yayıldığı zamanlarda histolojik ve fizyolojik kanıtlar özgüllük kuramını yeterince desteklemiyordu (Willis & Coggeshall 1-5; Finger 149).

"*Intensive*" kuramı (Yoğunluk Kuramı): 1794'de Zoonomi adlı eserinde İngiliz hekim, Fizyolog Erasmus Darwin (1731-1802) (Evrim kuramının yaratıcısı Charles Darwin'in büyük babasıdır) ağrının tek başına duyum modalitesi olmadığına ve bunun bir emosyonel durum olduğuna değindi. Şiddetli ışık, yoğun basınç veya fazla ısı ile ağrı meydana getirilebileceğini belirtti. Bunun temelini aslında Platon'un "*Timeaeus*" (Diyalog) kitabından almıştı.

1874'de Alman Nörolog WilhelmErb (1840-1921) de ağrının herhangi birduysal uyaran ile ortaya çıkabileceğini söyledi. Ancak bu uyaranın çok yoğun olması koşulu vardı. Bu şekilde bir formulasyon ile düşünceleri "*Intensive*" teori haline geldi (Finger 149).

"*Pattern* (Model) *Kuramı*": ABD'den Psikolog John Paul Nafe (1888-1970) 1920'li yılların sonunda ağrı kuramı olarak önerdi. Bu kurama göre, deriden yersel ve zamansal olarak toplanan tüm sinyallerin bir model şeklinde omuriliğe ulaşması sonucu ağrı ortaya çıkmaktadır. Böylece periferden gelen sinyaller topluluğunun bir model olarak birleşmesi, omuriliğin onu tanıması ve sonra da ortaya ağrı çıkması ilginçti, ama zayıf tarafları da vardı. Bu kuramda özel duyum kanallarına gereksinim olmuyordu. (Nafe199-211) .

Sinclair ve Weddell, 1955'de birbirlerinden ayrı olarak bu kuramı desteklediler. Her ikisi de derideki tüm sinir lifi uçlarının birbirine benzediğini, ağrının bu liflerin yoğun uyarımı ile meydana geldiğini öne sürmüşlerdir (Sinclair 1967).Fakat bu Pattern Kuramındaki sıkıntı, geniş çaplı sinir lifleri ile myelinli veya myelinsiz küçük çaplı sinir liflerinde sinyallerin omuriliğe gidiş hızının farklı olmasından doğmuştur. Periferik sinirler üzerinden yapılan insan deneyleri Pattern kuramını açıklamada yetersiz kalıyordu. Bir mikst sinire baskı uygulandığında geniş çaplı lifler bloke olduğu halde, küçük myelinli lifler ile myelinsiz C-liflerinde iletim hâlâ devam edebilir. Yani buna göre önce dokunma duyusu kaybolur ve sonra soğuk ve iğneleme ağrısı ve en sonunda soğuk ve yanıcı ağrılar kaybolur. Yine başka bir insan deneyinde periferik sinirin çevresine anestetik bir madde enjekte edilince, bu kez önce ağrı ve ısı duyuları kaybolur ve bu sırada dokunma normal kalır. Bütün bunlar Pattern kuramının geçerli olamayacağını göstermiştir. (Willis & Coggeshall 1-5)

"*Kapı Kontrol Kuramı*": Bu kuramı Ronald Melzack (1929-2019) ve Patrick D.Wall (1925-2001) 1965 yılında "*Science*" dergisinde "*Pain Mechanisms; A New Theory*" adı ile yayınladılar. Günümüzde "*Kapı Kontrol Kuramı*" ağrının fizik ve fizyolojik/psikolojik yönlerini içeren en kesin kuramdır. Bunun dışındaki ağrı kuramları ağrıyı anlamada daha basit ve bir hayli yetersizliği olan kuramlar olarak kalmışlardır (Melzack&Wall 971-979; Moayedi & Davis 5-12).

Kapı kontrol teorisine göre dorsal boynuza giren "*Nociceptor Aδ ve C*" ince lifleri, ağrılı sinyal geçişi için, kapıyı açma eğiliminde, mekanoreseptor A-β kalın liflerin aktivasyonu ise kapıyı kapama eğilimindedir. Böylece omurilik arka boynuzu gri cevherinde bulunanduysal geçişana nöronu (Resim 26-2'de T hücresi) düzeyinde çevreden gelen sinyaller düzenlenmekte ve stimulus ağrılı veya ağrısız olarak algılanabilmektedir. Kalın liflerin stimülasyonunun kapıyı kapatarak ağrı oluşumunu ortadan kaldırdığı kabul edilir. (Moayedi & Davis 5-12; Erzurumlu et al 384-388; Kandell et al 472-491; Finger 159; Ertekin. 255-258). (Bkz Resim 26-2)

Melzack ve Wall'un ağrıyı yaratan küçük çaplı liflerin, geniş çaplı sinir lifleri tarafından inhibe edildiğini ileri sürmüşlerdir. Budüşüncenin, daha önceden Beyin Cerrahi **Otfrid Foerster** tarafından da ifade edildiği söylenmiştir. (Finger 159).

1965'den sonra kapı kontrol teorisini destekleyici ve zenginleştirici bilimsel gelişmeler olmuştur. Bunlara ait kısa bir özet verelim:

Önce deri reseptörlerinden başlarsak, deride serbest sinir uçları şeklinde olan "*Nosiseptorler*"in 3 tipte olduğu bulunmuştur; mekanik, termomekanik ve polimodal reseptörler.

*Ağrılı uyaranın deride yaptığı doku hasarı sonucu o bölgede bazı transmitter ve transmodulator ağrı yaratıcı maddeler, deri hücreleri ve kan damarlarından açığa çıkarlar. Bunun sonucunda nosiseptörlerde uyarılma eşiği aşılır ve bir "*Hiperaljezi*" (Lokalize ağrı) durumu ortaya çıkar.

İnce çaplı A-Delta ve C lifleri ile gelen ağrı sinyalleri Medulla spinalisin arka boynuzunda bulunan ana geçiş nöronu ile (T-hücresi) sinaps yaparak onu uyartır. Ve ağrılı impuls üst merkezlere doğru taşınır ve ağrılı duyumu algılanır.Ancak medulla spinalis arka boynuzunda substansia gelatinosa'da inhibitör ara nöronlar (SG-aranöronları) vardır ki bunlar ağrı sinyallerinin ana geçiş nöronuna geçmesini inhibe etmektedir.Bu (SG aranöronları) aranöronlar hem ince çaplı ağrı sinyallerini taşıyan sinir liflerinden, hem de geniş çaplı taktil duyumları taşıyan sinir liflerinden yan dallar almaktadır.İnce çaplı ağrı impulslarını taşıyan sinir lifleri bu SG ara-nöronlarını inhibe eder (İnhibisyonun inhibisyonu), kapı açılır ve ağrılı sinyaller kolayca esas geçiş nöronuna geçer.Geniş çaplı taktil impulsları taşıyan sinir lifleri ise SG nöronlarını uyartır, yani aktive eder, kapı kapanır.Dolayısıyla ağrılı impulsun ana geçiş nöronuna ulaşması zorlaşır. Daha ayrıntılı açıklama dipnotta verilmiştir.*

Özetlersek ince çaplı lif sinyalleri inhibitor ara nöronları (SG-aranöronları) inhibe ediyor ve ağrı sinyalleri kolayca spinotalamik projeksiyon nöronlarına geçiyor ve ağrı duyumu ortaya çıkıyor.Taktil duyumu taşıyan geniş çaplı lifler ise inhibitör ara nöronları uyartıyor, kapı kapanıyor, ağrı sinyalinin santral geçiş nöronuna geçmesi engelleniyor, ağrı sinyalinin geçişi engelleniyor.

Ağrılı sinyallerin omurilik düzeyinde geçişi bazı üst merkezler tarafından da kontrol edilir.Beyin sapında mezensefalonda periakuaduktal gri cevherden inen inici *(serotonerjik ve noradrenerjik)* sistemler impulsların santral geçiş nöronuna geçmesini ya doğrudan doğruya sinaps düzeyinde engeller veya inhibitor ara nöronlar aracılığı ile engeller.Bu mesensefalik inici sistemde transmitter serotonin ve noradrenalindir. Bu inici sistemin aktive ettiği aranöronlar da opioid ara nöronlardır.

Geniş çaplı afferent sinir liflerinin ağrılı sinyallerin geçişini önleyici etkisi göz önüne alınarak nöroloji kökenli ağrılarda "*Transkutanöz sinir uyarımı*" yöntemi (TENS) kullanılmaktadır. Hatta "*Akupunktür*" *de* ağrılı sendromlarda kullanılır. (Ertekin . 250-258; Erzurumlu et al 384-388; Kandel et al 472-491).

---

* Ağrı sinyallerini ileten sistemin 1. Nöronu arka kök ganglionunda bulunur.Bunun çevresel uzantısı ağrı reseptörlerinden başlayan sinyali taşıyan ince çaplı A-Delta ve C lifleridir, santral uzantısı isearka kökle omuriliğe girer ve omurilik arka boynuzunda bulunan santral geçiş nöronu (Veya spinotalamik projeksiyon nöronu-Resim 26-2'de bu T ile gösterilmiştir) ile sinaps yapar, sinyali ona iletir. Bu santral geçiş nöronu ağrı sistemindeki 2. Sıra Nöronu temsil eder.1. ve 2. Sıra nöronlar arası sinaps, ağrılı sinyallerin giriş kapısı (Gate)'dır.Bu sinaptaki transmitterlerglutamat ve nöropeptidlerdir.2. Sıra nöronun aksonu çapraz yaptıktan sonra spinotalamik yolla üst merkezlere doğru taşınır. Ancak medulla spinalis arka boynuzunda substansia gelatinosa'da inhibitör ara nöronlar (Resim 26-2'deki SG-aranöronları) vardır ki bunlar ağrı sinyallerinin ana geçiş nöronuna geçmesini inhibe etmektedir.Bu SG aranöronları hem ince çaplı ağrılı sinyalleri taşıyan sinir liflerinden, hem de geniş çaplı taktil duyumları taşıyan sinir liflerinden yan dallar alırlar. İnce çaplı ağrı impulslarını taşıyan sinir lifleri bu SG aranöronlarını inhibe eder, kapı açılır ve ağrılı sinyaller kolayca santral geçiş nöronuna geçer.Geniş çaplı taktil impulsları taşıyan sinir lifleri ise SG nöronlarını uyartır, yani aktive eder, ağrılı sinyallerin geçişine karşı kapı kapanır.Dolayısıyla ağrılı impulsun ana geçiş nöronuna ulaşması zorlaşır. SG ara nöronlarındaki transmitter enkefalindir.

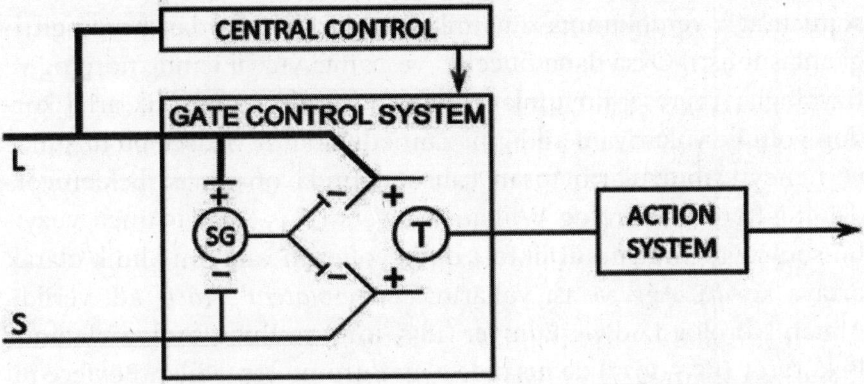

Resim 26.3. Melzack ve Wall'un Ağrıda Kapı Kontrol Kuramı: Geniş çaplı periferik afferent sinir lifleri (L) ile küçük çaplı periferik afferent sinir lifleri (S) ile karşılıklı iletişim içinde. Burada Spinal Arka Boynuzda bulunan Sentral Geçiş ara nöronları (SG) kritik bir önem taşıyor. Ağrılı sinyaller S liflerinden arka boynuza gelince SG'i inhibe ediyor, Esas Geçiş Nöronunu (T) uyarıyor. SG'nin inhibe edici etkisinin kalkması ile kapı açılıyor ve sinyaller Esas Geçiş Nöronuna (T) ve Sentral Sinir Sistemine geçiyor ve ağrı hissediliyor. O sırada periferik L sinirleri aktifduruma geçtiğinde bu kez Sentral Geçiş ara nöronları (SG) aktive oluyor, bunlar da hem L hem de S-periferik sinir aktiviteleri inhibe ediyor. Kapı ağrılı sinyallere kapanıyor. Ağrı hissedilmez hale geçiyor. (Melzack & Wall 1965)

Merkezi Sinir Sistemi ve Ağrı

Her ne kadar çevreden gelen ağrı uyaranlarında, işlemler duysal sinir lifleri ve omurilik gri cevherinin arka boynuzu civarında oluşuyor görünse de, durum bu kadar basit değildir. Örneğin yukarıda belirtildiği gibi beyin korteksi ve beyin sapı yapılarının inici etkileri de önemlidir. Normal koşullarda sentral sinir sistemi kontrollü çalışır ve çevreden gelen uyarılarla, sentral sinir sistemi belirli bir denge içinde bulunur. Ancak bazı beden ve kafa travmaları ve beyin hastalıkları halinde bu denge bozulabilir. Bu durum beynin öne çıktığı ağrılı sendromlara neden olur. Burada bazı beyin bölgeleri veya sistemleri olumlu veya olumsuz yönde ön plana çıkar.

Normalde ve hastalık halinde geçmişte bilgi düzeyi neydi, neler oldu, neler keşfedildi ve sonra nasıl çözümler getirildi?? Bu konunun tarihi kısaca gözden geçirilecektir. Yukarıda değinildiği gibi 1840-1860 yılları arasında Moris Schiff ve Brown Séquard'ın deneysel çalışmaları sonucu ağrı ve dokunma duyumlarının farklı yollardan beyne gittiği anlaşılmıştı. Oysa daha önceleri ve 18'inci yüzyıl içinde nörolog ve fizyologlar çevresel duyumların hepsinin sadece omurilik arka kordon yolu ile yukarıya iletildiğini zannediyorlardı. Sadece bu düşünce ve deneysel bulguların insan çalışmalarında onanması bekleniyordu. İngiltere'de Nörolog William Gowers (1845-1915) 19'uncu yüzyılın son çeyreğinde omurilikte 2 duyu yolunun varlığını klinik olarak ortaya koydu. Ağrı ve ısı yollarına "*Anterolateral Tract*" adı verildi. Alman Nörolog Ludwig Edinger (1855-1918) ve Rus Nörolog Vladimir Bekhterev (1857-1927) de insanda aynı durumu saptadılar. Böylece bu ağrı ve ısıyı taşıyan ve çapraz yaparak ilerleyen liflerin varlığı kesinleşti. 1905'de ABD'den Nörolog William Gibson Spiller (1863-1940) bir hastada bunun varlığını, patolojik bulguları ile birlikte gösterdi. 20'nci yüzyılın ilk çeyreğinde bu çıkıcı yolun direkt olarak Talamus'a ulaştığı nöroanatomistlerce gösterildi. Ve bu yolun bazı projeksiyonlarının beyin sapında dağıldığı anlaşıldı. Ve "Anterolateral Yol" yanısıra "*Spinotalamik Yol*" adı da kullanılır oldu. (Finger 154-155).

19'uncu yüzyılın 2'nci yarısındaAlman bilim insanı Fizyolog Hermann Munk (1839-1912), serebral kortekste Frontal ve Parietal bölgelerin hem duyum ve hem de motor işlevlerle ile ilgili olduğunu vurguladı. Fronto-parietal bölgeleri deneysel olarak çıkardığında dokunma ve basınç duyumları yitimi ve pek tabii ki paralizi meydana geldi. 1894'de İngiliz Biyokimyacı ve Nöropatolog Sir Frederick Walker Mott (1853-1926) da maymunlarda çalışarak aynı sonuçlara ulaştı.Ancak her ikisi de lezyonun postsentral girusa sınırlı olabileceğini söylemediler. Onların tanımladığı bölgeler duysal ve motor olarak çok geniş bir alanı kaplıyordu. Bu deneylerde hayvanda duyumun kontrol edilebilmesi, teknik olarak çok zor görünüyordu. Bununla beraber, Sherrington 1857-1952), Albert S.F. Grunbaum (1869-1921) ile birlikte maymunlarda geniş bir ablasyon ile postsentral girusu çıkardıktan sonra en azından ciddi bir motor defekt ile karşılaşmamışlardı. Bu deneysel çalışmalardan sonra bazı yazarlar postsentral girusu tek başına deri duyumunu temsil eden bir yer olarak görmeye başladılar ve böylece "*Postsentral Girus*"un (Post Rolandik Girus adı da kullanılır) lezyonunun deneysel etkileri yeniden incelenmeye başlandı. Burada yine tam anlamı ile hayvanda duyum modalitesi sağlıklı olarak saptanamıyordu ama ilgili taraflarını daha az kullandıkları dikkati çekiyordu.

Alman Fizyolog Oskar Minkowski (1858-1931) maymun deneyleri ile parietal lob lezyonlarının duyumlara nasıl etki ettiği üzerinde çalıştı. Hafif dokunmanın açıkça bozulduğunu, oysa ağrı duyumunun temelde normal kaldığını bildirdi. Ayrıca anormal devinimler ve postürler olduğunu yazdı. Derinin ince duyum becerisinin başlıca "*Postsentral Girus*"ta temsil edildiğini belirtti. Ancak motor korteks lezyonlarında da geçici duyum defektleri bulduğunu ekledi.

Daha sonra Hollandalı Bilim insanı Johannes Dusser de Barenne (1885-1940) kortikal işlevler üzerine çalışmalarda, yeni bir yöntem olarak "*Striknin*" kullandı. Serebral korkese striknin uygulayınca pozitif duyum belirtileri ortaya çıkıyordu. Bunlar arasında parestezi (didişme, karıncalanma), hiperaljezi, ısırma, kaşınma sayılabilir. Dusser de Barenne, presentral korteksin bazı duysal lifler taşıdığını, fakat parietal korteksin deri duyumu için temel projeksiyon yeri olduğu sonucuna vardı.

1930'larda T.D.Ruch ve John Fulton bazı maymunlarda somatosensorial ve motor korteks lezyonu yaptılar. Bu araştırıcılara göre en azından maymunlarda presentral ve postsentral kortikal bölgeler deri duyumu ile ilgiliydi. Maymunda elde ettikleri bulguları, kedi ve köpeklerdeki bulgularla karşılaştırdılar. Kedi ve köpeklerde motor kortekste duyumun rolü daha az bulundu. Presentral alanın filogenetik olarak rolü, hayvanın evolusyonuna göre farklı oluyordu.

1930'larda John Hopkins hastanesinde çalışan, P.Bard (1898-1977) ve C.N.Woosley (1904-1993) birlikte kedi ve maymunda çalışırlarken, yeni bir elektrofizyolojik teknik geliştirmişlerdi. Makro ve mikro elektrodlar kullanarak ve periferde sadece duysal sinirleri uyartarak, somatik duysal alanın ilk ayrıntılı haritasını ortaya çıkardılar.

1940'larda önemli bir gelişme oldu. ABD'den Clinton N. Woolsey (1904-1993) ve İngiltere'den Edgar Douglas Adrian (1889-1977) tarafından, ilk kez elektrofizyolojik araştırmalar yolu ile, deney hayvanlarında beyinde 2'nci bir Somatosensoriyal alan bulundu. Bu alan Sylvian Fissur'un hemen üzerindeydi ve Brodmann'ın 43'ncü alanına -Posterior parietal kortekse- uyuyordu. Bu bulgu ilgi ile karşılandı ve diğer çalışmalarla hızla kabul edildi. Postcentral (Post-Rolandik) bölge (Brodmann'ın 3,1,2 alanları) "*Primer Duysal Bölge*" ya da "*S-I alanı*" olarak ifade edildi ve 2'nci duysal alana "*S-II Alanı*" adı verildi (Thompson 3-16; Woolsey 55-56; Woolsey et al 1979; Finger 142-143).

2'nci Somatosensoriyal alanın bulunmasında kimin öncelik taşıdığı konusunda çok fazla ortaya çıkmamış bir sıkıntılı durum vardır. Adrian 1940'da sadece kedide ve Woolsey 1943'de kedi, köpek ve maymunda ikinci parietal duysal alanı bulduğunu yayınlamıştır. Sadece küçük bir abstract yazmasına karşın kağıt üzerinde Adrian'a öncelik verilebilir. Anlaşıldığına göre Adrian bu konuda sonradan araştırmalarını sürdürmemiştir. Buna karşılık Woolsey bu konuda araştırmalarına devam etmiştir. Woolsey'in oğlu T.A. Woolsey tanınmış bir nörobilimci olarak, bu keşifler sırasındaki gözlemlerini ve anıları kısaca anlatmıştır. Şöyle ki Adrian ve Woolseymuhtemelen 1940 öncesinde, birbirlerinden bağımsız olarak kortikal duyum alanlarını inceliyorlardı. Oğlunun ifadesine göre, bu konuda öncü olan babasıdır. Her ikisi de bu konuda yayın yapmadan önce Adrian ABD'ye gelmiş ve bu arada Woolsey'i de laboratuvarında ziyaret etmiştir. Baba Woolsey büyük bir açıklıkla Adrian'a S-II alanı hakkında yayınlanmamış bulgularını ayrıntılı olarak göstermiştir. O sırada bu açıklamalar yapılırken Adrian kendi bulgularından hiç söz etmemiştir. Baba Woolsey sonradan Adrian'ın kısa yazısını gördüğünde, oğlunun ifadesi ile kendini ihanete uğramış gibi hissetmiştir. (Thompson 3-16)

İnsanda hastalık sonucu ortaya çıkan Parietal lob ve (Bkz: (20. Yüzyıl-2) postsentral girus lezyonlarına ait gözlemler arasında "*Sterognozi*" sayılabilir.

İlk kez 1844 yılında Alman hekim Freidreich A. Puchet (1784-1856), bir hastayı muayene ederken, bedendeki duyum modaliteleri normal kalmasına rağmen, hastanın eline verilen objeleri isimlendiremediğini gözlemlemiştir. Aslında bu posterior parietal lobun lezyonlarında görülen "*Astereognozi*"dir. Fakat uzun yıllar bu bulgu üzerinde durulmamıştır. 1880'lerde nörologlar bilinçlenmişti ve önce Strasbourg'lu hekim H. Hoffmann (1814-1891), 16 hemiparezili hastasında ele verilen objelerin adlandırılamamasınaözellikle vurgu yapmıştır.Çok daha sonraları bu nörolojik defisitin posterior parietal bölge lezyonlarında daha sık olarak ortaya çıktığı ve "*Astereognosia*" olarak tanındığı biliniyor.

Alman Nörolog **Moses Allen Starr** (1854-1932)'ın daha dikkatli çalışarak, insanda bu gibi lezyonları incelediğini görüyoruz. Somatosensoriyal duyum bozukluğu (azalması, yokluğu) olan hastaların % 75'inde lezyonun karşı yarı Post-Rolandik bölgede olduğunu klinik olarak gösterdi. Fransız Nörologlar **Henry Verger** (1873-1930) ve **Joseph Dejerine** (1849-1917) ilk kez kesin bir şekilde insanda, parietal lob harabiyetinde ağrı ve ısı duyumunda çok az değişme olmasına karşılık, yüzeyel temas hissi ve dokunma lokalizasyonunda belirgin bir şekilde bozulma olduğunu saptadılar. ABD'den **Harvey Cushing** (1869-1939), beyin cerrahı olarak 20'nci yüzyıl başlarında 2 epileptik hastasının beynine elektrik uyarım uygulamış ve hastalar bedenlerinin karşı yarısında duyumlar algılamışlardır. Bu durum özellikle Postsentral girus uyartılınca ortaya çıkmıştır.

İngiltere'den Henry Head (1861-1940) ve Gordon Holmes (1876-1965), 1910'larda parietal lob lezyonlarındaki klinik bulguları daha ayrıntılı olarak değerlendirdiler. Alman Nörolog ve Beyin Cerrahi Otfrid Foerster (1873-1941) 1916'da 1. Dünya Savaşında kafa travması geçirmiş kortikal harabiyet gösteren askerleri inceledi. Ve parietal lezyonlarda daha ayrıntılı klinik sonuçlara ulaştı. Parietal lezyonlarda deri duyum bozukluklarının el ve ayaklarda ekstremitenin daha proksimaline göre daha fazla olduğunu belirledi. Amerikan-Kanadalı Beyin Cerrahı Wilder Penfield (1891-1976) cerrahiye giden hastalarda postrolandik bölgeyi uyarttığı zaman tıpkı prerolandik motor bölgede olduğu gibi bir "*Homonkulus*" varlığını saptadı. Penfield ve Jasper bedenin tüm kısımlarının somatotopik olarak postsentral girusta temsil edildiğini gösterdiler. Buradaki temsiliyet beden kısmının büyüklüğü ile değil, fakat fonksiyonel önemi ile orantılıydı. Örneğin parmakların temsiliyeti koldan çok daha genişti. (Penfield & Jasper). (Bkz. 20. Yüzyıl-II).

Yukarda değinilmiş olduğu gibi, 1940'ların elektrofizyolojik yöntemleri ile beden yüzeyinin somatotopik haritası birden çok beyin bölgesinde bulundu. Günümüzde 2'nci somatosensoriyal alana sonradan "*Unimodal Assosiyasyon Alanı*" adı verilmiştir. Bu bölge dokunma duyumları ile ilgilidir. Daha yeni olarak "*Multimodal Assosiyasyon*

Korteksi" bulundu. Bu bölge tüm duysal modalitelerle ilgili bir alandı. Ve Posterior Parietal bölgede yer alıyordu.

Buradan anlaşılıyor ki unimodal asosiyasyon alanlarından gelen bilgiler multimodal sensoriyal assosiyasyon alanlarına gönderilip, orada integre edilmektedir. Son bir örnekle konuyu kapatalım; birinin elini sıkıyorsak, el derisinden gelen sinyaller hızla Postsentral korteksе ulaştırılır. Buradan unimodal ve özelikle multimodal duysal assosiyon korteksine ulaşan sinyaller orada integre edilir. Buradan da yoğun bağlantılarla Frontal motor assosiyasyon bölgelerine projeksiyon sağlanır ve orada duruma uygun bir motor devinim programı sağlanarak, Primer motor kortekse taşınır ve inici yollarla iletilen motor emirlerle, bireyin el sıkma devinimi yerine getirilir. Bu işlemler beyinde milisaniyeler içinde meydana gelir. O halde Primer duysal alanlar kortikal işlemlerin yapıldığı "İLK YER"dir. Buna karşılık Primer motor alanlar, motor emir içinkortikal işlemlerin yapıldığı "SON YER"dir. (Kandell et al337-348 ve349-353; Finger 142-145; Erzurumlu et al 51-53).

Garip bir Ağrı: Hayalet OrganSendromu

Nörolojide ağrılı sendromların önemli bir bölümü çevresel hastalıklardan oluşmakla beraber, migren, trigeminal nevralji gibi hastalıkların oluşması sentral sinir sisteminin üst düzeyindedir. Bunlardan söz edilmeyecektir. Ancak "*Phantom Organ*" (Hayalet organ) konusuna, bir bakıma beyin korteksi ile ilgili ilginç işlemler içerdiğinden, değinilmelidir. Bir insanda bedenin bir kısmı ampute edildiği (kesilip çıkarılması) halde, hâlâ varmış gibi hissedilmesi ve ağrı duyulması "*Fantom*" veya "*Hayalet organ*" ve "*Fantom ağrı*" olarak adlandırılır. İnsanların yüzyıllar boyunca beden bedene savaştıkları sırada oluşan kılıç yaralanmaları, Fantom organ ve ağrının toplumda oldukça sık olarak ortaya çıkmasına yol açmış olabilir. Ayrıca tüm 19'uncu yüzyıl boyunca gangrene olmuş yaralarda, tek çare olarak kol veya bacağın bir kısmının kesilmesi de bir diğer nedendir. Tarihsel akışa göre fantom ekstremiteyi, muayene ederek, iyice tanımlayan ilk hekim, ünlü Fransız Cerrah Ambroise Paré'dir (1510-1590). Hastanın temel şikayeti, aslında varolmayan ekstremitesinin alt kısmını varmış gibi hissetmesi olmuştur. Paré'den sonra benzeri tek tük hastalar bildirilmişse de

200 yıl sonra, 19'uncu yüzyılda bu konu, tekrar gündeme gelmiştir. Amerika'daki iç savaş sırasında bir askerî hekim olan Cerrah Silas Weir Mitchell (1829-1914), Philadelphia'daki bir hastanede çalışıyordu. Bu hastanede kolu ve bacağı yarıdan kesilmiş olan yaralı askerlerde "*Hayalet Organ Sendromu*" ile çok sık karşılaşmıştı. Aslında çalıştığı hastaneye halk dilinde "*Stump Hastanesi*" (Güdük Hastanesi) deniyormuş. Yani kolu-bacağı yarıdan kesik olanların hastanesi anlamında kullanılmıştır. Mitchell 1871-72 yıllarında 90'a yakın ampute hastasının, ekstremitenin kesilmesinden sonra "*Duysal Hayalet*" gibi kaybettiği organını hissetmeye devam ettiğini gözlemlemişti. Çoğunda buna şiddetli ağrılar eşlik ediyordu. Bu ağrılar garip bir şekilde tetiklenmekteydi.Önceleri Weir Mitchell de dahil olmak üzere, kesik ekstremitenin üst kenarında kalan sinir uçları irritasyonunun bu ağrıya neden olduğuna inanılıyordu. Mitchell kendi zamanında hayalet organ ve ağrılarının yeterli şekilde tedavi edilemiyeceğini söylemiştir. (Finger 151-152; Ertekin. 229-230; Haymaker & Baer 332-336).

20'nci yüzyılda bu hastalara, çok çeşitli tedavi yaklaşımları yapılmış olmakla beraber yeterli sonuç alınamamıştır. 2000'li yıllarda beyin görüntüleme teknikleri, hayalet organ olayının kortikal kökenli olabileceği sonucuna götürmüştür. Hintli-Amerikalı Nörobilimci Vilayanur Ramachandran (1951-Yaşıyor) bu hastalar üzerinde çalışmış, somatosensoriyal kortekste "*Hayalet ekstremite*"ye ilişkin değişik kortikal bulgular elde etmiş ve yorumlarda bulunmuştur. Hayalet uzvu olan kişilerde, örneğin kesilmiş el bölgesine ait motor korteksteki hücrelere, yakınında olan hücrelerden projeksiyonlar olmakta ve kortekste bir motor temsiliyet alanı oluşturulmaktadır. Örneğin ampute bir hastada aynı taraf yüze dokunulduğunda, bu güdük ekstremitenin sağlam kalan üst tarafında hissedilmektedir. Ramachandran buna "*Remapping of referredsensation*" adını vermiştir. (Yansıyan duyumun yeniden haritalanması). Duyum hep kesik el veya kolun proksimalde kalan canlı kısımda hissedilmiştir. Böyle bir durumda yüz alanından gelen uzantılar, el alanına ait nöronlara uzanıp bağlantı kurmaktadır. Bu bir tür "*Nöroplastisite*" şeklidir. (Ramachandran54-68; Kandel et al 390-391). İlginç olarak yüz derisi yokluğunda yüz derisinin hayalet duyum olarak hissedilmesi, yani "*Hayalet Yüz*"ilk kez, Türkiye de Akdeniz

Üniversitesinden bilim adamı ve Nörolog Hilmi Uysal et al. tarafından bildirilmiştir. (Uysal et al 836-839; Uysal et al 150-159).

KAYNAKLAR

Ertekin C.: Nörolojide Fizyopatoloji ve Tedavi. Bilgehan Matbaası, Bornova. İzmir.1987.

Finger S.: Origins of Neuroscience. A history of explanations into brain function. Oxford University Press. NewYork.1994.

Willis WD. &Coggelshall RD.: Sensory mechanisms of the spinal cord. Vol.1, Third edition. Springer science. Business Media LLC . 2004.

Ertekin C.: Tıbbın Öyküsü. Türkiye İş Bankası Kültür Yayınları. 5. Basım. İstanbul. 2023.

Adıvar AA.: Tarih boyunca ilim ve din. 2. Basım. Remzi kitabevi. İstanbul. 1969.

Bayat AH.: Tıp tarihi. Sade matbaası. İzmir 2003.

Glickstein M.: Neurosience; a historical introduction. The Mit Press-Cambridge Massachusetts, London. England (First Mitpress paperback edition).2017.

Alistair MCI.: Realism without tears I: Muller'sdoctrineof specificnerve energies. Studiesin History and Physiology of Science78,83-92,2019.

Porter R.: Kan Revan İçinde. Tıbbın kısa tarihi. Metis Yayınları. İstanbul. 2016.

Ertekin C.:EMG'nin Tarihsel Gelişimi (1800-1960). Klinik Norofizyoloji EEG-EMG Yayınları. Yayın No.11. Kitap Vitrini. Ankara 2014.

Erzurumlu R, Şengül G, Ulupınar E.: Nöroanatomi. Güneş Tıp Kitabevleri. İstanbul. 2019.

Hagbarth K-E & Vallbo A.: Mechanoreceptor activity recorded percutaneously with semi-microelectrodes in human peripheral nerves. Acta Physiol Scand. 69,121-122, 1967.

Vallbo A. & Hagbarth K-E. Activity from skin mechanoreceptors recorded percutaneously in awake human subjects. Exp.Neurol. 289,270-289, 1968.

Vallbo A et al.: Somatosensory, proprioceptive and Sympathetic activityin human peripheral nerves. Physiological Reviews, 59, 919-951, 1979.

Beckmann YY, Çiftçi Y,Ertekin C.: The detection sensitivity of proprioceptionby a newclinical test: the DualJoint PositionTest. Clinical Neurology and Neurosurgery. 115, 1023-1027,2013.

Gilman S.: Joint position sense and vibration sense. Anatomical Organisation and Assesment. J.Neurol.Neurosurg. Psychiatry, 73, 473-477, 2002.

Gandevia SC & Mc Closkey DI.: Joint sense ,muscle senseand their combinationas position sense,measured at the distalinterphalangial Joint of the Middle Finger.J.Physiology, 260,387-407,1976.

Ertekin C.: Sentral ve Periferik EMG. Meta Basım. Bornova İzmir. 2006.

Haymaker W & Baer KA.: The Founders of Neurology. Charles C. Thomas Publisher. Springfield. 1949.

Nafe JP.: A quantitative Theory of feeling. J.General Psychology,2,199-211, 2010 (Published online).

Sinclair D.: Cutaneous Sensation, Oxford University Press.London 1967.

Melzack RA & Wall PD.: Pain mechanisms : A new theory.Science,150,971-979,1965.
Moayedi M. & Davis KD.: Theories of pain from specifity to gate control.J.Neurophysiol. 109, 5-12, 2012.
Woolsey CN.: Somatosensory receiving areas in the cortex of cat,dog and Monkey. Fed. Proc. 2, 55-56,1943.
Thompson RF.: Clinton Nathan Woolsey (1904-1993). National Academies of Sciences 3-16, 1999.
Woolsey CN, Erickson TC, Gilson WE.: Localisation in somatic sensory and motorareas of human cortex as determinedby directrecordingof evokedpotantials andelectrical stimulation. J.Neurosurg. 51,476-506,1979.
Penfield W & Jasper HH.: Epilepsy and functional anatomyof the human Brain. Little Brown. Boston, ABD 1954.
Kandel ER, Schwartz JH, Jessel TM.: Principles of Neural Science.4th Edition, McGraw-Hill. NewYork. 2000.
Ramachandran VS.: Öykücü Beyin. Alfa Bilim. 3. Basım. İstanbul 2019.
Uysal H et al.: Referred facial sensation on the hand after full face transplantation. Neurology, 86 ,836-839, 2016.
Uysal H et al.: ComplementaryPhenomena: Phantom hand and Fantom face. Cogn. Behav. Neurol. 34, 150-159, 2021.

27

Beynin Görüntülenmesi: Öncesi ve Sonrası

Yüzyıllar boyunca, insan beyni ancak kişiler öldükten sonra görülebildi. Yaşayan insanın kafasının içinde nasıl bir beyin vardır ve beyin hastalanınca neler oluyor? İnsanlar bu sorulara yanıt bulmaktan acizlerdi. Yeni devrimsel buluşlar ve teknolojilere ulaşmanın karşısında "zaman" denen bir engel vardı. Bilim adamları 19'uncu yüzyılda bilimsel ve teknolojik gelişmeleri zorluyorlardı. Sonunda 1880'lerde Angelo Mosso (1846-1910) adlı bir İtalyan bilim adamı ortaya çıktı. Yaşayan insanda "*İnsan dolaşım dengesi*" adını verdiği, emosyonel ve entelektüel aktivitelerde kanın kafa içinde dağılışını ölçen bir yöntem geliştirdi. Ortaya koyduğu yöntem, beynin görüntülenmesindebir bakıma ilk adım olarak kabul edilir. Fakat bu çalışma yüzyıllık bir zaman süresince kimsenin gözüne çarpmamıştır. (Sandrone et al 2513-2514; Glickstein 343-347).

Klasik radyoloji gelişimi sürecinde, "*Kraniografi*"de kafanın sadece kemik yapısı görülüyordu. Beyin ve damarlar görülmüyordu. Kalsifiye normal yapılar yanısıra, bazı kalsifiye olmuş beyin tümörleri ancak tanınabiliyordu.

1919'da, insanda ilk kez bir tanı yöntemi olarak, ABD'li beyin cerrahı Walter Edward Dandy (1886-1946) tarafından "*Ventrikülografi*" ve "*Pnömoansefalografi*" geliştirildi. Pnömoansefalografi için lomber bölgeden subaraknoid boşluğa girilerek, beyin omurilik sıvısı içine hava enjekte ediliyor ve sonra klasik radyolojik yöntemlerle beyin ventriküllerinin görüntüleri üzerinden patolojik durumlar araştırılıyordu. Her 2 yöntem de güvensiz ve riskli idiler. Bu yöntemlerden çabuk vazgeçildi. (Bkz-20. Yüzyıl-III).

1927'de Portekizli Egas Moniz (1874-1955) "*Serebral Anjiografi*"yi bir yöntem olarak ortaya koydu. Burada beyin damarları net olarak görülebiliyordu, beyin damar değişikleri üzerinden beyin uru ve beyin damar tıkanmaları ortaya koyulabiliyordu. Hepsinden de öte beyin damarlarında anevrizmalar net olarak görüntülenebiliyordu. Anjiografi önceleri perkütan olarak boyundan geçen şah damara (Karotis) radio-opak madde verilerek yapılıyordu. Bunun riskleri karşısında periferik damarlar aracılığı ile anjiografi yapılmaya başlandı. Burada yine beyin dokusu görülemiyordu. Bu dönem de geçildi.

2. Dünya Savaşı sırası ve sonrasında, savaşın getirdiği zorunluluklar sonucu, "Bilim ve Teknolologi"de hızlı gelişmeler oldu. Bunların başında bilgisayarların geliştirilmesi geliyordu. Dünya savaşında neler oldu da, bu gelişmelerin tetiklenmesini sağladı? Önce bu olaylardan birini kısaca gözden geçirmek uygun olur. 7000 metre yükseklik üzerinde uçan Savaş Uçak Pilotlarında "*Yükseklik Sersemliği*" denilen klinik belirtilere savaş sırasında sıkça rastlanıyordu. Bunlar derin uyku, sersemleme, ani bilinç yitimi gibi önemli nörolojik belirtilerdi. Bu durumun çok yükseklerdegörülen Azot-Oksijen oranlarındaki değişiklerden olduğu sonucuna varıldı. Nöropatolog Hugo Spatz (1888-1969) yönetiminde Alman araştırıcılar 1941'de oksijen eksikliğininserebral kortekste bıraktığı etkileri inceleyen bir projedeyer aldılar. Bu çalışmalar çerçevesinde Nörolog Alois Eduard Kornmüller (1905-1968) "*Deney İnsanları*" üzerinde çalıştı ve Nazi toplama kamplarındaki tutuklular üzerinde deneyler yapıldı. Yükselme taklid edilerek ve bilinç yitimininbaşladığı sıradauygulananElektroensefalografi (EEG)'de spontan dalgaların frekansı (ritmi) yavaşlıyordu. 7 Hertz'den daha aşağı düştüğü durumlarda, serebral kortekste deneklerin farkedemediği değişmeler oluyordu. EEG ritmi, 3 Hertz veya altına düştüğünde beyinde harabiyet meydana geliyordu.

Kornmüller elde ettiği bu verilerden yola çıkarak, savaş pilotlarını EEG ritmi 7'ye düştüğü anda uyarabilecek bir sistem geliştirmeyi başardı. Laboratuvar koşullarında bunu başarsa da, bu sistemden Almanya'da savaş sırasında yararlanılamadı.

Ancak savaştan hemen sonra böyle bir sistem ABD'de kullanıldı. Pilotun kafasına bağlanan EEG elektrodları aracılığı ile EEG ritmi yavaşladığı anda pilot uyarılabiliyordu. (Eckoldt 172-174).

Böyle örneklerden giderek *"Modern Elektronik Komputer"* 1948'de geliştirilmiş, 1951'de ticarî olarak satın alınabilen genel amaçlı bilgisayarlar ortaya çıkmıştır. Kuşkusuz bu teknolojinin nörolojik bilimler içine girmemesi mümkün değildi. Bunlardan ilk çarpıcı olanı 1970'lerde *"Cat Scan"*in *(Computerized Scanning Techniques veya Computerized Axial Tomografi)* tıp dünyasına sunulması olmuştur. Ülkemizde *"Bilgisayarlı Beyin Tomografisi"* ve kısaca BBT olarak tanınan buluştur. CAT'in öncülüğünü, 1961'de ABD'li Nörolog William H. Oldendorf (1925-1992) yapmıştır.

İngiliz Elektrik Mühendisi Godfrey Newbold Hounsfield de (1919-2004), 1970 başlarındaöncüler kervanına katılmıştır. Londra'da EMI laboratuvarında çalışmıştır. İlk kez 1972'de, canlı bir kişide, beyin dokusu CAT imajları elde edilmiştir. Ve ilk kez yaşayan insanda frontal lobta bir kist CAT yolu ile gösterilmiştir.

Tabii ki CAT'in geliştirilmesinde Güney Afrika doğumlu Amerikalı Fizikçi Allan Macleod Cormack (1924-1998)'ın da büyük katkıları olmuştur. Kuramsal matematikalgoritmalar ile bu işi daha üstdüzeye taşımış, daha net görüntüler elde edilmesini sağlamıştır. CAT yöntemi tüm hastanelerde aranır hâle gelmiştir. Hounsfield ve Cormack 1979 yılında bu nedenle Nobel Tıp ödülünü kazanmışlardır. (Glickstein 345; Wickens 359-360). CAT'in keşfinden hemen sonra PET *(Pozitron Emission Tomografi)* ve SPECT *(Single Foton Emission Computed Tomography)* geliştirilmiştir. PET klinik önemi yanısıranörotransmitterler üzerindenbeyin araştırmalarında kullanılan önemli bir aygıt haline gelmiştir. (Wickens 360).

Beynimizi örten gizem perdesini biraz daha fazla aralayan, çok daha yeni bir görüntüleme tekniği kısa süre sonra geliştirilmiştir. Amerikalı Kimyager Paul Christian Lauterbur (1929-2007), 1971 yılında icat ettiği, dünyanınkinden25 bin kat daha kuvvetli Manyetik Alana sahip bir aygıtla atomların resonansa girmesini sağladı. Lauterbur ve İngilizFizikçi Peter Mansfield (1933-2017)'a 2003 yılında, MRI keşfi ile ilgili olarak, Fizyoloji Tıp alanında Nobel Ödülü verilmiştir. Bu yöntem daha da geliştirilerek biyolojik dokulara da uygulanmıştır. Böylece "*Magnetic Resonance Imaging*" kısaca MRI (Türkçe MRG) olarak tanınanbu yeni yöntem ileinsan bedeninive özellikle beyniayrıntılı olarak araştırmadave hastalık tanısında çok önemli bir adım atılmıştır. (Leeds & Kieffer 309-318; Roland & Friberg 1219-1243).

Bununla beraber MRI için ilk temel fikirleri ortaya atanlar, İsviçre doğumlu bir ABD vatandaşı olan Fizikçi Felix Bloch (1905-1983)ve ABD'li Fizikçi Edward Mills Purcell (1912-1997)'dir. Her ikisi de Fizik alanında 1952 yılı Nobel Ödülünü kazanmışlardır. MRI öyküsübu 2 bilim adamı ile başlamıştır.(Wickens 160).

Organları en ince katmanlarına kadar görüntüleme olanağı, hastalıkların tanısında büyük kolaylıklar sağladı. MRG canlı bireyde, beyne hasar vermeksizin bilimsel araştırma yapabilme olanağı sağladı. Bu çalışmaların anatomik ve fizyolojik sonuçları ve beyindeki davranış modelleri birlikte değerlendirilebilir hâle geldi. (Eckoldt 200; Wickens MRI 360; Kandell et al 366-380).

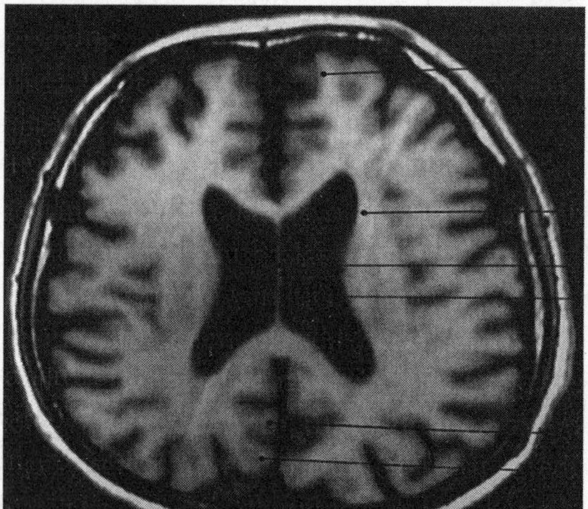

Resim 27.1. MRI veya MRG. Beynin ortalarından enine bir kesit. Yan Ventriküller, beynin kortikal ve subkortikal bölgeleri net bir şekilde görülüyor.

Daha sonra "Fonksiyonel MRI" (fMRI) geliştirildi. Böylece insan yaşamının değişik davranışları, eylemleri incelenebilmeye başlandı. Bundan sonra beyin araştırmalarında büyük bir yayın patlaması yaşandı. Örneğin fMRI sayesinde temporal lob ile bağlantılıHipokampus'un bellek görevi kesin bir şekilde aydınlatıldı. (Leeds & Kieffer 309-318; Roland & Friberg 1219-1243; Eckoldt 200; Kandel et al 366-380). fMRI'ın behavioral nörolojiye katkıları yanısıra, adli tıpta da kişinin doğru söyleyip söylemediğini saptamada büyük bir yarar sağladığı bildirilmiştir. (Wickens 363).

Beynin belirli bir bölgesi aktif hâle geldiği zaman o bölgedeki nöronların glukoz kullanımı veondan hemen sonra bölgeselkan dolaşımı artar ve oksijenasyon artar. fMRI beyin oksijen düzeyindeki değişmeleri saptar. Bu "*blood-oxygen-level-dependent*" kısaca BOLD sinyali olarak adlandırılır. BOLD sinyali o beyin bölgesinin aktif olduğunu gösterir. (Glickstein 346)

Bunların dışında daha çok klinik nörofizyolojide kullanılan "*Magnetoelectroencephalography*" (MEG) ve "*Event Related Potentials*" (ERP) gibi yeni yöntemlerin de nörobilimçalışma alanı içine eklendiğini söyleyebiliriz. (Tyler et al 8-28; Baron et al 658-664; Wicke & Nicolle 650-666; Lopez de Silva 923-934)

PET ve fMRI çok geniş bir hücre populasyonu içinde, aktivitenin nerede olduğunu gösterir, fakat biyolojik olayın gelişimi konusunda fikir vermez. (Wickens 363). Bir başka temel eleştiri konusu da şudur: fMRG'nin verdiği görüntülerin yanıltıcı olabileceğidir. fMRI sadece beynin farklı bölgelerinde tüketilen oksijen değişmelerini ölçmektedir. Oysa beynin nasıl çalıştığı konusundaaraştırıcıya fazla bilgi vermez. Sadece çok dolaylı bir yolla yüzbinlerce nöronun bulunduğu bir bölgenin neresinde daha fazla enerjiye gereksinim olduğunu göstermektedir.

Bu eleştiriler belki beyin davranışlarına ait karışık örneklerde, kısmen doğru olabilir. Ancak beyin hastalıklarının tanısı ve fizyopatolojisini anlamada, şimdiye kadar gördüğümüz hiçbir tanı aygıtı bu denli duyarlıkla klinisyenlere yardımcı olmamıştır. MRI'sız klinik nöroloji yapılamaz hâle gelmiştir.

Beyin görüntüleme yöntemleri birçok yeni ve çok önemli bilgilerin ortaya çıkmasındabüyük yarar sağlamıştır.

KAYNAKLAR

Sandrone S. et al.: "Angelo Mosso".J.Neurol.259,2513-2514,2012.

Glickstein M.: Neuroscience. A Historical Introduction. The Mitt Press. (First Paperback Edition) Cambridge, Massachusetts, London.England. 2017.

Eckoldt M.: Beynin ve zihnin kısa tarihi: duygular ve düşünceler nasıl oluşur? Say Yayınları. İstanbul 2018.

Wickens APA.: History of the Brain –from stone age surgery to modern Neuroscience. Psychology press. Taylor and Francis Group. London and NewYork, 2015.

Leeds NE & Kieffer SA.: Evolution of diagnostic Neuroradiology from 1904 to 1999. Radiology. 217, 309-318, 2000.

Roland PE & Friberg L.: "Localization of cortical areas activated by thinking" J. Neurophysiology,53,1219-1243. 1985

Kandel ER, Schwartz JH, Jessel TM.: Principles of Neural Science. 4th Edition, McGraw-Hill. NewYork. 2000.

Tyler K et al.: History of 20th Century Neurology: Decade by Decade. Ann. Neurol, 53 (Suppl.4) 8-28,2003.

Baron R et al.: Neurology. The Next 10 years. Nat.Rev.Neurol. 11,658-664, 2015.

WickeS. & Nicolle M.Y: Recent Developments in Neurology. BMJ.324, 656-660, 2002.

Lopez de Silva FH.: Event Related Potantials; General Aspects of Methodology and Quantification 923-934. Niedermeyer's Electroencephalography. (Editors: D.L Schomer-F.H.Lopes de Silva). 6. Edition. Wolters Kluwer/Lippincott. Williams & Wilkins. Philadelphia.....Tokyo.2011.

28

Bilinç: Nörolojik Bir Bakış

Bilinç, bilinçlilik veya bilinçli olma halinin çok sayıda tanımlaması yapılmıştır. Ancak bu tanımlamaların hiç birinin tam anlamı ile durumu yansıtmadığı da bilinen bir gerçektir. Günümüzde en alçakgönüllü tanımlama ile şöyle ifade edilebilir: Bilinçlilik bir kişinin kendisinden ve çevresinden haberdar olmasına ait bir özelliktir. Bilimsel olarak, bilinç ve bilinçlilik, ölçülmesi çok güç olan bir özelliktir. (Kandell et al 856-857; Hançerlioğlu 172-174).

İnsanda farkındalığın, duygunun, algının ve bilginin merkezi olarak kabul edilen yetiye de Bilinç denebilmektedir. Tanımlamalar artırılabilir, ama bu bize bilincin ve bilinçliliğin aslında hiç kimse tarafından tam bilinmediğini gösterir.Bilinci anlamada 2 grup insan, filozoflar ile hekimler ve nörobilimciler bu sırlarla dolu konuyu tarih boyunca irdelemişlerdir.

Bilinci Anlamaya Çalışmanın Tarihi

Eski Yunan filozofları Platon (Eflatun) (M.Ö. 427-347) ve Aristo (M.Ö. 384-322), akıl ve ruh konusunda önemli fikirler öne sürmüşlerdir. Ancak Antik Çağ'dan, 17'nci yüzyıla gelinceye dek bu yorumlar spekülasyonu bol bir şekilde devam edegelmiştir. 17'inci yüzyılda René Descartes (1596-1650), bilinçli olmanın modern tartışmalarını başlatan biri olarak görülebilir. Kendisi daha öncekibilinç, akıl iddialarını geride bırakarak, "*cogito ergo sum*" demiştir. (Düşünüyorum öyleyse varım). Kısacası emin olduğu tek şey, kendi düşüncelerinden haberdar olmasıdır. İngiliz Filozof ve Hekim John Locke (1632-1704), İrlandalı Filozof George Berkeley (1685-1753), Alman FilozofImmanuel Kant (1724-1804) dış dünya ile ilişkilerimizi anlamamıza, büyük katkılar yapmışlar ve "*Ne Biliyoruz ?*"u sorgulamışlarsa da Dekart'ın düşüncelerine ve temel kavramlarına, bilinçlilik düşüncelerine çok az katkıda bulunmuşlardır. Bu filozoflar "*Akıl*" denen şeyi, beyinde ve diğer fiziksel organlarda görülen maddelerden farklı bir olgu olarak düşünmüşlerdir. 19'uncu yüzyıla dek bu anlayış "*Dualizm*" adıyla anılmış ve bilinç buna göre yorumlanmıştır. Bilinci oldukça özel bir şekilde belirtmişlerdir. Fakat akıl ve bilinç ile fiziksel yapı arasında ve de mental ve ruhsal karşılıklı ilişkilerde, kesin ve net bir fikir ortaya koyamamışlardır. (Kandell et al 1317-1319).

19'uncu yüzyılda deneysel psikolojinin yükselmesi ile birlikte bilincin fiziksel olarak açıklanması olasılığı doğdu. Alman Deneyci-Psikologlar Willhelm Wundt (1832-1920) ve Gustav Fechner (1801-1887) mental aktivitelerin, özel bazı durumlarda fiziksel olaylarla uyum gösterdiğini öne sürdüler.

ABD'li Filozof ve PsikologWilliamJames (1842-1910), "*Pragmatism Felsefesi*"nin kurucusudur. Bilincin akışını devamlı bir beyin aktivitesi olarak görüyordu. Ve bu akışta dikkat, istemli olma ve kendini bilme yer alıyordu. (Kandell et al 1317-1318). W. James' in Bilincimiz ve Evrenhakkında ilginç bir benzetmesi vardır.William James e göre "*İnsanın evrendeki durumu , bir kedinin kitaplıktaki durumu gibidir. Görür ve işitir ama hiç bir zaman anlayamaz*". (Hançerlioğlu 176).

Günümüze gelindiğinde bilinç hakkındaki düşünceler "*Materyalizm*" kavramı içinde ele alınmaya başlandı. Nörobilimcilerin çoğu ve filozoflar, bilinç dahil tüm biyolojik fenomenlerin materyalist özellikler taşıdığını düşünmektedirler. Bu anlayış ile birlikte eskiden gelen "*Dualizm*" gelenekleri yıkılmış oldu. Bilinçle ilgili biyolojik olaylar, nöronlar ve nöral çemberlere dayandı. Bununla birlikte bilim insanları bilinç durumunu tam olarak açıklamaktan hâlâ çok uzaktırlar. Nörobilimcilerin meslek yaşamlarında yüz yüze geldikleri en güç ve zor sorun "*Bilinç ve Bilinçlilik hâli*"ni açıklayabilmektir. Umutlar hep, ilerde bilim insanlarının nöronlar arasından geçerekbilincin nasıl ve nerede olduğunu bulabilmelerine dayanmaktadır.

Bununla beraber bilim insanları küçük adımlarla bile olsa, yaşayan insandaki bilinç değişiklikleri hakkında oldukça iyi bir mesafe katetmişlerdir. Bunu daha iyi anlayabilmek için 20'nci yüzyılın başlarına dönmek gerekiyor. 20'nci yüzyılın başlarında şöyle bir tartışma yapılıyordu. Nasıl bir uyarı ile beyin bilinçlilik içine girer? Veya bilinçlilik nasıl bozulur? Bu dönemin nörologları ilginç klinik gözlemlere tanık olmuşlardır. Örneğin beyin hemisferleri normal olduğu halde, beyinsapı zedelenmesiile hastaların bilinç düzeyi bozulabilmiştir. Yani beyin hemisferleri sağlam kaldığı halde,uyarımlara yanıt verememektedir. Hekimlerinçoğu, bu durumu, duysal ve motor yollarınyetersizliğinebağlamışlardır. O sıralarda korteksin elektrik aktivitesi (EEG) rutine girmediği için, kortekste neler olduğu izlenemiyordu. Bu durum konunun sağlıklı tartışılmasına engel oluyordu. (Kandell et al 856-857).

Ancak 1920'lerin sonunda Hans Berger'in insanda EEG'yi keşfetmesi ile serebral korteksinelektrik aktivitesini değerlendirmek mümkün olabilmiştir. EEG'de uyku ve uyanıklığın farklı örnekler halinde görülmesi bilincin ne olduğuna ait bir ipucu olabilirdi. UyanıklıkdaEEG'de 12 Hz'den hızlı frekansı olanfakat düşük voltajlı bir aktivite ortaya çıkmaktaydı. Ve buna"*Desenkronize*"elektrik aktivitesi (*Beta aktivitesi*) deniyordu. Derin uykuda ise EEG aktivitesinde yüksek voltajlı yavaş bir ritm (3 Hz veya daha düşük) egemendi. Buna da "*Senkronize*" EEG adı verilmişti. (Niedermeyer&Schomer 2-16; Kandell et al. 897) (Bkz. 20. Yüzyıl-II).Bu durum uyku-uyanıklık siklusu ile ilgiliydi ama aynı zamanda beynin bilinç durumu hakkında da bazı ipuçları verebilirdi.

Nitekim 1930'lu yıllara gittiğimizde önemli bazı keşiflerin ortaya çıktığınıgörüyoruz. Bu zaman diliminde karşımıza ilk çıkan Belçikalı FizyologFrédéric Bremer (1892-1982) ve yaptığı deneylerdir. Bremer'in kedilerde yaptığı çalışmada, amacı uyku uyanıklık siklusunu incelemek değildi. 1935'de önce kedide, omurilik üst ucu ile medulla oblongata arasında enine kesi yaptı ve bu şekilde omurilikten gelen sinirlerin beyin ile bağlantısı kesiliyordu. Bu lezyonda deney hayvanı uyanıktı ve trigeminal duysal, visual ve işitsel uyarılara yanıt veriyordu. Yüzünü ve gözlerini uyarımınolduğu tarafa çevirebiliyordu. Hayvanların EEG'sinde tipik olarak düşük voltajlı, hızlı "*Desenkronize*" EEG ritmi ortaya çıkıyordu. Durum klinik ve EEG olarak uyanıklığı gösteriyordu. Daha sonra beyinsapı üst kısmında (Superior ve inferior kollikuslar arası) enine kesi yapınca, kedide uyku durumu ortaya çıktı. Görsel uyarılara karşı göz hareketleri olmuyordu. EEG örneği de tipik olarakyüksek voltajli, yavaş "*Senkronize*"EEGritmi idi ve deney hayvanında uyku ile birlikte gidiyordu. Aslında böyle bir sonucu beklemiyordu. Ama durum çok ilginçti. Bu son duruma "*Cerveau Isolé*" adını verdi. Burada bir koma durumu gibi uyku hali vardı. Oysa üst spinal/meduller kesiden sonra, hayvan klinik ve EEG olarak uyanık kalmıştı. Bunada "*Encéphale Isolé* " dedi. O sırada Bremer'in, beyinsapındaki "*Retikuler Formasyon*"un varlığından henüz haberi yoktu. 14 yıl sonra bu bilgi keşfedilecekti. Bremer, serebral kortekse gelen bütün afferent duysal sinir sinyallerinin kesilmesi sonucu uykunun pasif olarak ortaya çıktığı yorumunu yaptı. Ancak alt düzeyde yapılan keside uyanıklığın devam etmesini açıklaması zordu. Bununla beraber o sıralar, onun pasif uyku kuramı bir süre kabul görmüştür. (Kerkhofs et al 2000; Brazier240-264; Glickstein 337-350; Kandell et al 856-857).

1940'larda Avrupa'da 2. Dünya Savaşı tüm hızıyla devam ediyordu. Savaş yıllarında birçok Avrupalı bilim insanı Avrupa'yı terkederek ABD'ye gitti. Bunlardan birisi de İtalya Parma'dan Nörofizyolog Giuseppe Moruzzi (1910-1986) idi. Moruzzi ABD'de Northwestern Üniversitesine gitti. Orada Horace Winchell Magoun (1907-1991) ile tanıştı ve arkadaş oldular. Birlikte uyanıklıktan sorumlu nöral mekanizmaları ortaya çıkarmaya çalıştılar. 1949'da beyin sapında belirli

Resim 28.1. Bremer'in deneylerininşematik resmi, Altta sağda, Bulbus-Omurilik arasındaki bölgedeenine kesi.(Encéphale Isolé). Üstte solda Mesensefalon'da kolikuler düzeyden enine kesi (Cerveau Isolé)

bölgelerinuyarımı ile serebral kortekste klinik ve EEG olarak uyanıklıkmeydanageldiğini gördüler. Uyarttıkları bu alanlar bugün *Retikuler Formation (R.F.)* olarakbiliniyor. Beyin sapı merkezinde "*Ascending Reticular Activating System*" (Kısaca ARAS) yer alıyor vebeyin korteksi ve talamusu uyartıyor. Bunu Moruzzi veMagoun böyle yorumlamışlardı ve bu görüşü desteklemek üzere bu kez R.F.'u kestiler ve o zaman deney hayvanında yani kedide uyku hali ortaya çıktı. Bu deneylerle, uykunun pasif bir olay olmadığını ve beyni aktif olarakkontrol eden bir sistemin olduğunu kanıtlamış oldular. (Brazier 240-264; Glickstein 337-350; Kandell et al 897-900).

30'lu 40'lı yılların ardından hem elektofizyolojik olarak, hem de transmitterler açısından daha yeni gelişmeler ile beyin ve serebral

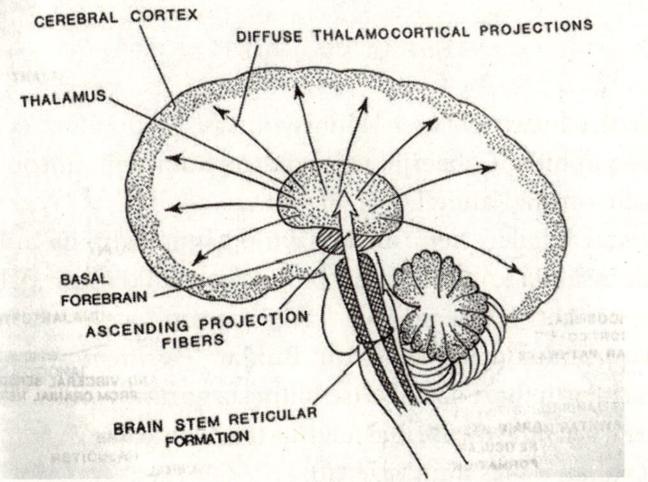

Resim 28.2. Beyin sapı ve ARASın Şematik görünümü (Bennarroch EE. et. al., Medical Neurosciences. 4. basım, Mayo Foundation, Minnosota, 1999.)

korteks daha iyi anlaşılmaya başlandı ve açıklamalar daha netleşti. "*Desenkronize*" hızlı aktivite ile giden normal uyanıklık durumunda, talamik uyartıcı nöronlar aktive olarak sensoriyal impulsları serebral kortekse geçiriyor ve korteksi aktivasyon haline sokuyorlardı. Oysa uyku durumlarında uyartıcı nöronlar inhibe ediliyorlar, EEG'de"*Senkronize*" yavaş dalga ritmi ortaya çıkıyordu, Çünkü tala-

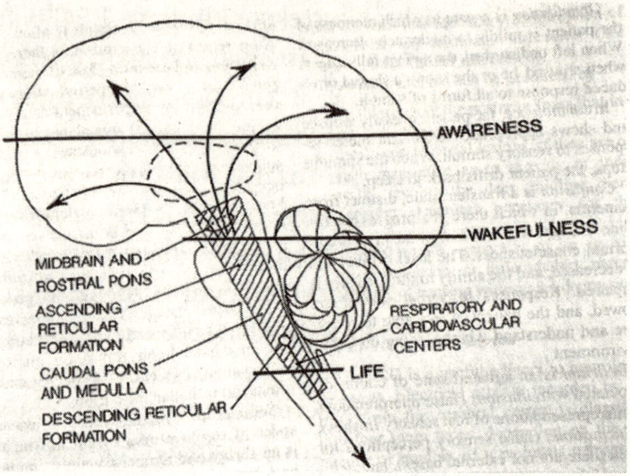

Resim 28.3. Bilinçlilik düzeyleri. Uyanıklık (Wakefulness) ve Farkındalık (Awareness). (Bennarroch EE. et. al., Medical Neurosciences. 4. basım, Mayo Foundation, Minnosota, 1999.)

mo-kortikal uyartıcı sistem inhibisyona giriyordu. Burada transmitter dengesi inhibitor Gabaerjik ve eksitator Kolinerjik nöronlar arasında gidip geliyordu. (Kandell et al 897-900).

Bu yeni bilgiler, hem uyku fizyolojisinin daha iyi anlaşılmasına, hem de insanda komaya varan bilinç bozukluklarının daha iyi bilinmesine yol açtı. Örneğin bazı hastalaruyanık ve bilinçli görünüyordu,ama aslındauyanık değillerdi. Bunlar "*Persistent Vegetative State*"* olan hastalardı. Bazı hastalar ise bilinçsiz görünüyorlardı, ama aslında bilinçleri yerindeydi. Bu hastalarda ise "*Locked in Syndrome*"† durumundaydılar. (Glickstein 337-350).

Bilinç açısından yukardaki 2 durum bir yana bırakılırsa, Retikuler Formasyonun yer aldığı üst beyin sapı düzeyilezyonlarda, hastaların komaya girdikleri anlaşıldı. R.F.'da küçük bir lezyon koma meydana getirebiliyordu. Burada ARAS komponentlerinin harap olarak devre

* "Persistent Vegetative State" bir tür koma halidir. Hasta geçici olarak uyanabilir, fakat bilinci yerinde değildir, kendinden ve çevreden haberdar değildir.

† "Locked in syndrome"da (Kilitlenme sendromu) ise hastanın tüm beden kasları felç olmuştur. Sadece göz kasları ve göz kapakları çalışır.Bilinci açıktır, düşünebilmektedir ve çevre ile sadece göz kasları aracılığı ile iletişim kurabilir.

dışı kalması söz konusuydu. Beyin hemisferlerinin bilateral lezyonlarında da koma meydana geldiğini eklemek gerekir. Özellikle kafa travmaları ve beyin kanamaları, iki yanlı tutuluşveya tek yanlı tutuluş olsa bile beyin ödemi, kafa içi herniasyonlarv.b. gibi baskılar da komaya yol açar.

Bunların dışında elektrolit dengesizliği, oksijen yetersizliğine neden olan durumlarda da beyin hemisferleri sıklıkla etkilenmektedir. Metabolik bozukluk devam ederse kalıcı kortikal lezyonlar oluşabilmektedir. Keza oksijen yetersizliğine bağlı beyin "*Hipoksi –Anoksi*"si, veya yetersiz kan akışına bağlı "*İskemik*" lezyon da koma nedeni olabiliyor.

Komatöz durumların devamında tüm beyin işlevleri kesilir, sadece spinal düzeydeki refleksler salim kalır.Kalp gibi bazı vital organlar çalışsa da, bu hastalar "*Beyin Ölümü*" durumuna girmiştir.

Tüm bu örnekler bilinçliliğin tamamen ya da kısmen kesilmesiyle ilişkili klinik durumlar olarak kabul edilir. Ancak normal sağlıklı kişide bilinç konusu hâlâ açıklanamamış bir bilmece olarak devam etmektedir.

Bilinçle İlgili Son Yorumlar

Dekart'tan bu yana ortada olan "*Dualizm*" anlayışının içinde gerçek anlamda nörobilim değil, hatta bilim bile bulunmuyordu. Son çeyrek yüzyılda, özellikleNörolog ve Psikolog Antonio Damasio (1944) ve Biyolog Gerald Edelman (1929-2014) bilinçlilik içinenöral kavramları yerleştiren öncü bilim insanları oldular. (Damasio235). Ancak bilinçliliği beyin biyolojisi üzerine oturtan en önemli bilim adamı olarak Gerald Edelman görünmektedir.

Gerald M. Edelman (1929-2014), 1972'de başka keşifleri ile Nobel Ödülünü kazanmış ABD'libir bilim insanıdır. Akıl ve bilinçliliği saf bir biyolojik fenomen olarak görmüş ve beyin içindeki işlemler dolayısıyla oluştuğunu ileri sürmüştür. Bilinçlilik ve zekânın gelişiminievrim kuramı yolu ile birleştirmiştir. Bilinçliliği de tamamen beynin morfolojik terimleri ile açıklamıştır. Onun kuramlarını açıklamadan önce, bir iki temel bilgiyi yine onun terimleriyle vermek gerekiyor: "*Beyinde son derecede yoğunbir nöronal populasyon vardır. Yaklaşık 100 Billion hüc-*

re bulunmaktadır. Tüm nöronlar ise biribirleri ile sayılamayacak sayıda sinaps yaparlar. Büyüme ve gelişme çağındabu sinapsların sayısı yaklaşık 100 Trilyon civarına yükselir. Genç bir beyin belirli bir olgunluğagelinceye dekçok daha fazla nöral bağlantıya sahip olur. Beyindeki nöral ağlar ve devreler çok önem taşırlar."

Edelman beyinde organize olmuş 2 sinir sistemi olduğunu vurgular. Bu organizasyonda "*Beyin sapı ve Limbik yapılar*" bir tarafta,"*Talamus ve Korteks*" diğer taraftadır.Beyin sapı ve limbik sistemtemel beden işlevleri ve yaşamın sürdürülmesini esas alır. Talamo-kortikal sistem ise periferik duysal reseptörlerdensinyalleri alır, yanıtlarını kol-bacak kaslarına gönderir. Ve bunun gibi daha spesifik görevleri üstlenmiştir. Bu durum ve 2 sistemin bağlantıları evrim sırasında oluşmuştur.

Böylece Edelman, "Neural Darwinism" adı ile yeni bir kuram önerir. Tüm canlılar ve insan, sinir sistemi ve özellikle beyinde belli nöral bağlantılarıveya nöron gruplarını güçlendirirken, diğerlerini zayıflatmakta veya sonlandırmaktadır.Temel seçilim ve değişim birimi tek tek nöronlar değil, 50-1000 nörondan oluşan birbiriyle bağlantılı nöron gruplarıdır.Bundan ötürü hipotezine "*Nöronal Grup Seçilimi*" adını vermiştir.Bu durumu, belli bir bireyin hayatı süresince gerçekleşen hücresel seçime uyarlar.Yeni doğan bir kaplumbağa yumurtadan çıktığı anda temel bedensel işlevlerini yerine getirmeye hazırdır.İnsan yavrusu ise hazır değildir.Her türlü algısal vb sınıflandırmayı yaratıp, sonra dünyayı anlamak için bunları kullanması, kendine ait bireysel bir dünya yaratması, bu dünyada yolunu bulmayı öğrenmesi gerekir. Deneyim ve deney bu noktada büyük önem taşır.Neural Darwinism ve bilinçlilik, temelde deneysel seçilimdir. Yukarda değinildiği gibi, beynin gerçek fonksiyonel mekanizması milyonlarca nöron grubundan oluşur, bu gruplar da daha büyük birimler ve haritalar oluştururlar. Sürekli değişen, inanılmaz ölçüde karmaşık, ama her zaman anlamlı şablonlar içinde, sürekli iletişim halinde olan bu haritalar dakikalar, hatta saniyeler içinde değişebilir.Biz hareket ettikçe duyu organlarımız dünyadan örnekler toplar ve bunlar aracılığı ile beynimizde haritalar yaratılır.Bu haritalardan başarılı algılama biçimlerimize denk gelenler, zamanla, deneyimlerimiz aracılığı ile güçlenirler.Burada başarılı sözcüğü ile anlatılmak istenen en güçlü ve en faydalı olandır.Beyin çalışmasını Edelman şöyle özetlemektedir: "*Şefi olmayan bir orkestra, bir koro ve de kendi müziğini yapan bir orkestra*" diyerek bilinçliliği içine alan yeni bir yorum yapar. (Edelman 135 ve 315-328; Sacks 285-296)

Edelman'ın kuramına göre memeliler, kuşlar ve bazı sürüngenler "*Birincil bilinç*"e sahiptir. (Primary Consciousness). Daha yüksek canlılarda yeni deneyimler eskilere eklendikçe, büyük, paralel, karşılıklı bağlantılar ve harita grupları kurulmaktadır.Çok gelişmişbeyinlere sahip olan insan ve belki bazı maymun türleri ve yunuslar gibi daha yüksek canlılar grubu, yeniden girişli sinyal iletimi (*Reentry-neural circuitry*) sayesinde bir "*Yüksek Bilinç Seviyesi*" geliştirmiş, bu da bireysel farkındalığı üst düzeye çıkarmıştır. Buna da "*İkincil Bilinç*" (Secondary Consciousness) adı verilir. (Edelman 325-328; Sacks 285-296, Ertekin. 259-260).

Resim 28. 4. Gerald M. Edelman. Neural Darwinizm Kuramcısı.

KAYNAKLAR

Kandel ER, Schwartz JH, Jessel TM.: Principles of Neural Science. 4th Edition, McGraw-Hill. NewYork.2000.

Hançerlioğlu O.: Felsefe Ansiklopedisi.Cilt 1. Remzi Kitabevi. 1976.

Niedermeyer E& Schomer DL.: Historical Aspects of EEG, 2-16.—Niedermeyer'sElectroencephalography. (Editors: D.L Schomer- F.H.Lopes de Silva). 6.Edition. Wolters Kluwer/Lippincott. Williams & Wilkins. Philedelphia.....Tokyo.2011.

Kerkhofs M et al.: Frederic Bremer 1892-1982: A Pioneer in sleep research. Sleep Med. Rev.4, 505-514, 2000.

Brazier MAB.: The electrical activity of the nervous system. 3rd edition. Pitman medical. London. 1968.

Glickstein M.: Neurosience; a historical introduction. The Mit Press-Cambridge, Massachusetts, London. England (First Mitpress paperback edition). 2017.

Bennarroch EE.et al Medical Neurosciences.4.Basım.Mayo Foundation,Rochester Minnosota,1999).

Damassio AR.: Descartes'ın Yanılgısı- Varlık Yayınları. Varlık Bilim. 2. Basım İstanbul. 1999.

Edelman GR.: Neural Darwinism. The theory of Neuronal Group Selections. Basic Books. NewYork. 1987.

Sacks O.: Hareket halinde bir hayat. YKY. 2016.

Ertekin C.: Tıbbın öyküsü. Türkiye İş Bankası Kültür Yayınları. 5ci Basım. İstanbul. 2023.

29

Tadında Bırakıyoruz

Konuşma dilinde TAD deyince ilk önce sadece yediklerimiz ve içtiklerimizinTadını/Keyfinialdığımız aklımıza gelir. Bunun hemen arkasından önemli bir beden organı olarak DİL'imizi düşünürüz. Dilin üzerindeki tad reseptörleri yolu ile gıdaların TAD'ını algılarız. Fakat daha geniş açıdan bakılır ve memeli hayvan türleri de hesaba katılırsa, dili sadece basit bir tad organı gibi görmemek gerektiği anlaşılır.Memelilerde, ağız içine alınan gıda parçası, lokma haline getirilerek yutmaya hazırlanırken, bu gıda parçasının bedeni tatmin edip besleyecek bir madde mi, yoksa potansiyel olarak bedeni kötü etkileyecek toksik bir madde miolduğunun ilk ayrımı, tad duyumu aracılığıyla sağlanır. Bu, memelilerde tür yükseldikçe ortaya çıkan, ilk korunma davranışlarından veya reflekslerinden biridir. Ve Homo Sapiens'te çok daha ince ayrıntılar taşıyan bir karakter kazanır.(Pedersen et al.117-129).

TAD duyumunun bir bilgi olarak tarihsel gelişimini yakından anlayabilmemiz için nöroanatomisini de kısaca anımsamak gerekir. TAD duyumu bir nörokimyasal olaydır. Dilde "*Papilla*" adı verilen epitel tomurları bulunur. Tad işlevi ile bağlantılı olan papillalar biçimlerine göre 3 grup halinde dilin farklı bölgelerinde yer alırlar. Mantarımsı (*Fungiformis*), Yapraksı (*Foliata*) ve çukurla çevrili (*Circumvallata*) papillalar. Bunların içinde "*Tad Tomurcukları*" ve tomurcukların içinde de "*Tad reseptörleri*" yer alır. 5 farklı tipte "*Tad Reseptör*" hücresi vardır. Bunlar şeker tadı, ekşi, acı ve tuzlu tad veren reseptörler ile bunlara oldukça yeni eklenmiş olan "*Umami*"den oluşur. Umami biraz daha değişik bir tad çeşididir. Reseptörlerin aktivasyonu, bağlantıda bulundukları sinir uçlarında depolarizasyon, yani bir aksiyon potansiyeli meydana getirir.Dil ve ağız çevresinde tad duyumunun nasıl oluştuğu konusunda 2 ayrı görüş vardır. Birinci görüşe "*İşaretli Hat Kodlaması*" denir. Bu görüşe göre belirli bir tad duyumu özelleşmiş tek bir reseptör hücre ile bağlantılı belirli sinir lifleri yolu ile beyin sapına iletilir. Her tadın yolu ayrıdır.2'nci görüşe "*Çok Yönlü Kodlama*" adı verilmiştir. Bu görüşe göre, ya her bir tad tomurcuğunda birden fazla reseptör tipi vardır. Ya da farklı reseptör hücreleri aynı sinir aksonu ile bağlantılıdır.

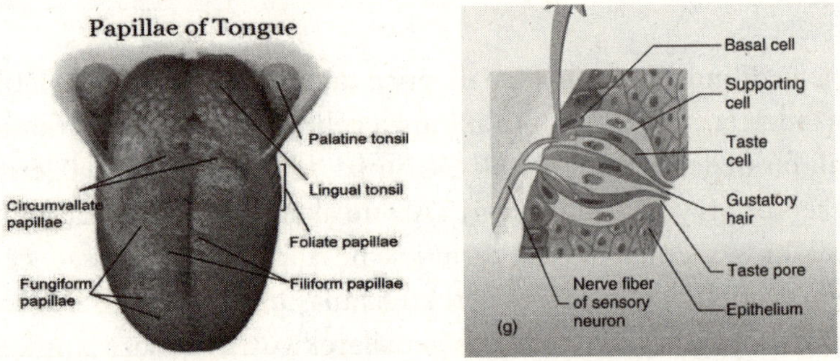

Resim 29.1. Solda dil üzerinde papillaların dağılışı. Sağda tad reseptörü ve afferent sinir ile bağlantısı. (Bradley RM&Kim M.: Reflex Connections, Chapter 4., Bradley R.M. (ed.) The role of the Nucleus of Solitarii tract in gustatory processing, CRC Press, Boca Raton, National Institute of Health, Taylor&Francis Group LLC, 2007).

Dolayısıyla tek bir akson birden fazla tad türünü beyne iletir. Tad duyumları Fasiyal sinir içindeki "*Korda Timpani*", Glossofaringeal sinir ve Vagus siniri ile beyin sapına iletilir. Önemli bir nokta da şudur; diğer somatik duyumlar ise Trigeminal sinirin duyu lifleri yolu ile beyin sapına gönderilmektedir. Sentral sinir sisteminde tad yolları beyin sapı alt kısmında bulunan "*Nukleus Traktus Solitarius*" (NTS) adlı çekirdeğe ulaşır. Burada bulunan2'nci tad nöronları "*Talamus*"a uzanır ve oradaki 3'ncü tad nöronları ile sinaps yapar. Bunların "*Insuler beyin korteksi*" ile bağlantıları vardır, ayrıca postsentral girustaki Fasiyal kortikal alanlarla bağlantı kurulur. (Pedersen et al 121-122; Benarroch392; Kandell et al636-645; Erzurumlu et al361-367).

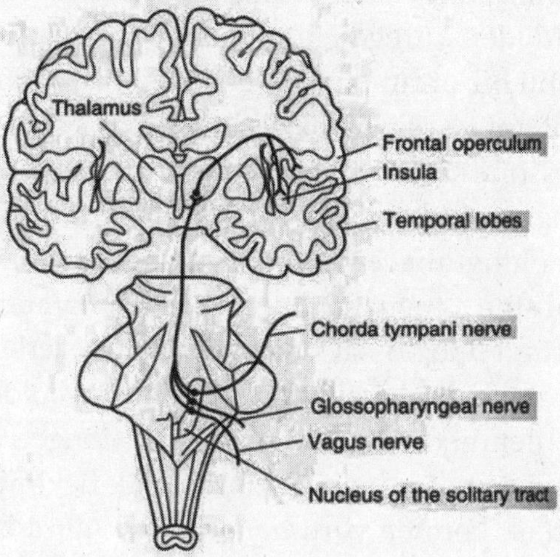

Resim 29.2. Tad duyumunda Sentral Sinir Sistemi yolu. NTS'den İnsular ve Frontal kortekse kadar çıkıcı yol. (Bradley RM & Kim M.: Reflex Connections – Chapter -4. In; Bradley R.M.(ed.) The role of the Nucleus of Solitarii tract in gustatory processing. CRC Press. Boca Raton, National Institute of Health, Taylor & Francis Group LLC.2007).

TAD duyumu: Antik Çağ'dan 20'nci Yüzyıla Nasıl Geldik ?

Eski Yunan Filozofları ve doğayı seven düşünürler TAD duyumu konusuyla bir hayli ilgilenmişlerdir. Bu konuda en erken yorum yapanlardan birisi Alkmaion (M.Ö. 500'ler)'dur. Tad duyumunun, dilin yüzeyinde bulunan deliklere uyarıcı partiküllerin girmesi ile oluştuğunu öne sürmüştür, ama onu çok ciddiye alan olmamıştır. Öte yandan Demokritos tadların dili nasıl etkilediğini kaba çizgileri ile yazmış ve bunların "*Sensorium*" (?) tarafindan algılanacağını öne sürmüştür. Platon tad duyumunun küçük cisimlerle dilin kara kan damarlarına geçtiğini, oradan kalbe gittiğini, tadın kalpte oluşturulduğunu söylemiştir. Çünkü o zamanlar beynin önemini bilen yoktu. Aristo bu konuda biraz daha akılcı düşünceler ortaya atmıştır. Dünyada ilk kez değişik tadların bir listesini yapmış ve bu listeye 4 temel tad duyumunu oturtmuştur. Bunlar tatlı, acı, ekşi, tuzlu şeklindedir. Ve bu temel 4 tad duyumu düşüncesi 20'nci yüzyıla kadar devam etmiştir. Bu konudaki temel hatası, bu tad duyumlarının beyinde değil de, kalpte oluştuğuna inanmasıdır. Galen Aristo'nun listesini kabul etmiş, fakat bu duyumların dilden yüreğe gidip oluştuğuna inanmamıştır. Galen dilin sadece nemli bir ortamda işlev gördüğünü, salyanın kan damarları yolu ile geldiğini ve tükrük bezlerinin bir aracı rol oynadığını ileri sürmüştür. Glossofaringeal, Trigeminal ve Hipoglossus sinirlerinin dili innerve ettiğini, Glossofaringeal sinirin *Gustasyon* (tad duyumu) için çok önemli olduğunu ve yaşam boyu önem taşıdığını söylemiştir. Ama Trigeminal sinir Lingual dalının da tad duyumu ile ilgili olduğunu öne sürmüştür. Hipoglossal sinirin ise dil hareketlerini sağladığını, bu sinirin kesilmesi halinde dil hareketlerinin kaybolduğunu, ama tad duyumunun etkilenmediğini öne sürmüştür. (Finger 165-175).

İbn-i Sînâ (Avicenna) 11'inci yüzyılın büyük hekimi ve düşünürleri arasındadır. Birçok konuda yorum yapmıştır. Ağıza alınan maddelerin sulandırılmış halde iken tad verebildikleri fikrini desteklemiştir. Dilin, suda eriyen maddeler aracılığı ile TAD türlerini ayırt ettiğini söylemiştir. Aynı zamandaKOKU'nun "*Çok incebir tür TAD*" olduğunu ilk söyleyenlerden biri, hatta birincisidir, diyebiliriz.

16'ncı yüzyıla geldiğimizde TAD konusunda araştırmaların başladığını görüyoruz. Bu zaman diliminde karşımıza Fransa'dan Jean Fernel (1497-1558) çıkar. "*De Naturali Parte Medecinae*" adlı bir fizyoloji kitabı yazmıştır. Bu batıda yazılmış ilk fizyoloji kitabıdır. Fizyoloji terimini ilk kullanan kişidir. Aynı zamanda astronom ve matematikçidir. Yutma fizyolojisini ilk araştıran bilimcidir. Kendisi Aristo'nun temel tad listesi ve sınıflandırılması konusunu yeniden ele almış, bazı değişmeler ve ekler yapmıştır. (Ertekin. 140; Kahya & Öner 170-172; Finger 165-166).

Temel TAD'ların listesi ve sayısında tartışmalar 20'nci yüzyıla kadar devam etmiştir. Öncü fikirler Antik Çağ'da Aristo, Orta Çağ'da İbn-i Sînâ ve 16'ncı yüzyılda Jean Fernel'den gelmiştir. Her ne kadar 4 farklı tad duyumu kabul edilmişse de, yukarda değinildiği gibi, bu tad duyumları listesine yeni ekler konulmaya çalışılmıştır. Bu akım içine İsveçli doğa bilimci Carl Linnaeus (1707-1778) da katılmıştır. 1772'de 4 temel tad duyusuna 7 adet daha tad duyumu eklemiştir.İsviçreli Bilim insanı Albrecht von Haller (1708-1777) 1747'de yazdığı "*Primae Lineau physiologiae*" adlı eserinde tadların sınıflandırılması işine karışmış ve kendisi de bazı tadlar eklemeyi ihmal etmemiştir. (Fara 215-220; Kahya&Öner 277-284; Ertekin. 167-170; Finger 166-167).

19'uncu yüzyılın ilk çeyreğinde tad duyumu listesi 4 adete indi. Temel 4 tad duyumu dışındakilerin saf tadlar olmadığı ve temel tadların karışımı olduğu anlaşılıyordu.Avusturyalı Fizyolog Maximilian Ritter von Vintschgau (1832-1913)yazdığı kitabında temel tad duyumlarını 4 adetle sınırladı (tatlı, tuzlu, ekşi, acı).Ancak 4 adet tad duyumu, o zaman diliminde de herkes tarafından kabul edilmiş değildi. Hatta bazılarına göre tatlı ve acı olmak üzere 2 temel tad vardı. Diğer tadlar bu 2 tadın değişik karışımlarından oluşuyordu. Bu düşüncenin savunucularından birisi de çok üretken bir Alman Fizyolog olan Gabriel Valentin (1810-1883)'dir. 1853'de diğer tadları geri plana iterek, acı ve tatlı tad duyumlarını ön plana çıkardı. 19'uncu yüzyıl sonlarında, çok yönlü bir bilim insanı olan, modern psikolojinin kurucularından Alman Fizyolog ve Psikolog Wilhelm Max Wundt (1832-1920)'u görürüz. 4 temel tada ek olarak Alkalin ve Metalik tadları eklemiştir. Wundt'un öğrencisi olan Psikolog Edward Bradford Titchener (1867-1927) 4 tad duyumuna "*Yavan Tadı*"nı ekledi. Bunun tuzlu ve şekerli tadların bir karışımı olduğunu, yeni bir tad karışımı sayılabileceğini öne sürmüştü. Çok değişik yorumlar olsa da, sonunda 4 temel tad duyusu anlayışı giderek güçlenir oldu. Kokain'in topikal uygulanması ve bazı ilginç bitkilerin bulunması ve diğer deneysel insan çalışmaları ile 4-Tad kavramı 20'nci yüzyıla girerken kesinleşti. (Finger 167-168).

TAD Duyum Organı Olarak Dil ve Ağız İçindeki Reseptörlerin Keşfi

Dilin TAD duyum organı olarak tanınması, 18'inci yüzyıl sonu ve 19'uncu yüzyılda gerçekleşti. Burada yine Albrecht von Haller'in ortaya çıktığını görüyoruz. Haller, dilde çeşitli papilla tipleri tanımladı ve bunları tad duyumunun son organı olarak görmeye çalıştı. İbn-i Sînâ'nın önceki çalışmalarını izleyerek ve tükrükte eriyebilir maddeler kullanarak bu sonuca ulaşmıştı. Sağlıklı kişilerin hepsinin, değişik tadlardaki maddeleri kullandığında, tadları iyi ve doğru olarak algıladığını gördü. Buna karşılık bu tadları tadıp ta, bunların kabul edilebilir maddeler olmadığını söyleyenlerin asla sağlıklı sayılamayacağını öne sürdü. İnsanların, birbirleri ile iletişim içinde olduklarını varsayarak, hayvanlara göre çok iyi gelişmiş papillalara daha az gereksinim duyduklarını söylemiştir. Bilimsel çevreler, daha sonraları Haller ile aynı düşüncede olduklarını belirtmişlerdir. Haller, "*Tad organları sadece dil ile mi sınırlıdır?*" sorusunu sormuş olsa gerek. Nitekim başlıca tad organı olarak dili kabul etmiş olmakla beraber, tad ile ilgili papillaların damak, dil,uvula ve yemek borusunda da olabileceğini ileri sürmüştür.

Fransız cerrah ve bilim insanı Claude-Nicolas Le Cat (1700-1768) 1750'de Londra'da basılan "*A physical Essay on the Senses* " adlı kitabındatad reseptörlerini taşıyan organın tek başına DİL olmadığını yazdı. Le Cat, 2 çocuğu muayene etmişti. Bunlardan birinde DİL bir organ olarak doğuştan beri yoktu. Diğeri ise küçükken geçirdiği bir hastalık nedeni ile (Gangrenöz enfeksiyon) dilini yitirmişti.Ama her 2 çocukta da, farklı maddeler verildiğinde, tad duyumunun yitirilmediğini görmüştü.

Haller ve Le Cat'in düşünceleri ve gözlemleri, daha sonra tad tomurcuklarının keşfi ile doğrulandı. Gerçekten de tad tomurcukları dudak, yanak, gingiva (dişeti), dilin alt yüzü, sert damak, uvula ve tonsillalarda da bulundu.

1752 yılında İsviçreli bir matematik profesörü olan Johann Sulzer (1720-1779) insanlarda dili dışarı çıkararak, dilin bir tarafına bakır, diğer tarafına çinko metal parçaları koymuş ve kişilerin bu durumda tad duyumu algıladıklarını saptamıştır. Bu basit gibi görünen deney belki de Statik Elektrik ile Dilin Tad Tomurcuklarının ilk kez uyartılması olarak kabul edilebilir. Sulzer'in bu çalışmasından habersiz olan ünlü İtalyan Fizikçi Alessandro Giuseppe Antonio Anastasio VOLTA (1745-1827) Sulzer'in deneyine benzer bir araştırmayı kendi üzerinde yaptı. Galvani'nin canlı yapıda bioelektrisite bulunduğu düşüncesine, Volta itiraz ediyordu. (Bkz. 19. Yüzyıl-I). Ve karşıt düşüncesini kanıtlamak üzere, kendi dili üzerine farklı metaller uyguladı ve bir tad duyumu meydana geldiğini gördü. Bunu elektrik uyarımın tad organlarını direkt olarak uyartması şeklinde açıkladı. (Eckoldt 88-89; Finger 174; Wickens 117; Ertekin. 204-205).

Volta'nın çağdaşı olan Prusyalı Doğabilimci Alexander von Humboldt (1769-1859) ise elektrik akımının, dil tarafindan meydana getirilen kimyasal maddeleri uyartarak etki ettiğini öne sürdü. Elektrik tadı populer bir konu haline geldikten sonra, birçok yenilikler ortaya çıktı. Örneğin 18'inci yüzyılın iyice sonlarında elektrik uyarımının farklı tad duyumları yarattığı bildirildi. Alternatif akımın, doğru akımdan daha etkili olduğu belirtildi. Ancak bu olayın tam anlamı ile elektrik akım sebebiyle oluşmadığına inanılıyordu. (Finger 174).

19'uncu yüzyıl boyunca dilin yüzeyinin farklı tadlara, aynı derecede duyarlı olmadığı biliniyordu. Örneğin dilin ucu en çok tatlı gıdalara, yan kenarları ekşi tada, geri bölümü acıya daha duyarlıydı. Dilin orta kısmıysa tüm tadlara karşı duyarsızdı. Tuzlu tadlara, dilin her yanı orta derecede duyarlıydı. Bu yorumlar insan denekleri üzerinden yapılan deneylere dayanıyordu. Bu bulgular 20'nci yüzyılın erken dönemlerinde kantiteleştirildi. (Finger 169).

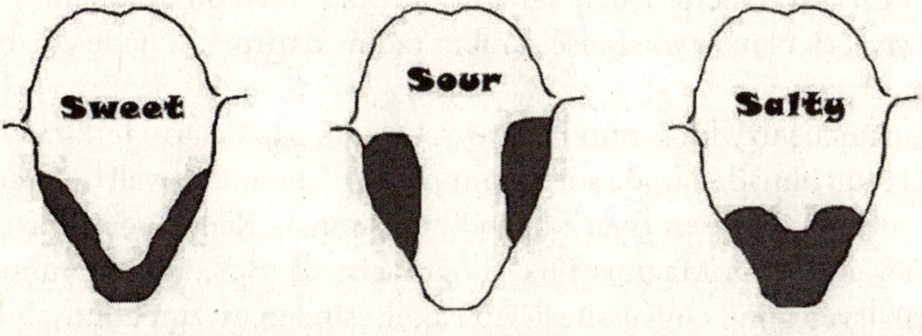

Resim 29.3. Dilde değişik Tadların lokalizasyonu (Soldan itibaren sırayla şeker tadı, ekşi tad, tuzlu tad) (Bradley RM & Kim M.: Reflex Connections –Chapter -4. In; Bradley R.M.(ed.) The role of the Nucleus of Solitarii tract in gustatory processing. CRC Press. Boca Raton, National Institute of Health, Taylor & Francis Group LLC.2007.)

Fizyolog-Psikolog Friedrich Kiesow(1858-1940) 1894'de dil ucunun değişik tadlara karşıreaksiyon zamanını ölçtü. En kısa süre sırasıyla tuzlu, şekerli, asitli ve acı tadlara karşıydı. Kiesow bu arada önce "*Gymnema Sylvestre*" adlı bir bitkinin tad sistemi üzerine etkilerini inceledi. Bunu diğer araştırıcılar da inceledi. Bu bitkinin diğer adları "*Gurmar* ve *Meshashringi*" ve (Hintçede anlamı "Şeker Yok Edici" dir. Yüzyıllardır Ayurveda Tıbbında şeker metabolizmasını düzenlemek için kullanılıyordu. Bu bitkinin içindeki bir madde şekerli tad alma duyumunu ortadan kaldırıyordu.* (Glickstein 188; Finger 168).

Bu bitkinin bu etkiyi nasıl sağladığı konusunda bazı açıklamalar yapılmıştır. "*Tatlı tad duyumu için özel bir reseptor olduğu ve Gymnemic Asit moleküllerinin bu tad reseptöründe bir blokmeydana getirdiği belirtilmiştir*". (Glickstein 188).

Bu bağlamda bir başka bitkinin durumunu da buraya ekleyebiliriz. Bu bitki "*Miracle-Fruit*" ya da "*Mucize Meyva*" (*Synsepalum Dulcificum*)'dır. Bu bitki veya meyva tatlılık algılamasına karşı tamamen farklı bir etki yapar. Tad duyumunu belirgin şekilde değiştirir. Mucize meyva bir süre çiğnenirse, sonunda ekşi maddeler, limonata gibi tatlı hissedilir. Yani bu mucize meyva şeker tadı veren reseptörleri öyle bir değiştirir ki, ekşi maddeler de bu reseptörleri aktive edebilir hâle gelir. (Glickstein 188-189).

Alman Fizyolog JohannesPeter Müller (1801-1858) şarap ile birlikte yenen bazı gıda maddelerinin, şarabın tadını etkilediğini vurgulamıştı. Tatlı yiyeceklerle içilen şarabın tatlı tad duyumu verdiğini, tuzlu bir yiyecek olan peynirin ise şarabın tadını arttırdığını ifade ediyordu (Finger 172).

19'uncu yüzyılın sonunda, bireysel olarak papillaların farklı tadlara özel olup olmadıkları da sorgulanır oldu. Hjalmar Öhrwall (1851-1929) bu sorunla ilgilenen İsveçli bir bilim adamıydı. Kendisi deri duyumu deneyleri yapan Magnus Blix'in öğrencisiydi (Bkz. Deri duyumu ve ağrı). İsveç Lund Üniversitesi Tıp Fakültesinden mezun olmuş, bilimsel yaşamı Lund ve Upsala'da geçmişti. Öhrwall, her bir dil papillasına küçük bir fırça yardımı ile kimyasal solüsyonlar dokundurarak, her birinin duyarlılığını ölçmeye çalıştı. Güçlü test solüsyonları kullandı (% 40 şeker, % 5 tartarik asit, % 20 sodyum klorur (NaCl) ve % 2 HCl). Papillaların büyük çoğunluğu her bir solüsyona karşı duyarlıydı. Ancak bazı papillalar 4 spesifik duyumdan birine karşı daha duyarlı bulundu. Tad duyumunda daha temel ünit "*Tad Tomurcuğu*" olmalıydı. Buna karşılık bir papilla içinde çok sayıda farklı tad tomurcuğu bulunuyordu. Tadlara karşı tad tomurcuğu daha özel olmalıdır, diye düşündü. (Öhrwall 106-111; Finger 169).

---

* Eğer ağız bu bitkinin az miktarda bulunduğu bir solüsyon ile çalkalanırsa, tatlı tadı algılanamaz olur. Ve şeker tatsız algılanır. Oysa tuzlu, acı ve ekşi tadlar, bu sırada etkilenmez. Bu durum bir saat kadar devam eder ve sonra düzelir. (Glickstein 188)

Tad tomurcukları Alman Gustav Albert Schwalbe (1844-1916) ve İsveçli Otto Christian Lovén (1835-1904) tarafından keşfedildi. Bunlar çeşitli hayvan türleri ve insanda yapılan çalışmalarla ortaya kondu. Schwalbe tad tomurcuklarına "*Taste Cup*" ve Loven ise "*Taste Bulb*" adını verdi. Sonunda tomurcuklar TAD'ın son organı olarak kabul edildi. Her bir papillada ortalama 250 tad tomurcuğu bulundu. Papilladan papillaya tad tomurcuğu sayısı değişiyordu. Keza insanlar arasında da büyük farklılıklar vardı.

19'uncu yüzyılın sonlarında tüm papillalarda tad tomurcuğu bulunması gerekmediği sonucuna varılmıştı. Daha sonraları araştırmaların temposu arttıkça tad tomurcuklarının içinde "*Tad Reseptör Hücreleri*"nin olduğu histolojik şekilleri ile tanımlandı. (Öhrwall 106-111; Finger 170).

Alman Fizyolog Ludimar Hermann (1838-1914) tad tomurcuklarının gelişmesi ile ilgili ilk araştırmaları köpeklerde yapmıştır. Daha sonraları diğer araştırıcılar konuyu insan çalışmalarına doğru genişletmişler. Önce 10 haftalık bir insan embriyosu üzerinde çalışılmış ve tadla ilgili papillalar bulunamamıştır. 4 hafta sonra bazı papillalar gelişmeye başlamış. 7 aylık bir fötusda ve çok genç çocuklarda gelişim ile birlikte tad tomurcuklarının hem sayısı artmış, hem de dağılış yerleri belirlenmiştir. Fötusda ve çok genç çocuklarda tad tomurcuklarının çok daha geniş bir alana yayılmış olduğu bulunmuştur. Keza 45 yaş civarında tad tomurcuklarında kayıp ve azalma başladığı saptanmıştır. Bizim yaşlı insanlarımızın, manevî anlamı bir yana, "*Ağzımın tadı kalmadı*" demeleri, yaşlılıkta tad tomucuklarının azalması gerçeği ile uyumlu gibidir.

20'nci yüzyıl başlarında tad tomurcuklarının innervasyonuna ait çalışmalar da başlamıştır. Köpeklerde dilin tad sinirleri kesilince, sinir bağlantıları kaybolan tad hücrelerinin sıradan epitelyal hücrelere dönüştüğü ileri sürülmüştür. Ancak bazı araştırıcılar buna itiraz etmiş ve tad hücrelerinin sadece dejenere olduğunu söylemişlerdir. Dil sinirlerinin kesilmesinden sonra, tad tomurcuğu ve tad hücresinin birlikte dejenere olduğu, ve sonra rejenerasyon fazında, tekrar yeni reseptör hücrelerinin meydana geldiği gösterilmiştir.

Bu gelişmelerden sonra sıra tad reseptörlerinin nasıl aktive olduğu sorusuna gelmiştir. Bu konuda çeşitli teoriler üretilmiştir. (Finger 169-170).

Tad Reseptöründen Sentral Sinir Sistemine

20'nci yüzyılda bugün bildiğimiz tad tomurcuğu ve tad hücreleri duysal innervasyonunun Fasiyal, Glossofaringeal ve Vagal sinirlerden sağlandığı gerçeği çok yavaş bir şekilde ancak anlaşılabildi. Bulbusta bulunan Nukleus Traktus Solitarius (NTS) ile ilgili bilgiler hatta çok daha geç ve yavaş olarak ortaya çıkarılabildi. 20'nci yüzyılın ilk çeyreğinde Talamus ve Serebral Korteks ile bağlantıları hiç bilinmiyordu. Talamus ile tad arasındaki ilişkiler bir bakıma beyindeki bir tümörün cerrahi tedavisi sırasında 1934 yılında ilk kez dikkatleri çekti. Ancak 1944 ve sonrasında Talamusun çekirdekleri ile Tad duyumu arasındaki ilişkiler daha iyi anlaşıldı.Serebral kortekse gelecek olursak, genellikle Tad ile Korteks arasında bir ilişki olduğu önceleri pek ilgi çekmiyordu. Belki de bu ilgisizlik Dusser de Barenne (1885-1940)'in araştırmaları yüzündendi. Çünkü dekortike kedi ve köpeklere ve anensefalik çocuklara acı bir gıdanın verilmesi ile yüzde acı duyumunu belirtenmimikler, hâlâ normaldeki gibi idi. Bu nedenle beyin sapının tad duyumunda temel rol aldığı şeklinde bir düşünce gelişmişti. (Finger 122). O zamanlarda Gustato-Fasiyal refleksler hakkında da çok fazla bir şey bilinmediği anlaşılıyor.

1928'e kadar tad duyumunun Post-Sentral korteks ile bağlantısının olduğu bilinmiyordu. 1928'de Walter S. Börnstein tad için kortikal lokalizasyon olabileceğini belirten bir makale yazdı. Bu konuda 1940'lı yıllara kadar bir dizi çalışma yaptı. Maymunlarda duysal ve motor yüz alanlarında bilateral lezyon meydana getirdi. İki şişe aldı, birine Kinin'li bir solüsyon, diğerine sadece su koydu. Normal koşullarda maymun Kininli solüsyonu reddediyordu. Bunu hayvanın acı tadı duyması olarak kabul etti. Beyin korteksi lezyonundan sonra bu tad davranışı ortadan kalkıyordu. Maymunların seriyal izlenmesinde bu tad duyumunun oldukça hızla düzeldiğini saptadı. Bunun sonucunda tad duyumunun Temporal kortekste değil de sensorimotor kortekste bulunduğunu öne sürdü. Daha sonra diğer araştırıcılar fasiyal korteksin hemen altındaki Operkulum bölgesine gömülü olduğu sonucuna vardılar.

Bu arada bazı Epilepsi hastalarında, tad duyumu ile ilgili Aura (Kortikal epileptik foküslerde, nöbetten hemen önceki durum) dikkati çekmeye başlamıştı. Bazı epileptik hastalarda, Aura sırasında yüz mimikleri değişiyor, kafa sallanıyor, ağız silme hareketleri yapılıyor, sanki bir tad duyumunda görülebilecek motor davranış ortaya çıkıyordu. Bu bozuklukları hekimler önceleri tad ve kokular için Temporal loba lokalize etmeye çalıştılar. Daha sonra Sylvian Fissur civarı ve İnsuler kortekse lokalize ettiler. Ancak bu sonuca varıncaya dek epeyce sıkıntı çekildi. Bir kere tad halusinasyonları çok nadir görülüyordu. Ve bu tip hastalara çoğu kez sonradan otopsi yapılamıyordu. Ancak korteksi etkileyen beyin tümörlerinden yola çıkıldığında, daha çok Silvian Fissur'e baskı yapan tümörlerde, tad halusinasyonlarının daha fazla olduğu saptandı. Temporal Lob urları da bu bölgeye baskı yaparak aynı tip halusinasyonları ortaya çıkarıyordu. İşte bu dönemlerde Wilder Penfield'in kortikal elektrik uyarım çalışmaları başlamıştı (Bkz. 20. Yüzyıl-II). Epileptik hastalarda tad yanıtı, daha çok Postsentral serebral kortekste dilin temsil edildiği alandaki elektrik uyarımlarla ortaya çıkarılabiliyordu. Diğer yandan Börnstein, 2'nci Dünya Savaşı öncesi kafanın kurşun yaralanmalarında, Parietal Lobun alt kısmında bulunan "*Parietal Operkuler*" bölgenin (Brodmann'in 43. alanı) tadla en ilgili fokus olduğunugörmüştü.

Günümüzde tad duyumu 2 yönden incelenmiş ve incelenmektedir. Bunlardan birisi "*Gustatory Evoked Potentials*" dır. Ağız ve dilde tad reseptör gruplarına değişik tadlar verilerek (Sıvı veya Gaz olarak) kafa saçlı derisinden bu uyartılmış potansiyeller elde edilmektedir. Bu incelemede önce dil ve civarına ait erken "*Somatosensory*" potansiyeller ortaya çıkmakta, bunu daha geç ortaya çıkan tad duyumu potansiyelleri izlemektedir. Ancak bu yöntemler kesin bir lokalizasyon sağlamaz. Bunun için *Magnetoensafalografi* kayıtlamaları daha duyarlıdır. Ayrıca başka yöntemler de geliştirilmektedir.(Kobal 449-454; Murayama et al 833-836; Okamoto & Dan 207-215.v.b.. gibi..)

Son dönemlerde, ağız içi dokunma ve ısı gibi somatosensoriyal girdilerin, tad duyumunu taşıyan bulber, talamik ve kortikal sistem ile aynı bağlantıları kullandıkları ve iletişim kurabildikleri gösterilmiştir. (Norgren 234-237; Verhagen 271-286). Kortekste diğer algılamalar gibi tad duyum işlevlerinin de sanıldığından daha kompleks doğada olduğu da anlaşılmıştır. Daha ileri araştırmalarda tad sistemi içinde

2 temel modalite olduğu öne sürülmüştür. Birinci temel modalitede tadla ilgili tüm duyumlar söz konusudur. 2'nci temel modalitede ise tad duyumu dışındaki afferent sistemler (Görme, işitme, koku, dokunma, ısı duyumları)ve bu sistemlerinbağlantılı olduğu orofrontal korteks, limbik system vb serebral yapıların TAD duyumu, Lezzet alma ve sindirim sistemi ile ilişkileri söz konusudur.Örneğin etkili bir gıda maddesini veya sevilen bir yemeği görme veya ağıza almanın, gıdanın yutulmasından önce kan şekeri düzeyinin değişmesine neden olduğu gösterilmiştir. (Verhagen 271-286).

Trigemino-Gustato-Fasiyal Refleksler

19'uncu yüzyılda birçok hekim ve bilim insanı Trigeminal sinirin de tad algılanması ile ilgili olduğunu söylüyordu. Bu antik dönemden ve Galen'den gelen bir düşünceydi. Bazı trigeminal sinir urlarında, dilin o yarısında dokunma ve tad duyumlarının kaybolabilmesi de bu düşünceyi destekliyordu.Buna karşı Alman Beyin Cerrahisi öncülerinden Fedor Krause (1857- 1937) ve birçok diğer araştırıcı, tad afferentlerinin trigeminal sinirden geçmediğini ileri sürüyordu. 1. Dünya Savaşına dek tadla ilgili sinir liflerinin beyin sapına nasıl ulaştığı hakkında da net bilgi yoktu. Walter S. Börnstein 1940 yılında hâlâ "*Trigeminal sinirin tad liflerini taşıması bir tartışma konusudur*" diyebiliyordu. Fakat tad liflerinin trigeminal sinirden geçeceğine yine de ihtimal vermiyordu. Ancak çok daha sonraları tad ve kokuların pek çoğunun, en azından yüksek konsantrasyon düzeylerinde trigeminal siniri uyartabildiği anlaşıldı. Burun ve ağız içi trigeminal sistem, koku ve tad reseptör hücreleri yanında, üçüncü bir duyuorganı olarak sınıflandırılabilir. (Erzurumlu et al 363-367;Pedersen et al 2002).

Limon gibi bir ekşi tadın oropharingeal yutmayı kolaylaştırdığı, bunun yanısıra insanda, mimikleri, klasik bir yüz ifadesi meydana getirecek şekilde etkilediği iyi bilinmektedir. Ve gerçekten de limon gibi irrite edici tad uyarıcılarla ortaya çıkan "*Trigemino-gustato-fasiyal refleksler*"in varlığı, klinik ve deneysel olarak net bir şekilde gösterilmiştir. (Bradley& KimChapter 4-2; Boulhouwer & Brunia 58-63; Tasinary et al 1-16). İnsanda bu refleksin varlığı yeni doğan bebekte de gözlenebilir.Bebeğe çok az miktarda limon suyu verildiğinde, daha önceden herhangi bir tad duyum deneyimi olmadığı halde, yüz mimik kaslarında ekşime ifadesi ortaya çıkar. (Grill & Norgren 259-271).

Yüksek doz "*Sitrik Asid*" (Limon Tuzu) veya "*Limon suyu*" ağız yolu ile verildiğinde, klinik ve elektrofizyolojik olarak yutma bozukluğunda düzelme olabildiği ve birim zamandaki yutma sayısı ve gücünün artabildiği gösterilmiştir. (Logemann et al 556-563; Gürgör et al 173-183).

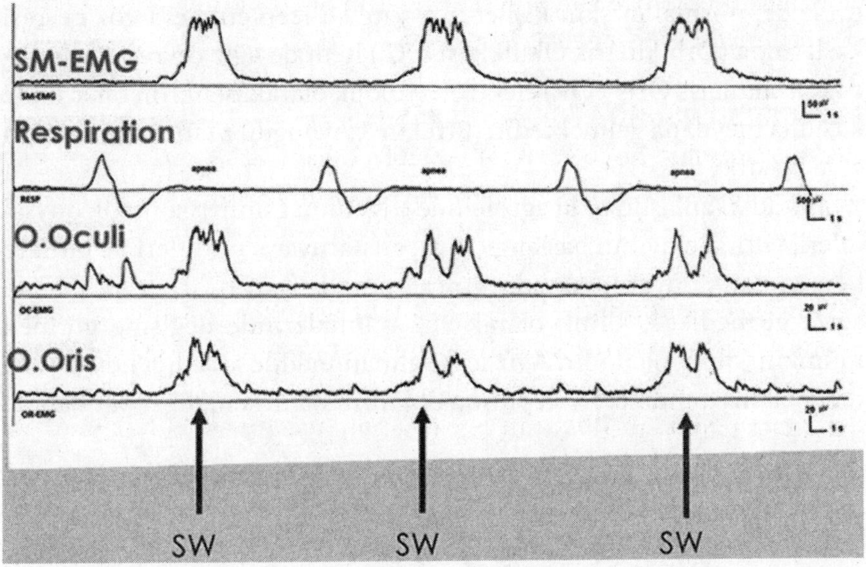

Resim 29.4. Normal erişkinde İstemlı yutma sırasında Orbicularis Oculi Kasının Otomatık ve Subklinik Kasılması.Normalde sadece Submental(SM-EMG) ve Orbicularis Oris kaslarının kasılması beklenir. Tüm yutma ve mimik kasları Solunumun apne periyodunda(Respitation) ortaya çıkıyor .SW:Swallow. (Gustato-Facial-Refleks/ Trigemino-Gustato-Facial Refleks).(Ertekin C. et al. Exp.Brain Res. 224, 79-91, 2013.)

Bu refleks olayın afferent kolunda, hem trigeminal sinir duysal lifleri, hem de tad reseptörleri ve sinirleri (Gustatory), motor kolunda ise fasiyal sinir bulunmaktadır. Bu anatomik tanım tipik bir "*Trigemino-Gustato-Fasiyal refleks*"i belirlemektedir. Yüksek miktarda ekşi uyarıcılar trigeminal sinir aracılığı ile "*Chemesthesis*" adı ile anılan bir duyum meydana getirir. Chemesthesis yutma fizyolojisinde önemli bir rol oynar. Chemethesisin beyin sapında NTS (*Nukleus Traktus Solitarius*)'a giden tad girdilerini arttırdığı 1989'da bildirilmiştir. (Green & Gerhard

259-271; Gürgör et al 173-183; Ertekin et al 79-81). Bu artışın ilk adımı trigeminal afferent sinir liflerinden gelmekte ve beyin sapında fasiyal ve gustatuvar (NTS) çekirdekler arasında dönüşmektedir. İnsanda trigeminal sinirin intraoral duysal dallarının irritan olmayan uyarıcılarla uyarılması ile de bu refleksin ortaya çıktığı ayrıca gösterilmiştir.Her ne kadar normal su ve irritan olmayan gıdaların ağız içine alınması sırasında klinik olarak yüz mimiklerinde herhangi bir değişme görülmese de, normal erişkin kişilerde 3-5 ml su içerken, hem göz çevresi kaslarında (Orbikularis Okuli kası-OC.) hem de ağız çevresi kaslarında (Orbikularis Oris –OR) elektrofizyolojik olarak, senkron bir şekilde kasılma meydana gelmektedir. (Ertekin & Aydoğdu 2226-2244; Ertekin et al 79-91).

Buradan anlaşılıyor ki ağız içinde trigeminal sinirin somatik duysal lifleri, yutma olayının başlangıcında, gustatuvar sinir lifleri ile birlikte hemen daima uyarılmaktadır. Ancak burada aşırı uyartıcı bir madde ağıza girmedikçe, klinik olarak yüz mimiklerinde değişme görmek mümkün olmamaktadır. Ağız içine alınan madde aracılığı ile bir yandan beyin sapında NTS'da yutma organize edilirken, diğer yandan da

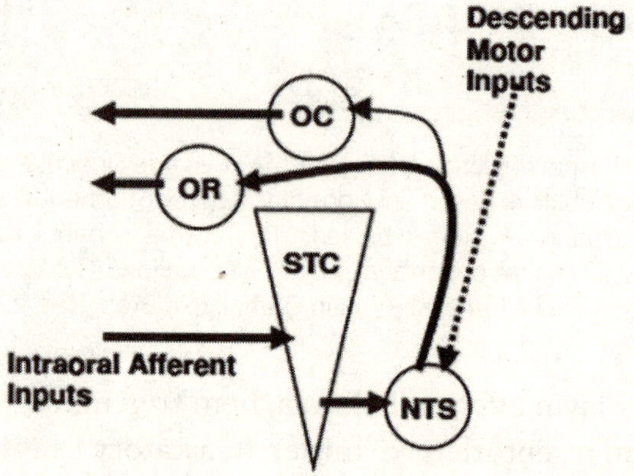

Resim 29.5. Trigemino-Gustato-Fasiyal Reflex devre.Ağız içinden gelen bazı trigeminal afferent sinir lifleri, beyin sapında Duysal TrigeminalKomplex (STC) de toplanıyor. STC'den NTS'nin tad algılama nöronları ile bağlantı kuruluyor. Ayrıca NTS'nin Serebral Korteks gibi yapılarla da bağlantısı var. Bu şekilde tad imajı elde edilirken, NTS üzerindenyüz mimik kaslarında(OC ve OR)hem yutarken hem de yutulanların tadı alınırken, uygun şekilde kasılma ortaya çıkıyor. (Ertekin C. et al. Exp. Brain Res. 224, 79-91, 2013.)

trigeminal afferent sistem aracılığı ile beyin sapında NTS ve fasiyal sinir motor çekirdekleri arasında bir bağlantı kurulmaktadır, diyebiliriz. Nitekim deserebre hayvanlarda tad uyarımlarına bağlı olan, beyin sapından dönen, mimetik fasiyal yanıtların varlığı gösterilmiştir. (Grill & Norgren 263-279).Bu bulgu, yutmadaki bu refleks organizasyonun serebral kortekse bağımlı olmadığını gösterir. Öte yandan fasiyal motor çekirdekler üzerine trigeminal duysal kompleksten bazı projeksiyonların olduğu, deney hayvanlarında anatomik olarak da saptanmıştır (Erzurumlu & Killaekey75-86; Zerari-Maily et al 80-93).

Trigemino-Gustato-Fasiyal reflekslerin varlığı insanlarda çok önem taşır. Çünkü orofaringeal yutma, tad duyumu ve ağız içi trigeminal duyum ile yüzün mimik kasları arasında çok yakın bir ilişki vardır. Su içmedeki gibi irritan olmayan bir uyarıcıdan tutun da, irritant tadları olan gıdaların verilmesine dek, normal bireylerde mimik yüz kasları da senkron olarak kasılmaktadır. Bunun en önemli yanı, spontan yutma olayında bile (örneğin tükrük yutma gibi), bedeni koruyucu özellik taşımasıdır. (Ertekin 183-192) Bedene zarar verebilecek maddelere karşı, önce yüz ifadesi değişikliği olması ile kişinin kendisi ve çevresi uyarılmaktadır. Normal gıda ağıza alındıktan sonraki yutmalarda, kişinin mimikleri doğal olarak dışardan görülmese de, bunun stabil bir şekilde Non-Klinik olarak her yutma devinimi ile birlikte ortaya çıkması açıklanmaya muhtaçtır. Ağız civarındaki yüz kasları, yutma sırasında kasılır, ağza alınan lokmanın ağız dışına kaçmaması için bu koruyucu kasılma gereklidir. Yutma ile ilgili olarak bu reflekslerin bir evrimsel olay olduğu ve doğuştan itibaren varolan bir atavik özellik taşıdığı düşünülmektedir.

Son zamanlarda Trigemino-Gustato-Fasiyal reflekslere "*Trigemino-Solitarii-Fasiyal Refleks*" adı da eklenmiştir. Normal olarak ardışık yutma hareketlerine katılan bu stabil refleks aslında "*Sequential Motor Devinimler*" grubuna dahildir. (Ertekin et al 79-91; Ertekin & Aydoğdu 2226-2244; Gürgör et al 173-183).

Son olarak bir vurgu yapmak gerekirse, insanda motor devinim spektrumu içinde "*Trigemino-Gustato-Fasiyal refleksler*" ardışık ve ritmik çalışan devinimler grubu içinde bulunmaktadır. Kandell'in tanımladığı gibi (Kandell et al654-656; Glickstein 220) motor devinimlerin 3 gruba ayrıldığını biliyoruz. Bunlar; İstemli devinimler, Refleks devinimlar ve bunların arasında yer alan Ardışık ve Ritmik devinimlerdir. Bu sonuncular belirli bir motor örnek üzerinden çalışırlar. Başta çiğneme ve yutma olmak üzere, yürüme gibi devinimler bunlar arasındadır. Ardışık /ritmik (Sequential) motor devinim örneklerinin oluşması için omurilik ve beyin sapı gereklidir. Bu devinimler sıklıkla çevresel uyarımlarla aktif hale geçerler. Genellikle "*Sentral Pattern Generatör*"ler aracılığı ile aktive olurlar. Generatörler de nöronal ağlar (Network) şeklinde çalışırlar.(Bkz. İnsanda Motor Davranış Tarihi-I)

KAYNAKLAR

Pedersen AM et al.: Saliva and Gastrointestinal function of taste, mastication, swallowing and digestion. Oral Diseases,8, 117-129, 2002.

Benarroch EE.: Basic Neuroscience with clinical applications. Butterworth-Heinneman-Elsevier. Philadelphia.2006.

Kandell ER, Schwartz JH, Jessel TM.: Principles of Neural Science. 4th Edition, McGraw-Hill. NewYork. 2000.

Erzurumlu R, Şengül G, Ulupınar E.: Nöroanatomi. Güneş Tıp Kitabevleri. İstanbul. 2019. Finger S: Origins of Neuroscience. A history of explorations into Brain Function. Oxford University Press. NewYork.1994.

Ertekin C.: Tıbbın Öyküsü. Türkiye İş Bankası Kültür Yayınları. 5. Basım. İstanbul 2023

Kahya E, Öner M.: Biyoloji Tarihi. İmge kitabevi. Ankara, 2007.

Fara P.: Bilim. Dörtbin yıllık bir tarih. Metis yayınları. İstanbul. 2012

Eckoldt M.: Beynin ve zihnin kısa tarihi: Duygular ve düşünceler nasıl oluşur? Say Yayınları. İstanbul 2018.

Wickens AP.: History of the Brain-From Stone age surgery to modern Neuroscience. Psychology Press. Taylor & Francis Group. London and NewYork 2015.

Glickstein M.: Neuroscience; a historical introduction.The Mit Press-Cambridge, Massachusetts, London. England (First Mitpress paperback edition).2017.

Ohrwall H.: Investigations into the Taste Sense. Neuroscience & Biobehavioral Review, 8,106-111, 1984. (1891 orijinalindan tercüme edilmiş).

Kobal G.: Gustatory evoked potentials in Man. EEG and Clin Neurophysiology./Evoked Potential Section. 62,449-454, 1985.

Murayama N et al.: EvokedMagnetic Fields for Gustatory Stimuli on the Tongue. BioMag, 96, 833-836, 2000.

Okamoto M & Dan I.: Functional Near-Infra-Red Spectroscopy for human Brainmapping of taste related cognive functions .J.Bioscience & Bioengineering .103,207-215,2007.

Norgren R.:The Gustatory system in mammals.Am.J.Otolaryngol. 4,234-237,1983.

Verhagen JV.: Neurocognitive bases of human multimodal food perception: Conciousness. Brain Research Reviews, 53, 271-286, 2007.

Bradley RM & Kim M.: Reflex Connections –Chapter -4. In; Bradley R.M.(ed.) The role of the Nucleus of Solitarii tract in gustatory processing. CRC Press. Boca Raton, National Institute of Health, Taylor & Francis Group LLC.2007.

Boelhouwer AJ & Brunia CH.: Blinx Reflexes and the state of arousal. J.Neurol. Neurosurg. Pschiatry. 40, 58-63, 1977.

Tassinary LG et al.: A psychometric study of the surface electrode placementsfor facial electromyographic recording. I-The Brow and check muscle regions. Psychophysiology, 26, 1-16, 1989.

Grill HJ & Norgren R.: The Tastereactivity test –I and II.Brain Res. 143,263-297.1978.

Logeman JA et al.: Effects of Sour Bolus on oropharyngeal swallowing measures in patients with Neurogenic dysphagia. J.Speech Hear Res.38,556-563,1995.

Gürgör N et al.: Activity of Facial and Swallowing muscles during water and Sour bolus deglutition in healthy adult humans. J.Neurol Sci. 34(2). 58,173-183, 2017.

Green BG & Gerhard B.: Salt as an oral irritant. Chem.Senses.14, 259-271, 1989.

Ertekin C et al.: Orbicularis Oculi muscle activation during swallowing in humans. Exp.Brain Res. 224, 79-91, 2013.

Ertekin C & Aydoğdu I.: Neurophysiology of Swallowing. Clin.Neurophysiol. 114, 2226-2244, 2003.

Erzurumlu RS & Killackey HP.: Efferent connectionsof the BrainstemTrigeminal Complex with the Facial nucleusof the rat. J.Comp.Neurol. 188,75-86,1979.

Zerari-Mailly F et al.: Trigemino-Solitarii-Facial Pathways in the rat. J.Comp Neurol. 487, 176-189, 2005.

Ertekin C.: ReviewArticle: Voluntary versus Spontaneous Swallowing in Man. Dysphagia.26, 183-192 , 2011.

Öhrwall H.: Investigations into the Taste Sense. (Skandina Visches Archiv fur Physiologie Vol-II 1891'den Çeviri). Neuroscience & Biobehavioral Reviews, 8, 106-111,1984.

Kaynakça

A

Abemayor E.S.: Charles Bell, Anheralded Laryngologist.Review Article.Am.J.Otolaryngol. 38,492-495,2017.

Adams AC.: Essential Neurology-Mayo Clinic Scientific Press and Informa Health Care. USA.2008.

Adıvar A.: Tarih Boyunca İlim ve Din. 2.basım. Bölüm-1. Remzi Kitabevi 1969.

Adkins C et al.: Prevalenceand characteristics ofdysphagia based on a population –based study. Clin.Gastroenterol.Hepatol.18,1970-1979,2020.

Alistair MCl.: Realism without tears I: Muller'sdoctrineof specificnerve energies. Studiesin History and Physiology of Science78,83-92,2019.

Al-Mefty O.: M. Gazi Yasargil: the time in the Little Rock. Neurosurgery, 45,1019-1024,1999.

AppelT.Http;//web.achive.org/201506200642/https://doc.Med.yale.edu/historical/cushing/family .html.2015.

Arat N.: Feminizmin ABC'si.Simavi yayınları. 1991. İstanbul

Augustine GJ & Kasai H.: Bernard Katz, quantal transmitter releaseand the foundation ofpresynaptic physiology. J.Physiol.578,623-625,2007.

Aydın E.: Dünya ve Türk Tıp Tarihi. Güneş Kitabevi. İstanbul, 2006.

Aydogdu , Tanrıverdi Z, Ertekin C.: Disfunction of Bulbar Central Pattern Generator in ALS patients with dysphagia during sequential deglutition. Clin.Neurophysiol.122,1219-1228,2011.

Aydogdu I et al.: Diagnostic value of "Dysphagia Limit" for neurogenic dysphagia:17 years of experience in 1278 adults.Clin.Neurophysiol.126,634-643,2015.

Aydon C.: İnsanlık Tarihi. Say Yayınları. İstanbul, 2015.

B

Baladin PF.: Pioneering concepts in epileptology; The Cerebral Dysrhythmia of Frederic Gibbs (1903-1992) and William Lennox (1884-1960). J.Clinical Science 18,1038-1043,2011.

Barbeau AL.: Dopa Therapy in Parkinson Disease. Can Med Assoc J.101,59-68,1969.

Bariohay BR et al.: BDFH-TrkB signaling interacts with the GABAerjik system to inhibit rhythmicswallowing in the rat. Am J.Physiol.Regul.Integr. comp.Physiol.1,293-299,2008.

Barker AT, Jalinous R, Freestone IL.: Non-Invasive magnetic stimulation of the human motor cortex. Lancet i:1106-1107.1985.
Baron R et al.: Neurology. The Next 10 years. Nat.Rev.Neurol. 11,658-664, 2015.
Barret F.: Emeğin tarihi. May yayınları. İstanbul 1970.
Bartsch AJ et al.: Karl Kleist 1879-1960. Am J Psychiatry. 157, 703,2000.
- Batuhan H.: Bilim ve Şarlatanlık. Yapı Kredi Bankası Yayınları. İstanbul.1993
Bayat AH.: Tıp Tarihi. Zeytinburnu Belediyesi Kültür Yayınları. 3. Basım. İstanbul 2016.
Beckmann YY, Ciftci Y, Ertekin C.: The detection sensitivity of proprioceptionby a newclinical test: the DualJoint PositionTest.Clinic. Neurol. Neurosurgery.115, 1023-1027,2013.
Bellard PA, Tetrud JW, Langston JW.: Permanent Human Parkinsonizm due to 1-methyl-4-phenyl-1,2,3,6-Tetrahydropyridine : Seven Cases. Neurology 35,949-956 1985.
Benarroch EE.: Basic Neuroscience with clinical applications. Butterworth-Heinneman-Elsevier. Philadelphia. 2006.
Bennarroch EE.et al Medical Neurosciences.4.Basım.Mayo Foundation,Rochester Minnosota,1999.
Berktay F.: Tarihin cinsiyeti. Metis yayınları. 6.basım. 2018. İstanbul
Bernal JD.: Materyalist bilimler tarihi. 1ci ve 2ci cilt. Sosyal yayınlar. 1976.
Berrios G.: Historical aspectsof the Psychoses: British Medical Bulletin,43,484-498,1987
Berry A.: Bilimin Arka Yüzü. Tübitak Popüler Bilim Kitapları. 3.Basım. Ankara 1996.
Bertler A & RosengrenE.: Occurrenceand distributionof Dopamine in Brainand and other tissue. Experienta 10-11,1959.
Bin TA.: Fifty years Chlorpromazine . A historical Perspective. Neuropsychiatr. Dis.Treat. 3, 495-500, 2007.
Birkmayer W & Hornykiewicz O.: L-3,4 Dioxyphenylalanine (=DOPA)-effect bei der Parkinson Akinese. Wein.Klin.Wschr. 73,787, 1961.
Bisset GW.: WilhelmFeldberg CBE,FRS (1900-1993). Br.J.Pharmacol.111,649-651,1994.
Bixy W.: Galile ve Newton'un Evreni. Tübitak. Ankara. 1977.
Boelhouwer AJ & Brunia CH.: Blinx Reflexes and the state of arousal. J.Neurol. Neurosurg. Pschiatry. 40, 58-63, 1977.
Bradley RM & Kim M.: Reflex Connections –Chapter -4. In; Bradley R.M.(ed.) The role of the Nucleus of Solitarii tract in gustatory processing. CRC Press. Boca Raton, National Institute of Health, Taylor & Francis Group LLC.2007.
Brazier MAB.: The electrical activity of the nervous system. 3rd edition. Pitman medical. London. 1968.
Brizon P.: Emeğin ve Emekçilerin tarihi. Onur yayınları. Ankara. 1977.
Brotons-Mass JR et al.: Heterogenous spatial representation by differentsubpopulationsof neurons in the subiculum. Neuroscience,343,174-189,2017.
Brown RE.: Donald D. Hebb and the organisation of Behavior:17 years in the writing.Molecular Brain,13 (55) 1-28,2020.
Brown TM & Fee E.: Walter Bradford Cannon –Pioneer Physiologist of human emotions. Am.J.Public Health. 92,1594-1595,2002
Buonomano DV, Merzench MM.: Cortical plasticity ; from synapses to maps. Annu. Rev. Neurosci. 21, 149-186, 1998.

C

Carlsson A et al.:On the presence of3-Hydroxytyramine in Brain. Science 127,471, 1958.

Carlsson A & Lindqvist M.: Effect of chlorpromazineor haloperidol on formationof 3-Methoxytyramineand Normetanefrinein mouse brain. Acta Pharmacol. Toxicol. 20, 140-144, 1963.

Ceram CW.: Tanrılar, Mezarlar ve Bilginler. Remzi Kitabevi. İstanbul 1982.

Chase MW & Hunt CC.: Herbert Spencer Gasser-July 5,1888-May,11,1963. National Academy of Sciences, 148-176. National Academic Press, Washington DC 1995.

Chiappa K & Popper AH.: Evoked Potentials in Clinic Medicine. New Engl.J.Med, 306, 1140-1150. 1982.

Chollet F et al.: The functional anatomy of motor recovery after stroke in humans: Astudy with positron emission tomography. Ann Neurol. 29, 63-71, 1991.

Coenen A et al.: In the footsteps of Beck: The desynchronizationof the Electro-Encephalogram. Electroenceph Clin Neurophysiol. 106,330-335,1998.

Coenen A & Zayachkivska O.: Adolf Beck A pioneerin Electroencephalography. In betweenRichard Catonand Hans Berger. Adv.Cogn.Psychol. 9,216-221,2013.

Coenen A et al.: A forgetten Pioneer in Electroencephalography. J.Hist.Neurosci. 23,276-286,2014.

Connell RW.: Toplumsal cinsiyet ve iktidar-Toplum, kişi ve cinsel politika. Ayrıntı yayınları. 4.basım. 2019. İstanbul

Cotzias GC et al.: Aromatik Amino Acids and modification of Parkinsonism. New Eng.J. Med 276,374, 1967.

Cotzias GC et al.: Modification of parkinsonism; chronic treatmentwith L-Dopa.New Engl.J.Med. 280, 337-345, 1969.

Craige EH.: Turck, Ludwig. Complete Dictionary of ScientificBiography. Encyclopedia.com. 19sept. 2023. http:// www.encyclopedia.com. 2023.

Crellin J.:Theophile Bonet (1620-1689). Am.J.Pathol. 98,212, 1980.

Curtis DR & Anderson P.: John Carew Eccles 1903-1997. Australian Academy of Science. Historical Recordsof Australian Science,vol. 13,No.4,2001

D

Damassio H et al.: The returnof Pineas Gage: The Skullof a fameous patient yields clues about the Brain. Science, 264, 1102-1105.1994.

Damassio AR.: Descartes'ın Yanılgısı. Varlık Yayınları. Sayı: 538. Bilim dizisi 2. basım, İstanbul. 1994.

Dandy WE & Marmaduke ME.: The Personal side of a Premier Neurosurgeon. Lippincott W.W. Philadelphia. 2002.

Daneshfard B et al.: "The original ofPortrayal of the Modern Theory ofVision ".J. Medical Biography, 24(2),2004.

Daniels SK & Foundas AL.: Lesion Localization in Acute Stroke Patients with risk of aspiration. J.Neuroimaging. 9,291-298,1999.

Darwin C.: İnsanın Türeyişi. Onur Yayınları. 2.Basım, Ankara 1975.

Davis H.: Joseph Erlanger (1874-1965). National Academy of Sciences, 111-139, Washington, 1970.

Dawis JC.: İnsanın Hikayesi. 7. Basım. Türkiye İş Bankası Kültür Yayınları. İstanbul 2012.

Demeter CR.: Frederic Andrews Gibbs,M.D. EEG Pioneer. Clinical EEG and Neuroscience.47,255-259,2016.

Dimitrijevic MR & Nathan PW.: Studies of spasticity in man . IV.- Changes in the flexion

reflexwith repetitive Cutaneous Stimulationin spinal Man. Brain 93,743-768, 1970.
Doig A.: İnsan nasıl hayatta kaldı. Beyaz Baykuş Yayınları. İstanbul. 2023.
Doty RW,Bosma JF.: An Electromyographic analysis of reflex deglutition.J.Neurophysiol.;19,44-60, 1956.
Doty RW.: Alcmaion's discovery that brain creates mind: A revolution in human knowledge comparable to that of Copernicus and of Darwin. Neuroscience,13, 561-568, 2007.
Dönmez A.: Bir bilim olarak matematik tarihi. V-yayınları. Ankara. 1986.
Ducker TB & Brown RH.: Neurophysiology and standarts of spinal cord monitoring. Springer-Verlag, NewYork, Berlin, Heidelberg 1988.

E

Eckoldt M.: Beynin ve Zihnin Kısa Tarihi: Duygular ve düşünceler nasıl oluşur? Say Yayınları. İstanbul 2018.
Edelman GR.: Neural Darwinism. The theory of Neuronal Group Selections. Basic Books. NewYork. 1987.
Eichenbaum H.: The Role of the Hippocampus in Navigation is Memory. J.Neurophysiol.117,1785-1796. 2017.
Ekberg O & Sigurjonsson SV.: Movement of the epiglottis during deglutition. A Cineradiographic Study. Gastrointest.Radiol.7,101-107,1982.
Elidan J et al.: Electromyography of the inferior constrictor and cricopharyngeal muscles during swallowing. Ann Otol Rhinol Laryngol; 99:466 - 469.1990.
Ellis H.: Dominique Jean Larrey: Napoleon's Surgeon. Br.J.Hosp.Med. 77, 366, 2016.
Engels F.: Doğanın diyalektiği. Sol yayınları. Ankara 1970.
Eren N.: Çağlar boyunca toplum, sağlık ve insan. Gelişim yayıncılık. Ankara. 1996.
Ertan H.: Charles Robert Darwin. Türkiye İş Bankası yayınları. İstanbul. 2010
Ertekin C.: İnsanda uyarılmış elektrospinogram. Tübitak Kongre kitabı. 79-80, 1969.
Ertekin C.: Evoked Electrospinogram in man. Fourth International Congress of Electromyography-Abstracts of communications and invited reports. Brussells. 12-15. September. pp:45-47.1971.
Ertekin C et al.: Parkinsonizmin Fizyopatolojisi ve L-Dopa. Ege Nöropsikiyatri Cemiyeti ve Türkiye Akıl Hıfzısıhhası Cemiyeti. İzmir Şube Yayınları. No.2. Doğruluk Matbaası. İzmir 1972.
Ertekin C.: Human Evoked Electrospinogram. New Developments in Electromyography andClinical Neurophysiology. J.E.Desmedt. S.Karger,Basel, Vol:2. pp:344-351.1973
Ertekin C, Ertekin N, Karcıoğlu M.: Conduction velocity along the human nociceptive reflexafferents. J.Neurol.Neurosurg.Psychiat., 38,959-965,1975.
Ertekin C. & Reel F.:Bulbocavernosus reflex in normal men and in patients with Neurogenic Bladder and/or impotence .J.Neurol Sci. 28,1-15,1976.
Ertekin C.: Studies on the Human Evoked Electrospinogram. I-The origin of the segmental evoked potentials. Acta Neurol. Scandinav., 53,3-20,1976.
Ertekin C.: Studies on the Human Evoked Electrospinogram. II-The conduction velocity along the dorsal funiculus. Acta Neurol Scandinav. 53,21-38,1976.
Ertekin C.: Klinik Elektromiyografi. Ege Üniversitesi Matbaası. Bornova-İzmir 1977
Ertekin C.: Klinikte Duysal Uyartılmış Potansiyaller. Toplum ve Hekim. 37, 6-16, 1985.
Ertekin C.: Nörolojide Fizyopatoloji ve Tedavi. Bilgehan Matbaası, Bornova,İzmir.1987.
Ertekin C.: Intradural Spinal Recording (particular reference to invasive methods).- Edi-

tors: Ducker TB & Brown RH. Neurophysiology and standarts of spinal cord monitoring. Springer-Verlag, Newyork, Berlin, Heidelberg 1988.

Ertekin C, Zileli M, Ertaş M.: Motor Evoked Potansiyeller. Klinik NorofizyolojiEEGEMG Derneği Yayınları No-1. Bornova. İzmir.1992.

Ertekin C, et al.: An electrophysiological investigation of deglutition in man.Muscle & Nerve, 18, 1177-1186, 1995.

Ertekin C et al.: Piecemeal deglutition and dysphagia limit in normal subjects and in patients with swallowing disorders. J Neurol Neurosurg Psychiatry;61: 491– 496,1996.

Ertekin C, Mungan B, Uludag B.: Sacral cord conduction timeof the soleus H-Reflex. J.ClinicalNeurophysiology.13,77-83,1996.

Ertekin C, Ekmekçi O, Çelebisoy N:Le Fou RireProdromique. J.Neurol. 244,271-272, 1997.

Ertekin C et al.: Electrodiagnostic methods for neurogenic dysphagia. Electroencephalogr Clin Neurophysiol; 109: 331–340,1998.

Ertekin C et al.: The electromyographic behavior of the thyroarytenoid muscle during swallowing. J Clin Gastroenterol; 30: 274 –280,2000.

Ertekin C, Aydoğdu I, Yüceyar N, Kıylıoglu N, Tarlacı S, Uludağ B.: Pathophysiological mechanism of Oropharyngeal Dysphagia in Amyotrophic Lateral Sclerosis.Brain, 123, 125-140,2000.

Ertekin C.: Yüzün ve yüz mimiklerinin algılanması. Nöropsikiyatri Arşivi. 38, 11-14, 2001.

Ertekin C, Aydogdu I.: EMG of the Cricopharyngeal Muscle of the Upper EsophagealSphincter. Muscle Nerve; 26,729-739,2002.

Ertekin C &Aydogdu I.: Review;Neurophysiology of Swallowing. Clin.Neurophysiol.114,2226-2244, 2003.

Ertekin C.: İnsanda Omurilik Elektrofizyolojisi ve Spinal Potansiyeller. Bölüm 9. M.Zileli ve F.Özer (Eds) Omurilik ve omurga cerrahisi. Cilt-1. Saray Medikal Yayıncılık. Bornova, İzmir, 2003.

Ertekin C.:Electrophysiological evaluation of oropharyngeal dysphagia in ALS. Clinical neurophysiology of motor neuron diseases. In: Eisen A, editor. Handbook of clinical neurophysiology, Vol. 4. Elsevier; 2004. p. 487—512 [Chapter 28].2004.

Ertekin C.: Sentral ve Periferik EMG. Meta basım. Bornova, İzmir 2006.

Ertekin C.: Yüz ve Mimiklerin Nörofizyolojisi- Bölüm15. Sayfa 613-632. Sentral ve Periferik EMG Kitabı.Meta Basım. Bornova İzmir. 2006.

Ertekin C.:ReviewArticle: Voluntary versus Spontaneous Swallowing in Man.Dysphagia.26, 183-192 ,2011.

Ertekin C et al.: Orbicularis Oculi muscle activation during swallowing in humans .Exp. Brain Res. 224, 79-91, 2013.

Ertekin C.: Electrophysiological evaluation oforopharyngeal dysphagia in Parkinson's disease. (Review)J.Mov.Disord.,7,31-56,2014

Ertekin C.: EMG'nin tarihsel gelişimi (1890-1960). Klinik Nörofizyoloji EEG – EMG Derneği yayınları. No 11. Kitap Vitrini 2014.

Ertekin C et al.: Electrophysiological association of spontaneous Yawning and Swallowing. Exp Brain Res. 233, 2073-2080, 2015.

Ertekin C.: Zulmün Tarihi. 3. basım. Sia Kitap. İstanbul 2021.

Ertekin C.: Geçmişten Günümüze Kadın. Sia Kitap. İstanbul. 2022.

Ertekin C.: 17'nci Yüzyıldan 20'nci Yüzyıla Dünya Nöroloji Tarihi. (Tıp dallarındakigelişmelerin tarihi.Betim Kitaplığı. Editorler (H.Ertin, A.Salduz, Z.İrem, Y.Salduz). İstanbul. 2022.

Ertekin C.: Tıbbın Öyküsü. Türkiye İş Bankası Kültür Yayınları. 5. Basım. İstanbul, 2023.

Ertekin C.: Tıpta Uzmanlaşma Tarihine bir bakış.Cumhuriyet ve Sağlık (Editorler: E.Eser; M.Aksu; A.C.Bilgin).2023

Erzurumlu R, Şengül G, Ulupınar E.: Nöroanatomi. Güneş Tıp Kitabevleri. İstanbul. 2019.

Erzurumlu RS & Killackey HP.: Efferent connectionsof the BrainstemTrigeminal Complex with the Facial nucleusof the rat. J.Comp.Neurol. 188,75-86,1979.

F

Fara P.: Bilim. Dörtbin yıllık bir tarih. Metis yayınları. İstanbul. 2012

Fawcett JW, Geller HM.: Regeneration in the CNS: optimism mounts. TINS. 21, 179-180,1998.

Feindel W.: Herbert Henri Jasper-(1906-1999); an appreciation. Can.J.Neural Sci. 26,224-229,1999.

Feldman DE.: Inhibition and plasticity.NatureNeuroscience, 3, 303-304, 2000.

Felix B et al.: Leptin Inhibits swallowing in rats. Am.J.Physiol.Regul.Comp.Physiol. 291 R,657-663, 2006

Fenn WO.: Alexander Forbes (1882-1965). Biographical memoirs. Washington DC. National Academy of Sciences .40,113-141,1969.

Finger S.: Origins of Neuroscience. A History of Explorations into Brain Function. Oxford University Press. NewYork.1994.

Fishman MC.: Sir Henry Hallett Dale and the Acetylcholine story. Yale Journal of Biologyand Medicine. 45,104-118,1972.

Flamm EG.: Professor M.Gazi Yasargil: An appreciation by a former Apperentice. Neurosurgery 45, 1015-1018, 1999.

Fortea J.: Hildegard of Bingen's remedies for Parkinson's disease. Lancet Neurology.16 August 2017.

Fries W et al.: Motor recovery following capsular stroke. Brain. 116, 369-382, 1993.

Frixione E.: "Albrecht Von Haller (1708-1777)" J.Neurol. 253, 265-266, 2009.

G

Gaddum JH & Holzbauer M.: Adrenaline and Noradrenaline.15,151-203,1957.

Gallistel CR.: Navigation; Whence our senseofdirection?Curr.Biol. 27, R-108 – R-110, 2017.

Gandevia SC & Mc Closkey DI.: Joint sense ,muscle senseand their combinationas position sense, measured at the distalinterphalangial Joint of the Middle Finger.J.Physiology, 260,387-407,1976.

Gasser HS & Erlanger J.: Electrical signs of Nervous Activity. University of Pennsylvania Press. Philadelphia 1937, (E.R.Johnson Foundation)

German RZ et al.: Integration of the reflex pharyngeal swallow into rhythmic oral activity in a neurologicallyintact pig model. J.Neurophysiol. 102,1017-1025,2009.

Ghosh SK.: Human cadaveric dissection: a historical account from ancient greece to the modern area. Anat Cell Biol. 48; 153-168: 2015.

Gibbs FA & Gibbs EL.: Atlas of Electroencephalography. Addison Wesley Press CambridgeMass. ABD. 1952.

Gilman S.: Joint position sense and vibration sense. Anatomical Organisation and Assesment. J.Neurol. Neurosurg. Psychiatry, 73, 473-477,2002.

Glickstein M.: Neurosience; A Historical Introduction. The Mit Press-Cambridge, Massachusetts, London. England (First Mitpress paperback edition). 2017.

Glickstein M & Rizolatti G.: Francesko Gennari and the structure of the CerebralCortex. Trends in Neurosciences, 7, 464-467,1984.

Glickstein M & Yeo C.: The Cerebellum and Motor Learning. J. Cogn. Neurosci. 2, 69-80, 1990.

Gloor P.: Berger Lecture . Is Berger's dream coming true ?.Electroenceph Clin Neurophysiol.90,253-266, 1994.

Gluckman P, Beedle A, Hanson M.: Evrimsel tıbbın ilkeleri. Palme yayıncılık. Ankara. 2012.

Goetz CG.: The history of Parkinson's Disease; Early descriptions and Neurological Therapies, Cold Spring Harb Perspect Med. 1(1) a008862, 2011.

Gombrich EH.: Sanatın Öyküsü. Remzi Kitabevi. 3. Basım. İstanbul 2002.

Gordon C et al.: Dysphagia in acute stroke. Br.Med.J. 295,411-414,1987.

Grabfield GP.: Reid Hunt. J.Pharmacology and Experimental Theurapeutics. 93,258-260,1948.

Green JD & Arduini AA.: Hippocampal electrical activity in arousal, J.Neurophysiol. (JNP).17,533-557, 1954.

Green BG & Gerhard B.: Salt as an oral irritant. Chem.Senses.14, 259-271, 1989.

Greenfield S.: İnsan Beyni. Varlık/Bilim.2. basım. İstanbul.2006.

Gribbin J.: Bilim Tarihi. Alfa yayın. İstanbul. 2013.

Grill HJ & Norgren R.: The Tastereactivity test –I and II. Brain Res. 143, 263-297.1978.

GrzybowskiA & Pietrzak K.: Napoleon Cybulski (1854-1919). J.Neurol. 260, 2942-2943,2013

Gürgör N et al.: Activity of Facial and Swallowing muscles during water and Sour bolus deglutition in healthy adult humans. J.Neurol Sci. 34(2). 58,173-183, 2017.

Güriz K.: Medrese vs Üniversite. Ka kitap. İstanbul 2015.

Güriz et al.: Türkiye'de ve Dünyada Yüksek Öğretim, Bilim ve Teknoloji. Esen Ofset. İstanbul. 1994.

H

Haas LF.: Cladius Galen 131-200. AD .J Neurol Neurosurg Psychiatry. 54, 287,1991.

Haas LF.: Hippocrates 460-377. J Neurol Neurosurg Psychiatry.54,5,1991.

Haas LF.: Areteaus of Cappodocia (130-200). J Neurol Neurosurg Psychiatry. 54, 203 1991 .

Haas L.F: Emanuel Swedenborg (1688-1772). J Neurol Neurosurg Psychiatry. 56, 343, 1993.

Haas L.F.: Luigi Galvani. J.Neurol Neurosurg Psychiatry. 56, 1084, 1993.

Haas LF.: François Magendie. 1783-1855 J Neurol Neurosurg Psychiatry. 57, 692, 1994.

Haas LF.: Hans Berger (1873-1941); Richard Caton(1842-1926) and Electroencephalography. J Neurol Neurosurg Psychiatry74,9,2003.

Hagbarth KE & Vallbo A.: Mechanoreceptor activity recorded percutaneously with semi-microelectrodes in human peripheral nerves. Acta Physiol Scand. 69,121-122, 1967.

Hallett M.: Plasticity of the human motor cortex and recovery from stroke. Brain Res. Reviews, 36, 169-174, 2001.

Hallet M & Rothwell J.: Milestones in Clinical Neurophysiology. Mov.Disord.26,958-967,2011.

Hamdy S et al.: Identification of cerebral foci processing human swallowing with H2(15)o PET activation J Neurophysiol. 81,1917-1926,1999.

Hançerlioğlu O.: Mutluluk düşüncesi. Varlık Yayınları. İstanbul. 1969.

Hançerlioğlu O.: Düşünce tarihi. Varlık Yayınları. İstanbul. 1970.

Hançerlioğlu O.: Felsefe Ansiklopedisi. Kavramlar ve Akımlar. C.1 Remzi Kitabevi. İstanbul. 1979.

Hançerlioğlu O.: Felsefe Ansiklopedisi. Kavramlar ve Akımlar. C.4.Remzi Kitabevi. İstanbul, 1977

Hançerlioğlu O.: Felsefe Ansiklopedisi. Kavramlar ve Akımlar. Cilt-5. Remzi Kitabevi. İstanbul 1978.

Hançerlioğlu O.: Felsefe Ansiklopedisi. Kavramlar ve Akımlar. Cilt-6. Remzi Kitabevi. İstanbul 1979.

Harari YN.: Hayvanlardan Tanrılara Sapiens. 13. Basım. Kollektif Kitap.İstanbul 2016.

Haymaker W & Baer KA.: The Founders of Neurology. Charles C. Thomas Publisher. Springfield. 1949.

Heim S, Sachse C, Walker M.: The KaiserWilhelm Societyunder National Socialism.Cambridge University Press. Cambridge 2009

Henry CC.: In memoriam Albert Melvin Grass (1910-1992). Am.J.EEG.Technology 32,183-185,2015.

Hitler A.: Kavgam. Yağmur Yayınları. İstanbul 1978.

Hodgkin AL & Huxley AF.: Resting and Action potentialsin single nerve fibres. J.Physiol. 104, 176-195, 1945.

Hodgkin AL.: The conduction of the nerve impulses. Liverpool University Press. Liverpool. 1965.

Holstege G.: Emotional innervation of facial musculature. Mov. Disord.17,12-16, 2002.

Hoodbhoy P.: İslam ve Bilim (Bağnazlığa karşı akılcılığın savaşımı). Cep kitapları. İstanbul 1992.

Hornykiewicz O.: Physiologic, biochemical and pathological backgrounds of levodopa and possibilities for the future. Neurology 20, Part-2, 133,1970.

Huber G.: "Ideolojik Sapma ve Etik Koruma"S.127-143. Mayor F & Forti A. Bilim ve İktidar. Tübitak. 4. Basım. Ankara 1977.

Hugon M.: Exteroceptive Reflexesto stimulation of the Sural nervein normal man. Editor: J.E.Desmedt. In New developments in EMG and Clinical Neurophysiology. Volume-3, 713-729. Karger Basel, 1973.

Humbert IA. & Robbins J.: Normal swallowing and functional magnetic resonance imaging: a systematic review. Dysphagia; 22:266-275,2007.

Huxley A.: Kenneth Stewart Cole (July 10,1900-April 18,1984). Biographic Memoirs. 70,25-45, 1996. National Academic Press-Washington DC 1996.

I-İ

Iqbal SS.: Louis Agassizundera microscope. The Harvard Crimson, 18 Mach 2021. (Schlesinger Library,Radcliffe Institute Harvard University).

Ivatury RR.: Our surgical heritage: Walter Edward Dandy. The Founding Father of Neurosurgery. J.Trauma. Crit. Care Emerg. Surg.10,121-125,2021.

J

Jasper HH.: The early development of neurosciencein Canada. Can.J.Neurol.Sci. 12,221-229,1985.

Jean A.: Brainstem Control of Swallowing: Neuronal Network and Cellular Mechanisms. Physiol.Rev. 81, 929-969,2001.

Johansson BB.: Brain plasticity and stroke rehabilitation.Stroke, 31, 223-230, 2000.

Jung R & W Berger.: Arch Psychiatr. Nervenkr.1970 deki Jung et al. Almanca makaleden İngilizceye çeviri. 227, 279-300, 1979.

K

Kahya E & Öner M.: Biyoloji Tarihi. İmge kitabevi. Ankara, 2007.

Kaya M.: Ibn Zuhr. TDV İslam Ansiklopedisi 20. cild. 469-472, 1999.

Kandel ER, Schwartz JH, Jessel TM.: Principles of Neural Science. 4th Edition, McGraw-Hill. NewYork. 2000.

KarbowskiK.: Mieczyslaw Minkowski (1884-1972). J.Neurol.248,820-821, 2001.

Kerkhofs M et al.: Frederic Bremer 1892-1982: A Pioneer in sleep research. Sleep Med. Rev.4, 505-514, 2000.

Kiss JZ et al.: The role of neural cell adhesion molecules in plasticity and repair. Brain research reviews. 36, 175-184, 2001.

Kobal G.: Gustatory evoked potentials in Man. EEG and Clin Neurophysiology./Evoked Potential Section. 62,449-454, 1985.

Koesey JC.: Contemporary opinion about Mary Walker : a shy pioneer of therapeutic Neurology. Neurology 51,1433-1438,1998.

Kugelberg E.: Demostration of A and C fibrecomponents in the Babinski plantar response and pathological flexion reflex. Brain 71,304-319,1948.

Kuhn R.: The treatmentofdepressive states with G 22355 (imipramine hydrochloride). Am.J.Psychiatry. 115, 459-464, 1958.

Kumar R & Yaragani VK.: Penfield –A great explorer of Psyche-some Neuroscience. Indian J.Psychiatry, 53,276-278, 2011.

Kuşcan ÖA.: Antik çağdan günümüze kadının öyküsü. Ajans 2023 yayınları. 2.basım. 2010. İstanbul.

Kuypers HGJM.: The anatomical and functional organization of the motor system; In: M.Swash C.Kennard (Eds) Scientific Basis of Clinical Neurophysiology.pp 3-18, Churchill Livingstone. NewYork 1985.

Küçükler A.: Hint Uygarlığının Başyapıtları. Bilim ve Ütopya.103,17-31, 2003.

L

Lanczik M.: Karl Ludwig Kahlbaum (1828-1899) andthe emergency of psychopathological and nosological research in German Psychiatry. History of Psychiatry. 3, 53-58, 1992.

Lawrence DG & Kuypers HGJM.: The functional Organisation of the motor system in the Monkey.I-The Effects of bilateral pyramidal lesions. Brain 91, 1-14. 1968.

Leeds NE & Kieffer SA.: Evolution of diagnostic Neuroradiology from 1904 to 1999. Radiology. 217, 309-318, 2000.

Lees AJ et al.: Four pioneers of L-dopa treatment: Arvid Carlsson, Oleh Hornykiewicz, Georg Cotzias and Melvin Yahr. Mov Disord. 30,19-36, 2015.

Lennox M.: In memoriam Erna Leonhardt Gibbs- a tribute. Epilepsia,291,97,1988.

Lever C et al.: Boundary Vector Cell in the Subiculum of the Hippocampal Formation. J.Neurosci. 29, 9771-9777,2009.

Lews jr. ER.: Neurosurgery's man of the century: Harvey Cushing. The manof his legacy. Neurosurgery 45,977-982,1999.

Licht S.: Electrodiagnosis and Electromyography. Elizabeth Licht Pub. 2.basım. 1961.

- Lieberman DE.:İnsan Vücudunun Öyküsü. Say Yayınları. Populer Bilim. 6. Basım. İstanbul, 2023.

Liepert J et al.: Treatment-induced cortical reorganisation after stroke in humans. Stroke, 31, 1210-1216, 2000.

Lloyd DPC.: Neural Patterns controlling transmission of ipsilateral hind limb reflexes in cats. J.Neurophysiology, 6,293-315,1954.

Logeman JA et al.: Effects of Sour Bolus on oropharyngeal swallowing measures in patients with Neurogenic dysphagia. J.Speech Hear Res.38,556-563,1995.

Long DM.: Harvey Cushingat Johns Hopkins. Neurosurgery45,983-989,1999.

Lopez-Munoz F et al.: History of the discovery and clinical introduction of chlorpromazine. Annals of Clinical Psychiatry 17,113-115,2005.

Lopez de Silva FH.: Event Related Potantials; General Aspects of Methodology and Quantification 923-934. Niedermeyer's Electroencephalography. (Editors: D.L Schomer-F.H. Lopes de Silva). 6. Edition. Wolters Kluwer/Lippincott. Williams & Wilkins. Philadelphia.....Tokyo.2011.

M

MacDonald HP: Possessing the Dead: The Artful Science of Anatomy. Melbourne University Press. Melbourne. Australia. 2010.

Magladery CM & Mc Dougal DB.: Electrophysiological studies of nerve and reflex activity in normal man. Part I. Identification of certain reflexes in the electromyogram and the conduction velocity of peripheral nerve fibers. Bull.Johns Hopkins Hospital. 86,265-290,1950.

Magladery CM et al.: Electrophysiological studiesof nerve and reflexactivity in normal man .IV. Two-neurone reflexand identificationsof certain action potentials from spinal roots and cord. Bull.Johns Hopkins Hospital.88,493-519,1951.

Mann G et al.: Swallowing function after Stroke: Prognosis and Prognostic Factorsat 6 Months. Stroke, 30, 744-748,1999.

Manyam BV.: Paralysis Agitans and Levodopa in "Ayerveda"; Ancient Indian Medical Treatise. Mov.Disord. 5, 47-48, 1990.

Manzano G et al.: A brief historical note on the classification of nerve fibers. Arq.Neuropsiquiatr. 66, 117-119, 2008.

Markatos K et al.: Charles Estienne (1504-1564): His life, work and contribution to Anatomy and the first description of the canal in the Spinal cord. World Neurosurgery, 100, 186-189, 2017.

Mayor F & Forti A.: Bilim ve İktidar. 4. basım. Tübitak Popüler Bilim Kitapları. İstanbul, 1987.

Melzack RA & Wall P.: Pain Mechanism:A new Theory. Science, 150, 971-979,1965.

Merton PA & Morton HB.: Stimulation of the cerebral cortex in the intact human subject. Nature, 285, 227, 1980.

Merzenich M.: Vernon Benjamine Mountcastle (1918-2015). National Academy of Sciences. 1-20,2016.

Messenger J.: John Zachary Young (1907-97). Zoologist who paved the way for modernstudiesin neurobiology. Nature, 388, 726, 1997.

Meyer A.: Karl Freidreich Burdach and his place in the History of Neuroanatomy. J.Neurol. Neurosurg. Psychiatry, 33,553-561, 1970.

Miller AJ. : Deglutation (Review) Physiol Rev;8,185-194.1982.

Miller JM & Miller KS.: A note on the historical aspects of dysphagia.Ann.Surg.58,502-503,1992.

Moayedi M & Davis KD.: Theories of pain from specifity to gate control.J.Neurophysiol. 109, 5-12, 2012.

Morecraft RJ et al.: Cortical innervation of the facial nucleus in non-human primate_a new interpretationof the effects of stroke and related subtotal brain trauma on the muscleof facial expression. Brain, 124, 176-208, 2001.

Morris JS et al.: A neuromodulatory rolefor human amigdalain processing emotional facial expression. Brain. 121, 47-57, 1998.

Mosca G.: Siyasi Doktrinler Tarihi. Varlık Yayınevi. İstanbul, 1963.

Mossier K et al.: Cortical representation of swallowing in normal adults: functional implications. Laryngoscope; 109:1417–1423,1999.

Mountcastle V.: The Columnar Organisation of the Neocortex. Brain 120, 701-722,1997.

Mountcastle V et al.: Posterior Parietal association cortex of monkey; Command functions for operationswithin extrapersonal space. J.Neurophysiology. 38,871-908,1975.

Muckenhoupt M: Sigmund Freud. 4. basım. Tübitak. Ankara. 2002.

Muellbacker W et al: Role of the human motor cortex in rapid motor learning.Exp. Brain Res.136,431- 438, 2001.

Murayama N et al.: EvokedMagnetic Fields for Gustatory Stimuli on the Tongue. BioMag, 96, 833-836, 2000.

N

Naderi S et al.: History of spinal cordlocalization. Neurosurg Focus,16,1-6,2004.

Nafe JP.: A quantitativeTheory of feeling. J.General Psychology,2,199-211 2010 (Publishedonline).

Nakamura Y et al.: Rhythm generations for food-ingestive movements. Prog. Brain Res.143,97-103, 2004.

Nauert CG.: Avrupa'da Hümanizma ve Rönesans Kültürü. Türkiye İş Bankası Kültür Yayınları. İstanbul. 2011.

Neher E, Sakman B, Steinbach JH.: The extracellular Patch Clamp: A method for resolving currents through individual open channels in biological membranes. Pflugers Arch.375,219-228,1978.

Neubauer Set al.:The evaluation of modern human brain shape. Sci.Adv. 4,1-8,2018.

Neumark KJ & Bartsch AJ.: Karl Kleist (1879-1960). History of Psychiatry, 14, 411-458. 2003.

Niedermeyer E&Schomer DL.: Historical Aspects of EEG, 2-16.—Niedermeyer's Electroencephalography. (Editors: D.L Schomer- F.H.Lopes de Silva). 6.Edition. Wolters Kluwer/ Lippincott. Williams & Wilkins. Philedelphia.....Tokyo.2011.

Norgren R.: The Gustatory system in mammals. Am. J. Otolaryngol. 4,234-237,1983.

Nudo R.: Recovery after damage to motor cortical areas. Current opinion inNeurobiology, 9, 740-747, 1999.

O-Ö

Odonkor CA.: Adapt or Die; Lessons from the History of Medical Specialization. Tincture. 2018.

Okamoto M & Dan I.: Functional Near-Infra-Red Spectroscopy for human Brainmapping of taste related cognive functions. J.Bioscience & Bioengineering .103,207-215,2007.

Ormand R& Hadjipanayis CG.: The history of Neurosurgery and its relationto the developmentand refinement of the Frontotemporal Craniotomy. Neurosurg Focus. 36,1-11.2014.

Ormerod W.: Richard Caton (1842-1926). Pioneer Electrophysiologist and Cardiologist. J. Medical Biography 14,30-35,2006.

Öhrwall H.: Investigations into the Taste Sense. (Skandina Visches Archiv fur Physiologie Vol-II 1891'den Çeviri). Neuroscience & Biobehavioral Reviews, 8, 106-111,1984.

Öncel C & Baser S.: Giovanni Battista Morgagni. (1682-1771). J.Neurol. 263,1050-1052, 201

Öncel C.: Nörolojinin Öncüleri. Antik çağdan 20'nci yüzyıla. Nobel Tıp Kitapları. İstanbul 2018.

Örnek T, Tuncer S, Ertekin C.: Kronik şizofrenlerdeHaloperidol ile alinan sonuçlar. Ege Univ.Tıp Fak. Mecm. 8, 571-577, 1969.

Özbek M.: "Çayönü'nde kafatası delgi operasyonu". Hacettepe ÜniversitesiEdebiyat Fakültesi Dergisi. Cumhuriyetimizin 75.yıl özel sayısı. S: 109-126. Ankara 1998.

Öztürk MO.: Ruh sağlığı ve bozuklukları. 7ci basım. Hekimler yayın birliği. Medicamat. Ankara. 1997.

P

Parent A.:Franciscus Sylvius on clinical teaching, iatrochemistry and Brain Anatomy. Canadian J. Neurological Sciences .43, 596-603, 2016.

Parent M & Parent A.: Sustantia Nigra and Parkinson's disease: A bref history of their long and intimate Relationship. Can J. Neural Sci, 37,313-319, 2010.

Patton HD & Amassian VE.: Single and multiple–unit analysis of cortical stage of pyramidal tract activation. J Neurophysiology 17,345-363,1954.

Patton H.: David P.C. Lloyd (1911-1985). National Academyof Sciences 197-209, 1985.

Pearce JMS.: Aspects of the history of Parkinson's disease. JNNP, Special Supplement, 6-10,1989.

Pearce JM.: Robert Bendley Todd (1809-60) and Todd's Paralysis. JNNP, 57,315,1994.

Pearce JM.: Marshall Hall and the concept of the reflex action. J.Neurol. Neurosurg. Psychiatry. 62, 228, 1997

Pearce JM.: Some contributions of Duchenne de Bologne (1806-1875) J Neurol Neurosurg Psychiatry, 1999, 67, 322

Pearce JM.:Sir Goldon Holmes (1876-1965). J Neurol Neurosurg Psychiatry. 75, 1502-1503, 2004.

Pearce JM.: The Neurology of Areteaus : radix pedis neurologia. Eur Neurol.70, 106-112, 2013.

Pedersen E.: Studies on the central pathway of the flexion reflexin man and animal. Acta Psychiatrica et Neurologica. Suppl.88,1-81,1954.

Pedersen AM et al.: Saliva and Gastrointestinal function of taste, mastication, swallowing and digestion. Oral Diseases, 8, 117-129, 2002.

Pehlivan M et al.: An electronic technique measuring the frequency ofspontaneous swallowing. (Digital Phagometer). Dysphagia,11,259-264, 1996.

Penfield W & Jasper HH.: Epilepsy and functional anatomyof the human Brain. Little Brown.Boston, ABD 1954.

Pierrot-Deseilligny E & Burke D.: Circuitry of the human spinal cord. First edition. Cambridge University Press. Newyork. 2005.

Pietrzak K et al.: Adolf Beck (1863-1942)-A pioneer of electroencephalogtaphy. Eur. Neurol.71,32-34, 2014.

Ponting C.: Yeni bir bakış açısıyle DÜNYA TARİHİ. 4. Basım. Alfa Basım Yayım Dağıtım. İstanbul, 2015.

Porter R.: Kan Revan İçinde. Tıbbın kısa tarihi. Metis Yayınları. İstanbul. 2016.

Q

Quigley C.: ForgottenRhythms? Revisiting the first evidence forRhythms Eur J Neurosci. 55, 3266-3276, 2022.

R

Ramachandran VS.: Öykücü Beyin. Alfa Bilim. 3. Basım. İstanbul 2019.
Reddy H et al.: An expanded cortical representation for hand movement after peripheral motor denervation.J Neurol Neurosurg Psychiatry. 72; 203-210, 2002.
RenshawB.: Activity in the simplest spinal reflex pathways. J.Neurophysiology. 3,373-387,1940.
Renshaw B, Forbes A, Morison BR.: Activity of Isocortex and Hippocampus. Electrical Studies with microelectrodes. Journal of Neurophysiology.3,74-105,1940.
Ribart A.: İnsanlığın Tarihi. Say yayınları. 2. Basım. İstanbul, 1983.
Rizzolatti G et al : Premotor Cortex and the recognition of motor actions. J Cognitive Brain Research. 3, 131-141,1996.
Rizzolatti G & Craighero L.: The Mirror-Neuron system. Annu Rev Neurosci.27,169-192,2004.
Roland PE & Friberg L.: "Localization of cortical areas activated by thinking" J. Neurophysiology, 53,1219-1243. 1985.
Root AA & Stephen JA.: Organisation of the central control of musclesof facial expressionin man. J.Physiol (London) 549, 289-298, 2003.
Russel B.: Din ve Bilim. 2. Basım. Bilgi Yayınevi. İstanbul, 1972.
Russel B.: Batı Felsefesi Tarihi. 3. Basım. Say yayınları. İstanbul. 1983.

S

Sacks O.: Uyanışlar.Yapı Kredi yayınları. İstanbul. 2010.
Sanchez R & Marco T.: The descendants of slaves want Harvard to stop using iconic Photos of their relatives. CNN Updates 7.06 AM.EDT.Thusday March 21,2019.
Sandrone S et al.: "Angelo Mosso". J Neurol. 259, 2513-2514, 2012.
Schomer DL & Lopes de Silva FH.: Niedermeyer's Electroencephalography.Basic Principles, Clinical Applications, and related Fields. 6.Edition.Wolters Kluver/Lippincott Williams & Wilkins .(chapter 50Sayfa 1091) 2011.
Schwiening CJ.: A brief historical Perspective : Hodgkin and Huxley. J Physiol.590, 2571-2575, 2012.
Sejnowski TJ.: Vernon Mountcastle ;father of Neuroscience. PNAS,112, 6523-24,2015.
Seyfarth E-A.:Julius Bernstein (1839-1917). Pioneer neurobiologist and biophysicist. Biol. Cybern. 94, 2-8, 2006.
Sezgin F.: İslamda Bilim ve Teknik. Tuba Yayınları, 3. basım. Ankara. 2015.
Sherrington C.: The Integrative Action of the Nervous System. Yale University Press. New Haven 1947.
Shoa MM et al.: Vasovagal Syncope in the Cannon of Avicenna: The first mention of the Carotid Arteryhypersensitivity. Internal Journal ofCardiology. 29,297-301,2009.
Simpson JA.: Myasthenia Gravis : A new Hypothesis. Scottish Medical Journal. 5, 419-436, 1960.
Sinclair D.: Cutaneous Sensation, Oxford University Press. London 1967.
Smithard DG et al.: Complications and Outcome after acute Stroke. Does Dysphagia Matter? Stroke , 27, 1200-1204,1996.

Steinberg H & Himmerich H.: Roland Kuhn -100th Birtday of an innovator of clinical Psychopharmacology. Psychopharmacol. Bull. 45,48-50,2012.

Stone JL.: Frederic A.Gibbs. Surgical Neurology. 41, 168-171,1994

Stookey B.: Jean Baptiste Bouillaud and Ernest Aubertin. Early Studies on cerebral localizationand the Speech Center. JAMA, 184,1024-1029.1963.

T

Tallis R.: Sonsuz uzay hakimi. Kafamızın içinde büyüleyici bir yolculuk. T. İş Bankası Kültür Yayınları. İstanbul. 2014.

Tanilli S.: Yüzyılların gerçeği ve Mirası. İnsanlık Tarihine Giriş. III-XVI-XVII. Yüzyıllar. Say Yayınları. İstanbul.1989

Tassinary LG et al.: A psychometric study of the surface electrode placementsfor facial electromyographic recording. IThe Brow and check muscle regions. Psychophysiology, 26, 1-16, 1989.

Tassinari CA.: An electroencephographer recalls the history of the federation of the 70th anniversary of itsJournal Clinical Neurophysiology. Clin Neurophysiol.130,2258-2263,2019.

Tew Jr JM.: M. Gazi Yasargil. Neurosurgery's man of the century. Neurosurgery, 45,1010-1014,1999.

Thomas E et al.:Women inthe history of neuromuscular medicine. Neuromuscular disorders 29, 698-703, 2019.

Thompson RF.: Clinton Nathan Woolsey (1904-1993). National Academies of Sciences 3-16, 1999.

Thorwald J.: Cerrahların Yüzyılı. Cerrahların Dünyası. Ankara Üniversitesi Basımevi. Ankara. 2005.

Todes D.: Ivan Pavlov- Hayvan Makinasını Araştırırken. Tübitak, Ankara. 2003.

Towle VL, Lee R, Leveit WJM.: Letters to the editor. J Child Neurology. 31,804, 2016.

Tudor M, Tudor L, Tudor K-I.: Hans Berger (1873-1941) the history of electroencephalography. Acta Med Croatica 59,307-313, 2005.

Tyler K et al.: History of 20th Century Neurology: Decade by Decade. Ann. Neurol, 53 (Suppl.4) 8-28, 2003.

U-Ü

Umar B.: Türkiye halkının ilk çağ tarihi II. Sezgi Yayınevi. Ankara, 1984.

Uysal H et al.: Referred facial sensation on the hand after full face transplantation Neurology, 86, 836-839, 2016.

Uysal H et al.: ComplementaryPhenomena: Phantom hand and Fantom face . Cogn. Behav. Neurol. 34, 150-159, 2021.

Ülken HZ.: Eski Yunan'dan çağdaş düşünceye doğru İslam felsefesi.Kaynaklar ve etkileri. Cem yayınları. İstanbul. 1967.

V

Vallbo A & Hagbarth K-E.: Activity from skin mechanoreceptors recorded percutaneously in awake human subjects. Exp.Neurol. 289,270-289, 1968.

Vallbo A et al.: Somatosensory, proprioceptive and Sympathetic activityin human peripheral nerves. Physiological Reviews, 59, 919-951, 1979.

Verhagen JV.: Neurocognitive bases of human multimodal food perception: Conciousness. Brain Research Reviews, 53, 271-286, 2007.

Viets HR.: The History ofNeurology in the last one hundred years. Bull. NY.Acad.Med. 24;772-783, 1948.

W

Walter WG.: The location of cerebral tumours by electroencephalography, Lancet, ii.305-308,1936.

Wassermann EM et al.: Noninvasive mapping of muscle representations in human motor cortex. Electroenceph Clin Neurophysiol. 85, 1-8, 1992.

Wear D.: "The Protest Psychosis" : How schizophrenia became a black disease. JAMA 303,1984,2010.

Weiller C et al.: Functional reorganisation of the brain in recovery fromstriataocapsular infarction in man. Ann Neurol. 31, 463-472, 1992.

Weiller C et al.: Individual patterns of functional reorganisation in the human cerebral cortex after capsular infarction. Ann Neurol. 33,181-189, 1993.

Weisz G.: Divide and Conquer: A comparative History of Medical Specialization. Oxford University Press. 2006.

Werner JS, Gorczynska I, Spillmann L.:Heinrich Muller (1820-1864) and the entoptic discovery of the site in the retina where vision is initiated. J History of the Neurosciences 31, (1),64-90,2022.

WickeS & Nicolle MY.: Recent Developments in Neurology. BMJ.324, 656-660, 2002.

Wickens AP.: History of the Brain-From Stone age surgery to modern Neuroscience. Psychology Press. Taylor & Francis Group. London and NewYork 2015.

Wiesner-Hanks ME.:Kısa Dünya Tarihi. Türkiye İş Bankası Kültür Yayınları. 3. Basım. İstanbul, 2022.

Wiesner-Hanks ME.: Erken Modern Dönemde Avrupa 1450-1789. Türkiye İş Bankası Kültür Yayınları. 6. Basım. İstanbul. 2019.

Wilkinson G.: Political dissent and "Sluggish" Schizophrenia in the Soviet Union. British Medical Journal. 293, (6548) :641,1986.

Willis WD &Coggelshall RD.: Sensory mechanisms of the spinal cord. Vol.1,Third edition. Springer science. Business Media LLC . 2004.

Wollstonecraft M.: Kadın haklarının gerekçelendirilmesi.Türkiye İş Bankası Kültür yayınları. 8. Basım. 2020, İstanbul.

Woolsey CN.: Somatosensory receiving areas in the cortex of cat,dog and Monkey. Fed. Proc.2,55-56, 194

Woolsey CN, Erickson TC, Gilson WE.: Localisation in somatic sensory and motorareas of human cortex as determinedby directrecordingof evokedpotantials andelectrical stimulation. J Neurosurg. 51,476-506,1979.

Y

Yahr MDet al.: Treatment of Parkinsonism with levodopa. Arch.Neurol. 21, 343-354, 1969.

Yaşargil MG.: Bir beyin cerrahının meslek yaşamı, düşünceleri ve anıları. Turgut Yayıncılık ve ticaret AŞ,İstanbul 2000.

Yeliseva NV.: Yakınçağlar tarihi I. 2. basım. Konuk yayınları. İstanbul. 1977.

Yeşiltaş A.: Tıpta Uzmanlık Tarihi ve Tıpta Uzmanlaşmadan Aşırı Uzmanlaşmaya. Türkiye Klinikleri.J Med Ethics. 27(1) 65-72. 2019.

Yıldırım C.: Bilimin Öncüleri. 3. Basım. Tübitak Yayınları. Ankara.1995.

Yıldırım FB & Sarıkçıoğlu L.: Marie Jean Pierre Flourens (1794-1867): an extraordinary scientist of histime. JNNP. 78, 852, 2007.

Yıldız N et al.: Corticonuclear innervation to facial muscles in normal controlsand in patientswith central facialparesis. J Neurol. 252, 429-435, 2005.

Z

Zago S & Meraviglia MV.:Costanzo Varolio. (1543-1575). J.Neurol 256, 1195-1596, 2009.

ZayachkivskaO et al.: Impact of electroencephalography of Adolf Beck, a Prominentpolish scientist and founderof the Lviv schoolof physiology. Int.J.Psychophysiology, 85,3-6,2012.

Zeidman LA, Stone J, Kondziella D.: New Revelations about Hans Berger, father of theElectroencephalogram (EEG) and his ties to the Third Reich. J.Child Neurology,29, 1002-1010,2013.

Zerari-Mailly F et al.: Trigemino-Solitarii-Facial Pathways in the rat. J.Comp Neurol. 487, 176-189, 2005.

Zifkin GB & Avanzini G.: Clinical Neurophysiology with special referenceto the Electroencephalogram. Epilepsia, 50 (Suppl 3), 30-38, 2009.

Zileli M.: Nörofizyolojide Elektrofizyolojik Monitorleme teknikleri. Klinik Nörofizyoloji. EEG-EMG derneği yayınları. No.3,1-141,1994

ZimmerH-G.: Otto Loewi and the chemical transmission of vagus stimulation in the Heart.Clin. Cardiol. 29,135-136, 2006.